AF500252

LA STRUCTURE DU PROTOPLASMA

ET LES THÉORIES

SUR

L'HÉRÉDITÉ

ET LES GRANDS PROBLÈMES

DE LA

BIOLOGIE GÉNÉRALE

TYPOGRAPHIE FIRMIN-DIDOT ET Cie. — MESNIL (EURE)

LA STRUCTURE DU PROTOPLASMA

ET LES THÉORIES

SUR

L'HÉRÉDITÉ

ET LES GRANDS PROBLÈMES

DE LA

BIOLOGIE GÉNÉRALE

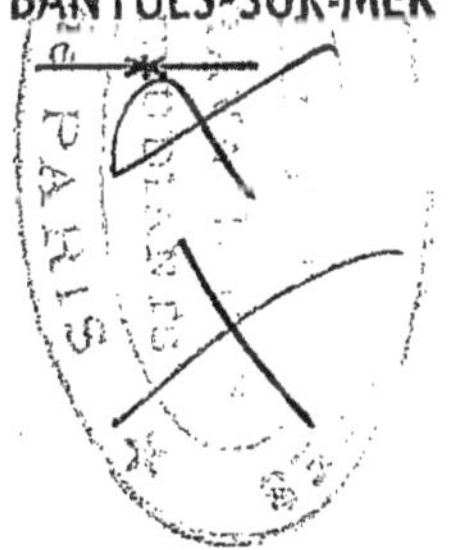

PAR

YVES DELAGE

PROFESSEUR A LA SORBONNE

PARIS

C. REINWALD & CIE, LIBRAIRES-ÉDITEURS

15, RUE DES SAINTS-PÈRES, 15

1895

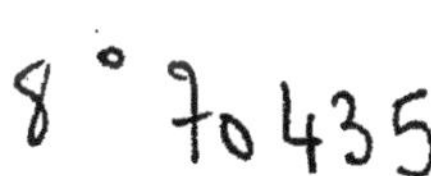

TABLE DES MATIÈRES

Pages.
INTRODUCTION 1
AVERTISSEMENT 13

Ire PARTIE. — LES FAITS

LIVRE I. — LA CELLULE

CHAPITRE I. — CONSTITUTION DE LA CELLULE 19

1. LA MEMBRANE 20
2. LE CYTOPLASME 21
Théorie de la structure homogène 22
— *réticulaire* 23
— *fibrillaire* 24
— *alvéolaire* 25
— *granulaire* 27
La membrane protoplasmique 28
Communications protoplasmiques 31
3. LE NOYAU 32
La membrane nucléaire 33
Le suc nucléaire 33
Le réseau de linine 33
La substance chromatique 34
Les nucléoles 35
4. LE CENTROSOME ET LA SPHÈRE ATTRACTIVE 38
5. LES ORGANES ACCIDENTELS DU CYTOPLASME 44
6. COMPOSITION CHIMIQUE DE LA CELLULE 47

CHAPITRE II. — PHYSIOLOGIE DE LA CELLULE 52

1. TRAVAIL DE LA CELLULE 54
a. Produits de la cellule 54
α. *Produits d'excrétion externes* 54

Pages.

β. *Produits d'excrétion internes* ... 55
γ. — *de sécrétion internes* ... 55
δ. — — *externes* ... 56
b. Mouvements du protoplasme ... 59
2. Nutrition et accroissement de la cellule ... 61
a. Assimilation ... 62
b. Accroissement ... 64

Chapitre III. — REPRODUCTION DE LA CELLULE ... 65

1. Division indirecte ou mitose ... 66
a. Division du noyau ... 66
a) **Prophase** ... 66
α. *Dans le noyau* ... 66
β. *Dans le cytoplasma* ... 67
b) **Métaphase** ... 70
c) **Anaphase** ... 71
Plaque cellulaire et Corps intermédiaire de Flemming ... 72
b. Division du corps cellulaire ... 78
2. Division directe ou amitose ... 79
3. Relation entre les divisions directe et indirecte ... 80

IMPORTANCE RELATIVE DU CYTOPLASME ET DU NOYAU ... 81

LIVRE II. — L'INDIVIDU

Chapitre I. — LA RÉGÉNÉRATION ... 92

A. LA RÉGÉNÉRATION RÉGULIÈRE ... 92
B. LA RÉGÉNÉRATION ACCIDENTELLE ... 93
La Régénération réciproque ... 98
L'Hétéromorphose ... 99
La Postgénération ... 100
C. RÈGLES GÉNÉRALES DE LA RÉGÉNÉRATION ... 101

Chapitre II. — LA GREFFE ... 102

La Cicatrisation ... 103
La Greffe ... 104

Chapitre III. — LA GÉNÉRATION ... 108

A. LA MULTIPLICATION ... 109
1. Scissiparité ... 109
2. Gemmiparité ... 111

B. LA REPRODUCTION ... 115
1. Reproduction asexuelle par spores ... 116

Pages.

2. Reproduction demi-sexuelle par conjugaison ... 117

a) **Conjugaison totale** ... 118

Isogamie ... 119

Hétérogamie ... 119

b) — **nucléaire** ... 121

3. Reproduction sexuelle par éléments males et femelles différenciés ... 122

a) **Préparation et Maturation des produits sexuels** ... 123

a. Spermatogénèse et Spermatozoïde ... 123

b. Ovogénèse et œuf mûr ... 126

c. Réduction chromatique ... 131

d. Modifications cytoplasmiques ... 136

b) **Fécondation** ... 137

a) Fécondation normale ... 137

b) Polyspermie ... 144

c) Fécondation partielle ... 146

d) Pseudogamie ... 147

4. Parthénogénèse ... 148

Chapitre IV. — L'ONTOGÉNÈSE ... 152

La Différenciation histologique ... 155

— *anatomique* ... 156

La grande loi biogénétique ... 158

Chapitre V. — LA MÉTAMORPHOSE ET L'ALTERNANCE DES GÉNÉRATIONS ... 159

A. LA MÉTAMORPHOSE ... 159

B. L'ALTERNANCE DES GÉNÉRATIONS ... 160

α) *Alternance avec la Multiplication par Scission* ... 160

β) — — — *Bourgeonnement* ... 161

γ) — — *Reproduction asexuelle par spores* ... 161

δ) — — *Reproduction sexuelle parthénogénétique* ... 161

ε) — — *une autre sorte de Reproduction* ... 162

Chapitre VI. — LE SEXE ET LES CARACTÈRES SEXUELS SECONDAIRES ... 162

α) *Le sexe* ... 162

β) *Les caractères sexuels secondaires* ... 164

Chapitre VII. — LES CARACTÈRES LATENTS ... 166

Chapitre VIII. — LA TÉRATOGÉNÈSE ... 166

Chapitre IX. — LA CORRÉLATION ... 173

Chapitre X. — LA MORT ET LA CONTINUITÉ DE LA VIE. — LE PLASMA GERMINATIF ... 176

Continuité du plasma germinatif ... 179

LIVRE III. — LA RACE

Pages
Chapitre I. — L'HÉRÉDITÉ 186

I. TRANSMISSIBILITÉ DES CARACTÈRES 186
A. CARACTÈRES DE RACE 186
B. CARACTÈRES INDIVIDUELS 187
1. Caractères innés 188
a) **Caractères anatomiques** 188
b) — **physiologiques** 188
c) — **psychologiques** 189
d) — **pathologiques** 192
e) — **tératologiques** 193
f) — **latents** 195
g) **Sexe** 195
2. Caractères acquis 196
a) **Mutilations** 200
a. Mutilations répetées 201
b. — non répetées 203
c. — accompagnées d'altérations morbides 207
b) **Maladies acquises** 208
c) **Effets de l'usage et de la désuétude** 212
d) **Effets des conditions de vie** 216
Phénomènes d'Influence consécutive 220
3. Liaison et indépendance des caractères transmissibles 222
4. Age auquel apparaissent les caractères transmis 223
5. Durée de la transmissibilité 224
6. Transformation des caractères 224
7. La force héréditaire 225
8. Influence héréditaire des substances introduites dans l'organisme 226
9. Influence héréditaire des états transitoires des parents 228
10. Télégonie 230
11. Xénie 233

II. TRANSMISSION DES CARACTÈRES 235
A. HÉRÉDITÉ DANS LA GÉNÉRATION ASEXUELLE 235
1. Dans la division 235
2. Dans le bourgeonnement 236
3. Dans la reproduction par spores 236

B. HÉRÉDITÉ DANS LA REPRODUCTION SEXUELLE 237
1. Dans la parthénogénèse 237
2. Dans l'amphimixie 238
a) **Dans les unions de race pure** 239
a) Hérédité directe ou ressemblance avec les parents immédiats 239
b) — collatérale 241
c) Réversion ou Atavisme 242
α) *Atavisme de famille* 243
β) *Atavisme de race* 243
γ) *Atavisme tératologique* 245
b) **Dans les unions consanguines** 248

Pages.

c) **Dans le Croisement** 250
a) Conditions de possibilité du croisement 251
b) Caractères des Hybrides et des Métis en tant que produits de croisement 253
α) *Vigueur et fécondité* 253
β) *Tendances ataviques et tératologiques* 254
c) Caractères des produits de croisement par rapport aux parents 255
3. Dans la greffe 257
a) **Influence du Porte-greffe sur le Greffon** 257
b) **Hybrides de greffe** 259

Chapitre II. — LA VARIATION 261

A. SES MODES ET SES SORTES 264
a) **Variation lente** 264
b) **Variation brusque ou discontinue** 265
c) **Variation indépendante** 266
d) **Variation corrélative** 267
e) **Variation parallèle** 271
f) **Variation de nombre et de position des parties similaires** 272
g) **Variation de taille, de couleur et de forme** 273

B. SES CAUSES 273
a) **Variation spontanée** 274
b) **Variation sous l'influence des conditions de vie** 275
Climat 278
Espace 278
Alimentation 279
Substances chimiques introduites dans l'organisme 279
c) **La Dichogénie** 280
d) **Influence de la Génération sur la Variation** 282
a) Dans la Génération asexuelle. Variation par bourgeons 283
b) Dans l'Amphimixie 283

C. SES RÈGLES 285

Chapitre III. — LA FORMATION DES ESPÈCES 286

I. LA MAJORATION DES CARACTÈRES DANS LA VARIATION LENTE 288
II. LA FIXATION DE LA VARIATION BRUSQUE 290
a) **spontanée** 291
b) **due aux conditions de vie** 294
c) **due au croisement** 294
III. LES FORMES NOUVELLES EN PRÉSENCE DE LA RÉVERSION 295

IIe PARTIE. — LES THÉORIES PARTICULIÈRES

I. THÉORIES SPÉCULATIVES SUR LA STRUCTURE DU PROTOPLASMA ET LES CAUSES DE SES MOUVEMENTS 299
Théorie de Berthold 302

Pages.
Théorie de Verworn 304
Théorie de Quincke 307
Théorie de Bütschli 309
II. THÉORIES DE LA DIVISION CELLULAIRE 310
a. Causes 310
b. Reproduction des figures karyokinétiques 313
III. THÉORIES DE LA RÉGÉNÉRATION 314
Phylogénèse du bourgeonnement 319
IV. THÉORIES DES GLOBULES POLAIRES 319
V. THÉORIES DE LA GÉNÉRATION SEXUELLE 322
a. Affinité sexuelle 323
b. Signification de la fécondation 323
c. But de la fécondation 324
VI. THÉORIES DE L'ONTOGÉNÈSE 326
a. L'Isotropie de l'œuf 327
b. La spécificité cellulaire 331
α) *Degré de la Spécificité* 332
β) *Quand se produit la Différenciation* 335
γ) *Comment s'opère la Différenciation* 336
δ) *Les facteurs de l'Ontogénèse* 337
VII. THÉORIES DU PARALLÉLISME DE L'ONTOGÉNÈSE ET DE LA PHYLOGÉNÈSE.. 342
VIII. THÉORIES SUR L'ORIGINE DU SEXE 343
L'origine phylogénétique de la distinction des sexes 343
Les causes du sexe chez l'individu 344
IX. THÉORIES DE LA TÉRATOGÉNÈSE 347
X. THÉORIES DE LA MORT ET DU PLASMA GERMINATIF 349
XI. THÉORIES SPÉCIALES DE L'HÉRÉDITÉ 354
XII. THÉORIES SUR LA TRANSMISSION DES CARACTÈRES ACQUIS 361
XIII. THÉORIES SUR LES CARACTÈRES LATENTS 364
XIV. THÉORIES DE LA TÉLÉGONIE 365
XV. THÉORIES DE LA XÉNIE 366
Théories sur les Hybrides de greffe 367
XVI. THÉORIES DE LA VARIATION 367
XVII. THÉORIES SUR LA FORMATION DES ESPÈCES 369
a) **Critique de la Sélection** 370
α) *La Sélection naturelle* 371
(*Loi de Delbœuf*) 372
β) *La Ségrégation* 383
γ) *La Sélection des tendances* 384
δ) *La Sélection sexuelle* 386
ε) *La Panmixie* 387
ζ) *Le vrai rôle de la Sélection* 391
(*Théorie de Pfeffer*) 391
b) **Rôle du Croisement dans la formation des espèces** 395
c) **Rôle de la Tératologie dans la formation des espèces** 396
d) **Théories phylogénétiques** 397
e) **Première formation de la substance vivante** 401

IIIe PARTIE. — LES THÉORIES GÉNÉRALES

Pages.
Leur classement 403
(Tableau synoptique) 409

I. ANIMISME 410

A. AME. Platon, Saint Augustin, van Helmont 410
B. NISUS FORMATIVUS. Blumembach, Needham 411
C. FORCE VITALE. Barthez, Bordeu, Lordat, ancienne école de Montpellier 411

II. ÉVOLUTIONNISME 411

A. SPERMATISTES. Erasistrate, Diogène de Laerte, Galien, Leuwenhoek, Andry, Dalenpatius 411
B. OVISTES. Harvey, Graaf, Swammerdam, Malpighi, Bonnet, Spallangani, de Blainville 411

III. MICROMÉRISME 412

I. PARTICULES UNIVERSELLES IMMORTELLES 412

Buffon. *Molécules organiques* .... Exposé .... 412 — Critique ... 417

Béchamp. *Microzymas* .... Exposé .... 419 — Critique ... 421

II. PARTICULES SE DÉTRUISANT APRÈS LA MORT 422

A. PARTICULES TOUTES DE MÊME NATURE 423

1. Devant leur influence a leur polarité 423

H. Spencer. *Unités physiologiques. Polarigénèse* ... Exposé .... 423 — Critique ... 437

2. Devant leur influence a leur forme 440

Haacke. *Gemmes et Gemmaires* .... Exposé .... 441 — Critique ... 451

3. Devant leur influence a leurs mouvements vibratoires 452

Dolbear. *Atomes annulaires* .... Exposé .... 452 — Critique ... 454

Systèmes périgénistes 455

Erlsberg. *Conservation des Plastidules* .... Exposé .... 455 — Critique ... 458

Hæckel. *Périgénèse des Plastidules* .... Exposé .... 459 — Critique ... 464

Théories se rattachant a la Pangénèse 468

His. *Propagation ondulatoire de l'excitation organogène aux circonscriptions du germe* .... Exposé .... 468 — Critique ... 472

Cope. *Cinétogénèse et Catagénèse* 474
Bathmisme et Diplogénèse 475

Orr. *Action morphogène de l'habitude* .... Exposé .... 476 — Critique ... 485

Mantia 486

B. PARTICULES TOUTES D'ESPÈCES DIFFÉRENTES, SE DÉTRUISANT APRÈS LA MORT 488

Pages.

1. PARTICULES NON REPRÉSENTATIVES 489
a) **Simples molécules chimiques** 489
α) actives par leurs propriétés physico-chimiques 489
HANSTEIN .... { Exposé .... 489 / Critique ... 490 }
BERTHOLD .... { Exposé .... 491 / Critique ... 492 }
b) actives par leurs propriétés chimiques seulement 493
CHEVREUL, GEDDES, THOMPSON, GAUTIER, DANILEVSKY 494
b) **Agrégats d'ordre plus élevé** 495
a) Appareils électriques 495
H. FOL. *Granulations électriques* 495
b) Cristallicules organiques à fonctions surtout chimiques ... 497
MAGGI. *Plastidules* 497
ALTMANN. *Bioblastes* .... { Exposé .... 498 / Critique ... 502 }
c) Particules initiales douées de propriétés vitales 505
WIESNER. *Plasomes* .... { Exposé .... 505 / Critique ... 510 }

2. PARTICULES REPRÉSENTATIVES 511
a) **des Plasmas ancestraux** 512
WEISMANN. *Plasmas ancestraux* (1re théorie). { Exposé .... 512 / Critique ... 529 }
b) **des cellules du corps** 533
Théories de la Pangénèse 533
CH. DARWIN. *Pangénèse des Gemmules* .... { Exposé .... 534 / Critique ... 545 }
Précurseurs de la Pangénèse 550
MAUPERTUIS. *Germes des organes* .... { Exposé .... 551 / Critique ... 553 }
ÉRASME DARWIN. *Filaments et Molécules* ... { Exposé .... 555 / Critique ... 557 }
Variantes de la Pangénèse 558
GALTON. *Stirpes* .... { Exposé .... 559 / Critique ... 563 }
JÆGER. *Gemmules odorantes* .... { Exposé .... 566 / Critique ... 570 }
BROOKS. *Germes femelles, Gemmules mâles.* { Exposé .... 572 / Critique ... 583 }
GAULE. *Cytozoaires* 587
PLATT-BALL 588
HALLEZ. *Constitution stéréométrique du Plasma germinatif.* 588
c) **des caractères et propriétés élémentaires de l'organisme.** 591
NÆGELI. *Micelles, Idioplasma* .... { Exposé .... 592 / Critique ... 635 }
KÖLLIKER 643
H. DE VRIES. *Pangénèse intracellulaire, Pangènes* .... { Exposé .... 645 / Critique ... 660 }
O. HERTWIG. *Idioblastes* .... { Exposé .... 663 / Critique ... 665 }
d) **à la fois des cellules du corps et des caractères élémentaires** 667
WEISMANN. *Déterminants* (2e théorie) .... { Exposé .... 667 / Critique ... 706 }

Pages.
IV. ORGANICISME 720
Descartes .... Exposé .... 721 / Critique ... 722
Roux. *Autodétermination* .... Exposé .... 724 / Critique ... 737

IVe PARTIE. — LA THÉORIE DES CAUSES ACTUELLES

IDÉES DE L'AUTEUR.

I. COUP D'ŒIL RÉTROSPECTIF 743
II. LA MÉTHODE A SUIVRE 747
III. LE PROTOPLASMA 748
IV. LA CELLULE 750
V. LA NUTRITION DE LA CELLULE 753
VI. LA DIVISION CELLULAIRE 757
VII. L'ONTOGÉNÈSE 760
VIII. LA FORMATION DES PRODUITS SEXUELS 766
IX. LA MORTALITÉ DU CORPS ET L'IMMORTALITÉ DU GERME 768
X. L'HÉRÉDITÉ 771
Les caractères latents 780
L'Atavisme 784
La Corrélation 788
XI. LA VARIATION ET SA TRANSMISSION HÉRÉDITAIRE 796
1) Variation plasmatique 796
α) *pendant la formation de l'œuf* 796
β) *par le fait de la maturation* 797
γ) *par la fécondation* 798
2) Variation somatique 798
a) Ses conséquences 798
α) *Mutilations* 799
β) *Usage et désuétude* 800
γ) *Maladies* 801
δ) *Conditions de vie* 801
b) Sa transmission 806
Mutilations 808
Désuétude 810
Maladies 811
Conditions de vie 811
XII. LA FORMATION DES ESPÈCES 813
1) La variation individuelle faible ne conduit jamais à la formation des espèces nouvelles 813
2) La variation individuelle forte ne conduit que très exceptionnellement à la formation des espèces nouvelles 817
3) La variation générale est la vraie cause de la formation des espèces 819
a) Variations générales produites par les conditions de vie 819

Pages.
Alimentation 820
Climat 822
b) Variations générales produites par l'usage et la désuétude 823
Parallélisme de l'Ontogénèse et de la Phylogénèse 826
XIII. L'ADAPTATION ONTOGÉNÉTIQUE ET L'ADAPTATION PHYLOGÉNÉTIQUE 827
XIV. LA COMPLICATION PROGRESSIVE DES ORGANISMES 832
XV. COUP D'ŒIL EN ARRIÈRE ET CONCLUSION 833
INDEX BIBLIOGRAPHIQUE 841
TABLE ANALYTIQUE 859
TABLE DES FIGURES XV
ERRATA XVI

TABLE DES FIGURES

Pages.

Fig. 1. — Structure alvéolaire du cytoplasma et des mousses artificielles de Bütschli. 26
Fig. 2. — Réseau nucléaire au moment où il se transforme en spirème.............. 33
Fig. 3. — Structure du noyau d'après les idées de Rabl........................... 34
Fig. 4. — Cytoplasma, centrosome et sphère attractive, d'après Eismond........ ... 39
Fig. 5. — *Glœocapsa polydermatica* : cellules emboîtées sous plusieurs membranes... 65
Fig. 6. — Le filament nucléaire en train de se constituer........................ 67
Fig. 7. — Division du centrosome et formation du fuseau périphérique.............. 75
Fig. 8. — Conjugaison anisogame : *Zanardinia*..................................... 121
Fig. 9. — Conjugaison des Infusoires (Diagramme).................................. 122
Fig. 10. — Émission des globules polaires... 127
Fig. 11. — Formation des produits sexuels chez les animaux (Diagramme)........... 128
Fig. 12. — Formation des produits sexuels chez les plantes (Diagramme)............ 130
Fig. 13. — Réduction chromatique par les groupes quaternes (Diagramme).......... 132
Fig. 14. — Réduction chromatique dans la Parthénogénèse, d'après Weismann..... 136
Fig. 15, 16, 17. — Élimination des bouts de chromosomes dans les cellules somatiques de l'*Ascaris*, d'après Boveri... 180-181
Fig. 18. — Zone épileptogène des Cobayes de Brown-Sequard....................... 211
Fig. 18 *bis* (marquée par erreur 18.) Écrevisse à organes sexuels multiples............ 270
Fig. 19. — Turbot (*Rhumbus*) à nageoire dorsale arrêtée par l'œil.................. 271
Fig. 20. — Fibrille musculaire.. 306
Fig. 21. — Division nucléaire d'après Rabl. (Schéma).............................. 311
Fig. 22. — (Placée ailleurs sous le n° 18 bis.)
Fig. 23. — Orientation des monstres doubles....................................... 348
Fig. 24. — Spermatozoïdes d'après Hartsœker et Dalenpatius........................ 355
Fig. 25. — Arbre généalogique phylogénétique d'après les idées d'Erlsberg et de Nægeli.. 401
Fig. 26. — Association des Gemmes en Gemmaires................................... 441
Fig. 27. — Gemmaire à 3 plans de symétrie... 443
Fig. 28. — Gemmaire à 2 plans de symétrie... 443
Fig. 29. — Gemmaire à un seul plan de symétrie..................................... 443
Fig. 30. — Gemmaire d'un organisme asymétrique.................................... 444
Fig. 31. — Détermination de la gastrula par la position des Gemmaires du centrosome... 444
Fig. 32. — Formes de Gemmaires expliquant la réversion due au croisement........ 449
Fig. 33, 34, 35. — Les atomes annulaires de Dolbear à différentes phases......... 452-453
Fig. 36. — Mouvement d'un fil tordu, montrant les effets consécutifs................ 477
Fig. 37 (marquée par erreur 35.) Micelles simples de Nægeli. (Schéma)............ 592
Fig. 38. — Micelles simples et composés. (Schéma)................................. 593
Fig. 39 (marquée par erreur 37.) Échanges d'Ides entre les Idantes avant la division réductrice, d'après Weismann... 679

ERRATA

Page 21. Le renvoi de la note 2 doit venir après le mot Bütschli (94), deux lignes plus haut.

Page 37, ligne 9, *au lieu de* Hachel, *lisez :* Hæckel.

Page 46, notes, 2e colonne, 21e ligne, *au lieu de* graines, *lisez :* grains.

Page 86, 2e alinéa, 1re ligne, et *passim, au lieu de* Weissmann, *lisez* : Weismann.

Page 112, notes, 2e colonne, 9e ligne, *au lieu de* Pyrrosomes, *lisez :* Pyrosomes.

Page 112, notes, 2e colonne, 19e ligne, *au lieu de* Cysicerques, *lisez :* Cysticerques.

Page 201, notes, 2e colonne, 9e ligne en remontant, *au lieu de* Lapins, *lisez :* Cobayes.

Page 270, notes, 1re colonne, 11e ligne et dans l'explication de la figure, *au lieu de* fig. 18, *lisez :* fig. 18 *bis*.

Page 355, notes, 2e colonne, 8e ligne et dans l'explication de la figure, *au lieu de* Dalempatius, *lisez* Dalenpatius.

Page 460, notes, 1re colonne, 7e ligne, *au lieu de* Cocoplasma, *lisez :* Coccoplasma.

Page 592, avant dernière ligne et dans l'explication de la figure, *au lieu de* fig. 35, *lisez :* fig. 37.

Page 679, notes, 1re colonne, 3e ligne et dans l'explication de la figure, *au lieu de* fig. 37, *lisez :* fig. 39.

Page 738, ligne 3, *au lieu de* (V. p. 762), *lisez :* (V. p. 761).

INTRODUCTION

SUR LA DIRECTION DES RECHERCHES BIOLOGIQUES EN FRANCE

Pour les savants comme pour les peuples rien n'est plus dangereux que de vivre du souvenir des gloires passées et de continuer, sans regarder autour de soi, les errements qui ont autrefois procuré le succès. Pour ceux-ci, les rudes leçons de l'histoire leur ouvrent violemment les yeux et après certains réveils il n'est pas à craindre que de longtemps on s'endorme de nouveau. Mais dans les luttes scientifiques les défaites sont moins bruyantes, les revers moins cuisants et, lorsqu'on ne sait pas être sincère avec soi-même, on peut s'illusionner et croire que l'on tient encore la tête lorsque depuis longtemps on s'est laissé distancer.

Le danger n'en est que plus grand.

Soyons donc sincères avec nous-mêmes et cherchons à voir où nous allons dans les sciences biologiques et qu'elle est notre place dans l'histoire de leurs derniers progrès *.

De plus autorisés que moi ont montré bien des fois la marche de nos connaissances et comparé leur évolution dans les différents pays. Cela c'est le résultat. Il nous importe moins, pour le moment, que les moyens employés pour les obtenir. Aussi est-ce sur les méthodes que je veux surtout insister.

Il me semble que l'on peut à ce point de vue distinguer pour la zoologie quatre grandes périodes. La première n'a pour ainsi dire point de commencement. Elle est aussi ancienne que l'homme, et l'antiquité nous montre Aristote l'employant avec un succès qui nous étonne encore aujourd'hui. Elle consiste dans l'observation des formes extérieures, de l'habitus chez les plantes et des mœurs chez les animaux. D'ailleurs on ne

* Sciences biologiques est pris ici au sens étroit. La médecine et la microbiologie sont hors de question.

s'interdit pas d'ouvrir un animal ou de fendre une fleur, d'examiner avec la loupe les organes de celle-ci ou de porter sous un microscope quelque partie de celui-là. Mais l'étude de l'organisation interne ne va guère au delà. Ces moyens nous semblent bien rudimentaires. Il ne faut pas être injuste à leur égard. L'imperfection des instruments grossissants et l'absence de toute technique à leur usage explique que l'on n'ait pas eu plus souvent recours à eux; et puis, n'était-il pas légitime de s'en tenir à des procédés qui, bien employés, fournissaient d'abondantes moissons de faits nouveaux? N'oublions pas l'admirable *Histoire naturelle* de Buffon, n'oublions pas surtout que Linné a fondé avec ces seules ressources une classification générale des Êtres vivants dont en somme presque toutes les grandes lignes se sont trouvées justes, ainsi qu'un nombre immense de détails. Une bonne moitié de nos *familles* sont des *genres* linnéens. Nous serions fort embarrassés aujourd'hui de faire aussi bien avec des moyens aussi pauvres. Le perfectionnement des procédés d'étude semble avoir affaibli en nous le sens intuitif des affinités naturelles comme le microscope a gâté nos yeux.

Cette première période a pris fin vers le commencement de notre siècle, lorsque l'on eut compris la nécessité d'entrer plus avant dans la connaissance des détails d'organisation. Plusieurs sans doute, dès avant, l'avaient senti et tenté, mais c'est incontestablement Cuvier qui le premier en a fait une méthode régulière et l'a mise en pratique avec une persistance et un succès admirables. Les œuvres générales du célèbre naturaliste ont fait plus de bruit que ses dissections; elles ont moins servi la science. Du *Discours sur les Révolutions du Globe*, il ne reste qu'une œuvre de style, tandis que ses obscures monographies sont des modèles que nous consultons encore aujourd'hui. Cuvier a énormément disséqué et c'est par lui surtout que l'on a su qu'il existait chez les êtres inférieurs, tout comme chez l'homme et les vertébrés avec lesquels ils semblent n'avoir rien de commun, un tube digestif avec des glandes multiples et variées, un cœur avec ses vaisseaux artériels et veineux, un poumon ou des branchies, un système nerveux avec ses ganglions centraux, ses nerfs périphériques et ses organes sensitifs terminaux, des glandes génitales avec leurs conduits vecteurs et un luxe parfois étonnant de parties annexes; et tout cela remplissant, avec des instruments tout autrement constitués, mais non moins remarquables par leur structure et leur agencement, toutes les fonctions nécessaires à l'entretien de la vie et à la propagation de l'espèce.

Pendant un demi-siècle, la forte impulsion donnée par Cuvier se continua sans changer d'allures. **Johannes Müller** en Allemagne, **Richard Owen** en Angleterre, Henri **Milne Edwards** en France, suivis d'une pléiade de travailleurs, continuèrent et poussèrent toujours plus avant dans la voie ouverte par le grand naturaliste français. D'ailleurs le perfectionnement du microscope et son application de plus en plus fréquente aux études zoologiques permettaient l'examen d'organismes plus petits et la découverte de détails plus minutieux dans ceux accessibles à la dissection.

Déjà H. **Milne Edwards** dans ses voyages en Sicile et sur nos côtes, **de Quatrefages** dans son exploration des grèves de la Manche, avaient montré qu'ils sentaient la nécessité d'aller examiner dans leur élément les animaux marins. Mais ces tentatives isolées n'auraient pu avoir ni grand succès en elles-mêmes, ni beaucoup d'imitateurs. Aussi je ne crains pas de dire que la fondation des laboratoires maritimes a marqué une troisième période et constitué une nouvelle méthode aussi importante que les précédentes. Si l'on songe que plus des trois quarts des types d'invertébrés appartiennent au monde de la mer, que le plus grand nombre ne pouvaient parvenir dans les centres scientifiques dans un état convenable pour l'examen microscopique, si l'on songe que tout ce qui concerne leurs mœurs et leur embryogénie ne peut s'étudier loin de la mer, on comprend l'importance de ces créations.

Faut-il rappeler que l'introduction de cette méthode est due à H. **de Lacaze-Duthiers**. Grâce à ce savant, les études d'embryogénie marine sont devenues possibles, et l'on sait quel essor immense elles ont pris en peu d'années, quelles clartés inattendues elles ont versées sur la zoologie tout entière. En même temps et sous l'influence du même homme, par lui-même et par ses élèves, tout ce que peuvent enseigner la pince et le scapel, la loupe et le microscope directement appliqués aux tissus, a été approfondi jusqu'aux limites du possible. Aussi la fondation du laboratoire de *Roscoff* a-t-elle été le signal de la création d'une multitude d'établissements plus ou moins similaires sur les côtes de tous les pays.

La quatrième période est caractérisée, elle aussi, par une méthode nouvelle d'investigation : la *technique histologique;* elle aboutit, elle aussi, à un progrès nouveau, la *cytologie*.

Certes on savait bien depuis longtemps que pour appliquer le microscope à l'étude d'un animal, il ne suffit pas de placer cet animal au foyer de l'objectif, ni d'en examiner des parties délicatement dilacérées et étalées sur une lame de verre. On savait que des réactifs dissociateurs, éclaircissants, colorants, pouvaient rendre quelques services. Mais qu'y-a-t-il de commun entre ces moyens grossiers et les admirables résultats auxquels conduisent les coupes au microtome et l'emploi des fixateurs fidèles et des colorations électives? Ces méthodes nouvelles ont décuplé la portée de notre vue dans les recherches d'anatomie microscopique; elles ont permis de pénétrer le mystère de la fécondation, enfin elles ont changé du tout au tout l'ancienne conception de la cellule, clef de voûte de nos théories sur la vie dans toutes ses manifestions.

Ici je n'ai point un nom français à mettre en relief. La technique microscopique est chez nous d'importation étrangère, surtout allemande. Mais si nous n'avons point découvert la méthode ni ses principaux perfectionnements, du moins ne sommes-nous pas inhabiles à nous en servir et je ne serais pas en peine de citer nombre d'excellents histologistes dont quelques-uns peuvent compter parmi ceux qui ont fait faire ses plus importants progrès à la cytologie et à l'histoire de la fécondation.

Jusqu'ici donc nous avons marché souvent en tête et toujours de pair avec les premiers. Il semblerait que nous n'ayons pour garder notre rang qu'à persister dans la même voie, sauf à redoubler d'efforts pour élever notre production scientifique à un taux suffisant. Car, il faut le reconnaître, si par la valeur, les travaux français ne le cèdent guère à ceux des autres pays, ils sont par le nombre à un rang qui ne nous fait point honneur. Il suffit, pour nous en convaincre, de parcourir les Bibliographies. Pour un travail écrit en français, il y en a trois en langue anglaise et dix en langue allemande. Il est vrai que les peuples de langue anglaise ou allemande sont sensiblement plus nombreux que ceux de langue française, mais la disproportion reste néanmoins trop forte.

Mais ce n'est pas là qu'est l'écueil, car tout le monde sait qu'il en est ainsi. Le vrai danger est dans la fausse direction des recherches biologiques, et cela personne ne le voit, personne ne le croit. Il n'en est que plus important de le démontrer, et c'est à cela surtout que cette préface est destinée.

Il suffit de parcourir la table des recueils périodiques de sciences naturelles, et la liste des thèses inaugurales pour se faire une idée de la tendance actuelle des recherches. Souvent ce sont des monographies anatomiques et embryogéniques de plantes ou d'animaux; ou bien c'est l'étude histologique d'un tissu ou d'un système d'organes dans quelque forme animale ou végétale ; ou enfin l'auteur a coupé des nerfs, lié des vaisseaux, analysé des sucs ou dosé des gaz excrétés par une plante ou recueillis dans un animal soumis à des modifications préalables de ses conditions normales. Ces mémoires sont souvent fort bien faits ; une étude consciencieuse, une technique copiée sur celle des meilleurs maîtres fournissent presque toujours des résultats nouveaux, précis, positifs. Mais presque tous ont pour caractère commun de n'aboutir qu'à de minimes conclusions de fait. L'auteur a perfectionné, étendu, corrigé des choses connues et il se trouve que ces perfectionnements, extensions, corrections, ne modifient point d'une manière sensible les idées que l'on avait auparavant sur les questions générales auxquelles touche le sujet étudié.

On nous y apprend que tel animal a l'appareil circulatoire fait comme ceci et le système nerveux comme cela, tandis que les auteurs précédents avaient cru que ces organes étaient disposés de telle autre manière quelque peu différente ; que telle plante a ses faisceaux distribués et constitués de telle façon et non de telle autre, et que tel de ses tissus a telle origine et non celle que l'on croyait : la description ancienne était vraie pour telle famille voisine, elle ne l'est plus pour celle que l'on étudie ; elle reste vraie d'ailleurs pour un troisième. Voici un tissu remis à l'étude. De longues et patientes recherches montrent que tout ce qu'on en avait dit était faux. Voici comment sont les choses. C'est très peu différent de ce que l'on pensait, mais qu'importe, la science doit être juste ou n'être pas.

Il a été fait ainsi, et il faut le dire, à l'étranger aussi bien que chez nous, un nombre incalculable de travaux, excellents à un certain point de vue ; et grâce à eux la conformation, la structure, le développement de la plupart des formes animales ou végétales sont aujourd'hui connus. Et cependant l'on continue à étudier toujours les mêmes choses, à ajouter toujours de nouvelles monographies aux anciennes, de nouveaux faits aux faits acquis. De loin en loin apparaît un mémoire important qui renverse une conception fausse et la remplace par une autre vraiment différente ; mais c'est l'exception rare. La plupart du temps l'animal ou la plante, l'embryon ou le tissu étudiés ressemblent, dans tout ce qui est essentiel, aux animaux, plantes, embryons ou tissus déjà maintes fois décrits et, si l'on connaît quelques faits de plus, la conception générale que l'on possédait auparavant n'est pas pour cela changée en quoi que ce soit. On entasse ainsi sans profit des matériaux immenses dont personne ne tire parti et l'on gaspille une masse énorme de travail qui mieux employé ferait faire à la science un utile progrès.

Cette appréciation portant sur des généralités abstraites risquerait d'être mal comprise. Aussi je veux prendre un exemple et comme j'ai plus de mal que de bien à dire, je choisirai quelques-uns de mes propres travaux. C'est la crainte de blesser les autres qui m'oblige ici, contre l'habitude, à parler de moi.

J'ai débuté dans les sciences naturelles par une monographie du système circulatoire des Crustacés édriophthalmes. J'ai passé beaucoup de temps et dépensé quelque adresse à injecter nombre de ces animaux. A quoi suis-je arrivé? A reconnaître que le cœur a telle forme et telles dimensions, qu'il envoie tant d'artères en avant, quatre ou cinq de plus qu'on ne croyait, tant d'autres en arrière, dont on ignorait l'existence, et qu'il existe devant le système nerveux un vaisseau remarquable que l'on ne soupçonnait pas.

Qu'est-ce que cela nous fait? A quoi ce détail a-t-il servi? En quoi a-t-il élargi ou modifié notre conception du crustacé ou de la fonction circulatoire? L'important, H. Milne Edwards l'avait depuis longtemps fait connaître, lorsqu'il avait montré que le sang arrive des branchies au cœur, est lancé par le cœur dans des artères qui le conduisent aux organes, et qu'il se déverse enfin dans la cavité générale et dans des lacunes qui le ramènent à l'appareil de la respiration. Que nous importe après cela que tel appendice de la bouche reçoive son artère de tel point de l'aorte ou de quelqu'une de ses branches? Nous n'avons pas à faire d'opérations chirurgicales sur ces animaux.

J'ai ensuite étudié un Crustacé aberrant, la Sacculine, et comme celui-là ne ressemble guère aux autres types de sa classe, il s'est trouvé que les résultats ont été un peu plus inattendus. Mais malgré cela notre conception du crustacé n'en a guère été modifiée ou élargie. L'important c'est que cet être informe a une larve normale de cirripède et que ses déformations étonnantes sont le résultat de parasitisme. Or cela on le savait depuis longtemps. Je reconnais que l'histoire des transformations de la larve agile en un adulte si différent du crustacé normal était intéressante à connaître. Mais je n'ai résolu que la question de fait. L'important est ici de savoir par quels moyens le parasitisme a pu imposer à sa victime ces étonnantes transformations et je n'ai fait que préparer des matériaux pour ceux qui plus tard sauront résoudre la question.

J'ai découvert chez ce crustacé le système nerveux, et cela aurait eu une réelle importance si l'on avait pu croire qu'il existait des muscles sans nerfs. Mais on savait bien qu'il n'en pouvait être ainsi. Aussi n'ai-je en rien redressé une conception fausse en montrant que la Sacculine avait un ganglion et des nerfs. Et puis, ces découvertes secondaires se font toujours à un moment ou à l'autre quand elles sont prévues d'avance comme application d'un principe certain. J'en dirai autant du système nerveux des Planaires acœles que j'ai trouvé peu après. A défaut de moi, il eut été certainement découvert par H. Graaf au cours de ses délicates et patientes recherches sur ces animaux.

Ces exemples suffisent, je crois, pour éclaircir ma pensée. Certes je ne veux pas dire que l'on doit abandonner la recherche des faits secondaires, ni estimer que la confirmation et l'extension des principes démontrés ne sert à rien. Mais je pense que si l'on jette un regard sur l'ensemble des choses, il faut reconnaître que ce n'est pas cela qui fait marcher la science et, puisqu'il s'agit de lutter pour la suprématie, que nous faisons un métier de dupes en continuant à consolider la base pendant que d'autres édifient au sommet. Oui cette base est encore imparfaite et il est utile de continuer à boucher des trous, remplir des fentes, rajouter des pierres et du ciment, mais elle est cependant assez solide déjà pour nous porter si nous montons sur elle. La preuve en est que d'autres y sont déjà et font au-dessus de nos têtes un excellent travail. Mais nous n'y montons pas parce que nous continuons à faire ce que nous avons vu faire autour de nous. Or ce que nous avons vu faire et qui a été le progrès en son temps cesse de l'être sans que nous nous en apercevions.

Chacune des périodes dont j'ai brièvement retracé l'histoire a vu se reproduire les mêmes errements. Longtemps après Cuvier, on a continué à décrire des formes extérieures sans s'inquiéter des organes qu'elles cachaient; longtemps après la découverte des coupes et de la technique histologique, on a continué à ne se servir que de la pince et du scalpel. Et bien nous continuons maintenant à ne faire que des monographies sans nous douter qu'il est né autre chose. Cela ne veut pas dire qu'il faille les abandonner, pas plus qu'il ne faut renoncer à l'examen des formes extérieures, ni aux dissections microscopiques, ni à la loupe, à la pince, au scapel, à la seringue à injection. Mais cela veut dire qu'il ne faut plus se limiter à ces choses. Ce sont les fins de périodes qui sont critiques parce que c'est à ce moment que le progrès devient routine et que l'on peut sans s'en apercevoir passer du premier rang au dernier. Et bien nous sommes à une fin de période et personne en France ne semble s'en apercevoir. C'est pourquoi j'avertis qu'il est temps de pousser les recherches dans une voie nouvelle. Le livre dont ceci est la préface n'a été fait que pour ce but.

Ces appréciations et ces conseils sembleront scandaleux à quelques-uns et imprudents au plus grand nombre des lecteurs. Quoi, dira-t-on, inspirer le mépris des choses que l'on est chargé d'enseigner, paralyser ceux qui travaillent à la tâche actuelle sans être sûr qu'on saura les galvaniser pour une tâche nouvelle, n'est-ce pas manquer à tous ses devoirs de membre du corps enseignant? Cela serait vrai si le nouveau courant d'idées devait entraîner tout le monde, et je serais alors le premier à regretter mon imprudence. Mais il n'y a aucune crainte qu'il en soit ainsi. La plupart n'écouteront pas et parmi ceux qui croiront, neuf sur dix préfèreront rester dans la voie des travaux faciles. Je serai trop heureux si quelques-uns se laissent convaincre.

D'autres encore diront : De quel droit vous érigez-vous en juge et en donneur de conseils? Travaillez pour votre compte et laissez cela à ceux à qui l'âge et l'autorité de leur nom ont donné le droit de prendre cette attitude. Mieux que personne, je sens combien il y a de vrai dans cette observation. Aussi n'est-ce qu'après bien des hésitations que je me décide à écrire ces lignes. Mais puisque les autres se taisent ou sont d'un autre avis, il faut bien que je parle et dise aux jeunes ce que je crois être la vérité.

Mais quelle est donc cette voie nouvelle où d'autres, en Allemagne et en Angleterre, sont déjà entrés; quel est ce faîte auquel on travaille au-dessus de nous avec les matériaux bénévolement préparés par nous?

Ce n'est rien moins que la Biologie générale, la recherche des conditions et des causes des grandes manifestations de la vie dans la cellule, dans l'individu et dans l'espèce.

Qu'est-ce au juste que la cellule, cet élément dont sont faits tous les êtres vivants, que nous avions cru si simple et que les études récentes nous montrent si effroyablement compliqué, jusqu'à ce que d'autres études à venir la ramènent à une simplicité plus grande encore en trouvant la formule des actions mécaniques auxquelles se réduisent les forces qui agissent en elle? Comment vit-elle? Comment assimile-t-elle et accroît-elle sa substance avec des substances de nature différente? Pourquoi, au lieu de grandir indéfiniment, se divise-t-elle à un instant donné, et quelle est la raison des phénomènes extraordinaires qui se passent en elle à ce moment? Quelle est la cause mécanique ou physique ou chimique (car il en est une de ce genre) des mouvements du Protoplasme? Sous quelles influences les cellules nées de la division de l'œuf se disposent-elles suivant des formes avantageuses pour la vie de l'ensemble? Comment sont-elles amenées à se partager la besogne des différentes fonctions? Comment identiques au début se différencient-elles et deviennent-elles les unes du cartilage, de l'os ou du tissu conjonctif, les autres du muscle, celles-ci glandulaires, celles-là nerveuses? Car enfin, si l'on remonte l'ontogénèse, on arrive fatalement à un stade où les cellules mères de ces tissus si différents sont nées, sœurs en apparence identiques, de la division d'une même cellule. Et la Régénération? Quelles forces sommeillaient dans les cellules du bras de la Salamandre aquatique, qui se réveillent lorsqu'on ampute ce bras et en refont un nouveau semblable à l'ancien? Elles étaient pourtant déjà différenciées en cellules de l'humérus, de l'artère humérale, des muscles brachiaux. Où trouvent-elles le pouvoir de se grouper en se multipliant de manière à dessiner les organes de l'avant-bras et de la main? Voici un ver de terre : vous le coupez en deux, la queue refait une tête et la tête une queue. Ce sont pourtant les mêmes cellules entamées par la section qui régénèrent des parties si différentes. Qui leur enseigne ce qu'elles doivent engendrer pour refaire un tout complet? Et à propos de la phylogénèse? Quels problèmes grandioses! — Jusqu'à ces dernières années personne ne doutait que les modifications acquises par l'individu ne fussent transmissibles à ses descendants et sans cela l'évolution des espèces eût semblé inexplicable. Mais voilà qu'en cherchant la voie par laquelle pourraient se communiquer aux éléments sexuels les acquisitions de l'individu, on ne la trouve nulle part. Dès lors se dresse une difficulté accablante : si les caractères acquis ne sont pas transmissibles, comment s'explique l'évolution adaptative des espèces, s'ils sont transmissibles, par quel moyen le sont-ils? Et l'*Hérédité* qui nous demande sous quelle forme sont contenus dans les éléments sexuels microscopiques les innombrables caractères qui se manifestent fatalement dans l'adulte issu de leur réunion. La chose a priori semble impossible et cependant l'observation banale nous la montre se passant tous les jours sous nos yeux. Enfin de tous ces problèmes le plus important, car on sent que s'il était résolu tous les autres s'en déduiraient comme de simples corollaires, mais le plus difficile aussi, celui de la structure intime du protoplasme qui évidemment contient en elle la raison mécanique de tous les phénomènes dont il est le siège et par conséquent expliquerait la vie.

Voilà quelques-uns de ces problèmes de la Biologie générale auxquels on travaille ailleurs pendant que nous nous attardons à décrire des formes de cellules, ou des ramifications de minimes truncules vasculaires ou nerveux. Et il en est bien d'autres.

Faut-il s'étonner qu'en présence de questions de cet ordre les mesquins détails anatomiques pour lesquels nous continuons à nous passionner perdent tout leur intérêt? Qu'importe que dans ce mollusque cette glande s'ouvre un peu plus haut ou un peu plus bas, que tel épithélium soit cubique ou prismatique, que tel nerf se rende au pied ou au manteau? En quoi la réponse, quelle qu'elle puisse être, influencera-t-elle la solution des grandes questions biologiques qui seules ont de l'importance? Cela ne servira même pas à déterminer d'une manière précise les affinités zoologiques, à connaître mieux la vraie filiation généalogique des formes vivantes, et ce serait pourtant le seul intérêt possible de la question.

Il est temps d'abandonner ces études terre à terre qui ne peuvent nous conduire à rien, ou plutôt, car ma pensée s'emporte au-delà de son expression juste, de ne plus se limiter à l'étude de ces questions, et d'aborder enfin la Biologie générale.

Toute recherche pour avoir un réel intérêt doit aujourd'hui viser la la solution d'une question théorique. Il ne faut plus se contenter, comme presque tous font aujourd'hui, de disséquer, couper, colorer, dessiner ce qui n'avait pas encore été disséqué, coupé, coloré ou dessiné. Il faut faire tout cela, non plus pour combler une minime lacune dans nos connaissances anatomiques ou histologiques, mais pour résoudre un problème biologique si petit qu'il soit.

Chacun de ces problèmes comporte un certain nombre de solutions hypothétiques que nous devons chercher à deviner et notre travail matériel doit se borner à vérifier nos hypothèses. Ce n'est que lorsque notre imagination est à bout que nous avons le droit de chercher au hasard.

Ces hypothèses se présentent généralement sous la forme dichotomique : est-ce *ceci* ou *cela?* Si c'est *ceci,* je devrai diriger ma recherche dans telle direction ; si c'est *cela,* j'irai dans telle autre. Or la question de savoir si c'est *ceci* ou *cela* qui est vrai, dépend en général d'une observation ou d'une expérience *décisive*. Faire cette expérience ou cette observation *décisive* doit devenir le but de la recherche. C'est le seul moyen d'aller de l'avant.

Quelques exemples sont peut-être utiles pour faire comprendre ce que j'entends ici par *décisif*. Voici une question générale de la plus haute importance : est-ce le noyau ou le cytoplasme, ou la cellule entière qui contient les facteurs matériels de l'hérédité? Pour le décider, Boveri arrive à préparer des fragments d'œufs d'oursin sans noyau, les fait féconder par des spermatozoïdes d'une autre espèce et obtient des larves qui n'ont que les caractères de l'espèce paternelle. Donc le cytoplasme ne contient point ces facteurs; ils sont tous logés dans le noyau. Voilà l'expérience *décisive!*

Une autre question non moins capitale est celle de la *Différenciation ontogénétique*. Quand l'œuf se divise en cellules qui engendreront les unes un organe, les autres un autre, partage-t-il entre elles ses énergies potentielles en donnant à chacune seulement ce dont elle a besoin pour faire ce qu'elle a à faire, ou toutes les cellules sont-elles potentiellement équivalentes et déterminées par des conditions extérieures à former, celles-ci la moitié droite du corps, celle-là la moitié gauche, les unes l'endoderme les autres l'ectoderme? Chabry tue d'un coup d'aiguillon un des blastomères du stade 2 et voit que l'autre ne forme qu'un demi-embryon. Driesch dépouille un œuf segmenté de ses membranes, isole les blastomères, les fait développer et constate que des cellules destinées à former de l'endoderme peuvent faire de l'ectoderme à l'occasion. Voilà les expériences *décisives*.

On découvre dans le cytoplasma cellulaire un organe nouveau le *centrosome,* qui prend pour lui et enlève au noyau l'initiative de la division. Mais le centrosome est-il un organe du cytoplasma ou se forme-t-il dans le noyau au moment où la division se prépare? Guignard étudie des cellules au repos, et trouve pendant toute la durée de cette phase les centrosomes hors du noyau. Voilà l'observation *décisive.*

Oh! je n'ignore pas les objections faites à Boveri, à Chabry, à Driesch, à Guignard. Expérience décisive ne veut pas dire expérience irréfutable, mais expérience entrant dans le vif d'une importante question théorique. Or, si on ne se pose pas la question théorique on n'arrive jamais à trouver l'expérience décisive et l'on perd son temps à des recherches qui peut-être ne serviront jamais à rien.

D'ailleurs les observations décisives ne diffèrent par aucun trait absolu de celles qui ne le sont pas. C'est le but seul et la possibilité d'en tirer des conséquences qui les caractérise. Un exemple fera sentir la différence. Depuis longtemps les botanistes avaient trouvé entre les cellules des communications protoplasmiques. C'était un fait curieux, rien de plus. Le hasard a transformé un jour ce fait en observation décisive, lorsque SEDGWICK les retrouva chez le Péripate, généralisa leur existence et que SPENCER vit en elles une possibilité d'expliquer l'action des cellules du corps sur les éléments sexuels et par suite l'hérédité des caractères acquis. Les botanistes, dira-t-on, n'avaient donc pas travaillé inutilement! Non, mais ils ont tiré les marrons du feu.

Il est temps d'achever cette trop longue préface. J'avais à cœur de montrer que le moment était venu de changer la direction des recherches biologiques si nous ne voulions pas laisser aux autres tout l'honneur des grandes découvertes qui se préparent. Je ne disconviens pas que la voie nouvelle où je conseille d'entrer est autrement difficile que l'ancienne. Quand on veut se contenter de revoir dans une plante ou un animal ce que d'autres ont vu dans un autre animal ou une autre plante, et de signaler les petites différences que l'on rencontrera, on est sûr de produire une honnête mémoire au bout d'un temps relativement court. *L'expérience décisive*, au contraire, est généralement difficile à concevoir et presque toujours difficile à faire, et l'on peut en la poursuivant rester des années sans rien trouver. Mais du moins, si l'on réussit, ce que l'on produit a de la valeur.

On y arrive bien en Allemagne.

Laisserons-nous s'accréditer, ce que l'on voudrait bien faire croire, que les races latines énervées ne sont pas à la hauteur de ces grandes tâches? Non, nous n'avons péché jusqu'ici que par insouciance de ce qui se passait autour de nous. Il est temps encore de nous ressaisir, mais il n'est que temps.

Décembre 1894.

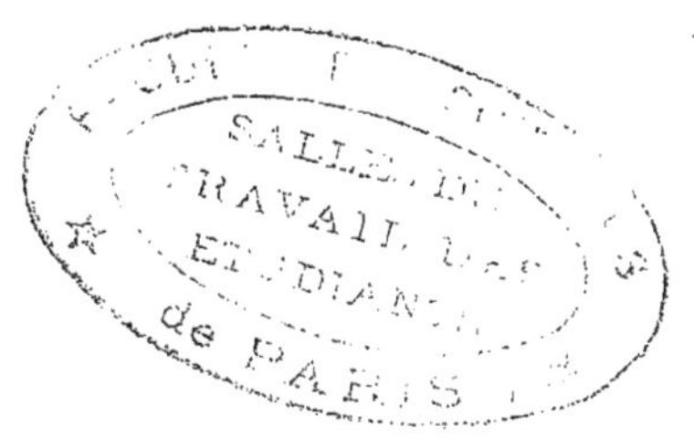

AVERTISSEMENT

Ce livre s'adresse aux philosophes et aux hommes curieux des choses de la science aussi bien qu'aux naturalistes. Les recherches biologiques demandent de l'imagination et de la pénétration autant que des connaissances techniques. Ce que j'ai appelé l'*expérience décisive* est souvent aussi difficile à concevoir qu'à exécuter et si un philosophe la conseille et qu'un naturaliste la mène à bien, il pourra se faire que le premier n'ait pas la moindre part dans le succès. L'exemple de H. Spencer en est la preuve. Chez lui le philosophe est doublé d'un naturaliste, mais, si l'on peut ainsi dire, d'un naturaliste non pratiquant. Je ne sache pas qu'il ait beaucoup disséqué les animaux ni pratiqué les finesses de la technique histologique. Qui oserait nier cependant qu'il ait rendu d'importants services à la Biologie? Mais il possède à fond la connaissance des questions biologiques et les arguments tirés de l'anatomie, de l'histologie ou de l'embryogénie ne sont point pour l'embarrasser. Ce qu'il faut aux philosophes pour les mettre en état de nous apporter le secours de leur intelligence, ce n'est donc point une instruction pratique, une éducation de laboratoire qu'ils n'ont pas le temps d'acquérir, mais quelques livres qui les mettent à l'aise au milieu des questions biologiques.

Or les manuels ne sont bons à rien pour cela. D'abord je n'en sais point qui traite de ces questions; et puis ils sont d'ordinaire à la fois incomplets, peu au courant et cependant aussi ardus que les gros traités. Un livre permettant aux philosophes et aux esprits cultivés de se mettre sans trop de peine au courant des questions générales de la Biologie n'existe pas encore, je crois. Aussi, en faisant celui-ci, ai-je cherché à le composer de manière à combler cette lacune. La chose devient vraiment nécessaire aujourd'hui où la Biologie prenant une tournure philosophique, tandis que la philosophie cherchant sa base dans la Biologie, ces deux sciences tendent à se donner la main. Philosophes et Biologistes doivent s'aider mutuellement et se faciliter réciproquement l'accès de leur science. Les uns et les autres ne peuvent qu'y gagner.

J'ai donc fait de mon mieux pour que ce livre fût compréhensible pour des personnes n'ayant qu'une culture générale. Pour cela, je me suis imposé d'abord de prendre chaque question *ab ovo,* c'est-à-dire sans supposer au lecteur des connaissances préliminaires trop spéciales. Puis, en restant toujours élémentaire, de pousser jusqu'à la limite de nos connaissances les plus nouvelles. Enfin, chaque fois qu'un détail intéressant mais non indispensable se présentait, de le reléguer dans les notes. En sorte que le lecteur étranger aux sciences naturelles pût se dispenser de lire ces notes sans craindre cependant d'avoir rien passé d'essentiel. Rien n'empêche d'ailleurs d'y avoir recours partiellement pour quelques cas particuliers.

Ces *notes* ne sont point ici, comme d'ordinaire, de courts compléments clairsemés dans l'ouvrage, destinés à recevoir ce qui s'écarte par trop du sujet principal. Appliquant sous une forme un peu modifiée une méthode dont j'ai montré ailleurs les avantages *, je n'ai laissé dans le texte principal que ce qui est strictement nécessaire pour l'intelligence de l'idée dominante, rejetant dans les notes ce qui est compléments, restrictions, accessoires quelconques.

L'ouvrage se divise en quatre parties. La première comprend *Les faits* et ce qui concerne leur interprétation en dehors de toute

* Y. Delage. *Sur la manière d'écrire dans les sciences naturelles.* Introduction à un mémoire sur l'Embryogénie des Éponges, dans les *Arch. de zool. expérimentale*, Vol. X, 1892.

préoccupation théorique. Elle se divise elle-même en trois livres : *la Cellule, l'Individu, la Race*, c'est-à-dire les trois termes de complication progressive à propos desquels se posent les grands problèmes biologiques dont nous avons indiqué quelques-uns dans l'Introduction. Pour l'Individu et la Race, j'ai dû me limiter aux grandes fonctions qui relèvent directement de la *Biologie générale*. Il eût été impossible d'entrer dans la description anatomique des organes ou d'examiner les fonctions qui font l'objet de la Physiologie pure. Mais pour la cellule, je n'ai pas cru devoir m'imposer cette limite. Le Protoplasma est la substance vivante universelle. C'est dans sa structure et dans sa composition chimique qui résident les causes physiques de la vie. D'autre part, le protoplasma n'est jamais amorphe ; il prend toujours la forme de cellule et dans cet agencement de masses protoplasmiques diverses qui constitue la cellule réside la condition nécessaire de toutes les fonctions des organismes. Il n'est pas de théorie biologique générale qui ne s'appuie sur la structure de la cellule ou du protoplasme, et il est impossible de comprendre ces théories sans la connaître à fond. J'ai donc dû en faire une étude détaillée. Cela était d'autant plus indispensable que des travaux innombrables, d'importance capitale, ont complètement bouleversé en quelques années notre ancienne conception cellulaire. Maint lecteur qui croyait savoir ce qu'est une cellule sera étrangement surpris en voyant combien il était loin de ce qu'on en connaît aujourd'hui. Il ne suffit pas d'être naturaliste pour savoir ce qu'est la cellule de 1894, il faut être un spécialiste de la cytologie.

Cette partie contient quelques figures. Leur nombre pourra paraître faible et leur choix singulier. Mais l'ouvrage n'était pas destiné à être illustré et je n'ai ajouté des figures que là où elles m'ont paru indispensables pour aider à comprendre certains points particuliers.

Les deux parties suivantes de l'ouvrage sont consacrées aux théories que j'ai divisées en *théories spéciales* et *théories générales*. Celles-ci comprennent les systèmes complets, qui, partant de la cellule et du protoplasma, expliquent (ou prétendent expliquer) sinon tous les faits de la Biologie générale, du moins la plupart d'entre eux; celles-là ne s'attachent qu'à quelque question particulière sans se préoccuper si la solution proposée est susceptible d'extension ou de généralisation. Il y a bien quelque inconvénient à cette division, car elle force à chercher à plusieurs places les explications proposées pour chaque problème. Mais la table alphabétique est disposée de manière à rendre cette recherche facile et le dommage eût été plus grand de couper l'exposition des grands systèmes théoriques complets.

Dans l'exposé de chaque théorie, je parle ici surtout des grandes, j'ai cru bien faire de donner la parole à l'auteur, en expliquant son système comme il l'eût fait lui-même, c'est-à-dire en faisant tout pour le mettre en valeur. Les objections ou observations de détail auxquelles la théorie peut donner prise ont été reléguées dans les notes, mises entre crochets [ ] et pour les distinguer de celles qui sont des compléments de la théorie elle-même, mis dans la bouche de son auteur. Puis après l'exposé vient la critique générale de la théorie qui, débarrassée des objections de détail, peut porter plus haut et en montrer le vice ou l'avantage fondamental.

Enfin dans une quatrième et dernière partie, après un coup d'œil d'ensemble sur la marche générale des idées, j'ai exposé mes conceptions personnelles non à titre de théorie complète prétendant supplanter les autres, mais comme solution provisoire la plus probable, en attendant que les expériences décisives, s'il en est, aient pu permettre de se prononcer définitivement. Mon but, d'ailleurs, était moins, dans cette partie personnelle, de proposer une solution ferme que de montrer la bonne route à ceux qui voudraient entrer dans la voie de ces études, et de les mettre en garde contre certains entraînements tout à fait fâcheux. Deux surtout sont à craindre. Le premier, commun en Allemagne, consiste à chercher l'explication de tous les phénomènes biologiques dans la Prédétermination, dès l'œuf, de tout ce que sera et fera l'organisme futur. Ce qui conduit à attribuer au protoplasme et à la cellule une constitution extrêmement improbable que rien n'autorise à admettre, et à négliger l'étude des facteurs ontogénétiques qui sont tous des forces physico-chimiques *actuelles* agissant sur l'œuf pendant son développement. Le second est une funeste tendance à se payer de mots, dont sont victimes même des esprits distingués habitués à la réflexion. On arrive aujourd'hui à considérer l'Hérédité, l'Atavisme, la Variation, l'Adaptation, etc., etc., comme des *forces* directrices de l'évolution, quand ce ne sont que des *catégories*, des groupements de faits ayant chacun sa raison mécanique individuelle. On en fait sans l'avouer, sans s'en douter même des sortes de *divinités biologiques* qui se disputent les organismes comme les dieux de l'Olympe se disputaient le sort des Troyens et des Grecs; et l'on croit avoir expliqué quelque chose quand on a dit : Ceci vient de l'Atavisme, cela est dû à la Variation et cette autre chose à l'Hérédité. Ceux qui veulent faire faire quelques progrès à la Biologie doivent se garder de ces solutions nominales comme du pire danger, car on ne cherche plus quand on croit avoir. Il faut, si l'on veut marcher droit, poser en principe que tout phénomène d'évolution ontogénétique se ramène à des causes spéciales *actuelles,* c'est-à-dire résulte du concours de forces simples, dilatations et compressions, attractions et répulsions, décomposition, synthèse, etc., dues aux agents naturels, chaleur, lumière, pesanteur, humidité, tension osmotique ou superficielle, forces chimiotactiques, etc. Ces forces sont de même nature que celles qui agissent sur les substances non vivantes et leur communiquent leurs caractères. Les effets ne diffèrent ici que parce qu'elles s'appliquent à des substances incomparablement plus complexes. Le programme de la recherche doit être de déterminer la structure de ces substances et le mode d'action des forces qui agissent sur elles.

J'ai indiqué dans l'Introduction la direction qu'il convient de donner aux études biologiques, j'en définis maintenant le but; et cela m'amène, après avoir dit pourquoi j'avais fait ce livre, à expliquer ici comment j'ai été amené à le faire.

J'avais d'abord pensé pour moi-même les choses que j'ai essayé de persuader aux autres dans cette Introduction. En réfléchissant au but des études biologiques, j'ai peu à peu compris combien la recherche telle qu'on la fait chez nous a peu d'intérêt, et j'ai résolument pris le parti de renoncer à toute étude qui n'aurait pas pour but la solution d'une question théorique importante. Pour cela il fallait me mettre au courant de ces questions théoriques, et connaître les tentatives faites pour les résoudre. Je n'étais nullement préparé à cette étude; je me suis donc mis au travail, je ne crains pas de l'avouer, pour *apprendre* ce que j'ignorais et que, étant donné ma situation, j'aurais dû savoir, et pour me mettre en état de travailler et de diriger des élèves dans cette voie nouvelle. En interrogeant autour de moi les personnes auprès desquelles j'aurais voulu me renseigner, je n'ai pas tardé à m'apercevoir que la plupart ignoraient autant que moi-même ce qui à l'étranger était connu de tous. Des théories célèbres discutées avec passion, les noms mêmes des pioniers des recherches nouvelles sont presque inconnus chez nous. Voyant cela, j'ai cru bien faire de ne pas garder pour moi seul les connaissances ainsi acquises et d'en faire profiter le public scientifique pour éviter à ceux qui voudraient suivre la même voie une partie au moins du labeur énorme que je me suis imposé pour me mettre au point.

Telle est l'origine de ce livre.

Il est possible qu'écrit dans ces conditions il contienne des fautes. J'en accepterai la correction en toute humilité. Je n'ai pas eu la prétention de faire une œuvre d'érudition irréprochable. Mon but aura été atteint s'il inspire à quelques travailleurs le goût des recherches de Biologie générale et s'il leur aplanit quelque peu les premières difficultés.

PREMIÈRE PARTIE

LES FAITS

LIVRE I. — LA CELLULE

CHAPITRE I. — CONSTITUTION DE LA CELLULE

L'idée qu'éveille le mot *cellule* dans l'esprit du naturaliste a varié d'une manière incroyable depuis les quelque deux siècles que l'on connait cet élément[1].

[1] La première découverte des cellules remonte à 1665. C'est le naturaliste anglais ROBERT HOOKE qui, un demi-siècle environ après l'invention du microscope, appliquant cet instrument à l'étude des tissus végétaux, découvrit de petites cavités qu'il nomma *cells* (cellules), nom qui, après avoir été en lutte pendant longtemps avec celui d'*utricules*, a fini par triompher tout à fait. Hooke ne voyait dans la cellule que sa cavité. C'est l'anatomiste italien MALPIGHI qui, une dizaine d'années plus tard, conçut le premier la cellule comme une *utricule* (c'est lui qui lui donna ce nom), c'est-à-dire un petit corps isolable creux et muni d'une paroi propre. Peu à peu sont découverts le suc cellulaire (confondu alors avec le protoplasme), le noyau et le nucléole par FONTANA en 1781. Ces notions, d'abord vagues, incertaines, isolées, se confirment, se complètent, s'étendent grâce aux travaux de MEYEN (1828), de BROWN (1831). En 1835, DUJARDIN découvre que la substance qui remplit la cellule n'est pas liquide, mais vivante et *organisée,* et lui donne le nom de *sarcode,* auquel on a substitué, en violation de toutes les règles de la nomenclature et de la justice, celui de *protoplasma*, proposé en 1846 par HUGO MOHL. Dès 1826, TURPIN avait compris la signification vraie, si importante des cellules et avait reconnu en elles des organismes élémentaires complets formant par leur groupement les organismes (végétaux) d'ordre plus élevé. Mais c'est seulement après les travaux de DUTROCHET (24 et 37)* et de SCHWANN (39) que cette notion si féconde se généralise, s'étend à tous les êtres vivants et surtout

Les personnes qui, sans être étrangères aux sciences naturelles et à l'histologie ne sont pas cependant tout à fait versées dans ces sciences et surtout ne se sont pas tenues au courant des derniers progrès de celle-ci, se représentent la cellule comme un corps microscopique formé d'une petite masse de *protoplasma*, entourée d'une *membrane* et contenant un *noyau*. Ce dernier est lui-même une petite vésicule de nature égalément protoplasmique et contient souvent une granulation volumineuse que l'on appelle le *nucléole*. Le *protoplasma* est une matière gélatineuse, douée de vie, homogène et formée de substances albuminoïdes fort complexes et mal définies. La cellule se reproduit par division en s'étirant, elle et son noyau, de manière à prendre la forme d'un biscuit, puis d'un sablier dont les deux moitiés finissent par se séparer et s'arrondir de nouveau. Les deux cellules ainsi formées sont désormais entièrement indépendantes l'une de l'autre, soudées peut-être par leurs membranes, mais isolées dans leurs protoplasmas.

Cette conception est celle qui a été enseignée dans leur jeunesse aux personnes arrivées à l'âge moyen de la vie. Elle est fausse dans la plupart de ses points et entièrement insuffisante dans tous. Il est impossible de suivre les progrès de la Biologie générale sans savoir plus à fond et plus exactement ce qu'est la cellule et quelles sont ses fonctions.

1. LA MEMBRANE.

On désigne sous le nom de membrane deux parties bien distinctes : d'une part la *membrane protoplasmique* constante et dont il sera question à propos du cytoplasma, et d'autre part la *membrane cuticulaire*. C'est cette dernière que l'on désigne toujours quand on ne spécifie pas[1].

que l'on comprend que tous les tissus sont formés de cellules et que toutes les cellules de l'organisme dérivent les unes des autres et primitivement de l'œuf. La *théorie cellulaire* était fondée.

La cellule dès cette époque pouvait être définie à peu de chose près comme nous le faisons dans ce court préliminaire.

[1] Les naturalistes qui les premiers ont examiné des cellules (c'étaient des cel-

* Les chiffres entre parenthèses indiquent la date de l'ouvrage dans le siècle actuel et renvoient à l'index bibliographique à la fin du volume.

Elle n'est pas constante. Beaucoup de cellules sont nues. Quand elle existe, elle est généralement *anhyste,* c'est-à-dire sans structure, dans les cellules animales. Il n'y a guère d'exception que pour certains œufs. Les membranes végétales, au contraire, sans parler de leurs ornements, épaississements, sculptures, perforations, se montrent formées de couches successives et, dans ces couches, on distingue souvent des fibres ou même de minimes particules orientées régulièrement suivant une structure parfois fort complexe comme l'ont montrer NÄGELI (84) et plus récemment WIESNER (92) et BÜTSCHLI (94).

La membrane protège la cellule et joue très probablement un rôle dans les phénomènes osmotiques dont elle est le siège[2].

2. LE CYTOPLASMA.

On donne le nom de *Cytoplasma* au protoplasma du corps cellulaire pour le distinguer de celui du noyau qui devient alors le *Nucleoplasma.*

Examiné vivant et à un grossissement moyen, il se montre sous l'aspect d'une substance homogène ou granuleuse semi-fluide. A son intérieur, on aperçoit souvent des organes variés, vacuoles, grains de chlorophylle, grains d'amidon, etc., mais ce sont là des formations en

lules végétales) n'ont vu d'elles que la membrane. La membrane a donc été prise d'abord pour la cellule elle-même. La découverte du suc cellulaire, du protoplasma et enfin du noyau a montré qu'elle n'était pas tout, mais sans lui enlever cependant son importance. Elle restait l'organe essentiel et la cellule était définie : *une membrane en forme de logette fermée, contenant, etc.* Au commencement de ce siècle, la membrane était tombée au rang d'organe accessoire par ses fonctions, mais cependant nécessaire; la cellule était : *une petite masse protoplasmique, renfermée dans une membrane et contenant un noyau.* Enfin quand on eut constaté que d'innombrables cellules représentant des organismes complets comme les Amibes et tant d'autres, ou faisant partie d'un tissu comme les éléments nerveux, sont nues, et que là où la membrane existe elle reste passive en présence des activités étonnantes du noyau et du protoplasme, on ne vit plus en elle qu'une pellicule inerte exsudée par le protoplasma pour se protéger.

C'est surtout MAX SCHULTZE (63) qui a détrôné la membrane et montré que les activités vitales appartiennent au protoplasma.

Il me semble que l'on est allé trop loin dans cette voie et j'espère montrer dans la quatrième partie de cet ouvrage que son rôle ne peut être aussi insignifiant.

[2] NÄGELI (64) appelle ces particules *Micelles,* WIESNER (92) les nomme *Plasomes.* Les idées de ces auteurs seront exposées avec les *Théories générales.* BÜTSCHLI (94) croit retrouver dans la membrane la structure alvéolaire qu'il attribue au cytoplasma et que nous allons bientôt étudier.

quelque sorte surajoutées, qui ne constituent pas le cytoplasma lui-même et ne font pas partie de sa structure.

Le cytoplasma proprement dit se montre, à un grossissement plus fort, sous des aspects très différents selon les cellules que l'on examine et aussi selon les réactifs qu'on fait agir sur lui. Il apparaît tantôt comme une substance homogène et continue parsemée de fines granulations, tantôt comme un ensemble de granules qui en forment la masse principale et sont baignés par une faible quantité de substance homogène indifférente, tantôt comme une matière spumeuse formée par la réunion d'un nombre immense de petites vacuoles dont le cytoplasme forme la paroi et comble les intervalles; tantôt enfin comme un réseau délicat à mailles très fines, réseau formé d'après les uns par des filaments ramifiés et anastomosés de substance protoplasmique solidifiée, d'après les autres, par des fibrilles distinctes et simplement entrelacées.

Tous ces aspects sont indéniables et correspondent à quelque chose de réel. Mais les théoriciens sont rarement éclectiques et comme il y a toujours, en Allemagne surtout, un théoricien derrière l'observateur, il en résulte que les naturalistes se sont partagés en cinq camps dans chacun desquels on proclame qu'un seul de ces aspects est le vrai, ou du moins que lui seul a de l'importance et résume ce qu'il y a d'essentiel dans la structure du protoplasma. A ces cinq aspects correspondent autant de théories qui peuvent être désignées par les noms de *homogène, réticulaire, fibrillaire, alvéolaire* et *granulaire*. Indépendamment de ces théories *positives*, c'est-à-dire fondées sur l'observation, il y en a de nombreuses purement subjectives, c'est-à-dire imaginées de toutes pièces pour les besoins de l'explication des phénomènes. Elles seront étudiées à propos des *Théories particulières* ou des *Théories générales* pour lesquelles elles ont été créées.

Théorie de la structure homogène. — Le cytoplasma serait formé d'une substance fondamentale d'aspect homogène, en laquelle résideraient les propriétés essentielles, et de fines granulations mesurant environ 1 μ.*, souvent moins, rarement plus, éparses dans cette substance, non vivantes et n'ayant qu'un rôle subordonné. Cette théorie très généralement admise il y a quelques années, a été peu à peu abandonnée depuis que l'on a compris la valeur des remarques de Brücke (61); elle ne compte plus

* Le μ ou micron est le millième de millimètre; mesure habituelle des histologistes.

guère de partisans que parmi les botanistes. C'est chez les plantes, en effet, que le protoplasma revêt le plus souvent l'aspect qui lui correspond. STRASBURGER (84) en a été le principal promoteur. KNOLL (93) et GRIESBACK (94) l'admettent encore au moins pour certaines cellules (sanguines) dans toute sa rigueur. D'après cette théorie, les fibrilles du protoplasme sont parfois incontestables, mais elles ne sont ni constantes ni permanentes et ne sont pas les agents de la contractilité. Le mouvement le plus ordinaire du protoplasme est une rotation monotone dans laquelle les granulations sont entraînées et mêlées les unes avec les autres; la substance fondamentale est ainsi sans cesse mélangée, aucun rapport fixe ne peut persister entre ses différentes parties, et cela élimine l'idée de fibrilles comme aussi de toute autre disposition fixe, réticulée ou autre. Le cytoplasme est formé d'une substance fondamentale visqueuse, le *Hyaloplasma* et de fines granulations, les *Microsomes*[1]. Il y a deux hyaloplasma, un *nutritif* et un *formatif*. C'est ce dernier, *Kinoplasma* de STRASBURGER (92), qui est seul actif, forme les filaments de l'*Aster* et les fibrilles du *Fuseau* au moment de la division, tandis que le premier appelé *Trophoplasma* n'a qu'un rôle nutritif secondaire. La motilité est une propriété du kinoplasma inhérente à sa constitution, et il n'y a pas à lui chercher des causes mécaniques dans quelque structure spéciale de sa substance.

Théorie réticulaire. — Le cytoplasma serait formé de deux substances, une, dite substance *filaire*, de consistance relativement ferme, disposée en un réseau délicat à mailles très petites, l'autre visqueuse et sans forme propre, répandue dans les mailles du réseau. Les microsomes existent et sont placés dans la substance réticulée, mais ils ne jouent aucun rôle essentiel. Le réseau est permanent en tant que réseau, mais sa forme n'est pas fixe, aussi ne s'oppose-t-elle pas aux mouvements du protoplasma. C'est HEITZMANN (73) qui le premier a reconnu cette structure et de nombreux his-

[1] Ces dénominations sont dues à KÖLLIKER. Aujourd'hui beaucoup d'histologistes, surtout en Allemagne et en Angleterre, ne donnent plus le nom de protoplasma qu'au cytoplasme et, faisant ces deux termes synonymes, n'emploient plus que le premier. Quant au nucléoplasme, c'est-à-dire à l'ensemble des substances nucléaires, ils n'en parlent pas, le regardant comme n'ayant aucune unité et décrivent séparément le *suc nucléaire*, la *chromatine*, les *nucléoles*, etc. Cependant tout cela n'en constitue pas moins un protoplasma nucléaire, tout comme les *fibrilles* de Flemming, les *microsomes*, le *spongioplasma* et le *hyaloplasma* de Leydig forment le protoplasma du corps cellulaire.

tologistes ont adopté sa manière de voir. Mais dans l'interprétation de l'importance relative des substances hyaline et réticulaire, les opinions se sont partagées. Les uns voient avec Heitzmann dans la partie réticulaire le vrai protoplasma vivant et actif et dans la partie hyaline une substance de remplissage, inerte. BRASS (83, 84_1) et bientôt après LEYDIG (85) ont pris le contre-pied de cette manière de voir. LEYDIG appelle *Spongioplasma* la substance réticulée et voit en elle un simple tissu de soutien, et considère comme seule active et vivante la substance visqueuse qu'il appelle *Hyaloplasma*. Leur opinion a trouvé de nombreux partisans[1].

Théorie fibrillaire. — KUPFFER (75) admit la structure réticulée, mais il s'efforça de démontrer que les trabécules sont formés de véritables fibrilles, nettement individualisées, permanentes, entrelacées ensemble de manière à dessiner un réseau. La théorie fibrillaire diffère de la précédente en ceci que l'élément essentiel est constitué par des *Fibrilles* indépendantes. Il peut bien y avoir des ramifications anastomosées de ces filaments qui dessinent un réseau, mais la partie réticulée est accessoire. FLEMMING (94) nie qu'on puisse démontrer sa réalité; l'aspect réticulé serait artificiel et dû aux réactifs. Ces fibrilles sont contractiles et formées de *protoplasma* vrai, tandis que la substance hyaline semi-fluide répandue entre elles est inerte et d'ordre inférieur. Il l'appelle *Paraplasma*. FLEMMING (82) qu'il faut nommer ici parce qu'il est le principal champion de la théorie, appelle le protoplasma de Kupffer *Substance filaire* (*Filarsubstanz*) et le paraplasma *Masse interfilaire* (*Interfilarmasse*)[2]. L'ensemble des fibrilles constitue le *Mitome* (*Mitom*).

[1] Pour la théorie de HEITZMANN, aux noms cités ici on peut ajouter ceux de FROMMANN (75), de KLEIN (78) et de SCHMITZ (80). D'autre part l'interprétation de BRASS et de LEYDIG a été suivie et modifiée dans ses détails, par GRIESBACH (91) et par SCHÆFER (91). Ce dernier appuie son opinion sur le fait que, dans les leucocytes, les pseudopodes sont formés par des expansions de la substance hyaline dans lesquelles le réseau ne pénètre pas. Il explique les mouvements ciliaires en admettant que le cil est creux, formé d'une gaîne élastique contenant de la substance hyaline dont les contractions produisent les mouvements du cil.

Dans un travail plus récent, BRASS (84_2) admet que, dans l'œuf et dans les Protozoaires, le protoplasma est disposé en couches concentriques autour du noyau. La plus interne est formée de plasma nutritif, la plus externe de plasma moteur (chez les cellules mobiles seulement et formant alors les pseudopodes et le cils) et la moyenne de plasma respiratoire.

[2] Les fibrilles du cytoplasma sont admises par beaucoup d'histologistes, mais

Ballowitz pousse encore plus loin la théorie fibrillaire et démontre que partout où le protoplasme est contractile, on rencontre des fibrilles d'une extrême finesse, soit longues, régulières, orientées, soit courtes et orientées, soit courtes et formant un réseau.

Théorie alvéolaire. — Dans beaucoup de cellules, surtout dans celles qui constituent le corps de certains Foraminifères, le cytoplasma se montre nettement formé d'une multitude de petites *alvéoles* pressées les unes contre les autres. Ces alvéoles sont des vacuoles, mais il est bon de leur donner un nom spécial pour les distinguer des vacuoles ordinaires plus grosses, irrégulières, inconstantes et qui ont une toute autre signification. La paroi des alvéoles est formée de protoplasma homogène, et ce protoplasma remplit aussi tous les intervalles interalvéolaires sans qu'il y ait la moindre trace de démarcation entre les parois alvéolaires et les petites accumulations de protoplasme qui occupent les espaces stellaires compris entre les points de tangence. On peut se faire une idée de la forme du protoplasme en se représentant celle d'un liquide gélatineux que l'on verserait dans un sac rempli de billes d'inégale grosseur. Les alvéoles sont polyédriques à angles plus ou moins arrondis. A leur intérieur est un liquide qui les remplit. Cette structure a été remarquée d'abord par **Kunstler** (82 et ailleurs) qui l'a observée dans diverses sortes de protoplasmes. Elle a été reconnue ensuite par **Bütschli** (89, 90_2, 91, 92_2, 94) qui a cherché avec une patience et une habileté remarquables à la retrouver dans les cellules où elle ne se voit pas au premier abord. Il y est arrivé et se croit en mesure d'affirmer que tout cytoplasme a une structure alvéolaire. La couche superficielle homogène et hyaline ne paraît telle que parce que les alvéoles y sont si petites qu'on ne peut plus les distinguer. Dans la masse intérieure il peut se rencontrer des fibrilles et des microsomes,

il en est peu qui accordent à **Flemming** qu'elles soient universellement répandues. C. **Schneider** (91) croit avoir constaté que les fibrilles se continuent en dehors avec les cils, quand il y en a, et en dedans avec le reticulum du noyau à travers la membrane nucléaire. **Bütschli** (92_2) croit qu'elles n'ont pas d'existence réelle et sont des produits de l'action des réactifs ou parfois même de simples images dues à des illusions d'optique. Cependant les fibrilles et leurs mouvements ont été vus sur des cellules vivantes.

Watasé (93) a émis l'opinion que les microsomes n'ont pas d'existence réelle et ne sont que des varicosités ou des nodosités des fibrilles protoplasmiques.

D'autres nombreuses variantes de cette théorie ont été émises dans ces dernières années. Tout cela est trop litigieux et surtout trop spécial pour nous arrêter.

mais ces formations, toujours logées dans le protoplasma interalvéolaire, sont des accidents de structure, des particularités secondaires, et ni les unes ni les autres ne sont les vrais détenteurs des propriétés vitales : ce sont des formations inertes. L'apparence réticulée dont on veut faire un trait essentiel est très vraie, mais elle ne représente qu'une partie, et la plus grossière, du tableau réel : elle est produite par le système des plus grosses alvéoles ; et les trabécules du réseau sont criblés d'alvéoles plus petites. D'ailleurs il y a entre la théorie réticulaire et la théorie alvéolaire une différence fondamentale : dans la première, l'image positive est le réseau protoplasmique, et les cavités des mailles ne sont que les vides laissés par lui ; dans la seconde, le protoplasma est l'image négative, et l'élément structural positif est l'alvéole formé d'une gouttelette d'un liquide que Bütschli appelle *Chylema* et de sa paroi protoplasmique (fig. 1). L'alvéole est mobile ; entraînant la mince couche de protoplasma qui l'entoure immédiatement, elle glisse sur ses voisines sans rompre jamais la parfaite continuité du protoplasma interalvéolaire. Bütschli a pu obtenir, au moyen de certaines huiles traitées par un liquide alcalin, des émulsions artificielles, dont la structure physique est l'image frappante de celle du protoplasme ; et, dans ces émulsions, se produisent des mouvements très semblables aussi à ceux de cette substance d'où il conclut que la structure alvéolaire est la condition et la cause mécanique des mouvements protoplasmiques, opinion hasardeuse, mais intéressante, et que nous aurons à examiner plus loin[1].

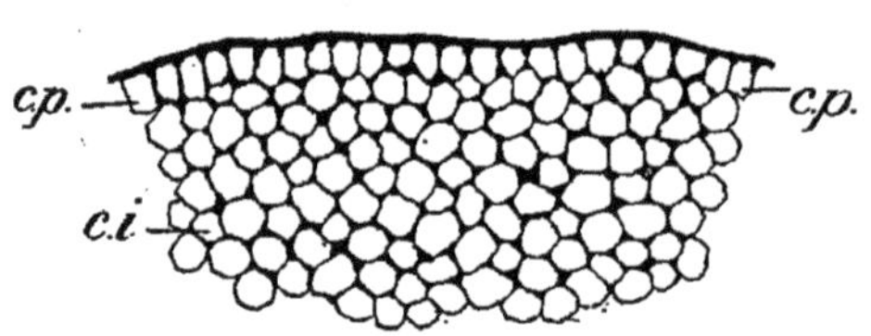

Fig. 1. — Structure alvéolaire du protoplasma et des mousses artificielles, d'après BÜTSCHLI.

cp. Couche périphérique où les alvéoles sont orientées perpendiculairement à la surface.

ci. Partie centrale où les alvéoles sont disposés sans ordre.

[1] Ces mousses artificielles à bulles si petites qu'on puisse les comparer aux alvéoles du protoplasma ne s'obtiennent pas aisément. Certaines huiles grasses, vieilles, donnent une réussite parfaite, tandis que d'autres, en apparence toute semblables, ne donnent que des émulsions grossières. Dans ces mousses les alvéoles sont occupés par la solution alcaline tandis que l'huile forme les parois et toute la substance interalvéolaire.

Il faut avoir vu, comme j'ai eu l'occasion de le faire à Heidelberg en 1889, les préparations mêmes de l'auteur, pour avoir une idée exacte de l'extrême ressemblance que présentent ces mousses artificielles avec le protoplasma de certains Protozoaires. Ce qui complète la ressemblance c'est que les alvéoles de la couche superficielle sont différents des autres ;

Théorie granulaire. — Certains réactifs, en particulier la fuchsine acide, colorent les microsomes et en font apparaître là où souvent on n'en voyait pas auparavant. Ils montrent que les granulations sont un élément constant et très abondant du protoplasme. MAGGI (74 et suiv.) et ALTMANN (90, 94) ont cherché à prouver que, loin d'être accessoires et inertes, elles sont, au contraire, les vrais et les seuls éléments vivants du protoplasma.

ils sont plus grands, prismatiques et régulièrement disposés suivant une direction radiaire, tandis que les autres ont des formes polyédriques quelconques, en sorte que la petite tache de mousse est bordée d'une membrane spéciale ce qui augmente sa ressemblance avec un petit être vivant (fig. 1). Le tableau devient encore bien plus frappant lorsque l'on voit ces alvéoles se déplacer dans une direction fixe et déterminer une véritable reptation amœboïde de la gouttelette spumeuse. C'est là, à coup sûr, la partie la plus intéressante du phénomène, mais nous devons la laisser de côté pour le moment, pour nous en occuper plus tard quand nous étudierons la physiologie du protoplasma.

Malgré la persévérance, l'ingéniosité et le talent extraordinaires apportés par l'auteur à la défense de sa théorie, peu d'histologistes ont accepté son opinion. La plupart nient la structure alvéolaire du protoplasma. FROMMANN (90) APATHY (91) se sont nettement prononcés dans ce sens. FLEMMING (94) dit que les photographies publiées par Bütschli ne prouvent rien, car des granulations pleines donneraient des images semblables. Pour lui, elles indiquent seulement un réseau à mailles régulières et ce réseau lui-même est formé esentiellement de fibrilles et secondairement de ramifications anastomosées. Ceux qui admettent que le protoplasme a parfois, sinon toujours, une structure vraiment alvéolaire lui objectent avec raison que la ressemblance de structure est superficielle. Le protoplasme n'est pas formé de gouttelettes d'une solution saline en suspension dans un liquide gras. S'il était une émulsion, le liquide ne pourrait être qu'albumineux et il se dissoudrait dans l'eau contenue dans les alvéoles. A cela Bütschli répond que le liquide albumineux peut être rendu insoluble dans l'eau par son union chimique avec des acides gras. Le point faible de la théorie est que, pour expliquer les mouvements du protoplasme, l'auteur est obligé de laisser aux alvéoles une liberté parfaite de mouvements, et de faire du protoplasme un mélange de deux liquides qui exclut toute structure ferme et définie. BÜTSCHLI me paraît victime de l'esprit de système lorsqu'il cherche à expliquer toutes les formations figurées du protoplasme (sauf les granules) par des alignements de vacuoles orientées. Dans un travail tout récent (94), il s'efforce d'expliquer par sa théorie la structure de la membrane cellulosique des cellules végétales de divers sphéro-cristaux et de la carapace de l'Écrevisse.

CRATO (92) a retrouvé la structure alvéolaire chez les plantes inférieures.

EISMOND (90, 94) croit avoir constaté que les alvéoles sont limités non par des parois sphériques, mais par des lamelles anastomosées limitant de petites chambres, *aréoles,* communiquant toutes entre elles. Le *réseau filaire* ne serait que la coupe optique de ces lamelles vues par la tranche, et le système alvéolaire serait l'image négative des parois du réseau. C'est la *Théorie aréolaire*, interdiaire entre la réticulaire et l'alvéolaire et qui mérite de prendre place au même rang que celles-ci. Nous verrons, en parlant du *centrosome,* de quelle manière il explique la *sphère attractive*, le *centrosome* et les *asters*.

Les *granules,* ainsi que les nomme ALTMANN pour marquer leur interprétation nouvelle, sont les organites élémentaires constitutifs de tout protoplasme; les propriétés de celui-ci résident en eux. Ils se reproduisent par division et se multiplient ainsi selon les besoins. Ils sont noyés dans une quantité modérée de substance homogène et encore est-il possible que la substance d'apparence homogène ne soit qu'un amas de granules ultra-microscopiques. Les alvéoles, le réseau protoplasmique, peuvent exister, mais ce sont des dispositions structurales sans importance. Les fibrilles ne sont pas des éléments autonomes, ce sont des files de granules très petits, qui prennent cette disposition en général quand ils se multiplient.

Voilà, réduite à ses traits essentiels, la théorie d'Altmann dans ce qu'elle a de positif. L'auteur y a ajouté une partie spéculative sans cesse mêlée dans son ouvrage aux résultats de l'observation. Nous l'en séparerons avec soin pour l'étudier dans la troisième partie de cet ouvrage. Altmann a d'ailleurs facilité cette séparation en donnant à ses granulations deux noms; ils les appelle *Granules* et *Bioblastes*. Les *Granules,* ce sont les granulations que montre le microscope dont on peut sans quitter le domaine de la science positive étudier et discuter les fonctions dans le protoplasme; les *Bioblastes* ce sont ces mêmes granulations envisagées comme unités élémentaires de toute substance vivante, uniques détenteurs de ses propriétés et de ses caractères, et facteurs de l'hérédité. Les granules appartiennent à la première partie de ce livre, les bioblastes à la deuxième[1].

La membrane protoplasmique. — Telle est la structure, ou plutôt telles

[1] Nous verrons plus loin qu'ALTMANN étend au noyau sa théorie granulaire.

Il y aurait à exposer ici dans ses détails la partie positive de la théorie d'Altmann. Mais comme il nous faudra y revenir à propos des théories spéculatives sur la structure du protoplasma, nous préférons renvoyer à ce moment son exposé complet pour ne pas le scinder.

Les granulations du protoplasma sont connues depuis très longtemps.

DUJARDIN (35) en parle dans son étude du sarcode. SCHWANN (39) les décrit dans son traité d'Anatomie générale. BECHAMP (75 et 83) en a fait même, et bien avant Altmann, une étude extrêmement détaillée. Mais il y a dans ses expériences innombrables et dans sa théorie si peu de faits positifs qu'il nous faut renvoyer leur exposé à la partie théorique de ce livre.

MAGGI (74 et suiv.) les a remarqués et décrits avec soin dès 1867 et, sous le nom de *Plastidules* en a fait les organites vivants essentiels de la cellule.

ALTMANN (87) a découvert ses granules en 1887 sans avoir eu connaissance, à ce qu'il semble, des travaux ci-dessus.

LUKJANOF (87, 88) retrouve la constitution du noyau admise par Altmann dans les cellules de l'*Ascaris mystax.* Il admet que les figures chromatiques ne sont que

sont les structures que montre le cytoplasma dans l'intérieur de sa masse. Mais il est à remarquer que jamais les parties figurées n'arrivent à l'extrême limite de sa surface. La couche superficielle est toujours formée d'une bordure absolument hyaline qui, en dedans, se continue insensiblement avec la masse intérieure, mais en dehors se limite par une ligne absolument pure et continue. Jamais on ne voit un microsome ou un granule, une maille du reticulum ou un alvéole faire partie du contour extérieur : si une vacuole vient éclater à la surface, si une déchirure ou une section vient mettre à nu la masse intérieure granuleuse ou vacuolaire, aussitôt la couche hyaline s'étend et rétablit sa continuité. Cette couche constitue une sorte de *membrane protoplasmique* (on la nomme souvent ainsi) qui ne fait jamais défaut et supplée en partie la vraie membrane lorsque celle-ci est absente; elle joue comme elle un rôle protecteur et doit, je pense, avoir elle aussi une fonction osmotique particulière. Lorsqu'il y a une vraie membrane, elle ne disparaît pas pour cela; elle s'amincit au point de devenir parfois presque invisible, mais elle persiste cependant et chez les plantes elle garde souvent une épaisseur relativement grande.

On voit que la structure du cytoplasme est loin d'être parfaitement élucidée. Sur un seul point, on est aujourd'hui à peu près d'accord, c'est que le protoplasme n'est pas simplement, comme on l'a cru longtemps, une substance chimique *organique*, mais qu'il est *organisé*, c'est-à-dire possède une structure d'un ordre plus élevé que la structure atomique des molécules chimiques des composés organiques non vivants. Dans ceux-ci la molécule a une structure, mais les diverses molécules ne sont pas disposées les unes par rapport aux autres dans un ordre défini. On pourrait les broyer indéfiniment avec les instruments les plus déliés sans altérer

l'image négative des granules qu'il appelle les *Hyalosomes*.

Mitrophanof (89) confirme les idées d'Altmann sur la théorie granulaire en général et, au moyen du bleu de méthylène, retrouve les granules dans un grand nombre de cellules.

Zimmermann (90) en appliquant aux plantes les méthodes d'Altmann a retrouvé les granules dans le cytoplasma végétal. Mais il ne leur accorde pas une importance aussi générale que ce dernier et, à la suite de quelques expériences, leur attribue un rôle simplement nutritif.

Les frères Zoja (91) ont retrouvé dans la plupart des animaux les granulations fuchsinophiles d'Altmann, mais eux aussi restreignent leur rôle à la fonction nutritive et à ses dépendances, sécrétion, etc. Apathy (91) admet aussi la théorie granulaire.

leurs caractères. Il n'en est plus de même du protoplasme; un traitement de ce genre le tuerait.

C'est Dujardin (35) qui a eu le mérite, à une époque où les instruments le montraient homogène (sauf les plus grosses granulations), de deviner son *organisation*. Brücke (61) a précisé plus tard cette idée et aujourd'hui elle n'a plus guère de contradicteurs[1]. Mais sur la nature de cette organisation on a vu que l'entente est loin d'être faite. Après avoir étudié le protoplasme et retrouvé en lui les aspects décrits, après avoir médité sur ce qui a été écrit à son sujet, je reste convaincu que toutes les structures qu'on lui décrit sont vraies, mais qu'aucune n'est essentielle et

[1] On s'osbtine à attribuer à Brücke le mérite de cette idée. Les Allemands semblent admettre que Dujardin n'a cru qu'à une masse vivante sans structure et que Brücke a le premier défini le protoplasma organisé. Dans leur idée *sarcode* est synonyme de protoplasma amorphe. Cela est inexact, et c'est bien Dujardin (35) qui a le premier exprimé et dans les termes les plus nets l'idée de la structure du sarcode. Il dit en effet :

« Le sarcode est sans organes visibles et sans apparence de cellulosité, mais il est cependant organisé, puisqu'il émet divers prolongements entraînant des granules, s'étendant et se retirant alternativement et qu'en un mot il a la vie ». On ne lui rend pas justice non plus quand on dit qu'il n'avait vu le sarcode que chez les animaux inférieurs. Il dit en effet : « On retrouve le sarcode dans les œufs, les zoophytes, les vers, et les autres animaux ». Et il ajoute : « Mais ici il est susceptible de recevoir avec l'âge un degré d'organisation plus complexe que dans les animaux du bas de l'échelle ». Ce qui confirme à la fois qu'il croyait le protoplasme *organisé* et qu'il reconnaissait son existence même chez les animaux supérieurs.

Frappé de la faculté qu'a le protoplasma de se différencier par ses propres forces, Brücke émet l'idée que cette homogénéité n'est partout qu'apparente et arrive à cette conception que partout le protoplasma « est formé d'innombrables petits organismes dont nous pouvons admettre qu'ils ont une structure très compliquée et dont les éléments architectoniques essentiels restent jusqu'ici cachés à nos yeux ». Il pense que ces éléments sont semblables entre eux dans leur état jeune, de même que les embryons des différentes classes diffèrent moins entre eux que les adultes correspondants. L'ancienne conception de la cellule : membrane constante, noyau constant et muni d'une nucléole, plasma formé d'une simple solution albumineuse, doit être remplacée par une nouvelle qui rejette au second plan la membrane et le noyau, pouvant manquer l'un et l'autre, et donne la suprématie à un plasma formé d'organites élémentaires à structure très compliquée.

La différence entre Dujardin et Brücke est très simple. Le premier a deviné l'existence de *structures* que le microscope démontre aujourd'hui; tandis qu'en introduisant dans la conception du protoplasma cette notion, acceptée avec enthousiasme, d'organismes très compliqués et invisibles, Brücke a ouvert la porte aux nombreuses théories spéculatives qui cherchent à imaginer la structure de ces organismes pour expliquer par elle les phénomènes de la vie. Nous verrons dans la troisième partie de cet ouvrage que ces théories n'ont point tenu leurs promesses et sont destinées à disparaître.

ne contient en elle l'explication de ses propriétés. C'est dans la substance d'apparence homogène qui baigne les fibrilles et les granules, qui forme le réseau et comble les espaces interalvéolaires que résident, aussi bien que dans les parties figurées, les propriétés essentielles de la substance vivante. Les fibrilles, granules, aréoles ou alvéoles ne sont sans doute que des différenciations locales, des condensations de substance, des particularités de disposition, utiles évidemment, mais qui ne contiennent pas en elles seules la raison mécanique ou physiologique des phénomènes vitaux.

Communications protoplasmiques. — Chez beaucoup de plantes et chez quelques animaux, on a constaté que les cellules ne sont pas seulement en contact, mais qu'elles communiquent entre elles par des prolongements cytoplasmiques qui s'étendent de l'une à l'autre. Il ne s'agit pas ici seulement des cellules nues constituant le corps de quelques organismes inférieurs comme les Myxomycètes ou certains Rhizopodes qui s'associent en un *syncytium* plus ou moins étendu; ces *communications protoplasmiques*, comme on les a appelées, se rencontrent chez des plantes et des animaux même d'organisation élevée. Chez les premières, ce sont de fins filaments cytoplasmiques qui percent les membranes et vont se continuer avec ceux des cellules limitrophes, en sorte que toutes les cellules sont ainsi fusionnées en un vaste syncytium. Chez les *Volvox*, elles sont réduites à un seul filament, mais large et épais; chez les animaux, on les a moins souvent observées. Cependant SEDGWICK (86) les a trouvées chez le Péripate du Cap qui est une sorte de Myriapode très primitif et, dans une lettre à H. SPENCER reproduite par celui-ci (93), il déclare les avoir rencontrées depuis, chez les Céphalopodes, les Poissons élasmobranches et les Oiseaux. Mais ce qui est surtout intéressant, c'est qu'il n'a pas trouvé ces communications seulement chez les adultes; il a suivi leur mode de formation depuis l'œuf et constaté qu'elles sont *primitives*. Les deux cellules qui naissent de la segmentation de l'œuf ne se séparent pas complètement; elles restent unies par des filaments protoplasmiques; les deux cellules qui naissent de chacune de celles-ci se comportent de même et la chose continue ainsi indéfiniment. En sorte que pendant toute la vie de l'être, depuis le moment où il naît de l'œuf, toutes ses cellules restent toujours en communication entre elles par l'intermédiaire de leur partie vivante.

On n'a encore qu'un trop petit nombre d'observations de cette nature pour qu'il soit permis de généraliser sans hésitation, mais il faut reconnaître que c'est dans ce sens que se dessine la marche des découvertes; et il ne serait pas étonnant que dans quelques années la communication protoplasmique de tous les éléments entre eux fît partie de la conception générale des êtres pluricellulaires.

Cette notion a une importance extrême. Dans la conception de l'être polycellulaire, elle substitue à l'idée de colonie d'éléments indépendants vivant chacun pour son compte, celle d'organisme composé, à individualité bien marquée, gagnant en unité tout ce que ses éléments constituants ont perdu en indépendance. Elle permettrait d'entrevoir une raison mécanique à des phénomènes jusqu'ici presque incompréhensibles, que nous étudierons sous les noms de *Corrélation organique, Télégonie,* etc., et d'expliquer peut-être l'*Hérédité des caractères acquis.* Mais il faut reconnaître qu'elle n'est pas démontrée, au moins comme fait général. Il semble même difficile d'admettre que, dans certains tissus comme le cartilage, par exemple, il puisse y avoir des communications protoplasmiques qui traverseraient la substance hyaline et n'auraient pas été vues[1].

3. LE NOYAU.

Le noyau se présente d'ordinaire sous l'aspect d'une vésicule arrondie située au centre de la cellule. Cette forme et cette situation ne sont pas constantes, mais leurs variations semblent n'avoir qu'une importance très secondaire, aussi pouvons-nous ne tenir compte ici que du cas général[2].

[1] Les communications protoplasmiques ont été d'abord découvertes chez les plantes. Elles ont été entrevues par quelques naturalistes dès le commencement du siècle, mais c'est à THURET et BORNET (78) que revient l'honneur de les avoir nettement vues et décrites. Peu de temps après, TANGL (79) en découvrait de nouvelles, et depuis, nombre de botanistes les ont étudiées. KIENITZ-GERLOFF (91) a résumé l'histoire chronologique de leur découverte.

Une question fort importante serait de savoir s'il se forme des communications protoplasmiques secondaires entre des cellules voisines qui ne sont pas sœurs mais qui ont été amenées secondairement en contact l'une avec l'autre, par exemple à la suite d'une invagination chez les animaux ou de la greffe chez les plantes.

[2] Le noyau a été découvert par FONTANA en 1781. Sa forme est presque toujours celle d'une sphère ou d'un ellipsoïde plus ou moins allongé. Mais on a observé des noyaux allongés en cordons sinueux; c'est le cas pour le macronucleus de beaucoup d'Infusoires, et plus rarement pour des cellules de tissu des Métazoaires. Plus rarement encore le noyau est ramifié, par exemple, dans les cellules de

Cette vésicule possède naturellement une *membrane*. Sa cavité est occupée par un liquide, le *suc nucléaire*, qui baigne trois sortes d'éléments figurés : le *réseau de linine*, la *chromatine* et le ou les *nucléoles*.

La *membrane* est très mince, hyaline, parfaitement tendue sous la pression du suc nucléaire. Elle sépare ce suc du cytoplasma ; on a donné le nom de *amphipyrénine* à la substance chimique qui la constitue.

Le *suc nucléaire* appelé aussi *enchylema* est un liquide qui sert de véhicule aux substances nutritives ou excrétées qui s'échangent entre le noyau et le cytoplasma. Il a été comparé au suc cellulaire qui occupe les vacuoles de ce dernier.

Le *réseau de linine*, ainsi nommé parce que l'on a donné le nom de *linine* à la substance chimique qui le constitue, est formé par des filaments extrêmement fins, non colorables par les réactifs ordinaires, s'entrecroisant de manière variable dans la cavité du noyau. On est loin d'être exactement renseigné sur sa constitution. La plupart des histologistes le croient, avec FLEMMING, constitué comme un vrai réseau, en ce sens que les brins partant d'un même point nodal seraient soudés entre eux en ce point, et ils pensent qu'au moment de la division nucléaire, lorsque le réseau se transforme en un filament unique très long, continu d'un bout à l'autre, cela résulte de ce que les mailles se sont rompues aux endroits convenables pour produire cette disposition. STRASBURGER (84), CARNOY (84), HÆCKER, sont d'avis que le filament est vraiment unique et continu d'un bout à l'autre

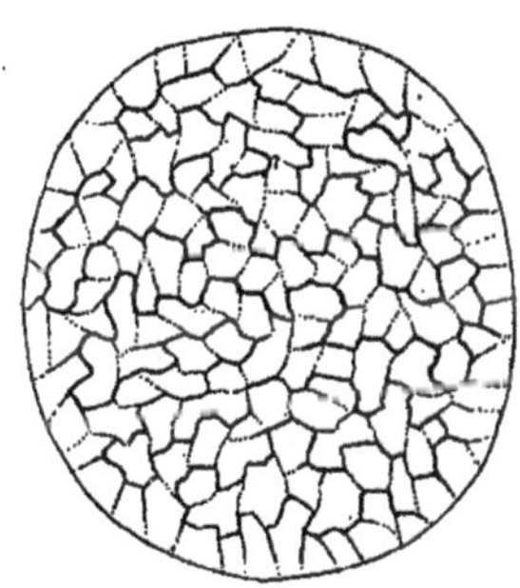

Fig. 2. — Le réseau du noyau au moment où les anastomoses (pointillé) se coupent pour donner naissance à un filament continu. (Schématique.)

la glande filière des larves de Phrygane.

Sa situation est centrale ou subcentrale le plus souvent. Mais, dans bien des cas, il se rapproche de la base ou de l'extrémité des cellules et, dans quelques cas, on a pu établir une relation entre cette situation et le fonctionnement de la cellule.

Dans les cellules sécrétrantes, en particulier les cellulles muqueuses et celles des reins de beaucoup d'Invertébrés, le noyau est refoulé excentriquement contre la paroi par une grosse vacuole ou par une concrétion urinaire.

Le noyau est généralement unique. Mais parfois il en existe deux (certaines cellules hépatiques) ou un grand nombre (myeloplaxes de la moelle des os).

Beaucoup de Foraminifères ont aussi de nombreux noyaux. Certaines Algues inférieures, comme les *Vaucheria*, en ont tant que pendant longtemps on a cru qu'elles n'en avaient point, ne songeant pas que ces innombrables petits grains que l'on apercevait dans le cytoplasme pussent être des noyaux. Ce sont bien de vrais noyaux cependant.

sans bifurcation, que là où il semble se diviser il forme seulement des anses, et que les nœuds sont formés par un simple accollement des branches de l'anse ; aux points où il rencontre la membrane, il se soude aussi à elle par une anse, mais s'en sépare quand cela devient nécessaire. Ce point a une grande importance, parce que, si la disposition admise par Strasburger était réelle, elle rendrait beaucoup plus probable la persistance des chromosomes en tant qu'organes permanents. On comprendra plus tard l'importance de cette question.

Par contre, Camillo Schneider (91), qui admet les fibrilles du cytoplasma de Flemming, assure que ce réseau de fibrilles se continue avec le réseau de linine et ne forme qu'un seul système avec lui. La membrane respecte la continuité des deux réseaux, et le noyau tout entier n'est qu'une sorte d'encapsulation des parties centrales d'un ensemble continu.

Fig. 3. — Structure du noyau, d'après Rabl. (Schématique.)

Enfin Rabl (85) a trouvé que, dans beaucoup de cas, le filament est formé de plusieurs anses de premier ordre distinctes et séparées, ayant leurs deux bouts à un des pôles, et leur courbure tournée vers le pôle opposé où elles respectent un espace clair appelé le *champ polaire* (fig. 3). Ces anses sont réunies par des filaments de deuxième ordre beaucoup plus fins formant un réseau. Strasburger (88) s'est rallié à cette manière de voir.

La *chromatine* est une partie du noyau caractérisée par son affinité pour les matières colorantes acides. Elle forme de petits grains ou des masses un peu plus volumineuses disposées sur le réseau de linine comme les grains d'un chapelet, mais beaucoup moins régulièrement. On appelle ces petits grains *nucléomicrosomes ;* quand elle se condense en petites masses plus importantes, ce qui arrive souvent aux points nodaux du réseau, elle forme ce que l'on a appelé les *pseudo-nucléoles* ou les *corps nucléiniens*. Les rapports exacts des *grains de chromatine* avec le filament de linine ne sont pas très nettement élucidés. Ils paraissent souvent lui être simplement accolés, mais souvent aussi ils sont nettement dans son épaisseur et il se pourrait bien qu'il en fût toujours ainsi. Leur diamètre est bien supérieur à celui du filament, mais celui-ci se renflerait autour des grains pour les revêtir d'une mince pellicule de sa substance [1].

[1] Balbiani (81), ayant observé dans certaines cellules de la larve du *Chironomus* que la chromatine est disposée en un seul boyau long, épais, très sinueux, se termi-

Les *nucléoles* sont des globules arrondis, relativement volumineux, situés dans les mailles du réseau de linine, sans attache avec lui, libres dans le suc nucléaire. Souvent il n'y en a qu'un, et quand il y en a plusieurs, il y en a d'ordinaire un de taille prédominante; aussi a-t-on cru longtemps qu'il était unique. Lorsqu'il y en a plusieurs petits, on donne à leur ensemble le nom de *corps nucléolaire*. On a appelé *paranucléine* ou *pyrénine* la substance chimique qui forme le ou les nucléoles. Cette structure compliquée est aujourd'hui admise par la presque universalité des histologistes. Il n'y a, je crois, que Altmann qui la combatte pour étendre au noyau sa théorie du cytoplasma[2].

nant à ses deux bouts dans un nucléole, a émis l'avis que cette disposition était générale et que le réseau de linine était une production artificielle des réactifs. Cette opinion ne paraît pas exacte.

Carnoy (84) croit à un seul cordon moniforme, très long et replié sur lui-même un très grand nombre de fois et très irrégulièrement. Le réseau serait une illusion optique produite par l'entrecroisement incessant des anses du cordon. Mais les deux branches qui semblent se souder en un nœud du réseau seraient en réalité superposées, simplement contiguës et situées dans deux plans différents. Cette idée, dont il ne serait pas facile de démontrer l'inexactitude, permettrait de concevoir sans difficulté la première phase préparatoire de la division par simple raccourcissement et épaississement du filament. Mais certaines particularités du filament au moment de la mitose plaident contre elle. (V. p. 67, fig. 6.)

Strasburger avait déjà émis une idée semblable pour les plantes (82) mais il l'avait abandonnée ensuite (84) pour la théorie du réseau; enfin dans ses derniers travaux (88), il se rattache à l'opinion de Rabl (85).

Flemming (87) confirme pour certains cas la manière de voir de Rabl (85). Il faut reconnaître que cette manière de voir qui gagne beaucoup de terrain explique mieux encore que celle de Carnoy (84) la phase préparatoire de la division nucléaire, puisqu'elle nous amène d'emblée à l'état de cordon segmenté par simple rupture des filaments fins du réseau secondaire.

Boveri (88$_2$) émet une opinion intermédiaire d'après laquelle le filament serait continu mais formé de segments distincts simplement collés bout à bout qui n'auraient qu'à se séparer au moment où la division se prépare.

[2] Les nucléoles sont très variables et, dans un même noyau, peuvent changer d'aspect, de nombre, de position, sans que l'on puisse dire quelle est la signification de ces changements. Leur rôle est encore fort mal connu. On les considère souvent comme des centres de formation pour la chromatine qui passerait d'abord par l'état de pyrénine. Mais il serait possible que la nucléole n'eût pas une fonction purement chimique. Nous verrons en discutant l'origine du centrosome quel rôle on lui a attribué relativement à cet organe.

Des observations récentes de Hæcker (93$_2$) il résulte que le corps nucléolaire serait un appareil excréteur de la cellule. D'après cet auteur, les fonctions s'exercent différemment selon qu'il est représenté par un nucléole principal ou par plusieurs secondaires. Dans ce dernier cas, œufs des Vertébrés, des Cyclopes, etc., les petits nucléoles sont de petites masses pleines.

ALTMANN (94) considère les petits îlots contenus dans les mailles du réseau de linine comme des *granules* et ce réseau, avec les grains de chromatine, comme une substance intergranulaire sans importance. Il est parvenu, en effet, à colorer exclusivement le suc nucléaire et à y faire apparaître de petites masses arrondies ou polyédriques indépendantes. Quelques auteurs pensent qu'il n'y a là qu'un artifice de préparation par lequel il donne le relief d'images positives à ce qui forme le fond du tableau[1].

Mais lui assure que ce sont ses adversaires qui font cette erreur. La question théoriquement est assez embarrassante. Si on vous présente un damier, pouvez-vous dire s'il est fait de cases noires sur un fond blanc ou de cases blanches sur un fond noir? On pourrait aussi considérer

Elles sont formées de substances résultant de l'évolution de la chromatine. Quand la chromatine se forme aux dépens des éléments nutritifs qui pénètrent dans la vésicule germinative, elle trie certaines substances et rejette les autres qui vont former les nucléoles. Ceux-ci sont donc *in toto* des substances de rebut. Ils s'accroissent ainsi à mesure que la vésicule germinative grandit, et que la chromatine augmente, et ils sont rejetés en bloc lorsque celle-là au moment de la division se détruit. La nouvelle vésicule n'en contient pas au début. Quand il y a un nucléole principal (Echinides) celui-ci n'est pas massif. Il possède deux sortes de vacuoles, les unes petits, périphériques ou *formatrices,* l'autre grosse centrale ou *excrétrice*. Les substances rejetées au moment de la formation de la chromatine sont absorbées à l'état liquide par les petites vacuoles nucléolaires, qui ainsi se gonflent peu à peu. Pendant ce temps, elles déposent des substances solides qui viennent accroître la masse solide du nucléole, et c'est seulement le liquide qui les forme. Ces petites vacuoles se vident peu à peu dans la grande qui se dilate ainsi par une lente diastole. Quand celle-ci est pleine, elle se rapproche de la surface où elle se vide dans le suc nucléaire. Le cycle dure plusieurs heures. Il y a similitude étroite avec la vacuole pulsatile des Protozoaires. Les seules différences sont que celle-ci n'a pas de protoplasma différencié autour d'elle et que son cycle est de quelques secondes à quelques minutes. Bien entendu les substances chimiques sont remaniées par le nucléole qui joue ainsi un rôle dans la nutrition générale de la cellule. Ce n'est pas un simple filtre.

RHUMBLER (93) est d'avis que, chez les Protozoaires et dans les cellules germinales, le nucléole n'est pas, comme dans les cellules ordinaires des Métazoaires, un organe spécial. C'est une simple réserve nutritive qui s'accumule pendant la phase d'accroissement pour les besoins du moment où le nucléoplasma doit doubler rapidement sa masse avant la division du noyau. Pour consacrer cette distinction, il l'apelle *Binnenkörper* (corps interne) et réserve le nom de nucléole à l'organe similaire des cellules de tissu.

Voici maintenant les noms des parrains des substances du noyau : *chromatine* et *achromatine* (substance achromatique qui forme les filaments), Flemming; *linine,* Flemming; *pyrénine*, Schwartz; *amphipyrénine*, Zacharias; *enchylema*, Hanstein; *chylema* Bütschli. Nous indiquons dans la note 2 de la page suivante la terminologie de Strasburger.

[1] Les granules nucléaires sont loin d'avoir dans les figures d'Altmann la même netteté que ceux du cytoplasma.

qu'il y a des cases blanches et des noires sur un fond entièrement couvert et donner ainsi une demi-satisfaction aux deux parties. Il est possible que dans le cas présent la vérité soit là [1].

Presque tous les histologistes s'accordent aussi à attribuer à la chromatine et à la pyrénine nucléolaire le rôle essentiel dans les fonctions du noyau [2].

On admet aussi très généralement aujourd'hui que le noyau est un organe constant et nécessaire de la cellule. Pendant longtemps on a cru aux *cytodes* et aux *Monères* de Hœckel, qui appelait ainsi les cellules de tissu ou les organismes inférieurs dépourvus de noyau. Mais on s'est aperçu que cette prétendue absence s'expliquait par l'imperfection des méthodes ou des instruments. Après avoir découvert un noyau chez la plupart des monères et des cytodes et même chez les Bactéries, on a, par une induction à mon sens un peu hâtive, nié l'existence d'organismes sans noyau. Il me semble peu probable que la cellule se soit constituée d'emblée avec tous ses organes. La nucléine a dû exister dans la cellule avant de se condenser dans un organe différencié de celle-ci. Une expérience de KRASSER (85) semble bien démonstrative à cet égard. Cet auteur a extrait, par des procédés chimiques, de la nucléine des cellules de Levure chez lesquelles on n'a jamais pu constater l'existence d'un noyau [3].

[1] BÜTSCHLI (85) pense que chez certains Protozoaires le noyau offre la *structure alvéolaire*. Il considère les mailles du réseau comme des alvéoles *fermés* pleins d'enchylema et limités par une mince paroi de nucléine.

[2] STRASBURGER (84) appelle *nucléo-hyaloplasma* la substance du filament achromatique et l'assimile au *cyto-hyaloplasma* du corps cellulaire. Il lui attribue le rôle important dans la vie active du noyau. Les *nucléomicrosomes* formés de chromatine seraient inactifs et n'auraient qu'une fonction nutritive.

BRASS (84) considère lui aussi le plasma achromatique comme la substance essentielle, seule active et vivante. La chromatine inerte et sans vie serait une simple réserve nutritive. Il a vu, en effet, la chromatine se résorber peu à peu dans les cellules en état d'inanition et se reformer dès que l'alimentation reprend son cours normal.

[3] C'est BÜTSCHLI (90) qui a découvert le noyau des Bactéries et constaté même qu'il est fort gros et entouré d'une pellicule de cytoplasma beaucoup plus mince que lui. Il considère le noyau comme indispensable à toute cellule et comme phylogénétiquement antérieur au cytoplasma.

On peut citer FRENZEL (86) parmi les rares auteurs qui croient encore à l'existence de cellules sans noyau chez les animaux supérieurs. Les exemples qu'il donne ne sont pas démonstratifs. Les hématies des Mammifères sont, il est vrai, sans noyau, mais on leur conteste la signification de cellules. Ce seraient des produits de cellules destinés à mourir sans postérité après avoir accompli certaines fonctions physiques pendant un temps déterminé.

4. LE CENTROSOME ET LA SPHÈRE ATTRACTIVE.

Pendant la division de la cellule, il devient relativement facile d'apercevoir dans le cytoplasma deux petites taches claires autour desquelles le protoplasma forme des stries rayonnantes et qui contiennent en leur centre un petit globule plus dense. Ces taches claires sont les *sphères attractives*, le globule qu'elles contiennent est le *centrosome*. Pendant l'état de repos, qui seul nous occupe pour le moment, on n'aperçoit rien de tel. En particulier les stries rayonnantes relativement faciles à voir sont absentes. Mais en s'aidant de réactifs particuliers on arrive, dans certains cas, à retrouver les sphères et leur centrosome.

L'organe entier se compose de trois parties : au centre le *centrosome*, granule ou petits amas de granulations colorable d'une façon assez intense par certains réactifs; autour de lui, une zone claire et qui reste telle dans les réactifs colorants; parfois, autour de la zone claire, une bordure un peu plus colorable que la zone sous-jacente et que l'on a appelée la *couche corticale*; enfin des stries divergentes disposées comme les rayons d'un astre lumineux, s'étendant plus ou moins loin dans le protoplasma ambiant, c'est l'*aster*. Les deux premières parties sont constantes; la dernière n'appartient pas en propre à l'organe; elle ne se montre qu'au moment de la division du noyau.

Le centrosome est beaucoup plus petit que le noyau; il mesure de 1/2 à 1 1/2 μ, il se montre toujours placé tout contre le noyau et souvent même détermine dans sa membrane une petite dépression où il se loge. Chez les plantes, il y en a normalement deux côte à côte; chez les animaux on n'en trouve ordinairement qu'un seul. Mais il ne faudrait pas faire de cela une caractéristique, car on a quelquefois trouvé deux centrosomes dans des cellules animales (blastomères de la Truite, d'après HERMANN (91),) et rien n'empêche qu'on ne trouve des cellules végétales où il n'y en ait qu'un. Cela n'a d'ailleurs aucune importance, car les centrosomes, comme nous le verrons, se reproduisent par division en même temps que la cellule; quand on en trouve deux, c'est que leur division a de beaucoup précédé celle du noyau; quand on n'en trouve qu'un, c'est qu'elle est moins précoce[1]. Par leurs réactions histo-chimiques, les centrosomes se montrent

[1] Le centrosome étant en somme achromatique comme la linine, on pourrait croire qu'il est formé de la même substance que celle-ci. Il n'en est rien. WATASÉ

différents de toutes les autres substances de la cellule. Il n'y a pas de réactif qui colore partout et toujours le centrosome en même temps et de la même manière que quelque autre partie[1].

Voilà à peu près tout ce que l'on sait de ces organes dans la cellule au repos. Plusieurs questions se posent à leur sujet. Les centrosomes sont-ils des organes permanents de la cellule? Appartiennent-ils au cytoplasma ou au noyau, et dans ce cas, comment et sous quelle forme passent-ils du noyau dans le cytoplasma et rentrent-ils du cytoplasma dans le noyau?

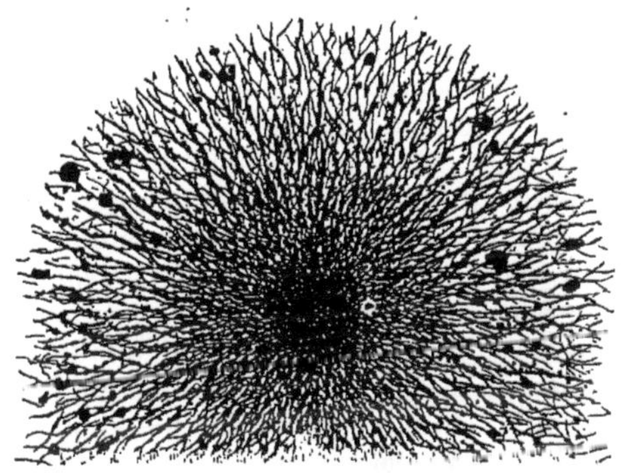

Fig. 4. — Structure du cytoplasma, d'après EISMOND. Le centre presque noir est le centrosome, la zone moyenne est la sphère attractive plus sombre et la la partie périphérique claire est le commencement du cytoplasma.

On s'est même demandé tout récemment si le centrosome et la sphère étaient bien des organes réels et s'ils n'étaient pas simplement des aspects dus à un état particulier des parties d'une substance de structure uniforme. Cette dernière opinion est due à EISMOND (90, 94) qui ne voit dans la sphère et le centrosome qu'un point du cytoplasma où les aréoles sont si petites et si serrées qu'elles donnent l'illusion d'un corps opaque, et cet état des aréoles serait dû à ce qu'en ce point les échanges nutritifs seraient minima ou nuls.

Plus généralement on considère, au contraire, mais sans preuves du reste, le centrosome et la sphère comme des centres d'activité[2].

(93) a montré que dans l'œuf de l'*Unio* le centrosome se colore en rouge par la fuchsine tandis que le réseau et les filaments achromatiques ne se colorent pas.

La *vésicule attractive* est appelée *vésicule directrice* par Guignard et *archoplasma* par Boveri; unie aux filaments qui en partent, elle constitue le *kinoplasma* de Strasburger. L'archoplasma des cellules animales diffère ordinairement de la sphère attractive des cellules végétales en ce qu'il a l'air d'une simple couche protoplasmique et non d'une vésicule individualisée. Chez les plantes observées par Guignard c'est pendant l'*anaphase* que se divise le centrosome qui servira pour la division suivante.

[1] C'est ED. VAN BENEDEN qui a découvert le centrosome. C'est lui aussi (83) qui, le premier, à une époque où le centrosome n'était connu que dans quelques cellules, émit l'idée qu'il était un organe permanent et constant de la cellule.

[2] EISMOND (v. p. 27) considère le cytoplasma comme formé d'un réseau aréolaire dont les parois seraient constituées par des lamelles ramifiées et anastomosées, et dont les mailles seraient occupés par l'*enchy-*

La question de la permanence tend de plus en plus à se trancher dans le sens de l'affirmative, mais celle de la situation intra ou extra-nucléaire pendant le repos qui sépare deux divisions successives, et de l'origine aux dépens de telle ou telle des substances figurées du noyau, reste aussi litigieuse que jamais[1].

lema. D'après lui, la forme, la taille et la direction des mailles sont déterminés par les mouvements moléculaires dus aux transports osmotiques dont le cytoplasma est le siège. Elles sont grandes là où le mouvement osmotique est actif, petites là où il est faible, et partout allongées dans le sens où ont lieu les échanges. Ces mouvements moléculaires sont surtout actifs à la périphérie et vont en diminuant vers le centre. Là existe une sorte de *point mort* où l'activité des échanges est nulle et où par suite les aréoles sont si petites qu'on peut à peine les voir aux plus forts grossissements. Ce point mort est le centrosome. On comprend que la petitesse des mailles lui donne l'aspect d'un globule opaque. Autour de lui vient une zone où les mailles sont à peine plus grandes. C'est la sphère attractive. Enfin à partir de là, les mailles deviennent plus grandes et leur orientation centrifuge donne la figure des stries rayonnantes. Mais nulle part il n'y a, comme on le croit, de transition brusque entre ces diverses zones. La sphère et le centrosome ne sont donc pas des organes réels. Ce sont des *aspects* traduisant l'état dynamique de divers points d'un système de structure uniforme. La figure 4 facilite l'intelligence de cette conception. La théorie explique non moins aisément le cas où il y a deux centrosomes. Malgré ses séductions cette théorie est trop neuve pour pouvoir être admise avant d'avoir subi l'épreuve de la critique.

Watasé (93), dont nous avons vu plus haut l'opinion au sujet des microsomes du cytoplasma, qu'il considère comme des varicosités des fibrilles protoplasmiques, assure que le centrosome n'est qu'un microsome, c'est-à-dire une varicosité fibrillaire, plus gros que les autres. Ces varicosités sont disposées radiairement et par ordre de taille décroissante à partir d'un point focal occupé par une varicosité de taille plus grosse qui est le centrosome. Celui-ci est cependant plus gros que s'il suivait simplement la loi d'accroissement des autres varicosités le long des fibrilles radiaires.

D'après Bürger (92), la sphère directrice et le centrosome ne sont pas des organes réels : ce sont des effets optiques dus à des conditions mécaniques. La sphère est produite par les microsomes et le centrosome n'est que du protoplasma rendu plus dense par la pression de ceux-ci.

Mitrophanof (94) a émis tout récemment une opinion, basée sur des observations très précises et qui irait appuyer celles d'Eismond et de Bürger. D'après lui, les centrosomes et sphères attractives sont les résultats et non les guides de la division commençante. Il en résulte qu'ils ne sont pas constants dans les divisions, ni permanents après elles. Tout ce qu'on en a dit est le résultat de l'extension illégitime à toutes les cellules de ce qui s'observe chez les cellules sexuelles seules. En étudiant les cellules des embryons de Sélaciens, on constate, en effet, qu'il n'y a souvent rien au pôle du fuseau, ou parfois un chromosome dévoyé, que souvent le fuseau n'a pas de pôle défini; qu'en tout cas, il se continue avec le réseau filaire dont il est un arrangement local produit sous l'action des processus physico-chimiques dont la cellule est le siège.

[1] Chez les animaux, Rabl (89), Solger (89, 90), Hermann (91), Flemming ($91_{1,2}$) ont trouvé des centrosomes dans des cel-

Les uns veulent que le centrosome et la sphère soient toujours et exclusivement dans le cytoplasme, et de fait GUIGNARD (94) semble bien avoir démontré qu'il en est ainsi chez certaines plantes. D'autres assurent, au contraire, qu'il sort du noyau, et BRAUER (93) semble avoir non moins nettement démontré qu'il en est ainsi dans les spermatocytes de l'*Arcaris megalocephala*. Il a même vu le centrosome se diviser dans le noyau, à côté du nucléole persistant. Un fait certain c'est que le centrosome de la cellule au repos est toujours, lorsqu'on le rencontre dans le cytoplasma, appliqué contre la membrane nucléaire et logé même dans une dépression de celle-ci; et nous verrons à propos de la division cellulaire, que lorsqu'il s'en écarte pour entrer franchement dans le cytoplasme il laisse souvent derrière lui la membrane nucléaire perforée à la place où il confinait à elle [1].

Pour ce qui est de l'origine de la substance du centrosome, deux opinions sont en présence. Les partisans de la permanence admettent naturellement que la substance du centrosome est indépendante et n'a aucune relation d'origine avec celle du noyau. Les partisans de l'origine intra-nucléaire la font provenir des substances chromatiques du noyau et en particulier de celle du nucléole.

lules en repos (cellules lymphatiques de certains épithéliums plats, endothélium de la Salamandre, cellules pigmentées du Brochet, etc.). Cependant ces observations sont rares, mais dans les plantes GUIGNARD (91) les a rencontrés dans un grand nombre de cas, et vus nettement entourés de la vésicule attractive, mais sans stries radiaires pendant le repos.

Les Protozoaires n'ont point en général de centrosome. JULIN (93) s'est efforcé de montrer que chez les Infusoires le macronucleus représentait à la fois le nucléole et le centrosome.

[1] L'opinion que le centrosome est un organe du noyau semble actuellement la plus répandue en Allemagne, c'est celle de O. HERTWIG (92), de HANSEMANN (92), de JULIN (93), de BRAUER (93), etc., etc., etc.

Les histologistes allemands sont mal fondés à se prononcer ainsi, à la suite d'observations positives, je le veux bien, mais n'ayant porté que sur un petit nombre d'espèces, sans tenir compte des observations de GUIGNARD (91) qui sont non moins positives et portent sur un beaucoup plus grand nombre de cas.

ISCHIKAWA (94) a vu lui aussi le centrosome extranucléaire chez les Noctiluques.

Le fait de l'existence formellement constatée du centrosome chez des cellules au repos semblerait même trancher définitivement la question de l'habitat du centrosome.

Cependant cela n'est pas tout à fait vrai, car les centrosomes étant souvent cachés sous le noyau, on ne les voit jamais que dans une faible partie des cellules où on les cherche, et il reste possible que les cellules où on les voit aient déjà commencé à se préparer pour la division. La chose est peu vraisemblable, mais elle est possible.

Parmi ces derniers, quelques-uns admettent que nucléole et centrosome ne sont qu'un seul et même organe, habitant le noyau pendant le repos de la cellule et présidant là aux fonctions nucléaires et qui, à l'approche de la division, sortirait du noyau et formerait le centrosome chargé de diriger cette opération. Il est certain que, le plus souvent, le nucléole disparaît du noyau au moment où se montre le centrosome dans le cytoplasme. Mais dans bien des cas on voit ces deux organes coexistant, comme GUIGNARD l'a maintes fois constaté chez les plantes; et d'autre part, la constitution chimique et le volume du nucléole et du centrosome sont différents, ce qui oblige les partisans du *nucléole-centrosome* à compliquer leur conception d'hypothèses que les observations ne vérifient pas suffisamment. Enfin rappelons que BRAUER (93) a vu le nucléole et le centrosome coexister côte à côte *dans le noyau* des spermatocytes de l'*Ascaris*. Tout cela montre que, malgré quelques apparences, la théorie en question ne saurait être acceptée. D'autres sans admettre que le nucléole et le centrosome ne fassent qu'un seul et même organe morphologique pensent que le centrosome est formé de la substance du nucléole après des transformations et des migrations variées [1].

[1] O. HERTWIG a le premier signalé ces relations entre la disposition du nucléole et l'apparition du noyau. Mais il s'exprime avec beaucoup de réserves (92) sur les relations d'origine de ces deux corps. Il se borne à démontrer que les arguments donnés en faveur de la permanence dans le cytoplasme ne sont pas concluants.

C'est surtout JULIN (93) qui soutient la théorie nucléolaire du centrosome.

Voici brièvement résumée sa manière de voir à ce sujet. Le nucléole joue dans le noyau le rôle d'un organe régulateur des fonctions de la cellule entière. Quand la cellule va se diviser, il sort du noyau et devient le centrosome qui se divisera pour former les pôles du fuseau. Puis, lors de la constitution des nouveaux noyaux, chacun de ceux-ci recevra un centrosome qui deviendra son nucléole. Mais cette transformation ne serait pas directe : la substance du centrosome diffuserait et se mêlerait à celle des éléments chromatiques et n'en ressortirait pour se condenser en nucléole qu'après avoir subi une élaboration particulière dans l'intérieur de ceux-ci. Ainsi le nucléole serait à chaque division reformé par les chromosomes aux dépens de la substance du centrosome. Chez les Infusoires ciliés où il n'y a pas de vrai centrosome, le macronucleus représenterait le centrosome et le nucléole des cellules des Métazoaires. Comme le nucléole, il provient du micronucleus (qui représente le noyau cellulaire); comme lui, il prend place à un moment donné dans le cytoplasma et devient alors homologue du centrosome; comme ce dernier, il se détruit alors, après avoir accompli ses fonctions et, comme le nucléole, est reformé alors par le micronucleus.

A l'appui de la théorie de Julin, on peut citer diverses observations.

VASIELEVSKY (93) a vu dans les cellules germinales de l'*Ascaris meg. univalens* que le nucléole se divise en deux moitiés qui

En somme, la question n'est pas mûre. On ne peut décider en toute assurance si le centrosome et la sphère sont des organes réels où des centres dynamiques, s'ils sont permanents ou non, s'ils viennent du noyau ou appartiennent au cytoplasma.

disparaissent et que l'on retrouve bientôt après les deux centrosomes qui leur ressemblent absolument. D'autre part, au moment où le centrosome apparaît, la membrane nucléaire se montre parfois affaissée comme si un peu du suc nucléaire qui la maintenait tendue avait pu s'échapper par quelque orifice. Pourquoi cet orifice sinon pour permettre la sortie du nucléole? Mais le centrosome est presque toujours beaucoup plus petit que le nucléole et sa substance a des réactions histo-chimiques différentes de celles du nucléole formé de pyrénine. Aussi quelques histologistes sont d'avis que le nucléole ne sort pas tout entier, mais subit une désagrégation préalable dans laquelle une partie de sa substance s'unit à la chromatine (déjà organisée en chromosomes). On a constaté, en effet, que lorsque le nucléole est absent, la chromatine présente des réactions histo-chimiques intermédiaires aux siennes propres et à celles de la pyrénine, comme si un peu de pyrénine était mélangée à sa substance.

Si les choses se passaient ainsi, la reconstitution du nucléole après la division se comprendrait aisément : la pyrénine se séparerait de la chromatine pour se grouper en une petite masse qui serait le nouveau nucléole. La chromatine reprend, en effet, dès que le nucléole a réapparu, ses caractères histo-chimiques purs.

C'est le botaniste WENDT qui a fait cette observation intéressante que la chromatine semble imbibée de pyrénine pendant la phase de disparition des nucléoles. Elle se teinte, en effet, quand elle est pure, en bleu verdâtre par le mélange de fuchsine et de vert d'iode et le nucléole se teinte en rouge. Quand le nucléole a disparu, la chromatine se colore en violet ce qui provient de la fixation d'un peu de rouge qui se mélange au bleu. Quand le nucléole réapparaît, elle se colore de nouveau en bleu verdâtre. O. HERTWIG (92) a constaté en outre dans les cellules mères des spermatozoïdes de l'*Ascaris megalocephala* que, au moment où le nucléole disparaît, on trouve sur les corps chromatiques un corpuscule qui se colore en rouge foncé, comme le nucléole à la période précédente, tandis que les chromosomes eux-mêmes sont à peine teintés.

VAN DER STRICHT (94) croit aussi que les centrosomes sont des grains chromatiques issus du noyau.

Dans un travail tout récent que je reçois au moment où j'écris ces lignes, GUIGNARD (94) vient d'apporter de nouveaux faits qui semblent bien démonstratifs au sujet de l'origine du centrosome chez les plantes. En étudiant le *Psilotum* il rappelle que les sphères attractives diffèrent des nucléoles par des caractères constants : une taille plus fixe, ordinairement plus faible et la présence d'un corpuscule central (le centrosome) plus colorable à leur intérieur. Cela ne serait pas bien probant, car les partisans de l'origine nucléolaire admettent que la substance du nucléole subit un remaniement complet en formant le centrosome. Mais il a formellement constaté la présence des sphères attractives avec leur centrosome, en dehors du noyau, dans le cytoplasma, pendant l'état de repos complet chez le *Sphacelaria,* et leur coexistence extra-nucléaire avec deux gros nucléoles intra-nucléaires pendant la prophase, alors que la membrane nucléaire est encore intacte, chez le *Ceratozamia* et chez l'*Osmunda*.

Ce qui semble le plus probable pour le moment, c'est que le centrosome est un organe réel permanent, et que la sphère attractive est une sorte particulière de protoplasma disposée autour de lui en une zone sphérique et se continuant au dehors avec les filaments que forme le réseau filaire du cytoplasma.

5. LES ORGANES ACCIDENTELS DU CYTOPLASME.

Je décrirai sous ce nom un certain nombre d'organes que j'appelle accidentels parce que leur présence n'est pas nécessaire dans la cellule. Nombre de cellules en sont privées et celles qui en possèdent peuvent avoir les uns ou les autres seulement. Ils ne font pas, comme le noyau, partie intégrante du concept cellule. Mais, dans chaque espèce de cellule en particulier, leur présence ou leur absence n'est nullement accidentelle et ceux qui doivent s'y trouver y sont toujours.

Ces organes sont les *vacuoles* et les *leucites.*

Les *vacuoles* sont les unes contractiles et tout à fait permanentes, comme siège, comme forme et en quelque sorte comme individu; les autres sont inertes et accidentelles, et il peut sembler étrange qu'on puisse les considérer comme des organes fixes. Elles semblent, en effet, de simples lacunes du cytoplasme, se formant là où ailleurs indistinctement, aux endroits où s'accumule le suc cellulaire. Mais il n'est pas certain qu'il en soit ainsi. De Vries (85) s'est efforcé de démontrer que leur paroi, à laquelle il a donné le nom de *tonoplaste* est une partie permanente et différenciée du cytoplasma. Ce tonoplaste aurait pour fonction de sécréter le suc des vacuoles et de le maintenir dans la fixité de composition nécessaire à l'accomplissement de ses fonctions.

Les *leucites* sont des différenciations locales du cytoplasma végétal qui se présentent sous la forme de petits grains, plus denses que le reste, mobiles et ayant des fonctions diverses selon leur nature. Il y en a trois sortes : les *leucoleucites* ou *amyloleucites,* incolores, donnant naissance à des grains d'amidon; les *chloroleucites* servant de support à la chlorophylle dont on connaît les fonctions; et les *chromoleucites* formant les cristaux colorés qui donnent les couleurs rouges et jaunes aux pétales des fleurs [1].

[1] Les Allemands emploient une terminologie différente. En place de leucite, chromoleucite, chloroleucite, leucoleucite, amyloleucite, ils disent *trophoplaste, chromoplaste, chloroplaste, leucoplaste, amyloplaste.*

Tonoplaste et leucites seraient d'après DE VRIES (85), comme le centrosome et le noyau, des organes spéciaux de la cellule, chargés de fonctions déterminées ; comme eux ils se reproduiraient par division et, quand la cellule elle-même se divise, ils se partageraient par moitié entre les deux cellules filles. La seule différence entre eux et le noyau ou le centrosome, c'est que leurs fonctions étant plus spéciales, ils manquent dans les cellules où ces fonctions n'existent pas, tandis que ceux-là, ayant des fonctions indispensables, sont partout présents.

La question a une certaine importance théorique au point de vue de l'hérédité. Si la théorie de DE VRIES est vraie, les vacuoles, la membrane, les leucites se trouvent avoir une lignée généalogique indépendante à côté de celle du noyau. Toute plante ainsi tiendrait ces organes de sa mère seule par l'ovule, sans participation du noyau pollinique à leur formation. Si, dans un croisement, ils assument quelques caractères paternels, cela prouve que ces caractères sont dus à une influence du noyau sur le cytoplasma [1].

[1] L'opinion de DE VRIES sur ce point demande à être exposée et discutée avec quelque détail. D'après cet auteur, à la théorie ancienne tend à se substituer une théorie *panméristique* d'après laquelle toute partie se forme uniquement par les parties similaires préexistantes. Pour la membrane, on croyait savoir que, lorsqu'elle était partiellement détruite, elle était reformée par une simple exsudation du cytoplasma périphérique et que, dans la division cellulaire, la cloison nouvelle naissait par un disque central s'accroissant peu à peu vers la périphérie et ne pouvant par suite tirer son origine de la membrane cellulaire. Mais ce n'est pas ainsi que les choses se passeraient.

Lorsqu'une cellule est blessée, qu'une de ses parties est excisée, la plaie se referme, le cytoplasma se soude à lui-même, la membrane se rapproche, s'accroît et soude ses bords, et les vacuoles se referment aussi par le même procédé. Deux fragments de cytoplasma isolés peuvent se souder à la manière des pseudopodes des Rhizopodes. Leurs vacuoles se fondent en une seule. Mais il ne se forme pas toujours une membrane. Il faut pour cela que quelque fragment de la membrane ancienne soit resté adhérent. Du moins n'a-t-on jamais pu démontrer l'absence de tels fragments dans les cas où on a vu cette membrane se reformer.

Dans la division cellulaire, WENT a montré qu'il se forme d'abord dans le plan de la future cloison un anneau qui s'accroît jusqu'à atteindre la cloison. Or on n'a pu déceler par les réactifs la présence d'une membrane cellulosique dans l'anneau que lorsque celui-ci a atteint la paroi au moins en un point. Il reste donc possible que cette cloison cellulosique émane de la paroi.

Dans les cas de formation cellulaire endogène, il semblait impossible que les parois nouvelles provinssent de l'ancienne. Mais on sait aujourd'hui que dans le sac embryonnaire, les œufs, les antipodes et les synergides sont immédiatement adossés à la paroi et non libres dans l'intérieur, et les recherches de PROHASKA ont montré que ces trois sortes de cellules sont extérieures et non intérieures au sac embryonnaire et sont les sœurs et non les filles de

A côté de ces organes, il faut parler des substances nutritives qui sont si abondantes dans quelques cellules qu'elles augmentent leur volume dans des proportions parfois colossales[1]. Ce sont les substances *lécithiques* qui se

celui-ci. Rien donc ne s'oppose à ce que leur membrane soit née d'une membrane préexistante.

Dans tous les autres cas de formation endogène (zoospores des Algues, oospores des Saprolégnées, endosperme des Phanérogames) les cellules-filles naissent au contact de la paroi de la mère. C'est seulement dans les Ascospores et dans l'œuf de l'oogone des Péronosporées qu'il semble en être autrement, mais les observations dans ce cas sont toutes anciennes et mériteraient d'être reprises avec les nouvelles méthodes.

Les chromoleucites, granules porteurs de la chlorophylle, qui jouent un rôle si important dans presque toutes les plantes, ont également une existence et une reproduction indépendantes. Chez les plantes supérieures jeunes, ils sont d'abord incolores, puis se chargent de matière colorante; ils se multiplient par scission et dans la division cellulaire ils se partagent entre les deux cellules-filles. Les taches pigmentaires des zoospores ne sont que des chromoleucites d'une nature spéciale et se reproduisent de la même façon que les autres.

Quant aux vacuoles, elles ne sont pas de simples lacunes dans le cytoplasma. Elles ont une paroi différenciée qui sécrète un suc vacuolaire de composition déterminée. Elles peuvent se diviser, se résoudre en vacuoles plus petites pour se reformer ensuite des mêmes éléments, et dans tous ces changements la paroi conserve intégralement son individualité. Les poils sensitifs des plantes carnivores en montrent un bel exemple. Ils contiennent une grosse vacuole qui, sous l'influence d'une excitation, se résout en une multitude de petites qui se dispersent, puis peu à peu se rassemblent et reforment la vacuole primitive. Cette paroi manifeste encore son individualité par la manière dont elle arrête certains réactifs. Ainsi l'éosine colore toute la cellule, sauf le suc des vacuoles qui reste incolore.

Dans les graines les vacuoles disparaissent par dessiccation et se reforment par l'imbibition. Mais cette disparition n'est qu'apparente. WACKER a découvert que les grains d'aleurone sont le contenu desséché de ces vacuoles. Le suc se concentre peu à peu, puis les substances albumineuses se précipitent, les uns sous la forme de cristalloïdes, les autres en masse amorphe autour des premières. On peut reproduire le phénomène artificiellement au moyen d'une solution d'une partie d'acide azotique pour quatre d'eau. Par là se trouvent, à la fois, confirmée l'origine panméristique des vacuoles et réfutée l'origine néogénétique des graines d'aleurone.

DE VRIES (85) montre en outre que l'on peut, par les procédés de *Plasmolyse* (immersion dans de l'eau chargée de substances dissoutes à un certain degré de concentration) isoler dans la cellule intacte la vacuole avec son enveloppe de protoplasma et il prouve que cette vacuole peut rester vivante, tandis que tout le reste meurt. WENT (88, 90) a fait voir aussi après lui que les vacuoles naissent les unes des autres par division, comme fait le noyau dans la cellule; mais KLEBS (90) a prouvé qu'il n'en était pas toujours ainsi et PFEFFER (90) a réussi à produire à volonté des vacuoles artificielles chez les Myxomycètes. Il est possible que chez les plantes supérieures il n'en puisse être de même et que la théorie de DE VRIES soit néanmoins juste pour elles.

[1] Ainsi un jaune d'œuf d'oiseau n'est qu'une énorme cellule. Celui de l'œuf de l'*Epiornis* devait constituer une cellule grosse comme le poing.

rencontrent dans beaucoup d'œufs et dans les blastomères issus de leur segmentation. Ces substances méritent d'être mentionnées parce que, par leur volume, elles troublent parfois toute l'harmonie de forme de la cellule. Quand elles sont peu abondantes, elles sont réparties uniformément dans le cytoplasma et le noyau reste au centre de la cellule. Mais quand elles sont en grande quantité, elles s'accumulent à un pôle, dit *végétatif*, tandis que le cytoplasma est refoulé vers l'autre, dit *animal*. Cependant il y a toujours du cytoplasma dans toute l'étendue de la cellule, mais très inégalement réparti. Au pôle animal il est pur, et en s'éloignant de lui il devient de plus en plus mélangé de lécithe jusqu'au pôle végétatif où celui-ci règne presque seul. L'ensemble du cytoplasma peut alors être comparé à une masse compacte d'où part un réseau dont il forme les filaments, tandis que le lécithe occupe les mailles. Ces mailles sont d'abord étroites et les filaments épais, mais peu à peu ce rapport se renverse et au pôle végétatif les filaments sont fins et très espacés et les mailles énormes. Dans ce cas le noyau ne reste plus au centre de la cellule. Il se place là où il y a le plus de cytoplasma. On peut résumer les lois multiples données par O. HERTWIG (84) pour déterminer sa position en une seule, en disant : le noyau, dans la cellule, occupe le centre de gravité du cytoplasma.

6. COMPOSITION CHIMIQUE DE LA CELLULE.

La composition chimique des différentes parties de la cellule est encore très mal connue. Certes on a donné à toutes ces parties nombre de noms en *ine*, qui pourraient faire croire que l'on connaît leur composition chimique. Ce serait une illusion, et il y a grande utilité à établir une distinction nette entre ces diverses substances à désinence semblable. Les unes nous sont parfaitement inconnues dans leur composition chimique. On ne connaît ni leur formule de constitution ni leur formule brute ; on ne sait si elles sont simples ou si elles sont des mélanges de substances définies différentes ; disons le mot, ce ne sont pas des *substances chimiques*. De ce nombre sont la *linine*, la *pyrénine*, la *paranucléine*, l'*amphipyrénine*, etc. On les a nommées et distinguées d'après la manière dont elles se comportent en présence de certaines matières colorantes, mais sans rien savoir des réactions qui se passent dans la fixation de la couleur. Je ne veux pas dire par là qu'on ne sache rien de la composition chimique du nucléole, par exemple, ou du réseau achromatique, mais qu'en les disant formés de *pyrénine* ou de *linine* on ne fait pas une réponse ayant un sens chimique déterminé. *Pyrénine*, *linine*, etc., signifie seulement substance : reconnaissable à tel aspect microscopique, à telle manière de se comporter en présence de telle substance colorante.

Au contraire, la *nucléine*, la *globuline*, la *plastine* même etc., sont des substances chimiques vraies, dont on sait plus ou moins selon les cas, mais qui méritent de prendre place dans un ouvrage de chimie pure.

Un exemple fera bien comprendre cette distinction. Bien que *chromatine* et *nucléine* soient presque synonymes, la chromatine appartient au premier groupe et la nucléine au second, et l'on peut dire que la *chromatine* des histologistes est une des variétés de la *nucléine* des chimistes.

Rien n'empêche d'ailleurs que ces substances passent de la première catégorie dans la seconde. C'est ce qui est arrivé pour la *plastine* de Reinke (81) à la suite des recherches de Zacharias (83).

Cela bien compris, examinons successivement les différentes parties de la cellule.

La composition de la membrane des cellules animales est à peu près inconnue. Cependant on connaît celle de la membrane vitelline de certains œufs à jaune volumineux, qui est en somme une membrane cellulaire. Krukenberg a pu déterminer celle de l'œuf du Scyllium et Liebermann celle de l'œuf de poule. C'est une substance albuminoïde incomplète, analogue à la *kératine*, contenant du soufre et point de phosphore. Il est donc permis de supposer que des substances albuminoïdes analogues constituent les autres membranes cellulaires.

Le *cytoplasma* comprend dans sa constitution :

1° Des *nucléo-albumines*, substances albumineuses[1] légèrement phosphorées, solubles dans le suc gastrique, qui les décompose en peptones restant en solution et en acide nucléique qui précipite. Ces substances sont sans doute multiples et variées. Nous ne sommes pas actuellement

[1] J'emploie cette dénomination de substances *albumineuses* dans le sens précis qui a été fixé par A. Danilevsky (94), c'est-à-dire dans celui de substance albuminoïde vraie, complète, possédant, dans des proportions variées, tous les groupes essentiels qui entrent dans la constitution de l'albumine de l'œuf, réservant, comme lui, le nom de *substances albuminoïdes* à celles dans lesquelles quelqu'un de ces groupes essentiels manque, telles sont : la *glutine*, la *kératine*, la *spongine*, la *fibroïne*, l'*élastine*, la *cornéine*, etc.

Les autres auteurs appelaient ces substances les unes *albuminoïdes*, les autres *albumoïdes*, mais sans distinction précise.

en état de distinguer ni même de dénombrer celles qui font partie d'un cytoplasma donné;

2° des *globulines*, substances albumineuses non phosphorées, insolubles dans l'eau pure, solubles dans les solutions salines à 5 à 10 %, d'où l'eau pure les reprécipite;

3° de la *lécithine*, graisse phosphorée soluble dans l'alcool;

4° de la *cholestérine*, alcool monoatomique solide, cristallisable, soluble dans l'éther et dans l'alcool bouillant.

5° des *chlorures* et des *phosphates* de *potassium*, de *sodium*, de *magnésium* et de *calcium;*

6° du *fer* en combinaison organique probablement avec de la nucléo-albumine.

Les deux substances albumineuses que renferme le cytoplasma ne sont pas mélangées dans celui-ci. La première, phosphorée, et en quantité relativement minime, forme les parties figurées (fibrilles, granules, spongioplasma), la seconde non phosphorée, et en quantité beaucoup plus grande, forme le hyaloplasma amorphe qui occupe les intervalles des précédentes.

Dans le noyau, la composition de la membrane d'*amphipyrénine* n'est pas connue.

La *chromatine* est formée d'un peu de *lécithine* et de *cholestérine*, unies à de la *nucléine* qui en forme presque toute la masse. Cette nucléine est une substance richement phosphorée insoluble dans le suc gastrique.

Le *nucléole*, ou si l'on veut la *pyrénine* ou *paranucléine* des histologistes, semble être une combinaison d'albumine avec de la *plastine*, substance analogue à la *nucléine*, mais beaucoup moins riche en phosphore et s'en distinguant parce qu'elle reste non dissoute dans des solutions acides et alcalines qui dissolvent celle-ci.

D'après les recherches toute récentes de FRENKEL (94), la *linine* de SCHWARZ ou *parachromatine* de PFITZNER, qui constitue les filaments achromatiques, serait formée comme le nucléole de *plastine* unie à une substance albumineuse, mais elle n'est pas cependant identique à la *paranucléine* du nucléole, puisque ses réactions histochimiques ne sont pas les mêmes[1].

[1] FRENKEL appelle cependant *paranucléine* la substance des filaments achromatiques et donne le nom de *filaments paranucléaires* à ces filaments eux-mêmes.

D'après lui, la paranucléine est basique et fixe les couleurs acides. DANILEVSKY conteste formellement cette basicité et pense que le fait de fixer des couleurs basiques ou acides n'est pas, pour une substance, une preuve formelle d'acidité ou de basicité. Il y a là d'autres causes qui interviennent.

Enfin le *suc nucléaire* ou *enchylema* est une substance aqueuse contenant en dissolution diverses matières albuminoïdes précipitables par l'alcool et les acides.

Toutes ces notions semblent bien décousues, et elles le sont, en effet, si on s'en tient à ces données expérimentales. Mais elles deviennent beaucoup plus claires et mieux liées entre elles si on les envisage à la lumière d'une théorie qui n'est peut-être pas à l'abri de toute objection, mais qu'il est bon d'accepter au moins provisoirement en raison des commodités qu'elle procure. Voici cette théorie telle qu'elle s'est dégagée peu à peu des nombreux travaux récents, en particulier de ceux de **Kossell** (81, 82), de **Zacharias** (83), d'**Altmann** (89), de **Lilienfield** (92, 93), etc.

Les substances constituant la partie fondamentale du cytoplasma ou des organes du noyau seraient toutes des combinaisons, en proportions variées, d'une seule substance phosphorée, l'*acide nucléique,* avec des substances protéiques non phosphorées. L'acide nucléique est un corps chimique défini, que l'on a préparé et isolé. Il est riche en phosphore et correspond à la formule brute $C^{29}H^{49}A_z{}^9P_h{}^3O^{22}$, ce qui donne environ 14 % de cette substance [1]. Il constitue à l'état presque pur la tête des spermatozoïdes formée, comme on sait, des parties essentiels du noyau et du cytoplasma. Uni aux matières protéiques, il forme des *nucléines* dont il existe des espèces nombreuses et qui, prises au sens large, peuvent comprendre toutes les substances phosphorées *protéiques* de la cellule. Plus ces nucléines sont riches en acide nucléique, plus elles sont acides et riches en phosphore, et plus aussi leur rôle semble important. La *chromatine* est une nucléine ordinaire très riche en acide nucléique et par conséquent en phosphore, et franchement acide; la *plastine* l'est sensiblement moins; la *linine* et la *pyrénine* le sont moins encore puisqu'elles sont formées par l'union de la plastine à une nouvelle matière albumineuse non phosphorée; enfin, dans les *nucléo-albumines* du cytoplasma, la proportion d'acide nucléique devient très faible, la teneur en phosphore tombe à 1 ou même 1/2 %, et la substance devient encore moins acide. Quant aux autres substances phosphorées ou non que l'on rencontre dans le cytoplasme ou dans le noyau, *lécithine*, *cholestérine*, sels minéraux, elles sont en quelque sorte additionnelles et

[1] Cette formule de l'acide nucléique est de **Miescher** (74).

ne doivent pas être considérées comme faisant partie intégrante de la molécule albumineuse.

C'est par ces substances que le cytoplasma peut être rendu beaucoup plus riche en phosphore, *in toto*, que le noyau, bien que sa matière albumineuse constituante le soit beaucoup moins[1]. Si l'on ne tient compte que de cette dernière, les éléments de la cellule se classent ainsi par ordre décroissant d'acidité et de richesse en phosphore : 1° la chromatine, 2° le nucléole et les substances achromatiques du noyau, 3° les portions figurées du cytoplasma. Toutes ces substances sont acides. Le suc nucléaire et le hyaloplasma du cytoplasme sont basiques. Pris en masse le noyau est acide parce qu'il contient une quantité dominante de substances acides et le corps cellulaire est basique parce que la substance dominante en lui, non pour l'importance, mais par sa masse, est la

[1] Cette division du phosphore en deux catégories, selon qu'il appartient à la molécule albumineuse ou qu'il lui est étranger, appartient à A. DANILEVESKY (communication verbale). Elle est très importante; sans elle on serait exposé à croire que la teneur du protoplasma en phosphore est très variable et que le cytoplasma est tantôt plus tantôt moins phosphoré que le noyau, selon les points de l'organisme et selon les *alea* de l'alimentation. Tandis que ces variations portent, d'abord et surtout, sur la proportion des substances non albumineuses phosphorées incorporées au cytoplasma et extractibles par l'éther.

D'après LILIENFIELD, la substance nucléaire serait un sel, le *nucleo-histon*, formé d'une base protéique, l'*histon*, et d'un acide, la *leuconucléine*, composée elle-même d'une substance protéique et d'une forte proportion d'acide nucléique.

D'après les recherches de KOSSEL (81, 82), lorsque l'on traite la nucléine par un acide minéral dilué, l'acide nucléique se décompose, de l'acide phosphorique est déplacé et met en liberté des bases azotées cristallisables. Ces bases sont l'*adénine* $C^5H^4A_z^4$, A_zH, polymère de l'acide prussique CA_zH, et la *guanine* $C^5H^4A_z^4O$, A_zH. La première, remarquable par l'absence d'oxygène et par le fait qu'elle paraît être présente réellement dans toutes les nucléines et ne pas être un simple produit artificiel de dédoublement, donne de l'*hypoxanthine* $C^5H^4A_z^4$,O par oxydation et abandon d'un groupe A_zH. La seconde donne par une modification identique de la xanthine $C^5H^4A_z^4O$, O. Or la *xanthine* et l'*hypoxanthine* sont des produits de désassimilation de la famille de l'acide urique. Le groupe invariable $C^5H^4A_z^4$ est l'*adényle*.

Partant de ces faits, on pourrait considérer ainsi les choses, ramenées à leurs traits essentiels. On aurait d'une part l'albumine, de l'autre l'acide phosphorique, celui-ci uni à des bases azotées formerait une substance organique, acide, l'acide nucléique. L'acide nucléique uni à de l'albumine donnerait la nucléine, et la nucléine unie à des quantités plus ou moins grandes d'albumine donnerait les autres substances albumineuses phosphorées de la cellule. A ces substances s'uniraient, pour former le protoplasma cellulaire ou nucléaire, des matières variées, phosphorées ou non, corps gras, alcools, sels, minéraux, etc. La conception a l'avantage d'être simple et claire, mais il ne faut pas oublier qu'elle comporte une forte part d'hypothèse.

Voir aussi la note de la page 58.

globuline du hyaloplasma. Cette acidité différente et l'affinité différente pour les couleurs basiques ou acides qui en est la conséquence, sont la principale cause de l'électivité des diverses couleurs par les diverses parties de la cellule[1]. Mais à cette cause s'en joignent d'autres qui nous sont encore absolument inconnues et c'est pour cela que l'histochimie des couleurs n'est encore qu'une *technique*, un recueil de formules empiriques et non une science. Cette science, si elle était connue, serait d'un intérêt immense pour la Biologie, car elle seule peut nous permettre d'avancer dans la connaissance de la constitution du Protoplasma.

Chapitre II. — PHYSIOLOGIE DE LA CELLULE

La cellule *travaille*, elle *se nourrit*, elle *se divise*. Sa vie se résume dans ces trois fonctions essentielles dont les autres ne sont que des cas particuliers.

1° Elle *travaille*, c'est-à-dire qu'elle fabrique continuellement des substances nouvelles aux dépens de celles qui la constituent à l'état de repos. Ces substances sont toujours, sinon individuellement, du moins dans leur ensemble, plus oxydées que celles dont elles dérivent[2]. Aussi pour les fournir doit-elle consommer de l'oxygène qui lui est fourni

[1] C'est aussi l'acide nucléique qui fixe les couleurs d'aniline dans le noyau.

En opposition avec la théorie exposée ici, il faut faire remarquer que H. Fol (84) attribue au noyau et en particulier à la nucléine une réaction basique en faisant remarquer que, lorsqu'on la traite par une couleur qui change de teinte selon qu'elle est acide ou basique, elle donne à cette couleur sa teinte basique. Ainsi elle se teinte en vert par la matière colorante du chou rouge qui est une des substances les plus sensibles à ce genre de réaction. Nous ferons ici la même réserve qu'à la fin de la note de la page 49. Il y a dans le noyau des substances vraiment basiques, ce sont les globulines en solution dans le suc nucléaire, qui peuvent bien donner au noyau coloré *in toto* les caractères d'un corps basique.

Metschnikof (89) a montré, par l'emploi du tournesol, que le cytoplasma est alcalin chez certains Protozoaires, mais que les vacuoles alimentaires contiennent une sécrétion acide.

Ce résultat a été confirmé par Le Dantec (91).

[2] Cela n'est vrai d'une façon absolue que pour la cellule vivant isolée. Dans les tissus des animaux supérieurs, il peut se faire, que certaines cellules ne travaillent qu'en réactions réductrices ou indifférentes et puissent se passer d'oxygène libre. Mais alors la proposition reste vraie pour l'ensemble des sécrétions et excrétions de l'économie.

par la *Respiration;* et, bien que les choses se passent en réalité tout autrement, le résultat final est le même que si ces produits provenaient d'une oxydation directe du protoplasma. Ces réactions chimiques développent de la chaleur et par conséquent mettent en liberté une certaine quantité de force vive qui se dépense sous la forme de travail physique, c'est-à-dire de mouvement : de là, la *Motilité.*

2° Mais la cellule n'est pas un simple appareil physique que les forces ne font que traverser et qui doit à chaque instant rendre à un bout toute l'énergie qu'il a reçue par l'autre; elle est vivante et emmagasine les énergies qui lui sont fournies pour les dépenser irrégulièrement et selon qu'elle est sollicitée à le faire par les diverses excitations : d'où l'*Excitabilité.*

3° En fournissant les produits de son industrie, la cellule a, soit dépensé *in toto,* soit modifié dans sa composition une partie de son protoplasma; elle s'est *usée :* c'est la *Désassimilation.* Elle doit donc emprunter aux liquides alimentaires qui la baignent de quoi refaire sa substance, de quoi se reconstituer dans son état initial. Mais ces aliments ne sont pas formés de substances pareilles à celles qu'elles doivent remplacer; il leur faut subir une transformation qui les rende semblables à elles : c'est ce qu'exprime admirablement le mot *Assimilation.* Unie à la fonction précédente elle constitue la *Nutrition*[1].

4° On pourrait concevoir un organisme qui accomplirait indéfiniment la série de phénomènes que nous venons d'énumérer, car ils constituent un cycle fermé, à la seule condition que l'assimilation soit justement égale à la désassimilation. En fait cela n'a jamais lieu. Toujours l'assimilation l'emporte et il en résulte l'*Accroissement.*

Enfin comme la cellule a cette propriété générale et absolue de tous les organismes vivants d'avoir une *limite de taille,* elle doit, après s'être accrue au delà d'un certain degré, se réduire par *Division* et aussi, après s'être réduite, reprendre sa taille primitive; en sorte que la Reproduc-

[1] Les Anglais ont substitué à ces expressions si significatives : *nutrition, assimilation, désassimilation,* une terminologie qui a dû leur paraître bien belle car ils l'ont tous adoptée avec un empressement remarquable. C'est celle de *Métabolisme,* se divisant en *Anabolisme* et *Catabolisme,* évoquant le premier l'image d'une chose qui change, le second celle d'une chose qui monte et se forme, le troisième celle d'une chose qui descend et se détruit. Autant valent sinon mieux les expressions anciennes, moins barbares d'abord et évoquant l'idée plus juste et plus frappante d'une chose qui se nourrit, qui fait semblables à sa substance des aliments de nature étrangère, et qui fabrique en se détruisant des produits non semblables à elle.

tion entraîne l'Accroissement, comme l'Accroissement entraîne la Division.

Voilà comment toutes les propriétés et fonctions secondaires de la cellule se résument dans son cycle évolutif aux trois principales que nous avons données comme essentielles :

1° *Travail* comprenant : 1° fabrication de *substances* dont certaines sont oxydées et exigent la *Respiration;* 2° production de *Mouvements* que provoque l'*Excitabilité* et qui entraînent la *Désassimilation;*

2° *Assimilation* réparant les pertes produites par le travail et dépassant le but de manière à produire l'*Accroissement;*

3° *Division* à la fois cause et effet de l'accroissement.

Nous allons les étudier successivement.

1. TRAVAIL DE LA CELLULE.

Le travail de la cellule, avons-nous vu, se divise en deux parties, une fabrication de substances et une production de mouvements, qu'il faut étudier séparément.

a. Produits de la cellule.

Les substances produites par la cellule peuvent être divisées en deux catégories selon qu'elles restent à son intérieur ou qu'elles sont rejetées au dehors, et dans ces deux catégories il y a à distinguer les produits d'*excrétion,* nuisibles à l'organisme, engendrés non en vue d'eux-mêmes, mais comme conséquence inévitable de la production des substances utiles ou des mouvements, et les produits de *secrétion* utiles à l'organisme. Enfin lorsque l'on aura divisé ces produits en *solides liquides* et *gazeux,* on aura établi toutes les catégories nécessaires pour mettre un peu d'ordre dans cette nomenclature.

α) Les *Produits d'excrétion externes* sont : au premier rang, *l'acide carbonique* et la *vapeur d'eau.* Ces produits se dégagent à l'état liquide quand la cellule est dans un milieu liquide, à l'état gazeux quand elle est dans l'air, encore faut-il pour le dernier que la température soit inférieure à son point de condensation. Ces deux substances sont les produits ultimes de désassimilation puisqu'ils comportent le retour à des substances minérales très simples et très stables. Puis viennent l'*acide urique*, l'*urée*, l'*acide hippurique*, la *guanine*, les *matières colorantes de la bile*, etc., etc. Je n'ai nullement l'intention de faire ici une énumération complète de ces substances, voulant seulement donner une idée générale des faits.

β) Les *Produits d'excrétion interne* sont rares, car la cellule n'a aucun avantage à conserver en elle des substances nuisibles. Cela arrive cependant quelquefois, par exemple dans les cellules rénales des Mollusques acéphales et gastéropodes et de quelques Crustacés et Vers inférieurs; on en trouve aussi dans le corps adipeux péricardiaque des Insectes. La substance excrétée est à l'état solide, sous la forme d'une concrétion, d'une sorte de calcul urinaire contenu dans une vacuole. Là elle peut, ou lentement se dissoudre et finir par être éliminée, ou grossir de plus en plus, comprimer le noyau, amincir la cellule et enfin la détruire et, désormais extracellulaire, rester inerte dans les tissus qui la supportent tant bien que mal.

γ) Les *Produits de sécrétion interne* sont extrêmement nombreux et de nature très diverse. Les uns, comme l'*huile*, le *glycogène*, l'*amidon*, l'*aleurone*, le *gluten*, sont des réserves alimentaires destinées à être reprises au moment du besoin, lorsque l'alimentation ne pourra faire face aux frais de la dépense, soit pendant la vie de l'adulte, soit pendant la reproduction, au moment où l'être devra se nourrir sans avoir encore les organes nécessaires pour recueillir les aliments et les digérer. Au nombre de ces dernières sont les substances alimentaires connues sous le nom de *lécithiques* que l'on appelle *protolécithe* ou *deutolécithe* selon qu'elles sont déposées dans l'œuf non segmenté ou dans les cellules de l'embryon. D'autres jouent un rôle passif dans l'organisme comme la myéline des fibres nerveuses, les squelettes intracellulaires de certains Zoophytes (spicules des Éponges, squelette des Radiolaires, etc.), les pigments inertes destinés simplement à protéger des organes trop sensibles (pigment choroïdien) ou à colorer les téguments. D'autres jouent un rôle chimique, comme le pigment rétinien, l'hémoglobine des globules sanguins nucléés[1] ou les ferments divers que contiennent les cellules, indépendamment de ceux qui sont émis au dehors par des cellules glandulaires spéciales.

Peut-être faut-il ranger ici la lécithine et la cholestérine, que nous

[1] Je dis les globules nucléés, car la nature cellulaire des hématies des mammifères est discutée, tandis que celle des globules rouges à noyau des Oiseaux et des Vertébrés à sang froid ne peut pas l'être.

avons vues toujours unies à la substance albumineuse dans le protoplasma.

D'autres enfin constituent de véritables appareils intracellulaires destinés à accomplir ou perfectionner une fonction mécanique active : tels sont les *sarcoblastes,* petits prismes qui, par leur alignement en longueur et en largeur, constituent les fibrilles musculaires striées, et qui sont formés principalement de *musculine.*

δ) Les *Produits de sécrétion externe* ne sont ni moins variés ni moins intéressants. Au premier rang viennent les produits liquides élaborés par les glandes *sécrétrices*[1], salive, suc gastrique, larmes, mucus nasal, etc., etc. Puis viennent la membrane externe ou secondaire, formée de cellulose chez les plantes et sans doute de kératine chez les animaux, s'imprégnant après coup de substances diverses, subérine, lignine et vanilline, silice, sels calcaires, etc., la cuticule chitineuse des Insectes et des Crustacés, incrustée ou non ultérieurement de calcaire, la coquille des Mollusques, les kystes des Infusoires, la masse gélatineuse des colonies zoogléennes de Bactéries, etc.

Enfin se place ici une formation que l'on avait envisagée jusqu'à ces dernières années d'une toute autre manière, c'est la substance intercellulaire des tissus de la famille conjonctive, fibre conjonctive et élastique, masse fondamentale du cartilage et de l'os[2].

Cette manière de concevoir les choses élargit et simplifie beaucoup la conception des organismes supérieurs. Elle permet de ne voir en eux que

[1] ROBIN divisait les glandes en glandes vraies ou *parenchymes glandulaires* et fausses glandes ou *parenchymes non glandulaires,* les premiers *sécrétant* des produits utiles destinés à être résorbés, les seconds *excrétant* des produits nuisibles destinés à être rejetés. Cette distinction, insoutenable au point de vue morphologique où il se plaçait, est utile au point de vue physiologique. C'est dans ce sens que nous distinguons ici l'*excrétion* et la *sécrétion.* Cependant il faut bien comprendre que la distinction entre les produits utiles et les nuisibles n'est pas tranchée. Bien que les acides biliaires soient utiles pour la digestion, on sait que leur rétention aboutit à un empoisonnement tout comme celle de l'urée. Ces produits sont donc à la fois *sécrétés* et *excrétés* et il en est sans doute ainsi de beaucoup d'autres dans une mesure plus ou moins grande.

[2] On pourrait tout aussi bien ranger un certain nombre de ces produits parmi les excrétions, car ils cessent d'être nuisibles en se précipitant sous une forme insoluble et il est difficile de décider si leur élimination a ou non pour effet de débarrasser en même temps la cellule de substances qui lui seraient nuisibles si elles restaient en solution dans sa substance. C'est GEDDES (83, 84), qui, le premier, je crois, a assimilé sous ce rapport la paroi cellulosique à des produits d'excrétion franchement nocifs comme l'acide carbonique.

des agrégats de cellules à constitution typique et de comprendre la signification de tout ce qui, en eux, n'est pas cellule et de tout ce qui, dans leurs cellules, n'est pas cytoplasme ou noyau.

Nous avons rangé dans la même catégorie tous les *produits* de la cellule, qu'ils soient sécrétés ou excrétés, internes ou externes, destinés à rester en elle ou à en être expulsés. Tous ces produits sont, en effet, homologues au point de vue morphologique. Mais sous d'autres rapports, ils sont profondément différents. Nous avons établi une distinction physiologique entre eux en les divisant en *secreta* utiles et *excreta* nuisibles. Il faut montrer maintenant en quoi ils diffèrent les uns des autres à un point de vue chimique d'ailleurs très général. Le plus grand nombre de ces produits provient de dédoublements du protaplasma opérés avec hydratation, et sans oxydation, peut-être même, d'après Gautier, avec réduction. Non seulement les substances dérivées immédiatement de l'albumine, comme la myosine, les prismes musculaires, les ferments des glandes digestives, l'hémoglobine du sang, les alcools comme la cholestérine, les hydrates de carbone, sucres, glycogène, amidon, et la longue série de corps gras, mais aussi les amines, glycocolle, leucine, taurine, tyrosine, etc., et les amides comme l'urée, et même des substances, adénine, guanine, appartenant au groupe de l'acide urique, se forment de cette manière, sans oxydation et par conséquent avec peu ou point de dégagement de chaleur. C'est seulement lorsque ces corps, surtout les graisses et les sucres, se transforment en produits plus simples parmi lesquels l'acide carbonique et l'eau sont les plus importants, que l'oxygène intervient. C'est alors surtout que se produit la chaleur d'où dérive la force vive nécessaire à la production du mouvement [1].

Il ne faudrait pas conclure de là que l'oxygène se fixe directement sur

[1] A. GAUTHIER (81), à une époque où toutes les réactions de la cellule étaient considérées comme des oxydations, a montré qu'un certain nombre d'entre elles étaient réductrices. Il a depuis (94) beaucoup étendu cette notion. Il cite une expérience remarquable faite par EHRLICH (en 1890) qui semble le démontrer péremptoirement. En injectant dans les veines d'un animal vivant une solution d'un sel sodique soluble de bleu d'alizarine ou de céruléine, il fait arriver ces substances colorantes dans tous les tissus. Leur couleur bleue intense se détruit dans les milieux réducteurs. Or on constate en ouvrant rapidement l'animal vivant que beaucoup d'organes ne sont pas bleus malgré la présence du bleu d'alizarine ou de la céruléine, et il en conclut avec raison que ces organes sont des milieux réducteurs, malgré le sang fortement oxygéné qui les irrigue. Ces organes sont le système nerveux (sauf la substance grise), le foie, la couche corticale des reins,

les produits qu'il est chargé de brûler; il est absorbé par le protoplasma, et là sans doute s'accomplissent, dans des réactions simultanées complexes, les phénomènes que nous dissocions pour les saisir plus clairement.

C'est pour cette oxydation des produits ultimes et pour la production de chaleur ou de mouvement que l'oxygène est nécessaire.

Il est aussitôt dépensé que reçu; il ne s'accumule pas et dès qu'il cesse d'être fourni, les réactions normales de la cellule sont arrêtées tandis que les autres aliments s'accumulent dans la cellule et sont employés peu à peu; et s'ils cessent d'être apportés, la cellule continue néanmoins à fonctionner normalement pendant un temps assez long. C'est pour cela que la *Respiration* constitue sous un certain rapport une fonction distincte de l'assimilation des aliments.

les cartilages, etc. Au contraire, la substance nerveuse grise, les os, les synoviales, beaucoup de glandes, les plasmas lymphatique et sanguin restent bleus, et par suite sont des milieux oxydants.

Quant aux muscles, ils sont d'un bleu pâle. Cette condition intermédiaire se comprend, car ces organes sont réducteurs à l'état de repos et oxydants à l'état de contraction.

Des chimistes compétents contestent ces conclusions et pensent que les substances en question se forment dans les cellules sans oxydation, mais sans réduction non plus et par simple hydratation.

Kossel (82) a montré que la *xanthine* et l'*hypoxanthine* peuvent être considérées comme des produits d'oxydation de la nucléine. Nous avons vu, en effet, (p. 51, note) qu'il trouve dans l'acide nucléique deux bases, la *guanine* et l'*adénine*, unies à un acide phosphoré; la première contient très peu d'oxygène, et la seconde n'en contient pas du tout. Or l'hypoxanthine et la xanthine en dérivent par simple oxydation que l'on peut produire expérimentalement.

La simple inspection des formules montre ces rapports.

Adénine	$C^5 H^4 Az^4, Az H$
Hypoxanthine	$C^5 H^4 Az^4, O$
Guanine	$C^5 H^4 Az^4 O, AzH$
Xanthine	$C^5 H^4 Az^4 O, O$

L'adénine est particulièrement intéressante en ce qu'elle paraît exister réellement partout où il y a de la nucléine et ne pas être un produit artificiel de dédoublement.

Kossel admet que ces bases font partie intégrante de la molécule de nucléine, parce qu'il les obtient avec elle dans ses précipités. Mais cela s'explique suffisamment par le fait qu'elles précipitent dans les mêmes conditions. Elles peuvent fort bien être liées non à la nucléine mais aux substances globuliniques en solution dans le suc nucléaire et à titre de produits de désassimilation de ces substances. Cela expliquerait pourquoi les nucléines des organes où la substance albuminoïde est morte ou à l'état de vie latente, comme le lait ou l'œuf non incubé, n'en donnent pas. Toutes ces questions sont encore pleines d'obscurités.

D. Mouvements du protoplasma.

Les mouvements dont la cellule est le siège sont : l'émission des pseudopodes et leur rétraction ; la rotation et la circulation du protoplasma; les mouvements des cils vibratiles, flagella, lames ondulantes, etc.; les mouvements musculaires; enfin des mouvements très spéciaux qui se produisent dans la division. Ces derniers seront étudiés à l'occasion de la division cellulaire. Au sujet des autres, nous aurons beaucoup à dire lorsqu'il s'agira de rechercher leurs causes, mais comme ces causes sont hypothétiques et invoquent une structure non moins hypothéthique du protoplasma, nous renvoyons leur étude à la deuxième partie de cet ouvrage. Il ne nous reste donc ici qu'à définir ces mouvements d'ailleurs trop connus pour qu'il y ait à s'étendre longtemps sur ce sujet [1].

L'émission des pseudopodes consiste en une extension d'un point limité du corps, avec afflux de substance venant des parties centrales. On se rappelle que le protoplasma a toujours une couche périphérique hyaline limitant le protoplasma central granuleux. Cette couche se distend pour changer d'aspect tandis que sous elle le mouvement des granules montre nettement un écoulement de la susbstance centrale du corps vers le pseudopode. L'inverse se produit dans la rétraction.

Même dans les pseudopodes immobiles, de même que dans les cellules végétales, on voit que cette partie centrale est en mouvement, les granulations roulant le long des bords d'un côté dans un sens, de l'autre dans l'autre, par une véritable circulation. Lorsque l'on voit le mélange continuel des parties qu'elle produit, on a peine à admettre qu'il y ait

[1] Sans chercher la cause de ces mouvements, ENGELMANN (75) les rattache à l'existence d'une substance à double réfraction positive dont l'axe optique coïncide avec le sens du raccourcissement. Il trouve cette double réfraction dans les pseudopodes des Actinophrys, les spermatozoïdes (mais dans la tête plus que dans la queue, sans doute, parce qu'elle contient une plus grande épaisseur de substance), les cils et la couche cytoplasmique des Infusoires (on sait que leur endoplasma n'est pas contractile), le pédoncule des Vorticelles, les tentacules des Hydres et enfin les muscles. Dans les muscles striés, les fibrilles sont, comme on sait, formées de disques successifs, les uns anisotropes, les autres isotropes. Il considère les premiers comme formant seuls des *disdiaclastes*, c'est-à-dire de petits éléments distincts, et les derniers comme faisant partie d'une substance fondamentale amorphe empâtant les disdiaclastes. Ceux-ci seraient seuls contractiles, la substance isotrope ne servirait qu'à leur transmettre l'excitation.

malgré cela une structure, c'est-à-dire un arrangement de parties dont les rapports ne doivent pas être modifiés.

La rotation du protoplasma des cellules végétales ne diffère guère du précédent, car ce n'est pas une rotation en masse, mais un glissement des parties les unes sur les autres dans le sens d'une rotation.

Les cils sont des prolongements protoplasmiques automobiles. Ils ont ceci de particulier que leur mouvement est vibratoire et de sens déterminé. On les considère ordinairement comme formés de protaplasma différencié. Les *flagella* et les *membranelles* ou membranes oscillantes, en diffèrent en ce que leurs mouvements ne sont pas vibratoires, mais irréguliers comme s'ils se produisaient sous l'action de la volonté.

D'ailleurs on a trouvé des formes intermédiaires qui permettent de considérer les flagella comme des pseudopodes fixes et différenciés [1].

Enfin le mouvement musculaire est produit par la contraction d'appareils spéciaux, les fibrilles, différenciées pour ce but dans la cellule musculaire, à côté du cytoplasma relativement très réduit.

Tous ces mouvements quels qu'ils soient sont toujours provoqués par une excitation. L'idée de mouvement spontané n'a pas de sens. Le protoplasma est donc sensible à certaines modifications ayant leur origine en lui ou hors de lui et quand il subit ces modifications, il y répond par un mouvement. C'est ce que l'on appelle son *excitabilité*.

Au point de vue où nous nous plaçons dans cet ouvrage, le fait important c'est que le protoplasma soit excitable. Il n'y a donc pas lieu de décrire en détails les divers modes d'excitabilité. Il suffit d'énumérer les causes qui la mettent en jeu. Or on peut dire qu'il n'y a point d'agent mécanique, physique ou chimique qui ne puisse provoquer la contraction du protoplasma. En général tout changement apporté à sa condition le fait mouvoir, si du moins le changement a une intensité suffisante. Si le son par exemple ne provoque pas de mouvements chez une Amibe, c'est que les vibrations qui le constituent ne sont pas assez intenses. Mais si sous forme de son elles n'influencent pas l'Amibe, sous forme de vibrations du support sur lequel elle se meut, elles l'influenceront. Plus le protoplasma est différencié, plus ses excitants se spéciali-

[1] Ces formes intermédiaires sont des pseudopodes de configuration régulière qui persistent pendant un temps plus ou moins long sans changer d'aspect et en se mouvant à la manière d'un flagellum mais plus lentement. Il en a été signalé en particulier par ZACHARIAS (89).

sent. C'est ainsi que le muscle strié n'est plus sensible à la lumière; mais il l'est encore à la chaleur qui est de même nature.

Les excitants mécaniques sont le contact, les chocs, secousses, vibrations. Les excitants physiques sont la pesanteur, la lumière, la chaleur, l'électricité. Les excitants chimiques sont les substances chimiques de tout ordre.

Il y a à distinguer deux catégories dans les mouvements du protoplasma. Ces mouvements sont de deux sortes. Selon la nature de l'excitant, il se produit tantôt seulement des contractions ou extensions sur place, tantôt un déplacement, une véritable marche de la cellule dans la mesure où elle est libre, vers l'excitant ou en sens inverse pour s'éloigner de lui. Ce sont les mouvements groupés sous les noms de *tropismes* et de *tactismes*. Les phénomènes désignés par ces deux termes sont au fond de même nature. Mais on rapporte plutôt au *tropisme* les faits d'accroissement dans une direction donnée et au *tactisme* ceux de déplacement véritable, de translation de cellules libres et mobiles comme les phagocytes par exemple.

Les *tropismes* et *tactismes* sont dits *positifs* lorsqu'il y a mouvement vers la source de l'excitation, *négatifs* lorsqu'il y a fuite au sens inverse. Il suffit ici de citer les noms qui se comprennent par leur étymologie : *géotropisme*, *hydrotropisme*, *héliotropisme*, *thigmotropisme*, (contact), *thermotropisme*, etc.; et de même *phototactisme*, *thermotactisme*, *chimiotactisme*, etc., etc. Nous aurons à étudier dans la deuxième partie les théories imaginées pour expliquer ce phénomène curieux, les mouvements du protoplasma [1].

2. Nutrition et accroissement de la cellule.

La *Nutrition* qui, au sens large, a une signification très étendue, se réduit ici à l'*Assimilation* puisque nous avons parlé, à propos des produits

[1] Wortmann (87) et Godlevski (88) ont montré que les tropismes sont dus à ce que, dans les cellules, le protoplasma s'accumule du côté de la cellule tourné vers l'excitant ou du côté opposé, selon que cet excitant l'attire ou le repousse, et que, là où il s'est accumulé, la paroi s'accroît plus en épaisseur que du côté opposé, devient moins extensible et s'allonge moins, en sorte que la direction de l'allongement s'écarte de l'excitant ou se rapproche de lui : cela ramène les tropismes des organes à un tactisme du protoplasma de leurs cellules.

cellulaires et des mouvements, de la *Désassimilation* et de la *Respiration*. Nous y joindrons l'*Accroissement* parce que, s'il se rattache à la division comme condition causale, il dépend de la nutrition dont il est la conséquence.

a. Assimilation.

L'assimilation est le phénomène par lequel la cellule puise dans un liquide nutritif banal des substances qu'elle doit faire identiques à celles qui la constituent. D'une dissolution de substances albuminoïdes ternaires et salines dont aucune n'a la composition exactement convenable, elle doit tirer de quoi faire des nucléines, des nucléo-albumines, des globulines, des graisses, des sucres, des substances salines déterminées, de la pyrénine pour son nucléole, de la linine pour son réseau achromatique, etc., etc., et non pas une nucléine, une globuline, une pyrénine quelconques, mais celles de la variété précise qui est en elle et les déposer chacune à sa place. C'est là un merveilleux travail et le pouvoir de le faire est un des caractères les plus remarquables de la *matière organisée*.

Malgré sa complexité, l'Assimilation se ramène à une combinaison de réactions chimiques et de phénomènes osmotiques, ceux-ci chargés du triage des substances, celles-là de leur transformation. Pendant longtemps on n'a guère tenu compte que des derniers; aujourd'hui on tend à méconnaître leur importance pour tout rapporter aux premières. Ces conceptions exclusives sont également inexactes [1].

[1] Haacke (93) adoptant et modifiant quelque peu les idées de Verworn voit dans l'assimilation la série des phénomènes suivants :

(1) $N + S = S' = 2\,S + N'$

(2) $N' + K = K' = 2\,K + N''$

(3) $N'' + P = P'$

(4) $P' + O = P'' = 2\,P + E$

Ce qui veut dire :

(1) La substance nutritive venue du dehors N, unie au sarcode S (partie amorphe du cytoplasma, intervenant seule d'abord), forme une substance nouvelle S' qui se dédouble en sarcode primitif, mais en quantité plus grande $2S$, et en une substance nutritive modifiée N'.

(2) Celle-ci pénètre dans le noyau K et, de la même manière, accroît sa substance $2K$ et se transforme en N''.

(3) La substance nutritive N'' repasse dans le cytoplasma P et, s'unissant à lui, le transforme en P'.

(4) Enfin ce cytoplasma P' reçoit de l'oxygène O par la respiration et se transforme en P'' qui se dissocie en $2\,P$, identique au cytoplasma primitif, mais en quantité plus grande, et E qui représente les *excreta* de la cellule.

On voit que l'osmose est censée n'intervenir en rien. La conception est incomplète, mais elle contient certainement du vrai.

Remarquons ici que l'assimilation porte toujours sur des substances liquides (ou

Nous verrons dans la quatrième partie de cet ouvrage que la nutrition cellulaire doit se comprendre comme une succession graduée de triages par voie d'osmose et de modifications chimiques par double réaction qui rapprochent progressivement la constitution du suc nutritif de celle des diverses parties qu'il doit nourrir, jusqu'à l'amener à l'identité. L'*assimilation* est une *ad-similation* graduée et progressive. Elle ne pouvait être mieux nommée [1].

Nous ne savons pas grand'chose sur la nature des réactions assimilatrices. Tout ce que l'on peut dire, c'est que des fermentations interviennent parmi elles, puisqu'on a trouvé des ferments dans des cellules autres que celles chargées de les secréter, et qu'elles sont réductrices. A. GAUTIER (81 et 94), en effet, et d'autres ont constaté que beaucoup de cellules ne constituent jamais un milieu oxydant et que dans celles où se manifestent des oxydations, la fixation d'oxygène n'a lieu que pour le travail dynamique ou matériel [2].

parfois gazeuses comme CO^2 dans la fonction chloryphyllienne); mais l'osmose s'exerce aussi bien sur les gaz que sur les liquides. Chez les êtres supérieurs qui ont un sang ou une sève, cela ne fait aucun doute pour les cellules baignées par cette sève ou par ce sang. Il en est de même pour les racines des plantes et pour les Bactéries pour lesquelles le liquide où elles plongent est nutritif par lui-même. Mais il semble que les êtres unicellulaires ou certains pluricellulaires inférieurs fassent exception. Une Amibe, un Infusoire, une cellule à collerette d'Éponge incorporent des particules solides sur lesquelles l'osmose semble n'avoir aucune prise. Il n'en est rien. Lorsque l'on examine le phénomène de près, on voit que toujours la particule alimentaire est contenue dans une vacuole. Or, le liquide de cette vacuole n'est pas de l'eau, c'est un suc digestif sécrété par la paroi de la vacuole, le *tonoplaste* de DE VRIES (85). La particule alimentaire est partiellement dissoute dans cette vacuole et le liquide nutritif provenant de cette dissolution est absorbé par osmose à travers la paroi tonoplastique. La cavité de la vacuole est pour le cytoplasma une partie du monde extérieur; tout se passe donc comme si cette digestion préliminaire avait lieu en dehors de lui, comme si la cellule avait baigné par sa surface externe dans le liquide nutritif.

Les travaux de FABRE DOMERGUE (88), METSCHNIKOF (89), LE DANTEC (91) ont parfaitement montré qu'il y avait sécrétion d'acides et de ferments dans ces vacuoles alimentaires. La digestion et l'absorption s'y font comme dans un estomac d'animal supérieur. LE DANTEC nie que la paroi de la vacuole soit aucunement différenciée. Cela d'ailleurs n'a pas d'intérêt dans la question actuelle et sans doute DE VRIES (85) n'a pas eu l'intention de dire que toutes les vacuoles sans exception étaient des *tonoplastes*.

[1] Cependant l'*ad-similation* ne va pas jusqu'à l'identification complète. J'espère montrer, dans la 4e partie de ce livre, que réciproquement la cellule est modifiée elle aussi quelque peu par son aliment et qu'il peut y avoir là une explication du phénomène si obscur de la *Différenciation cellulaire* dans l'ontogénie.

[2] Le fait est démontré pour le muscle par

b. Accroissement.

Lorsque l'on conçoit l'Assimilation de la manière que nous avons admise, l'Accroissement n'est plus un problème. Pour toutes les parties liquides ou facilement pénétrables par les liquides, il se conçoit sans aucune peine. La difficulté n'existe que si l'on se borne à envisager les parties figurées. Mais si l'on va, comme nous l'avons fait, jusqu'aux substances chimiques qui les constituent, elle s'évanouit. Chaque organe de la cellule, quelle que soit sa structure, se compose de masses de substances chimiques juxtaposées ou plus ou moins intimement mélangées. Or chacune de ces masses s'accroît pour son propre compte par simple addition de molécules nouvelles de même espèce aux groupes de molécules déjà existants, en sorte que l'organe s'accroît sans que l'arrangement de ses parties soit en rien modifié. C'est de l'*intussusception* aussi intime que possible allant jusqu'aux constituants chimiques. L'accroissement se fait par addition moléculaire dans le sens chimique de ce mot. Il est impossible de concevoir l'accroissement des parties par juxtaposition [1].

Mais pour les parties solides, comme les grains d'amidon et surtout la membrane cellulaire, bien des auteurs pensent encore que l'accroissement se fait par addition superficielle de nouvelles couches parce que l'état solide de l'organe embarrasse pour concevoir une addition de molécules nouvelles au sein de sa masse. Cette addition a lieu cependant et les membranes, comme les autres parties de la cellule, s'accroissent sinon exclusivement, du moins en grande partie par intersusception [2]. Le phé-

une intéressante expérience de Chauveau. Une aiguille d'acier poli, piquée dans un muscle, reste brillante tant que le muscle est au repos; elle se ternit par oxydation dès que le muscle entre en action. Voir la note de la page 57.

[1] BÜTSCHLI, dans sa théorie de la structure vacuolaire du protoplasma, admet que l'accroissement se fait par formation de vacuoles nouvelles dans la substance fondamentale qui occupe les espaces étoilés entre les vacuoles déjà présentes. Ces nouvelles vacuoles d'abord fort petites augmentent peu à peu de volume par absorption de chylema.

[2] La possibilité de l'introduction de molécules au sein de la membrane est démontrée par ce fait qu'elle se produit dans des conditions où elle est autrement malaisée.

Ainsi, un cristal calcique déposé dans une solution magnésienne finit par se transformer en cristal magnésien sans que sa forme ait été modifiée, par substi-

nomène peut se comprendre de la manière suivante. Par l'effet de la turgescence la membrane est distendue, ses molécules s'écartent ; de nouvelles molécules se déposent alors sans les interstices des molécules précédentes de manière que la membrane peut recouvrir la même surface sans effort de distension. Une nouvelle tension se produit, qui écarte encore les molécules, permet le dépôt de molécules nouvelles, et ainsi de suite. Seulement ces phénomènes, au lieu d'être successifs, sont simultanés.

Chapitre III. — REPRODUCTION DE LA CELLULE

La *Division* est une fonction capitale dans la vie de la cellule. Elle est son seul mode de reproduction. Sur elle repose non seulement la reproduction de tous les êtres unicellulaires, mais aussi la formation du corps des organismes pluricellulaires puisque tous ont pour point de départ une cellule unique. Elle se fait suivant deux modes : la *Division directe* ou *Amitose,* et la *Division indirecte* appelée aussi *Mitose* ou *Karyokynèse :* ce dernier terme signifie plus spécialement division indirecte du noyau[1].

tution interne de molécules de magnésie aux molécules de chaux. Or la membrane cellulaire est bien autrement perméable aux liquides qu'un cristal inorganique.

Enfin Nægeli (64) a attiré l'attention sur un certain nombre de phénomènes qui resteraient inexplicables par le seul accroissement par opposition.

Beaucoup de cellules végétales augmentent de taille après s'être déjà revêtues d'une membrane cellulosique à tel point que les premières couches devraient se distendre à un degré inadmissible pour suivre cet accroissement. D'autre part, chez les *Glœocapsa* et *Glœocystis*, la cellule se divise en deux autres sous sa membrane qui reste indivise, et les deux cellules filles se sécrètent chacune une membrane à l'intérieur de leur membrane commune. Cette membrane commune n'est donc point tapissée directement par le cytoplasma et aux points où elle passe d'une cellule à l'autre, elle n'est en rapport ni directement ni indirectement avec le cytoplasma. Néanmoins elle augmente d'épaisseur même en ces points.

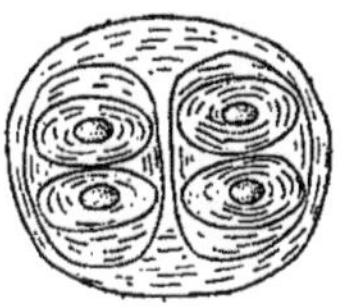

Fig. 5. — *Glœocapsa polydermatica.* — Quatre cellules réunies sous trois membranes emboîtées les unes dans les autres.

[1] Il n'y a pas soixante ans que le fait de la division cellulaire est connue. Aupa-

1. DIVISION INDIRECTE OU MITOSE.

Dans la mitose, la division du noyau précède toujours celle du corps cellulaire. C'est donc par elle que nous devons commencer.

a. Division du noyau.

Les phénomènes de la division nucléaire se passent les uns dans le cytoplasma, les autres dans le noyau; ils débutent à peu près simultanément, selon toute apparence indépendamment, dans ces deux organes. Ils ont été divisés en trois phases, l'une de désagrégation du noyau maternel, c'est la *Prophase,* l'autre de constitution de deux noyaux filles, c'est l'*Anaphase* et, entre les deux, un stade intermédiaire très court n'appartenant pas à l'une plutôt qu'à l'autre, la *Métaphase.*

a) **Prophase.**

α. *Dans le noyau.* — On se rappelle qu'au stade repos la chromatine est réunie sous la forme de grains ou de petites masses irrégulières le long de filaments achromatiques très fins dont la disposition, *au moins en apparence,* est celle d'un réseau. Le premier phénomène qui se produit est une modification de ce réseau en place duquel on trouve au bout de quelque temps un filament continu, fin et très long, contourné en peloton irrégulier. Sur ce filament toute la chromatine s'est distribuée plus régulièrement de manière à le revêtir tout entier. C'est la phase de *Spirème* ou *Peloton,* et plus particulièrement celle de *Peloton serré.* Parfois on peut constater que le filament au lieu d'être continu d'un bout à l'autre, est formé de quelques longs segments disposés bout à bout;

ravant on ignorait l'origine des cellules, ou l'on croyait avec Schleiden (38) et Schwann (39) que les cellules et leurs noyaux naissaient dans un blastème par une sorte de cristallisation.

Cependant, dès 1835, Hugo von Moll (35) avait constaté la reproduction de la cellule par division. Ses recherches et surtout celles de Nægeli (45, 46) ont montré la généralité de ce fait et permis d'établir le *omnis cellula e cellula* que Virchow (59) a étendu ensuite aux cellules des tissus morbides. L'axiome n'a jamais été ébranlé.

mais en tout cas chaque segment est filiforme, continue l'enroulement du segment précédent et jamais ne se ramifie ni ne se soude à ses voisins. Tout le monde est d'accord sur cette disposition, mais les avis diffèrent naturellement sur la manière dont elle est obtenue, selon l'idée que l'on se fait de la disposition *vraie* des filaments de linine dans le réseau *apparent* du noyau au repos. Ces idées, nous l'avons vu (p. 33), peuvent se ramener à trois :

1° La linine forme un réseau vrai avec ramifications et soudure des filaments aux points nodaux (Flemming). Dans ce cas, les mailles se rompraient en les points précisément nécessaires pour ne laisser qu'un long filament continu pelotonné. Le long de ce filament sont appendus les petits bouts qui fermaient les mailles coupées. Ces petits bouts se rétractent peu à peu et finissent par disparaître. On rencontre effectivement des figures de noyaux à ce stade, montrant (fig. 6) un filament déchiqueté et comme hérissé de petites épines molles qui correspondent bien à ce que l'on est en droit d'attendre dans cette théorie.

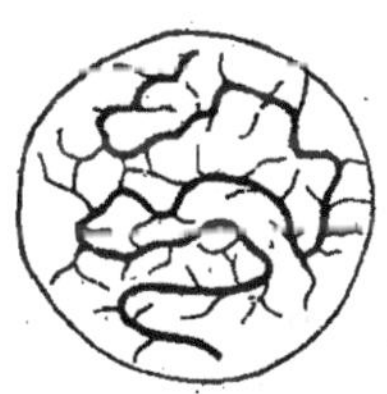

Fig. 6. — Le filament nucléaire au moment où il se constitue par rupture des anastomoses qui constituaient le réseau. (Schématique.)

2° La linine formerait un filament unique, continu, jamais ramifié ni soudé à lui-même, mais très irrégulièrement contourné et entrecroisant ses sinuosités qui sans cesse passent l'une sur l'autre, *mais sans se souder* aux points de croisement (Carnoy (84), Strasburger (84), première opinion). Dans ce cas, la phase de peloton serré s'obtient par un simple arrangement des sinuosités qui se disposent un peu plus régulièrement.

3° La linine forme des anses principales indépendantes, reliées secondairement par un réseau de filaments beaucoup plus fins (Rabl (85)). Il suffit alors que les filaments de ce réseau secondaire se coupent et soient résorbés par les anses principales.

Le second phénomène est un *raccourcissement du filament* qui s'épaissit en conséquence et se transforme en un *cordon*. Par suite de cette diminution de longueur, les anses du peloton s'écartent les unes des autres. C'est la phase du *spirème* dite de *Peloton lâche*. En même temps le cordon devient plus homogène ; son apparence granuleuse, déchiquetée, fait place à une forme cylindrique régulière, due à une répartition plus uniforme de la chromatine le long du filament.

A la phase de peloton lâche succède celle de *Peloton segmenté*. Elle consiste en ce que le filament se coupe *transversalement* en un certain nombre de segments (ordinairement 12 à 24 chez les animaux[1], plusieurs dizaines chez les plantes) appelés *Segments nucléaires* ou *Anses chromatiques* ou *Chromosomes*. Cette phase ne prend place ici que dans les cas (ou théories) où il y a dans le noyau au repos un réseau ou un filament continu. Dans les noyaux de Rabl, les anses primitives constituent les futurs chromosomes et ne se segmentent pas de nouveau[2].

Dès que les segments sont formés, on constate qu'ils ne sont plus simples, mais composés chacun de deux filaments parallèles étroitement rapprochés : une fine ligne claire les sépare seulement l'un de l'autre. Cela provient de ce qu'ils ont subi une *segmentation longitudinale*, phénomène d'importance capitale, qui a pour effet de répartir d'une manière rigoureusement égale, la chromatine du noyau mère entre les deux noyaux filles. Le moment où elle débute est difficile à déterminer et sans doute variable. Parfois elle a lieu sur les chromosomes déjà séparés, plus souvent elle paraît débuter sur le peloton lâche.

Pendant la formation du peloton, les nucléoles ont peu à peu diminué de volume et finalement disparu. Nous avons indiqué plus haut (p. 42) ce qu'ils semblent devenir.

A ce moment aussi, lorsque les chromosomes sont bien individualisés, la membrane nucléaire commence à se résorber et peu à peu disparaît laissant le contenu du noyau en libre communication avec le cytoplasma[3].

β. *Dans le cytoplasma*. — Pendant ce temps, des phénomènes non

[1] Ce nombre tombe à quatre ou même deux chez le fameux *Ascaris megalocephala* que cette particularité a rendu si utile pour l'étude de ces phénomènes. Chez les plantes, il atteint parfois plusieurs centaines.

Dans bien des cas, les chromosomes n'ont pas la forme d'anses allongées, ce sont des bâtonnets très courts ou même de gros granules arrondis ou polyédriques.

[2] Boveri (88_2) a émis une autre opinion, d'après laquelle le filament du spirème serait unique mais formée de segments chromatiques déjà individualisés et simplement accolés bout à bout. La prétendue segmentation transversale ne serait que la séparation de ces segments préformés.

[3] Quelques rares histologistes prétendent (Schwarts, Schneider) que cette disparition de la membrane n'est pas réelle. Cette opinion est erronée. Flemming a vu, en effet, dans les globules rouges du Triton l'hémoglobine arriver au contact des chromosomes.

moins importants se sont passés dans le cytoplasma. Prenons comme typique le cas où le *centrosome* est unique à ce moment[1]. Nous avons vu que, à l'état de repos, il est logé dans une petite masse de protoplasma hyalin, la *vésicule attractive* limitée parfois extérieurement par une bordure un peu plus dense appelée *couche corticale*[2]. Dans le cytoplasma ambiant, on ne remarque à ce moment rien de particulier. Mais, pendant que se forme le peloton nucléaire, on voit se dessiner autour de la vésicule attractive de fines stries rayonnantes disposées comme les rayons d'un astre lumineux et constituant l'*Aster*. L'aster est d'abord tout petit et la vésicule étant au contact du noyau, c'est seulement du côté opposé à sa paroi que se montrent les rayons; à mesure que la division s'avance la vésicule s'écarte du noyau et les rayons deviennent plus grands et plus accentués. Bientôt dans la vésicule attractive encore impaire, le centrosome se dédouble en deux petits granules adjacents; bientôt après la vésicule s'étire en biscuit et se divise à son tour. Les deux petites vésicules d'abord contiguës se séparent lentement l'une de l'autre et, dès qu'elles se sont un peu écartées, on voit entre elles le premier rudiment du *Fuseau*. Ce sont de fins filaments pâles (achromatiques) qui se portent d'une vésicule à l'autre; leur plus grand écartement correspond au milieu de leur trajet, en sorte qu'ils dessinent deux cônes adossés par leur base.

C'est à ce moment que la membrane nucléaire commence à se détruire[3]; elle disparaît d'abord au niveau de la fossette où était logée la vésicule attractive, et de là la résorption marche en tous sens vers le pôle opposé qu'elle finit par atteindre. La membrane a alors complètement disparu. Dès ce moment il n'y a plus de distinction entre phénomènes intra et extra-nucléaires.

Pendant ce temps, les deux vésicules, chacune munie de son centrosome et entraînant son aster, continuent de s'écarter pour se placer en deux points diamétralement opposés, allongeant entre elles le *fuseau* qui les réunit. Bien avant qu'elles aient pris cette position finale, on voit se dessiner des filaments achromatiques qui partent des vésicules et vont se jeter sur les chromosomes. Ces filaments et les chromosomes sont d'abord tous d'un même côté du fuseau, mais peu à peu ils se dispo-

[1] Nous avons vu, en effet (p. 38), que l'autre cas n'en diffère par rien d'essentiel.

[2] Cette couche corticale signalée par Van Beneden ne paraît pas exister toujours, ni avoir grande importance. Les autres histologistes ne la signalent souvent pas.

[3] D'après Hermann (91).

sent en cercle autour de lui, d'une façon très régulière. On a atteint la Métaphase [1].

b) Métaphase.

La *Métaphase* très courte ne comporte pas comme les deux autres phases une série de phénomènes successifs. C'est un *état* appelé parfois stade de *Metakynèse,* mais bien digne d'arrêter l'attention.

A ce moment la figure nucléaire se compose de quatre parties :

1° Les *pôles,* comprenant chacun un centrosome, une vésicule directrice et un aster qui rayonne dans le cytoplasma tout autour du pôle, sauf la région occupée par le fuseau : la figure constituée par cet aster double constitue l'*Amphiaster* [2]*;* 2° le *Fuseau central* (Hermann), formé de ce qu'on a appelé les *Filaments unissants,* qui vont sans interruption d'un pôle à l'autre; 3° les *Chromosomes* disposés en cercle régulièrement autour de l'équateur du fuseau central et en dehors de lui : ils ont pris une forme en anse régulière et sont orientés, sans exception, le sommet de l'anse vers l'axe du fuseau et les branches divergeantes en dehors, formant dans cet état ce que l'on a appelé la *Plaque équatoriale* ou *Plaque nucléaire;* 4° enfin, les *Filaments périphériques,* partant des pôles et se jetant chacun sur un des chromosomes. On se rappelle que ceux-ci sont, depuis longtemps déjà à ce moment, divisés longitudinalement en deux cordons parallèles. Ces cordons sont disposés de manière

[1] La question n'est pas résolue de savoir si les rayons de l'aster sont de nature identique aux filaments du fuseau. D'après divers histologistes, les filaments du réseau filaire seraient une émanation de la sphère attractive. Généralement invisibles sans préparation en raison de leur finesse et de leur laxité, ils deviendraient évidents et prendraient la forme rayonnée en se contractant et s'épaississant. Selon d'autres, l'aster différerait du fuseau en ce qu'il consisterait seulement en granulations (microsomes) orientées. Flemming, pour marquer cette différence de nature entre les deux parties de la figure étoilée, a proposé les termes parfaitement inutiles d'*Astroïd, Dyastroïd* (au moins faudrait-il ortographier Diastroïd), etc. Rabl (89) et d'autres affirment, au contraire, que les rayons de l'aster sont formés, comme le fuseau, par des filaments individualisés et contractiles. D'après Rabl (89) et Hermann (91), il y aurait 16 à 20 filaments par chromosome. Avec ceux du fuseau central il y en a plus de 300. Ces nombres d'ailleurs sont très variables. Vialleton (88) affirme que dans les blastomères de l'œuf de la Seiche il n'y a qu'un filament par chromosome.

[2] Dans chacun des *asters* de *l'amphiaster,* le groupe de rayons opposés au fuseau est d'ordinaire plus marqué que les rayons voisins du fuseau. Il est diamétralement opposé au groupe correspondant de l'autre *aster* et forme avec lui ce que Boveri a appelé les *cônes antipodes.*

à regarder chacun un des pôles. On est tenté de croire que les filaments périphériques issus d'un même pôle s'attachent précisément sur celle des deux anses qui est tournée vers lui. Mais on n'a jamais pu s'assurer de ce détail.

c) **Anaphase**.

Tout se passe alors *comme si* les filaments attachés aux chromosomes se contractaient et entraînaient des deux moitiés de ceux-ci chacune vers l'un des pôles. On voit, en effet, chacune des deux anses jumelles de *chaque* chromosome, s'écarter de sa congénère, en commençant par le milieu de manière à former avec elle, d'abord une ellipse allongée transversalement, puis un cercle, puis une ellipse à grand axe dirigé comme celui du fuseau. Les deux moitiés se tiennent encore par les bouts, mais ces bouts se séparent à leur tour et elles sont entraînées chacune vers un des pôles. Elles s'en rapprochent beaucoup mais ne l'atteignent pas tout à fait; il reste entre les sommets des chromosomes qui n'arrivent pas au contact, et la vésicule directrice qu'ils n'atteignent pas, un petit espace appelé le *champ polaire*[1]. Pendant toute la durée de ce mouvement, les *anses jumelles* sont restées unies par des *filaments* dits *connectifs* qui s'étendent entre elles, d'autant plus longs qu'elles sont plus voisines des pôles[2].

Les phénomènes qui suivent constituent la reconstitution du noyau à l'état de repos semblable à l'état primitif, sauf qu'il y a deux noyaux.

[1] Nous avons déjà appelé *champ polaire,* dans les noyaux de RABL au repos, l'espace situé entre la convexité des anses chromatiques et le pôle opposé du noyau. Celui-ci provient sans doute de celui-là.

[2] Ces *filaments réunissants, filaments connectifs,* ont été ainsi nommés par E. VAN BENEDEN. Leur origine n'est pas claire. Si les filaments qui vont des pôles aux chromosomes sont interrompus au niveau de ceux-ci, ils sont de nouvelle formation et proviennent, comme le pense E. VAN BENEDEN, d'une substance visqueuse qui collait les deux *anses jumelles* et qui s'étire en fils entre elles. LUSTIG et GALEOTTI (93) confirment cette manière de voir. Si, au contraire, ces derniers ne sont que la partie moyenne de filaments étendus sans discontinuité d'un pôle à l'autre, cela élimine l'idée qu'il y ait des filaments allant des pôles aux chromosomes et s'attachant à ceux-ci et que les anses jumelles soient attirées vers les pôles par la contraction de ces filaments. Cela oblige à admettre avec STRASBURGER un glissement des anses le long des filaments sous l'action d'une attaction chimiotactique procédant des sphères attractives. Enfin quelques histologistes croient avec STRASBURGER (88) et O. HERTWIG (92) que les *filaments connectifs* ne sont rien autre chose que la partie moyenne des filaments unissants du fuseau central visible entre les deux groupes d'anses jumelles.

au lieu d'un. A chacun des pôles, les chromosomes perdent leur forme et leur disposition régulières; leurs branches se contournent, leur anse s'ouvre, ils s'allongent et finalement s'arrangent en un ensemble irrégulier qui rappelle *à peu près* le stade de *peloton segmenté;* puis ils se rapprochent, deviennent moins distincts les uns des autres et forment plus ou moins nettement le *peloton lâche* et enfin le *peloton serré*. C'est le stade appelé *Dispirème*. Enfin la forme du ou des cordons devient elle-même irrégulière, déchiquetée, comme si de fins filaments poussaient sur ses côtés et, sans qu'on ait bien vu comment, le stade de *réseau au repos* se trouve rétabli. La membrane en même temps se reconstitue peu à peu et finit par enfermer complètement le noyau, et les nucléoles réapparaissent, petits d'abord, puis peu à peu avec leur volume normal.

Le fuseau central très net et intact pendant que les chromosomes se mouvaient vers leurs pôles respectifs commence à devenir moins distinct à mesure que l'on approche du stade de dispirème et, quand la membrane commence à se former, il achève de disparaître. L'aster disparaît en même temps aux pôles. La vésicule attractive avec son centrosome devient moins distincte aussi et, sans changer de place, se trouve logée dans une dépression de la membrane nucléaire. Le stade de repos est atteint.

Plaque cellulaire et Corps intermédiaire de Flemming. — Dans les cellules végétales, il y a quelque chose de plus. Avant que le fuseau central disparaisse, on voit apparaître sur chacun des filaments unissants, exactement dans le plan équatorial, une petite nodosité. Tous ces petits grains situés côte à côte exactement dans le plan équatorial, forment ce que l'on a appelé la *Plaque cellulaire*. Cette plaque est destinée à former la cloison de séparation entre les deux cellules filles. Chez les animaux, cette particularité ne se rencontre que par exception et toujours sous une forme plus rudimentaire que chez les plantes. A la place de la plaque cellulaire, on trouve seulement un ou plusieurs petits corpuscules chromatiques appelés *Corps intermédiaire* de Flemming du nom de l'auteur qui les a le premier décrits. Ils disparaissent peu après la division. Prenant (92_1) les a le premier assimilés à la plaque cellulaire [1].

[1] *Le Corps intermédiaire* a été observé chez l'*Ascaris megalocephala* par Van Beneden qui en parle dans une lettre à Flemming (91_3), dans les cellules du car-

Nous voyons par là comment se doublent dans la division le centrosome et les éléments nucléiniens du noyau. Mais comment se forment les nucléoles des noyaux filles?

On sait qu'ils disparaissent d'ordinaire au moment de la division et réapparaissent dans les noyaux filles après qu'elle est terminée; et l'on admet généralement qu'ils sont formés aux dépens des nouveaux chromosomes. Les uns croient qu'ils disparaissent complètement pour former le centrosome (v. p. 42) et sont reformés par les chromosomes en totalité et à nouveau. Les autres plus nombreux pensent, en se fondant sur quelques aspects histo-chimiques, qu'ils abandonnent leur substance chromatique aux chromosomes et se reforment ensuite par réagglomération de cette même substance. ZIMMERMANN (93), au contraire, assure que, chez les plantes, ils se dissocient, se répandent sous la forme de petits grains chromatiques dans le cytoplasma et s'agglomèrent de nouveau pour former les nucléoles des nouvelles cellules[1].

tilage par FLEMMING (82), dans celle de la cornée du Triton par GEBERG (91), etc.

MITROPHANOF (94) dit que parfois il peut devenir le centrosome du noyau en voie de formation.

Pendant la division, la chromatine subit des modifications chimiques inconnues mais qui se traduisent par ce fait constant qu'elle s'unit à certaines substances colorantes plus énergiquement qu'à l'état de repos. C'est sur cette particularité que sont fondées les méthodes de *recherche* des mitoses, c'est-à-dire les méthodes destinées à mettre en évidence les cellules en voie de mitose sans souci des fines particularités histologiques du phénomène. Après avoir coloré tous les noyaux, on décolore énergiquement et ceux-là seuls restent colorés qui sont en voie de division.

Il existe aussi des divisions nucléaires pathologiques dans lesquelles le fuseau a trois pôles ou plus (jusqu'à 12) au lieu de deux. On donne à ces figures les noms de *Triaster, Tetraster*, etc. Cela se rencontre dans la fécondation polyspermique dont nous parlerons plus loin et dans divers tissus pathologiques surtout les carcinomes.

Sous le nom de *division nucléaire hétérotypique*, FLEMMING (87) a décrit une variété de division indirecte dans laquelle la division longitudinale des chromosomes n'a pas lieu au moment ordinaire. Les chromosomes se partagent en deux groupes égaux qui se rendent chacun à un pôle, où ils se trouvent par conséquent en nombre moitié moindre que dans la cellule mère. Là et alors seulement, ils subissent une division longitudinale qui ramène leur nombre au chiffre normal. HÆCKER (92) a constaté que ce mode de division ne se rencontre que dans les cellules mères des éléments sexuels. Ce fait a une certaine importance au point de vue de quelques théories dont nous aurons à parler plus tard.

[1] Une opinion tout à fait inverse de celles généralement admises a été émise récemment par quelques auteurs, qui font provenir, au contraire, les chromosomes des fragments du nucléole. HOLL (93) croit avoir observé dans l'œuf des Mammifères qu'il se forme, aux dépens de la substance nucléolaire, de petites pelottes

Tels sont les phénomènes principaux de la division nucléaire indirecte.

De crainte d'obscurcir une description en somme assez compliquée, je me suis astreint à négliger les exceptions, variantes, divergences de fait ou d'opinion, innombrables en ces matières. Les plus importantes ont trouvé ou trouveront asile dans les notes. Mais il est deux points sur lesquels il est nécessaire de s'expliquer ici. Ce sont les rapports des chromosomes avec les filaments du fuseau et l'origine du fuseau lui-même.

La description donnée ci-dessus s'applique principalement aux noyaux du type de Rabl. Sa caractéristique est l'apparition d'un fuseau tout petit *en dehors* du groupe des chromosomes, et la distinction entre un fuseau périphérique lié aux chromosomes et un fuseau central indépendant d'eux[1].

Or, dans bien des cas, la chose semble se passer d'une toute autre manière. Le centrosome (avec sa sphère attractive) se divise, ses deux moitiés s'écartent et se portent aux deux extrémités d'un même diamètre du noyau en glissant sur la membrane intacte de celui-ci ; et, pendant tout ce temps, il n'y a pas trace de fuseau. Les centrosomes s'écartent un peu du noyau et un espace clair apparaît entre eux et le noyau et tout autour de celui-ci ; en même temps la membrane nucléaire semble se flétrir un peu, comme si elle avait laissé suinter du suc nucléaire pour former la zone claire en question. Bientôt on voit se dessiner à partir des pôles un fuseau complet qui s'avance peu à peu vers le noyau et l'englobe dans la masse formée par ses filaments. Alors seulement la membrane nucléaire disparaît et les chromosomes entrent en rapport avec le fuseau et se soudent à ses fils de la manière décrite précédemment. On conçoit qu'il n'y a pas ici de distinction entre fuseau central et filaments périphériques.

de nature chromatique qui prennent place sur le réseau. Ces pelottes sont au nombre de 24 et, au moment de la division, se dessinent comme autant de chromosomes. Moll (93) assure aussi que chez les *Spirogyra* les chromosomes proviennent du nucléole. Il semble prudent de faire des réserves soit sur le fait lui-même, soit sur l'interprétation des parties.

[1] Cette interprétation est la plus ancienne et peut-être la plus générale. Elle est donnée ici principalement d'après les travaux de Vialleton (88) sur la Seiche. Henneguy (91) en donne une assez semblable. D'après lui, les sphères attractives avec leurs centrosomes prennent leurs positions diamétrales et émettent les filaments de deux demi-fuseaux. Quand ces filaments atteignent le noyau, la membrane nucléaire disparaît et les demi-fuseaux se rejoignent à travers la substance nucléaire.

Sur la question de l'origine des éléments du fuseau trois opinions principales sont en présence.

1° STRASBURGER (84), GUIGNARD (91) et avec eux la plupart des botanistes et, parmi les zoologistes, BOVERI (88_1), HENNEGUY (91), H. FOL, BOBRETSKI, admettent que tous les filaments du fuseau sont d'origine extranucléaire. Ils semblent émaner des sphères attractives ou se différencier dans le cytoplasma voisin[1]. BÜTSCHLI, PFITZNER, CARNOY, RABL, R. HERTWIG, GRÜBER, ZACHARIAS, SCHEWIAKOFF (87), O. HERTWIG (75, 77, 78), VAN DER STRICHT (94), les font provenir exclusivement de la linine du réseau nucléaire. Ils s'appuient surtout sur le fait que, dans certains cas, le fuseau tout entier peut se trouver à l'intérieur du noyau, lorsque la membrane nucléaire est encore intacte[2]. Enfin ED. VAN BENEDEN (83),

[1] D'après STRASBURGER (84), c'est le *cytohyaloplasma formatif* ou *kinoplasma*, (v. structure du cytoplasma p. 23) qui forme le fuseau; il s'y dépense tout entier et sa substance se trouve par là également partagée entre les deux cellules filles.

[2] SCHEWIAKOFF (87) a observé ce fait chez un Foraminifère, l'*Euglypha*, R. HERTWIG chez divers Infusoires, H. FOL (77) et O. HERTWIG (75, 77, 78) dans les œufs de certains Gastéropodes inférieurs (*Pterotrachœa, Phyllirhoe*). Mais HENNEGUY (91) a fait remarquer que cela n'était pas aussi démonstratif qu'on le dit parce que les sphères attractives sont accolées *extérieurement* à la membrane nucléaire aux points où aboutissent les pôles du fuseau. La membrane est donc percée en ces points et par ces trous les filaments du fuseau ont pu aussi bien entrer dans le noyau qu'en sortir.

Voici comment VAN DER STRICHT (94) décrit le phénomène.

Les centrosomes (fig. 7) apparaissent au contact même de la membrane nucléaire, même excavés par elle, parfois à ses deux pôles, ordinairement près l'un de l'autre. D'abord tout petits ils grandissent et montrent à la fin une granulation centrale opaque, tandis que leur masse s'éclaircit. D'eux partent des asters centrifuges qui sont manifestement formés par les fibrilles de la substance filaire du cytoplasma grossies et orientées en soleil. Du côté du noyau, on ne voit d'abord rien, mais, quand ils s'écartent de la membrane nucléaire, on voit des filaments qui en partent et soulèvent même cette membrane au point qu'ils viennent de quitter. Bientôt la membrane se perce en ces points et l'on voit les fibres partant des centrosomes former deux cônes qui partent d'eux et vont par ces trous se croiser dans le noyau. Les uns s'attachent aux chromosomes et formeront les *Cônes principaux* de Van Beneden, ou *Cônes d'attraction*, les au-

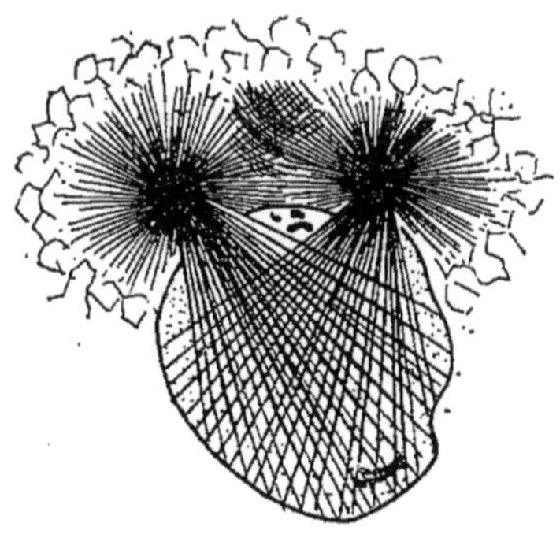

Fig. 7. — Figure schématisée montrant les centrosomes déjà légèrement écartés ayant formé chacun un aster et un cône qui a pénétré dans le noyau.

Flemming (91_3), Platner, Hermann (91), Prenant (92), Mitrophanof (94) lui attribuent, avec beaucoup d'apparence de raison, une double origine. Ce que nous avons appelé le *fuseau central* et, dans le cas d'un fuseau unique, la portion polaire de ce fuseau, semble indubitablement provenir de la substance même des vésicules attractives ou du cytoplasma ambiant, tout comme les rayons de l'aster. Mais pour la portion équatoriale du fuseau périphérique (ou de l'unique fuseau s'il n'y en a qu'un) elle proviendrait des filaments de linine du réseau nucléaire disposés *ad hoc* et unis aux filaments venus des pôles.

Malgré tant d'efforts dépensés à la solution de ces questions depuis quelques années, on voit que bien des points restent encore obscurs sur l'origine du fuseau et sur ses relations exactes avec les chromosomes[1].

tres ne s'attachent pas à eux et formeront les *Cônes accessoires* du même auteur. Quant au fuseau central d'Hermann, on ne le voit que dans le cytoplasma et on pourrait comme d'ordinaire le considérer comme d'origine cytoplasmique. Mais il est probable que les centrosomes sont des grains chromatiques sortis du noyau et, s'il en est ainsi, le fuseau central peut bien être sorti du noyau avec eux.

[1] On n'est pas encore fixé sur la question de savoir s'il y a toujours, indépendamment des filaments attachés aux chromosomes, un *fuseau central* de *filaments unissants*, indépendants des chromosomes. Dans bien des cas, où les figures sont très nettes cependant, on n'en voit pas la moindre trace. Quand ce fuseau central existe, les *filaments connectifs* de E. Van Beneden pourraient n'être que la partie moyenne de ce fuseau vue dans l'espace interposé aux deux groupes d'anses jumelles. Mais dans le cas décrit à la page 74, où le fuseau apparaît seulement quand les sphères attractives ont pris leurs positions diamétralement opposées par rapport au noyau, l'existence de filaments unissants est beaucoup moins naturelle que lorsque le fuseau apparaît tout petit entre les deux sphères à peine séparées; il est très possible que là ces filaments n'existent pas. Dans ce cas, les filaments connectifs de Van Beneden seraient soient des fils de nouvelle formation formés par une substance visqueuse que les anses jumelles étirent entre elles en s'écartant, soit la portion moyenne des filaments du fuseau le long desquels les chromosomes glisseraient sans les rompre.

Pour ce qui concerne la *permanence* des chromosomes, les opinions sont très divisées. Dans l'hypothèse des noyaux de Rabl elle n'est pas douteuse, mais il n'est pas démontré que cette structure soit réelle, ni surtout qu'elle soit générale. Dans les noyaux où un filament continu se rétablit à la fin de chaque division et se segmente de nouveau à chaque division nouvelle, il n'est pas certain qu'il se recoupe aux points précis où les chromosomes s'étaient soudés pour le former. Dans l'hypothèse de Boveri (v. la note de la p. 34) il en serait forcément ainsi. Bien des auteurs admettent que la soudure des chomosomes est complète; mais ils se partagent en deux camps : les uns pensent que le filament se recoupe dans les mêmes points (Strasburger (92) en admet la possibilité, Boveri (90) l'affirme); les autres admettent avec O. Hertwig (90) qu'il se recoupe en

Une autre question litigieuse et très importante, comme on le verra plus tard est celle de la *Permanence des chromosomes*. Il y a sur ce point deux opinions principales : 1° les chromosomes sont constants en nombre mais nullement en substance, et le filament se recoupe n'importe comment (O. HERTWIG (90)) ; 2° ils sont permanents, soit qu'ils ne perdent à aucun moment leur individualité (RABL (89)), soit que le filament se recoupe aux mêmes points (BOVERI (92)).

Mais ce qui est bien plus mystérieux encore, c'est la cause de tous ces phénomènes. Cela donne l'impression d'une troupe de marionnettes jouant une petite pièce muette mais très compliquée, avec une merveilleuse précision de mouvements, et rentrant dans la coulisse pour recommencer à la division suivante. Nous comprenons le but de l'action : c'est le partage équitable des substances et organes du noyau mère entre les deux noyaux filles. Mais comme nos marionnettes ne parlent pas, qu'elles sont très petites, qu'une partie de leurs mouvements nous est cachée par le décor, et que nos lorgnettes sont un peu troubles, nous sommes bien loin de voir et de comprendre tous leurs mouvements.

des points quelconques. Cependant les premiers semblent l'emporter.

A côté de la *permanence individuelle* ou de *substance* des chromosomes, il y a la question de la permanence de nombre. Celle-ci est moins difficile à trancher. Il semble bien qu'il y a une différence sous ce rapport entre les deux Règnes. Les zoologistes, en effet, affirment tous cette permanence et la déclarent absolue, tandis que les botanistes font des réserves. STRASBURGER (88) dit qu'elle n'est pas démontrée et GUIGNARD (92) donne quelques exemples où cette permanence est mise en défaut. Dans le sac embryonnaire des Phanérogames, au moment où il n'y a encore qu'un noyau, ce noyau se divise en deux autres, un qui se porte en haut pour l'ovule et les synergides et le noyau polaire supérieur, l'autre qui se dirige vers le fond du sac pour former le noyau polaire inférieur et les antipodes. Or tandis que le nombre des chromosomes se maintient invariablement à 12 dans le groupe supérieur, il remonte à 20 ou 24 dans l'inférieur. S'il n'y avait que cela, le cas ne serait pas très démonstratif, car si ce nombre est 24 il ne fait que rétablir le nombre normal tel qu'il était avant la division réductive qui l'a réduit à 12. Généralement l'augmentation de nombre ne se fait que par la fécondation, mais il n'est pas impossible qu'elle se fasse aussi par une segmentation transversale différente du filament ou par une division longitudinale supplémentaire des chromosomes dans des cellules de tissu. Mais GUIGNARD trouve 40 à 48 chromosomes dans les noyaux de l'albumen nés de la division du *noyau secondaire* du sac formé par la copulation des deux noyaux polaires.

O. VOM RATH (94) conclut de ses études sur des formes très diverses, Chien, Salamandre, *Ascaris, Artemia*, que, chez les animaux, les cas où l'on a cru que le nombre des chromosomes n'était pas constant ne sont pas réels. L'apparence est due à une réduction du nombre de ces éléments par soudure de plusieurs en un seul.

b. Division du corps cellulaire.

La division du corps cellulaire est aussi simple que la division nucléaire est compliquée. Elle commence pendant l'anaphase au moment où les anses jumelles atteignent les pôles. Pendant qu'à leurs dépens le spirème se reforme et que le noyau se reconstitue, il se forme à la surface de la cellule, exactement dans le plan équatorial du fuseau, un sillon. Ce sillon commence en un point et s'étend rapidement en cercle tout autour de la cellule. Au moment où les asters disparaissent le cercle est complet. Il s'approfondit alors peu à peu et finit par couper la cellule mère en deux cellules filles dont chacune contient un des noyaux filles issus de la division nucléaire [1].

Dans ce mode de division, le noyau est coupé en deux parties égales. Mais il s'en faut de beaucoup qu'il en soit de même pour le cytoplasma.

Nous avons vu plus haut (p. 47) que le noyau dans la cellule occupe, d'après la *Loi de position* de O. Hertwig (84), le centre de gravité du cytoplasma. Le même auteur a cherché à déterminer, par une *Loi de direction*, la place du plan de division ou, ce qui revient au même, la direction du fuseau, car le plan de division n'est autre que le plan équatorial du fuseau prolongé. Sa loi est que l'axe du fuseau se dirige comme s'il était une aiguille aimantée et que le cytoplasma fût du fer, c'est-à-dire *parallèlement* à la direction de la plus grande masse de celui-ci. Il faudrait dire *parallèlement ou perpendiculairement* car, dans la segmentation des œufs, il arrive souvent que, d'une cellule riche en vitellus, le plan de division sépare une étroite calotte au *pôle animal*, ce qui montre que le fuseau était perpendiculaire au gâteau de cytoplasma qui formait ce pôle [2].

[1] Pendant la division nucléaire, le cytoplasma éprouve quelques changements dont la signification n'est pas claire. Il devient plus colorable (Ed. Van Veneden (75)), plus réfringent autour du noyau (Flemming (82)); à l'intérieur, ses fibrilles deviennent plus épaisses, plus grosses, les mailles s'élargissent; à la périphérie externe, au contraire, la structure devient plus dense sans que les parties augmentent de grosseur.

[2] Quand l'une des deux cellules issues de la division est beaucoup plus petite que l'autre, on dit qu'elle est *bourgeonnée* par celle-ci. Mais le *Bourgeonnement* ne constitue pas pour cela un mode de division digne de prendre place à côté de l'amitose et de la mitose; il ne diffère de celle-ci en rien d'essentiel. L'émission des *globules polaires* est un type de bourgeonnement.

Il arrive parfois que la division nucléaire n'est pas suivie de la division cellulaire. Elle aboutit alors à une multiplication de noyaux dans la cellule, état qui peut être permanent comme dans les

2. DIVISION DIRECTE OU AMITOSE.

Ce mode de division beaucoup plus simple que le précédent a été bien connu avant lui et pendant bien longtemps on a cru qu'il était le seul : le signe caractéristique de la division était le *noyau en biscuit.* On sait aujourd'hui qu'elle est beaucoup plus rare que l'autre et beaucoup d'histologistes voudraient la réduire à un processus d'altération morbide de dégénérescence ou de sénilité cellulaire.

Le cas typique se réduit à ceci : le noyau s'allonge, s'étire et se coupe, le corps cellulaire en fait autant et bientôt au lieu d'une cellule il y en a deux. Il n'y a là ni intervention du centrosome, ni fuseau, ni formation de chromosomes, ni disparition de la membrane nucléaire. Le noyau garde l'aspect qu'il avait à l'état de repos.

Le sort du centrosome est assez obscur. Souvent on ne le voit pas se diviser. Dès lors il doit manquer à l'une des deux cellules au moins qui devient par là incapable désormais de division indirecte. Parfois on l'a vu se diviser et même former un petit fuseau.

Dans quelques cas, il semble prendre une part active à la division nucléaire : MEVES (91) l'a vu dans les spermatogonies de la Salamandre s'étirer en un ruban qui se met en croix avec le pont qui réunit les deux moitiés du noyau en biscuit, puis se souder en anneau autour de ce pont, comme pour l'étrangler et aider à la division. Mais il n'a pu suivre le phénomène. ARNOLD (88) a décrit, sous le nom de *fragmentation nucléaire,* la division dans laquelle le noyau se fragmente en morceaux sans disposition régulière. Enfin GÖPPERT (91) a vu cette fragmentation se faire par un processus très bizarre. Le noyau se perce d'un trou en son centre et se transforme ainsi en un anneau qui s'ouvre puis se fragmente en deux ou plusieurs morceaux.

On voit que ce mode de division est beaucoup moins fixe que la mitose. On a cherché à voir dans certaines de ses formes un intermédiaire entre elle et cette dernière mais sans trouver rien de démonstratif[1].

Vaucheria, ou transitoire et suivi de la division ultérieure du cytoplasma qui n'a été que retardée, comme dans le sac embryonnaire des Phanérogames.

[1] L'amitose a été assez rarement constatée d'une manière formelle. L'énumération suivante, quoique incomplète, pourra paraître assez riche, mais qu'est-elle en comparaison de celle que l'on pourrait donner pour la mitose? On

3. RELATION ENTRE LES DIVISIONS DIRECTE ET INDIRECTE.

Quelle peut être la signification relative de ces deux modes de division? Trois hypothèses principales ont été émises à ce sujet mais aucune n'est suffisamment appuyée.

1° L'amitose est un procédé de division primitif en train de disparaître pour laisser la place au procédé plus perfectionné de la mitose. Cette hypothèse est la plus naturelle, elle a cependant beaucoup moins de partisans que la suivante.

2° Elle est, au contraire, plus jeune phylogénétiquement que la mitose. Elle se produit uniquement chez des cellules en dégénérescence ou arrivées presque au terme de leur puissance reproductrice. D'après les uns, elle condamne à mort la cellule où elle s'est produite une fois, en limitant à zéro ou à un très petit nombre ses divisions ultérieures. D'où le nom expressif de *glas funèbre* de la cellule qui lui a été donné par Vom Rath (91). D'autres pensent qu'une mitose peut intervenir et régénérer en quelque sorte la cellule.

3° L'amitose est un procédé de division spécial qui se produit dans des conditions déterminées.

Les recherches ultérieures pourront seules nous dire laquelle de ces suppositions est la vraie [1].

l'a observée chez beaucoup de Protozoaires, et surtout d'Infusoires (tantôt limitée au macronucleus, tantôt exclusivement dans des espèces où il n'y a qu'un seul noyau), dans les Leucocytes d'une manière très positive et chez beaucoup de cellules similaires (comme les cellules de la moelle osseuse, de la rate), dans les spermatogonies et les ovogonies des Batraciens et de divers Arthropodes, dans certains tissus pathologiques (sarcomes, carcinomes), dans les tissus en voie de régénération (épithélium vésical du Lapin, queue des Amphibiens), enfin dans beaucoup d'épithéliums et en particulier dans celui des tubes de Malpighi de l'Hydrophile.

Ce dernier cas a une importance particulière, car là la multiplication des cellules épithéliales a lieu exclusivement par division directe, à l'exclusion de la mitose, fait confirmé par les élèves de Flemming et accepté par Flemming lui-même qui pourtant a pourchassé l'amitose dans tous ses retranchements. Cela prouve l'inanité des théories de ceux qui avancent que l'amitose est un processus de dégénérescence ou de sénilité qui ne se rencontre que dans les cellules arrivées au terme de leur carrière.

Frenzel (91) a décrit un nouveau mode de division nucléaire directe qu'il nomme *division nucléolaire :* un nouveau nucléole se forme à côté du premier et le noyau s'étrangle et se divise sans cesser de rester à la phase de réseau. S'il était démontré que le centrosome provient du nucléole, ce fait prendrait un intérêt particulier.

[1] Toutes ces opinions sont, bien en-

IMPORTANCE RELATIVE DU CYTOPLASME ET DU NOYAU DANS LA VIE DE LA CELLULE.

Il semble singulier que la question indiquée par ce titre ait pu se poser. Ne paraît-il pas évident que le cytoplasme et le noyau sont l'un et l'autre essentiels? Tous cependant ne sont pas ou n'ont pas toujours été de cet avis.

tendu, appuyées sur des observations plus ou moins significatives.

La première est celle de STRASBURGER (82) et de WALDEYER (88).

La deuxième est soutenue par VOM RATH (91) qui pense que jamais elle ne peut être suivie d'autres divisions de nature semblable ou différente. LÖWIT (91), au contraire, voit en elle un processus dégénératif qui peut être arrêté par l'intervention d'une mitose. VERSON (91) est du même avis.

Il est difficile de ne pas voir une indication en faveur de la troisième : 1° dans ce fait observé par R. HERTWIG (89) que chez beaucoup d'Infusoires, la division se fait régulièrement par mitose pour le nucléole et par amitose pour le noyau, 2° dans celui de son intervention fréquente dans la spermatogénèse, et 3° enfin dans celui que les cellules des tubes de Malpghi de l'Hydrophile se reproduisent exclusivement par amitose. (V. note précédente.) CHUN (90) pense qu'elle a pour but, quand elle se borne au noyau, de multiplier l'énergie vitale de la cellule en augmentant la masse nucléaire par rapport au cytoplasma. ZIEGLER (91) conclut de ses observations que le noyau ne se divise par amitose que quand il s'est modifié en vue d'une fonction spéciale particulièrement active, telle que l'excrétion ou l'assimilation. Il est alors très volumineux (meganucleus).

D'après LÖWIT (90), les proportions relatives de pyrénine et chromatine varient dans le noyau. Si la première l'emporte la division est directe; dans le cas contraire elle est indirecte.

FLEMMING, après avoir cherché à restreindre le plus possible le rôle de l'amitose, arrive (91_2) à une opinion semi-éclectique dans laquelle il admet que chez les Protozoaires et quelques Métazoaires inférieurs la vie et la reproduction de la cellule sont compatibles avec elle, mais que partout ailleurs, et en particulier chez les Vertébrés, elle ne donne naissance qu'à des tissus pathologiques, ou anormaux, ou incapables d'évolution ultérieure.

FRENZEL (93) croit que l'amitose sert à donner naissance aux cellules de remplacement des éléments usés de nos tissus, mais que les cellules nouvelles formées pour l'accroissement des organes ont toujours une origine mitosique.

VOM RATH (93) proteste contre cette opinion et confirme sa théorie ancienne du *glas funèbre*.

Mais il semble impossible de l'accepter en présence du fait que l'amitose se montre à l'exclusion de toute mitose dans des éléments normaux, comme les leucocytes, et de la découverte faite par MEVES d'amitoses dans la lignée des cellules sexuelles mâles chez la Salamandre.

En somme, il est impossible pour le moment de porter un jugement formel sur la question des rapports des deux modes de division.

Un fait intéressant à signaler en terminant est la transformation possible de mitose en amitose. GERASSIMOFF (92) en soumettant au froid une *Spirogyra* en train de se diviser par mitose a vu celle-ci s'arrêter, puis la division reprendre mais se faire par voie directe.

Au début, sous l'influence des vues de MAX SCHULTZE (63) et tant que l'on n'a pas connu les phénomènes remarquables dont le noyau est le siège dans la division cellulaire et la fécondation, on attribuait au protoplasma seul les fonctions vitales. Du noyau on ne disait rien parce qu'on ne savait à peu près rien de lui. Puis sont venues les grandes découvertes sur le rôle du noyau dans la division indirecte et la fécondation, et pendant six à sept années ont régné presque sans conteste les idées de STRASBURGER (84) et de O. HERTWIG (84) qui montraient dans le cytoplasme une substance inerte ou passive et dans le noyau l'organe directeur des phénomènes de la vie cellulaire et le facteur exclusif de l'hérédité. Depuis deux ou trois ans, on revient de ces exagérations et l'on commence à comprendre que le noyau et le cytoplasma sont d'égale importance, également incapables de vivre isolés, également indispensables à la vie de la cellule, également actifs dans la reproduction et dans la transmission héréditaire des caractères.

De nombreuses observations et expériences montrent que le noyau joue un rôle important dans l'accroissement de la cellule et dans les phénomènes de nutrition et de sécrétion dont elle est le siège. Elles peuvent se résumer à ceci : Lorsque la cellule est jeune et en voie d'accroissement rapide, ou lorsqu'elle a à se nourrir avec beaucoup d'activité, comme les jeunes œufs pour accumuler des réserves nutritives, le noyau est relativement très volumineux. Lorsque, dans une cellule, les phénomènes d'accroissement sont plus actifs dans une région, le noyau se rapproche de cette région et l'on peut presque dire que l'intensité de l'accroissement en un point est une fonction directe de la distance de ce point au noyau. Si une cellule reçoit de la nourriture ou émet des produits de sécrétion, le noyau se rapproche du point par lequel cette nourriture arrive ou dans lequel se forment ces produits sécrétés[1].

[1] Les cellules très grandes comme celles des *Vaucheria*, *Codium*, *Caulerpa* ont de nombreux noyaux, comme si un seul eût été insuffisant pour un territoire si étendu.

C'est un fait d'observation journalière que les cellules jeunes et en voie de multiplication active ont un noyau relativement volumineux; or c'est alors qu'elles s'accroissent avec le plus d'activité. On sait aussi que les œufs jeunes ont une vésicule germinative très grosse. O. et R. HERTWIG (79) et KORSCHELT (89) ont constaté que chez les Actinies, l'œuf reçoit ses éléments nutritifs de la cavité gastrique dont il est séparé par une mince couche d'endoderme qui parfois même s'écarte pour le laisser en relation directe avec cette cavité. Or la vésicule germinative est toujours située tout près du bord, du côté où arrivent les sucs nutritifs. Il en est de même

En faisant agir avec précaution des agents physiques (chaleur) ou chimiques (chloroforme, acide carbonique, etc.), DEMOOR (93) a montré que l'on peut arrêter les phénomènes de la vie du cytoplasme et constater que cependant le noyau continue à vivre et à fonctionner. Celui-ci peut donc se passer de celui-là [1].

Des expériences d'un autre ordre montrent que si l'on divise une cellule ou un organisme unicellulaire en deux fragments, celui des deux qui contient le noyau peut d'ordinaire régénérer la cellule entière, et continuer à vivre et à se diviser; l'autre, au contraire, est radicalement incapable de vivre indéfiniment et de se reproduire, et pendant la durée de son

dans beaucoup d'autres cas semblables. De même encore pour les cellules sécrétrices.

VERSON et BISSON (91) ont, dans la larve du *Bombyx,* suivi le filament de la substance qui forme la soie jusque dans le noyau.

HAYCRAFT (91) a suivi les fibrilles des nerfs cutanés jusque dans le noyau des cellules dermiques où elles se terminent par une extrémité renflée.

C'est surtout HABERLANDT (87) qui a fourni les preuves du déplacement du noyau vers les points de la cellule où l'accroissement est maximum. Avant lui, TANGL (84) avait observé sur des écailles d'*Allium cepa* coupées la veille que les noyaux, au lieu d'être irrégulièrement distribués dans les cellules, comme d'ordinaire, étaient tous marginaux et situés du côté de la blessure, comme s'ils étaient attirés là pour les besoins de la réparation du tissu; l'attraction était d'autant plus marquée que les cellules étaient plus voisines de la blessure et se faisait sentir jusqu'à un demi-millimètre d'elle.

HABERLANDT (87) a constaté que dans les cellules dont une paroi s'épaissit plus que les autres, le noyau confine à cette paroi. Dans les poils radicaux dont l'accroissement est terminal, il est près du bout, dans les poils aériens qui s'accroissent par la base il est près de celle-ci. Chez les *Vaucheria* l'accroissement se fait en des points spéciaux, or en ces points les noyaux sont entre la membrane et la couche de chlorophylle. La disposition est inverse là où la membrane ne s'accroît point. Enfin quand ces *Vaucheria* sont blessées, les noyaux se portent en grand nombre au point attaqué pour réparer la blessure.

[1] DEMOOR fait agir le froid, l'hydrogène, le chloroforme, l'acide carbonique, sur les grandes cellules des poils staminaux des *Tradescantia virginica* placés dans une solution de sucre à 3 % qui ne produit aucune plasmolyse. Il constate que le protoplasma peut être entièrement paralysé et même tué sans que le noyau et le centrosome soient le moins du monde affectés. La division commence, toute la karyokynèse s'opère et se poursuit sans le moindre trouble, jusqu'à la phase de dispirème. Là seulement le phénomène s'arrête, au moment où le cytoplasma devrait intervenir pour former la cloison. Si on laisse le protoplasma reprendre son activité, la division s'achève. L'auteur en conclut que les activités du noyau et du cytoplasma sont indépendantes et que le noyau et le centrosome sont surtout et peut-être exclusivement les organes reproducteurs de la cellule. Ces expériences augmenteraient beaucoup d'intérêt si on pouvait en faire la contre-partie, paralyser le noyau seul.

Malheureusement, cela ne semble pas aisé.

existence temporaire ses fonctions sont plus ou moins incomplètes. Mais ici les expériences sont passablement contradictoires. Les unes montrent le fragment inerte et réduit à une passivité absolue jusqu'à sa désagrégation prochaine ; d'autres le montrent doué d'une vie végétative, peu intense il est vrai, et réduite à la respiration et à l'élaboration des aliments antérieurement absorbés ; dans d'autres le fragment reste doué de la faculté d'assimiler et de se mouvoir ; enfin dans quelques cas la vie semble rester intacte, l'incapacité de se reproduire restant seule absolue[1].

[1] Klebs (87) traite des *Zygnema* et des *Ædogonium* par une solution de glucose à 16 % qui contracte énergiquement le protoplasme et, dans leurs longues cellules, le contenu se fragmente en plusieurs masses qui se séparent de la paroi. Une seule de ces masses contient le noyau ; elle s'accroît, fait éclater l'ancienne membrane, s'en forme une nouvelle, se divise, etc. ; les fragments non nucléés, au contraire, vivent assez longtemps, forment de l'amidon, se nourrissent, mais ne peuvent ni s'accroître, ni former une membrane, ni se multiplier.

Les expériences de *Mérotomie* d'Infusoires faites par Gruber (85, 86), Nussbaum (86, 87), Balbiani (89), ont montré à ces auteurs que lorsqu'on coupe en deux un Infusoire (les *Stentor* surtout sont assez gros pour se prêter à ces expériences) le segment nucléé peut seul continuer à vivre et se régénérer ; l'autre vit quelque temps mais ne peut ni se compléter ni se nourrir.

Cependant certaines de ces expériences semblent contredire les autres. Ainsi dans l'une d'elles Gruber coupe un *Stentor* au moment où il allait se diviser spontanément : son noyau, en chapelet en temps ordinaire, avait déjà la forme ovoïde simple qui indique l'approche de la division, et au milieu du corps le nouveau péristome était déjà indiqué. La section artificielle passait exactement par où aurait passé la division naturelle. Le lendemain, il trouve deux *Stentor* complets. L'auteur n'en conclut rien en faveur de l'autonomie du cytoplasme parce que cela ne fût pas arrivé, selon lui, si le *Stentor* avait été à l'état de repos. Il est peu probable, en effet, malgré l'apparence, que le cytoplasma ait régénéré un nouveau noyau.

Mais les expériences récentes de Verworn (91) sont plus significatives, et montrent que cette dépendance du noyau n'est pas aussi étroite qu'on veut bien le dire. Cet observateur a vu des fragments de *Difflugia* isolés et sans noyau émettant des pseudopodes aussi activement qu'à l'état normal ; il a constaté aussi ce fait chez les *Orbitolites* (92). Des fragments d'Infusoires meuvent leurs cils comme avant la section. Chez les *Stylonichia,* les mouvements des cirres buccaux ne sont pas de simples vibrations, ils ont une allure caractéristique comme un mouvement dirigé par la volonté. Or ces mouvements persistent avec leur caractère sur des fragments même très petits et dépourvus de noyau. Verworn a même vu la *vacuole contractile* continuer son mouvement rythmique dans un fragment sans noyau pendant plus de douze heures. La *Thalassicola* est un énorme Protozoaire sphérique qui mesure jusqu'à 1/2 centimètre de diamètre. Elle se compose cependant d'une simple cellule dont le protoplasma s'épanche hors de la membrane par des trous dont elle est percée et qui contient un noyau facile à voir et à manier. Sur cet animal Verworn (91) a constaté que le noyau isolé meurt sans avoir régénéré quoi que ce soit ; la cellule au contraire, privée de son noyau, peut régénérer de grandes pertes de substance et vivre assez longtemps d'une vie normale.

Tout cela prouve à l'évidence que le noyau est toujours utile à la cellule, nécessaire pour l'accomplissement de certaines fonctions, indispensable même pour lui permettre de se reproduire, mais ne prouve en rien sa suprématie sur le cytoplasma, car on n'a jamais vu de noyau isolé régénérer du cytoplasme, se reproduire, ni même montrer des signes de vitalité indépendante. On a cherché cependant à établir cette suprématie, à montrer que le cytoplasme est une substance inerte, apte à *continuer* plus ou moins longtemps à accomplir les actes végétatifs qu'il a commencés sous l'influence du noyau, mais incapable d'*initiative;* le noyau est seul maître, seul dirige la cellule dans la série de modifications qui constituent son cycle évolutif : en un mot, le sort de la cellule ne dépend que de lui.

Cette opinion a pour origine les observations très remarquables mais pourtant incomplètes par lesquelles O. HERTWIG (84), puis STRASBURGER (84) et d'autres ont pour la première fois pénétré le phénomène intime de la fécondation. Sans empiéter sur les développements qu'il nous faudra donner plus loin sur ce sujet nous devons indiquer ici brièvement de quoi il s'agit. O. HERTWIG (84) constata que la tête du spermatozoïde formée essentiellement d'un noyau cellulaire [1], pénètre seule dans l'œuf, et s'unit au noyau de l'œuf vierge pour former le noyau de l'œuf fécondé. La division de cet œuf se fera de telle sorte que tous les noyaux sans exception des cellules de l'organisme produit seront formés par moitié de la substance du noyau maternel et de celle du noyau paternel, tan-

Elle finit cependant par mourir sans avoir pu se reproduire. Il conclut avec raison de ces faits que le noyau n'est nullement un centre régulateur et directeur des manifestations vitales du cytoplasme.

Dans de récentes expériences sur la *Mérotomie* des Infusoires, BALBIANI (92, 93) compare les fragments vivants contenant un noyau avec ceux qui n'en contiennent pas et, de ses observations, conclut que le noyau et le cytoplasma ne sont pas antagonistes mais ont des fonctions les uns communes les autres distinctes. Le plasma peut diriger seul les mouvements du corps, des cils, la préhension des aliments, l'évacuation des *feces,* la contraction des vacuoles pulsatiles, la division du corps cellulaire dans la scission. Mais le noyau est nécessaire pour la Sécrétion, la Régénération, la Scission, en ce sens que c'est lui qui dirige l'activité du cytoplasma dans ces phénomènes.

Les fragments non nucléés mangent mais ne se nourrissent pas, n'augmentent pas de volume. Quand la scission était préparée, elle s'achève dans le segment non nucléé, mais les individus formés ne sont pas complets.

[1] Dès 1841, KÖLLIKER avait montré que le spermatozoïde représente le noyau de la cellule.

Les phénomènes intimes de la fécondation ont été découverts à peu près en même temps par STRASBURGER (84) et par O. HERTWIG (84), mais ce dernier seul en a immédiatement tiré la conclusion que le noyau sexuel et en particulier la chromatine de ce noyau était l'unique facteur des caractères héréditaires.

dis que le cytoplasma des cellules est d'origine exclusivement maternelle puisqu'il dérive de celui de l'œuf. Or cet organisme héritera de certains caractères du père, et ces caractères porteront sur les cellules et leur cytoplasma; il faut donc qu'ils aient été développés sous l'influence du noyau. Un exemple rendra cela plus clair. Si un nègre féconde une femme blanche, et prenons celle-ci albinos pour rendre la chose plus caractéristique, il se produira dans le cytoplasma de l'épiderme de l'enfant ainsi que dans celui des cellules de son iris et sa choroïde une masse abondante de pigment. Cependant le père n'a fourni qu'un noyau spermatique dépourvue de pigment. Il faut donc que ce pigment, d'origine exclusivement paternelle, soit engendré dans le cytoplasma de l'enfant sous l'influence du noyau.

Les théories nouvelles de l'Hérédité, celles de DE VRIES et de WEISSMANN en particulier, reposent sur cette notion. Toutes localisent dans le noyau l'*Idioplasma,* c'est-à-dire la portion active du plasma cellulaire.

Une expérience célèbre de BOVERI (87) serait très démonstrative à cet égard si elle était à l'abri de toute objection. Cet observateur pense être arrivé à féconder des fragments *non nucléés* de l'œuf d'un Oursin, l'*Echinus microtuberculatus* par les spermatozoïdes d'un Oursin appartenant à un autre genre, le *Sphærechinus granularis,* et avoir constaté qu'il en résulte une larve *Pluteus* dont les caractères sont exclusivement ceux de l'espèce du père, en sorte que l'œuf n'ayant fourni qu'un cytoplasma sans noyau n'a transmis aucun caractère héréditaire. Mais l'expérience n'est pas concluante pour plusieurs raisons. D'abord, l'auteur n'est pas sûr que ses larves proviennent de la fécondation des fragments non nucléés, car il ne l'a jamais constaté *de visu;* il l'a déduit de statistiques sur le nombre et la grosseur des larves, et n'a jamais pu obtenir la fécondation de ces fragments isolés et mis en présence du sperme. En outre, BERGH (92) a fait remarquer que les fragments non nucléés étaient privés non seulement de leur noyau mais aussi de leur centrosome, car celui-ci, accolé à la membrane nucléaire, a dû rester dans le même fragment que le noyau, en sorte que, si les caractères spécifiques du cytoplasme sont liés au centrosome, ils ont pu être éliminés avec celui-ci[1].

BOVERI (92) tire aussi un argument de ce que, chez l'Ascaris, les noyaux des cellules germinales ont seuls leurs chromosomes complets, tandis que les cellules somatiques ont leurs chromosomes rognés aux deux

[1] C'est O. HERTWIG (86) qui le premier remarqua qu'en secouant des œufs

bouts. Nous reviendrons plus loin sur cette très intéressante observation. Remarquons seulement ici qu'elle prouve seulement que le noyau a un rôle, et non que le cytoplasma n'en a pas un indépendamment de lui.

Quant à l'argument tiré de la transmission de caractères héréditaires par la chromatine du spermatozoïde, il s'est évanoui le jour où des études plus approfondies ont montré, comme nous le verrons plus loin, que la formule de O. HERTWIG (84) était trop absolue et que le spermatozoïde contient,

d'Oursin dans un flacon avec une petite quantité d'eau de mer, on peut les diviser en fragments. Il vit aussi que l'on peut féconder les fragments non nucléés, mais ne songea pas à effectuer des croisements et crut que ces fragments ne se développaient pas. BOVERI (87) n'a pas isolé des fragments non nucléés pour les faire féconder, ce qui eût été concluant mais difficile, le noyau ne se voyant pas sur l'œuf vivant. Il a traité l'ensemble des œufs secoués par de l'eau de mer additionnée de sperme et obtenu deux sortes de larves, les unes normales et intermédiaires à celles des espèces parentes, les autres naines et parmi ces dernières deux sortes encore, les unes intermédiaires aussi aux deux espèces parentes, les autres conformes à celles de l'espèce paternelle. Il admet que les premières proviennent des œufs entiers, les secondes des fragments nucléés et les dernières des fragments non nucléés. Mais ce n'est là qu'une possibilité et non une certitude. On pourrait tout aussi légitimement admettre que les *Pluteus* nains conformes au père proviennent des fragments nucléés qui avaient très peu de cytoplasme et en conclure que les caractères héréditaires sont contenus dans le cytoplasma.

BOVERI cherche aussi une preuve de l'origine des petites larves à caractères paternels dans le fait qu'elles proviennent d'embryons dont les cellules ont des noyaux plus petits que ceux des embryons normaux. Théoriquement la chose est naturelle, car ces noyaux sont privés de la part de substance que leur aurait apportée le noyau maternel. Mais MORGAN (93) a démontré que cet argument était sans valeur parce que les embryons provenant de petits fragments nucléés ont aussi des noyaux de taille inférieure à la normale.

VERWORN (91) objecte aussi que peut-être le cytoplasma de ces fragments non nucléés n'a pu transmettre de caractères héréditaires, simplement parce qu'il était mort et n'a servi aux spermatozoïdes que de milieu nutritif. Il a vu, en effet, des spermatozoïdes se développer dans une substance nutritive artificielle convenable. Mais BOVERI affirme que ces fragments sont bien vivants et le manifestent par des mouvements amiboïdes.

Enfin SEELIGER (94_1), ayant repris tout récemment les expériences de Boveri, a constaté que les produits des fragments nucléés ont des ressemblances très variées avec les espèces parentes et que, par conséquent, les individus ressemblant au père seul pouvaient provenir de ces fragments. Il arrive à cette conclusion que le fait même de la fécondation de fragments non nucléés, sans être absolument démontré faux, est extrêmement improbable.

D'autre part, BOVERI (91) pense que le noyau ne joue aucun rôle dans la détermination des caractères de la segmentation. Il a trouvé, en effet, que si l'on croise l'*Echinus microtuberculatus* et le *Sphærechisus granularis* qui ont un mode de segmentation très différent, ce mode dans la larve hybride est toujours conforme à celui de la mère. Cela démontrerait que l'action du spermocentre sur le phénomène n'est pas plus active.

outre la chromatine du noyau, sûrement un centrosome, et peut-être même du cytoplasma [1].

Rauber conclut de ses expériences sur la Grenouille et le Crapaud que le cytoplasma prend part comme le noyau aux phénomènes de l'hérédité. En outre, **Rabl** (85) et d'autres ont vu la division du centrosome commencer avant que le noyau soit sorti de l'état de repos [2]. Ce serait donc le centrosome plutôt que le noyau qui aurait l'initiative dans la division.

On tend aujourd'hui à abandonner ces opinions exclusives et à se rallier à la formule de **Verworn** (91) qui dit que la vie cellulaire dépend d'un ensemble de relations mutuelles entre le noyau et le cytoplasme et qui attribue à ces deux parties une importance égale dans les fonctions de la cellule et dans la transmission des caractères héréditaires. Watasé (94) ne s'en éloigne guère lorsqu'il considère la cellule comme une association symbiotique du cytoplasme et du noyau.

Quant à la nature des relations entre le noyau et le cytoplasme, nous ne savons à peu près rien de précis. **Verworn** (91) les considère comme exclusivement nutritives. Elles sont nutritives certainement mais ne sont-elles que cela? Les uns veulent y voir des actions dynamiques, des excitations de nature spéciale exercées par le noyau sur le cytoplasma (**Strasburger** (85)), **Haberlandt**, une action zymotique; mais tout cela est de l'hypothèse pure et ne peut être discuté ici.

[1] Parmi les partisans du rôle directeur du noyau, citons, avec O. Hertwig et Strasburger déjà indiqués, Sachs (85-87), Minot (86), Hofer (89), etc., etc. Ce dernier cependant admet que certaines fonctions comme la respiration et la contraction des vacuoles pulsatiles sont indépendantes du noyau. Parmi les adversaires citons Brass (84) puisqu'il considère la chromatine comme une simple substance nutritive, Hensen (85), Frenzel (86) qui croit aux cellules sans noyau, Whitmann (88), Leydig (88), Haacke (93) qui prétend d'une manière un peu aventureuse que les nouvelles recherches sur la cellule ont montré dans le noyau un organe nutritif et dans le cytoplasma le facteur de l'hérédité. Disons en terminant que Bütschli (90) considère le noyau comme antérieur phylogénétiquement au cytoplasme. Wiesner (92) croit avec plus d'apparence de raison que les substances nucléaire et cytoplasmique étaient primitivement mélangées dans une cellule sans noyau formée du protoplasma primitif qu'il appelle *Archiplasma* et que le cytoplasme et le noyau se sont différenciés simultanément de cet archiplasme. Il appuie son opinion sur les observations de Krasser (85) que nous avons relatées plus haut (p. 37).

[2] Rabl a constaté ce fait dans les cellules épithéliales de la Salamandre et Van Beneden, Neyt et Boveri l'ont observé dans la segmentation de l'*Ascaris megalocephala*.

LIVRE II. — L'INDIVIDU

Après la cellule qui est l'individualité histologique de laquelle dérivent toutes les autres, nous passons à l'individu biologique, parfois réduit à une cellule unique, plus souvent formé d'une association de ces éléments. Nous avons étudié les fonctions de la cellule : Assimilation, Travail, Reproduction, il semble qu'il faudrait examiner maintenant ces fonctions dans l'individu pluricellulaire. Mais en allant au fond des choses, on voit que dans la plupart des phénomènes dont se compose sa vie, celui-ci ne diffère en rien d'essentiel de la cellule isolée ; l'assimilation et l'accroissement, le travail sous ses deux formes, production de substances et production de mouvements, ne sont, dans l'individu pluricellulaire que la somme des assimilations, accroissements, productions de substances et de mouvements de ses cellules constituantes. Les effets de la combinaison de ces actions élémentaires (accroissement du corps, mouvements des leviers osseux, sécrétion des glandes, etc.), les fonctions nouvelles qui se développent pour venir en aide aux primitives (circulation, innervation, digestion, etc.), tout cela est du ressort de la Physiologie et non de la Biologie générale. Nous n'avons pas à nous en occuper ici. Mais il existe certaines fonctions qui ne peuvent exister que chez les êtres formés de plusieurs cellules et même uniquement chez ceux formés de cellules différentes.

Car ce n'est pas le fait d'avoir plusieurs cellules qui établit une différence si capitale entre les pluri et les monocellulaires [1]. C'est le fait que

[1] Il existe des Pluricellulaires à cellules toutes semblables entre elles. On les a nommés *Homoplastides*. Ils sont certainement plus voisins des monocellulaires que des pluricellulaires à cellules différenciées ou *Hétéroplastides*. Chez les Homoplastides pluricellulaires les cellules issues de chaque division sont identi-

ces cellules sont différentes les unes des autres et disposées, selon leur nature, dans un ordre déterminé. Dans ceux-ci apparaissent deux phénomènes nouveaux, la *Différenciation histologique* et la *Différenciation anatomique*. La cellule, considérée en général comme nous l'avons fait dans le premier livre, donne en se divisant deux cellules identiques à elle et qui se séparent entièrement en sorte que les rapports de position des deux cellules filles avant leur séparation n'ont aucun intérêt pour l'avenir de ces êtres. Chez les êtres unicellulaires il en est de même.

Chez les Pluricellulaires, au contraire, les cellules sont différentes les unes des autres et restent unies dans une position déterminée. Deux fonctions nouvelles apparaissent chez eux : la *Différenciation histologique* qui crée les sortes différentes de cellules et la *Différenciation anatomique* qui préside à leurs arrangements. C'est là un fait capital qui domine toute leur histoire. De la Différenciation histologique résulte la diversité de leurs tissus, de la Différenciation anatomique résultent la forme de leur corps et de leurs organes jusque dans les plus minimes détails et ces deux différenciations sont les uniques facteurs de tous leurs caractères quels qu'ils soient, car tous se réduisent à ceci : des cellules de telle nature, arrangées de telle façon. Partout donc où interviendra l'une ou l'autre de ces différenciations nous aurons affaire à des fonctions biologiques nouvelles.

Avant d'aborder leur étude individuelle, donnons une idée de ce qu'elles sont et de la manière dont elles s'enchaînent.

La première est à mon sens la *Régénération*. Elle comporte la différenciation anatomique et histologique. Envisagée dans son sens le plus large, elle est la plus générale de toutes, si générale même que la Génération sous toutes ses formes n'en est qu'un cas particulier. Toute *Génération* n'est, en effet, qu'une *régénération* d'un organisme complet par une partie plus ou moins étendue détachée ou non de lui. Dans un sens plus étroit, la *Régénération* est la reformation d'une partie enlevée à un organisme; elle répare un individu déjà existant et ne donne pas naissance à un individu nouveau. La *Génération* est, au contraire, la formation d'un individu nouveau aux dépens d'une partie d'un individu antérieur. Nous en distinguerons deux sortes : Si la partie qui sert de point de départ à l'individu nouveau est une masse plus ou moins considérable de tissu nous l'appellerons *Multiplication;* elle peut se faire

ques entre elles; elles restent unies, il est vrai, mais leur groupement est de forme très simple et souvent peu solide ou de peu de durée.

par *Scission* ou par *Bourgeonnement*. Si cette partie est réduite à une cellule nous l'appellerons *Reproduction*. Ainsi définie cette fonction est encore très vaste; elle comprend deux ordres de phénomènes : 1° la formation de l'élément initial unicellulaire d'où naîtra le nouvel organisme, c'est la *Reproduction* au sens étroit, asexuelle ou sexuelle; 2° la formation de l'organisme nouveau aux dépens de cet élément initial, et par ses divisions successives, c'est l'*Ontogénèse* avec laquelle se pose dans toute son ampleur le grave problème de la *Différenciation cellulaire*. A ce problème se rattache la question du *Plasma germinatif* par lequel on cherche à expliquer la conservation dans certaines cellules du pouvoir de reproduire l'individu entier, tandis que les autres en se différenciant ne peuvent plus engendrer que des formes semblables à la leur.

A côté de l'Ontogénèse normale prend place au même titre dans la Biologie générale, la *Tératogénie* qui aide souvent à comprendre ce que l'étude de l'Ontogénèse normale avait laissé obscur.

La Multiplication par Bourgeonnement alterne parfois avec la Reproduction sexuelle dans le cycle évolutif de l'individu. Il y a alors *Alternance des générations*. Ici se place aussi la *Métamorphose* dans laquelle la première forme se transforme en la seconde au lieu de l'engendrer par bourgeonnement.

A la question de l'Ontogénèse se rattache aussi celle du *Sexe* et des *Caractères sexuels secondaires :* Comment et pourquoi l'être engendré par une participation égale de deux parents de sexe opposé, prend-il exclusivement le sexe de l'un des deux? Comment par le fait qu'il a un testicule au lieu d'un ovaire, a-t-il en même temps tous les autres caractères par lesquels le mâle se distingue de la femelle? C'est la grosse question de la *Corrélation organique*. Mais ces caractères de la femelle qui semblent absents chez lui, ne le sont pas tout à fait, car la suppression du testicule peut les faire apparaître sous une forme atténuée. Ils existaient donc, mais cachés, à l'état de *Caractères latents,* autre question encore non moins grave que les précédentes.

Enfin l'individu pluricellulaire doit remplir une dernière fonction, mourir. *La mort* qui chez la cellule envisagée comme élément histologique ou comme individu unicellulaire, ne fait pas partie du cycle évolutif, devient chez les êtres pluricellulaires une nécessité inévitable, aussi indispensable au progrès de l'espèce que la désassimilation l'est à la vie de l'individu.

Nous avons parlé du pourquoi et du comment de tous ces phénomènes.

Il n'en sera pas question encore. Les solutions proposées pour ces problèmes appartiennent à la partie théorique de cet ouvrage. Mais nous devons exposer ici les faits de manière à être en état plus tard de comprendre et de discuter les théories proposées pour les expliquer.

Chapitre I. — LA RÉGÉNÉRATION

Il y a lieu de distinguer deux sortes bien différentes de *Régénération*, appelées d'ordinaire *physiologique* et *pathologique*. Elles me paraissent mieux caractérisées par les noms de *régulière* et *accidentelle*. La première est physiologique, en effet, mais elle est en outre régulière et continue; et la seconde n'est pas du tout pathologique puisqu'elle guérit, au contraire, une lésion qui est un accident et non une maladie.

A. RÉGÉNÉRATION RÉGULIÈRE

La Régénération régulière est le processus par lequel sont continuellement remplacées les parties qui tombent naturellement pendant que l'organisme est plein de vie et non par un effet de la sénilité. L'épiderme, à la surface où il est soumis à des frottements, se détruit sans cesse et sans cesse se reforme par ses parties profondes. Les poils des Mammifères, les plumes des Oiseaux, l'épiderme des Serpents sont soumis à un renouvellement régulier. Chez les Crustacés la carapace devenue trop petite tombe périodiquement et une nouvelle se reforme. Les Insectes ont des mues successives pendant leur vie larvaire. La ramure des Cerfs se renouvelle chaque année. Les dents de lait des Mammifères sont régulièrement remplacées par des dents permanentes. Chez les Squales, celles de la rangée antérieure sont fréquemment enlevées dans les efforts pour capturer la proie et bientôt remplacées par d'autres qui se reforment en arrière. Dans la profondeur de l'organisme, les cellules de beaucoup de glandes se détruisent pour déverser leur sécrétion et sont remplacées par d'autres [1]; chez les Mammifères à ca-

[1] On pourrait aller plus loin et considérer la formation continue du produit de sécrétion dans les cellules glandulaires comme un fait de régénération.

duque, la muqueuse utérine se renouvelle après chaque parturition. On pourrait multiplier ces exemples, mais cela n'aurait point d'utilité [1]. Ceux-là suffisent pour montrer la généralité du phénomène et sa nature. Il peut être défini : *la répétition dans l'organisme développé de certaines formations de la fin de l'ontogénèse.* Il se rattache aussi aux simples phénomènes d'accroissement. Ainsi la pousse des ongles est continue et se fait aussi bien quand l'ongle ne s'use pas au bout. Or cette pousse n'est pas différente au fond de celle de l'épiderme, ni celle-ci de celle des poils ou des plumes ; cette dernière touche de près au remplacement de ces mêmes poils et plumes et des carapaces au moment de la mue. On peut donc la définir encore : *un remplacement des parties caduques par continuation de l'activité formatrice des parties permanentes qui les ont engendrées une première fois.* Elle ne comporte donc pas de problème nouveau et n'a ici qu'un intérêt secondaire.

B. RÉGÉNÉRATION ACCIDENTELLE

Bien plus singulière et plus intéressante pour nous est la *Régénération accidentelle.* Celle-ci reproduit des parties qui n'auraient pas dû être enlevées et qui n'auraient pas été formées une seconde fois si elles n'avaient pas été détruites par accident.

Mais ce n'est pas le fait d'être accidentelle qui est caractéristique. Ainsi la régénération de l'épiderme détruit par une brûlure ou arraché par un traumatisme ne se distingue par rien d'essentiel de la régénération régulière de ce tissu. Ce qui la distingue, c'est qu'elle s'accompagne d'ordinaire d'une différenciation des parties dont l'explication est un des problèmes les plus ardus de la Biologie générale. Ainsi quand on coupe le bras à un Triton, ce membre repousse. Il est admis que chaque tissu de la plaie reforme le tissu similaire et il n'y a rien de bien surprenant à ce que les os, les muscles, les vaisseaux, les nerfs, le derme, refassent de nouveaux tissus osseux, musculaires, nerveux, etc. ; mais ce qui confond l'entendement c'est que l'humérus par exemple ne

[1] Ce mode de régénération ne se rencontre guère chez les plantes. La chute des feuilles et leur reproduction périodique n'est pas un fait de régénération, mais une néo-formation, car la nouvelle feuille ne pousse pas à la place de l'ancienne. On pourrait considérer de même le remplacement des dents des squales comme une néo-formation. A leurs limites, la régénération et la néo-formation se confondent.

forme pas au niveau de la plaie un simple bourrelet osseux informe, cicatriciel; c'est qu'il reproduit ce qui lui manque, plus les deux os de l'avant-bras, tous les petits os du carpe, les métacarpiens et les doigts dans leurs relations normales; et il en est de même des autres tissus.

Voilà ce que devra expliquer toute théorie biogénétique qui prétendra être générale.

Cela compris, voyons quelles sont l'extension, les limites et les modes divers de la Régénération accidentelle. Elle peut reformer : 1° des fragments de tissu (os, muscles, nerfs); 2° des membres ou des portions de membre plus ou moins étendues, depuis des doigts jusqu'au membre presque entier, mais le membre désarticulé à la hanche ou à l'épaule ne se régénère pas; 3° des parties entières du corps, chez les Lombrics, par exemple, les Planaires ou les Étoiles de mer qui, coupés en plusieurs fragments, se reconstituent en entier; 4° des portions de viscères ou des viscères entiers, foie, poumons, ovaires, etc[1]. Bien entendu, cela ne

[1] Voici une énumération incomplète mais qui donnera une idée des principaux faits de régénération. Chez les Infusoires nous avons déjà vu que, tout fragment nucléé peut se compléter (V. p. 84, note). Chez les Actinies, de simples fragments de la paroi du corps, à la condition qu'ils contiennent du tissu des trois feuillets, peuvent reformer un individu entier. L'Hydre est célèbre par sa puissance régénératrice. Hachée presque en menus morceaux elle reproduit autant d'individus que de fragments. Cependant cela n'est vrai que pour le tronc. Les tentacules sectionnés périssent d'ordinaire. Mais parfois ils arrivent à régénérer le corps entier. L'expérience a réussi entre les mains de Rösel, de Engelmann, de W. Marshall. Certains Hydraires (*Obelia*) reproduisent facilement les loges, avec leur habitant (Davenport (94)). Chez les Échinodermes l'Astérie a une puissance régénératrice extraordinaire. C'est un fait d'observation banale que ces animaux reproduisent leurs bras coupés.

Ludwig (89) en a vu une réduite à deux bras, incomplets même vers l'extrémité mais porteurs de leur portion de péristome, régénérer leurs extrémités manquantes, le reste du disque et les trois autres bras. Certaines Holothuries reforment en quelques jours (en 9 jours d'après Parona) leur tube digestif, leur poumon gauche avec les vaisseaux attenants, qu'elles expulsent, comme on sait, par mutilation volontaire. Mais leurs organes génitaux expulsés en même temps ne se reproduisent pas.

Parmi les Vers, les Planaires sont douées d'une force régénératrice remarquable. Les expériences anciennes de Draparnaud, de Moquin et surtout de Dugès (28) ont montré que tout fragment, pourvu qu'il ne soit pas inférieur en volume au dixième du corps environ, peut reproduire l'animal entier. La régénération demande 12 à 15 jours en hiver, 4 à 5 jours en été.

Le Ver de terre, *Lumbricus terrestris*, régénère facilement sa queue, mais la queue ne régénère une tête que si on n'a enlevé avec celle-ci qu'un très petit nombre d'anneaux (4 à 8 Dugès (28)). Le *Lumbriculus*, au contraire, coupé au milieu ou même en plusieurs tronçons, se régénère tout entier.

Les Mollusques peuvent reformer des fragments de coquille. L'Escargot régé-

veut pas dire que tout cela peut se régénérer chez tous les animaux, mais qu'il y a des animaux où cela peut se régénérer. En somme la Régénération, du moins celle de parties quelque peu étendues, est plutôt exceptionnelle que fréquente chez les animaux et bien plus encore chez les plantes.

La répartition de la faculté régénératrice est très irrégulière dans le Règne animal. D'une manière générale, elle est d'autant plus facile que l'être est moins élevé en organisation, mais cela est loin d'être toujours vrai. Elle est faible chez les Mammifères, plus faible encore chez les Oiseaux et les Reptiles, très faible chez les Poissons; très développée, au contraire, chez les Amphibiens et beaucoup plus chez les Urodèles que chez les Anoures, ces derniers n'étant guère plus favorisés sous ce rapport que les Mammifères. Elle est à peu près nulle chez les Céphalopodes, peu marquée chez les autres Mollusques, les Insectes et les autres Articulés aériens,

nère ses tentacules et toute la portion antérieure de la tête y compris la bouche. Mais si l'on entame les centres nerveux céphaliques, la régénération ne se fait plus (Carrière (80)). Les Céphalopodes régénèrent leur hectocotyle, les Ascidies leurs siphons et leur système nerveux, (MINGAZZINI (91)).

On sait que les Crabes régénèrent leurs pattes à la condition qu'elles soient coupées en un lieu d'élection situé près de la base. Si la section a lieu ailleurs, ils en produisent eux-mêmes une nouvelle au lieu d'élection. La Régénération est peu développée chez les autres Articulés, surtout chez les Insectes. Les pattes et antennes repoussent facilement chez les Myriapodes, mais chez les Insectes cela n'a lieu que pendant les phases larvaires.

Parmi les Vertébrés, les Poissons sont très mal doués; les Amphibiens, au contraire, du moins les Urodèles le sont remarquablement : le Triton et l'Axolotl régénèrent la queue, les pattes (pourvu qu'il reste à celles-ci un fragment d'humérus ou de fémur), l'œil, les branchies, etc.; le Triton, d'après GRIFFINI MARCHIO (89), régénère sa rétine même après section du nerf optique. H. LOTHROP (90) a observé la régénération des testicules chez la Grenouille; les larves d'Anoures régénèrent leur queue. Parmi les Reptiles, il n'y a que le Lézard qui répare sa queue.

WEISSMANN cite une Cigogne qui avait régénéré une partie de son bec. C'est, je crois, le seul exemple d'un fait de ce genre chez des Oiseaux.

Les Mammifères paraissaient très peu aptes à la Régénération. Mais des expériences récentes ont montré que certains d'entre eux régénéraient des viscères volumineux et importants : chez le Chien, le corps thyroïde, les capsules surrénales (STILLING (89), RIBBERT (91)), le pancréas (MARTINOTTI (90)), aux dépens de petites parties de ces glandes laissées en place; de même l'ovaire chez le Lapin (H. LOTHROP (90)), une partie des muscles du cœur chez le rat. MARTINOTTI, PONFICK (90) chez le Lapin, et MEISTER (91) chez le Lapin, le Chien et le Chat, ont vu le foie, réduit par excision au quart de son volume, reprendre en 36 jours ses dimensions primitives.

RIBBERT (94) obtient chez le Lapin la régénération presque complète d'une glande salivaire dont les 5/6 ont été excisés.

Pour la régénération tératologique, voyez la note de la page 172.

très faible chez beaucoup de Vers, très marquée chez d'autres, très forte aussi chez divers Cœlentérés et Echinodermes, modérée chez les Protozoaires. Et dans toutes les classes, à côté de groupes doués d'une force régénératrice accentuée, on en trouve de pauvrement doués sous ce rapport : ainsi le Lézard régénère sa queue, le Triton sa patte, l'Étoile de mer ses bras, tandis que le Serpent, la Grenouille, l'Oursin ne peuvent le faire.

Elle est naturellement d'autant plus aisée que la partie enlevée est moins étendue et ses limites, très variables dans les différentes espèces, est assez précise pour chacune d'elles. Ainsi le Ver de terre (*Lumbricus*) régénère aisément sa queue sur une grande étendue. Mais le fragment caudal ne peut régénérer une tête que si le segment céphalique enlevé est peu étendu, tandis que des animaux voisins, le *Lumbriculus*, la *Naïs*, coupés en plusieurs fragments, les complètent tous.

La faculté régénératrice s'affaiblit d'ordinaire avec l'âge. Ainsi les jeunes larves d'Amphibiens anoures peuvent régénérer des doigts, mais les adultes ne le peuvent plus.

Normalement, la partie régénérée est semblable à la partie enlevée, mais parfois il n'en est pas ainsi. Chez le Lézard, par exemple, la nouvelle queue a son squelette formé non de vertèbres distinctes, mais d'un petit cylindre cartilagineux continu. Et à côté de cela, les connexions nerveuses sont régulièrement rétablies puisque l'on peut obtenir d'elles des reflexes. Fritz Müller a observé que chez les *Salicoques*, Crustacés semblables aux Crevettes, la première patte munie d'une pince forme en se régénérant une pince beaucoup plus développée et, comme ces animaux semblent descendre d'ancêtres chez lesquels cette pince était beaucoup plus forte que chez eux, il voit là un fait d'*atavisme* déterminé par la Régénération [1].

En général, la Régénération exige une amputation transversale. Les sections longitudinales ou obliques donnent lieu souvent à des régénérations anormales [2].

[1] MINGAZZINI (91) a constaté qu'une Ascidie, la *Ciona intestinalis*, lorsqu'elle est jeune, régénère aussi souvent qu'on le veut son siphon coupé; cet organe repousse chaque fois un peu plus grand, si bien que l'animal finit par ressembler à la variété *macrosiphonica* de cette espèce, et il se demande si cette variété ne devrait pas son origine à une amputation répétée des siphons par les ennemis.

VULPIAN a constaté que les Axolotls gardés en captivité se font souvent des morsures dans lesquelles ils s'amputent les uns aux autres les extrémités des pattes; on voit alors parfois repousser des doigts en nombre supérieur au nombre normal. Un de ces animaux avait ainsi acquis cinq doigts à la main. Cette main fut de nouveau coupée et repoussa avec le nombre de doigts normal qui est 4.

[2] DUGÈS (28) a obtenu des Planaires à deux têtes en fendant l'animal en long

Jusqu'à ces dernières années, on a considéré comme un dogme que la Régénération répète l'Ontogénie, c'est-à-dire que l'organe ou le membre qui se régénère parcourt les phases successives de développement qu'il a parcourues dans sa première formation. En fait la question n'a pas été assez étudiée pour que l'on puisse affirmer cela, et dans bien des cas il est certain que cela n'a pas lieu. Ainsi une Salamandre à queue arrondie régénère d'emblée une queue arrondie, et non la queue aplatie en rame du Têtard; un Crabe régénère une patte d'adulte et non une patte semblable à celle de sa larve la *Zoé*.

Le membre ou l'organe régénéré arrive d'emblée au stade, où il se trouve à l'âge où la régénération a lieu.

On admet aussi sans conteste que les parties nouvelles proviennent toujours des mêmes feuillets qui ont formé pendant la première ontogénèse celles qu'elles remplacent; que, par exemple, l'intestin nouveau ne peut provenir que d'un tissu endodermique, et que du mésoderme ne pourrait jamais former ni de l'épiderme ni de l'épithélium digestif. Or, cela même n'est pas absolu. F. WAGNER (93) a montré que chez le *Lumbriculus* coupé en deux, l'anus au segment antérieur et la boucle au postérieur sont formés par l'endoderme des bords de la plaie, tandis que chez l'embryon, le *Stomodæum* et le *Proctodæum* ou bouche et anus embryonnaires sont ectodermiques[1].

sur une certaine étendue d'avant en arrière; il a rencontré un individu à deux queues qui sans doute provenaient d'une section analogue. BARFURTH (91) a constaté que si on coupe obliquement la queue d'un amphibien urodèle, le segment régénéré se développe perpendiculaire à l'axe de la plaie, c'est-à-dire oblique par rapport à celui du corps; mais il reprend par l'exercice une direction normale. J'ai constaté que les Vers de terre, sectionnés longitudinalement ou obliquement, éliminent la partie oblique par une section spontanée transversale passant par l'extrémité *proximale* de la blessure et régénèrent ensuite le fragment entier. Par contre NUSSBAUM (87) a vu que l'Hydre coupée en long se régénère normalement.

[1] Nous citerons, en parlant de la Scissiparité (v. p. 110, note 2), d'autres observations du même auteur qui ont une signification toute semblable et encore plus précise.

On a longtemps cru, sur la foi des expériences de TREMBLEY, que dans l'Hydre retournée l'endoderme et l'ectoderme se transformaient l'un en l'autre, si on empêchait l'animal de se remettre en position normale en maintenant dans sa cavité la soie qui avait servi à l'opération. Mais NUSSBAUM (90, 91) a montré que les choses se passaient tout autrement. Au niveau des petites blessures qui ont entamé l'endoderme extérieur, l'ectoderme mis à nu s'avance avec sa lamelle de soutien et vient en s'accroissant recouvrir peu à peu l'endoderme. Sans doute l'endoderme en fait autant en sens inverse sur la face interne, en sorte qu'il y a finalement une sorte de retroussement non pas *in toto,* mais en quelque sorte réduit en menue monnaie. Lorsque cela

Enfin on admet que chaque tissu régénéré provient du tissu similaire de la plaie. Cette proposition, vraie en grande partie, n'est certainement pas toujours exacte dans toute sa rigueur et surtout elle est avancée sans preuves suffisantes[1].

Un fait encore plus curieux est celui de la Planaire qui, coupée en deux tronçons, les régénère tous les deux. La tête pousse une queue et la queue une tête. Je propose de désigner cela sous le nom de *Régénération réciproque*[2].

Si l'on coupe un Ver de terre ou un bras de Triton à des distances différentes de l'épaule chez celle-ci ou de la tête chez celui-là, la Régénération reproduira ce qui manque ni plus ni moins, comme si chaque tranche contenait en puissance la totalité de ce qui est au delà du côté distal. La puissance de régénération va donc en augmentant d'amplitude de la queue vers la tête ou du bout des doigts vers l'épaule. Mais la difficulté de la régénération augmente dans le même sens et brusquement l'arrête à un certain niveau. Le bras du Triton désarticulé à l'épaule, le corps du Ver de terre coupé trop près de la tête ne se régénèrent plus.

Ici la même tranche de tissu mise à nu par une section régénère des parties absolument différentes selon le segment auquel elle reste attachée. Tout se passe comme si chaque tranche avait deux faces douées de pouvoirs antagonistes. Le pouvoir de régénération du segment caudal va en augmentant d'amplitude de la queue à la tête, celui de régénération du segment céphalique suit une marche inverse, et sur chaque tranche les amplitudes sont complémentaires, leur somme étant égale à l'animal entier. On pourrait peut-être considérer cela comme un fait général limité seulement par l'aptitude des segments à vivre assez longtemps pour permettre la régénération et à se nourrir pour en former les matériaux. Ainsi dans la Planaire coupée au milieu, les morceaux ont assez de vitalité pour commencer

n'a pas lieu, l'Hydre meurt d'inanition au bout d'environ une semaine, car son endoderme est incapable de remplacer son ectoderme pour l'alimentation. Il y a donc ici non transmutation d'un feuillet en l'autre, mais simplement une régénération par îlots.

ISCHIKAWA (90) a montré que si l'on fend en long un segment cylindrique de l'Hydre et que l'on tue l'endoderme par les vapeurs d'acide acétique, il n'y a pas de régénération, bien que l'ectoderme et les cellules intermédiaires soient restées vivants.

[1] Cela est de toute évidence lorsque le tissu semblable n'existe pas dans la région de la plaie. Ainsi dans la région moyenne du bras du Triton il n'y a ni cartilage, ni ligaments, ni synoviale, pourtant tous ces tissus existent dans le bras régénéré.

[2] Weissmann la nomme *Régénération équivoque*. L'épithète de *réciproqne* paraît mieux justifiée.

à se régénérer d'eux-mêmes, mais ils se complètent d'abord dans leur taille et grandissent ensuite parce que l'animal complété se nourrit. D'autre part si la section a lieu trop près de l'une des extrémités le morceau le plus petit ne peut régénérer ce qui manque et meurt parce qu'il n'y a pas en lui assez de substance pour compléter un individu entier même aussi raccourci qu'on voudra. L'Axolotl régénère sa queue, mais la queue ne régénère pas un corps, moins peut-être parce que tous les tissus de celui-ci ne sont pas représentés en elle que par incapacité de vivre assez longtemps pour cela.

On considère en général comme absolue cette faculté d'*orientation* des forces régénératrices qui fait que la même tranche reproduit une queue au segment céphalique et une tête au segment caudal. De fait, quand on coupe un disque transversal sur le corps d'une Hydre, toujours c'est l'extrémité orale du segment qui reproduit la bouche et le segment buccal qui reforme un pied. Il y a cependant des exceptions. Lœb (91, 92) a vu un fragment d'un Hydraire, la *Tubularia mesembrianthemum*, reproduire à chacune de ses extrémités une tête. Il a créé pour ce cas le terme d'*Hétéromorphose*, qu'il définit *la faculté de régénérer une partie qui normalement ne devrait pas exister à la place où elle se forme* [1].

La puissance régénératrice diminuant avec l'âge est naturellement très développée chez les larves et plus encore chez l'embryon [2].

[1] Ces expériences de Lœb sont très remarquables. Cet auteur fait une incision au corps d'une *Ciona intestinalis*, à quelque distance de l'orifice inspirateur. Il se forme là une nouvelle bouche qui, chose remarquable, se munit de taches ocellaires comme l'orifice normal et s'allonge en un nouveau siphon. On peut obtenir ainsi des *Ciona* à 3 et 4 siphons.

Il coupe la tête à une *Tubularia;* elle repousse. Il coupe un segment du corps entre la tête et le pied et le fiche dans le sable l'extrémité radicale en haut : il se forme une bouche à cette extrémité radicale. Il fait la même opération mais maintient le segment horizontalement suspendu dans l'eau : il se forme une bouche à chaque extrémité.

Trautzsch (91) objecte que dans ce cas il s'agit plutôt de bourgeonnement que de régénération. La distinction est un peu subtile et de médiocre intérêt. La formation des racines à l'extrémité d'un rameau de Saule planté, l'extrémité inférieure dans le sol, est un cas d'*Hétéromorphose.*

[2] On admet qu'elle existe dans l'œuf même, mais cela n'est pas certain. Si l'on enlève à un œuf de Grenouille un peu de son vitellus en le faisant sortir par une fine piqûre, l'œuf se développe et peut donner une larve normale. Mais cela ne prouve pas que le vitellus soustrait se soit régénéré, il est possible que le développement ait pu se faire sans lui. D'autre part j'ai obtenu, par piqûre des œufs, des larves monstrueuses, mais je ne saurais dire si la monstruosité provenait de la soustraction d'une partie du vitellus ou du trouble apporté aux conditions mécaniques du développement. Je pen-

Chabry (87), Roux (88), et d'autres sont arrivés à détruire par piqûre une des deux cellules provenant de la première segmentation de l'œuf, dans des cas où ces deux cellules contenaient chacune en puissance une des deux moitiés du corps. Souvent alors il se forme un demi-embryon, mais quelquefois et assez tard, ce demi-embryon se complète et régénère toute la moitié manquante du corps, et cela chez un animal, la Grenouille, qui à l'état adulte est très mal douée sous le rapport de la puissance régénératrice. La moitié manquante se forme alors par un processus histogénique particulier auquel l'auteur a donné le nom de *Postgénération*[1].

Dans la Régénération ordinaire les processus histogéniques qui donnent naissance aux tissus nouveaux sont très mal connus. Longtemps on a

cherais plutôt vers cette dernière interprétation.

[1] Voici les détails très singuliers de ce processus. Roux tue avec une aiguille chaude un des blastomères de l'œuf segmenté en deux et obtient une *semi-morula* qui devient une *semi-blastula,* puis une *semi-gastrula* et enfin un *semi-embryo.* Mais le blastomère blessé n'est pas complètement mort. Il se produit en lui d'abord un phénomène de désorganisation qui se manifeste par une vacuolisation du vitellus et par une multiplication anormale du noyau, puis deux cas peuvent se présenter. Si la vitalité a été trop fortement atteinte, cette masse dégénère et ne sert plus que de substance nutritive à de petites cellules qui émigrent lentement de la moitié saine et vont se loger au milieu d'elle; si la blessure a été moins désorganisatrice, ce sont seulement des noyaux qui émigrent de la partie saine et se mêlent à ceux qui s'y trouvent déjà. Dans tous les cas, il se forme aussi à côté de la moitié saine une masse de cellules indifférentes. Les feuillets de la moitié saine qui confinent à cette masse par un bord libre se prolongent peu à peu à son intérieur et arrivent à s'y compléter chacun séparément. Pour cela, les cellules indifférentes de la moitié en voie de régénération se transforment de proche en proche sur le prolongement de chaque feuillet en cellules identiques à celles de ce feuillet et produisent ainsi son accroissement jusqu'à ce qu'il soit entièrement complété. Cette différenciation de cellules indifférentes en cellules d'un feuillet déterminé se fait sous l'influence du contact des éléments de ce feuillet. La différence entre la Postgénération et la Régénération ordinaire consiste donc en ceci que, dans la dernière, les tissus anciens forment de toutes pièces les tissus nouveaux, tandis que dans la première ils s'approprient des éléments indifférents formés en dehors d'eux et leur impriment seulement une différenciation déterminée.

En somme, les expériences semblent contradictoires. Hœckel bien avant tous les auteurs précédents avait obtenu en secouant l'œuf segmenté des Siphonophores autant de larves normales que de fragments. Chabry, Driesch, Roux, Fiedler, O. Hertwig obtiennent en supprimant une des blastomères au stade 2, tantôt une larve entière, tantôt une demi-larve, en sorte que l'on peut aussi bien conclure à l'indétermination des blastomères qu'à leur détermination.

Roux (92) conclut à la détermination des blastomères et cherche à expliquer les expériences contradictoires, où le demi-œuf forme une larve entière par une régénération ultérieure ou Postgénération des parties détruites. Mais cette conclusion reste discutable.

voulu faire jouer un rôle important aux leucocytes. Ces éléments arrivent en effet en foule au niveau de la plaie, mais pour y jouer le rôle de *phagocytes* et détruire les débris de tissu incapables de reprendre vie. FRAISSE (85) admet qu'elle se fait au moyen d'éléments préexistants ayant conservé un caractère embryonnaire. Mais il s'en faut de beaucoup que ces éléments aient été retrouvés partout où elle peut se produire. En somme cette question est encore très obscure.

C. RÈGLES GÉNÉRALES DE LA RÉGÉNÉRATION

Quelques auteurs ont cherché à résumer les faits principaux de la Régénération dans quelques propositions générales qu'ils ont décorées du nom de lois [1].

De toutes ces lois deux seulement me paraissent avoir un réel intérêt. L'une est due à RIBBERT (94). Ribbert a trouvé que la faculté régénératrice était inversement proportionnelle à celle d'hypertrophie compensatrice. Cela veut dire que lorsqu'on enlève un organe qui n'est pas seul de son espèce, il a d'autant moins de tendance à se régénérer que les organes similaires restants ont plus de pouvoir pour rétablir la fonction. Ainsi quand on enlève un testicule ou un rein, l'organe symétrique s'hy-

[1] Voici les principales de ces prétendues lois.

La régénération pathologique (accidentelle) n'est qu'une régénération physiologique exaltée par la blessure (ROUX).

Elle se rencontre dans toutes les classes du règne animal (BARFURTH); dans toutes les sortes de tissu (FRAISSE); à tous les stades du développement (BARFURTH).

Elle se fait suivant les processus histogéniques du développement normal (ROUX); aux dépens des tissus (et feuillets) similaires et par le moyen d'éléments à caractère embryonnaire (FRAISSE); par des divisions d'abord amitosiques puis mitosiques (ARNHOLD); par des divisions exclusivement mitosiques (BARFURTH).

La régénération dans les glandes a pour point de départ l'épithélium des tubes vecteurs (RIBBERT) (94).

Elle repoduit les évolutions qui se seraient produites normalement à ce stade (BARFURTH); elle engendre les tissus dans le même ordre que dans le développement normal, c'est-à-dire en commençant par les plus simples; cet ordre est le suivant : épiderme, moelle, corde dorsale et tissu squelettogène, tissu conjonctif, peau et capillaires, muscles striés, système nerveux périphérique (BARFURTH).

La régénération est d'autant plus facile que l'individu est plus près de l'état unicellulaire, soit phylogénétiquement (c'est-à-dire plus inférieur et voisin des Protozoaires), soit ontogénétiquement (c'est-à-dire plus près de l'état d'œuf) (BARFURTH).

Il n'est pas de tissu qui dans quelque animal ne soit capable de se régénérer (FRAISSE).

pertrophie facilement; aussi la régénération est-elle nulle. Si on n'enlève qu'une partie d'un rein, il se régénère quelques tubes seulement. Au contraire, quand on enlève une portion d'une glande salivaire, l'hypertrophie compensatrice est nulle mais la régénération est très active.

L'autre résulte de mes observations. J'ai constaté que la faculté régénératrice était inversement proportionnelle à la faculté de se greffer. Nous reviendrons sur ce point à propos de la Greffe.

Les autres lois rappelées dans les notes ci-jointes ont un intérêt secondaire et en outre ne sont ni rigoureusement vraies ni absolument démontrées. Nous avons fait connaître pour chacune d'elles les faits qui les infirment. Tout ce que l'on peut dire c'est qu'elles existent à l'état de tendances. La Régénération tend à reproduire un organe identique à celui qui a été enlevé, mais n'y arrive pas toujours (queue du Lézard, *Tubularia* à deux têtes); elle tend à reproduire chaque tissu par le tissu similaire ou tout au moins par des tissus de même origine blastodermique, mais parfois fait appel à d'autres tissus (bouche du Lombric, ligaments de la Salamandre). En un mot, elle fait ce qu'elle peut, comme elle le peut, avec ce qu'elle peut. Elle n'est ni une répétition de l'ontogénèse, ni l'effet d'une force spéciale déposée dans certains éléments pour faire face à des besoins accidentels; elle n'est qu'une manifestation des forces d'accroissement de l'organisme qui, n'étant plus contenues par la présence des organes complets, déploient leur énergie suivant les conditions qu'elles rencontrent en chaque point à chaque moment.

Chapitre II. — LA GREFFE.

Lorsqu'un être pluricellulaire meurt, les phénomènes résultant de l'action combinée de ses éléments cellulaires cessent les premiers, les uns brusquement, les autres au bout d'un temps relativement court. Ce qui est supprimé d'abord c'est le lien qui enchaîne les unes aux autres les manifestations vitales de ses éléments cellulaires. Mais ceux-ci ne meurent pas aussi vite. Ils continuent à assimiler, travailler, les divisions commencées peuvent se poursuivre, d'autres prêtes à se faire peuvent commencer; mais bientôt, faute surtout d'oxygène, tout cela s'arrête. Une sorte de vie continue cependant, d'abord ralentie, puis latente, jusqu'à ce qu'enfin s'opèrent dans le protoplasma des désorganisations irréparables, par dessiccation, coagulation, décomposition chimique, etc.[1]. Tant que celles-ci ne se sont pas produites, la cellule peut reprendre vie, si on lui rend les conditions premières.

Grâce à cela des parties séparées peuvent être de nouveau rattachées à un organisme vivant et continuer à vivre, pourvu que leurs éléments cellulaires ne soient pas encore morts et que les conditions nouvelles ne soient pas trop différentes des anciennes. C'est ce qui constitue la *Greffe*.

Les cellules des organismes pluricellulaires ne sont pas simplement juxtaposées ; elles sont soudées entre elles par leurs membranes et souvent, toujours peut-être, par des communications protoplasmiques. La Greffe n'est donc possible que s'il y a soudure entre l'individu vivant et la partie excisée avant que celle-ci ne soit vraiment morte.

Pour bien saisir en quoi consiste cette soudure il faut l'étudier dans un phénomène naturel plus général que la greffe, dans la *Cicatrisation*.

La Cicatrisation. — Lorsque dans un organisme vivant on fait une incision dans les tissus et qu'on maintient ses lèvres en contact, celles-ci se soudent. Les cellules entamées par la section se détruisent, souvent les cellules sous-jacentes sur certaine épaisseur meurent aussi et leur substance est absorbée peu à peu par les éléments restés vivants. Ceux-ci excités par le traumatisme et aussi dans certains cas par l'alimentation surabondante que leur fournit la substance des cellules détruites, se multiplient activement et ce sont ces cellules jeunes qui se soudent d'une lèvre de la plaie à l'autre et les réunissent. A l'exception de quelques tissus très réfractaires, comme parfois le muscle, le cartilage, chaque tissu travaille pour son compte et fournit les éléments de sa soudure. Certaines cellules comme celles de l'épiderme, ont d'emblée leur caractère spécifique, d'autres, dans l'os par exemple, se transforment par une différenciation ultérieure en celles du tissu qu'elles doivent souder; d'autres enfin gardent un caractère différent, comme dans le muscle, le cartilage qui souvent, mais pas toujours, se ressoudent par l'intermédiaire

[1] Chez quelques animaux inférieurs la distinction entre la vie de l'individu et celle de ses éléments n'est pas aussi tranchée. On voit parfois des Actinies, non seulement mortes, mais putréfiées dans une moitié de leur corps, réagir par des mouvements aux excitations de la partie saine.

d'un tissu fibreux. La *Cicatrisation* peut se définir : *la soudure entre des éléments jeunes fournis par une Régénération circonscrite* [1].

La Greffe. — Dans la greffe, la soudure présente les mêmes caractères. La Greffe comporte donc, elle aussi, une Régénération circonscrite. Mais elle diffère de la Cicatrisation en deux points essentiels : 1° jusqu'à la reprise, la pièce greffée n'est pas nourrie ; 2° les tissus mis en contact ne sont pas toujours de même nature, n'appartiennent pas toujours à des individus de même espèce [2].

[1] D'ordinaire le muscle se soude au muscle par du tissu fibreux. Cependant Helferich a obtenu la greffe d'un lambeau de muscle pour réparer une perte de substance musculaire chez un animal.

Dans les tissus animaux vasculaires, le rétablissement de la circulation ne se fait pas par abouchement des vaisseaux. La circulation ne peut recommencer que lorsque ceux-ci fermés par un caillot ont cessé de donner du sang, et se fait par les capillaires. Ceux-ci bourgeonnent de nouvelles anses, qui arrivent au contact de celles du côté opposé et se mettent en communication avec elles.

Le mode de cicatrisation des nerfs est encore en discussion. Parfois on constate un rétablissement de la fonction nerveuse en si peu de temps que cela ne peut s'expliquer que par la coaptation et la soudure des deux segments du nerf coupé. Mais ce rétablissement paraît n'être que temporaire. Je ne sais s'il y a des observations irrécusables où il se soit montré définitif. En tout cas, d'ordinaire il faut que les tubes nerveux issus du segment central se régénèrent en empruntant la voie du nerf coupé et arrivent jusqu'aux extrémités, ce qui demande des semaines ou des mois.

Les phénomènes qui se passent dans la cicatrisation après *excision* de masses plus ou moins étendues de tissu, diffèrent sensiblement de ceux de la soudure d'une simple incision. Mais la connaissance de ces derniers suffit pour comprendre ce qui se passe dans la greffe.

[2] Un fait met bien en évidence cette intervention de la Régénération dans la greffe. Pour aider à la fermeture d'un ulcère, T. Bryant greffa quatre petits morceaux de peau de nègre sur la jambe d'un blanc. Ces morceaux grandirent, se réunirent et formèrent une large plaque de peau noire. Ces fragments de peau s'étaient donc accrus par multiplication de leurs propres éléments.

La greffe peut être considérée simultanément dans les deux règnes où elle est parfaitement similaire dans ses traits essentiels, sauf dans un cas que nous examinons à la fin de cet article, celui de la greffe de bourgeons végétaux à végétation indéfinie qui n'a pas son homologue dans le Règne animal.

On peut répartir les faits de greffe en quatre catégories :

1° La pièce excisée est remise à sa place primitive. Les exemples fourmillent de nez, de mentons, de morceaux de doigts remis en place et parfaitement soudés. Même Cadiat (84) cite d'après ses propres observations le cas d'un doigt qui rétablit des connexions vasculaires. Le doigt fut remis en place sous un pansement chaud et le lendemain on appliqua à son extrémité plusieurs sangsues qui successivement se gorgèrent de sang. Ce sang ne provenait pas évidemment du doigt coupé. Des anastomoses capillaires s'étaient donc établies en moins de 24 heures. Si des organes trop gros comme un bras ou trop délicats comme un œil ne peuvent se greffer, c'est que

De là découlent deux conditions que doit réunir la Greffe pour être possible. Il faut : 1° que la pièce à greffer soit vivante et puisse rester vivante jusqu'à la reprise[1]; 2° que les tissus mis en présence soient d'es-

des connexions capillaires même fortement dilatées ne suffisent pas à nourrir les premiers et que les connexions vasculaires et nerveuses nécessaires au fonctionnement des seconds ont besoin de trop de précision pour pouvoir être suppléées par à peu près.

La greffe de la pièce excisée à une place correspondante chez un autre individu de la même espèce ne diffère de la précédente en rien d'essentiel, mais la coaptation des parties affrontées ne saurait être aussi parfaite. La transfusion du sang d'homme à homme appartient à cette catégorie. Dans la *greffe par approche* qui se fait aussi d'espèce à espèce et en changeant la place de la pièce greffée, celle-ci n'est détachée du sujet qui la fournit qu'après s'être soudée. On élimine ainsi les chances d'insuccès dues à l'insuffisance de vitalité de la partie excisée.

2° La pièce excisée est transplantée à un autre endroit chez le même individu ou chez un individu de même espèce. C'est ici que prennent place, comme opérations chirurgicales, la greffe épidermique, la rhinoplastie, etc. Comme expériences scientifiques, on a réussi les transplantations les plus bizarres : un ergot de coq sur sa crête, une queue de rat sur le nez du même animal, du périoste, des fragments d'os avec (Ollier (60)) ou sans (Adamkiewicz (89)) périoste, ou même la queue ou un membre entier écorché (P. Bert (66)) sous la peau d'individus de même espèce. Hunter aurait même réussi à greffer les testicules d'un coq dans l'abdomen d'une poule. Mais il faut se méfier de la réalité de ces greffes merveilleuses rapportées par des auteurs anciens. Ces greffes n'ont guère été tentées sur les végétaux où l'on cherche surtout à fixer des fragments sur des individus d'une autre espèce. Elles réussissent néanmoins. J'ai obtenu ainsi des soudures de pièces d'écorce.

Si les parties mises en présence ne sont pas suffisamment semblables la soudure ne peut avoir lieu. Une patte écorchée peut se greffer sous la peau parce que le tissu conjonctif vasculaire qui l'entoure se marie au tissu conjonctif souscutané, mais un nerf ne peut se souder à un os ni un muscle à de l'épiderme.

3° La pièce excisée est fixée au point correspondant sur un individu d'une autre espèce. A cette catégorie appartiennent la plupart des greffes opérées par les jardiniers. L'organe enlevé ou *greffon* est placé sur l'individu nourricier appelé *sujet* sinon au point anatomiquement correspondant, du moins dans une situation homologue au point de vue des tissus auxquels elle doit se souder. Ici prennent place certains faits de transplantation animale opérés par des chirurgiens, lames osseuses empruntées à des animaux pour remplacer des portions d'os enlevées, surtout au crâne, cornée de chat greffée sur une cornée humaine pour fermer une perte de substance (Hippel), etc. Ici prend place aussi la transfusion du sang d'espèce à espèce.

4° La partie excisée est fixée sur un individu d'espèce différente à une place différente. P. Bert (66) a souvent réussi à faire vivre des queues ou des membres écorchés de Rats sous la peau de Surmulots ou d'autres individus du genre *Mus*.

Je rappelle ici le cas de Mantegazza (65) cité plus loin, d'un ergot de coq greffé sur l'oreille d'un bœuf.

[1] Chez les animaux, on a replacé des bouts de doigt ou de nez plusieurs heures après leur séparation. P. Bert (66) a greffé des queues de Rats morts de la veille et a montré que leur vitalité résistait à des actions physiques ou chimi-

pèces histologique et biologique non incompatibles. La première condition se comprend d'elle-même. La seconde consiste en ce fait que deux cellules ne se soudent que si elles sont suffisamment semblables. Ainsi on n'est jamais arrivé à greffer par exemple de l'épiderme sur du tissu musculaire ni une Légumineuse sur une Rosacée [1].

Quand les cellules sont compatibles, elles semblent s'attirer, elles s'aplatissent l'une contre l'autre par leurs faces en contact et se collent ensemble, sinon elles semblent se repousser et restent convexes, indépendantes à leur point de tangence. Il y a là un phénomène dont les causes nous échappent complètement bien que nous devinions qu'elles dépendent du chimiotactisme et résident dans les différences de constitution des diverses sortes de protoplasma. Une théorie complète du protoplasma devrait définir ces causes.

Une condition d'un tout autre genre paraît intervenir dans certains cas, celle de l'orientation des parties. Il semble que les cellules aient un sens et ne puissent se souder si on renverse leur orientation.

Vöchting (89) a constaté que si on découpe dans une bettrave une pyramide à base rectangulaire, et qu'on replace le morceau dans la cavité qu'il a laissée, il se resoude parfaitement; mais si on le retourne en faisant tourner la pyramide de 180° autour de son axe, il se forme des bourrelets cicatriciels et point de soudure, bien que la coaptation soit aussi parfaite si la pyramide est bien taillée. Mais il n'en est pas toujours ainsi. P. Bert (66) a soudé le bout de la queue écorché d'un rat sous la peau du dos de ce même animal, puis quand la greffe a été

ques assez énergiques. L'action du froid est avantageuse en ce qu'elle retarde la décomposition. Au contraire, après la suture, la chaleur est nécessaire. Chez les végétaux c'est ordinairement la dessiccation qui exerce la première une influence fâcheuse sur la vitalité du greffon.

[1] Chez les végétaux, la greffe réussit à merveille entre les variétés d'une même espèce, assez facilement entre les espèces d'un même genre. De genre à genre, on obtient parfois des succès, parfois une soudure temporaire qui finit par se détacher, le plus souvent un échec absolu. On n'a pas d'exemple de greffe entre deux espèces appartenant à des familles différentes. Chez les animaux, la latitude paraît beaucoup plus grande puisqu'on a pu greffer des os ou des cornées de mammifères carnassiers ou rongeurs sur l'homme, et même un ergot de coq à l'oreille d'un bœuf.

Érasme Darwin (10) rapporte que Blumenbach ayant coupé par le milieu du corps deux Hydres de couleur différente maintint la partie supérieure de l'une appliquée contre la partie inférieure de l'autre en les tenant enfilées sur un petit tube de verre et obtint leur soudure. Ce serait une exception à la règle que j'ai formulée, mais c'est ici le cas de répéter que ces expériences anciennes ne peuvent être acceptées sans vérification.

prise, il a coupé la queue à la racine; cet appendice a cependant continué à se nourrir. Même les connexions nerveuses se sont rétablies : le rat manifestait de la douleur si on pinçait la base de l'appendice devenue le bout.

Enfin il existe une dernière condition, de même nature que la précédente mais plus mystérieuse encore qui n'avait pas jusqu'ici attiré l'attention. Parfois des cellules de même espèce histologique, appartenant à un même animal et à des tissus qui d'ordinaire se soudent facilement, refusent absolument de se souder bien qu'elles soient parfaitement vivantes. Ainsi un Lombric, une Planaire, n'acceptent pas la greffe d'un morceau détaché, ni même d'ordinaire la simple cicatrisation d'une incision. De nombreuses expériences m'ont appris qu'*il y a antagonisme entre la Greffe et la Régénération :* les cellules de la plaie refusent de se souder parce qu'elles peuvent faire autre chose de mieux : régénérer ce qui manque; par contre, la greffe est particulièrement aisée là où l'aptitude à la régénération fait défaut. Les végétaux en sont un exemple. Voilà encore un fait que la théorie du protoplasma devrait expliquer.

Examinons maintenant quels sont les effets ultérieurs de la Greffe.

Lorsque la pièce greffée est à sa place normale sur un individu d'espèce semblable ou très voisine, elle arrive à faire partie intégrante de l'organisme et se comporte en tout comme si elle lui avait toujours appartenu; si elle est trop disparate par sa nature histologique, sa situation aberrante ou par l'espèce trop différente de l'être qui l'a fournie, elle refuse absolument de se greffer. Mais entre ces extrêmes, il y a une série de cas intermédiaires fort curieux. La pièce se soude, semble s'incorporer à l'organisme; mais au bout d'un temps plus ou moins long, elle est résorbée, ou éliminée en masse, ou lentement remplacée par une substitution progressive des parties voisines qui s'accroissent à ses dépens. Ainsi des lames osseuses greffées entre des muscles ont établi des connexions vasculaires, ont grandi puis se sont résorbées; des greffes de poirier sur pommier prennent, s'accroissent un peu, puis se détachent au bout de deux ou trois ans; des lames osseuses d'animaux greffées au crâne de l'homme pour fermer des solutions de continuité paraissent dans certains cas avoir été peu à peu remplacées par de l'os humain.

Si la pièce greffée s'incorpore définitivement dans une condition très aberrante, elle peut éprouver par l'effet de ces conditions des modifications importantes. C'est le cas pour un ergot de coq greffé à l'oreille d'un bœuf et qui, d'après **Mantegazza** (65) atteignit une longueur de 24 centimètres et un poids de 396 grammes. Mais c'est surtout chez les végétaux que ces faits prennent de l'importance. Chez eux, en effet, les pièces greffées ne sont pas seulement de petits organes à croissance bornée, c'est un bourgeon à accroissement illimité, qui se développe en un individu presque complet. Le *Sujet* ne lui fournit qu'un support et des racines. Mais par ces racines il puise pour lui la nourriture dans le sol et la question est de savoir si cela exerce à la longue une influence sur les caractères du *Greffon*. La question a été beaucoup discutée et semble aboutir à la conclusion suivante : dans la très grande majorité des cas l'action du Sujet sur le Greffon est nulle ou invisible; mais parfois elle se montre très manifeste, au point qu'elle équivaut à un véritable métissage. Nous parlerons de ces *Métis de greffe*, à propos des croisements. Constatons seulement ici que cette action incontestable quoique exceptionnelle intéresse une des questions les plus importantes de la Biologie générale, *l'action modificatrice des conditions extérieures* et en particulier de la nutrition. Il y aurait à expliquer comment la constitution intime du protopolasma peut être modifiée par la nature des aliments qui lui sont fournis au point que cela retentisse sur les caractères des cellules qui en sont formées.

Chapitre III. — LA GÉNÉRATION

La *Génération* a deux formes, la *Multiplication* et la *Reproduction*, qui se distinguent par les caractères suivants. La *Reproduction* se fait par une seule cellule, spore ou œuf, qui se détache de l'organisme avant d'entrer en évolution. Dans la *Multiplication* l'individu nouveau a pour origine une masse plus ou moins considérable de tissus et quand par exception il procède d'une cellule unique, cette cellule ne se détache pas. Elle évolue sur place en continuant à faire partie des tissus maternels ; elle donne naissance par ses divisions multiples à un bourgeon qui se transforme peu à peu en un individu nouveau et, alors seulement, se détache pour mener une vie indépendante.

A. LA MULTIPLICATION.

La Multiplication a elle aussi deux modes. Elle se fait par *Scission* ou par *Bourgeonnement*. Le premier mode constitue la Scissiparité, le second la Gemmiparité.

1. Scissiparité.

Outre la *Scissiparité accidentelle* dont certains animaux coupés en deux tronçons nous ont fourni un exemple et qui n'est qu'un cas de Régénération, il existe une *Scisciparité normale*. Sous sa forme la plus simple, elle consiste en une division du corps en deux parties qui, l'une et l'autre, se complètent après leur séparation. Elle n'est précédée d'aucune différenciation péalable, d'aucune régénération, et les deux parties sont assez égales entre elles pour que l'on ne puisse considérer l'une d'elles comme mère de l'autre. Ces deux phénomènes s'ils ont à se produire, n'ont lieu qu'après la séparation des deux individus.

Ce mode de multiplication est très fréquent chez les Protozaires et Protophytes. Mais là il n'est qu'une division cellulaire et ne contient rien de plus que ce phénomène déjà étudié dans le 1er Livre.

Chez les Métaphytes il ne paraît pas exister ; parmi les Métazoaires, il est rare et ne se rencontre que chez un petit nombre d'animaux. Le type le plus pur se rencontre chez les Actinies : l'animal s'étrangle suivant un plan passant par l'axe du corps et se divise en deux moitiés qui se séparent l'une de l'autre ; chacune se complète ensuite par soudure des deux lèvres de la plaie et accroissement consécutif. Chez les Polypiers, un fait semblable se produit, mais les deux individus restent attachés par leur pied et forment une simple bifurcation d'un rameau de la colonie arborescente[1]. Trembley (1744) a vu l'Hydre d'eau douce se diviser spontané-

[1] La division des Actinies est un phénomène rare. J'ai pu l'observer une fois chez l'*Anthea cereus*. Les deux moitiés du corps se sont écartées comme pour ramper en sens inverse et ont produit une véritable déchirure de la partie intermédiaire qui, après s'être fortement étranglée et étirée, a fini par se rompre. Le phénomène a duré environ deux heures.

Chez les Polypiers la division est, au contraire, un phénomène fréquent et normal. Elle contribue à la ramescence, tandis que chez les Alcyonnaires la ramification est due au seul bourgeonnement. Parmi les Ophiures, la division a été observée

ment en deux moitiés transversales dont chacune s'est complétée ensuite. Les Astéries et certaines Ophiures se séparent parfois en deux parties inégales comprenant l'une trois bras et la partie correspondante du disque, l'autre le reste du disque et deux bras. Chacune se complète ensuite. Enfin quelques Plathelminthes et Annélides oligochètes opèrent par scission spontanée cette multiplication qui leur est si facile après les divisions accidentelles de leur corps. Enfin la Scissiparité se rencontre très exceptionnellement chez certains animaux pendant les premières phases du développement embryonnaire. Dans quelques cas, l'œuf lui-même se divise avant de se segmenter et donne naissance à deux individus. Chez le *Lumbricus trapezoides*, l'embryon se divise au stade *Gastrula* en deux moitiés qui chacune se développe en un individu nouveau [1].

Dans d'autres cas, l'une des parties est notablement plus grande que l'autre; elle garde les organes essentiels et n'a guère qu'à cicatriser la surface de section pour se rétablir en son état primitif. Elle est la continuation de l'individu primitif. L'autre est notablement plus petite et c'est elle qui constitue l'individu nouveau. Elle doit pour se compléter former de nouveaux organes importants, mais ce travail d'achèvement et de différenciation s'opère, au moins en partie, avant la séparation. Chez les *Naïs*, les *Myrianides*, on voit en un point du corps du Ver un groupe d'anneaux se transformer en tête avec ses yeux, ses tentacules, une bouche s'ouvre et se munit de ses appendices, puis la scission s'opère entre les deux individus. Chez le *Microstoma lineare* la même chose se produit en un point d'un corps non segmenté. De l'œuf de certaines *Méduses* naît un polype appelé *Scyphistome* qui se divise par des étranglements transversaux en segments superposés. Ces segments se munisent d'une couronne de tentacules et se détachent successivement sous la forme de petites Méduses [2].

chez l'*Ophiactis virens* par SIMROTH (77). Les *Lumbriculus* et *Ctenodrilus* sont jusqu'ici les seuls Oligochètes connus pour se reproduire par scission spontanée.

[1] On peut se demander si pareille chose n'arrive pas chez les vertébrés. Il ne serait pas impossible que chez l'homme, les *jumeaux identiques* provinssent de la division du germe. Une séparation incomplète expliquerait les monstres doubles.

[2] Dans tous ces cas, la séparation étant tardive, de nouveaux segments ont le temps de se préparer avant que les précédents se détachent. Il en résulte une chaîne d'individus dont les degrés de développement sont de plus en plus avancés à partir d'une extrémité. La Myrianide, en cet état, semble formée d'une chaîne d'individus qui ont l'air de se mordre la queue. Ici les nouveaux individus se détachent de la partie cau-

Par les cas de ce genre la Scission donne la main au Bourgeonnement et rend presque insensible la transition entre ces deux modes de Multiplication.

Son explication comporte les mêmes difficultés que nous avons déjà rencontrées dans la Régénération et la Différenciation ; et il y aurait, en outre, à trouver les causes qui déterminent un être, resté simple jusque-là, à se diviser à un moment donné, et à une place donnée, quand d'autres aussi volumineux et de même espèce souvent ne le font pas.

2. GEMMIPARITÉ.

Le Bourgeonnement diffère de la Scission par plusieurs caractères. Dans celle-ci l'individu engendré s'approprie une partie des organes qui ont fonctionné comme tels chez l'individu primitif; il est formé de deux parties, l'une ancienne ayant appartenu à l'individu primitif, l'autre nouvelle formée plus tard par Accroissement ou Régénération. Le bourgeon, au contraire, est tout entier de formation nouvelle. Il a pour origine une certaine masse de tissus maternels, mais cette masse est petite et ne comprend jamais d'organes différenciés qui puissent persister comme tels; elle est formée d'un petit groupe de cellules d'un caractère embryonnaire qui ont tout à faire pour se différencier en un individu nouveau.

Il est beaucoup plus répandu que la Scission.

Indépendamment des Protozoaires, le Bourgeonnement se rencontre

dale, tandis que dans le Scyphistome c'est l'inverse. Le Scyphistome segmenté porte le nom de *Strobile*. Il ne faut pas confondre ce strobile avec celui des vers cestodes. Chez ceux-ci la séparation des anneaux à la partie caudale n'a pas la signification d'une multiplication par division, puisque les parties qui se détachent sont des anneaux arrivés à la sénilité et destinés à mourir pour mettre en liberté les œufs qu'ils contiennent. Chez le *Microstoma lineare,* qui est une Planaire, il se forme au milieu du corps insegmenté un étranglement et au-dessous de celui-ci se dessine une tête et l'on a bientôt deux individus bout à bout. Puis le phénomène se répète sur chacun d'eux et ainsi de suite jusqu'à ce qu'il en ait huit; alors la séparation se fait au niveau de l'étranglement le plus ancien et la chaîne se divise en deux autres formées chacune de quatre individus; puis de nouveaux étranglements se forment et ainsi de suite. Particulièrement remarquable est ici le fait que les nouvelles bouches et les nouveaux ganglions nerveux se forment aux dépens du parenchyme mésodermique, tandis que dans l'ontogénèse ces parties provenaient de l'ectoderme (Fr. Wagner (93)). C'est un nouveau cas de non-parallélisme de l'Ontogénèse et de la Régénération.

très fréquemment chez les Éponges, les Cœlentérés (Hydraires, Polypiers, Gorgones, Corail, Siphonophores, etc.), chez les Bryozoaires, les Tuniciers et chez certains Versdistomes[1]. La question importante au point de vue de la Biologie générale est encore ici celle de la Différenciation histologique et anatomique. Pourquoi certaines cellules, en apparence toute semblables à leurs similaires des tissus où elles sont noyées, se mettent-elles à se multiplier énergiquement tandis que leurs voisines ne changent rien à leur évolution tranquille? Comment surtout vont-elles former des tissus nou-

[1] Des phénomènes à peu près semblables se passent chez le Chætogaster, qui est un Distome. Chez les Protozoaires, le bourgeonnement se rencontre quelquefois. Ainsi chez les *Vorticelles*, qui sont des Infusoires, on voit se former à la partie opposée au pédoncule de petits mamelons qui s'étranglent et se séparent, emportant chacun un fragment du noyau qui s'était avancé à leur intérieur. Certaines Éponges donnent naissance à des petits bourgeons ciliés qui se détachent de la mère et vont se fixer ailleurs pour grandir et se développer en un animal nouveau (Vasseur (79, 80). Les *Statoblastes* des *Spongilles* d'eau douce ne sont, malgré leur aspect particulier, que des portions de tissu abritées sous des enveloppes particulières et capables de se développer en un individu nouveau. Ce sont donc des bourgeons. Chez l'Hydre, Trembley (1744) avait fort bien observé de jeunes individus qui bourgeonnent sur la partie moyenne du corps des vieux. La multiplication des Polypiers actiniaires se fait en majeure partie et celles des Alcyonnaires exclusivement par des bourgeons. De même fait celle des Bryozoaires, ici l'individu meurt dans sa logette et, du bout du pédoncule qui reste au fond de la loge, bourgeonne un nouvel habitant. Chez les Tuniciers, les Clavelines bourgeonnent par un long stolon vasculaire au bout duquel se forme un jeune. Pendant longtemps on n'avait pas su que l'endoderme fût présent dans ce stolon. Van Beneden et Julin (86) ont montré qu'il y est représenté par un tube partant du fond de l'estomac de l'individu mère. Il en est de même chez les Salpes et le *Doliolum,* mais ici le stolon est un petit tubercule ventral d'où se détachent indéfiniment des individus nouveaux. Chez les Ascidies composées, le bourgeonnement peut avoir lieu par l'individu non adulte. Mais cela est surtout frappant chez d'autres Tuniciers, les *Pyrrosomes*, où l'embryon lui-même commence à bourgeonner et donne naissance à quatre individus qui sont la souche de la colonie.

Parmi les Vers, le Bourgeonnement est surtout remarquable chez certains Trématodes où l'adulte se transforme, à un moment donné, en une sorte de sac qui bourgeonne *à son intérieur* de nombreux *individus* (*Rédie, Sporocyste*) et chez quelques Cestodes où la vésicule du Cysicerque peut bourgeonner à son intérieur de nombreux individus représentés soit par des têtes (Echinocoques du foie de l'homme), soit par les vésicules acéphales (Acephalocystes).

Chez les plantes, la ramification est tout entière due au Bourgeonnement. Dans le cas le plus simple, chaque bourgeon axillaire a une cellule terminale qui fera tous les frais de son accroissement et qui provient elle-même de la cellule terminale du bourgeon terminal. La chose est au fond la même quand au lieu d'une cellule terminale unique il y en a trois, une pour chacune des assises principales de la tige (épiderme, écorce, cylindre central) ou même lorsqu'il y a trois groupes de ces cellules.

veaux et des organes disposés d'une façon complexe et régulière, tandis que les autres continueront à fournir seulement de nouveaux éléments à leur propre tissu? Pour être en état de la discuter plus tard il faut examiner ce que sont ces cellules qui servent de point de départ au bourgeon.

Cela est très variable.

Dans bien des cas ce sont des éléments appartenant aux trois feuillets primordiaux. Le travail de la différenciation est alors moins considérable puisque chaque cellule n'a à former que les éléments du feuillet dont il provient. Tantôt ces éléments se trouvent tout disposés dans les rapports convenables, comme chez beaucoup de Cœlentérés où un simple diverticule, comprenant les trois couches de la paroi du corps, forme le premier rudiment du bourgeon. Tantôt ils sont au contraire éloignés et un travail préparatoire devient nécessaire pour la réunion de ces trois sortes de cellules dans un organe commun, le *stolon*. Cela se voit surtout chez les Tuniciers, Clavelines, Salpes, *Doliolum*.

Chez beaucoup de plantes supérieures, la zone génératrice de l'extrémité de la tige comprend trois cellules ou couches de cellules *initiales*, l'une superficielle pour former l'épiderme, l'autre moyenne pour l'écorce, la dernière profonde pour le cylindre central, mais on ne sait au juste si le bourgeon axillaire des feuilles nées au bout de la tige procède de toutes ces cellules ou d'une partie seulement.

Dans d'autres cas, tous les éléments sont fournis par deux feuillets (Bryozoaires) ou même par un seul. Chez l'Hydre, d'après Fr. Wagner (93), l'ectoderme seul sert à former le bourgeon; il donne naissance par la face profonde à des cellules qui forment un nouvel endoderme.

Enfin, dans certains cas, une seule cellule sert d'origine au bourgeon et forme par ses divisions successives les éléments de tous ses tissus. Il en serait ainsi pour certains Hydraires, *Eudendrium*, *Plumularia* et pour l'Hydre elle-même, d'après Alb. Lang (92)[1]. La chose en tout cas paraît rare chez les animaux, mais elle est fréquente parmi les végétaux.

[1] A. Lang (92) avait dit que, chez les Polypes hydraires, le bourgeonnement se faisait par une cellule ectodermique, que la membrane de séparation des deux feuillets se détruisait, que les cellules endodermiques de la région se résorbaient ou étaient repoussées, et étaient remplacées par des cellules ectodermiques; et qu'ainsi le bourgeon provenait seulement de l'ectoderme, ce qui permettait d'attribuer son origine à une seule cellule ectodermique.

Mais Bræm (94) et O. Seeliger (94_1) ont trouvé que cela est faux. La membrane intermédiaire disparaît, en effet, mais les couches endodermiques et ectodermiques

Chez beaucoup de plantes, surtout inférieures, une seule cellule terminale fournit tous les éléments qui prennent naissance à l'extrémité terminale de la tige. Or parmi ces éléments se trouvent les cellules initiales des bourgeons axillaires des feuilles. Ces bourgeons ne se séparent pas, il est vrai, mais ils n'en forment pas moins des individus nouveaux pourvus de tous les organes essentiels et capables de vivre séparés si on les place dans des conditions où ils puissent former les racines qui leur manquent.

Par les cas de ce genre le Bourgeonnement donne la main à la Reproduction vraie par spores ou par œufs puisque, ici aussi, doivent se trouver concentrées dans une seule cellule toutes les capacités nécessaires pour former un individu entier.

De même que la régénération des deux segments obtenus par la section de certains Vers constitue une *Scissiparité accidentelle,* de même il y a une *Gemmiparité accidentelle.* Elle consiste en le développement d'un bourgeon, à la suite d'excitations mécaniques ou autres, piqûre d'insecte, présence d'un parasite, érosion ou meurtrissure quelconque, à une place où il ne s'en serait pas formé sans cela. Ce cas est rare chez les animaux, mais il est tout à fait commun chez les plantes : une cellule cambiale ou un groupe de cellules de ce genre entre en activité et devient l'origine du nouveau bourgeon. Ce phénomène a une importance extrême, car il nous montre que la cellule terminale d'un bourgeon ou la cellule unique d'où procède le bourgeon (chez l'*Eudendrium* par exemple) ne sont peut-être pas d'une essence particulière puisque d'autres cellules que rien ne distinguait de leurs voisines peuvent, dans des conditions particulières, montrer les mêmes capacités. L'afflux de sucs nutritifs plus abondants favorise le phénomène et les jardiniers tirent parti de ce fait lorsqu'ils font une incision circulaire de l'écorce au-dessus du point où ils veulent faire développer un bourgeon adventif.

Cela montre que la théorie sera en droit de rechercher les causes du Bourgeonnement non seulement dans la composition particulière du protoplasma de cellules prédestinées, mais aussi dans l'action des conditions extérieures sur le protoplasma des cellules ordinaires. En tout cas nous devons faire remarquer dès maintenant qu'on ne saurait attribuer le Bourgeonnement, pas plus d'ailleurs que la Scission ni que tout autre

gardent leurs positions, restent séparées par une limite tranchée, et prennent part l'une et l'autre à la formation du bourgeon ; et malgré les récentes dénégations de A. LANG (94), cela paraît bien établi.

mode de reproduction, exclusivement à une exubérance des tissus trop nourris et arrivés au terme ultime de leur accroissement individuel, car les faits abondent de reproduction suivant tous les modes possibles par des individus non adultes, ou soumis à un régime d'inanition relative. Elle a lieu, malgré tout, au moment de l'évolution où elle doit se produire.

B. LA REPRODUCTION

La Reproduction est, comme nous l'avons vu, la *Génération* au moyen d'une cellule unique, détachée de l'organisme avant d'entrer en évolution[1]. Elle est *asexuelle* ou *sexuelle* et, entre ces deux formes, s'en trouve une intermédiaire, faisant le passage de l'une à l'autre, et qui peut être appelée *demi-sexuelle*, c'est la *Conjugaison*. Ces deux dernières diffèrent de la première en ce que la cellule qui sert de point de départ à l'être nouveau est formée de la fusion de deux cellules ou de leur parties essentielles en une seule, d'où le nom de *Amphimixie* que leur a donné WEISMANN (91) pour les distinguer ensemble de la *Reproduction asexuelle* ou *Reproduction par spores*.

Sous toutes ses formes la *Reproduction* constitue un problème biologique du plus haut intérêt et malheureusement d'une difficulté inouïe, problème qui peut se poser en ces termes : Comment et sous quelle forme peuvent se trouver réunis dans la cellule unique d'où résulte l'organisme nouveau tous les caractères si nombreux et si précis que celui-ci doit revêtir? Nous verrons dans la partie théorique comment on a cherché à le résoudre. Étudions d'abord les faits généraux dont les théories devront tenir compte ou qu'elles auront à expliquer.

[1] La variété des phénomènes est telle qu'elle dérange toujours les cadres les mieux disposés. Ainsi, chez les *Volvox* et quelques autres, la cellule reproductrice se divise à *l'intérieur* de l'organisme maternel et cependant c'est une *Reproduction* au sens où nous l'entendons ici et nullement un Bourgeonnement comme celui des *Eudendrium*.

La différence gît ici dans le fait que la cellule reproductrice, quoiqu'elle reste dans l'organisme maternel et s'y divise, n'a en réalité rien de commun avec lui, isolée qu'elle est sous une membrane fermée jusqu'à la dissociation finale de la colonie.

Les *Volvox* sont de petites sphères creuses formées par une seule assise de nombreuses cellules unies les unes aux autres par une large et unique communication protoplasmique, et munies chacune de deux flagellums tournés vers le dehors. Les *Pandorines* forment une sphère pleine.

Les spores se divisent avant de quitter la colonie en cellules placées côte à côte qui se disposent ensuite en une sphère.

1. REPRODUCTION ASEXUELLE PAR SPORES.

La reproduction par spore consiste simplement en ceci. Une cellule du corps se détache et, par des divisions nouvelles, reproduit un organisme semblable à celui dont elle provient. Cette définition n'établit pas de distinction entre la spore et l'œuf parthénogénétique. Il y a cependant entre ces deux éléments une différence capitale. La spore n'est ni mâle ni femelle et rien, dans son habitus ni dans son mode de division, ne la distingue des autres cellules de l'organisme. L'œuf, au contraire, acquiert un caractère sexuel par l'accumulation des substances nutritives dans son cytoplasme et par des divisions d'une nature toute particulière qui précèdent toujours la fécondation. Dans la parthénogénèse où la fécondation est supprimée, l'une au moins de ces divisions caractéristiques reste et l'œuf garde par là un caractère formel d'élément sexuel femelle.

Dans quelques organismes très simples, certaines Algues inférieures ou certains Protozoaires très primitifs comme la *Magosphæra*[1], toutes les cellules du corps sont identiques et toutes, à un moment donné, fonctionnent comme spores. Mais, le plus souvent, cette faculté n'est réservée qu'à des cellules spéciales, et d'ordinaire ces spores sont très spécialisées, très différentes des autres cellules du corps et formées dans des organes spéciaux. Elles sont tantôt immobiles, tantôt mobiles, par le moyen de un ou deux flagellums, pour les besoins de leur dissémination; elles sont alors nommées *Zoospores*. Ces dernières sont de petits organismes assez différenciés de forme ovoïde avec une extrémité pointue antérieure dans la progression, deux (parfois un ou quatre) cils partant du voisinage de cette extrémité et, à l'intérieur, un noyau, une tache oculiforme en avant et une ou deux vacuoles contractiles en arrière.

Ce mode de reproduction ne se rencontre que chez les plantes ou chez des Protistes animaux ou végétaux[2].

[1] Les *Magosphæra* sont de petites sphères formées de cellules ciliées réunies au centre par un pied filiforme. Elles se dissocient en un moment donné en leurs cellules qui deviennent amiboïdes puis s'enkystent et se divisent sous ce kyste.

[2] La Reproduction par spores se rencontre dans toutes les classes de Cryptogames et il est peu de formes où elle ne fasse pas partie du cycle évolutif. Chez la plupart des Champignons et chez diverses Algues, parmi lesquelles les Bactéries, elle existe même à l'exclusion de toute reproduction sexuée. Parmi les animaux elle ne se rencontre que chez les Protozoaires, en particulier les Sporozoaires (Grégarines, Çoccidies, etc.,), Radiolaires etc.

On a accusé les divers modes de reproduction asexuelle de conduire à la stérilité. Les faits observés par **Maupas** (88) chez les Infusoires le démontrent, en effet, pour ces animaux. Mais pour beaucoup d'autres, cela ne semble pas exact. (V. la note de la page 248, à la fin.)

2. REPRODUCTION DEMI-SEXUELLE PAR CONJUGAISON.

La *Conjugaison* est bien véritablement l'intermédiaire entre la *Reproduction asexuelle par spores* et la *Reproduction sexuelle par œufs et spermatozoïdes*. Ce qui caractérise la première, c'est que la cellule reproductrice germe sans avoir besoin du concours d'un autre élément; la seconde se distingue par le fait que la cellule reproductrice est formée de l'union de deux éléments très différents, l'un gros, immobile, alourdi par un cytoplasma abondant et des matières nutritives, l'autre réduit à ses parties essentielles, petit, léger, mobile par un ou quelques flagellums, ou facilement transportable par les agents extérieurs. Or la Conjugaison va nous présenter une série de formes qui par une extrémité confinent à la Reproduction asexuelle, les cellules qui se fusionnent étant identiques et par suite dépourvues de sexualité, et par l'autre passent à la Reproduction sexuelle, les éléments qui se conjuguent étant aussi distincts et caractérisés que les produits sexuels des animaux ou des végétaux supérieurs[1].

On est convenu d'appeler *Gamètes* les cellules qui se conjuguent, pour les distinguer des spores asexuées d'une part, des œufs et spermatozoïdes ou grains de pollen de l'autre. On peut les définir des éléments sexuels nullement ou incomplètement différenciés en mâles et femelles.

Il y a deux sortes de Conjugaison. Dans l'une les gamètes se fondent complètement l'un dans l'autre; ils perdent entièrement leur individualité dans l'élément qui résulte de leur union; nous l'appellerons *Conjugaison totale*. Dans l'autre, ils se rapprochent, se soudent temporairement, échangent une moitié de leur noyau, puis se séparent : nous l'appellerons *Conjugaison partielle* ou *nucléaire*. Il y a sans doute aussi

[1] Les êtres qui se conjuguent sont souvent des unicellulaires et la fonction qu'ils accomplissent alors appartient plutôt à la vie de la cellule qu'à celle de l'individu complexe qui fait le sujet de ce livre. Mais on ne peut séparer la conjugaison des unicellulaires de celle des pluricellulaires. De plus la différenciation histologique et anatomique intervient ici, sinon dans le phénomène lui-même, du moins dans la préparation des cellules qui l'accomplissent. Pour toutes ces raisons la conjugaison est mieux à sa place ici que dans le Livre précédent.

échange de parties du cytoplasma par des courants qui s'établissent entre les deux cellules, mais la conjugaison est incomplète puisque les gamètes reprennent leur individualité et je l'appelle nucléaire parce que l'échange des moitiés de leurs noyaux en est le phénomène le plus apparent sinon même le plus important[1].

a) Conjugaison totale.

La conjugaison totale diminue le nombre des individus. Elle est cependant liée à leur multiplication en ce qu'elle est la condition nécessaire pour que celle-ci puisse continuer indéfiniment. Les divisions successives épuisent la vitalité et, chez la plupart des êtres, il arrive un moment où elles ne sauraient continuer; elles entraînent une dégénérescence et aboutiraient à la mort[2]. La Conjugaison se produit alors et donne un regain de vie qui permet de recommencer avec l'énergie primitive une nouvelle série de divisions. Les théories devront expliquer comment la fusion de deux êtres en un seul arrive à ce résultat et comment elle a pu s'introduire dans leur cycle évolutif. Comme question de fait, nous devons dire ici que cette fusion n'est pas un simple mélange. Les noyaux se fondent complètement l'un dans l'autre et les cytoplasmas en se mêlant subissent une *contraction* qui rappelle tout à fait celle qui se produit dans la combinaison chimique. Tandis que dans ces associations superficielles où des cellules nues se soudent en un *syncytium* comme dans les Myxomycètes, certains Héliozoaires, et aussi dans quelques Éponges, la colonie a un volume égal à la somme de ceux

[1] Cette distinction n'a pas été faite jusqu'ici. Elle me semble légitime et utile à introduire, car la différence est vraiment très grande entre les deux phénomènes. Même quelques auteurs séparent tout à fait la seconde de la conjugaison et font de la *Conjugaison des Infusoires* un phénomène à part sous le nom de *Copulation*. Mais cette dénomination n'est pas heureuse car Copulation indique seulement rapprochement des sexes et il peut y avoir copulation sans fécondation ni multiplication ultérieure. D'autre part on ne saurait faire, de l'échange de noyaux des Infusoires, une vraie Reproduction sexuelle puisque il n'y a aucune différence entre les deux individus ou entre leurs produits. C'est de l'*Isogamie* pure, et par conséquent de la conjugaison.

[2] En voyant que la Conjugaison est la condition indispensable de la Reproduction scissipare indéfinie *chez tous les êtres où elle existe*, on serait tenté de généraliser et de la croire indispensable sans exception à tous ceux qui se reproduisent par scission.

Mais il ne faut pas oublier qu'un bon nombre d'Algues et la plupart des Champignons se reproduisent exclusivement par spores asexuelles.

de ses composants, ici la cellule issue de la conjugaison a toujours un volume moindre que celui des deux gamètes conjugués; même si l'un d'eux est notablement plus petit que l'autre, le volume final peut être inférieur à celui du gamète le plus gros.

La conjugaison totale se rencontre surtout chez les plantes. Mais elle a été observée aussi chez quelques Protozoaires. On en doit distinguer deux sortes l'*Isogamie* et l'*Hétérogamie*. Dans la première, les deux gamètes sont identiques et l'on ne peut dire que l'un soit mâle et l'autre femelle. Dans la seconde, l'une des deux est plus ou moins assimilable à un élément femelle, l'autre à un élément mâle.

Isogamie. — L'Isogamie pure est assez rare. Les gamètes identiques peuvent avoir deux formes. Tantôt ils sont l'un et l'autre des cellules ordinaires grosses, immobiles, en tout semblables à leurs voisines qui ne se conjuguent pas. Cela s'observe chez les *Zygogonium*, les *Closterium* et quelques autres Algues, et parmi les animaux chez divers Sporozoaires, en particulier les Grégarines. Tantôt les gamètes sont des zoospores qui ne diffèrent en rien, pour l'aspect et la constitution apparente, des zoospores stériles de la Reproduction asexuelle. Les *Acetabularia, Bothrydium*, *Ulothrix* et autres Algues inférieurs en fournissent des exemples.

Cette Isogamie pure a un grand intérêt théorique. Elle nous montre que la fusion de deux protoplasmas, d'où est dérivée la Reproduction sexuelle n'est, dans sa condition primitive, qu'un accroissement brusque et considérable des substances de la cellule. La plupart des auteurs admettent entre les gamètes isogames une différence invisible. Ils sont au delà des résultats de l'observation, et sans nécessité, car on peut très bien concevoir qu'une augmentation violente des substances de la cellule suffise à accroître son énergie vitale comme fait, avec plus de modération, l'assimilation des aliments[1].

Hétérogamie. — Dans l'Hétérogamie la différence entre les deux gamètes peut offrir divers degrés.

[1] Les *zygononium* sont des algues; ce sont, comme les *Spirogyra*, des filaments formés d'une seule file de cellules. Deux cellules voisines, de deux filaments parallèles, envoient l'une vers l'autre un petit diverticule. Les deux diverticules se joignent et s'ouvrent l'un dans l'autre au point de contact, mettant ainsi les deux cellules en communication. Celles-ci se détachent alors de leur membrane de cellulose, se portent l'une vers l'autre et se rencontrent dans le couloir de communication où elles se fusionnent, les protoplasmas d'abord, les noyaux ensuite. Les *Closterium*, les Grégarines sont unicellulaires et se fusionnent sous une membrane commune.

Il y en a trois principaux.

Dans le premier les deux gamètes ne se distinguent en rien à l'origine, mais la manière dont ils se comportent montre en eux une différence. Chez les *Spirogyra,* très voisins des *Zygogonium,* des deux gamètes d'aspect identique et conformés comme des cellules ordinaires ; l'un reste immobile dans sa loge et l'autre quitte la sienne pour passer dans celle du premier ; il y a là un faible indice de sexualité, l'un se rapprochant de l'œuf par son inertie, l'autre du spermatozoïde par sa mobilité. Il semble y avoir quelque chose de semblable chez certains Foraminifères. Chez les *Ectocarpus, Giraudia* et quelques autres Algues *phœosporées* les deux gamètes ont l'aspect de zoospores et sont d'abord également mobiles, mais bientôt l'un s'arrête et se fixe, tandis que l'autre reste mobile et vient se souder à lui[1].

Dans un second cas, les gamètes sont distincts dès l'origine, mais par leur taille seulement. Ils sont tous deux immobiles et en forme de cellules ordinaires, comme chez les *Dictyotes,* ou tous deux mobiles et en forme de zoospores l'une grosse, *macrospore,* l'autre petite, *microspore,* comme chez les *Zanardinia* qui sont des Algues *phœosporées* et chez divers Radiolaires parmi les animaux[2].

Enfin le plus haut degré de l'hétérogamie est atteint lorsque les deux gamètes diffèrent à la fois par la taille et par la conformation. Ce n'est déjà plus de la conjugaison et on pourrait tout aussi bien décrire ces cas comme appartenant à la Génération sexuelle. Cela serait d'autant plus lé-

[1] Chez les *Spirogyra* on voit en général les cellules successives de deux filaments parallèles se conjuguer ainsi toutes ensemble ; et presque toujours, toutes celles d'un même filament sont mâles ou femelles. Les premières se vident dans les secondes. Mais parfois un filament se ploie et les cellules d'une de ses moitiés se conjuguent avec celles de l'autre. Cela semble indiquer que les différences de constitution entre les cellules mâles et les femelles ne sont pas absolues mais relatives, de même qu'un corps peut être électro-positif par rapport à un autre et électro-négatif par rapport à un troisième.

Chez les Foraminifères, le phénomène est mal connu et son interprétation n'est pas certaine. On voit souvent deux individus d'aspect identique s'accoler, mais ils se séparent ensuite sans paraître avoir rien échangé de leur substance.

Chez les *Arcella* on a vu pendant ce rapprochement le contenu de l'un des deux individus passer tout entier dans la loge de l'autre et laisser la sienne vide.

Chez les *Ectocarpus*, *Giraudia*, *Scytosiphon*, l'une des zoospores se caractérise comme femelle par le fait qu'elle se fixe par un de ses deux flagellums et rétracte l'autre dans son corps protoplasmique.

[2] La figure ci-contre (fig. 8) dont les éléments sont empruntés à Reinke montre la conjugaison des *Zanardinia*.

Chez les Radiolaires, on n'est pas très bien fixé sur la signification relative des

gitime que cette Conjugaison a deux formes qui sont calquées l'une sur la Reproduction sexuelle des animaux supérieurs, l'autre sur celle des plantes phanérogames. Chez les *Fucus*, les *Volvox*, il y a un véritable œuf, gros, sphérique, immobile et des zoospores mâles qui ne diffèrent des spermatozoïdes que par le nom; et chez les *Peronospora* et quelques autres Champignons voisins, l'œuf ayant le même aspect, le gamète mâle a la forme d'une petite cellule qui se soude à l'œuf et lui instille son contenu protoplasmique comme un grain de pollen avec son boyau pollinique.

b) Conjugaison nucléaire.

Cette sorte de conjugaison ne diminue pas le nombre des individus comme faisait la précédente, mais elle ne l'augmente pas non plus et elle est, comme celle-ci, la condition nécessaire de leur multiplication par division. Ici la chose a même été démontrée rigoureusement pour les Infusoires par Maupas (88). Les infusoires mis dans l'impossibilité de retremper leur énergie vitale dans la conjugaison meurent fatalement, incapables de continuer à se diviser. Cette forme appartient à l'isogamie pure et ne se rencontre que chez les animaux. On l'a observée chez les Noctiluques et chez beaucoup d'Infusoires. Deux individus identiques se rapprochent, se soudent par leurs membranes, un orifice se perce par où des courants s'établissent entre les cytoplasmas, puis les noyaux se divisent dans chaque individu séparément, l'un des deux demi-noyaux de chacun d'eux passe dans le conjoint et se joint au demi-noyau resté en place pour former le noyau mixte définitif. Les deux conjoints se séparent alors et bientôt recommencent à se diviser avec une nouvelle ardeur [1].

diverses spores que l'on voit se former.

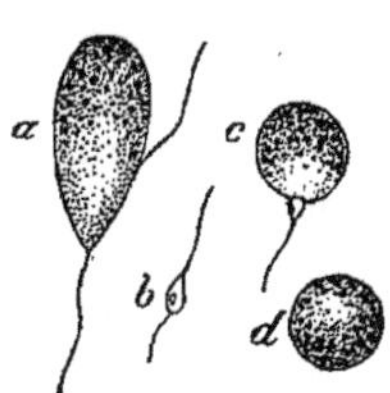

Fig. 8. — Conjugaison des Zanardinia, d'après Reinke.

a. L'oosphère. — b. L'anthérozoïde. — c. Conjugaison des deux cellules. — d. Produit de la conjugaison.

Brandt pense qu'il y en a qui sont de vrais zoospores asexuelles (spores à cristaux) et d'autres qui sont des gamètes, de deux tailles différentes (macrospores et microspores). Mais on ne connaît pas leur évolution ultérieure.

[1] La conjugaison des Infusoires est surtout bien connue depuis les travaux de Maupas. Le schéma d'autre part (fig. 8) aidera à en comprendre la description. Les assises I, II..., représentent les stades successifs du phénomène.

Stade I. — Deux individus identiques ont un noyau ou *macronucleus* N, et un nucléole ou *micronucleus* *n*, ayant pour fonction, le premier, de régir les phéno-

3. REPRODUCTION SEXUELLE PAR ÉLÉMENTS MALES ET FEMELLES DIFFÉRENCIÉS.

La *Fécondation* est l'acte essentiel et décisif de la reproduction sexuelle. Mais elle est précédée d'une série de phénomènes qui, pour être moins frappants, n'en ont pas moins une importance capitale. Ces phénomènes sont ceux de la *Préparation des produits sexuels*. Relati-

mènes nutritifs, le second, de présider aux phénomènes reproducteurs. Les deux individus A et B se conjuguent bouche à bouche, se soudent, et leurs cytoplasmas entrent en communication libre. Le macronucleus se résorbe.

Stade II. — Le macronucleus a disparu, le micronucleus se divise en deux.

Stade III. — Chacun des deux produits

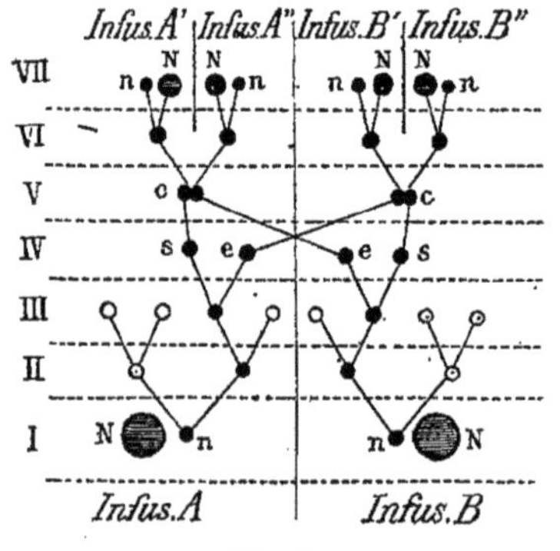

Fig. 9.

de la division précédente se divise encore en deux. Il y a maintenant quatre nucléoles dans chaque individu. Mais de ces quatre, trois resteront sans postérité et se résorberont, en sorte que l'on peut les assimiler aux globules polaires de l'œuf des Métazoaires. Le noyau abortif, représenté par un cercle vide, du stade II représente le premier globule, les deux noyaux abortifs vides situés côte à côte du stade III représentent les produits de sa division comme chez les Mollusques et le noyau vide isolé du même stade représente le second globule. Le noyau figuré par un cercle plein représente l'œuf.

Stade IV. — Le noyau persistant se divise en deux autres, l'un *s* qui restera dans l'individu où il est, ***noyau stationnaire*** (représentant d'après Maupas le pronucleus ♀), l'autre *e* destiné à passer dans l'autre individu, ***noyau errant*** (représentant d'après Maupas le pronucleus ♂).

Stade V. — Les deux noyaux errants ont passé chacun de l'individu où il est né, dans l'individu conjugé et s'est uni au noyau stationnaire de celui-ci, pour constituer le noyau conjugué *c*. Cependant la fusion n'est pas complète.

Stade VI. — Chaque noyau conjugué se divise en deux autres, et les deux Infusoires se séparent.

Stade VII. — Chacun des produits de cette division se divise encore en deux autres, dont l'un est un micronucleus *n*, l'autre un macronucleus N. A ce moment, chaque Infusoire se divise en deux autres qui reçoivent chacun un des micronucleus et un des macronucleus ainsi produits.

Les divisions du micronucleus sont mitosiques, tandis que celles du macronucleus qui auront lieu dans les divisions subséquentes sont amitosiques.

On a observé aussi la conjugaison chez des Héliozoaires (*Actinosphærium*), mais on n'a pu, chez les animaux, suivre l'évolution des noyaux.

vement à la première qui ne dure qu'un instant, ils sont très longs.

Ils sont à la fécondation ce que la charge de l'arme est au coup de fusil.

a) Préparation et maturation des produits sexuels.

La maturation des produits sexuels n'est pas simplement ce phénomène banal par lequel toute cellule doit grandir et devenir adulte pour être apte à ses fonctions.

Il y a ici quelque chose de plus.

Nous avons expliqué dans le premier livre que le nombre des chromosomes reste fixe dans la division cellulaire. Toute l'ontogénèse n'est qu'une immense suite de divisions cellulaires, en sorte que le nombre de chromosomes est dans toutes les cellules de l'organisme le même que dans l'œuf fécondé. Il varie selon les plantes et les animaux, mais non selon les individus. Il constitue un caractère spécifique, aussi fixe qu'aucun autre. Or nous verrons bientôt que, dans la fécondation, la cellule initiale de l'organisme futur est formée de la réunion des cellules sexuelles mâles et femelles. L'œuf fécondé contient donc tous les chromosomes réunis de l'ovule jeune et du spermatozoïde. Si donc ceux-ci en contenaient le nombre normal de l'espèce, ce nombre irait en doublant à chaque génération. Il faut, pour qu'il se maintienne invariable, qu'à un moment donné il diminue de moitié. Ce moment se rencontre précisément pendant la maturation des produits sexuels et la diminution se fait par un processus qui a reçu de WEINMANN (91) le nom de *Division réductrice*. Il nous faut étudier cette maturation et en particulier la division réductrice dans les deux éléments sexuels [1].

α. Spermatogénèse et Spermatozoïde.

La *Spermatogénèse* est surtout bien connue chez l'*Ascaris megalocephala*, grâce aux recherches de VAN BENEDEN et JULIN (84), de O. HERTWIG (90), de BOVERI (87, 92), de BRAUER (93), etc. Au fond du cul-de-sac testi-

[1] Le nombre des chromosomes ne fût-il pas comme le pensent STRASBURGER (84_2) et GUIGNARD (90, 91) absolument fixe chez les plantes, que cela ne rendrait pas moins nécessaire la division réductrice, car leur nombre ne dépasse pas certaines limites et ne saurait doubler à chaque génération.

culaire on trouve comme toujours des éléments jeunes que l'on peut nommer *cellules germinales*. Ce sont les cellules primitives d'où doivent dériver les éléments sexuels. Leur transformation progressive se fait en quatre phases : une de *multiplication,* une d'*accroissement,* une de *réduction* et une de *maturation*.

Les cellules germinales commencent à se diviser un très grand nombre de fois et se multiplient beaucoup en diminuant de volume.

En cet état elles constituent les *Spermatogonies*.

Arrivées à un certain degré de petitesse, les spermatogonies cessent de se diviser et se mettent à grossir considérablement ; elles se transforment ainsi en un nombre égal de *Spermatocytes* dits *de premier ordre*. Ces spermatocytes sont les cellules grand'mères des spermatozoïdes ; elles se divisent exactement deux fois ; leurs filles, au nombre 2, se nomment les *Spermatocytes de deuxième ordre,* et leurs petites-filles, au nombre de 4, les *Spermatides*, ou spermatozoïdes non mûrs qui se transforment chacune en un seul *Spermatozoïde* mûr, sans se diviser et par une simple modification dans la forme, le volume et l'arrangement des parties constituantes.

Bien que la spermatogénèse ait été étudiée chez peu d'animaux d'une façon complète, il semble que tous les faits autorisent à généraliser la description précédente dans ses traits essentiels. Il semble y avoir toujours une multiplication des éléments primitifs qui tapissent les culs-de-sacs testiculaires, puis un accroissement de volume suivi de deux divisions coup sur coup donnant naissance aux spermatides. Ces spermatides sont des cellules d'aspect ordinaire, mais elles ont ceci de particulier que chez elles le nombre des chromosomes se trouve réduit de moitié. Nous verrons bientôt par suite de quoi il en est ainsi.

Le *spermatozoïde* mûr diffère beaucoup de la spermatide par l'aspect et la constitution.

Sous sa forme typique et la plus complète un spermatozoïde comprend les parties suivantes. En avant est une *tête*, effilée antérieurement, obtuse en arrière, où elle donne insection à un long flagellum, la *queue*. A la pointe de la tête est un petit globule clair, entre la tête et la queue une zone étroite, le *segment intermédiaire*. La queue se compose d'un long *filament axile* souvent strié en long, entouré dans sa partie supérieure d'une *gaîne protoplasmique* qui laisse, vers le bout, le filament axile à nu. Ce filament traverse le segment intermédiaire et va s'attacher directement à l'extrémité obtuse de la tête. Le spermatozoïde lorsqu'il est mobile progresse, la tête en avant, poussé par les ondulations de son flagellum[1].

Où sont dans cette structure les parties de la spermatide?

Les chromosomes, tassés en une masse compacte, forment la majeure partie de la tête. Le centrosome est toujours présent, mais les uns le croient représenté par le segment intermédiaire, les autres par le globule céphalique antérieur. Cette dernière opinion semble la plus justifiée. Dans ce cas, le segment intermédiaire serait le représentant du cytoplasma. Dans la queue, la gaîne est sûrement d'origine cytoplasmique, tandis que le filament axile est d'origine cytoplasmique pour les uns, nucléaire pour les autres. D'ailleurs cela a peu d'importance, car dans la fécondation la tête et le segment intermédiaire entrent seuls dans l'œuf. Ainsi dans la partie qu'utilise la fécondation sont représentés sûrement les chromosomes, sûrement aussi le centrosome et probablement le cytoplasma[2].

[1] La forme des spermatozoïdes est très variable. Je crois inutile de décrire ses variétés et signalerai seulement les faits les plus importants. La tête peut être tout à fait massive ou très effilée, parfois elle montre une sorte de capuchon caduc; chez l'*Ascaris* on peut y reconnaître une petite fente claire qui sans doute indique la ligne de contact des deux chromosomes. Mais d'ordinaire les chromosomes sont si nombreux et si serrés les uns contre les autres qu'ils paraissent fusionnés en une masse compacte. La queue est parfois armée d'une membrane onduleuse disposée comme une nageoire dorsale longue et très basse. Son filament axile se montre strié chez les formes mobiles, mais il est lisse dans les spermatozoïdes immobiles; il est parfois muni d'un petit renflement en bouton à son attache à la tête, à la limite de contact entre celle-ci et le segment intermédiaire; il peut se trouver un autre petit bouton semblable au point où s'arrête la gaîne.

[2] Les opinions sont très partagées sur la position du centrosome dans le spermatozoïde. O. Hertwig (90), Henking (90, 91), R. Hertwig, Flemming, etc., le croient représenté par le segment intermédiaire. Flemming et les deux Hertwig ont souvent observé que la tête du spermatozoïde d'abord tournée vers le pronucleus femelle, faisait un demi-tour en se rapprochant de lui et se présentant à lui par la base d'où partait un rayonnement.

Par contre, Plattner (89), Field (92) et d'autres le placent dans le globule céphalique antérieur. Strasburger (92) admet la première opinion pour les animaux, la seconde pour les végétaux. Il pense que la portion non nucléaire de l'élément mâle représente tout ou partie du *Kinoplasma* ou portion active du cytoplasme, c'est-à-dire la partie qui forme le centrosome, la sphère attractive et le réseau filaire ou les asters et le fuseau. Il devient dès lors indifférent que ces éléments, centrosomes, sphère, fuseau, etc., soient ou non individuellement représentés dans l'élément sexuel, puisque le kinoplasma qui les forme a, en tous ses points, la même valeur morphologique et physiologique. La queue du spermatozoïde et le ou les flagellums des cellules végétales seraient aussi formés de kinoplasma.

Chez les plantes, il semble que les anthérozoïdes des Cryptogames soient constitués comme les spermatozoïdes auxquels ils ressemblent si fort, mais on est loin de connaître en eux tous les détails que les spermatozoïdes viennent de nous montrer. Ici, la cellule même du grain de pollen représente le spermatocyte de 1er ordre; elle se divise, en effet, deux fois et donne les grains de pollen, et Guignard (91) a reconnu qu'au moment de la première de ces deux divisions, le nombre des chromosomes se réduisait de moitié. Il a vu aussi dans le boyau pollinique, à côté des chromosomes, un centrosome déjà double et parfaitement net, qui évidemment existait déjà dans le grain de pollen. Mais il ne croit pas qu'une partie du cytoplasma prenne part à la fécondation[1].

b. Ovogénèse et œuf mûr.

L'*Ovogénèse* est calquée sur la spermatogénèse.

Dans l'*Ascaris megalocephala* que nous prendrons encore comme type, les cellules germinales qui occupent le fond du cul de sac de l'ovaire donnent, en se divisant, de petites cellules, les *Ovogonies*, qui n'ont aucun caractère spécial et se multiplient beaucoup en diminuant de volume. A un moment donné, la phase de multiplication s'arrête, les ovogonies se mettent à grossir, beaucoup plus même que les spermatogonies à ce stade, parce qu'elles se chargent en outre de réserves alimentaires abondantes et passent à l'état d'*Ovocytes de premier ordre*. Ces ovocytes de 1er ordre sont ce que les histologistes appelaient les ovules et qu'ils caractérisaient par leur volume, leur forme sphérique et leur noyau (ou *vésicule germinative*) gros, central, bien rond, refringent. En cet état ce ne sont pas cependant les vrais ovules capables d'être fécondés. Ce sont leurs cellules grand'mères et, comme dans la spermatogénèse, il faut encore deux divisions, pour leur donner naissance. L'ovocyte de 1er ordre se divise donc en deux *Ovocytes de deuxième ordre* et chacun de ceux-

[1] Guignard a constaté en outre dans les derniers phénomènes de maturation du grain de pollen, pendant l'émission du boyau pollinique, de curieux phénomènes qui ne semblent pas avoir leur homologue chez les animaux. La cellule se divise sous sa membrane en deux autres, une *végétative* et une *génératrice* dont les cytoplasmas ont des réactions histo-chimiques différentes. La première finit par se résorber avant la fécondation. La seconde se divise encore en deux autres tout à fait semblables. Mais une seule, la plus voisine du fond du boyau, pénètre dans la cellule ovulaire et sert à la fécondation. Dans ces deux divisions, le nombre des chromosomes ne varie pas.

ci en deux cellules finales qui sont les homologues des spermatides.

Mais, pendant cette phase de réduction, l'ovogénèse présente avec la spermatogénèse des différences, non essentielles, mais très remarquables cependant. Les divisions des ovocytes ne sont pas égales. Des deux cellules filles, l'une très grosse O (fig. 10) continue la lignée de l'œuf, l'autre très petite est un produit de rebut que l'on appelle le *Globule polaire* G (fig. 10). L'une et l'autre sont cependant sœurs. A la première division, elles représentent les ovocytes de 2e ordre et sont, l'une O (3, fig. 10), un gros ovocyte, l'autre G_1 (ibid.), le 1er globule polaire. A la division suivante, le gros ovocyte de 2e ordre O se divise de même très

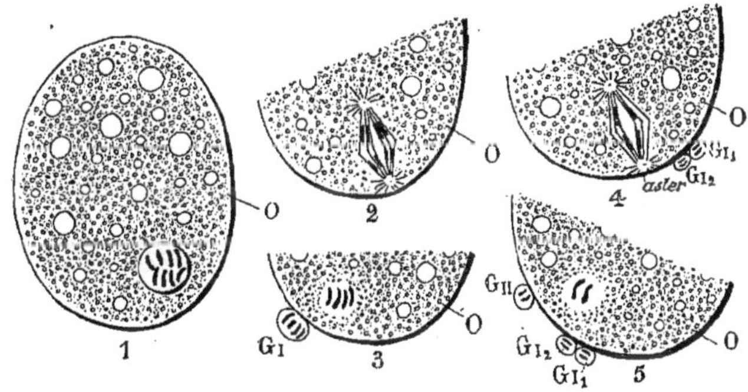

Fig. 10. — Émission des globules polaires chez un Mollusque. (Schématique.)

1. L'Ovocyte de 1er ordre contenant les chromosomes supposés au nombre de 8. — 2 Fuseau du 1er globule polaire. — 3. Le 1er globule GI est émis et les chromosomes sont réduits à 4 de chaque côté. — 4. Le fuseau du 2e globule se forme et le 1er globule GI s'est divisé en deux autres GI_1 et GI_2. — 5. Le 2e globule GII est émis avec deux chromosomes et le pronucleus femelle, réduit aussi à deux chromosomes reste dans l'œuf.

inégalement en deux cellules sœurs, représentant les spermatides du mâle, l'une grosse, l'ovule mûr O (5, fig. 10), avec un nombre de chromosomes réduit de moitié, et l'autre toute petite, le *second globule polaire* GII (ibid). Le 1er globule polaire qui est, si l'on peut dire ainsi, l'oncle du second, se divise, comme son frère l'ovocyte de 2e ordre, en deux autres GI_1 et GI_2 (4 et 5, fig. 10) et disparaît ainsi laissant à sa place deux autres globules polaires, frères entre eux et cousins du second globule. En sorte que finalement on a un œuf bien développé et trois globules polaires, cellules naines, incapables d'évolution ultérieure. Le cas décrit ici est le plus complet, mais le moins fréquent. Il s'observe chez les Mollusques, par exemple. Mais d'ordinaire le 1er globule polaire ne se divise pas et persiste à côté du second.

L'œuf à ce moment est entièrement mûr et prêt à être fécondé ; il n'y a pas ici cette phase distincte de maturation qui dans la spermatogénèse était nécessaire pour transformer la spermatide en spermatozoïde[1].

Le tableau ci-dessous montre le parallélisme de ces deux évolutions. Il est emprunté à Maupas (88), mais légèrement modifié.

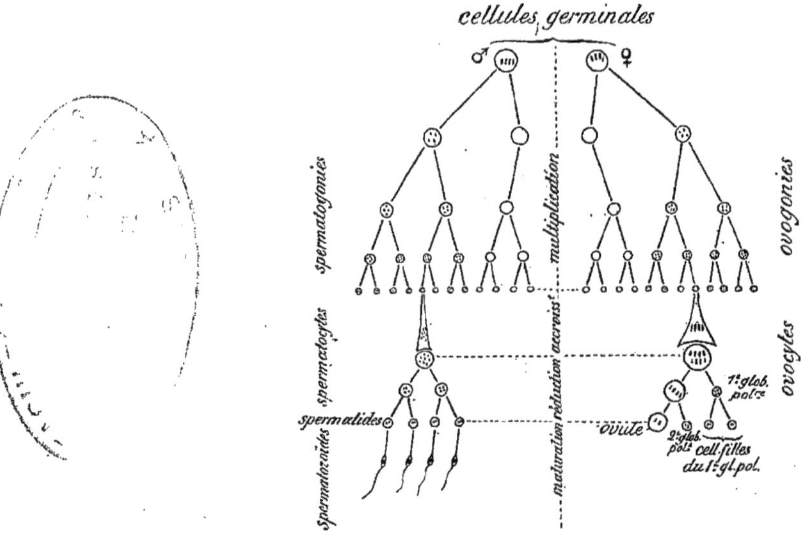

Fig. 11. — Formation des produits sexuels des deux sexes, schématisé d'après Maupas.

Les phénomènes de l'ovogénèse ont été vérifiés chez un grand nombre d'animaux. Ils sont semblables à eux-mêmes partout où l'on a rencontré

[1] Cette terminologie, calquée sur celle que La Valette Saint-Georges avait établie antérieurement pour la spermatogénèse est due à Boveri. Elle est heureuse et commode et mérite d'être adoptée.

L'émission des globules polaires se fait de la manière suivante (V. fig. 10, à la page précédente) : la vésicule germinative, ou noyau de l'ovocyte, se rapproche de la surface de l'œuf. Elle devient alors beaucoup moins visible et c'est pour cela que jusqu'à ces dernières années on croyait à sa disparition. Là il se fait une division indirecte normale. L'œuf forme une petite saillie tout à fait marginale dans laquelle prennent place la moitié du fuseau et l'un des noyaux. Après la séparation, le demi-fuseau interne rentre dans l'œuf et aussitôt se complète en un nouveau fuseau entier qui a la même position que le premier, c'est-à-dire s'oriente normalement à la surface et est logé, une moitié dans l'œuf, l'autre dans la petite saillie que forme le second globule. Après l'émission de ce dernier, le noyau réduit s'enfonce de nouveau vers le centre du cytoplasma. Le demi-noyau qui forme le globule (soit le premier soit le second) est aussi gros que le demi-noyau ovulaire. C'est le cytoplasma qui établit à lui seul l'énorme différence de grosseur entre les deux cellules. Dans bien des cas, il semble que le globule soit vraiment réduit à son noyau, mais souvent on voit autour de lui

des globules polaires. Même chez les Infusoires on retrouve quelque chose de tout à fait analogue [1].

une mince couche de cytoplasme. Le phénomène a alors la signification bien nette d'une division cellulaire, ainsi que l'ont constaté GIARD (77), NUSSBAUM (86), BOVERI (87_2), et les globules polaires prennent la signification *d'œufs abortifs* (MARK (81)). Il est possible que jamais le cytoplasma ne soit tout à fait absent du globule polaire.

H. BLANC (93) a observé chez la Truite que la fécondation peut prendre place avant les deux globules, ou après eux, ou entre le premier et le second. Mais lorsque la pénétration du spermatozoïde dans l'œuf a lieu avant la sortie du deuxième globule, toujours cependant ce globule s'élimine avant la réunion des deux pronucleus qui constitue la vraie fécondation. Celle-ci est donc en somme toujours postérieure aux divisions réductrices.

RÜCKERT (92) signale chez les Sélaciens une aberration singulière. Au moment de la division qui sépare le premier globule polaire, il se produit une division longitudinale supplémentaire qui *double* le nombre des chromosomes. Il ne dit pas quelle est la conséquence de ce fait.

BOVERI et HENKING ont constaté que chez l'*Ascaris megalocephala* la division réductrice se fait sans centrosome et par conséquent par un procédé mécanique différent de celui qui est habituel. L'œuf mûr n'a pas de centrosome. Cet organe est fourni à l'œuf par le spermatozoïde fécondateur.

[1] Chez les Infusoires on voit en se reportant à la figure 8 (p. 122) que, dans la copulation, la micronucleus se divise d'abord en deux autres et chacun de ceux-ci de nouveau en deux. Des quatre noyaux ainsi formés, un seul continue à se diviser; les trois autres sont abortifs et se détruisent comme les globules polaires. On peut donc assimiler le micronucleus avant sa division de conjugaison à l'ovocyte de 1er ordre, les produits de sa première division aux ovocytes de 2e ordre et, dans ceux de la deuxième division, assimiler les trois abortifs aux globules polaires et le noyau persistant à celui de l'œuf. La comparaison se poursuit, puisque ces noyaux se fécondent réciproquement, en échangeant leurs moitiés comme nous l'avons vu au chapitre de la conjugaison et l'on peut ajouter que ses divisions, dans la reproduction asexuelle de l'Infusoire, peuvent être assimilées à celles de l'ontogénèse et en particulier à celles qui multiplient les ovogonies dans l'ovaire des animaux pluricellulaires. Dans la division du micronucleus fécondé en un micronucleus définitif essentiellement reproducteur et un macronucleus chargé de fonctions végétatives, nutritives, et destiné à disparaître après un certain nombre de divisions, n'y a-t-il pas quelque chose de comparable (voir la note suivante) à la formation dans le sac embryonnaire, après les synergides et les antipodes comparables aux globules polaires, du noyau accessoire destiné à former l'albumen nutritif et à disparaître ensuite?

Il faut dire cependant que chez bon nombre d'animaux on n'a pas trouvé de globules polaires. Ce ne sont pas des animaux épars, mais des groupes entiers, parmi les Arthropodes, les Tuniciers, les Spongiaires, etc.

SABATIER (84) a cherché à trouver un équivalent, non de la réduction des chromosomes, mais du rejet d'une portion de la chromatine, dans l'élimination par le cytoplasma de substances diverses sous forme de globules, d'exsudats, qui sont utilisés secondairement, en général pour former des enveloppes protectrices (follicule des Ascidies, coque de l'œuf des Cladocères, du Chiton, etc.). Le seul fait que ces substances sont d'origine cyto-

On n'a guère étudié à ce point de vue les ovules des plantes inférieures, mais dans les Phanérogames on sait, grâce aux recherches de GUIGNARD (91), qu'il existe des phénomènes tout à fait comparables. Dans le nucelle (fig. 12) toutes les cellules ont le nombre de chromosomes habituel chez la plante. A un certain moment l'une d'elles grossit et se différencie pour engendrer l'ovule fécondable, c'est la cellule appelée *sac embryonnaire* parce que plus tard sa membrane se dilatera en un véritable sac à l'intérieur duquel s'accompliront les divisions ultérieures. Or le noyau de ce sac embryonnaire, au moment où il sort de la phase de repos pour commencer à se diviser, forme par la section transversale de son filament nucléaire un nombre de chromosomes exactement réduit de moitié. La réduction des chromosomes se fait donc à ce moment, d'emblée et par un moyen bien autrement simple que chez les animaux. Les choses se passent là comme dans la cellule mère des grains de pollen et cela nous autorise à assimiler le sac embryonnaire jeune et encore unicellulaire à cette cellule mère et par conséquent à l'ovocyte ou au spermatocyte de 1er ordre. Ici, comme chez les animuax, cet ovocyte ne donnera naissance qu'à une seule cellule ovulaire fécondable, mais les autres cellules sont plus nombreuses que trois et elles ne sont pas toutes abortives[1]. La différence

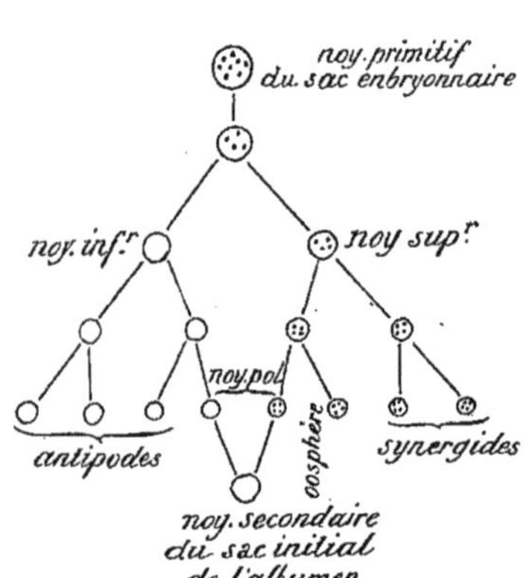

Fig. 12. — Formation de produits sexuels femelles chez les plantes. Schématisé d'après GUIGNARD.

plasmique et non nucléaire rend cette assimilation très problématique.

D'ailleurs plus on étudie, plus on limite le nombre des formes qui semblent manquer de globules polaires et il est bien possible qu'on arrive à trouver ces globules partout.

[1] Le noyau du *sac embryonnaire* (fig. 12) se divise d'abord en deux qui se portent l'un, *noyau supérieur*, vers le sommet, l'autre, *noyau inférieur*, vers le fond du sac. Là chacun se divise deux fois. Au sommet, la première division engendre le noyau mère des deux *synergides* et le noyau mère de l'*oosphère* et d'un autre noyau dit *noyau polaire supérieur*. La seconde division donne naissance d'une part aux deux noyaux des synergides, de l'autre au noyau de l'oosphère et au noyau polaire en question. Au fond du sac, le noyau inférieur donne, par ses deux divisions successives, le *noyau polaire inférieur* et trois noyaux qui sont ceux des 3 *antipodes*. Ces différents noyaux se transforment en cellules en s'appropriant une partie du cytoplasma. Les antipodes et synergides finissent par disparaître et la cellule fécondable après

cependant est toute contingente et il est permis de conclure que, d'une manière générale, les phénomènes de la préparation des éléments sexuels sont, au fond, les mêmes chez les animaux et chez les végétaux et se caractérisent d'une manière générale par la réduction du nombre des chromosomes et le rejet d'une certaine quantité de substance chromatique.

c. Réduction chromatique.

Nous avons expliqué que le phénomène principal de la maturation était la réduction des chromosomes à un nombre moitié moindre, et nous avons vu que cette réduction était, en effet, obtenue. Mais nous n'avons pas dit comment elle l'était.

On a cru d'abord que le nombre des chromosomes était normal dans les cellules, spermatogonies ou ovogonies, qui précèdent immédiatement les 2 divisions maturatives et l'on admettait que l'une d'elles, la première, se faisait encore normalement et sans rien changer au nombre des chromosomes, tandis que la seconde succédait si rapidement à la première que la division longitudinale n'avait pas le temps de s'effectuer, en sorte qu'une moitié des chromosomes passait dans le 2e globule et une moitié seulement restait dans la cellule sexuelle mûre. Ainsi dans le cas très simple de l'*Ascaris megalocephala* où il n'y a dans les cellules du corps que 4 chromosomes, les *gonies* et les *cytes* de 1er ordre (spermatogonies, ovogonies, spermatocytes et ovocytes de 1er ordre) en auraient le nombre normal 4. Dans les cytes de 1er ordre la division longitudinale formerait 4 paires d'anses jumelles dont les cytes de 2e ordre recevraient chacun une moitié qui deviendrait leurs 4 chromosomes. Mais dans ces cytes de 2e ordre, il n'y aurait pas de division longitudinale et les spermatides et l'œuf mûr en recevraient chacun la moitié, soit 2, et ainsi se trouverait effectuée la division réductrice.

Mais une étude approfondie a montré que les choses ne sont pas aussi simples. BOVERI (87, 88 $_1$, 90) a constaté que les dernières *gonies*

sa fécondation forme l'embryon; quant aux deux noyaux polaires, ils se rapprochent l'un de l'autre, se fusionnent dans une sorte de fécondation et forment le *noyau secondaire du sac,* qui se met alors à se diviser activement pour constituer les noyaux de l'albumen. (V. aussi la note de la p. 76, à la fin).

Ajoutons que KLEBAHN (91) a aussi trouvé, dans la conjugaison de quelques Algues conjuguées, *Closterium*, *Cosmarium*, certains faits que O. HERTWIG (92) interprète comme un rejet de globules polaires.

et le cyte de 1er ordre n'ont déjà plus que ce nombre 2 de chromosomes qui doit être définitif dans les cellules sexuelles mûres. Mais ces deux chromosones ne sont pas simples, ils sont formés chacun d'un groupe de 4 petits bâtonnets réunis par un petit filament de linine et que nous appellerons pour plus de commodité, un *groupe quaterne* (*Vierergruppe*). Les divisions réductrices ne comportent plus aucune division longitudinale. Elles éliminent chaque fois la moitié des bâtonnets de chaque groupe. Le cyte de 1er ordre, en se divisant, livre à chacun des 2 cytes de 2e ordre 2 groupes binaires, et les cytes de 2e ordre en se divisant livrent à chacune des spermatides, ou 2e globules polaires, ou œuf mûr, 2 groupes de 1, c'est-à-dire deux chromosomes simples. Le schéma ci-contre (fig. 13) rend compte du phénomène.

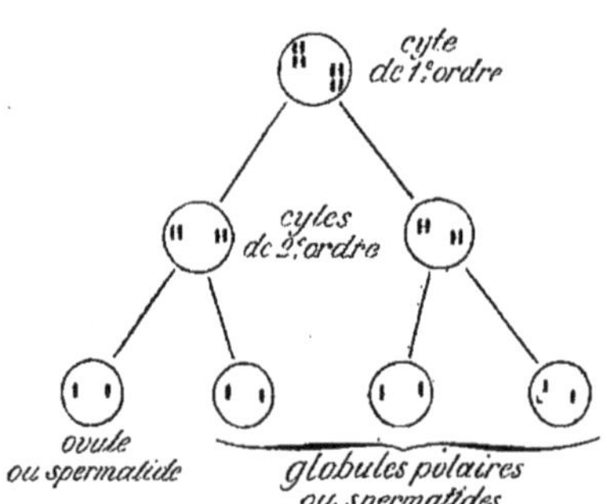

Fig. 13. — Réduction du nombre des chromosomes dans les cellules sexuelles, dans le cas des groupes quaternes. Schématisé d'après BOVERI.

Ainsi l'essentiel de la réduction ne se passe pas comme on le croyait pendant les divisions réductrices. Celles-ci ne font qu'achever une besogne qui s'est préparée on ne sait trop à quel moment, pendant les nombreuses divisions qui donnent naissance aux dernières *gonies*. Cette circonstance rend bien plus difficile la solution des importantes questions théoriques qui se rattachent à la division réductrice, car s'il était déjà malaisé de surveiller les deux divisions réductrices, il devient presque impossible de saisir un phénomène qui se passe on ne sait plus où.

Ce mode de division réductrice n'est pas universel et souvent il subit des modifications importantes, mais il paraît être le plus typique, celui dont les autres ont sans doute dérivé[1].

Sans entrer ici dans la discussion de ces questions théoriques qui viendra en temps et lieu, nous devons examiner les questions de fait qu'elles soulèvent.

Si tous les chromosomes sont équivalents entre eux, comme le pense O. HERTWIG par exemple, il importe peu qu'il y en ait de plus ou de

[1] RÜCKERT (94) l'a retrouvé même chez les Vertébrés, mais assez fortement modifié, il est vrai, et surtout beaucoup moins net.

moins. La quantité de chromatine perdue se récupère par la fécondation et, à son défaut, serait facilement remplacée par le mouvement nutritif. Aussi la *réduction de quantité* de la chromatine n'a-t-elle point du tout l'importance que beaucoup d'auteurs lui attribuent. Mais si les chromosomes constituent, en tant que véhicules de la substance héréditaire, des individus différents, il devient très important de savoir comment la division réductrice traite ces individus, si elle limite ou varie d'une manière quelconque le nombre et la qualité de ceux qu'elle laisse dans les éléments sexuels.

Lorsque BOVERI découvrit les groupes quaternes, il les considéra comme représentant chacun un seul chromosome fendu en 4. Les 4 éléments du groupe quaterne seraient donc identiques, et si les 2 chromosomes s'appelaient *a* et *b*, les groupes quaternes ont pour formule $a|a\big|a|a$ et $b|b\big|b|b$, en sorte que forcément l'élément sexuel définitif contiendra aussi *a* et *b*[1], et les divisions réductrices n'auront rien pu changer à la constitution qualitative du noyau. Tous les auteurs qui, avec BOVERI et BRAUER (92), admettent que les groupes quaternes dérivent de deux divisions longitudinales et sont formés de quatre parcelles identiques, arrivent à cette conclusion. Mais WEISMANN (91), HÆCKER (93_1), VOM RATH (92) affirment au contraire que les groupes quaternes proviennent de deux divisions longitudinales et que leur formule est $\frac{a|a}{a|a}$ en sorte qu'après les divisions réductrices, le chromosome unique restant pourra être *a* ou *b* et ces divisions auront une influence sur la composition qualitative du noyau[2].

[1] Cette division en 4 n'est d'ailleurs que l'anticipation des deux divisions longitudinales qui auraient dû se faire au moment des deux divisions réductrices.

[2] C'est une chose remarquable combien certains êtres, par des particularités en apparence sans intérêt ont facilité la solution de certains problèmes presque insolubles en dehors d'eux. L'*Ascaris megalocephala* par le petit nombre de ses chromosomes, les Échinodermes par la facilité avec laquelle ils acceptent la fécondation artificielle, ont fait faire, en dix ans, plus de progrès aux questions relatives à la fécondation que n'ont fait avant ou depuis tous les autres animaux réunis.

Dans l'Ascaride, le testicule forme un long tube et les diverses phases de la spermatogénèse s'accomplissent dans des régions différentes de l'organe : il y a une zone à spermatogonies, une zone à spermatocytes en voie d'accroissement, une zone où se font les divisions réductrices et une enfin où les spermatides se transforment en spermatozoïdes.

Les termes de spermatogonie, spermatocyte, spermatide, sont de LAVALETTE SAINT-GEORGES.

On appelle en général phase et zone de *maturation* celle qui aboutit à la formation de la spermatide. C'est une dénomination à rejeter puisque la spermatide est précisément le spermatozoïde

Ces auteurs ne s'aperçoivent pas que leur discussion n'a aucun intérêt et que la variation qualitative a lieu aussi bien dans un cas que dans l'autre. Rappelons-nous, en effet, qu'il y a quatre chromosomes chez l'Ascaride. Si Boveri ne trouve que deux groupes quaternes dans les *cytes*, c'est, dit-il, parce que deux ont disparu, s'étant résorbés pendant l'évolution des *gonies*. Si ces quatre chromosomes étaient *a, b, c, d*, ceux qui ont disparu peuvent être *a* et *b*, ou *a* et *c*, ou *a* et *d*, ou *b* et *c*, ou *b* et *d* et ce qui reste se trouve qualitativement modifié d'une façon corrélative. Hæcker, au contraire, admet avec O. Hertwig (90) qu'aucun chromosome ne disparaît pendant les phases préliminaires, mais que la réduction de 4 à 2 provient de ce qu'à un certain moment le cordon du spirème s'est recoupé en 2 segments au lieu de 4, en sorte qu'au lieu d'avoir 4 chromosomes *a, b, c, d*, on en a 2, l'un

non mûr. Je la nomme phase de *réduction*. La vraie maturation est la transformation de la spermatide, inapte à féconder, en spermatozoïde prêt à remplir cette fonction.

Les chromosomes sont au nombre de quatre dans une variété et de deux seulement dans l'autre. Ils ne sont pas courbes et le nom d'*anses jumelles* ne s'applique pas du tout à leurs bâtonnets courts et droits.

Les phénomènes de la réduction ont été observés pour la première fois par O. Hertwig (90) qui a trouvé huit chromosomes dans le spermatocyte de 1er ordre, c'est-à-dire un nombre double du nombre normal, quatre dans le spermatocyte de 2° ordre et deux dans la spermatide. Weismann (91) voit dans ce fait l'explication de la double division des spermatocytes de 1er ordre avant d'arriver aux spermatides. Le nombre doublerait d'abord et il faudrait deux divisions réductrices successives, l'une pour le ramener au chiffre normal, l'autre pour le diminuer de moitié. Mais Boveri (92) fait remarquer que l'on ne comprendrait guère le doublement préalable puisque le but est la réduction. Remarquant le groupement particulier des chromosomes, il interprète les choses comme nous l'avons expliqué.

Henking (90, 91) pense que les groupes quaternes ne proviennent pas de deux divisions longitudinales consécutives, mais d'un rapprochement des chromosomes deux par deux, ce qui transforme les quatre simples en deux doubles, et d'une division longitudinale qui transforme les deux doubles en deux quadruples.

O. Hertwig (90) croit que le spirème se recoupe simplement en deux fois moins de segments, et Brauer (92) admet que chez l'Ascaride et les Copépodes le spirème se divise d'abord par deux divisions longitudinales en quatre cordons parallèles, puis se segmente en deux fois moins de fragments transversaux que dans les divisions normales.

Moore (94) a observé que chez les *Scyllium* les chromosomes sont normalement au nombre de 12 et formés chacun de petites masses disposées en cercle. La division longitudinale n'est jamais omise, mais, dans l'une des deux divisions qui précèdent le spermatocyte, les douze chromosomes quadruples se disposent en six octuples, c'est-à-dire formés chacun de huit petites masses disposées en cercle au lieu de quatre.

Quelques auteurs ont admis l'intervention régulière de divisions amitosiques dans la spermatogénèse, mais à tort à ce qu'il semble.

ab, l'autre *cd*. Ce sont ces 2 chromosomes qui vont donner les groupes quaternes et pour cela vont se diviser 2 fois, une fois en long, une fois en large. Or cette division transversale va évidemment séparer *a* et *b* dans *ab*, *c* et *d* dans *cd*, et les groupes auront pour formule $\frac{a|a}{b|b}$ et $\frac{c|c}{d|d}$. C'est d'ailleurs bien ce qu'admet Hæcker; et la division réductrice éliminera forcément *a* ou *b* dans le premier et *c* ou *d* dans le second. En somme on voit que, si la réduction qualitative n'a pas lieu avant les divisions réductrices, elle est faite par elles et que, si elle n'est pas faite par elle, c'est qu'elle avait eu lieu avant. La discussion n'a point d'intérêt.

D'ailleurs cette réduction qualitative est évidente à priori. Du moment qu'il y avait 4 chromosomes dans les *gonies*, et que dans les cellules mûres il n'y en a plus que 2, il faut bien que 2 aient disparu; et si ces quatre étaient différents les uns des autres, il y a eu forcément modification qualitative[1]. Le seul moyen d'éviter cette conclusion serait de supposer que les deux restants sont formés de deux moitiés différentes et représentent chacun deux des chromosomes primitifs, en sorte qu'à eux deux, ils représenteraient les 4. Mais WEISMANN (87) a parfaitement montré que cela est impossible, car s'il en était ainsi, le nombre des éléments constitutifs des chromosomes doublant par la fécondation à chaque génération, finirait par dépasser la dernière limite compatible avec la grandeur minima de ces éléments constitutifs.

La seule manière d'échapper à la nécessité d'admettre une réduction qualitative est de nier, comme le fait O. HERTWIG (90), que les chromosomes aient une signification individuelle propre. Pour lui, tous les chromosomes sont formés de la même substance et aucune réduction quantitative ne saurait être qualitative en même temps[2].

Dans la Parthénogénèse où, le plus souvent sinon toujours, le deuxième globule polaire ne s'élimine pas, il ne saurait y avoir réduction du nombre des chromosomes, puisque ce nombre est d'abord une fois doublé,

[1] Cette conclusion est conforme à ce que réclame la théorie de WEISMANN (87 et 92). Mais cet auteur a été trop loin en considérant les éléments des groupes quaternes comme autant d'unités équivalentes, de chromosomes, qui pourraient se répartir de n'importe quelle façon entre les globules polaires et l'œuf. S'il y a eu dans les groupes quaternes ne fût-ce qu'une division longitudinale, il est évident que les deux moitiés qu'elle a séparées doivent se comporter comme des anses jumelles et aller l'une au globule, l'autre à l'œuf.

Cela réduit dans une certaine mesure l'étendue de la variation qui tire son origine de la division réductrice.

[2] Nous verrons plus tard que cette interprétation est inadmissible.

puis réduit une seule fois de moitié. Il est probable que l'unique globule ne produit aucune modification qualitative. WEISMANN (91) a montré qu'il pouvait cependant en être ainsi, mais son explication est hypothétique[1].

d. Modifications cytoplasmiques.

Les éléments sexuels mûrs ne diffèrent pas seulement par les chromosomes des cellules somatiques ou des *gonies* et des *cytes* qui leur ont donné naissance.

Dans le spermatozoïde il n'y a, outre les chromosomes condensés en une masse compacte, qu'un centrosome et un peu de cytoplasma, peut-être de ce cytoplasma spécial et actif que STRASBURGER (92) a appelé *Kinoplasma,* par opposition au *Trophoplasma* nutritif, et qui formerait, outre le centrosome, la sphère attractive, le réseau filaire et les filaments du fuseau et des asters.

Dans l'œuf on trouve bien tous les éléments d'une cellule ordinaire, mais y sont-ils bien au complet et dans les proportions normales?

Nous verrons, en étudiant la fécondation, que dans bien des cas, en particulier chez l'Ascaride, l'œuf mûr ne contient pas de centrosome, en sorte que cet organe qui existait certainement dans les gonies a dû disparaître à un certain moment, mais on ne sait ni où ni comment. Il semblerait que cela n'a rien de général, car les œufs qui, tels que ceux des Échinodermes, suivent pour la fécondation la règle de

[1] WEISMANN admet que les anses qui passent dans le globule polaire unique ne sont pas les jumelles de celles qui restent

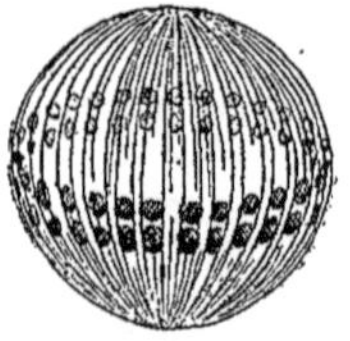

Fig. 14. — Réduction chromatique dans la Parthénogénèse, d'après WEISMANN.

dans le noyau ovulaire. Ces anses se disposeraient en deux couronnes parallèles dont l'une irait au globule et l'autre resterait dans l'œuf; mais si les chromosomes sont A, B, C, D, E, les deux couronnes qui les remplacent après la division longitudinale ne seraient pas formées d'une moitié de chaque chromosome, comme ceci :

couronne sup^re^ *a*, *b*, *c*, *d*, *e* (globule).
couronne inf^re^ *a*, *b*, *c*, *d*, *e* (noy. ovul.),

mais que les anses seraient irrégulièrement réparties, par exemple ainsi :

(globule) *a*, *b*, *d*, *a*, *d*.
(noyau ovulaire) *b*, *c*, *c*, *e*, *e*.

en sorte qu'après l'élimination du globule, les chromosomes A et D seraient complètement éliminés, ce qui équivaut à un effet de division réductrice.

C'est cette constitution des deux couronnes qui est entièrement hypothétique.

H. Fol (91) (V. pp. 140, 141) ont manifestement un centrosome. Mais G. V. Field (93) a constaté, que chez les Échinodermes précisément, la masse du centrosome est réduite et ne représente plus que le quart de ce qu'elle était dans les *gonies*.

D'autre part les globules polaires n'entraînent avec leurs chromosomes qu'une quantité négligeable de cytoplasma, en sorte que, dans l'œuf mûr, cette substance devient fortement prédominante par rapport à la substance nucléaire. On sait, en outre, que le plus souvent l'œuf se charge de substances nutritives lécithiques, parfois en quantité énorme, qui diminuent encore la masse relative du noyau.

En sorte que les deux éléments sexuels se caractérisent lorsqu'ils sont mûrs :

1° par une parfaite similitude de constitution de leur noyau ;

2° par une différence aussi grande que possible dans leurs parties cytoplasmiques, le spermatozoïde étant absolument dépourvu de cytoplasma nutritif (trophoplasma de Strasburger) et d'éléments nutritifs lécithiques, et bien muni, au contraire, de cytoplasma actif (kinoplasma de Strasburger) ; l'œuf, au contraire, étant riche en éléments trophiques (lécithe et trophoplasma) et pauvre en kinoplasma.

C'est pour cela que le premier ne peut se nourrir et que le second ne peut se segmenter. On voit par là d'avance que le but de la fécondation sera de constituer par leur réunion une cellule complète apte à se segmenter et à vivre de ses propres ressources jusqu'à ce qu'elle ait formé les organes qui permettront à l'embryon de tirer sa nourriture du dehors.

b) La fécondation.

a) Fécondation normale.

Il y a seulement une vingtaine d'années, la Fécondation était définie : la pénétration et la fusion de l'élément sexuel mâle dans l'élément sexuel femelle. Réduite à cela, la fécondation est connue chez un très grand nombre d'êtres vivants et elle est identique chez tous. Mais on a aujourd'hui pénétré beaucoup plus avant dans l'essence du phénomène et trouvé nombre de faits nouveaux extrêmement importants. Malheureusement ils ne sont connus que dans un petit nombre de cas et ne sont pas partout semblables à eux-mêmes. Aussi, pour laisser au texte principal sa netteté et sa sobriété, vais-je décrire un cas imaginaire très complet, renvoyant aux notes pour les applications, exemples, réserves et exceptions [1].

[1] La fécondation n'est connue, pour le moment, dans ses phénomènes intimes, que dans quatre sortes d'êtres vivants : quelques Échinodermes, l'Ascaride du cheval, et un petit nombre d'Infusoires et de plantes phanérogames. La fécondation des Échinodermes et de l'Ascaride, connue grâce aux travaux de O. HERTWIG (75, 76, 78,) et de H. FOL (79, 91) pour les premiers, de E. VAN BENEDEN (83) et de BOVERI (86, 87) pour le second, est résumée dans le type idéal que nous avons décrit. Il suffit, pour substituer à celui-ci les exemples concrets dont il est tiré, de spécifier ce qu'il y a de particulier dans chacun d'eux.

Chez les Échinodermes, on a vu le cône d'attraction, la formation de la membrane vitelline, et tous les mouvements du quadrille des centres, mais on n'a point vu les chromosomes des pronucleus. Ils gardent, avant et même après leur union, l'aspect d'une masse, l'un plus, l'autre moins colorable par les réactifs de la chromatine, mais où l'on ne distingue pas les chromosomes, sans doute parce qu'ils sont trop nombreux et trop petits.

Chez l'Ascaride, il n'y a point d'ovocentre, mais les chromosomes des deux pronucleus, grâce à leur petit nombre (deux seulement dans chacun) se montrent très distincts, même après leur réunion dans le noyau de segmentation.

Pour les Infusoires étudiés surtout par BALBIANI, R. HERTWIG (89) et MAUPAS (88) leur fécondation a été à peu près décrite à propos de la conjugaison et de l'émission des globules polaires. Ajoutons seulement que toutes les divisions du micronucleus qui la précèdent et la suivent pendant la conjugaison se font par voie indirecte, avec de petits fuseaux. Les fuseaux des demi-noyaux échangés se fusionnent en un fuseau mixte que la division suivante partage de manière à donner la moitié de chacun d'eux à chacun des noyaux filles. Disons aussi que cet échange des noyaux est considéré par BOVERI (92) et JULIN (93) comme correspondant, non pas à la fécondation seule, mais en outre à la première segmentation de l'œuf fécondé, confondus ici en une seule opération.

Chez les Phanérogames (*Lilium martagon* et autres) GUIGNARD (91) a donné une description très complète qu'il est utile de résumer brièvement. Dans le grain de pollen non mûr, le noyau se divise sous la membrane en deux autres, un végétatif qui finit par disparaître avant la fécondation, après avoir sans doute servi à l'allongement du boyau pollinique, et un noyau générateur. Ce boyau formé par une hernie de la fine membrane interne à travers une rupture de l'externe parcourt toute la longueur du style, arrive à l'ovule, et au sac embryonnaire, passe entre les synergides et enfin s'accolle à la cellule ovulaire. Pendant ce temps, le noyau générateur se divise en deux autres et c'est celui que le hasard place le plus près du bout du boyau pollinique qui sert à la fécondation. Il entre dans l'œuf précédé d'une paire de sphères attractives munies chacune de leur centrosome *et d'une petite quantité de cytoplasma* que Guignard croit bien provenir du cytoplasma pollinique, sans oser cependant l'affirmer tout à fait. Le noyau femelle a aussi ses deux sphères attractives munies de leur centrosome, et tout se passe ici comme dans le quadrille de FOL. Le fait que les sphères sont doubles dès le début est général chez les plantes. Nous l'avons rencontré dans la division cellulaire et il n'a pas plus d'importance ici que là. Les deux pronucleus se rapprochent et restent assez longtemps côte à côte avant de se confondre. Mais pendant tout ce

Lorsque l'œuf *mûr* est placé dans un liquide où nagent les spermatozoïdes *mûrs*, ceux-ci s'approchent de lui poussés par les ondulations de leur flagellum et bientôt un ou plusieurs le rencontrent. Cette rencontre n'est pas le simple effet du hasard. Il y a une véritable *attraction à distance* des éléments l'un par l'autre, mais le spermatozoïde seul en manifeste les effets, car la masse de l'œuf est trop considérable pour être déplacée[1].

Lorsqu'un spermatozoïde est arrivé assez près de la surface de l'œuf, l'attraction devient assez énergique pour déplacer, non pas l'œuf, mais une partie de son vitellus qui s'élève en un cône d'attraction à la surface, juste en face du spermatozoïde, qui est dirigé vers lui la tête en avant. Le cône s'allonge, la tête s'avance, les deux parties s'accollent l'une à l'autre et le cône rentrant dans le vitellus entraîne le spermatozoïde avec lui. La queue se détache et n'entre pas dans l'œuf ou reste à la surface et, en tout cas, paraît ne jouer aucun rôle dans

temps ils sont à l'état de repos et leur chromatine est au stade de filament continu. Ce n'est qu'au moment de la première division de l'ontogénèse que ce filament se débite en chromosomes qui sont, dans chacun des deux premiers blastomères en nombre moitié moindre, et par conséquent en tout en même nombre que dans les cellules sexuelles avant la division réductrice. En somme, il n'y a là, avec ce qui se passe chez les Échinodermes, que des différences bien secondaires si l'on songe à l'immense distance qui existe entre un Lys et une Étoile de mer.

[1] Lorsqu'un œuf est placé dans de l'eau où nagent des spermatozoïdes, ceux-ci se trouvent bientôt beaucoup plus nombreux autour de lui que dans le reste de la préparation. Cela seul démontre l'*attraction sexuelle*. Mais on a observé certains faits particulièrement probants. Si l'on met à côté de cet œuf celui d'une espèce voisine, mais qui ne se croise pas avec elle, les spermatozoïdes qui l'abordent s'en écartent après l'avoir tâté un instant. Cela montre que l'accumulation des spermatozoïdes autour du premier œuf n'est pas due seulement à ce que tous ceux qui l'abordent par hasard seraient retenus mécaniquement ou même chimiquement par quelque sécrétion banale, mais qu'il y a une vraie *attraction à distance* et d'une nature très spéciale, car deux œufs mûrs d'espèce différente placés dans un mélange des liqueurs fécondantes de leurs espèces trient chacun les spermatozoïdes de son espèce. ENGELMANN (76) a vu un microgamète de Vorticelle, tout à fait comparable à un spermatozoïde, donner la chasse à une Vorticelle libre qu'il poursuivait pour la féconder, changer de direction comme elle, et cela avec une vitesse qui variait en fonction inverse de sa distance à elle, ce qui est la loi universelle de toutes ces forces attractives aveugles.

La formation du *cône d'attraction* est une nouvelle preuve de cette force.

L'affinité sexuelle est aussi bien négative que positive. L'œuf fécondé repousse les spermatozoïdes qui cherchent à entrer. Il repousse aussi les spermatozoïdes d'espèce trop étrangère. Mais, en l'anesthésiant ou en le laissant vieillir, on diminue sa résistance et on lui fait accepter soit la Polyspermie, soit la fécondation par une espèce différente.

les phénomènes ultérieurs. La fécondation externe est accomplie. Aussitôt une mince *membrane vitelline* se forme autour de l'œuf à partir du point où le spermatozoïde a disparu et oppose une barrière aux autres spermatozoïdes. D'ailleurs l'*attraction sexuelle* diminue peu à peu et bientôt se disperse la foule de spermatozoïdes qui assiégeait l'œuf quelque temps auparavant. Dès que le vitellus s'est refermé au-dessus d'elle, la tête du spermatozoïde se dissocie en ses deux éléments essentiels, le centrosome et le noyau de chromatine, que nous appellerons, le premier *Spermocentre* avec H. Fol (91) et le second *Pronucleus mâle* avec E. van Beneden (83) l'un et l'autre se dirigent vers le centre de l'œuf, le premier en avant du second. Là, au centre, se trouvent le noyau de l'œuf ou *Pronucleus femelle* et, derrière lui, son centrosome ou *Ovocentre*. Les deux groupes se dirigent l'un vers l'autre comme par l'effet d'une action réciproque, continuation de l'attraction sexuelle, et bientôt ils arrivent à se joindre, mais non loin du centre, car l'élément mâle continue à être plus actif, plus mobile et fait la majeure partie du chemin.

La différence d'aspect entre les deux pronucleus est au début très grande. Celui de l'œuf est gros, clair et montre ses chromosomes distincts comme à la fin d'une division qui vient, en effet, d'avoir lieu pour l'émission du second globule polaire. Celui du spermatozoïde, au contraire, est petit, opaque, à la manière d'une matière très condensée. Mais, pendant ce court voyage, il se gonfle, devient à peu près aussi gros que le pronucleus femelle, s'éclaircit et montre bientôt à son intérieur des chromosomes distincts qui sont ceux qu'il contenait à l'état de spermatide et s'étaient tassés et condensés pour occuper moins de place [1]. Ces chromosomes sont donc en nombre juste égal à ceux qui se trouvent dans le pronucleus femelle. Quand les deux noyaux se sont rencontrés, ils se fusionnent en un seul, constituant un noyau unique le *Noyau de segmentation*. Ce dernier se place au centre de l'œuf. Il contient exactement deux fois plus de chromatine et deux fois plus de chromosomes que les noyaux sexuels. La *fécondation a donc effacé les deux effets provisoires de la division*

[1] L'action des réactifs colorants de la chromatine montre bien qu'il s'agit là d'un fait de tassement. Dans la spermatide, le noyau se teint assez fortement comme d'ordinaire. Dans le spermatozoïde, la coloration est beaucoup plus énergique, comme si la même quantité de couleur était répartie sur un plus petit espace. Dans le pronucleus mâle, la coloration redevient plus faible et comparable à celle du noyau de la spermatide. Elle est tantôt égale tantôt supérieure à celle du pronucleus femelle selon qu'il s'est dilaté par absorption de suc nucléaire de manière à devenir égal en volume à celui-ci ou à lui rester inférieur.

réductrice. Pendant ce temps, les deux centrosomes se sont placés en deux points diamétralement opposés du noyau de segmentation et non loin de sa paroi. Là ils se divisent de la manière que nous avons décrite (p. 69) à propos de la division cellulaire, leurs deux moitiés, glissant autour du noyau, se placent chacune à 90 degrés de leur position initiale. Elles se rencontrent par conséquent et, en deux nouveaux points diamétralement opposés, se trouvent réunis un demi-spermocentre et un demi-ovocentre. Ces deux demi-centrosomes se fusionnent entre eux comme ont fait les pronucleus et constituent les deux centrosomes de l'œuf fécondé, déjà en position pour effectuer la première division nucléaire qui va se faire presque aussitôt. Dans tous leurs mouvements, les centrosomes sont accompagnés d'un *aster* dont ils occupent le centre tout comme dans la division cellulaire.

Cet ensemble de mouvements si admirablement combinés, si singulièrement symétriques a reçu, de Fol (91) qui l'a découvert, le nom expressif de *Quadrille des Centres*. Fol considère la part des centrosomes comme aussi essentielle que celle des noyaux dans la *fécondation* et définit cette dernière : *la fusion de deux demi-noyaux et de quatre demi-centrosomes, provenant d'éléments de sexe opposé, en un noyau et deux centrosomes formés par parties égales des substances des deux parents.*

Malheureusement cette formule séduisante ne paraît pas s'appliquer d'une manière générale. Elle est vraie pour les Échinodermes et pour les Phanérogames étudiés jusqu'ici. Mais pour un certain nombre d'animaux elle doit être modifiée. Le spermatozoïde contient toujours un centrosome. Mais l'œuf en est souvent dépourvu. Toujours les ovogonies et l'ovocyte de premier ordre ont le leur, mais pendant les divisions de ce dernier il peut disparaître, et dans l'œuf mûr il n'y en a plus[1]. Tout alors

[1] L'absence de centrosome dans l'œuf non fécondé de l'Ascaride mégalocéphale a été constatée d'abord par Boveri (90), puis par Henking (91). L'ovocentre disparaît dans l'ovocyte de 1er ordre, et les divisions réductrices se font sans centrosome. C'est là un fait curieux à noter.

Julin (93) assure qu'il se rencontre seulement quand les globules polaires sont réduits à un demi-noyau sans cytoplasma, parce qu'alors leur formation n'a pas la signification d'une division cellulaire. Quand il y a du cytoplasma, si peu queçe soit, c'est une vraie division inégale et les centrosomes seraient forcément présents. Ces différences ne sont pas appuyées par des observations démonstratives.

L'absence d'ovocentre a été constatée aussi par Vejdovsky (91) chez le *Rhynchelmis*, par A. Brauer (93) chez les *Artemia salina* et c'est tout. On voit que si l'on tient compte des Phanérogames, la fécondation suivant le type de Fol reste le cas le plus fréquent.

Boveri (92) fait valoir en faveur de son idée une considération tirée des faits de *Polyspermie*. Quand plusieurs spermatozoïdes entrent dans l'œuf, ils

se passe comme dans le cas précédent, sauf l'absence de l'ovocentre. Les deux pronucleus se conjuguent, le spermocentre se divise seul en deux centrosomes qui se placent aux pôles du noyau de segmentation et suffisent à ses divisions ultérieures. Ce fait a une réelle importance, car il montre que la copulation des deux centrosomes de sexe opposé n'est pas un fait essentiel de la fécondation et doit disparaître de sa définition générale.

Pour BOVERI (87_1, 90, 92) comme pour O. HERTWIG (84 et ailleurs) le phénomène essentiel de la fécondation se réduit à la fusion des deux pronucleus. Le centrosome est un simple organe de division, essentiel à coup sûr, mais qui peut venir n'importe d'où et n'a pas besoin d'avoir comme le noyau de segmentation une origine double[1].

introduisent autant de pronucleus mâles et de spermocentres. Un, deux ou trois, peuvent s'unir aux éléments correspondants de l'œuf, mais s'il y en a plus les autres restent isolés dans le cytoplasma; or là, chaque pronucleus mâle se segmente normalement sous l'action de son spermocentre. Cela prouve seulement qu'un noyau peut se diviser sous l'action de son propre centrosome, ce que l'on savait déjà, et ne montre nullement que l'œuf n'ait pas besoin de de son ovocentre pour que le nouvel organisme tienne de sa mère tout ce qu'il doit hériter d'elle. BOVERI (91) a constaté aussi (V. p. 86, note, à la fin) que dans les croisements, la segmentation se faisait uniquement d'après le type du père.

Enfin BOVERI (88) a réussi, en altérant le spermatozoïde par certains procédés, à obtenir chez l'Oursin une fécondation dans laquelle le centrosome entre seul dans la profondeur de l'œuf, le pronucleus mâle restant inerte près de la surface. Le développement ne s'en est pas moins poursuivi, ce qui semble indiquer qu'il ne manquait à l'œuf qu'un centrosome pour former une cellule complète capable de se développer. Ces deux expériences prouveraient, d'après l'auteur, que l'ovocentre, quand il existe, est un organe affaibli, passif et que toute l'activité appartient au spermocentre même lorsqu'il y a un ovocentre aussi bien que lorsque le spermocentre est seul.

[1] Voici en quelques mots l'historique du développement de nos connaissances en ces matières. Avant 1875, on savait que la fécondation consistait dans l'union du spermatozoïde ou du grain de pollen avec l'œuf. Mais on croyait que la substance de l'élément mâle *se dissolvait* dans celle de l'œuf. Pour la première fois en 1875, O. HERTWIG (75) observe directement les effets de la fécondation sur l'œuf transparent de l'oursin et établit, chose singulière, sans avoir pu saisir la pénétration du spermatozoïde, que celui-ci forme dans l'œuf un *noyau sexuel mâle* qui s'unit au *noyau sexuel femelle* pour former *le noyau de segmentation* de l'œuf fécondé.

En 1879, H. FOL voit l'entrée du spermatozoïde, le cône d'attraction, la formation de la membrane, les aster. En 1880 et surtout 1884, STRASBURGER étend aux végétaux la découverte de Hertwig.

En 1883, E. VAN BENEDEN montre que le pronucleus mâle n'apporte pas une substance nucléaire sous une forme quelconque, mais des chromosomes qui sont les mêmes comme nombre et probablement comme individus que ceux de la spermatide, et que ces chromosomes se joignent à ceux du pronucleus femelle dans le noyau fécondé.

Enfin en 1891, H. FOL fait faire à la question un pas décisif en publiant son admirable découverte du *Quadrille des Centres*.

Pour BOVERI, le cas normal est celui où le spermocentre existe seul. Le cas des Oursins est exceptionnel et représente la continuation d'une condition ancienne qui a disparu par simplification et différenciation du processus. Entre les deux se montre comme stade intermédiaire le cas où l'ovocentre persiste, mais à titre d'organe abortif, ne prenant pas part à la fécondation, simple témoin rudimentaire d'un organe en voie de disparition[1]. L'opinion de O. HERTWIG est à peu près semblable.

C'est peut-être aller un peu vite, car si l'on tient compte des Phanérogames, on voit que les cas où la fécondation se fait suivant le type de FOL sont encore plus nombreux que ceux où elle s'accomplit sans ovocentre.

Voilà où nous en sommes aujourd'hui. La question de fait se résume à ceci : la fécondation a pour effet de constituer une cellule initiale de l'organisme nouveau formée d'un *cytoplasma abondant*, souvent chargé de matières nutritives et toujours entouré d'une *membrane* dite *vitelline*, d'un centrosome d'origine simple (paternelle) ou double, et d'un noyau contenant le nombre des chromosomes et la quantité de chromatine propres à l'espèce, comme avant les divisions réductrices, et provenant de la fusion de deux demi-noyaux de sexe différent.

Il semblait que la formule définitive de la fécondation fût trouvée quand les récentes recherches de BOVERI, résumées dans la note précédente, sont venues tout remettre en question, en montrant que l'ovocentre pouvait manquer et laisser au spermocentre seul le soin de fournir le centrosome à l'œuf fécondé et aux cellules qui dérivent de lui.

[1] A la question de l'ovocentre et surtout de l'ovocentre abortif se rattache celle du *Noyau vitellin de Balbiani*. BALBIANI (79, 82) a appelé ainsi un petit élément qu'il a découvert dans le cytoplasma de l'œuf de beaucoup d'animaux et qui aurait pour rôle de diriger les phénomènes nutritifs et évolutifs qui se pas sent dans le cytoplasma de l'œuf. MERTENS (93) assure qu'on a décrit comme *corps vitellins* tantôt la sphère attractive, tantôt des grains tombés des chromosomes dans la masse vitelline. D'après HENNEGUY (93), il n'apparaît qu'au moment où l'œuf, cessant de se multiplier en qualité d'ovogonie, commence à s'accroître pour devenir ovocyte ; il disparaît avant la fécondation mais parfois (chez certains Invertébrés) on le retrouve même dans les cellules de l'embryon. Henneguy a montré qu'il sort du noyau, qu'il est constitué par de la substance nucléolaire et le considère comme un organe ancestral qui, avec le nucléole, correspond au macronucleus des Ciliés tandis que le reste du noyau représenterait leur micronucleus. Mais JULIN (93) déclare qu'il n'est rien autre chose que le centrosome qui, ici comme toujours, est issu de la substance du nucléole (V. p. 42, note) disparu pour le former au moment de la division. Tandis que d'ordinaire il rentrerait dans le noyau après la division pour former le nucléole de la cellule au repos, ici il resterait dans le cytoplasma où il dégénérerait sur place plus ou moins lentement, le spermocentre étant destiné à le remplacer. Le macronucleus aurait chez les Infusoires les mêmes fonctions et la même évolution et correspondrait à la fois au nucléole et au centrosome.

La question de savoir si vraiment l'ovocentre existe partout comme le croyait Fol, ou s'il manque souvent comme l'affirment Boveri et d'autres, perdrait de son importance si l'on arrivait à bien établir et à généraliser la découverte de **Field** (93) qui a vu l'ovocentre subir dans l'œuf des Échinodermes une réduction tout à fait comparable à celle du noyau (V. p. 137). Les adversaires se réconcilieraient alors sous la formule de **Strasburger** (92) qui caractérise la maturation de l'œuf par une réduction des *substances kinoplasmiques*. La seule différence serait que cette réduction irait plus loin dans un cas que dans l'autre. Mais, en tout cas, elle serait suffisante pour ôter à l'œuf le moyen de se segmenter sans l'apport d'une nouvelle quantité de *kinoplasma*.

Enfin à côté de ces questions de fait se dressent, à propos de la fécondation, de nombreuses questions théoriques auxquelles on n'a pu répondre encore que par des hypothèses et dont voici les plus importantes : Quelle est la cause de l'*Attraction sexuelle?* Quelle est l'*origine* de la *Reproduction sexuelle?* Quels sont le *but* et l'*utilité* de l'*Amphimixie*, c'est-à-dire de la réunion de deux individualités dans la fécondation et dans la conjugaison. Nous aurons à les examiner plus tard.

b) La Polyspermie.

Nous avons vu que, dès qu'il a admis un spermatozoïde, l'œuf cesse d'en attirer d'autres et se protège par une membrane contre leur pénétration éventuelle. C'est là, en effet, le cas normal chez la plupart des œufs.

Mais chez certains œufs ou dans certains cas pathologiques il en est autrement.

Rückert (91) trouve que chez les Sélaciens il existe une *Polyspermie* normale et même nécessaire. Plusieurs spermatozoïdes entrent dans l'œuf. Un seul d'entre eux s'unit au pronucleus femelle et effectue la fécondation; les autres restent dans le vitellus, qui est très abondant dans ces œufs, et s'y multiplient au moyen de leur spermocentre, donnant ainsi naissance à un grand nombre de noyaux. Ce sont les *Noyaux vitellins* appelés aussi *Mérocytes* ou *Noyaux du parablaste*. Ils servent à animer en quelque sorte la masse passive du vitellus, à faciliter son élaboration et l'accomplissement de ses fonctions nutritives, mais ils ne prennent aucune part à la formation de l'embryon. Il en serait sans doute de même chez les Oiseaux et **Oppel** (91) a montré qu'il en est certainement ainsi chez les Reptiles. Ainsi tandis que dans les œufs pauvres en protolécithe le cytoplasma est capable d'utiliser, sans intervention étrangère, les matières nutritives mélangées uniformément à sa masse, chez ceux où ces matières sont abondantes, accumulées à l'un des pôles, et en quelque sorte trop éloignées de sa sphère d'action, il a besoin que ce vitellus soit transformé en une sorte de tissu vivant qui prépare lui-même son élaboration.

C'est le rôle des spermatozoïdes non fécondateurs.

Dans tous les autres cas les spermatozoïdes qui voudraient suivre le premier sont donc repoussés. Cela tient à une sorte de saturation de l'œuf par le premier spermatozoïde, qui substitue à l'attraction sexuelle une répulsion, une résistance à la polyspermie. Pour que la polyspermie soit évitée, il faut donc que la sensibilité de l'œuf et sa force de résistance soient intactes. Or il est possible de supprimer ou plutôt de déprimer l'une ou l'autre assez pour obtenir la polyspermie, en anesthésiant l'œuf ou l'empoisonnant à demi. Le chloral et d'autres anesthésiques (O. et R. Hertwig (87)), le froid ou une température trop élevée (O. Hertwig (88)), la nicotine (id., ibid.) ou d'autres poisons employés avec ménagement permettent d'obtenir la polyspermie[1]. Chose remarquable, le degré de polyspermie est proportionnel à la concentration de la solution nocive et à la durée de son action.

C'est dans le noyau que résident les forces répulsives, car les fragments d'œufs comprenant 1/3 à 1/2 du cytoplasma, sans noyau, admettent toujours plusieurs spermatozoïdes (O. Hertwig (86)).

Qu'arrive-t-il dans ces œufs surfécondés?

H. Fol (79) a constaté que la surfécondation est compatible avec un développement normal tant qu'elle n'est pas exagérée. Le pronucleus femelle admet deux ou même trois pronucleus mâles et ne paraît en rien influencé par cette condition. Mais les centrosomes sont plus nombreux. Ils se groupent en cercle autour du noyau de segmentation et, au moment de sa division, déterminent des fuseaux étoilés à trois branches ou plus selon leur nombre. Dans ces *fuseaux multipolaires*, les anses jumelles se divisent en autant de groupes et donnent naissance à autant de noyaux filles qu'il y a

[1] Les frères Hertwig ont employé le chloral à 1/2 %; ils placent les œufs quelque temps dans une solution à ce titre dans l'eau de mer, puis dans l'eau de mer pure qu'ils additionnent de sperme frais. Les spermatozoïdes aussi se laissent chloraliser. Leurs mouvements s'arrêtent et ils ne peuvent plus féconder; mais si on ajoute une bonne quantité d'eau de mer pure, ils reprennent leurs mouvements et leur aptitude à la fécondation.

de branches à l'étoile. Malgré cette division, multiple simultanée, le développement marche normalement[1]. Si le nombre des spermatozoïdes est supérieur à trois, trois seulement se comportent comme précédemment et les autres restent dans le vitellus où ils se disposent à intervalles réguliers comme sous l'action des forces répulsives égales. Là, pendant la division du noyau de segmentation, ils se divisent aussi, chacun à l'aide de son spermocentre, et forment de petits amas de noyaux qui s'approprient chacun un petit territoire cytoplasmique. L'œuf en segmentation arrive ainsi très vite à former une *blastosphère* d'apparence normale. Mais au moment de la formation de la *gastrula*, il se forme plusieurs invaginations (sans doute autant que de spermatozoïdes non fusionnés au noyau de segmentation), et l'on obtient un *polygastrula*, c'est-à-dire un monstre. Le développement ne se poursuit pas au delà[2].

L'importance de ces faits saute aux yeux. Ils condamnent à l'avance toute théorie de la fécondation qui chercherait à expliquer ce phénomène par action l'une sur l'autre de deux substances complémentaires et douées de propriétés spécifiques opposées.

c) La Fécondation partielle.

Sous le nom de *Fécondation partielle*, on désigne deux phénomènes notablement différents consistant, l'un dans la fécondation d'un seul des blastomères de l'œuf déjà segmenté en deux ou quatre cellules par un spermatozoïde complet, l'autre dans la fécondation d'un œuf entier par une portion de spermatozoïde. La première paraît ne pas exister, les auteurs qui l'avaient mise en avant ayant retiré eux-mêmes leurs interprétations[3]. L'autre est un fait pathologique expérimental. Boveri (88_2),

[1] En fécondant des œufs de poissons téléostéens pondus depuis longtemps, Morgan (93) obtient, au lieu de la segmentation progressive, une formation simultanée des huit ou dix premiers blastomères. Il est bien possible que les œufs affaiblis par ce retard aient accepté la polyspermie et que cette forme de segmentation soit consécutive à la division simultanée d'un noyau surfécondé par un fuseau multipolaire.

Dans quelques cas la polyspermie peut n'avoir aucun effet, le spermatozoïde supplémentaire dégénérant sans avoir joué aucun rôle. (H. Blanc (94)).

[2] Les effets consécutifs de la polyspermie eussent été peut-être mieux à leur place aux chapitres de l'Ontogénèse et de la Tératogénie, mais cela eût scindé leur description et l'eût rendue moins claire.

[3] Ce sont Weismann et Ischikawa qui avaient cru voir que l'œuf d'hiver était fécondé seulement au stade 2 chez la

en traitant les produits sexuels par des substances nocives employées avec ménagement, a réussi à troubler la fécondation chez l'Oursin de telle manière que, après la pénétration du spermatozoïde et son dédoublement dans le cytoplasma en pronucleus mâle et spermocentre, celui-ci seul s'acheminait vers le pronucleus femelle, le premier restant inerte à la périphérie. Le pronucleus femelle se divisait alors sans fécondation avec l'aide de ce spermocentre et donnait cependant un embryon qui se développait normalement jusqu'au stade blastula. Dans ce cas, le pronucleus mâle finissait par s'atrophier dans un coin du blastomère où le hasard le faisait échouer. Ici il y a bien fécondation partielle de la totalité de l'œuf par le centrosome seul, fait hautement significatif en ce qu'il montre que le pronucleus mâle n'apporte rien d'essentiel, ni en fait de substance spécifique quelconque, ni par le doublement du nombre des chromosomes ou de la masse de chromatine.

Dans d'autres cas, au stade 4 ou au stade 8, le pronucleus mâle reprenait vie et venait se conjuguer au noyau du blastomère dans lequel il se trouvait. Le développement continuait jusqu'à la *blastula* sans la moindre différence entre le blastomère ainsi fécondé et les autres. Cependant la fécondation était complète dans ce blastomère et ses descendants, tandis que, dans les autres, le noyau était absolument privé de substance paternelle. Combien il est regrettable que ces larves ne puissent être élevées! Cette seconde partie de l'expérience confirme et fortifie les remarques que nous suscitait la première.

d) La Pseudogamie.

La *Pseudogamie* serait, si son existence était mise hors de doute, une fécondation encore plus incomplète que la précédente dans laquelle l'élément mâle ne céderait rien de sa substance à l'ovule, mais agirait sur lui à titre d'excitant physiologique, à distance ou par simple contact, et l'inciterait ainsi à se développer. Il faut dire qu'aucune observation positive ne démontre la réalité d'une action de ce genre, admise par Focke (81) pour expliquer le fait très curieux que voici. Il arrive parfois qu'une fleur, soigneusement mise à l'abri du contact du pollen de son espèce ou des espèces ou variétés avec lesquelles elle peut se croiser, et sau-

Sida cristallina et au stade 4 chez la *Moïna paradoxa* (petits Crustacés voisins des Daphnies).

Mais, quelques temps après (Biologisches Centralblatt, S. 368, VIIIes Bd. 1888), ils ont reconnu leur erreur.

poudrée du pollen d'une espèce avec laquelle elle refuse le croisement, développe un fruit et des graines fertiles. Ce qui porte à penser que le pollen déposé sur le stigmate n'a pas réellement fécondé les ovules, c'est que les produits de ce croisement n'ont aucun caractère paternel, ce qui n'arrive jamais quand il y a eu fécondation effective. La Pseudogamie serait donc une sorte particulière de Parthénogénèse dans laquelle l'œuf ne pourrait se développer de lui-même sans fécondation, mais aurait besoin, pour cela, de l'excitation produite par un pollen étranger non fécondateur. On peut rapprocher de ce fait quelques cas très curieux où le développement du fruit tout au moins, sinon des graines, a pu être provoqué par une excitation mécanique. Ce sont des faits très obscurs, sujets à controverse et pour lesquels il est prudent d'attendre avant de se prononcer[1].

4. LA PARTHÉNOGÉNÈSE.

Chez un bon nombre d'animaux et chez quelques rares plantes, il arrive que des œufs non fécondés, souvent même pondus par des femelles entièrement vierges, se développent normalement. La *Parthénogénèse,* tel est le nom de ce phénomène, est très variée dans ses formes.

GEDDES et THOMPSON (89) en ont distingué plusieurs sortes.

Parfois on la voit se produire, soit à la suite de manipulations expérimentales (Ver à soie, Grenouille), soit d'une manière en apparence spontanée (Étoile de mer, Ver à soie) chez des êtres où normalement elle ne se rencontre pas et qui même appartiennent à des groupes zoologiques auxquels elle est complètement étrangère. On peut l'appeler alors *Parthénogénèse occasionnelle*[2]. Ailleurs, chez les Abeilles par exemple, elle

[1] Voici quelques-uns des principaux croisements dans lesquels a été observée la Pseudogamie, cités d'après FOCKE : *Nymphœa Capensis* (Thunbg.) × *N. cœrulea* (SAVGN.). CASPARY en a obtenu un *N. Capensis* pur mais stérile. GÆRTNER (49) isole un *Melandryum rubrum* (Grek.) ♀ et saupoudre douze de ses fleurs avec du pollen de *M. noctiflorum* (Fr.). Les fleurs non pollinisées restent stériles. Des douze pollinisées, deux donnent des hybrides des deux espèces, et dix donnent des *M. rubrum* purs. FR. PARKMAN saupoudre des fleurs de *Lilium superbum* (Lam.), castrées en bouton, avec du pollen de huit autres espèces et n'obtient que des graines stériles ou des graines qui donnent naissance à des *L. superbum* purs. Les autres cas que l'on pourrait citer ne diffèrent des précédents par rien d'essentiel.

[2] Cette *Parthénogénèse occasionnelle* peut être complète ou incomplète, c'est-à-dire que l'embryon parthénogénétique peut se développer jusqu'au bout ou s'arrêter à un stade plus ou moins avancé de son développement. Le Ver à soie peut se développer ainsi complètement et les œufs non fécondés produisent parfois

se produit à la volonté de la mère pondeuse qui, tantôt féconde, tantôt ne féconde pas ses œufs, en ouvrant ou non sa poche copulatrice, et l'œuf produit alors une femelle dans le premier cas, un mâle dans le second. C'est la *Parthénogénèse facultative*[1]. Tantôt enfin la chose dépend des conditions ambiantes, principalement de la nourriture, de la température et de l'humidité. Tant que la nourriture est abondante et la température élevée, les Pucerons se reproduisent uniquement par femelles parthénogénétiques et l'on chercherait vainement un mâle pendant cette période. Il en est de même des Daphnies et autres Crustacés voisins. Mais si le froid arrive, si les aliments se font rares, ou si, pour les Daphnies, les mares se dessèchent, ces mêmes femelles vierges pondent des œufs d'où sortent des mâles qui les fécondent. Comme ces variations sont principalement sous l'influence des saisons, on peut appeler *Parthénogénèse saisonnière* celle qui revêt cette forme[2]. Enfin il est quelques

des chenilles parfaitement normales. Mais par contre chez les Grenouilles et les Oiseaux où on observe parfois un commencement de développement sans fécondation, ce développement s'arrête toujours de bonne heure. Les manipulations expérimentales qui parfois déterminent un développement parthénogénétique plus ou moins complet consistent en l'application d'agents excitants tels que le brossage des œufs (TICHOMIROFF chez le Ver à soie) ou leur immersion momentanée dans de l'eau additionnée d'acide sulfurique (Id. Ibid.) ou de sublimé (DEWITS chez la Grenouille). Ces expériences sont peu probantes, car ces œufs étant susceptibles de parthénogénèse spontanée, on ne sait jamais positivement si l'intervention a ajouté quelque chose à ce qui se serait passé sans elle. Cependant, comme la proportion de développements parthénogénétiques est plus forte dans les lots ainsi traités, on est autorisé à dire que l'excitation a eu une influence réelle.

[1] Rappelons que chez les Abeilles la reine n'est fécondée qu'une fois dans le vol nuptial et reçoit alors, dans sa poche copulatrice, une provision de sperme qui lui servira pendant les quatre ou cinq ans de son règne. A volonté, au moment du passage des œufs, elle ouvre sa poche copulatrice et en expulse une petite goutte de sperme, ou la maintient fermée et produit alors des œufs non fécondés qui donnent exclusivement des mâles.

[2] Les œufs parthénogénétiques des Pucerons, des Daphnies et des formes affines, par leur grand nombre, leur taille moindre, leur cytoplasma très pauvre en protolécithe, leur membrane mince et transparente, et leur développement immédiat, se distinguent des œufs ordinaires qui sont au contraire peu nombreux, très gros, très gras, protégés par une coque solide et opaque, et ont un développement tardif. Ceux-ci passent souvent l'hiver et n'éclosent qu'au printemps suivant, tandis que les premiers éclosent dans l'été de l'année où ils sont pondus, d'où les noms d'*œufs d'hiver* et d'*œufs d'été* qui ont été aussi donnés à ces deux sortes.

Ce sont si bien les conditions dont nous parlons qui décident de la nature des œufs que l'on peut, à volonté, en les modifiant, faire apparaître des œufs d'hiver en été, ou continuer pendant des années la série des générations parthénogénétiques. On l'a fait pour les Pucerons. Chez eux, le cycle des générations parthénogénétiques et amphimixiques suit régulière-

cas de *Parthénogénèse exclusive,* c'est-à-dire dans lesquels la race se perpétue indéfiniment sans mâles, par femelles parthénogénétiques. C'est le cas pour quelques Rotifères et Ostracodes, et pour une des rares plantes parthénogénétiques, une Algue, la *Chara nitida*[1].

Ces faits sont intéressants en montrant que la Parthénogénèse pas plus que la Génération sexuelle ou l'Auto-fécondation n'aboutit fatalement à la dégénérescence de la race et que l'Amphimixie n'est pas une nécessité absolue des organismes. (V. la note de la page 248, à la fin.)

La reproduction parthénogénétique se fait d'ordinaire comme les autres par les adultes mais, comme les autres aussi, elle s'effectue parfois par des larves. C'est alors la *Pædo-parthénogénèse* dont les *Cecidomya* et les *Chironomus* nous offrent des exemples.

Quelle est la condition qui fait que certains œufs peuvent, à l'inverse des autres, se développer sans fécondation?

On a cru un moment la connaître le jour où Weismann (87) découvrit que les œufs parthénogénétiques ont un seul globule polaire au lieu de deux et par conséquent n'ont pas subi la division réductrice. Nous verrons, en étudiant les théories de la Parthénogénèse, comment Weismann trouvait là non seulement la *condition de fait,* mais *l'explication* du développement sans mâle. Même on avait signalé un fait qui rendait bien plus probante la nécessité de cette condition. Boveri (87), O. Hertwig (90) avaient observé ce fait dans des conditions pathologiques expérimentales chez des animaux qui normalement ne se reproduisent pas sans fécondation et Brauer (93) l'a retrouvé, chose beaucoup plus significative, à titre de phénomène normal, chez un petit Crustacé qui se reproduit naturellement sans fécondation, l'*Artemia salina.* Ce fait consiste en ce que le deuxième globule polaire se forme, se détache presque du cytoplasma, puis, au lieu d'achever de s'en séparer, rentre dans l'œuf et son demi-noyau se refusionne avec le pronucleus femelle, dont il s'était séparé un instant, reconstituant ainsi la condition de l'œuf à un seul globule[2].

ment le cours des saisons. Mais chez les Daphnies il est beaucoup moins régulier. On trouve quelques mâles presque en tout temps et le dessèchement des mares intervient d'une façon irrégulière.

[1] La *Chara nitida* est peut-être la seule plante où la parthénogénèse soit rigoureusement démontrée. On peut lui adjoindre cependant certaines Saprolégnées. Mais en ce qui concerne les Phanérogames, les botanistes ont démontré que celles qui avaient paru se reproduire parthénogénétiquement comme le *Cœlebogyne* de la Nouvelle-Hollande, ne font en réalité que se multiplier *asexuellement* par des cellules qui n'ont pas les caractères de vrais œufs.

[2] Ruckert (94) croit que, chez les *Artemia,*

Mais des observations plus étendues ont montré que ces faits n'avaient pas toute la généralité nécessaire. D'après PLATNER (88), BLOCHMANN (89), HENKING (89, 91, 93), EMERY (93) et d'autres, dans certains œufs parthénogénétiques, le deuxième globule se forme, se sépare complètement et les œufs ne s'en développent pas moins sans fécondation[1]. Inversement KUPFFER et BÖHM (87) ont constaté que, chez la Lamproie, le deuxième globule polaire ne se forme qu'après la fécondation, et cependant ses œufs, s'ils ne sont pas fécondés, ne se développent pas. La non émission du deuxième globule polaire n'est une condition ni nécessaire ni suffisante. D'ailleurs O. HERTWIG (82) fait remarquer avec raison que la condition déterminante de la faculté de se développer sans fécondation doit être bien antérieure au moment où les globules se forment, car, dans les animaux qui produisent à la fois des œufs parthénogénétiques et des œufs ordinaires, comme les Daphnies, les ovules se caractérisent comme appartenant à l'une ou à l'autre de ces catégories presque dès leur formation, bien avant qu'il soit question de globule polaire : les premiers restent petits et pauvres en protolécithe, les seconds grossissent beaucoup et se chargent de matières nutritives abondantes. En sorte qu'il faut retourner la proposition de WEISMANN et dire, non que les œufs se développent sans fécondation parce qu'ils n'ont pas émis de deuxième globule polaire, mais qu'ils n'émettent pas ce globule (dans les cas où il en est ainsi) parce qu'ils sont destinés à la parthénogénèse.

Les questions théoriques relatives à la Parthénogénèse sont donc multiples : D'où vient-elle ? Comment s'est-elle établie à côté de l'Amphimixie? Dérive-t-elle de celle-ci ou lui est-elle antérieure? Enfin et surtout, qu'y a-t-il dans certains œufs qui leur permette de se développer sans fécondation tandis que d'autres ne le peuvent pas?

il se forme un groupe quaterne de forme $\frac{a|a}{b|b}$ et que $\frac{a}{b}$ est éliminé, en sorte qu'il n'y a pas réduction qualitative comme cela aurait lieu si un second globule éliminait a ou b dans le $\frac{a}{b}$ restant.

[1] BRAUER (93) contredit les observations de BLOCHMANN (89) et celles de PLATNER (92), reprochant au premier des descriptions et des figures trop incomplètes pour que l'on sache si le globule dont il parle est bien le deuxième, et au second de n'avoir pas démontré que les œufs ayant émis le deuxième globule se soient développés.

Il semble s'établir, d'après les observations de GIARD (89) et de BOVERI (90), que les œufs à parthénogénèse *prédestinée* en quelque sorte, n'ont qu'un globule polaire, tandis que ceux à parthénogénèse *facultative* ont les deux. Cette observation a quelque intérêt, mais elle laisse à la question toute son obscurité.

CHAPITRE IV. — L'ONTOGÉNÈSE

L'*Ontogénèse,* c'est-à-dire la série des transformations que subit l'œuf fécondé, pour arriver à former l'être parfait est aussi variée que les formes des êtres vivants. Elle est l'objet d'une science entière, l'Embryogénie, plus étendue encore que l'Anatomie. Mais cette variété immense n'est que le résultat des combinaisons sans fin d'un petit nombre de processus généraux qui sont du domaine de la Biologie générale.

Au sens large l'Ontogénèse comprend la formation de l'organisme dans tous les modes de génération. L'individu qui se forme par division d'un individu antérieur, celui qui naît par bourgeonnement, celui qui provient d'un spore ou d'un œuf vierge ont également leur ontogénèse. Mais nous ne parlons ici que de l'ontogénèse de l'œuf fécondé. Les autres sortes, ou ont été implicitement étudiées, ou n'agitent aucun problème que celle-ci ne pose également [1].

Le premier fait général est que toutes les cellules de l'être complètement développé proviennent des divisions successives de l'œuf. Celui-ci disparaît en laissant à sa place les deux premiers blastomères qui proviennent de la division, et qui sont frères; ceux-ci font de même et en laissent chacun deux autres, qui sont frères entre eux et cousins des autres, et ainsi de suite indéfiniment. Cette conception, qui est banale

[1] Dans la multiplication scissipare, l'Ontogénèse se réduit à un processus de Régénération; nous l'avons examinée à propos de cette dernière fonction et nous rappellerons seulement qu'elle n'engendre pas toujours les parties manquantes par un processus semblable à celui qui les produit dans le développement embryonnaire, et que même, des organes pouvaient provenir d'un feuillet autre que celui qui les avait formés chez le parent (V. p. 109 à 111).

Il en est de même dans le Bourgeonnement, quand le bourgeon a pour origine une seule cellule (Hydraires d'après LANG (92)) son ontogénèse est tout à fait comparable à celle de l'individu né d'une spore ou d'un œuf non fécondé. Quand il provient d'un petit groupe de cellules généralement empruntées aux trois feuillets (Ascidies), le cas est le même que dans le développement d'un œuf parthénogénétique, en prenant celui-ci au moment où, la segmentation étant achevée et les feuillets étant dessinés, la formation des organes commence.

Enfin l'ontogénèse de la spore et celle de l'œuf parthénogénétique diffèrent de celle de l'œuf fécondé en ceci seulement que la chromatine et les chromosomes du noyau de segmentation ont une origine unique et non double, chose fort importante au point de vue de l'hérédité et des caractères du produit, mais non au point de vue des phénomènes histologiques et anatomiques du développement.

si on s'en tient au fait brutal sans en rien tirer, devient très suggestive si on la prend pour guide dans la conception de l'être. L'Ontogénèse nous apparaît alors comme un grand *arbre généalogique* à divisions dichotomiques, dans lequel chaque cellule a sa lignée ascendante représentée par une ligne brisée formée d'une seule file de cellules jusqu'à l'œuf, et sa lignée descendante représentée par un rameau plus ou moins touffu qui part d'elle et monte en se divisant vers le niveau supérieur. Les stades successifs de l'ontogénèse sont représentés par les plans horizontaux que l'arbre a successivement atteints. Les cellules situées dans le plan le plus élevé auquel l'arbre est arrivé à un moment donné sont seules vivantes, ou plutôt ont seules une existence réelle; celles situées au-dessous ne figurent dans l'arbre que pour mémoire; elles ne sont pas comme les ancêtres dans l'arbre généalogique d'une famille humaine qui peuvent exister en même temps que leurs enfants et leurs petits-enfants, ou être représentés par un cadavre déposé dans un cercueil. Ici la cellule disparaît tout entière en se divisant. On peut en parler cependant comme d'un être ayant vécu.

On peut même par un effort d'imagination se représenter les cellules groupées à chaque niveau de manière à dessiner le corps de l'être à ses différents stades avec ses organes à leur place, dans leurs transformations successives. Les lignes basipètes qui partent des cellules d'un organe ou d'un tissu se rencontrent toujours quelque part, presque toujours avant l'œuf, et cela permet de parler avec assurance de la *cellule mère* d'un organe ou d'un tissu, bien que, le plus souvent, on ne puisse dire où et à quel moment elle a existé. Cela constitue une image très saisissante, utile à avoir devant les yeux quand on veut saisir dans son ensemble la conception de l'Individu. L'arbre d'ailleurs continue à croître tant que les cellules continuent à se diviser, c'est-à-dire toute la vie et, à ce point de vue comme aux autres, c'est par une convention arbitraire que l'on donne à l'ontogénèse une autre borne que la mort[1].

[1] C'est BARD (86) qui a, le premier, nettement mis en lumière la conception des lignées cellulaires de l'arbre généalogique de l'ontogénèse, que l'on l'attribue en général, et à tort, à DE VRIES (89) qui ne l'a formulée que trois ans plus tard.

On remarquera que, la division étant dichotomique, l'augmentation du nombre des cellules suit une progression géométrique dont la raison est 2. Le nombre total des cellules existant à un moment donné est donc égal, à une près, à la somme, de toutes celles qui ont existé dans l'ensemble des stades ontogénétiques précédents. En sorte que si A est le nombre total des cellules d'un être à un moment donné, on peut affirmer que le nombre total de ses cellules, actuelles et disparues,

Un autre fait non moins général ni moins important est que, dans chaque cellule, la chromatine et les chromosomes proviennent, par moitié, de la chromatine et des chromosomes de deux parents, et qu'à ce titre toute cellule est, comme le dit E. Van Beneden, hermaphrodite comme l'œuf fécondé. En effet, au moment où les deux pronucleus se fusionnent, leurs chromatines ne se fondent pas l'une dans l'autre comme deux liquides, leurs chromosomes restent distincts et, à chaque division, forment chacun, par leur division longitudinale, deux anses jumelles dont l'une se rend à une des deux cellules filles, l'autre à l'autre.

Peu importe que les chromosomes soient permanents comme nombre et comme individus, peu importe que le cordon spirème se recoupe ou non aux mêmes points : la division longitudinale intéresse toujours toute la longueur du spirème et chaque noyau nouveau reçoit une des moitiés longitudinales du cordon nucléaire. Si donc ce cordon est formé par les chromosomes unis bout à bout, chaque noyau recevra forcément une moitié de la substance de chaque chromosome paternel et une moitié de celle de chaque chromosome maternel. Pour qu'il en fût autrement, il faudrait que, pendant la phase de réseau, les éléments des chromosomes pussent se mélanger complètement de manière que, dans le spirème, des parties de chromatine paternelle et maternelle puissent se trouver côte à côte en la même section transversale. La chose est possible et il faut en tenir compte, mais presque tous les histologistes s'accordent à admettre le contraire (V. p. 77)[1].

depuis l'œuf est 2A. Cette remarque a été faite par Nægeli (84). Cela suppose, il est vrai, qu'aucune cellule n'est morte sans laisser de lignée, ce qui n'arrive jamais, en sorte que ce nombre est inférieur à la réalité et d'autant plus que l'être est plus âgé. Mais il représente un minimum et jusqu'à la naissance il n'est guère dépassé.

[1] Chez l'*Ascaris megalocephala*, E. van Beneden a vu que les chromosomes des deux pronucleus ne se réunissent pas en un cordon nucléaire; il n'y a pas de phase de repos; tout de suite ils se fendent longitudinalement et chaque paire d'anses jumelles envoie une anse à un des noyaux filles, l'autre à l'autre. C'est là un fait d'observation positif et qui donne un fort appui à l'opinion que le triage continue ainsi, même lorsqu'une phase de repos intermédiaire empêche de le constater. O. Hertwig (90) est, je crois, le seul embryogéniste qui pense que les chromosomes se mélangent *complètement* et se reconstituent identiques comme nombre mais non comme personnes. Il voit là une possibilité de combinaisons des éléments paternels et maternels variable dans les diverses cellules, qui permet d'expliquer tous les caractères et se passer des *Plasmas ancestraux* de Weismann.

Presque tous les autres admettent la manière de voir opposée, émise par Roux (83) dès 1883. On a vu, à propos de la discussion de la permanence des chro-

S'il en est ainsi toute cellule tient par parties égales de la mère et du père qui ont donné naissance à l'œuf fécondé. Il n'y a même pas d'exception pour celles des organes sexuels ou de ceux qui portent les caractères sexuels secondaires. Les cellules de la prostate de l'homme, celles des franges de la trompe chez la femme, celles de l'aiguillon de l'Abeille femelle sont très probablement formées de parties égales des subtances essentielles des deux sexes, bien que ces organes manquent à l'une des deux.

D'ailleurs, il faut bien se pénétrer de ceci, qu'en disant que toute cellule de l'organisme est hermaphrodite, on ne veut pas dire qu'elle ait des caractères mâles et femelles. Van Beneden l'entendait ainsi, mais sa conception est fausse. Le spermatozoïde n'est mâle que par sa queue, l'œuf n'est femelle que par ses réserves. Mais ni le noyau ni le centrosome ne sont plus mâle que femelle dans le premier, ni plus femelle que mâle dans le second. Nous verrons, en effet, en étudiant l'Hérédité, que le sexe n'est pas héréditaire, que le garçon doit son sexe mâle autant à sa mère qu'à son père, et la fille son sexe femelle autant à son père qu'à sa mère. Ce sont des conditions mal connues encore qui déterminent le sexe du produit. Les produits sexuels des parents n'ont aucune spécificité de ce genre. L'œuf fécondé est donc neutre et toutes les cellules de l'organisme le sont comme lui; et cet état neutre se transforme en l'état sexué mâle ou femelle selon les conditions [1].

Une autre fait général et capital est celui de la *Différenciation progressive*.

1. La *Différenciation histologique* des cellules ne se fait pas au moment de la division cellulaire, ou du moins si, comme le veulent certaines théories, ses conditions déterminantes s'établissent alors, du moins les effets ne s'en font-ils sentir que plus tard. Les deux cellules jumelles nées d'une division sont au début, sauf rare exception, identiques entre elles et à celle qui leur a donné naissance. C'est pendant leur accroissement qu'elles divergent quelque peu, si leurs destinées sont diverses; elles diffèrent alors un peu plus à l'état adulte qu'au moment de leur formation. Leurs

mosomes, que même les auteurs qui ne l'admettent pas pensent qu'ils reforment le cordon nucléaire en se soudant bout à bout, et cela suffit pour que la division longitudinale répartisse également dans les deux noyaux filles les chromatines paternelle et maternelle.

[1] Dans les ontogénies qui succèdent à une fécondation du type de Fol, c'est-à-dire avec doubles centrosomes, il est probable aussi que les centrosomes de toutes les cellules sont d'origine mixte comme ceux de l'œuf fécondé. Mais nous ne savons rien de positif à cet égard.

filles différeront de même un peu plus, leurs petites-filles plus encore, et peu à peu s'établissent ainsi les différenciations les plus tranchées[1].

La *Différenciation anatomique* porte, non plus sur la constitution physico-chimique individuelle des cellules, mais sur leur arrangement, leur groupement en organes.

Réunies, ces deux différenciations sont l'unique facteur de toutes les formes, de toutes les structures, de toutes les différences infiniment variées que présentent entre eux les êtres vivants. Tout être, animal ou plante, est une fonction de ces deux variables et sa formule peut s'écrire $f(h)$; $\varphi(a)$, h et a désignant les différenciations histologiques et anatomiques, mais ces fonctions sont si diverses, si compliquées qu'il est presque impossible d'en donner une idée générale dans une courte description. On ne peut le faire qu'en laissant de côté d'innombrables exceptions pourtant pleines d'intérêt. Nous allons le tenter cependant.

Le plus souvent, les cellules issues de la segmentation de l'œuf sont peu différentes les unes des autres et forment une masse arrondie. Cette masse est tantôt pleine, tantôt creuse, formée tantôt de plusieurs couches de cellules, tantôt d'une seule. Quelle que soit leur disposition primitive, les blastomères (ou cellules de segmentation) arrivent presque toujours, par des moyens d'ailleurs très variés, à se disposer sur une seule couche et à former une vésicule appelée blastosphère ou *blastula,* creuse ou remplie seulement d'éléments nutritifs et non de cellules devant prendre part à la formation de l'embryon. Cette vésicule à un seul feuillet se transforme bientôt en un autre à deux feuillets, soit en dédoublant ses cellules dans le sens de l'épaisseur (*planula*) soit en invaginant une de ses moitiés dans l'autre (*gastrula*), soit par d'autres moyens considérés en général comme des variantes du second.

Ces deux couches emboîtées constituent les feuillets primordiaux du *blastoderme :* l'*ectoderme* et l'*endoderme ;* mais bientôt, entre eux s'en forme

[1] C'est ainsi que, d'ordinaire, les blastomères formant une *morula* ou une *blastula* sont identiques entre eux. Puis, quand les ectordemiques se sont différenciés des endodermiques, d'ordinaire simplement par une taille moindre et un cytoplasma plus homogène, ils restent tous identiques entre eux. Ceux qui s'invaginent pour former la gouttière nerveuse ne diffèrent en rien, tout d'abord, de ceux qui formeront l'épiderme voisin; et c'est peu à peu et après des divisions très nombreuses, qu'ils arriveront à différer à tel point qu'ils sembleront n'avoir rien de commun. Bien des auteurs, surtout Bard (86), Weismann (92), etc., admettent qu'ils portent en germe tous les éléments de leur différenciation ultérieure. La chose est possible, mais nullemen démontrée.

un troisième, le *mésoderme*, généralement engendré par le feuillet intérieur[1].

Arrivé à ce point, le développement peut se ramener à un petit nombre de processus très simples. Les modifications de la forme et la formation de tous les organes résultent uniquement de l'accroissement inégal de ces feuillets dans les différents points. Si cet accroissement était homogène, notre vésicule à trois couches grandirait sans changer de forme. Mais il n'en est pas ainsi; une région donnée s'accroît, tandis que les parties voisines, dans lesquelles elle est encadrée, ne s'accroissent pas; il faut donc, de toute nécessité, que cette région ou fasse une saillie au dehors, ou s'invagine et forme une cavité. Mais l'accroissement cesse à un moment donné dans cette région et se transporte à une autre place et le même phénomène se reproduit en ce nouveau point. On comprend quelle infinie variété de formes peuvent engendrer les combinaisons diverses de ce processus[2]. Ces effets peuvent se ranger sous trois chefs principaux : 1° Les *refoulements endodermiques,* toujours accompagnés (précédés ou suivis, peu importe ici d'où part l'initiative) par un mouvement semblable de la couche mésodermique qui double l'endoderme, ainsi se forment les poumons, les glandes digestives, les vésicules ombilicales et allantoïdes, etc., etc.; 2° les *invaginations ectodermiques* plongeant dans le mésoderme pour former des orifices bucal et anal, le système nerveux central, les organes des sens, fentes branchiales, glandes cutanées, etc., etc.; 3° les *saillies ectodermiques,* toujours soutenues par du mesoderme formant les bourgeons des membres, appendices extérieurs, nez, lèvres, paupières, mamelles, pénis, etc., etc.; 4° les *saillies endodermiques,* formant les villosités intestinales, les valvules du tube digestif, etc., ne jouant d'ailleurs qu'un rôle très subordonné; 5° enfin les *masses mésodermiques,* se clivent, se séparent, se groupent à l'intérieur du corps de manière à former le plus souvent deux larges nappes entre lesquelles règne la cavité générale. La nappe interne double l'endoderme et forme son chorion, ses muscles, ses vaisseaux et le parenchyme de ses glandes; l'externe forme le derme de la peau, les muscles

[1] Je ne puis que renvoyer ici aux traités d'Embryogénie, la description des formes diverses de segmentation, de délamination, de gastrulation étant trop étrangère à notre sujet.

[2] His (75) a donné une description magistrale des phénomènes du développement rapportés à l'accroissement inégal des divers points des lames flexibles formées par les feuillets. Nous aurons à y revenir au sujet des théories de l'ontogénèse.

du corps, le squelette, le tissu conjonctif et le sang avec les vaisseaux.

Bien que nous nous soyons laissé entraîner à envisager plutôt l'ontogénèse d'un animal supérieur, on voit par cet exemple compliqué que l'ontogénèse plus simple des animaux inférieurs et des plantes n'a pas besoin de processus d'une autre nature [1].

LA GRANDE LOI BIOGÉNÉTIQUE.

Un fait très général et bien digne de nous étonner c'est que presque jamais l'ontogénèse ne suit une marche simple et directe, presque jamais les cellules ne prennent tout de suite les dispositions qui rapprocheraient le plus l'embryon de sa forme définitive. L'ontogénèse se rapproche peu à peu du but, mais comme en louvoyant contre un vent contraire, et ses longues bordées l'en éloignent parfois d'une manière étonnante. Elle dessine des masses de rudiments inutiles, fait pousser des membres qui ne serviront pas, perce des fentes branchiales chez un animal pulmoné, pour les fermer ensuite, etc., etc., etc.[2].

Pendant longtemps on n'a pas compris la nature de ces détours de l'évolution. Puis on a remarqué une singulière ressemblance entre ces

[1] Chez les plantes on n'observe pas ces duplicatures, invaginations, refoulements qui jouent un si grand rôle dans l'ontogénèse animale, ou du moins elles ne se produisent que dans des points très restreints. Le processus général se réduit à une multiplication des éléments actifs qui donne naissance à des massifs cellulaires dans lesquels se différencient *in situ* les diverses parties du végétal. Ces massifs s'accroissent d'un côté par prolifération de leurs cellules, tandis que de l'autre ils sont envahis par la différenciation. La production de saillies pleines, comparables à celles qui forment les bourgeons des membres des animaux est, au contraire, très fréquente. La principale cause de cette différence réside peut-être en ce que la plante exerçant toutes ses fonctions par des organes saillants qui se portent au dehors vers la lumière, l'air ou le sol, n'a pas, comme l'animal, de grandes cavités intérieures, où s'accomplissent des fonctions importantes et variées.

[2] Les exemples de ces faits fourmillent dans le règne animal. Les Vertébrés supérieurs ont successivement trois appareils urinaires et les Mollusques en ont deux dont le dernier seul persiste; le Cheval, la Baleine ont des doigts distincts et séparés et cette dernière a, en outre, des dents; le Serpent a deux paires de membres; l'Insecte en a une quatrième paire. Ce sont là des exemples de formations entièrement inutiles. Celles qui servent à une vie larvaire différente de celle de l'adulte sont innombrables. Citons, au hasard, les organes locomoteurs et sécréteurs chez tant de parasites qui en sont dépourvus à l'âge adulte, les organes spéciaux des *Nauplius, Pluteus*, larves d'insectes, etc., etc. Ici l'utilité de ces formations se conçoit d'elle-même, mais la cause de leur production reste aussi difficile à expliquer que celle des organes inutiles.

formes embryonnaires provisoires et celles des êtres que l'Anatomie comparée et la Paléontologie nous montrent comme occupant les degrés de l'échelle situés plus bas et SERRES (42) a formulé la chose en disant que l'*Ontogénèse est la répétition de l'Anatomie comparée*. Puis quand a surgi la doctrine évolutionniste, cela a été transformé en *parallélisme de l'Ontogénie et de la Phylogénie* et, formulé par FRITZ MÜLLER (64), est devenu la *Grande loi biogénétique*.

Comme question de fait il faut dire, qu'en effet, bien souvent les formes embryonnaires rappellent celles des êtres que l'on est autorisé à considérer comme les ancêtres de son espèce, mais que bien souvent, et de l'avis même des transformistes, il n'en est pas ainsi.

On voit combien sont graves et nombreuses les questions théoriques que soulève l'Ontogénèse. Quelle est la signification de cette répartition égale de la chromatine des deux parents dans les cellules de l'organisme engendré? Comment et dans quelle mesure cela peut-il servir à expliquer les ressemblances générales et locales de celui-ci avec ceux-là? Quelles sont les causes des différenciations histologique et anatomique? Les forces qui poussent l'amas cellulaire issu de la segmentation de l'œuf à se différencier en un organisme de telle structure et semblable à ses parents ou à des parents plus et moins éloignés résident-elles en lui ou hors de lui, ou à la fois en lui et hors de lui; et quelles sont ces forces? Ce qui revient en somme à demander qu'est-ce que l'*Hérédité*, qu'est-ce que l'*Atavisme?* Enfin par quoi s'expliquent les différences constantes dans la ressemblance, et souvent la non ressemblance, entre ces formes embryonnaires et les ancêtres ou les parents? Ce qui revient à demander, qu'est-ce que la *Variation?*

Nous aurons dans les 2e et 3e parties à examiner tout cela.

CHAPITRE V. — MÉTAMORPHOSE ET GÉNÉRATION ALTERNANTE

A. LA MÉTAMORPHOSE

D'ordinaire l'ontogénèse se poursuit par une suite ininterrompue de modifications graduelles depuis l'œuf fécondé jusqu'à un être parfait semblable à celui qui a fourni l'œuf. Mais parfois il n'en est pas ainsi. Ces modifications graduelles conduisent à une forme qui diffère totalement de celle qui a fourni l'œuf. Elle est simple, complète et possède comme celle-ci tous les organes nécessaires à la vie et souvent à une vie libre très active, mais elle est incomplète en réalité : il lui manque des organes sexuels. Elle constitue une *larve*. Pendant un temps plus ou moins long, elle vit, se nourrit, grandit, mais en somme reste semblable à elle-même ; elle a cessé de se modifier. Puis brusquement ces modifications recommencent, parfois graduelles, plus souvent précipitées : c'est une nouvelle phase de l'ontogénèse, la *Métamorphose,* qui aboutit enfin à une forme semblable à celle qui a fourni l'œuf. L'ontogénèse se fait en deux temps séparés par une phase larvaire asexuée.

Le type de ce mode de développement est le papillon avec la chenille. Il en existe beaucoup d'autres.

Un caractère absolu de la Métamorphose c'est que la larve *se transforme* en l'être parfait ou *imago* et ne l'engendre pas.

B. L'ALTERNANCE DES GÉNÉRATIONS

Dans d'autres cas la larve *engendre* l'individu parfait, et non pas un seul, mais un grand nombre. Le cycle évolutif comprend alors deux générations qui se suivent et, si l'on considère une série de générations, qui *alternent* régulièrement. Il y a alors *Alternance des générations*.

Des deux générations du cycle, la seconde, celle qu'effectue l'animal parfait est toujours sexuelle. La première est parfois sexuelle, plus souvent asexuelle, plus souvent encore réduite à une simple Multiplication par Bourgeonnement ou par Scission. Cela oblige à distinguer autant de formes d'alternance entre la génération sexuée finale et la première génération du cycle.

α) *Alternance avec la Multiplication par scission.* — Les Protozoaires en fournissent divers exemples. Chez les Infusoires la conjugaison termine régulièrement un cycle donné de divisions. Les *Naïs*, les *Myrianides* (V. p. 110) après s'être multipliées par scission forment des produits sexuels ; les *Méduses* nées de la division du *Scyphistome* sont sexuées tandis que celui-ci ne l'était pas. Comme nous le faisions remarquer plus haut (p. 111) ces cas forment une transition avec les suivants[1].

[1] Il y a une différence marquée entre le cas des *Naïs* ou des *Myrianides* et celui

β) *Alternance avec la Multiplication par bourgeonnement.* — Partout où il y a bourgeonnement il y a aussi reproduction sexuelle. Il suffit donc de relire le chapitre consacré à la *Gemmiparité* (V. p. 111) pour avoir une idée des cas où ces deux modes de génération sont associés. Chez les Protozoaires (Vorticelles), les Cœlentérés (Gorgones, Polypiers, Corail, Hydraires, Siphonophores), les Tuniciers (Ascidies composées, Pyrosomes, Salpes), les Vers (Tœnia échinocoque, Trématodes à Rédies), les Bryozoaires, etc., on en trouve de nombreux exemples[1]. Chez les Phanérogames, la formation des rameaux par bourgeonnement alterne aussi avec la reproduction par graine.

γ) *Alternance avec la Reproduction asexuelle par spores.* — Ce mode d'alternance est la règle chez les Cryptogames supérieures. Chez les Fougères et les autres Cryptogames vasculaires, la plante feuillée produit des spores qui en germant donnent naissance à une petite plantule semblable à une Algue très simple, et appelée *Prothalle,* qui devient sexuée et produit des anthérozoïdes et des œufs. Chez les Mousses et Hépatiques, c'est la plante feuillée qui produit les anthérozoïdes et les œufs. Ceux-ci fécondés se développent sur place en un tissu où se forment les spores qui tombent sur le sol, germent et donnent une petite plantule ramifiée sur laquelle la plante feuillée naît par bourgeonnement; en sorte qu'ici on pourrait admettre une triple alternance.

δ) *Alternance avec la Reproduction sexuelle parthénogénétique.* — Nous avons vu qu'à part les cas très rares de *Parthénogénèse exclusive* le cycle de génération par œufs non fécondés, se terminait par la production des mâles et d'œufs fécondés. Les Pucerons en sont un exemple bien connu.

des Méduses. Chez celles-ci l'alternance est constante et obligatoire. Chez les premières, il n'est pas démontré qu'il en soit forcément ainsi et qu'une *Naïs*, par exemple, ne puisse devenir sexuée sans s'être multipliée asexuellement. Chez les Actinies qui se divisent quelquefois, il y a coexistence occasionnelle, mais non alternance régulière des deux modes de génération.

[1] Ici aussi il faut distinguer la *coexistence* des deux modes de génération, de l'*alternance* vraie. Une *Clavelina* née d'un œuf devient sexuée et produit des œufs, mais elle bourgeonne en outre et son bourgeon produit aussi des œufs. Pour celui-ci, il y a eu alternance de la Reproduction sexuée et du Bourgeonnement; pour la première, il y a eu coexistence. Même fait se rencontre chez l'Hydre d'eau douce.

Tantôt le bourgeon est un individu absolument complet qui se sépare (Hydre) ou non (Bryozoaires) de l'individu qui l'a engendré, tantôt il est incomplet et dépendant à des degrés très divers. Les individus du corail n'ont que leurs vaisseaux en commun; les rameaux des plantes sont des individus privés de racines.

ε) *Alternance avec une autre forme de reproduction sexuelle amphimixique.* — Ce cas très rare se rencontre chez quelques Vers nématodes. On trouve dans le poumon de la Grenouille, un Nématode, le *Rhabdonema*, dont les œufs, normalement fécondés, se développent dans la terre humide, en petits Vers *à sexes séparés,* appelés *Rhabditis,* qui se fécondent. Leurs œufs se développent en Rhabdonemes *hermaphrodites* et qui, dans le poumon de la Grenouille, arrivent à une taille bien plus élevée que les Rhabdites.

La Métamorphose et la Génération alternante sous toutes ses formes soulèvent des questions théoriques intéressantes. Sous l'influence de quelles conditions l'ontogénèse s'est-elle ainsi scindée pour produire cet être intermédiaire, la larve? Comment la larve a-t-elle pu, au lieu de se transformer en un seul individu parfait, en engendrer un grand nombre par Multiplication ou par Reproduction asexuelle ou sexuelle?

On trouvera aux Théories générales, principalement celles de Haacke et de Orr quelques tentatives d'explication de ces phénomènes.

Chapitre VI. — LE SEXE ET LES CARACTÈRES SEXUELS SECONDAIRES

α). *Le Sexe.* — L'individu né d'un père et d'une mère à sexes séparés est fréquemment intermédiaire à l'un et à l'autre par ses divers caractères, mais par le sexe il ressemble exclusivement à un seul des deux. Pourquoi est-il d'un sexe plutôt que de l'autre, en d'autres termes, quelle est l'*origine du sexe,* voilà une première question qui se pose à ce sujet. Elle se dédouble même en deux autres : 1° quelle est l'origine phylogénétique de la différence des sexes; 2° quelle est l'origine, dans chaque individu, du sexe qu'il a revêtu. La première est entièrement théorique et sera examinée ailleurs. La seconde a reçu des explications, théoriques également pour la plupart, pour lesquelles nous renvoyons aussi aux 2e et 3e parties de cet ouvrage, nous bornant ici à exposer les quelques faits positifs sur lesquels certaines d'entre elles s'appuient.

Tous les animaux passent par une phase d'*indétermination sexuelle,* c'est-à-dire que l'on ne peut déterminer leur sexe qu'à un stade relativement avancé de l'ontogénèse. Les cellules germinales sont depuis longtemps reconnaissables comme telles, avant que l'on puisse dire si elles seront mâles ou femelles. Mais, chez un grand nombre, cette indétermination n'est qu'apparente et il semble que la détermination du sexe soit très précoce et peut-être contemporaine de la conception, car le nombre relatif des individus des deux sexes reste fixe pour l'espèce, quelles que soient les conditions auxquelles on soumette l'embryon en voie de développement. Dans ces cas il est évident que l'œuf est prédestiné soit avant soit à la suite de la fécondation à donner naissance à un mâle ou à une femelle [1].

Dans d'autres cas, au contraire, la proportion des sexes varie selon les conditions auxquelles l'œuf est soumis, et alors il est bien certain que l'œuf n'a pas un sexe prédéterminé.

Au premier rang de ces conditions est la fécondation, le sexe variant selon que l'œuf est ou non fécondé dans les cas où il peut se développer parthénogénétiquement. On sait que l'œuf non fécondé donne le plus souvent des femelles chez les Pucerons, les Daphnies, les Artémies et les formes affines. Il pourrait sembler naturel que l'être qui n'a pas de père ne puisse avoir que le sexe du seul parent qui l'ait engendré. Mais la chose est moins simple que cela car ces mêmes femelles parthénogénétiques donnent des mâles à un moment donné. Chez les Abeilles, l'œuf non fécondé produit toujours un mâle qui a ainsi le sexe du parent qui n'a pas contribué à l'engendrer.

Une autre cause importante est l'abondance de la nourriture. VON SIEBOLD (56) a montré que la Guêpe *Nematus ventricosus* dont les œufs, fécondés ou non, peuvent produire des femelles ou des mâles, engendre plus de femelles quand la nourriture est abondante. TREAT (73) a observé un fait analogue chez les Papillons dont les chenilles se développent en Papillons mâles ou femelles selon qu'elles ont été soumises au jeûne ou largement alimentées. Les femelles parthénogénétiques des Pucerons engendrent des mâles quand l'hiver approche et on peut retarder presque indéfiniment la formation des mâles en tenant les animaux en serre et les alimentant avec soin. BORN (80) et YUNG (82) en donnant aux Têtards une nourriture artificielle généralement plus abon-

[1] L'existence d'œufs prédestinés avant la fécondation à donner des mâles ou des femelles est bien certaine. Chez le Phylloxera la génération ailée pond deux sortes d'œufs très distincts dont les uns, petits, formeront des mâles, les autres, plus gros, des femelles. Chez beaucoup de Rotateurs, il y a deux sortes de femelles les unes pondeuses d'œufs femelles, les autres pondeuses d'œufs mâles.

dante et plus riche que celle qu'ils trouvent dans leurs mares obtiennent de 78 à 95 % de femelles, tandis que la proportion normale varie de 54 à 61 %. Maupas (91) est arrivé à faire produire à de petits Rotateurs, les *Hydatina*, à volonté soit des mâles soit des femelles, en élevant ou abaissant la température.

Enfin, en ce qui concerne les plantes, Hoffmann (85) a pu conclure de ses remarquables expériences de semis que les mâles sont des êtres réduits, incomplètement développés, qui prennent naissance quand les conditions sont défavorables [1].

Quel que soit l'intérêt de ces observations et expériences, elles ne touchent pas au fond de la question, car elles ne disent pas comment la nourriture, la température, la fécondation interviennent pour former soit un sexe, soit l'autre. Nous verrons que les suppositions ne manquent pas pour suppléer tant bien que mal les faits absents.

β) *Caractères sexuels secondaires.* — Le sexe consiste essentiellement dans la nature de la cellule germinale qui est un spermatozoïde ou un œuf. Mais il est bien rare que ce caractère soit seul. Le plus souvent il s'accompagne de différences non seulement dans les glandes productives, et dans les appareils annexes destinés à la copulation ou à l'entretien de l'embryon ou du nouveau né, mais aussi dans divers organes qui n'ont que des relations éloignées ou nulles avec les nécessités de la reproduction [2]. Ainsi les ergots, les cornes des mâles, leur servent dans

[1] Hoffmann cultive en semis tantôt lâche, tantôt serré des plantes dioïques et compte les mâles et les femelles obtenus. La nutrition a été large dans le premier cas, restreinte dans le second. Pour de rares plantes, telles que la *Cannabis sativa,* cette condition est sans influence et Hoffmann en conclut que le sexe est sans doute déterminé dans la graine. Mais d'ordinaire (*Lychnis, Mercurialis, Rumex, Spinacia*), il naît beaucoup plus de mâles en semis serré; et il ne s'agit pas là d'une faible différence, mais d'une variation du simple au double ou au triple dans la proportion (283/76e de plus en moyenne).

[2] Les Éponges sont peut-être les seuls animaux chez lesquels les sexes ne se distinguent par rien autre chose que la nature de l'élément sexuel. Chez les Échinodermes, les Acéphales dioïques, les Annélides, etc., mâles et femelles sont aussi presque identiques, mais il y a déjà des glandes d'aspect différent. Chez presque tous, les différences s'étendent au moins aux conduits vecteurs et aux organes de copulation : tels sont la plupart des Crustacés, des Gastéropodes, Céphalopodes, et beaucoup de Vers (Cestodes, Planaires, Trématodes, Nematodes, Ténia, etc.). Très généralement, elles s'étendent à des organes annexes, destinés à la rétention des femelles chez les mâles, à la ponte chez les femelles (armures génitales des Insectes, pinces, tarières, oviscaptes), ou appropriés à d'autres usages (aiguillons

leurs combats; mais à quoi servent à l'homme sa barbe, au Lion sa crinière, au Triton mâle sa crête dorsale. On a cherché à expliquer ces *caractères sexuels secondaires* par leur utilité esthétique ou autre, mais c'est là une autre question. Ce qui importe pour le moment c'est de savoir pourquoi, non dans l'espèce, mais dans l'individu en particulier, ces caractères se montrent quand la cellule germinale devient spermatozoïde et restent absents si elle devient œuf. Le goût des femelles et l'avantage dans le combat n'ont rien à voir à cela.

Cette question nous conduit à une des plus importantes de la Biologie générale, celle de la *Corrélation*. Quand une partie se développe dans un certain sens, une autre se développe corrélativement d'une certaine manière, et si la première se fût développée d'une autre façon, autre aussi eût été le développement de la seconde; et cependant il n'y a aucun lien direct entre ces deux parties. Et la question se posera ainsi : Par quelle voie et sous quelle forme peut se manifester cette influence à distance des organes les uns sur les autres, sans aucune ressemblance entre la cause et l'effet? Nous reviendrons bientôt sur ce point.

des Abeilles), ou à l'alimentation des jeunes (mamelles), ou à leur protection (poche ventrale des Marsupiaux). Enfin chez un très grand nombre d'animaux, il existe des caractères qui n'ont qu'une relation éloignée ou nulle au moins en apparence avec la reproduction. Ce sont les vrais caractères sexuels secondaires; mandibules énormes de certains Coléoptères mâles, plumage des Oiseaux mâles (Paon, Coq, Faisan), barbe de l'Homme, etc., etc., etc. Dans certains cas, qui seront étudiés ailleurs à propos du Dimorphisme, le mâle est si différent de la femelle qu'il semble appartenir à une autre espèce, souvent même à un autre genre ou même une autre classe du règne animal. Tels sont les mâles de beaucoup d'animaux parasites (*Entoniscus, Sacculina, Scalpellum*) ou non parasites (*Bonellia,* nombreux Rotifères, etc.).

Sans parler de ces cas extrêmes, et si l'on veut aller au fond des choses, on reconnaîtra que dans les cas moyens, presque tous les caractères sont affectés par le sexe, à un degré si faible que cela n'attire point l'attention mais peut être reconnu à un examen attentif. Si l'on prend l'homme et la femme, par exemple, qui sont les êtres que nous connaissons le mieux, on voit qu'il n'est guère de partie qui ne soit quelque peu différente chez les deux sexes. Cela se remarque surtout si l'on compare, comme le propose WEISMANN (92), les *jumeaux identiques.* Si ces jumeaux sont de même sexe, il est très difficile de les distinguer, s'ils sont frère et sœur, tout diffère en eux : la taille, les proportions des membres, la largeur du tronc en ses différents points, la grosseur des articulations, la finesse de la peau, l'abondance et la répartition du tissu adipeux, la voix, le regard, les goûts, instincts, habitudes. Je ne doute pas que si nous connaissions de la même manière les menus caractères des organes internes, nous ne trouvions en eux des différences du même ordre.

CHAPITRE VII. — LES CARACTÈRES LATENTS

Les caractères sexuels secondaires d'un sexe paraissent absents chez le sexe opposé. Ils ne le sont pas cependant tout à fait. Dans beaucoup de cas, on les voit apparaître si l'on supprime l'organe essentiel du sexe par la castration. Si l'opération est faite dans le jeune âge, les caractères sexuels secondaires ne se développent qu'à moitié et l'individu devient un être indécis, tenant le milieu entre les deux sexes. Les castrats de la maîtrise du pape en étaient des exemples bien connus. Il y a donc des caractères présents dans l'organisme mais sous une forme cachée, maintenus latents par d'autres caractères dominateurs, et qui se montrent quand l'influence de ceux-ci vient à cesser. C'est un nouvel exemple et une nouvelle preuve de l'existence de la *Corrélation* [1].

CHAPITRE VIII. — LA TÉRATOGÉNÈSE

Pour que l'Ontogénèse aboutisse à la production d'un être porteur des caractères normaux de l'espèce, il faut que l'œuf soit *normal,* fécondé *normalement,* et rencontre des conditions *normales* pendant tout son développement. Si l'œuf est touché dans sa constitution intime, si la fécondation pèche en quelque point, si les conditions de température, de nutrition, de milieu, de pression exercée par les parties voisines, etc., sont modifiées, l'être engendré n'est plus conforme au type ordinaire; tantôt il est viable, tantôt incapable de vivre, ou même d'achever son développement, mais en tout cas il est un *monstre.* Nous appelons

[1] Quelques animaux fournissent des exemples bien plus frappants du même fait. On a rencontré parfois des papillons hermaphrodites qui étaient mâle d'un côté, et femelle de l'autre. Or la livrée des ailes était très différente à droite et à gauche, reproduisant de chaque côté celle du sexe correspondant. Certains crustacés ont un *Hermaphroditisme successif,* c'est-à-dire que dans le jeune âge ils sont mâles et deviennent femelles en vieillissant, tels par exemple les *Anilocra,* Crustacés isopodes qui vivent accrochés sur la tête de certains poissons. En changeant de sexe, il faut bien qu'ils abandonnent tous les caractères extérieurs du mâle, y compris les organes copulateurs, pour revêtir ceux des femelles.

normal ce qui est habituel, et qui permet la formation d'un être viable et vigoureux capable de remplir, avec le moins de peine possible, toutes les fonctions nécessaires à la conservation de sa vie et à la perpétuation de son espèce. Mais ce n'est là en somme que la réalisation d'une possibilité entre mille dans l'évolution, et les autres possibilités, bien qu'elles aboutissent à un arrêt du développement ou à la formation d'un être souffrant ou impotent, n'en sont pas moins intéressantes au point de vue de la Biologie générale. Toutes les possibilités d'évolution sont d'égale valeur pour elle; que l'une d'elles soit plus commune et plus avantageuse cela n'intéresse que la race ou l'individu. Pour elle l'Ontogénèse comprend toutes les possibilités d'évolution et l'ontogénèse normale n'est qu'un cas particulier qui prend place au même rang que n'importe quel cas tératologique. La *vie* embrasse tous les modes de fonctionnement des cellules, organes et appareils et ne voit dans la physiologie qu'un cas particulier comparable à n'importe quel cas particulier pathologique.

Si l'on se place à ce point de vue on se rend compte que l'Évolution normale n'est pas toute l'Ontogénèse, de même que la physiologie n'est pas toute la vie. La Tératologie et la Pathologie élargissent l'horizon étroit de la Biologie normale et aident à résoudre bien des questions qui, sans elles, seraient restées insolubles.

La Tératogénèse peut avoir, comme nous l'avons vu, une triple origine qui nous servira de guide pour le classement de ses formes.

1° Le produit sexuel peut être altéré dans sa constitution. Quelque chose est modifié en lui de telle façon que, malgré une fécondation et des conditions de développement normales, le produit n'est pas conforme au type spécifique habituel. C'est ainsi que l'on a vu des femmes engendrer des enfants frappés tous d'un même vice, syndactylie, hypospadias même, et cela avec des hommes qui, avec d'autres femmes, engendraient des enfants normaux. Lorsque en outre ce vice se montre héréditaire dans de telles conditions, il devient impossible de l'attribuer à autre chose qu'une altération dans la constitution des cellules germinales[1].

2° Des produits sexuels normaux peuvent, par suite d'une fécondation anormale, donner naissance à un produit vicieux.

[1] Comme exemples de cas tératologiques pouvant difficilement s'expliquer autrement que par une malformation primitive du germe, il faut citer les faits bien avérés d'hommes à queue, de mamelles surnuméraires, etc. Sans doute aussi les hommes velus (hommes chiens) ou à peau écailleuse (hommes porc-épic, Étienne Lambert), etc., doivent leur origine à une cause semblable.

Nous en avons eu des exemples dans les effets de la polyspermie. On se rappelle cet œuf d'Oursin surfécondé qui avait formé une *polygastrula* avec sans doute autant d'invaginations qu'il y avait eu, dans le cytoplasme, de spermatozoïdes non fusionnés avec le noyau ovulaire (V. p. 146). Il n'est pas impossible que certains monstres doubles aient une origine de ce genre.

3° Beaucoup plus nombreuse et plus abordable à l'expérience et à l'interprétation est la catégorie des monstres rendus tels, après la conception, par une altération des conditions ambiantes. Ces altérations peuvent porter sur n'importe laquelle de ces conditions.

Pouchet et Chabry (89), en privant de chaux l'eau où ils élevaient des larves d'Oursins (*Pluteus*), ont rendue impossible la formation des spicules calcaires qui servent de squelette à leurs bras, et ils ont constaté le fait très remarquable que voici. Au lieu de former des bras, sans squelette, ces larves n'ont pas formé du tout de bras. A peine un insignifiant épaississement ectodermique venait-il montrer la faible tendance de l'ectoderme à produire pour ces bras quelques cellules de plus. Cela prouve une chose qu'aucune embryogénie normale n'aurait jamais permis d'affirmer : que, dans la formation d'un bourgeon, un feuillet peut être passif et obéir seulement à la poussée des parties voisines. Cela nous montre qu'une cellule ou un groupe de cellules peuvent se diviser activement pour couvrir une surface, sans avoir rien en elles qui les prédestine à le faire.

Le déterminisme de leur multiplication peut résider en dehors d'elles et non dans la constitution de leur cytoplasme ou de leur noyau.

En modifiant les conditions osmotiques par l'addition de sels de lithium, Herbst (92) la obtenu, chez ces mêmes larves, la suppression de l'invagination et par suite de l'appareil digestif, et Driesch (93), par une simple élévation de température, obtient avec un autre Oursin des larves au dont l'endoderme se développe vers le dehors et forme un refoulement au lieu d'une invagination. Cela montre que des causes faibles et purement physiques ou chimiques peuvent suffire à arrêter un accroissement en un point donné ou même à le changer de sens, tandis que d'autres cellules presque semblables et toute voisines ne sont en rien influencées[1].

[1] Dans l'expérience de Pouchet et Chabry la quantité de chaux est réduite jusqu'à 1/10 de son taux normal. Les *Pluteus* se développent normalement jusqu'à la formation des spicules, mais à partir de ce moment ils grandissent moins vite, les spicules ne se forment pas et, comme conséquence, les bras ne poussent pas.

De faibles changements produits en un point par une influence tératogène passagère peuvent en entraîner d'autres, ceux-ci d'autres encore et, faisant ainsi la boule de neige, aboutir à des modifications considérables et très étendues. Chez le Poulet, le blastoderme et l'aire vasculaire sont circulaires, l'embryon en occupe le centre. Quand le cœur commence à se former, il est d'abord vertical, mais bientôt il devient trop long et forme une anse qui verse à droite; la tête bientôt après se retourne et s'applique, par la joue droite, contre le vitellus. Enfin l'estomac d'abord vertical et tourné la petite courbure en avant, verse à gauche en s'allongeant pour former la grande courbure, et de ce mouvement résultent le contournement du gros intestin, le passage de son extrémité cœcale à droite, et, en somme, la disposition générale des viscères abdominaux. En chauffant l'œuf à la gauche de l'embryon, on obtient soit par augmentation (DARESTE (91)) soit par diminution (FOL et VARINSKY (83)) de l'accroissement du côté échauffé ou surchauffé, un renversement de la tête et de l'anse du cœur à gauche; le cœur attaché à ce moment à l'estomac par un mésentère fait verser à droite la grande courbure de

Tout se passe donc comme si les spicules, en grandissant, se coiffaient d'un prolongement des tissus. Parfois, à la place des deux bras buccaux, se forme un prolongement notable, mais impair et médiocre, sans spicule. Donc ici l'ectoderme a une initiative dans le développement mais, faute de direction, celle-ci s'exerce d'une manière anormale.

KOLLMANN (93) obtient en les incubant à 41° des Poulets et des Canards atteints de *spina bifida*.

HERBST (93), en ajoutant des sels divers à l'eau où il élève des *Pluteus*, constate que ces sels interviennent surtout en établissant des relations osmotiques aberrantes entre les tissus et le milieu ambiant. L'action spécifique dépend de la base, mais son intensité croît avec le poids moléculaire de l'acide, tant que l'on s'en tient aux acides monobasiques. L'action spécifique dépendant de la base, il peut classer ses monstres en monstres au potassium, monstres au lithium, etc. Tout cela montre que l'action perturbatrice est plutôt physique que chimique et plutôt chimique que physiologique.

DRIESCH (93) obtient ses monstres à invagination renversée, qu'il appelle des *exogastrula,* en portant simplement à la température de 30° des larves de *Sphærechinus granularis*. Cet endoderme saillant se segmente d'abord en trois sections, puis se résorbe. L'embryon *anenteroblastien* et le Pluteus *anentérien* vivent cependant fort bien pendant environ une semaine, et l'invagination buccale se dessine malgré l'absence d'estomac. En diluant l'eau de mer avec 20 % d'eau douce il obtient des segmentations anormales. En secouant les œufs segmentés, il arrive à séparer des groupes entiers de blastomères et voit cependant se former une *gastrula* normale. Cela prouve que les blastomères, même lorsqu'ils sont différents d'aspect, comme c'est le cas ici, n'ont pas une spécificité absolue.

Il existe des résultats contradictoires. Ainsi BOVERI (92), en détruisant un des blastomères de la Grenouille au stade 4, obtient un Têtard *anencephale*. Mais ce fait n'est pas aussi démonstratif que les précédents.

celui-ci et il en résulte une *inversion viscérale* complète. De tels faits sont éminemment suggestifs. Ils montrent, comme les précédents, que les organes n'ont pas besoin d'avoir en eux des tendances à évoluer dans un sens donné, que les moindres influences anormales du milieu ambiant peuvent changer cette évolution et que, par conséquent, ces mêmes influences, quand elles sont normales, peuvent suffire à la diriger. Ils montrent aussi la *Corrélation* sous un jour nouveau, en mettant sous les yeux les relations mécaniques simples par lesquelles la modification d'une partie peut influencer des parties éloignées avec lesquelles elle paraît n'avoir aucun rapport[1].

Les *monstres doubles* ou ayant des organes doubles montrent un fait du plus haut intérêt, c'est que la partie surajoutée est toujours unie à la partie normale similaire et symétriquement placée par rapport à elle.

Ainsi une main supplémentaire ne sera jamais placée sur la tête ou dans le dos, ni même sur l'une des mains normales et dans un plan perpendiculaire ; elle sera placée à côté d'une des mains normales, dans le même plan ou à peu près, et symétriquement, c'est-à-dire que son petit doigt sera juxtaposé au petit doigt de celle-ci ou le pouce au pouce, et jamais le pouce au petit doigt.

De même les monstres doubles sont unis par le ventre, le dos ou le côté, ou même par la tête, mais jamais l'un des individus n'est fixé par la tête au dos de l'autre, ni par le côté au côté de même nom, de manière à

[1] Il existe d'autres faits analogues. Les monstres *omphalocéphales* ont la tête reportée au niveau de l'ombilic et le cœur formé de deux moitiés distinctes. Or cette seconde malformation est la conséquence de la première, car c'est la tête qui, en descendant, s'interpose entre les deux rudiments du cœur et les empêche de se réunir ; et WARYNSKI (86) a pu reproduire cette malformation du cœur chez le Poulet en pressant sur le vertex au moyen d'un scalpel.

Bien plus remarquable encore est la corrélation suivante. Les monstres *omphalosites* sont des êtres incomplets, dépourvus au moins de cœur et qui ne peuvent vivre (et jusqu'à la naissance seulement) que grâce à l'anastomose de leur cordon ombilical avec celui d'un frère jumeau bien conformé. Il résulte de cette condition que l'organe d'impulsion de leur sang est le cœur du jumeau et que le sens du courant sanguin est renversé dans une partie de leur appareil circulatoire. Le sang *remonte* l'artère ombilicale, *remonte* l'aorte à partir du point où celle-ci s'abouche avec la précédente, puis *redescend* par les veines cave inférieure et ombilicales. Or GURLT et HEMPEL (59) ont montré que dans toutes les veines où le cours du sang était renversé, et dans elles seules, les valvules sont absentes. Le passage du courant sanguin est donc capable d'empêcher la formation des valvules.

Voilà une corrélation d'origine mécanique très claire et qui montre quelle peut être l'énorme influence des organes les uns sur les autres pendant l'ontogonèse normale.

tourner le dos du côté où celui-ci a la face. Ce fait déjà signalé par MAUPERTUIS (1751) est attribué d'ordinaire à IS. GEOFFROY ST-HILAIRE (36) qui l'a désigné sous le nom de *Loi de l'attraction de soi pour soi*[1]. Cette loi révélerait une bien merveilleuse propriété des corps vivants si, en effet, des êtres ou parties primitivement séparés se joignaient ainsi par une sorte d'attraction. Mais tout tend à prouver que ces monstres, même ceux qui sont presque complets et ne sont unis que par une étroite soudure, proviennent de la division d'un germe, ou d'une partie d'un germe, symétriquement par rapport à ses lignes principales de croissance. Il est à remarquer aussi que ces monstres doubles sont presque toujours du même sexe.

Enfin les *monstres hermaphrodites* fournissent des faits intéressants au point de vue de la corrélation entre le sexe et les caractères sexuels secondaires. On ne l'a jamais trouvé vraiment complet chez les Vertébrés supérieurs. Mais on a rencontré quelquefois des Insectes pourvus d'organes parfaits, mâles d'un côté et femelles de l'autre, et dans ce cas, les caractères extérieurs étaient ceux du mâle du côté mâle et ceux de la femelle du côté opposé (V. la note de la p. 166). Chez l'homme il n'y a jamais deux glandes actives de nom opposé, mais tous les autres degrés d'hermaphroditisme ont été observés. Ils consistent en ce que l'évolution du rudiment génital a procédé comme chez l'homme dans une région, comme chez la femme dans l'autre. Le plus souvent, cela se borne à un hypospadias plus ou moins compliqué chez l'homme et à une atrésie plus ou moins complète de la vulve et du vagin chez la femme, jointes à une atrophie relative de la verge chez le premier et à un développement exagéré du clitoris chez la dernière. Or, ce qu'il y a de remarquable, c'est que, par leurs caractères sexuels secondaires, taille, blancheur et finesse de la peau, largeur du bassin, poils de la région retro-anale, mamelles, voix, barbe, habitus général et appétits sexuels, ces êtres sont intermédiaires entre les deux sexes, plus ou moins voisins de l'un ou de l'autre selon qu'ils s'écartent plus ou moins de leur sexe vrai. Cela montre à la fois une rétention partielle des caractères sexuels secondaires

[1] Quelques monstres doubles *hétérotypiens* d'ailleurs fort rares, font exception à cette règle. Ainsi on a vu le *parasite* fixé à l'*autosite* par le cou, au ventre (monstre *hétérodyme*), par le côté gauche du ventre au côté gauche du ventre de manière à regarder l'autosite (monstre *hérétopage*), etc.

Il semble que, dans ces cas, il s'agisse d'individus primitivement distincts, soudés pendant le développement, et dont l'un est incomplet et parasite de l'autre.

normaux à l'état latent et un passage partiel à l'état visible de ceux du sexe opposé, tout comme chez les castrats opérés dans le jeune âge[1].

[1] On a trouvé des cas assez nombreux d'hermaphroditisme réel chez divers Amphibiens, en particulier chez le Crapaud. Mais les histoires de moines ou de soldats, doués de tous les caractères de la virilité et ayant accouché, sont apocryphes ou manquent des détails qui seuls leur donneraient de la valeur. Dans les cas avérés d'hermaphroditisme interne chez des mammifères, l'une des glandes au moins est atrophiée et incapable de fournir des produits sexuels.

Presque toujours les hermaphrodites externes assez accentués pour que le sexe ne puisse être reconnu que par un examen approfondi, sont inféconds et l'état d'imperfection des glandes est sans doute la cause de l'état d'indécision des caractères sexuels. Une exception remarquable est celui de Marie-Madeleine Lefort qui était réglée, ce qui indique une certaine valeur fonctionnelle de l'ovaire, bien que son hermaphroditisme externe fût un des plus accentués qui aient été observés.

Bernard Schultze (68) cite une femme, Catherine Hohmann qui avait des spermatozoïdes très nets et disait avoir été menstruée. Cette femme, âgée de 44 ans, disait avoir passé depuis quelques mois l'époque de la ménopause. Elle avait de grosses mamelles, le système pileux d'un homme, un pénis légèrement hypospade de 5 centimètres de long, pas de prostate au tomber rectal, pas de vulve. A droite un testicule net avec crémaster actif, à gauche rien. Dans l'urèthre on trouvait, avec la sonde, un canal conduisant dans un court utérus d'où partait une trompe, le tout du côté gauche. La glande gauche était-elle un ovaire? Malheureusement il n'y a pas eu d'autopsie.

Martin (80) raconte une observation de Laumonnier où il est dit que cet anatomiste présenta en 1806 une femme qui, outre les organes de son sexe, avait dans les grandes lèvres deux testicules aboutissant au fond de l'utérus par deux canaux déférents. Malheureusement ces cas manquent de détails histologiques.

Magitot (81) cite le cas d'un hermaphrodite mâle, simple hypospade à scrotum bifide et verge réduite qui, à 13 ans 1/2, fut réglé et vit revenir trois fois un écoulement menstruel à quelques mois d'intervalle. Il fut marié à un homme, mais qui *ne put pénétrer*. Plus tard il montra du goût pour les femmes et eut plusieurs maîtresses avec lesquelles il put avoir des relations normales. Examiné à l'âge de 40 ans, cet individu montra un pénis d'enfant de 12 ans *qui se recourbait en bas pendant l'érection* (caractère féminin) et, au-dessous, une fente vulvaire, limitée par deux grandes lèvres normales, sans petites lèvres, conduisait dans un court vagin. Il n'y avait ni col, ni utérus, ni glande vulvo-vaginale. Un testicule normal gonflait la grande lèvre gauche, un plus petit occupait le bas de la lèvre droite. Le sperme était d'aspect normal mais sans spermatozoïdes. Ce qui manque à cette observation, c'est la constatation scientifique des menstrues et une autopsie ayant fait connaître l'état des organes internes et les voies qu'aurait pu suivre ce sang menstruel.

L'appétit sexuel est touché chez les hermaphrodites comme les autres caractères; il est souvent indécis et parfois renversé comme le montre le cas d'un hermaphrodite homme observé par Polaillon (91) qui avait des organes externes très semblables à ceux d'une femme, mena la vie d'une fille galante, eut de nombreux amants et montra, à l'autopsie, des organes internes du sexe masculin atrophiés sans trace d'utérus ni d'organes féminins internes quelconques.

Les rapports de la Régénération avec la Tératogénèse sont mal étudiés et cela

En somme on voit que la Tératogénèse éclaire l'Ontogénèse normale plus qu'elle ne la complique et apporte plus de solutions qu'elle ne pose de questions nouvelles.

CHAPITRE IX. — LA CORRÉLATION

Nous avons été amené, dans les chapitres précédents, à parler plusieurs fois de la *Corrélation*, à expliquer ce qu'elle est et à en donner des exemples. Il nous reste peu de choses à dire pour achever de la définir et montrer quels problèmes se posent à ce sujet.

Il faut distinguer deux sortes bien différentes de corrélation.

L'une est celle qui établit l'accord nécessaire entre les parties du corps dans le type spécifique ; elle s'est établie lentement comme l'espèce elle-

est fâcheux, car il pourrait y avoir là un moyen de décider, pour les cas où la régénération est possible, si la monstruosité résulte d'une tendance des tissus ou si elle est l'effet d'une condition ambiante accidentelle. VULPIAN a observé des Axolotls qui, à la suite de morsures qu'ils s'étaient faites aux pattes, avaient régénéré un nombre de doigts exagéré, jusqu'à six et huit. Ici la cause est évidemment accidentelle. Cela est confirmé par la régénération, car en coupant la patte il voit celle-ci repousser avec le nombre de doigts normal. S'il avait coupé seulement un doigt supplémentaire, celui-ci aurait sans doute repoussé, mais cela n'eût prouvé que la force de régénération du moignon et nullement son origine de cause interne.

ERASME DARWIN (10) cite, d'après WHITE, le cas d'un pouce surnuméraire deux fois amputé et deux fois repoussé avec son ongle, chez un homme. Mais on sait combien il faut se défier de ces observations anciennes.

Ces expériences mériteraient d'être reprises, dans les cas de malformation congénitale, chez les animaux qui régénèrent facilement leurs membres.

Tout récemment, BARFURTH (94$_1$) a étudié ce sujet et conclu à l'existence de quelques règles intéressantes. D'après lui, la partie régénérée est d'autant plus sujette à des malformations qu'elle est plus étendue. Ainsi lorsque l'on coupe à un Axolotl un doigt, puis la main, puis le bras, le premier repousse toujours normal, la seconde généralement; le troisième au contraire donne souvent naissance à un membre hémitérique.

Les sections obliques ont les mêmes effets. Ainsi en coupant le radius et le cubitus à des hauteurs différentes, on n'obtient presque jamais la régénération d'un membre normal.

Le même auteur admet que la Régénération favorise l'Atavisme, en se fondant sur ce que souvent, chez les Axolotls, la main se régénère avec cinq doigts au lieu de quatre; or l'ancêtre avait sans doute cinq doigts aux mains.

Mais nous verrons plus loin, en étudiant l'Atavisme, que cette conclusion est fort discutable.

même, elle est phylogénétique. Telle est la corrélation entre les longueurs du cou et des pattes antérieures chez la Girafe. On cite souvent cet exemple parce qu'il est très frappant, mais il n'est pas besoin de chercher si loin pour en trouver qui ont au fond la même valeur. On peut dire que, dans tous les êtres, presque tous les organes sont corrélatifs les uns des autres, sans quoi leur fonctionnement serait impossible. La poire a un pédoncule plus fort que la cerise, sans quoi elle tomberait avant maturité et ses graines seraient perdues. La longueur de l'œsophage est en rapport avec celle du cou, le diamètre de la trachée avec le volume des poumons, etc., etc., etc. Il n'y a pas un viscère, un os, un muscle, une fibre qui ne soient proportionnés à leur travail et par conséquent corrélatifs du reste du corps. Cette corrélation s'est établie en même temps que les caractères de l'espèce, et sans créer entre les parties corrélatives une dépendance étroite et immédiate telle que si l'une venait à varier l'autre se modifierait aussitôt dans le sens voulu. Personne n'admettra qu'une Girafe qui, par un accident tératologique, naîtrait avec un cou trop court verrait ses pattes antérieures diminuer en même temps. J'exprimerai cela en disant qu'il y a, dans ces cas, *corrélation phylogénétique* et *indépendance ontogénétique.*

Mais il existe une autre corrélation qui manifeste ses effets subitement et dans laquelle on n'aperçoit souvent ni relation causale, ni relation d'utilité entre la modification produite et celle qui l'a provoquée. La relation d'utilité peut faire vraiment défaut, mais la relation causale doit exister toujours, et c'est elle qu'il s'agit de trouver quand elle ne se montre pas. Nous en avons rencontré déjà plusieurs exemples.

Les caractères sexuels secondaires sont corrélatifs des organes sexuels et il y aurait à expliquer comment ce sont les uns ou les autres qui se développent, selon que les cellules germinales deviennent des ovules ou des spermatozoïdes; comment ils s'effacent ou s'atténuent à la suite de la castration sénile ou opératoire.

La Tératologie nous a montré et expliqué d'autres cas très curieux de corrélation, par exemple entre l'absence de spicule et celle des bras chez les *Pluteus*, entre l'inversion du cœur et celle des viscères abdominaux, chez le Poulet, etc., DARWIN (79) a trouvé toute une série de variations corrélatives obtenues par les éleveurs qui, en pratiquant la sélection d'un caractère d'un organe, ont fait varier sans le vouloir des organes différents. Le même auteur a remarqué (80) que les chevaux qui ont les balsanes ont une étoile blanche au front, que les chiens noirs qui ont les pattes couleur feu ont aussi au-dessus des yeux une tache de même couleur, que les chats blancs à yeux bleus sont sourds, etc., etc.

D'autres fois, la corrélation se montre entre un caractère anatomique et un physiologique. Ainsi les moutons noirs sont insensibles au poison de l'*Hypericum crispum* qui tue les moutons blancs, et les cochons noirs à celui du *Lacknanthus tinctoria* qui fait tomber les sabots des porcs d'autre couleur. On devine que, dans nombre de ces cas, une variation n'est pas la cause de l'autre, mais que toutes les deux sont causées par une cause plus profonde. Il en est de même de la forme de l'os de la phalangette chez les tuberculeux porteurs d'une lésion pulmonaire avancée[1].

[1] Voici quelques exemples de corrélation empruntés pour la plupart à DARWIN (79, 80). Les Lapins *lopes* ou *demi-lopes*, c'est-à-dire qui ont les deux oreilles, ou une seule, hypertrophiées, tombantes, montrent certaines modifications du squelette qui ne s'expliquent pas comme d'autres par la traction exercée par l'oreille alourdie : telles sont celles qui portent sur les os frontaux, les os malaires, les omoplates, l'extrémité inférieure du sternum, etc. Les éleveurs de Pigeons ont produit sans les chercher les variations corrélatives suivantes : chez le *Messager* le raccourcissement relatif de la langue avec l'allongement du bec; chez le *Runt*, l'allongement relatif de la langue avec l'allongement du bec, chez le *Culbutant* l'allongement relatif de la narine avec le raccourcissement du bec; chez le *Messager* l'allongement relatif de la narine avec l'allongement du bec, chez le *Jacobin* l'allongement des pennes rectrices et rémiges avec le relèvement des plumes du cou, chez le *Culbutant* et d'autres, un certain degré de palmure entre les deux doigts externes avec le développement des plumes sur les pieds, etc.

DARWIN (Ibid.) remarque encore que, quand des Lapins ou du bétail blancs ont quelques taches foncées, ces taches se placent au bout des oreilles et aux pieds; les Moutons à laine frisée ont les cornes tordues en spirale; les Chats blancs à yeux bleus sont sourds, mais la moindre tache colorée sur la fourrure entraîne la restitution de l'ouïe. Même, dans un cas, un Chat blanc entièrement sourd, retrouva l'ouïe à 4 mois, en même temps qu'une couleur foncée se développait sur son pelage. La rétinite pigmentaire, affection très rare chez les individus à oreilles normales, se montre 16 fois sur 100 chez les sourds-muets. Les Vers à soie font des cocons dont la couleur est blanche ou jaune selon que leurs pattes sont de l'une ou de l'autre de ces nuances, et cela, quelle que soit la couleur du reste de leur corps ou celle du papillon.

Les Chiens terriers blancs sont plus sujets à la *maladie des chiens* que ceux des autres couleurs. Les Pruniers à fruits pourpres sont sujets dans l'Amérique du Nord à une maladie qui n'atteint pas les fruits verts ou jaunes. Les Poussins blancs sont beaucoup plus sujets que ceux des autres couleurs au *baillement* produit par un parasite de la trachée. Les Papillons de vers à soie à cocons blancs résistent mieux à la maladie que ceux à cocons jaunes, etc., etc., etc.

FÉRÉ (94) trouve une relation assez constante entre l'hypertrichose chez l'homme et l'absence ou la caducité des dents. GUINARD (93) cite le cas d'une femme dont le tronc se couvrait de poils à chaque grossesse et redevenait glabre après l'accouchement.

Évidemment il n'y a pas là toujours des relations directes de cause à effet,

Il y aurait trouvé les voies et moyens par lesquels se fait sentir cette influence des organes les uns sur les autres que le mot *Corrélation* désigne sans l'expliquer.

Chapitre X. — LA MORT ET LA CONTINUITÉ DE LA VIE LE PLASMA GERMINATIF

Tous les êtres qui émettent des éléments reproducteurs (spores asexuées ou produits sexuels) meurent tôt ou tard, après s'être perpétués par le moyen de ces éléments. Le fait est si général que la *mort* est considérée par beaucoup de gens comme la conséquence inévitable de la vie. Cela n'est pas cependant; il y a des êtres qui ne meurent pas, et il est forcé qu'il en soit ainsi : ce sont ceux qui n'ont pas d'éléments reproducteurs distincts de leur propre corps, qui se reproduisent par la totalité de leur substance, en se divisant en deux parties égales qui se complètent après la séparation. Il n'y a pas de distinction entre partie reproductrice et partie reproduite ; si l'une mourait, l'autre mourrait aussi et l'espèce s'éteindrait. Tous les êtres unicellulaires sont dans ce cas, Protozoaires et Protophytes. Aussi, l'Infusoire (c'est lui d'ordinaire que l'on prend pour exemple) ne meurt pas ; il est immortel ; mais non de cette immortalité idéale des dieux de la Mythologie, comme dit Weissmann (84), qui sont immortels parce qu'aucune blessure ne peut les détruire. Il est très fragile au contraire et il en meurt à chaque instant des millions, mais il

ce sont souvent des effets concomitants d'une cause plus lointaine, mais cela ne supprime pas le fait d'une dépendance dont la cause est à trouver.

Le suivant observé par Scholtz (92) est peut-être plus curieux encore. On sait que le pavot courbe sa tête en apparence sous le poids du bourgeon ou de la fleur. On serait d'autant plus tenté de le croire que, si on coupe l'un ou l'autre, le pédoncule se redresse. En réalité c'est une rotation active dont la condition déterminante réside dans les ovules. En effet, si on coupe la fleur et qu'on la rattache au pédoncule, celui-ci se relève, bien que chargé du même poids et peut même relever un poids trois fois plus lourd. Si on enlève successivement toutes les parties de la fleur, le pédoncule reste courbé, malgré l'allègement, mais si on enlève les ovules, il se redresse aussitôt. J'ai vérifié cette expérience avec les *Fuchsia ;* les résultats ont été concordants mais beaucoup moins accusés.

Les faits de Dichogénie (V. p. 280 et suiv.) pourraient prendre place ici.

n'est pas fatalement voué à la destruction par impossibilité de continuer à vivre. Il meurt d'accident souvent, de vieillesse jamais.

C'est là un fait positif sur lequel on a épilogué tant et plus mais en vain.

Maupas (88) a démontré ce fait très intéressant que l'Infusoire ne peut se diviser indéfiniment. Après un nombre de divisions variant, selon les espèces, de une à quelques centaines, il montre des traces évidentes d'affaiblissement général, de sénilité, et il meurt s'il ne trouve pas un autre individu dans un état semblable au sien pour se conjuguer avec lui[1]. Mais c'est un pur accident, comme le voyageur du désert meurt s'il ne trouve pas à temps une source. Est-il mortel pour cela? Non, dit Weismann (91), car s'il rencontre cet autre individu, il se conjugue avec lui, échange avec lui une fraction de noyau et se sépare, prêt à recommencer une nouvelle série de divisions agames. Pendant la conjugaison, il n'a pas cessé de se mouvoir, par conséquent de vivre, il n'est donc pas mort et peut recommencer ainsi indéfiniment sans jamais mourir. Il est donc bien immortel. L'Homme au contraire (et tous les Pluricellulaires) vieillit comme l'Infusoire, s'affaiblit, mais il n'y a pour lui aucune possibilité de retrouver la jeunesse et d'éviter la mort. Il est donc mortel.

D'autres ont cherché dans les phénomènes normaux de la vie des Infusoires l'équivalent de la mort des Métazoaires. Spencer (93) voit cet équivalent dans la Conjugaison. Cette assimilation ne peut être discutée que sur le terrain de la métaphysique; elle n'a aucune valeur. Spencer ne trouve rien à répondre quand Weismann lui demande où est le cadavre[2].

Götte (83) distingue, dans la mort des Métazoaires, deux choses, la mort de l'individu et celle de ses éléments anatomiques et trouve que

[1] Si l'Infusoire ne trouve pas à se conjuguer, les organes reproducteurs s'atrophient d'abord, puis les autres; la taille diminue de plus en plus et l'individu finit par périr. Maupas part de là pour s'inscrire en faux contre l'opinion de Minot que la mort consiste essentiellement, pour les cellules, dans la diminution puis la disparition de la faculté de division. D'après lui, toutes les facultés déchoient ensemble dans la cellule quand elle approche de la fin de la vie.

[2] Gardiner (91) est du même avis et déclare que les seuls Protozoaires immortels sont ceux qui n'ont pas de conjugaison et il cite les Bactéries. Or les Bactéries sont précisément moins immortelles que les autres car, lorsqu'elles se reproduisent par spores, elles ne laissent pour les perpétuer qu'une partie très minime de leur substance et le reste est détruit.

Mais il ne résulte pas de là qu'elles soient fatalement mortelles, car elles ne forment des spores que dans des conditions déterminées, et il n'est pas démontré qu'elles ne puissent se reproduire indéfiniment par simple division.

celle-ci n'existe pas, en effet, chez les Infusoires, mais que la première a son équivalent dans l'*enkystement*. C'est encore un abus d'interprétation. L'infusoire a l'air mort, en effet, tant qu'il reste informe et immobile sous l'épaisse paroi de son kyste, mais peut-on dire qu'il le soit vraiment lorsqu'on le voit au bout de quelque temps rompre ce kyste et reprendre sa vie accoutumée sans laisser ici non plus comme cadavre la moindre parcelle de son protoplasme. C'est peut-être une mort *psychologique*, comme serait celle d'un homme qui sortirait d'une longue catalepsie ayant perdu toute mémoire du passé, mais ce n'est pas une mort *physiologique* comme celle du Métazoaire devenu vieux.

Ainsi il est établi que l'Infusoire ne meurt pas.

Pour ce qui est du Métazoaire, il n'y a pas à nier qu'il soit mortel, mais on peut se demander si la mort est pour lui une nécessité résultant de la structure même de son protoplasma ou si elle n'est qu'un accident physiologique résultant de ce que les cellules du corps ne sont pas agencées entre elles de manière à continuer à vivre. SPENCER (93) a émis l'opinion qu'il n'y a aucune différence constitutive essentielle entre les cellules du corps et celles des produits sexuels et que celles-là, comme celles-ci, pourraient vivre indéfiniment si on les mettait dans des conditions convenables. Il cite l'exemple des Pucerons dont les générations agames se continuent pendant si longtemps et des *Elodea* dont les masses immenses proviennent de la multiplication asexuelle d'un seul individu : il pourrait y ajouter les Pommes de terre qui se reproduisent par bouture depuis leur découverte. Il est certain qu'il y a surtout dans ces dernières un tel exemple de longévité des cellules somatiques, que l'on peut se demander si l'on a le droit de dire que cette longévité a une limite infranchissable.

En tout cas, son corps fût-il mortel, le Métazoaire ne meurt pas tout entier. L'Homme laisse des enfants qui sont une partie de sa substance et il continue à vivre en eux. Il ne s'agit pas ici de métaphore mais d'un fait anatomique. L'œuf fécondé est fait tout entier de la substance des parents; or l'enfant n'est que l'œuf grandi et développé. Et, bien qu'en grandissant il ait multiplié des milliers de fois sa substance, il n'a cependant pas pour cela cessé d'être la continuation de ses parents, comme le montre sa ressemblance avec eux, en dépit des conditions de vie différente qu'il a pu rencontrer. En réalité donc le Métazoaire ne meurt qu'en partie ; il se divise en deux parts, l'une qui meurt, l'autre qui continue à vivre et cela indéfiniment. Il y a en lui deux choses, l'une mortelle, le corps, le *Soma,* l'autre immortelle, les cellules germinales, que l'on pourrait appeler dans leur ensemble le *Germen.* Ce *Germen* est immortel, exactement à la manière des Infusoires. Comme eux, et bien plus qu'eux, il est fragile; combien d'œufs et surtout de spermatozoïdes meurent ainsi tous les jours. Mais il est pour eux, comme pour les Infusoires, une possibilité de continuer à vivre s'ils remplissent la condition nécessaire qui est de se rencontrer et de se fusionner dans la fécondation.

Quelle est l'origine de cette différence capitale entre le *Soma* et le *Germen?* Les anatomistes l'ont depuis longtemps saisie et interprétée d'une façon très acceptable. H. Milne Edwards (63) et après lui, Kölliker (86), Huxley et d'autres pensent simplement que le plasma de l'œuf, étant non différencié, est capable, comme il le prouve d'ailleurs, de reproduire l'être entier; qu'en se divisant il fournit deux sortes de cellules, les unes semblables à lui et restant telles, ne se différenciant pas et restant par là capables de reproduire encore l'organisme, les autres qui, d'abord semblables, se différencient peu à peu en cellules de divers tissus et perdent par là le pouvoir de produire autre chose que le tissu dont elles ont pris le caractère.

L'objection à cela est qu'on ne voit pas dans l'ontogénèse les cellules de la lignée ascendante des germinales garder l'aspect de l'œuf; souvent elles subissent une faible différenciation au moins apparente, en cellules épithéliales.

Aujourd'hui une opinion différente tend à prévaloir.

On admet que les cellules germinales sont faites d'un plasma d'une nature spéciale, immortel par essence, et contenant en puissance l'organisme entier, c'est le *Plasma germinatif,* et que les cellules du corps sont faites d'un autre plasma mortel moins noble et moins complet, le *Plasma somatique.* Plasma veut dire ici substance vivante, essentielle, sans préciser si elle appartient au cytoplasme ou au noyau.

Nous aurons à discuter ailleurs les théories de la constitution et de la nature du Plasma germinatif. Mais, pour le moment, nous pouvons accepter le *Plasma germinatif* comme un fait indéniable, en le définissant, *cette partie de la substance des parents qui ne meurt pas avec eux et se perpétue dans leurs enfants.* De cette définition même résulte la *Continuité du Plasma germinatif,* qui est moins une théorie qu'une manière d'envisager la filiation des substances dans la génération. Elle consiste à considérer, non pas, comme on fait d'ordinaire, l'individu engendrant l'œuf, qui devient un individu, qui engendre un nouvel œuf, et ainsi de suite; mais l'œuf se dédoublant en un corps et un œuf, celui-là mourant, celui-ci se dédoublant en un nouvel œuf et un nouveau corps, et ainsi de suite[1]. Le schéma suivant fait comprendre la différence des

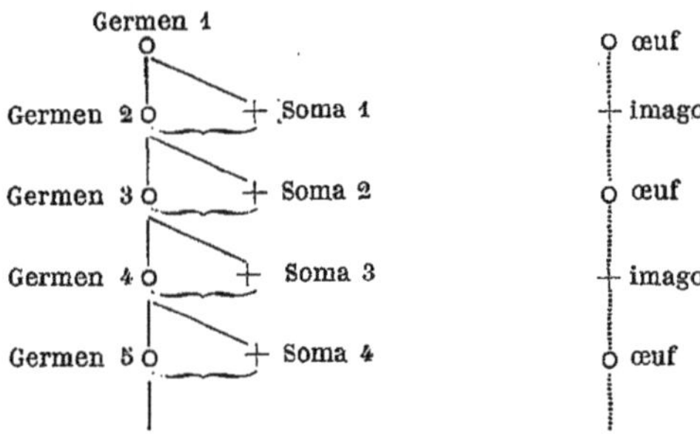

deux conceptions. C'est Jæger (78) qui, le premier, en a eu l'idée et l'a nettement exprimée[2]. Puis Nussbaum (80) l'a développée et enfin Weismann (85) s'en est fait le champion et l'a tant creusée, modifiée, adoptée, qu'il l'a faite sienne en quelque sorte[2].

Nous aurons plus tard à examiner les différentes conceptions de ces auteurs et des autres sur la nature et la constitution du *Plasma germinatif*. Mais nous devons ici, pour épuiser la question de fait à son sujet, faire connaître une observation extrêmement curieuse qui nous montre en quoi pourrait peut-être consister la différence de constitution entre les cellules sexuelles et celles du corps. Cette observation, malheureusement isolée, est due à Boveri (87$_1$ et 90) qui l'a faite en étudiant la segmentation de la variété de l'*Ascaris megalocephala* dont la cellule n'a que 2 chromosomes au lieu de 4, et que l'on appelle pour cela *univalens*. La première

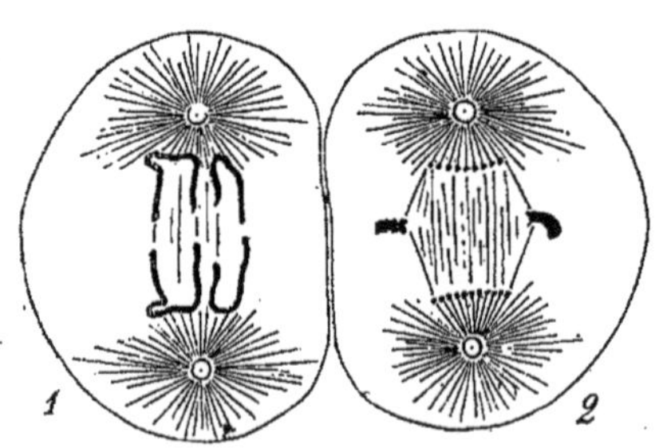

Fig. 15. — Les deux blastomères du stade 2, chez l'*Ascaris megalocephala univalens*, d'après Boveri.

1, est la cellule de la lignée germinale correspondant à A de la figure 17, qui a conservé ses chromosomes complets. — 2, est la cellule de première lignée somatique, correspondant à B de la figure 17, qui élimine les deux bouts de ses chromosomes.

[1] Thompson assure que la première idée du Plasma germinatif appartient à Owen.

[2] La différence entre Nussbaum (80) et Weismann (85), dans leur conception de

division se fait comme d'ordinaire, et chaque blastomère reçoit une anse paternelle et une maternelle complètes. Mais, à la division suivante, l'un des blastomères (1, fig. 15) garde encore ses chromosomes com-

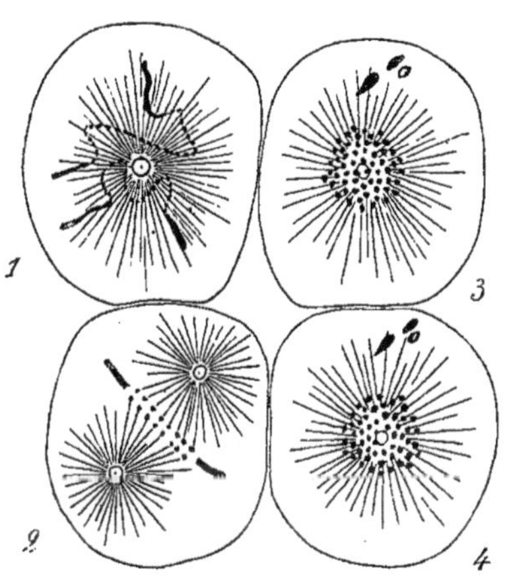

Fig. 16. — États successifs des cellules de segmentation de la lignée somatique, chez l'*Ascaris megalocephala bivalens*. (Schématisé d'après Boveri.)

1, est l'état qui succède à 1 de la figure précédente et montre les bouts des chromosomes destinés à tomber. — 2, montre les chromosomes à un état de division un peu moins avancé que 2 de la figure 15. — Dans 3 et 4 l'élimination est complète. Ces cellules correspondent à celles marquées B, B_1, B_2, B_3, dans la figure 17.

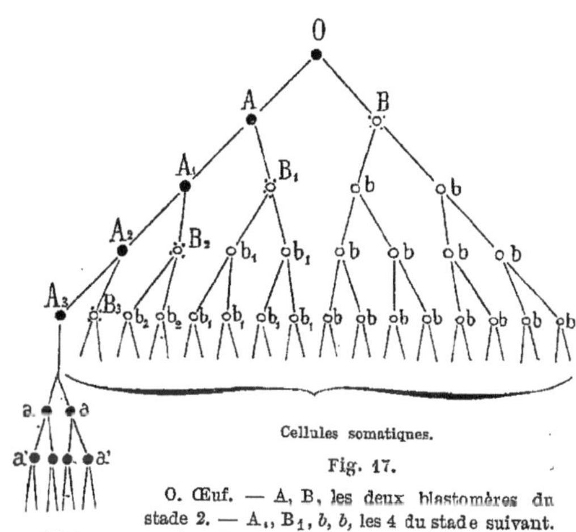

Fig. 17.

O. Œuf. — A, B, les deux blastomères du stade 2. — A_1, B_1, *b*, *b*, les 4 du stade suivant. — A_2, B_2, b_1, b_1, *b*, *b*, *b*, *b*, les 8 du stade suivant et ainsi de suite. — Les petits points qui entourent le noyau des cellules B, B_1, B_2, B_3, représentent les bouts de chromosomes éliminés. Dans leurs cellules filles ils disparaissent.

plets et donne à chacune des deux cellules filles deux anses complètes, tandis que l'autre (2, fig. 15, 1 et 2, fig. 16) élimine les deux bouts renflés de ses deux chromosomes. Ces bouts tombent dans le cytoplasma (3 et 4, fig. 16) où ils s'arrondissent et finissent par se résorber. Les deux cellules filles

la Continuité du Plasma germinatif, c'est que, d'après Nussbaum, la séparation des éléments germinatifs a toujours lieu sous forme de cellules spéciales, les cellules sexuelles, et avant toute différenciation ontogénétique. Les cellules sexuelles sont en quelque sorte prélevées, avant le début du travail embryogénique, sur la masse segmentée dont le reste sert à former l'embryon. Elles proviennent de divisions homogènes de l'œuf, tandis que le plasma somatique, identique au début au plasma germinatif, détruit dès l'abord cette identité en se différenciant par des divisions hétérogènes.

Weismann, au contraire, admet qu'il en est ainsi chez quelques animaux (Diptères, Daphnides), mais que, chez la majorité, le Plasma germinatif a pour véhicule des cellules qui peuvent subir une différenciation quelconque. Mais cette différenciation est le fait de leur Plasma somatique, et elles gardent ou livrent intact à leurs cellules filles le Plasma germinatif qu'elles ont reçu de leur mère dans les mêmes conditions.

ne reçoivent donc que des anses incomplètes et ce qui leur manque, n'étant pas récupéré, manquera à toutes les cellules (3 et 4, fig. 16) qui descendront d'elles jusqu'à la fin; nous n'avons plus à nous en occuper.

Le schéma précédent (fig. 17) montre les effets de ce phénomène. Les deux cellules A_1 et B_1, filles de O, ont chacune leurs chromosomes complets, mais A_1 se comportera comme O, en sorte que sa lignée pourra avoir encore ses chromosomes entiers, tandis que B éliminera les bouts de ses chromosomes en sorte que toute sa lignée *b b b b*..., les aura forcément incomplets. De même A_1 et B_1 filles de A reçoivent des chromosomes complets; mais tandis que A_1 les conserve et les transmet complets à ses deux filles A_2 et B_2, B_1 élimine les bouts de ses chromosomes, en sorte que toute sa descendance, b_1 b_1 b_1... en est désormais privée.

La chose continue ainsi, toujours de la même manière, en sorte qu'il n'y a toujours qu'une cellule qui ait des chromosomes entiers. Boveri suppose, avec une certaine apparence de raison, que cette lignée de cellules à chromosomes complets est la lignée de la cellule mère des cellules germinales, et qu'arrivée à un certain moment (A_3) de l'ontogénèse, elle se divise par le procédé habituel, sans élimination de chromatine pour donner naissance aux cellules germinales (*a*, *a*, *a'*, *à'*...) toutes complètes comme elle. Les cellules de la lignée germinale directe O, A, A_1, A_2, A_3... et leurs filles, les cellules germinales *a*, *a*, *a'*, *a'*, etc., sont les seules qui aient des chromosomes complets.

Il y a là une part d'hypothèse, mais aussi un fait, et l'on peut résumer la chose ainsi : Chez l'*Ascaris megalocephala* et peut-être chez les autres animaux, toutes les cellules sont dépouillées, pendant la division, d'une partie de leur chromatine, qui se détache des chromosomes et se résorbe. Une seule lignée conserve la chromatine complète de l'œuf fécondé. Il est permis de supposer que les premières sont les cellules somatiques et les dernières les cellules germinales. S'il en est ainsi, le Plasma germinatif serait le nucleoplasma complet de l'œuf fécondé et le Plasma somatique un nucleoplasma dépouillé d'une partie de sa substance.

La question la plus délicate ici est de savoir si ce curieux phénomène a quelque généralité et si la partie soustraite a une signification spécifique, ou s'il n'y a là qu'une élimination portant sur la quantité et non sur la qualité, d'une substance banale, et par conséquent susceptible d'être remplacée.

Nous aurons à examiner, dans la partie théorique, comment la *mort* a pu s'introduire dans le cycle évolutif de l'être quand celui-ci est devenu polycellulaire ; en quoi consiste la sénilité du plasma cellulaire et quelles modifications graduelles l'amènent à ne plus pouvoir assimiler et se diviser, c'est-à-dire à mourir. Nous aurons à rechercher quelle est la nature probable de la différence entre le Plasma somatique et le Plasma germinatif; quelle est la constitution de ce dernier et quelle est sa répartition dans les cellules de l'organisme pendant l'ontogénèse et lorsqu'il est arrivé à son complet développement.

LIVRE III. — LA RACE

Nous connaissons maintenant *la Cellule,* individualité élémentaire des organismes, et *l'Individu* formé d'un agrégat de cellules ; il nous reste à étudier *la Race,* c'est-à-dire, en prenant ce terme dans sa plus large acception, *les rapports des individus avec la nature et entre eux, dans les groupes naturels établis par leur filiation généalogique.*

Cette définition de la race implique la Descendance, et l'on se demandera de quel droit nous l'employons sans avoir prouvé que nous en avions le droit. Je reconnais sans peine que l'on n'a jamais vu une espèce en engendrer une autre, ni se transformer en une autre, et que l'on n'a aucune observation absolument formelle démontrant que cela ait jamais eu lieu. J'entends ici une vraie bonne espèce, fixe comme les espèces naturelles et se maintenant, comme elle, sans le secours de l'homme [1].

A plus forte raison cela est-il vrai pour les genres.

Je considère cependant la Descendance comme aussi certaine que si elle était démontrée objectivement car en dehors d'elle, il n'y a d'autre hypothèse possible que celle de la génération spontanée de toutes les espèces même supérieures, et celle de leur création par une puissance divine quelconque. Ces deux hypothèses sont aussi extra-scientifiques l'une que l'autre, et nous ne leur ferons pas plus l'honneur de les discuter que ne ferait un physicien pour une théorie basée, par exemple, sur la non conservation de

[1] Je prends ici la première personne pour montrer que je parle en mon nom personnel et non en celui des Transformistes dont beaucoup sans doute seront scandalisés en lisant cette déclaration.

Je suis cependant absolument convaincu qu'on est ou n'est pas transformiste, non *pour des raisons* tirées de l'histoire naturelle, mais *en raison* de ses opinions philosophiques.

S'il existait une hypotèse *scientifique,* autre que la descendance, pour expliquer l'origine des espèces, nombre de Transformistes abandonneraient leur opinion actuelle comme insuffisamment démontrée.

l'énergie [1]. Le problème de la Descendance ne porte pas sur son existence, mais sur la manière dont elle a pu s'effectuer. Ceux que ces prémisses choqueraient n'ont qu'à fermer le livre. Nous perdrions notre temps à discuter ensemble, nous ne parlons pas la même langue [2].

Tout ce qui concerne la *race,* définie comme elle vient de l'être, repose sur un fait d'observation banale, que tout le monde a toujours connu, mais dont DARWIN a le premier fait sentir toute l'importance : l'être engendré est semblable à ses générateurs, mais il ne leur est pas identique. De là découle tout naturellement la division de ce livre en trois chapitres : 1° l'*Hérédité* traitant des ressemblances du produit avec ses parents ; 2° la *Variation* étudiant les caractères nouveaux qui se montrent dans l'être engendré ; 3° l'*Origine des espèces* cherchant de quelle manière la variation peut aboutir à la production des formes nouvelles. On voit tout de suite quelles importantes questions théoriques se poseront à ce propos.

La plus grave de toutes est celle qui a été l'origine de ce livre : Qu'est-ce que l'Hérédité? Comment et sous quelle forme sont contenues dans les produits sexuels les caractères si minutieux et si variés dont l'observation journalière nous montre la transmission? Si les caractères acquis sont transmissibles, comment les modifications produites dans le corps peuvent-elles se transmettre, avec une précision si admirable, aux cellules germinales qui ne contiennent encore aucun des organes qui auront à les subir? S'ils ne le sont pas, par quel moyen peut se faire le progrès de l'adaptation des êtres à leur milieu? Quelle est l'origine de la Variation? A-t-elle des limites? Peut-elle se majorer, se fixer, et comment? Enfin comment se forment les espèces nouvelles? Comment se concilie leur fixité évidente avec les nécessités de la Descendance. Nous indiquons rapidement ici ces problèmes théoriques, mais nous les abandonnons pour le moment.

[1] Quelques mathématiciens se sont amusés cependant à une géométrie non-Euclidienne, dans laquelle on remplace par leurs inverses nos postulatums de sens commun, et où l'on admet que la ligne droite n'est pas le plus court chemin d'un point à un autre, ou que par un point on peut mener plus d'une parallèle à une droite donnée. Ces essais sont curieux, mais ils ne pourront se proposer comme théories sérieuses, que le jour où leurs théorèmes auront permis d'élever une voûte ou de construire un pont.

[2] Les petits faits de détail que chacun s'efforce de trouver pour consolider le Transformisme ont tous leur intérêt sans doute, mais l'édifice est inébranlable sans eux. Il suffit qu'un chien et un homme aient quatre membres, une tête, et un tronc, des yeux, un cœur, un tube digestif, etc., que les êtres soient bâtis en somme, au moins par grands groupes, sur le même large plan général, pour que le Transformisme soit la seule théorie à laquelle un esprit purement scientifique ait le droit de s'arrêter.

Ils seront examinés dans les parties théoriques de cet ouvrage. Ici nous nous bornerons à l'exposé des faits sur lesquels les théories s'appuieront et avec lesquels elles auront à compter.

Chapitre Ier. — L'HÉREDITE

La question de l'*Hérédité* peut être envisagée sous deux points de vue, celui de l'héritage et celui de l'héritier. Il est naturel de se demander d'abord de quoi le premier se compose avant de chercher quelle part revient au second.

La première question est celle de la *Transmissibilité* des caractères, envisagée en elle-même et sans égard à l'application qui en sera faite dans chaque cas particulier. Tous les caractères sont-ils transmissibles? Sinon, lesquels le sont, lesquels ne le sont pas? La transmissibilité a-t-elle des degrés? Est-elle indéfinie ou limitée dans le temps, et de quelle manière? Les caractères se transmettent-ils indépendamment les uns des autres, ou sont-ils associés de telle façon que certains d'entre eux aient une tendance à s'accompagner? etc., etc.

La seconde question est celle de la *Transmission* des caractères, ou si l'on veut la question des caractères du *produit* par rapport aux *parents*. Car il s'en faut de beaucoup que tous les caractères transmissibles soient transmis. Lesquels sont certainement et habituellement transmis dans les diverses sortes de génération asexuelle ou sexuelle, dans les produits de race pure et dans ceux issus de croisement? Quelle est la part respective des deux parents et des ancêtres dans les caractères du produit? Celui-ci tient-il plus ou moins de celui de ses parents qui est du même sexe que lui? etc., etc. On le voit, ces divers problèmes forment deux catégories bien distinctes qu'il faut étudier séparément.

I. TRANSMISSIBILITE DES CARACTÈRES

A. CARACTÈRES DE RACE

Les caractères de race sont tous transmissibles. — Par *race* nous entendons, comme cela a été convenu, le groupe vaste ou étroit auquel appartient l'être, espèce, genre, famille, ordre, etc. Non seulement les caractères de race sont tous transmissibles, mais ils sont tous toujours transmis, sauf le cas où le produit est un monstre. Dans ce cas, la race peut n'être pas reconnaissable, mais les caractères tératologiques sont toujours des altérations des caractères normaux de la race à quelque moment de son ontogénèse et non ceux d'une race différente[1]. Si les deux parents sont de race différente, ce qui est transmis nécessairement, ce sont les caractères des groupes auxquels ils appartiennent l'un et l'autre, et l'alea n'existe que pour les caractères des groupes spéciaux auxquels ils appartiennent séparément. Ainsi le métis du Chien (*Canis latrans*) et du Loup (*Canis lupus*) a tous les caractères du genre *Canis*, plus une combinaison variable des caractères spéciaux des deux espèces *C. latrans* et *C. lupus*[2].

La question de la transmissibilité est donc ici très simple. Elle ne se complique un peu que lorsqu'elle s'adresse aux caractères individuels.

B. CARACTÈRES INDIVIDUELS

Il n'y a pas de loi générale pour la transmissibilité des caractères individuels. Il faut examiner séparément les diverses catégories et en distinguer surtout deux principales : les *caractères innés* et les *caractères acquis*. Les *caractères innés* sont ceux qui, sous une forme quelconque, connue ou non, peu importe, étaient contenus dans l'œuf fécondé. Les *caractères acquis* sont ceux qui se sont développés uniquement par l'action des conditions ambiantes. Cette définition suffit pour l'heure, elle sera complétée en temps et lieu[3].

[1] Lorsqu'un Mammifère naît avec des fentes au cou, il ne se rapproche pas du Poisson; il se rapproche de ce qu'est tout Mammifère à un moment de sa vie fœtale, et la question de savoir si ces fentes transversales rapprochent le Mammifère du Poisson se pose à l'occasion de l'Ontogénèse normale et non de la Tératogénèse.

[2] Cela n'est pas infirmé par l'apparition des caractères ataviques qui est si fréquente chez les hybrides. Admettons provisoirement que, lorsqu'un Mulet naît avec des rayures, ce caractère n'est celui ni de l'Ane, ni du Cheval, ni du genre *Equus* qui les contient tous les deux, mais c'est celui d'un ancêtre rayé, zébriforme, du genre *Equus*.

SANSON (93) a insisté sur la distinction entre l'hérédité de race et celle des caractères individuels. Il déclare la première beaucoup plus solide que la seconde, en ce sens que les caractères individuels sont rapidement noyés dans la moyenne par le mélange des sangs dans la fécondation, tandis que le croisement n'a qu'une influence passagère sur les caractères de race. D'après lui, les produits de croisement finissent toujours par faire retour à l'une des formes parentes, quelque soin que l'on mette à les maintenir. (V. aussi p. 190 à la fin de la note.)

[3] Nous proposons cette appellation de

1. CARACTÈRES INNÉS.

D'une manière générale, *les caractères innés sont transmissibles.* Il est facile de le prouver par des exemples pour chaque sorte en particulier.

a) Caractères anatomiques.

C'est un fait d'observation banale que les particularités anatomiques des parents peuvent passer aux descendants. La taille, la couleur du poil et des yeux, les traits d'où résulte la physionomie, même des particularités minimes et très localisées comme des mèches de cheveux blancs, des *nœvus,* etc., etc., se montrent très souvent héréditaires. Il est à peine utile de citer des exemples de faits aussi connus. *Les caractères anatomiques sont transmissibles* [1].

b) Caractères physiologiques.

Tout le monde sait aussi que *les particularités physiologiques* sont fréquemment *héréditaires.* La tendance à l'obésité est un vice de certai-

caractères *innés* à la place de celle de caractères *congénitaux* habituellement employée : *congénital* ne saurait, en effet, s'opposer à *acquis.* Nombre de caractères congénitaux sont acquis. En voici un exemple entre beaucoup d'autres. Lorsqu'un enfant naît avec la petite tare connue sous le nom de *pied plat,* cela tient, souvent sinon toujours, à ce que les eaux de l'amnios étant peu abondantes, ses pieds pendant leur formation ont appuyé sur le fond de la matrice.

On distingue souvent ces caractères innés et acquis sous les noms de *blastogènes* et *somatogènes.* Ces désignations expriment admirablement leur différence, mais elles ont le tort de préjuger de leur origine. Elles indiquent que les premiers résident dans le *Plasma germinatif,* les seconds dans le *Plasma somatique.*

[1] Certains caractères cependant ne sont presque point héréditaires. Ainsi le Frêne pleureur ne donne le plus souvent par graine que des Frênes à rameaux dressés. La raison de ce fait est d'autant plus obscure que, dans d'autres arbres, comme le Chêne, la même particularité est parfaitement transmise.

Nous ne nous étendrons pas longuement sur les exemples d'hérédité. Il nous suffira d'en citer quelques-uns des plus caractéristiques. Qui voudra de longues listes de faits les trouvera dans les ouvrages de Lucas (47 et 50), Roth (85), Déjerine (86), Ribot (93), Sanson (93), etc. Pour ce qui est des caractères anatomiques, faut-il citer encore le nez des Bourbon et la lèvre des Habsbourg? Chacun sait que ce ne sont pas là des faits exceptionnels et qu'il n'est pas de trait de ressemblance qui ne puisse exister entre l'enfant et ses parents.

D'après Galton (89), la taille serait héréditaire de la manière suivante : la taille

nes familles. La longévité, le timbre de la voix, les tics les plus singuliers, la *gaucherie*, etc., etc., se retrouvent souvent chez les enfants [1].

c) Caractères psychologiques.

L'hérédité des goûts, habitudes, tendances, formes du caractère, n'est pas moins certaine. La vertu, le vice, la bonté, la méchanceté, la colère, la luxure, l'orgueil, la dissimulation, la franchise, l'avarice, l'ambition, le goût des choses sérieuses ou frivoles, l'intelligence, le talent, les aptitudes artistiques, etc., etc., sont l'apanage de certaines familles. Le fait brutal n'est contesté par personne. Mais la question n'en est pas moins très délicate, car il est souvent difficile de faire les parts de l'éducation et de l'imitation dans le résultat. Il est certain que tous ces caractères peuvent avoir été communiqués dans le jeune âge par les conseils ou par l'exemple. La même objection s'adresse à certains caractères qui sont sur les

du produit est la moyenne arithmétique entre celle du père, celle de la mère et la taille moyenne de la race. Mais dans ces calculs, il faut substituer à la taille des femelles, généralement plus petites, ce qu'il appelle la taille *corrigée*, c'est-à-dire celle d'un mâle de même développement. Chez l'homme cette correction consiste à ajouter à celle de la femme autant de pouces qu'elle a de pieds. C'est une majoration de 1/12.

[1] Par *gaucherie* il faut entendre ici la particularité d'être gaucher. L'imitation ne peut être toujours invoquée pour expliquer la transmission comme le prouve le cas cité à la fin de la note de la page 195.

On se rappelle avoir lu dans DARWIN (80) le cas de cette personne qui tenait de son père l'habitude de lever le bras pendant son sommeil et de le laisser retomber pesamment sur son nez au point de le meurtrir.

LUCAS (47-50) cite des familles où la calvitie précoce est héréditaire. J'ai remarqué moi-même que beaucoup de filles commencent à être réglées au même âge que leur mère. L'époque précoce ou tardive de la ménopause est aussi héréditaire. La gemmiparité l'est également. MARTIN (80) cite le cas observé par OSIANDER d'une femme qui fit onze couches trigémellaires et qui elle-même était née d'un accouchement trigémellaire et avait 38 frères ou sœurs.

L'hérédité de ces caractères n'est pas exclusive à la femme, car le Dr Martin cite aussi le cas d'un de ses amis qui était jumeau avec son frère, dont la mère avait fait en outre deux jumelles, et qui lui-même engendra deux jumeaux.

Les exemples d'hérédité de la longévité sont innombrables et il ne faut pas considérer la longévité comme une conséquence nécessaire de la force de la constitution. Pour un centenaire ayant conservé une certaine verdeur, on en comptera dix qui, à 80 ans, n'étaient pas plus robustes que ceux morts de vieillesse à cet âge.

La brièveté de la vie paraît héréditaire comme la longévité. On cite d'ordinaire à ce propos le cas de Turgot qui, sachant que dans sa famille on ne dépassait guère la cinquantaine, commença à 50 ans à mettre ordre à ses affaires, assurant que sa fin était proche, malgré une grande vigueur de tempérament et toutes les apparences d'une robuste santé. Il mourut, en effet, à 53 ans.

confins de la physiologie et de la psychologie, tels que les tics, le genre d'écriture, etc. On tique et l'on dirige sa plume autant par son cerveau que par sa moelle ou ses muscles.

Aussi les exemples dans lesquels l'enfant qui manifeste une ressemblance héréditaire de ce genre, a été élevé loin de ses parents sont-ils particulièrement instructifs. Malheureusement ils sont très rares. DARWIN (74) en cite un irréprochable. Une petite fille née de parents anglais ressemblait étonnamment à un grand-père français qu'elle n'avait jamais vu. Dès l'âge de 16 mois, elle prit l'habitude de hausser les épaules, geste familier aux Français, mais très rare chez les Anglais, qui le considèrent comme un acte de mauvaise éducation. Sa mère et sa nourrice n'avaient sans doute jamais haussé les épaules et son père ne le faisait que très rarement. Elle avait, en outre, un tic commun avec son grand-père, tic si particulier qu'elle n'avait certainement jamais vu faire la série de gestes qui le constituaient : ce tic consistait à tourner la main en dehors et à frotter rapidement le pouce contre l'index et le medius ; elle faisait ce geste, comme son grand-père, quand elle désirait impatiemment quelque chose [1]. D'ailleurs les traits psychologiques pourraient-ils ne pas être héréditaires quand les caractères anatomiques et physiologiques le sont? Sont-ils autre chose que la manifestation de certaines combinaisons de structure, surtout des centres nerveux, de vascularité cérébrale, de composition du sang, de fonctionnement des viscères, etc.?

Comment l'irritabilité, la mélancolie, l'ambition folle ne seraient-elles pas héréditaires quand les maladies du foie, de l'estomac et de l'encéphale dont elles sont souvent des symptômes cliniques le sont indubitablement?

[1] DARWIN fait remarquer avec raison que son habitude de hausser les épaules ne pouvait provenir de l'imitation de ce geste qu'elle avait pu voir quelquefois chez son père, car cette habitude disparut chez elle à 18 mois, âge où l'on ne reçoit et ne comprend guère des leçons de tenue. Mais ce geste n'était-il pas plutôt la manifestation d'un nervorvisme pathologique. Un geste n'est guère, à cet âge, un caractère psychologique.

EIMER (88) se cite lui-même comme un exemple de l'hérédité de l'écriture. Il avait la même écriture que son père, bien qu'ayant quitté la maison paternelle trop tôt pour que cela soit dû à l'imitation.

Balzac, dans son roman *La peau de chagrin*, explique de la manière suivante la comparaison familière *méchant comme un âne rouge*. Les Perses font féconder parfois leurs ânesses par des onagres sauvages et ils teignent en rouge les produits pour avertir qu'il faut se méfier d'eux, car ils tiennent de leur père une humeur intraitable et aggressive. Je ne sais quelle est la valeur scientifique de cette anecdote, mais elle m'a paru intéressante à rapporter, quoiqu'elle ne se rapporte guère au cas présent, puisqu'elle constitue un caractère de race.

Quoi qu'il en soit de ces théories, le fait est indiscutable : *Les caractères psychologiques sont héréditaires*[1].

[1] On cite d'ordinaire comme exemples d'hérédité psychologique les instincts des animaux et les qualités morales (ou les vices) qui se transmettent régulièrement dans certaines familles. La vertu des Lamoignon, l'intelligence et la fougue des Mirabeau et la criminalité endémique dans certaines familles, que divers auteurs se sont plu à relever dans les annales judiciaires. Il est évident que l'exemple et l'éducation jouent là un rôle important qui laisse très obscure l'influence héréditaire. Même chose a lieu pour certains instincts. WALLACE assure que les jeunes oiseaux s'accouplent avec des vieux qui leur enseignent la manière de faire le nid ainsi que les autres devoirs de la vie conjugale. J'ai pu constater dans mon pigeonnier que les jeunes Pigeons s'accouplent beaucoup plus vite lorsqu'ils ont sous les yeux l'exemple des *vieux* que lorsqu'ils sont livrés à eux-mêmes. Même chose arriverait chez les Mammifères où les vieux mâles forts prendraient par goût les jeunes femelles et laisseraient les vieilles aux jeunes mâles, en sorte que dans chaque couple, l'un des deux conjoints aurait l'expérience convenable. Cela n'empêche pas que deux jeunes, privés de tout exemple, n'arrivent cependant à s'accoupler et à donner à leurs petits les soins convenables. Chacun a pu le constater. Pour d'autres instincts il n'en est pas de même, mais ceux-là sont de purs réflexes, comme l'acte de téter, et sont légués avec les structures organiques qui les commandent.

C'est une notion vulgaire que les maladies du foie engendrent la tristesse, que les gens constipés sont souvent irritables. Pour les lecteurs qui ne sont pas médecins, j'ajouterai que cette forme d'orgueil et d'ambition appelée *délire des grandeurs* précède la paralysie générale et est engendrée par la périencéphalite diffuse. Par ces temps de neurasthénie, on commence à savoir même dans le grand public, que les accès alternatifs de confiance dans l'avenir et de profond découragement sont un symptôme de cette maladie et souvent de la dilatation stomacale qui l'engendre. L'ambition des ambitieux bien portants, l'irritabilité des gens, dont les digestions sont irréprochables, la tendance à voir tout en mal ou tout en bien, pour ne pas être accompagnées de symptômes cliniques, n'en sont pas moins le résultat de la constitution physico-chimique de nos organes et de nos tissus.

Cependant WEISMANN (90_2) a été amené, par des raisons théoriques, à nier l'hérédité du talent artistique. Il ne songerait pas à le faire si ce caractère psychologique pouvait résider dans son plasma germinatif. Mais il n'y peut résider selon lui parce qu'il n'aurait pu y être introduit ou du moins porté à un haut degré que par la Sélection. Or la Sélection ne s'exerce pas sur des qualités intellectuelles de cet ordre parce qu'un homme ne meurt pas de faim faute d'être un grand peintre ou un grand musicien. Il admet dès lors que ce qui s'hérite dans les familles d'artistes ce sont seulement les qualités générales de l'âme, l'imagination et la sensibilité, sans lesquelles on ne serait être artiste, et que tout le reste est acquis, chaque fois à nouveau et au complet. Il n'y a rien de plus à la naissance dans le cerveau de l'enfant qui deviendra Berlioz que dans celui du nègre qui créera quelque air nouveau sur son barbare instrument. Mais toute l'argumentation de l'auteur démontre tout au plus que le talent musical peut ne pas être héréditaire, ce qui n'est pas suffisant pour autoriser à faire une exception pour ce genre de caractères. Nous aurons à revenir sur cette discussion (V. p. 214, note).

d) Caractères pathologiques.

Les caractères pathologiques sont héréditaires. Ce n'est pas à dire que toutes les maladies se transmettent : une gastrite, une néphrite, survenant accidentellement, ne passent pas aux descendants; mais c'est encore ici un fait banal que les diathèses se transmettent dans les familles : l'arthritisme, l'hémophilie, la syphilis, la tuberculose, la scrofule, et aussi les affections nerveuses de tout ordre, depuis le nervosisme léger jusqu'à la démence, la manie aiguë, l'impulsion au suicide ou au crime[1]. Mais une analyse attentive des formes et des modes de cette transmission, éclairée à la lumière de la microbiologie, montre que les maladies ne se transmettent pas comme des entités indépendantes. Deux choses seulement se transmettent : les dispositions anatomiques déterminant à elles seules la maladie ou favorisant son développement; et les microbes des maladies infectieuses. La plupart des transmissions de diathèses ont été réduites positivement à ces deux éléments et on peut affirmer d'avance que toutes le seront. Comme termes extrêmes, nous citerons d'un côté les maladies mentales, de l'autre la syphilis, les premières purement anatomiques ou physiologiques, la seconde purement microbique, et entre les deux, la tuberculose qui tient de celle-ci et de celles-là. Dans les maladies mentales, ce qui se transmet c'est une disposition ou une constitution des éléments nerveux, ou une excitabilité spéciale qui dépend elle-même de l'un des deux éléments précédents. Les conditions ambiantes ont une influence secondaire à titre de causes occasionnelles. La syphilis, au contraire, est une maladie certainement infectieuse et presque certainement microbique. Son microbe n'a pas été vu, sans doute parce qu'il est trop petit, et c'est cette petitesse qui lui permet de trouver asile dans l'ovule et même dans le spermatozoïde. On a des observations absolument positives de syphilis héréditaire venant du père sans contagion de la mère. La maladie est transmise effectivement et directement plus encore que dans le cas précédent, car les conditions ambiantes n'ont aucune action sur le résultat. D'une manière

[1] L'hérédité des maladies nerveuses a été mise hors de doute par les grands médecins du milieu de ce siècle, surtout Morel (57) et Moreau de Tours (59).

Ici encore nous nous bornerons à renvoyer aux ouvrages de ces auteurs et à ceux de Lucas (47, 50), Déjerine (86), Ribot (93), Sanson (93) où l'on trouvera une série interminable d'exemples parfaitement démonstratifs.

analogue, s'explique la transmission par la mère au fœtus, de l'immunité vaccinale. On en a quelques exemples très probants. Pour la tuberculose, le cas est différent. Son microbe ne pourrait trouver place dans une tête de spermatozoïde, aussi sa transmission, au moins par le père, n'est-elle démontrée par aucun fait positif et il est presque certain qu'elle n'a pas lieu. Mais ce qui se transmet, c'est l'étroitesse d'épaules, la faiblesse constitutionnelle, la qualité chimique des plasmas et humeurs qui les rendent moins résistants aux attaques du microbe, en sorte que le fils de tuberculeux a toutes chances d'être victime des causes de contagion qu'il est presque impossible d'éviter. Ces chances sont en outre doublées pour lui lorsqu'il est élevé dans sa famille.

Toutes les maladies jadis appelées diathésiques ou générales, entrent dans l'une ou l'autre de ces catégories; l'asthme, la maladie calculeuse du foie ou des voies urinaires appartiennent sans doute à la première et l'*hémophilie*, sûrement[1]; le rhumatisme appartient peut-être à la seconde; et très grand est le nombre de celles qui appartiennent à la troisième, car on sait que, dès la naissance, la réceptivité pour les maladies infectieuses varie beaucoup suivant les familles[2].

On voit tout de suite qu'il y a une différence capitale entre ces deux sortes de transmissibilité. Pour les maladies du premier type, c'est-à-dire les maladies vraiment constitutionnelles, c'est la substance héréditaire elle-même qui est vicieuse; pour celles du second, c'est-à-dire les maladies infectieuses, le vice n'est pas dans la substance elle-même, mais à côté d'elle, et les produits sexuels servent seulement de véhicule à un parasite capable d'engendrer plus tard une maladie générale.

e) Caractères tératologiques.

Comme tous les précédents, *les caractères tératologiques sont héréditaires*. Les annales de la médecine fourmillent d'exemples de polydactylie (doigts surnuméraires), de syndactylie (doigts soudés généralement

[1] L'hémophilie ou tendance aux hémorragies incoercibles est une affection, chose singulière, spéciale au sexe masculin. On l'aurait cependant observée quelquelquefois chez la femme. Elle est due soit à un vice de structure des parois vasculaires, soit à un vice de constitution du sang et sans doute à l'un et à l'autre.

[2] Nous pourrions parler ici de la scrofule, mais elle tend à disparaître du cadre nosologique, scindée en deux parts dont l'une va grossir le nombre des affections syphilitiques et l'autre celui des maladies tuberculeuses.

en deux masses de manière à simuler une *pince de homard*), d'ectromélie (portions de membre absentes), etc., etc. [1]. La condition pour qu'ils soient sûrement transmissibles, c'est qu'ils appartiennent vraiment à cette catégorie, c'est-à-dire qu'il s'agisse de monstruosités (ou plutôt d'*hémitéries*) vraiment innées et non simplement congénitales, comme il peut s'en trouver, soit par traumatisme intra-utérin, soit par arrêt de développement causé par une condition antérieure[2].

D'ailleurs, si l'on veut bien y réfléchir, on verra que toute cette démonstration était à peu près inutile. Les *caractères innés* sont, par définition, ceux qui existaient en puissance dans l'ovule fécondé qui a produit le parent; ils ont donc été transmis au parent par ses parents à lui. S'ils ont été transmis c'est qu'ils étaient transmissibles, et s'ils ont été transmissibles une première fois pourquoi ne le seraient-ils pas une seconde?

Les caractères tératologiques, et tous ceux dus à la variation brusque, proche parente de la tératologie, sont héréditaires en totalité ou pas du tout. On ne voit guère le fils présenter une fraction seulement de la particularité du père. Ces variations se transmettent irrégulièrement pendant quelques générations, puis disparaissent brusquement.

[1] Voici un des cas les plus remarquables de cette catégorie. Martin (80) le cite comme relaté dans les *Archives générales de médecine*. Il se serait passé à la fin du siècle dernier. Les habitants du village d'Eycaux s'unissaient toujours entre eux depuis un temps très reculé, et ils présentaient presque tous, hommes et femmes, un 6e doigt aux pieds et aux mains. Mais peu à peu les alliances s'étendirent aux villages voisins et la difformité finit par disparaître. — Ceux qui croient aux effets pernicieux de la consanguinité pourraient chercher là un exemple à l'appui de leur opinion. Mais il est plus probable qu'il n'y a là qu'un fait de persistance d'hémitérie dans un milieu non renouvelé par le croisement.

Les hémitéries ne sont cependant pas toujours héréditaires sous leur forme exacte. Féré (94) cite de nombreux exemples de particularités tératologiques chez les fils de personnes atteintes d'hémiteries toute différentes, comme si c'était simplement la tendance à la malformation qui fût héréditaire. Cette observation plaide contre l'idée de la représentation des caractères par des particules spéciales dans le plasma germinatif.

[2] Ainsi le *pied plat* congénital est, comme nous l'avons expliqué (p. 187, note 3, à la fin), une déformation acquise et, à ce titre, généralement non transmissible comme on le verra plus loin. Mais il pourrait être héréditaire d'une manière détournée, par l'intermédiaire de la tendance à produire un amnios trop étroit.

Par une exception bizarre et fort rare, la surdi-mutité qui est un vice de conformation, et se rapproche à ce titre des hémitéries autant que des maladies, n'est presque point héréditaire. A l'institut des sourds-muets de Londres, sur 148 enfants, pas un n'avait eu de parents sourds-muets. En Irlande, sur 203 parents sourds-muets, un seul eut un enfant sourd-muet et sur quarante-sept couples où les deux époux étaient sourds-muets à la fois, deux seulement eurent un enfant atteint de la même infirmité.

f) Caractères latents.

Un individu peut-il transmettre des caractères qu'il n'a pas lui-même mais qui existaient chez lui à l'état latent? Plusieurs faits prouvent que cela est possible et même très habituel. Le taureau peut transmettre aux génisses qu'il engendre les qualités de bonnes laitières des vaches de sa race. Il en est de même de tous les autres caractères sexuels. LUCAS (50) cite une femme qui, appartenant à une famille d'hypospades, transmit cette infirmité à ses fils. D'autre part, il est fréquent de voir des enfants ressembler à quelque ancêtre par des caractères que ses propres parents n'avaient pas. Cette petite Anglaise citée par DARWIN (74) (p. 190) tenait son tic de son grand-père par son père qui lui-même n'en était pas atteint. Donc *les caractères latents sont héréditaires*[1].

g) Transmissibilité du Sexe.

La transmissibilité des caractères latents prouve que l'on ne saurait affirmer que l'enfant tienne son sexe du parent de même sexe que lui, car si le père peut transmettre des caractères sexuels secondaires qu'il n'a pas, pourquoi ne transmettrait-il pas aussi le caractère primaire, c'est-à-dire le sexe qui n'est pas le sien? Il en est de même pour la mère. Lucas cite une femme qui transmet à ses fils le vice hypospadiaque de son père, pourquoi ne leur pourrait-elle transmettre la conformation génitale de celui-ci? Les rudiments des organes génitaux sont identiques jusqu'à un moment assez avancé de l'ontognèse dans les deux sexes; leur différenciation est déterminée par le choix d'une tendance évolutive entre deux possibilités. Pourquoi chaque sexe ne pourrait-il transmettre l'une et l'autre comme il transmet les autres caractères de ses ascendants de sexe op-

[1] Comme exemples de transmission de caractères latents, on peut citer les maladies spéciales à un sexe et qui sont transmises cependant par le sexe opposé. Ainsi l'hémophilie est presque spéciale à l'homme; le daltonisme est infiniment plus fréquent chez l'homme que chez la femme. Cependant la fille d'un hémophile ou d'un daltonien transmet à ses fils la tare de leur grand-père. Il en est de même pour la goutte si rare chez les femmes. En voici un autre cas plus frappant encore. Il est donné par LUCAS. Un gaucher a des enfants gauchers et un droitier; celui-ci se marie avec une droitière et a des enfants tous gauchers. L'un d'eux se montre même gaucher dès le berceau, ce qui élimine toute idée d'imitation, même dans le cas où le grand-père gaucher aurait vécu avec la famille de son fils droitier, ce qui n'est pas mentionné.

posé? Dans les cas de parthénogénèse, il est certain qu'il en est ainsi pour tous les produits mâles. Quand une Abeille ou un Puceron pondent des œufs non fécondés d'où sortent des mâles, ils transmettent bien un sexe qui n'est pas le leur. Même dans certains cas de génération amphimixique, le sexe n'est pas transmissible; ce qui est transmis est alors un état neutre que les conditions ambiantes façonneront en un sexe ou l'autre selon la direction de leur influence comme le prouvent les expériences où l'expérimentateur détermine par l'alimentation ou la température (V. p. **164**) le sexe du produit.

Nous avons la preuve formelle que, même lorsque le sexe du produit est déterminé d'avance dans l'élément sexuel, il n'est pas pour cela héréditaire, en ce sens que l'œuf n'est pas prédestiné à donner des femelles et le spermatozoïde des mâles, le sexe du produit résultant d'une lutte entre ces deux tendances opposées; or c'est cela qu'il faudrait pour que le sexe soit héréditaire, pour que tout garçon tint son sexe de son père et toute fille le sien de sa mère. Nous avons vu que les œufs parthénogénétiques donnent tantôt des mâles, tantôt des femelles, tantôt l'un ou l'autre selon les conditions. Il existe des espèces de Rotifères où il y a deux sortes de femelles, les unes sont pondeuses de femelles, les autres pondeuses de mâles. Il existe donc des œufs prédestinés à former des mâles, indépendamment de toute condition ambiante.

En résumé : *Le Sexe n'est pas héréditaire**.

2. CARACTÈRES ACQUIS.

L'hérédité des caractères acquis est une des questions les plus controversées de la Biologie générale. Elle a ses défenseurs passionnés et ses contradicteurs acharnés et, chaque semaine presque, les uns et les autres publient quelque fait à l'appui de leur dire. Aussi la bibliographie de la question est-elle très chargée. La passion que l'on apporte à ce débat est d'ailleurs fort justifiée, car le grave problème de l'origine des espèces dépend de la solution de cette question préliminaire.

La chose est aisée à comprendre. Si les caractères acquis sont héréditaires, chaque génération fait faire un nouveau progrès à l'adaptation de l'espèce, et tous ces petits progrès expliquent sans difficulté l'évolution de celle-ci. C'est le triomphe du Lamarkisme.

* Voyez en outre les théories sur l'origine du sexe.

S'il n'en est pas ainsi, si chaque progrès nouveau meurt avec celui qui l'a fait, rien ne peut se faire que par la Sélection aveugle, et il faut prouver qu'elle est capable, à elle seule, de tout expliquer, l'Adaptation, l'Évolution, et la Régression, c'est à charge aux Néo-Darwiniens de le faire et cela n'est pas aisé comme on le verra plus loin.

Il y a seulement une douzaine d'années, on ne songeait guère à nier l'hérédité des caractères acquis[1]. Darwin l'avait prise pour base de son système et les partisans de la fixité de l'espèce niaient non pas l'hérédité de l'acquisition, mais son importance qui, selon eux, avait pour limite les caractères de l'espèce. Il y avait bien eu quelques protestations isolées, mais le grand débat a été suscité par WEISMANN (83 et 88) il y a seulement quelques années. Weismann a été amené à nier la transmission des caractères acquis, par des considérations théoriques. Bien que cela apportât une complication fort gênante à sa théorie, il s'est bravement inscrit en faux contre l'opinion reçue de tous et, après avoir soulevé un *tolle* presque unanime, il a fini par convaincre bien des gens et former un parti qui tend aujourd'hui à l'emporter sur l'autre[2].

[1] Cependant, dès le siècle dernier, BONNET (1776) disait qu'on aurait beau couper la queue à des animaux, on ne saurait obtenir l'hérédité de cette mutilation car, en retranchant une partie du corps, on ne retranche pas ce qui la représente dans les organes de la génération. Et il ajoute, comme s'il pressentait les Gemmules de DARWIN (80), que cela arriverait si les organes du corps fournissaient des molécules de la réunion desquelles se formeraient les germes.

[2] Parmi les partisans de la non hérédité des caractères acquis, citons, avec WEISMANN (83), PFLÜGER (83) qui la proclama en même temps que ce dernier, NÆGELI (84), STRASBURGER (84), KŒLLIKER (86), HIS (89), PLATT-BALL (90), ISRAEL (90), RAY LANKESTER, BROOKS, MEYNERT, VAN BEMMELEN, etc., etc., etc. Avec LAMARK, DARWIN, et tous les anciens, parmi les partisans de l'hérédité, citons HÆCKEL, VIRCHOW (86), ORTH (87), NUSSBAUM (88), EIMER (88), ORNSTEIN (89), GALTON (89), OSBORNE (90), WILKENS (93), et surtout SPENCER (93), EMERY (93).

Les médecins se sont montrés de tout temps en grande majorité favorables à cette théorie.

Si l'on remonte à une époque plus reculée, nous trouvons ARISTOTE (*a*, Lib. I, § 35) qui déclare, que « les enfants ressemblent « à leurs parents non seulement dans « leurs caractères congénitaux, mais dans « ceux acquis plus tard. Il est arrivé que « des cicatrices de parents se sont trou- « vées dessinées chez les enfants et à la « place correspondante. En Calcédoine, « on montrait un enfant qui portait sur « le bras une marque reproduisant fidè- « lement, quoique d'une manière plus « superficielle, une cicatrice de brûlure « en forme de lettre que le père portait « au bras ». Ailleurs (*b*, Lib. VIII, cap. 6), il dit que de pareils cas sont rares, qu'on a vu aussi la cécité et la boiterie transmises, mais qu'ordinairement cette transmission n'a pas lieu et qu'on ne peut formuler aucune règle à cet égard.

BROCK (88), à qui j'emprunte ces citations et les suivantes, dit que le Livre VII où sont faites ces réserves a été reconnu,

Voyons donc les faits principaux invoqués de part et d'autre et discutons-les. Ils sont si nombreux que nous devrons faire un triage et n'en citer qu'un petit nombre, parmi les plus frappants de chaque espèce.

Il est nécessaire d'abord de diviser ces faits en quatre catégories : les *mutilations*, *les maladies*, les *effets de l'usage ou de la désuétude* et les *effets des conditions ambiantes*, car ce qui est vrai pour ceux-ci ne peut pas l'être pour ceux-là et, comme on le verra, la nature des objections faites aux uns et aux autres est fort différente.

La première condition pour que l'on puisse dire qu'un caractère acquis est transmissible, c'est que ce caractère soit *acquis*, c'est-à-dire, suivant notre définition, soit, à l'inverse du caractère *inné*, introduit dans l'organisme sans avoir été présent ni dans l'ovule, ni dans le spermatozoïde; il faut ajouter même, ni dans l'ovule fécondé, car un caractère qui résulterait dans le produit d'une combinaison de rudiments contenus dans les éléments sexuels serait inné et non acquis bien qu'il se montrât pour la première fois chez les produits de la fécondation [1]. Or jusqu'à WEISMANN, la distinction entre caractère acquis et caractère inné n'avait pas été faite avec assez de soin. On considérait en bloc comme acquis tous les caractères nouveaux que les parents ou les ancêtres n'avaient pas possédés. Un Chien naissait-il sans queue, un Homme prenait-il les proportions d'un géant, ou devenait-il fou sans cause apparente, etc., etc., c'étaient là des *Caractères acquis;* et si les petits de ce Chien naissaient sans queue, si les enfants de cet Homme devenaient grands comme lui ou fous comme lui, on voyait là une transmission de caractères acquis. Or rien n'est moins démontré et WEISMANN a fait remarquer avec raison que cette absence de queue, ce gigantisme, cette vésanie, pouvaient très bien être la conséquence d'altérations ou de particularités du germe. Rien d'étonnant dès lors qu'ils se transmettent puisqu'ils sont innés, c'est-à-dire hérités. Nous

d'après la nature du grec, être l'œuvre d'un compilateur qui paraît avoir donné ici son opinion personnelle.

KANT (1785) ne croit pas à l'hérédité des caractères acquis soit par adaptation, soit autrement.

BLUMENBACH (1795), au chapitre intitulé : *Anne et mutilationes aliave artificia nativis animalium varie talibus ansam præbere possint?*) refuse de se prononcer mais penche vers la non hérédité.

[1] Il peut paraître bizarre de dire qu'un caractère est hérité, bien qu'il n'ait pas existé chez les parents. Rien n'est plus naturel cependant. Le mulâtre possède une couleur marron qui est évidemment innée, bien qu'aucun de ses parents ne l'ait eue.

Dans les croisements, les caractères sexuels d'une race, transmis par le sexe qui en est dépourvu, en four- nissent des exemples nombreux.

serons obligés de tenir compte à chaque instant de cette distinction nécessaire et il est singulier de voir qu'aujourd'hui encore nombre d'auteurs ne la comprennent pas[1].

[1] La plupart des auteurs ont négligé de faire cette distinction essentielle et appellent acquis tous les caractères non congénitaux et d'apparition nouvelle. ORTH (87), EIMER (88), WILKENS (93), SANSON (93) sont dans ce cas.

Tout récemment, un auteur, E. REH (94) a cru pouvoir mettre fin au débat, en conciliant les adversaires par la remarque suivante. D'après lui, si on met à part les mutilations qui ne sont pas de vrais caractères, tous les caractères dits acquis sont en réalité innés ou, si l'on veut, plasmatiques et non somatiques. Quand, dans des conditions déterminées, un jeune développe un caractère nouveau, c'est qu'il y avait en lui une tendance au développement de ce caractère, et toutes les conditions extérieures n'y eussent rien fait si cette tendance n'avait existé. Donc ce caractère était représenté dans le germe dont il est issu; il pouvait donc être héréditaire sans que cela prouve la transmission de quoi que ce soit du soma au germe et offense en rien l'opinion de Weismann. En réalité, il n'y aurait pas de caractères nouveaux; il n'y aurait que des développements de tendances du plasma germinatif. Si ces tendances sont avantageuses, elles sont protégées par la Sélection et se développent. C'est ainsi que se forment les espèces.

Tout cela n'a pas grand fond. Quand des individus développent certains muscles par l'exercice, il n'y a rien dans leur Plasma germinatif qui justifie ce développement. Si donc leurs enfants héritent de leurs muscles développés, il faudra bien que quelque chose ait passé du soma au germe. Le différend reste entier entre les deux écoles.

E. REH se fait-il fort de démontrer qu'il n'y a de fous, d'épileptiques, que ceux qui avaient une tendance spéciale à acquérir ces maladies; et l'alcoolisme est-il aussi le développement d'une tendance du Plasma germinatif? La dipsomanie peut-être, mais l'alcoolisme et ses conséquences héréditaires, évidemment non.

D'après WEISMANN, il en est de la croyance à la transmission des modifications acquises, comme de celle aux envies des femmes enceintes. Tout le monde y a cru à une certaine époque et les exemples authentiques abondaient. Une plus saine conception des possibilités physiologiques a réduit tout cela à néant et aujourd'hui tous les médecins instruits ont cessé d'y croire, bien qu'il reste certainement plusieurs observations dont on serait bien en peine de trouver le point faible.

De même dans le cas actuel, le plus grand nombre des exemples cités a été démontré faux ou insuffisant et il faut renoncer à la théorie bien qu'il reste certainement quelques faits encore inexplicables reposant peut-être sur de simples coïncidences.

La plupart des prétendues preuves ne résistent pas à une critique sérieuse.

Tantôt on a pris pour acquis des caractères qui apparaissaient pour la première fois, tandis qu'ils étaient héréditaires et, à ce titre, transmissibles. Tantôt les commémoratifs sont insuffisants et l'on a admis sans preuve l'origine accidentelle du caractère transmis. Tantôt on a confondu avec des caractères morphologiques, des maladies transmissibles par une toute autre voie que l'action du soma sur le germe. Tantôt enfin on a confondu la transmission asexuelle avec la transmission par reproduction sexuelle, la seule qui soit ici en cause.

Il n'y a guère que les mutilations qui seraient capables de démontrer la trans-

a) Hérédité des Mutilations.

Pour les mutilations, il n'y a pas de doute : ce sont des caractères acquis et, au premier abord, il n'y a pas de doute non plus au sujet de leur transmissibilité : elles ne sont pas héréditaires.

missibilité d'un caractère vraiment acquis. Or on n'a aucun exemple certain de mutilation transmise, tandis que les preuves négatives de non transmissibilité sont très innombrables.

Voici quelques exemples de ces divers cas. Nous les donnons ici pour montrer de quelle manière l'interprétation des faits peut modifier du tout au tout les conclusions auxquelles ils conduisent.

Caractères héréditaires pris à tort pour des caractères acquis. Une femme a eu dans son enfance le lobule de l'oreille fendu par une boucle d'oreille arrachée. L'un des enfants de cette femme a, du même côté, le lobule de l'oreille fendu. Cela semble un cas bien net de mutilation transmise. Mais en y regardant de près, Weismann remarque que la déformation n'est pas nettement semblable et que tout le reste de l'oreille est d'une structure très différente ; et il en conclut que l'enfant n'a certainement pas l'oreille de sa mère, mais l'oreille de quelque ancêtre qui pouvait posséder quelque malformation héréditaire du lobule.

Les *Solidago virgaurea* des Alpes et du Valais sont bien plus précoces que ceux de la plaine. C'est là un caractère acquis sous l'influence des conditions climatériques spéciales aux pays de montagnes. Or des exemplaires plantés par Hoffmann dans le jardin botanique de Giessen y fleurirent plusieurs semaines avant leurs congénères du pays, bien que les conditions climatériques fussent désormais semblables pour les uns et pour les autres. Mais ce n'est pas là un caractère acquis au sens où on doit entendre ce mot. Il s'agit là, sans doute, d'une variété précoce fixée par la Sélection parce qu'elle était avantageuse. Les *Solidago* des Alpes n'ont pas été rendus précoces par le climat et n'ont pas transmis un caractère acquis directement ; mais là comme partout il s'est rencontré des individus un peu plus précoces en vertu d'une particularité individuelle héréditaire et ces individus protégés par la Sélection ont fondé une variété nouvelle.

Le cas proposé par FRÉD. MÜLLER est encore plus spécieux. Un *Abutylon* à fleurs normalement pentamères produit quelques fleurs hexamères. Les descendants de ces fleurs hexamères sont hexamères dans la proportion de 30 %, tandis que les fleurs pentamères ne donnent que 1 % de fleurs héxamères. Fréd. Müller voit là un cas indéniable d'hérédité de caractère acquis. Mais Weismann interprète la chose tout autrement. Pour lui, c'est un caractère non acquis, mais transmis, et la preuve c'est que les fleurs pentamères qui ne le possédaient pas l'ont transmis à 1 % de leurs descendants ; elles tenaient donc de leur parent une certaine tendance à l'hexamérie non réalisée en elles. Il pense que le Plasma germinatif de la graine mère contenait une combinaison de Plasmas ancestraux capable de produire l'hexamérie ; que ce plasma en se partageant entre les diverses fleurs de la plante s'est divisé un peu inégalement, les parcelles qui vont aux diverses fleurs pouvant contenir une proportion variable de ce plasma capable de produire l'hexamérie ; en sorte que l'hexamérie s'est réalisée chez les unes et non chez les autres. Mais celles chez lesquelles l'hexamérie ne se réalise pas contiennent cepen-

Chacun sait qu'un amputé de la jambe ou du bras, un individu devenu borgne par accident, n'engendrent pas des enfants privés d'une jambe, d'un bras ou d'un œil. On sait aussi que les cicatrices, les fractures, luxations destructions des bulbes pileux par brûlure ou corrosion, etc., etc., s'éteignent avec celui qui les porte. Mais la question n'est pas complètement jugée par ces exemples vulgaires. Il se pourrait que, dans certains cas, ou certaines sortes de mutilations, ou surtout des mutilations continuées pendant de nombreuses générations, etc., se trouvassent héréditaires. Examinons ces divers cas.

a. Mutilations continuées pendant une longue série de générations.

Ici encore la question semble jugée par la simple observation.

C'est la mode, dans beaucoup de pays, de couper la queue aux moutons, aux chevaux, les oreilles à certaines races de chiens, etc.; cependant ces animaux naissent avec une queue et des oreilles normales. Depuis combien de générations, le prépuce n'est-il pas enlevé aux jeunes Israélites? L'opération n'a cependant pas cessé d'être nécessaire. Le pied des Chinoises n'a encore subi aucune déformation congénitale, malgré des siècles de déformation opératoire. Il en est de même pour les autres

dant un peu de ce plasma représentant la tendance à l'hextamérie, plasma qui, par une répartition inégale et un accroissement variable, pourra arriver à produire l'hexamérie chez quelques-uns des descendants de ces fleurs pentamères.

Bien des preuves en apparence irréfutables sont justiciables d'explications de ce genre.

Cas de transmision de caractères acquis, admis en l'absence de commémoratifs suffisants. Dans la plupart des cas cités de transmission de caractères acquis, l'attention n'a été attirée sur ce caractère que lorsqu'il a apparu chez le produit, en sorte que les commémoratifs relativement à la mère manquent de précision et d'authenticité. Ainsi l'on cite une Chatte qui, ayant eu la queue écrasée, produisit des petits sans queue. Mais quand il fallut préciser l'observation, on ne trouva aucun témoin oculaire de l'accident, aucune personne qui pût affirmer catégoriquement que la mère n'avait pas congénitalement une queue atrophiée. D'autre part, personne ne connaît le père. Or il existe au Japon et à l'île de Man une race de Chats sans queue dont on a vu des exemplaires transportés engendrer des produits sans queue. Beaucoup de prétendus cas de transmission sont passibles d'objections semblables.

Comme exemples de *transmission de germes infectieux pris pour des cas de caractères acquis*, Weismann cite les Lapins épileptiques de Brown-Sequard qu'il croit infectés par un microbe spécial (V. p. 211); et, comme exemple de *confusion entre la transmission héréditaire des caractères acquis et leur continuation par voie asexuelle*, il cite le cerisier de Ceyland. Nous discuterons ses arguments à l'occasion des catégories de faits auxquelles ils appartiennent. (V. p. 218, note.)

mutilations ethniques. A ces exemples bien connus, j'en ajouterai un, plus frappant encore : l'hymen des vierges a été régulièrement détruit, depuis l'origine de l'espèce humaine, chez toutes les femmes qui ont contribué à la propager. Il ne s'est pas atrophié cependant[1].

Tietz (89) raconte que, dans l'Eifel, les paysans croient que les Chats ont, dans le bout de la queue, un ver qui les empêche de prendre les Souris; aussi la leur coupe-t-on à tous sans exception. Or dans ce pays, les petits naissent souvent avec une queue atrophiée. Il est difficile de croire que l'explication proposée par **Dingfelder** (87) pour des cas analogues soit vraiment suffisante. Cet auteur fait remarquer que, dans le pays où on coupe la queue aux animaux, on ne sacrifie pas ceux qui auraient cet

[1] En fait de mutilations fréquemment répétées et qui cependant ne sont pas devenues héréditaires, on cite le cas du Freux. Cet oiseau naît avec des plumes autour des narines et de la base du bec; mais, de bonne heure, ces plumes tombent par suite, dit-on, de son habitude de fouiller dans le sol pour y chercher sa nourriture. Or, malgré cette destruction répétée à chaque génération depuis l'origine de l'espèce, ces plumes se montrent toujours chez les jeunes. Oudemans et Haacke (93) ont montré que les plumes en question tombent après que l'oiseau a commencé à sortir du nid, même si on l'empêche de fouiller le sol, en le nourrissant dans une chambre. Cela renverse entièrement la signification de l'argument. La chute des plumes du Freux pourrait alors être citée, au contraire, comme exemple de mutilation devenue héréditaire.

La circoncision des juifs n'est qu'une mutilation ethnique comme tant d'autres. Or aucune n'est héréditaire. Chez diverses peuplades, on ampute une phalange, on arrache quelque dent, on se perce le nez et les oreilles, sans que cela soit devenu héréditaire. Le pied des Chinoises n'a point varié, malgré les déformations auxquelles il est soumis. Dans le Poitou et dans les Deux-Sèvres, les femmes se serrent la tête avec un ruban ou un fil de fer pour fixer leur coiffure, et ce lien trace un sillon profond. Cela n'est pas devenu héréditaire. Cependant chez les Toulousains la forme allongée de la tête due, dit-on, à la coiffure, se montrerait aussi chez des personnes qui n'ont pas porté la coiffure serrée du pays. Mais Sanson (93) croit que c'est là un caractère de race.

La plupart de ces mutilations ne portent que sur un des deux sexes et on pourrait voir là une cause de sa non-hérédité; mais celles que l'on fait subir aux animaux domestiques mâles et femelles ne sont pas plus héréditaires pour cela.

Weismann (89) a, pendant plusieurs générations, coupé la queue à des Souris blanches sans observer la moindre diminution de cet appendice, bien que la mutilation ait porté sur les deux sexes. Mantegazza (89) a fait des expériences analogues mais moins prolongées.

Bos (91) a coupé la queue à des Souris blanches et à des Surmulots pendant quinze générations sans rien obtenir non plus. Rosenthal (91) n'a pas eu plus de succès.

Il existe au Japon et dans l'île de Man une race de Chats sans queue, mais l'origine de cette malformation n'a pu être éclaircie malgré de longues discussions. Dœderlein (87) a observé qu'au Japon, dans toutes les portées de Chats sans queue, se trouvent quelques individus munis de cet appendice. Mais ils sont sans doute rejetés.

appendice peu développé, en sorte que la particularité innée correspondante a toute facilité de se développer. Mais il en est de même à l'état sauvage. Or on ne voit guère de Loups et de Chacals sans queue.

Quelques faits néanmoins sont en opposition avec ceux-là. D'après le Dr Riedel, cité par Darwin (79), l'habitude de la circoncision aurait réduit dans de fortes proportions le prépuce des Mahométans aux îles Célèbes[1]. D'autre part, il naît assez fréquemment des Chiens, des Chats, des Moutons, des Chevaux à queue courte et comme atrophiée, tandis qu'il n'en est pas de même chez les autres races domestiques ou dans les espèces naturelles.

Bonnet (88) déclare que tous ces Chiens, Chats, Chevaux, etc., nés sans queue de parents à queue coupée, ne prouvent pas grand'chose en faveur de l'hérédité des mutilations car, selon lui, chez la plupart de nos animaux domestiques, la queue est un organe en voie de régression et les réductions sporadiques ne sont qu'une anticipation de ce qui arrivera chez tous, après un nombre suffisant de générations.

Dingfelder (89), au contraire, trouve singulier que cela n'arrive que chez les races soumises à une mutilation fréquente de cet appendice.

Quoi qu'il en soit de ces interprétations, il est évident que le petit nombre d'exemples de transmission pèse bien peu en face de la masse des faits de non transmission, et nous concluerons, avec un tout petit point de doute : *Les mutilations qui ne sont pas héréditaires dès les premières générations ne semblent pas le devenir, même si on les répète à chaque génération pendant très longtemps.*

b. Mutilations non répétées.

Il semble que si les mutilations restent réfractaires à l'hérédité malgré une longue répétition, elles ne peuvent se trouver par hasard héréditaires dès la première fois qu'on les pratique. Il n'en est pas ainsi cependant, du moins en apparence. Certaines amputations pratiquées une seule fois se sont reproduites chez un ou plusieurs descendants, pendant une ou quelques générations.

[1] Cette différence entre les Israélites de tous pays et les mahométans des Célèbes sous le rapport de l'hérédité des effets de la circoncision serait bien curieuse si elle était dûment vérifiée. Mais il semble qu'elle ne l'est pas d'une manière suffisante. Le Dr Riedel a simplement constaté que les enfants qui, jusqu'à l'âge de 10 ans environ, vont tout nus, ont un prépuce court. Mais n'est-ce pas un caractère de race? D'autre part, les Israélites étant tous circoncis sans exception, on ne sait guère ce que deviendrait leur prépuce si on l'abandonnait à lui-même.

D'après R. **Bonnet** (89), un campagnard d'Oldenbourg ayant coupé la queue à ses Chiens, obtint une Chienne à queue courte. Celle-ci eut des petits parmi lesquels tous ceux de son sexe avaient la queue courte. A la troisième génération, toujours avec des pères à queue normale, sur huit petits, six étaient à queue courte et, parmi eux, quelques mâles. La queue courte ne comptait que neuf à treize vertèbres au lieu de dix-neuf à vingt-deux, et la dernière était ankylosée et déformée. **Eimer** (88) raconte que la mère de son assistant, le Dr **Vosseler**, eut à dix-huit ans l'annulaire de la main droite pris dans une porte, la phalangette fut luxée sur le bord radial et s'ankylosa dans cette position. Le Dr Vosseler, qui naquit deux ans après, et l'un de ses frères cadets eurent une malformation congénitale semblable et au même doigt; elle était dans leur enfance plus accentuée qu'à l'âge adulte. **Massin** (81) extirpe la rate à un couple de Lapins; les produits de ce couple ont une rate plus petite que normalement et cela persiste aux générations suivantes, sans que la rate reprenne son volume habituel[1].

[1] Scoutteten (57) cite le cas d'un maçon bien conformé qui, mutilé dans une chute, eut un fils n'ayant qu'un doigt à chaque main et deux doigts en pince de homard aux pieds. Ce fils eut cinq enfants dont quatre difformes et un normal qui eut à son tour un enfant normal. Un des quatre difformes, une fille, mariée à un homme bien conformé, eut quatre enfants dont un seul normal et trois porteurs d'hémitéries semblables à celle de leur mère. Ces hémiteries étaient: chez la mère, un seul doigt à la main droite, deux soudés à la main gauche et, aux pieds, deux orteils seulement; chez l'un des enfants, deux doigts aux mains et deux orteils aux pieds; chez le second, deux doigts à la main droite, trois à la gauche, deux orteils aux pieds; chez le troisième, un seul doigt à la main gauche, deux à la droite et deux orteils à chaque pied.

Blumenbach, cité par Darwin (80), rapporte le cas d'un homme dont le doigt presque coupé s'était consolidé dans une position tordue et dont les fils naquirent avec le même doigt de la même main dans le même état.

Le Dr Meissen de Falkenberg cité par Eimer (88), porte sur la tempe droite une marque blanche produite à l'âge de 7 ou 8 ans par une pustule de varicelle. Il avait presque oublié son existence lorsqu'elle lui fut rappelée par une marque absolument identique et congénitale chez son fils.

Le professeur Rolleston a raconté à Darwin deux cas observés par lui-même.

Deux hommes avaient reçu une profonde blessure l'un au genou, l'autre à la joue. Les enfants de l'un et de l'autre portaient au point correspondant une cicatrice analogue à celle du père.

De Candolle (85) a rapporté le fai suivant : Une jeune fille de 21 ans reçut, en 1797, une blessure au-dessus de l'oreille gauche et, en ce point, le cuir chevelu resta dénudé. Mariée en 1799, elle eut, en 1800, un fils qui avait une place glabre au point correspondant. Ce fils eut, en 1836, un fils qui n'eut point cette marque, mais le fils de ce dernier, né en 1866, montre une place dénudée au même point que son grand-père et son aïeule. Cette marque est encore très visible chez le jeune homme, âgé de 18 ans, lorsque en 1884 de Candolle

Ces quelques faits choisis au milieu de beaucoup d'autres semblent très significatifs. Ils sont cependant passibles d'une objection grave. Comme ils

l'observe, mais elle est en voie de disparition.

G. DINGFELDER (87) rapporte le fait que voici : Une Chienne à longue queue, qui n'avait pas encore porté, s'accouple avec trois Chiens dont deux à queue coupée et un à queue entière. Elle fait sept petits dont trois à queue entière et ressemblant à leur mère et quatre à queue courte ressemblant aux deux pères à queue coupée. De ces quatre petits, l'un même est tout à fait dépourvu de queue. Tous ces petits sont jetés à l'eau. Environ six mois après, la même Chienne est couverte par les trois mêmes Chiens et fait neuf petits dont quatre à queue entière et cinq à queue courte. L'un de ces derniers avait aussi la queue entièrement atrophiée. Tous ces petits sont encore jetés à l'eau. L'un d'eux, une femelle, fut recueilli par un habitant du village et élevé. Cette Chienne eut, à sa première portée, cinq petits dont trois à queue courte, et elle continua, ainsi que sa mère, à faire régulièrement deux sortes de petits, mais ceux à queue courte étaient toujours en majorité.

KOLLMANN (87), RICHTER (87) voient là une simple coïncidence entre une qualité germinale, innée, et la mutilation opératoire. Il est bien connu qu'il y a des Chiens qui naissent avec une queue courte sans avoir de pères à queue courte ou coupée. Ils sont les pères d'une série plus ou moins longue d'individus à queue courte. Or, si par hasard on avait coupé la queue au père de ce premier Chien, on aurait cru à une transmission de la mutilation.

Plusieurs cas ont été cités de coupures de l'oreille qui se seraient montrées héréditaires. Mais à tous on a pu reprocher quelque défaut portant sur la non identité des déformations. SCHMIDT (88), ORNSTEIN (89), SWIECICKI (90) en ont cité plusieurs, mais HIS (89-90), ISRAEL (90) leur ont fait les objections que nous venons d'indiquer et les considèrent comme de simples coïncidences. WEISMANN (89) s'est livré à une étude détaillée de quelques cas et a montré avec dessins à l'appui la non identité des déformations chez le parent et chez l'enfant. Cela n'est peut-être pas suffisant, car on a des exemples formels de particularités transmises sous une forme un peu différente. Rappelons seulement le cas de cette mèche blanche citée à la page 225.

Dans ses premiers *Essais*, le même auteur (92_1) croit trouver dans l'Atavisme une explication de certaines de ces hémitéries transmises. Cette oreille fendue transmise par la mère à son fils, cette absence de queue chez certains Chats, représentent non la particularité acquise du parent mais une particularité héréditaire de quelque ancêtre plus éloigné. Mais chez cet ancêtre, la particularité en question devait être aussi héritée, car si elle eût été acquise, elle n'eût pas été transmissible et nous conduisons ainsi Weismann jusqu'à un ancêtre où ce caractère était normal. Or nous lui demandons de nous montrer les ancêtres sans queue du Chat, les ancêtres à oreille fendue de l'Homme, de nous montrer aussi nos ancêtres polydactyles, nos ancêtres à main transformée en pince de homard par la soudure des quatre derniers doigts.

Je connais une dame dont les deux petits doigts des mains ont, de naissance, la phalangine ankylosée sur la phalange à angle droit. Plusieurs personnes de sa famille ont la même malformation. Chez un de ses fils à doigts normaux jusqu'ici, elle est en train de se produire à l'âge de vingt-quatre ans. Je demanderai à WEISMANN le nom de l'ancêtre à cinquième doigt normalement ankylosé à

ne se présentent que très exceptionnellement, épars dans la masse des faits contradictoires, on les considère comme de simples coïncidences.

Cela est possible, en effet, lorsque la mutilation accidentelle reparaît chez un seul enfant, mais quand elle se montre chez plusieurs et pendant plusieurs générations, on ne peut invoquer la coïncidence. A cela KOLMANN (87), RICHTER (87), PLATT-BALL (90) répondent que l'on voit de temps en temps une malformation spontanée apparaître dans une famille et persister pendant quelques générations puis disparaître. La coïncidence consiste en ce que la mutilation accidentelle ou opératoire a porté sur le parent qui a immédiatement précédé cette apparition spontanée ; elle est donc unique quel que soit le nombre de personnes ou de générations atteintes. Cette interprétation peut n'être que spécieuse, mais il est impossible de démontrer qu'elle est fausse.

Nous concluerons donc ici, comme pour le cas précédent, par la négative avec un tout petit point de doute : *Il n'est pas prouvé que des muti-*

angle droit qui a cédé cette malformation.

S'il nous les montre, nous emploierons contre lui le raisonnement qu'il applique à l'enfant à oreille fendue lorsqu'il dit qu'il ne pourrait tenir cette malformation de sa mère que s'il avait hérité de l'oreille de sa mère ; nous lui dirons que ce chat à queue atrophiée, cet infirme polydactyle ou syndactyle, devraient avoir non seulement la brièveté de queue, la syndactylie ou la polydactylie de cet ancêtre, mais sa queue elle-même ou sa main avec la nature de peau et de poils qui les recouvrent. Or il n'en est rien, cette queue est recouverte de poils de Chat et cette main a une peau humaine avec tous leurs caractères histologiques si précis.

Cet argument a même bien plus de valeur ici que dans le cas où l'emploie Weismann. Car un parent peut transmettre un lobule d'oreille avec la fente qu'il porte sans transmettre l'oreille entière. Weismann donne ici une réalité inacceptable aux catégories que nous avons créées. Le lobule est une partie à part aussi bien que l'oreille entière. Si l'oreille de l'enfant avait été pareille à celle de la mère il aurait pu tout aussi bien, si son raisonnement était juste, dire, si la tête ne ressemblait pas, que l'enfant n'avait pas l'oreille de sa mère puisqu'il avait la tête d'un autre ancêtre. Ces termes, tête, oreille, doigt, ongle, main, ne sont nullement des parties indivisibles au point de vue de l'hérédité. C'est chaque cellule même qui a son ontogénie à elle et peut reproduire ceci ou cela par ses modifications. Il n'en est plus de même dans notre cas. Un ancêtre ne peut transmettre une brièveté de queue, une soudure ou une multiplicité de doigts sans transmettre tout ou au moins une partie de sa queue ou de ses doigts, et on devrait au moins, au point précis où réside la malformation, trouver le tissu de cet ancêtre. Or cela n'a pas lieu.

L'objection que nous faisons ici est capitale contre les partisans de la *Théromorphie* atavique, mais elle n'atteint pas dans ses œuvres vives la théorie de Weismann. Cet auteur n'a qu'à répondre que ces malformations ont pour origine une altération accidentelle du Plasma germinatif chez un individu. Le caractère étant d'emblée plasmatique se trouve immédiatement héréditaire.

lations isolées soient, même exceptionnellement, héréditaires, car les cas où elles semblent l'être peuvent s'expliquer par la coïncidence.

c. Mutilations accompagnées d'altérations morbides.

En faisant l'analyse des cas où des mutilations se sont montrées héréditaires, on constate que, dans un bon nombre d'entre eux, elles ont été suivies d'altérations morbides telles que gangrènes, suppurations, et surtout de retentissements sur le système nerveux.

Albrecht Thaer (12) en a publié un cas remarquable souvent cité : une jeune Vache de trois ans eut la corne gauche détruite par une inflammation suppurative. Elle engendra à la suite de cela trois veaux qui avaient, en place de corne, et du même côté que la mère, de petites masses dures rattachées au front par une peau molle. Hoffmann (87) en rapporte un autre communiqué à lui par le Dr Kratz de Lich : un Verrat avait eu la queue, non coupée, mais lentement rongée par des Rats ; il engendra à la suite de cela des petits sans queue[1]. De tels exemples sont assez nombreux, mais ils sont passibles des mêmes objections que ceux de la catégorie précédente. Aussi, sans nous arrêter à eux, passons à ceux de Brown-Sequard (82) contre lesquels aucune objection n'a pu prévaloir.

Ce physiologiste, au cours de ses expériences sur l'*épilepsie spinale* des Cobayes dont nous allons parler, dans un instant, a constaté les faits suivants. A la suite de la section du nerf sciatique, la patte postérieure étant devenue insensible, ces animaux détruisirent leurs orteils en les rongeant : leurs petits naquirent dépourvus de phalanges ou d'orteils à la

[1] Voici d'autres cas de ce genre.

Un soldat, cité par Darwin, avait perdu l'œil gauche à la suite d'une ophtalmie purulente. Quinze ans après cet accident, il eut deux fils qui étaient l'un et l'autre *microphtalmes* et du côté gauche seulement.

Lucas (50) rapporte qu'une femme déjà mère de plusieurs enfants normaux fut affectée d'un panaris grave qui laissa son doigt difforme. Deux enfants qu'elle eut plus tard eurent, au même doigt, la même difformité.

Les exostoses des jambes causées chez le Cheval par l'excès de travail seraient héréditaires.

Les tumeurs déterminées par la piqûre de certains insectes, les galles, ne sont pas héréditaires comme on sait. Cependant Lundstrœm, à ce que rapporte Giard (*Rev. scient.*, 6 décembre 1893) aurait montré que les déformations nommées *Trichomes* ou *Acarodomaties*, produites sur les feuilles des tilleuls et de plusieurs autres arbres ou arbustes par la piqûre des Acariens, seraient héréditaires et se produiraient alors même qu'on soustrait ces plantes aux atteintes de ces parasites. Il en serait de même d'après Treub et d'autres botanistes pour les transformations appelées *Myrmecocécidies* que les Fourmis déterminent sur quelques plantes tropicales.

patte postérieure. A la suite de la section du corps restiforme, la cornée devient opaque, puis l'œil se rapetisse et peu à peu s'atrophie, sans inflammation; chez les descendants se montrent des altérations également non inflammatoires, tantôt identiques (opacité cornéenne, résorption de l'œil), tantôt analogues (altérations des humeurs et du cristallin), mais toujours purement nutritives et sans ophtalmie. A la suite de la section partielle du bulbe rachidien, il observe une exophtalmie chez les parents, et une exophtalmie identique chez les descendants. Enfin des altérations diverses des paupières à la suite de la lésion du corps restiforme ou du sympathique cervical ont été transmises identiques aux descendants. Ces altérations se sont étendues à un nombre considérable d'individus et à cinq ou six générations; dans de nombreuses expériences elles n'ont jamais manqué de se produire; or jamais on ne les a vues se montrer spontanément [1]. Ces conditions ne laissent aucune place à l'hypothèse de coïncidence, pas même avec l'interprétation de Platt-Ball (90) (V. p. 206).Ce dernier, adversaire systématique de l'hérédité des caractères acquis, objecte que ce sont là des faits isolés, très particuliers qui demandent une explication spéciale et ne prouvent rien pour l'hérédité des autres caractères. Nous lui accordons volontiers tout cela. Il ne s'agit pas ici d'explication, mais de faits et le fait est celui-ci : *Des caractères anatomiques ayant la forme de mutilations, peuvent être héréditaires lorsqu'ils s'accompagnent de troubles ou de lésions du système nerveux.*

b) Hérédité des maladies acquises.

Nous avons vu comment les maladies constitutionnelles peuvent être héréditaires. En dehors du microbe, les dispositions anatomiques ou les caractères chimiques (innés les uns et les autres) créant la prédisposition sont transmissibles. En est-il de même des maladies acquises?

La difficulté est ici de distinguer les maladies vraiment acquises de celles qui ne le sont qu'en apparence. Comment savoir, lorsqu'une affection se développe, si elle est le résultat de l'évolution lente et tardive d'une

[1] Brown-Sequard a remarqué aussi que l'atrophie musculaire consécutive à la section du sciatique se retrouvait chez un certain nombre des petits, bien que ceux-ci aient, comme de juste, leur sciatique intact. C'est donc comme une lésion acquise devenue héréditaire.

Dupuy (90) a constaté que les lésions produites par l'avulsion du ganglion cervical et l'exophthalmos consécutif à la piqûre du corps restiforme se transmettaient aux petits.

tendance contenue dans le germe avec la seule aide de ces conditions adjuvantes banales que chacun trouve partout, ou si elle est créée de toutes pièces par des conditions ambiantes déterminées? Cette indécision ôte presque toute valeur aux trois quarts des observations souvent présentées comme concluantes.

Schiess (89) montre, par la statistique, que la myopie est héréditaire. Or elle est incontestablement engendrée par la lecture assidue, car elle se développe aisément chez les fils de paysans adonnés à l'étude. Mais, pour faire une statistique utile, il faudrait comparer les fils d'emmétropes et de gens atteints de myopie manifestement acquise, ces fils étant élevés dans des conditions identiques. Or c'est ce que l'on n'a pas fait[1]. D'après le Dr Garrod 50 0/0 des cas de goutte observés dans les hôpitaux sont héréditaires et fréquemment les enfants des goutteux nés avant le début de la maladie chez le père sont indemnes, tandis que ceux nés pendant son règne sont atteints. Cela suffirait à démontrer que l'affection était somatique et non germinale et qu'elle a pourtant été transmise. Il en reste cependant quelques-unes qui échappent à cette difficulté.

Sanson (93) rapporte que M. Yvart forma, pour le compte de l'Administration de l'Agriculture, un troupeau de Moutons, avec des éléments empruntés à celui de M. Graux de Mauchamp. Le nouveau troupeau fut placé à Lahayevaux, dans les Vosges. Là, sous l'influence de l'humidité du sol, il contracta une arthropathie. Il fut alors transféré à Gevrolles, dans la

[1] Les opinions sont très variées sur la question de l'hérédité des maladies acquises.

Burdach (35), J. Müller (44), Donders (51-53) y croient. Allen Thompson (36-39) fait des réserves. Adams, Petit, Gintrac et la plupart des médecins croient à l'hérédité des dispositions aux maladies. Weissmann (90_1), Weigert (87), Van Bemmelen (90) lanient. Ziegler (86) est d'avis qu'aucun exemple ne saurait la démontrer, car on ne peut jamais dire que le premier cas n'ait pas été spontané. Nous verrons par l'exemple du troupeau de Gevrolles que cela n'est pas exact.

Les ouvrages d'Esquirol, Lucas (47 et 50), Déjerine (86) contiennent de longues séries d'exemples que je ne veux pas reproduire. La distinction entre ce qui est *inné* et ce qui est *acquis* n'étant le plus souvent point faite.

Esquirol (38) a noté l'hérédité de la folie 163 fois sur 372 cas. Cela prouve à merveille l'hérédité de la folie, mais si, dans chaque famille de fous, le premier fou est devenu tel par suite d'une altération, d'un dérangement dans la constitution physico-chimique de l'œuf ou du spermatozoïde dont il provient, cela ne prouve en rien que la folie *acquise* est héréditaire, car la folie ainsi produite est *innée* bien qu'elle n'ait pas été *héritée* cette première fois.

Pour la *myopie*, bien qu'elle soit évidemment engendrée par un surmenage de l'œil, nous verrons en parlant de la *Panmixie* que la question peut être portée sur le même terrain que la folie.

Côte-d'Or, sur un sol sec. Mais la maladie était devenue héréditaire, elle persista, et les agneaux nouveau-nés la contractaient comme ceux nés à Lahayevaux. On réforma les béliers et on les remplaça par d'autres empruntés au même troupeau de Mauchamp qui avait fourni les premiers. Au bout de peu de temps, la maladie disparut et, quand on eut pu réformer les mères malades, elle ne reparut plus. Ce cas est très significatif [1]. Le troupeau de Mauchamp et le troupeau guéri de Gevrolles ne souffraient pas de cette maladie, donc il n'y avait pas dans la race de Mauchamp une prédisposition marquée à la contracter. Les éléments du troupeau de Lahayevaux furent pris sans choix dans le troupeau de Mauchamp, on ne peut donc pas dire qu'il s'agisse là d'une prédisposition exceptionnelle se rencontrant par hasard dans quelques individus. On dira si l'on veut que les moutons de Mauchamp avaient une prédisposition générale à contracter cette maladie dans un climat humide. Soit, mais cette prédisposition n'était pas assez accentuée pour la faire éclore en climat sec comme celui de Gevrolles. Or après le séjour à Lahayevaux elle était devenue assez forte pour cela, puisque les agneaux nés à Gevrolles la contractaient presque tous. Si l'on avance que cette maladie était microbique, il n'en restera pas moins que la prédisposition héréditaire à subir la contagion avait été accrue dans la race par le séjour dans les Vosges, puisque les agneaux nés à Gevrolles de parents ayant séjourné à Lahayevaux étaient contaminés, tandis que ceux nés de parents venus directement de Mauchamp, et qui vivaient en promiscuité complète avec les autres, échappaient à la contagion. Si de tels exemples sont rares, c'est que les conditions nécessaires pour les rendre tout à fait probants ne se rencontrent que rarement réunies.

Mais il est un exemple encore plus probant, c'est celui de l'épilepsie expérimentale des cochons d'Inde de Brown-Sequard (68 à 72 et 82).

Ce physiologiste rend des Cochons d'Inde épileptiques en pratiquant sur eux certaines lésions nerveuses déterminées en particulier par l'hémisection transversale de la moelle ou la section du nerf sciatique. L'affection qui se développe quelques semaines après l'opération n'est peut-être pas une épilepsie franche; elle tient un peu du vertige auriculaire de Flourens, mais elle n'est point vague ni banale, elle est caractérisée par un syndrome bien déterminé et en particulier par la

[1] Sanson cite ce cas si intéressant comme preuve de l'influence de la consanguinité.

Mais il est facile de voir que l'intérêt de cette observation n'est pas là. Sanson ne l'a pas remarqué faute d'avoir distingué avec assez de soin les caractères acquis des caractères innés.

présence d'une zone épileptogène nettement limitée située en arrière de l'œil du côté de la lésion. Le moindre attouchement de cette zone provoque l'attaque; et ce n'est pas la douleur qui la fait naître, car la zone est anasthésique, tandis que d'autres régions très hyperesthésiées dont l'attouchement arrache des cris à l'animal n'ont aucune influence épileptogène. Les petits des Cobayes ainsi rendus épileptiques sont devenus épileptiques comme leurs parents. Or comme l'épilepsie spontanée n'a pas été observée sur le Cobaye et que l'expérience de Brown-Sequard peut être reproduite presque à volonté sur n'importe quel individu, il n'y a place pour aucune explication par simple coïncidence. Weissmann (89) objecte à cela que l'épilepsie ainsi produite peut être une maladie microbique inoculée aux parents par l'opération et transmise avec le germe, objection sans valeur et qu'il n'eût pas faite s'il avait suffisamment médité le sujet[1]. Brown-Sequard (92) lui fait remarquer, en effet, que la maladie est provoquée chez le parent presque sûrement par certaines sections nerveuses déterminées et jamais par les autres. L'hémisection transversale de la moelle dorsale la produit presque toujours; l'hémisection de la moelle cervicale rarement, celle de la moelle lombaire ou celle des cordons antérieurs seuls jamais; la section du sciatique presque toujours, celle du brachial jamais. Enfin l'épilepsie peut être produite par simple écrasement du sciatique sans plaie à la peau et par conséquent sans inoculation possible[2].

Fig. 18.

[1] D'après Weissmann, l'épilepsie serait une affection microbienne et se transmettrait grâce à l'infection des germes par le microbe. Le cas serait le même que pour la syphilis bien que ni dans l'une ni dans l'autre de ces maladies on ne connaisse l'agent infectieux.

Weissmann voit une confirmation indirecte de cette hypothèse dans le fait que l'épilepsie ne se montre chez l'animal opéré qu'après une incubation et dans celui que la maladie se transmet plus facilement par la mère que par le père, sans doute parce que l'œuf, en raison de son volume, donne plus facilement asile aux microcobes.

[2] D'autre part, Galton (75) a avancé que l'épilepsie des petits pouvait provenir de l'imitation. Pour affirmer cela, il faudrait avoir observé que des petits des parents non opérés, élevés avec les petits des opérés, ont pu devenir épilep-

Nous admettrons donc comme formellement prouvé que : *Certaines maladies générales acquises, surtout parmi celles qui touchent au système nerveux, sont sûrement héréditaires par démonstration expérimentale ; et que pour beaucoup d'autres pour lesquelles la démonstration expérimentale est impossible on a autant de droit de croire à leur hérédité que de la nier.*

c) Hérédité des effets de l'usage et de la désuétude.

C'est un fait admis de tout le monde que, chez l'individu, tout organe appelé à fonctionner plus énergiquement devient plus gros et plus fort et que tout organe qui cesse d'être employé subit une certaine atrophie. Tout le monde admet également que la chose est vraie aussi pour les races et les espèces, les Transformistes et non-Transformistes différant d'avis seulement quant à l'étendue des variations que cela peut entraîner. Tout se passe donc *comme si* ces variations étaient héréditaires. Mais les uns assurent qu'elles le sont réellement, et les autres ne voient là qu'une illusion. Ces variations, disent les derniers, ne sont pas transmissibles ; mais comme elles sont avantageuses, soit en développant l'organe proportionnellement à un travail plus fort, soit en le supprimant quand, devenu inutile, il absorbe comme un parasite de la nourriture sans rendre de services, la Sélection a prise sur elles et les développe dans la race, en supprimant les individus qui ne les possèdent pas et soutenant, dans la lutte pour la vie, ceux qui les possèdent au plus haut degré. Celles que la Sélection naturelle n'atteint pas peuvent être influencées par la Sélection sexuelle ou par la *Panmixie*. Le débat change donc de terrain, ou plutôt la question fait place à une autre : la Sélection peut-elle, sans l'héridité des acquisitions, expliquer l'accroissement des organes inutiles et l'atrophie des superflus?

Oui, disent les *Néo-Darwiniens* avec Weissmann (passim et surtout 93) à leur tête ; non disent les *Lamarkiens* à la suite de Spencer (passim et sur-

tiques comme eux.

Une telle objection ne peut provenir que d'un esprit prévenu que les résultats de l'expérience gênent dans ses théories. Qu'un homme puisse être rendu épileptique par la vue des convulsions de cette maladie, la chose peut être possible grâce à une imagination fortement excitable, s'il a une prédisposition marquée. Mais pour un cobaye qui ne comprend pas ce qu'il voit et ne saurait en être affecté, personne n'admettra qu'il en soit ainsi. D'autant plus qu'il ne s'agit pas là de convulsions banales, mais d'une maladie déterminée à symptômes précis.

tout 93)[1]. Nous examinerons les arguments des uns et des autres à propos des théories de la Sélection[2].

Les effets de l'usage et de la désuétude portent d'ailleurs sur tous les caractères : organes, fonctions physiologiques, aptitudes psychologiques,

[1] WEISSMANN (93) et SPENCER (93) se sont proposés l'un à l'autre des cas difficiles à expliquer dans la théorie de l'adversaire. En voici quelques-uns :

La rétraction du petit orteil, dit SPENCER, est une particularité acquise due à l'usage de la chaussure. Or elle est devenue héréditaire, car le Dr BUCHMANN l'a vue se produire au bout de quelques mois chez ses enfants qu'il laissait nu-pieds. A quoi WEISSMANN répond que cette rétraction est, en effet, héréditaire, mais qu'elle n'est pas acquise et due à la chaussure, car PFITZNER a montré, que, chez les Nègres qui n'ont jamais porté de chaussures, elle se présente également. Mais SPENCER ne se tient pas pour battu, et prétend que, si elle n'est pas due à la chaussure, elle est due à la marche bipède et n'en est pas moins acquise. La marche bipède entraîne le développement de la partie interne du pied et l'atrophie du support externe pour rapprocher les points principaux de sustentation et éviter dans la marche l'allure particulière aux animaux qui ont leurs supports très écartés comme les Canards. Cette explication est un peu hasardée.

SPENCER affirme que la langue n'a pas besoin, même pour la parole, des innombrables papilles tactiles qui lui permettent de discerner deux points presque en contact. La Sélection n'a donc pu développer cette sensibilité tactile et SPENCER y voit un effet de l'usage. Partout, dit-il, où les attouchements sont fréquents et délicats, les papilles se multiplient; c'est pour cela qu'elles sont plus nombreuses à la face ventrale du corps et des membres qu'à leur face dorsale. La Sélection ne saurait expliquer cela, car la face dorsale a, plus encore que la ventrale, besoin d'être avertie des contacts dangereux que les yeux ne peuvent apercevoir. L'exemple des aveugles et des ouvriers imprimeurs montre aussi que l'exercice du toucher multiplie les papilles. WEISSMANN cherche à se défendre en disant que la sensibilité tactile de la langue a pu être assez utile chez certains ancêtres de l'Homme pour que la Sélection les développât au point où elles sont arrivées. Mais cela n'est guère soutenable. Dans le premier exemple, l'avantage était à lui, ici il reste à son adversaire.

[2] La prédominance du bras droit sur le gauche est souvent donnée comme un exemple d'hérédité d'un effet de l'usage. On y peut joindre l'accroissement progressif de la capacité crânienne qui, d'après les mesures de Broca, est passée, du XIIe au XIXe siècle, de 1409cmc à 1442cmc. Mais, ici comme dans tant d'autres cas que nous aurons à examiner plus tard, il est difficile d'assurer que ce ne soit pas là un effet de variations accidentelles, accumulées par la Sélection.

On cite souvent, comme preuve de l'hérédité d'habitudes acquises, les Chiens qui tournent sur eux-mêmes avant de se coucher pour arrondir une sorte de gîte dans l'herbe absente. Si c'est là la cause de leur action, cela prouve indubitablement l'hérédité de l'instinct que nous avons admise plus haut, mais non celle d'une habitude acquise, car cela peut avoir été développé dans la race, comme caractère *plasmogène*, par la Sélection. Il en est de même pour l'habitude qu'ont les mêmes animaux de chercher à couvrir leurs excréments en lançant sur eux de la terre avec leurs pattes postérieures, même lorsqu'ils sont sur le pavé. Il en est de même encore de l'habitude de tomber en arrêt. KNIGHT prit des précautions pour que de jeunes Chiens menés, pour la première fois à la chasse, ne pussent en rien être diri-

instincts, etc[1]. Parmi ces derniers, il en est quelques-uns qui ne sont pas devenus héréditaires malgré un nombre immense de générations. PLATT

gés par leurs aînés. Cependant, dès le premier jour, l'un d'eux arrêta une perdrix. Ici c'est la Sélection méthodique qui est intervenue. Plus solide serait la preuve tirée de l'aboiement. On sait que le Chien sauvage hurle et n'aboie pas. L'aboiement s'est développé chez le Chien, au contact de l'homme, par une tentative de langage qui s'est arrêtée où son larynx et son cerveau l'y ont obligé. Pour que la preuve fût convaincante, il faudrait élever un jeune Chien dans une île où jamais il n'entendrait aboyer. L'expérience serait extrêmement intéressante.

Il ne faut pas se méprendre sur la portée de toutes ces objections. Elles prouvent qu'on n'est pas certain que ces effets de l'usage soient héréditaires, mais nullement qu'ils ne le soient pas, car s'ils l'étaient vraiment, on pourrait leur opposer les mêmes arguments.

L'exemple suivant, cité par LUCAS (50), montre combien est grande l'influence de l'imitation dans l'instinct. Le métis mâle du Chardonneret mâle et du Serin femelle chante comme le Serin ou comme le Chardonneret selon qu'il entend d'abord l'un ou l'autre. On sait que les mâles seuls chantent parmi ces oiseaux.

Pour trancher la question de l'hérédité des instincts acquis, GALTON (89) propose de continuer sur plusieurs générations l'expérience célèbre du Brochet qui cesse de sauter sur les Goujons après s'être plusieurs fois heurté contre une plaque de verre qui le sépare d'eux.

[1] Le développement dans l'humanité des aptitudes psychologiques, du moins de celles qui constituent des qualités de luxe, est une des difficultés les plus graves pour les négateurs de l'hérédité des caractères acquis. On ne voit pas au premier abord pourquoi il en est ainsi, mais les *Néo-Darwiniens* l'ont bien compris, aussi ont-ils fait les plus grands efforts pour se tirer de ce mauvais pas. WEISSMANN (89) en particulier l'a tenté et a produit à cette occasion un de ces petits chefs-d'œuvre de dialectique où il excelle.

Entre toutes ces qualités de luxe, il choisit le don musical comme étant un de ceux où il est le plus évident que les sélections naturelle et sexuelle n'ont pu intervenir pour le développer. L'aptitude musicale n'entraîne, en effet, aucun avantage au point de vue de la conservation de la vie, ni même pour la possession d'une compagne. Même de nos jours, les gens non doués trouvent dans les autres professions des moyens de vivre et arrivent à se marier même avec des femmes musiciennes et en tout cas avec celles qui n'ont point souci de la musique. Comment donc le sens musical si faible et si grossier chez les sauvages, si puissant et si raffiné chez nous, a-t-il pu arriver à ce degré, si les mieux doués n'ont pu transmettre à leurs descendants tout ou partie de leurs aptitudes musicales? Weissmann répond que le don musical ne s'est pas développé; qu'il existe au même degré chez les sauvages que chez nous, et que la seule différence réside dans le perfectionnement graduel de l'art. Un Mozart, né chez les sauvages, ne pourrait manifester son don exceptionnel que par quelque perfectionnement modeste dans la musique de sa tribu. Rien donc ne prouve qu'il n'y ait pas chez les sauvages des individus aussi bien doués que Mozart. La preuve en est que des fils de sauvages élevés parmi nous sont devenus excellents musiciens, et si un vrai Mozart ne s'est pas encore rencontré dans ces conditions, c'est que les Mozarts sont une exception rare même parmi nous. Si nous sommes si supérieurs aux sauvages, quoique nos aptitudes ne soient pas supérieures, c'est que notre point de départ est plus élevé. Un musicien, chez nous,

BALL (90) fait remarquer que le chant des oiseaux n'est pas devenu héréditaire, car les oiseaux ne chantent pas s'ils n'entendent pas chanter leurs parents, et prennent facilement le chant d'autres espèces s'ils n'entendent qu'elles au lieu de la leur (V. la note de la page 213 vers la fin). Il fait remarquer aussi que l'idée d'objectiver les sensations visuelles n'est pas devenue héréditaire, malgré un nombre infini de générations, car les aveugles nés opérés cherchent à saisir dans leur œil les objets peints sur leur rétine au moment où la vue leur est rendue.

Mais à ces exemples, W. ROUX (81) en oppose d'autres qui plaident la thèse opposée. Un enfant européen, élevé depuis sa naissance chez les Namaquois, arrive beaucoup plus difficilement que les enfants indigènes à parler la langue du pays. Le jeune Namaquois n'est cependant pas plus intelligent, mais les associations d'actes multiples d'où résultent les mots de sa langue lui sont plus faciles parce que les voies suivies par l'influx nerveux qui commande ces associations ont été développées par un long usage chez ses ancêtres. Au bout de quelques jours, un enfant sait faire les mouvements associés des yeux d'où résulte la fusion des images par les points homologues; il ne savait cependant les faire à sa naissance. Ce n'est donc point un acte organique, c'est une opération apprise et, pour être apprise en si peu de temps, il faut qu'elle soit facilitée par la transmission héréditaire de l'aptitude.

Il faut remarquer, en outre, que la position est bien plus difficile pour les partisans de l'hérédité que pour les adversaires, sans que pour cela leur thèse soit peut-être plus mauvaise car, si un caractère dû à l'usage ou à la désuétude se montre héréditaire, ceux-ci peuvent invoquer la Sé-

commence par apprendre la mélodie et l'harmonie jusqu'au point où les ont poussées nos devanciers, et part de là pour imaginer une nouvelle combinaison.

Mais comment le sens musical qui manque aux animaux a-t-il pu se développer une première fois dans l'humanité? Weissmann répond que l'organe auditif s'est développé par la Sélection naturelle en raison des autres services qu'il rend, et que le sens musical s'est développé accessoirement et sans avoir été recherché pour lui-même; de même que le pianiste a besoin de toutes les qualités de la main pour produire ses effets, et cependant ces qualités n'ont pas été développées pour le besoin de jouer du piano.

En outre, tout ce qui peut concourir au développement du sens musical est plus parfait chez l'homme que chez les animaux. Non seulement ses fibres de Corti sont plus nombreuses et lui permettent d'entendre des sons plus variés, mais l'organe auditif cérébral est plus parfait, et tout le reste du cerveau est plus développé aussi, c'est-à-dire que les diverses facultés de l'âme : imagination, mémoire, sensibilité, etc., sont plus vives, et ce sont elles qui donnent un sens à l'expression musicale et permettent de comprendre et de produire des combinaisons plus complexes et plus variées.

lection ou la Panmixie ; s'il se montre non héréditaire, ceux-là, au contraire, n'ont qu'à s'incliner. Aussi le débat reste-t-il pendant jusqu'à ce que la question théorique préjudicielle relative à la Sélection soit tranchée et pour rester sur le terrain des faits nous conclurons : *Il n'est pas expérimentalement prouvé que les effets de l'usage et de la désuétude soient héréditaires ; il n'est pas prouvé non plus qu'ils ne le soient jamais.*

d) Hérédité des caractères acquis sous l'influence des conditions de vie.

La variation sous l'influence des conditions de vie et l'hérédité des modifications qu'elle produit est, comme on sait, le fondement de la théorie de Lamark. Sans lui accorder autant d'importance dans la formation des espèces, Darwin l'admet.

Les non-Transformistes, au contraire, la repoussent énergiquement, ou du moins la limitent aux variations insignifiantes que l'espèce peut subir sans altérer sa fixité fondamentale. Ici, comme dans les cas précédents, les champions les plus avancés du Transformisme sont avec eux.

Nægeli (84) a institué une expérience monumentale pour démontrer que les acquisitions adaptives ne sont pas héréditaires. On sait que les plantes alpestres se distinguent par des caractères anatomiques et physiologiques très nets des individus de même espèce et de même variété vivant dans la plaine. Ces derniers sont plus forts, plus touffus, ont des fleurs plus grandes, plus nombreuses et une floraison plus précoce. Aidé de quelques collaborateurs, il a, pendant de nombreuses années, recueilli sur les montagnes de l'Allemagne et des pays voisins toutes les espèces et variétés de la tribu des Piloselloïdées du genre *Hieracium;* il en a réuni 2500 variétés qu'il a transplantées ou semées dans le jardin botanique de Munich, dans des conditions aussi semblables que possible, et les a observées pendant 13 années consécutives, et comparées aux formes originelles. Or il a constaté que le caractère de plaine se montrait, immédiatement et complètement dans toute son amplitude, *dès la première année*. Donc ces différences, d'ailleurs toutes quantitatives et n'atteignant en rien la caractéristique essentielle de l'espèce, sont le produit immédiat des conditions climatériques, et ne deviennent en rien héréditaires après une série immense de générations[1].

[1] On sait que les Bactéries pathogènes peuvent être fortement modifiées dans leur virulence par la culture dans des milieux appropriés ou dans des condi-

Mais ces assertions de Nægeli sont contredites par celles de DE CANDOLLE (85), de SCHÜBELER (85) et de plusieurs autres [1]. H. HOFFMANN (87)

tions particulières de température. Toute la pratique de l'atténuation des virus (chauffage, culture en milieux appropriés, addition d'antiseptiques faibles, etc.) ou de l'exaltation de leur virulence (par passage dans divers organismes) repose sur cette donnée. D'ailleurs il ne s'agit pas là seulement d'un changement de propriétés physiologiques, on peut modifier des caractères anatomiques. Sans aller aussi loin que Billroth, qui n'admettait qu'une espèce extrêmement protéiforme, la *Coccobactérie*, on ne peut plus admettre le vieux dogme du monomorphisme absolu encore soutenu par COHN, MACÉ, WINOGRADSKY, etc. CHARRIN et GUIGNARD, en faisant agir alternativement sur le Bacille pyocyanique une série de substances antiseptiques, ont vu cet organisme subir des transformations protéiformes qui, d'un tube à l'autre, le rendaient positivement méconnaissable. CIENKOWSKY sur le Microbe du lait bleu, VAN TIEGHEM sur le *Bacillus amylobacter*, METSCHNIKOFF sur son *Spirobacillus Cienkowskii* des Daphnies, ont montré des faits analogues. Ces modifications demandent quelques semaines pour se produire et persistent ensuite plusieurs semaines si les conditions primitives sont rétablies. Or, pendant ce laps de temps, de nombreuses générations se sont succédées; les modifications ont donc été héréditaires pendant de longues générations.

Il semble que cela infirme le résultat de l'expérience sur les *Hieracium*. Mais NÆGELI (84) montre qu'il n'en est rien. La différence n'est qu'apparente et s'explique par le fait que les Bactéries sont unicellaires. Les êtres unicellulaires se reproduisent par division et la cellule mère lègue à ses cellules filles, non seulement son Idioplasma, mais son plasma nutritif, en sorte que, si les conditions nutritives ont modifié ce dernier, ces modifications, bien que ne portant pas sur l'Idioplasma, seront héréditaires; et il pourra falloir plusieurs générations pour que ce plasma nutritif, toujours le même en somme à travers les générations successives, revienne à son état primitif. Chez les pluricellulaires, au contraire, les caractères héréditaires sont résumés dans l'Idioplasma, et ce qui ne l'atteint pas ne se transmet pas au descendant, car le père ne cède aucune parcelle de plasma nutritif et le peu de ce plasma que fournit l'ovule au produit est insignifiant par rapport à la masse de l'être futur. Cependant, les choses ne sont pas si différentes qu'on pourrait le croire entre les Pluricellulaires et les Unicellulaires; car il faut comparer ce qui est comparable. Une génération, chez les premiers, correspond non à une génération des seconds, mais à un grand nombre. L'ovule, être unicellulaire, se multiplie un nombre immense de fois pendant l'ontogénèse. De l'ovule de la mère à celui de la fille, il n'y a qu'une génération de l'individu pluricellulaire, mais il y a un grand nombre de générations des éléments unicellulaires qui constituent cet individu. Aussi il se pourrait que des modifications du plasma nutritif maternel soient transmises de cellule en cellule à partir de l'ovule maternel, plus ou moins loin pendant l'ontogénèse, et n'arrivent à s'effacer que peu à peu avant le complet développement de l'enfant. La modification ne paraîtra donc pas héréditaire, bien que tout se soit passé absolument comme chez les Bactéries. Donc le cas des Bactéries n'est nullement exceptionnel et l'objection ainsi débarrassée de ses obscurités perd toute sa valeur.

[1] DE CANDOLLE, en 1872, était arrivé à un résultat opposé à celui de NÆGELI (84); mais celui-ci lui reproche, sans le démontrer d'ailleurs, de n'avoir pas apporté

a démontré l'hérédité des variations produites par l'alimentation dans une série d'expériences très nettes ayant duré 12 ans et porté sur des plantes très diverses (*Papaver*, *Argemone*, *Rhæas*, *Nigella*, etc.). Il réalise une condition d'alimentation restreinte par un ensemencement serré en petits pots et produit ainsi une proportion de fleurs atypiques (doubles ou autrement anormales) bien supérieure à l'ordinaire. Il sème alors leurs graines dans les conditions habituelles et obtient des anomalies semblables, en nombre moindre mais encore bien supérieur à la moyenne. Ces modifications acquises ont donc été héréditaires. Il en a obtenu aussi de pareillement héréditaires chez la carotte (*Daucus*).

Enfin il a constaté, contrairement à Nægeli, que la date de floraison modifiée par le climat, se maintenait pendant quelque temps chez les descendants replacés dans le climat primitif.

Un autre exemple remarquable en faveur de l'hérédité de ces caractères est celui du Cerisier de Ceylan. DETMER rapporte que le Cerisier de nos pays s'est transformé à Ceylan en un arbre à feuilles persistantes, sous l'influence du climat. Weissmann essaye de diminuer la valeur de cet exemple, mais ses arguments n'y arrivent pas[1].

assez de soin à la détermination des espèces et variétés.

Le Dr SCHÜBELER (85) rapporte, qu'en Scandinavie, les céréales transportées de la plaine dans la montagne s'y habituent à fleurir plus vite et dès les premières chaleurs. Rapportées dans la plaine, elles continuent à fleurir avant les autres. Il en est de même pour celles transportées du Sud au Nord.

[1] C'est là un de ces exemples auxquels nous faisions allusion à la fin de la note de la page 99, où Weissmann voit une confusion entre la transmission sexuelle d'un caractère et sa simple continuation par voie asexuelle. D'après lui, selon toute probabilité, ces Cerisiers sont reproduits à Ceylan par bouture. Or, dans ce mode de reproduction, il ne saurait être question d'hérédité, puisqu'il n'y a pas à proprement parler de parents et de descendants, mais une personne végétale unique multipliant ses rameaux et ses racines et continuant une vie artificiellement prolongée sans perdre vraiment son individualité. Tout se passe au fond comme si un même arbre avait vécu à la même place pendant tout le temps qu'a duré sa reproduction asexuelle, en sorte que le fait invoqué ne démontre rien au sujet de l'action du soma sur le germe. Rien ne dit que cette particularité est transmissible par la graine. Le fait observé s'explique tout naturellement par l'action directe du climat sur l'individu et d'autant mieux que le bouturage permet de prolonger la vie de l'individu pendant un temps très considérable. Or personne n'a jamais nié que des caractères puissent être acquis, mais seulement que ces caractères puissent être transmis aux cellules sexuelles et par suite aux générations suivantes.

Admettons, avec WEISSMANN, que tous les Cerisiers de Ceylan aient été reproduits par le bouturage et que le bouturage ne fait que prolonger la vie de l'individu, en sorte que les phénomènes sont les mêmes que si la modification avait été acquise par un seul et même Cerisier qui aurait vécu tout ce temps. Donc

De nombreuses observations ont montré que les animaux placés dans un climat différent variaient jusqu'à une certaine limite, de plus en plus, de génération en génération, et cela a été naturellement considéré

chez ce Cerisier, les feuilles sont chaque année parues un peu plus tôt et tombées un peu plus tard jusqu'à ce que la période afoliaire ait été comblée. Comment expliquer cela? Voici une feuille naissant au premier printemps après l'introduction à Ceylan. Au lieu de tomber au moment habituel, sous l'influence du climat elle persiste quelques jours ou, si l'on veut, quelques heures, quelques instants de plus et finit par tomber. Dans l'aisselle de cette feuille a poussé un bourgeon qui, au printemps prochain, donnera un nouveau rameau foliaire. De deux choses l'une : ou bien ces nouvelles feuilles sont de constitution identique aux anciennes et, soumises aux mêmes conditions extérieures, vivront au delà du temps habituel, autant que les feuilles précédentes, mais pas plus, et il y aura continuation d'un effet, mais non totalisation d'effets partiels; ou bien ces feuilles sont déjà un peu modifiées, elles sont capables de vivre quelque peu plus longtemps par leurs seules tendances internes, et ce quelque peu s'ajoutant à l'augmentation de durée quelles recevront du climat, leur vie se trouvera allongée par rapport à celle des feuilles de l'année précédente; il y aura totalisation de deux effets, l'un hérité, l'autre dû aux circonstances extérieures, et l'on conçoit très bien que les feuilles puissent ainsi arriver à devenir persistantes. Il faut seulement pour cela que la persistance des premières feuilles ait produit sur les bourgeons suivants une modification de composition ou de structure qui comporte une tendance évolutive un peu différente. Cela suppose une action du soma tout à fait de même ordre que celle qu'il devrait exercer sur le germe pour rendre héréditaire un caractère acquis; et, puisque la première bien existe, la seconde peut exister aussi, que nous ne sachions pas comment elle s'exerce. Weissmann répondra peut-être que le climat a directement influencé le bourgeon; mais, d'une part, cela suppose que les conditions extérieures peuvent exercer directement une action adaptative, ce qui est incompréhensible, de l'aveu même de Weissmann; d'autre part, cela laisse la difficulté entière, car cette action sera la même chaque année, elle ne produira rien de plus que ce que produirait une action plus grande sur la feuille, elle ne s'ajoutera pas à elle-même d'année en année cette totalisation exige absolument une modification héritée avant l'action directe.

En somme, ce cas reste embarrassant pour **Weissmann** parce que le Cerisier lui-même est persistant, mais ses feuilles sont engendrées d'année en année, en sorte que c'est là au fond un cas de modification acquise par une série de générations agames. Or Weissmann déclare ces acquisitions impossibles à propos de la Parthénogénèse. Cec as particulier est cependant moins embarrassant que d'autres, parce que Weissmann pourra supposer que l'influence de la feuille sur son bourgeon axillaire est de celles qui peuvent s'exercer sans entamer sa théorie. Il pourra admettre que les feuilles ayant vécu plus longtemps auront plus longtemps nourri les bourgeons, auront accumulé plus de réserve dans la plante et que les bourgeons auront eu, de ce seul fait, une tendance à produire des feuilles plus durables, tendance qui s'ajoutera à l'influence directe du climat au printemps suivant. Mais il serait sans doute facile de prouver que la chose n'est pas due à des actions de cet ordre et que la modification s'est produite quelquefois malgré un sol plus maigre qui annihilait le faible avantage dû à une persistance un peu plus prolongée des feuilles.

comme une preuve de l'hérédité des modifications acquises s'ajoutant aux effets continus de l'action climatérique. Mais ici s'élève comme dans les cas précédents une difficulté d'interprétation. Weismann (92) s'est efforcé de prouver que les variations ne sont pas transmises par l'organe affecté au produit sexuel, mais que ce dernier est influencé directement par les agents modificateurs, en sorte qu'il n'y a pas là des faits d'hérédité, mais des cas de variation, similaire et simultanée mais indépendante, du soma et du germe sous l'influence de causes communes. Aussi, dans chaque cas particulier, il cherche à montrer que la variation progressive n'a commencé que quelques générations après que les conditions ont été changées, de manière à laisser aux éléments sexuels, moins accessibles que le corps à l'influence des conditions nouvelles, le temps de subir leur action.

Ces explications étaient nécessaires pour montrer combien la question de fait est difficile à trancher. Pour convaincre les négateurs systématiques de ce genre d'hérédité, il faudrait leur montrer des modifications acquises sous l'influence de conditions biologiques nouvelles, qui se continuent, lorsque ces conditions sont brusquement changées, dès la première génération après le changement.

Phénomènes d'influence consécutive. — Il n'a guère été fait d'observations où toutes ces conditions aient été notées. Mais nous devons à Pfeffer, Detmer et quelques autres de très curieuses expériences qui nous montrent non pas directement l'hérédité de modifications acquises, mais que les modifications locales produites par les conditions ambiantes peuvent créer dans l'organisme un état nouveau qui permet à ces modifications de persister après la disparition des causes qui les ont produites. C'est ce que Detmer (87) appelle les phénomènes de *Nachwirkung* que l'on pourrait traduire par *Influence consécutive*.

Pfeffer (75) place à l'obscurité des sensitives (*Mimosa pudica*) et des *Acacia lophanta* qui, élevés au dehors, avaient pris, comme on sait, l'habitude de fermer leurs feuilles la nuit et de les ouvrir le jour, et il remarque qu'ils continuent à les ouvrir et les fermer aux mêmes heures pendant plusieurs jours. Il les soumet alors à un éclairage artificiel de nuit et à l'obscurité pendant le jour, et les habitue ainsi à fermer leurs feuilles pendant qu'au dehors il fait jour, et à les ouvrir pendant qu'il fait nuit, puis il les place à l'obscurité et les voit conserver le rythme acquis pendant la période d'éclairage artificiel. On sait que les plantes élevées au dehors croissent plus vite la nuit que le jour :

Baranetzky (80) place à l'obscurité des plantes élevées au dehors et constate qu'elles continuent, pendant quelque temps, à pousser plus vite aux heures de nuit. On sait que si l'on courbe un rameau vertical de manière à le placer horizontalement, il ne tarde pas à se couder vers l'extrémité pour reprendre la direction verticale que lui impose son géotropisme négatif : Detmer (87) courbe ainsi un rameau, mais le redresse avant qu'il ait commencé à se couder pour reprendre sa direction normale, et il voit le rameau se couder néanmoins pour corriger une erreur de direction qui cependant n'existe plus. Le même naturaliste coupe le sommet de la tige de diverses plantes à sève abondante, *Helianthus*, *Ricinus*, *Cucurbita*, et fixe à l'extrémité coupée un tube de verre où la sève monte et, par les oscillations de son niveau, montre les variations alternatives de sa pression. En plein air, la pression se montre maxima au coucher du soleil et minima à son lever. Il les place alors à l'obscurité et voit les mêmes variations se reproduire aux mêmes heures, pendant plusieurs jours. Massart (93) place des Noctiluques à l'obscurité ou les soumet à un éclairage artificiel interrompu et constate qu'ils continuent, comme dans les conditions naturelles, à éclairer plus vivement aux heures de nuit.

Assurément ce n'est pas là de l'hérédité, mais c'est quelque chose qui y touche de près. C'est la création d'un équilibre physiologique nouveau, persistant après la disparition des causes qui l'ont fait naître. L'organisme tout entier pend part au nouvel état et l'on sent que cela comble en partie le fossé qui sépare les modifications locales des organes des modifications adéquates des produits sexuels. Weissmann (88) n'est pas tout à fait juste quand il déclare que tout cela n'a qu'une analogie vague et lointaine avec l'hérédité.

D'ailleurs, toute cette discussion n'a qu'un intérêt théorique car, au point de vue de la formation des espèces, il est indifférent qu'une modification produite par les conditions ambiantes arrive aux *germen* directement ou par le *soma* puisque, de toute manière, le produit se trouvera modifié, qu'il hérite sa modification du parent ou qu'il la subisse lui-même à l'état cellule germinale dans le corps de celui-ci.

Nous conclurons donc que : *Il n'est pas démontré que les modifications acquises sous l'influence des conditions de vie soient généralement héréditaires, mais il paraît bien certain qu'elles le sont quelquefois. Cela dépend sans doute de leur nature. D'ailleurs on ne sait pas quelle est dans ce résultat la part de la transmission des modifications somatiques aux cellules germinales et celle de l'action directe des conditions ambiantes sur celles-ci.*

3. LIAISON ET INDÉPENDANCE DES CARACTÈRES TRANSMISSIBLES.

Y a-t-il, entre les caractères transmissibles, quelque dépendance qui fasse que les uns entraînent les autres, ou n'y a-t-il que hasard dans la manière dont ils se groupent?

Les faits sont ici contradictoires. Da Gama Machado (31 à 58) croit avoir observé une certaine conformité entre les caractères psychologiques et la couleur du pigment; il assure que si deux frères sont de même taille, de même habitus général et surtout de même nuance de peau et de poil, leurs caractères et leurs goûts sont identiques jusque dans le détail. Les métis du Canard sauvage et du Canard domestique auraient toujours l'humeur sauvage ou docile du parent dont ils ont pris la robe [1].

Les individus, affectés d'une tare psychologique, que les médecins spécialistes appellent des *mentaux* ont un ensemble de *stigmates physiques*, et l'on ne trouve jamais les uns sans les autres. C'est une sorte de Corrélation dans l'hérédité.

Presque toujours les organes symétriques se ressemblent et sont le résultat d'une combinaison identique des divers caractères hérités. Non seulement les deux bras, les deux jambes, les deux moitiés de la tête et du tronc, sont semblables, mais il y a ressemblance entre les proportions des parties non symétriques. On ne voit guère le fils d'un père gros et court et d'une mère grande et mince avoir le cou svelte de celle-ci et les membres trapus de celui-là. De même toutes les parties du tégument, du poil, sont en général uniformes et représentent un même compromis entre les caractères de ces organes chez les parents.

Mais il y a des exceptions formelles. On sait combien sont fréquentes les mèches blanches héréditaires, et souvent dans une chevelure ou une barbe qui ne rappelle en rien pour le reste les parties similaires du parent qui a légué la mèche. Sanson (93) a remarqué que, parmi les bœufs du Nivernais, métis de Charolais et de Durham, on rencontre souvent d'un côté la corne du Durham et de l'autre celle du Charolais. La différence s'étend aux frontaux et le crâne se montre très asymétrique. Ainsi l'un des frontaux peut venir du père et l'autre de la mère [2].

[1] Cela explique la singularité de la fondation qui porte son nom parmi les prix de l'Académie des Sciences.

[2] Sanson (93) cite deux autres exemples semblables. Un étalon anglo-normand nommé *Gouverneur* avait l'un des frontaux de sa race maternelle, l'autre de sa race paternelle, ce qui rendait sa tête

Bien connu est le cas de Lislet-Geoffroy, fils d'un Blanc et d'une Négresse très bornée. Par le physique il était entièrement Nègre, mais son cerveau était celui d'un Blanc : il devint ingénieur et, seul de sa couleur, membre correspondant de l'Académie des Sciences.

Certains auteurs croient que les caractères hérités se juxtaposent dans le produit plus ou moins intimement sans se fusionner. GALTON (75) va jusqu'à dire que la peau du mulâtre doit être considérée comme une mosaïque à éléments microscopiques de peau noire et de peau blanche. C'est évidemment forcer les choses. Cela paraît dépendre des caractères.

Tous les caractères peuvent se fusionner. Tantôt ils se fusionnent, tantôt ils restent indépendants, non selon leur nature, mais selon les rapports de leurs parents. La fusion est la règle chez les hybrides, la séparation chez les métis; chez les produits de race pure le résultat est variable.

Ces exemples appartiennent à la génération croisée; mais il en existe d'aussi frappants dans les races pures. On a souvent signalé des enfants qui avaient un œil bleu comme l'un de leurs parents, et l'autre noir ou gris comme leur second parent, et tout le monde a pu observer chez des enfants que le front, le nez, la bouche ou tel autre trait venait du père, par exemple, quand tous les autres rappelaient la mère. En somme : *Il y a à la fois indépendance et corrélation, ni l'une ni l'autre ne sont absolues et aucune règle ne nous permet pour le moment de dire quand et comment l'une ou l'autre se manifeste.*

Tous les caractères peuvent se fondre ou rester distincts en se juxtaposant et cela dépend de conditions étrangères à leur nature.

4. AGE AUQUEL APPARAISSENT LES CARACTÈRES TRANSMIS.

Le caractère hérité apparaît en général au même âge chez le descendant que chez le parent. HÆCKEL a fait de cela sa *Loi de l'Hérédité homochrone*. S'il ne s'agissait que de caractères liés à l'âge ou à l'évolution comme la barbe, les cornes, le bec de lièvre, il n'y aurait pas là l'indication d'une tendance spéciale. Mais cet homochronisme se vérifie pour des caractères qui sembleraient pouvoir être hérités à tout âge. Certains pigeons revê-

fortement asymétrique. Une pouliche anglo-percheronne d'une ferme de la famille de Gontaut-Biron avait d'un côté le lacrymal paternel fortement déprimé, de l'autre le lacrymal bombé de sa mère.

tent seulement à la 4e ou 5e mue la couleur qu'ont eue leurs parents au même âge. Mais cette indépendance entre l'âge et le caractère n'est peut-être qu'apparente. Un enfant ne peut devenir ni fou, ni dipsomane : cela est lié à l'évolution de son cerveau, comme la barbe à celle de ses organes génitaux. Il est possible qu'il en soit de même pour la tendance à l'obésité, au suicide et pour les plumes des Pigeons cités plus haut.

Il semble y avoir là plutôt la combinaison d'une loi évolutive et des lois ordinaires de l'Hérédité que l'effet d'une loi spéciale nouvelle. D'ailleurs lorsque le caractère est peu sous la dépendance de l'évolution, la loi ne se vérifie pas rigoureusement : il y a tendance à l'anticipation, d'où l'on tire une seconde loi correctrice de la première.

5. DURÉE DE LA TRANSMISSIBILITÉ.

On a très peu de renseignements sur la question de la durée de la transmissibilité des caractères. Tant qu'un caractère est transmis il est évidemment transmissible, mais quand il cesse d'être transmis, cela ne veut pas dire qu'il ait cessé d'être transmissible. On sait bien qu'un caractère saute aisément une, deux ou trois générations, mais au delà on manque en général de renseignements circonstanciés sur les ancêtres et, lorsqu'on voit apparaître un caractère individuel en apparence nouveau, il est le plus souvent impossible de décider s'il est vraiment tel ou s'il est dû à la réapparition d'un caractère de quelque ancêtre, resté latent pendant les générations intermédiaires. Les faits d'atavisme semblent prouver que ce dernier cas est possible, et même après un nombre très considérable de générations, mais la nature vraie des caractères dits ataviques est elle-même fort discutable.

6. TRANSFORMATION DES CARACTÈRES.

Les caractères ne sont pas toujours transmis sous la forme qu'ils revêtent chez le parent. Les maladies nerveuses fournissent d'innombrables exemples de ces transformations. On voit souvent un épileptique engendrer un maniaque, une folle avoir pour fille une hystérique ou inversement, le simple nervosisme du père dégénérer en chorée chez l'enfant, etc., etc. Il y a même des cas de transformation dans la transmission des caractères anatomiques.

La Tératologie offre aussi des exemples de ces transformations. Nous avons déjà vu que souvent c'était plutôt une tendance à la malformation et non une difformité particulière qui se transmettait dans certaines familles. LUCAS (47) cite celui d'une femme polymaste ayant engendré une fille polymaste, mais la mamelle supplémentaire était pectorale chez la mère, et inguinale chez la fille, et si développée chez celle-ci, qu'elle servait à l'allaitement habituel. DARWIN (79) a vu un Irlandais qui avait, du côté droit et parmi les cheveux noirs, une petite mèche blanche. Sa grand'mère et sa mère avaient la même mèche, mais la première à droite comme lui et la mère à gauche.

Ces divers cas sont loin d'avoir la même signification. Dans les maladies nerveuses, on conçoit très bien que des malformations primitivement semblables du système nerveux peuvent, modifiées pendant l'ontogénèse et après la naissance par les conditions ambiantes, se manifester par des symptômes portant des noms cliniques différents. La chose n'est pas plus étonnante que de voir, dans l'hérédo-syphilis, le fils avoir des malformations du crâne, des affections des dents, des ganglions mésentériques engorgés, tandis que le père a eu, au lieu de cela, un chancre, une roséole, des plaques muqueuses et des gommes. Les transformations des caractères anatomiques, au contraire, sont beaucoup plus significatives et d'une interprétation plus délicate, embarrassantes, à mon sens, au plus haut degré, pour les théories qui attribuent l'hérédité à des facteurs spécifiques distincts pour chaque caractère. Ces théories auront à compter avec ce fait que : *Les caractères sont parfois transmis sous une forme modifiée.*

7. LA FORCE HÉRÉDITAIRE.

En étudiant les faits d'hérédité, on remarque que certains caractères se transmettent avec une insistance remarquable, quels que soient les individus qui les lèguent; et que, d'autre part, certains individus transmettent avec une ténacité remarquable leurs caractères, quels que soient ces derniers. On a conclu de là à l'existence d'une *Force héréditaire* pouvant résider soit dans les caractères, soit dans les individus. Les Pigeons *tambour* croisés avec les autres races transmettent avec une grande énergie leurs caractères sauf deux, la touffe de plumes de leur bec et leur roucoulement si particulier ; ces deux caractères font toujours défaut dans les métis. D'autre part, on sait combien la force héréditaire était grande dans la race des Bourbon dont le nez se transmettait à tous leurs descendants même lorsqu'ils épousaient des femmes plus robustes qu'eux. Tous leurs bâtards avaient aussi le nez de la race : Ainsi, de toutes les femmes qui leur ont donné des descendants légitimes ou non, aucune n'a pu les supplanter et léguer aux enfants le nez de la race maternelle.

Dans les unions croisées, les Nègres, les Chinois, les Juifs montrent d'ordinaire une force héréditaire plus grande que leurs conjoints[1].

En appendice à la question de l'hérédité des caractères acquis, nous devons examiner les faits relatifs à quelques questions qui s'y rattachent et qui sont en outre intimement unies entre elles. D'abord l'état passager dans lequel peuvent se trouver les parents au moment de la conception, ou la mère pendant la grossesse, peut-il avoir quelque influence sur le produit? Secondement les substances introduites dans leur organisme peuvent-elles réagir sur le produit? Enfin que sont ces faits, paraissant dépendre d'une influence mystérieuse de l'élément fécondateur, que l'on désigne sous les noms de *Télégonie* et de *Xénie*?

8. INFLUENCE HÉRÉDITAIRE DES SUBSTANCES INTRODUITES DANS L'ORGANISME DES PARENTS.

Personne ne conteste que certaines substances nocives, introduites dans l'organisme, n'influencent le produit dans ses caractères anatomiques et physiologiques ou psychologiques. Le fait est démontré surtout pour l'alcool. Les alcooliques engendrent une plus grande proportion d'enfants monstrueux ou hémitériques que les gens sains, et les expériences de FÉRÉ (93) montrent qu'il ne s'agit pas là de simples coïncidences, car les œufs de poules incubés dans des vapeurs d'alcool donnent aussi une forte proportion d'hémitéries et d'arrêts de développement.

C'est là d'ailleurs de la Tératogénèse et non de l'Hérédité, car il n'y a aucune ressemblance entre la modification acquise par le parent et celle héritée par le produit. Mais il n'en est pas de même pour les affections nerveuses ou mentales.

[1] D'après VERNER (79), la force héréditaire d'un individu dépendrait de son degré d'adaptation avec les conditions de vie et de la manière dont ses caractères s'accommodent avec ceux du conjoint.

J'ai peine à trouver là l'explication du nez bourbonnien.

Les enfants d'alcooliques sont souvent des dégénérés, des idiots, des maniaques ou des épileptiques; ils sont relativement inféconds. Or l'abus de l'alcool conduit le parent parfois à la manie ou à l'épilepsie, elle tue les désirs vénériens, et produit, en tous cas, chez lui une déchéance intellectuelle et génitale profonde. Il y a assez de ressemblance entre les états du parent et de l'enfant pour que l'on puisse appeler cela de l'hérédité, surtout si l'on admet la notion des transformations d'hérédité démontrée par tant d'autres exemples (V. p. 224). En tout cas, il y a un fait indéniable : c'est le même système que frappe l'alcool chez le parent et chez l'enfant, et cependant il n'y a pas plus de système nerveux dans la cellule germinale pour attirer les effets de l'alcool qu'il n'y a de queue pour recevoir les effets de l'amputation de cet appendice. Des faits semblables sont démontrés pour la morphine et la cocaïne. Cela nous autorise à conclure que : *Des systèmes, des tissus, des organes même, peuvent être spécialement influencés dans la cellule germinale, bien qu'ils ne soient représentés en elle par aucun rudiment déterminé visible.*

Les substances fabriquées par les microbes exercent une influence analogue. Les études de BOUCHARD et surtout de CHARRIN (94) ont démontré que l'immunité conférée par les substances vaccinantes sécrétées par les microbes survivent longtemps à l'élimination complète de ces substances. On sait, d'autre part, que cette immunité acquise est parfois héréditaire. Or l'immunité, qu'elle s'exerce par phagocytose, par un état bactéricide des humeurs ou par une résistance du plasma cellulaire aux atteintes des toxines, se traduit toujours par une qualité physico-chimique du protoplasma. Il faut donc que la modification physico-chimique nécessaire ait été produite sur l'élément sexuel et qu'elle ait été susceptible de se maintenir malgré la différenciation cellulaire et l'accroissement colossal que subit la substance de l'œuf fécondé pendant l'ontogénèse [1].

Il semble qu'il y ait une différence considérable entre ces cas et ceux d'hérédité vraie, car l'hérédité ici ne se maintient pas longtemps et le Plasma germinatif semble empoisonné ou médicamenté, plutôt que modifié et placé dans un nouvel état d'équilibre où il puisse se maintenir seul. Mais d'abord il y a quelque chose de plus qu'un simple empoisonnement ou qu'une action médicamenteuse, car le spermatozoïde de l'al-

[1] Ici pourraient prendre place tous ces faits d'influence du greffon par le sujet. Mais comme ces faits ne se manifestent que lorsque greffon et porte-greffe sont de races différentes, nous les examinerons à propos du croisement (p. 257 et suiv.).

coolique ou du vacciné ne contient plus trace d'alcool ou de substance immunisante, ou ce qu'il en contient se perd absolument dans l'accroissement énorme que prend le corps dans l'ontogénèse : le fils d'alcoolique n'est pas un alcoolisé, il éprouve cependant des symptômes analogues à ceux de son père dont les tissus étaient chargés d'alcool. La structure physico-chimique du produit sexuel est changée en quelque point. Cela persiste peu parce que la cause a peu duré, mais savons-nous si, comme le suggère DANILEVSKY (94), la continuation de la cause n'amènerait pas à la fin, le Plasma germinatif à un état d'équilibre stable et différent du précédent?

Comme question de fait nous pouvons en tout cas enregistrer cette conclusion : *Diverses modifications engendrées par l'introduction de certaines substances dans l'organisme se montrent héréditaires, mais d'ordinaire sous une forme peu précise.*

9. INFLUENCE DES ÉTATS TRANSITOIRES DES PARENTS SUR LE PRODUIT.

C'était autrefois une opinion très généralement répandue, même parmi les médecins, que l'enfant pouvait hériter des dispositions transitoires dans lesquelles se trouvaient les parents au moment de la conception, lorsque ces dispositions étaient suffisamment accentuées.

Je dis *hériter*, car on ne croyait pas seulement à une influence générale, vague ou peu déterminée, mais à un rapport très précis avec les caractères futurs de l'enfant. C'est ainsi qu'ÉRASME DARWIN (10) conseille au père, pendant le coït, d'évoquer dans son imagination une image vive des organes de sa femme ou des siens propres selon qu'il veut faire une fille ou un garçon. Inutile de dire que ces absurdités ont été reléguées, à côté des *envies* des femmes enceintes, auxquelles bien des gens croient encore, parmi les choses que l'on ne discute plus dans un livre sérieux.

Mais il n'est pas démontré que des sentiments très violents, ou une disposition maladive, ou l'état d'ivresse n'aient pas une influence générale sur le produit de la conception.

Pour ce qui est des sentiments violents, ils ne semblent pas avoir grande influence ; on n'a jamais remarqué que les enfants conçus dans le viol aient été fort différents des autres. Et cependant, quel sentiment peut être plus violent que la colère, la honte, l'indignation, l'horreur, d'une femme soumise à cette violence.

Au sujet des dispositions maladives, on ne sait rien de positif. Mais ce qui est des cas d'ivresse, plusieurs observations ont été rapportées d'après lesquelles les enfants conçus dans cet état seraient affectés de tares diverses. Ces observations sont rarement authentiques, car le jour précis de la conception est souvent ignoré et lorsque, plus tard, on cherche l'explication des tares de l'enfant, l'imagination peut jouer un rôle comme dans les commémoratifs des envies des femmes enceintes[1].

En somme : *L'influence des conditions transitoires des parents au moment de la conception sur l'enfant n'est pas suffisamment établie. Les états de l'esprit paraissent n'en avoir aucune; pour les dispositions de santé, on ne sait rien de précis; l'état d'intoxication par l'alcool, en a*

[1] LUCAS (50) rapporte le fait suivant observé par Faléria de Hilden. Une dame de Cologne, jeune, robuste, bien portante, enceinte de son premier enfant, est témoin d'une crise d'épilepsie qui l'épouvante. Son enfant né à terme est atteint d'épilepsie et en meurt à un an. Tous les autres enfants de cette femme en furent indemnes. On a le droit de se demander si les convulsions dont mourut cet enfant étaient bien de nature épileptique.

Mais voici un autre cas plus remarquable encore, cité par le même auteur. Un homme a eu pendant deux ans de sa vie des crises d'épilepsie. Un enfant né avant cette période et trois nés après sont indemnes. Deux nés pendant la maladie sont épileptiques. L'imitation ne peut être ici invoquée, car elle eût eu plus d'influence sur le premier enfant, mieux en âge d'être épouvanté par les crises, que sur les deux suivants qui avaient, au plus l'un deux ans, l'autre un an au moment de la dernière attaque. Il faut remarquer en outre que le diagnostic précis n'a pas ici le même intérêt que dans le cas précédent. Il suffit que les convulsions du père et des deux enfants soient de même nature.

En compulsant les observations des effets de l'ivresse des parents au moment du coït, on n'en trouve en somme qu'un tout petit nombre qui soient véritablement satisfaisantes, au point de vue de la certitude des commémoratifs, toujours un peu délicats à établir, et de l'élimination des autres causes d'hérédité. Ces observations montrent une assez grande ressemblance entre les effets de l'ivresse passagère et ceux de l'alcoolisme chronique. Cette influence de l'état d'ivresse s'explique d'ailleurs tout naturellement par l'action de l'alcool dont le sang est chargé sur les produits sexuels. Il n'y a point là d'action mystérieuse comme dans la transmission des caractères acquis.

La plupart des médecins l'admettent : ESQUIROL, SEGUIN, MOREL, LUCAS, DÉJERINE, DE QUATREFAGES (qui en cite un cas dans son livre l'*Unité de l'espèce humaine*), LASÈGUE, etc. Elle paraît donc bien certaine, mais il ne s'agit là d'hérédité que d'une manière bien détournée, car il n'y a guère de ressemblance entre l'état d'excitation ou d'hébétude des parents et les malformations et tares intellectuelles des enfants.

Ici encore, ce qui doit frapper, c'est que le système organique atteint est le même chez les parents et le produit : le système nerveux.

DE CANDOLLE, LUCAS et bien d'autres croient aussi à l'influence de l'état passager de la santé des parents, mais ici on ne montre qu'une vague influence générale, sans ressemblance aucune entre l'état des parents et celui de l'enfant. C'est une question de pathologie de la reproduction et non d'hérédité.

*

peut-être une, mais elle n'est pas démontrée par des observations suffisamment nombreuses et irrécusables.

10. LA TÉLÉGONIE.

C'est une croyance assez répandue chez les éleveurs que le premier accouplement peut exercer une influence sur les suivants, en ce sens que les produits de ceux-ci auraient quelque chose des caractères du premier père[1]. On a donné à cette influence des noms divers empruntés soit aux faits, soit aux théories qui tentent de les expliquer : *Télégonie, Imprégnation, Mésalliance initiale, Infection du germe, Hérédité fraternelle*[2].

Spencer (93) rapporte que, d'après le professeur Flint (88), on aurait observé en Amérique qu'une Femme blanche, fécondée par un Nègre, peut avoir ensuite, de son mariage avec un Blanc, des enfants présentant quelques-unes des particularités, impossibles à méconnaître, de la race nègre. Mais la plupart des cas empruntés à l'Homme sont sujets à caution, car la paternité des cadets ne peut être établie que d'après les affirmations de la mère qui peut avoir intérêt à dissimuler la vérité. C'est seulement dans le cas de veuves remariées que cette difficulté disparaît, or je n'ai pas trouvé d'observations bien nettes de ressemblance des enfants d'un second lit avec le premier époux. Cela cependant eût été certainement remarqué et je vois, dans ce fait négatif, une forte raison de douter des faits positifs d'authenticité contestable.

Chez les animaux domestiques qu'on a l'habitude de laisser errer,

[1] Romanes (93) a interrogé de vive voix et par correspondance un grand nombre d'éleveurs et constaté que presque tous croient à l'influence du premier mâle. La plupart la croient fréquente et quelques-uns pensent qu'elle est constante.

[2] Voici le sens de ces diverses expressions. *Télégonie* (τῆλε, au loin; γόνος, formation) veut dire influence éloignée de l'acte générateur; le terme *Imprégnation* suppose que l'organisme maternel est pénétré tout entier par la substance fécondante qui le modifie à l'image du mâle qui a fourni cette substance; celui d'*Infection du germe* est fondé sur l'opinion que les œufs de la femelle sont atteints dans l'ovaire avant d'être mûrs et que les fécondations ultérieures les trouveront gâtés par le premier coït; celui de *Mésalliance initiale* s'applique au cas, qui a le plus frappé les éleveurs, où une femelle est gâtée dans ses qualités reproductives par une première union à un mâle de race inférieure; enfin celui d'*Hérédité fraternelle* suppose que les frères cadets ressemblent au père du frère aîné comme s'ils avaient hérité cette ressemblance de ce frère aîné.

les chiens par exemple, la paternité est aussi quelquefois douteuse. Une Chienne peut être saillie sous les yeux de son maître, mais ne pas devenir pleine, et être fécondée au dehors par un Chien de rencontre, et cela ôte beaucoup de valeur à certaines observations portant sur ces animaux.

Lorsque la Chienne a été gardée renfermée, ou lorsqu'il s'agit de Chevaux, de Bœufs ou même de Porcs et de Moutons, la paternité peut être certaine. Mais alors on a à compter avec les coïncidences, et surtout les faits d'atavisme. Ainsi DARWIN (79) cite le cas d'une Chienne de *Bowerbank,* de race turque, sans poils, qui, saillie par un épagneul, donna des métis, les uns sans poils comme elle, les autres à poils courts et, saillie plus tard par un chien turc de sa race, sans poils, donna des petits de pure race turque, sans poils, et d'autres, en nombre égal, à poils courts comme les métis de la portée précédente. En admettant qu'il n'y ait pas eu deux pères pour cette seconde portée, ce qui arrive quelquefois, s'est-on assuré que cette chienne n'avait pas d'épagneuls dans ses ancêtres d'un degré peu élevé? Ne voit-on pas quelquefois une chienne, saillie par un seul chien, donner, à sa première portée, des petits fort différents les uns des autres?

DARWIN (79) rapporte aussi le cas authentique d'une Truie de M. Giles, qui, saillie par des Verrats de sa race, a toujours donné des petits noirs et blancs, comme elle et comme toute sa race, avec une constance parfaite. Elle fut saillie un jour par un Sanglier, donna des métis. Livrée ensuite derechef à un Verrat de sa race, elle fit une portée dans laquelle se rencontrèrent des petits à robe marron uniforme. Cela n'est pas démonstratif, car on n'eût pas crié au miracle, si elle avait donné des petits de cette robe sans avoir été saillie par un sanglier. Nous aurons à citer des faits bien plus étranges de variation spontanée.

Le cas le plus célèbre est celui de la Jument du lord comte de Morton. Cette Jument alezan ayant 7/8 de sang arabe et 1/8 de sang anglais fut saillie en 1815 par un Couagga, sorte de Zèbre moins rayé que l'espèce ordinaire, et fit un métis. Livrée ensuite à un Étalon noir de même sang qu'elle, elle fit successivement, en 1817 et 1818, deux petits que lord Morton, qui avait cédé sa jument à sir Gore Ouseley, le propriétaire de l'étalon, vit lorsque l'un avait deux ans et l'autre un an. Tous les deux avaient, d'après le comte DE MORTON (21), autant de ressemblance avec le Couagga que s'ils avaient eu 1/16 du sang de cet animal. Ils étaient de couleur bai, marqués, comme le Couagga, de taches foncées disséminées, de bandes noires, l'une le long de l'échine, les autres sur les épaules et la partie postérieure des jambes. La crinière aussi rappelait celle du Couagga qui est rude et dressée. Saillie de nouveau en 1823, elle eut encore un petit qui rappelait le premier père, huit ans après l'intervention de celui-ci. L'authenticité de ce cas n'est pas douteuse, mais on peut objecter que les ressemblances avec le Couagga étaient peu accentuées et que des rayures semblables se rencontrent parfois spontanément, d'aucuns disent par atavisme, chez des chevaux qui n'ont jamais eu de Couaggas dans leur lignée, depuis l'origine de leur espèce.

Cependant le fait que trois produits successifs ont montré ces caractères, rend plus difficile de croire qu'il s'agit là de coïncidence ou même d'atavisme [1].

En somme, on peut conclure que : *L'influence d'un premier père sur les portées ultérieures se manifeste, à titre d'exception rare, par des faits qui*

[1] D'après le Dr CHAPUIS l'influence du premier mâle se manifesterait aussi chez les oiseaux. Cela serait intéressant, car ici l'influence du fœtus sur la mère n'ayant guère de temps pour se produire, il faut renoncer à toute explication fondée sur cette influence.

SPENCER (93) rapporte, d'après le témoignage d'un de ses amis, M. Fookes, qu'une chienne de race *Dachshund* (?) très pure, fut couverte par un chien de berger errant et, l'année suivante, accouplée à un chien de sa race, donna des petits aussi métissés que ceux de sa première portée. Les exemples de ce genre sont communs, mais les exemples du contraire sont communs aussi. SETTEGAST (88) rapporte que quatre juments du haras de Trakehnen en Allemagne furent livrées à la production des Mulets, puis de retour à celle des poulains, sans qu'aucun de ces derniers produits se ressentît en aucune façon de la production précédente. Dans les pays où l'on se livre à la production des Mulets, dans le Poitou, en Espagne, en Algérie, on a cru remarquer que la race chevaline avait quelque ressemblance avec l'Ane dans la longueur et l'épaisseur des oreilles, l'étroitesse de la croupe, etc. Mais SANSON (93) a fait remarquer que ces caractères asiniens se rencontrent dans les races mères dont celles de ces pays tirent leur origne, la race frisonne pour les chevaux du Poitou et la race africaine pour ceux de l'Espagne et de l'Algérie. Or, ces deux races seraient bien antérieures à l'habitude de faire procréer des Mulets par les Juments de ces pays.

Assurément cela ne prouve rien contre les faits positifs et montre seulement que la Télégonie n'est ni constante ni régulière. Cependant il semble bien étrange que de longues séries d'expériences puissent n'en pas présenter un seul cas.

SANSON (93) qui s'élève avec beaucoup de force contre la Télégonie, cherche à diminuer la valeur du cas de la jument du comte de Morton par l'exemple suivant : une jument bai clair qui avait fait déjà sept poulains de robe uniforme avec deux étalons différents fit, avec un troisième étalon, un poulain plus fortement zébré que ceux de lord Morton.

Mais ce qui ôte quelque valeur à cette objection c'est que les pères des sept premières portées étaient de robe uniforme, tandis que celui de la huitième était gris pommelé, or les zébrures se rencontrent assez fréquentes avec cette couleur et presque jamais avec les autres.

seraient certainement acceptés si leur explication théorique ne souffrait pas de difficulté. Mais, comme on ne peut l'expliquer que par des hypothèses peu en rapport avec les faits physiologiques positifs, on élève sur sa réalité des doutes qu'une démonstration formelle n'a pas encore effacés.

11. XÉNIE.

Focke (81) a donné le nom de *Xénies* à des faits qui ne concernent point l'Hérédité, mais qui sont au fond de même nature que la Télégonie, en sorte que leur étude doit se placer ici [1].

D'ordinaire, quand on féconde une fleur par un pollen étranger, la plante issue de la graine bâtarde montre des caractères de la race du père, mais la graine elle-même, ni surtout le fruit qui la contient, ne diffèrent en rien de ceux de la race pure de la fleur femelle. Et bien, quelquefois il n'en est pas ainsi ; et l'on appelle *Xénie* ce métissage de la graine et du fruit, parfois même de parties plus éloignées, par le pollen fécondateur.

C'est encore là un phénomène très exceptionnel. Dans ses innombrables expériences de croisement, Knight n'en a observé aucun cas. D'autre part, beaucoup des exemples cités ne sont pas convainquants, car ils peuvent s'expliquer par la variation accidentelle si fréquente chez les plantes. Mais quelques-uns sont à l'abri de tout reproche.

Le plus célèbre est celui du Pommier de Saint-Valery. Cet arbre était stérile par avortement de ses étamines. Tous les ans, les jeunes filles allaient chercher des rameaux de pommiers en fleurs et les secouaient sur les fleurs de l'arbre stérile pour le féconder. Or Tillet de Clermont-Tonnerre (25) assure que les pommes rappellent par la taille, la couleur, la saveur, celles des arbres qui ont fourni le pollen.

En voici quelques autres parmi les plus significatifs. C. J. Maximowicz fait des fécondations réciproques de *Lilium tubiferum* (Linn.) et de *L. Dauricum* (Gawl), espèces très voisines, et obtient chez le premier une capsule de la forme de celles du second, et chez celui-ci une capsule de la forme habituelle chez le premier. Cette double modification élimine l'hypothèse de variation accidentelle.

[1] Focke et les autres auteurs après lui emploient le mot allemand *Xenien* seulement au pluriel. Il faudrait donc dire seulement *Xénies*. Je ne vois pas la raison de cela et propose de dire un cas de *Xénie*, comme on dit un fait de *Télégonie*. Focke ne donne pas l'étymotogie du mot. Il vient sans doute de ξένος, hôte, parce que le fruit est modifié par son hôte, l'ovule bâtard.

Chez le Maïs (*Zea*), ce phénomène se présente avec une certaine régularité. Les espèces à graines blanches, fécondées par des espèces à graines jaunes, brunes ou bleues, portent des graines de ces couleurs, mais l'inverse n'a jamais lieu. Dans beaucoup de cas, on a pu, en semant toutes les graines de l'épi, faire la preuve que seules les graines modifiées dans leur couleur étaient fécondées par le pollen de la variété colorée [1].

Ainsi : *On ne peut se refuser à admettre que l'élément sexuel fécondateur ne puisse exceptionnellement communiquer à certaines parties au moins*

[1] Des expériences formelles de divers botanistes, en particulier celles de GÆRTNER (49) ont vérifié les faits de *Xénie* anciennement connus chez le Pois. Les Pois blancs fécondés par des Pois de couleur donnent des graines colorées et l'on trouve souvent des graines blanches et des colorées dans la même gousse.

DARWIN (79) rapporte que M. Laxton en fécondant le *Grand Pois sucré* par le pollen du *Pois à cosses pourpres,* a obtenu une cosse nuancée de pourpre sur une certaine étendue. Or, depuis vingt ans qu'il cultivait le grand Pois sucré, M. Laxton n'avait jamais observé cette nuance à titre de variation accidentelle et n'avait jamais entendu dire qu'elle se fût produite. Les valves de la cosse du Pois hybridé étaient en outre épaisses comme celles du Pois à cosses rouges, tandis que celle du Grand Pois sucré sont très minces. Darwin constata lui-même ces caractères sur la cosse qui lui fut envoyée par M. Laxton. Voilà donc un cas bien authentique où la Xénie s'est étendue au fruit.

Darwin cite aussi le cas de Gallesio qui, en fécondant des fleurs d'Oranger avec du pollen de Citronier, obtint une orange dont la peau était transformée sur une bande longitudinale en zeste de citron, reconnaissable à tous ses caractères de couleur, d'aspect et de goût.

Beaucoup de jardiniers assurent avoir observé que les Melons risquent de perdre leur qualité si on les élève trop près d'autres Cucurbitacés de goût inférieur. Les viticulteurs ont observé une influence analogue du pollen des Vignes à raisins noirs sur celles à raisins blancs.

FOCKE rapporte que Koch aurait observé une action du pollen du *Magnolia* sur la taille des feuilles du *Nymphæa.*

Ce même auteur distingue les Xénies en deux catégories, selon qu'elles affectent la couleur ou la forme des parties et appelle les premières *Xenochromies* et les dernières *Xenomorphies.*

Voici encore quelques faits qui se rattachent à ceux décrits sous le nom de *Xénie.*

DARWIN (80) assure que le Dr Smith est arrivé à déterminer le développement de l'ovaire en fruit, chez une Orchidée, par irritation mécanique. Cela montre que la formation du fruit n'est pas liée nécessairement, comme on le pense d'ordinaire, au développement de l'ovule en graine et permet de comprendre quelque chose de l'action directe du pollen sur le fruit. GÆRTNER (49) assure que chez la Mauve un petit nombre de grains de pollen suffit pour féconder les ovules, mais qu'un plus grand nombre est nécessaire pour assurer la formation du fruit. Enfin le même auteur a constaté que des fleurs hybrides stériles forment cependant des fruits, mais dépourvus de graines. DARWIN voit là un simple effet de développement compensateur. Il y aurait à chercher si, dans certains cas, il n'y aurait pas intervention d'un pollen qui sans réussir à féconder les ovules provoquerait la formation du fruit.

de la femelle qui le reçoit quelques-uns des caractères du mâle qui l'a fourni.

II. TRANSMISSION DES CARACTÈRES

L'étude de la *Transmissibilité* des caractères que nous venons d'achever, nous a fait connaître ce qui *pouvait* être transmis ; elle ne nous renseigne en rien sur ce qui *sera* transmis ou aura plus ou moins de chances de l'être. Elle nous a montré les lots de la loterie, mais ne nous a rien dit des chances respectives de ceux qui ont pris des billets. Il nous faut étudier maintenant les probabilités de *Transmission.* On devine bien que ces probabilités ne sont pas égales pour tous les caractères dans toutes les circonstances. Il faut donc, ici encore, diviser le sujet, et faire des catégories qui nous permettent de serrer de plus près les difficultés.

La première division à faire concerne les différents modes de génération. Les chances d'hérédité sont tout autres selon que l'individu se reproduit par voie asexuelle ou sexuelle, parthénogénétique ou amphimixique.

A. HÉRÉDITÉ DANS LA GÉNÉRATION ASEXUELLE

La génération asexuelle comprend, comme nous l'avons vu, la *Multiplication* par *Division* et par *Bourgeonnement* et la *Reproduction par spores.* L'hérédité est très stricte dans tous ces modes de génération, surtout dans les deux premiers.

1. DIVISION.

Les êtres qui se multiplient par division appartenant tous aux formes inférieures des deux règnes, il ne saurait être question à leur sujet que des caractères de race. Les différences individuelles sont nulles ou si elles existent nous ne les avons pas étudiées d'assez près pour les découvrir. Sauf l'exception de monstruosité ou d'anomalie qui demande toujours à être réservée, les Infusoires, Algues inférieures, etc., présentent tous une uniformité de caractères remarquable. Or les caractères de race se transmettent toujours tous dans leurs plus minimes détails.

2. BOURGEONNEMENT.

Il en est de même pour le Bourgeonnement avec toutes ses variétés particulières au règne végétal, depuis la formation annuelle des nouvelles branches sur un même arbre jusqu'à la greffe, en passant par le boutu-rage, le marcottage, etc. Les moindres caractères de race se maintiennent par ces procédés de multiplication avec une précision presque absolue. C'est cela qui a permis à nos jardiniers et horticulteurs de perpétuer indéfiniment leurs innombrables variétés de fleurs et de fruits quand ils les ont obtenues une fois par des croisements habiles, des soins judicieux, ou souvent par la sélection des variations accidentelles. Nous en trouverons de nombreux exemples au chapitre de la Variation. Qu'il nous suffise ici de noter qu'elles sont parfaitement héréditaires.

Ici, on peut parler de caractères individuels, car ils sont nombreux; mais comme ils se transmettent à toute la descendance, pour peu que l'homme les protège, ils deviennent aisément des caractères de race. Mais peut-on parler vraiment d'*Hérédité ?* Il est permis d'en douter. En tout cas, cette Hérédité, si c'en est une, est d'une toute autre nature, bien moins complexe et moins difficile à comprendre que dans les modes suivants de reproduction. Il n'y a pas à se demander sous quelle forme les caractères peuvent se loger et se combiner dans la cellule germinale puisqu'il n'y a pas de cellule germinale. Le Bourgeonnement n'est qu'une continuation en quelque sorte de la vie d'un même individu qui croît, se dédouble, s'émiette, mais sans repasser périodiquement par cet état unicellulaire qui fait la difficulté du problème dans la Reproduction sexuelle. Il y a un problème assurément dans la transmission des caractères par cette voie, mais ce problème se confond avec celui de l'Ontogénèse et ne s'ajoute pas à lui. Si une fois on avait bien compris comment une plante forme un bourgeon d'accroissement dont la cellule terminale ou le groupe de cellules terminales contient en puissance tous les caractères de la future branche, on comprendrait sans peine comment ce bourgeon détaché peut donner origine à une plante nouvelle douée de ces caractères.

3. REPRODUCTION PAR SPORES.

La question de la transmission des caractères dans la Reproduction par spores se complique seulement par le fait que l'élément reproducteur est unicellulaire et incapable d'accroissement comme membre de la plante. Si l'on considère la spore comme un bourgeon unicellulaire, qui ne peut se développer qu'après s'être séparé de l'organisme, on retombera à peu de choses près dans le cas précédent. Les spores transmettent avec la même fidélité absolue que les bourgeons les caractères de race et même les caractères locaux de la région qui les porte [1].

Ce n'est pas à dire que la Multiplication par division ou par bourgeonnement exclut la Variation. WEISMANN (92_1) l'a cru un moment, mais il a abandonné cette opinion. L'individu varie pendant sa croissance sous l'influence de causes générales que nous n'avons pas à examiner ici, en sorte qu'au moment de se multiplier, par division ou bourgeonnement, ou de se reproduire par spores, il se trouve plus ou moins différent de ce qu'il était au moment de sa formation. Il engendre alors des produits identiques à lui-même, qui continuent ou non à varier, peu importe. Mais le fait à retenir ici, c'est que la variation ne se produit pas, comme nous allons voir que cela a lieu dans l'amphimixie, brusquement par la reproduction. Elle se produit dans l'intervalle des générations et non par elles, en sorte que la variation continue et l'hérédité presque absolue des caractères ne se gênent pas réciproquement [2].

B. HÉRÉDITÉ DANS LA REPRODUCTION SEXUELLE

Nous avons à distinguer ici la Reproduction par œufs vierges, ou *Parthénogénèse*, et celle par œufs fécondés, ou *Amphimixie*.

1. HÉRÉDITÉ DANS LA PARTHÉNOGÉNÈSE.

Au point de vue physiologique, l'œuf parténogénétique est assimilable à une spore et se comporte de la même manière sous le rapport de

[1] KENCELY-BRIDGMANN (62) a trouvé sur des Fougères certaines anomalies locales de la nervation des feuilles, et il a constaté que les spores nées en ces points donnaient naissance à des plantes dotées de la même anomalie, tandis que les spores d'une région normale toute voisine sur la même feuille donnaient des plantes à nervation régulière.

[2] La génération alternante n'empêche pas cette hérédité. Dans une Fougère, par exemple, la spore provient de la plante feuillée et engendre un prothalle ; mais si l'on considère le cycle évolutif complet, de la spore à la spore, on verra que celle-ci développe la même série de parties végétatives que la spore de la génération précédente.

l'hérédité. Nous avons ici la même ressemblance identique, en dépit de l'alternance des générations, dans la totalité du cycle évolutif et la même liberté de variation dans l'intervalle de la reproduction. Le fait que certains œufs parthénogénétiques, comme ceux des Pucerons, peuvent donner soit des mâles, soit des femelles, semble en opposition avec l'idée que l'hérédité parthénogénétique est aussi stricte que celle de la génération asexuelle. Mais il n'en est rien, car nous avons vu (p. 195) que le sexe n'est pas héréditaire, en ce sens que l'œuf d'où sortira un mâle ne diffère en rien d'essentiel de celui dont naîtra une femelle et que, sauf rare exception, la détermination du sexe dépend des conditions ambiantes ou des conditions secondaires d'âge relatif ou de nutrition des produits sexuels.

2. HÉRÉDITÉ DANS L'AMPHIMIXIE.

C'est ici que se pose dans toute l'étendue de sa complication extrême le problème de la Transmission des caractères. Car l'être nouveau provient de deux parents différents, et il ne peut par conséquent être identique aux deux à la fois. Il doit se faire en lui un partage des caractères de l'un et de l'autre. Mais ces parents avaient eux-mêmes chacun deux parents, et nous avons vu que des caractères des grands-parents pouvaient passer aux petits-enfants sans affecter la génération intermédiaire. Cela est vrai non pour deux, mais pour trois, quatre, peut-être un grand nombre de générations, en sorte que l'enfant pourra tenir ses caractères d'un nombre considérable d'ascendants dont celui-ci donnera l'un, tel autre un autre, tel autre un troisième et ainsi de suite. On voit que la variété des combinaisons peut être presque infinie et les faits nous montrent qu'elle l'est en effet. Le problème consiste donc à déterminer les lois, s'il en est, de cette hérédité partagée, les raisons pour lesquelles tel caractère viendra d'ici, tel autre de là, la part de chaque parent, à chaque degré, dans le legs des caractères individuels. Disons tout de suite que des lois il n'y en a à peu près pas, que des raisons nous n'en connaissons presque aucune, et énonçons d'avance la conclusion de cet article : *tout est possible, rien n'est certain.*

Ce n'est pas une raison pour ne pas faire connaître et discuter les lois que l'on a cherché à formuler, ne serait-ce que pour montrer leur inanité. La cause de cette variété extraordinaire des produits, réside dans la différence entre les deux parents. Aussi comprend-on que, plus la différence des parents sera grande, plus sera grande aussi cette variété. Cela nous conduit à distinguer autant de cas qu'il y a de degrés principaux dans cette différence. Nous en distinguerons trois : La *Consanguinité*, l'*Union des produits de race pure* et le *Croisement*.

a) Hérédité dans les unions de race pure.

Commençons par ce terme moyen qui représente le cas général et le plus ordinaire, celui où les parents appartiennent à deux familles différentes de la même race pure. Le produit tient de ses deux parents immédiats et de ses ancêtres aux divers degrés ; il peut donc ressembler aux uns ou aux autres; il peut même rappeler par ses caractères individuels des parents collatéraux. Nous devons étudier séparément ces trois cas.

α) Hérédité immédiate ou ressemblance avec les parents immédiats.

L'observation la plus superficielle, faite tous les jours par les personnes les moins habituées aux procédés scientifiques, a montré que l'enfant peut ressembler à son père ou à sa mère par n'importe lequel de ses traits, sous réserve, bien entendu, des caractères sexuels. Cette vérité banale a cependant été méconnue bien longtemps et l'est encore quelquefois par les savants et les philosophes aveuglés par leurs théories systématiques.

L'antiquité tout entière et les temps modernes jusqu'à l'origine de ce siècle, ont eu sur la génération les idées les plus erronées. Les idées sur l'hérédité, forcément modelées sur les théories de la génération, ont donc été bizarres et même absurdes pendant cette longue période. Les uns attribuaient au père seul, les autres à la mère seule, une influence exclusive sur l'enfant. Les *Spermatistes* et les *Ovistes* ont eu là un beau champ pour déployer les conséquences de leurs opinions exclusives. D'autres enfin partageaient l'influence héréditaire entre les deux parents, mais en attribuant à chacun d'eux un domaine distinct. Ceci dépendait du père, cela ne pouvait venir que de la mère et une barrière infranchissable s'opposait aux empiètements.

Ces opinions systématiques ont duré encore quelque temps après que l'on eut découvert le fait essentiel de la fécondation. Mais quand on eut bien compris que la participation matérielle à la formation du germe fécondé est non seulement double, mais égale de la part des deux parents, il a bien fallu abandonner ces distinctions tranchées. On s'est rejeté alors sur les *tendances* de chaque parent à transmettre ceci ou cela soit indépendamment du sexe, soit de préférence à l'enfant de même sexe ou à celui de sexe opposé, et l'on a formulé les *lois* de ces tendances.

Lucas (50) reconnaît que chacun des deux parents peut avoir une influence sur n'importe quel caractère et fait de cela une *Loi d'Universalité d'action*. Mais l'enfant peut tenir d'un seul de ses parents par la totalité ou par un certain ensemble de ces caractères, il obéit alors à la *Loi d'Élection;* s'il tient de son père par certains caractères et de sa mère par d'autres, c'est en vertu de la *Loi de Mélange;* mais si ces caractères ou quelques-uns d'entre eux sont intermédiaires à ceux de ses deux parents, si par exemple, fils d'une blonde et d'un brun, il a les cheveux châtains, c'est la *Loi de Combinaison* qui l'aura guidé. Toutes ces lois de ressemblance constituent la *Loi d'Hérédité* à laquelle s'oppose une *loi d'Innéité* à laquelle il devra les caractères nouveaux qu'il ne tient pas de ses parents. Il admet que les parents ont une égale part d'influence sur le produit quels que soient leur sexe et le sexe de celui-ci. Mais un grand nombre d'auteurs sont d'un avis contraire. Les uns admettent une *Loi d'Hérédité directe,* d'autres une *Loi d'Hérédité croisée.* Ceux-ci croient que la fille ressemble plus au père et le fils à la mère. Ceux-là admettent l'opinion inverse ; ces deux lois sont les deux aspects d'une troisième qui les réunit, la *Loi de Prépondérance d'action* [1].

[1] Lucas ne dit pas *loi* mais *formule,* d'élection, de mélange, de combinaison, pour exprimer les variantes de sa loi principale d'universalité d'action.

L'*Hérédité directe* et surtout l'*Hérédité croisée* ont de nombreux défenseurs qui apportent d'excellents exemples et ces exemples étant aussi nombreux et valables les uns que les autres, prouvent par cela même l'absence de toute loi.

Burmeister assure que les garçons premiers nés ressemblent à leur mère ou au père de celle-ci ; les filles premières nées à leur père ou à la mère de celui-ci. Les enfants suivants présenteraient des mélanges plus variés.

Girou de Buzareingues (28), partisan de l'Hérédité croisée, en donne de nombreux exemples empruntés à l'histoire, mais Ribot (93) trouve dans l'histoire de non moins bons exemples d'Hérédité directe. Les observations portant sur les animaux ne sont pas moins contradictoires. *Chien de chienne et chienne de chien,* disent les chasseurs, mais les éleveurs que les nécessités commerciales obligent à ne pas se contenter d'aphorismes ne négligent pas de s'enquérir des qualités et de la race des mères de leurs femelles reproductrices ni des pères de leurs étalons. La Tératologie parle encore dans le même sens. Les transmissions de polydactylie

Tout cela n'a aucune valeur. Tout étant possible, on peut toujours trouver des exemples d'*élection*, de *mélange*, de *combinaison*, de *ressemblance directe* et de *ressemblance croisée;* mais, donner à ces groupements le nom de *lois* est tout à fait abusif, quand aucun d'eux non seulement n'est pas exclusivement vrai, mais encore ne l'emporte sensiblement sur le mode inverse de transmission. En réalité : *Il n'y a pas de loi de ressemblance entre l'enfant et ses parents : tout est possible, depuis une différence si grande qu'il n'y ait aucun trait commun entre eux et lui, jusqu'à une presque identité entre lui et l'un quelconque d'entre eux, en passant par tous les intermédiaires de mélange des caractères et de combinaison des ressemblances.*

b) **Hérédité collatérale ou ressemblance avec les parents collatéraux.**

Les faits de ressemblance entre cousins, ou entre oncles ou tantes avec leurs neveux ou nièces, sont connus de tous, et tout le monde est d'accord que les traits communs ne peuvent venir que par hérédité directe d'un ancêtre commun. Mais il ne suffit pas d'une ressemblance entre collatéraux pour qu'il y ait hérédité collatérale, bien que plusieurs auteurs

et autres hemitéries se font aussi souvent en direction directe qu'en direction croisée.

Quelques auteurs admettent une sorte d'hérédité croisée double comme dans le cas observé par BUFFON où, d'une Louve et d'un Chien naquirent deux petits, un femelle, semblable à la mère par le corps, mais doux comme le père, l'autre mâle, semblable au Chien, mais féroce comme la mère.

RICHARZ (80) trouve que l'hérédité croisée est la règle, l'appelle développement *ennomique;* l'hérédité non croisée constitue le développement *paranomique;* elle favoriserait la transmission des maladies héréditaires. Enfin il appelle développement *autonomique* celui où le produit ne tient pas de ses parents, ce qui, selon lui, favoriserait la dégénérescence.

Comme les autres, cette théorie correspond à un groupe de faits triés et non à l'ensemble.

Quelques faits groupés sous le nom d'*Hérédité alternante* montrent le peu de solidité de ces distinctions. GIROU (28) cite le fait suivant :

Dans leur enfance, deux jeunes garçons ressemblaient à leur mère et leur sœur à son père. C'était un cas d'hérédité croisée qui frappait tous ceux qui en étaient témoins. Au moment de l'adolescence la jeune fille cessa de ressembler à sa mère et les deux garçons prirent les traits de leur père.

LUCAS (47 et 50) raconte que deux petites filles, issues d'un père châtain et d'une mère à cheveux noirs de jais, avaient l'une et l'autre les cheveux noirs de leur mère. C'était de l'hérédité directe. Mais, au bout de quelques mois, elle se transforma en hérédité croisée : leurs cheveux devinrent châtains comme ceux du père. Le fait est d'autant plus à remarquer que d'ordinaire la nuance des cheveux se fonce avec l'âge plutôt qu'elle ne s'éclaircit.

définissent la chose ainsi. S'il y a un ancêtre commun qui ait eu les traits que l'on trouve communs entre les collatéraux, c'est une double hérédité directe et rien de plus. Pour qu'il y ait vraiment hérédité collatérale, il faut que les traits communs ne se retrouvent pas dans un ancêtre commun, comme si le collatéral le plus âgé était le seul parent dont le collatéral cadet pût tenir sa ressemblance. Comme le bon sens indique que cela ne se peut pas, il semble qu'il y ait là une difficulté insoluble. La connaissance des *caractères latents* rend la chose toute simple à comprendre. *L'hérédité collatérale n'est rien de plus que la transmission à deux collatéraux, par leur ancêtre commun, de caractères qui sont restés latents chez celui-ci.* La transmission des caractères latents ayant été démontrée plus haut, l'hérédité collatérale n'a plus besoin ni d'exemples ni d'explications[1].

c) **Réversion et Atavisme.**

On a désigné sous le nom d'Atavisme trois choses fort différentes :

1° La transmission, dans une famille, de caractères individuels qui, après avoir fait défaut pendant quelques générations, réapparaissent subitement;

2° La réapparition plus ou moins régulière, dans une race, de caractères qui appartiennent normalement à une race voisine, dont la première provient par des croisements pertinemment constatés;

3° L'apparition exceptionnelle de caractères tératologiques pour la

[1] LUCAS (50) en cite un cas typique. Un homme bien conformé a des collatéraux affectés de bec de lièvre. Il se marie deux fois et a, de sa première femme, onze enfants à lèvre fendue et de la seconde deux affectés, l'un et l'autre, de cette difformité. La chose est encore plus fréquente et plus aisée à comprendre pour les maladies, car il y a là toujours une cause occasionnelle qui laisse le caractère latent, si elle n'intervient pas pour faire passer la tendance latente à l'état de fait confirmé.

Enfin DARWIN (73) trouve et montre par des exemples que la règle suivante souffre peu d'exceptions : Les variations qui apparaissent pour la première fois, chez un individu de l'un ou de l'autre sexe, à une époque tardive de la vie, tendent à ne se développer que chez le produit de même sexe; tandis que celles qui se produisent pendant l'enfance, chez un individu de l'un ou de l'autre sexe, tendent à se développer chez les produits des deux sexes. D'où ce corollaire : Quand un caractère apparaît de bonne heure chez le jeune, il est commun aux deux sexes; et, réciproquement, tout caractère spécial à un sexe apparaît tard. Ainsi les cornes des Rennes appartenant aux deux sexes, apparaissent à quelques semaines, tandis que celles des cerfs qui appartiennent aux mâles seuls ne se montrent qu'à un an.

race où ils se montrent, mais qui sont normaux dans des races que l'on suppose être les ancêtres de celle-ci.

Nous les distinguerons sous les noms d'*Atavisme de famille, Atavisme de race,* et *Atavisme tératologique*. Autant les deux premiers sont certains, autant le dernier est sujet à contestation.

α. *Atavisme de famille.* — La ressemblance d'un enfant avec un grand-père ou un aïeul, sans ressemblance avec les parents intermédiaires, est un fait assez fréquent. Nul ne le conteste et ce serait perdre son temps que lui consacrer de longs développements. Il s'explique d'ailleurs sans difficulté, comme l'hérédité collatérale, par les caractères latents. Les caractères communs à l'aïeul et à l'enfant sont restés latents chez les parents intermédiaires [1].

β. *Atavisme de race.* — Cette forme a été étudiée avec beaucoup de soin et de compétence par SANSON (93) qui a démontré son existence par des exemples nombreux et irréfutables.

Toutes les fois que l'on a créé par croisement une race soit de Chevaux, soit de Moutons, soit de Bœufs, après l'avoir obtenue, on observe constamment des types qui font retour à l'une des formes mères et il faut une sélection incessante pour la maintenir et la fixer.

Il est aussi certains cas, sur les confins de l'Atavisme de race et de l'Atavisme tératologique, qui semblent pouvoir être attribués à une véritable réversion vers une forme ancestrale, bien qu'il ne s'agisse pas de races récemment créées par l'homme, mais d'espèces naturelles. Telles sont les zébrures des Mulets et des Chevaux gris, les anomalies musculaires décrites par TESTUT (84), qui reproduisent chez l'Homme des dispositions particulières aux Singes anthropoïdes, et le *pelorisme* de certaines plantes

[1] DE QUATREFAGES (64) cite le cas, officiellement constaté, d'un Métis issu d'un Blanc et d'une Négresse et qui, étant entièrement noir, eut d'une Négresse une fille entièrement blanche comme son père.

On cite parfois comme exemple d'atavisme la transmission de certains traits pendant de longues générations, comme le nez des Bourbon par exemple. On suppose que c'est le nez de quelque ancêtre qui reparaît ainsi dans une longue suite de descendants. C'est mal comprendre les choses. Ces cas appartiennent à l'hérédité directe et doivent être cités seulement comme exemples de *force héréditaire* ou de prédominance d'un des parents. Pour qu'il y ait vraiment atavisme, il faut que la transmission ait été interrompue pendant au moins une génération.

On trouvera dans les auteurs de nombreux exemples de maladies et d'hémitéries ayant sauté plusieurs générations.

qui montrent, parmi leurs fleurs irrégulières, quelques fleurs régulières à 5 pétales, semblables à ce qu'étaient certainement les ancêtres moins différenciés dont elles sont descendues[1].

[1] Les observations de SANSON ont montré que les Moutons métis Dishley-Mérinos, les Bœufs métis Charolais-Durham, les Chevaux nés du croisement des races asiatique et germanique, prennent d'abord aisément le type intermédiaire, puis font, presque invinciblement, retour à une des races mères. Les moutons du Berry ont reçu, dans le courant de ce siècle, quelques infusions de sang mérinos. Mais la pratique de ce croisement n'ayant pas été continuée, tous les caractères mérinos ont disparu. Cependant on les voit de temps à autre reparaître dans la toison de quelques individus

Les Léporides sont de deux sortes, les uns sont redevenus de vrais Lièvres, les autres de vrais Lapins.

Parmi les Béliers blancs et sans cornes de la race Southdown, il en naît fréquemment qui ont de petites cornes et le pelage noir, comme la race dont ils sont issus.

C'est bien par une sorte d'Atavisme de ce genre que les caractères moyens de la race interviennent pour rapprocher de la moyenne les produits des couples exceptionnels. Si vous accouplez des individus de très petite ou de très grande taille, qui aient la taille minima ou maxima de l'espèce, leurs produits seront plus grands que les parents dans le premier cas, plus petits dans le second. C'est l'effet de l'hérédité d'ancêtres de taille moins exceptionnelle.

Galton (89) a établi ces faits et les a même mesurés au moyen d'expériences sur les Pois de senteur et d'une statistique portant sur 160 familles. Pour les Pois, il a exactement pesé et mesuré les graines et formé des lots où toutes les graines étaient semblables dans chacun, tandis que les lots eux-mêmes différaient les uns des autres suivant une progression régulière. Il a semé ces Pois, et en divers points de l'Angleterre, côte à côte, de manière à ce que gros et petits fussent, dans chaque point, soumis à des conditions aussi identiques que possible, et il a pesé et mesuré tous les grains de la récolte. Pour les familles humaines, il a sollicité, par la voie des journaux, des renseignements détaillés, en promettant des prix d'une valeur totale de 500 livres sterling aux auteurs des meilleurs documents. Il est arrivé d'abord à cette conclusion que les deux parents ont une influence égale sur le produit. Soient maintenant M le degré moyen de la qualité étudiée dans la race, $\pm$ Q la quantité dont l'individu s'écarte de cette moyenne. Les deux parents ayant une influence égale, on peut prendre leur moyenne et considérer un *parent moyen* idéal unique qui sera, Q' étant le mâle et Q'' la femelle :

$$\frac{(M \pm Q')\,♂ + (M \pm Q'')\,♀}{2} = M \pm Q$$

Le produit de ce *parent moyen* sera $M \pm \frac{2}{3}Q$. Il y aura donc 2/3 transmis par l'Hérédité, et 1/3 supprimé par l'Atavisme. Ces 2/3 se partageant entre deux parents, on peut admettre que chaque parent et l'Atavisme ont une influence semblable, égale pour chacun à 1/3 de l'excès de la qualité exceptionnelle sur la moyenne. Nous avons dit plus haut comment il ramenait la taille de la femme à celle de l'homme en la majorant de 1 pouce par pied, soit 1/12. Voici un exemple du calcul. Un homme a $1^m,72$, une femme $1^m,62$. La taille moyenne étant $1^m,69$ pour l'homme et $1^m,56$ pour la femme (ces chiffres sont hypothétiques), quelle sera la taille probable de leurs enfants? Remarquons d'abord que les chiffres de la taille moyenne sont conformes

γ. *Atavisme tératologique.* — Toutes les fois qu'une hémitérie rappelle un caractère qui était normal dans les espèces dont dérive celle où on l'observe, on la considère comme engendrée par l'Atavisme. L'Hipparion

à la règle, car $1^m,56 + 1^m,56 \times \frac{1}{12} = 1^m,69$.

La taille corrigée de la mère est $1.62 + 1.62 \times \frac{1}{12} = 1^m,755$. La taille du *parent moyen* est $(1^m,72 + 1^m,755) \times \frac{1}{2} = 1^m,7375$ qui excède la taille moyenne de $1,7375 - 1,69 = 0,0475$ dont les 2/3 sont 0,0313. La taille des enfants mâles sera donc $1,69 + 0,0313 = 1^m,7213$ et celle des filles sera donnée par l'équation; $x + \frac{1}{12}x = 1^m,7213$, d'où $x = 1,7213 \times \frac{12}{13} = 1^m,59$.

Galton trouve qu'inversement, tout enfant ayant une particularité $M + Q$, dépassant la moyenne M de la quantité Q, a chance d'avoir un parent moyen $M + \frac{2}{3}Q$.

Tout cela s'appliquerait non seulement à la taille mais à tous les caractères physiques et intellectuels.

L'auteur tire de là une *Loi de Stabilité* qui maintient l'espèce en dépit de la variation individuelle.

Les chiffres de Galton sont intéressants, car ils donnent la mesure de la décroissance de l'influence héréditaire que l'on soupçonne sans pouvoir l'évaluer. Un individu A a 2 parents ou ancêtres du 1er degré, 4 grands-parents ou ancêtres du 2e degré, 8 ancêtres du 3e degré, 16 du 4e..... 2^n du n^e. Admettons, pour faciliter la discussion, la continuité du Plasma germinatif. Le Plasma de A était réparti tout entier dans ses deux parents, tout entier dans ses 4 grands-parents, tout entier dans l'ensemble de ses ancêtres de chaque génération. Si l'influence héréditaire ne subissait avec le temps aucune décroissance, celle des 2 parents, des 4 grands-parents, des 8 aïeux, des 2^n ancêtres seraient toutes égales entre elles, l'influence héréditaire se diviserait donc en autant de parts égales qu'il y a de générations et, dans chaque génération, cette part se répartirait entre la totalité des ancêtres de même degré qui la représentent. S'il y avait seulement 4 générations, chacune aurait 1/4 d'influence, mais ce quart serait partagé en 2 entre les parents qui en auraient chacun 1/8, en 4 entre les grands-parents qui en auraient 1/16, en 8 entre les aïeux du 3e degré qui en auraient chacun 1/32, etc. Le nombre des générations antérieures à la dernière étant très considérable, la part d'influence de celle-ci serait presque nulle dans cette hypothèse. Les ancêtres qui représentent en somme la race avec ses caractères moyens l'emporteraient de beaucoup sur les parents immédiats et l'Atavisme serait beaucoup plus fort que l'Hérédité immédiate. S'il n'en est pas ainsi c'est que l'influence s'atténue rapidement à mesure que le degré de parenté directe s'accroît. Galton nous apprend que la part de l'ensemble des générations antérieures n'est que 1/3 de l'influence totale. Encore ce chiffre serait-il sans doute bien moins élevé s'il n'intervenait ici un autre facteur. Un individu de très grande taille ne naît pas d'ordinaire ainsi, brusquement, dans une famille où, depuis de longues générations, la taille était moyenne. Ses parents, grands-parents et aïeux jusqu'à un certain degré étaient aussi, sans doute, de grande taille, en sorte que l'Atavisme éloigné tend seul à ramener la taille à un niveau beaucoup plus bas. Galton a fort bien remarqué que, si un couple très grand descend, par hasard, de parents moyens, la tendance à la régression chez les enfants de ce couple sera beaucoup plus forte que chez ceux d'un couple de même taille descendant de parents de taille élevée.

Il y aurait à étudier par des expériences dans le genre de celle qu'il a faite sur des Pois, la part d'influence des générations ancestrales de degré de plus en plus élevé.

est censé reparaître dans les chevaux à trois doigts, l'Anchiterium dans ceux à cinq doigts dont on a observé plusieurs exemples, sans compter le cheval d'Alexandre, le Mammifère à mamelles multiples dans les Femmes polymastes, le Singe anthropomorphe dans les microcéphales, le Singe inférieur dans les Hommes à queue, etc., etc.

Il faut avouer que rien n'est moins démontré que ces assimilations. Il n'est pas douteux que le Cheval descend d'un mammifère à cinq doigts et il est bien probable que c'est pour cela qu'à un moment de son ontogénèse, il a cinq doigts séparés. Mais si ces doigts au lieu de se rapprocher, de se souder et de disparaître, continuent à s'accroître, est-ce parce qu'il possède dans son Plasma germinatif un reste de celui de cet ancêtre éloigné, reste qui, pour des raisons inconnues, se serait tout à coup développé, après être resté latent et inactif pendant les innombrables générations intermédiaires? Rien n'est moins sûr. Toute Femme a-t-elle latents dans son Plasma germinatif les germes des mamelles inguinales d'un ancêtre éloigné, et lorsqu'une mamelle inguinale apparaît par hasard, est-ce parce qu'un tel germe s'est développé? Rien ne le prouve. On peut même dire que tout prouve le contraire, car ces mamelles supplémentaires apparaissent d'ordinaire dans une situation qui n'est normale chez aucun animal, comme dans l'aisselle ou sur le dos. D'autre part, cette mamelle supplémentaire n'est pas une mamelle d'herbivore ou de carnassier, elle n'est pas vêtue de poils, ni couverte d'un cuir épais comme était sûrement celle de l'ancêtre en question; c'est une mamelle de femme, à peau fine et glabre. De même cette queue qui, chez certains individus, mesure sept à huit centimètres et compte plusieurs vertèbres, n'est pas une queue de singe; tous ses tissus sont des tissus d'homme. Comment cela se pourrait-il, si elle provenait du développement d'un germe latent oublié dans un coin de notre Plasma germinatif[1]? Il faudrait admettre qu'il y a non seulement des germes d'organes, mais des germes de tendance à l'accroissement dans une direction déterminée. Il est bien plus simple d'admettre que cette tendance s'est développée d'elle-même, sous l'influence de causes actuelles différentes de l'Atavisme. Ces causes engendrent bien d'innombrables hémitéries (syndactylie, cyclopie, reins supplémentaires, etc., etc.) qui ne sont normales chez aucun de nos ancêtres, pourquoi n'en produiraient-elles pas qui rappellent quelques caractères normaux de ceux-ci? Mais nous tombons ici dans la discussion[2]. Contentons-nous de

[1] Gegenbaur avait déjà fait une objection semblable à propos de la Polydactylie.

[2] Le *Pélorisme* s'observe surtout chez les *Scrofulariées* et Darwin (80) a montré

conclure que, en fait : *Des particularités normales chez les ancêtres d'une espèce peuvent se rencontrer, à titre tératologique, chez celle-ci. Mais il n'est pas démontré que leur apparition soit provoquée par l'Atavisme.*

que les fleurs terminales de l'inflorescence ont beaucoup plus de tendance que les autres à montrer cette particularité. Ce fait n'est pas facile à interpréter, mais il plaide en faveur de la Réversion ; toujours dans les épis ou les gousses ce sont les grains terminaux qui manifestent la plus forte tendance à la réversion. D'autre part, on ne voit jamais l'inverse du Pélorisme, c'est-à-dire une plante à fleurs régulières porter par hasard quelques fleurs irrégulières, ce qui devrait arriver si, au lieu de réversion, il n'y avait là qu'un fait de variation accidentelle.

Mais on n'est nullement fondé à déclarer ataviques les malformations des dégénérés. Chez quels ancêtres simiens se rencontrent les asymétries du crâne, la torsion du pénis, etc. ? Féré (94) est bien mieux inspiré lorsqu'il voit dans la dégénérescence une ***dissolution de l'Hérédité*** plutôt qu'un renforcement de l'Atavisme.

Pour la polydactylie, on sait que l'on avait poussé la théorie atavique jusqu'à dire que, lorsqu'il y avait plus de cinq doigts, c'était un souvenir de l'Ichthyosaure. Les recherches récentes ont montré qu'elle consiste simplement en ce que certains doigts se sont doublés par division.

Grönberg (94) a étudié sous ce rapport les Poules Dorking et Houdan à cinq et six doigts. La Poule en a normalement quatre qui sont les doigts I, II, III, IV. Quand il y a cinq doigts, ce n'est pas le doigt V qui apparaît comme le voudrait la théorie atavique, mais le doigt I qui se dédouble et l'on a alors

I-I, II, III, IV ;

quand il y a six doigts, la formule devient

II, I-I, II, III, IV.

C'est donc un simple doublement par fissure comme on en voit chez l'homme où parfois la main entière devient double et symétrique par rapport à un plan passant entre ses deux moitiés. Grönberg a établi ses conclusions sur une étude attentive de la distribution des muscles et des nerfs. Chez le Cheval et le Cochon, Boas (83) avait déjà démontré que la polydactylie est due à un phénomène du même genre.

Virchow (85) s'élève avec beaucoup de chaleur contre l'Atavisme tératologique. La *Théromorphie*, comme il l'appelle, c'est-à-dire la ressemblance tératologique avec des animaux d'organisation inférieure, s'explique par les arrêts de développement rendant définitifs certains stades théromorphes de l'ontogénèse. Il nie avec raison qu'il y ait là intervention d'une force interne autre qu'une déviation pathologique, sans relation avec l'Atavisme. Il considère toute réversion comme un phénomène pathologique et, dans les cas de microcéphalie, par exemple, où d'autres voient un *Atavisme pithécoïde*, il voit lui un *Pithécisme* pathologique.

On cite aussi parfois la mamelle de l'Homme comme un organe atavique. C'est ne pas comprendre les choses. D'abord la mamelle rudimentaire existe sans exception chez tous les animaux mâles, il n'y a donc pas eu cette interruption d'hérédité que nécessite l'Atavisme. En outre, cet organe n'a jamais fonctionné chez nos ancêtres, puisque l'hermaphroditisme avait disparu chez les animaux nos ancêtres, bien avant que la mamelle ne fît son apparition. Il n'y a jamais eu de mammifères hermaphrodites. La mamelle de l'Homme n'est donc même pas un organe dégénéré; il n'a jamais été plus développé qu'il n'est, ce n'est pas un organe rudimentaire, mais un organe *représentatif*. Nous le possédons parce que nous sommes construits comme la Femme chez qui il est fonctionnel.

b) Hérédité dans les unions consanguines.

La *Consanguinité* a des degrés très divers. Elle est aussi grande que possible dans les hermaphrodites qui se fécondent eux-mêmes comme les Ténias et beaucoup de plantes. La différence est si faible, au point de vue de la composition du Plasma germinatif qui les constitue, entre l'ovule et le pollen d'une même fleur, que, sous le rapport de l'Hérédité, il n'y a guère de différence entre une consanguinité si étroite et la reproduction parthénogénétique. Une consanguinité très proche s'observe encore dans diverses espèces naturelles vivant en colonies, comme certaines Fourmis dont les femelles (*Dorylides* et autres) ou les mâles (*Anergastes, Formicoxenus, Ponera* d'après Emery (93), ou *Cardiocondyla*, d'après Forel) sont aptères, ce qui fait que les couples appartiennent toujours à la même colonie. Pour des raisons d'économie, nos éleveurs n'achètent souvent qu'un mâle d'espèce noble qui féconde une seule femelle, puis ses filles et petites-filles et dont les fils fécondent leurs sœurs et leurs filles et ainsi de suite. Chez l'Homme, les usages sociaux interdisent les unions entre parents aussi proches, mais dans certaines familles les mariages entre cousins se continuent pendant de longues générations.

La consanguinité, étant intermédiaire par sa nature entre la génération parthénogénétique et la reproduction amphimixique, produit des effets intermédiaires. Elle conserve avec beaucoup de précision les caractères des familles qui la pratiquent, et conduit à une grande uniformité dans les produits. On l'a accusée d'aboutir à l'abâtardissement, à la dégénérescence et tout au moins à la stérilité, et les exemples fourmillent de tares physiques et intellectuelles attribuées à son action. Mais des exemples non moins nombreux et authentiques montrent qu'elle est compatible avec une conservation parfaite de toutes les qualités de la race et l'opinion qui tend à prévaloir, c'est qu'elle concentre simplement les vices diathésiques et que, là où il n'y a point de tares constitutionnelles, elle ne produit aucun mal[1]. Comme l'absence complète de tares constitutionnelles est rare

[1] On a attribué aux mariages consanguins un nombre considérable de tares : l'imbécillité, la surdi-mutité, la scrofule, le rachitisme, l'albinisme, les malformations tératologiques, etc., etc. Mais aucune statistique comparative sérieuse n'a jamais montré que ces tares fussent sensiblement plus fréquentes dans ces unions que chez les autres. Georges Darwin (75) a trouvé, que les produits d'unions consanguines formaient 3 à 4 % de la population des asiles d'aliénés et 2 % seule-

dans une famille, et que la même tare a beaucoup de chances de se rencontrer dans deux époux proches parents, il s'ensuit que, pris en bloc, les mariages consanguins doivent avoir des inconvénients, que

ment de celle des asiles de sourds-muets. Or la proportion des unions consanguines est de 1,5 % à Londres, 2 % dans les grandes villes, 2,22 % dans les campagnes, 3,5 % dans la classe riche, 4,5 % dans la noblesse. Mettant même de côté les sourds-muets dont l'infirmité est, comme nous l'avons vu, très peu héréditaire, on voit que la consanguinité n'a guère d'influence sur l'aliénation mentale; et, si l'on mettait de côté les produits d'époux consanguins appartenant à des familles où règne quelque tare psychologique, on trouverait sans doute que l'influence de la consanguinité seule est tout à fait nulle.

Dans tous les exemples historiques que l'on se plaît à citer, la tare se perpétue grâce à la consanguinité, mais rien ne prouve qu'elle soit créée par elle.

Darwin a fait remarquer que les plantes fécondées par leur propre pollen donnent moins de graines, et qu'on relève à la fois leur fertilité et la vigueur des produits en faisant intervenir un pollen étranger. Nous savons aussi que les organes reproducteurs sont, le plus souvent, disposés pour empêcher l'auto-fécondation. Cela ne prouve pas que la consanguinité soit fâcheuse en elle-même, mais qu'indirectement elle peut devenir nuisible en laissant s'accumuler les variations fâcheuses que le mélange des Plasmas germinatifs corrige les unes par les autres.

De nombreux exemples montrent que, lorsque les parents sont exempts de tares, les unions les plus rapprochées sont plus avantageuses que nuisibles. SANSON (93) en cite des exemples démonstratifs.

Un des plus beaux troupeaux de la race Durham a pour origine l'union d'un taureau avec sa mère ou ses sœurs et avec 5 ou 6 générations de ses filles et petites-filles. Dans les petits troupeaux d'Auvergne et de Bretagne un seul taureau féconde les femelles du troupeau qui sont toutes ses sœurs, ses filles ou ses tantes : la race ne dégénère en rien cependant. Le Dr BOURGEOIS a publié une étude approfondie de sa propre famille, issue en 1729 d'un mariage consanguin. Après 130 ans d'existence, sur 91 unions, elle en comptait 68 consanguines dont 16 à consanguinité accumulée. Dans les 23 unions non consanguines, la mortalité des enfants au-dessous de 7 ans était de 15 %, dans les consanguines de 12 % seulement. Les seuls vices observés sur 416 membres étaient 2 épilepsies dont 1 accidentelle, 1 imbécillité, 1 aliénation mentale accidentelle, 2 phtisies, 1 scrofule, venant du parent non consanguin. Aucune de ces tares n'appartenait à 6 mariages quadruplement consanguins.

D'après VOISIN, la commune de Batz, où la consanguinité est la règle, se distingue par la vigueur et la beauté de ses habitants et les tares imputées à la consanguinité y sont inconnues.

Enfin chez les animaux, je ne sache pas que l'auto-fécondation, presque obligatoire chez le *Tœnia solium* et dans les colonies de fourmis citées par EMERY (93), ait en rien nui à la race. Si l'auto-fécondation conduisait sûrement à la stérilité, n'en serait-il pas de même pour la Génération asexuelle et la Parthénogénèse. Or on sait que beaucoup de champignons se reproduisent exclusivement par spores, que l'on propage par boutures les Pommes de terre et un grand nombre de plantes, sans que leur vigueur fléchisse, et que quelques plantes (*Chara nitida*) et animaux (certains Ostracodes) se reproduisent, faute de mâles, par une parthénogénèse stricte, sans paraître en souffrir.

tempère l'infusion d'un sang étranger ; mais il n'est pas démontré que ces inconvénients dérivent du fait de la consanguinité. Si deux cousins scrofuleux se marient entre eux la chose ne sera peut-être pas plus funeste que s'ils se marient à des étrangers aussi scrofuleux qu'eux-mêmes ; et elle le sera moins que si leurs époux étrangers étaient plus scrofuleux que n'est l'époux consanguin. On serait même autorisé à affirmer cela sans les réserves indiquées par un *peut-être* et autres expressions dubitatives, si l'observation des avantages du croisement ne portait à penser qu'une certaine différence entre les Plasmas germinatifs est avantageuse, indépendamment de leurs qualités individuelles. Nous allons voir, en effet, en étudiant l'Hérédité dans ce mode de reproduction, qu'un faible degré de métissage relève ordinairement la vigueur et presque toujours la fécondité des couples. On peut donc conclure que : *La consanguinité additionne les tendances généralement similaires des conjoints ; en elle-même elle ne paraît avoir ni inconvénients ni avantages ; tout dépend de l'état individuel des individus qui la pratiquent.*

c) L'Hérédité dans le Croisement.

L'étude des *Croisements* est d'une grande importance dans la recherche des lois de l'Hérédité. Les parents étant de race différente, la part de chacun dans la transmission des caractères apparaît avec une extrême netteté. Les caractères de race prennent ici la place qu'occupent les caractères individuels dans les produits de race pure et, comme ils sont aussi fixes que les premiers sont variables, il n'y a jamais d'incertitude sur leur provenance. Lorsque de l'union d'une blonde et d'un brun on voit naître un enfant blond, on ne sait pas, à tout prendre, si cette nuance de poil provient de la mère ou de quelque ancêtre blond du père. Cette difficulté ne se présente jamais dans les croisements. Si un blanc épouse une négresse, il n'y a aucun doute que les caractères négroïdes du petit viennent de la mère et d'elle seule, et comme ces caractères sont très spéciaux, il sera bien plus facile de les suivre dans les générations consécutives que les caractères individuels d'un ancêtre de même race.

Il y a des degrés dans le croisement comme dans la consanguinité. Nous en distinguerons deux principaux : les *Métis* dont les parents sont de même espèce et ne diffèrent que par la *variété,* s'ils sont sauvages, ou par la *race* (*s. str.*), s'ils sont domestiques, et les *Hybrides* dont les parents sont d'*espèces* différentes. Il existe, en outre, une variété à peine croisée de Métis : ce sont ceux qui résultent de l'union de deux formes différentes d'une même espèce polymorphe. Certaines plantes nous fourniront quelques indications intéressantes à ce sujet.

Nous allons avoir à étudier les hybrides et les métis sous divers points de vue : 1° Quelles sont les conditions nécessaires pour que le croisement soit possible? 2° Quels sont les caractères que les produits de croisement doivent au fait même du croisement, sous les rapports de la vigueur, de la fécondité, des tendances tératologiques et ataviques? 3° Quels sont leurs caractères par rapport aux races parentes? Nous aurons enfin à examiner l'influence du porte-greffe sur le greffon, et cette catégorie singulière de produits croisés que l'on a désignés sous le nom expressif d'*Hybrides de greffe*.

a) Condition de possibilité des croisements.

La principale condition pour qu'un croisement soit possible, c'est que les formes qui s'unissent ne soient pas trop différentes. Tout s'oppose à la réussite d'un croisement entre des formes trop éloignées. Chez les animaux qui s'accouplent, l'appétit sexuel est toujours moindre pour une forme étrangère que pour les formes semblables et, si la différence est trop grande, il devient nul [1]. Chez les plantes ou les animaux qui ne s'accouplent pas, le hasard peut favoriser la rencontre des produits sexuels les plus différents, mais aucune attraction, chimiotactique ou autre, ne s'exerce alors entre eux; ils se rencontrent, mais ne se joignent pas et surtout ne se fusionnent pas. Enfin il est possible que, parfois, la fécondation ait lieu; mais, à un moment plus ou moins avancé du développement, l'embryon meurt par insuffisance d'adaptation des Plasmas germinatifs entre eux ou du produit de leur union aux conditions am-

[1] On a vu l'exemple d'un Étalon s'accouplant effectivement avec une Vache. J'ai, dans ma basse-cour, un Coq qui fréquemment s'efforce, avec une grande insistance, de couvrir une Cane; mais celle-ci proteste et, comme elle ne s'y prête point, l'opération ne s'achève pas. Les Singes, même non anthropoïdes, donnent des signes non équivoques d'excitation génitale à la vue des femmes, et tout le monde a pu remarquer même que leurs gestes s'adressent de préférence aux femmes jeunes.

Par contre, il est très difficile d'obtenir l'union du Lièvre et du Lapin.

En somme, il n'y a qu'une proportionnalité grossière entre la ressemblance de race et l'appétit sexuel.

biantes. Il n'est guère douteux qu'un œuf de Chienne ne pourrait pas se greffer et grandir dans l'utérus d'une Lapine[1].

En fait, les diverses races domestiques d'une même espèce se croisent d'ordinaire sans difficulté et donnent des métis. La chose est déjà moins générale pour les variétés d'une même espèce sauvage.

Les espèces domestiques et surtout les espèces sauvages d'un même genre sont généralement stériles entre elles et le nombre des *hybrides* effectifs est fort limité si on le compare à celui des hybrides possibles. On admet en général que jamais deux formes appartenant à des *genres* différents ne peuvent se croiser.

Cependant il y a des exceptions à cette règle. La plus extraordinaire est la suivante : Th. Morgan (93) a obtenu des hybrides d'une Astérie, l'*Asterias*, avec l'*Arbacia* qui est un Oursin. Ces deux parents appartiennent non seulement à des genres, mais à des classes différentes. C'est comme si obtenait le produit, souvent cité par plaisanterie, d'une Carpe et d'un Lapin[2].

Les races, variétés ou espèces qui se croisent, ne sont pas toujours plus voisines au point de vue taxonomique, que celles qui restent stériles entre elles. Il y a là une condition inconnue où le *tactisme*, quel qu'il soit, qui gouverne l'affinité sexuelle doit jouer un rôle. Parfois le sexe des parents a une influence sur le résultat. Ainsi le *Mirabilis jalapa* ♀ est facilement fécondé par le *M. longiflora* ♂, tandis que la fécondation du *M. longiflora* ♀ par le *M. Jalapa* ♂ a été souvent tentée, et toujours en vain.

Darwin (80) a constaté que la domestication facilite le croisement. A différences égales, les races domestiques se croisent plus facilement que les variétés naturelles, et le Mulet était, paraît-il, beaucoup plus difficile

[1] Si l'on met sous le microscope un œuf d'Oursin et un œuf d'Astérie dans une goutte d'eau où nagent des spermatozoïdes d'Oursin, on voit bientôt le premier entouré d'une nuée de zoospermes, tandis que le dernier n'en a pas plus autour de lui qu'il n'y en a dans le reste de la préparation.

[2] Focke (81) cite un certain nombre de Hybrides de formes appartenant à des gens différents d'une même famille. Voici les principaux : le Chou (*Brassica*) et le Radis (*Raphanus*) de la famille des Crucifères, le *Galium* et l'*Asperula* de la famille des *Rubiacées*, la *Campanula* et le *Phyteuma* (Campanulacées), le *Verbascum* et le *Celsia* (Scrofularinées), etc. Les hybrides des *Arbacia* et *Asterias* n'ont pas vécu au delà de la phase larvaire *Pluteus*, ce qui confirme ce que nous disions plus haut que parfois le développement pouvait commencer et ne pouvait s'achever. Il est vrai que même les larves de race pure, obtenues expérimentalement, ne dépassent pas aisément la phase larvaire dans les bacs de nos aquariums, mais il est bien probable que, même en mer libre, il en eût été de même pour ces hybrides forcés.

à obtenir autrefois que de nos jours. Le croisement est naturellement d'autant plus aisé que les parents sont moins différents. Il arrive même que, lorsque ceux-ci sont de race ou de variété assez voisine, leur union devient plus facile que celle des formes pures correspondantes. DARWIN (80) fait remarquer que, si l'on met sur le stigmate d'une fleur son propre pollen, ou même celui d'un autre individu de même variété, et celui d'une variété voisine, il arrive parfois que c'est ce dernier seul qui féconde les ovules.

En résumé : *Le croisement est en général aisé entre formes suffisamment voisines; il devient difficile et rapidement impossible entre formes trop différentes, mais il n'y a pas proportionnalité rigoureuse entre l'affinité taxonomique et la faculté de se croiser.*

b) Caractères des Métis et des Hybrides en tant que produits de croisement.

α. *Vigueur et fécondité.*

DARWIN (80), FOCKE (81) et tous ceux qui se sont occupés de cette question s'accordent à reconnaître que, sous les rapports de la vigueur et de la fécondité, les *Métis* de races ou de variétés voisines sont remarquablement bien doués. Ils l'emportent souvent sur les produits de race pure. Là où l'une de ces qualités commence à faiblir, il suffit souvent de l'intervention d'un pollen ou d'un sperme étranger pour leur rendre toute leur puissance. La vigueur de ces Métis se manifeste par une taille élevée, une croissance rapide, une précocité remarquable jointe, contre l'habitude, à une durée de vie plus longue. Les *Hybrides* sont aussi parfois remarquablement vigoureux, mais leur fécondité est ordinairement faible ou nulle. Le Mulet de l'Ane et du Cheval en est un exemple bien connu. Si la fécondité reste normale à la première génération, elle baisse d'ordinaire dans les générations suivantes et la stérilité finit par prendre sa place. Cette loi de GÆRTNER souffre des exceptions et l'on cite des Hybrides dont les produits restent féconds pendant plusieurs générations, mais on n'a

[1] Il y a cependant une exception, et bien singulière, à la règle que le croisement est d'autant plus facile que les formes parentes sont plus voisines. Il est fourni par les fleurs polymorphes. Certaines plantes portent des fleurs de deux ou de trois formes différentes. Dans ces plantes, les unions légitimes, c'est-à-dire entre fleurs de même forme, sont fécondes, les illégitimes sont stériles; elles ne diffèrent cependant ni par l'espèce ni par la variété.

pas d'exemple bien authentique d'Hybrides indéfiniment féconds ayant conservé nettement des caractères des deux espèces parentes[1].

La fécondité des Hybrides n'est pas toujours proportionnelle à la facilité avec laquelle on les obtient. Le Mulet s'obtient aisément, bien qu'il soit stérile, le Léporide, si difficile à obtenir se reproduit ensuite aisément. Divers Métis montrent des faits analogues.

6. *Tendances ataviques et tératologiques.*

Les Métis ne sont pas plus sujets aux malformations que les produits de race pure ; il n'en est pas de même des Hybrides et la tendance tératologique est d'autant plus accentuée chez eux qu'ils proviennent d'espèces plus différentes. Chez les plantes, les anomalies sont surtout fréquentes dans les organes de la fleur. La stérilité relative ou absolue des hybrides est une preuve que leur double origine affecte d'abord leurs organes reproducteurs.

A l'inverse des précédentes, les tendances ataviques sont d'autant plus accentuées que les parents sont moins différents. La réversion est la règle chez les métis. Sanson (93) a montré, par d'excellents exemples très scrupuleusement observés, que sans une sélection infatigable on n'arrive jamais à maintenir une race métisse intermédiaire entre les deux formes parentes. Certains individus font retour à la race du père, les autres à celle de la mère et, au bout d'un nombre suffisant de générations, toute trace du croisement a disparu. Darwin (79) a montré avec quelle insistance la couleur du Bizet revenait chez les Métis de nos races de Pigeons. Cette réversion se manifeste aussi dans les caractères psychologiques. On attribue à une réapparition des instincts de l'Homme primitif la cruauté commune chez les Métis des races humaines.

Par contre, les caractères ataviques sont plus marqués chez l'individu

[1] Les *Primula auricula* × *P. Hirsuta* et divers hybrides des genres *Lychnis*, *Erica*, *Datura*, ne subissent, pendant plusieurs générations, aucune déchéance dans leur fécondité. Cependant on ne peut les maintenir indéfiniment; mais Focke est d'avis que cela peut tenir à la consanguinité étroite qu'on est réduit à pratiquer, en raison du trop petit nombre d'individus soumis à l'expérience.

Darwin (79) en donne comme exemple nos races domestiques de Bœufs et de Cochons qui descendent, selon lui, du *Bos primigenius* et du *B. longifrons* d'une part et des *Sus scrofa* et *S. indicus* d'autre part.

Mais malgré la valeur des observations ostéologiques qu'il apporte à l'appui de son appréciation, on sent qu'il y a là une part d'hypothèse.

jeune et tendent à s'effacer à mesure qu'il vieillit. Cela se constate aisément sur les zébrures des Métis d'Équidés. Cette règle de DARWIN est confirmée par FOCKE.

Chez les Hybrides, au contraire, la tendance à la réversion vers une des formes parentes est exceptionnelle. Mais les formes nouvelles issues de ce mode de croisement n'en sont pas plus permanentes pour cela, puisqu'elles sont en général stériles, à la longue tout au moins [1].

c) Caractères des produits de croisements par rapport aux parents.

A la première génération, les produits de croisement sont en général semblables entre eux et assez nettement intermédiaires aux formes parentes. Mais cela est surtout vrai pour les hybrides, et GÆRTNER a établi cette règle que les Hybrides étaient fixes tandis que les Métis étaient polymorphes dès la première génération. NÆGELI (84) déclare même que plus les races parentes sont différentes, plus le produit est uniforme et intermédiaire à ses deux parents, en sorte qu'il y aurait une sorte de proportionnalité entre la ressemblance des races parentes et la variabilité des produits. Mais les produits de croisement n'ont pas seulement une combinaison des caractères de leurs parents. La tendance à la variation est forte chez eux. CRAMPE (85) a reconnu que, souvent, leur couleur appartenait à une nuance qui ne pouvait provenir d'aucune combinaison des couleurs des parents. Chez les Métis de races voisines, les uns rappelleraient le père, les autres la mère, le plus grand nombre seraient intermédiaires à l'un et à l'autre à des degrés divers.

La différence entre A×B et B×A serait aussi d'autant plus grande que A et B seraient moins différents. Mais FOCKE (81) s'inscrit en faux contre la règle de GÆRTNER et montre par des exemples que la conformité ou le polymorphisme des produits de première génération est en quelque

[1] DARWIN (80) a constaté que les Métis de Canards domestiques rappellent le Canard sauvage ; les zébrures sont fréquentes chez le Mulet ; un Métis de Cochon allemand et de Cochon japonais ressemblait absolument au Sanglier. Pour ce qui est des caractères psychologiques, DARWIN a reconnu que l'instinct de couver, si souvent perdu chez nos Poules domestiques, reparaît toujours chez leurs Métis ; les Métis de Canards manifestent des instincts migrateurs ; le Mulet est plus souvent vicieux que l'Ane et le Cheval.

Les Léporides font exception à la règle des tendances ataviques comme à celle de la stérilité. SANSON (93) a reconnu qu'une réversion presque complète avait ramené les uns au Lièvre, les autres au Lapin.

sorte individuelle et indépendante du degré de parenté des formes croisées [1].

Isidore Geoffroy Saint-Hilaire a établi que, pour les animaux, les caractères des races parentes avaient tendance à se superposer chez les Métis et à se fusionner chez les Hybrides, et Focke (81) admet cette règle pour les plantes. Cela se vérifie pour la couleur et plusieurs autres caractères : les métis des variétés de plantes qui ne diffèrent que par la couleur sont d'ordinaire panachées, tandis que les Hybrides des espèces de couleurs différentes auraient la couleur uniforme intermédiaire. Cependant, je ferai remarquer que le Métis de Nègre et Blanc est un Mulâtre et non un Nègre pie [2].

Aux générations suivantes, règle générale et quelle qu'ait été l'uniformité des produits de première génération, un polymorphisme considérable se manifeste. A moins d'intervention d'une sélection méthodique assidue, les produits font retour vers l'une ou l'autre des formes parentes. Cependant il se dessine quelquefois, au bout de trois ou quatre générations, au milieu de cette variation désordonnée, des formes dominantes qui, fécondées entre elles, deviennent constantes. Lecoq a obtenu de ces produits fixés avec les *Mirabilis, Godron* avec les *Linaria* et surtout avec les *Datura.* Ces exceptions intéressantes nous occuperont de nouveau quand nous parlerons de la formation des espèces.

Les produits de croisement sont normalement plus féconds avec l'une des formes parentes qu'entre eux. Naturellement le croisement $(A \times B) \times A$ favorise et accélère fortement la réversion vers la race A qui intervient de nouveau dans le croisement, et cette circonstance se produit d'elle-même si l'homme n'intervient pas pour s'y opposer. Le sexe a peu d'influence sur les caractères du produit et l'on peut ad-

[1] Lucas (50) rapporte que Bégon a vu aux Antilles une Négresse qui avait deux jumeaux, l'un blanc à cheveux longs, l'autre noir à cheveux crépus. Un Nègre de Berlin eut d'une femme blanche 7 filles mulâtresses et 4 fils blancs.

Les plantes fournissent de nombreux exemples de ces règles.

[2] Darwin (80) cite quelques exemples remarquables de non fusion des caractères chez les métis. Les Cochons à sabot plein croisés avec des Cochons à sabot fendu n'ont jamais de produits à sabot demi-fendu; leurs petits ont les sabots tantôt pleins, tantôt entièrement fendus. Les Souris blanches et noires accouplées ne donnent jamais de petits gris, mais toujours des petits blancs ou noirs. Les Métis des Chiens du Paraguay à peau glabre ont la peau glabre ou velue par plaques juxtaposées comme les couleurs d'un animal pie. Cela n'arrive pas chez les Hybrides.

Les Métis des races anciennes tendent à se rapprocher des Hybrides sous ce rapport.

mettre que $(A \times B) \times A = A \times (A \times B)$[1]. Les produits de ces croisements se montrent très variables entre deux extrêmes qui sont l'un $A \times B$ et l'autre A, mais la moyenne est plus près de A que de $A \times B$. Si l'on continue le croisement des produits successifs toujours avec A, les produits conservent des traces des caractères de B jusqu'à la 4e, la 5e ou la 6e génération, rarement plus loin, ce que l'on peut exprimer en disant que, lorsque la quantité de sang étranger tombe au-dessous de 1/32e ou 1/64e, elle devient de nul effet. Mais il y a de grandes différences individuelles sous ce rapport[2].

On obtient assez aisément des métis de trois, quatre variétés et plus, soit en croisant des métis entre eux $(A \times B) \times (C \times D)$ soit en croisant des métis avec de nouvelles races pures $(A \times B) \times C$ puis $(A \times B \times C) \times D$, etc. VICHURA a obtenu un hybride de 6 espèces de Saules (*Salix*) par le croisement suivant $(A \times B)$ $(C \times D) \times (E \times F)$. Mais ces formes n'ont qu'un intérêt de curiosité.

3. TRANSMISSION DES CARACTÈRES DANS LA GREFFE.

a) Influence du Porte-greffe sur le Greffon.

Lorsque l'on greffe une plante sur une autre, le *Greffon* se développe comme s'il fût resté en place sur la plante mère; ses caractères ne sont point modifiés et c'est là une propriété précieuse dont les jardiniers et les horticulteurs tirent parti pour propager indéfiniment, avec tous leurs caractères, des plantes obtenues avec peine et qui, reproduites par semis, feraient retour à la variété naturelle non améliorée. C'est là le fait général

[1] Dans ces formules le signe × sépare l'individu ♀ situé à gauche, de l'individu ♂ placé à droite.

[2] Le nombre des générations pendant lesquelles on peut reconnaître la présence d'un sang étranger peut s'élever jusqu'à vingt et plus d'après DARWIN (80). D'après NATHUSIUS l'introduction de 1/64e de sang de *Sus indicus* dans la race du *Sus scrofa* suffit pour communiquer à celui-ci des caractères ostéologiques très nets de cette espèce. Il rapporte aussi que FLEICHMANN, croisant un Mouton allemand dont la laine grossière ne compte que 5500 fibres par pouces avec un mérinos dont la laine compte 40 à 48000 fibres, n'avait obtenu que 27000 fibres après vingt croisements. D'autre part, nous avons vu que l'on retrouve des traces sporadiques du Mérinos dans la laine des Moutons berrichons croisés avec les Mérinos, il y a un grand nombre d'années.

Enfin DARWIN rapporte encore que, au dire de PENNANT, une localité de l'Écosse se trouva peuplée d'une multitude de Chiens ayant l'aspect de Loups par suite de l'introduction dans la contrée d'un seul individu métis de Chien et de Loup.

et dominant. Mais si on y regarde de très près, ou si l'on s'adresse à quelques exemples particuliers, on reconnaît que cette permanence des caractères du Greffon n'est pas absolue. Le *Porte-greffe*, ou *Sujet*, lui communique, avec sa sève, quelques-unes de ses particularités propres : il y a là une sorte d'hérédité par les sucs organiques, en dehors du Plasma germinatif, qui est du plus haut intérêt pour le biologiste. Nous avons rencontré quelque chose de semblable dans l'hérédité des effets de l'alcool ou de certaines autres substances introduites dans l'organisme par le tube digestif ou par la voie hypodermique. GÆRTNER (49) a réuni un grand nombre d'observations où il a montré que souvent le fruit est légèrement affecté, selon la nature du Porte-greffe, dans son volume et sa saveur, que les feuilles se montrent plus ou moins persistantes, que les fleurs sont quelque peu modifiées dans leur aspect.

A côté de ces faits multiples d'influence à peine sensible s'en trouvent d'autres, bien plus curieux, d'influence exceptionnelle mais très forte. Lorsqu'on greffe, par approche, deux rameaux de vigne, l'un à raisins noirs, l'autre à raisins blancs, les branches soudées produisent des raisins à grains panachés ou à grains les uns blancs les autres noirs. Un œil de Pomme de terre, placé dans une cavité de forme correspondante creusée dans une Pomme de terre de race différente dont on a enlevé tous les autres yeux, se développe et donne des tubercules qui offrent un mélange des caractères de ceux des deux races. Ce n'est pas la couleur seule qui est ici affectée ; l'épaisseur de la peau, sa texture lisse ou écailleuse, l'aspect de la chair sont aussi modifiés. Les feuilles et les tiges participent aussi à cette influence qui se maintient pendant plusieurs années de culture[1].

[1] Un des caractères qui se communique le plus aisément du Sujet au Greffon est la *panachure*. Mais la valeur de ce caractère a été contestée, comme dépendant d'une maladie inoculable. Il se communique, en effet, par la greffe entre plantes qui ne peuvent se le communiquer par la pollinisation; il se développe spontanément dans certains sols. DARWIN (79) donne une longue énumération d'expériences sur les Pommes de terre. Variées de mille manières, elles ont toujours donné le même résultat. FOCKE (81) trouve qu'elles n'ont pas grande signification, car les modifications ne portent que sur les parties souterraines. On ne voit pas en quoi cela peut intéresser les conclusions relativement à l'influence du Porte-greffe, que cette influence s'exerce sur des rhizomes souterrains ou sur des tiges aériennes. D'ailleurs l'objection est mal fondée. Les observations de Feun et de A. Dean, citées par DARWIN, montrent que les tiges et les feuilles furent affectées aussi bien que les tubercules et leur modification était encore très nette après trois ans de culture.

Une influence en sens inverse du Greffon

b) Hybrides de greffe.

On pourrait presque qualifier d'*hybrides* les Pommes de terre qui ont subi, à un tel degré, l'influence du porte-greffe. Mais ce nom convient surtout à des cas où le mélange des caractères des sujets unis par la greffe est bien plus intime et surtout se manifeste, non sur le Greffon lui-même, mais sur des tiges nouvelles poussées sur la cicatrice de la greffe, et dont on ne saurait dire si elles appartiennent au Greffon ou au Sujet. Des Pommes de terre, des bulbes de Jacinthe de couleurs différentes, coupés en deux, exactement par l'axe du bourgeon, et accolées, ont pu quelquefois se souder et produire une tige unique qui a porté des tubercules ou des fleurs réunissant en combinaisons variées les couleurs des deux variétés. Au nœud de soudure d'un Rosier *devoniensis* greffé sur un Rosier *Banksiæ*, poussa une branche qui produisit des roses nettement intermédiaires aux deux variétés précédentes.

Le cas le plus célèbre est celui du *Cytisus Adami* produit, dans des conditions semblables, par un *C. laburnum* et un *C. purpureus* greffés l'un sur l'autre et qui porte une variété extraordinaire de fleurs jaunes comme celles du *laburnum*, de fleurs rouges comme celles du *purpureus* et de fleurs mixtes présentant tous les mélanges possibles de ces deux nuances.

Ce *Cytisus Adami* est un vrai hybride partiel. Ses fleurs jaunes ou rouges sont fertiles et reproduisent, les premières le *laburnum*, les se-

sur le Porte-greffe a été aussi constatée, mais comme elle n'a porté que sur la panachure, on ne saurait en tirer une conclusion solide jusqu'à ce que la question de l'origine de cette particularité ait été tranchée. Cependant le cas de la *Bizarria* (V. note suivante, à la fin) serait un exemple remarquable de cette influence, si vraiment le Porte-greffe a eu ses rameaux anciens modifiés, au lieu de produire des rameaux modifiés seulement au point où avait eu lieu la tentative de greffe. Malheureusement, nous manquons de renseignements circonstanciés sur ce cas intéressant.

Certaines modifications proviennent évidemment des conditions nouvelles créées par l'opération plutôt que d'un transfert de propriétés. Ainsi DARWIN rapporte que le Noyer *Lalande* pousse ses feuilles du 20 avril au 15 mai, et ses produits par semis héritent invariablement des mêmes propriétés. D'autres Noyers, au contraire, ne prennent des feuilles qu'en juin. Or, si on greffe un Noyer *Lalande* sur une autre souche de Noyer *Lalande*, les produits de semis du Greffon poussent leurs feuilles en juin. Les graines des Poiriers greffés sur Cognassier produisent des individus plus variés que celles des Poiriers greffés sur Poirier sauvage. C'est encore là un effet dû à un faible degré de métissage produit par la différence des deux plantes unies plutôt qu'une transmission des caractères spéciaux du Porte-greffe au Greffon.

condes le *purpureus;* ses fleurs mixtes sont stériles comme celles d'un vrai hybride, même lorsqu'on les féconde par le pollen d'une des espèces parentes. Et il est à noter que ces deux espèces parentes sont stériles entre elles par voie sexuelle [1].

[1] Cette histoire si curieuse du *C. Adami* mérite d'être rappelée avec un peu plus de détails qu'on ne fait habituellement. En 1830, un simple jardinier du nom d'Adam greffa un morceau d'écorce du *C. purpureus*, espèce petite et délicate, sur le *C. laburnum*, arbre rustique et de bonne taille, dans le dessein de le rendre plus vigoureux. Le bourgeon que portait ce morceau d'écorce resta dormant pendant un an, puis donna plusieurs rameaux. L'un de ceux-ci, beaucoup plus fort que les autres, fut vendu par Adam, avant sa floraison, comme une variété du *C. purpureus,* et ce n'est que plus tard que se montrèrent, sur les rejetons de ce rameau, les particularités que nous allons maintenant décrire. C'est M. Poiteau qui, constatant les particularités des fleurs de cette greffe, adressa à M. Adam un mémoire sur ce sujet.

La plante se comporte d'abord comme un arbrisseau ou un arbuste peu différent d'aspect du *C. laburnum,* mais ses rameaux, plus petits, portent des feuilles très foncées, des fleurs plus rares, d'un rouge rabattu de jaune, ou panachées de jaune et de rouge. Elles sont toujours stériles, soit entre elles, soit avec les formes parentes. De temps en temps, une année ou l'autre, il pousse un rameau vigoureux de *C. laburnum*; puis, quand l'arbre est devenu plus vieux, il pousse des rameaux de *C. purpureus;* parfois ce sont ceux-ci qui se montrent les premiers. Ces fleurs de *laburnum* ou du *purpureus* ne sont cependant pas tout-à-fait semblables à celles de ces espèces pures, et il en est de même de leurs produits obtenus par semis ;elles montrent un certain degré de métissage, mais sans cesser d'être parfaitement fertiles. Plus l'arbre est vieux, plus les rameaux des formes parentes l'emportent, par leur nombre et leur force, sur ceux de la forme mixte.

Malgré la netteté de ces commémoratifs, des incrédules ont objecté que la plante pouvait provenir simplement d'un croisement sexuel qui aurait une fois par hasard réussi. A cela FOCKE (86) répond que, chez les Légumineuses, les espèces, même voisines, sont rarement fertiles entre elles et que celles qui diffèrent au même point que les deux Cytises en question ne le sont jamais; en sorte que cette stérilité n'est pas seulement un fait, mais vérifie une règle sans exceptions ; d'autre part, on sait que les *Hybrides sexuels* d'espèces très différentes ont des caractères constants et qu'un polymorphisme comparable à celui du *C. Adami* ne se rencontre que chez les métis fertiles des variétés très voisines. Par tous ses caractères, le *C. Adami* se comporte comme un être exceptionnel et nullement comme un Hybride sexuel ordinaire. La formation de rameaux des espèces parentes, de plus en plus dominants à mesure que la plante avance en âge, si elle s'explique par la réversion, plaide contre l'origine sexuelle de la plante, car une réversion aussi accentuée est aussi rare chez les Hybrides qu'elle est commune chez les Métis. Si elle ne s'explique pas par la Réversion, mais par le fait que la plante n'est que partiellement hybride et contient à la fois du plasma pur des formes mères et du plasma mixte, cela exclut radicalement l'idée d'une origine sexuelle. Dans ce faible degré de métissage, des fleurs fertiles s'expliqueraient par une réaction analogue à l'influence du Porte-greffe sur le Greffon.

Très curieuse aussi est l'histoire de la

CHAPITRE. II. — LA VARIATION

Le produit, disions-nous en commençant l'étude de *La Race*, est semblable à ses parents, il ne leur est pas identique. Les ressemblances sont la part de l'*Hérédité*, les différences sont celles de la *Variation*. Pour que la distinction ainsi établie soit vraie, il faut prendre le mot *parents* dans son acception la plus étendue, comprenant toute la lignée ascendante, depuis le père et la mère jusqu'aux ancêtres de l'espèce et du genre, en passant par les grands-parents et aïeux de tous les degrés. Il faut aussi rattacher à l'hérédité tous les caractères en apparence nouveaux qui ne sont que des combinaisons nouvelles de caractères hérités. Un mulâtre n'a jamais eu que des parents blancs ou noirs; sa nuance n'en est pas moins héréditaire. Il ne faut mettre au compte de la Variation que ce qui est vraiment nouveau, nouveau de toutes pièces ou du moins comportant un élément essentiel qui ne soit pas hérité.

Les caractères hérités sont si innombrables, quand on les décompose en leurs éléments, leurs combinaisons paraissent si infiniment variées, quand on songe à tous les arrangements possibles, que l'on est en droit de se demander si vraiment la variation existe, si tout caractère en apparence nouveau n'est pas, comme la nuance brune du mulâtre, l'effet d'une combinaison à éléments plus multiples peut-être et intriqués d'une façon plus compliquée. On a des exemples de variation en apparence tout à fait nouvelle et qui n'étaient peut-être que des effets d'atavisme lointain[1].

Bizarria. C'est un Oranger qui produit à la fois des oranges amères, *Citrus aurantium*, des citrons de Florence, *C. Medica* et des fruits mixtes où les particularités des précédents sont diversement mélangées. Les formes parentes étant fécondes entre elles, on pourrait croire qu'il s'agit ici d'un Hybride sexuel, mais sans parler de son mode spécial de variabilité qui le rapproche du *Cytisus Adami*, on sait que son origine est toute autre. C'est un jardinier de Florence qui l'obtint en 1644 en greffant, l'un sur l'autre, deux individus nés de graine. La greffe périt, mais le Porte-greffe se trouva modifié et produisit des rejetons qui furent la *Bizarria*.

[1] Tel est le cas pour les rayures des Mulets et des Chevaux *isabelle* et pour la couleur bleue qui apparaît souvent dans le croisement des Pigeons de races différentes, quelle que soit la couleur des parents. Voici un autre exemple rapporté par DARWIN (80) où la nature atavique de la variation était encore plus difficile à découvrir.

On peut repartir les *Datura* en deux groupes, ceux à tige verte et fleurs

Maupertuis (1748), Girou (28) ne voyaient dans la variation que des réapparitions de caractères ancestraux. Weismann (92_1) a cru un moment que toutes les caractères par lesquels les Métazoaires diffèrent des Protozoaires pouvaient provenir des caractères de ceux-ci majorés, et diversement combinés. Mais il admet maintenant l'apparition de caractères vraiment nouveaux et personne, je crois, ne la nie aujourd'hui. C'est seulement sur leur importance et leur étendue que porte la discussion entre les Évolutionnistes des différentes écoles et entre ceux-ci et les rares partisans de la fixité de l'espèce. Comment nier la variation après les travaux de Darwin (79, 80) et le récent ouvrage de Bateson (94)! D'où le Pigeon culbutant tire-t-il sa singulière habitude, si elle n'a pas apparu dans sa race à titre de variation nouvelle? Dira-t-on que, jusqu'à l'origine des êtres, il a toujours eu des ancêtres acrobates? Voici une Femme qui a une mamelle supplémentaire dans l'aisselle. Où est son ancêtre à mamelles axillaires? On dira peut-être que la mamelle est une glande sébacée modifiée, que sa mamelle axillaire résulte d'une combinaison de l'existence de glandes sébacées dans l'aisselle et de la tendance héritée à transformer certaines glandes sébacées en mamelles. Mais il y a bien toujours ceci de nouveau que la transformation a porté sur un groupe de glandes qui ne prenaient jamais ce caractère chez ces ancêtres. C'est cela qui constitue la Variation. Et, si l'on va au fond des choses, on verra que la plupart des caractères ont nécessairement pour origine la Variation.

Les croisements nous donnent la mesure des effets de la combinaison des caractères.

Avec un Cheval et un Ane on peut faire un Mulet, mais sans la Variation on ne fera jamais un Équidé avec des bêtes à cornes, ni un Ongulé avec des Pachydermes et des Carnassiers.

blanches et ceux à tiges brunes et fleurs pourpres. Le *D. lævis* et le *D. ferox* appartiennent l'un et l'autre au premier groupe. Or Naudin, en les croisant, a obtenu 205 hybrides qui tous avaient la tige brune et les fleurs pourpres.

Extrêmement surpris de ce fait, il examina attentivement les espèces parentes et trouva que les jeunes *D. ferox* de race pure avaient, aussitôt après la germination, des tiges pourpre foncé s'étendant depuis les jeunes racines jusqu'aux cotylédons, et cette teinte persistait ensuite sous la forme d'un anneau entourant la base de la tige chez la plante plus âgée. Or on sait que ces caractères précoces et fugitifs sont d'ordinaire ataviques. Le *lanugo* des fœtus humains en est un exemple bien connu. Les Daturas blancs descendent sans doute d'un ancêtre à fleurs pourpres et à tiges foncées.

Non seulement la Variation existe, mais elle est universelle, s'étend à tous les êtres et porte sur tous les caractères. C'est le grand mérite de **Darwin** d'avoir senti et montré que la nature n'est pas figée, que tout en elle est un mouvement de variation incessante. **Lamark** avait eu l'idée géniale que les espèces peuvent varier pour se transformer; **Darwin** a compris qu'elles variaient sans cesse, même quand elles ne se transforment pas.

La Variation porte sur tous les caractères : anatomiques, physiologiques et psychologiques. Les exemples de variation anatomique seront si nombreux dans les pages suivantes qu'il est inutile d'en citer ici pour démontrer leur existence. Pour la variation physiologique, comment nos éleveurs auraient-ils pu, sans elle, obtenir des Chevaux plus rapides que tous les Chevaux sauvages, des bêtes de boucherie plus aptes à l'engraissement que toutes celles qui vivent en liberté? Comment nos agriculteurs eussent-ils obtenu des graines plus précoces, des fruits plus savoureux que tous ceux des plantes dont ils les ont tirés?

Enfin la variation psychologique se manifeste dans les adaptations de l'instinct. **Emery** (93) nous montre un grimpeur, le *Nestor*, devenu à la Nouvelle-Zélande un oiseau de proie qui s'attaque à des mammifères plus gros que lui, et la *Lucinia sericaria*, qui vit sur les bêtes mortes et en putréfaction, devenue mouche parasite en Hollande [1].

Dans le rapide exposé qu'on va lire nous diviserons notre sujet en trois chapitres consacrés, l'un aux *modes* divers et aux *sortes* de la Variation, l'autre à ses *causes*, le dernier à ses *règles* décorées à tort du nom de *lois*.

Pour arriver à mettre un peu d'ordre dans la multitude disparate des

[1] G. **Pouchet** (70) signale une singulière variation de l'instinct chez les Hirondelles. On sait que les nids de ces oiseaux sont permanents et qu'ils sont abandonnés chaque année et repris l'année suivante. Or, à Rouen, Pouchet a constaté l'existence de deux sortes de nids, les uns sont hauts, profonds, avec un petit trou rond, les autres bas et larges, avec une ouverture large et basse au niveau du plafond. Dans ces derniers, les petits doivent se trouver beaucoup plus à l'aise, ne glissant pas les uns sur les autres au fond du nid et pouvant tenir leur tête près de l'ouverture sans gêner l'entrée des parents. Or les nids de la première sorte se trouvent *exclusivement* sur les vieilles maisons, tandis que ceux de la seconde sont en grande majorité sur les maisons neuves.

Cela indique nettement que la seconde forme a été inventée par les Hirondelles après la première et que cette variation de l'instinct, ou si l'on veut de l'intelligence, s'est effectuée dans l'espace de temps relativement court qui s'est écoulé depuis la construction des quartiers neufs de la ville.

faits de variation, il est indispensable d'établir quelques catégories. On peut d'abord distinguer les *modes* de la variation et ses *sortes,* suivant qu'on la considère en elle-même ou dans ses rapports avec les organes qu'elle atteint. Ses modes peuvent être envisagées de diverses façons ; à un point de vue, il est utile de distinguer les *Variations lente* et *brusque;* à un autre les *Variations indépendante, corrélative* et *parallèle.* Ses sortes diffèrent selon qu'elle portera sur le *nombre,* la *disposition,* ou la *constitution* (*taille, couleur, forme*) des organes[1].

A. SES MODES ET SES SORTES

a) La Variation lente.

La plupart des variations dont nos éleveurs ont tiré parti pour former nos races domestiques sont des variations, non seulement lentes, mais presque insignifiantes. S'il en était autrement, l'art de l'éleveur ne présenterait aucune difficulté, et l'on sait, au contraire, quel tact, quelle justesse de coup d'œil, quelle finesse de jugement sont nécessaires pour obtenir de bons résultats. Cela signifie que les différences qui distinguent un reproducteur hors ligne d'un simplement beau sont très minimes. C'est cependant par l'accumulation longtemps continuée de ces minimes différences que se sont formés ces produits extraordinaires, le Cheval de course, les grandes races de Bœufs, de Moutons, de Cochons, de Lapins, de Pigeons, de Poulets, et le Coq de combat et, pour nos races de Chiens, sinon leurs éléments primitifs, du moins les types les plus parfaits de la plupart d'entre elles.

Nous parlons là de l'amélioration des races domestiques, mais pour la domestication des formes sauvages on peut affirmer, sans l'avoir vu, que c'est à une variation lente qu'elle doit ses résultats. Personne ne croira que le Cochon, le Lapin domestique, se soient montrés un jour tout formés et déjà sociables, au milieu d'une bande de Sangliers et de Lapins de

[1] Emery (93) distingue trois sortes de variations :

1° La variation *primaire* sous l'action des conditions ambiantes sur le Plasma germinatif. Elle est héréditaire sans contestation.

2° La variation *secondaire* ou *Weismannienne* due à la fécondation. Elle est héréditaire aussi.

3° Enfin la variation *tertiaire* est celle du soma sous l'action des conditions ambiantes. Il la croit héréditaire également.

champ, aient été choisis comme tels par l'homme, et n'aient pas changé depuis.

Le plus grand nombre des modifications dues au climat, aux conditions de vie, à l'alimentation, sont dues à la Variation lente. La description des exemples de cette catégorie sera mieux à sa place au chapitre des *causes* de la variation. Citons seulement les *Artemia* de SCHMANNKEWITCH (75) (V. p. 275), les *Cardium* de la mer d'Aral cités par BATESON (90) (V. ibid.) et peut-être les Chiens à aspect de Renard des côtes de Guinée [1].

Mais il ne faudrait pas confondre avec la variation lente, comme l'ont fait divers auteurs, des faits qui appartiennent à la Réversion, comme l'atrophie relative des mamelles des vaches en Colombie où leur abondance empêche de les traire, le remplacement de la laine par le *jarre* chez les Moutons des tropiques, l'apparition progressive des caractères du Sanglier chez le Cochon retourné à l'état sauvage [2]. Cette réserve faite, nous pouvons cependant conclure : *il existe une variation lente et continue.*

b) La Variation brusque ou discontinue.

Au sens strict, toute variation est discontinue, car, si faible qu'elle soit, on peut toujours en concevoir une plus faible et de même nature. Mais, par convention, on ne considère comme brusques et discontinues que les variations qui altèrent le type de la race et de la variété et qui méritent le nom tout au moins d'anomalies.

La Tératologie tout entière appartient à la Variation, mais toutes les monstruosités graves, les défectuosités incompatibles avec l'existence ou constituant un inconvénient sérieux sont du domaine de la Tératologie. Nous ne retiendrons que les variations pouvant intéresser la formation des espèces, et par conséquent compatibles avec la vie et ses luttes. Ainsi limitée, elle comprend encore un nombre immense de faits dont nous citerons seulement quelques-uns parmi les plus caractéristiques ou les plus généraux [3].

Nombre de variations brusques constituent de simples *anomalies*.

Le nombre des feuilles constituant le verticille est fixe chez les plan-

[1] Rappelons l'objection que NÆGELI (84) a basée sur sa grande expérience des *Hieracium*. D'après lui, quand on soumet des plantes à des conditions nouvelles, la variation est totale, dès la première génération, puis s'arrête complètement.

[2] Nous avons déjà rapporté (p. 261 et note) d'autres exemples de ce genre.

[3] Voyez aussi les exemples cités au chapitre III, p. 290 et suivantes.

tes et constitue un trait caractéristique de l'espèce. Or, chez les *Fuchsia*, on trouve quelquefois ce nombre de feuilles doublé. On a observé très fréquemment, chez le Pêcher ordinaire, des rameaux qui portaient des fruits lisses ou *brugnons* et, chez les Pêchers à fruits lisses, des rameaux portant des pêches ordinaires. On a vu aussi une fois un Pêcher-amandier, une autre fois un Amandier à fleurs doubles, donner de véritables pêches. L'apparition de fleurs panachées est fréquente chez des plantes à fleurs de nuance uniforme. Dans le Trèfle à quatre feuilles, la feuille supplémentaire est aussi développée que les feuilles normales.

D'autres cas appartiennent vraiment à la Tératologie.

On ne compte plus les observations de Bœufs nés sans cornes, de Chiens, de Chats nés sans queue, non par suite de quelque accident du développement, mais par variation du germe lui-même, puisque les particularités se montrent héréditaires au moins pendant quelques générations. Bateson (94) cite un *Cimbex* dont l'antenne gauche était remplacée par une patte; un *Bombus* présentait la même singularité. H. Milne Edwards a signalé une Langouste dont le pédoncule oculaire était prolongé en une antenne. Ce dernier cas est très intéressant. Car, dans les deux précédents, on pourrait à la rigueur interpréter la malformation comme due à l'Atavisme, l'antenne n'étant en somme qu'un membre homologue à la patte. Il y aurait bien des objections à faire à cette manière de voir, mais le cas de la Langouste fournit une preuve irréfutable que l'Atavisme n'a rien de commun avec ces faits, car le développement des Crustacés démontre que l'œil pédonculé n'est pas un membre et, chez aucun ancêtre, n'a fonctionné comme antenne ou comme patte. Il est inutile de multiplier ces exemples; le lecteur saura en trouver d'autres parmi ceux que nous citerons en étudiant les causes de la variation.

Nous pouvons donc nous incrire en faux contre le vieil adage : *Natura non facit saltus*. Ceux qui le répètent pensent, il est vrai, à la gradation des espèces formées et non à la Variation ou à la Tératologie, mais nous verrons que, même pour les espèces, il ne s'applique point[1].

c) La Variation indépendante.

D'après quelques auteurs, Spencer (93) entre autres, la Variation est toujours indépendante, c'est-à-dire qu'il n'y a jamais aucun lien entre

[1] *Natura non facit saltus* est un aphorisme de l'école scholastique. Il a été repris par Leibnitz et élevé par lui à la hauteur d'un principe.

les variations des différentes parties. Si la Girafe a, à la fois, le cou et le train antérieur plus longs, ce n'est pas parce que l'un des deux s'étant allongé, l'autre a forcément suivi le premier. Il a fallu que des variations indépendantes les fissent grandir séparément.

Nous verrons que cela n'est pas exact et que, sinon dans cet exemple qui se dérobe à toute vérification, du moins dans d'autres, une variation entraîne l'autre. Mais, pour n'être pas universelle, la variation indépendante n'en est pas moins très réelle. Il n'est pas de jardinier ou d'éleveur qui n'ait produit ou constaté la variation isolée des parties les plus diverses, les feuilles peuvent varier sans les pétales ou les pétales sans les feuilles, la couleur peut se modifier isolément en n'importe quel point. Les deux moitiés symétriques du corps peuvent elles-mêmes varier isolément. Les Lapins *demi-lopes* en sont un exemple bien connu. Les Pleuronectes (Plies, Soles, Turbots) et tous les êtres asymétriques dérivant de formes symétriques n'ont pu se former aussi que par variation unilatérale. Il en est de même pour les parties asymétriques des êtres symétriques comme l'*hectocotyle* des Céphalopodes ou l'ovaire unilatéral des Oiseaux. Donc concluons, ce que personne ne nie : *La Variation indépendante existe* et ajoutons, par anticipation sur ce que montrera le paragraphe suivant : *mais elle n'est pas universelle et exclusive.*

d) La Variation corrélative.

On a groupé, sans beaucoup de discernement, sous le nom de *Variation corrélative* des phénomènes de signification fort différente.

Quand des parties ayant une certaine homologie de constitution varient simultanément, on n'est pas autorisé à dire que la variation de l'une est primitive et a entraîné les modifications de l'autre.

DARWIN (80) remarque une corrélation constante entre les variations de la laine et celle des cornes chez les Moutons, entre celles des dents et des cheveux chez l'Homme, etc.; mais ces organes sont de même nature histologique et embryogénique ; ils peuvent être représentés dans le germe par un même rudiment, en sorte qu'ils varient nécessairement ensemble si la cause de la variation agit sur le germe avant leur séparation dans l'ontogénèse. Ce n'est pas de la variation corrélative. Les cornes de l'Élan, par leur poids atteignant parfois 100 kil., ont déterminé un développement proportionné des muscles chargés de soutenir la tête et des os auxquels ils s'attachent. Mais cela n'indique aucune corrélation entre les cornes et les muscles ou les os car, si l'augmentation de poids de la tête eût été produite par une tumeur adipeuse ou par un développement excessif de la mâchoire, l'effet sur les muscles et les vertèbres du cou eût été le même. DARWIN cite aussi comme exemples de corrélation les effets simultanés des maladies constitutionnelles sur différents organes. Il n'y a pas plus là de corrélation qu'entre les vomissements et les maux de têtes causés par une indigestion. Il est possible que d'autres corrélations comme celle entre la couleur bleue des yeux et la surdité chez les Chats s'expliquent par des causes de ce genre.

Il n'y a vraiment *Variation corrélative* que lorsque deux parties d'origine distincte, représentées par des rudiments embryogéniques différents, varient ensemble, sans que la variation de l'une soit la conséquence physiologique directe de la variation de l'autre. Une mamelle dorsale ou axillaire se montre chez une femme; elle est complète, formée d'une glande et pourvue d'un mamelon avec ses canaux galactophores, son aréole colorée, avec les grands poils rares qui d'ordinaire se montrent sur celle-ci. Il est évident que toutes ces parties, les unes ectodermiques, les autres mésodermiques, ne sont pas représentées dans le germe par un même rudiment pouvant être affecté *in toto* par les causes de variation. Le développement nous montre que la mamelle normale est formée de parties distinctes, d'origine différente, qui évoluent parallèlement pour constituer l'organe complexe qu'elles ont à former. Il faut donc ou que la variation porte à la fois sur ses divers rudiments et nullement sur les voisins, ce qui est déjà de la vraie corrélation ou, ce qui est infiniment plus probable, qu'elle porte sur un seul, lequel en se développant entraîne la modification des autres. La variation consistera, je suppose, en la transformation hypertrophique d'un groupe de glandes sébacées en glandes mammaires et cette glande, en se développant, *détermine* la transformation corrélative de la peau voisine en aréole et mamelon. C'est encore de la corrélation, car cette transformation n'est pas du tout inévitable et l'on conçoit très bien une glande mammaire supplémentaire saillante sous une peau imperforée et non modifiée. L'influence de la glande sous-jacente est absolument spécifique, car on ne voit jamais une tumeur d'une autre nature, même si elle provoque un afflux égal de sucs nutrititifs, déterminer la formation d'un mamelon et d'une aréole.

Les faits de variation des caractères sexuels consécutifs à la castration ou à la suppression physiologique des organes sexuels dans la sénilité sont trop connus pour qu'il y ait autre chose à faire que de les rappeler. Mais il existe aussi une corrélation inverse beaucoup plus importante par ses conséquences et par les déductions théoriques que l'on peut en tirer. En voici un exemple. Un homme de quarante ans tombe sur la poitrine. Au bout de quelques semaines, ses mamelles se développent et deviennent grosses comme celles d'une femme avec une aréole et un lacis de veines bleues. En même temps, le testicule droit s'atrophie presque complètement et le gauche diminue de la moitié de son volume. Depuis ce temps, cet homme n'éprouve plus de désirs sexuels bien qu'il eût auparavant beaucoup de goût pour les femmes et qu'il ait eu trois enfants [1].

Si, partant de ces faits, on va au fond des choses, on se rendra compte que la Corrélation joue un rôle beaucoup plus important qu'on ne serait tenté de le croire. C'est au point que l'on a peine à concevoir une variation vraiment isolée. Toutes presque, résultent d'un consensus évolutif de parties d'origine distincte qui ont dû être affectées séparément ou plutôt réagir les unes sur les autres, une seule ayant été primitivement affectée.

Dans la *Cyclopie*, DARESTE (91) a montré que la partie atteinte était la vésicule cérébrale. Or on voit se former des paupières et une cavité orbitaire, doubles et plus ou moins rapprochées, ou simples et allongées, selon l'état de rapprochement ou de fusionnement des deux yeux, et toujours d'une manière exactement proportionnée à la conformation de ceux-ci.

Si un membre devient plus long, tout s'allonge en lui. Or nous avons vu par le *Pluteus* sans bras de POUCHET et CHABRY (89) (V. p. 168) que l'accroissement du squelette peut être la cause déterminante unique de l'ensemble du processus.

Il n'y a pas là, d'ailleurs, un simple effet de traction mécanique, car chez un animal, les poils ne se montrent pas plus clairsemés sur le membre allongé que sur les autres parties du tégument. Ils se sont multipliés corrélativement de manière à conserver les distances propres à l'espèce [2]. Nous aurons à revenir sur ces faits remarquables pour en tirer

[1] Cette très remarquable observation est de *Thompson*. Je l'emprunte à E. LAURENT (93) qui la donne comme communiquée par cet auteur à la *Westminster Society* et publiée dans le *Lancet* de 1837. J'ai vainement cherché à la retrouver dans ce journal. Laurent a dû commettre quelque erreur bibliographique, mais je ne puis croire que sa narration soit erronée.

[2] Il y a bien une prévision de la variation corrélative dans la *Loi du Balancement organique* d'ISIDORE GEOFFROY SAINT-HILAIRE trouvée en même temps par GŒTHE. Mais ces auteurs avaient le tort de voir dans le Balancement chose une constante et nécessaire, tandis que la variation n'est pas toujours corrélative. Quel est l'organe qui a déchu chez l'Élan, en com-

des conclusions[1]. Ils nous suffisent pour le moment pour affirmer que : *Il existe une Variation corrélative vraie*, c'est-à-dire *portant sur des parties d'origine distincte et qui pourraient évoluer d'une manière indépendante.*

pensation de l'énorme développement de ses cornes? De plus, le Balancement organique résulte de ce que les sucs nourriciers deviennent plus rares quelque part quand un organe en absorbe trop pour son développement. La cause de la variation corrélative est sûrement moins simple.

[1] Voici deux exemples très significatifs de variation corrélative empruntés à Bateson (94). Le premier (fig. 18) concerne une Écrevisse femelle qui avait un orifice génital supplémentaire sur la quatrième patte thoracique gauche.

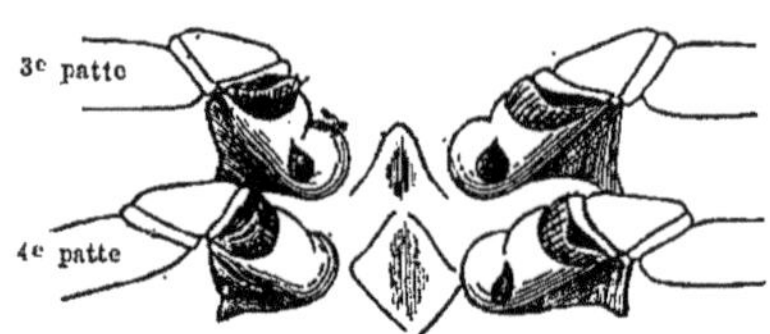

Fig. 18. — Écrevisse femelle anormale montrant, outre ses deux orifices sexuels normaux, sur la 3e paire de pattes, un orifice supplémentaire sur la 4e patte gauche. D'après Bateson.

Les orifices normaux sont sur la troisième; ceux du mâle sont sur la cinquième et dans une situation différente. Il en résulte que cet orifice supplémentaire ne saurait être celui du mâle apparu chez un individu femelle partiellement hermaphrodite. Cet orifice supplémentaire est en communication avec un court oviducte qui se jette après un court trajet dans l'oviducte normal. Il y a donc variation à la fois dans le rudiment de l'oviducte, qui s'est dédoublé à sa terminaison, et dans celui de l'orifice génital dont il s'est formé un supplémentaire. (On ne peut dire que le rudiment normal s'est dédoublé, puisque le nombre des pattes est resté normal.) Quand ces deux variations se rencontrent, on ne peut dire qu'elles résultent de la variation d'un rudiment commun, car on les trouve parfois séparées. Certaines Écrevisses montrent le tronçon d'oviducte supplémentaire sans orifice génital ni renflement de l'article qui le porte, d'autres ont l'orifice supplémentaire sans tronçon d'oviducte correspondant. Ces variations sont assez fréquentes; on en a observé 23 cas, plus ou moins analogues, sur 586 individus; mais les variations séparées de l'oviducte et de l'orifice sont si rares que les chances pour qu'elles se rencontrent sont pratiquement nulles. Or on rencontre *plus souvent* les deux variations réunies qu'isolées. Cela démontre qu'elles sont corrélatives, que l'une existant primitivement entraîne l'autre tout comme pour la mamelle et l'aréole ou le mamelon. Remarquons qu'ici encore deux feuillets du blastoderme sont en cause, le mésoderme et l'ectoderme. On ne saurait invoquer l'Atavisme, car aucun Crustacé, aucun Articulé même, n'a d'orifices génitaux métamériques à plusieurs pattes successives. Il faudrait chercher l'ancêtre dans un autre embranchement, parmi les Vers peut-être. Or nous avons vu ce qu'il faut penser de ces atavismes si éloignés. Je ne vois qu'une objection possible à ce raisonnement. C'est de supposer que l'oviducte et la base de la patte sont représentés, mésoderme et ectoderme par un même rudiment dans l'œuf, et que, tantôt ce rudiment varie quand il est encore unique, tantôt les rudiments nés de son dédoublement varient après leur séparation. Or cette hypothèse est absolument gratuite et choque toutes les vraisemblances. Il suffit de suivre l'évolution des feuillets dans le développement pour en rester convaincu.

De plus la variation de ce rudiment

c) La Variation parallèle.

Darwin (80) a fait remarquer que souvent des variations semblables s'observent chez différentes espèces de genres voisins. Ainsi les formes très singulières que prennent quelquefois les Melons s'observent chez diverses autres Cucurbitacées et des espèces de genres voisins arrivent ainsi parfois, en variant dans le même sens, à se ressembler beaucoup plus que les autres espèces de ces genres. Il donne à ces faits le nom de *Variation parallèle* ou *analogue* et fait remarquer avec raison que cela montre que

commun aux deux parties ne se pourrait concevoir, car l'oviducte varie par dédoublement de sa partie terminale, tandis que, pour l'orifice, il n'y a pas dédoublement, mais percement d'une nouvelle vulve dans une patte normale qui n'en devrait pas porter une.

On a rencontré des Têtards ayant deux *spiraculum* symétrique au lieu d'un seul impair. C'est un cas tout à fait semblable.

Les yeux supplémentaires observés chez certains Insectes, les pattes prenant la place d'antennes ou d'élytres sont encore des cas du même genre, où il faut admettre ou la variation simultanée, extrêmement improbable, de rudiments appartenant à deux feuillets distincts, ou une corrélation entre les deux variations.

Si l'on veut aller au fond des choses, on verra que les moindres variations de n'importe quelle partie nécessitent un consensus d'un certain ensemble de parties voisines dont les rudiments n'étaient sans doute pas confondus dans l'œuf et que la corrélation joue un rôle extrêmement général (à mon sens universel) dans la variation.

Le deuxième exemple diffère des précédents en ce qu'il nous montre quelque chose de la manière dont s'établit la corrélation entre les variations des parties distinctes. Il concerne les poissons plats. Ces animaux (Soles, Plies, Turbots) reposent non sur la face ventrale, mais sur un côté, et s'ils ne subissaient pas une modification adaptative, l'œil du côté inférieur souffrirait du contact du sol et ne servirait à rien. Aussi voit-on, pendant le développement, cet œil se déplacer, contourner le bord dorsal de la tête et venir se placer à côté de son congénère. La

Fig. 19. — *Rhumbus lœvis* (Turbot) montrant un arrêt de développement de la nageoire dorsale produit par la présence de l'œil sur la partie où elle aurait dû s'étendre. Figure de Yarrel, empruntée à Bateson.

nageoire dorsale s'étend presque jusqu'à la bouche, mais elle ne s'accroît dans sa portion céphalique que lorsque l'œil a pris sa nouvelle position; aussi, continuant son trajet, elle passe en dehors de cet œil, suivant une ligne qui a l'air dorsale mais qui morphologiquement appartient au côté qui touche le sol. Or il arrive quelquefois (fig. 19) que le déplacement

l'organisme a une part bien plus grande que les conditions ambiantes dans la forme des variations, car il n'arrive jamais que des espèces de genres très éloignés arrivent à se ressembler ainsi (autrement que par un mimétisme superficiel), quelle que soit la conformité de leurs conditions de vie.

A la Variation analogue se rattache aussi le fait très curieux de certaines anomalies apparaissant, de loin en loin, identiques dans une même espèce, sans qu'un atavisme quelconque puisse l'expliquer. Ainsi, les Bœufs sans cornes, les Chiens ou les Chats sans queue, les Cochons à sabot plein déjà mentionnés par Aristote, se montrent de temps en temps, se maintiennent pendant quelques générations, puis disparaissent. Les Bœufs *ñatos* (V. p. 293, note) sont apparus indépendamment dans l'Amérique méridionale et en Normandie. Darwin (80) assure que les Chiens bassets actuels ne sont nullement les descendants de ceux qui sont figurés sur les monuments égyptiens et qu'ils doivent leur origine à une variation qui s'est plusieurs fois spontanément reproduite. Ce sont là des faits très intéressants; ils montrent l'existence d'un nouvel état d'équilibre organique voisin de l'état normal. L'organisme verse de temps à autre de son côté, cela dure quelques générations, puis il reverse vers l'état normal où un équilibre plus stable lui permet de rester beaucoup plus longtemps. *Il existe une Variation parallèle ou analogue qui produit des modifications semblables, soit sur des formes voisines, soit dans une même forme à divers moments de sa phylogénèse.*

f) Variation de nombre et de position des parties similaires.

Les variations de nombre des parties similaires sont extrêmement fréquentes. Presque tous les organes y sont sujets : doigts, dents, mamelles, testicules, reins, côtes, vertèbres, pattes d'insectes, pinces de Crustacés, bras d'Astéries, etc., se rencontrent parfois en nombre supérieur à la normale. Les réductions de nombre de ces mêmes organes ne sont pas plus rares.

de l'œil est incomplet ou tardif, en sorte que, au moment où la nageoire dorsale forme sa portion céphalique, elle rencontre cet œil, juste sur la ligne où elle devrait passer ; dès lors elle s'arrête, mais son bord libre continue à s'accroître pendant quelque temps et forme un arc qui surplombe au-dessus de l'œil. Voilà deux variations simultanées, la terminaison de la nageoire et la position de l'œil, dont la corrélation est évidente. C'est la position de l'œil qui est la variation primitive ; elle entraîne l'arrêt de la nageoire par le fait que des rayons de nageoire ne peuvent se développer sur une cornée.

On ne saurait trop méditer sur des exemples aussi suggestifs et qui d'ailleurs ne sont pas isolés.

Les variations de position ne sont pas moins communes mais, comme le principe des connexions est presque toujours respecté, comme on ne voit jamais un doigt s'implanter sur le thorax ou un œil s'ouvrir sur le tronc, elles sont moins frappantes. Cependant, sans compter la longue liste des ectopies viscérales, on peut citer les dents, les cornes à implantation vicieuse, où des cas exceptionnels comme celui d'un *Prionus* cité par Bateson ayant une paire de pattes insérées à la place où auraient dû être les élytres.

Bateson (94) appelle *méristiques* les variations qui portent sur le nombre ou l'arrangement des parties similaires. Il fait remarquer que l'augmentation de nombre provient de la division des rudiments normaux. Il distingue sous le nom de *Homœosis*, cette sorte particulière de variation qui donne à un membre d'un ensemble méristique les caractères d'un autre membre du même ensemble, par exemple lorsque une vertèbre dorsale prend les caractères d'une lombaire, lorsqu'une antenne prend les caractères d'une patte, ou lorsque des sépales ou des pétales deviennent, ceux-ci pétaloïdes, ceux-là sépaloïdes.

g) Variation de taille, de couleur et de forme.

Le même auteur réunit sous le nom de *Variation substantielle*, par opposition à méristique, celle qui affecte, non le nombre ou l'arrangement, mais la constitution des parties. Ces variations portent principalement sur la *taille*, la *couleur* et la *forme* des parties. Les *variations de taille et de couleur* sont trop communes et trop connues pour qu'il soit utile d'en donner des exemples. On en trouvera de nombreux dans l'ouvrage de cet auteur. Pour la couleur, les Insectes et les fleurs en fournissent un grand nombre. Pour la forme, il n'est pas d'organe qui ne montre combien ses variations sont multiples. Les cornes du bétail, les membres, les traits du visage de l'homme, en particulier le nez et l'oreille, toutes les parties des plantes, surtout les organes de la fleur sont sujets à des variations infinies de ce genre.

B. SES CAUSES

Nous devons laisser ici de côté les causes théoriques qui seront examinées plus loin et nous occuper seulement des causes *de fait* de la variation. Ces dernières sont au nombre de trois dont une seule est vraiment importante et réelle. Cette cause réside dans les *conditions de vie,* qui se dédoublent elles-mêmes en causes secondaires très nombreuses : climat, alimentation, actions mécaniques, physiques, chimiques de toutes sortes, et rapports avec les autres êtres, en particulier le parasitisme. La reproduction amphimixique est considérée comme une cause très puissante de variation. En réalité, elle n'introduit pas d'éléments nouveaux, mais, comme elle varie leurs combinaisons, nous pourrons l'examiner ici sous cette réserve. Enfin, notre ignorance nous oblige à admettre une multitude de variations que nous appellerons *spontanées* faute de savoir ce qui les produit.

a) **Variation spontanée.**

Dans un grand nombre de cas, il faut même dire dans le plus grand nombre, la variation se produit sans que rien ait été changé dans les conditions ambiantes. Chez un animal ou une plante, au milieu de ses pareils, entouré de conditions identiques, se montre, sans causes apparentes, une modification, ou bien naît un individu différent de ses frères et compagnons engendrés au même moment. Ces modifications spontanées ne sont pas les plus légères; ce sont, au contraire, les plus accentuées et c'est à elles qu'appartiennent presque tous les faits de variation brusque que nous avons eu à citer. Il semble que les possibilités évolutives du Plasma germinatif soient multiples, qu'une d'elles, ayant la grande majorité des chances, se réalise d'ordinaire et constitue le développement normal, mais que d'autres parfois l'emportent, ayant pris le dessus sous l'influence de causes si minimes et si peu précises que nous ne puissions les déterminer. Cela se voit surtout dans les cas de variation que l'on a groupés sous le nom de *Dichogénie* et dont nous parlons un peu plus loin.

Godron, en 1861, parmi une grande quantité de *Datura satula,* en trouva un dont les capsules étaient absolument lisses et ce caractère resta héréditaire pendant plusieurs générations. Darwin (79) cite une Jument de M. Waleston qui produisit successivement trois poulains sans queue. Chez les Chiens et les Chats pareils faits sont fréquents. Il ne sert de rien d'invoquer ici l'Atavisme, car l'ascendant dont cette Jument aurait pu hériter, aurait dû lui-même cette particularité à une variation spontanée, puisque les ancêtres de l'espèce chevaline n'étaient évidemment pas dépourvus de queue. On pourrait, il est vrai, invoquer le cas bien improbable d'une mutilation devenue héréditaire. Mais il est des exemples qui échappent aux objections de cette sorte. Ce sont ceux de *Variation par bourgeon*. On voit souvent, dans une plante, issue naturellement d'une seule graine, un rameau présenter une particularité que n'ont point les autres. NÆGELI (84) rapporte que, dans le jardin botanique de MUNICH, il y a un Hêtre dont tous les rameaux ont de petites feuilles découpées, sauf un seul qui a les larges feuilles entières ordinaires. Les exemples de ce genre sont communs, nous en avons rapporté plusieurs à propos de la variation brusque, nous en citerons d'autres en parlant de l'origine des formes nouvelles.

b) Variation sous l'influence des conditions de vie.

Toutes les différences entre nos races domestiques et les espèces et variétés naturelles dont elles proviennent sont dues à la modification des conditions de vie créées par la domestication : captivité, habitudes régulières, repos ou travail forcé, alimentation plus abondante et plus ou moins différente ou plus ou moins variée. On pourrait objecter avec NÆGELI (84), que ces variations sont spontanées et ont été accumulées par la Sélection méthodique. Mais il faut être fortement prévenu par ses opinions préconçues, pour dire qu'une variation est due à une cause interne qu'on ne connaît pas, quand elle se produit en même temps que des causes externes évidentes, capables de l'engendrer. D'ailleurs cette objection tombe d'elle-même quand la variation est à la fois forte et adaptive. Sir CHARLES LYELL raconte que des Anglais amenèrent d'Angleterre à Mexico des Levriers pour chasser les Lièvres très abondants dans ce pays. Ces Chiens étaient si essoufflés par la raréfaction de l'atmosphère à cette altitude qu'ils étaient obligés de s'arrêter fréquemment pendant la poursuite. Mais leurs produits, *dès la première génération*, ne souffrirent d'aucune incommodité et chassèrent aussi aisément qu'en Angleterre. Est-ce une variation de cause interne qui est venue si à propos élargir les poumons de ces jeunes Chiens?

Une preuve irréfutable de l'influence des conditions de vie est fournie par les *Artemia* de SCHMANNKEWITCH. Ce naturaliste, ayant observé que les lobes de la queue et leurs soies diminuaient chez ce petit

Crustacé à mesure que la salure de l'eau devenait plus forte, a réussi à produire expérimentalement cette réduction, en élevant des *Artemia* dans une eau de plus en plus salée. Il a obtenu ainsi la transformation de la forme à grandes soies (*A. salina*) en celle à petites soies (*A. Mühlhausenii*), et aussi là transformation inverse en diminuant progressivement la salure[1].

[1] Voici le détail de cette intéressante variation de l'*Artemia salina*, petit Crustacé voisin des Branchipes de nos mares. Aux salines d'Odessa, par suite de la rupture d'une digue, de nombreuses *Artemia salina* furent entraînées dans une partie basse remplie de sel déposé. Lorsqu'on rétablit la digue, l'eau salée se concentra par évaporation et, de génération en génération, l'*Artemia salina* se transforma en *A. Mühlhausenii*, forme que l'on ne rencontre que dans les eaux très salées, et qui, en raison de l'atrophie des lobes de la queue et de la disparition des soies caudales, peut être considérée comme une forme dégradée de la précédente. Schmannkewitch (75,77), qui le premier observa ce phénomène et en comprit la portée, réussit à les reproduire artificiellement, ainsi que la transformation inverse. Les Branchipes pourraient bien se rattacher aussi à cette série de transformations : dans les eaux très peu salées, commence à se montrer le *Branchipus spinosus,* dans celles qui sont moins salées encore, le *B. ferox* et le *B. medius.*

On a souvent cité l'*A. Mühlhausenii* comme un exemple d'espèce nouvelle développée sous l'influence d'une condition biologique déterminée. Mais Bateson (94) fait remarquer qu'on n'a jamais trouvé son mâle, et nulle part on ne la rencontre à l'état naturel se reproduisant par elle-même. Elle n'est pas une espèce, mais une variation fort intéressante en raison de son degré et du déterminisme rigoureux et bien connu qui la gouverne.

Bateson (90) a observé un autre exemple à rapprocher du précédent. La mer d'Aral a abandonné, en se desséchant, des rives formées de terrasses successives, très peu étendues horizontalement et à dénivellation très forte (plus de 20 mètres par 500 mètres). Aussi l'abandon de chaque nouvelle terrasse correspondait à une énorme évaporation d'eau et à une forte augmentation de la salure. Quand on compare les *Cardium* des terrasses successives, on voit que leur coquille diminue rapidement d'épaisseur jusqu'à devenir cornée dans les terrasses les plus basses; leur taille diminue aussi, leur forme devient plus allongée, leurs becs deviennent plus petits et leur couleur pâlit.

Darwin (80) rapporte que chez certaines plantes, *Phlox* à fleurs rayées, *Épinevinettes* à fruits sans graines, conservent leurs caractères quand on les propage par bourgeons pris sur les parties aériennes. Mais si on les propage par des bourgeons développés sur les racines, elles perdent ces particularités et font retour à la forme ordinaire. Il y a là évidemment l'effet d'une influence de la condition aérienne ou souterraine, ou bien caulinaire ou radicale sur les cellules qui forment le bourgeon.

Lesage (90) a montré que le voisinage de la mer et l'arrosage avec des solutions salines rendent les feuilles plus charnues, développent le parenchyme en palissade et diminuent les vacuoles et la chlorophylle. Il est fâcheux que cet auteur n'ait pas songé à examiner si ces variations sont héréditaires, ne fût-ce que pendant une génération.

Coste a observé que les jeunes Huîtres prises sur les côtes de la Manche, transportées dans la Méditerranée, modifient immédiatement leur mode de croissance

On a objecté à ces faits quelques cas où une modification accentuée dans les conditions de vie n'avait déterminé aucune variation. Les Juifs, les Bohémiens sont toujours restés identiques à eux-mêmes malgré leur séjour dans les pays les plus divers. Les Nègres résistent à la fièvre jaune et aux fièvres paludéennes et cependant les Blancs, malgré un séjour très prolongé dans leur pays, gardent toute leur réceptivité pour ces maladies, et les Blancs à teint et cheveux très foncés n'y sont pas moins sujets que les blonds. Malgré 300 ans de séjour en Afrique, les Hollandais n'ont pris dans ces pays aucun caractère négroïde, pas même la couleur. NÆGELI (84) dit que beaucoup de plantes transportées d'Europe en Amérique, ou inversement, sont restées identiques à leurs sœurs de l'autre continent. H. DE VRIES (90) a trouvé, dans les conduites amenant l'eau aux filtres de Rotterdam, une population immense de plantes et d'animaux qui s'étaient développés là dans les conditions anormales d'une obscurité absolue. Or il n'y a trouvé aucune preuve nouvelle, aucun exemple frappant de variations. WALTER HEAPE (91) recueillit deux œufs segmentés au stade 4 dans la trompe d'une Lapine angora fécon-

et forment des rayons saillants et divergeants comme celles de la Méditerranée; et l'on peut sur la même coquille distinguer les parties formées dans ces deux mers.

DARWIN (74) cite aussi le cas bien démonstratif que voici. Les Indiens *Quechuas* vivant à 10 ou 15000 pieds sur les hauts plateaux du Pérou et les *Aymaras,* race voisine, ont les membres très courts et le fémur plus court que le tibia (211/252 au lieu de 244/230). Le tronc est très long et très large et le talon très peu saillant en arrière. Ils sont très adaptés. Quand ils descendent dans des plaines, leur mortalité devient effrayante, mais quelques familles ayant résisté *sans se croiser,* subirent une réduction de tous les caractères particuliers de leur race.

Les Cocotiers de la côte sud de la Floride sont si bas que l'on peut cueillir leurs fruits sans même se servir d'une échelle. Ces arbres proviennent, à ce que rapporte Darwin, de noix de coco apportées par un navire qui en était chargé et qui fut jeté à la côte. Les indigènes s'en emparèrent, les semèrent dans le sable et en obtinrent des arbres très sains, fournissant une production très lucrative, mais de taille extrêmement réduite.

Aux îles Galapagos, BAUR (92) a observé que les Lézards du genre *Tropidurus* diffèrent par le nombre des écailles. Chaque île a sa variété particulière, et ne contient point d'individus de la variété des îles voisines; et, si l'on construit la courbe de variation des écailles d'île en île, on voit qu'elle est continue et n'a qu'un maximum. Il y a donc là une variation précise, déterminée par la variation des conditions biologiques dans les îles successives, et d'autant plus intéressante que la Sélection n'a aucune prise sur ce caractère.

L'idée que les conditions ambiantes peuvent engendrer des variations n'est pas nouvelle. BUFFON (4) en fait la base de son système.

BLUMENBACH, le célèbre antropologiste, admettait l'influence du climat sur la couleur et la taille et croyait cette influence héréditaire. Enfin il est presque inutile de rappeler le nom de LAMARK à cette occasion.

dée par un mâle de sa race et les plaça dans l'utérus d'une Lapine ordinaire pleine depuis le même temps. Ces œufs se greffèrent, se développèrent et donnèrent naissance à deux Lapins angoras sans aucun trait de métissage. Les autres Lapins ordinaires, nés au nombre de 4 dans la même portée, n'avaient pris non plus aucun caractère de l'angora. Tout cela évidemment ne prouve rien. Le Nègre et le Lapin angora se sont formés par un ensemble de conditions et il faudrait les avoir fait agir toutes, pendant un temps suffisant, pour que l'objection ait quelque valeur.

D'autre part, il est absolument illégitime de conclure de ces observations négatives à l'absence de variation par suite de modifications de conditions biologiques différentes ou portant sur d'autres êtres.

Les exemples cités jusqu'ici se rapportent aux conditions de vie prises en bloc. Dans quelques cas, on a pu constater l'influence de diverses causes isolées.

Le *climat* paraît seul en cause dans l'intensité de la couleur chez les nègres. Eimer (88) fait remarquer que, dans la vallée du Nil, elle augmente régulièrement du Nord au Sud, bien que les races soient très variées. Elle tient, selon lui, non à l'action de la lumière, car sous les aisselles et dans le sillon interfessier, elle est aussi foncée qu'ailleurs, mais à l'afflux du sang à la peau sous l'action de la chaleur [1].

Depuis longtemps déjà, Weissmann (75) a montré que les influences climatériques seules déterminaient le dimorphisme saisonnier de divers Papillons dont les formes sont si différentes qu'on les avait prises pour des espèces distinctes. Aujourd'hui encore, on est obligé de désigner ces espèces sous deux noms rappelant leur double aspect : *Vanessa levana prorsa, Antocharis Belia Ausonia, A. Belemia glauca, Lycemia polyperchon Amyntas.*

Le *défaut d'espace* suffit pour engendrer le *nanisme*, ainsi que l'a prouvé H. de Varigny (94) pour les Lymnées.

[1] La couleur foncée de certaines parties de la peau chez les Blancs, marge de l'anus, scrotum, aréole du sein, serait due aussi, suivant Eimer, à l'afflux du sang vers ces points.

La lumière agirait aussi par l'intermédiaire des sensations visuelles. Il constate que des Poissons devenus sombres dans l'obscurité prennent une nuance plus claire quand on les porte à la lumière.

Un élève d'Eimer (88), le Dr Ficker, place trois grenouilles vertes, de même nuance, dans trois vases, un blanc, un noir et un vert. Au bout d'environ une heure, la première est la plus foncée, la troisième est la plus claire et la seconde est intermédiaire. Il les change de vases et les couleurs se modifient dans le même sens.

L'*alimentation* joue, à elle seule, un rôle considérable. Darwin (80) rapporte que les Bouvreuils et quelques autres Oiseaux deviennent noirs quand on les nourrit avec du chenevis. Les naturels de l'Amazone nourrissent le Perroquet vert commun avec la graisse de gros Poissons siluroïdes et ces Oiseaux deviennent alors magnifiquement panachés de plumes rouges et jaunes. Les naturels de l'Archipel malais emploient les mêmes pratiques avec le même succès. En nourrissant les Chenilles avec des plantes différentes, Koch (73) fait varier la couleur des Papillons. Chez le *Chelonia Hebe*, le *C. Caja*, le *Nemophila plantaginis*, il obtient, soit une teinte blanche, soit des taches rouges sur les ailes inférieures, soit des dessins noirs. Les aiguilles de pin communiquent à tous les Papillons dont les chenilles s'en nourrissent une couleur grise si caractéristique que l'on peut, dans ce cas, par l'inspection du papillon, déterminer le régime de la larve. Chez le *Ch. Caja* la Laitue fait dominer le blanc, la Belladone, au contraire, fait empiéter le noir sur le fond blanc aux ailes supérieures et le bleu sur le fond orangé aux ailes inférieures.

Les *substances chimiques* introduites dans l'organisme par la voie digestive, ou hypodermique, ou introduites dans l'eau où vivent les êtres aquatiques produisent des variations très curieuses. Knopp a constaté qu'en remplaçant le sulfate de magnésie par le sous sulfate de la même base, dans le terrain où pousse le Maïs, on modifie si fortement cette plante que les épis deviennent méconnaissables.

Darwin (80) raconte que les Indiens de l'Amérique du Sud arrachent des plumes à un Perroquet et inoculent dans la blessure un peu de la sécrétion laiteuse de la peau d'un petit Crapaud. Les plumes qui repoussent sont d'une belle couleur jaune et, si on les arrache de nouveau, il paraîtrait qu'elles repoussent encore avec la nuance nouvelle.

Bien plus curieuses et surtout plus authentiques sont les expériences de Bokorny (92) sur les *Spirogyra* élevées dans une eau additionnée de diverses substances chimiques. En remplaçant le potassium par du sodium (phosphate monosodique au lieu de phosphate monopotassique) la turgescence augmente, les cellules s'arrondissent, ce qui fait décoller leurs attaches et, au lieu d'une Algue filamenteuse, on obtient une fine poussière d'Algues unicellulaires. Cette suppression de la potasse arrête la fonction chlorophyllienne et empêche les rubans spiraux de grandir, mais comme la cellule grandit comme auparavant, ces rubans s'étendent et deviennent rectilignes. En ajoutant 4 ‰ de sulfate de magnésie il transforme les filaments linéaires en filaments ramifiés. La ramification a des caractères précis : les rameaux sont plus étroits que le filament principal et naissent près des cloisons; il y a même des ramifications de second ordre. La plante est transformée en une autre dont on ferait au moins un genre différent si on la rencontrait à l'état sauvage[1].

On a observé aussi quelques effets dus aux actions mécaniques et à l'électricité. Mais ces causes n'ont pas été assez étudiées pour que l'on puisse se rendre compte de leur importance[2].

c) **Dichogénie.**

A la variation sous l'influence des conditions de vie se rattachent les faits groupés sous la dénomination de *Dichogénie*[3]. De Vries a donné ce

[1] Les espèces sur lesquelles Bokorny a obtenu ces étonnantes variations sont les *Spirogyra Braunii, Weberi, decimina* et *jugalis*.

Voici quelques autres faits analogues. Darwin (80) rapporte que l'alun agit directement sur la couleur de l'*Hydrangea;* la sécheresse favorise le développement de villosités sur les plantes; les *Verbascum* hybrides deviennent extrêmement velus quand on les fait croître en pots; *l'Opuntia leucotricha* se couvre de poils sous l'action d'une chaleur humide; dans une chaleur sèche, il reste glabre.

Galeotti (93) fait une plaie à la queue de Têtards, en leur enlevant l'épiderme, et les tient dans une solution d'iodure de potassium, de peptone ou d'antipyrine. Il obtient ainsi, dans les cellules en voie de division, des anses irrégulières, des fuseaux tripolaires, etc. Il pourrait y avoir là l'explication de l'action tératogénique de certaines substances comme l'alcool.

[2] Les variations de cette catégorie sont encore fort mal étudiées.

Comme variation causée par une action mécanique, on peut citer le fait observé par Darwin (80) d'une Chienne blanche à sa naissance et marquée plus tard de quelques taches brunes. Elle se blessa un jour sur le dos et la cicatrice se recouvrit de poils noirs, fait d'autant plus singulier que, d'ordinaire, les poils de cicatrices sont au contraire blancs chez les animaux colorés.

Comme influence du magnétisme, je trouve seulement le fait suivant et il n'a pas grande signification. Le Dr Slater (85) plaça trois chenilles du Papillon du chou entre les pôles d'un aimant. Deux d'entre elles moururent et la troisième donna naissance à un papillon rabougri, tandisque les témoins élevés, sauf l'aimant, dans des conditions identiques, donnèrent naissance à des papillons normaux.

Enfin je trouve comme variation causée par des parasites l'observation suivante de Magnin (Polymorphisme floral (Lyon 1889), sur laquelle je m'abstiendrai de me prononcer. Les ♂ et ♀ de *Lychnis vespertina* diffèrent, non seulement par leurs organes sexuels, mais par leur organisation générale. Cette plante est attaquée par un champignon, l'*Ustilago antherarum*. Chez les ♂, le parasite ne produirait qu'une légère déformation des anthères, mais chez les ♀ il produirait l'atrophie des styles et de la partie supérieure de l'ovaire et la formation d'étamines, seuls organes où puissent se développer ses spores. Il créerait ainsi une forme hermaphrodite.

[3] De δίχα, en deux parties; γένος, naissance.

nom à une variation que l'on taxerait de tératologique si elle était accidentelle, mais qui prend les allures d'un phénomène normal parce qu'elle se reproduit toutes les fois que certaines conditions bien connues se présentent, et qu'elles sont d'ailleurs tout à fait compatibles avec l'intégrité des organes et des fonctions. On dit qu'il y a dichogénie lorsqu'il y a deux possibilités, presque également normales, de développement, se produisant l'une à l'exclusion de l'autre, suivant que se présentent les conditions capables d'engendrer l'une ou l'autre.

Voici quelques exemples de ce phénomène.

D'ordinaire, les rhizomes de Pommes de terre restent blancs, souterrains et se chargent de tubercules. Mais si on coupe la partie aérienne de la plante, ils se développent en rameaux verts, donnent des feuilles et pas de tubercules. Les rhizomes de *Yucca* font de même.

Göbel (80) enlève les feuilles et l'extrémité des rameaux de certaines plantes : à la suite de cette opération, les écailles de ces plantes deviennent des feuilles. Beyerink fait transformer des bourgeons en racines. Les branches latérales des Sapins sont horizontales, tandis que celle de la cime sont ascendantes. Detmer (87) donne aux branches latérales voisines du sommet l'allure des branches terminales, en les rendant terminales de fait par la section de la cime de l'arbre. Chez le *Thuja* les faces supérieure et inférieure de la feuille ont des structures très différentes : Detmer (87) retourne les bourgeons qui doivent former ces feuilles et voit la face inférieure prendre les caractères de structure d'une face supérieure et inversement[1].

Il serait facile de multiplier ces exemples. Telle qu'on la définit au-

[1] Les plantes qui ont servi aux expériences de Gœbel (80) sont le *Prunus padus* et différentes espèces d'*Æsculus*, de *Rosa*, d'*Acer*, de *Syringa*, de *Quercus*, etc. Il coupe la cime et ôte les feuilles de certains rameaux de ces plantes et, au printemps, les bourgeons axillaires, au lieu de se développer comme d'ordinaire en ouvrant d'abord leurs écailles, puis donnant des feuilles normales nouvelles, ne donnent que des feuilles normales, leurs écailles se transformant en feuilles normales sous l'influence des nouvelles conditions végétatives.

Dans les feuilles du *Thuja*, les cellules vertes de la face supérieure sont en palissade et plus riches en chlorophylle, celles de la face inférieure moins riches en chlorophylle et à peu près isodiamétrales. Si on maintient la branche dans une position renversée avant que les feuilles soient sorties du bourgeon, celles-ci, en poussant, ont leur face normalement supérieure tournée en bas et l'inférieure en haut. Or, dans cette condition, les cellules de la première prennent les caractères de la face normalement inférieure et inversement. Cela prouve à fois la double potentialité de ces cellules et l'action de la condition biologique sur leur variation.

D'après Stahl (83) le Buis a dans ses feuilles fortement éclairées un beau paren-

jourd'hui, la Dichogénie est un concept mal établi, il faudrait ou bien l'étendre et lui adjoindre tous les faits d'*Hétéromorphose,* de *Dimorphisme,* un bon nombre des faits de *Tératogénie* et d'autres encore, et en faire un des plus importants chapitres de la *Variation;* ou bien, ce qui serait mieux peut-être, la supprimer, et considérer tout ce qu'on lui rapporte comme des faits de variation sous l'influence des conditions de vie.

d) Influence de la génération sur la variation.

Tous les modes de génération asexuelle sont considérés comme sans influence sur la variation. Ils ne la favorisent, ni ne l'empêchent de se

chyme en palissade, dans celles qui sont à l'ombre, ce parenchyme est très réduit.

Chez certaines Plies, c'est tantôt un côté, tantôt l'autre qui est en dessus et porte les deux yeux. Les *Verruca,* qui sont très asymétriques, sont modifiés tantôt à droite tantôt à gauche. Quelques *Bulimes* et *Achatinelles* sont aussi souvent dextres que sénestres.

Le *Ranunculus fluitans* est aquatique et a ses feuilles entièrement submergées et transformées en épines multifides. Le *R. hederaceus* est rampant, vit sur les sols humides, mais ses feuilles sont aériennes et normales, lobées, réniformes. Le *R. aquatilis* est aquatique, mais vit moins profondément dans l'eau que le *R. fluitans,* ses feuilles immergées ont la forme de celles du *fluitans,* ses feuilles aériennes la forme de celles de l'*hederaceus.* L'action de l'eau détermine donc ici la transformation de feuilles normalement aplaties et lobées en épines multifides, et il est bien probable qu'il en a été de même dans les deux autres espèces.

Il est juste d'attribuer à la *Dichogénie* certain faits que Lœb (91) a rangés dans son *Hétéromorphose.*

En éclairant la face inférieure et maintenant à l'obscurité la face supérieure de prothalle de certaines Fougères, on détermine la production des Archégones et Anthéridies à la face supérieure. On sait que normalement c'est à la face inférieure que se forment ces organes.

Enfin on peut rapporter aussi à la Dichogénie des faits que l'on cite d'ordinaire comme exemples de l'action des milieux. Il n'y a aucune distinction précise entre ces deux ordres de phénomènes. En voici deux exemples. Certaines moisissures, en particulier le *Mucor* à grappes, forme dans les conditions ordinaires un thalle filamenteux. Si l'on diminue la proportion d'oxygène dans le milieu, on voit bientôt ce thalle se dissocier et prendre l'aspect de celui des Levures; si on ramène l'oxygène, le thalle pousse de nouveau en filaments; et cela aussi souvent que l'on veut. Élevé à l'air humide, le *Protoccocus viridis* donne des spores immobiles; dans l'eau, au contraire, il donne des Zoospores à deux cils.

Ainsi d'un côté l'oxygène est la cause directe de l'association d'éléments cellulaires en tissu, de l'autre l'eau détermine directement la reproduction des cils. On pourrait croire qu'il y a là un effet de cause finale, car les cils des Zoospores seraient inutiles dans un milieu aérien. Il n'en est rien car, si l'eau contient plus de 3% de sels, les cils disparaissent de nouveau et la plante se reproduit par spores immobiles. Il s'agit là d'une action directe de conditions physiques et chimiques sur le développement.

produire. Il se peut cependant que cela ne soit pas tout à fait vrai.

La *Variation par bourgeons* dont nous avons déjà cité de nombreux cas semble bien le démontrer. Deux bourgeons d'une même plante sont, au point de vue du milieu, dans des conditions si semblables que l'on ne saurait attribuer aux minimes différences éventuelles de celles-ci les variations considérables qu'ils montrent quelquefois. La variation est là certainement de cause interne. En se demandant d'où elle peut provenir, on ne peut trouver qu'une explication plausible. Considérons le cas plus simple où la cellule terminale du bourgeon est unique : on peut ramener à lui les cas où elle est multiple en considérant comme un tout le groupe de cellules qui la représente. Chaque cellule terminale provient de la division d'une cellule terminale antérieure. Celles des bourgeons latéraux de la tige naissent aussi de la division de la cellule terminale apicale. Il n'y a d'autre hypothèse que d'admettre que cette division n'est pas homogène, qu'elle ne donne pas naissance à deux cellules filles identiques, comme cela a lieu d'ordinaire, mais que, au moins accidentellement, l'une des cellules filles peut se trouver constituée un peu différemment de l'autre et par suite douée de tendances évolutives différentes. Évidemment les spores et les œufs parthénogénétiques sont dans le même cas; aussi, bien que l'on n'ait pas trouvé dans la Parthénogénèse et la Reproduction par spore des faits de variation aussi nombreux et caractérisés que dans la Multiplication par bourgeons, il ne faut pas nier à priori toute possibilité de variation dans ces modes de génération [1].

L'*Amphimixie*, au contraire, est considérée comme une cause, d'aucuns même ont dit, comme la seule cause de variation. Cela est doublement faux, car d'abord nous avons vu que la Variation a d'autres causes, et de plus, dans la variation consécutive à l'Amphimixie, il n'y a de nouveau que la combinaison des caractères dont les éléments sont transmis par l'Hérédité. A ces réserves près, il est positif que la Reproduction à deux est une cause très puissante de variation. Il n'est pas douteux que la variété infinie des traits du visage dans l'espèce

[1] WEISMANN (92_4) dans ses premiers travaux, voyait dans la Fécondation la cause unique de toute variation et, logiquement, niait la possibilité de toute variation dans la Parthénogénèse. Mais, pressé par les faits, il a fini par reconnaître, dans les derniers mémoires de ses *Essais*, que cette assertion était trop absolue. Aussi, dans ces derniers mémoires, il a cherché à concilier cette concession avec les exigences de sa théorie. Pour cela, il admet un mode de réduction chromatique que nous avons décrit au chapitre : *La réduction chromatique* (p. 136).

humaine par exemple ne soit due presque exclusivement à la combinaison des traits héréditaires. On sait que les animaux qui, à une observation superficielle, semblent beaucoup moins variés entre eux que les humains, le sont en réalité presque autant et qu'un pâtre peut reconnaître individuellement tous ses Moutons. La variation ayant ici pour origine les différences individuelles des deux parents, il est évident, et on l'a constaté, qu'elle est plus ou moins proportionnelle à ces différences. Aussi est-elle moindre dans la consanguinité et maxima dans le croisement [1]. Mais il y a là un fait inexplicable, c'est qu'elle soit moindre dans le métissage que dans l'hybridisation. Nous avons vu, en effet, que les métis issus d'un même croisement sont beaucoup plus différents entre eux que les hybrides.

Il n'est pas jusqu'à cette sorte atténuée de croisement que constitue la *Greffe* qui ne favorise la variation. C'est ainsi que, d'après Darwin (80), Cabanis aurait constaté une plus grande variabilité dans les produits de graine des Poiriers greffés sur Cognassier que dans ceux des Poiriers greffés sur Poirier sauvage.

D'autre part, si l'Amphimixie favorise une sorte de variation secondaire, elle limite et réduit les effets de la variation primaire ou originale. Car, lorsqu'un individu a subi une variation, s'il se reproduisait asexuellement, il la transmettrait tout entière, tandis que l'intervention d'un second parent rend cette hérédité moins complète ou moins fréquente. Strasburger (84) et Nægeli (84), se plaçant à ce point de vue, considèrent la Reproduction sexuelle comme limitant la Variation et maintenant la fixité de l'espèce en dépit des errements de celle-ci.

En somme : *la Variation emprunte ses éléments à des causes internes encore indéterminées et aux conditions de vie et de milieu sous toutes leurs formes. La Reproduction amphimixique associe ces éléments en combinaisons multiples et multiplie les effets de la variation primitive.*

C. LES RÈGLES DE LA VARIATION

On a donné le nom mal justifié de *Lois de la Variation* à quelques faits généraux, ou si l'on veut à certaines règles, qui, sans être constantes, tant s'en faut, se vérifient assez souvent pour qu'il y ait intérêt à les

[1] Déjà Pallas avait constaté que le croisement favorise la variabilité.

énumérer. Elles n'expliquent rien d'ailleurs et demandent à être elles-mêmes expliquées par les théories de la variation.

Is. Geoffroy Saint-Hilaire (36) a remarqué que *les organes nombreux sont plus variables par le nombre et la forme que ceux qui sont uniques ou peu nombreux.* Il suffit de parcourir l'important recueil de Bateson (94) pour trouver une confirmation de cette règle dans le fait que les variations méristiques sont beaucoup plus nombreuses que les autres. Darwin (80) croit que cela peut tenir à la moindre importance physiologique de ces organes. Avant de chercher une explication de ce genre, il serait peut-être utile de chercher si cela ne tiendrait pas simplement à ce qu'étant plus nombreux ils ont plus de chances d'être atteints par la variation. A-t-on bien compté si les dents dont nous avons 32 et les doigts dont nous en avons 10 sont plus de 16 fois ou de 5 fois plus atteints par la variation que les yeux dont il n'y a que deux? Cela est possible, mais il serait prudent de les vérifier.

Darwin (80) cite la loi suivante qu'il rapporte à Walsh : *Si un caractère est très variable ou très constant dans une espèce, il l'est aussi chez les espèces voisines.* Darwin (80) lui-même a exprimé presque la même idée lorsqu'il a dit : *Les organes qui, chez nos races domestiques, varient le plus sous l'action de la domestication sont ceux qui diffèrent le plus dans les espèces naturelles du genre.* La *Variation parallèle* nous a montré divers exemples de ces règles.

D'autre part Sageret a reconnu que *plus un organe a déjà varié, plus il tend à varier encore* et les éleveurs et horticulteurs sont tous d'avis que pour obtenir une variation déterminée d'un organe, il faut chercher à produire des variations quelconques de cet organe, il faut l'*affoler;* c'est là le plus difficile ; mais quand on y est arrivé, rien n'est plus facile que de diriger ces variations désordonnées et de leur faire produire ce qu'on veut.

Fort importante, mais non admise sans conteste, est la règle suivante de Darwin (80) : *Les plantes soumises à la culture,* on peut même dire, *les êtres soumis à des changements quelconques dans leurs conditions de vie ne commencent à varier qu'au bout de quelques générations.* Ainsi le *Dalhia,* transporté de la Nouvelle-Hollande en Europe, est demeuré plusieurs années sans varier ; puis, tout à coup, de graines recueillies sur des plants de couleur uniforme, sont nées les variétés multiples, qui présentent toutes les nuances possibles à l'exception du vert et du bleu. Les faits de ce genre sont très nombreux, mais on en cite aussi de signification exactement inverse. On se rappelle (V. p. 216) les *Hieracium* de **Nægeli** (84). Cet auteur affirme que toute variation due aux conditions de vie se produit totale dès la première génération et ne s'accroît plus ensuite ; **Weissmann** (92_1), au contraire, est d'avis que les variations accumulées qui conduisent aux formes nouvelles ne se produisent jamais que lorsque plusieurs générations ont permis aux conditions ambiantes d'influencer le *Plasma germinatif* moins accessible que le *Soma.* **Darwin** (80) paraît pencher vers une idée semblable, mais il semble que la chose dépend des circonstances car il y a des faits indéniables en faveur des deux opinions.

Rappelons ici la Règle citée (p. 242, note) d'après laquelle les variations qui se produisent de bonne heure tendent à passer aux deux sexes, tandis que celles qui apparaissent tard tendent à ne passer qu'au sexe de même nom.

Enfin à ces règles il me semble que l'on peut en ajouter une, entrevue par **Krause** (86) et par **Riley** (88), savoir que : *La différenciation organique favorise la production des variations mais limite leur étendue.* Plus un être est élevé en organisation, plus il est sensible aux modifications de vie, et apte à varier comme elles, mais plus aussi il est sensible aux conditions de destruction en sorte que les modifications étendues le détruisent sans lui permettre de s'adapter.

Chapitre III. — LA FORMATION DES ESPÈCES

Les espèces ne peuvent provenir que de variations fixées. Il n'y a pas d'autre hypothèse *scientifique* possible. On est donc autorisé à l'admettre même en l'absence de preuves tirées de l'expérience ou de l'observation, du moment que ni l'observation ni l'expérience ne démontrent que cela est faux. Nous nous sommes déjà expliqué sur ce point (V. p. 184).

La question est de savoir quelles sortes de variations se sont fixées et comment elles sont devenues permanentes.

A l'une comme à l'autre de ces questions, on a répondu plus souvent par des hypothèses que par des faits démonstratifs. Un nombre immense de faits ont été invoqués par les théoriciens de chaque parti, mais la plupart n'ont pas une signification précise et peuvent être interprétés de façons différentes. Aussi n'avons-nous ni à les discuter, ni même à les rappeler dans ce chapitre. Nous devrions ne parler ici que de ceux qui constituent par eux-mêmes une preuve directe, ou dont l'interprétation n'est pas contestable. Or ceux-là sont aussi rares que les premiers sont nombreux. La plupart, ou sont d'une authenticité contestable, ou ont été fortement exagérés par ceux qui voulaient à tout prix fournir la preuve de leurs opinions. Il faut reconnaître de bonne foi que *aucun* n'est à l'abri de toute objection, et ne démontre formellement que la variation ait jamais donné naissance à une espèce véritable. Aussi en dépit des raisons subjectives, les plus convaincantes, certaines personnes nient que les espèces descendent les unes des autres par variations fixées. Pour elles, la variation est pendulaire, elle oscille entre certaines limites mais ne les franchit jamais ; pour d'autres, elle est continue et peut engendrer des différences de toute valeur. Pour d'autres encore, elle est pendulaire mais, de temps en temps, une oscillation plus forte déplace le point de suspension du pendule, ce qui concilie la fixité indéniable des espèces avec les nécessités de la descendance.

La divergence de ces opinions trouvera place ailleurs. Pour le moment, puisqu'il n'y a pas de faits absolument démonstratifs, nous nous contenterons d'exposer ici ceux qui entrent tout à fait dans le vif de la question et comme, ainsi que nous l'avons dit, ils sont fort peu nombreux, il va se trouver que ce chapitre, un des plus étendus de la Biologie, sera fort court dans cette partie de notre ouvrage consacrée au seul exposé des faits.

Nous avons vu que les variations se répartissent en deux grandes catégories : les variations lentes et continues et les variations brusques et discontinues, les premières, ayant pour principale origine les modifications des conditions biologiques, les dernières, parfois dues au croisement, le plus souvent spontanées, au moins en apparence, et dérivant de modifications du germe dont la cause nous échappe ; celles-là procédant par tout petits sauts et n'altérant qu'à la longue les caractères de la variété ou de la race, celles-ci créant d'un seul coup des modifications graves, allant depuis une singularité frappante jusqu'à des monstruosités à peine compatibles avec l'existence.

Les variations lentes ne peuvent donner naissance à des formes nouvelles qu'à la condition de se majorer, de cumuler leurs effets d'une manière quelconque (adaptation et hérédité des caractères acquis, ou sélection ou combinaison de ces divers moyens). Les variations brusques constituent d'emblée des formes nouvelles, mais il faut qu'elles se reproduisent avec régularité dans la descendance. Enfin pour que ces formes nouvelles deviennent des espèces, il faut qu'elles ne soient pas fatalement détruites, après une existence de quelque durée, par une tendance atavique plus forte que les conditions biologiques.

Nous aurons donc à examiner successivement : la *Majoration des caractères dans la Variation lente*, la *Fixation des variations brusques* et la *Lutte de l'Atavisme avec les caractères nouveaux.*

I. LA MAJORATION DES CARACTÈRES DANS LA VARIATION LENTE

Tout le monde connaît, tant ils ont été souvent cités, les Lapins de Porto-Santo près de Madère.

DARWIN (71) a décrit, d'après des échantillons vivants et dans l'alcool, cette espèce singulière qui diffère du Lapin domestique par de nombreux caractères : leur longueur est moindre de 1/6, leur poids plus petit de moitié, leur couleur fort différente sans se rapprocher pour cela de celle du Lapin sauvage de nos pays; ils sont beaucoup plus sauvages et ont refusé de s'accoupler avec eux. Or, ces animaux sont les descendants de Lapins domestiques ordinaires déposés dans l'île environ 450 ans avant l'époque (1867) où DARWIN les a examinés. Voilà donc, à ce qu'il semble, une espèce authentique formée sous l'influence des conditions biologiques. Mais nous verrons, en parlant de la lutte entre l'Atavisme et les caractères nouveaux, que cette remarquable observation prête le flanc à une objection grave. En tout cas, sans discuter pour le moment si cette espèce est ou n'est pas invariablement fixée, il reste acquis que les conditions biologiques ont progressivement développé un ensemble de caractères de valeur spécifique, car on n'admettra pas que toutes ces différences se sont produites dès la première génération[1].

[1] Cependant une objection a été faite, qui réduisait à l'état de légende l'histoire de ces Lapins. Voici les faits. D'après la relation de DARWIN (80), Gonzalès Zarco, ayant à bord une Lapine pleine qui avait mis bas pendant le voyage, lâcha mère et petits dans l'île, en 1419 (ou peut-être l'année d'avant ou l'année d'après). Les animaux se multiplièrent si rapidement dans l'île dépourvue de carnassiers, et firent de tels ravages, qu'il fallut abandonner les établissements. Trente-sept ans plus tard, Cada Mosto les trouva innombrables. On n'a pas de renseignements précis sur leur race à l'origine, mais tout porte à croire

On cite quelques autres faits analogues et l'on peut encore rappeler ici les *Cardium* de Bateson et les *Artemia* de SCHMANNKEWITCH.

On a avancé, pour ces dernières, que la forme sans soies caudales (*A. Mühlhausenii*) constituait une véritable espèce.

Mais on n'a jamais trouvé ni de mâle à soies atrophiées, ni les femelles se reproduisant normalement et indéfiniment d'une manière parthénogénétique. Il est permis de croire que, dans des eaux suffisamment salées et permanentes, l'*A. salina* arriverait à former une *A. Mühlhausenii* définitive, peut-être avec un dimorphisme sexuel, sans importance dans la question. Mais il est permis aussi de dire que cela n'est pas démontré, et que les *A. salina* et *Mühlhausenii* sont deux variétés d'une seule et même espèce, dépendant des conditions biologiques, et indéfiniment et rapidement transformables l'une en l'autre par les conditions appropriées.

Il n'est pas nécessaire, d'ailleurs, d'aller chercher si loin des cas excep-

que c'était le Lapin domestique ordinaire d'Europe, puisque ces animaux avaient été embarqués pour la nourriture du bord.

Mais LATASTE (94) assure que les Lapins de Porto-Santo ne diffèrent en rien d'une espèce naturelle indigène dans les îles de cette région, en sorte qu'ils n'auraient rien de commun avec la Lapine européenne lâchée ou non par Gonzalès Zarco dans leur île. Mais je ferai remarquer qu'au point de vue qui nous occupe, cela n'a pas grande importance. Car DARWIN (80) a constaté que, en peu d'années, les Lapins Porto-Santo avaient pris en Angleterre les caractères des lapins européens, en sorte que s'ils ont pour origine la Lapine de Gonzalès Zarco, leur variation est prouvée par leurs caractères actuels à Porto-Santo; s'ils sont une espèce indigène naturelle, leur variation est prouvée par leurs modifications au jardin zoologique de Londres, car celle-ci dès lors ne peut plus être interprétée comme une réversion.

Les caractères ostéologiques de ces Lapins ne diffèrent que peu de ceux des lapins d'Europe. Darwin constate seulement une étroitesse plus considérable des saillies sus-orbitaires des os frontaux. Pour la couleur, le dos est plus rouge, le ventre est gris au lieu d'être blanc; le dessus de la queue est de la même couleur que le dos, et les oreilles n'ont aucune bordure foncée, tandis que chez tous les autres Lapins le dessus de la queue est plus foncé que le dos, et les oreilles sont bordées de poils foncés, et cela est donné comme un caractère spécifique du Lapin. Leur sauvagerie est plus grande que celle d'aucun autre rongeur sauvage. Un Lapin domestique élevé depuis sa naissance avec ces Lapins sauvages eût-il montré par imitation une sauvagerie aussi grande? (V. page 295) ce qui advint de ces Lapins en Angleterre.

On peut citer ici les Cochons de Cubagna cités par LUCAS (50) d'après PRICHARD. Ces animaux, remarquables entre autres caractères par la longueur de la partie fourchue de leurs pattes, qui atteignait une demi-palme (probablement 12 centimètres environ), descendaient de Cochons ordinaires transportés dans l'île en 1509 par les Espagnols. Cette observation manque un peu de détails et peut-être d'authenticité.

tionnels. Les races d'animaux domestiques et de plantes cultivées nous montrent, par des exemples multiples, frappants, cent fois vérifiés, des formes nouvelles engendrées par le changement de vie et le triage assidu des variations de sens déterminé. On conteste les effets de la Sélection naturelle ou sexuelle, mais non ceux de la Sélection méthodique. La seule question litigieuse est celle-ci : les races domestiques sont-elles assimilables aux espèces naturelles?

Elles n'en peuvent différer que sur deux points : le degré de spécificité, et la fixité. Le premier n'est guère contestable. CUVIER lui-même déclarait que les crânes des diverses races de Chiens différaient plus entre eux que ceux de deux *genres* naturels. Pour les Chiens, leur origine est sujette à contestation. Mais pour nos races de Bœufs, de Cochons, de Moutons, de Pigeons, de Poules, pour nos variétés de culture de fleurs et de fruits, on sait positivement qu'elles ont été créées par l'homme et personne ne nie que, si on les trouvait vivant à l'état sauvage, stériles entre elles et fixes, on les considérait comme de bonnes espèces[1]. Toute la question est donc de savoir si elles sont vraiment fixées. Pour le moment, cela n'importe point et il reste démontré que : *Le changement des conditions biologiques et la Sélection méthodique sont capables d'accumuler les effets de variation lente produite par elles ou en dehors d'elles, et d'engendrer des formes nouvelles différant par des caractères spécifiques de celles qui leur ont donné naissance.*

II. LA FIXATION DE LA VARIATION BRUSQUE

Nous avons vu que la variation brusque était souvent héréditaire. De nombreux exemples nous ont montré diverses malformations, la polydactylie, la syndactylie, l'hypospadias, le bec de lièvre et bien d'autres hémitéries légères se transmettant, plus ou moins irrégulièrement, pendant quelques générations. Cela ne suffit pas pour donner naissance à des formes nouvelles. Il faut, pour les engendrer, une constance parfaite dans la transmission, une longue persistance du caractère nouveau dans la famille où il a apparu.

[1] Plusieurs auteurs ont fait remarquer que diverses races de Chiens sont figurées sur des monuments remontant à l'origine des temps historiques. On a retrouvé le Chien couchant le Levrier, le Basset, aussi bien caractérisés qu'aujourd'hui, sur des bas-reliefs égyptiens remontant à 2000 ans avant notre ère, et le Dogue sur les monuments assyriens appartenant aux ruines de Babylone.

Les exemples d'une semblable persistance ne sont pas très rares et on en trouve dans toutes catégories de variation brusque, dans celles qui paraissent spontanées et dans celles qui résultent des conditions biologiques ou du croisement[1].

a) Permanence de variations brusques spontanées.

D'après NÆGELI (84), un bon nombre des plantes utiles ou d'ornement ont pour origine des variations spontanées brusques que l'on a pu maintenir, et l'on sait que nombre de ces plantes peuvent se reproduire par graine. RIVERS et SAGERET ont montré que plusieurs variétés de Prunier (Reine-Claude, Mirabelle, *Quetsche* d'Allemagne), semées en grande quantité, ont reproduit fidèlement leurs caractères les plus délicats. Tous les Marronniers d'Inde à fleurs doubles proviennent d'un de ces arbres qui, à Genève, produisit, sans cause apparente, des fleurs doubles sur un de ses rameaux, tandis que les autres portaient des fleurs simples. Ce rameau a été multiplié, il est vrai, par bouture, mais la Réversion n'est pas venue entraver sa propagation.

Le Fraisier à une feuille a apparu brusquement au siècle dernier dans un semis.

DARWIN (79) déclare que, d'après les autorités faisant foi, le *Thuya pendula* est distinct spécifiquement du *T. orientalis*. Or, on a établi que tous les *T. pendula* proviennent de cinq individus qui ont surgi brusquement dans un semis. D'ailleurs la variation, bien que se continuant par les autres procédés de multiplication, ne se maintient pas dans la reproduction par graines.

Chez les animaux supérieurs, qui n'ont d'autre mode de reproduction que l'amphimixie, quand la variation se maintient, c'est forcément qu'elle est devenue héréditaire. Dans les troupeaux de Paons ordinaires apparaissent parfois brusquement des individus à épaules noires différant des autres, non seulement par une coloration tres différente mais par la taille, la force moindre, la fécondité plus grande. DARWIN (79) a compté sept observations authentiques d'apparition spontanée de cette va-

[1] L'opinion que la Variation brusque peut engendrer des espèces remonte à MAUPERTUIS (1748). Cependant, par l'extension qu'il a donnée à cette théorie, ÉTIENNE GEOFFROY ST-HILAIRE (18-22) se l'est en quelque sorte appropriée et peut en être considéré comme le principal promoteur.

riété, et la possibilité de sa fixation est démontrée par le fait que, dans le troupeau de M. Thornton, sans l'aide de l'homme, elle se substitua peu à peu entièrement à la forme ordinaire. Les objections ici ne peuvent porter que sur deux points : 1° Est-ce bien une espèce? 2° N'est-ce pas une réversion?

Pour ce second point, Darwin fait remarquer que, s'il avait existé une espèce naturelle de Paons à ailes noires, elle n'aurait pas passé inaperçue. Or les auteurs n'en ont jamais fait mention. La chose est probable mais non certaine.

En ce qui concerne la première objection, il est certain que bien des espèces ne diffèrent pas plus que ces deux formes de Paon; mais il n'est pas dit que celles-ci soient stériles entre elles et la permanence indéfinie de la forme nouvelle n'est pas démontrée.

La race d'Axolotls albinos si répandue aujourd'hui a pour origine un individu unique qui, par variation spontanée, était entièrement blanc, sauf une tache noire grande comme une lentille. Or la race se maintient, à condition bien entendu d'éviter les croisements, et M. Vaillant m'assure (communication verbale) qu'elle ne montre aucune tendance à la réversion [1].

Ici encore la formation d'une race nouvelle capable d'être maintenue indéfiniment est certaine, mais il est non moins certain qu'elle n'aurait aucune durée si elle était abandonnée à elle-même, à moins qu'on ne la plaçât dans un pays où elle serait complètement séparée de la forme noire, avec laquelle elle se reproduit aisément. Dans la nature, la séparation des individus albinos n'aurait eu aucune raison de s'effectuer.

Chez les Poules des races Padoue, Houdan, Crèvecœur, la huppe est portée par une protubérance céphalique dans laquelle Dareste (64) a reconnu une simple hémitérie semblable à celle qui constitue la *proencéphalie*. Cette hémitérie, héréditaire et fixée, est devenue le caractère d'une race domestique [2]. Rien n'indique qu'il doive jamais être effacé par une

[1] Cet individu avait été envoyé par M. Mélédin à Duméril qui l'accoupla avec des femelles ordinaires et en obtint des produits entièrement blancs. De temps en temps, on trouve parmi les descendants de ces albinos purs des individus plus ou moins tachés de noir, mais la majorité n'a pas de pigment et, en les prenant comme reproducteurs, on maintient la race sans difficulté.

[2] Dans cette hémitérie, les hémisphères simplement recouverts par le crâne membraneux, semblent faire hernie à la partie supérieure de la tête, et les frontaux, aussi complètement développés qu'à l'état normal, sont écartés l'un de l'autre et

réversion inévitable, mais dans la nature, cela ne manquerait pas d'arriver, grâce aux croisements.

Les Chiens *bassets* également proviennent, d'après DARWIN (79), d'une hémitérie fixée, et il en est de même sans doute des Bouledogues et des Carlins. L'observation précédente s'applique également à ces animaux.

Mais l'exemple le plus souvent cité de formation d'une race par variation brusque est celui des *Bœufs ñatos* et des *Moutons ancons.*

Les premiers sont caractérisés par un raccourcissement des os nasaux et intermaxillaires qui entraîne en arrière le nez et la lèvre supérieure et met à découvert les dents antérieures, d'où le nom de *ñatos*, c'est-à-dire *camus* ou de *Bœufs boule-dogues* qu'on leur a donné [1].

Les *Moutons ancons* ou *Moutons loutres* sont aux Moutons ordinaires ce que les Chiens bassets sont aux autres chiens. Leur échine est longue, leurs pattes sont courtes et tordues. Ce sont là des caractères tératologiques sûrement de valeur spécifique, mais on a beaucoup exagéré leur importance.

Après s'être montrée quelque temps héréditaire, cette forme a disparu, car on ne la rencontre plus que par hasard. SANSON (93) a vainement cherché les traces de ce bétail. Nulle part, en Amérique ni ailleurs, il n'existe en troupeaux de quelque importance et ne forme une race classée se reproduisant régulièrement, comme on l'affirme d'ordinaire.

réunis par une membrane. C'est une *exencéphalie* restreinte presque entièrement comparable à la proencéphalie de certains monstres humains. Plus tard la peau se constitue au-dessus de la tumeur par l'extension des lames cutanées au-dessous de l'épiderme, la large fontanelle s'ossifie peu à peu par un îlot d'os wormiens qui se développent sous la peau et finissent par se souder. Les plumes prennent un plus grand développement à ce niveau et forment la huppe.

Un ornithologiste allemand, BECHSTEIN, assure que cette hémitérie aurait été d'abord spéciale aux femelles et se serait étendue secondairement aux mâles.

[1] Des Bœufs *ñatos* naissent quelquefois dans les troupeaux en Europe. SANSON (43) en a recueilli quelques cas pour la France, mais il s'élève avec une grande énergie contre l'existence de ces animaux ainsi que des Moutons bassets comme race, et, comme il est mieux que personne en situation d'être exactement renseigné, il n'y a qu'à s'incliner devant ses conclusions.

Cette forme est sûrement héréditaire. DARESTE (68) a disséqué un Veau *ñato,* né de parents *ñatos* au Jardin d'acclimatation. Il était caractérisé par un déplacement de l'os lacrymal qui se plaçait entre le nasal et l'intermaxillaire et venait faire partie du contour des fosses nasales. Il fait remarquer que les *ñatos* sont souvent viables mais, souvent aussi, affectés d'hémitéries graves, imperforations de l'anus, ouverture du rectum dans la vessie urinaire, parfois membres raccourcis, péronés complets, queue nulle ou réduite, etc.

Il en est de même des Cochons solipèdes : cette variation se rencontre quelquefois sporadiquement, mais il n'est pas démontré qu'elle forme à Cuba une race fixée. D'ailleurs cela n'a guère d'importance, car il est bien probable que s'il y avait à cela quelque intérêt on pourrait perpétuer cette variation ; mais l'événement prouve qu'abandonnée à elle-même, elle a disparu.

Hæckel assure que la race des Bœufs sans cornes du Paraguay provient d'un taureau sans cornes né en 1770 de parents armés de cornes, qui, uni à des vaches ordinaires, légua son caractère à sa descendance.

L'authenticité de cette race n'est pas démontrée [1].

b) Permanence des variations brusques dues aux conditions biologiques.

Certains Papillons, en particulier la *Vanessa levana prorsa* (V. p. 278), présentent un dimorphisme si accentué que les zoologistes avaient classé leurs deux formes dans des espèces distinctes. Or Weissmann (75) a montré que l'une est produite par les chaleurs estivales et l'autre par la température modérée du printemps. Il est bien évident que, si on élevait ces Papillons dans deux régions distinctes, l'une plus chaude, l'autre plus froide, ces deux formes deviendraient exclusives et, au lieu d'une espèce dimorphe, on aurait deux espèces à forme unique. Mais ce que l'on ne sait pas, c'est si le changement de climat ne reproduirait pas, dès la première génération, la forme propre au climat où on l'aurait transportée.

c) Permanence des variations brusques dues aux croisements.

Focke (81) est d'avis, comme Naudin et plusieurs botanistes, que les caractères issus du croisement, peuvent parfois devenir permanents.

[1] Les taureaux sans cornes existaient en Europe chez les Scythes à l'origine des temps historiques bien que les paléontologistes n'aient jamais décrit une espèce de bovidés sans cornes ayant vécu dans le temps quaternaires. Cornevin conclut de là que leur origine est probablement accidentelle et tératologique. Mais ce n'est qu'une induction.

La progéniture des produits de croisement fait d'ordinaire retour à l'une ou à l'autre des formes parentes. Mais il arrive qu'au milieu de la variation désordonnée qui précède cette réversion, il se dessine des formes dominantes qui, fécondées entre elles, deviennent constantes. D'après lui, LECOQ a obtenu de ces produits fixés avec les *Mirabilis*, GODRON avec les *Linaria* et surtout les *Datura*. Divers horticulteurs en ont obtenu avec les genres *Brassica, Lychnis, Zinnia, Primula, Petunia, Mentha, Nicotiana,* etc. Mais cette permanence n'a été suivie que pendant un petit nombre de générations et on ne saurait citer une variété fixe ayant une semblable origine.

III. LES FORMES NOUVELLES EN PRÉSENCE DE LA RÉVERSION

Lorsqu'une forme nouvelle, quelque soit son origine, s'est maintenue pendant quelques générations, cela ne suffit pas pour qu'on la dise fixée et passée au rang d'espèce. Car elle peut, avec le temps, céder à la Réversion et disparaître peu à peu et c'est, en effet, ce qui arrive souvent.

Que disent les faits?

Montrent-ils des formes nouvelles ayant résisté à la Réversion et se montrant aussi fixes que des espèces naturelles?

Nous n'avons trouvé qu'un exemple de forme nouvelle s'étant produite à l'état sauvage. Ce sont les Lapins de Porto-Santo. Or deux de ces animaux, rapportés au Jardin zoologique de Londres, reprirent en quatre ans à peu près tous les caractères de coloration du Lapin ordinaire, perdant ainsi la plus positive de leur différence avec ceux-ci. Cette modification s'étant produite immédiatement, sans même nécessiter une génération, il est évident que la variation qui lui avait donné naissance n'avait aucune solidité. Ces Lapins restèrent très sauvages et refusèrent de s'accoupler avec les Lapines domestiques, mais il est à peine douteux que, s'ils avaient pu se multiplier, en peu de générations ils auraient repris leur familiarité et leur aptitude à se reproduire avec leur race parente (Voir note de la page 288). En tout cas, la preuve du contraire n'a pas été fournie. On n'a observé aucun exemple de forme nouvelle s'étant fixée dans les conditions naturelles.

Nos races domestiques ne sont pas dans le même cas; elles se maintiennent indéfiniment dans les conditions biologiques où elles sont nées.

Mais ici il faut faire une distinction.

Pour nos diverses races de Chiens, de Chevaux, pour notre Cochon domestique, pour le Chat, qui diffèrent des formes sauvages par des caractères sûrement spécifiques, on a soutenu que c'étaient des formes naturelles, spontanément sociables, que l'homme avait trouvées dans la nature et non créées ou même modifiées par la domestication. Cela est extrêmement peu probable, mais il est à peu près impossible de démontrer que cela est faux. Nos archives paléontologiques relatives à l'époque quaternaire ne sont pas assez complètes pour que l'on puisse affirmer qu'une race alliée à l'homme n'existait pas auparavant, à côté de lui, indépendamment de lui [1].

Pour ce que l'on pourrait appeler les *petites races* de bêtes de boucheries et de plantes cultivées, nous savons pertinemment que leur origine est due à l'homme, mais la valeur spécifique de leurs caractères peut être mise en doute.

Cependant ce n'est pas là la difficulté, car une variété fixe a la même signification qu'une espèce dans le cas actuel. Divers auteurs, entre autres Nægeli (84), considèrent les variétés comme des petites espèces, moins différentes que les grandes, mais non moins solides. La question est de savoir si ces races sont fixées et, pour ceux qui admettent que nos grandes races sont dues elles aussi à la domestication, la question de permanence définitive se pose aussi pour elles.

Or il est reconnu que, rendus à la vie sauvage, tous nos animaux domestiques reprennent les traits des formes sauvages parentes. La chose a été constatée pour le Chat, pour le Cochon et pour le Lapin [2]. On ne peut

[1] Sanson (93) est d'une intransigeance absolue à cet égard. Il a démontré que le Cochon n'était pas le Sanglier domestiqué et croit qu'aucune race fixe n'est due à la domestication. Mais cela est insoutenable pour diverses races de Pigeons, de Bœufs, de Moutons et pour une multitude de plantes cultivées. On a des renseignements positifs sur l'origine artificielle d'une multitude d'entre elles. Ce naturaliste rappelle que les moutons Mauchamp, que des auteurs mal informés et qui se copient les uns les autres, continuent à citer comme une race nouvelle, n'existent plus depuis bien longtemps, leur élevage ayant été abandonné parce qu'il ne présentait pas d'avantages suffisants. Il assure que l'on avait beaucoup de peine à maintenir les caractères de la race contre une forte tendance à la réversion. Mais cela ne prouve pas qu'on ne l'aurait pas maintenue, et peut-être de plus en plus facilement, si on avait insisté. En tout cas les Bœufs Durham, les Moutons mérinos ne sont pas sans doute des espèces naturelles et cependant on les maintient sans peine et rien n'indique qu'un moment viendra où la Réversion prendra le dessus.

[2] Il y a cependant des exceptions à cette règle. Darwin (79) rapporte, d'après Salle (*Proceed. Zool. Soc.* 1852), que la Pintade, redevenue complètement sauvage à la Jamaïque et à Saint Domingue, y a diminué

donc pas affirmer que l'homme ait jamais créé une forme capable de se maintenir seule.

D'autre part, il est certain que, maintenues dans les conditions biologiques où elles ont pris naissance et protégées contre les croisements qui les abâtardiraient, des formes nouvelles peuvent se maintenir indéfiniment. Cela résulte d'abord de ce que leur fixité n'est pas suffisante pour résister à un changement dans les conditions de vie égal à celui que supportent sans faiblir les espèces naturelles soumises à la culture ou à la domestication; et cela provient surtout, de ce que la domestication ne rend les formes qu'elle engendre stériles ni entre elles ni avec les formes naturelles parentes[1]; tandis que les espèces naturelles ne se croisent pas, soit par stérilité organique, soit par défaut d'appétence sexuelle, soit parce que la rencontre des éléments sexuels est rendue difficile ou impossible par les conditions anatomiques. Quand on abandonne les races domestiques à elles-mêmes, le croisement libre a bientôt fait de détruire les différences péniblement obtenues par un long régime ou par une sélection assidue.

En résumé, de tout ce qui précède, on peut conclure ceci :

La variation, qu'elle soit spontanée ou causée par les conditions biologiques, ou par le croisement, qu'elle soit lente ou brusque et même tératologique, est capable de donner naissance à des formes nouvelles.

Ces formes nouvelles ont parfois une fixité relative, mais jamais comparable à celle des espèces ou des variétés naturelles.

L'homme peut obtenir des formes nouvelles ayant la valeur d'espèces et

de taille et que ses pattes sont devenues noires, de grises qu'elles étaient. Il assure que, si l'on rencontrait cette forme à l'état naturel dans une contrée distincte, on en ferait certainement une espèce. Cette observation me semble avoir une portée considérable. Il est probable que si l'on y regardait de près on trouverait que toutes les formes domestiquées, en repassant à l'état sauvage, gardent quelques traces indélébiles de leur condition précédente, ce qui montre que la domestication les a modifiées dans leur essence, ou si l'on veut dans leur Plasma germinatif. WEISMANN (75) assure que, d'après l'avis général des botanistes, les plantes cultivées ne reprennent jamais complètement leurs caractères primitifs en redevenant sauvages.

[1] Cela n'est guère étonnant puisque, d'après les observations de DARWIN (80), la domestication développe la fécondité. Cependant je trouve dans un article de M. GIARD (*Revue Scientifique*, nov. 89) que les Cochons d'Inde domestiqués en Europe ne peuvent plus reproduire avec les représentants américains de la souche primitive et que l'*Anagallis phœnica* croisé avec la variété *cœrulea* provenant du même ancêtre ne donne pas de graines.

J'ignore l'origine de ces renseignements.

les maintenir indéfiniment mais il n'a jamais obtenu ni observé la formation d'une race ou variété nouvelle capable de se maintenir sans son aide.

Si l'on reste sur le terrain exclusif des faits, on doit reconnaître que la formation des espèces les unes par les autres n'est pas démontrée.

La théorie de la descendance s'appuie sur une induction absolument légitime, la seule raisonnable, la seule scientifique. Mais il n'y a rien dans les faits qui puisse forcer la conviction de ceux qui refusent toute autre preuve que celles tirées de l'observation.

DEUXIÈME PARTIE

THÉORIES PARTICULIÈRES

En étudiant *Les Faits,* nous avons bien souvent décrit autre chose que des observations ou des expériences; nous avons fait connaître plus d'une fois des opinions qui n'étaient pas l'expression simple d'un fait observé. Mais du moins ces opinions étaient-elles relatives aux faits eux-mêmes, à leur interprétation, indépendamment de toute préoccupation systématique. Nous avons mis de côté tout ce qui était théorie pure, explication spéculative, hypothèse admettant des choses non vues pour expliquer celles que l'on voit.

Nous allons maintenant aborder l'étude des théories, en commençant, comme nous l'avons expliqué dans l'*Avertissement,* par les *Théories particulières,* c'est-à-dire par celles qui sont isolées, ne s'attachent qu'à quelques questions limitées et ne font pas partie d'un système complet et cohérent. Ces dernières feront l'objet de la troisième partie.

I. THÉORIES SPÉCULATIVES SUR LA STRUCTURE DU PROTOPLASMA ET LES CAUSES DE SES MOUVEMENTS

Dujardin (35) et après lui Brücke (61) ont les premiers pensé que le protoplasma devait avoir une structure au delà de ce que montre le microscope, mais ils n'ont point fait d'hypothèses spéciales à ce sujet.

Hofmeister (65, 67) suppose, pour expliquer le mouvement du protoplasme, que cette substance est formée de particules ultra-microscopiques entourées de couches d'eau et que cette eau se déplace sans cesse, passant de certaines particules qui l'abandonnent à d'autres qui l'attirent. Quand ces échanges ont une même direction, il en résulte une circulation d'eau qui entraîne les particules. Hofmeister ne remarque pas que si les particules protoplasmiques ne sont pas fixes, lorsqu'elles attirent les molécules d'eau, elles doivent faire à peu près la moitié du chemin qui les sépare de celles-ci et qu'il ne peut résulter de cela un mouvement de translation en masse quelque peu accentué*.

Sachs (65_2) adopte l'idée fondamentale de Nægeli sur la constitution du protoplasma au moyen de *Micelles* (V. la théorie de Nægeli dans la 3e partie). Pour lui ces Micelles sont des cristallicules organiques de tailles diverses, de forme variable, avec un diamètre prédominant. Ils s'attirent entre eux, mais leurs forces attractives sont orientées principalement suivant le grand diamètre ; ils sont en outre entourés de couches d'eau qui les écartent et contrarient leurs attractions mutuelles ; et il existe aussi une attraction entre les Micelles et les molécules d'eau. Cet ensemble forme un système en état d'équilibre très instable, que peuvent déranger les moindres variations chimiques, thermiques ou électriques. Ces dérangements portent surtout sur les couches d'eau qui augmentent ou diminuent autour des Micelles. Ces modifications dans l'épaisseur des couches d'eau en entraînent d'autres dans les situations relatives des Micelles qui se réarrangent suivant un nouvel état d'équilibre. Ces petits mouvements sont l'élément des mouvements plus étendus de la masse protoplasmique dans son ensemble. Ici encore il est facile de voir que la translation en masse n'est nullement expliquée.

Engelman (79) croit que le mouvement est dû à des particules allongées, les *Inotagmes,* qui se raccourcissent en devenant sphériques quand elles sont excitées. Ces particules placées bout à bout formeraient les fibrilles du protoplasma. Le problème reste entier puisque le raccourcissement des Inotagmes n'est pas expliqué.

Geddes (83, 84) cherche à ramener la contraction protoplasmique à une simple force physique, la tension superficielle, en remarquant que toute goutte suspendue dans un liquide auquel elle n'est pas miscible est rendue sphérique par la tension de sa surface et reprend cette forme d'elle-même après avoir été déformée. Le muscle serait composé de petits éléments liquides agissant tous dans le même sens.

* Rappelons que les phrases entre crochets [ ] sont celles où l'auteur de ce livre prend la parole dans l'exposé d'une théorie mise dans la bouche de son auteur. Souvent d'ailleurs les crochets sont omis, lorsqu'il n'en peut résulter aucune ambiguïté.

Ces théories purement physiques sont aujourd'hui abandonnées et remplacées par d'autres où l'affinité chimique joue un rôle concurremment au moins avec les forces physiques.

KÉKULE considérait les substances colloïdes comme formées de grosses molécules chimiques simples réunies par des atomes multivalents. STRASBURGER (89) adopte cette opinion et cherche à s'en servir pour expliquer la structure du protoplasma. Celui-ci serait formé de substances colloïdes, mais ici la soudure des grosses molécules serait moins solide que dans les colloïdes non vivants. Les grosses molécules ainsi réunies formeraient un réseau contenant dans ses mailles de l'eau attirée par capillarité. Cette eau écarte les molécules et lutte contre l'affinité chimique qui tend à les rapprocher par l'attraction des atomes multivalents. Il peut se produire ainsi des alternatives d'écartement et de resserrement; quand l'écartement dépasse une certaine limite, l'affinité est brusquement vaincue et la masse passe à l'état de dissolution.

Pour MONTGOMERY (81) la contraction et la dilatation, dans les muscles comme dans les Amibes, reposerait sur la décomposition et la reconstitution alternatives du protoplasma. Quand celui-ci se décompose, ses éléments occupent moins de volume parce qu'ils se ramassent en masses arrondies, et cela se traduit par l'aspect granuleux qu'il prend quand il se contracte. Les moindres excitations peuvent produire cette décomposition, mais dès que l'excitant a cessé d'agir, le protoplasme se reconstitue et reprend en même temps son aspect hyalin. Ces excitations sont, pour les Amibes, les modifications locales du milieu ambiant, pour les muscles, l'influx nerveux.

D'après LÖW et BOKORNY (81, 88) et LÖW (89) le protoplasma n'est vivant que quand il contient des aldehydes, et la disparition de ces aldehydes, par suite de quelques réactions chimiques, constituerait le phénomène essentiel de sa mort. A l'état vivant, il est formé de substances très instables, qui sans cesse se défont et se reconstituent. Cette instabilité dépend de ce que certains atomes ou groupes chimiques, qui peuvent occuper plusieurs places différentes dans le système, sautent de

[1] Les aldehydes ont sur le nitrate d'argent une action réductrice supérieure à celle de toute autre substance pouvant se trouver dans le protoplasma. Elles réduisent aisément les solutions à 1/100.000. Or le protoplasma vivant réduit cette solution, tandis que, tué par un moyen quelconque, il ne la réduit plus. C'est de là que les auteurs concluent à la disparition des aldehydes au moment de la mort, et au rôle de ces composés dans la substance vivante.

l'une à l'autre, produisant ainsi une sorte de vibration continuelle. Ce phénomène est comparable à ce qui se passerait dans une aldehyde si par un déplacement de H le composé prenait successivement les formes :

$$R - C \begin{smallmatrix} \nearrow O \\ \searrow H \end{smallmatrix}, \quad R - C \begin{smallmatrix} \nearrow O - H \\ \searrow \end{smallmatrix}, \quad R - C \begin{smallmatrix} \nearrow O \\ \searrow H \end{smallmatrix}, \text{ etc.}$$

Berthold considère le protoplasma comme une simple émulsion de substances chimiques et cherche à expliquer par là ses propriétés diverses et ses mouvements. Laissons-lui la parole dans cet exposé un peu long.

Théorie de Berthold. — Le protoplasma n'a d'autre structure que celle d'une émulsion. Mais c'est une émulsion extrêmement complexe, à laquelle prennent part des substances chimiques très variées. Ces substances ne sont que partiellement, ou point, solubles les unes dans les autres, ce qui fait qu'elles restent séparées et ne se fusionnent pas en un tout homogène; chacune d'elles conserve à sa place son action indépendante sauf, bien entendu, les réactions de voisinage qui peuvent donner çà et là, au lieu d'effets séparés, des résultantes partielles diversement combinées. Baigné dans le liquide nutritif ambiant, et contenant les divers organes qui font partie nécessairement ou accidentellement du contenu cellulaire (noyau, grains de chlorophylle et autres leucites, vacuoles, etc.), il peut être assimilé à une goutte de substance homogène suspendue dans un liquide dans lequel elle n'est pas soluble, mais avec lequel elle peut entrer en relation osmotique.

Lorsque ces échanges ont duré quelque temps, ils ont nécessairement établi dans la goutte des zones concentriques par le fait que la modification osmotique est décroissante de la périphérie au centre. De plus, le liquide osmosé vers l'intérieur de la goutte peut subir, en traversant la couche superficielle, des modifications chimiques qui changeront ses cacaractères osmotiques par rapport à la couche suivante; le phénomène se reproduisant à chaque couche, il en résulte, à la fin, que la goutte primitivement homogène a pris une structure, et qu'elle est formée de couches concentriques, dans lesquelles les tensions peuvent aller soit en croissant, soit en décroissant, du centre à la périphérie, ou même croître d'abord, puis décroître, plusieurs fois successivement, suivant une courbe dont la forme ne peut être précisée dans le cas général. Si nous supposons que, dans la goutte ainsi modifiée, s'en trouvent d'autres, faites d'une substance différente de la première, mais identiques entre elles, elles prendront place dans celle des couches concentriques où les poussera le jeu des tensions superficielles et des forces moléculaires physiques ou chimiques. Elles seront toutes dans la même couche et prendront dans cette couche des situations déterminées, sous l'action de leurs réactions réciproques. Chaque nouveau groupe de gouttelettes que l'on supposera inclus dans la goutte primitive se comportera de même. On conçoit ainsi, sans qu'il soit utile d'entrer plus avant dans le détail, que, dans l'émulsion protoplasmique, doit régner une structure concentrique de l'ensemble, et que toutes les parties similaires prennent des positions d'équilibre déterminé, d'où résulte une certaine symétrie.

Il en est ainsi dans la cellule. La répartition des grains de chlorophylle dans le protoplasme, celle des grains d'amidon dans les corps chlorophylliens, la situation du noyau, tout cela est l'effet de la symétrie d'équilibre, s'exprimant dans les parties les plus volumineuses et les plus visibles, mais qui règne dans tous les éléments de la masse.

La structure ainsi comprise donne la clef de tous les phénomènes dont la cellule et le protoplasma sont le siège. Les mouvements du protoplasma, ceux des pseudopodes, la division nucléaire, la formation de la membrane nouvelle dans la division des cellules, tout s'explique par de simples effets mécaniques qui ont leur cause dans les réactions chimiques et dans les forces physiques qui se manifestent dans l'émulsion protoplasmique. Ces dernières sont surtout des effets d'osmose et de tension superficielle.

Les mouvements des pseudopodes s'expliquent de la manière suivante. Quand on examine une Amibe en mouvement, on constate que tout pseudopode est hyalin quand il s'allonge et devient aussitôt trouble dès qu'il se retire : des granulations et de minimes vacuoles, invisibles auparavant, se montrent spontanément dans son protoplasme. Ce phénomène connu depuis longtemps et spécialement étudié par Montgomery (V. page 301) montre que le retrait est déterminé par une modification physico-chimique produite dans le pseudopode par l'excitant qui a provoqué la contraction (température, excitation chimique due au milieu ambiant, etc.). Cette modification consiste en ce qu'un état de solution instable a fait place à un état de précipitation des parties dissoutes. L'émission des pseudopodes n'est pas un phénomène actif ayant sa cause uniquement dans l'animal. Le prolongement n'est pas projeté par l'animal, il est passivement *aspiré* par le milieu ambiant.

Pour nous en rendre compte, supposons d'abord un cristal placé dans un liquide où il soit soluble. Au bout d'un certain temps, il existe dans ce liquide une série de couches concentriques dans lesquelles la concentration de la solution va en décroissant du centre occupé par le cristal, à la périphérie. Chaque particule du cristal nouvellement dissoute est donc entraînée et comme aspirée radiairement. Au lieu du cristal, considérons maintenant, ce qui est le cas de l'Amibe dans l'eau, une émulsion protoplasmique telle que l'adhérence des particules de l'émulsion entre elles soit à peine supérieure à celle de ces particules pour le liquide ambiant. Après que l'osmose aura agi quelque temps, on aura, ici encore, dans le liquide, la structure concentrique indiquée plus haut et il y aura, de même, une sorte de succion de la couche superficielle de l'émulsion par le liquide en contact. Si, en un point, par suite d'un défaut d'homogénéité dans le liquide, cette succion devient plus forte, elle vaincra la cohésion protoplasmique et fera glisser les uns sur les autres les globules de l'émulsion de manière à étirer un pseudopode. Si, pour une raison quelconque, la cohésion protoplasmique redevient supérieure, le pseudopode se rétractera. Tout cela est affaire de variation dans la tension superficielle des particules de l'émulsion au contact les unes des autres et du liquide ambiant. Cette variation se produit dans des limites très étroites; l'attraction de l'eau pour l'émulsion protoplasmique est toujours à peine inférieure à celle des particules de l'émulsion entre elles; elle s'accroît au plus assez pour faire glisser celles-ci les unes sur les autres, mais jamais assez pour les séparer, ce qui reviendrait à dissoudre l'Amibe [1].

Verworn (92) n'a pas, comme Berthold, cherché à expliquer toutes les manifestations vitales du protoplasme par sa constitution. Il n'a visé que la contractilité et a imaginé une constitution du protoplasme précisément en vue de l'expliquer.

Théorie de Verworn. — Le protoplasma se compose de molécules chimiques qui peuvent se présenter sous trois états : Dans l'*état n° 1*, elles sont complètes et privées d'oxygène, ont une grande affinité pour cette substance et se précipitent vers les points où il y en a le plus. Dès qu'elles ont atteint l'oxygène, elles s'en saturent et passent à l'*état n° 2* de combinaisons explosibles, c'est-à-dire très instables et prêtes à se détruire sous l'action des excitations diverses, physiques ou autres. Dans cet état, elles

[1] Pour les mouvements d'ensemble du protoplasme, l'auteur part du point de départ établi par les expériences de Plateau et de Quincke et aboutit à la manière de voir développée et précisée plus tard par Bütschli. (Voir pp. 307, 308).

constituent par leur ensemble une substance dont la tension superficielle dans l'eau est beaucoup plus faible que dans l'état précédent. Dès qu'une excitation les atteint, elles se décomposent brusquement en donnant de l'acide carbonique, de l'acide lactique, etc., et, dans cet *état n°* 3, les molécules, déchargées de ces produits d'oxydation, forment une substance dont la tension superficielle dans l'eau est beaucoup plus grande que dans l'état précédent. Ces molécules ont, en outre, une affinité énergique pour certaines substances sans cesse sécrétées par le noyau et qui restent dans le cytoplasma, formant une couche autour de la membrane nucléaire. En raison de cette affinité, les molécules du troisième état se précipitent vers le noyau, se combinent avec ces substances, s'en saturent et repassent ainsi à l'*état n°* 2.

Cela permet d'expliquer les mouvements des pseudopodes chez les Amibes. Si une Amibe placée dans de l'eau contenant de l'oxygène inégalement réparti de manière qu'il y en ait plus d'un certain côté, les molécules actuellement dans l'état n° 1 vont se précipiter vers lui. Au fur et à mesure qu'elles arrivent à son contact, elles passent à l'état n° 2; la tension superficielle diminue donc en ce point et un pseudopode se forme. Les molécules n° 2, devenues indifférentes pour l'oxygène, sont refoulées sur les côtés par les molécules n° 1 qui arrivent sans cesse des parties centrales, et ainsi le pseudopode s'allonge de plus en plus. A un certain moment un état d'équilibre est atteint et le pseudopode reste en son état sans tendance à s'accroître ni à se rétracter. Survienne maintenant une excitation quelconque, lumière vive, chaleur, choc, etc., aussitôt les molécules n° 2 passent à l'état n° 3 et se précipitent vers le noyau, en même temps la tension superficielle augmente; toutes raisons pour que l'Amibe prenne une forme sphérique et rétracte ses pseudopodes. Arrivées au noyau, les molécules n° 3 passent à l'état n° 1 prêtes à recommencer la même série de mouvements dès que l'oxygène interviendra de nouveau.

L'oxygène étant d'ordinaire uniformément réparti dans l'eau qui baigne l'Amibe, celle-ci devrait se dilater uniformément et rester sphérique. Il n'en est pas ainsi parce que les molécules n° 1 ne sont pas toutes identiques; elles sont très diverses, au contraire, et ont des affinités pour l'oxygène très différentes. En sorte que c'est dans le lieu où se trouvent les plus avides de ce gaz que se forme la saillie la plus forte. La forme totale de l'animal à chaque instant est déterminée par les attractions qui s'exercent entre sa surface, en ses différents points, et le milieu ambiant.

En somme, les mouvements du protoplasme seraient produits par un double chimiotactisme alternatif, d'une part entre les molécules protoplasmiques et l'oxygène, d'autre part entre ces mêmes molécules et les substances sécrétées par le noyau.

[La principale objection à faire à cette théorie, comme à la précédente, c'est que, si elle explique à peu près les mouvements des pseudopodes, elle devient de plus en plus insuffisante à mesure qu'elle cherche à rendre compte de mouvements plus brusques et plus localisés. Il suffit pour s'en convaincre de lire la note ci-annexée [1]. La théorie me semble incapable même de rendre un compte exact des mouvementsd es pseudopodes fixes des Foraminifères supérieurs et n'explique vraiment, d'une manière à peu près satisfaisante, que ceux des gros pseudopodes lobés des

[1] VERWORN (92) a cependant cherché à étendre sa théorie aux mouvements ciliaires et musculaires. Pour les cils, il admet que ce sont de fins prolongements fixes dans lesquels se sont localisés les transports de molécules n° 1 et leur transformation en molécules n° 2. Les fines stries que l'on aperçoit parfois, allant de leur base vers le noyau indiqueraient les chemins suivis par ces molécules.

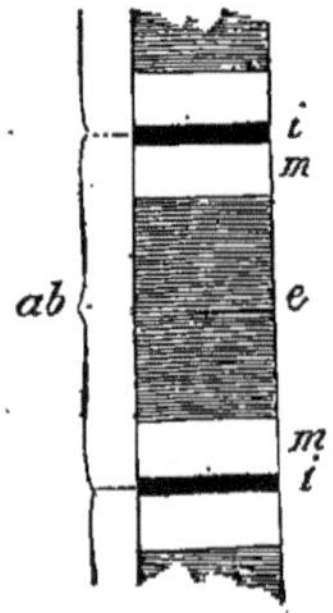

Fig. 20.
Fibrille musculaire.

Pour les muscles striés, voici en quelques mots à quoi se résume son idée. On sait que la fibrille musculaire est formée (fig. 20) de tranches successives (*ab*) séparées par les *bandes intermédiaires* (*i*, *i*). Chaque tranche *ab* est formée d'un disque *épais* ou *obscur* ou *anisotrope* biréfringent (*e*) situé entre deux disques *minces* ou *clairs* ou *isotropes*, monoréfringents (*m*). Ces fibrilles sont logées côte à côte dans une enveloppe de *myolemme* contenant *un noyau* et une petite quantité de protoplasma non différencié, appelé *Sarcoplasma*, répandu partout, mais en couches très minces, sauf autour du noyau où il est un peu plus abondant. Les molécules chimiotactiques seraient contenues dans les disques épais (*e*) et les substances chimiotactiques sécrétées par le noyau se répandraient d'abord dans le sarcoplasma, puis arriveraient dans les disques minces (*m*, *m*) et c'est là, aux limites entre (*m*) et (*e*) que s'exercerait l'attraction énergique entre les molécules et cessubs tances. De cette attraction résulterait un épaississement de la fibre en ces points et, par suite, un raccourcissement.

L'allongement se produirait par l'attraction entre les molécules du disque épais et l'oxygène dissous dans le sarcoplasma ambiant. Car cette attraction, en raison de la fixité du tissu, ne peut amener qu'un changement de forme tel que la surface de contact entre le disque et le sarcoplasme soit aussi grande que possible, ce qui se produit quand la fibre s'amincit et s'allonge.

[Peu de personnes, je crois, admettront qu'une telle théorie donne une explication suffisante des contractions et des relâchements brusques, rapides, rigoureusement mesurés, se succédant indéfiniment selon les variations de l'excitation nerveuse, comme dans le cœur ou les muscles de la langue et de l'œil. Mais nous ne pouvons entrer dans la discussion d'un sujet déjà presque étranger au plan de cet ouvrage.]

Amibes ou des leucocytes. Pour que la théorie s'appliquât à tous les cas, il faudrait admettre que les molécules n° 1 douées d'une affinité égale pour l'oxygène, sont toujours réunies par groupes de la largeur des pseudopodes que l'animal est capable de former. Car, si dans une Amibe il se rencontrait quelque part, près de la surface, un tout petit groupe de molécules n° 1 ayant une affinité égale et très grande pour l'oxygène, il déterminerait la formation d'un pseudopode filiforme, ce qui n'arrive jamais. L'objection inverse se pose pour les Foraminifères à pseudopodes filiformes chez lesquels on devrait voir se former des lobes d'Amibe. Cela suppose dans la répartition des molécules une précision incompatible avec leurs mouvements incessants.]

Au cours d'études entreprises sur la tension superficielle, QUINCKE (88) fit un certain nombre de remarques intéressantes qui l'amenèrent à fournir une théorie nouvelle des mouvements protoplasmiques, et cette théorie a pris un nouvel intérêt du fait qu'elle a servi de base à celles de Bütschli dont nous aurons à parler dans un instant.

Théorie de Quincke. — Si l'on verse une goutte d'huile dans une solution diluée de carbonate de soude, il se produit en elle des mouvements qui offrent une grande analogie avec ceux d'une Amibe. Cela tient à ce qu'il se forme à sa surface une pellicule de savon de soude, soluble dans le liquide salin et qui, diffusant dans celui-ci, détermine des variations de la tension superficielle dans ses divers points. Là où existe une pellicule savonneuse, la tension superficielle est moindre, et un pseudopode se forme. Mais bientôt cette pellicule se dissout et disparaît. La couche huileuse sous-jacente est mise à nu et, en raison de sa tension supérieure, fait rentrer le pseudopode. Mais bientôt une nouvelle pellicule savonneuse se reforme, au même point ou ailleurs et la même série de phénomènes recommence. Les mouvements durent tant qu'il reste de l'huile. Dans un liquide albumineux, il se produit une sorte de *savon d'albumine* qui engendre les mêmes effets.

Le protoplasma des cellules végétales est entouré d'une minime couche d'huile [1]. Au contact de cette couche huileuse et de la masse protoplasmique qu'elle recouvre, les phénomènes décrits plus haut se produisent

[1] On ne voit pas cette huile, mais divers phénomènes autorisent à admettre qu'elle existe. En effet, si on place la cellule dans un liquide sucré ou salin de concentration convenable, on détermine la *plasmo-*

et engendrent des mouvements. Ces mouvements, d'abord sans direction concordante, finissent par l'emporter d'un côté ou de l'autre et déterminent la rotation qui, une fois commencée, continue toujours dans le même sens. On comprend qu'elle soit maxima à la périphérie. Sur les filaments protoplasmiques qui traversent l'utricule les mêmes phénomènes se produisent pour les mêmes causes. L'absorption d'oxygène est nécessaire à la formation du savon d'albumine et ainsi s'explique que les mouvements ne puissent se produire en l'absence de ce gaz. Sous l'influence des gaz excrétés, il peut se former des filaments d'albumine solide qui arrêtent le mouvement; mais ils finissent par se dissoudre et le mouvement recommence : ainsi s'expliquent ses alternatives. Dans la couche d'huile se dissolvent des substances albumineuses venant du cytoplasme : au contact de l'eau, ces substances se précipitent et donnent naissance à une membrane solide qui, d'abord très mince, s'épaissit peu à peu.

Les Amibes sont aussi entourées d'un couche huileuse semblable. Sous l'action de sa tension superficielle, leur corps tend toujours à prendre une forme ronde mais, là où prédominent les effets ci-dessus décrits, se forment des pseudopodes qui se rétractent dès que la tension superficielle reprend le dessus.

La couche huileuse, étant très mince, est perméable et ne s'oppose pas aux échanges nutritifs.

Chez les Infusoires, la vacuole pulsatile est entourée d'une couche semblable qui produit par le même mécanisme ses mouvements d'extension et de retrait.

[Ici encore l'explication a le tort de ne s'appliquer qu'aux mouvements en quelque sorte végétatifs, tels que la circulation du protoplasma des cellules végétales, l'émission de pseudopodes des Amibes. Mais les mouvements des pseudopodes filiformes, ceux des cils et des muscles, ne se comprennent pas du tout. Même pour la vacuole pulsatile des Infusoires, la brusquerie de la contraction n'est nullement expliquée.]

lyse de la cellule, c'est-à-dire que l'utricule protoplasmique se détache de la paroi et s'isole en une masse libre. Or dans cet état, il peut former des sinuosités accentuées, mais dans le fond de celles-ci, on n'observe jamais de plis, ce qui arriverait s'il y avait une couche périphérique solide. Parfois la masse plasmolysée se divise en plusieurs autres, qui peuvent se refondre et toujours la forme reste régulièrement arrondie. Cela ne pourrait avoir lieu si la surface avait une membrane et s'explique au contraire fort bien si elle est formée d'un pellicule d'huile de 1/10 de μ d'épaisseur peut-être, invisible au microscope, mais agissant à la fois par ses propriétés chimiques et sa tension superficielle.

Théorie de Bütschli. — Bütschli (89), en combinant les idées de Quincke avec sa théorie de la structure alvéolaire du protoplasma, est arrivé à une explication notablement différente de la précédente, bien qu'elle repose sur le même principe. Bütschli a réussi à produire artificiellement une substance ayant une structure alvéolaire tout à fait comparable à celle qu'a, selon lui, le protoplasma. Cette substance est une mousse savonneuse à alvéoles extrêmement petits[1].

Si l'on met sous le microscope une goutte de cette substance, on la voit se mettre en marche avec toutes les allures d'une Amibe. Le mouvement dure 24 heures et plus; il est excité par la chaleur qui peut le faire reprendre lorsqu'il s'est arrêté; entre les électrodes d'une pile, l'Amibe artificielle se dirige vers le pôle négatif.

Ce mouvement s'explique de la manière suivante.

Quelque part à la périphérie, pour une cause accidentelle quelconque, quelques alvéoles viennent à se rompre et laissent écouler leur contenu savonneux qui, en ce point, s'épanche à la surface. Comme la tension superficielle de ce liquide est moindre que celle de l'huile, il se forme en ce point une saillie. Pour la former, les alvéoles sous-jacents s'avancent, font de la place derrière eux, les alvéoles un peu plus profonds s'avancent pour la combler et ainsi, de proche en proche, jusque dans la profondeur de l'Amibe artificielle. Quand la voussure superficielle est formée, le mouvement devrait s'arrêter. Mais de nouveaux alvéoles crèvent à la sur-

[1] Pour l'obtenir, il broie ensemble de l'huile (les diverses huiles sont très inégalement propres à cette préparation, et l'aptitude à former ces mouses est presque une qualité individuelle de certains échantillons) avec du carbonate de potasse finement pulvérisé. Il place cette pâte dans l'eau qui diffuse lentement *à travers* l'huile et dissout les fins granules de carbonate de potasse. A la place de chaque grain de ce sel, se trouve maintenant une gouttelette liquide de la solution saline et toute la masse a la structure d'une émulsion à mailles extrêmement fines. Dans la masse, les gouttelettes sont arrondies ou polyédriques et irrégulièrement disposées, mais à la surface, elles forment une couche régulière.

[J'ai vu les préparations de Bütschli et puis affirmer que la ressemblance avec la structure du protoplasma de certains Protozoaires est tout à fait saisissante.]

Mais, dans cette mousse, se passent des réactions chimiques : la solution saline réagit sur l'huile et se transforme en une solution de savon potassique. Si l'on ajoute de la glycérine diluée, qui facilite les phénomènes ultérieurs, cette glycérine se dissout dans le savon. On a, en somme alors, une masse constituée par des gouttelettes extrêmement fines et serrées les unes contre les autres, formées de savon potassique dissous dans une solution aqueuse de glycérine, et noyées dans une masse d'huile qui forme les cloisons de séparation entre les gouttelettes. En outre, une mince couche d'huile limite la surface générale.

face et ainsi le phénomène commencé continue indéfiniment et provoque un déplacement, une translation de l'Amibe artificielle. Si, en quelque autre point le phénomène se produit, il y a tendance au déplacement vers ce second point et si, le mouvement est plus actif de ce côté, il en résulte un changement de direction dans la marche de l'Amibe savonneuse[1].

[Bütschli voit là l'explication des mouvements du protoplasma disant : puisque le protoplasma et les mousses savonneuses ont la même structure, la cause des mouvements de celles-ci doit être aussi la cause des mouvements de celui-là. Cette conclusion n'est pas très rigoureuse, car on pourrait renverser la proposition et dire : les mouvements du protoplasma et des Amibes artificielles sont très semblables, mais ils ne peuvent être dus aux mêmes causes, la composition chimique des deux objets étant absolument différente.

[C'est certainement ce que tout le monde aurait dit si les mêmes choses se fussent passées dans un ordre inverse et je vois là un intéressant exemple des variations de cette logique dont nous sommes si fiers. Supposons qu'on ait rencontré quelque part les mousses de Bütschli sans connaître leur origine et leur nature, et que frappé de l'analogie de leur structure et de leurs mouvements avec ceux du protoplasma, on ait songé à les assimiler à celui-ci. Si quelqu'un, en les étudiant, eût reconnu qu'elles n'étaient que des émulsions savonneuses, il en aurait conclu que les ressemblances n'étaient qu'accidentelles et superficielles et on n'y eut plus pensé. C'est ce qui est arrivé pour le Bathybius.]

II. THÉORIES DE LA DIVISION CELLULAIRE

a. Causes.

Toutes les théories relatives à la Division cellulaire concernent la recherche de ses causes. Mais on peut envisager ces causes à divers points de vue.

La *cause mécanique* de la division des chromosomes est en général attribuée à la contraction des filaments du fuseau. E. Van Beneden (87), Boveri (88 $_1$) ont admis que les filaments des sphères attractives s'at-

[1] Bütschli (91) a retrouvé dans les muscles la structure alvéolaire du protoplasma, mais il n'a pas encore trouvé en elle la cause de leurs mouvements.

La chose, en effet, ne semble pas facile.

tachaient directement sur les anses jumelles et les attiraient vers les pôles en se contractant. FLEMMING, O. HERTWIG, BERGH, RAWITZ, etc., se sont ralliés à cette opinion. RABL (89) et C. SCHNEIDER (91) pensent que les filaments du fuseau préexistent à l'apparition de celui-ci. Ils ne seraient autres que des filaments du réseau, devenus visibles et orientés, précisément par le fait de leur contraction et de l'épaississement dû à leur raccourcissement[1].

STRASBURGER (93), au contraire, croit que les anses glissent seulement sur les filaments, attirées par une force chimiotactique émanant des sphères[2].

[1] RABL admet que les filaments des aster et du fuseau sont déjà tout formés dans la cellule au repos, mais qu'on ne les voit pas parce qu'à ce moment ils sont très fins et non tendus. Ils partent tous de la sphère attractive qui est le centre mécanique de la cellule. Les uns serpentent dans le cytoplasma, les autres pénètrent dans le noyau par un trou percé dans sa membrane au fond de la

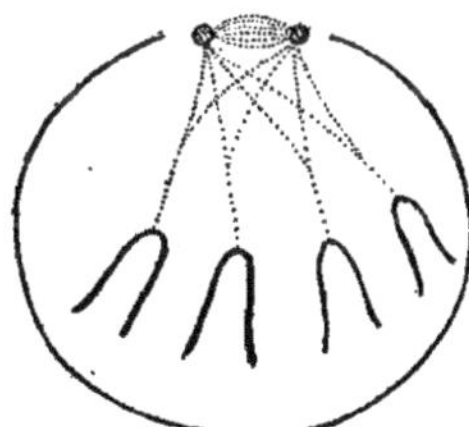

Fig. 21.

dépression où la sphère est logée. Ils vont s'attacher aux anses chromatiques, qui dans sa théorie (v. p. 84) sont déjà individualisées pendant le repos du noyau. Les phénomènes nutritifs amènent les filaments, qui sont tous contractiles, à un état où ils n'attendent qu'une excitation, interne ou externe, pour se contracter. Ceux du cytoplasma entrent en jeu les premiers. Ils se raidissent, deviennent plus courts, plus gros et rectilignes, toutes conditions qui concourent à les rendre visibles et donnent l'image de l'*aster*. En continuant à se contracter, ils tirent sur le centrosome et sur sa vésicule en sens inverse et déterminent leur division. Leur écartement a pour effet de fendre en long les filaments qui vont aux chromosomes, en sorte qu'après cette scission longitudinale achevée, en chacun des points où un filament s'attachait à un chromosome, il s'en attache maintenant deux (fig. 21, schématique) qui se prennent chacun à l'un des centrosomes. Quand les centrosomes se sont tout à fait écartés et que les filaments se contractent, ceux-ci prennent la disposition des éléments du fuseau, amènent les chromosomes dans le plan équatorial et, tirant sur eux en sens inverse, les dédoublent en long. Cette contraction en se continuant sépare les chromosomes en deux groupes et les entraînent vers les pôles.

Mais FLEMMING (91_4) et, après lui, HERMANN (91) ont opposé une objection capitale à cette théorie séduisante, c'est que la division longitudinale des chromosomes précède souvent la formation des aster et la division du centrosome.

[La théorie peut être vraie en partie, mais elle est fausse en certains points, insuffisante dans d'autres. La division du centrosome et celle des chromosomes sont deux phénomènes connexes peut-être mais non unis entre eux par la relation de cause à effet.]

[2] Il se fonde principalement sur le fait que chez les Liliacées, dans les cellules mères du pollen, il n'y a pas de fibres s'attachant aux chromosomes. Mais FLEMMING (94) trouve cette absence insuffisammen ıdémontrée.

HÆCKER (94), au contraire, confirme

Faut-il citer l'opinion de Bürger (92) qui prétend que les cellules se divisent par simple distention du cytoplasma, sans que le noyau joue un rôle plus spécial que la masse de cytoplasma qui occuperait sa place s'il était absent.

On sait que Spencer (64) a, depuis longtemps, attiré l'attention sur le fait que, lorsqu'un être organisé s'accroît, sa surface croît comme le carré de ses dimensions et son volume comme le cube. L'assimilation doit être proportionnelle au volume et, comme elle ne se fait que par la surface, il en résulte que, plus l'être s'accroît, plus sa nutrition devient difficile.

Van Rees (87) appliquant ces considérations à la cellule croit trouver en elles la raison de sa division : raison téléologique en tous cas; car, montrer qu'une chose est avantageuse, n'est pas expliquer pourquoi elle se fait. La cellule se divise pour augmenter sa surface absorbante par rapport à son volume, soit; mais il faudrait montrer comment la gêne de la nutrition devient l'excitant physiologique de la division. Si cette démonstration était faite, la théorie prendrait aussitôt une importance capitale. Rees cherche à montrer par quelques exemples que cette action excitante de la pénurie nutritive est un fait. Chez les Protozoaires, les conditions défavorables produisent la division.

Orr (93) a cherché à trouver dans l'asphyxie relative produite par la diminution de la surface respiratoire relativement au volume, la cause des mouvements qui opèrent la division. Nous aurons à revenir sur cette intéressante tentative en étudiant, dans la *Troisième partie*, la *Théorie Générale* de cet auteur[1].

l'opinion de Strasburger en constatant que, chez la *Sida Cristallina*, petit Crustacé voisin des Daphnies, au moment où les anses vont se déplacer, il se produit dans les centrosomes un changement de constitution que les réactifs colorants mettent en évidence. Au lieu de former une masse pleine logée dans la sphère attractive, ils deviennent vésiculeux et laissent diffuser autour d'eux un liquide colorable. Ce liquide serait l'agent de l'attraction chimiotactique des chromosomes.

[1] Comme conséquence de sa théorie, du *Ballast* (v. p. 350), Lendl (90) émet l'idée que la division cellulaire a pu avoir pour première origine, chez les Monoplastides, une modification de la fonction physiologique *excrétion*. Au lieu d'évacuer seulement le ballast nuisible, la cellule a séparé d'elle, en même temps, une partie de son protoplasma. De cette manière, elle s'est entièrement purifiée et rajeunie. La partie excrétée, contenant, outre le ballast, du Plasma germinatif, a constitué une vraie cellule mais moins pure et, par là, incapable de divisions ultérieures indéfinies. Elle représente le *Soma*. Avec ses pareilles elle a pour tendance de s'organiser en colonie et de se différencier en un soma autour des cellules germinatives pour les protéger et les nourrir.

b. Reproduction des figures karyokinétiques.

Bütschli (92), dont nous avons fait connaître la théorie relativement à la structure alvéolaire du protoplasma, a cherché à reproduire, dans son protoplasma artificiel, les figures de la karyokinèse et à déduire de là les causes de la formation de ces singulières images et par suite celles de la division elle-même.

Pour cela, il fabrique des mousses analogues à celles qui lui ont servi pour la structure du protoplasme, mais fixes, les alvéoles étant formés de gouttelettes d'huile liquide et les parois de gélatine coagulée[1].

Quand dans ces mousses se rencontre une bulle d'air, les alvéoles se montrent orientés radiairement autour d'elle et dessinent un *aster;* en outre, la bulle se montre immédiatement entourée d'une zone annulaire claire. Quand deux bulles se trouvent au voisinage l'une de l'autre, leurs radiations se croisent et dessinent un fuseau. Ces aspects sont dus à ce que, la préparation ayant été faite à chaud, la bulle d'air s'est contractée pendant le refroidissement. Il en résulte une tendance au vide et un appel centripète qui a produit, d'une part l'orientation radiaire des alvéoles, et d'autre part la zone claire, par tassement des alvéoles qui viennent se comprimer jusqu'à devenir invisibles dans le point où ils sont attirés avec le plus d'énergie.

Mais comment appliquer cette explication de la figure artificielle aux vraies figures karyokinétiques, puisque dans celles-ci, le centrosome au lieu de se contracter comme la bulle d'air, augmente de volume au moment de la division. L'auteur croit y parvenir en remarquant que, malgré son accroissement de volume le centrosome est un centre d'appel, de raréfaction. En effet, pour grossir il attire à lui des substances liquides qu'il transforme en la substance plus condensée qui forme sa masse; de là résulte donc une tendance au vide et un appel, comme de la part de la bulle d'air. Pour prouver que la chose peut bien se passer ainsi, Bütschli fabrique des mousses dans lesquelles il emprisonne des particules de plâtre finement broyé dans de la glycérine. En substituant de l'eau à la glycérine, il fait gonfler les granules de plâtre et, malgré cela, obtient des figures qui rappellent plus ou moins celles de la karyokynèse

[1] Pour cela, il mêle intimement et à chaud, l'huile et la gélatine en solution épaisse et, après avoir obtenu la mousse, la fait coaguler par l'alcool.

par suite d'une attraction centripète qu'exercent les particules gypseuses par le mécanisme précédemment indiqué.

Si grande que soit l'admiration des histologistes pour l'ingéniosité de ces expériences, tous restent sur la réserve sentant ce qu'il y a d'artificiel dans cette assimilation de phénomènes ayant pour siège des substances si disparates.

Bien plus saisissantes que celles de Bütschli sont les figures obtenues par Henking (93) en laissant tomber, d'un peu haut, sur une lame de carton ou de verre enduite de noir de fumée, une goutte d'eau, de vernis siccatif ou d'alcool.

Il ne faut aucune complaisance pour reconnaître ici le centrosome, la sphère attractive et l'aster simple ou double. L'auteur explique fort bien la chose en montrant que la goutte, arrêtée dans sa chute, s'écrase, que sa tension superficielle est vaincue et qu'elle se fragmente en gouttelettes qui partent dans le sens des rayons. Aussi est-on étonné de le voir gravement conclure que la pression centrifuge peut, aussi bien que la succion centripète des mousses de Bütschli, former des figures karyokinétiques.

Tout cela n'a pas plus de réalité que le *Lion*, la *Balance*, le *Poisson*, etc., que forment, dans le ciel, les constellations zodiacales.

III. THÉORIES DE LA RÉGÉNÉRATION [1]

Ici, comme pour la plupart des autres cas, la question théorique a plusieurs faces. On peut se demander par suite de quelles forces évolutives se fait chez l'individu la régénération de la partie enlevée, et d'autre part, comment et sous l'influence de quels facteurs, la force régénératrice s'est localisée dans certaines espèces et dans certains organes ou tissus.

Examinons d'abord la première.

Toutes les théories se ramènent à deux idées fondamentales dont elles ne sont que des variantes, celle d'une force évolutive générale et celle des germes spéciaux. Cette dernière, la plus en honneur aujourd'hui n'est pas nouvelle.

Dès le dix-huitième siècle, Bonnet (1776) expliquait la Régénération du Ver de terre dans des termes que pourrait accepter Weismann. Il y a,

[1] Parmi les auteurs ayant traité de la Régénération dans les théories générales de la 3e partie, citons en particulier Spencer, de Vries, Roux, Weismann etc. Voir aussi (p. 526) la théorie de Hansemann.

disait-il, tout le long du corps du Ver, des germes de tout le corps, orientés la tête vers la tête, la queue vers la queue. Après la section, tous les sucs sont employés à nourrir les germes mis à nu par l'opération et à les faire développer. [La chose s'explique ainsi toute seule, mais hélas ce qu'on ne s'explique pas c'est ce que sont ces germes, ni comment ils se disposent là d'une façon si appropriée.]

Weismann (92) admet aussi ces germes orientés, mais il définit leur constitution à l'aide de ses *Déterminants de réserve*. (V. la 2e *Théorie générale* de l'auteur.)

Mais les expériences de Davenport (94) ont permis à leur auteur d'objecter à Weismann qu'il n'y a pas un tissu régénérateur différencié à différents niveaux pour produire précisément ce qui se trouve au-delà, mais que le tissu embryonnaire peut à tout niveau régénérer les mêmes parties.

Godlewski (88) et Hansemann (93) (V. *Theorie de l'Ontogénèse*, p. 333 et suiv.) cherchent à expliquer la faculté régénératrice par la conservation dans chaque cellule, à côté du plasma principal qui la caractérise, de *plasmas accessoires* de toutes les autres espèces.

Kölliker (86) fait une hypothèse plus vraisemblable en admettant qu'il reste, dans le développement, des cellules semblables à celles qui proviennent de la division de l'œuf, c'est-à-dire non différenciées et ayant conservé le pouvoir de former des parties entières de l'individu.

Mais l'explication est évidemment insuffisante, car ces cellules embryonnaires vont avoir à former tout autre chose que ce qu'ont formé, dans l'ontogénèse, leurs sœurs constituées comme elles. Il y a certainement une action des parties restantes sur les parties en voie de régénération pour régler l'évolution de celles-ci.

Cette action est en général attribuée à des forces analogues à celles qui président à la reconstitution des cristaux ébréchés. C'est H. Spencer qui, le premier, a conçu ainsi les choses.

Pflüger (83, 85) admet la même idée. Il n'y a, selon lui, aucun germe préexistant des parties régénérées, il y a seulement des forces attractives, de direction déterminée, qui font qu'à la surface mise à nu se dépose une première couche qui en attire une seconde et ainsi de suite jusqu'au bout, chaque couche donnant à la suivante la forme qu'elle doit avoir, tout comme dans le cristal.

Vöchting (78) (et O. Hertwig (94) plaide la même thèse) pense que l'être entier *sommeille* dans chaque cellule. Dans les organismes complexes, la cellule est une partie d'un tout et remplit par rapport à lui une fonction déterminée. Mais si on l'isole, ses relations avec l'ensemble cessent et alors entrent en jeu les forces qui la font se développer en un être complet.

Il est à peine besoin de faire remarquer que, cela fût-il vrai, l'explication n'est qu'ébauchée. Quelle est cette action de l'organisme sur la cellule, qui place ainsi en état d'inhibition les forces évolutives de celle-ci ? La difficulté est déplacée mais nullement allégée.

Eimer (88), qui combat les idées de Vöchting, ne voit dans la Régénération qu'une continuation de l'Ontogénèse. C'est un accroissement intensif se produisant, de lui-même, dans des conditions déterminées. Elle est régie par les mêmes causes mécaniques que l'Hérédité, en ce sens qu'elle est produite par des forces évolutives déterminées, acquises par les ancêtres et transmises à leurs descendants.

Je suis convaincu que cela est fort exact. Mais comme l'auteur n'explique par les forces évolutives de l'Ontogénèse, en comparant la Régénération à quelque chose d'aussi mystérieux qu'elle, il ne fait faire aucun progrès à la question.

La seule explication qui ait été fournie de l'origine phylogénétique de la Régénération est celle de Weismann, déjà entrevue bien avant cet auteur par Lessona (68), et nettement formulée par Darwin (80). Ces deux observateurs ont établi que les parties qui se régénèrent chez les animaux sont les plus exposées à être coupées, et ils en donnent des exemples.

Lessona explique cela par la *Prévoyance de la nature.*

Weismann (92), bien entendu, rejette ce facteur et cherche à trouver dans la Sélection l'explication des phénomènes.

Mais laissons-lui la parole.

La Régénération ne saurait s'expliquer, comme le voudrait Spencer, par une propriété d'ordre presque physique comparable à celle des cristaux dans leur solution mère. Ces deux phénomènes ne sont point de même nature, car la Régénération reproduit des parties non semblables aux parties restantes, ce qui n'arrive pas pour les cristaux. On admet généralement que la Régénération est une propriété générale de la matière vivante, qui a d'autant plus de difficulté à s'exprimer dans les organismes que ceux-ci sont plus élevées en organisation, en sorte qu'elle décroît à mesure que la perfection organique s'augmente. Cela n'est pas exact. Le Cerf régénère ses bois, la Salamandre reforme une patte, tandis que le Poisson, moins élevé cependant en organisation, ne peut réparer ses nageoires [cela n'est pas exact; cette régénération a été signalée]. La vérité est que c'est bien une propriété générale des organismes, mais qu'elle a été conservée par la Sélection là seulement où elle était utile et là où elle avait assez souvent l'occasion de s'exercer pour être d'une utilité réelle à l'espèce. En somme [1] elle repose sur l'adaptation. Ainsi le Lézard régénère sa queue dont on connaît la fragilité, mais il ne régénère pas sa patte qui est infiniment moins exposée à se briser. Le Triton, au contraire, dont les pattes, dans l'eau, sont exposées à être amputées d'un coup de dent, les régénère. Le Protée, sans ennemis voraces dans ses grottes, ne jouit pas de la même faculté. Les organes internes, qui ne peuvent guère être atteints sans lésions entraînant la mort, ne se régénèrent pas. Si l'on coupe à une Salamandre la moitié d'un poumon en travers et si l'on recoud la plaie, le poumon se cicatrise, mais ne se régénère pas. C'eût été cependant plus facile qu'une patte. Chez les plantes, les feuilles, les tiges ne se régénèrent pas, parce que la réparation de ces parties eût été de nul profit pour la plante qui trouve dans son bourgeonnement tant de facilités pour former de nouveaux organes intacts [2].

Les œufs sont si nombreux et en général si délicats, qu'il n'y a aucune utilité à ce qu'ils régénèrent leurs parties coupées et presque aucune possibilité à ce qu'ils ne soient pas entièrement détruits par les traumatismes qui les atteignent. Cependant les expériences ont montré qu'ils avaient une certaine faculté de régénération. Chabry et Driesch ont observé que, si l'on détruit ou supprime un blastomère, chez les Ascidies et les Oursins, au stade où il y en a deux représentant chacun une des moitiés du corps, l'autre blastomère est capable de donner naissance à une larve entière. Cela prouve seulement que l'autre blastomère contenait tous les *Déterminants* [V. la *Théorie générale* de l'auteur] nécessaires et que ceux-ci se sont doublés ainsi que la cellule, sous l'influence d'une force évoquée par la disparition du blastomère jumeau. Les Ascidies et les Oursins sont, en effet, des types où la blastogénèse est puissante. Chez les Grenouilles où il n'en est pas ainsi, Roux a vu que, généralement, la moitié détruite de l'œuf ne se régénère pas et qu'il se forme une demi-larve.

On peut admettre avec R. Von Wagner que la Régénération ainsi éta-

[1] Cette idée est de Darwin (80) (V. p. 540. Elle a été adoptée par Weismann.

[2] [Weismann reconnaît cependant que quelques faits sont en opposition avec ce principe et montrent que, dans certains cas, la faculté régénératrice s'est conservée en dehors de l'adaptation. Tel est le cas de la Cigogne de Kennel qui répara la moitié terminale de ses deux mandibules].

blie phylogénétiquement par la Sélection, ne s'est pas bornée à la réparation des mutilations accidentelles, mais qu'elle s'est développée et a engendré la Reproduction par division et par bourgeonnement qui n'est qu'une Régénération régularisée et préparée avant la mutilation qui la rend nécessaire.

[L'explication de Darwin et de Weismann est de celles qui ne saurait s'accommoder d'exceptions quelconques. Si, dans un certain nombre de cas, si petit que l'on voudra, la Régénération se montre, là où elle n'est d'aucune utilité pour l'espèce, il est évident que l'utilité pour l'espèce et par suite la Sélection ne peut être sa véritable cause. Or Weismann cite lui-même une exception, celle du bec de la Cigogne.

[Mais ce n'est pas là un fait si exceptionnel. Lorsqu'un Lapin régénère une glande salivaire, ou un lobe du foie, peut-on dire que la Sélection ait contribué à développer cette faculté? Il en est de même pour tous les autres viscères dont de nombreux faits attestent la faculté régénératrice. Nous avons cité les plus remarquables au chapitre de la *Première partie* qui traite de cette fonction (p. 92 à 102).

[Les infusoires fournissent aussi de nombreuses exceptions d'un caractère beaucoup plus général. Les expériences de *mérotomie* de ces animaux ont montré à GRUBER, à NUSSBAUM, à BALBIANI, qu'ils étaient capables de régénérer presque la moitié de leur corps, lorsque celui-ci était coupé avec des précautions très délicates de manière à ne pas léser le noyau. L'expérience réussit toujours et sur de nombreuses espèces. C'est donc bien une propriété organique générale chez ces animaux. Or cela ne peut être d'aucune utilité pour l'espèce, car il ne doit presque jamais arriver qu'un Infusoire soit naturellement entamé avec la précision nécessaire pour que le noyau soit respecté. En outre, la division est si facile chez ces êtres, qu'ici bien plus encore que pour les feuilles des plantes, il est de nul avantage pour l'espèce, que le très petit nombre d'individus mis à même d'utiliser cette faculté de régénération soit sauvée ainsi de la mort.

[Pour ce qui est des œufs, WEISMANN explique la régénération de ceux des Oursins et des Ascidies par la présence de *Déterminants* supplémentaires dans le blastomère qui reste, en raison de la faculté blastogénétique qui est très développée chez ces animaux. Mais la même chose existe, dans le cas de Postgénération (v. p. 100), pour les œufs des Grenouilles qui sont absolument inaptes à bourgeonner ou à régénérer quoi que ce soit à l'état adulte].

Le *Bourgeonnement* et la *Scission* sont souvent considérés, non sans raison, comme des extensions de la fonction régénératrice. La Scission serait une régénération d'une moitié du corps par l'autre, dans laquelle le travail de régénération précéderait de plus ou moins loin la séparation des deux moitiés, et le Bourgeonnement se rattacherait à la régénération d'un blastomère par un autre. On peut, en effet, considérer la cellule qui sert de point de départ au nouvel individu comme produite par un dédoublement de l'œuf dans lequel chaque moitié a gardé le pouvoir de former un individu entier.

La *Phylogénèse du bourgeonnement* aurait donc ses origines, comme l'a pensé Balfour, dans le fait, observé parfois, de la division des œufs. Mais, si l'on se place au point de vue du plasma germinatif, il faut admettre, en outre, comme l'a fait Weismann : 1° Que les deux œufs ne se séparent pas et que le Plasma germinatif seul subit la division; 2° que l'un des deux Plasmas germinatifs reste inactif, tandis que l'autre subit immédiatement une évolution; 3° que celui des deux blastomères qui reçoit ce plasma en état de vie latente, reçoit aussi sa moitié du Plasma germinatif actif et prend part à l'ontogénèse comme s'il ne contenait rien de spécial, en sorte que rien ne le distingue des autres blastomères jusqu'au jour où son dépôt latent entrera en activité. Enfin, comme l'ontogénèse du bourgeon est souvent notablement différente de celle de l'*oozoïte*, il faut admettre encore que ce plasma de bourgeonnement n'est pas identique au Plasma germinatif; qu'il contient les mêmes *Déterminants*, mais sans doute arrangés d'une autre façon, en sorte qu'il diffère de lui à la manière dont certains composés chimiques diffèrent de leurs isomères.

IV. THÉORIES DES GLOBULES POLAIRES

Il est parfaitement établi que les globules polaires sont, au point de vue morphologique, des *ovules abortifs* et, au point de vue physiologique, des *substances de rebut.* Mais, sur la question de savoir quelle est cette substance de rebut, les opinions les plus disparates ont été et sont encore admises[1].

[1] Balbiani (85) conclut de ses études sur un Diptère, le *Chironomus*, que « les globules ou cellules polaires des Insectes représentent les premiers rudiments des organes génitaux et ont la signification de cellules sexuelles primitives. » Il fonde cette opinion sur ce que les cellules sexuelles primitives du *Chironomus*

Il n'y a pas à compter comme opinion digne d'être discutée, celle que désigne la dénomination de *globules directeurs* donnée autrefois aux globules polaires. Il est vrai que le 1er plan de segmentation passe par le point où ils confinent à l'œuf, mais c'est uniquement parce que ce plan, en passant par là, se trouve perpendiculaire au plan de la division précédente. Les globules polaires n'ont aucune action directrice spéciale sur les segmentations de l'œuf fécondé.

On en peut dire autant de celle de Van Rees (87) qui voit dans l'émission des globules le résultat d'une lutte de divers groupes moléculaires entre eux. Soit, mais que sont ces groupes, et pourquoi luttent-ils?

Tant que l'on n'a pas connu le détail des phénomènes de la fécondation on a pu trouver très plausible l'opinion que la division réductrice sert à rendre le noyau de l'œuf moins prédominant par rapport à la masse du spermatozoïde. Mais aujourd'hui que l'on sait qu'il y a autant de choses essentielles, en qualité et en quantité, dans cette tête de spermatozoïde que dans la vésicule germinative, il faut chercher ailleurs une explication.

Strasburger (84) voit dans le rejet des globules une épuration de la substance nucléaire nécessaire pour lui permettre son évolution ultérieure. L'auteur combat l'idée que se font Minot et Van Beneden sur la nature de cette épuration par d'excellents arguments, mais il n'en fournit pas une meilleure.

Boveri (90), ayant remarqué dans l'œuf fécondé de l'*Acaris megalocephala* deux chromosomes de trop, les considère comme représentant ceux du premier globule incomplètement éliminés et, ayant constaté qu'ils ne troublent en rien le développement, conclut que la substance de ces chromosomes ne diffère en rien de celle des chromosomes conservés. C'est une conclusion illégitime, car ces chromosomes sont peut-être suffisam-

s'isolent avant la formation du blastoderme et ont, à ce moment, une ressemblance avec les globules polaires qui permet de les assimiler à ceux-ci. [Mais ce peut n'être là qu'une ressemblance superficielle, et il y a une différence capitale, c'est qu'aucune de ces cellules n'est rejetée].

Giard (90) cherche à assimiler le 2e globule au spermatozoïde et l'œuf au *Nebenkern* de celui-ci. La comparaison des phénomènes si exactement parallèles de la spermatogénèse et de l'ovogénèse montre que cette assimilation n'a rien de fondé. Les globules polaires correspondent à des spermatozoïdes entiers.

Pour Ryder (90), l'émission des globules est une tentative avortée de Reproduction asexuée. Or l'élément reproducteur asexué avait la forme d'une Fagellate. Le spermatozoïde a conservé cette forme primitive et représente cet élément sexué primitif. Les globules polaires équivalent donc au spermatozoïde. L'auteur retombe par cette voie détournée dans la théorie aujourd'hui admise.

ment éliminés lorsqu'ils sont rejetés et empêchés de se joindre au corps nucléinien complet du noyau.

Depuis que l'on connaît la constance du nombre des chromosomes, on s'accorde à reconnaître l'élimination d'une moitié d'entre eux comme indispensable. C'est là certainement une des fonctions de la division réductrice. Mais, outre qu'elle ne s'applique qu'au deuxième globule, on peut s'étonner que la réduction de nombre ne se fasse pas simplement par segmentation du filament nucléaire en un nombre moitié moindre de fragments, et la réduction de masse par une diminution de l'accroissement nutritif.

O. Hertwig (90) qui est aussi d'avis que la substance éliminée n'a point quelque qualité spéciale, a trouvé néanmoins le moyen d'expliquer d'une manière fort ingénieuse la nécessité de son expulsion. D'après lui, l'ovocyte de premier ordre se divise deux fois pour donner quatre ovules. Mais, de ces quatre ovules, un seul garde tout le cytoplasma ; dès lors les globules polaires sont des ovules sacrifiés, des frères cadets déshérités aux dépens d'un seul aîné qui a gardé tout l'héritage de cytoplasma. L'émission des globules servirait, non à épurer le noyau de l'ovule, mais à enrichir son cytoplasme. Les faits en somme peuvent se résumer ainsi : Chez le mâle, les divisions qui s'intercalent entre le spermatocyte de premier ordre et les produits mûrs n'ont pour effet que de réduire, chez ceux-ci, le nombre des chromosomes à la moitié, et la quantité de chromatine au quart de ce qu'ils étaient chez le premier; chez la femelle, les divisions homologues ont, d'une part ce même effet, d'autre part celui de porter au quadruple la quantité de cytoplasma par rapport à ce qu'elle aurait été si la division de l'ovocyte de premier ordre avaient donné naissance à quatre ovules de même valeur. Mais, tandis que chez le mâle la chromatine du spermatocyte de premier ordre se divise en quatre portions également utilisables, chez la femelle, trois de ces portions sont purement rejetées pour laisser à la quatrième tout le cytoplasma qui aurait dû les accompagner.

Il y a certainement du vrai dans cette théorie, mais elle n'explique pas tout. Si les chromosomes avaient tous la même valeur, il n'y aurait aucune raison pour qu'une division longitudinale si précise attribuât à chaque cellule fille exactement une moitié de chacun d'eux. Ils pourraient se rendre les uns d'un côté, les autres de l'autre, et les deux groupes destinés aux deux cellules filles pourraient être composés de n'importe quels éléments, pourvu qu'ils fussent égaux en nombre. La division longitudinale n'a sa raison d'être que si les chromosomes ne sont pas identiques entre eux et, s'il en est ainsi, les chromosomes rejetés représentent autre chose que ceux qui sont conservés. La question est de savoir ce qu'ils représentent.

Une des explications les plus anciennes et les plus célèbres en même temps est celle de MINOT (77) à laquelle Balfour et Van Beneden ont aussi attaché leur nom. Elle peut se résumer ainsi : l'œuf fécondé est hermaphrodite. Comme il répartit également son plasma nucléaire entre les produits de sa division, les deux premiers blastomères sont aussi hermaphrodites; ceux-ci se comportent de même et ainsi de suite, tant qu'il se passe des divisions dans le corps de l'animal. Toute cellule du corps est donc par essence hermaphrodite et l'œuf non fécondé ne fait pas exception. Il doit à sa maturité, pour devenir fécondable, développer en lui une polarité femelle et pour cela éliminer sa partie mâle. La fécondation lui rend son hermaphroditisme un instant perdu[1].

Mais cette ingénieuse théorie n'est pas soutenable.

STRASBURGER (84), KÖLLIKER (85), HALLEZ (86), WEISMANN (87), ont fait remarquer, avec raison, que l'œuf n'élimine pas la substance mâle qu'il tient de son père, puisque le produit peut assumer des caractères des ancêtres mâles de la femelle. Si cette théorie était vraie, un enfant ne pourrait jamais ressembler au père de sa mère, ni à aucun des ancêtres femelles de son père ou mâles de sa mère, ce qui est évidemment faux[2].

V. THÉORIES DE LA GÉNÉRATION SEXUELLE

Avant que les faits relatifs à la fécondation fussent exactement connus, on se faisait sur la nature de la génération les idées les plus bizarres, et de nombreuses théories imaginaires sont nées de ces idéesfausses. Toutes servaient de base à des théories de l'Hérédité non moins singulières dont on ne peut les séparer. On trouvera au chapitre des *Théories spéciales de l'Hérédité* (p. 354 et suiv.) les plus importantes d'entre elles.

Expliquer la Génération, cela peut signifier deux choses différentes.

[1] SABATIER (84) adopte cette idée et l'étend même en retrouvant dans l'expulsion de certains produits cytoplasmiques l'équivalent physiologique des globules polaires chez les êtres où ceux-ci font défaut. (V. la note de la page 129, à la fin.)

[2] Il nous resterait à parler des deux théories de WEISMANN (87 et 92_2), celle du *Plasma ovogène* et celle des *Plasmas ancestraux* ou *Ides*, et de la théorie à laquelle HAACKE (93) a donné le nom d'*Apomixie*. Mais on les trouvera exposées avec les Théories générales de ces auteurs.

Cela peut vouloir dire, donner la raison pour laquelle elle s'opère, ou bien montrer sa raison d'être, son utilité. A ces deux questions on a proposé des réponses que nous allons examiner.

a) **Affinité sexuelle.**

La génération sexuelle a pour condition première l'attraction du spermatozoïde par l'œuf ou *Affinité sexuelle.*

Sur la nature de cette attraction, on ne sait rien de positif. NÆGELI (84) la croit électrique. Il n'y a là qu'une vague ressemblance entre des effets dont les conditions de production n'ont rien de commun.

O. HERTWIG (92) voit en elle un phénomène complexe qu'il ne définit pas d'une manière précise.

W. PFEFFER (86) doit se rapprocher davantage de la réalité lorsqu'il la considère comme un phénomène chimiotactique. Il a constaté, en effet, que les diverses substances chimiques exercent une attraction positive ou négative variable selon leur nature et selon celle de l'organisme attiré (des Algues inférieures ou des Flagellates).

[Il est possible, en effet, qu'il y ait dans l'œuf mûr une substance qui attire le spermatozoïde et réciproquement.]

b) **Signification de la Fécondation.**

LANG (88) voit dans la Génération asexuelle une Régénération accentuée et régularisée et cette vue peut s'étendre à la Génération sexuelle elle-même. Mais comment la Régénération qui, normalement, succède à une mutilation accidentelle est-elle devenue un phénomène régulier?

Bien autrement nette et positive est l'opinion de Van REES (87). Ce naturaliste pense que la fécondation n'a été rien autre chose au début, lorsqu'elle était encore réduite à la Conjugaison, que l'acte de manger un individu d'espèce semblable ou voisine. Cette idée est fort admissible et j'y ajoute la considération suivante qui me paraît l'affermir.

Lorsqu'un individu unicellulaire en mange un autre d'espèce différente, le protoplasma du mangé est assimilé par celui du mangeur, et toujours, à la suite de modifications chimiques qui exigent un travail, une dépense, et laissent un déchet. Si, au contraire, le mangé est de même espèce que le mangeur, les deux protoplasmas identiques ne font que se fusionner sans travail, dépense, ni déchet, parce qu'il n'y a aucune raison pour que ce soit l'un plutôt que l'autre qui digère son conjoint. Cela équivaut donc à un acte nutritif de qualité supérieure, qui double sans effort la masse de l'individu et peut créer ainsi une augmentation d'énergie vitale et une tendance à la division. Mais assurément le phénomène a changé de nature en devenant la Fécondation vraie chez les êtres supérieurs.

c) But de la Fécondation.

La fécondation est souvent considérée comme un *Rajeunissement*, opinion sans valeur qui met une comparaison vague là où l'on demande une explication. Il n'y a pas rajeunissement au sens propre du mot, l'œuf fécondé ayant évidemment l'âge moyen des éléments qui l'ont constitué. Quand un vieillard se marie, il n'en est pas moins un vieil homme bien qu'il soit un jeune mari. Il y a bien dans l'œuf fécondé des conditions nouvelles d'activité qui ressemblent à celles qui sont naturelles aux êtres jeunes, mais ce n'est pas les expliquer que leur donner un nom qui les peint.

L'opinion la plus répandue est que la fécondation sert à fondre deux individus en un, mais les avis diffèrent sur l'avantage qui en résulte.

H. Spencer (88) y voit le dérangement d'un équilibre qui tendait vers une stabilité défavorable au mouvement vital. Cela aura peut-être une signification le jour où l'on saura ce qu'est cet équilibre, ce qu'est cette stabilité et ce qu'est ce dérangement. En attendant c'est de la métaphysique.

Darwin (80) n'explique rien mais il prouve. Il montre que plus les procréateurs sont différents, jusqu'à la limite qu'impose la réussite du croisement, plus le produit est vigoureux, et qu'inversement plus ils sont semblables, plus le produit est faible ; et il en conclut que ce qui est utile dans la fécondation, c'est la différence individuelle entre les procréateurs.

O. Hertwig (92) donne à cette opinion, fondée uniquement sur la physiologie, une confirmation anatomique. Chez les Infusoires, les deux demi-noyaux échangés sont morphologiquement identiques et ne peuvent présenter que des différences individuelles. Leur échange n'en est pas moins indispensable au phénomène. Donc il doit en être de même chez les êtres supérieurs : les différences morphologiques entre les produits sexuels sont contingentes, secondaires, et la seule chose nécessaire dans la fécondation, c'est la réunion de leurs différences individuelles.

Mais à quoi sert cette fusion des particularités individuelles?

Ici sont en présence deux opinions qui sont rigoureusement l'inverse l'une de l'autre.

Elle sert à produire la variation, dit WEISMANN (86). Elle sert à l'empêcher, disent HATSCHECK (87) et O. HERTWIG (92). Et, chose singulière, tous à la fois ont tort et raison. Il est parfaitement évident que la fécondation est une cause de variation, car elle donne chaque fois à l'enfant d'innombrables possibilités de ressemblance avec deux lignées ancestrales au lieu d'une, et dans ces deux séries quelques-unes toujours sont réalisées. Donc WEISMANN a raison. Il est non moins certain que les particularités individuelles sont empêchées de se transmettre pures et de se perpétuer avec quelque constance par le mélange incessant du Plasma germinatif qui la possède avec des plasmas qui ne la possèdent pas. Les variations individuelles sont donc sans cesse noyées dans la moyenne, et par là empêchées de se perpétuer et de se majorer. Donc HATSCHEK et HERTWIG ont raison. WEISMANN d'ailleurs le reconnaît (V. p. 544).

Mais, d'autre part, cela ne peut être un but intentionnel dans le sens où l'on parle du but de nos actions humaines. Ce ne peut être qu'un résultat avantageux qui s'est développé et fixé en raison même de son avantage ; et la Sélection naturelle seule a pu le développer et le fixer. C'est bien ainsi que l'entendent ces auteurs.

Or G. PFEFFER (94) a fait remarquer avec beaucoup de raison que la Sélection naturelle n'a pu avoir prise sur un avantage qui ne montre ses effets qu'après plusieurs générations. Car elle n'agit qu'en protégeant l'individu avantagé. Et, si l'avantage ne doit se manifester qu'après sa mort, elle n'a rien à protéger.

Ainsi la fécondation peut avoir l'avantage de former les variations où puise la Sélection pour former les espèces nouvelles ; elle peut avoir celui de noyer dans la moyenne commune les particularités individuelles qui tendraient à altérer le type spécifique; mais ni l'un ni l'autre de ces avantages ne peut fournir la raison d'être de son existence.

La même objection ne peut être faite à une théorie nouvelle proposée par BOVERI (92). Cet auteur considère, comme nous l'avons vu, le *Quadrille* de FOL comme une exception et pense que, normalement, l'œuf n'a point de centrosome. C'est pour cela qu'il est incapable de se développer. Le but de la fécondation est d'apporter à l'œuf avant tout un centrosome et accessoirement la chromatine du noyau mâle. Il est évident qu'il y a là les éléments d'une sélection rigoureuse car tout œuf privé de centrosome est incapable de se développer. Mais ce n'est évidemment pas là non plus la raison primitive de la fécondation. Car d'abord, de l'avis de BOVERI lui-même qui considère le *quadrille* de FOL comme un processus archaïque, les œufs étaient pourvus d'un centrosome chez les ancêtres des espèces actuelles; et la disparition du centrosome de l'œuf n'a pu constituer un avantage individuel donnant prise à la Sélection. D'autre part, la fécondation fût-elle postérieure à la perte du centrosome, que la conjugaison tout au moins ne le serait pas. Or la fécondation est évidemment un perfectionnement de la conjugaison[1].

Les mêmes remarques s'appliquent à la théorie, d'ailleurs peu différente, de STRASBURGER (94) qui dit que la fécondation a pour but de constituer une cellule complète et capable d'évolution au moyen de deux cellules incomplètes isolément : le spermatozoïde a les éléments du noyau et une quantité relativement forte de kinoplasma, mais il n'a ni trophoplasma ni réserves nutritives; l'œuf a un noyau normal, un trophoplasma abondant, de riches réserves nutritives, mais il est pauvre en kinoplasma et ne peut se diviser. Les deux éléments sont donc complémentaires l'un de l'autre et se complètent en se fusionnant.

Cela est probablement très vrai, mais n'explique pas comment les cellules sexuelles, complètes à l'origine, se sont peu à peu différenciées par la perte d'éléments indispensables et rendues ainsi isolément incapables de se développer.

VI. THÉORIES DE L'ONTOGÉNÈSE

L'Ontogénèse étant le développement de l'œuf, on ne peut former d'hypothèses à son sujet sans avoir établi, sinon par l'observation, du moins par des hypothèses préalables, la constitution intime de l'œuf. Au sujet de cette dernière, deux théories sont en présence, proclamant l'une l'*Isotropie,* l'autre l'*Anisotropie* de l'œuf. Voici en quoi consistent ces théories dont les dénominations sont dues à PFLÜGER (82).

[1] Tous les naturalistes sont d'accord sur ce dernier point et W. BREITENBACH (81) énumère de la manière suivante la série des transformations depuis la première origine de la Reproduction asexuelle.

1° Reproduction asexuelle par zoospores;

2° Reproduction asexuelle par grosses zoospores;

3° Reproduction sexuelle par deux petites zoospores se fusionnant en une grosse;

4° Reproduction sexuelle par conjugaison de deux masses identiques;

5° Reproduction asexuelle par conjugaison de deux masses différenciées en œuf et spermatozoïde.

a) Question de l'Isotropie de l'œuf.

On pourrait croire, et divers auteurs ont soutenu (déjà E. Van Beneden dès **1883**) que les diverses parties du futur animal étaient à l'avance déterminées dans l'œuf; que chaque organe, chaque tissu, chaque cellule même étaient représentés en lui par un rudiment distinct, et que la segmentation ne faisait que les séparer. La simple comparaison des formes successives que revêt l'embryon avec la forme définitive de l'être développé, montre que, si les parties représentatives existent, du moins ne sont-elles pas du tout disposées comme elles doivent l'être plus tard. On voit souvent l'ectoderme par exemple représenté, pendant la segmentation, par une petite calotte coiffant un pôle de l'œuf, ce qui indiquerait que, dans l'œuf, les particules représentant l'ectoderme formaient ainsi une petite calotte polaire. Or, dans aucun animal développé, l'épiderme n'a cette situation par rapport au reste du corps.

Mais il se pourrait que les rudiments distincts existassent dans l'œuf, arrangés d'une façon toute différente et que le but de l'ontogénèse fût, non de les créer, mais de les séparer et de les réarranger. Si l'œuf est homogène, s'il n'a pas une structure différente en ses différents points, telle que chacune de ses parties corresponde d'avance à une partie du futur animal, il sera dit *isotrope;* il sera *anisotrope* dans le cas contraire.

Est-il *isotrope* ou *anisotrope,* voilà la grave question qui se pose d'abord? De nombreuses expériences ont été faites pour la trancher.

Roux (85_1) peut soustraire à un œuf de Grenouille **1/5** à **1/4** de son cytoplasma sans que le développement soit altéré. Il remarque (85_2) que le point par où entre le spermatozoïde correspond, cinq fois sur six, au futur premier plan de segmentation qui sera le plan de symétrie de la Grenouille et, dix fois sur onze, à la future face ventrale de ladite Grenouille. Or ce point n'est pas fixe, et tout cela semble bien indiquer qu'il n'y avait pas dans l'œuf des particules spécifiquement distinctes, et disposées d'avance dans un ordre déterminé.

Pflüger (**83-84**), en maintenant dans une position fixe des œufs de Grenouille fécondés, de manière à faire agir la pesanteur dans un sens déterminé, ou en les maintenant comprimés entre deux lames de manière à remplacer l'action de la pesanteur par une pression exercée d'une autre manière, a réussi à faire passer les deux ou trois premiers plans de segmentation comme il le voulait par rapport à l'œuf; car ces premiers plans sont toujours verticaux si la pesanteur seule agit, toujours perpendiculaires aux lames si l'œuf est comprimé entre celles-ci (fig.22). Donc n'importe quelle partie de l'œuf peut donner naissance à n'importe quelle partie de l'embryon et l'œuf est isotrope. Mais O. HERTWIG (84) fait remarquer avec raison que cela prouve seulement l'isotropie du cytoplasma, car le noyau, libre et mobile dans le cytoplasma, se soustrait à ces influences.

Prenons acte de cette conclusion que personne n'a contestée et enregistrons ce premier résultat : *Le cytoplasma est isotrope.*

Jusqu'ici, l'on reste en droit de penser que le noyau auquel tant d'auteurs attribuent une fonction directrice, peut être anisotrope, contenir des particules spécifiquement distinctes, correspondant à des parties déterminées du futur animal et classées d'une manière fixe. Il faudrait que les expériences pussent porter sur le noyau. Or de telles expériences sont à peine possibles directement et, pour le noyau, la difficulté est restée longtemps entière [1].

[1] Voici quelques renseignements complémentaires au sujet des remarquables expériences qu'a provoqués la question de l'isotropie de l'œuf.

Lorsque l'œuf est comprimé entre deux lames (fig. 22), le noyau se divise toujours de telle manière que le fuseau est parallèle au plan des lames. C'est, en effet, dans ce sens que les pressions sont le moins fortes dans le cytoplasma et le mouvement d'écartement des anses jumelles tend à se faire dans le sens où il trouve le moins de résistance. Les deux nouveaux noyaux se séparent donc parallèlement aux lames et le plan de division cellulaire qui passe entre eux se trouve perpendiculaire à celles-ci. La pesanteur agit, quand elle est seule, comme une compression légère entre deux lames horizontales. On sait que l'œuf de Grenouille a un hémisphère blanc et un noir

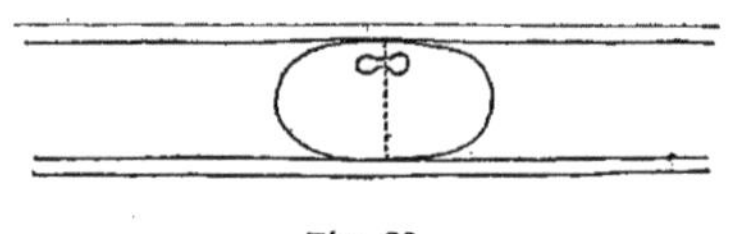

Fig. 22.

PFLÜGER a pu diriger la première division de manière à obtenir une moitié blanche et une noire sans que le développement en fût altéré, et cependant ces deux moitiés sont les moitiés droite et gauche de la future Grenouille. Il a pu obtenir un blastopore en un point quelconque de l'hémisphère blanc. Le noyau étant libre dans le cytoplasma se déplace et s'oriente selon ses conditions propres et l'expérience n'a pas prise sur lui.

D'autre part, l'action de la pesanteur n'est pas la condition déterminante unique et nécessaire du sens de la division, car ROUX (84), en faisant tourner l'œuf lentement, obtient des segmentations normales. Cependant l'action de la pesanteur est annihilée par le fait qu'elle change incessamment de sens. RAUBER (84) prétend que, à l'action de la pesanteur ROUX a substitué une force centrifuge, mais on sait que cette dernière est négligeable quand le mouvement est lent.

Par contre, RAUBER (84) a vu que des œufs de Brochet, maintenus en position inverse de celle qui leur est naturelle, ne se développaient pas ou se segmentaient très irrégulièrement.

W. PATTEN (94), en obligeant les œufs de

Il résulte de tout cela que, le cytoplasma fût-il isotrope, si le noyau est anisotrope, comme il est la partie essentielle de l'œuf comme de toute autre cellule, l'œuf est en somme anisotrope. Presque tout le monde, pendant longtemps, a admis cela et s'est rallié à la formule de W. Roux (85) : *le but de la segmentation est de séparer les matériaux qualitativement différents contenus dans le noyau*. Cette formule est celle de la *Théorie de la Mosaïque* de Roux. Les diverses parties du futur organisme seraient, en effet, déposées côte à côte dans l'œuf comme les pièces distinctes d'une mosaïque.

Si cette théorie est vraie, lorsque dans un animal le premier plan de segmentation sépare les deux moitiés latérales du corps, lorsque le second sépare les deux moitiés antérieure et postérieure, les quatre premiers blastomères se trouvent représenter les quatre quadrants du corps et, en supprimant un ou deux ou trois de ces blastomères, on doit obtenir des larves réduites à trois quarts, une moitié ou un quart d'individu.

C'est, en effet, à quoi est arrivé Chabry (87) dans ses remarquables expériences [1].

Par contre, chez d'autres animaux, les Oursins et les Amphibiens, le résultat est tout autre. Si l'on tue un blastomère, le ou les autres forment néanmoins une larve complète [2]. Pour les Amphibiens, Roux (88) a

Limule à se développer en position renversée, obtient un renversement de la segmentation. Normalement, le pôle supérieur se segmente le premier et forme une calotte de petites cellules qui envahit ultérieurement le pôle opposé. Dans la position renversée, le pôle inférieur, devenu supérieur, se comporte comme faisait ce dernier dans la situation normale, et réciproquement. Le blastopore se forme, quelle que soit la position, à la partie inférieure. Mais l'embryon qui se développe garde une position constante par rapport aux pôles morphologiques de l'œuf, comme si celui-ci était *anisotrope*, et par suite, le blastopore qui se trouve toujours en bas, arrive à occuper une position quelconque par rapport à l'embryon. Il traverse même le corps de celui-ci en un point quelconque, et les organes qui auraient dû se trouver à sa place manquent. On voit qu'en somme, les expériences sont passablement contradictoires et que les œufs semblent être parfois anisotropes, plus souvent isotropes.

[1] Chabry, en tuant d'un coup d'aiguillon un ou plusieurs blastomères de l'œuf de l'Ascidie arrivé au stade quatre, a obtenu toutes les sortes possibles de larves incomplètes : demi-individu droit ou gauche ou diagonal, trois-quarts d'individu formé d'une moitié droite ou gauche plus d'un quart antérieur ou postérieur appartenant au côté opposé; enfin des quarts d'individu antérieur ou postérieur droit ou gauche.

[2] V. dans la *Première partie*, aux chapitres de la *Régénération* et de la *Tératologénèse*.

cherché à interpréter ces résultats qui menaçaient sa théorie de la Mosaïque de manière à préserver celle-ci et c'est ainsi qu'il est arrivé à sa théorie de la *Postgénération* que nous avons exposée précédemment (p. 100). Roux admet que la moitié manquante ne se développe pas normalement de la moitié restante comme si elle eût été contenue en puissance dans celle-ci, mais qu'elle se *régénère,* en partie aux dépens de la moitié intacte, en partie au moyen des restes de la partie blessée.

Mais les nouvelles expériences dues surtout à Driesch, à Löb, à Morgan, à Wilson sont venues battre en brèche la théorie de la Mosaïque et prouver que, dans bien des cas du moins, elle est tout à fait inexacte.

Driesch (92, 93), opérant sur des œufs d'Échinodermes, montre qu'on peut obtenir des larves (*Pluteus*) complètes avec 3, 2 ou même 1 seul des blastomères du stade 4. Et ici il ne peut être question de régénération au moyen des restes du ou des blastomères éliminés, car ceux-ci sont complètement enlevés.

Dans des œufs complètement segmentés, il enlève toute une catégorie de blastomères, tous ceux qui doivent former une partie définie du blastoderme, soit les micromères, soit les macromères et obtient cependant une larve *gastrula* complète [1].

[1] Driesch a publié les résultats de ses mémorables expériences dans dix mémoires. Je crois utile, en raison de leur importance, de résumer ici, aussi brièvement que possible, les conclusions de chacun.

I (92). Chez l'*Echinus microtuberculatus*, un blastomère isolé du stade 2 forme un *Pluteus* complet de taille moitié moindre.

II (92). Chez les *Echinus*, *Planorbis*, *Rana*, la lumière n'a aucune influence sur la segmentation.

III (92). Une température de 31° centigr. produit sur l'œuf des Échinides une séparation des blastomères en deux ou plusieurs groupes. On peut obtenir un *Pluteus* normal, mais de taille plus petite, au moyen de 3, 2 et même 1 blastomère, ainsi isolé, de l'œuf au stade 4.

IV (92). La chaleur peut modifier le type de segmentation chez l'*Echinus*. L'œuf modifié n'en produit pas moins un *Pluteus* normal.

V (92). Dans la double fécondation (probable, mais non constatée), les diverses catégories de blastomères (micromères et macromères) se forment doubles, mais le développement s'arrête sans donner une gastrula à deux bouches.

VI (92). Tout blastomère se différencie selon le lieu qu'il occupe dans le groupe, et non selon son origine généalogique. *La différenciation est fonction du lieu.*

VII (93). Des embryons d'*Echinus* mis au stade *Blastula* dans de l'eau à 30° forment leur archenteron (estomac), mais par un refoulement au lieu d'une invagination, donnant ainsi, d'emblée, une *Exogastrula* qui ressemble à une gastrula normale qu'on aurait dévaginée. Cet estomac pendant au dehors, se subdivise, se rétrécit, puis se résorbe; le *Pluteus* ne s'en forme pas moins, avec tous ses autres organes, mais le mesenteron ne se régénère pas.

VIII (93). En diluant d'eau douce l'eau de mer où l'on élève des larves d'*Echi-*

MORGAN (93_2), opérant sur les poissons, arrive aussi à obtenir des embryons complets aux dépens d'un seul blastomère du stade 2.

LÖB (94) fait l'inverse et obtient chez les Oursins deux *Pluteus* au moyen d'un seul œuf dédoublé[1].

Enfin WILSON (92), opérant sur l'*Amphioxus*, obtient au moyen d'un seul blastomère isolé au stade 2, 4 ou 8, des embryons complets, avec corde dorsale et invagination nerveuse, mais 2, 4 ou 8 fois plus petits que les embryons normaux au même stade.

En présence de ces faits contradictoires, chacun tient à son opinion et ROUX (93_6) persiste dans son idée, concédant seulement que les premiers blastomères ont un pouvoir régénérateur complet, qui permet à chacun de réparer ce que les voisins auraient dû faire dans le développement normal. Dans cette voie, la discussion risque de tourner en querelle de mots.

Celui qui refuse de sacrifier à l'esprit de système les données de l'expérience doit conclure que :

1° *Le plus souvent l'œuf (y compris le noyau) est isotrope* (Echinodermes, Amphibiens, Amphioxus).

2° *Parfois il est anisotrope* (Ascidies). Il est, en effet, impossible de ne pas tenir compte des expériences de CHABRY et de toutes celles où on a obtenu incontestablement d'un blastomère du stade 2 des semi-blastula, semi-gastrula, etc.

b) La spécificité cellulaire.

A la question de l'Isotropie de l'œuf se rattache celle de la *Spécificité cellulaire*; ou plutôt celle-ci n'est que la continuation de celle-là. Dire que

nus, on peut obtenir des variations dans la segmentation, surtout du côté des micromères. On peut cependant par le retour à l'eau normale obtenir encore des *Pluteus* normaux.

IX (93). On peut obtenir des gastrula normales d'*Echinus* après avoir enlevé à l'œuf, segmenté et dépouillé de sa membrane, soit les micromères, en ne laissant que les cellules de la moitié végétative, soit les macromères. Cela prouve, que, chez l'Oursin, la segmentation ne fait aucun triage de cellules : *toutes les cellules de la segmentation sont équivalentes.*

X (93). L'œuf est isotrope. *La différenciation des blastomères est fonction du lieu.*

[1] Pour cela, il met un œuf fécondé d'un Oursin (*Arbacia*) dans de l'eau de mer dédoublée d'eau distillée. L'œuf absorbe beaucoup d'eau, fait éclater sa membrane, une partie du cytoplasme sort par l'étroit orifice de rupture et forme une grosse hernie, que l'auteur appelle *Extraovat*. Le noyau se divise et envoie un noyau dans l'extraovat qui se développe, comme l'*Intraovat*, en une larve complète.

l'œuf est isotrope, c'est dire, en effet, que les premières cellules de l'ontogénèse ne sont pas spécifiquement différentes; dire qu'il est anisotrope, c'est affirmer, au contraire, la spécificité de ces éléments. Mais qu'il en soit de l'une ou de l'autre façon, il faut bien qu'à un moment ou à l'autre les cellules se différencient. La question est donc de savoir quand, à quel degré et comment la spécificité cellulaire s'établit.

Deux possibilités sont en présence. Ou bien chaque cellule est absolument différenciée et n'a en elle que le plasma spécifique qui lui permet de faire ce qu'elle doit faire et rien de plus; ou bien la différenciation n'est que relative, toute cellule renferme les aptitudes nécessaires à la formation de n'importe quel tissu et ce sont des conditions secondaires qui la différencient en celui-ci ou celui-là.

Entre ces deux possibilités extrêmes, il y en a de nombreuses intermédiaires.

Cette question de la spécificité cellulaire n'est pas, comme on pourrait le croire, jugée d'avance par celle de l'isotropie. Ceux qui ont démontré l'isotropie de l'œuf, ou du moins de certains œufs, ont prouvé seulement que ses premières divisions étaient *homogènes* (*Aequationstheilungen, erbgleichen Theilungen*) et donnaient naissance à des blastomères équivalents, *interchangeables,* comme on dit en mécanique; mais ils n'ont point démontré que des divisions *hétérogènes*, c'est-à-dire attribuant aux deux cellules filles d'une même cellule mère des constitutions physico-chimiques différentes, n'eussent pas lieu et ne fussent pas la cause de la différenciation qui se produit un peu plus tard. D'autre part, les preuves données en faveur de l'anisotropie ne dépassent pas les rudiments des quatre premiers quarts de l'animal.

Étudions donc successivement les trois questions relatives à la spécificité cellulaire : le *degré,* le *moment,* et le *moyen.*

α) *Degré de la Spécificité.*

Personne ne croit à l'Indifférence cellulaire absolue, personne ne pense qu'une cellule musculaire pourrait se métamorphoser en cellule nerveuse; mais plusieurs admettent que la différenciation n'est pas absolue, que non seulement les blastomères sont plus ou moins longtemps équivalents entre eux, mais qu'il reste toute la vie dans le corps des cellules indifférenciées, dites embryonnaires, capables de se transformer, selon les conditions, en les cellules les plus diverses. VIRCHOW avec sa théorie de la *Métaplasie*, est le représentant le plus célèbre de cette manière de voir, plus ou moins acceptée par la plupart des histologistes français.

L'opinion inverse, au contraire, peut être absolue. Rien n'empêche d'admettre que toute cellule est, dès sa naissance, rigoureusement déterminée dans sa spécification. BARD (86) est le représentant le plus intransigeant de cette opinion. Cependant la différenciation ne devient effective que dans les tissus définitifs de l'animal développé. Pendant l'ontogénèse, les cellules ne peuvent être différenciées, mais elles n'en seraient pas moins rigoureusement déterminées. Voici comment il faut comprendre les choses, d'après les partisans de cette théorie.

Chaque cellule contiendrait en puissance toutes les différenciations des cellules qui doivent descendre d'elle. En se divisant en deux, elle en ferait deux lots différents qu'elle livrerait à ses deux cellules filles, donnant à chacune tout et uniquement ce qui lui est nécessaire pour elle et sa lignée. Celles-ci en se divisant feraient de même, et ainsi de suite jusqu'à la fin de l'ontogénèse, les cellules devenant de plus en plus différenciées et de moins en moins compliquées à mesure qu'elles s'éloignent de l'œuf.

Mais cette théorie exclusive heurte si violemment les faits qu'elle n'a pu être acceptée. Elle implique, en effet, l'Anisotropie absolue de l'œuf dont nous venons de montrer la fausseté pour la plupart des cas. En outre, la Régénération, les pseudarthroses, les placentas extra-utérins, montrent des exemples irréfutables de cellules ayant été amenées à se différencier dans un sens non prévu pour elles.

D. HANSEMANN (93) a cherché à éviter ces écueils et a donné, en outre, une forme matérielle aux différenciations que Bard avait laissées à l'état de conception physiologique. Il admet, comme SACHS (87), que les différentes sortes de différenciation sont représentées par autant de plasmas spéciaux et raisonne alors de la manière suivante. Dans l'œuf, tous ces plasmas sont en balance, mais dans les blastomères, ils ne le sont plus, parce que chacun en reçoit plus des uns et moins des autres. Soient trois plasmas a, b, c : il y aura dans l'œuf, je suppose, $6a + 6b + 6c$. En se divisant, il donnera à l'une de ses cellules filles $8a + 6b + 6c$ et à l'autre $4a + 6b + 6c$. La première sera donc un peu plus différenciée dans le sens de a, la seconde un peu moins. La chose continuant ainsi, on pourrait avoir, à la fin de l'ontogénèse, tous les plasmas complètement triés dans les cellules définitives. Mais la séparation n'est pas absolue, et chaque cellule, outre le *plasma principal* prédominant qui lui donne sa différenciation particulière, reçoit, à titre de *plasmas accessoires*, un peu de tous les autres plasmas. Ce sont ces derniers qui sont les agents de la *Régénération accidentelle*, et on comprend alors qu'elle soit d'autant plus facile que l'être est plus près du stade œuf[1].

Grâce à ces plasmas accessoires, les cellules peuvent aussi subir une sorte de *dé-Différenciation* qui constitue l'*Anaplasie*, ou retour à l'état embryonnaire. Il suffit pour cela que les plasmas accessoires se développement et arrivent à réduire l'importance du plasma principal à celle des plasmas accessoires. Ainsi s'explique le retour des cellules à l'état embryonnaire qui joue un si grand rôle dans la pathologie des tumeurs.

Ici prennent place les théories ontogénétiques de NÆGELI (84), DE VRIES (89), WEISSMANN (92_1). Mais elles sont liées aux théories générales de ces auteurs et nous les exposerons avec celles-ci. Disons seulement ici qu'elles reposent sur une Prédétermination des caractères aussi exclusive que celle de Bard, mais plus fouillée et surtout liée à des hypothèses sur la constitution matérielle de l'Idioplasma[2]. Les partisans de la différenciation seulement relative des éléments cellulaires invoquent comme preuve la *Régénération,* et les *Néo-formations pathologiques*. Lorsque l'on voit un Axolotl régénérer un doigt coupé, un Ver de terre refaire une moitié entière de son corps, il semble bien que l'on soit en droit de voir là une preuve de la non-différenciation. Comment ce Ver de terre trouverait-il les éléments d'une tête dans les cellules de la moitié caudale de son corps si celles-ci n'avaient en elles que précisément ce qu'il faut pour faire ce qu'elles doivent faire et rien de plus. Cependant l'argument n'est pas tout à fait irréfutable, car Weissmann, sans abandonner le terrain de la différenciation cellulaire absolue, arrive à l'expliquer avec ses *Déterminants de remplacement.* Ceux-ci constituent une hypothèse extrêmement invraisemblable, mais elle prouve que, théoriquement au moins, la diffi-

[1] Quand une cellule répartit également ses substances entre ses deux cellules filles, celles-ci sont identiques et dites alors *prosoplasiques*. Dans le cas contraire (celui que nous avons pris pour exemple à propos de l'œuf), elles sont dites *antagonistes*. Par le fait des divisions antagonistes, les cellules dépendent les unes des autres. Cette dépendance constitue un état d'*Altruisme* général par lequel s'expliquent les corrélations.

Ces néologismes inutiles ne signifient rien de plus que *Division homogène*, *Division hétérogène* et *Corrélation de développement*.

[2] Voyez, en outre, dans la 3e Partie, les théories de BUFFON, HAACKE, HIS, NÆGELI, WEISMANN, DARWIN, MAUPERTUIS, BROOKS, HALLEZ, JÆGER, DE VRIES, ÉRASME DARWIN, GALTON, etc.

culté n'est pas insoluble pour les partisans de la Différenciation absolue. Il n'en est plus de même pour certaines Néo-formations pathologiques. Lorsqu'un membre fracturé est mal immobilisé pendant la consolidation, il se forme une *pseudarthrose*, c'est-à-dire une articulation nouvelle avec cartilage, ligaments et même rudiments de synoviale. Ces nouveaux tissus sont formés aux dépens de cellules qui n'étaient nullement destinées à se différencier dans ce sens, puisque normalement aucune articulation n'aurait dû exister en ce point. Ces cellules contenaient donc des possibilités d'évolution étrangères à la série de leurs différenciations normales. Il en est de même dans les grossesses extra-utérines où l'on voit les parois abdominales ou la trompe former un placenta maternel tout à fait inattendu. Quelque complication qu'on lui adjoigne, aucune théorie de la Différenciation absolue n'est capable d'expliquer ces faits.

Celle de HANSEMANN peut en rendre compte. Mais ne voit-on pas que ces *plasmas accessoires de toutes les espèces* adjoints au plasma principal, sont l'inverse de la différenciation absolue ; qu'ils ne constituent qu'une hypothèse invraisemblable pour expliquer le fait que toute cellule peut, à l'occasion, faire avec son unique plasma, autre chose que ce qu'elle fait d'ordinaire ; et qu'il n'y a qu'un pas de la formule de HANSEMANN à celle de VÖCHTING qui croit que l'être entier sommeille dans chacune des cellules de son organisme ?

Toutes ces théories absolues sont également fausses. Il est tout aussi contraire aux données de la plus simple observation d'affirmer que toute cellule contient en puissance l'être entier, que de nier que beaucoup de cellules aient une grande élasticité dans leurs aptitudes évolutives. Car, si à ceux-ci la Régénération et les néo-formations pathologiques opposent une objection irréfutable, ceux-là n'ont aucun fait qui leur permette d'affirmer qu'une cellule musculaire puisse se transformer en cellule nerveuse ou glandulaire, ni *à fortiori* régénérer l'organisme entier.

La vérité est entre les deux.

β) *Quand se produit la différenciation.*

Les opinions sont fort contradictoires au sujet du moment de l'ontogénèse où les cellules se différencient. Cela tient à ce que les faits positifs sont rares, et que chacun les examine à la lumière de ses idées préconçues.

Les expériences de CHABRY (87) ont montré que, chez les Ascidies au moins, la différenciation[1] des deux premières moitiés du corps avait lieu dès la première division de l'œuf, et celle des quatre premiers quadrants dès la seconde.

Celles de DRIESCH (83) et de O. HERTWIG (93_2, 94) ont prouvé d'autre part que chez l'Oursin et la Grenouille, la différenciation était nulle jusqu'au stade 32 environ[2].

D'autre part. BARFURTH ($93_{2,3}$) montre que, chez l'Axolotl, la spécificité des feuillets est complète dès la *Gastrula*.

WILSON (92) admet, qu'au début, l'indifférence cellulaire est absolue, mais que peu à peu elle s'établit au cours de l'ontogénèse.

Cette formule n'est pas entièrement exacte bien qu'elle se rapproche beaucoup de la vérité. Il faut dire surtout que le moment de la différenciation est extrêmement variable selon les êtres et selon les éléments. Parfois elle commence avec la segmentation (Ascidies), plus souvent elle ne commence qu'avec la formation des feuillets. Elle s'établit et s'accentue progressivement au cours de l'ontogénèse, très précoce et très stricte pour certains éléments (chorde dorsale, système nerveux, muscles), tardive et incomplète chez d'autres (tissus squelettiques, conjonctifs, fibreux, etc.). Au fur et à mesure que les cellules se divisent, elles se différencient et restreignent leurs potentialités, mais il y a entre elles des différences considérables à cet égard.

γ) *Comment s'opère la différenciation.*

Cette dernière question est une des plus importantes et des plus difficiles de la Biologie générale. Deux courants d'idées absolument contraires sont en présence. Les uns avec BARD, WEISMANN, HANSEMANN, etc., admettent que les cellules sont différenciées dès leur naissance et ne cherchent

[1] Il s'agit ici, bien entendu, de la différenciation potentielle et non effective. Pour cette dernière, les innombrables travaux d'embryogénie nous la montrent de la façon la plus nette s'accomplissant progressivement.

[2] DRIESCH comprime un œuf d'Oursin et l'aplatit en une lame. Dans cette condition, toutes les divisions se font perpendiculairement à la surface et donnent une lame à deux feuillets. Il résulte de là un dérangement tel que les cellules qui auraient dû former l'endoderme ne sont qu'à moitié employées à le faire; une partie d'entre elles est entraînée dans les régions ectodermiques de l'embryon et y donnent de l'ectoderme. *Le Pluteus* ne s'en forme pas moins normalement.

O. HERTWIG (94) par des moyens analogues, arrive, dans l'œuf de la Grenouille, à modifier complètement la généalogie des noyaux des blastomères des diverses parties de l'embryon sans influencer le résultat final.

que dans ces éléments eux-mêmes, les causes de leur détermination; les autres avec DRIESCH, LÖB, O. HERTWIG, etc., pensent que toutes les cellules sont identiques à l'origine et cherchent les causes en dehors d'elle, dans les conditions ambiantes.

ROUX et son école soutiennent une thèse intermédiaire, admettant des différences originelles mais non toute puissantes et recourant pour le reste à des facteurs intra-cellulaires.

Pour les premiers la différenciation n'a d'autre cause que la constitution du plasma de la cellule. Chaque cellule se différencie dans le sens où elle doit le faire par le fait qu'elle ne contient pas les substances qui lui permettraient de se différencier autrement. Nous connaissons la théorie : elle repose sur l'existence des divisions *hétérogènes* et n'invoque aucun autre facteur. Nous n'avons donc pas à nous appesantir davantage sur elle.

Pour les autres, au contraire, il existe des facteurs extra-cellulaires de la spécification cellulaire : ce sont ces facteurs de l'Ontogénèse qu'il s'agit de découvrir.

Les facteurs de l'Ontogénèse.

Les causes invoquées pour expliquer les différenciations ontogénétiques sont naturellement fort différentes selon le moment de l'ontogénèse et le degré de différenciation déjà atteint. Il est évident que les causes qui décideront un blastomère à devenir endodermique ou ectodermique ne sauraient être les mêmes que celles qui décident une cellule conjonctive à devenir os ou cartilage ou fibre.

DRIESCH (92, 93) conclut de ses expériences que l'indifférence est absolue à l'origine et que toute différenciation est *fonction du lieu :* une cellule devient ceci parce qu'elle est placée ici dans le groupe des blastomères, une autre devient cela parce qu'elle est placée un peu à côté. O. HERTWIG (94) se rallie à cette formule en faisant intervenir la multiplication des cellules qui varie sans cesse leurs relations, et leurs actions réciproques les unes sur les autres.

Il saute aux yeux que cela manque absolument de précision et qu'il faudrait définir comment le fait d'être placé à un pôle plutôt qu'à l'autre de la *blastula* peut conférer à une cellule des potentialités endodermiques plutôt qu'ectodermiques.

Pour expliquer les formes que prennent les groupes cellulaires au fur et à mesure de leur formation, ROUX (94_2) invoque l'attraction réciproque des blastomères, mais il montre, par quelques expériences, la réalité de cette attraction qu'il appelle *Cytotropisme*. HARTOG (88), avant lui, avait pour le même but invoqué, sous le nom d'*Adelphotaxie*, une force toute semblable [1].

Toutes ces attractions ne sont probablement que des manifestations diverses d'une force beaucoup mieux étudiée sous le nom de *Chimiotactisme* dont HERBST (94) a récemment montré l'importance dans les phénomènes évolutifs de l'ontogénèse. Les tactismes qu'il invoque ne se bornent pas à déterminer l'arrangement de blastomères; ils poursuivent les éléments pendant toute leur carrière, attirant les cellules cutanées vers la surface, les intestinales vers l'intérieur, les nerfs vers leurs terminaisons sensitives ou musculaires, les éléments conjonctifs, partout où il est besoin d'eux [2]. Chose singulière, au lieu de conclure de là que la diffé-

[1] HARTOG voit dans l'*Adelphotaxie* une sorte particulière d'excitabilité sous l'action de laquelle les cellules mobiles tendent à prendre des positions définies sous l'action de leurs influences réciproques, comme par exemple les spores de certaines Saprolégnées (*Achlya*) qui, dès leur sortie du sporange, se disposent en sphère creuse avec leurs pointes tournées en dedans.

Le *Cytotropisme* de Roux n'en diffère que par le nom.

ROUX (94_3) isole des blastomères d'un œuf en voie de segmentation et étudie leurs mouvements dans un liquide inoffensif. Il constate qu'ils s'arrondissent et, que, s'ils se trouvent séparés par un intervalle moindre que 1/4 de leur diamètre, ils se portent l'un vers l'autre et s'accolent. Les groupes de deux se rapprochent aussi, ceux de trois un peu moins, et ceux de 4 se montrent inactifs. Parfois il a pu observer un *cytotropisme négatif*, c'est-à-dire une répulsion.

[2] Quelques exemples vont le faire comprendre. Pendant le développement des Oursins, les cellules formatrices du squelette se portent vers la surface cutanée.

Pourquoi vont-elles là plutôt que vers l'intestin? Parce que, sans doute, elles ont un chimiotactisme positif par l'oxygène, et cela suffit entièrement pour déterminer leur évolution. La même cause peut expliquer le mouvement qui, chez les Insectes, fait sortir les blastomères des profondeurs de l'œuf et les fait marcher vers la surface et s'y disposer en blastoderme. Les cellules intestinales sont sans doute plus attirées par les éléments vitellins à dévorer que par l'oxygène, et cela rend compte de la position qu'elles prennent. N'y a-t-il pas dans la phagocytose histolytique des Insectes une preuve de cette attraction. On sait que les nerfs se forment par le prolongement cylindraxile qui, le premier, s'insinue dans les tissus en poussant comme ferait un tube mycélien de champignon. C'est plus tard seulement que des cellules mésordermiques viennent se grouper autour d'eux et former leur gaîne de Schwann. Ces cellules sont attirées évidemment par une force particulière émanant des cylindre-axes et due à leur constitution chimique, que l'on pourrait appeler *Neurotactisme*. De même sont attirés et fixés les éléments qui forment la gaîne des vaisseaux autour des colonnes sanguines limitées par leur endothelium; de même le perimysiun autour des muscles, etc. Dans les Planaires, des cellules mesodermiques se transforment en cellules glan-

renciation de chaque élément est déterminée par la place à laquelle il a été entraînée par son tactisme, HERBST conclut que sa théorie se concilie avec celle de Weismann. Tous ces éléments sont déterminés selon lui à l'avance par la constitution de leur plasma.

Mais nous ne sommes pas forcés de l'imiter et nous avons le droit d'admettre qu'une même cellule conjonctive encore indifférente pourra devenir élément de gaîne nerveuse, de perimysium ou de périoste, selon qu'elle aura été amenée par le tactisme actif de nerf, du muscle ou de l'os, à s'accoler à l'un ou à l'autre de ces organes. Ainsi compris ce tactisme spécial que l'on pourrait appeler le *Biotactisme* devient un important facteur de différenciation anatomique et histologique.

Ici prennent place tous les autres agents ordinaires des *tropismes* et des *tactismes :* lumière, chaleur, électricité, humidité, pesanteur, etc., etc. Nous n'avons pas à entrer ici dans le détail de ces phénomènes bien connus. Rappelons seulement que certains faits de *dichogénie* prouvent l'importance de leur action sur le développement. Lorsque, par exemple, LŒB montre que le prothalle de la Fougère, éclairé en dessous, forme des archégones à la face supérieure, il prouve du même coup que la lumière est la cause déterminante qui fait se réfugier ces organes à la face inférieure dans les conditions ordinaires [1].

dulaires dont les unes viennent s'ouvrir à la surface, d'autres dans le pharynx, d'autres dans les voies génitales. C'est encore une attraction semblable qui les dirige où elles doivent aller.

[1] WORTMANN a montré que, dans les organes qui obéissent à un tropisme quelconque, le protoplasma s'accumule du côté concave et détermine le changement de direction en épaississant les parois cellulaires de ce côté et les empêchant de se distendre, tandis que rien ne s'oppose du côté convexe à leur distension.

GODLEWSKI (88) trouve que les divers excitants : lumière, humidité, contact, pression, attraction terrestre, etc., ont une action de ce genre et surtout spécifique vis-à-vis des différentes sortes de protoplasma qui, selon leur nature, réagissent différemment aux différents excitants. C'est ainsi que la pesanteur agit sur le protoplasma des racines de manière à les faire abaisser et sur celui des tiges de manière à les faire relever. C'est, selon lui, cette action spécifique des divers excitants qui est la cause du triage des protoplasmas, tels que l'admet HANSEMANN dans les divisions ontogénétiques.

Ainsi, prenons pour exemple celui de la tige et celui de la racine. Comme tous les autres, ils sont mélangés dans l'œuf. Mais, sous l'influence de la pesanteur, le premier se porte toujours en haut, le second en bas, en sorte que toujours il tend à s'accumuler vers les parties basses, ce qui le conduit aux racines, tandis que le premier se porte vers la tige. De même, sous l'action de la lumière, le protoplasma foliaire se portera dans les feuilles et ainsi des autres. Mais le triage n'est pas absolu. De petites doses des autres plasmas restent mêlées au plasma spécifique de chaque partie, et ainsi s'expliquent la Régénération accidentelle et le pouvoir pour

Ainsi nous pouvons compter comme facteurs puissants de la différenciation anatomique, les tropismes et tactismes divers, c'est-à-dire les actions motrices exercées par les agents extérieurs et par les cellules voisines sur les cellules de l'organisme en voie de développement.

Pour la différenciation histologique, nous verrons en étudiant, avec les *Théories générales*, le système de W. ROUX (81) que, par l'excitation fonctionnelle, elle dépend pour une bonne part de la différenciation anatomique et que les agents qui déterminent où sera une cellule déterminent même par là, quoique d'une façon indirecte, ce qu'elle sera.

Il nous reste pour terminer ce long et important chapitre à parler de quelques facteurs qui, agissant pendant les périodes plus avancées de l'ontogénèse, déterminent, non pas tant la position et la nature histologique des cellules que la structure et l'évolution d'organes déjà formés.

Il y a longtemps déjà, LUDWIG FICK avait attribué la forme des surfaces articulaires aux actions mécaniques produites par le frottement.

HÜTER, d'autre part, avait prouvé que le cartilage doit sa formation ou sa conservation au frottement articulaire, en montrant que, dans les articulations luxées, il se détruit là où il ne frotte plus et qu'il s'en forme là où de nouveaux frottements s'établissent.

HENKE et REYHER (74), développant cette idée, étaient arrivés à cette conclusion que l'action mécanique est à ce point toute puissante que toute articulation se forme à nouveau pendant l'ontogénèse sans rien devoir à l'hérédité des processus évolutifs[1]. Les recherches récentes n'ont pas confirmé une proposition aussi absolue, mais elles ont montré néanmoins qu'il y avait là un facteur ontogénétique important.

Il est certain, en effet, que chez l'embryon, les surfaces articulaires ont un développement bien supérieur à ce que pourraient expliquer les faibles mouvements de la vie intra utérine, ce qui prouve qu'elles sont

les tiges de former des racines, pour les racines de former des feuilles, etc.

[1] HENKE a trouvé que la surface concave est toujours celle de l'os où les muscles s'attachent le plus près de l'articulation.

RUD. FICK (90) a démontré qu'il devait en être ainsi par l'analyse mathématique et par l'expérience, au moyen d'un petit appareil formé de pièces de plâtre, mues par des liens attachés plus près de l'extrémité sur l'une que sur l'autre. Il conclut de là, non que les surfaces articulaires doivent leur forme à leurs frottements, mais que celles-là seules qui étaient constituées conformément à cette loi ont été conservées par la Sélection. ROUX l'approuve dans cette conclusion.

Enfin TORNIER (94) montre qu'un élément important dans la détermination de la forme des articles est la transformation osseuse de parties des tendons et ligaments qui l'environnent; ces nouveaux os se soudant ou non à l'articulation primitive.

dues, au moins en partie, à une tendance évolutive interne, mais il est non moins certain que, sans leurs mouvements, elles ne prendraient pas sous l'influence de ces seules tendances leur forme normale définitive.

Hasse (90) a montré que la présence des poumons, leurs variations de volume dans la respiration et les mouvements respiratoires eux-mêmes exercent une grande influence sur la forme du squelette, en particulier du cou, du bassin, des côtes et du rachis ainsi que sur la forme et la fonction des viscères thoraciques et abdominaux. Kawkine (88) a fait voir en étudiant le *Paramœcium* que la forme du corps de ces Infusoires est déterminée par la réaction des efforts exercés par les cils dans leurs mouvements. Enfin Bataillon (93) a trouvé un important exemple de l'action des processus évolutifs les uns sur les autres, en montrant que chez les têtards de Grenouille, la cause unique de toutes les transformations de la métamorphose est l'atrophie de la valvule nasale et la sortie des pattes antérieures[1].

On pourrait à ces exemples en ajouter d'autres, non moins nombreux, empruntés à la Tératologie. Ceux-là suffisent pour montrer qu'il existe des facteurs capables d'expliquer bon nombre de phénomènes ontogénétiques sans faire appel à une différenciation cellulaire initiale due à la constitution du plasma cellulaire et aux divisions hétérogènes. Mais il est bien certain que notre connaissance de ces facteurs est encore extrêmement imparfaite et il y aurait un grand intérêt à multiplier les études destinées à la compléter.

[1] Bataillon n'a pu trouver le déterminisme de ces deux modifications initiales, mais il a montré que leur apparition détermine tous les autres phénomènes de la métamorphose. La sortie des pattes antérieures ouvre une paire de *spiracula* supplémentaires. Ces spiracles, ainsi que la destruction de la valvule nasale, facilitent la sortie de l'eau de la chambre branchiale et font baisser la pression dans cette cavité. De cette dimunition de pression résulte une diminution (constatée expérimentalement) dans la quantité d'acide carbonique éliminée. Ce gaz, en s'accumulant dans le sang, excite les nerfs d'arrêt du cœur dont les contractions diminuent de nombre. Il en résulte, malgré la suractivité des mouvements respiratoires une asphyxie relative dont les effets se font sentir surtout à la queue, partie dont l'irrigation est moins facile que celle des autres organes. Par suite de cette asphyxie, la queue entre en dégénérescence. D'autre part, le gaz carbonique excite la diapédèse et la phagocytose, en sorte que la queue est bientôt détruite par un histolyse phagocytique. Ainsi voilà un phénomène anatomique (sortie des pattes, atrophie d'une valvule) qui en détermine une autre (résorption de la queue) sans aucune ressemblance avec lui.

Chez les Insectes, c'est aussi une asphyxie relative déterminée par une modification dans la circulation qui produit la déchéance des tissus et provoque leur destruction histolytique.

VII. THÉORIES DU PARALLÉLISME DE L'ONTOGÉNÈSE ET DE LA PHYLOGÉNÈSE

Tous les auteurs répètent, avec des variantes très secondaires, une seule et même explication dont l'honneur revient à DARWIN (80) [1]. Cette explication est d'ailleurs fort simple et n'a que le défaut de s'appuyer sur l'Hérédité qui reste inexpliquée.

On sait que les caractères transmissibles apparaissent normalement chez le fils au même âge que chez le parent ou seulement un peu plus tôt. Chaque fois qu'une espèce se forme, c'est par addition d'un caractère nouveau (ou de plusieurs) à la fin de l'ontogénèse, lorsque tous les caractères spécifiques se sont déjà montrés; le caractère nouveau se montrera donc, dans l'espèce nouvelle, après que tous les caractères de l'espèce dont elle est née se seront montrés. Comme il en est ainsi depuis les premières origines, on voit que les caractères doivent apparaître dans l'ontogénèse dans l'ordre successif de leur formation phylogénétique. Leur condensation dans le court temps du développement embryonnaire résulte de la très légère anticipation qui fait apparaître chaque caractère un peu plus tôt chez le fils que chez le parent, toutes les fois que cela n'est pas rendu impossible par la nature même du caractère. Ces anticipations, accumulées de génération en génération, ont fini par condenser toute la répétition de la phylogénèse dans un temps très court au début de la vie. C'est ce temps qui constitue la période embryonnaire. Naturellement les phases sont d'autant plus condensées vers l'origine du développement qu'elles sont d'apparition plus ancienne.

NÆGELI (84) ajoute à cela une remarque tendant à expliquer la présence dans toutes les ontogénèses d'un stade unicellulaire œuf.

Les stades nouveaux ne s'ajoutent pas à la fin de la vie, mais avant le moment de la reproduction, c'est-à-dire si l'on veut, non à la suite du dernier stade, mais entre le dernier et le précédent. C'est bien ainsi d'ailleurs que Darwin avait compris les choses. Or, si l'on remonte au Protozoaire se reproduisant par division, on voit que tous les stades se sont intercalés entre sa formation par division d'un individu antérieur et sa division en deux autres individus. Pendant tout ce temps, il n'a cessé d'être unicellulaire. Le dernier stade unicellulaire du Proto-

[1] On trouvera ces variantes aux *Théories générales*. Voyez en particulier celles d'ERLSBERG, HÆCKEL, ORR, DE VRIES, WEISMANN.

zoaire ayant toujours été respecté et laissé à la fin de l'ontogénèse, on voit que celle-ci doit se terminer par un stade unicellulaire qui est l'œuf.

STRASBURGER (84) accepte entièrement cette explication. Elle est cependant à notre avis bien spéculative.

VIII. THÉORIES SUR L'ORIGINE DU SEXE

La question de l'origine du sexe[1] se décompose en deux autres. On peut se demander d'abord d'où vient qu'il y a des mâles et des femelles; puis à quoi chaque individu en particulier doit son sexe mâle ou femelle.

Origine phylogénétique des sexes. — Depuis que l'on a reconnu l'identité fondamentale du spermatozoïde et de l'œuf, la première question a perdu beaucoup de son importance. On s'accorde à reconnaître aujourd'hui que le mâle et la femelle sont entièrement équivalents et que leurs différences sont toutes secondaires et adaptatives. C'est O. HERTWIG (88) qui, le premier, a nettement montré cette vérité. Elle ressort de l'étude des formes inférieures de la génération sexuelle, en particulier de la conjugaison. Le mâle et la femelle des êtres supérieurs sont fondamentalement équivalents, comme deux Infusoires qui se conjuguent, mais des différences se sont établies entre eux pour faciliter leur rapprochement. L'œuf est devenu gros, inerte, riche en matières nutritives, le spermatozoïde petit, alerte, mobile, mais sans provisions de réserve. La femelle est devenue faible, mais bonne nourrice, le mâle inhabile aux soins, mais agile pour trouver la femelle, fort pour triompher de sa résistance et des mâles concurrents.

Les caractères sexuels secondaires sont attribués par DARWIN et ceux qui l'ont suivi aux Sélections naturelle et sexuelle. Mais d'autres voient en eux plutôt un effet de l'énergie vitale plus intense du mâle ou le résultat de l'action chimique exercée par la sécrétion interne des glandes sexuelles. Cela explique naturellement les effets somatiques de la castration.

On considère généralement l'état hermaphrodite comme primitif et la séparation des sexes comme secondaire. Mais NUSSBAUM (88) n'est pas de cet avis. Pour lui, les formes hermaphrodites et celles à sexes séparés sont contemporaines et se sont formées l'une et l'autre selon que les con-

[1] Voir, en outre, les *Théories générales* dans la troisième partie, en particulier celles d'Érasme DARWIN, GALTON, WEISMANN, HAACKE.

ditions rendaient l'une ou l'autre conformation plus avantageuse à l'espèce.

Origine du sexe chez l'individu. — La question de la cause du sexe chez l'individu est très différente selon qu'elle s'adresse aux animaux inférieurs et aux plantes, ou à l'Homme et aux Mammifères. Pour les premiers, nous avons vu, dans la *Première partie* de cet ouvrage (p. 162 à 166), que le sexe était tantôt prédéterminé dans l'œuf, tantôt déterminé par la fécondation, tantôt dépendant de conditions ultérieures dont un certain nombre ont pu être découvertes. Pour les derniers, au contraire, on ne sait à peu près rien et c'est là que les théories ont eu le champ libre.

Elle a toujours excité un intérêt très vif, et les opinions qu'elle a fait surgir sont extrêmement nombreuses. Nous ne rappellerons que les principales[1].

Aristote croyait que le sexe dépendait du mâle seul et pareille opinion se retrouve de nos jours dans Schumann (83), Buffon, Haller, Burdach, qui croyaient à l'Hérédité croisée, admettaient comme conséquence que les filles proviennent plus particulièrement du père et les fils de la mère. Girou de Buzareingues pensait, au contraire, que chaque parent engendrait le produit de même sexe que lui, et Lucas (47,50) émet une opinion semblable.

La première tentative pour trancher ces questions sinon par l'expérience, du moins d'une manière quelque peu scientifique, remonte à Hofacker. Hofacker (29) et Sadler (30) avaient déduit de statistiques insuffisantes que l'époux le plus âgé a plus de chances de donner son sexe au produit. Mais Berner (83) a montré par des statistiques plus étendues portant sur

[1] Les philosophes et médecins de l'antiquité avaient leurs théories, baroques comme toujours, dans les questions de ce genre.

Parménide et Anaxagore pensaient que chaque sexe avait deux semences, une pour faire des mâles, l'autre pour faire des femelles. Les garçons venaient du testicule droit et se logeaient dans le côté droit de la matrice. Pour les filles c'était l'inverse.

Hippocrate soutenait une opinion analogue, mais pour lui les deux liqueurs séminales se distinguaient principalement par leur force. La plus forte ayant, chez les deux sexes, tendance à produire des mâles, et la plus faible des femelles.

Galien adopta aussi les vues d'Anaxagore, mais il y ajouta une explication. Le côté droit engendrait des mâles parce qu'il était le plus chaud.

Toute l'antiquité et le moyen âge vécurent sur ces idées qui, plus d'une fois, paraît-il, furent mises en pratique d'une façon singulière. Pour faire un garçon, il fallait se serrer le testicule gauche avec un lien et appuyer à droite dans le coït.

On nous permettra de ne pas nous arrêter à des opinions de moindre valeur encore comme celle qui attribue une plus grande aptitude à faire des garçons aux

213 224 mariages que cette opinion était erronée[1]. Il se rallie à l'opinion de RICHARZ (80) et croit qu'il y a plus de garçons que de filles chez les gens qui se livrent à un travail cérébral. MAURICEAU, au siècle dernier (1721), avait cru remarquer que les primipares font plutôt des garçons. ED. ROBIN (75) est d'avis que tout ce qui échauffe le sang : climat, viandes, alcool, pousse à la formation des mâles, opinion déjà soutenue longtemps auparavant par BELLINGERI (40). PFLÜGER (81) attribuait la formation des mâles à la fécondation par plusieurs spermatozoïdes, et au coït à la fin du rut.

D'après RICHARZ (80), le sexe n'est pas transmissible, et le sexe du produit dépend de la femelle seule ; le sexe mâle est, en effet, un degré d'évolution plus avancé que le sexe femelle, et tout œuf produit un mâle quand sa force reproductrice est à son maximum et qu'il arrive à son complet développement. Il produit une femelle dans le cas contraire. Dans le premier cas, le mâle engendré ressemble naturellement à la mère ; dans le second, le produit femelle ressemble à son père. Celui-ci ne fournit jamais son sexe, mais seulement sa ressemblance et l'incitation nécessaire à l'œuf pour se développer. Lorsque la femelle est peu souvent fécondée, ses œufs arrivent plus aisément à leur complet développement. C'est pour cela qu'après une guerre il naît plus de garçons.

BERNER (83) croit qu'il naît un mâle quand la femelle a une énergie reproductrice élevée et une femelle quand la nourriture est plus abondante.

Pour JANKE (87), il naît une fille quand le père est le plus fort et le plus passionné. Si la mère l'emporte par ces qualités, il naît un garçon. Nous citons là quelques opinions, mais il faudrait un long chapitre pour les énumérer toutes. Cela d'ailleurs serait fort inutile, car toutes sont fondées sur des observations souvent justes mais toujours incomplètes trop restreintes. La plupart sont restées sans écho. La seule qui ait gardé quelque autorité est celle de HUBER, de THURY (63), de CORNAZ, qui attri-

femmes qui montent au lit telle jambe la première (la droite, je crois). Les opinions de ce genre sont multiples et variées, mais ce n'est plus de la science même hypothétique, c'est de la superstition.

On pourrait presque mettre au même rang certaines théories toute modernes comme celle de COHEN (75) qui attribue au mâle la force cérébro-spinale et à la femelle la force sympathique. Le produit serait mâle ou femelle selon que la première ou la seconde serait prédominante.

[1] Voici les nombres de ces trois auteurs.

Pour 100 filles, nombre de garçons,

Le père étant :	Hofacker.	Sadler.	Berner.
plus jeune	90	86	......
plus jeune de plus de 10 ans	......	......	104,70
plus jeune de 1 à 10 ans	......	....	107,45
de même âge	......	94	106,23
plus âgé de 1 à 6 ans	103	103	104,61
plus âgé de 6 à 10 ans*	124	126	
plus âgé de 10 à 16 ou 18 ans**	143	147	......
plus âgé de plus de 10 ans	......	....	103,54
plus âgé de 16 à 18 ans***	200	163	......
Moyenne générale	......	....	105,43

* Hofacker dit de 6 à 9, Sadler de 6 à 11.
** Hofacker dit de 9 à 18, Sadler de 11 à 16.
*** Hofacker dit de 18, Sadler de 16.

buent aux états de maturité des produits sexuels une influence prépondérante sur le sexe du produit.

Thury (63) avait observé qu'il naissait plus de femelles quand la femelle avait été couverte dès le commencement du rut et plus de mâles quand le coït avait eu lieu à la fin de cette période. L'œuf très mur donnerait un mâle, l'œuf peu mûr une femelle. Les expériences faites par les éleveurs corroborent assez bien cette règle. Mais les observations de Furtz l'infirment [1].

Düsing (84, 85) s'en est emparé, mais il l'a appuyée sur des considérations fort intéressantes et très bien déduites. Il déclare, avec raison, que la régularité absolue de la proportion moyenne des sexes ne peut s'expliquer que par une autorégulation, la pénurie de mâles provoquant une production de mâles et la pénurie de femelles une production de femelles. On comprend, en effet, que, si la régulation était primitive et organique, elle n'autoriserait pas des oscillations incessantes autour d'une moyenne qui seule est fixe. Les chiffres absolus eux-mêmes seraient fixes. Une riche statistique lui a montré, en effet, que l'œuf jeune tend à produire une femelle, l'œuf vieux à produire un mâle. Le spermatozoïde jeune tend à produire un mâle, le spermatozoïde vieux à produire une femelle.

Avec ce principe, l'autorégulation ne peut manquer de s'établir, car s'il y a peu de mâles, ils féconderont souvent et leurs spermatozoïdes seront toujours jeunes, tandis que si les femelles sont trop nombreuses, elles seront rarement fécondées et leurs œufs seront vieux, double raison pour qu'il naisse des mâles. Dans le cas inverse, l'inverse se produit. Il établit aussi que tout œuf bien nourri tend à produire une femelle et que, plus la consanguinité est étroite, plus il se produit de mâles. Ces deux derniers facteurs, s'ils sont vrais, ne sont pas fort avantageux pour sa théorie. Le premier tend à diminuer le nombre des mâles quand il est déjà trop petit et le second est à peu près indifférent aux proportions numériques des sexes.

Ces faits que Düsing avance sans les expliquer, Hollingsworth (84) a cherché à en trouver la cause et propose l'explication suivante. Si la fécondation a lieu sur un œuf peu avancé, elle met plus longtemps à se parachever et le spermatozoïde, restant longtemps dans l'œuf, est en quelque sorte féminisé par lui. Si elle a lieu sur un œuf très avancé, elle s'achève aussitôt et le spermatozoïde n'a pas le temps d'être féminisé au con-

[1] Fürtz (86) conclut de 193 observations où il a noté la date des dernières règles et celle de la conception que, jusqu'au quatrième jour après les règles, les chances sont pour un garçon et à partir de ce jour pour une fille.

tact du plasma féminin. C'est, on le voit, fortement hypothétique et l'explication n'est valable que pour les états de maturité de l'œuf.

A la théorie de Düsing, Haacke (93) objecte que, si le garçon provient de la fécondation d'un vieil œuf par un jeune spermatozoïde, il a toute raison de ressembler à son père et, inversement, la fille provenant de la fécondation d'un jeune œuf par un vieux spermatozoïde devrait ressembler à sa mère. Or les ressemblances croisées sont aussi fréquentes, sinon plus, que les ressemblances directes.

En somme, en dehors de la nécessité de l'autorégulation démontrée par Düsing, et de quelques statistiques peu démonstratives, il ne reste rien de positif de toutes ces théories. La procréation des sexes à volonté ou même leur simple prévision est et reste impossible à l'homme, aussi bien pour les animaux qu'il élève que pour ses propres enfants.

IX. THÉORIES DE LA TÉRATOGÉNÈSE

Les théories de la Tératogénèse sont partout liées à celles de l'Ontogénèse. Aussi n'y en a-t-il guère d'isolées. Toutes font partie des théories générales et seront étudiées avec celles-ci[1].

Signalons seulement l'opinion de Ziegler (86) qui attribue les malformations aux trois causes suivantes : 1° l'union de deux noyaux sexuels non conformés de manière à ce qu'une coaptation parfaite soit possible; 2° un trouble dans le phénomène de la copulation de ces noyaux; 3° une influence nocive exercée sur les noyaux sexuels avant ou après leurs réunions ou sur le jeune embryon. Parmi ces influences nocives celles des poisons et en particulier de l'alcool occupent le premier rang.

Cela est très hypothétique et n'éclaire guère la question.

La loi de Dareste (91) que « tous les monstres d'une même famille résultent d'un même fait initial », l'arrêt de développement pour les monstruosités simples, l'union des parties similaires pour les monstruosités doubles, n'est pas non plus bien satisfaisante, car ce qu'il faudrait connaître, c'est la cause de ce fait initial qui lui-même est déjà tératologique.

Il n'y aurait donc qu'à clore ici le chapitre à peine commencé si les monstres doubles ne donnaient lieu à quelques considérations qui ne trouveraient pas place aux *Théories générales*.

[1] Voyez, en particulier, dans la *Troisième partie*, les théories de Buffon, Maupertuis, Darwin, Nægeli, de Vries, Weismann.

La question est de savoir s'ils proviennent d'un germe partiellement double ou si un germe primitivement simple peut les produire par dédoublement partiel. Cela a une grande importance théorique car, si la première alternative est la vraie, rien ne s'oppose à la prédétermination, admise par plusieurs théoriciens, de toutes les parties dans le Plasma germinatif; si c'est la seconde qui est vraie, il faudra bien se résoudre à admettre que les conditions ambiantes peuvent faire naître des parties que le Plasma germinatif ne contenait pas. La production artificielle des monstres doubles a, pour ces raisons, une beaucoup plus grande importance que celle des autres monstres sans parties surajoutées. Malheureusement, elle est impossible à réussir par les moyens habituels. Mais voici une observation de RYDER (93) qui tranche la question. Étant assistant à l'*U. S. Fish Commission,* ce naturaliste a scientifiquement établi (ce que beaucoup d'éleveurs avaient déjà reconnu) que le secouage amenait parfois des fournées entières d'alevins de Saumon monstrueux, doubles ou triples avec un seul vitellus. Or comme on ne peut admettre que tous ces œufs se trouvaient contenir deux ou trois germes, puisqu'en l'absence du secouage, la proportion des doubles est beaucoup moindre, il faut bien reconnaître qu'un germe simple peut, en se dédoublant partiellement, engendrer des monstres doubles. Ainsi on a le droit d'attribuer à un dédoublement partiel plus ou moins complet toutes les duplications depuis celle d'un seul doigt jusqu'à celle du corps presque entier comme dans les jumeaux siamois. D'autre part la duplication ne peut être attribuée à une simple division du germe, car alors les parties n'auraient pas la position symétrique qu'indique la loi de Geoffroy-Saint-Hilaire [1]. Il faut donc que la partie qui eût dû former un ventre forme un dos, ce qui prouve, à

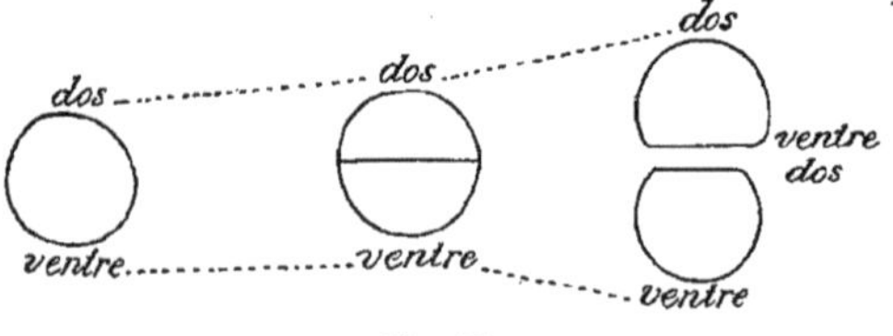

Fig. 23.

[1] Prenons le cas fréquent de deux saumons soudés par la face ventrale et symétriques par rapport à un plan *coronal* (c'est-à-dire allant de droite à gauche et passant par l'axe longitudinal) passant entre eux. Si le dédoublement s'était fait par simple division du germe par un plan ainsi placé, les deux individus devraient être soudés ventre à dos et non ventre à ventre, comme le montre le schéma ci-dessus (fig. 23), sans quoi l'individu situé en dessous aurait deux ventres et pas de dos.

la fois, au moins un certain degré d'*isotropie* de l'œuf, la non-prédétermination des caractères, et l'existence de forces évolutives encore inconnues. La force qui contraint une partie à former un dos là où aurait dû être un ventre, par le fait qu'il y a déjà un ventre au côté opposé, est sans doute la même qui fait repousser la patte du Triton sous l'influence de l'épaule et peut-être du reste du corps.

X. THÉORIES DE LA MORT ET DU PLASMA GERMINATIF

Nous avons démontré (p. 179) qu'on ne pouvait se refuser à admettre la notion claire et féconde du Plasma germinatif tel que nous l'avons défini dans la *Première partie*. Mais ce plasma ainsi défini n'est pas celui que clament Weismann et les auteurs des autres théories de la *Prédétermination des caractères*. Il leur faut un *Plasma germinatif* absolument distinct du *Plasma somatique* et différant de celui-ci par des caractères formels et inconciliables. Or cette distinction absolue ne se concilie avec les faits qu'à l'aide d'hypothèses fort invraisemblables.

Si, partout comme chez les Diptères, l'œuf séparait de lui, dès le début de la segmentation, la cellule mère des éléments sexuels, il n'y aurait aucune difficulté à l'admettre. Mais, le plus souvent, les cellules germinales naissent tard et de cellules somatiques n'ayant pas elles-mêmes le caractère d'éléments sexuels. Il faut donc supposer que du Plasma germinatif se cache en elles, bien que le microscope ne nous montre en elles rien autre que ce qu'il nous montre partout ailleurs. Mais ce n'est pas tout : de nombreuses cellules non germinales ni situées sur la lignée des germinales se montrent capables de reproduire l'organisme entier, ce qui prouve qu'elles contiennent du Plasma germinatif : telles sont les cellules cambiales auxquels les jardiniers font produire presque à volonté des bourgeons adventifs, telles sont celles des feuilles du Begonia ou du corps entier de certaines mousses[1].

Weismann croit expliquer la chose en disant que la Sélection naturelle a déterminé le passage d'un peu de Plasma germinatif dans ces cellules pour augmenter les chances de multiplication. Mais il y a là une

[1] Wiesner (92) assure qu'un cube de 1cm de côté, coupé dans le parenchyme d'une Pomme de terre en dehors des *yeux*, peut, s'il est convenablement soigné, donner naissance à un individu complet. Il n'y a là cependant que du parenchyme à amidon, et quelques faiseaux vasculaires avec cellules cambiales riches en protoplasma.

sérieuse difficulté. Les feuilles des Bégonias ne sont pas articulées, elles ne tombent pas et meurent en se desséchant sur place. D'autre part, il doit être très exceptionnel que des violences extérieures exercées par des agents atmosphériques ou par des animaux permettent à des fragments de feuilles de tomber sur un sol approprié et de donner naissance à une nouvelle plante. De l'avis de tous les botanistes que j'ai interrogés, et autant que l'on peut juger de leur biologie à l'état sauvage dans les pays d'origine, il n'y a pas là un mode normal et régulier de reproduction. Dès lors ce Plasma germinatif déposé dans les feuilles ne sert ordinairement à rien; c'est là, par conséquent, une particularité que la Sélection ne saurait avoir fixée, et de plus, un gaspillage énorme et tout à fait contraire à la stricte économie habituelle, d'une substance extrêmement précieuse pour la plante. Les *Ficaria ranunculoïdes* sont capables de se reproduire d'une manière semblable. C'est là une plante commune des environs de Paris, qu'il est facile d'observer. Or l'observation ne montre rien qui permette de penser qu'elle utilise ce mode de reproduction. Il doit en être de même des mousses que Weismann cite d'après Sachs.

Enfin pour les cellules cambiales des plantes, le gaspillage de substance précieuse et l'impossibilité d'invoquer la Sélection naturelle ne sont pas moins évidents, si l'on songe à la multiplicité des bourgeons normaux et à la rareté des bourgeons adventifs chez beaucoup de plantes où les cellules cambiales se montrent dotées de Plasma germinatif.

Il semble donc plus juste d'admettre qu'il n'y a qu'une sorte de plasma, qui est germinatif dans l'œuf et dans toutes les cellules pas trop differenciés, mais qui perd peu à peu ses aptitudes germinatives à mesure que sa différenciation somatique progresse.

Le Plasma germinatif est considéré d'ordinaire simplement comme le plasma complet de l'œuf, c'est-à-dire contenant tout le déterminisme de l'évolutionde l'organime. A cette conception, LENDL (90) en a substitué une autre, qui n'est peut-être pas plus juste, mais qui ne manque pas d'originalité et qui permettrait de comprendre comment des cellules somatiques peuvent, dans des circonstances particulières, fonctionner comme éléments reproducteurs. Toute cellule, par le fait même qu'elle vit, accumule en elle des produits de déchet et des substances diverses, les unes utiles, les autres non; mais qui, en tout cas, sont étrangères à la constitution du Plasma germinatif pur. Lendl donne à ces substances le nom de *Ballast*. En se divisant, l'œuf partage son Plasma germinatif entre les deux premiers blastomères, mais donne à un seul des deux la totalité de son Ballast. Celui qui n'a reçu que du plasma pur a pour le moment les capacités d'une cellule reproductrice. Mais toute sa lignée descendante ne sera pas dans le même cas car, en vivant, lui et les cellules ses filles se chargeront d'un nouveau ballast qui sera diversement réparti en elles. Celles qui n'en auront que peu ou point pourront seules servir d'élément reproducteur. Inversement le second blastomère, celui qui, à la première division, a reçu tout le ballast n'est pas condamné pour cela à ne fournir que des cellules somatiques, car, à la division suivante, il pourra charger une de ses cellules filles de tout son ballast et donner à l'autre du plasma pur. Ainsi les cellules reproductrices définitives sont celles qui, par un constant triage, se sont maintenues exemptes de ballast. Les cellules somatiques sont celles qui ont gardé celui-ci. Mais, on voit que par un triage convenable elles peuvent, à la suite de divisions nouvelles, donner des cellules reproductrices. La division entre les unes et les autres n'a donc rien d'absolu, ni surtout d'irrévocable comme dans la théorie de Weismann. Les cellules somatiques sont condamnées à mourir, mais non immédiatement. Elles sont capables de divisions nombreuses bien que non indéfinies. Elles sont destinées à remplir trois fonctions : 1° maintenir la pureté du plasma des germinatives en se chargeant toujours de leur Ballast ; 2° les nourrir ; 3° former une colonie (Soma) qui entoure et protège les cellules reproductives.

Si l'on admet que les Monoplastides sont immortels, il y a lieu de se demander comment la mort s'est introduite dans le cercle évolutif des Hétéroplastides lorsque ceux-ci se sont formés les premiers[1].

[1] VINES (89) a fait à Weismann cette objection métaphysique que l'immortalité des Protozoaires n'avait pu se perdre lorsque ceux-ci ont donné naissance aux Métazoaires, l'immortalité étant de son essence indestructible. Weismann répond [avec raison (v. p. 117)] qu'il ne faut pas confondre l'immortalité virtuelle des Protozoaires, qui, à chaque instant, peuvent mourir par accident, avec l'*impérissabilité*. Cette dernière seule est de son essence indestructible. Il faut concevoir le plasma du Protozoaire comme une structure physico-chimique telle que les différents phénomènes qui s'y passent ne comportent pas une cause d'arrêt, ou du moins que les altérations que la vie produit en lui sont à chaque instant réparables par l'intervention de conditions extérieures (alimentation, conjugaison, etc.) assez faciles à rencontrer pour que, sûrement, un grand nombre d'individus les rencontrent et continuent à vivre. Au contraire, le plasma des cellules somatiques des Métazoaires est tel, que les altérations produites en lui par la vie ne sont pas indéfiniment réparables par des conditions qui puissent se rencontrer. Au moment où la cellule reproductrice se divise, la constitution physico-chimique de son

Les êtres polycellulaires sont d'abord de simples aggrégats d'individus unicellulaires ayant conservé les propriétés fondamentales que nous venons de reconnaître chez ces derniers. La *Pandorina Morum* en est un exemple. Chaque cellule de la colonie est identique à ses voisines; toutes sont également capables de se conjuguer et de se diviser, les produits de la division sont indéfiniment identiques; chacune est donc encore immortelle à la manière des Infusoires.

Chez les *Volvox* qui appartiennent à la même famille que les *Pandorina,* est franchi le fossé qui sépare au point de vue qui nous occupe les Protozoaires des Métazoaires. La colonie comprend deux sortes de cellules : les unes petites périphériques, capables de se multiplier par division, mais incapables de reproduire l'organisme entier; les autres intérieures, grandes, aptes à reproduire la colonie. Ces dernières seules sont immortelles, les petites cellules ne passent pas dans un nouvel organisme et meurent. Ainsi s'établit le cycle évolutif qui s'est conservé chez tous les Métazoaires : une cellule reproductrice engendre une cellule reproductrice (ou plusieurs) et un corps (Soma) chargé de nourrir et de protéger celle-ci. Le Soma meurt, tandis que la cellule reproductrice se développe et donne encore une cellule reproductrice immortelle et un Soma mortel, et ainsi de suite indéfiniment.

On s'explique d'ailleurs très bien que la Sélection naturelle et la Panmixie (WEISMANN) (93)) ait dû conserver cette mortalité du Soma si une fois elle s'est produite. En effet, l'immortalité du Soma n'est d'aucune utilité pour l'espèce, du moment que sa conservation est assurée par l'immortalité des germes. Elle est nuisible même, car cette immortalité virtuelle ne les met à l'abri ni des accidents ni des mutilations, et les individus plus ou moins détériorés qui la possèdent sont certainement moins

plasma se trouve atteinte : dans l'une des moitiés, il garde une structure compatible avec l'immortalité; dans l'autre, il en prend une incompatible avec elle. Il n'y a rien là qu'un de ces faits de différenciation progressive qui se rencontrent fréquemment dans l'ontogénie des êtres lorsque, par exemple, une cellule embryonnaire se divise en deux autres dont l'une, je suppose, produira du tissu conjonctif et l'autre du tissu osseux, ou l'une du tissu nerveux central et l'autre de l'épiderme cutané. Ce qui est étonnant, continue Weismann, c'est plutôt que l'immortalité ne soit pas détruite dans la cellule sexuelle, dans la division qui la sépare du Soma, car l'immortalité doit être liée chez elle à quelque trait de structure bien délicat. Il faut accepter cela comme un fait remarquable et non inconvenable.

[V. p. 180 l'observation de Boveri au sujet de la différence entre les cellules germinales et somatiques.]

La distinction des cellules germinales immortelles et des somatiques mortelles s'est d'ailleurs établie graduellement.

parfaits et doivent donner des rejetons, moins vigoureux, moins capables de résister aux causes accidentelles de mort. Pour singulière que puisse paraître cette apparente antinomie, cette mortalité du soma est en corrélation avec une plus grande vigueur du plasma immortel des cellules sexuelles et la Sélection a pu intervenir en sa faveur.

Pour Düsing (86) comme pour Weismann (84) l'introduction de la mort dans le cycle évolutif des Hétéroplastides a pu être favorisée par la Sélection naturelle parce que le pouvoir reproducteur s'affaiblissant avec l'âge, il était avantageux pour l'espèce que des individus inaptes à la reproduction ne prissent pas une part de la nourriture.

La Sélection peut être considérée comme une cause du maintien de la fonction *mort*, chez les Métazoaires ; mais elle ne l'a pas créée, et l'on peut se demander quelle est la condition physico-chimique de cette propriété, la mortalité, quelle est la différence matérielle entre le plasma immortel et le plasma mortel, et comment celui-ci a pu dériver de celui-là. A ces questions on n'a répondu que par des hypothèses très peu fondées.

Hartog (91) considère le noyau comme un organe nerveux de la cellule. A mesure que les divisions se multiplient, ce centre nerveux devient moins sensible aux excitations du cytoplasma et, réciproquement, excite moins fortement celui-ci à se nourrir. De là la vieillesse et la mort. La fécondation produit une « *invigoration* » nouvelle de la cellule. Je ne vois là qu'une paraphrase du fait que tout le monde connaît et qu'il s'agit d'expliquer.

Bütschli (82) imagine que la vie résulte d'une action de quelque ferment sur le protoplasma. Quand ce ferment est usé, la vie cesse. Les Protozoaires ont la faculté de le fabriquer et par conséquent de le renouveler au fur et à mesure de sa consommation. Chez les Métazoaires, les cellules germinales seules jouissent du même pouvoir. Mais Cholodkowsky (82) fait remarquer avec raison que, s'il en était ainsi, les cellules cambiales, celles des feuilles des Begonias, etc., devraient être immortelles car, étant capables de reproduire l'individu, elles doivent savoir fabriquer ce ferment.

Löw et Bokorny (88) croient trouver la différence matérielle entre le protoplasma mort et le protoplasma vivant dans la disparition chez le premier des groupes aldéhydes de la molécule du premier (v. p. 301).

Enfin Lendl (89), appliquant à la question sa notion du *Ballast*, que nous avons expliquée plus haut (p. 350), voit dans ce Ballast la cause de la mort. Une cellule ne peut être immortelle qu'à la condition de pouvoir se débarrasser de la totalité de son Ballast. Or elle ne le peut qu'en en chargeant sa cellule sœur-jumelle. Il résulte de cela, que les Protozoaires ne sont pas tous immortels. A chaque division, l'un des deux individus se purifie et conserve ainsi la propriété de se diviser indéfiniment, l'autre se charge de substances de déchet qui lui laissent la faculté de se diviser un nombre de fois très grand peut-être, mais limité.

H. SPENCER (93) croit que les cellules somatiques ne sont pas plus mortelles que les germinales. Elles meurent, selon lui, parce qu'elles ne sont pas dans des conditions qui leur permettent de continuer à se nourrir. Il cite les Pucerons et les *Elodea* (v. p. 178) pour montrer qu'elles sont capables de divisions indéfinies quand elles sont placées dans des conditions nutritives convenables. Pour lui, si une souris ne devient pas grosse comme un éléphant, c'est parce que sa nutrition n'est pas assez active. Or l'activité nutritive doit croître plus vite que les organes de l'absorption, car ceux-ci, représentés par la surface digestive, croissent comme le carré des dimensions, tandis que le poids du corps à nourrir croît comme le cube. Il est bien évident que cette considération mathématique n'a rien à voir dans la question, car une souris est incapable de devenir grosse comme un chat et même comme un rat, même si on la nourrit de substances choisies ou si on lui injecte les substances les plus nutritives. Il y a une toute autre cause à la limite de la taille.

En somme, aucune de ces théories n'est vraiment satisfaisante même dans son caractère hypothétique et le mystère de la mort reste aussi intact que celui de la vie.

XI. THÉORIES SPÉCIALES DE L'HÉRÉDITÉ

Nous avons défini comme *Théories générales* celles qui abordent dans son ensemble le problème de la transmission des caractères et de l'évolution des Êtres. Aussi est-ce dans la 3e partie de cet ouvrage que trouveront place presque toutes les théories de l'Hérédité. Le présent chapitre va donc se trouver réduit à quelques opinions isolées.

Dès que l'on a connu les éléments sexuels, on a compris qu'ils étaient les seuls véhicules possibles de l'hérédité[1]. Cela ne peut être douteux

[1] L'homme fournit son sperme dans la fécondation et il n'est pas besoin d'une observation scientifique délicate pour le reconnaître. La femme, au contraire, semble ne rien fournir que le lieu, le moule, si l'on veut, où se formera le fœtus.

que pour des mystiques. Mais il n'est pas certain que toutes leurs parties soient également importantes pour la transmission héréditaire. Si

Aussi est-il naturel que les anciens aient cru que l'Hérédité n'était que paternelle. Le plus ancien document que l'on ait sur ces matières, le *Mânava-Dharma-Sastra*, livre sacré des Hindous, dit que la mère n'est qu'un champ où le père dépose une semence, et, comme conséquence logique, conclut, contre l'évidence, que le père seul se continue dans l'enfant. « La semence, y est-il dit, découle des principales ou, selon d'autres, de toutes les parties du corps ; elle contient en puissance toutes les facultés dévolues aux organes : s'il y a donc des vices inhérents à quelque partie de l'organisme des générateurs, ils doivent nécessairement se transmettre à la semence et de la semence au fœtus puisqu'il émane d'elle ».

Cette opinion, plus ou moins modifiée selon les lents progrès de la science ou les idées à priori, se retrouve avec diverses variantes dans toutes les théories des Spermatistes dont les derniers appartiennent au commencement de notre siècle. ÉRASISTRATE (IIIe siècle avant J.-C.), DIOGÈNE DE LAERTE (IIe siècle avant J.-C.), GALIEN (IIe siècle après J.-C.), toute l'École d'Alexandrie, partagèrent cette opinion. Pour la plupart d'entre eux, le sang des règles cesse de couler pendant la grossesse parce qu'il sert d'aliment au fœtus. Mais c'est surtout vers la fin du XVIIe siècle lorsque LEUWENHŒK eut découvert le spermatozoïde que les Spermatistes eurent beau jeu. Il y avait donc dans le sperme quelque chose d'évidemment vivant tandis que l'œuf peut n'être qu'une substance inerte. Les uns (LEUWENHŒK, ANDRY) crurent découvrir que le spermatozoïde entre dans l'œuf par une petite soupape s'ouvrant en dedans ; en entrant, il comble le peu de vide qui restait derrière la soupape et empêche un nouveau spermatozoïde d'entrer. HARTSŒKER (1694) suppose qu'il y a dans le spermatozoïde un petit être tout formé (fig. 24, 1). La queue, écourtée dans notre reproduction de son dessin, contient un cordon qui sort de l'ombilic du petit être et deviendra le cordon ombilical, car le spermatozoïde se greffe au fond de la matrice par le bout de la queue. DALEMPATIUS (1699) croit voir sous le microscope un *homunculus* parfaitement dessiné (fig. 24, 3) se dégager du spermatozoïde (fig. 24, 2) comme d'une enveloppe qui l'encapuchonne et se montrer avec une tête, un corps, deux jambes et deux bras. Tous croient que l'œuf lui sert seulement de nourriture et d'abri et que les germes spermatiques de toutes les générations futures sont emboîtées les uns dans les autres depuis Adam jusqu'à la fin du monde.

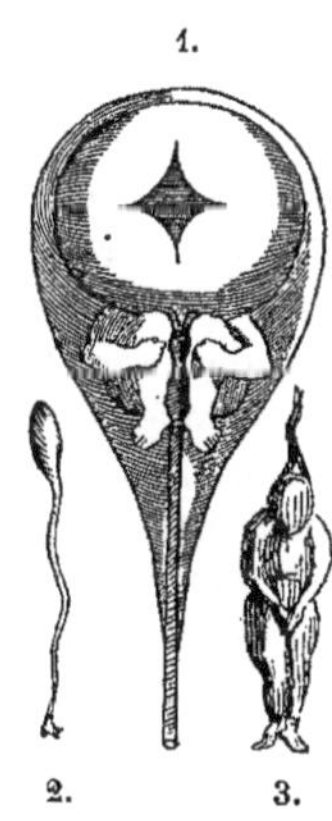

Fig. 24.
1. Spermatozoïde idéal d'après Hartsœker. — 2. Spermatozoïde observé par Dalempatius. — 3. Le même dépouillé de son enveloppe.

OKEN et les philosophes de la nature de la nouvelle école prennent place ici.

A la théorie des *Spermatistes* s'oppose, comme on sait, celle des *Ovistes*. Celle-ci ne peut remonter aussi loin dans le passé,

on pouvait couper la queue du spermatozoïde et soustraire à l'ovule ses réserves vitellines, on empêcherait la fécondation ou le développement.

car elle suppose la connaissance de l'œuf.

HARVEY (XVIe siècle) reconnaît le premier l'existence des œufs chez les femelles des vivipares. Mais, d'après lui, c'est la matrice qui forme le fœtus. Le sperme n'y entre pas, il féconde non l'œuf, mais la mère toute entière, par une sorte de contagion musculaire qui rend la mère capable de développer elle-même ses œufs dans sa matrice. DESCARTES (première moitié du XVIIe siècle) admit ces idées et assimila la fécondation à une fermentation. Ces idées se précisèrent lorsque GRAAF eut, vers la même époque, découvert le follicule ovarien qu'il prit pour l'œuf lui-même, et appelé ovaire les glandes que l'on avait jusqu'alors appelées les *testicules femelles*. Il dit que l'œuf était fécondé dans l'ovaire et tombait dans la matrice où il se développait. Mais pour tous les Ovistes cette fécondation n'est qu'une impulsion immatérielle au développement. Le mâle ne contribue en rien à la formation des organes fœtaux qui existent tous préformés dans l'œuf, en sorte que, matériellement, l'enfant descend de sa mère seule.

SWAMMERDAM, MALPIGHI au XVIIe siècle, HALLER, BONNET, VALLISNIERI, SPALLANZANI au XVIIIe furent les principaux champions de l'*Ovisme* et admirent, comme les Spermatistes, un emboîtement des germes, mais ici le germe était un œuf et, dans les ovules d'Ève, étaient contenus tous ceux des générations futures jusqu'à la consommation des siècles. Le germe le plus extérieur est seul atteint chaque fois par la fécondation.

« La fécondation, dit BONNET (1778), n'introduit pas dans l'œuf un germe qui existait auparavant chez le mâle... Mais le germe logé dès le commencement dans l'œuf reçoit de la liqueur que fournit le mâle, le principe d'une nouvelle vie. Elle le met en état de se développer et de franchir les bornes étroites qui le renfermaient ».

Sans entrer dans le détail de ces discussions, faisons remarquer que la théorie de l'emboîtement est bien plus compliquée encore qu'elle ne le paraît. Il n'y a pas là seulement une difficulté résultant du volume des parties, mais tous les œufs diffèrent les uns des autres par le nombre des germes emboîtés qu'ils contiennent, car toute série qui aboutit à un mâle s'arrête à lui et ce sont seulement les lignées femelles qui se continuent indéfiniment. Il en est de même pour l'emboîtement des spermatozoïdes où les séries mâles se continuent seules. DE BLAINVILLE semble être le dernier qui ait soutenu jusque dans notre siècle la théorie modifiée des Ovistes.

Ovistes et Spermatistes étaient aussi embarrassés les uns que les autres pour expliquer la ressemblance matérielle de l'enfant avec ses *deux* parents. L'exemple célèbre du Mulet, qui tient de son père l'Ane et de sa mère la Jument, les plongeait les uns et les autres dans le plus cruel embarras, et ils se mettaient l'esprit à la torture pour en fournir des explications, d'ailleurs aussi bizarres qu'insuffisantes et compliquées. Cela nous entraînerait trop loin de les exposer. En voici une entre autres : Le Mulet, dit BONNET (1778), provient d'un germe de Cheval contenu dans la Jument. Ce germe contenait tous les organes de l'animal, mais froissés, affaissés, plissés. La liqueur séminale de l'Ane les gonfle, les déploie, comme aurait fait celle du Cheval, mais il gonfle et distend moins la croupe et les pattes, et davantage les oreilles, ce qui fait que le produit est un peu différent de ce qu'il eût été si son père eût été un Cheval.

Les faits de *régénération* n'étaient pas moins embarrassants pour eux. Où est dans l'emboîtement des germes, dit ÉRASME DARWIN (10), cette patte supplémentaire du Crabe qui repousse si on en casse une et qui ne se forme pas si on

Il est bien certain, cependant, que ni la queue du premier ni les globules graisseux du second ne sont facteurs des caractères héréditaires. Une

n'en casse point? On en trouvera d'autres rapportés dans les ouvrages de Buffon (4), d'Érasme Darwin (10), etc., auxquels nous empruntons ainsi qu'à Lucas (47-50) et à Roth (85) un bon nombre des faits cités dans cet historique.

Est-il besoin de rappeler que les théories évolutionnistes ont succombé pour ne plus se relever, sous les critiques de Maupertuis (1751), de Buffon (4) et surtout de Wolff (1759)? Je dis *surtout de Wolff* parce que ce dernier ne s'est pas contenté d'arguments théoriques, mais a montré, en suivant le développement du Poulet, que l'observation condamnait absolument l'idée fondamentale de la *Préformation*.

Enfin il existe une troisième opinion qui, après d'innombrables modifications, a fini par triompher : c'est que l'homme et la femme contribuent l'un et l'autre à la formation du fœtus.

Diogène Laerte rapporte que, d'après Pythagore (à cheval sur les VI et Ve siècles avant J.-C.), le sang des règles formait les parties grossières du fœtus : chairs, os, nerfs, poils, etc., tandis que les parties subtiles, les sens, l'âme, venait du sperme. Elles se dégageaient de celui-ci comme une vapeur tiède, l'*aura seminalis*. Empédocle (Ve siècle), sans préciser ainsi, admettait que le père formait les organes les plus importants et la mère les parties secondaires. Hippocrate (Ve siècle) émit l'idée que chaque sexe fournit une liqueur prolifique spéciale et que les deux liqueurs prennent part à titre égal à la formation du fœtus. L'enfant ressemblera à celui des deux parents qui en aura fourni le plus. La semence de la femme est répandue dans la matrice où le sperme vient se mêler à elle. Elle n'apparaît au dehors que lorsque la matrice s'ouvre plus qu'il n'est nécessaire pour recevoir le sperme. Le sang menstruel ne sert qu'à la nourriture du fœtus. Cette théorie remarquable est la plus juste que l'on pût faire à cette époque et on la trouvera bien plus étonnante encore, quand on verra plus tard qu'elle contient l'idée principale des Gemmules de Darwin. Elle a été adoptée par Galien (IIe siècle après J.-C.) et la plupart des médecins grecs.

Aristote (IVe siècle avant J.-C.) l'a gâtée en revenant, à peu de choses près, à celle de Pythagore. Pour lui, le corps du fœtus est formé par le sang utérin, le sperme fournit l'âme et le principe du mouvement. Il est le sculpteur, le sang maternel est le marbre, l'enfant est la statue. Cette idée se continue, sous de nombreuses variantes, avec les *Stoïciens*, Diogène de Laerte (IIe siècle avant J.-C.), Tertullien (IIe siècle après J.-C.) et les Pères de l'Église, Athénée (IIIe siècle après J.-C.), puis les Arabes, Avicenne, Averroès (XI et XIIe siècles), puis Van Helmont (XVI et XVIIe), Stahl (XVIIe et XVIIIe) et jusqu'à nous avec Rolando et Virey qui, au commencement du siècle actuel, pensait que le mâle fournissait le principe spirituel et la femelle le principe mécanique.

D'autres comprennent autrement le partage du legs héréditaire. Pour Linné, l'ovule fournissait les organes internes et reproducteurs, et le pollen les organes externes et végétatifs. De Candolle affirmait précisément l'inverse et l'un et l'autre appuyaient leur dire sur l'observation des Hybrides. Girou de Buzareingues (28) trouve que, chez les animaux domestiques, le produit tient du père par la tête et la poitrine, et de la mère par les jambes et le bassin. Blumenbach tend à admettre cela pour l'homme. Buffon (4), Burdach, C.-G. Carus attribuent à la mère une influence prépondérante dans la transmission des caractères intellectuels et moraux. Michelet, partisan de

première question se pose donc : quelles sont, dans les produits sexuels, les parties qui servent de substratum à l'Hérédité?

Dès 1866, HÆCKEL (66) établit une distinction hypothétique devançant de loin le résultat des observations ultérieures, le noyau serait l'organe de la transmission des caractères et le cytoplasma celui de l'adaptation aux conditions ambiantes.

Pour ce dernier, on en est encore à l'affirmation de Hæckel. Mais pour le premier, les observations de HERTWIG, STRASBURGER, VAN BENEDEN, etc., sont venues lui apporter une confirmation qui a paru irréfutable, jusqu'au jour ou l'on a connu le centrosome du spermatozoïde.

Ce n'est qu'une vingtaine d'années après Hæckel, que O. HERTWIG (84) établit, sur des observations positives, que le noyau est l'organe, et que dans le noyau la chromatine est la substance, qui sert de véhicule à l'Hérédité. Presque au même moment, STRASBURGER (84) confirme cette opinion relativement au noyau mais cherche à prouver que la nucléine n'est qu'une substance nutritive et que le *filament karyo-hyaloplasmatique* a le rôle important dans la transmission.

D'ailleurs son opinion n'a pas d'écho et la chromatine reste pour tous le vrai facteur matériel de l'Hérédité. Cette opinion, confirmée par MINOT (86) et par plusieurs autres a régné sans conteste jusqu'à ces dernières années.

Cependant, dès 1886, FRENZEL (86) émet l'idée que le cytoplasma pour-

ce genre d'Hérédité, expliquait par là l'infériorité habituelle des fils des grands hommes. On cite comme exemple Gœthe qui disait lui-même tenir de sa mère la tournure caustique et mordante de son esprit, sa crainte des émotions violentes et surtout de la mort et de son père ses caractères physiques.

Mais le métis Lislet dont nous avons parlé plus haut tenait, au contraire, de son père par l'esprit et de sa mère par le corps, puisqu'il était aussi noir que celle-ci et que, seul de sa couleur, il fut membre correspondant de l'Institut. GALTON (69), au contraire prouve, par la statistique que l'on a plus de chances (70 contre 30) de se distinguer par son talent si le talent chez les parents appartient au père.

PRÉVOST et DUMAS (24) ayant cru reconnaître par de minutieuses observations microscopiques un rudiment de système nerveux dans le spermatozoïde et celui des autres organes dans l'ovule, voyaient là l'indication de la part de chaque parent dans la formation du fœtus. LALLEMAND (41) soutient une idée analogue. Enfin on est étonné de trouver que ces opinions d'un autre âge ont encore des représentants aujourd'hui. Le Dr COHEN (75) conclut d'une ressemblance de forme qu'il trouve, entre l'œuf et les cellules nerveuses de la moelle, et entre le spermatozoïde et les cellules unipolaires des ganglions sympathiques, que « l'influence du spermatozoïde s'étend sur l'ensemble du système cérébro-spinal et celle de l'ovule sur les organes subordonnés au sympathique » !

rait bien ne pas être une substance purement passive. Il pourrait être le facteur des caractères spécifiques tandis que le noyau serait celui des caractères individuels. Ainsi, dans l'œuf fécondé, quatre éléments interviendraient : les deux cytoplasmas représentant les caractères spécifiques des deux parents (caractères identiques sauf le cas de croisement), la vésicule germinative représentant les caractères individuels maternels et la tête du spermatozoïde représentant ceux du père. D'ailleurs c'est là une vue purement théorique et il n'y a aucune raison d'y souscrire.

Aujourd'hui que des observations plus exactes ont fait justice du rôle dominateur du noyau, le cytoplasma tend à reprendre de l'importance mais sous une autre forme et VERWORN (91) paraît s'approcher bien plus de la vérité en proposant la formule suivante : *ce qui s'hérite, c'est un mode d'échanges entre le noyau et le cytoplasma.*

Malgré les innombrables divergences d'opinion au sujet de l'Hérédité, divergences dont on ne pourra avoir quelque idée qu'après avoir lu les *Théories générales*, il est un point au moins sur lequel tout le monde est d'accord, c'est que l'Hérédité existe et que, sans elle, les espèces n'au raient pu se former. Il semble, en effet, que, sans elle, la nature organisée ne formerait qu'un cahos de formes incohérentes. Eh bien il s'est trouvé quelqu'un qui a osé, non pas nier l'hérédité qui, de nos jours, est évidente, mais nier qu'elle ait toujours été indispensable et qu'elle soit primitive et contemporaine de l'origine des Êtres. Ce quelqu'un c'est HURST (90) et voici la théorie fort ingénieuse qu'il a émise pour soutenir ce paradoxe. Laissons-lui la parole.

L'Hérédité n'a rien d'essentiel. A l'origine elle n'existait pas. Il n'y avait parmi les êtres qu'une variabilité désordonnée. Mais la Sélection exerçait déjà son influence et grâce à elle l'Hérédité s'est lentement établie comme limitation de la Variabilité et, peu à peu elle est devenue, stricte comme nous la voyons aujourd'hui. Plaçons-nous à l'origine de la vie et considérons les simples masses protoplasmiques qui représentaient alors les premiers êtres vivants. Il n'y a aucune raison pour que ces masses fussent homogènes et, si elles ne l'étaient pas, en se divisant, elles formaient des fragments dissemblables entre eux. Il n'y avait donc pas hérédité, mais variabilité absolue. Mais parmi ces masses protoplasmiques filles, toutes celles auxquelles les hasards de la division avaient donné une constitution trop défavorable étaient supprimées par la Sélection. Celle-ci conservait non les plus aptes, mais les suffisamment aptes et, après son triage, les produits de cette première division se sont trouvés un peu moins dissemblables qu'avant. Cela a été un commencement de limitation de la variabilité absolue du début. Parmi les masses initiales, celles qui avaient tendance à donner un plus grand nombre de formes viables et, par conséquent, moins dissemblables entre elles, ont laissé plus de descendants et la limitation de la variabilité s'est encore renforcée de ce côté. Les choses ont continué ainsi. Mais, à mesure que la vie se développait, la Sélection devenait plus rigoureuse. Après avoir condamné d'abord seulement les inaptes, elle a fini par supprimer les moins aptes et ne laisser enfin que les très adaptés qui, naturellement, se ressemblaient plus entre eux et avaient une constitution plus uniforme ; et, là encore, les individus qui, en raison de leur constitution, donnaient le plus grand nombre de descendants tous également aptes et par suite plus semblables entre eux, laissaient un plus grand nombre de ces descendants. Les choses continuant ainsi, la variabilité excessive a été peu à peu éliminée de tous les organes et de tous les caractères et il n'est plus resté que la ressemblance héréditaire tempérée par une variabilité limitée utile à l'espèce.

Cette théorie est curieuse, mais plus curieuse que solide. Elle part d'abord d'une hypothèse improbable, c'est que les masses initiales de protoplasma vivant étaient assez hétérogènes pour pouvoir donner en se divisant des produits fortement dissemblables. Berthold (86) a montré que, dans le protoplasma vivant, les parties constitutives ne sauraient rester mélangées sans ordre ; que, sous l'influence de leurs actions réciproques (attraction, répulsion, tension superficielle, diffusion, etc.), elles se classent d'elles-mêmes d'une façon régulière et généralement sub-symétrique. Dès lors, en se divisant, la masse protoplasmique initiale doit donner des moitiés sub-semblables. L'hérédité est donc un fait initial. Si les choses ne se passaient pas ainsi, si, sous l'action des conditions ambiantes, les parties constitutives d'un protoplasma pouvaient prendre une disposition quelconque désordonnée, il n'y aurait pas de raison pour que la limitation de variabilité, acquise grâce à la Sélection, se maintînt. De nouvelles différences s'établiraient entre les masses sub-semblables triées par la Sélection.

D'autre part, il n'est pas du tout certain que les masses filles triées par la Sélection soient un peu plus semblables entre elles que celles qui ont fourni les éléments du triage. Il y aura un moins grand nombre de formes différentes, mais non peut-être des formes extrêmes moins différentes et, sans l'Hérédité, il en pourrait toujours être ainsi ; et l'on ne concevrait pas que cela ne se retrouvât pas encore dans certaines formes vivantes, que l'on ne trouvât pas encore aujourd'hui deux espèces naissant indifféremment des mêmes parents.

Hurst dira peut-être que les formes polymorphes sont précisément l'exemple que je réclame, mais cela ne peut être admis car, dans les espèces polymorphes, les différentes formes naissent dans des conditions nettement déterminées et non au hasard : elles sont dues à une Hérédité aussi stricte que les formes semblables des espèces homogènes et nullement à un relâchement de l'Hérédité.

L'Hérédité est sans doute aussi ancienne que la vie parce qu'elle repose sur l'équilibre de structure des organismes primitifs et sur leur division en moitiés semblables.

XII. THÉORIES SUR LA TRANSMISSION DES CARACTÈRES ACQUIS

Les objections théoriques faites par Weismann à la possibilité de la transmission des caractères acquis ont une valeur indiscutable. Comment, dit-il, le renforcement d'un muscle ou d'une articulation par l'exercice, comment l'allongement de l'œil par la lecture assidue, comment la suppression de la queue par amputation, comment l'aptitude musicale développée par la culture de cet art, comment tout cela pourrait-il se transmettre à l'ovule ou au spermatozoïde où il n'y a ni muscle, ni œil, ni queue, ni cerveau? A supposer même qu'il y ait dans l'élément sexuel des rudiments distincts de tous ces organes, comment et par quelle voie la modification de l'organe du corps pourrait-elle influencer son rudiment germinal et produire en lui précisément la minime modification, infiniment délicate et infiniment précise, nécessaire pour que ce rudiment développe la modification similaire?

La modification ne pourrait être communiquée au germe que par une influence émanée de l'organe ou par un apport de substance. Le système nerveux seul pourrait être le véhicule des premières. Or on ne voit pas comment des influences multiples, ayant toutes leur caractère distinct, pourraient cheminer sans se confondre le long des filets nerveux, et imprimer chacune au Plasma germinatif une modification adéquate. Quant à un apport de substance par les Gemmules de Darwin ou de Brooks par exemple, non seulement il est d'une invraisemblance absolue, mais il est condamné par ce que l'on connaît aujourd'hui de la division cellulaire. Pourquoi la division longitudinale du filament et toutes les dispositions si délicates destinées à assurer une composition précise de l'Idioplasma de l'œuf, si cet Idioplasma était à chaque instant modifié par un apport de substances nouvelles?[1]

Depuis que Weismann a écrit cela, on a découvert les *communications protoplasmiques,* ou du moins on a beaucoup agrandi leur extension et leur importance, mais on ne sait pas si elles sont générales. Cela est peu probable et, le seraient-elles, que la difficulté n'en serait guère amoindrie, car pas plus que le système nerveux, ou le courant sanguin, elles ne paraissent aptes à conduire jusqu'à l'œuf les influences dynamiques ou des substances chimiques et à produire par leur moyen la modification *réversible.*

Weismann admet une influence de *Soma* sur le *Germen,* mais très faible et surtout très vague et par conséquent incapable d'expliquer la transmission des caractères acquis; et, logiquement, il nie cette dernière, s'efforce de ruiner les faits qui semblent lui fournir un appui, et demande à ceux qui y croient de leur montrer par quelles voies elle peut s'opérer. C'est aux *Théories générales* (surtout celle de Darwin, Brooks, Cope, Haacke, etc.), que nous trouverons les essais de réponse, et parmi les explications isolées pouvant prendre place ici, je n'en trouve que deux et qui n'ont pas une bien grande valeur.

Ryder (90) invoque le *Métabolisme,* vieille dénomination proposée par Th. Schwann et que l'école anglaise a remis en honneur. Le métabolisme c'est, en somme, la transformation incessante des organismes vivants par le mouvement nutritif sous son double aspect d'assimilation, de construction, et de disassimilation, destruction des parties formées. D'après Ryder, toute condition susceptible d'engendrer une variation agit sur le métabolisme général de l'individu et par suite sur les éléments sexuels. Il avoue d'ailleurs que le métabolisme est inexpliqué et il devrait ajouter que la manière dont il produira sur les éléments sexuels la modification réversible est bien plus inexpliquée encore. En sorte que l'explication n'explique rien du tout.

[1] Bien entendu ces difficultés n'existent que pour les êtres polycellulaires. Chez les uni-cellulaires, les caractères acquis sont tout naturellement héréditaires, car ils se traduisent par une modification de la cellule unique qui constitue leur corps et qui se scinde en deux moitiés identiques pour se reproduire. Weismann (92_2) insiste beaucoup sur ce point que Darwin (80) avait d'ailleurs signalé avant lui.

[2] J'appelle ici et appelerai désormais

Emery (93) imagine une substance nouvelle qui serait le facteur spécial de la transmission des caractères acquis. A côté du *Plasma germinatif* à structure hautement compliquée et tenant sous sa dépendance tous les phénomènes évolutifs créés par la phylogénèse de la race, se trouve une autre substance, beaucoup plus simple, le *Zymoplasma*. Celui-ci est essentiellement constitué par des ferments ou des substances analogues qui sont mêlées au Plasma germinatif. Il se divise avec lui pendant l'ontogénèse et se répartit dans toutes les cellules de l'organisme. Ce zymoplasma incapable de rien faire à lui seul, exerce sur le Plasma germinatif, par voie chimique, une influence déterminée qui modifie dans une certaine mesure les phénomènes évolutifs auxquels celui-ci donne lieu. Les ferments du zymoplasma sont fabriqués par l'organisme, par le *Soma* pendant la vie, circulent dans le corps et viennent se mêler au Plasma germinatif dans les cellules sexuelles. Les zymoplasma de plusieurs générations peuvent s'accumuler ainsi, mais pas celui d'un grand nombre, car ces ferments ne sont pas liés à l'essence de l'organisme ; ils tendent sans cesse à s'éliminer et y arrivent toujours après quelques générations pour être remplacés par d'autres, formés de la même manière pendant la vie des individus. Au zymoplasma peuvent être attribués les phénomènes d'hérédité dus à l'alcoolisme, ceux d'épilepsie des Cochons d'Inde de Brown Sequard, etc. Ces derniers sont dûs sans doute par quelque substance fabriquée par le rein, puisque on a démontré que l'urine des épileptiques contenait des substances tétanisantes.

Tous les caractères acquis, du moins ceux qui se traduisent par une modification générale de l'organisme (ce qui exclut les mutilations) sont ainsi héréditaires par le moyen des ferments dont elles provoquent la formation.

Ces ferments vont se mêler au zymoplasma, le modifient et par contrecoup modifient le Plasma germinatif auquel il est mêlé. Les substances zymotiques engendrées par certaines maladies générales, telles que la scrofule et la syphilis et les substances purement chimiques qui sont simplement ingérées, comme l'alcool, se comportent comme ces ferments et produisent des effets semblables.

[Il peut y avoir du vrai dans cette conception, mais pour qu'elle explique vraiment la transmission des effets, il faut que ce zymoplasma se mul-

réversible la modification germinale capable de reproduire dans le *Soma* de la génération suivante une modification précisément identique à celle du Soma de la génération précédente, qui l'a produite elle-même.

tiplie de lui-même dans l'organisme pendant l'ontogénèse. Or autant cela est naturel pour une substance vivante comme le Plasma germinatif, autant cela est inadmissible pour de simples ferments chimiques.

[En donnant à ces ferments chimiques un nom qui rime avec protoplasma, Emery ne leur donne pas les propriétés de celui-ci. A fortiori cela est-il vrai pour l'alcool.

[Si donc le zymoplasma de l'œuf ne se multiplie pas dans l'organisme pour acquérir une masse suffisante à expliquer ses effets par une action directe sur les cellules, il faut que ses effets soient indirects et dus à son action sur le Plasma germinatif. Dès lors, la dificulté se retrouve tout entière; comment son action sur le Plasma germinatif est-elle précisément celle qui convient pour que la modification somatique soit *réversible,* c'est-à-dire se retrouve à la génération suivante, et sur des cellules tout autrement constituées que l'œuf, identique à ce qu'elle était, à la génération précédente, dans le plasma de l'œuf.

En somme, on a rarement tenté de relever le gant jeté par Weismann et le petit nombre de ceux qui y ont essayé n'y ont pas réussi.

XIII. THÉORIES SUR LES CARACTÈRES LÂTENTS

On trouvera dans la plupart des *Théories générales*[1] des explications de la *latence* des caractères. Presque toutes reposent sur cette idée, que ces caractères sont représentés sous une forme complète dans le Plasma germinatif, mais, pour des raisons diverses, sont empêchés de se montrer. Darwin (80) est le premier qui ait conçu cette idée et Strasburger (84) le premier qui lui ait donné une forme anatomique précise en constatant que chaque sexe fournit au produit toute la chromatine de son noyau et, par conséquent, tous les caractères dont elle est le véhicule. Si donc certains de ces caractères ne s'expriment pas, ce qui arrive certainement au moins pour ceux d'un sexe, c'est qu'ils restent latents.

Je ferai remarquer cependant que, pour ceux qui admettent la continuité du Plasma germinatif, cette conclusion ne s'impose pas; car, lorsque ce plasma se dédouble, au commencement de l'ontogénèse, il n'est pas impossible que certains caractères passent dans la partie réservée pour la génération suivante et soient exclus de la partie employée

[1] Voyez en particulier celles de Darwin, Nægeli, Weismann.

pour former le soma de la génération actuelle, en sorte que ces caractères auront été transmis directement du grand-père au petit-fils sans passer par le père.

Galton (V. la *Théorie générale* de cet auteur) a même poussé beaucoup plus loin cette manière de voir.

Elle suppose, il est vrai, que la division qui sépare le Plasma germinatif de la génération suivante est quelque peu hétérogène, ce que n'admettent pas les partisans purs de la continuité de ce plasma.

XIV. THÉORIES SUR LA TÉLÉGONIE.

On a cherché à expliquer de diverses manières cette influence douteuse du premier mâle [1] que désigne le nom de *Télégonie.*

Weismann invoque une fécondation incomplète d'œufs non mûrs. Mais ce que l'on sait de la fécondation interdit d'ajouter foi à cette explication.

Ryder (90) invoque de nouveau le *Métabolisme* qui pas plus ici que pour l'hérédité des caractères acquis (V. p. 362) ne met une explication claire à la place des faits obscurs.

Spencer pense que le fœtus métis modifie la mère à son image et lui communique quelques caractères du père, qu'elle transmet ensuite à ses autres produits.

Mais on ne voit pas que la mère revête elle-même ces caractères.

Turner croit que la modification porte non pas sur la mère, mais sur les œufs non mûrs des portées suivantes; et les échanges nutritifs entre elle et son premier fœtus sont les intermédiaires de cette modification.

Romanes (93), au contraire, cherche l'agent de cette modification dans la subtance des spermatozoïdes superflus du premier coït. Ces spermatozoïdes meurent, mais leur substance ne meurt pas et, absorbée par les œufs à la manière d'un aliment, pourrait les modifier.

Le sperme qui a pénétré dans la matrice équivaut, en effet, à une de ces *injections séquardiennes* dont on connaît les effets sur l'organisme. Il n'est pas impossible que les produits sexuels non mûrs ne soient en quelque chose modifiés par elle. Mais on ne peut croire que ceux-ci ab-

[1] Voir, en outre, aux *Théories générales* de la troisième partie, les explications de Jæger, Darwin, Galton, Weismann, Haacke, etc.

sorbent vraiment du Plasma germinatif qui se mêle au leur et prenne rang à côté de celui-ci et à titre égal, comme dans la fécondation. L'idée est vraisemblable mais l'explication est insuffisamment creusée.

Enfin BARD (94) croit trouver une explication dans une force particulière qu'il appelle l'*Induction vitale.* Selon cet auteur, la vie du protoplasma se manifeste par des forces ayant des modalités (rythme, vitesse, direction, longueur d'onde, etc.) beaucoup plus variées que dans les phénomènes physiques (électricité, lumière) où on les a étudiées. Ces forces peuvent agir les unes sur les autres par une action comparable à l'influence électrique et qui constitue l'induction vitale. Cette induction vitale se montre nettement par l'action des organes reproducteurs sur les caractères sexuels secondaires exprimés dans le soma; elle se montre, par ses effets négatifs, dans la castration. Or comme il n'y a pas d'action sans réaction, on doit admettre que réciproquement le soma et ses modifications peuvent agir à distance sur les cellulles sexuelles par induction vitale et les modifier.

Cette explication, si c'en était une, serait aussi valable pour l'Hérédité des caractères acquis que pour l'Infection du germe. Mais l'auteur ne pense qu'à cette dernière. D'ailleurs il est évident que cette induction vitale hypothétique n'expliquerait quelque chose que si elle était démontrée et surtout si ses effets étaient quelque peu précisés.

Les voies et moyens de la Télégonie, si cette influence est réelle, restent encore absolument indéterminés.

XV. THÉORIES DE LA XÉNIE

En fait d'explication particulière des Xénies, nous n'avons à signaler que celle de HAACKE (93). Cet auteur admet que l'œuf modifié dans son équilibre par la fécondation étrangère, modifie l'équilibre des cellules avec lesquelles il est en relation immédiate et, de proche en proche, celui des cellules du voisinage jusqu'à une distance plus ou moins grande. L'œuf peut agir surtout par les sucs chimiques nouveaux qui s'élaborent en lui à la suite de la fécondation étrangère. C'est pour cela que les Xénies se manifestent surtout par des phénomènes de coloration.

Par équilibre, il faut entendre ici celui des *Gemmaires.* Mais nous renvoyons pour les explications que cela comporterait à la théorie générale de l'auteur et à la critique que nous en avons faite.

Théories sur les Hybrides de greffe.

Strasburger (84) explique le *Cytisus Adami* par une sorte de conjugaison de cellules asexuelles. Au point où les tissus des deux sujets sont soudés, des cellules cambiales, appartenant l'une à l'un, l'autre à l'autre, s'ouvriraient l'une dans l'autre par résorption de la paroi intermédiaire et uniraient leurs plasmas; un bourgeon adventif se formerait en ce point avec participation de ces cellules mixtes et de cellules non conjuguées appartenant aux sujets. Il se pourrait que des cellules légèrement blessées pendant l'opération s'ouvrissent les unes dans les autres et mélangeassent leurs protoplasmas. Weismann (92) adopte cette explication et fait remarquer que l'on pourra vérifier si elle est vraie en comptant le nombre des chromosomes dans les trois formes. Celui du *C. Adami* doit être la somme de ceux des deux espèces parentes, car il y a eu dans la cellule originelle une fusion de deux cellules, comme dans la fécondation, mais sans division réductrice préalable.

Haacke (93) croit qu'une élimination des chromosomes a dû, cependant, avoir lieu quand les cellules se sont ouvertes, avant de se souder et il explique [?] les caractères du *C. Adami* par un grand relâchement des *Gemmaires* à la suite de cette fusion. Nous verrons en exposant et critiquant la théorie générale de cet auteur ce que cela signifie et ce qu'il en faut penser.

Quant aux phénomènes décrits plus haut chez les Pommes de terre et les fleurs panachées, Strasburger (84) les explique par une influence directe du Porte-greffe s'exerçant par l'intermédiaire des communications protoplasmiques.

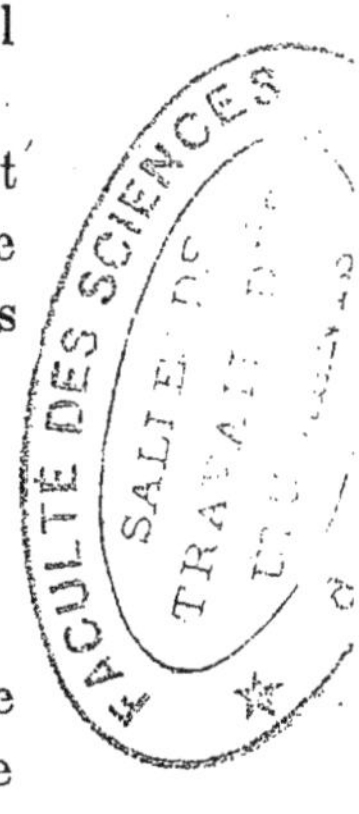

XVI. THÉORIES DE LA VARIATION

Si l'on met à part la Variation amphimixique qui ne crée rien et ne fait que remanier les éléments de la variation déjà acquise, il ne reste que deux opinions modernes et vraiment scientifiques sur les causes de la variation [1].

[1] Rappelons d'abord comme théories n'ayant plus qu'une valeur historique celle de l'école allemande des philosophes de la nature : Schelling et ses élèves, Emmenoser : Carus, Schubert, J.-H. Fichte qui voyait sur la variation l'effet d'une

La première est celle de Nægeli (84). Cet auteur croit que toute variation est spontanée et de cause interne, c'est-à-dire dépendant des forces évolutives du protoplasma; et il s'efforce d'en trouver l'expression dans la constitution hypothétique de son *Idioplasma*. Nous avons déjà montré dans les pages précédentes l'inanité de cette hypothèse. Weismann a d'ailleurs montré qu'elle était inconciliable avec le fait de l'adaptation.

La seconde opinion est celle qui attribue toutes les variations aux conditions ambiantes et à l'alimentation. Nous venons de voir que Knight et J. Müller l'avaient émise il y a déjà longtemps. Elle est admise aujourd'hui par la plupart des auteurs, mais avec des variantes.

De ces dernières nous n'en citerons que trois, celle de Darwin (80) qui dit que les conditions de vie, et en particulier la domestication, atteignent, d'abord et surtout, les organes reproducteurs et, par eux, engendre la variation; celle de Tornier (84) qui attribue toute variation à la nourriture seule; et enfin celle de O. Leary (88). L'explication de ce dernier, comme aussi celle de Darwin, s'applique surtout aux animaux domestiques. D'après lui, la domestication produit, par le changement des habitudes, une modification des courants nerveux qui circulent entre les substances corticales du cerveau et les couches optiques; certains courants s'établissent, d'autres disparaissent, et cela produit dans la structure des cellules nerveuses une modification qui entraîne une variation dans les organes du corps et peu à peu modifie le type spécifique.

En somme, il semble bien certain que les conditions de vie et la nourriture sont les vraies causes de la variation, mais on manque d'expériences nettes pour déterminer leur mode d'action et l'étendue de leur influence.

tendance et d'une force naturelles qui seraient à la nature ce qu'est à l'âme humaine l'imagination.

Jusqu'à ces dernières années, on retrouve des opinions empruntées à la même philosophie creuse. Lucas (47, 50) attribue la variation à une *Loi d'Innéité* qui ne vaut guère mieux que les entités précédentes ou que le *Principe de Stabilité* invoqué plus récemment par Fechner (73).

Ribot (93) a fait justice de cette prétendue loi qui, d'ailleurs, fût-elle réelle, n'expliquerait rien puisqu'elle demanderait elle-même à être expliquée.

Von Bær (65) croit qu'en créant des formes nouvelles la Nature poursuit un but.

Frohshammer (77) voit dans la force créatrice une fantaisie inconsciente de la Nature [!]

Ray Lankester (90) invoque un *Réveil de la matière vivante* à la suite de la fécondation.

Bien mieux inspirés étaient A. Knight qui attribuait la variation à la nourriture et au climat et J. Müller qui distinguait deux causes de variation; une interne, dépendant de la nature même de l'organisme, et une externe, produite par la nourriture et les conditions ambiantes.

XVII. THÉORIES SUR LA FORMATION DES ESPÈCES

Avant Lamark (9) on n'avait point songé que les espèces pussent, d'une manière générale, devoir leur origine à une cause naturelle. Je dis d'une manière générale, parce que plusieurs auteurs, ne fût-ce que Buffon et Maupertuis, avaient attribué à des causes naturelles l'origine de quelques races ou espèces, mais aucun n'avait eu l'idée que l'ensemble des formes organisées pût devoir son origine au simple jeu des forces de la nature. On attribuait, il est vrai, à la génération spontanée la création d'un certain nombre de formes dont quelques-unes assez élevées en organisation, mais, en général, on ne doutait pas que chaque espèce ne dût son origine à un acte créateur d'une puissance supérieure. Cependant, ici comme partout, l'idée nouvelle a eu des germes plus ou moins obscurs qui l'ont précédée. Les commentateurs de Darwin ont souvent mis en lumière les inspirations de Lucrèce. Plus tard, dans les siècles qui précèdent immédiatement le nôtre, ou au commencement de celui-ci, on a retrouvé l'indication parfois fort nette des idées que Lamark et Darwin ont développées. Darwin lui-même en a fait connaître un certain nombre. On a beaucoup plus écrit sur tout cela, que cela ne méritait, aussi ne nous attarderons-nous pas à détailler encore ce thème. Signalons seulement que certaines idées que l'on croit toute modernes ont été nettement exprimées il y a bien longtemps. L'idée de la variabilité incessante se trouve dans Erasme Darwin (10) un demi siècle avant de reparaître dans les travaux de son petit-fils. Celle des tendances évolutives internes a été exprimée par Kant (1785) un siècle avant Nægeli (84) et celle de la Ségrégation remonte à Maupertuis, c'est-à-dire à plus d'un siècle et demi[1].

[1] On trouvera à l'exposé de la théorie de Buffon un résumé des opinions de cet auteur sur ce chapitre.

Au milieu du siècle dernier, Maupertuis (1751) a émis, sur l'origine des espèces quelques idées, très remarquables, comme sont d'ailleurs presque toutes celles de son étonnant petit livre *La Vénus Physique*. Nous ne pouvons mieux faire que de citer ses propres paroles. « Au reste, quoique je suppose ici que le fond de toutes ces variétés se trouve dans les liqueurs séminales mêmes, je n'exclus pas l'influence que le climat et les aliments peuvent y avoir. Il semble que la chaleur de la zone torride soit plus propre à fomenter les parties qui rendent la peau noire que celles qui la rendent blanche et je ne sais pas jusqu'où peut aller cette influence du climat ou des aliments après une longue suite de siècles. »

Il admet alors qu'il y a toujours tendance au retour de ces caractères nouveaux sur les caractères normaux de la

On n'attend pas que nous donnions ici un exposé des théories de Lamark et de Darwin. Les idées de ces deux grands naturalistes ont été si souvent résumées à l'occasion des discussions dont elles ont fourni le thème, que nous ne croyons pas utile de les rappeler encore une fois.

Passons tout de suite à la discussion de la question préjudicielle dont dépend le triomphe des idées du premier ou du second, ou plutôt de leurs adeptes modernes les Néo-Lamarkiens et les Néo-Darwiniens. La question est celle-ci : la Sélection naturelle, seule ou aidée de quelques facteurs accessoires, Sélection sexuelle, Ségrégation, Panmixie, est-elle ou non capable d'expliquer la formation des espèces et l'apparition des caractères de tout ordre, y compris ceux des neutres dans les espèces sociales, ceux qui dépendent du sexe et ceux que l'on rattache au mimétisme.

a) Critique de la Sélection.

La théorie de la Sélection naturelle a tout d'abord suscité une première objection. Kölliker, dès 1872, combattait le principe d'utilité des Darwinistes. Cette thèse souvent reprise a été surtout soutenue par Nægeli

race, et que d'ordinaire ce retour a lieu. Si ces êtres aberrants, nains, géants, nègres restent mêlés aux individus normaux de taille moyenne et de couleur blanche, il en est ainsi.

Mais il est une circonstance qui peut leur permettre de persister et de servir d'origine à une race nouvelle.

« Que ces géants, que ces nains, que des noirs soient nés parmi les autres hommes, l'orgueil, la crainte, auront armé contre, eux la plus grande partie du genre humain et l'espèce la plus nombreuse aura relégué ces races difformes dans les climats de la terre les moins habitables. Les nains se seront retirés vers le pôle arctique, les géants auront été habiter les terres de Magellan, les noirs auront peuplé les zônes torrides. »

Les exemples sont mauvais, mais il y a là l'idée très juste, et que l'on croit toute moderne que la Variation accidentelle ne saurait engendrer d'espèces nouvelles sans le secours de la Ségrégation.

La théorie de Nægeli (84) que la Variation progressive est due à l'évolution de tendances internes de l'Idioplasma se retrouve, comme nous le disons, dans un ouvrage de Kant (1785). Brock (88) a rappelé que, d'après ce philosophe, les races se forment par le développement de caractères contenus en puissance dans la race souche. Il en voit la preuve dans ce fait que les traits caractéristiques des races, par exemple la couleur de la peau, sont permanents et fixes, ce qui n'arriverait pas s'ils étaient acquis et transmis comme tels.

Enfin on trouve en maints endroits de l'ouvrage d'Érasme Darwin (10) un aperçu de l'idée générale qui a illustré son petit-fils. Il montre les êtres *acquérant* les caractères, les armes qui leur sont nécessaires pour vivre et se défendre, il présente la pâte animale comme malléable et dit formellement que (vol. II, ch. 39, p. 293) « une seule et même espèce de filaments vivants est et a été la cause de toute vie organique. »

(84) qui voit, dans la tendance interne de l'Idioplasma à la complication et au perfectionnement, la vraie cause de tout ce que les Darwinistes attribuent à la Sélection. Il est aisé, dit-il, de montrer combien leur théorie est insuffisante. D'après eux, des causes irrégulières et *indéterminées* produisent en des points *indéterminés* de l'organisme des variations *indéterminées*, et la *déterminaton du résultat* provient de ce que la Sélection trie et conserve seulement ce qui est avantageux. Ils en sont venus à ne plus demander rien de précis aux causes modificatrices et à rechercher seulement si, et à quoi, chaque disposition peut être utile, et arrivent ainsi, par une autre voie, à se rencontrer avec les théologiens finalistes, trouvant à chaque disposition organique une utilité imaginaire, sans remarquer que, si la disposition eût été inverse, ils lui auraient trouvé tout aussi aisément un avantage quelconque. A quoi arriverait-on, ajoute Nægeli, si l'on appliquait cette méthode aux phénomènes physiques et si l'on cherchait la cause de la forme ronde des gouttes de pluie ou hexagonale des flocons de neige dans l'utilité de ces dispositions. Les physiciens font autrement : ils cherchent la cause physique directe. C'est plus difficile mais plus juste. La théorie de la descendance doit faire de même. C'est ce que fait la nôtre et ce que ne fait pas celle de Darwin.

Cette comparaison est entièrement dénuée de sens. Nægeli aurait pu remarquer que les flocons de neige ne s'engendrent pas les uns les autres, comme font les animaux ou les plantes. Les physiciens ne demandent pas à la Sélection la cause de la forme des flocons de neige parce que cette forme est invariable et surtout parce que si un flocon a une forme un peu différente, fût-elle avantageuse [?] pour lui, il serait impuissant à la propager, pour la bonne raison qu'il n'a pas de descendants à qui il transmette ses particularités individuelles. Nægeli, en se moquant de toutes ces indéterminations qui aboutissent, en fin de compte, à une détermination précise, montre qu'il n'a pas compris Darwin dont le grand mérite est précisément d'avoir montré comment on peut expliquer par des forces aveugles une harmonie finale qui, jusqu'à lui, semblait démontrer l'intervention d'une intelligence supérieure.

α) *La Sélection naturelle.* — La Sélection naturelle est un principe admirable et parfaitement juste. Tout le monde est d'accord aujourd'hui sur ce point. Mais, où l'on n'est pas d'accord, c'est sur la limite de sa puissance et sur la question de savoir si elle peut engendrer des formes spécifiques nouvelles. Il semble bien démontré aujourd'hui qu'elle ne le peut pas. Nous allons examiner successivement les arguments qui le prouvent.

1° *Les causes de Variation étant plus faibles que les causes de Fixité, celle-ci doit forcément l'emporter sur celle-là.* — Personne n'a jamais mis en doute que le nombre des individus variés ne soit, à chaque génération, beaucoup plus faible que celui des individus normaux. Il en résulte que la Variation ne constitue jamais qu'une exception et que le gros de l'espèce ne change pas.

Si, en effet, à la première génération, un millième des individus est atteint par la variation en question, à la génération suivante il n'y aura plus qu'un millième d'un millième, la proportion baisse avec une rapidité extrême et pratiquement se réduit bientôt à zéro.

Delboeuf (77) n'est pas de cet avis et il se fait fort de prouver que : *Pour si faible que soit le nombre des individus variés par rapport à celui des non variés, le nombre des variés ira toujours en croissant et finira par dépasser celui des individus restés fidèles au type primitif.*

Pour démontrer cet extraordinaire paradoxe désigné sous le nom de *Loi de Delbœuf*, son auteur raisonne de la manière suivante.

Soit A la forme commune d'une espèce; et appelons $A \pm 1$, $A \pm 2$, $A \pm 3$... les individus qui ont parcouru 1, 2, 3... degrés d'une variation donnée dans le sens positif ou dans le sens négatif, et admettons que, pour une raison quelconque, chaque individu en se reproduisant engendre n individus semblables à lui, et deux différant de lui par une variation de 1 degré, l'un dans le sens positif, l'autre dans le sens négatif. Ainsi

A engendrera $nA + 1\ (A + 1) + 1\ (A - 1)$
$(A + 1)$ » $n(A + 1) + 1\ (A + 2) + 1\ A$
. . . .
$(A - 3)$ » $n(A - 3) + 1\ (A - 2) + 1\ (A - 4)$, etc.

Cela posé, il est facile de montrer que, au bout d'un nombre suffisant de générations, toujours les individus variés finiront par l'emporter en nombre sur les non variés, et cela, quelle que soit la valeur de n, c'est-à-dire du nombre d'individus non variés, par rapport au nombre d'individus variés qui, ici, est de 2 seulement à chaque génération.

Nous ne reproduirons pas le long tableau de Delbœuf, car on peut se convaincre par un raisonnement bien simple que le résultat annoncé par lui est inévitable, comme il le fait très bien remarquer lui-même. Le rapport initial des individus variés $A \pm 1$ aux non variés A est $\frac{2}{n}$ Pour que ce rapport se maintînt, il faudrait que les 2 $(A \pm 1)$ et les n A produisissent toujours et exclusivement des individus semblables à eux-mêmes. Or il n'en est pas ainsi, les (A ± 1) donnent des (A ± 1) et des A, et les A donnent des A et des (A ± 1). Le nombre d'individus semblables à la forme mère est n pour chacune d'elles et par conséquent, s'il était seul, maintiendrait exactement le rapport $\frac{2}{n}$. Mais les individus non semblables à la forme mère engendrés en même temps, viennent troubler ce rapport, et il est facile de voir qu'ils le font grandir car, même en ajoutant une même quantité, aux deux termes de $\frac{2}{n} < 1$, on ferait grandir ce rapport. Or la quantité ajoutée à 2 est beaucoup plus grande que celle ajoutée à n, puisque la première est les $\frac{2}{n}$ de n et la seconde les $\frac{2}{n}$ de 2. Cela montre le sens de la variation. On voit, en outre, que le rapport doit croître indéfiniment, car tous les individus variés d'un degré supérieur à A ± 1 n'ont que des descendants variés et n'augmentent en rien le dénominateur de notre rapport; tandis que les individus non variés A continuent sans cesse à augmenter le rapport par la formation incessante des formes variées A + 1 et A — 1.

Ainsi dans les termes où il a été posé, le théorème mathématique est inattaquable.

Mais la loi de Delbœuf n'en est pas plus vraie pour cela.

« Quand on manie les formules mathématiques, il faut avoir soin de bien se rendre compte de la nature du problème et de ses données. Une erreur dans la position des équations entraîne les plus graves conséquences. Or une erreur a été ici commise. Cela est d'autant plus fâcheux que tout raisonnement mathématique s'impose à l'esprit comme infaillible... »

C'est Delbœuf qui dit cela. Il peut se l'appliquer à lui-même.

Delbœuf tire de la solution de son problème cette conclusion, que : « Si puissante que soit la cause identifiante, si faible que soit la cause diversifiante, celle-ci finit toujours par l'emporter. » Mais la cause diversifiante telle qu'il l'établit n'est pas faible du tout, elle est, au contraire, très forte, beaucoup plus forte dans son hypothèse que dans la nature et il n'est pas étonnant qu'elle l'emporte (dans son hypothèse du moins, car dans la nature il n'en est plus ainsi). Delbœuf aura l'air très généreux si faisant $n = 1000$ il dit : supposons que chaque individu non varié A produise 1000 individus A semblables à lui et un seul varié de la forme (A + 1). Je lui concéderai, s'il le veut, qu'il en produira 10. Mais où il n'est plus généreux du tout c'est quand il dit que chaque individu (A + 1) produira encore n individus (A + 1) et 1 individu (A + 2). Dans la réalité des choses, et abandonnant son exemple particulier de l'hermaphrodite pour prendre le cas général, nous savons que les variations individuelles ne sont nullement héréditaires à un degré aussi élevé. Aucun caractère individuel ne se transmet ainsi. Sur 3, 4 ou 5 enfants qu'a un individu, 1 ou 2, rarement plus en moyenne, hérite du nœvus, de l'hémitérie, de la forme du nez, de la couleur d'yeux ou de poil, de la particularité quelconque qui distinguait son père. Si la proportion de Delbœuf se maintenait, sur 200 familles de 5 enfants il y en aurait 199 où tous les enfants auraient hérité de la particularité du père et dans la 200ᵉ un seul enfant sur 5 en serait privé ! On voit si son estimation est exagérée. Mais cela n'est rien, car ce ne sont pas les termes $A + 1$ qui lui sont d'un grand secours, ce sont les $A + 3$, $A + 4$, $A + 5$, $A + 6$... Or, plus le degré de variation s'élève, plus il devient abusif de maintenir au même taux la tendance à la variation.

L'observation journalière nous montre que les faibles écarts sont beaucoup plus nombreux que les forts. On trouvera peut-être une fleur sur mille qui ait un pétale dédoublé. Mais si l'on sème les graines de cette fleur, il n'est pas vrai du tout que sur 1000 fleurs de ce semis on en trouve une qui ait 2 pétales doubles, et il est encore moins vrai que dans les produits de celle-ci (s'il s'en rencontre une) on trouve un individu sur 1000 qui ait trois pétales doubles, etc. S'il en était ainsi, la création des formes nouvelles serait un jeu. Delbœuf ne voit-il donc pas que si ses équations étaient bien posées, depuis longtemps nous aurions tous des becs de lièvre, des doigts surnuméraires, des inversions viscérales et, tout au moins, serions-nous tous gauchers. Il n'en est pas ainsi parce que l'hérédité de ces caractères a à lutter contre deux facteurs nouveaux, qui s'introduisent dans le problème dès que la variation apparaît : 1° la Réversion au type normal, qui devient de plus en plus puissante à mesure que la variation s'accentue et que sa durée augmente ; 2° l'Amphimixie, qui, d'ordinaire, efface la variation dès la première génération où elle se montre. Tout est combiné de façon à rendre les variations faibles, faciles et nombreuses, et à rendre les fortes difficiles, rares et peu durables. Pour les variations presque insignifiantes qui ne dépassent pas la limite d'élasticité de l'espèce, la loi de Delbœuf s'appliquera peut-être, mais elle cessera d'être vraie dès que les divergences commenceront à être un peu fortes, c'est-à-dire au moment précis où elle commencerait à rendre service.

L'argumentation qu'on vient de lire s'applique surtout aux variations de hasard, les seules sur lesquelles comptent les Darwinistes purs, ou si l'on veut les Néo-Darwinistes pour la formation des espèces. Par variations de hasard, j'entends celles qui sont dues à des combinaisons de causes dont le retour est rare et irrégulier. Elles sont, par essence, incapables de donner à l'évolution une direction fixe. La Sélection seule pourrait procurer cette fixité; mais sur les variations faibles ou rares elle n'a pas de prise. Je comparerai l'espèce, aux prises avec ces causes de hasard, à une bille suspendue au centre d'une sphère par de nombreux petits cordons élastiques qui vont d'elle aux divers points de la sphère et sont tous un peu tendus. Dès qu'une secousse pousse la bille dans une position excentrique, elle relâche les cordons qui la tiraient dans la direction où elle est poussée et tend ceux qui tirent en sens contraire, en sorte qu'elle est bientôt ramenée au centre. Or Delbœuf raisonne comme si les premiers restaient également tendus et comme si les derniers, qui représentent la Réversion et l'Amphimixie n'existaient pas.

Si, au hasard, nous substituons les influences générales et persistantes, alors oui, les causes de variations ne s'épuisent plus en s'exerçant, et elles peuvent arriver à vaincre les causes de stabilité, mais les équations de Delbœuf ne s'appliquent pas davantage à ce cas qu'au précédent. Car alors ce n'est pas 1 sur 1000 individus qui subit l'influence, mais mille ou sur mille ou guère moins[1].

La *Loi de Delbœuf* serait vraie seulement dans les cas où une cause modificatrice active, permanente, n'atteindrait, pour quelque raison, qu'une partie des individus de l'espèce et garderait toute son influence sur ceux qu'elle a déjà atteints. Or je ne vois nulle part de cause jouissant de ces propriétés.

2° *La Sélection est impuissante parce que la plupart des caractères*

[1] Remarquons, en outre, qu'il ne suffit pas que la Sélection puisse accumuler toujours de nouvelles variations de même sens pour qu'elle puisse former des espèces et des genres, car si elle va en diminuant la somme peut avoir une limite fixe. Ce sera le cas si le phénomène prend la forme d'une série convergente telle que

$$\frac{1}{2} + \frac{1}{4} + \frac{1}{8} + \frac{1}{16} + \frac{1}{32} \cdots = 1$$

D'autre part la variation peut aller en diminuant sans cesse de valeur absolue, en saturant peu à peu la cause qui la produit, sans que, pour cela, elle ait une limite. Il suffit qu'elle prenne la forme d'une série divergente telle que

$$\frac{1}{2} + \frac{1}{3} + \frac{1}{4} + \frac{1}{5} + \frac{1}{6} \cdots = \infty$$

Mais même dans ce cas il peut y avoir une limite pratique; elle est atteinte quand la variation devient trop faible pour donner prise à la Sélection. Sur le terrain des choses réelles toutes ces déductions mathématiques sont sans grande utilité.

qu'elle est censée avoir développés sont inutiles et ne lui donnent pas la possibilité de s'exercer.

Romanes (90) a fait remarquer que la plupart des caractères par lesquels les espèces se distinguent les unes des autres sont sans utilité pour elles. Il cite, entre autres exemples, les couleurs du ventre du Pic qui sont cachées.

Nægeli (84) fait remarquer que, si la théorie de la Sélection était vraie, les caractères les plus utiles devraient être les plus fixes. Or c'est l'inverse qui a lieu. Les caractères les plus constants ont toujours des dispositions anatomiques, indépendantes de l'adaptation et de l'utilité, telles que la disposition des feuilles, opposée chez les Labiées, en spirale chez les Borraginées, la division de la cellule terminale, par des plans transversaux chez la plupart des Algues, par des plans obliques chez les Mousses à tige cylindrique et les Cryptogames vasculaires, etc., etc. Darwin admet que ce sont là des caractères indifférents qui se sont trouvés fixés, à un moment ou à l'autre, par la nature de l'organisme et les conditions ambiantes, et sont devenus constants sans le secours de la Sélection. Mais si de tels caractères ont pu se fixer de cette manière, il en peut être de même des autres et la Sélection devient inutile.

3° *Il est de nombreux caractères utiles que la Sélection n'a pu former parce que leur utilité ne se montre que lorsqu'ils sont complètement développés.*

De ce nombre sont les fanons de la Baleine, les pédicellaires des Oursins, le larynx du Kanguroo, cités, il y a longtemps déjà, par Mivart (76).

Wolf (90) en signale un autre exemple. La fleur mâle de la *Vallisneria spiralis* est submergée et ne peut féconder la fleur femelle qui est flottante. Mais quand elle est mûre, elle se détache et vient flotter à côté des fleurs femelles. Il s'est trouvé sans doute sur des *Vallisneria* d'autrefois, en même temps que des fleurs aériennes, quelques fleurs mâles submergées et rendues par là inutiles. Ces fleurs, en se détachant à la maturité, sont devenues utiles et ont permis la disparition des fleurs mâles aériennes. Mais il est évident que, si la rupture des fleurs submergées s'est produite par des modifications progressives dans la résistance du pédoncule, les premiers stades de ces modifications ont été sans intérêt pour la plante et que la Sélection n'a pu les développer. Il y a eu, ou fixation d'une variation tératologique, ou intervention d'un troisième facteur.

Mais c'est surtout à propos du *Mimétisme* que l'insuffisance de la Sélection est évidente. Il n'y a pas besoin d'insister sur cette démonstration tant de fois répétée : une imitation protectrice ne devient utile que quand elle est presque parfaite. Les premiers stades de la variation sont sans intérêt et ne peuvent donner prise à la Sélection[1].

4° *Les variations, même lorsqu'elles sont utiles à tous les degrés, le sont trop peu pour créer un avantage donnant prise à la Sélection.*

Cela est démontré par l'exemple de la Girafe proposé d'abord par NÆGELI (84) et repris si souvent depuis.

Supposons, dit Nægeli, que la Girafe ait mis mille générations à acquérir la longueur de son cou ; si ce cou a 1 mètre de plus que chez son ancêtre régulièrement conformé, le gain a été de 1 millimètre par génération. Or un cou plus long d'un millimètre ne constitue aucun avantage, même en temps de disette, et pour des animaux broutant les feuilles des arbres. Darwin admet une variation de 2 pouces. Mais, même en admettant cette estimation exagérée, on n'atteint pas le but car, en temps de disette, les animaux ne meurent pas ; ils souffrent et maigrissent et se réconfortent quand revient l'abondance. Si quelques-uns meurent, ce sont les plus malades ou les plus âgés et ceux qui retirent de quelque particularité individuelle quelque avantage insignifiant ne sont pas les seuls à se tirer d'affaire.

Nægeli se trompe, ce ne sont pas les malades ou les plus âgés qui périront, mais les jeunes à peine sortis du sevrage, cela est bien encore plus fatal à la théorie. Il est singulier que personne n'en ait encore fait la remarque.

Parmi les nombreux autres exemples qu'on a cités à ce propos, nous en rappellerons seulement deux parce qu'ils sont tout à fait irréfutables.

Le premier est celui du fémur de la Baleine. Il est dû à H. SPENCER (93). Cet os, dit Spencer, est évidemment le rudiment atrophié d'un fémur jadis plus volumineux. Il pèse environ 1 once, c'est-à-dire moins d'un millionième du poids du corps. Supposons que, quand il pesait 2 onces, un individu en ait eu par hasard un de 1 once seulement. Quel avantage pouvait lui donner sur les autres cette réduction d'un organe inutile ? Quelle fraction de nour-

[1] Nous n'avons pas à nous étendre sur le mimétisme. Remarquons seulement que bien des couleurs ou dispositions qu'on lui attribue sont de pures coïncidences. PLATEAU (92) a démontré cela pour beaucoup de cas.

riture quotidienne cela lui permettait-il d'utiliser en graisse au lieu de le perdre à nourrir un osselet sans usages? Qui oserait dire que cette économie l'a aidé à triompher dans la lutte pour l'existence? D'autant plus que l'énorme accroissement de taille de la Baleine depuis l'ancêtre à quatre membres dont elle descend, montre que cet animal a toujours eu plus de nourriture qu'il ne lui en fallait pour vivre.

Il en est de même pour les yeux des animaux aveugles. L'économie qu'ils font d'un peu de pigment compte-t-elle, quand on voit l'énorme gaspillage de pigment qui se fait dans les œufs, dont l'immense majorité meurt sans éclore?

Plus topique encore est l'argument de Roux (81). Nous le développerons à propos de sa théorie de l'*Excitation fonctionnelle* (p. 728, 732) et ne ferons que le rappeler ici. L'orientation concordante des lamelles du tissu spongieux des os dans le sens du plus grand effort ne peut avoir été ni commencée ni achevée par la Sélection naturelle, car il n'y a aucun avantage pour un animal à avoir quelques dizaines de ces lamelles déjà orientées quand les autres ne le sont pas, ou quelques dizaines encore non orientées quand toutes les autres le sont.

Il en est de même de toutes les structures.

Leur premier commencement, comme leur achèvement parfait sont en général sans intérêt dans la lutte pour la vie et se soustraient par conséquent à la Sélection.

Il n'en serait pas ainsi si, comme le croit Emery (93), il pouvait y avoir des *sélections de tendances*. Mais nous démontrons ailleurs (p. 384) que cela n'est qu'un mot sous lequel ne se cache aucune idée. Il n'y a pas de tendances, mais seulement des dispositions réalisées et c'est à elles seules que peut s'appliquer la Sélection.

5° *La Sélection des variations accidentelles ne peut engendrer les espèces, parce que ces variations sont isolées et que, pour constituer un avantage réel, elles devraient porter sur plusieurs caractères à la fois.*

Roux (81) croit en avoir trouvé un exemple irréfutable.

Quand, dit-il, les êtres aquatiques sont devenus terrestres, il n'y a pas eu seulement transformation de la respiration aquatique en respiration aérienne; il n'a pas suffi qu'une vessie natatoire se transformât en poumon. Le corps a brusquement décuplé de poids, les os, les articulations, les muscles disposés pour la natation se sont trouvés dans une grande gêne pour déplacer le corps alourdi par une locomotion qui aurait demandé des organes tout autrement conformés. Les muscles surmenés attirent le sang et produisent une anémie complémentaire des autres organes, en particulier du cerveau. La peau se dessèche, le corps s'échauffe, les organes des sens, dans un milieu moins dense ne rendent plus que des services très incomplets. Pour que l'animal puisse s'adapter à ces nouvelles conditions, il faudrait donc qu'il présentât des variations simultanées dans presque tous ses organes et que la Sélection les portât rapidement à un degré compatible avec l'existence. Quel nombre incalculable de générations ne faudrait-il pas pour obtenir cet ensemble de modifications par la sélection de variations faibles et indéterminées portant ici sur un organe, là sur un autre! L'Excitation fonctionnelle agit directement sur les organes du mouvement, sur l'appareil circulatoire, sur les sens, la peau, les viscères et imprime, à tous à la fois, pendant le cours d'une seule vie des modifications adaptatives sensibles et, si cette adaptation est héréditaire, la difficulté se trouve résolue en un temps relativement court.

A notre avis, l'auteur fait là un tableau très exagéré des difficultés qu'éprouve à terre un animal aquatique. Il semble avoir sous les yeux un Phoque. Mais la Loutre, la Grenouille, les Oiseaux plongeurs, les Crabes, l'*Anabas scandens* prouvent que cela n'est pas général. Si, comme il est probable, c'est par les Amphibiens que s'est fait le passage pour les vertébrés, l'exemple de la Grenouille et des Crocodiles lui montre combien il fait erreur.

Bien autrement fort est l'argument de Spencer (93).

Voici des Herbivores habitant un pays au climat rude et où les fauves abondent. Ceux qui ont l'ouïe la plus fine entendront de plus loin l'arrivée du fauve, mais ceux qui ont la vue plus perçante ou l'odorat plus parfait seront avertis aussitôt qu'il est temps de fuir. Et que leur servira de s'enfuir plus vite? D'autres plus rapides à la course, quoique partis au dernier moment, n'en échapperont pas moins. Survient la neige et un froid rigoureux. Ces individus plus rapides ou doués de sens plus parfaits n'ont pas en même temps la toison la plus chaude ni l'instinct le plus sûr pour trouver un abri, et le climat décimera ceux qu'une première sélection avait protégés. Après le froid la disette arrive. Ceux qui avaient eu jusqu'ici l'avantage seront peut-être les moins capables de trouver à s'alimenter, ou de survivre à une alimentation insuffisante.

Ainsi aucun individu n'a une supériorité réelle et complète qui lui permettrait de l'emporter dans toutes les phases de la lutte pour l'existence; les avantages sont disséminés et se compensent, et la sélection du plus apte ne peut se faire parce que ce plus apte n'existe pas[1].

Ainsi la solution est condamnée de deux côtés : d'une part, parce qu'il n'y a aucune raison pour que l'individu avantagé d'un côté le soit en même temps des autres, puisque les particularités individuelles sont dues au hasard; d'autre part et surtout, parce que les particularités ne sont pas assez accentuées pour constituer un avantage réel.

Les individus luttent pour la vie, mais avec des armes sensiblement égales et les victimes ne sont pas en moyenne de qualité inférieure aux individus qui restent pour perpétuer l'espèce.

6. *La Sélection est impuissante parce que les variations sur lesquelles elle pourrait s'exercer sont sans cesse détruites par l'Amphimixie.*

C'est Nægeli (84) qui, le premier, a fait valoir cet argument mainte fois répété après lui.

Si la variation, dit-il, atteint **1** individu sur **100**. Sur **20,000** individus il s'en rencontrera **200** variés et, si les chances d'accouplement sont les mêmes pour tous, il y aura **9801** accouplements entre individus non variés, **198**

[1] [On pourrait discuter cette conclusion et raisonner de la manière suivante : Supposons qu'une particularité donne une certaine supériorité aux individus qui en sont doués. Il n'est pas vrai que l'apparition d'une nouvelle particularité avantageuse détruise les effets de la première car, si elle est due au hasard, elle doit être répartie proportionnellement au nombre et se trouver relativement aussi fréquente parmi les individus doués du premier avantage que parmi ceux qui en sont dépourvus. Soit M le nombre des individus d'une race, et soit a une qualité qui se rencontre en moyenne chez 1 individu sur 1,000.

Il y aura $999\ M \times 10^{-3}$ individus non doués de cette qualité et $M \times 10^{-3}$ individus qui la possèderont.

Supposons que dans la lutte pour la vie 1/10e seulement des premiers et 9/10e des seconds arrivent à survivre. Il en restera $999\ M \times 10^{-4}$ des premiers que nous noterons $(-\ a)$ et $9\ M \times 10^{-4}$ des seconds que nous marquerons $(+\ a)$.

Le rapport des $+\ a$ aux $-\ a$ est passée de 1/1000 à 1/111.

Prenons maintenant une seconde qualité b répartie de la même manière et constituant un avantage égal.

Les $999\ M \times 10^{-4}$ individus $(-a)$ produiront: $999^2\ M \times 10^{-7}$ individus $(-a-b)$ $+ 999\ M \times 10^{-7}$ individus $(-a+b)$; et les $9\ M \times 10^{-4}$ individus $(+a)$ produiront: $(9 \times 999\ M)\ 10^{-7}$ individus $(+a-b)$ $+ 9\ M \times 10^{-7}$ individus $(+a+b)$.

Après la seconde intervention de la Sélection, il restera :
$999^2\ M \times 10^{-8}$ individus $(-a-b)$,
$(9 \times 999\ M)\ 10^{-8}$ individus $(-a+b)$,
$(9 \times 999\ M)\ 10^{-8}$ individus $(+a-b)$ et
$9^2\ M \times 10^{-8}$ individus $(+a+b)$,

Le rapport des $+\ a$ aux $-\ a$ sera devenu :

$$\frac{(9 \times 999) + 9^2}{999^2 + (9 + 999)} = \frac{9\ (999 + 9)}{999\ (999 + 9)} = \frac{9}{999} = \frac{1}{111}$$

C'est-à-dire que le rapport n'a pas changé et que les porteurs de la première particularité conserveront dans la suite de la Sélection l'avantage qu'elle leur a acquis.

entre un individu varié et un non varié, et seulement 1 entre 2 individus variés. Ainsi, sur 10,000 individus, un seul recevra la variation majorée dès sa naissance. En fait, toute variation rare est aussitôt effacée par la dilution du sang de l'individu varié dans celui de la masse des individus non variés.

Nous verrons même bientôt (p. 384) que, chez les produits de cette unique union entre deux individus variés, la variation est, non pas majorée comme le croit NÆGELI, mais seulement conservée égale à elle-même, en sorte que dans le système des Néo-Darwiniens, toute majoration de caractère doit être due à une nouvelle variation.

7. *La Sélection n'est pas la vraie cause de la formation des espèces car, si elle était réelle, si faibles que fussent ses effets, elle transformerait une espèce en un temps beaucoup plus court que celui qui est évidemment nécessaire pour cela; et, pour transformer une espèce en un temps raisonnablement long, la protection nécessaire est si faible qu'elle devient illusoire.*

C'est PFEFFER (94) qui a fait valoir ce singulier argument.

Après avoir prouvé que le nombre moyen d'individus composant l'espèce est à peu près fixe, il raisonne de la manière suivante.

Supposons, dit-il, pour prendre un cas simple, qu'il s'agisse d'une espèce annuelle, comme sont les Lépidoptères par exemple, et admettons que l'espèce soit représentée par un million d'individus. Si un individu vient à présenter une variation avantageuse et à être protégé par elle de manière à ce que le nombre de ses descendants double à chaque génération, il lui suffira de 20 générations, c'est-à-dire de vingt années pour que ses descendants variés comme lui aient atteint un million et, par conséquent, pour que l'espèce entière soit transformée. Cependant, admettre que chaque individu avantagé, sur les centaines de descendants qu'il procrée, en laisse deux semblables à lui, cela n'est pas attribuer à la Sélection un taux bien exagéré. Si l'on admet qu'il faille cent cinquante ans à l'espèce pour se transformer, chaque individu avantagé ne devra doubler le nombre de ses descendants qu'une fois tous les dix ans; et si

Mais on voit avec quelle effroyable rapidité diminue le nombre des individus porteurs d'avantages multiples, pour peu que ce nombre d'avantages dépasse l'unité, car les porteurs de 1 avantage sont $1/1000 = 10^{-3}$, les porteurs de 2 avantages 10^{-6}, ceux de 3, 4, 5... 10^{-9}, 10^{-12}, 10^{-15} et comme il faudrait plusieurs avantages pour constituer une supériorité effective, on voit que la Sélection ne trouve presque plus d'individus à qui elle puisse s'appliquer.

l'on admet qu'il faille mille ans, c'est une fois par soixante-dix ans que chaque individu avantagé pourra laisser deux descendants avantagés comme lui. Réduite à ce degré, la Sélection n'existe plus.

Cet argument semble en contradiction avec certains des précédents, puisqu'il reproche à la Sélection une trop grande activité, tandis que ceux-ci démontrent son impuissance. Il n'en est rien. La Sélection est impuissante parce qu'elle n'a aucune action sur les faibles variations auxquelles l'appliquent les Darwinistes, et PFEFFER montre, en outre, que, si des variations suffisantes pour lui donner prise si peu que ce soit existaient, la transformation des espèces serait si rapide qu'elle s'accomplirait sous nos yeux. Cela démontre donc que les faibles variations, qui sont réelles, ne donnent pas prise à la Sélection, et que les fortes, qui lui donneraient prise, n'existent pas; en sorte que le rôle de la Sélection pour la formation des espèces se réduit à néant[1].

[1] Les caractères des formes asexuées, dans les espèces sociales qui en comportent, semblent être une des plus grandes difficultés de la Sélection naturelle et donner un grand avantage à ses adversaires. Il n'en est rien. Car ce qui est difficile à expliquer dans ce cas, c'est comment les variations qui ont donné naissance à ces caractères ont pu se transmettre, puisque les individus qui les portaient ne donnaient point de descendants et étaient toujours engendrés à nouveau par les formes sexuées. Mais il faut remarquer qu'il n'y a ici que deux théories en présence, celle de la Sélection naturelle et celle de la Transmission des caractères acquis, et que la difficulté existe pour celle-ci aussi bien que pour celle-là. Elle est même beaucoup plus grande pour cette dernière, car il est absolument impossible d'expliquer les phénomènes par la transmission des caractères acquis, puisque les asexués n'ont aucun moyen de transmettre leurs acquisitions individuelles. Pour la Sélection, au contraire, la chose est difficile mais non impossible. Il y a un biais.

Les colonies peuvent être considérées comme des unités au point de vue de la Sélection, c'est-à-dire qu'une colonie peut être protégée ou détruite par elle, selon qu'elle présente des dispositions avantageuses ou nuisibles. Or, comme le fait très bien remarquer HURST (92), dans les conditions ordinaires, les individus ayant tendance à engendrer des neutres sont éliminés par la Sélection puisqu'ils laissent un nombre réduit de descendants. Mais, dans les formes sociales, il n'en est plus ainsi et une colonie comportant des neutres peut être avantagée dans la lutte pour l'existence par rapport à celles où toutes ces formes seraient sexuées.

Dès lors, si un caractère nouveau avantageux apparaît chez des neutres, la colonie tout entière profite de l'avantage et est protégée par la Sélection. Mais ce caractère nouveau n'est que l'évolution d'une disposition contenue en germe dans le Plasma germinatif de la mère pondeuse. C'est donc cette disposition en somme qui est protégée et cela suffit pour qu'elle puisse se perpétuer et se majorer. On voit donc que, pour ceux qui admettent la toute puissance de la Sélection, ce cas n'offre pas de difficulté inéluctable.

Les Lamarkiens ont cependant cherché à se tirer de ce mauvais pas sans l'aide de la Sélection. Voici comment H. SPENCER (93, 94) explique les choses. Prenons

Mais si la Sélection naturelle seule ne peut former les espèces, peut-être le peut-elle, combinée à d'autres facteurs.

On en a invoqué quatre : la *Ségrégation*, la *Sélection sexuelle*, la *Sélection des tendances* et la *Panmixie*. Examinons-les tour à tour.

β) *La Ségrégation.* — La *Ségrégation*, c'est-à-dire la séparation des individus variés, favoriserait la Sélection en évitant que les variations se refondent sans cesse dans la masse des caractères moyens. Elle peut s'exercer de deux manières, par *isolement topographique*, c'est-à-dire par *migration* et par *isolement physiologique*, c'est-à-dire par restriction de la possibilité d'union sexuelle, soit que les variés et les non variés soient inféconds entre eux, soit que le défaut d'appétence sexuelle ou de concordance dans les époques de maturité des produits sexuels les empêche de s'unir les uns aux autres.

En ce qui concerne la Migration, Nægeli (84) a fait remarquer avec raison qu'il faudrait qu'elle se reproduisît à chaque stade de la va-

pour exemple la Guêpe, et plaçons-nous avant l'apparition des neutres dans les colonies. Une Guêpe femelle pond un petit nombre d'œufs dans son nid; elle est capable d'alimenter toutes ses larves, et toutes deviennent sexuées comme leur mère. Mais, si elle en pond un trop grand nombre, certaines larves seront trop peu alimentées et donneront des individus à organes sexuels non développés, c'est-à-dire des neutres. Chez ces neutres, les instincts spéciaux ne sont pas des acquisitions ultérieures, ils résultent de la survivance de l'instinct maternel à cette castration physiologique qui a emporté, au contraire, l'instinct sexuel. Quant aux dispositions organiques spéciales qu'elles montrent (aiguillons, brosses, pinces énormes des Termites soldats, etc.), ce sont des caractères ataviques que possédait l'ancêtre non social de l'espèce, qui ont été perdus par les sexués par suite d'adaptations successives et qui reparaissent chez les individus mal nourris.

[Il y a à cela une difficulté, c'est qu'il n'est point prouvé que la larve passe par ces états antérieurs, comme elle devrait le faire si la théorie était vraie].

Pour renverser cette théorie, Weismann a nourri insuffisamment des larves de Mouche à viande et a constaté qu'elles devenaient sexuées comme les autres, bien qu'elles restassent plus petites. Mais Spencer objecte que l'exemple ne vaut pas d'une espèce à l'autre, et que chez les Abeilles la nourriture des neutres ne diffère pas seulement, par la quantité mais aussi par la qualité de celles des sexuées; elle est moins azotée. Et il cite à l'appui de sa thèse le fait observé par Grassi, que chez les Termites, une larve ayant commencé son développement comme sexuée, ayant déjà des rudiments d'ailes et une tête petite et faible, peut être ramenée et transformée en soldat au moyen d'une nourriture appropriée par les ouvriers de la colonie. Les ailes se résorbent et la tête se développe avec son armature spéciale.

Emery et O. Hertwig donnent raison à Spencer dans ce débat. Il faut reconnaître cependant que, d'un côté comme de l'autre, les arguments laissent encore une trop large place à des hypothèses gratuites.

riation. Or on n'a jamais rien observé de pareil et on ne voit pas quelles causes régulières pourraient déterminer une nouvelle migration à l'occasion de chaque variation nouvelle. Sauf peut-être quelques cas exceptionnels, variation et migration sont deux phénomènes indépendants et toute théorie qui s'appuierait sur leur influence concordante aurait à la démontrer.

Fuchs (79) base l'origine des espèces sur l'affinité sexuelle, mais il ne la démontre pas.

Catchpool (84) a émis l'idée ingénieuse que, dans la divergence qui donne origine aux espèces, la stérilité des formes différentes n'est pas un résultat secondaire de leurs autres différences, car les races domestiques les plus éloignées restent fécondes entre elles, tandis que, dans la nature, les variétés même ne se croisent qu'exceptionnellement et les espèces jamais. D'après lui, cette infécondité est primitive, et c'est grâce à elle, que la divergence peut continuer et s'accentuer. Romanes (86) a émis une idée toute semblable et sans doute sans connaître la priorité de Catchpool.

L'idée est ingénieuse, en effet, mais rien de plus. Cette infécondité primitive n'étant pas démontrée.

Malgré cela, la Ségrégation est considérée comme aidant puissamment la Sélection et beaucoup de Darwiniens admettent la formule de Moritz Wagner (80) qui peut se résumer ainsi : Chaque forme constante nouvelle commence par l'isolement de quelques formes émigrantes qui se sont séparées de la forme-mère pendant que celle-ci était en état de variabilité. Ces individus émigrés se transforment sous l'influence de deux facteurs : 1° l'adaptation aux conditions nouvelles ; 2° la majoration des caractères nouveaux par union d'individus les possédant l'un et l'autre. Gulick (88) aboutit à une conclusion analogue.

On le voit, l'idée de la majoration des caractères par l'union des formes variées similaires, exprimée aussi par Nægeli (84) est généralement admise. Il est temps de démontrer qu'elle n'a aucun fondement réel.

γ) *La Sélection des tendances.* — Plaçons-nous, selon l'hypothèse invoquée souvent par Weismann, à l'origine de la Reproduction sexuelle, et supposons que les premiers progéniteurs de l'espèce diffèrent entre eux par certains caractères individuels héréditaires dont nous n'examinons pas, pour le moment, l'origine. Prenons un de ces caractères que nous appellerons A. Tous les individus de cette 1re génération d'ancêtres le possèdent au degré A, sauf 2, un mâle et une femelle qui le possèdent au degré A + ε, c'est-à-dire un peu plus accentué. Admettons que ces deux individus s'accouplent ensemble et, pour tout mettre en faveur de Weissmann, que leurs descendants, pendant un nombre immense de générations, s'accouplent toujours entre eux, en sorte que l'individu que nous considérons aujourd'hui aura eu la chance de n'avoir que des ancêtres possédant ce caractère au degré A + ε. Eh bien, malgré ces conditions exceptionnelles, il n'y a aucune riason pour que ce caractère soit plus accentué chez cet individu que chez ses premiers ancêtres. Weissmann raisonne comme si (A + ε) ♀ fécondé par (A + ε) ♂ donnait un produit A + 2 ε, et celui-ci uni à son pareil, A + 4 ε. Mais cela est tout à fait inexact. Plus l'individu aura d'ancêtres possédant ce caractère au degré A + ε, plus ce caractère sera incrusté en lui au degré A + ε et plus il lui sera difficile de s'en écarter pour assumer le caractère A + 2 ε.

Prenons un exemple.

Il s'agira, je suppose, de Mammifères ayant une queue de longueur moyenne, munie de 10 vertèbres. Quelques individus ont, à titre de particularité individuelle héréditaire, une queue un peu plus longue, munie de 11 vertèbres. Admettons qu'à un moment donné, à la suite d'un changement dans les conditions de vie, il devienne avantageux pour l'espèce d'avoir une queue très longue, de 20 vertèbres si l'on veut. A partir de ce moment, les individus à queue de 11 vertèbres seront protégés par la Sélection et auront plus de chances que les autres de s'accoupler et de laisser une postérité. Et bien, s'accoupleraient-ils toujours ensemble pendant des milliers de générations, jamais, de ce fait, la queue n'acquerra 12 vertèbres. Tous les individus auront 11 vertèbres à la queue, mais rien de plus, et, à aucun moment, ni maintenant ni précédemment, une combinaison quelconque de Plasmas ancestraux ne pourra faire naître un individu ayant 12 vertèbres à la queue. Cela ne pourra avoir lieu que si les conditions de vie sont capables de produire cette modification dans la queue et si cette modification acquise est transmissible.

Je vois bien où les partisans de la Ségrégation chercheront les éléments d'une réponse.

Ils invoqueront la *Sélection des tendances.*

Ils diront que la particularité initiale n'est pas une vertèbre de plus à la queue, mais une *tendance* vers une queue plus forte, une nutrition plus active des tissus où se développeront ces vertèbres et que deux tendances mariées entre elles produisent une tendance plus forte; que des tissus mieux nourris chez les deux progéniteurs seront mieux nourris encore chez le produit. Mais tout cela est inexact, c'est une application illégitime de nos procédés intellectuels à la nature. Un animal ne renferme pas d'abstractions. Il est un composé de faits anatomiques. Cette tendance à une nutrition meilleure des tissus de la future queue a une expression anatomique positive; elle se traduira, je suppose, par une artériole qui aura 6/10e de millimètre de diamètre là où elle n'a que 5/10e chez les autres individus. Eh bien, d'avoir eu 1,000 ancêtres ayant quelque part une artériole large de 6/10e de millimètre ne donne aucun droit à avoir au même point une artériole de 7/10e de millimètre; cela donne, au contraire, 1000 raisons d'avoir cette artériole de 6/10e de millimètre exactement.

Il en sera de même pour les influences nerveuses trophiques ou toute autre cause de ce genre. Toutes, ou auront une expression anatomique précise, ou bien n'existeront que dans notre imagination.

La Sélection des tendances n'existe pas.

En somme, les deux parents immédiats de l'individu considéré sont l'expression réalisée des tendances de tous les ancêtres jusqu'à eux. Nous n'avons donc pas à nous préoccuper de ces ancêtres par rapport au produit. Ils sont intégrés déjà dans ses deux parents et le produit sera la moyenne entre les deux parents immédiats. Or, pour reprendre notre formule du début, la moyenne entre $A + \varepsilon$ et $A + \varepsilon$ est $A + \varepsilon$.

En somme : *La combinaison des particularités individuelles par la Reproduction sexuelle et leur protection par les différentes sortes de Sélections ne sont pas capables, à elles seules, de produire des effets cumulatifs et de développer les caractères individuels en caractères spécifiques.*

δ) *La Sélection sexuelle.* — La *Sélection sexuelle* n'a pas à être expliquée ici. Chacun a présents à l'esprit, les faits invoqués par WALLACE et par DARWIN a son appui. On l'invoque surtout pour expliquer des caractères sexuels secondaires, le plus souvent ornementaux et sans utilité pour le mâle qui le porte. Mais il semble que ce choix des mâles les plus ornés, à leur goût, par les femelles, très réel quelquefois, a été fortement exagéré.

Si l'on peut admettre, à la rigueur (je ne l'admets nullement pour mon compte) que, chez les animaux monogames, les Pigeons par exemple, ou les Lions, la femelle choisisse son mâle d'après son chant, ses brillantes couleurs ou sa forte crinière, comment croire que le Coq doit sa crête et ses plumes caudales au goût de la Poule qui est toujours passive dans l'accouplement? Et que dire des Poissons, qui ont parfois aussi ces ornements sexuels et chez lesquels la femelle ne connaît pas le mâle qui fécondera ses œufs?

Chez l'Homme, la Sélection naturelle ne peut avoir déterminé l'atrophie du système pileux du corps qui a été évidemment un désavantage au début. On invoque alors la Sélection sexuelle. Mais, si le goût des premiers humains a déterminé la disparition des poils du corps et des membres, si la conservation de la barbe peut être attribuée au sens esthétique des femmes des premiers Hommes, est-ce aussi à ce sens esthétique des femmes que l'on attribuera la conservation des poils du pubis et des aisselles chez les deux sexes et ceux de la marge de l'anus chez l'homme seul?

La Sélection sexuelle est donc impuissante à rendre compte des différences sexuelles qui s'expliquent, au contraire, très simplement, comme le fait remarquer Emery (93), par une action directe de la secrétion interne des glandes génitales sur certains tissus de l'organisme. La preuve en est, que la suppression de ces organes entraîne la non-apparition de ces caractères.

D'après Reichenau (80-81), les caractères sexuels secondaires sont dus au superflu d'énergie vitale du sexe mâle qui a beaucoup moins à dépenser que la femelle pour la propagation de l'espèce. La masse de substance que celle-ci fournit aux œufs ou aux fœtus, les soins à donner aux œufs pour les couver, aux jeunes pour les allaiter, détournent une quantité de sucs nutritifs qui, chez le mâle, peuvent former les crêtes, les longues plumes, les brillantes couleurs, les cornes, etc. C'est plus tard seulement, quand ces organes sont formés, qu'une protection peut les empêcher de déchoir s'ils offrent un avantage qui puisse donner prise à la Sélection naturelle ou à la sexuelle.

ε) *La Panmixie.* — La *Panmixie* a été surtout invoquée pour expliquer la régression des organes devenus inutiles.

Il faut bien distinguer à ce sujet deux choses que l'on confond généralement, ce sont la *Sélection négative* et la *Panmixie*.

Quand un organe cesse d'être utile, il peut devenir inutile, soit comme partie encombrante, soit par les lésions qu'il peut recevoir, soit simplement parce qu'il détourne à son profit une nourriture qui serait mieux employée ailleurs. Dans ce cas, sa suppression devient un avantage et la Sélection peut intervenir pour le supprimer.

C'est la Sélection négative qui agit alors.

Mais si les inconvénients qui résultent de sa présence sont trop faibles pour donner prise à une Sélection négative active, on invoque alors la *Cessation de sélection* ou *Panmixie,* en affirmant, avec GALTON (75) et WEISMANN (86), que la Sélection est nécessaire, non seulement pour former les organes, mais pour les maintenir, et que ceux-ci déchoient dès qu'elle cesse d'agir.

La *Sélection négative* et la *Cessation de sélection* sont connues depuis longtemps. DARWIN dès 1872, ROMANES en 1873 et 1874, DOHRN et RAY-LANKESTER peu après, les ont fait connaître.

Mais WEISMANN (86), en imaginant la *Panmixie,* a montré par quel moyen la *Cessation de sélection* pouvait agir. D'après Weismann, dès qu'un organe cesse d'être utile, les individus qui naissent avec quelque imperfection héréditaire de cet organe ont autant de chances que les autres de vivre, de trouver à s'accoupler et de laisser une postérité. C'est cette participation de tous les individus à la génération que Weismann appelle *Panmixie*, l'opposant à la *Sélection* qui consiste, au contraire, en un choix des individus avantagés pour perpétuer l'espèce. D'après lui, à chaque génération, les individus présentant quelque malformation, atrophie naturelle, ou imperfection quelconque par rapport au niveau moyen, se mêlent aux autres par la génération et abaissent encore ce niveau jusqu'à ce que l'organe s'atrophie ou même disparaisse sans laisser de traces.

Que la Panmixie amène la déchéance d'un organe, cela est évident. Mais il est non moins évident que, par elle, la régression d'un organe ne peut se consommer et aller jusqu'à la disparition, et nous allons montrer que le maximum d'effet de la Panmixie est de réduire l'organe à *la moitié* de sa valeur initiale.

Prenons le cas de la Chrysochlore, espèce de Taupe complètement aveugle.

Cette Taupe descend d'une espèce munie d'yeux normaux et cette espèce ayant pris l'habitude de vivre sous terre, son œil s'est atrophié.

Représentons par les coefficients 0, 1, 2, ... 10 les différents degrés d'acuité visuelle, 10 étant le degré normal chez ses sortes d'animaux.

D'après Weismann, cet ancêtre de la Chrysochlore avait une acuité visuelle égale à 10 et la Sélection la maintenait à ce niveau normal, mais la Sélection cessant d'intervenir, tous les degrés d'acuité inférieurs ont persisté et abaissé progressivement le degré moyen jusqu'à 0.

Remarquons d'abord que, chez l'ancêtre de cette Taupe, comme chez tous les Mammifères vivant à la lumière, l'acuité visuelle devait varier dans des limites assez restreintes. Elle était chez la plupart des individus égale à 10, chez quelques-uns elle atteignait 11, chez quelques autres elle ne dépassait pas 9; mais chez aucun elle ne descendait, *normalement*, à 3, 4 ou 5.

De pareils degrés d'acuité visuelle ne peuvent résulter que de maladies acquises et par conséquent non transmissibles d'après Weismann. Donc les degrés d'acuité transmissibles seront 9, 10 et 11. Négligeons ce dernier. La Panmixie entre les individus restants ne pourra donner que l'acuité intermédiaire, c'est-à-dire 9 1/2. Admettons même que bon nombre d'individus à acuité égale à 9 se rencontrent et s'accouplent. Leur produit aura encore une acuité égale à 9. Une acuité de 8 1/2 par exemple ne peut se rencontrer à titre de caractère transmissible, car elle ne pourrait provenir que de l'union de deux acuités dont l'une au moins serait inférieur à 9, ce qui est contraire à l'hypothèse.

La faute de Weismann est de croire, ici comme dans le cas de la formation des espèces par reproduction sexuelle (V. p. 384 et suiv.) à une totalisation d'effets tout à fait étrangère à la nature du phénomène. Plus un individu aura d'ancêtres à acuité visuelle égale à 9, plus il lui sera difficile d'avoir une acuité inférieure à ce chiffre, car ces ancêtres ne lui ont pas transmis des *tendances à la cécité* qui aient pu s'ajouter les uns aux autres, mais un œil, avec une conformation définie qui avait pour résultat une acuité visuelle faible peut-être, mais précise, et il n'y a aucune raison pour que cette conformation s'altère en se transmettant ou produise des effets autres que ceux qu'elle a toujours produits.

Mais admettons même que des acuités visuelles plus faibles, d'origine nouvelle mais innées, provenant d'altérations accidentelles du Germen chez quelques individus, transmissibles en un mot, puissent se rencontrer. Nous trouverons dans les Chrysochlores des acuités visuelles de toute sorte, depuis 10 jusqu'à 0. Pour que la cécité s'établisse dans un groupe d'individus, il faudrait que les aveugles se reproduisissent toujours entre eux, ce qui est l'opposé de la panmixie. Celle-ci veut que les unions sexuelles soient indépendantes de l'acuité visuelle. Dès lors, ces individus aveugles, en s'accouplant avec les individus d'acuité visuelle supérieure, donneront des produits ayant les acuités visuelles intermédiaires; les individus d'acuité visuelle égale à 1, 2, 3... 10 donneront aussi, par la Panmixie, les acuités intermédiaires ainsi que le montre le tableau ci-dessous :

$$\frac{0+0}{2}=0,\ \frac{0+1}{2}=\frac{1}{2},\ \frac{0+2}{2}=1 \ldots \frac{0+10}{2}=5. \text{ Moyenne } \frac{5+0}{2}=\frac{10}{4}$$

$$\frac{1+0}{2}=\frac{1}{2} \ldots\ldots\ldots\ldots \frac{1+10}{2}=\frac{11}{2}. \quad \text{«} \quad \ldots \frac{12}{4}$$

$$\frac{2+0}{2}=1 \ldots\ldots\ldots\ldots \frac{2+10}{2}=\frac{12}{2}. \quad \text{«} \quad \ldots \frac{14}{4}$$

. . . .

. . . .

$$\frac{10+0}{2}=5 \ldots\ldots\ldots\ldots \frac{10+10}{2}=10. \quad \text{«} \quad \ldots \frac{30}{4}$$

La moyenne générale sera $\frac{10+12+14+\ldots\ldots+30}{4+4+4+\ldots\ldots+4}=5,$

ce qui d'ailleurs était évident à priori. Tous ces individus à acuité visuelle fractionnaire s'uniront encore avec les premiers et entre eux et il n'est pas utile de démontrer que la moyenne restera toujours 5. On aura donc, après le règne de la Panmixie, une espèce où tous les degrés possibles d'acuité visuelle entre 0 et 10, y compris les expressions fractionnaires, seront représentés et dont l'acuité moyenne sera 5.

Encore faut-il supposer, pour cela, que le nombre des individus affectés de vues mauvaises est, au début, égal à celui des individus à vue normale ou presque normale, ce qui est évidemment inadmissible et relève la moyenne d'autant.

Admettons que ce nombre faible de vues imparfaites héritées et transmissibles, s'accroisse par le fait que les conditions ambiantes créeront, de temps en temps, par action directe sur les germes, des individus à vue imparfaite, transmissible bien que non héritée. Cela abaissera quelque peu la moyenne, mais jamais ne pourra produire, je ne dis pas la cécité de toute l'espèce, ce qui est mathématiquement impossible, mais même une dépression sensible de la moyenne. Car les mêmes hasards qui abaissent l'acuité de quelques individus relèvent celle de quelques autres, et les hasards sont les mêmes des deux côtés.

Pour que le nombre des acuités plus faibles que la moyenne de celle des deux parents l'emportât sur le nombre des acuités plus fortes que cette moyenne, il faudrait une influence constante et déterminée. Dès lors, ce n'est plus de la Panmixie mais de l'action directe ou indirecte des milieux.

En résumé, la Panmixie est incapable de conduire à l'atrophie totale, car elle tend seulement à fondre toutes les différences individuelles dans un même état intermédiaire qui est la moyenne arithmétique entre ces différences[1].

La *Régression* ne s'explique d'ailleurs guère mieux par la Sélection négative que par la Panmixie. Spencer a démontré cela pour les yeux des animaux aveugles et pour le fémur de la Baleine (v. p. 377) et nous pouvons ajouter que chez les parasites, surtout les endoparasites, qui ont toujours excès de nourriture, l'avantage de la réduction des organes inutiles est à peu près nul, et cependant c'est chez eux que cette réduction atteint son plus haut degré.

Il ne manque pas d'autres facteurs accessoires invoqués pour venir en aide à la Sélection.

Ainsi Semper (80) attribue à la *Pœdogénèse* la formation de l'Axolotl et des autres formes d'apparence larvaire.

Hubrecht (82), comparant les lignées formées par la série des derniers nés et par celle des premiers nés de chaque couple, fait remarquer que la succession des générations est beaucoup plus rapide dans la dernière. Dans celle-ci, la variation et la formation des espèces doit donc être beaucoup plus rapide que dans celle-là. C'est d'elle que proviennent sans doute les formes dont la paléontologie nous montre l'évolution rapide, tandis que l'autre contient les formes qui sont restées stagnantes ou qui ont évolué très lentement.

Mais ce sont là de tous petits côtés de la question. Ils ne sauraient modifier la conclusion générale et nous pouvons les négliger.

ζ) *Le vrai rôle de la sélection.* — La conclusion de cette critique est que la Sélection est impuissante à former les espèces. Son rôle cepen-

[1] Et encore cela est-il exagéré car Eimer (88) fait remarquer avec raison que la panmixie, absolue entre les chiens de Constantinople, n'a pas uniformisé leurs robes.

Wolff (90) refuse toute action à la panmixie par un raisonnement qui a quelque analogie avec le mien, mais qui n'est pas exact. Appelant $\pm dx$ la variation minima, il suppose que les $+dx$ ou variations dans le sens de supériorité sont égales en nombre et en force aux $-dx$ ou variations dans le sens de l'infériorité et écrit :

$$\begin{pmatrix} x + (x+dx) + (x+2dx) \ldots + (x+ndx) \\ + x + (x-dx) + (x-2dx) \ldots + (x-ndx) \end{pmatrix} \frac{1}{n} = x$$

Le résultat mathématique est évident, mais l'équation est mal posée, car les $+dx$ ne sont pas dans la réalité égaux aux $-dx$ comme il l'écrit. Si les degrés d'acuité visuelle sont au nombre de 10, on peut trouver, dans une race, de nombreux individus à acuité égale à 0, 1, 2, 3... mais l'on ne trouve jamais d'individus doués d'une acuité double, triple, quintuple, décuple, de la normale. Par conséquent, les $+dx$ ne sont pas égaux aux $-dx$.

dant n'est pas nul. Mais il se borne à supprimer les variations radicalement mauvaises et à maintenir l'espèce dans son caractère normal. Loin d'être un instrument d'évolution pour les espèces, elle garantit leur fixité.

C'est PFEFFER (94) qui a le mieux compris le vrai rôle de la Sélection dans les rapports des espèces entre elles et avec la nature. Aussi croyons-nous utile d'exposer ici les idées de cet auteur.

Laissons-lui la parole.

Théorie de Pfeffer. — Les espèces ne sont pas, comme le veut Darwin, en état de variation incessante. Chacune est dans un état d'équilibre stable et, tant que les conditions ambiantes ne varient pas, elle ne se modifie ni dans le nombre ni dans la qualité de ses représentants.

Le nombre et les caractères des individus qui la composent sont la résultante d'une multitude presque infinie d'influences exercées sur elle par les conditions de vie qui lui sont faites. Au premier rang de ces influences, est la concurrence des espèces qui la poursuivent ou qu'elle poursuit comme proie, de celles qui sont ses hôtes ou ses parasites. Au premier rang aussi, sont les grandes conditions climatériques. Mais à côté de cela, il y a une foule d'actions indirectes, d'influences détournées exercées par des êtres vivants ou des conditions impersonnelles, en apparence sans relation avec elle. A tel point qu'il n'est peut-être pas une des premières ni une des dernières qui n'ait sur elle quelque action, aussi faible et détournée que l'on voudra, mais réelle cependant.

Chaque partie dépend de toutes les autres et réagit sur elles toutes. Il résulte de cela que chaque espèce a, dans la nature, une place déterminée comme étendue et, si l'on peut employer cette image, comme forme, à laquelle elle est forcée de s'adapter. Le nombre et les caractères de ses représentants sont déterminés par l'espace que la concurrence lui permet d'occuper et par la forme de cette concurrence. La Sélection naturelle et la Concurrence vitale n'ont point pour effet de la modifier, mais, au contraire, de maintenir fixes le nombre et les caractères de ses représentants.

Darwin a, en effet, méconnu l'influence de la concurrence vitale. Il a parlé comme si tous les produits engendrés entraient en lutte effective entre eux et avec leurs concurrents. Or il n'en est pas ainsi. La presque totalité de l'excédent des naissances est supprimé avant que l'être soit arrivé à son complet développement. La concurrence efface sans distinction et sans triage une énorme quantité de jeunes et ne laisse arriver à l'état de complet développement que, à peu près, le nombre qui doit rester, en sorte qu'il n'y a pas plus d'adultes qu'il n'y a de place pour eux dans la nature, et dès lors toute concurrence s'efface entre eux. Dans cette énorme destruction d'individus qui s'opère surtout chez les tout jeunes, la Concurrence a un rôle, mais tout autre que celui que Darwin a imaginé; elle ne trie pas les meilleurs, mais les plus mauvais, non pour les protéger mais pour les détruire; elle élimine ainsi tous ceux qui n'ont pas à un degré suffisant les caractères adaptatifs de l'espèce et ne conserve que ceux qui ont une conformation saine et normale. Quant à ceux qui pourraient porter quelque variation particulière avantageuse, ils ne sont l'objet d'aucun triage spécial parce que leurs faibles avantages ne sont pas suffisants pour leur créer une condition à part dans cette énorme destruction.

Bien entendu la fixité de nombre et de caractères n'est que relative, surtout la première. Les variations temporaires sont incessantes, mais elles se font autour d'un état d'équilibre moyen immuable tant que les conditions restent elles-mêmes identiques. Un exemple rendra cela plus clair. Si une espèce de Chenilles, favorisée par quelques conditions exceptionnelles, se montre subitement beaucoup plus abondante, comme cela s'est vu souvent, immédiatement les conditions de vie deviennent plus difficiles pour elle. Ses ennemis en dévorent une quantité beaucoup plus grande, les parasites (Hyménoptères pondant dans leur corps) en condamnent à mort un nombre plus grand aussi; ses membres se font entre eux une concurrence plus active pour la nourriture; les pluies, le vent, etc., les détruisent aussi en bien plus grande quantité, si bien que le nombre de ceux qui arriveront à former des papillons sera déjà très fortement réduit. Sur ces Papillons, néanmoins trop nombreux pour leurs conditions d'existence, la destruction continuera à exercer des effets plus énergiques et, en un petit nombre d'années, le taux moyen sera rétabli. L'inverse se produirait de tout point si le nombre s'était trouvé momentanément diminué.

En somme, les espèces sont en état d'équilibre stable tant pour le nombre que pour les caractères de leurs représentants, la Concurrence et la Sélection n'ont d'autre effet que de rétablir cet équilibre dès qu'il tend à se déranger[1].

Mais alors comment se forment les espèces nouvelles?

Elles ne se forment pas par un petit lot d'individus variés qui irait

[1] L'auteur fait, en outre, à la Sélection naturelle une objection spéciale que nous avons déjà exposée plus haut (V. p. 381). Nous n'avons qu'à la rappeler.

en croissant peu à peu, protégé par la Sélection. Nous l'avons vu, tant que les conditions restent les mêmes, l'espèce reste immuable. Mais si elles viennent à se modifier (et, bien entendu de telle manière que cette modification soit de nature à influencer l'espèce dans les limites de la variation possible), immédiatement toute l'espèce se transforme et s'adapte aux conditions nouvelles. Cela se produit simplement, complètement, et d'emblée, par le seul fait que le caractère moyen des individus que la concurrence vitale laissera survivre sera différent de ce qu'il était dans les conditions anciennes. Nous avons vu, en effet, que la Sélection a pour résultat de ne laisser subsister que les individus porteurs du caractère normal de l'espèce, c'est-à-dire de l'ensemble des traits d'organisation par lesquels l'espèce était adaptée à ses conditions de vie. Or, par la modification des conditions de vie, quelques-uns de ces traits d'organisation ne devront plus être les mêmes, certains qui étaient bien adaptés ne le sont plus et inversement, en sorte que les individus que la Concurrence laissera subsister seront seulement les porteurs des caractères adaptés aux conditions nouvelles.

D'emblée à chaque génération, tous les individus admis à vivre se trouveront modifiés, et il n'y aura nullement persistance d'une espèce ancienne qui devrait peu à peu céder le pas à la nouvelle.

Dans la sélection énorme qui s'exerce sur les jeunes, ceux-là seuls survivront qui sauront modifier leurs habitudes pour s'adapter aux conditions nouvelles ou qui pourront y résister; par conséquent, ceux-là seuls qui auront les dispositions organiques qui permettent cela. Il n'y a pas déloppement par la nécessité, d'habitudes nouvelles déterminantes des dispositions organiques qui deviennent héréditaires, c'est l'inverse. Seuls, les individus ayant les dispositions organiques permettant de se plier à l'adaption nouvelle survivront; et jusque-là il n'y a pas besoin d'Hérédité. Le progrès ainsi ne peut être que lent, parce que les conditions nouvelles ne peuvent trouver des individus adaptés à elles que si elles sont très peu différentes des anciennes. Mais, grâce à la corrélation des organes, ces modifications peuvent aller plus vite.

Le progrès ultérieur de cette évolution suppose bien entendu l'hérédité des caractères engendrés par les conditions ambiantes. Mais cette hérédité est certaine et aucune théorie ne peut sans son aide expliquer l'évolution.

Roux (81) a montré qu'il y avait dans l'organisme une lutte des organes, des cellules et même des parties constituantes de celles-ci entre elles, chacun cherchant à occuper le plus de place, à se multiplier le plus abondamment, à obtenir la prédominance. Il a fait voir que de cette lutte résultaient la différenciation cellulaire et l'équilibre des parties de l'organisme qui se maintiennent réciproquement dans leurs limites respectives et à un état de développement d'où résulte l'harmonie générale. J'ai montré à mon tour (c'est toujours Pfeffer qui parle) qu'une lutte semblable avait lieu dans la nature entre les espèces. Dans l'organisme, de la Lutte des parties résultent, d'après Roux, l'Auto-différenciation, l'Autoconservation et l'Automorphisme de l'organisme et de ses parties constituantes. De même dans la nature, de la lutte pour l'existence résultent l'Autodifférenciation, l'Autoconservation et l'Automorphisme des espèces. Il y a entre les espèces dans la nature, comme entre les organes dans l'organisme, une corrélation étroite qui les rend chacune dépendante de toutes, en sorte que toutes concourent à se maintenir les unes les autres dans leurs limites d'extention et dans leurs caractères particuliers. Les conditions ambiantes impersonnelles, climatériques et autres du même ordre, interviennent tout comme les causes animées dans le résultat général. Tant que les unes et les autres restent invariables, chaque espèce reste fixe ; dès qu'un changement se produit dans les unes ou les autres, aussitôt la (ou les) espèce influencée se modifie, de la même manière que la résultante d'un système de forces change dès qu'une ou plusieurs des composantes vient à changer.

La Lutte pour l'existence est à la fois l'agent du maintien de la fixité habituelle, et celui de la Variation quand de temps à autre celle-ci se produit.

On le voit, nous abandonnons la Sélection naturelle non pas comme facteur ayant son influence légitime dans la nature, mais comme cause principale de l'évolution progressive des organismes.

Quels autres facteurs mettre à sa place pour cette dernière fonction.

On n'en a pas proposé beaucoup ni surtout de bien satisfaisants.

Nous venons de voir ceux auxquels Pfeffer faisait appel. Nous en rencontrerons d'autres dans l'exposé des *Théories générales*. Il nous en reste ici seulement deux ou trois à signaler.

b) Rôle du croisement dans la formation des espèces.

Focke (81) est d'avis que le *Croisement* peut engendrer des espèces. Naudin, trente ans avant lui, avait déjà émis cette opinion. Nous avons vu (p. 93) que SANSON (244, note) avait élevé de fortes objections contre cette théorie et montré, par des faits, qu'elle n'est point exacte au moins en ce qui concerne le règne animal. D'ailleurs, dans la nature, le croisement est exceptionnel et ne joue aucun rôle important. En outre, il faut remarquer que le Croisement, comme l'Amphimixie dont il n'est qu'une forme, ne fait que combiner des caractères et n'en crée pas de nouveaux, en sorte que, même si quelques espèces avaient réellement cette origine, le problème resterait entier pour les genres et les ordres.

c) Le rôle de la Tératogénèse dans la formation des espèces.

Depuis trente ans déjà, l'origine des espèces, au moins de quelques-unes, avait été attribuée par DARESTE (64) à la Tératogénèse ; et, depuis, ce même auteur a généralisé cette idée. Nous aurons occasion de revenir sur son opinion.

Enfin nous ne pouvons nous dispenser de signaler, en terminant, l'opinion éclectique d'EIMER (88).

Le système de cet auteur ne présente rien de bien original. L'origine des espèces est attribuée aux différences dans la direction imprimée au développement des divers individus, et ces différences sont dues aux conditions extérieures agissant comme excitants de l'organisme qui peu à peu s'adapte aux excitations nouvelles et aux conditions intérieures, aidées du Croisement, de la Sélection, de la Panmixie, de la Corrélation et de l'Hérédité des propriétés acquises.

D'après EIMER, c'est la fonction qui varie d'abord et qui provoque la variation des organes. Il fait de cela une loi qu'il appelle la *Loi biogénétique*. Mais n'oublions pas que LAMARK et COPE (71) ont dit cela avant lui.

EIMER pense aussi que ce sont les mâles adultes qui, les premiers, acquièrent les caractères nouveaux et les transmettent à l'espèce et fait de cela sa *Loi de prépondérance masculine*.

Il cherche à montrer que les caractères nouveaux apparaissent d'abord en un point limité, surtout vers la partie postérieure du corps, et s'avancent vers la tête à mesure que l'animal avance en âge. Ils se propagent donc de la queue à la tête comme une vague et cela démontre l'existence d'une *Loi du développement ondulatoire*. Enfin les espèces se forment généralement par *Génépistase*, c'est-à-dire par transformation d'un petit groupe tandis que la masse reste invariable.

Il n'y a dans tout cela qu'une série d'affirmations appuyées des exemples choisis et aucune solution réelle des difficultés du problème. Le procédé de l'auteur consiste à donner l'expression d'un fait plus ou moins général et qu'il érige en loi, comme la raison mécanique des faits à expliquer.

On peut appliquer le même jugement aux prétendues lois par lesquelles Nægeli (84) cherche à expliquer le développement phylogénétique : *Loi de réunion, Loi de complication* comprenant les lois *d'Ampliation, de Différenciation* et *de Réduction*, et la *Loi d'Adaptation.*

d) Théories phylogénétiques.

Il nous reste pour terminer ce chapitre à parler de quelques théories phylogénétiques qu'il a été possible de séparer des *Théories générales* dont nous allons bientôt aborder l'étude. Il ne s'agit pas ici, bien entendu, des problèmes particuliers de la Phylogénèse. Ils sont tout à fait étrangers à notre sujet. La question est de savoir de quelle manière les formes vivantes sont descendues les unes des autres.

On peut concevoir la chose de trois façons différentes.

Les êtres vivants peuvent être tous nés les uns des autres, de manière à ne constituer qu'une lignée généalogique directe. Ce serait l'idée de la série animale appliquée à la Descendance. Du Protozoaire jusqu'à l'Homme, il n'y aurait qu'une file ininterrompue de formes dérivées les unes des autres. Personne n'a songé à soutenir une conception aussi absurde. N'y eût-il que les lignées végétale et animale, cela fait au moins deux lignées divergentes, car il est évident que les animaux inférieurs ne descendent pas des plantes supérieures.

La seconde conception est celle de Hæckel et des Transformistes qui se représentent l'arbre généalogique des êtres sous l'aspect d'un arbre véritable de haute futaie avec un système énorme de branches puissamment ramifiées. Cela implique l'idée que toutes les formes vivantes sont sorties d'un même être primordial et ont dérivé les unes des autres par dichotomie. En un mot, c'est l'idée *monogéniste* appliquée à l'ensemble des êtres vivants.

Nægeli (84) s'est appliqué à démontrer que cette vue n'était pas soutenable. Lorsque la terre a commencé à se refroidir, c'est d'abord aux deux pôles que la température est devenue assez basse pour permettre à la vie de se développer. Le Plasma primordial a donc dû prendre naissance dès l'origine en deux régions séparés par d'immenses espaces infranchissables. Cela fait donc au moins deux origines distinctes. Il aurait pu, il est vrai, de là se répandre peu à peu sur tout le globe, mais puisqu'il a pris naissance en deux points indépendants, pourquoi ne se serait-il pas formé aussi de lui-même dans les points intermédiaires, au fur et à mesure que les conditions le permettaient. En fait, le Plasma primordial doit avoir non pas deux ou quelques, mais un très grand nombre d'origines indépendantes.

Pour éviter cette objection, Hæckel déclare que cela n'intéresse pas le fond de la question, parce que la première substance organisée a dû se former identique à elle-même dans les divers lieux d'origine. Mais Nægeli répond que les substances albuminoïdes formées en des lieux différents n'ont pu être absolument identiques et les milliers de molécules qui concourent par leur union à les former n'auraient pu donner des combinaisons identiques si les solutions mères et les conditions ambiantes eussent été rigoureusement uniformes, ce qui est entièrement inadmissible.

La dernière conception consisterait à admettre que tous les êtres, jusqu'aux espèces, aient eu une origine première différente, et soient dépourvus de toute parenté réelle, chaque masse plasmatique de formation indépendante ayant évolué pour son compte à travers les âges et étant arrivée, par la complication progressive de sa structure, au degré d'élévation organique que montre l'espèce actuelle. Les ressemblances entre les espèces du même genre, les genres des mêmes familles, etc., s'expliqueraient aisément par le fait que ces espèces et ces genres seraient issus de Plasmas primordiaux peu différents à l'origine et auraient évolué dans des conditions assez semblables pour ne leur imprimer qu'une divergence modérée. Dès lors, le lien généalogique n'existerait qu'entre les formes actuelles et leurs formes ancestrales disparues, mais il n'y aurait aucune parenté entre les formes contemporaines. On pourrait encore, au sens figuré, parler de parenté plus ou moins proche entre telles et telles formes, en tenant compte de ce fait que, en raison de la divergence progressive des caractères, les ancêtres de ces formes étaient d'autant plus semblables qu'ils étaient plus près de l'origine première ; ou, si l'on veut, que leurs lignées convergentes se rencontreraient plus ou moins vite si on les prolongeait par la pensée en deça de leur origine réelle. Mais, en fait, la Taxonomie n'aurait aucune base généalogique réelle.

Cette conception que l'on attribue d'ordinaire à **Nægeli** (84) appartient en réalité à **Erlsberg** (76)[1].

Elle est théoriquement admissible, mais elle n'est probablement pas juste, pas plus que la conception inverse des monogénistes. La vérité est sans doute entre les deux, mais beaucoup plus près de la première que de la seconde. **Erlsberg** et, après lui, **Nægeli** admettent que les êtres organisés ont eu un très grand nombre d'origines premières indépendantes; que beaucoup de lignées généalogiques sont arrivées jusqu'à l'époque actuelle sans se ramifier, mais que d'autres ont poussé, à des époques variables, des branches latérales plus ou moins touffues. Il y aurait sous ce rapport des différences considérables entre les différents groupes : ici des familles entières descendraient d'un même ancêtre primitif, tandis qu'ailleurs deux espèces d'un même genre pourraient être distinctes depuis leur première origine. En général, il y aurait parenté réelle entre les formes réunies par une série suffisamment complète d'intermédiaires.

La conception commune de l'arbre généalogique est encore, d'après ces auteurs, vicieuse en un autre point.

Dans l'hypothèse monogéniste, toutes les formes actuellement vivantes sont également anciennes, puisque toutes remontent jusqu'à l'origine commune. Les types d'organisation inférieure se sont moins perfectionnés que les autres, mais ils n'en ont pas moins vécu pendant la durée totale des périodes géologiques depuis l'origine de la vie. Cette manière de voir ne paraît pas juste à **Erlsberg**, et **Nægeli** la trouve incompatible avec son idée du perfectionnement continu de l'Idioplasma.

Dans ce qu'**Erlsberg** se contente d'admettre comme probable, **Nægeli** voit une nécessité inéluctable. D'après lui (V. sa Théorie générale), les formes de même âge peuvent avoir réalisé des types de structure très différents, mais elles sont fatalement arrivées au même degré de complication organique. L'Idioplasma ne peut pas plus s'arrêter dans son évolution qu'il ne peut reculer. Si quelque condition s'oppose à son progrès, il meurt. C'est là la cause de la disparition de groupes entiers tels que les Cicadées dont l'Idioplasma s'était sans doute engagé dans une structure qui ne permettait pas une complication nouvelle. Dès lors, il ne se peut pas que l'Algue ait un premier ancêtre aussi ancien que le Chêne, ou l'Infusoire

[1] Avant cet auteur, Nægeli (65) avait soutenu l'idée de l'origine polyphylétique des êtres.

Mais il y a loin de là à son arbre généalogique si singulier dont nous donnons plus loin une représentation schématique et qui est entièrement calqué sur les idées d'Erlsberg.

que le Vertébré. Cet absolutisme n'est d'ailleurs pas un progrès sur l'opinion moins rigoureuse d'Erlsberg, car il est contredit par l'existence de certaines formes qui, comme la Térébratule, se sont perpétuées presque sans changement depuis des époques géologiques très reculées.

Cela conduit ces auteurs à admettre que le Plasma primordial s'est formé un grand nombre de fois indépendamment non seulement dans l'espace, mais dans le temps. A toutes les périodes géologiques (et sans doute aujourd'hui encore), partout où se sont rencontrées les conditions physico-chimiques de la génèse d'une substance albuminoïde, il s'est formé de nouveau un Plasma primordial, plus ou moins différent de ceux qui s'étaient formés avant lui et ce plasma, évoluant selon sa nature et les conditions qu'il rencontre, a engendré un nouveau type de structure plus ou moins semblable aux types précédemment formés. Ce type a parcouru depuis sa formation un développement progressif continu et nous le rencontrons aujourd'hui au stade qu'il a eu le temps d'atteindre. Les formes inférieures ne sont telles que parce qu'elles sont les plus récentes. Les Phanérogames angiospermes sont apparues les premières (non pas bien entendu en tant que Phanérogames, mais en tant que Plasma primordial qui n'a atteint que très tard la complication de structure qui en a fait des Phanérogames); puis sont nées les Gymnospermes, puis les Cryptogames vasculaires, puis les Mousses, puis les Algues et les Champignons. Le règne animal fournirait une série parallèle. Les derniers venus sont les Schizophytes, les Microbes[1].

Ni Erlsberg ni Nægeli n'ont figuré l'arbre généalogique tel qu'ils le comprenaient. J'ai cru bien faire en dessinant d'après leurs idées sa forme générale afin d'objectiver pour le lecteur leur intéressante conception. On voit (fig. 23) que ce n'est pas un arbre, mais un buisson formé de tiges indépendantes, quelques-unes longues et grêles sans ramifications, la plupart un peu ramifiées, d'autres, mais rares, assez touffues. Elles n'atteignent pas toutes le niveau supérieur, certaines formes ayant disparu aux époques antérieures sans fournir de descendants. Elles partent du sol à des niveaux différents indiquant les époques successives de formation du Plasma primordial dont elles sont issues. Leurs distances horizontales figurent, dans la mesure du possible, leurs affinités. C'est pour

[1] [La vie était-elle possible sans les microbes, agents de la transformation des organismes morts en éléments minéraux?].

cela qu'elles ont une direction convergente vers le bas. On va de gauche à droite, des plus simples et des plus récentes aux plus hautement organisées qui sont en même temps les plus anciennes par leur origine première.

Enfin il faudrait se représenter le buisson non dans un plan, mais en épaisseur et infiniment plus vaste dans tous les sens.

J'ai représenté seulement quelques branches et supprimé la ramification secondaire pour ne pas compliquer ce dessin, destiné seulement à éveiller dans l'imagination l'image correspondante à la conception complète des auteurs.

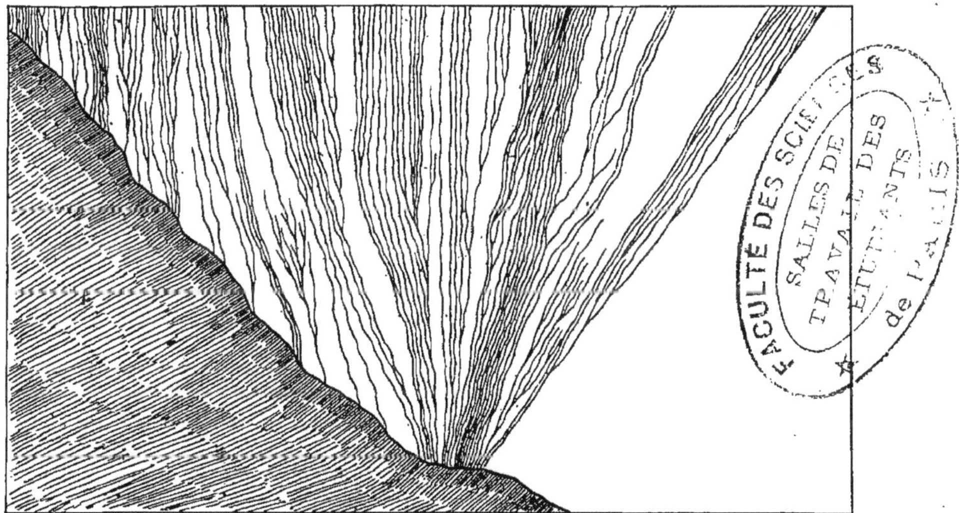

Fig. 25. — Représentation schématique de l'arbre généalogique des êtres d'après les idées d'Erlsberg et de Nægeli.

e) Première formation de la substance vivante.

Dire avec Sir William Thompson que la vie a été apportée sur la terre des espaces célestes par des météorites n'est pas répondre à la question.

C'est aux *Théories générales* que l'on trouvera l'exposé des opinions des auteurs sur ce chapitre, en particulier celles de Bechamp, Nægeli, Wiesner, etc., etc.....

Citons ici seulement l'opinion de Schaaffhausen (92) qui admet hardiment que l'eau, l'air et les substances minérales se sont directement combinées sous l'influence de la lumière et de la chaleur et ont donné naissance à un *Protococcus* incolore qui ensuite est devenu le *Protococcus viridis*. Si la chose est aussi simple pourquoi l'auteur ne produit-il pas dans son laboratoire quelques-uns de ces Protococcus. On lui ferait grâce de la chlorophylle.

TROISIÈME PARTIE

LES THÉORIES GÉNÉRALES

LEUR CLASSEMENT

La Biologie générale comprend, malgré son nom, un grand nombre de problèmes particuliers. La division cellulaire, le mouvement du protoplasma, la formation des espèces, ne sont pas certes des questions mesquines; cependant on peut entreprendre de les résoudre sans connaître la constitution intime de la substance organisée et ses modes d'action. Ce sont, malgré leur ampleur, des questions particulières. La Biologie renferme quelque chose de plus général, c'est ce qui concerne l'essence même de la vie, comment elle commence, se continue et se transmet.

Il n'y a pas deux manières d'attaquer le problème de la vie pour en trouver une solution positive. La vie résulte évidemment des propriétés de la matière vivante et ces propriétés sont le résultat de sa constitution physico-chimique. Il faut donc connaître cette constitution physico-chimique. Or là, nous sommes radicalement arrêtés. La chimie nous enseigne la composition élémentaire du protoplasma; elle nous fait connaître un certain nombre des substances complexes qui entrent dans la constitution de ses différentes parties; l'histologie nous montre en lui des organes minuscules, fort complexes, associés pour former la cellule; mais entre les molécules, que le chimiste ne fait que peser ou compter, et ces organes déjà si compliqués, il y a une lacune immense. Quel arrangement prennent les molécules? Quelles associations forment-elles pour engendrer la substance vivante?

Notre ignorance est absolue sur ce point.

En l'absence des faits, il faut bien s'adresser à l'hypothèse, puisque nous ne pouvons nous résigner à détourner notre esprit de ces questions captivantes. L'hypothèse vraiment scientifique, c'est-à-dire imaginée de toutes pièces, mais s'astreignant à ne heurter aucun fait positif et à en expliquer le plus grand nombre possible, est plus fructueuse parfois que l'étude des questions abordables mais d'intérêt secondaire.

Les hypothèses n'ont pas manqué dans cette question, générale entre toutes, de l'essence de la vie. L'antiquité a eu les siennes. Elles ont été ce qu'elles pouvaient être, c'est-à-dire sans fondement, forcément incomplètes et inexactes, la plupart franchement absurdes, quelques-unes étonnantes par le sens divinatoire de leurs auteurs. Celles des temps plus modernes, presque jusqu'à l'origine de ce siècle, ne sont pas d'une autre nature. Le génie de l'homme est resté le même, et l'ignorance des structures microscopiques laissait la même liberté à l'imagination. La découverte de faits dont les théories ont à tenir compte a permis d'éliminer la plupart d'entre elles, mais il y a encore une telle disproportion entre le but et les moyens, que l'accord est loin d'être fait, même sur les points les plus généraux.

Avant de passer à l'exposé de ces théories, il faut les classer.

L'ordre chronologique n'aurait pas l'avantage de montrer les progrès successifs de la question, car il s'en faut de beaucoup que chacune soit meilleure que ses aînées ou pire que ses cadettes; et il aurait l'inconvénient de mêler les conceptions les plus disparates. Nous les classerons donc sous quelques chefs généraux, quitte à reprendre l'ordre chronologique pour celles de même nature.

La question de la vie n'a pas toujours été traitée seulement par des naturalistes. Les philosophes l'ont abordée avec les tendances naturelles de leur esprit. Aussi ne devons-nous pas nous étonner de trouver des tentatives d'explication de la vie par un principe spirituel dominateur, seul actif, animant le corps.

Les *Théories animistes* procèdent de là.

ARISTOTE, PLATON, SAINT AUGUSTIN, tout le moyen âge, VAN HELMONT, STAHL, sans avoir émis de théories complètes, ont cherché à expliquer la vie par l'âme. Le *nisus formativus* de BLUMENBACH, de NEEDHAM, la *force vitale* des l'ancienne école de Montpellier sont des variantes de la même idée fondamentale que la vie est une entité immatérielle. Chez beaucoup de Sauvages on retrouve une idée analogue.

Bien différente est l'idée des *Évolutionnistes* qui croient que les germes de tous les individus à naître sont contenus, emboîtés les uns dans les autres, dans les individus de la génération existante.

Ils se divisent comme on sait en *Spermatistes* et *Ovistes* selon qu'ils placent l'emboîtement dans le spermatozoïde ou dans l'œuf. Les noms de GALIEN, LEUWENHOEK, ANDRY, etc. se rattachent à ceux-ci. Ceux de HARVEY, GRAAF, SWAMMERDAN, MALPIGHI, HALLER, BONNET, SPALLANZANI, etc., à ceux-là.

Les théories de beaucoup les plus nombreuses et les plus variées sont celles dont les auteurs ont cherché à deviner la structure de ce que nous ne voyons pas dans le protoplasma, entre la cellule avec ses organes et les atomes ou les molécules des chimistes.

La question se pose dans ce cas de la manière suivante : imaginer une constitution de la matière vivante qui se concilie avec ce que l'on sait de sa structure et permette de comprendre ses propriétés.

Toutes ont abouti à la conception de particules initiales qui seraient les éléments constitutifs de toute substance vivante. On pourrait les appeler théories *microméristes** pour les désigner par un vocable qui rime avec ceux des autres théories.

Ces théories n'ont entre elles que ceci de commun : que la vie résulte des propriétés de particules spéciales, éléments initiaux de la matière vivante. Pour le reste, elles sont extrêmement variées.

Pour BUFFON (4), BÉCHAMP (83), ces particules sont des éléments immortels, répandus partout, formant les êtres vivants par des associations temporaires, se dispersant à leur mort dans le monde inorganique, mais sans mourir elles-mêmes, et capables d'entrer dans de nouvelles combinaisons vivantes.

Pour les autres, au contraire, elles sont mortelles, se dissociant après la mort de l'être vivant, et ne gardant rien alors de vivant en elles. Elles se reproduisent par elles-mêmes en se divisant ou, sans se reproduire, augmentant de nombre par formation de nouvelles particules au contact des anciennes et sous leur influence.

SPENCER (88), HAACKE (93) et les Périgénistes, ERSLBERG (74, 76), HÆCKEL (76), admettent que ces particules sont toutes de même nature ; que toutes, quelles que soient leurs différences secondaires, participent au même titre et de la même manière à la détermination de la forme de l'ensemble de l'organisme ; que la tête, la poitrine ou les membres, que le

* De μικρός petit, μεριστής qui partage.

foie ou le cerveau ne doivent pas leur forme spécialement aux particules qui les constituent, mais dépendent, à titre égal, de toutes les autres particules du reste du corps; qu'en un mot la Différenciation anatomique, sinon l'histologique, de chaque partie de l'organisme a pour facteurs toutes les particules et chacune d'elles au même titre. D'ailleurs chacun comprend à sa manière la détermination des caractères anatomiques.

Pour Spencer, elle dépend uniquement des forces moléculaires attractives des particules qu'il appelle les *Unités physiologiques*; pour Haacke la forme des particules *Gemmes* et *Gemmaires* intervient à titre égal; enfin pour les *Périgénistes*, Erslberg, Hæckel, auxquels je joindrai Dolbear (89), c'est le mouvement vibratoire des *Plastidules* qui est le facteur essentiel.

Aux Périgénistes se rattachent quelques théoriciens qui, sans se prononcer sur la nature et les propriétés des particules, acceptent leur idée qu'une certaine forme de mouvement moléculaire est la cause mécanique des phénomènes vitaux. Tels sont His (75), Cope (89), Orr (93).

Mais, en général, les naturalistes ont trouvé plus commode d'attribuer aux particules constitutives du protoplasma des natures diverses. Chaque particule n'étend plus son influence à l'ensemble de l'organisme, mais à une sphère d'action plus ou moins limitée.

C'est sur cette hypothèse, plus vraisemblable que la précédente, que reposent les théories le plus en vogue aujourd'hui. Mais combien de variantes elles présentent selon l'idée que l'on se fait de la nature des particules et des forces qui régissent leurs propriétés!

D'après la nature qu'elles attribuent aux particules, les théories se divisent en deux catégories principales.

Dans l'une d'elles, la diversité des particules ne correspond pas à celle des organes ou aux caractères de l'individu; celles-ci l'engendrent en se groupant de certaines façons sous l'influence des forces moléculaires qui émanent d'elles, mais aucune n'est prédestinée à former telle ou telle partie, à développer tel ou tel caractère; elles ne *représentent* pas, par avance, quelque partie ou caractère de l'organisme futur.

Pour les uns, ce sont de simples *molécules* au sens que les chimistes attribuent à ce mot, c'est-à-dire des combinaisons primaires d'atomes, et le protoplasma n'est qu'une substance chimique; la vie résulte soit des propriétés physico-chimiques de ses molécules constitutives, soit de leurs propriétés chimiques seulement. Jæger (79), Gautier (86), etc., acceptent la première idée; Hanstein (80), Berthold (86) adoptent la seconde.

Pour les autres, les particules ne sont pas des simples molécules chimiques, mais des agrégats d'ordre plus élevé. Fol (79) suggère qu'elles pourraient n'être que de petits appareils électriques. Nægeli (84) en fait des sortes de cristaux organiques les *Micelles*, doués de forces moléculaires spéciales. Isolés, les Micelles n'ont que des propriétés d'ordre inorganique; associés en groupes harmoniques, ils déterminent les propriétés et caractères de l'organisme, qui ne sont que la résultante de leurs forces moléculaires diversement combinées. Altmann (94) donne à ces agrégats des dimensions bien plus grandes puisqu'il les montre au microscope dans les *Granules* du protoplasma et il voit en eux des appareils complexes où s'élaborent des réactions chimiques. Enfin Wiesner (92) les considère comme des aggrégats organiques, les *Plasomes*, doués, de par leur constitution même, des trois propriétés fondamentales de la matière vivante, la nutrition, l'accroissement et la reproduction.

Dans la seconde des catégories annoncées, les particules sont *représentatives :* chacune a, par avance, une signification déterminée par rapport aux organes ou aux caractères de l'être futur.

Mais que représentent-elles?

Darwin (80) et tous ceux qui ont suivi ou modifié sa théorie de la *Pangénèse*, Galton (75), Brooks (83), etc., admettent qu'elles représentent les cellules du corps.

Aux vrais Pangénistes, il faut joindre les *Précurseurs* de la théorie qui, sans spécifier si les particules représentaient les cellules, que la plupart ne connaissaient pas, ont émis cependant une conception analogue; ce sont, en remontant des modernes aux anciens : Érasme Darwin (10), Maupertuis (1751), C. Bonnet (1776) (2e système), puis Paracelse, et enfin Aristote, Hippocrate, Démocrite, et Héraclite.

Weismann (84), dans sa première théorie, les considère comme des parcelles minimes mais complètes des Plasmas germinatifs des ancêtres directs. Enfin Nægeli (84) et de Vries (89) voient en elles le représentant des caractères et propriétés élémentaires combinés pour former les caractères et propriétés d'ensemble; et Weismann (92), dans sa nouvelle théorie, combine heureusement l'idée de de Vries avec celle de Darwin.

Il reste une dernière grande classe de théoriciens dont la conception s'oppose à celle des *Animistes, Évolutionnistes* et *Microméristes,* c'est celle des *Organicistes,* pour qui la vie, la forme du corps, les propriétés et les caractères de ses diverses parties, résultent du jeu réciproque, de la lutte de tous ses éléments : cellules, fibres, tissus, organes, qui réagissent les uns sur les autres, se modifient les uns par les autres, se font à chacun leur place et leur part, et concourent tous ensemble au résultat final, donnant ainsi l'apparence d'un consensus, d'une harmonie préétablie, là où il n'y a que la résultante de phénomènes indépendants.

L'Organicisme commence, à mon sens, avec DESCARTES (1662), se continue avec BICHAT, CLAUDE BERNARD, et arrive avec ROUX (81) (à qui l'on pourrait, à la rigueur, joindre DRIESCH (92, 93) et O. HERWIG (92)), à une théorie si profondément modifiée, bien qu'elle dérive du même principe, qu'elle peut être considérée comme toute moderne

Un si rapide résumé du point de vue auquel se sont placés les auteurs donne l'impression que leurs théories sont purement gratuites, invraisemblables, à peine dignes d'attirer l'attention.

Il ne faut pas juger si vite.

Ce coup d'œil sur leur classement ne donne pas une idée juste de leur valeur réelle ni même de leur signification exacte.

Il faut lire avec attention leur exposé détaillé, et l'on verra qu'à côté d'essais informes se trouvent de belles théories, ingénieuses, richement documentées, si bien liées dans toutes leurs parties, si bien d'accord avec les faits connus, que l'on est obligé de se rappeler que cela en somme n'a pas été *vu*, pour reprendre cette réserve dont il ne faut jamais se départir en présence des incursions de l'imagination dans le domaine de la science.

Dans cette étude, en exposant les idées chacun, nous lui laisserons la parole et le ferons parler comme il aurait parlé lui-même pour exposer sa théorie sous son jour le plus favorable et la défendre par les meilleurs arguments. Si nous intervenons par quelques notes, toutes les fois qu'il pourrait y avoir quelque ambiguïté, celles-ci seront mises entre crochets [ ], pour les bien distinguer des notes explicatives que nous mettrons dans la bouche de l'auteur. Puis, quand l'exposé est achevé, nous prendrons la parole à notre tour pour les critiquer.

Cette méthode nous semble avoir l'avantage de séparer absolument la théorie et notre critique, au grand bénéfice du lecteur qui peut ainsi lui-même les juger séparément.

TABLEAU DU CLASSEMENT DES THÉORIES GÉNÉRALES

I. ANIMISTES					1. *Ame*	Platon. Saint Augustin. Van Helmont.	
					2. *Nisus formativus*	Blumenbach. Needham.	
					3. *Force vitale*	Barthez. Bordeu. Lordat. Ancienne école de Montpellier.	
II. ÉVOLUTIONNISTES					1. *Spermatistes*	Erasistrate. Diogène de Laerte. Galien. Leuwenhœk. Andry. Dalempatius.	
					2. *Ovistes*	Harvey. Graaf. Swammerdam. Malpighi. Haller. C. Bonnet. Spallanzani. De Blainville.	
III. MICROMÉRISTES.	1. Particules universelles, immortelles.				*Molécules organiques*	Buffon.	
					Microzymas	Béchamp.	
	2. Particules se détruisant après la mort.	A. Toutes de même nature; exerçant toutes, à titre égal, leur influence sur la détermination de toutes les parties. Actives :		1. par leur polarité. — *Unités physiologiques. Polarigénèse*		Spencer.	
				2. par leur forme et leurs forces moléculaires. — *Gemmes et Gemmaires.*		Haacke.	
				3. par leurs mouvements vibratoires.	*Atomes annulaires*	Dolbear.	
					Conservation des Plastidules	Erlsberg.	PÉRIGÉNISTES. — PÉRIGÉNÈSE ET SES VARIANTES.
					Périgénèse des Plastidules ......[circonscr. du germe.	Hæckel.	PÉRIGÉNISTES. — PÉRIGÉNÈSE ET SES VARIANTES.
					Propagation ondulatoire de l'excitation organogène aux	His.	PÉRIGÉNÈSE ET SES VARIANTES.
					Cinétogénèse et Catagénèse. — Bathmisme et Catagénèse.	Cope.	PÉRIGÉNÈSE ET SES VARIANTES.
					Action morphogène du fonctionnement habituel	Orr. — Mantia.	PÉRIGÉNÈSE ET SES VARIANTES.
		B. D'espèces différentes et chargées de fonctions diverses.	1. Non représentatives.	a. Simples molécules chimiques, actives :	*a.* par leurs propriétés physico-chimiques	Hanstein. Berthold.	
					b. par leurs propriétés chimiques pures	Chevreul. — Geddes. — Thompson. Gautier. — Danilevsky.	
				b. Agrégats d'ordre plus élevé.	*a.* Appareils électriques	Fol.	
					b. Appareils chimiques	Maggi. Altmann.	
					c. Particules initiales douées de propriétés vitales	Wiesner.	
			2. Représentatives :	a. des *Plasmas ancestraux*		Weismann (1re théorie).	
				b. des cellules du corps :	*Gemmules*	Ch. Darwin.	PANGÉNÈSE PROPR. DITE. — PANGÉNÈSE.
					Germes représentatifs des organes	Maupertuis.	PRÉCURSEURS. — PANGÉNÈSE.
					Filaments à appétence et Molécules à propension	Érasme Darwin.	PRÉCURSEURS. — PANGÉNÈSE.
					Stirpes	Galton.	VARIANTES. — PANGÉNÈSE.
					Gemmules odorantes	Jæger.	VARIANTES. — PANGÉNÈSE.
					Germes femelles et Gemmules mâles	Brooks.	VARIANTES. — PANGÉNÈSE.
					Cytozoaires	Gaule. — Platt-Ball.	VARIANTES. — PANGÉNÈSE.
					Structure stéréométrique du Protoplasma	Hallez.	VARIANTES. — PANGÉNÈSE.
				c. des caractères et propriétés élémentaires de l'organisme.	*Micelles. Idioplasma*	Nægeli.	
					Idioplasma nucléaire	Kölliker.	
					Pangénèse intracellulaire	De Vries.	
					Idioblastes	O. Hertwig.	
				d. à la fois les parties du corps et des caractères élémentaires		Weismann (2e théorie).	
IV. ORGANICISTES						Descartes. Von Bær. His Bichat. Cl. Bernard. Roux. (Driesch. O. Hertwig).	

I. ANIMISME

Si nous avions entrepris d'écrire l'histoire de la philosophie, il serait de notre devoir d'insister proportionnellement à leur importance, sur les théories où l'âme joue le rôle principal. Mais dans un ouvrage de Biologie générale nous n'avons qu'à les mentionner et à passer outre. Même dans leurs hypothèses les plus hardies, les sciences naturelles ne doivent faire appel qu'aux forces naturelles et tout ce qui tient à l'âme ou à la divinité leur est étranger. Aussi serons-nous très bref[1].

PLATON, dans le *Timée,* admet que toute création n'est que la réalisation d'une pensée de Dieu. Ces pensées sont aussi nécessairement créatrices des êtres matériels dont elles sont l'objet, que les nôtres sont nécessairement stériles. D'ailleurs cette matérialisation n'est pas réelle. La matière n'est qu'apparente, il n'y a que des effigies de la pensée. [C'est bien le cas de dire : *Verba et voces, prætereaque nihil*].

ARISTOTE, sans aller aussi loin, pensait que l'âme façonne la chair et que c'est elle qui, en entrant dans le corps du nouveau-né, lui communique sa forme.

ORIGÈNE, PIERCUS, PHILASTRE, SYNESIUS et la plupart des Pères de l'Église, du moins parmi les Orientaux, croyaient que l'âme, créée par Dieu, venait donner la vie au corps façonné par les parents.

SAINT AUGUSTIN distinguait de la semence matérielle, une semence invisible, située dans tous les éléments. C'était l'âme sous une autre forme.

Pendant tout le moyen âge, on a cru que la vie était communiquée aux Êtres par les esprits dominant la matière.

VAN HELMONT, STAHL enseignaient des idées analogues. VANINI, SINIBALD, le père jésuite JEAN FRANÇOIS admettaient que les caractères intellectuels et moraux sont contenus, sous une forme spirituelle, non seulement dans la semence, mais dans le lait de la nourrice et dans les viandes servant à l'alimentation, et peuvent être transmis par ces subs-

[1] Nous avons même cru pouvoir nous abstenir ici de recherches personnelles où la compétence nous faisait défaut pour l'analyse et la comparaison des textes. Nous avouons franchement que les quelques lignes consacrées à cette partie de notre sujet sont empruntées aux analystes : LUCAS (47-50), J.-A. THOMPSON (88), ROTH (85) et quelques autres.

tances. Des idées analogues ont régné dans l'antiquité et, sous une forme vague, persistent encore de nos jours chez les gens du monde.

Le *Nisus formativus* de Blumenbach, de Needham et de tant d'autres de la même époque n'est aussi qu'une entité immatérielle du même ordre et la *Force vitale* de l'ancienne École de Montpellier, célébrée par Barthez, Bordeu, Lordat, etc., et que Whitman (88) et Philips (88) ressuscitent sous une autre forme, appartient encore à la même catégorie.

Tout cela est pour nous dénué d'intérêt[1].

II. ÉVOLUTIONNISME

Nous avons expliqué, à propos des théories de l'hérédité (V. la longue note de la page 354) ce qu'était la théorie de l'*Emboîtement des germes*, comment et par qui elle était soutenue. Dans cette hypothèse, il n'y a plus création, ni formation, mais *Évolution* de germes préexistants où toutes les parties de l'être futur sont indiquées par avance et n'ont qu'à grandir et à se développer. Ajoutons seulement aux Évolutionnistes proprement dits, Kant (1785) qui soutenait une sorte de syngénèse spiritualisée intermédiaire à l'Animisme et à l'Évolutionnisme. Les générations futures existant non pas matériellement, mais spirituellement, potentiellement, dans leur progéniteur.

[Avec l'emboîtement toutes les difficultés de la transmission de la vie et des caractères s'effacent, mais il s'en élève une autre mille fois plus grande, celle de l'emboîtement lui-même. Il est non seulement contraire aux faits, mais inadmissible même comme conception théorique et Buffon (4) déjà en avait montré la complication et l'absurdité.]

[1] Philips admet un principe vital représenté par un fluide plus subtil que l'éther, l'électricité ou tout autre connu, qui diffère en qualité et en quantité dans tous les organismes et qui constitue peut-être, avec l'éther et le magnétisme, trois formes d'une force naturelle inconnue.

Whitman déclare que c'est une erreur de chercher dans les propriétés physico-chimiques des molécules de la substance vivante l'explication des phénomènes vitaux. Il y a, dit-il, dans les organismes, une force vitale comparable à celle qui dans un cristal régit la réparation des parties brisées.

[C'est un animisme plus mécanique, plus moderne, mais guère moins obscur. Après que l'on a tout expliqué en prêtant à ces forces spirituelles tout ce que suggèrent l'imagination et les besoins de la théorie, il se trouve que l'on n'a rien éclairci car la cause invoquée est plus incompréhensible que les faits que l'on attribue.]

III. MICROMÉRISME

L'idée d'attribuer la vie et la formation des organismes à la réunion de particules très petites de nature spéciale, douées de propriétés dépendant de leur constitution, réunies en nombre immense et groupées d'une façon particulière dans chaque espèce d'êtres et dans chaque organe de l'individu, est certainement très heureuse. La multiplicité des systèmes fondés sur cette conception, la haute valeur de quelques-uns d'entre eux, nous montrent combien elle est fertile; la chimie et l'histologie nous montrent qu'elle est vraisemblable, car elles arrivent séparément celle-ci à constater, celle-là à établir par induction, que toute substance morte ou vivante est, en effet, formée d'unités de divers ordres associées en groupes hiérarchisés : l'atome et les molécules plus ou moins complexes d'une part, et d'autre part les cellules et les organites intracellulaires.

Mais que sont ces particules? — C'est ici que l'imagination a le champ libre et nous allons voir qu'elle est la richesse de ses conceptions, richesse hélas proportionnelle à la pauvreté des faits positifs.

I. PARTICULES UNIVERSELLES INDESTRUCTIBLES

Si l'on met à part les vagues systèmes conçus par les anciens, l'idée de considérer ces particules commme indestructibles et répandues partout est une des plus anciennes en date. C'est Buffon qui, le premier, a établi un système complet fondé sur cette conception.

BUFFON (1749-1804)

Système des Molécules organiques.

Exposé.

La substance dont sont composés les êtres organisés diffère essentiellement de celle qui constitue les corps inorganiques; elle est formée de particules spéciales, les *Molécules organiques*. Ces Molécules sont universelles et indestructibles : universelles en ce qu'elles existent partout où la vie a accès, indestructibles en ce que la mort et la dissolution qui la suit détruisent les organismes, défont les associations moléculaires qui les constituent, mais n'atteignent pas les Molécules elles-mêmes. Celles-ci sont seulement séparées, mises en liberté, et restent aptes à entrer dans des groupements nouveaux. D'ailleurs, si elles ne peuvent être détruites, elles n'augmentent pas de nombre. Il ne s'en forme point de nouvelles, ni spontanément, ni par le moyen des anciennes, en sorte que, mesurée par elles, la quantité de vie totale de l'univers est invariable[1].

Les Molécules organiques permettent de comprendre les phénomènes de l'Accroissement et de la Reproduction.

Prenons un animal, un être humain si l'on veut, à son enfance. Le moule de ses organes est dessiné et ceux-ci n'ont qu'à s'accroître pour faire de l'enfant un adulte en état de se reproduire. Les substances animales et végétales dont il se nourrit sont composées de Molécules organiques. Le travail de la digestion sépare d'abord de ces Molécules les substances étrangères les plus grossières qui sont rejetées par la défécation. Les autres pénètrent dans le sang où une nouvelle épuration élimine, par la sueur, les urines, etc., les particules étrangères les plus ténues et laisse les Molécules organiques libres dans le sang. Ce liquide, en parcourant l'organisme, les présente sans cesse à tous les organes et ceux-ci, les admettent dans leur intérieur et s'accroissent par ce moyen. Ce n'est pas d'ailleurs en bloc ni par simple apposition qu'ils s'accroissent, mais dans leurs parties les plus minimes et par admission de Molécules nouvelles au milieu même de celles déjà présentes.

Mais il arrive un moment où, l'être approchant de la limite de taille propre à son espèce, les organes n'acceptent plus aussi avidement toutes les Molécules qui leur sont présentées. Celles qui sont refusées ou qui admises dans les organes en ressortent et sont mises de nouveau en liberté ; toutes ces Molécules superflues s'accumulent dans les glandes génitales et dans leurs réservoirs : l'enfant est devenu adulte et apte à la reproduction[1].

[1] [Buffon ne dit pas si ses Molécules sont toutes identiques entre elles ou si elles présentent des différences. En tout cas, elles ne sont pas d'espèces aussi nombreuses que les organes qu'elles forment et les caractères de ceux-ci dépendent avant tout de leur association. Ainsi définies, les Molécules organiques correspondent aux molécules des substances organiques de nos chimistes modernes, qui peuvent être d'espèces très variées, mais qui cependant engendrent la variété de composition des tissus beaucoup plus par la multiplicité de leurs combinaisons que par celle de leur essence individuelle. Mais nous verrons que plus loin l'auteur modifie passablement cette conception simple.

[1] Dans le sexe mâle, la substance fécondante ainsi formée est bien connue : c'est

Les animalcules de la semence du mâle ne jouent aucun rôle dans la génération. Seules, les Molécules organiques répandues dans la partie liquide de la semence sont actives, et tout au plus pourrait-on admettre que ces petits *Vers* représentent quelque degré inférieur d'association de ces Molécules, comme il s'en forme dans les générations spontanées. En tout cas, ils sont incapables d'évolution et ce n'est pas eux qui prennent part à la formation de l'embryon.

Mais chez la femme, où est la liqueur séminale? On ne trouve point chez elle de liqueur prolifique aussi manifeste que chez l'homme et l'anatomiste GRAAF a cru découvrir chez les femelles des animaux vivipares, des œufs comparables, sauf la taille, à ceux des Oiseaux. Il donne même le nom d'*ovaires* aux *glandes testicules* de la femme et des femelles vivipares. Mais l'expérience m'a montré que les vésicules observées par M. Graaf, et qui sont, en effet, très visibles, ne sont point des œufs; elles contiennent un liquide dans lequel le microscope montre des particules en mouvement très semblables à celles du sperme [1]. Ce liquide est, en effet, le sperme de la femme, c'est sa liqueur prolifique, formée comme chez l'homme, s'accumulant dans ses testicules, suintant dans la matrice par ses cornes ou même par ses parois spongieuses qui en sont sans cesse imbibées.

Les Molécules organiques des liqueurs séminales de l'homme ou de la femme, séparées et encore contenues dans leurs réservoirs respectifs, ne peuvent se réunir et former un fœtus. Elles sont, en effet, toujours en mouvement, sans cesse troublées par l'arrivée des gouttelettes de liqueur nouvellement formées, et par le départ d'anciennes sans cesse repoussées par la circulation [2]. Par exception, il peut arriver que quelques molécules se groupent et forment ces Kystes où l'on a trouvé des poils, des dents, etc., et que l'on a rencontrés parfois dans le ventre de filles pucelles [3]

le sperme. LEUWENHŒK ayant découvert dans le sperme de petits animalcules vermiformes doués d'une grande agilité, a voulu démontrer que ces petits Vers étaient les germes vivants aptes à se développer en nouveaux individus et n'ayant besoin pour cela que de la matière nutritive qu'ils trouvent dans la matrice de la femelle. Mais c'est là une opinion erronée, car elle ne permet pas de comprendre la ressemblance des enfants avec leur mère, ni celle du Mulet avec la Jument.

[1] [La description de ce qu'il a observé chez une chienne en chaleur sacrifiée sans avoir été fécondée montre qu'il a bien vu, en effet, des follicules de Graaf, prêts à se rompre. Mais comme à Graaf le vrai œuf lui a échappé.]

[2] [Cette explication est un peu faible, car il y a également dans la matrice une circulation de sucs pompés et repompés. ÉRASME DARWIN (10) le fait bien remarquer en discutant cette théorie.]

[3] [Buffon confond là deux choses fort

où même dans le scrotum de quelques hommes. Mais ce sont des cas très exceptionnels et qui peuvent aussi s'expliquer d'autre façon.

Au contraire, après le coït, les deux liqueurs séminales se trouvent réunies dans la matrice de la femme. Elles se mélangent, et les mouvements des Molécules de la liqueur mâle contrarient et arrêtent ceux des Molécules de la liqueur femelle, et réciproquement sont arrêtés par eux. Il en résulte un état de repos qui permet à ces Molécules de se grouper suivant leurs affinités pour former l'embryon[1].

Formation de l'embryon. Son sexe. — On remarquera d'abord que, dans la liqueur mélangée, toutes les parties du corps sont représentées en double, la tête par les Molécules fournies par la tête de la mère et par celles issues de la tête du père, de même pour le corps, les membres, les viscères. Seules les parties dépendant du sexe sont différentes et ne peuvent se combiner. Il s'établit entre elles une sorte de lutte; les plus abondantes l'emportent et forment les organes sexuels de l'embryon. Ainsi le sexe du produit dépend de la quantité de Molécules organiques sexuelles fournies par le père et par la mère. Celui des deux qui en a fourni le plus donne son sexe à l'enfant. Cette première ébauche des organes sexuels sert de base et en quelque sorte de point d'appui aux formations qui vont suivre. Les Molécules organiques se déposent autour d'elle dans l'ordre qui convient. Celles qui viennent du cou se placent naturellement entre celles de la tête et celles de la poitrine; il serait singulier, en effet, qu'elles fussent attirées vers les jambes ou sur le dos. La même affinité qui, lorsqu'elles circulaient librement, les a fait entrer dans les tissus du cou et non dans ceux du dos ou de la jambe, les

différentes, les Kystes dermoïdes et des monstres très rudimentaires, appartenant à la catégorie des *anidiens*. Ces derniers ne se montrent, quoi qu'il en dise, que chez des filles non pucelles.]

[1] Cette nécessité pour les liqueurs séminales de se rencontrer en un lieu où elles puissent entrer en repos pour obéir à leurs forces organisatrices, permet de comprendre la fonction de l'œuf des ovipares. L'œuf n'est point, comme on l'a dit, un corps organisé contenant le rudiment du jeune qui n'a qu'à se développer. C'est simplement un lieu de repos, bien fourni en aliments, où doivent se rencontrer les liqueurs séminales des deux sexes pour y former l'embryon. Il est destiné à remplacer la matrice absente chez les ovipares. C'est, à proprement parler, une matrice temporaire qui se sépare de l'organisme maternel, et qui n'a, comme la matrice, à fournir aux liqueurs séminales des deux sexes, qu'un lieu pour se joindre et pour entrer en repos, et des aliments pour l'accroissement de l'embryon.

[Le faux point de départ de Buffon étant admis, on ne peut s'empêcher d'admirer l'ingéniosité de cette explication.]

dirige encore vers la place qui leur convient. Ainsi se forme l'embryon avec tous les rudiments de ses organes dans leurs rapports naturels.

La ressemblance héréditaire. — Mais chaque organe ou partie quelconque de l'embryon peut être formé par les Molécules venant du père ou par celles venant de la mère : elle ne peut l'être par les deux à la fois. Celles qui prendront part à leur formation détermineront leur ressemblance avec l'organe ou la partie similaire du parent qui les a fournies. Ainsi s'explique que l'enfant puisse avoir les yeux de son père et le front de sa mère, bien qu'il soit du sexe de l'un des deux seulement.

Mais que deviendront les Molécules non utilisées pour former le corps et celles des organes du sexe que l'enfant ne recevra pas. Il semble qu'elles devraient former un second enfant à côté du premier et de sexe opposé. Il y a, en effet, les éléments nécessaires pour cela, mais il y manque un centre de formation et un jeu libre des forces organisatrices. Toutes ces Molécules, rejetées hors de la sphère de formation de l'embryon, sont désorientées; elles ne peuvent se réunir et s'assembler entre elles et, entraînées par les forces organisatrices plus puissantes émanant de l'embryon, elles se disposent autour de lui et forment ses membranes et ses annexes, l'amnios, le cordon et le placenta[1].

Monstres. — Parfois, cependant, il arrive que quelques-unes s'assemblent en organes plus ou moins étendus et, se joignant à l'embryon central, en font un monstre par excès, de même que certaines des Molécules qui auraient dû contribuer à sa formation peuvent se trouver détournées et rejetées avec les Molécules inutilisées dans la zône extérieure à l'embryon. Celui-ci devient alors un monstre par défaut.

Génération spontanée. — Nous avons vu que la mort désagrège les Molécules organiques sans les altérer. Que deviennent-elles lorsqu'elles ont été mises en liberté, puisque individuellement elles sont indestructibles? Faute de trouver un organisme tout formé qui les attire, les incorpore à titre d'aliments et leur serve de moule pour les façonner en organes, faute de se trouver assemblées dans les conditions décrites plus haut qui leur permettraient de s'agencer en un organisme compli-

[1] [La faiblesse de cette explication saute aux yeux. Les molécules de la tête forment la tête, celles du cou forment le cou, en vertu d'une spécificité qui les rend aptes à former ces organes et qui est due à ce qu'elles proviennent des parties similaires des parents. Comment dès lors par le seul fait qu'elles sont dérangées, troublées, empêchées de satisfaire leurs affinités normales, arrivent-elles à former des organes différents, adaptés à une fonction précise?]

qué, elles se groupent en associations plus élémentaire et engendrent ces innomblables êtres inférieurs que l'on voit apparaître spontanément dans les subtances en putréfaction, les liquides organiques qui macèrent, les infusions de subtances végétales ou animales[1].

Origine des espèces et des variétés. — Quant aux espèces nobles des êtres supérieurs, elles ont été formées par la main du Créateur. Elles sont immuables dans leur essence, mais l'influence prolongée du climat, de l'alimentation, du mode de vie et des autres conditions de cet ordre peuvent apporter en elles des changements d'une certaine importance. C'est ainsi que le soleil de l'Afrique a fait les Nègres, et que le Chameau doit les callosités de ses genoux à l'habitude de s'agenouiller quand il se repose et les bosses de son dos aux fardeaux dont l'homme le charge depuis de longues générations[2].

La domestication par un changement des mœurs naturelles produit une dégénérescence des caractères normaux qui se traduit par une grande variété dans les couleurs des plumes ou du pelage et dans beaucoup d'autres caractères secondaires.

Critique.

Il n'y a pas à s'arrêter à la discussion des opinions qui reposent sur l'ignorance des faits que la science n'a connus que plus tard. Mais on peut faire à la théorie une grave objection que n'ont soupçonnée ni l'auteur, ni ceux, comme Érasme Darwin, qui ont discuté ses opinions à une époque ultérieure.

Buffon donne, en commençant, ses *Molécules organiques* comme des particules vivantes, appartenant peut-être à de nombreuses espèces différentes, mais en tout cas, n'ayant pas une spécifité rigoureuse de même ordre que celle des organes qu'elles constituent. Ainsi les Molécules du foie, des muscles, des nerfs, ne sauraient préexister comme telles dans

[1] [Les Infusoires, Rotateurs, Anguillules et même les Tenias, Ascarides, etc. comptent parmi les êtres que Buffon croit nés spontanément sans parents semblables à eux.]

[2] [Malgré l'absurdité de ce dernier exemple, il n'y en a pas moins là une idée remarquable qui contient en germe le Lamarkisme. Les caractères qu'il cite sont de valeur spécifique. Le Nègre est une espèce du genre *Homo*, le Chameau sans ses bosses et ses callosités appartiendrait à une espèce différente. Si BUFFON eut compris cela et étendu cette notion féconde à la formation des espèces, il eut été Lamark].

le foin dont l'Herbivore fait sa nourriture. Cependant, quand il parle ensuite de la génération, il leur attribue une sorte de spécificité de ce genre, car il dit que, dans la liqueur séminale mixte résultant du coït, elles se grouperont d'après des affinités commandées par la nature de l'organe dont elles sont issues. Celles provenant du foie se rangeront à la place où sera le foie, celles provenant du cerveau à la place où elles devront former le cerveau.

Où ont-elles pris cette spécificité? De quelle nature est la force intérieure qui dirige leurs mouvements et règle leurs arrangements?

Ce ne peut être une force inhérente à elles et liée par exemple à leur nature chimique puisque, après la mort, ces molécules perdront cette spécificité et, après avoir formé un foie ou un cerveau, formeront un anneau de Ténia, ou une feuille d'arbre. Ce ne peut être qu'une spécificité temporaire, superficielle, acquise dans l'organisme. Une molécule qui faisait partie d'un brin d'herbe, en devenant partie intégrante du foie de l'Herbivore devient dans cet organe, molécule spécifique du foie. Mais quelle est la nature de cette spécificité? A quoi est-elle liée? Nous savons aujourd'hui, et Buffon aurait pu le comprendre, qu'elle ne pouvait être liée qu'à la constitution physico-chimique de la molécule. Or il ne dit rien de la modification constitutionnelle qu'elle subit en acquérant cette spécificité, et ne paraît même pas soupçonner qu'il doit y en avoir une.

Il y a là un point faible, une lacune grave, qui ôte à la théorie, même en admettant sa base hypothétique, une grande partie de sa valeur. D'ailleurs nous verrons que des théories plus modernes n'échappent pas à cette difficulté [1].

[1] Il est curieux de remarquer que tout ce que dit Buffon de ses Molécules organiques est vrai des molécules chimiques ou du moins des atomes. Comme elles, les atomes des chimistes sont universels, indestructibles, comme elles, ils font partie successivement du minéral, de la plante, de l'animal, formant tous les êtres par leurs combinaisons diverses. Mais ils n'ont pas d'affinités complexes; leurs propriétés sont simples, et ne deviennent compliquées que dans les agrégats formés par leur union. Les propriétés vitales, les plus compliquées de toutes appartiennent à certains de ces agrégats.

Mais ces agrégats vivants sont très instables, en raison même de leur complexité; ils se désagrègent facilement et perdent en se désagrégeant leurs propriétés vitales. Admettre qu'ils ont à la fois l'universalité et l'indestructibilité des atomes, la haute spécifité des éléments constitutifs des organes des êtres vivants, et le pouvoir de changer cette spécificité selon le lieu et les conditions de voisinage, sans perdre leur personnalité, c'est leur attribuer des propriétés inconciliables.

BÉCHAMP (1883)

Théorie des Microzymas.

[Cette théorie de Buffon, si ingénieuse et si fort en progrès sur les idées d'Emboîtement des germes qui avaient cours à cette époque, a provoqué et provoque encore une juste admiration. Mais si, au lieu d'être du siècle dernier elle appartenait à ces dernières années, si quelqu'un venait nous dire aujourd'hui que les spermatozoïdes sont des produits de génération spontanée et ne servent à rien dans la fécondation, que les annexes du fœtus sont les représentants d'un frère jumeau développé d'une façon aberrante, on passerait outre en haussant les épaules.

[C'est un peu ce qui est arrivé pour la théorie de Béchamp, théorie fort ingénieuse aussi d'ailleurs et qui n'a que le tort d'aller à l'encontre des faits les mieux démontrés.]

Exposé de la théorie.

Tous les corps organisés sont formés par des associations de particules élémentaires vivantes, les *Microzymas*.

Les *Microzymas* sont d'une extrême petitesse; ils mesurent, en général, une fraction de μ et atteignent au plus 1 μ. Normalement, ils sont sphériques, mais ils peuvent, dans leur évolution, assumer temporairement d'autres formes, comme nous le verrons plus loin. Tous les Microzymas de l'univers sont morphologiquement semblables. Ils sont formés tous de substance organique, c'est-à-dire carbonée, et peuvent présenter des différences de constitution chimique [1]. Dans l'organisme, ils ont une spécifité plus ou moins marquée. Mais cette spécifité n'est pas liée à eux d'une manière invariable; elle est temporaire, se développe en eux dans des conditions données, et s'efface quand ces conditions changent, pour être remplacée par quelque autre dans des conditions nouvelles.

Les Microzymas sont vivants, ils sont même la seule partie vivante des organismes. Ceux-ci par eux-mêmes ne sont pas vivants et, n'étant pas vivants, ils ne meurent pas. Ce qu'on appelle la mort n'est que la désagrégation d'une association temporaire de Microzymas. L'organisme cesse de manifester les propriétés vitales en tant qu'ensemble, mais

[1] [Sur ces différences, leur valeur, leur généralité, l'auteur ne donne aucun renseignement. C'était cependant un point de première importance.]

ses Microzymas restent vivants; ils se séparent seulement et deviennent libres, prêts à entrer dans des associations nouvelles.

En eux-mêmes, les Microzymas sont éternels. Ils ont été créés à l'origine par Dieu et ils persisteront jusqu'à la fin des siècles, échappant par leur petitesse aux causes ordinaires de destruction.

Avant d'entrer dans des associations nouvelles, et à l'état libre et isolé, ils peuplent par myriades innombrables l'air, la terre, les eaux. Tous ces Microzymas libres, sont ceux qui, depuis l'origine de la vie, ayant appartenu à des corps organisés, se sont séparés après leur mort et n'ont pas trouvé l'occasion d'entrer dans des combinaisons nouvelles.

Une des principales propriétés des Microzymas est celle qu'ils ont de sécréter en eux des *zymases*, c'est-à-dire des ferments solubles qui, se répandant dans les liquides, provoquent la fermentation de ces liquides. Ils produisent aussi des actions chimiques comparables à la fermentation mais qui sont en réalité des phénomènes de désassimilation donnant naissance à diverses substances (alcool, acides acétique, lactique, butyrique, etc.).

Mais la propriété principale des Microzymas est leur tendance à s'associer pour former des organismes d'ordre supérieur.

Le premier terme de cette évolution est la *substance organisée amorphe*. Telle est la *glairine* qui se forme dans certaines eaux minérales, ou la *mère du vinaigre* qui se produit dans la fermentation acétique du vin[1].

Le second terme est la *Bactérie*. Dans des conditions données, les Microzymas se mettent à bourgeonner[2] et forment des petites colonies en chapelet de quelques grains seulement, puis ces grains se fusionnent en un petit corps allongé et la Bactérie est constituée. Quand la Bactérie meurt, elle se dissocie en ses Microzymas constituants[3].

[1] Cette dernière n'est nullement, comme on l'a dit, un assemblage de *Mycoderma aceti :* c'est une colonie amorphe de Microzymas dans laquelle ceux-ci gardent individuellement leur forme sphérique normale et ne forment pas des groupements de figure déterminée régulière.

[L'auteur confond ici les micro-organismes avec leurs produits de sécrétion solides dont l'existence est très réelle, par exemple la substance gélatineuse des colonies zoogléennes.]

[2] [Si les Microzymas peuvent bourgeonner, ils augmentent donc de nombre, et comme ils sont indestructibles, ils finiront par envahir l'univers. Et cela ne sera pas long, vu l'effroyable quantité de Bactéries qui se forment sans cesse à chaque instant.]

[3] Pasteur s'est donné une peine inouïe pour montrer qu'il ne pouvait se former de Bactéries aux dépens de la matière organique si l'on écartait leurs germes. Or, mes expériences montrent qu'elles se forment malgré la stérilisation la plus parfaite de tous les vases, non pas *spontanément*, c'est-à-dire de rien ou aux dépens de substances non vivan-

Enfin le dernier terme est la *cellule*. Dans des conditions convenables, les corpuscules se rapprochent, se tassent, sécrètent autour d'eux une membrane et la cellule est constituée. Le *omnis cellula e cellula* de Virchow est faux. Très souvent, en effet, les cellules se reproduisent par elles-mêmes, mais ce mode de formation n'est pas le seul. Tous les exemples fournis par Robin, de formation de cellules ou de noyaux dans un blastème, celui d'Onimus qui a prouvé la formation de Leucocytes dans la sérosité[1], s'expliquent par la théorie des Microzymas.

La cellule étant expliquée, tout ce qui concerne la formation des organismes et leur fonctionnement est expliqué aussi. Notons seulement que les Microzymas acquièrent des propriétés particulières selon les points de l'organisme où ils se rencontrent. Ceux du foie, du cerveau et des reins ne sont pas primitivement spécifiques : ce sont des Microzymas quelconques qui ont pu faire autrefois partie de la peau d'un Mollusque ou de la feuille d'une plante. Mais, par une adaptation rapide au milieu, ils acquièrent une spécificité temporaire très accentuée, qui permet aux cellules qu'ils forment de jouer dans l'organisme les rôles les plus variés. Après la mort, ils gardent pour un certain temps quelque chose de cette spécificité, car les Bactéries qui se formeront dans une infusion du foie ne seront pas les mêmes que celles d'une infusion de tissu nerveux. Or ces Bactéries ne sont autre chose que les Microzymas de ces organes, mis en liberté, puis développés en organismes nouveaux d'ordre inférieur.

Les cellules sexuelles sont aussi formées de Microzymas.

Enfin les Microzymas peuvent subir des modifications temporaires qui se traduisent par des maladies dans l'organisme dont ils font partie. Ce n'est pas l'organisme qui est malade ou du moins qui est altéré, c'est le Microzyma et s'est seulement, par le retour de celui-ci à sa constitution normale, que celui-là peut revenir à la santé[1].

Critique.

Même en passant sur les affirmations erronées que le lecteur au courant des principales découvertes de la Bactériologie, a remarquées de lui-même,

tes, mais par évolution des Microzymas.

[1] [Les exemples de Robin sont bien connus. Voici celui d'Onimus :

[Un sac entièrement clos, formé d'une membrane animale et inséré sous la peau d'un animal, se remplit de sérosité dans laquelle apparaissent bientôt des Leucocytes. On sait ce qu'il reste des idées de Robin sur ce chapitre. Le cas d'Onimus s'explique tout simplement par la diapédèse.]

[1] [Ici prennent place des considérations thérapeutiques étrangères à notre sujet.]

on peut objecter que cette théorie ne donne point les explications qu'on serait en droit d'attendre d'elle. Elle ne nous fait comprendre ni la transmission des caractères des parents à l'enfant, ni la spécificité cellulaire. Cette adaptation rapide des Microzymas au milieu, qui les fait éléments, ici d'une feuille, là de la peau d'un Mollusque, ailleurs du foie, du cerveau ou du rein d'un Mammifère, est du domaine du merveilleux. On ne voit nulle part les causes de cette différenciation rapide; et, partant de l'œuf fécondé, rien n'explique pourquoi les Microzymas formeront des choses si différents en des points si rapprochés. On écrirait des pages et des pages sans épuiser la série des objections et observations que suscite la théorie. Ce serait aussi fastidieux qu'inutile.

Mais comment BÉCHAMP a-t-il pu être amené à soutenir une théorie si fort en contradiction avec les faits déjà démontrés au moment où il écrivait?

Son cas est bien simple.

Il a vu, comme tout le monde, les granulations browniennes ou autres qui pullulent partout où il y a des substances organiques; et des expériences mal faites lui ont laissé croire que les Bactéries pouvaient se développer de ces granulations. De là il a passé aux cellules par la fausse route des blastèmes de Robin, et ces deux erreurs, jointes à un esprit de système fortement développé, l'ont conduit à la théorie qu'on vient de lire [1].

II. PARTICULES SE DÉTRUISANT APRÈS LA MORT

Nous avons vu, en critiquant la théorie de Buffon, qu'attribuer aux mêmes particules, à la fois l'indestructibilité des atomes et la haute spécificité des agrégats les plus complexes était impossible et fort embarrassant pour l'explication. Les systèmes qui laissent les particules vitales se désagréger à la mort sont à la fois plus souples et plus vraisemblables. Ils ont aussi des partisans beaucoup plus nombeux.

Les uns admettent que toutes les particules composant un individu et même, sous réserve de variations très légères, tous les individus d'une même race ou variété, sont, sinon identiques entre elles, du moins équivalentes et contribuent toutes ensemble à la détermination des caractères anato-

[1] [Inutile de dire que Béchamp n'a convaincu personne, sauf peut-être quelques élèves. Il a publié en collaboration avec ESTOR une théorie de la formation des globules du sang qui repose sur sa conception des Microzymas.]

miques de chaque partie ; les autres sont d'avis que chaque particule ne régit que ce qui est dans l'étroite sphère d'action dont elle occupe le centre.

Examinons d'abord les théories des premiers.

A. PARTICULES TOUTES DE MÊME NATURE, ÉTENDANT TOUTES ÉGALEMENT LEUR INFLUENCE A LA DÉTERMINATION DE TOUS LES CARACTÈRES

Dans ce système, les particules prennent toutes une part égale à la détermination des caractères anatomiques de tout l'organisme. La forme de l'ongle, par exemple, ne dépend pas spécialement des particules de l'épiderme sous-unguéal, elle résulte d'une influence générale qu'exercent ensemble toutes les particules du corps.

Cette influence est attribuée, par les uns, à une attraction moléculaire ou polarité ; par les autres, à la forme géométrique des particules ; par d'autres, enfin, à leurs mouvements vibratoires.

1. PARTICULES DEVANT LEUR ACTIVITÉ AUX FORCES MOLÉCULAIRES DONT ELLES SONT DOUÉES. — POLARITÉ.

H. SPENCER (1864)

Théorie des Unités physiologiques. — Polarigénèse.

Exposé.

Les Unités physiologiques et leurs propriétés. — Les cellules ne sont pas les éléments organisés ultimes qui constituent les êtres vivants. Elles ont une organisation trop avancée pour résulter d'un simple groupement d'éléments chimiques. Entre les *Unités chimiques* (molécules) et les *Unités morphologiques* (cellules), il doit exister un 3e ordre d'unités, composées de molécules et composant les cellules. Nous les appellerons les *Unités physiologiques.* Extrêmement petites et cependant extrêmement complexes, elles représentent les plus petites particules sous lesquelles la matière vivante puisse exister. Elles s'unissent en nombre immense pour constituer les organismes et la forme de ceux-ci résulte de leur arrangement[1].

Elles sont formées de molécules chimiques groupées en agrégats très complexes et, comme le moindre changement dans la nature, le nombre ou l'arrangement des molécules constitutives, modifie l'édifice, le nombre des Unités physiologiques peut être presque infini[2].

Cette conception de la structure permet de se faire une idée des propriétés. Plus un agrégat est complexe et formé d'unités complexes, plus il est sensible aux forces incidentes qui tendent à lui imposer un arrangement nouveau. Ainsi le plomb se liquifie à 328°, l'étain à 293°, le bismuth à 325°, mais l'alliage d'étain et de plomb fond vers 200° et celui des 3 métaux réunis fond dans l'eau bouillante. C'est là un fait général. Il en résulte que les Unités physiologiques doivent être moins stables, plus plastiques que les substances colloïdes, de même que celles-ci sont moins stables et plus plastiques que les cristalloïdes. La même progression se rencontre dans les propriétés qui dérivent de celles-là. Dans les substances cristalloïdes, il existe, entre les molécules, des forces qui les disposent suivant un certain ordre dès qu'elles sont libres de leur obéir, ou, en d'autres termes, les molécules de ces substances ont une *polarité* qui produit la cristallisation. Cette polarité est à la fois énergique et rigoureusement définie; elle peut prendre un nouveau mode, comme dans les corps dimorphes, mais elle ne peut être déviée, en ce sens

[1] [Ici est montrée, pour la première fois et avec une lucidité parfaite, l'utilité de concevoir des particules spéciales, éléments primitifs de la substance vivante, intermédiaires aux molécules et aux cellules. Les très nombreux auteurs qui ont utilisé la même idee n'en ont créé que des variantes. Spencer est le vrai père de la conception initiale, si féconde comme on le verra].

[2] On peut se faire une idée approximative de leur constitution en partant de la *protéine* qui est elle-même une des substances chimiques les plus compliquées. On sait que le terme de Protéine s'applique à un nombre considérable, un millier peut-être de substances isomères, c'est-à-dire différant entre elles, non par la nature ni le nombre de leurs atomes, mais par leur groupement. D'autre part, certains corps tels que le soufre pentatomique, le phospore hexatomique, peuvent grouper autour d'un seul de leurs atomes, l'un cinq, l'autre six molécules de protéine. On voit comme il serait facile d'en relier un plus grand nombre. L'*Unité physiologique* doit être un groupement de ce genre, un ensemble formé par des molécules de diverses sortes de protéines reliées entre elles par une ou plusieurs molécules d'ordre différent. Les molécules protéiques initiales étant très variées, et leur arrangement entrant en ligne de compte ainsi que leur nombre, le nombre des combinaisons, c'est-à-dire des Unités physiologiques différentes possibles, est extrêmement considérable et, pratiquement, infini.

qu'une substance qui cristallise en prisme droit ne peut pas faire un prisme légèrement oblique ou à faces pas tout à fait parallèles. Les Unités physiologiques sont aussi douées d'une polarité, mais plus délicate, c'est-à-dire exigeant pour se manifester le concours de circonstances plus précises, plus complexe en ce qu'elle donne naissance à des formes beaucoup plus compliquées, et moins énergique car elle permet à certaines forces incidentes de modifier quelque peu l'édifice moléculaire sans le détruire et de produire ainsi des changements dans la polarité des particules et par suite dans la forme qui résulte de leur groupement[1].

A cela près, la ressemblance est parfaite entre la polarité chimique qui cause la cristallisation et celle des Unités physiologiques qui produit la forme des organismes. Dans un cas, les molécules chimiques se groupent de manière à former un agrégat, de forme définie mais simple, cube, prisme, rhomboèdre, avec leurs composés en trémies, aiguilles, croix de Saint-André, boules épineuses, etc. Dans l'autre, les Unités s'agrègent en un corps de forme moins rigoureusement définie, mais qui peut être très compliquée : telle qu'une plante ou un animal. De même que chaque molécule chimique reproduit toujours une même forme cristalline, de même l'Unité physiologique d'une espèce donnée reproduira toujours cette espèce. Il suffit que les Unités se trouvent en nombre suffisant et dans des conditions où leurs propriétés puissent s'exercer normalement pour que, du seul jeu de leurs attractions réciproques, résulte la forme organique à laquelle elles appartiennent. Un arbre a des feuilles, des branches, des racines, un Mammifère a des poils, des pattes, des viscères de forme données, comme un cristal a des faces, des pointes, des angles de valeurs données et liées entre elles par des relations fixes. Ce Vertébré a tel membre à telle place et fait de telle façon, comme ce cristal a ici telle pointe de telle forme, parce que si ce membre ou cette pointe n'existaient pas, il y aurait des affinités non saturées, des forces polaires en tension; et comme il y a eu à portée, au moment de la formation, ici des molécules chimiques, là des Unités physiologiques, ces molécules ou ces Unités se sont portées là où elles étaient attirées et s'y sont arrangées, par le simple jeu des forces polaires réciproques, de manière à former là ce membre, ici cette pointe de cristal.

[1] Ce point a une grande importance, car il permet de compter seulement autant d'espèces fondamentales d'unités qu'il y a de races d'êtres vivants, sans obliger à les multiplier autant qu'il y a de variétés individuelles.

La Différenciation cellulaire. — Les Unités d'un même individu ou d'une même race animale ou végétale sont toutes de même espèce, puisqu'elles sont toutes identiques sous le rapport de la polarité, que toutes tendent à se grouper dans la forme caractéristique de cette race, à cristalliser dans la forme d'un Ane ou d'un Cheval, d'un Chêne-liège ou d'un Chêne vert. Elles diffèrent cependant par des caractères secondaires et sont d'autant de sortes que l'exigent les nécessités de la différenciation histologique. Si elles étaient toutes absolument identiques, elles ne pourraient former ici des muscles, là de l'os, ailleurs du tissu nerveux, ici du parenchyme foliaire, ailleurs des fibres ligneuses. Elles diffèrent les unes des autres à la manière de solutions salines différentes cristallisant dans une forme identique qui, sans avoir les mêmes propriétés chimiques, peuvent s'associer pour former un même cristal. La différenciation histologique dépend de ces différences secondaires. Mais, sous le rapport de la différenciation anatomique, toutes les Unités sont équivalentes. Si on les changeait de place, si on mettait devant celles qui sont derrière, en haut celles qui sont en bas, si on les faisait passer du foie au cœur, de la tête aux membres, la forme du corps et l'arrangement de ses plus minimes parties n'en serait pas troublé; et si l'on prenait soin de replacer chaque sorte dans la variété du tissu qui lui appartient, il n'y aurait rien de changé dans la constitution histologique des parties [1].

L'Ontogénèse. — Mais, si les forces polaires d'une sorte donnée d'Unité physiologique sont telles qu'elles produisent nécessairement un agrégat de la forme correspondant à leur espèce, comment se fait-il que pendant l'embryogénèse, l'être revête d'abord des formes tout autres? Sans parler des faits de métamorphose, pourquoi la tête, le corps, sont-ils, à leur première apparition chez l'embryon, si différents de ce qu'ils seront plus tard dans leur forme et leurs proportions relatives?

Cela tient à ce que la forme de l'organisme complètement développé est le résultat des attractions réciproques de *l'ensemble* des Unités qui le composent et si le nombre de ces Unités est au-dessous d'un certain minimum, la forme voulue ne peut pas être réalisée. — Traitons la question par l'absurde. Il est évident que deux Unités ne peuvent se grouper de manière à produire une forme humaine même aussi réduite

[1] [Spencer insiste fort peu sur ces différences entre les Unités d'un même individu. Il ne les invoque qu'au moment où elles lui deviennent nécessaires pour expliquer la Différenciation histologique.

[L'identité de polarité est le caractère essentiel.]

que l'on voudra. Elles prendront une disposition résultant de leurs attractions polaires, mais qui ne pourra être qu'une juxtaposition. Dix, cent, mille, un million d'Unités se grouperont en agrégats de plus en plus compliqués, mais seront tout aussi incapables de produire la forme spécifique. Avec 1/100, 1/10, 1/4, du nombre définitif des Unités, on s'approchera toujours davantage de la forme spécifique et on finira par l'atteindre. Mais il est évident qu'un certain nombre minimum, certainement très considérable, est nécessaire pour cela. De là résulte que, pendant le développement, l'organisme est obligé de revêtir une série de formes provisoires qui sont, à chaque instant, le résultat légitime des forces polaires des Unités mises en présence, mais qui sont d'autant plus éloignées de la forme définitive que le nombre d'Unités est plus inférieur au nombre normal.

Dans ces formes transitoires, les forces polaires ne sont pas saturées; elles restent capables d'attirer des Unités nouvelles qui modifient profondément la forme de l'agrégat; tandis que, lorsque le nombre normal d'Unités est atteint, l'état de saturation approche, l'équilibre mobile s'établit peu à peu et, si de nouvelles Unités peuvent encore s'ajouter aux anciennes (comme lorsqu'un animal adulte engraisse par exemple), elles ne produisent plus que des modifications d'ordre secondaire. Les transformations que subit l'organisme depuis la naissance jusqu'à l'âge adulte ne sont qu'une continuation de l'embryogénèse et sont justiciables de la même explication[1].

Mais était-il besoin d'imaginer une troisième sorte d'Unité qui, malgré tout, reste hypothétique, quand on avait d'une part les molécules chimiques, hypothétiques sans doute, mais bien solidement établies et admises

[1] [Cette théorie (dont j'ai d'ailleurs profondément modifié l'exposition tout en respectant l'idée) ne donne pas d'explication du parallélisme de l'Ontogénie et de la Phylogénie. On admet que si, à un moment donné, la larve de la Grenouille a une queue et des branchies externes c'est qu'elle copie la forme d'un ancêtre pérennibranche des Anoures. Dans la théorie de Spencer, cela ne peut résulter que du fait que ses Unités seraient semblables à ce moment à celles de cet ancêtre, car il n'y a aucune raison pour que la polarité incomplètement satisfaite des unités de la Grenouille produise le même effet que la polarité totale d'une sorte d'Unité différemment constituée. Ces faits de parallélisme montrent que ce qui se développe d'abord est quelque chose de semblable à ce qui s'est développé dans la forme ancestrale et qu'il s'ajoute ensuite quelque chose, resté inactif jusque-là, qui continue le développement. Les Unités physiologiques ne répondent pas à cette nécessité. Spencer pense peut-être que ce sont les Unités ancestrales présentes dans l'œuf fécondé qui se développent les premières et que les autres n'arrivent à maturité que successivement dans l'ordre d'ancienneté décroissante. Mais il n'en dit rien.]

par tout le monde, et d'autre part les cellules que l'on voit au microscope?

Oui certainement.

Les molécules chimiques ne pourraient remplir la fonction attribuée aux unités physiologiques, car elles sont à peu près les mêmes chez tous les êtres vivants et, si la forme des organismes résultait de la polarité de ces molécules, sa variété presque infinie serait inexplicable.

Les unités morphologiques, les cellules, ne pourraient pas non plus rendre compte des faits; car elles mêmes ne sont pas de simples masses de substance chimique. Elles ont une forme qui résulte déjà d'un arrangement régulier de particules. Or, d'après ce que nous venons de montrer, ce ne peuvent être les molécules chimiques qui, par leur polarité, se groupent directement en cellules, car la forme et les propriétés des cellules sont bien plus variées que leur composition chimique[1]. D'autre part, on ne trouve pas partout des cellules à l'origine des tissus en évolution. Dans bien des cas, un tissu fibreux prend naissance dans un blastème sans structure et certains animaux, tels que les Rhizopodes, ne sont pas formés de cellules et cependant s'accroissent, se reproduisent et lèguent à leur progéniture diverses particularités spécifiques[2].

Cette conception de la constitution des organismes permet d'expliquer la réparation de l'usure et la régénération des parties coupées.

La réparation de l'usure. — Lorsque, par suite de son fonctionnement, un organe a transformé une partie de sa substance en produits usés et subi une diminution par suite de l'élimination de ces produits, on sait que, par le repos, il revient à son état primitif. Les Unités soustraites ont donc été remplacées par d'autres. Pour cela les unités restantes ont attiré à elles les matériaux assimilables introduits dans le corps par la

[1] [Le vice de l'argument saute aux yeux. Les Unités physiologiques ne sont que des molécules chimiques plus compliquées que les autres et, telles qu'il les définit, tout chimiste les appellera des molécules chimiques. Il ne leur attribue, en effet, aucune propriété distincte *par sa nature* de celles des molécules chimiques. Il n'y a que des différences de degré. Leur polarité est, de son aveu même, de même ordre que celle des substances qui cristallisent. Weismann a su éviter cet écueil en leur donnant des propriétés que n'ont point les substances purement chimiques, la nutrition et l'accroissement, c'est-à-dire le pouvoir de transformer des substances analogues en substance identique à la leur et de se reproduire par scission].

[2] [On sait aujourd'hui que cela n'est pas exact. Il n'y a pas de cellules se formant dans un blastème et les Protistes sans noyaux, les Monères, deviennent de jour en jour moins nombreux par le fait qu'une étude plus attentive leur fait découvrir un noyau. Tout récemment, BÜTSCHLI (90_1) a trouvé un noyau aux Bactéries].

nutrition et ont transformé ces substances amorphes en Unités organisées semblables à elles-mêmes[1].

D'ailleurs, l'observation banale nous met sous les yeux le fait lui-même. Lorsqu'un tissu se répare il forme au moyen des matériaux nutritifs une substance nouvelle identique à la sienne et l'explication ne fait que transporter aux Unités ce que nous savons de l'ensemble de leur masse.

La Régénération. — Lorsqu'une partie excisée se régénère, comme la queue d'un Lézard ou la patte d'un Crabe, les Unités situées à la surface de la plaie attirent, comme pour la réparation de l'usure, des substances nutritives et les transforment en Unités nouvelles qui seront les matériaux de la réparation; et ces Unités, par suite de leur polarité identique chez toutes, se disposeront de manière à reproduire la forme de l'organe, comme des molécules d'une solution mère se déposent sur un cristal ébréché et réparent la lésion quelle que soit sa forme. Chaque sorte d'Unité se dépose là où est le tissu qu'elle doit former[2].

La conception des Unités physiologiques permet aussi d'expliquer un certain nombre de faits biologiques, en particulier de la Reproduction, l'Hérédité, la Variation, etc.

La Reproduction asexuelle et sexuelle. — Tout agrégat tend vers un état d'équilibre. Les substances inorganiques elles-mêmes subissent cette loi : le fer amorphe cristallise à la longue sous l'influence des changements de température, des vibrations, etc. La substance organisée moins stable, plus plastique, ne saurait donc y échapper. Tant qu'il est jeune, l'être vivant est encore éloigné de cet équilibre final[3]. Il y a en lui un

[1] Une pareille transformation n'est pas un phénomène sans précédent. Après la vaccination, le sang et les cellules du corps deviennent insensibles au virus variolique. Cette immunité dure longtemps après que la substance vaccinante a été éliminée; les nouvelles cellules qui se forment sont pendant longtemps douées de la même immunité que les anciennes; elles sont donc formées suivant un type nouveau et à l'image de celles qui ont subi directement la modification vaccinale.

[2] [Nous renvoyons pour les observations que suscite cette idée à la critique générale qui suit l'exposé de la théorie.]

[3] [Ces propositions générales ne prouvent rien. Elles sont impuissantes, comme est toujours la déduction, qui ne donne de vrai que ce qu'on y a mis. La proposition générale serait-elle vraie, qu'elle ne prouverait rien, car elle ne dit rien du moment où l'équilibre est atteint. On pourrait aussi bien dire que l'équilibre n'est atteint qu'à la mort, ou à la décomposition du corps en produits inorganiques ou même à l'époque où l'univers entier sera mort par l'uniformisation de tous ses mouvements vibratoires. C'est seulement la discussion des faits qui peut répondre quelque chose au sujet du moment où sera atteint le genre d'équilibre dont nous parlons ici. Or les faits sont très discutables. Il y a beaucoup

excès considérable de l'assimilation sur la dépense, grâce auquel il s'accroît rapidement; tous ses tissus sont ainsi maintenus dans un état de mobilité qui est le contraire de l'équilibre. Aussi, à ce moment, tout groupe de cellules non engagé dans une différenciation spéciale sera apte à reproduire l'organisme par voie agame. Mais à mesure qu'il approche de l'âge adulte, il s'achemine lentement vers un état où il y aura équivalence entre les entrées et les sorties, et dès lors il n'y aura plus de quoi faire les frais de ces poussées de croissance nouvelle qui constituent la reproduction agame.

Ce ralentissement nutritif entraîne un ralentissement moléculaire intérieur qui a pour conséquence la formation des produits sexuels. — L'observation démontre qu'il y a une coïncidence remarquable entre le ralentissement nutritif et la formation de ces produits, ce qui autorise à considérer la seconde comme la conséquence du premier[1].

Donc, au moment où les organes sexuels se développent, les Unités sont arrivées (à peu de chose près dans les autres tissus et tout à

d'exceptions. De nombreux êtres grandissent et bourgeonnent énormément après avoir atteint le moment où ils peuvent se reproduire et mènent de front les trois phénomènes : accroissement, bourgeonnement et reproduction sexuelle. Cela montre que la proposition ne contient qu'une part de vérité, que par conséquent elle n'est qu'un facies de quelque autre proposition, plus générale, qui reste à trouver.

[Enfin on ne voit pas du tout par quel mécanisme l'équilibre nutritif sollicité fait naître un besoin auquel il est répondu par la formation de produits aptes à se fondre ensemble par la fécondation].

[1] Les plantes portent souvent leurs fleurs à l'extrémité des ramuscules latéraux les plus grêles. Le raccourcissement des entre-nœuds, la réduction des feuilles en bractées, sépales, pétales, dépourvus de bourgeons axillaires, la forme surbaissée de l'extrémité de l'axe qui forme le réceptacle floral sont l'indice du ralentissement nutritif local qui aboutit à la formation des cellules sexuelles. Quand un arbre est dans un terrain trop riche, il ne donne souvent pas de fruits, tous ses bourgeons sont des bourgeons *à bois* et c'est en le faisant souffrir dans sa nutrition par section des racines, mise en pot, incisions circulaires, etc., qu'on le force à porter des fruits. Chez les Pucerons, les formes sexuées ne commencent à se montrer que quand la saison devient mauvaise. Le *Parr,* jeune Saumon mâle, atteint, avant d'aller à la mer, la taille de la truite et prend de la laitance. Il semble que s'il restait dans ces conditions, ce serait pour lui l'état adulte. Mais il descend à la mer, y trouve une nourriture plus abondante, des conditions de vie plus larges, et subit de ce fait cette vigoureuse impulsion de croissance qui fait de lui l'énorme Poisson qu e l'on sait. Or lorsqu'il remonte les rivières à l'état de jeune saumon, moins gros que le Saumon adulte mais plus gros que le Parr, il n'a pas de laitance.

Il serait facile de multiplier ces exemples.

fait dans les cellules sexuelles), à un état d'équilibre stable qu'une nutrition exubérante ne vient plus troubler et sont trop fortement retenues par leurs attractions polaires réciproques pour que les forces incidentes ordinaires puissent les lancer dans une nouvelle voie de réarrangements. Mais, par le fait de la fécondation, les Unités de la cellule mâle pénètrent dans la cellule femelle, et se mêlent aux Unités de celle-ci : et, étant légèrement différentes, forment avec elles un agrégat nouveau qui n'est plus en état d'équilibre moléculaire et réalise de nouveau les conditions nécessaires pour une nutrition rapide et une croissance active pendant une période d'une certaine durée. Voilà pourquoi la reproduction sexuelle est une sorte de *rajeunissement*, une source de forces nouvelles. La réalisation d'une constitution moléculaire plus hétérogène, la substitution de cet état de non-équilibre actif à l'équilibre inerte précédent, sont la raison d'être et le but de la reproduction sexuelle[1].

Il résulte de là que ce qui est essentiel dans la fécondation, c'est la disparité des éléments qui se conjuguent et, plus cette disparité est grande (dans les limites du possible), plus le produit est vigoureux[2]. Cependant l'autofécondation est possible grâce à une légère différence entre les produits sexuels d'un même organisme au même moment. Nous expliquerons plus loin (p. 435 et suiv.) l'origine de cette différence ; contentons-nous pour le moment de démontrer son existence.

Les ovules d'une même Chienne, pris au même moment, de même que les spermatozoïdes contenus en même temps dans les vésicules séminales d'un même Chien, ne sont pas identiques entre eux, car cette Chienne, couverte par ce Chien, donnera une portée de petits qui pourront présenter dès leur naissance des différences très sensibles. On est donc autorisé à croire que les ovules et grains de pollen contenus dans une même fleur hermaphrodite peuvent différer assez sous le rapport de leurs Unités physiologiques pour que ceux-ci créent, par leur union avec ceux-là, une hétérogénéité suffisante pour que la fécondation ait lieu.

[1] [Tout cela est affirmation gratuite, contraire à un grand nombre de faits et, si on va au fond des choses, dénué de sens précis. Les faits de Parthénogénèse, de Pœdogénèse, de coïncidence d'une multiplication sexuelle active et d'un accroissement vigoureux sont innombrables et en contradiction formelle avec cette pseudo-explication].

[2] [Cela est vrai peut-être, mais ne prouve nullement que ce soit pour la raison invoquée.]

Mais l'autofécondation ne saurait continuer indéfiniment dans une même lignée [1].

Cela tient à ce que les différences individuelles entre les Unités d'un même organisme vont en s'atténuant sans cesse à mesure que le nombre des générations agames augmente et qu'à la fin, leur différence n'est plus suffisante pour que leur union soit fertile [2]. En effet, si les forces polaires des Unités régissent la forme des organismes, réciproquement les forces générales de l'organisme influent sur la constitution des Unités. Les Unités sont, lentement mais continuellement, remodelées et celles qui étaient quelque peu différentes finissent par se ressembler [3].

La Consanguinité. — Les effets de la consanguinité dans les mariages résultent de la même cause. Mais il faut remarquer que les deux conjoints peuvent avoir hérité de leurs ancêtres communs des constitutions très semblables ou très différentes, selon les hasards de l'élection héréditaire. Cela explique la très grande discordance des résultats de ces mariages.

L'Hérédité. — Le fait fondamental de l'Hérédité est que chaque espèce animale ou végétale produit des rejetons appartenant au même type spécifique et portant tous ses caractères. Dans un sens plus étroit, Hérédité signifie reproduction par le rejeton des caractères individuels des parents.

[1] On rencontre fréquemment chez les êtres hermaphrodites des dispositions anatomiques ou physiologiques qui empêchent l'autofécondation. Ici les étamines sont plus courtes que le style, ou plus longues si la fleur est renversée; ailleurs les produits sexuels ne sont pas mûrs en même temps, et nulle part, ainsi que le fait remarquer Huxley, les conditions ne sont telles que l'intervention, au moins accidentelle, d'un mâle étranger soit impossible.

[2] [L'exemple de la Pomme de terre et de la Vigne montre combien cela est faux. Ces plantes, malgré le nombre immense de leurs générations agames restent autofécondables. Cependant, pour ne parler que du cas le moins ancien, les ovules et le pollen d'un pied de Pomme de terre sont soumis depuis plus de cent ans à l'influence unique d'un même individu sans cesse reproduit par bouture].

[3] [Il y a là contradiction avec l'affirmation de l'auteur que les cellules sexuelles, supposées identiques, d'un même individu deviennent nécessairement différentes par le seul fait qu'étant placées en des points différents de l'organisme elles subissent l'action de forces incidentes différentes, telle qu'une circulation plus ou moins active, une nutrition plus ou moins intense. Ces différences existent toujours et puisqu'elles ont suffi à créer le degré d'hétérogénéité nécessaire, elles suffiront à le maintenir. Spencer peut échapper à cette difficulté en disant que, dans la production de la différence entre les produits sexuels il a fait intervenir deux causes : 1° celle que je mentionne ; 2° la dissemblance entre les Unités physiologiques provenant d'ancêtres différents. Cette dissemblance s'atténuerait dans les Unités vivant longtemps côte à côte dans un même organisme. J'appelle cela jongler avec les causes et les faire intervenir selon les besoins de sa théorie].

Ces deux sortes de transmissions héréditaires s'expliquent simultanément par l'hypothèse des Unités physiologiques. Les produits sexuels ne sont au fond que des vésicules portant de petits groupes d'Unités dans un état convenable pour obéir à leur penchant à s'arranger suivant la même disposition que chez le parent. Pour tous les caractères de classe, d'ordre, de genre, d'espèce, cet arrangement était le même chez les deux parents et les deux groupes d'Unités du père et de la mère concourent à le produire. Mais pour les caractères individuels ils travaillent en opposition l'un avec l'autre, et le rejeton présente un mélange des caractères des deux parents [1]. Si l'un des deux parents présentait quelqu'une de ces particularités dites spontanées, qui sont une dérogation au type spécifique, c'est qu'il provenait d'Unités quelque peu différentes de celles de l'espèce; il transmettra ses Unités aberrantes au rejeton et celui tendra à reproduire le caractère anormal.

La transmission des particularités acquises et des effets de l'usage et de la désuétude est moins facile à comprendre. De nombreux faits cependant montrent qu'elle existe [2].

Ces cas sont difficiles à expliquer car on ne voit pas comment la modification acquise se répercute sur les Unités physiologiques. Cependant le principe de la conservation de l'énergie exige que cette répercussion existe. Un organisme vivant est un ensemble dont toutes les parties vibrent quand une d'elles est ébranlée et la fonction reproductrice ne saurait pas plus rester intacte lorsqu'on a modifié une autre fonction que le système solaire ne saurait conserver les mêmes mouvements si un de ses astres était dérangé de sa trajectoire. Si l'individu A a été modifié

[1] [Nous trouvons là énoncée clairement l'idée utilisée par WEISMANN (92_2) sous le nom de lutte des *Ides* et des *Déterminants homologues*.]

[2] [L'auteur cite ici divers faits que nous avons pour la plupart exposés et discutés au chapitre de l'hérédité des caractères acquis. Il mentionne en particulier les enfants qui, dans les classes ouvrières, naissent avec des mains plus grosses que dans les classes aisées (WALKER); la myopie fréquemment héréditaire chez les nations civilisées et surtout chez les peuples les plus adonnés à l'étude; les animaux aveugles des cavernes qui n'ont pu perdre leurs yeux que par suite d'un long défaut d'usage, la conservation de ces organes n'ayant pu leur nuire; le Canard domestique dont les os de l'aile pèsent moins et ceux de la cuisse plus que chez le Canard sauvage (DARWIN); les Vaches et les Chèvres qui ont les mamelles beaucoup plus développées dans les pays où on les trait habituellement; les grands musiciens dont la généalogie montre que le sentiment musical est héréditaire bien que la Sélection n'ai joué aucun rôle pour le majorer dans leurs familles; enfin les Cobayes épileptiques de Brown-Sequard.]

en A', il est impossible que ses rejetons soient les mêmes que s'il était resté A. Si « d'une part les unités physiologiques se disposent en vertu de leurs propriétés polaires spéciales pour former un organisme d'une structure spéciale, d'autre part aussi, si la structure de cet organisme est modifiée par la fonction modifiée, elle imprimera une modification correspondante aux structures et aux propriétés polaires de ses unités. Les unités et l'agrégat doivent agir et réagir l'un sur l'autre. Les forces exercées par chaque unité sur l'agrégat doivent toujours tendre vers un état d'équilibre. Si rien ne s'y oppose, les unités modèleront les agrégats sous une forme en équilibre avec leurs propriétés polaires préexistantes. Au contraire, si des actions incidentes font prendre à l'agrégat une nouvelle forme, ses forces doivent tendre à remodeler les unités d'une façon harmonique à cette nouvelle forme. Mais, dire que les unités physiologiques sont, à quelque degré que ce soit, remodelées de telle sorte qu'elles aient leurs forces polaires en équilibre avec celles de l'agrégat modifié, c'est dire que ces unités, lorsqu'elles seront séparées sous forme de centres de reproduction tendront à s'édifier en un agrégat modifié dans la même direction [vol. I, p. 311][1] ». Comment s'étonner de cette influence à distance de chaque unité sur toutes les autres quand on pense que la force qui retient dans son orbite la terre lancée suivant la tangente avec une vitesse vertigineuse, est une attraction s'exerçant réciproquement à 91.000.000 de milles entre chaque molécule du soleil et chaque molécule de la terre[1].

[1] [J'ai tenu à citer pour être bien sûr de ne pas atténuer la force des arguments ou altérer leur signification. Il est facile de voir qu'ici encore le principe général ne prouve rien pour le cas particulier. La loi de la conservation de la force exige seulement que les forces mises en œuvre par la modification somatique produisent quelque part des effets équivalents, mais ces effets peuvent très bien ne pas s'appliquer aux cellules sexuelles sans que le principe soit violé. Admettons qu'en raison de la solidarité harmonique des fonctions, ces effets se répercutent sur les organes reproducteurs. Il n'y a aucune raison pour qu'ils produisent sur leurs Unités destinées à la reproduction le remodelage précisément nécessaire pour que la modification initiale se reproduise à la génération suivante. Dire que l'organisme modifié, modifiera les Unités d'une façon harmonique telle que celles-ci reproduiront la modification somatique, c'est avancer ce que l'on ne sait pas et tirer du principe mécanique de la conservation de l'énergie beaucoup plus qu'il ne contient. Un violon est aussi un agrégat dont toutes les parties sont solidaires. On ne peut modifier la tension d'une corde sans faire varier quelque peu la tension de toutes les autres. Cependant si deux cordes se sont détendues vous ne pourrez jamais accorder la seconde en retendant seulement la première. Le principe de la conservation de la force n'est pourtant pas mis en défaut. La tension de la pre-

La Variation. — Les individus d'une même espèce fussent-ils, à un moment donné, identiques qu'en raison du *Principe de l'instabilité de l'homogène,* il s'établirait peu à peu des différences entre eux, par le seul fait que, occupant des points différents de l'espace, ils sont soumis à des forces incidentes non identiques [1]. Dire que, malgré cela, ils pourraient ne pas varier serait dire que des causes différentes agissant sur des objets identiques peuvent avoir des effets identiques; ce serait nier implicitement la persistance de la force.

Mais cela ne nous dit pas comment se produit la variation.

Les changements dans les conditions de vie ont pour conséquence une modification dans certaines fonctions et, comme toutes les fonctions sont solidaires dans cet ensemble harmonique qui constitue un être vivant, la fonction reproductrice est finalement influencée comme les autres. On peut dire encore que le changement dans la fonction modifie l'organe et que la modification de l'organe directement influencé se répercute sur les Unités du reste du corps et en particulier sur celles qui s'emmagasinent dans les cellules sexuelles pour les besoins de la reproduction [1].

En vertu du même principe, il doit y avoir une différence entre les produits sexuels d'un même individu, non seulement aux époques successives de sa vie, mais encore au même moment [2].

Cette différence peut s'exprimer entre autres, par une variation dans le nombre des Unités physiologiques qu'elles reçoivent pour les utiliser

miére corde a modifié les tensions de toutes les autres et a quelque peu changé leur son, mais au lieu de tendre la seconde et de lui faire rendre le son juste, elle l'a, au contraire, un peu détendue en rapprochant ses points d'attache et a un peu plus faussé le son. On voit combien est abusive et dangereuse cette application des grandes lois simples à des phénomènes aussi compliqués et où mille autres choses interviennent.]

[1] [Ici encore la déduction est sans valeur. Le principe de la conservation de l'énergie ne dit nullement que l'énergie doit se dépenser ici plutôt que là, et les organes reproducteurs peuvent rester invariables au milieu des variations du reste. On pourrait appliquer tout le raisonnement de l'auteur presque dans les mêmes termes pour démontrer qu'un chronomètre à balancier corrigé pour les températures doit marcher plus vite en hiver qu'en été.]

[2] D'une part, en effet, la variation subie par l'individu au cours de sa vie doit retentir sur ses produits sexuels. C'est pour cela que deux frères d'âge différent se ressemblent toujours moins que deux jumeaux.

D'autre part, les cellules sexuelles qui mûrissent au même moment dans un même organisme, par le seul fait qu'elles occupent des places différentes dans la glande génitale, ne sont pas soumises à des forces incidentes identiques, (c'est-à-dire, ici, que les courants nerveux qui les influencent, l'intensité du mouvement nutritif autour d'elles, ne sont pas rigoureusement identiques), elles doivent différer entre elles.

dans la reproduction et les conséquences de cette variation ne seront pas négligeables. Les œufs, fécondés au même moment, se trouveront ainsi être des mélanges à proportions variables des Unités du père et de la mère, et cette différence originelle, en se multipliant pendant l'ontogénèse, pourra arriver à produire des différences importantes dans les rejetons. Les petits d'une même portée ou les plantes issues des graines d'un même fruit pourront donc, de ce fait, différer entre eux en présentant un mélange où les caractères des deux parents pourront se combiner dans les divers organes de la manière la plus variée.

Ces causes ne suffiraient cependant pas à expliquer les variations dites spontanées, où le caractère nouvellement apparu ne dérive pas d'une combinaison de ceux des parents, comme cela se rencontre souvent chez les Chiens, par exemple, dans les produits d'une même portée. Ici intervient une cause nouvelle, d'importance capitale, qui influe sur la nature même des Unités renfermées dans les cellules sexuelles.

Le rejeton, avons-nous vu, possède les Unités physiologiques de ses deux parents. Mais ceux-ci provenaient eux-mêmes de deux grands parents qui leur avaient légué à chacun deux sortes d'Unités. C'est donc quatre sortes d'Unités qui se trouveront dans le produit de la génération actuelle, par le seul fait qu'il a quatre grands-parents. On voit immédiatement que le raisonnement peut se continuer de la sorte et qu'en définitive chaque individu, au lieu d'être composé d'une seule sorte d'Unité physiologique comme nous l'avions supposé au début, renferme, au contraire, celles d'un grand nombre d'ancêtres à forces polaires légèrement différentes, opposées ou concordantes entre elles et à tous les degrés. Ces Unités s'amasseront en proportion variable dans les diverses cellules sexuelles et on voit qu'il y a là une source inépuisable de variation pour les produits.

Dans la plupart des cas cependant, d'après la loi des probabilités, ces influences multiples se neutraliseront et les différents rejetons, malgré la différence des Unités physiologiques qui ont concouru à les déterminer, seront à peu près semblables entre eux. Mais, de temps en temps, il se formera des combinaisons spéciales qui donneront naissance à un individu présentant un caractère exceptionnel plus ou moins marqué. Telle est la cause de la variation dite spontanée. Son existence et son degré de fréquence, ou plutôt de rareté, se trouvent ainsi expliquées du même coup[1].

[1] [Il s'en faut de peu que Spencer n'arrive à la conception des *Plasmas ancestraux* de Weismann. Il donne à ses Unités héritées la même valeur que Weismann à

Si la génération sexuelle est une cause de variation en ce que de deux types individuels elle en fait naître un troisième tenant de l'un et de l'autre en proportions variables, d'autre part, elle est aussi une cause du maintien des caractères spécifiques, car elle dissipe en les fondant les unes dans les autres les variations individuelles qui, sans elle, iraient en s'accentuant et divergeant de plus en plus [2].

Critique.

Cette théorie est hardie et puissante. Elle n'a pu sortir que du cerveau d'un profond penseur. L'idée des *Unités physiologiques*, essentiellement différentes des particules indestructibles de Buffon, est, dans ce qu'elle a de général, une des plus heureuses et des plus fécondes qui soient, et l'emploi qu'en fait Spencer pour expliquer nombre de faits biologiques généraux est vraiment remarquable. Il ne faut pas oublier que son système est antérieur à la Pangénèse de Darwin et à tous ceux des auteurs modernes les plus en renom. En les étudiant on s'aperçoit que tous, y compris Darwin, ont subi l'influence du philosophe anglais. Spencer a

ses *Ahnenplasmen*, car il dit (t. I, p. 326 de la trad. franç.) : « tel germe portant le « cachet d'un ancêtre maternel ou pa- « ternel et tel autre celui d'un autre « ancêtre ». Mais il ne suit pas cette idée et semble conclure seulement que toutes ces polarités se fondent en une polarité résultante unique où les caractères spéciaux disparaissent. Il conserve bien l'influence séparée des deux parents immédiats mais ne va pas au delà jusqu'à l'Atavisme auquel d'ailleurs il ne croit pas. Cette manière de voir découle d'ailleurs du fait que Spencer croit que les Unités sont sans cesse remaniées, remodelées par les influences de l'organisme, tandis que, pour Weisman, les Plasmas ancestraux sont immuables, et restent indéfiniment capables d'exprimer le caractère contenu en eux.

[L'idée de la combinaison des Unités ancestrales comme cause de variation est aussi beaucoup moins fertile entre ses mains que celles des plasmas entre celles de Weisman, parce qu'il n'a pas connu les globules polaires et conçu l'idée de la division réductrice. Spencer se trompe d'ailleurs quand il attribue, en somme, à la Réversion toute variation spontanée. Nous avons montré que de nombreuses variations spontanées introduisaient des caractères vraiment nouveaux.]

[2] [On a séparé aujourd'hui sous le nom de *Panmixie* cette influence que Spencer définit assez nettement et qui est un des effets moins de la Génération sexuelle en elle-même que de l'absence de Sélection dans l'union des procréateurs.

[Spencer traite dans son livre plusieurs autres questions que d'autres théoriciens, DARWIN, WEISMANN résolvent à l'aide d'unités hypothétiques analogues aux siennes. Mais il les résout en elles-mêmes, sans se servir de ses Unités physiologiques, en s'appuyant sur les formules générales de ses *Premiers principes* et par les procédés de mécanique métaphysique qui lui sont habituels.

[Nous n'avons pas à nous en occuper ici].

ouvert un large sillon et la plupart de ceux qui sont venus après lui n'ont fait que le creuser et le rectifier.

Aussi combien on regrette de voir cette idée géniale viciée à chaque instant, dans son application, par les habitudes d'esprit du philosophe métaphysicien, de voir s'envoler dans des raisonnements sans valeur une puissance cérébrale qui, maintenue attachée aux faits, eût pu enfanter de si beaux produits.

Nous avons montré plusieurs fois, dans les notes, le vice général du raisonnement habituel. Spencer établit par quelques exemples une formule, vraie pour un certain nombre de faits, et qu'il pose comme tout à fait générale; puis il en tire des conclusions comme d'une proposition géométrique, c'est-à-dire s'appliquant à tous les cas sans exception. Naturellement les conclusions risquent d'être fausses, d'autant plus qu'il conclut souvent des faits du monde inorganique à ceux de la Biologie, quand c'est précisément à la frontière de ces deux catégories de phénomènes que la formule cesse de s'appliquer. Comment un esprit de cette trempe n'a-t-il pas vu qu'un raisonnement déductif n'a jamais rien démontré, qu'il n'y a dans les prémisses que ce que l'on y met et que l'on n'a le droit d'y mettre, que ce que l'on sait être vrai.

Jamais la Biologie ne tirera aucun parti de ces grandes formules sonores comme elle de l'*Instabilité de l'homogène* par exemple. Que signifie un tel principe : qu'un système homogène tend à être dérangé et rendu hétérogène par les forces incidentes. Soit! Mais qu'y a-t-il à tirer de là? Rien!

La variation, dit-il, est inévitable parce que tout système, même homogène, est instable. D'autre part, l'œuf non fécondé ne peut se développer parce que, étant homogène, il n'est pas assez instable : il lui faut le spermatozoïde pour diversifier sa substance, la rendre hétérogène, rompre son équilibre stable et donner le branle à l'évolution. Donc, dans un cas, l'effet se produit *malgré* l'homogénéité, dans un autre il ne peut se produire *à cause* de l'homogénéité. Tout dépend donc de la quantité, du degré d'homogénéité. Quel est le degré compatible avec la production d'un effet donné? Le principe ne le dit pas. C'est cependant la seule chose qui importe. La cause pour laquelle l'être varie ici *quoique* homogène, et pour laquelle l'œuf reste passif ailleurs, *parce que* homogène, reste tout entière à trouver.

On pourrait multiplier les exemples de ce genre.

L'idée fondamentale de la théorie est elle-même inadmissible. Spencer demande de trop grands effets à des causes trop minimes. Il admet que la forme totale de l'organisme, avec tous ses détails, résulte de la polarité des Unités. Or *polarité* signifie simplement force attractive dirigée d'une certaine façon. Une telle force ne peut varier qu'en grandeur, en direction et par son point d'application. Ces trois facteurs ne sont pas susceptibles de combinaisons bien variées. La variété des formes cristallines nous montre sans doute tout ce qu'on peut attendre d'eux. Supposons qu'intervienne en outre la forme que revêt l'agrégat à chaque instant de sa complication progressive. L'imagination se refuse à concevoir qu'il y ait là les éléments d'une variété de formes égale à la variété des organismes. Spencer lui-même est-il arrivé à se représenter, même par une image approchée, la différence initiale entre les Unités de deux espèces voisines qui ne se distinguent que par quelques minimes caractères apparaissant à la fin de leur ontogénèse?

Admettons que cela soit infirmité de notre imagination et ne prouve rien contre la possibilité de la chose. Voici une objection plus pressante.

On a vu comment Spencer explique les formes successives que revêt l'être vivant dans son ontogénèse. On comprend, en effet, que l'état d'équilibre de quelques centaines de particules puisse ne pas être le même que celui d'un nombre beaucoup plus grand, que l'œuf donne, en se segmentant, d'abord un morula, puis une gastrula, puis un embryon simple formé de quelques feuillets à peine repliés et non un *homunculus* microscopique. Mais on ne comprend pas du tout comment ces états d'équilibre successifs réalisent la formation d'organes provisoires parfaitement adaptés comme l'amnios, l'allantoïde, le placenta, les cotylédons, ou des formes larvaires parfois sans ressemblance aucune avec la forme finale comme le Pluteus de la Sacculine ou la Chenille du Papillon. C'est le caractère essentiel des forces de cristallisation de disposer immédiatement dans leurs arrangements définitifs les particules soumises à leur action. On les voit faire des cubes avant de former une *trémie,* parce qu'il faut plusieurs cubes pour faire une trémie, mais on ne les voit pas, lorsqu'il y a assez de cubes pour faire une trémie, produire d'abord un autre groupement avant d'arriver à celui-là. C'est pourtant ce qu'il faudrait qu'elles fissent pour former une Chenille avant de réaliser un Papillon qui n'est pas plus gros que celle-ci. Vouloir faire admettre que les forces attractives d'agrégats moléculaires aussi compliqués qu'on voudra suffisent à déterminer la réalisation, dans leurs états d'équilibre successif, de formes aussi différentes et aussi adaptées que la Chenille et le Papillon, c'est trop demander.

Des choses aussi compliquées ne sont réductibles à des éléments aussi simples que lorsqu'on arrive aux atomes et à leurs mouvements. Il y a là d'autres facteurs qui interviennent.

Pour expliquer l'évolution des Unités physiologiques, Spencer invoque l'Adaptation et l'Hérédité des modifications acquises et, pour faire comprendre ces dernières, il a recours au principe de la Conservation de l'énergie. C'est retomber dans le même abus que nous signalions en commençant cette critique. Le principe en question demande que la force incidente produise un effet équivalent, il n'exige pas que la modification porte sur l'élément sexuel, ni qu'elle soit précisément celle qui convient pour que cet élément modifié reproduise le caractère adataptif utile. Or c'est cela seul qui importe dans la question. Mais la variation elle-même n'a que faire de ce principe par lequel il prétend l'expliquer. Nous avons fait remarquer plus haut qu'un pendule compensateur bat la seconde par tous les temps et reçoit les variations de température sans que son mouvement en soit influencé. Cela ruine-t-il le principe de la conservation de l'énergie? Les espèces *pourraient* donc aussi, en dépit de ce principe, être réglées de manière à *compenser* les variations du milieu ambiant. L'observation montre qu'elles ne le sont pas, mais c'est se moquer que de prétendre le démontrer par le principe de la conservation de l'énergie ou par toute autre loi de même ordre.

En somme, la théorie de Spencer est belle et suggestive; elle est pleine d'idées et d'aperçus intéressants, elle résout à la rigueur le problème de l'Hérédité, mais elle est impuissante en face de celui de l'Évolution.

2. Particules devant leurs propriétés a leur forme géométrique et aux forces attractives dont elles sont douées.

HAACKE (1893)

Théorie des Gemmaires.

Spencer ne précise pas la nature de la polarité dans ses Unités physiologiques. Il la définit comme une force attractive, mais n'explique pas comment une simple attraction peut produire les groupements si variés des particules qu'elles entraînent. Haacke a cherché à le faire, en faisant intervenir la forme géométrique des particules. Il est évident que, si les deux masses qui s'attirent sont sphériques, elles pourront se joindre en n'importe quel point; si elles sont coniques, il n'y aura d'équilibre pour elles que si elles se joignent par la base ou par une génératrice; cubiques, elles seraient en équilibre par contact de deux faces quelconques, etc. Si au lieu de deux particules on en considère trois, cent, mille, les conditions d'équilibre deviendront plus multiples et plus compliquées, en sorte que l'on pourrait, à la rigueur, Spencer disait *soutenir que*, HAACKE dit *expliquer comment*, la forme d'un organisme compliqué peut dériver de celle de son élément constitutif.

Voyons s'il y a réussi.

Exposé.

Gemmes et Gemmaires. — Le protoplasma n'est pas amorphe, comme le croyaient les anciens auteurs. Il n'est pas non plus formé de particules ayant chacune une signification distincte et correspondant, soit à des parties d'organes, soit à des caractères, Gemmules, Pangènes ou Biophores, comme le croient divers auteurs modernes. Il a une structure, mais une structure *uniforme*. Il est composé de particules élémentaires d'une seule espèce, les *Gemmes*, sortes de cristaux organiques, ne différant guère des cristaux ordinaires, outre la complexité de leur composition chimique, que par la faculté de fixer des quantités d'eau variables. Ces Gemmes ont, chez tous les êtres vivants, une forme fondamentale semblable, celle d'un prisme droit à base rhombe. Mais cette forme est extrêmement, presque infiniment, variable dans le détail, en particulier dans la valeur des angles du losange de base; sauf les légères différences que nous aurons à indiquer plus loin, elle est la même chez tous les représentants d'une même espèce et dans toutes les parties de leur corps. Elle varie d'une espèce à l'autre. Elle est déterminée par la nature chimique du protoplasma qui les constitue.

Les Gemmes sont douées de forces attractives qui les réunissent en groupes définis, les *Gemmaires*. Elles s'associent soit par leurs bases en colonnettes de même forme qu'elles mais plus longues, soit par leurs faces latérales formant alors des prismes obliques à bases rectangulaires (fig. 26), dont

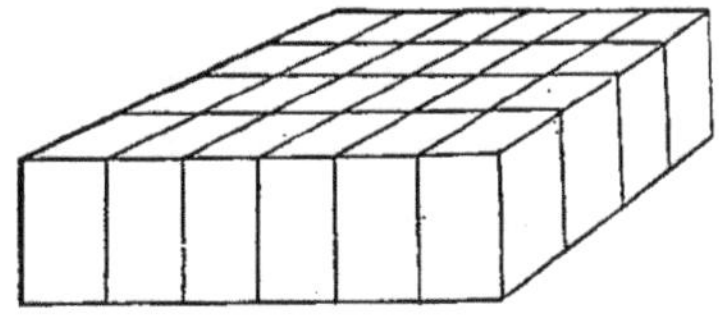

Fig. 26. — Figure schématique, montrant comment les Gemmes peuvent, en s'accollant par leurs faces, se grouper en prismes droits à base rhombe.

les bases sont formées d'une série de faces latérales de gemmes disposées suivant un plan. Ces deux modes d'union se combinent entre eux de façons extrêmement variées, d'où résulte une variété presque infinie dans la forme des Gemmaires, chacun caractéristique de l'espèce animale ou végétale à laquelle il appartient. Les faces des Gemmes constituant un Gemmaire ne sont pas en contact immédiat, une couche d'eau plus ou moins épaisse les sépare.

Gemmes et Gemmaires sont d'une petitesse extrême, et invisibles au microscope.

Conception de la cellule. — Dans la cellule, c'est le cytoplasma et non le noyau qui est la partie essentielle. Il se compose d'une sorte de plasma amorphe, le *sarcode,* simple milieu baignant les parties figurées et servant d'intermédiaire nutritif, et du plasma figuré composé de Gemmaires. Ceux-ci forment d'abord un amas localisé, le *centrosome,* vrai centre morphologique de la cellule, d'où partent des filaments qui rayonnent dans tout le cytoplasme et qui sont formées de files de Gemmaires. Dans le centrosome, ainsi que dans ces files, les Gemmaires ne sont pas engrénés par leurs angles sortants et rentrants en masses compactes. Ils sont associés en groupes déterminées par les attractions multiples qui s'exercent entre eux. Dans les espaces occupés par le sarcode, sont logés les organes secondaires du cytoplasma (granulations, vacuoles, matériaux de réserve, etc.) et le noyau. Chacun se place là où il est le moins gêné. Le noyau est formé, lui aussi, de protoplasma, mais son rôle n'en est pas moins secondaire et relatif simplement aux réactions chimiques dépendant de la nutrition. Il n'a aucune action directe sur la forme de la cellule et sur ses caractères qui dépendent du cytoplasma seul.

La cellule est un organisme symbiotique formé de l'union d'un noyau réglant les phénomènes chimiques et d'un cytoplasma qui, par les Gemmaires du centrosome, détermine la forme et tous les caractères morphologiques de l'élément.

Accroissement. — De la surface des Gemmaires, quelques Gemmes se désagrègent de temps à autre, et leurs molécules chimiques qui tombent dans le sarcode, se répandent partout, arrivent à l'intérieur des Gemmaires, dans l'eau qui sépare leurs Gemmes constitutives, et là se développent en nouvelles Gemmes qui servent à l'accroissement des Gemmaires. Ceux-ci, quand ils ont atteint une trop grande longueur, se multiplient par division transversale.

Forme du corps et des organes. — Par leur forme et leur constitution, les Gemmaires déterminent non seulement la forme et les caractères morphologiques de la cellule où il se trouvent, mais aussi les relations de position de cette cellule par rapport aux voisines[1].

Les Gemmaires de l'ensemble des cellules de l'organisme forment un tout, en situation d'équilibre mécanique, dans lequel chaque partie est fonction du tout, de même que le tout est fonction des parties; en sorte que, par la seule nature du Gemmaire, la forme entière de l'organisme et les caractères de chacune de ses parties sont entièrement déterminés[2].

[1] Chez la Gromie on voit nettement que les pseudopodes forment avec le corps des angles constants, l'un de 20° environ, l'autre beaucoup plus grand qui s'expliquent très bien par l'angle du losange. Les angles des pseudopodes sont déterminés par ceux du losange doublés ou par leurs compléments. Cette constance des angles qui est incompréhensible dans toute autre théorie, traduit aux yeux la forme des Gemmaires invisibles directement.

[Outre que cette explication des angles presque droits que font les pseudopodes voisins du corps, n'est pas du tout compréhensible, je ferai remarquer que, pour que l'angle du Gemmaire pût déterminer celui des pseudopodes, il faudrait que cet angle eût exactement sa valeur au point où le pseudopode se rattache au corps. Or il n'en est pas ainsi, le raccordement se fait par une courbe. Donc l'exemple est sans valeur.]

[2] [C'est absolument l'idée de SPENCER.] Les organismes symétriques par rapport à trois plans ont un Gemmaire doué

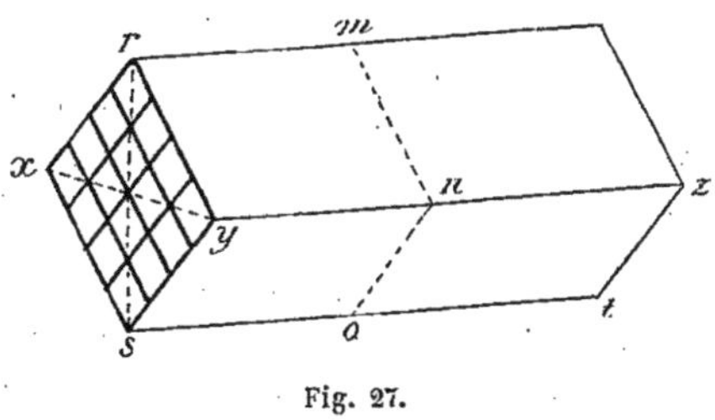

Fig. 27.

d'un même genre de symétrie tel que celui de la fig. 25. Les trois plans sont l'un *x y z*, horizontal longitudinal, l'autre *r s t* vertical longitudinal, le troisième *m n o* vertical transversal.

Les organismes à deux plans de symétrie ont un Gemmaire tel que celui de la

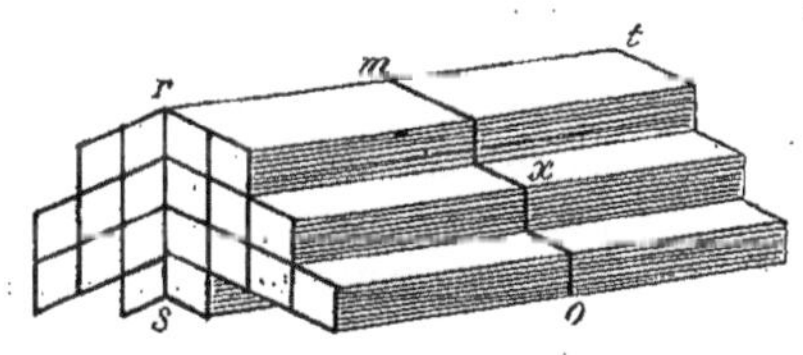

Fig. 28.

fig. 28, dans lequel il n'y a plus que les deux plans de symétrie *r s t* et *m n o*.

Le Gemmaire des organismes bilatéraux peut être représenté par une forme telle que celle de la fig. 29 ou le plan *m n o*, reste seul.

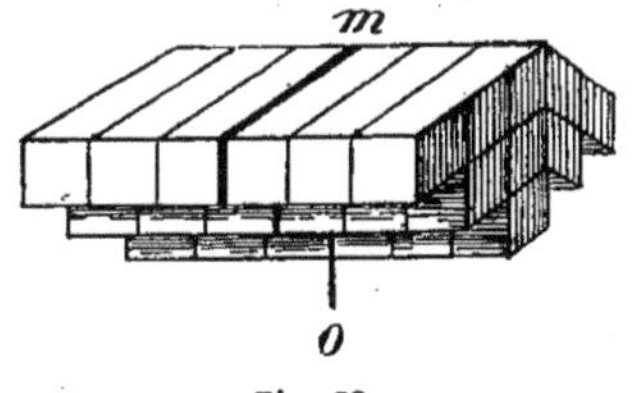

Fig. 29.

Enfin pour concevoir le Gemmaire entièrement asymétrique d'un animal irrégulier tel que la méduse *Monorhyza Hœckelii*, il suffit d'admettre que le plan *m n o* lui-même disparaisse par le fait que les deux bouts du Gemmaire ne sont plus semblables, par exemple grâce à ce

L'ontogénie. — La conception d'une relation d'équilibre entre les Gemmaires de toutes les cellules de l'organisme, qui nous a servi à expliquer comment la forme entière du corps et de ses organes dépend de la forme des Gemmaires, nous permet de comprendre aussi comment le corps s'est formé pendant l'ontogénèse et comment les divers organes ont pris leur structure, leur forme et leurs places respectives. Pour une même forme de Gemmaire, l'équilibre du système n'est pas le même lorsqu'il y a deux cellules que lorsqu'il y en a quatre, huit, seize, mille, un million. Au stade 2, l'équilibre est satisfait par une simple juxtaposition des deux cellules, avec les quelques particularités qu'elle présente. A mesure que le nombre augmente, les possibilités d'arrangement deviennent plus variées, mais une seule entre toutes satisfait aux exigences du Gemmaire. Ainsi, à chaque stade, correspond une disposition donnée des éléments cellulaires qui constituent le corps à ce moment, qu'une des couches de Gemmes, *a*, *b*, *c*, aura glissé de manière à déborder d'un côté (fig. 30). L'influence de cette asymétrie se manifeste pendant le développement de l'œuf par une différence entre les cellules issues de la segmentation, différence qui n'affecte que la lignée

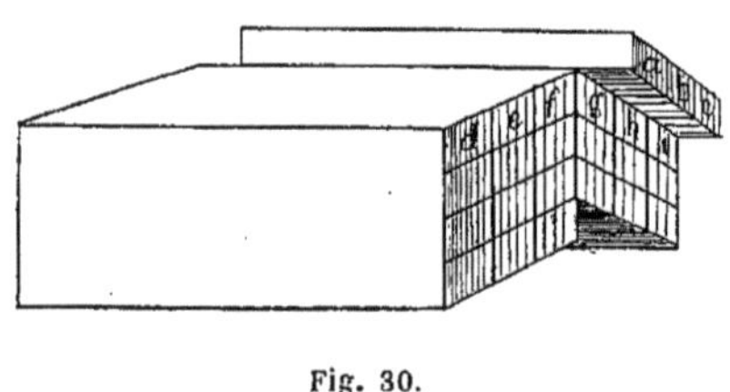

Fig. 30.

cellulaire de l'organe qui seul n'est pas symétrique, et finalement aboutit à la formation de cet organe asymétrique, tandis que la symétrie bilatérale de tout le reste demeure intacte.

On pourrait être tenté de doutes qu'une chose aussi simple que la forme du Gemmaire pût déterminer toutes les particularités d'une ontogénèse.

Un exemple le fera comprendre en montrant comme quoi, de la seule position de l'accumulation de Gemmaires qui constitue le centrosome dans la cellule, peut résulter une forme embryogénique aussi remarquable que la gastrula. Admettons que, dans un œuf (1), le centrosome soit tout entier d'un même côté du lécithe et qu'en raison de la forme du Gem-

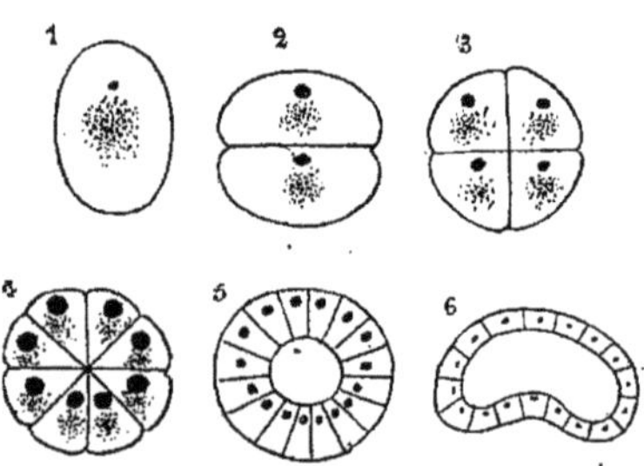

Fig. 31. — Dans ces figures, le gros point représente, dans chaque cellule, le centrosome, et le pointillé indique le lécithe.

maire les cellules (2, 3, 4) issues de sa division aient aussi toujours leur centrosome situé du même côté par rapport au lécithe. Après le stade blastosphère (5), chaque cellule s'accroîtra plus du côté du centrosome que du côté opposé; chaque moitié de la blastosphère deviendra convexe du même côté de l'espace et la forme gastrula (6) en résultera nécessairement (fig. 31).

et de là résulte la succession régulière des stades du développement[1].

La Différenciation histologique. — Pour ne pas obscurcir la conception, nous avons supposé jusqu'ici que tous les gemmaires sont identiques entre eux dans tous les points de l'organisme. Mais il n'en est pas tout à fait ainsi. Deux cellules ne sauraient être d'une nature différente, par exemple l'une musculaire, l'autre nerveuse, si les Gemmaires qui les déterminent étaient identiques. Il faut admettre que, dans le cours des générations, les différences des excitations ont produit, dans les divers points des organismes, des modifications diverses des Gemmes et des Gemmaires et qu'il s'est formé, ici des Gemmaires de tissu contractile, là des Gemmaires nerveux. Les Gemmaires sont donc dans un même organisme différents dans les diverses cellules, et ces différences déterminent celles des tissus. Mais jamais la totalité des Gemmaires d'une même cellule n'est ainsi modifiée. A côté de ceux qui sont différenciés, il en reste qui conservent la constitution initiale qu'ils avaient dans l'œuf[2]. Ces Gemmaires non différenciés, répandus partout, sont d'une extrême importance. Tandis que les autres sont les facteurs de la différenciation locale, ils sont, eux, les instruments de cet équilibre d'ensemble qui a déterminé la forme du corps, qui sert à la maintenir et, comme nous le verrons, à la régénérer, à la reproduire, à transmettre les adaptations acquises, etc., etc.

L'Hérédité. — Dans la théorie des Gemmaires, l'Hérédité devient si facile à comprendre qu'elle ne constitue pour ainsi dire plus un problème. La cellule germe contient, comme toute autre cellule du corps, le Gemmaire caractéristique, dépositaire de la forme spécifique; elle n'a donc qu'à se développer pour reproduire l'organisme avec les caractères propres à son espèce.

La Variation. — Il y a deux sortes de variations : l'une spontanée, de cause interne et de direction déterminée, l'autre dépendant des conditions ambiantes. Pour concevoir la première, il faut comprendre que l'association des Gemmes ou Gemmaires est nécessairement plus ou moins solide selon les individus. Ceux chez qui les Gemmaires sont plus lâches résistent naturellement moins bien aux influences nocives et sont forcément les victimes dans la lutte pour la vie[3].

[1] [Cette explication ne diffère non plus en rien de celle de SPENCER.]

[2] [Ce sont les Plasmas somatique et germinatif de WEISMANN gratifiés simplement d'une constitution invraisemblable.]

[3] [On pourrait tout aussi bien dire l'inverse en invoquant une élasticité plus grande dans le premier cas. Une balle de caoutchouc risque moins d'être brisée qu'une bille de verre.]

Il en résulte que la Sélection naturelle va toujours fortifiant l'union des Gemmes en Gemmaires. Mais cela constitue une modification de la forme du gemmaire, modification qui se traduit par une variation dans les caractères de l'organisme et, comme la modification a une direction constante, il doit en être de même de la variation. Cette variation *déterminée* joue un grand rôle dans la constitution des organismes. Elle les pousse dans une direction fixe, sans que l'adaptation ait à intervenir. Elle s'oppose, sous le nom d'*Orthogénèse,* à la variation *indéterminée* ou *Amphigénèse*, seule admise par les adeptes de Darwin.

Cette dernière est produite par les conditions ambiantes et peut se concevoir ainsi. Le progrès *orthogénétique* mis à part, tant que les conditions restent fixes, les Gemmaires restent semblables à eux-mêmes. Mais, dès qu'elles viennent à varier, les cellules sont soumises à des excitations, à des influences d'un genre nouveau, et cela se traduit par une déformation des Gemmaires. Les Gemmes où les files ou couches de Gemmes qui les constituent sont plus ou moins déplacées les unes par rapport aux autres, et une forme nouvelle de Gemmaires se trouve produite. Mais à cette forme nouvelle correspond un équilibre d'ensemble nouveau. Le tout et les parties étant, comme nous l'avons vu, strictement fonction l'un de l'autre, la partie ayant changé, le tout doit changer aussi. Cela se produit par une extension de proche en proche de la forme nouvelle à tous les Gemmaires du reste du corps. Un nouvel état d'équilibre est produit se manifestant, dans les Gemmaires, par une modification de forme aussi petite qu'on voudra et, dans l'organisme, par une modification de caractère aussi localisée que l'on voudra.

L'Hérédité des caractères acquis. — Dans cette extension de la modification locale des Gemmaires à tous ceux de l'organisme, les cellules sexuelles ne font pas exception. Elles aussi se modifient corrélativement à l'état nouveau d'équilibre. Il est donc naturel que, lorsqu'elles se développeront, elles reproduisent l'organisme modifié.

Les modifications d'origine chimique sont héréditaires comme les autres. Car l'organisme est un ensemble en état d'équilibre, non seulement mécanique, mais chimique, et le mode des actions chimiques qui se passent en un point ne peut changer sans retentir sur l'ensemble jusqu'aux cellules sexuelles inclusivement.

La Génération sexuelle. — L'utilité de la génération sexuelle est précisément de fortifier la cohésion des Gemmaires. En fusionnant deux Plasmas germinatifs, elle met en présence un choix plus varié de Gemmes, de forme quelque peu différente, qui trouvent mieux à s'apparier. En outre, les Gemmes peuvent, en se pressant l'une contre l'autre, adapter leurs angles en effaçant leurs petites différences à la manière de deux parallélogrammes articulés à peu près semblables que l'on fait coïncider par deux de leurs côtés homologues [1].

Croisement. Consanguinité. — Du même coup, et sans plus amples développements, se trouvent expliqués les avantages du croisement et les inconvénients de la consanguinité, du moins quand celle-ci marie deux parents très semblables car, pour si proches parents qu'ils soient, l'inconvénient est nul si leurs différences individuelles sont considérables.

L'Amphimixie et l'Apomixie. — Weismann admet que la division réductrice a pour but de permettre la génération sexuelle et, par elle, l'accumulation d'un plus grand nombre de plasmas différents dans l'œuf fécondé. C'est précisément le contraire qui est vrai. Nous avons vu quel était le but de la génération sexuelle. La division réductrice a pour fonction, elle, de combattre cette accumulation de Plasmas ancestraux différents dans le Plasma germinatif. Au moment où cette division se prépare, il se fait un triage des Gemmaires dans le cytoplasma et des substances chimiques dans le noyau. Les Gemmaires de même origine se groupent ensemble, les substances de même nature également, et la division élimine un groupe entier de ces Gemmaires ou de ces substances, effectuant ainsi une véritable épuration du cytoplasma et du noyau. C'est cette épuration qui constitue l'*Apomixie* [2].

Caractères du produit. — Cette théorie permet d'expliquer toutes les

[1] [Si les angles des Gemmes peuvent ainsi se modifier, il n'y a plus besoin d'un choix plus varié d'angles et la génération sexuelle devient inutile.]

[2] La cellule étant déterminée dans sa forme et ses caractères morphologiques par les Gemmaires du cytoplasma, dans ses fonctions chimiques nutritives par le noyau, peut être représentée par les facteurs P N. Le symbole P N représente la symbiose du plasma et du noyau et, par suite, l'organisme entier contenu dans l'œuf. La fécondation consiste en l'apport d'un nouveau plasma et d'un nouveau noyau P′ N′ et le produit est déterminé par PP′ NN′.

La division réductrice élimine un groupe entier P ou P′ et un groupe entier N ou N′ en sorte que le produit sexuel mûr sera P N ou P′ N ou P N′ ou P′ N′. Ce produit sexuel fécondé par un autre ayant pour formule $\pi\nu$ ou $\pi'\nu$ ou $\pi\nu'$ ou $\pi'\nu'$, le produit sera de la forme P N π ν, c'est-à-dire n'aura jamais plus de deux sortes de Gemmaires et de deux sortes de substances nucléaires pour le déterminer.

Nous avons supposé que le triage était rigoureux. Or il ne l'est pas et il peut rester dans le Plasma germinatif un peu des Gemmaires des ancêtres des quelques générations précédentes. Mais cela ne va pas loin, et l'*Apomixie* s'oppose à l'accumulation dans le germe, d'un nombre trop grand de Plasmas ancestraux.

combinaisons de caractère du produit, ce que la théorie de WEISMANN est impuissante à faire dans certains cas[1].

La *Régénération* s'explique d'elle-même dans la théorie, car quand une partie a été coupée l'équilibre des gemmaires est détruit et tend à se rétablir.

Le *Bourgeonnement* et la *Parthénogénèse* n'offrent pas non plus de difficulté puisque toute cellule du corps, et par suite les œufs vierges et les cellules initiales des bourgeons, contiennent les Gemmaires caractéristiques, seuls nécessaires pour former un organisme nouveau ayant les caractères spécifiques correspondants[2].

[1] En croisant des Souris danseuses du Japon à robe tachetée de blanc et de bleu avec des Souris blanches grimpeuses ordinaires, on trouve parmi les produits des individus non danseurs mais ayant du bleu dans le pelage. Si on croise ces produits entre eux, on obtient indéfiniment la même chose. Si cependant ces produits ont du bleu dans leur pelage, c'est qu'ils ont des *Ides* de Souris japonaise (voyez plus loin la 1re théorie de WEISMANN) dès lors pourquoi jamais le caractère danseur ne peut-il reparaître?

La théorie des Gemmaires explique cela ainsi. Le caractère morphologique qui détermine la danse dépend du cytoplasma, le caractère chimique de la couleur du poil dépend du noyau. Soient maintenant P N le plasma et le noyau de la Souris japonaise, P′ N′ ceux de la souris d'Europe. La division réductrice a éliminé complètement P et n'a laissé dans le produit que P′, N et N′, ce qui fait que le caractère représenté par P est définitivement perdu chez ces métis et leurs descendants.

[Weismann répondrait simplement, dans ce cas, que les *Déterminants* du caractère grimpeur sont moins forts que ceux du caractère danseur et sont régulièrement vaincus par ceux-ci dans la lutte pour la détermination du caractère.]

Autre fait : en croisant ces mêmes Souris, on en trouve, parmi les produits, qui sont danseuses et ont un pelage de couleur uniformément gris-bleuâtre. Weismann est dans l'impossibilité d'expliquer, avec ses *Déterminants*, comment une partie qui était blanche chez les deux parents peut être colorée chez le produit. La théorie des Gemmaires l'explique en admettant que la distribution tachetée de la couleur est due à un affaiblissement de la cohésion des Gemmaires. Le croisement en affermissant cette cohésion permet à la couleur de se distribuer uniformément dans tous les poils.

[On croit rêver en lisant ces affirmations extraordinaires. Aussi je tiens à citer le passage : « Scheckung ist sicher auf Lockerung des Plasmagefüges zurückzufügen, und dadurch, dass das gescheckte Plasma der Tanzmaus mit ungeschecktem Plasma einer gewöhnlichen Maus in Berührung gebracht wird, gewinnt es einen Theil seiner Gefügfestigkeit zurück und somit die Fähigkeit Farbstoffe *gleichmässig* in den Haaren der Haut zur Ablagerung zu lassen [p. 239]. »

[Weismann pourrait dire que le blanc n'était pas aux mêmes places chez tous les ancêtres et que chaque point en particulier peut avoir des Déterminants de l'une et de l'autre couleur dans le Plasma germinatif, bien qu'une même couleur ne soit jamais déterminée partout à la fois en l'absence du croisement. Le croisement a pu en outre déterminer une réversion vers une forme ancestrale grise.]

[2] [Mais ce que la théorie n'explique nul-

La *Pædogénèse* se conçoit non moins aisément, et son existence se légitime par le fait qu'elle présente un avantage dont la théorie permet de rendre compte. L'œuf d'un organisme jeune est plus apte à se développer en un être normal et bien constitué que celui d'un organisme complètement développé, parce que le premier a moins longtemps été exposé aux influences nocives qui relâchent la fermeté du Gemmaire [1].

La *Réversion* s'explique par le fait que, de manière ou d'autre, la forme de Gemmaire caractéristique d'une espèce ancestrale se trouve reproduite dans un individu [2].

lement, c'est pourquoi toute partie ne se régénère pas, pourquoi tout œuf vierge ne se développe pas, pourquoi toute cellule ne donne pas un bourgeon.]

[1] [Si l'on considère non l'âge du sujet à un moment donné, mais le résultat au bout d'un certain temps, on verra qu'après 100 ans, par exemple, les influences nocives ne s'en seront pas moins exercées pendant 100 années sur le Plasma germinatif, qu'il y ait eu ou non Pædogénèse. Par conséquent, la raison donnée n'explique rien.]

[2] Elle se divise en quatre cas dont un s'explique par l'Apomixie, un autre par la consolidation des Gemmaires, un troisième par un obstacle au développement, et le dernier par le relâchement des Gemmaires. Citons-en deux seulement des plus caractéristiques. Soient *c* (fig. 32). la forme du Gemmaire d'une espèce ancestrale, *a* et *b* leur forme dans deux espèces dérivées. On voit que *a* et *b* dérivent de *c* chacun par la perte de quelques files de Gemmes et que *a* a précisément ce qui manque à *b* pour obtenir *c* et réciproquement. Dans ce cas, on voit que les Gemmaires *a* et *b*, en se fusionnant se complèteront et reproduiront *c*. — D'autre part, le Cheval reproduit parfois les 5 doigts d'un ancêtre éloigné. Dans son arbre cellulaire ontogénétique, les lignées cellulaires qui aboutissent aux 4 doigts manquants existent bien, mais leurs Gemmaires, réduits par le long défaut d'usage de ces doigts à un état de grande laxité, ne peuvent aboutir à les faire développer. Dans une espèce naturelle, ils n'y aboutiraient jamais en présence des Gemmaires très solides qui président au développement des autres parties du corps. Mais ici, la domesticité a, comme toujours, beaucoup affaibli la cohésion de tous les Gemmaires. La différence n'est donc plus si considérable et il n'est pas étonnant que, parfois, les doigts disparus puissent se montrer de nouveau, puisqu'il s'en faut de peu que leurs Gemmaires soient aussi solides que ceux des autres organes. C'est pour cela que ce genre de régression se rencontre exclusivement chez les espèces domestiques.

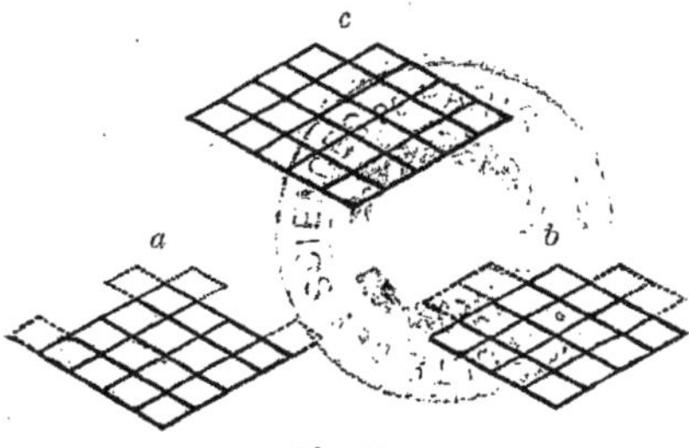

Fig. 32.

[Des explications de ce genre ne se discutent pas.

[HAACKE cherche aussi à expliquer le *polymorphisme* et l'*alternance des générations;* mais les Gemmaires n'interviennent plus dans son explication. Pour cette dernière, il prend comme exemple les Polypes et les Méduses. Selon lui, les

Les *Métis* et *Hybrides* présentent des différences bien connues qui s'expliquent d'une manière analogue.

Les *Hybrides* sont des produits d'espèces naturelles chez lesquelles les Gemmaires ont une cohésion parfaite et égale chez les deux parents. Aussi l'un ne peut supplanter l'autre et les caractères de deux parents se montrent à la fois chez le produit. Par contre, cette solidité même les empêche de se combiner aisément en Gemmaires mixtes, ou du moins ces Gemmaires mixtes sont-ils eux-mêmes peu solides, d'où résulte une faiblesse fonctionnelle qui, dans les cellules sexuelles, aboutit à l'infécondité [1].

Chez les *Métis*, au contraire, qui sont des produits de races domestiques chez lesquelles la cohésion du Gemmaire a été affaiblie par la domestication, il arrive que le Gemmaire de l'une des races parentes se trouve plus solide que celui de l'autre, et le supplante; d'où ce fait, que le Métis peut ressembler à l'un de ses parents presque à l'exclusion de l'autre. D'autre part, les Gemmaires mixtes, par le fait même que leurs parties constituantes sont moins rigides, peuvent former un assemblage plus solide, pour la même raison qu'une pile de sacs de farine est plus solide qu'une pile de sacs de noix; aussi, dans les cellules sexuelles, rien ne s'oppose à la fécondité [2].

La *Mort* enfin, elle-même, s'explique par une cause de ce genre. Toute influence nocive agit sur les Gemmaires et ébranle leur solidité. Ces coups répétés finissent par rendre leur cohésion très lâche et l'union de leurs Gemmes très précaire. Si bien qu'à un moment donné, sous l'action d'une cause perturbatrice quelconque, il se produit une désagrégation subite qui les anéantit [3].

deux formes ont été produites par les conditions saisonnières et chacune aurait constitué jadis une forme complète, capable de bourgeonner. Le Polype se serait, lui aussi, reproduit par œuf, mais l'arrivée de la belle saison ne lui en laissait pas le temps. La forme Méduse se produisant avant que les œufs fussent mûrs, celle-ci se trouvait donc naturellement sexuée, mais, comme elle était incapable de bourgeonner, la dissociation des deux modes de génération s'est trouvée ainsi produite. Des œufs de la Méduse seraient sorties des Méduses si la saison fût restée belle, c'est-à-dire semblable à celle qui avait engendré la forme Méduse. Mais la mauvaise saison arrivant faisait un simple Polype des larves sorties de ces œufs. Le polymorphisme s'expliquerait d'une manière analogue.]

[1] [Mais alors pourquoi cette faiblesse fonctionnelle ne se montre-t-elle pas dans les autres organes et tissus. On sait que les produits de croisement sont, au contraire, particulièrement vigoureux.]

[2] [HAACKE reconnaît bien que les hybrides peuvent aussi provenir de formes domestiques très différentes, mais il ne remarque pas qu'à leur sujet son explication tombe dans l'eau.]

[3] [Dans un travail plus récent, HAACKE (94) donne un nouvel exposé de ses idées, qui ne diffère de l'ancien en rien d'essentiel].

Critique.

HAACKE ne donne pas sa théorie comme dérivant de celle de SPENCER. Peut-être s'il a lu les *Principes de Biologie,* s'en est-il inspiré inconsciemment; peut-être ne les a-t-il pas lus et s'est-il rencontré par hasard avec le philosophe anglais. Sa bonne foi n'est pas en question. En tous cas, c'est un fait certain que sa théorie procède directement de celle des *Unités physiologiques.* Mais elle a sur celle-ci un avantage incontestable, c'est qu'en précisant le dessin, elle en rend les défauts plus évidents. Ce qui sauvait un peu les Unités physiologiques, c'est que, leurs *forces polaires* restant à peine définies, on se laissait entraîner à admettre la variété et la complexité merveilleuses de leurs effets. Mais avec les Gemmaires, on regimbe, car on se rend parfaitement compte que les forces attractives s'exerçant entre de petits prismes droits à base rhombe ne sauraient produire autre chose que des combinaisons géométriques relativement simples. Les Gemmes ne sont que les Unités physiologiques dotées d'une forme géométrique spéciale. Sur le terrain de l'hypothèse libre, toutes les propriétés dont Haacke les dote, Spencer a le droit de les attribuer à ses Unités : la laxité plus ou moins grande de leurs associations, leur engrènement plus ou moins facile, tout cela s'accommode aussi bien d'une tout autre forme. La Gemme ne serait donc en progrès sur l'Unité, que si sa forme cristalline fournissait la raison des propriétés qu'on lui attribue! — Or ce n'est pas le cas. Le fait d'avoir une forme cristalline orthorhombique n'apporte aucun éclaircissement. Haacke se contente de dire qu'il peut y avoir autant de formes de Gemmaires que de formes d'organismes, mais il ne montre nullement comment la forme de ceux-ci résulte de la forme de ceux-là. Dans un seul cas, celui de la Gromie, il cherche à en donner la raison. Nous avons vu (p. 443, note) ce que vaut son explication. Dans tous les autres cas, il n'essaye même pas d'en fournir une ou s'en tient à des généralités sur la symétrie générale laissant dans l'ombre le détail de la forme qui, seul ici, a de l'intérêt. La seule base solide de sa théorie serait l'établissement d'une relation causale entre la forme spéciale du Gemmaire et celle de l'organisme qu'il caractérise. Or cette relation, il affirme son existence mais ne la montre pas.

L'édifice manquant de base, est-il bien nécessaire d'insister sur les imperfections des étages supérieurs? Rappelons seulement le rôle si commode que l'auteur fait jouer à la laxité ou à la fermeté des associations des Gemmes en Gemmaires pour expliquer la Variation, les caractères des produits de croisement, pour constater une fois encore que toutes ces hypothèses sont non seulement gratuites mais invraisemblables, que l'on pourrait tout aussi bien admettre l'inverse comme vrai; et concluons que toute la théorie de Haacke, étant donnée sa date d'apparition, est plutôt en recul qu'en progrès sur l'état actuel de la question.

3. PARTICULES DEVANT LEURS PROPRIÉTÉS AUX MOUVEMENTS VIBRATOIRES DONT ELLES SONT DOUÉES.

A ce système se rattachent la théorie de DOLBEAR (89), celle des *Périgénistes* purs, ERLSBERG (74, 76), HÆCKEL (76) et celle de plusieurs auteurs qui, sans s'expliquer comme les Périgénistes sur la nature des particules et de leurs mouvements, ont admis le même principe et attribuent, comme eux, la vie à une forme du mouvement.

Hardiment DOLBEAR part des atomes auxquels il n'attribue par hypothèse que quelques caractères et propriétés fort simples et arrive, par des raisonnements bien autrement serrés, presque aussi loin que SPENCER et que HAACKE dans l'explication des propriétés du protoplasma

DOLBEAR (1889)

Théorie des atomes annulaires.

Exposé.

Admettons qu'il existe une substance universellement répandue, l'éther dans laquelle sont plongés des atomes annulaires animés de mouvements alternatifs très rapides de dilatation et de contraction. Ces mouvements auront pour effet de créer autour de chaque atome une zone d'éther raréfiée dans laquelle la raréfaction ira en décroissant, en s'éloignant de l'anneau[1].

[1] Prenons l'anneau a dans la position

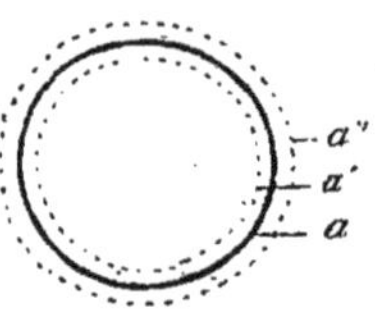

Fig. 33.

contractée a'. En se dilatant en a'' il chassera l'éther compris dans l'espace a' a''; en se contractant de nouveau, il laissera l'éther occuper de nouveau cet espace. Si ses vibrations sont lentes, il n'en résultera rien que des ondes successives condensées et raréfiées qui, partant de l'anneau, se répandront dans l'éther ambiant. Mais si elles sont assez rapides pour que l'éther refoulé en a'' n'ait pas le temps de combler tout l'espace a'' a' avant qu'une nouvelle dilatation le chasse de nouveau, il

Si un second anneau s'approche du premier et entre dans la zone raréfiée, il sera plus poussé par l'éther situé du côté où celui-ci est le moins raréfié et se jettera sur le premier anneau comme s'il était attiré par lui. L'anneau sera donc entouré d'une zone d'attraction que nous appellerons son *champ mécanique*. Tous les atomes ont un champ mécanique. Dans les conditions précédentes, ce champ est uniforme, deux anneaux situés dans le même plan, en se joignant par attraction mutuelle sont dans le même état d'équilibre, quel que soit le point par lequel ils se rencontrent. Mais, si la vibration de l'anneau, au lieu d'être égale en tous les points, présente des *nœuds* et des *ventres*, il n'en sera plus ainsi. Les nœuds immobiles constitueront des points de contact où l'équilibre sera stable à l'exclusion de tous les autres points[1].

Il y aura tendance à la formation d'un groupe dans lequel l'anneau primitif sera en contact par ses nœuds avec d'autres anneaux en nombre égal à celui de ces nœuds. Mais aucune force ne maintenant ces autres anneaux dans le plan de l'anneau primitif, le moindre dérangement les fera pivoter autour du point de contact et les renversera les uns vers les autres jusqu'à ce qu'ils se rencontrent et s'appuyant les uns sur les autres, trouvent là enfin une position d'équilibre stable définitif[2].

Le solide formé par un groupe d'atomes annulaires en équilibre, constitue une molécule. Dans la molécule, chaque anneau continue à vi-

en résultera autour de l'anneau une zone raréfiée permanente d'autant plus marquée que les mouvements seront plus rapides et plus étendus (fig. 33).

[1] Supposons qu'il y ait 4 nœuds et 4 ventres également espacés (fig. 34). Si l'anneau C tombe en n, il glissera sur la courbe jusqu'à ce qu'il arrive au nœud m d'où il ne bougera plus. De même les anneaux B, D, E, se placeront aux autres nœuds de l'anneau A.

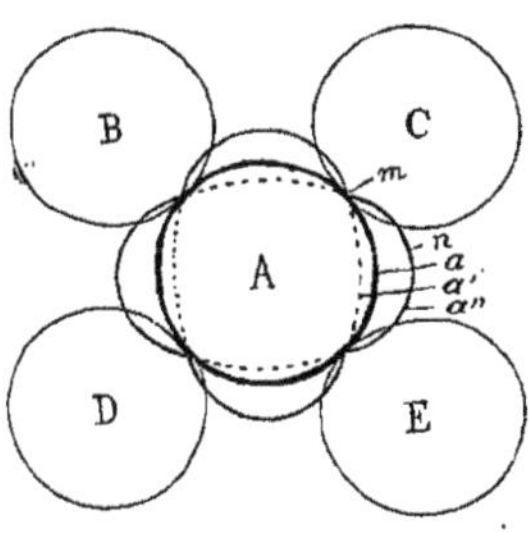

Fig. 34.

[2] En se relevant, ils viendront s'appuyer les uns sur les autres au-dessous de A et former une figure tétraédrique (fig. 35). Il y a place au-dessous de A pour 4 autres anneaux symétriques formant avec les précédents une double pyramide.

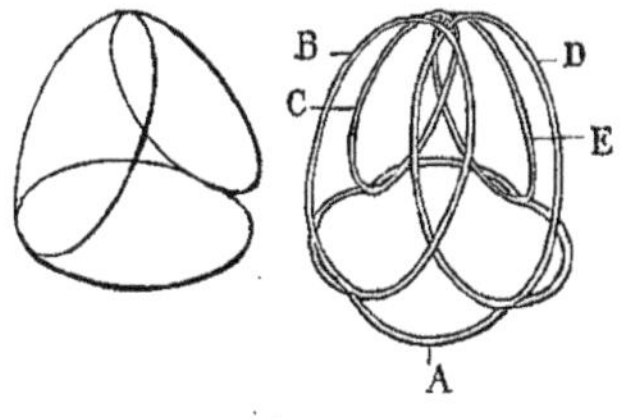

Fig. 35.

brer et l'ensemble de ces vibrations détermine le *champ mécanique* de la molécule, champ de forme beaucoup plus compliquée que celle des anneaux isolés. Les molécules, avec leur champ mécanique, se comportent les unes vis-à-vis des autres, comme les atomes entre eux et forment des groupes, de forme toujours plus compliquée, correspondant à des substances chimiques de plus en plus complexes. Un atome ou une molécule peu composée n'a, en général, qu'une manière de s'associer à d'autres de forme donnée pour constituer un groupe stable; mais une molécule complexe offre, en général, plusieurs manières de s'ajuster avec d'autres de forme donnée. Ces manières se substituent aisément les unes aux autres et cela constitue l'*instabilité chimique,* si ordinaire dans les composés très complexes. Le protoplasma n'est qu'une substance chimique très complexe et très instable. Lorsqu'une molécule protoplasmique vibre dans le voisinage d'une substance de constitution appropriée, elle lui communique son mode de vibration et le mode d'arrangement d'atomes qu'elle a elle-même; elle transforme ainsi cette substance en protoplasma semblable à elle. De là résulte l'*Accroissement,* propriété caractéristique de la substance vivante.

Les atomes situés dans la profondeur de la molécule étant plongés dans un champ beaucoup plus uniforme que ceux de la surface, doivent être beaucoup plus faciles à déplacer; il s'ensuit que la stabilité, la fixité du système doit être plus grande à la surface que dans la profondeur. C'est le caractère principal de la structure de la cellule vivante, et l'on voit ainsi que la structure cellulaire se développe d'elle-même par le seul jeu des forces mécaniques invoquées. Ainsi les propriétés vitales des cellules sont, par nature et par origine, purement mécaniques. La *force mentale* elle-même n'a pas une origine différente. Elle n'est qu'un champ mécanique. Nous ne connaissons pas la cause qui le produit, mais nous pouvons concevoir qu'étant de même nature que les autres, il agit sur eux et est influencé par eux.

Critique.

J'ai cité presque textuellement les explications relatives à la structure du protoplasma et à la formation des cellules. Il est bien évident que ce système n'est qu'une vague conception générale et non une explication détaillée. Comme il arrive d'ordinaire en pareil cas, les explications mathématiques, claires, complètes du début deviennent de plus en plus obscures et insuffisantes à mesure que l'on s'élève à des phénomènes plus complexes.

Il n'y en a pas moins là une tentative intéressante pour ramener les phénomènes chimiques à des phénomènes mécaniques et si, un jour, on pouvait ramener complètement les phénomènes vitaux à ceux de la chimie, la lumière serait bien près d'être faite sur l'ensemble de la question.

SYSTÈMES PÉRIGÉNISTES.

Les Périgénistes ne partent pas comme DOLBEAR des atomes. Ils admettent, sans s'expliquer sur leur origine, des particules formées par un agrégat plus ou moins complexe d'atomes ou de molécules auquel ils donnent le nom de *Plastidules*[1].

ERLSBERG (1874, 1876)

Système de la re-Génération ou de la Permanence des Plastidules.

Exposé.

La cellule ne peut être considérée comme l'unité première des organismes. Le protoplasma n'est pas une substance homogène et il faut chercher la *base physique de la vie* dans des unités plus petites, les *Plastidules*[2].

Les Plastidules sont des particules matérielles ayant une constitution

[1] Ce nom imaginé par HÆCKEL (66) bien avant sa théorie de la Périgénèse a été pris par ERLSBERG, le premier fondateur de la Périgénèse, et Hæckel l'a conservé ensuite dans sa théorie de même nom. Il signifie par abréviation de *Plastid-Molécule*, molécules constitutives des *Plastides*, c'est-à-dire des êtres formés de protoplasma primitif.

[2] C'est après avoir lu le livre de Darwin sur la Sélection naturelle et en avoir adopté les idées que, cherchant à se rendre compte du mécanisme de la transmission des caractères, l'auteur est arrivé à sa théorie. Dès 1868-1869 [sans doute verbalement] il l'a annoncée et il l'a publiée en 1872 et 74.

[Ainsi le système d'Erlsberg, bien qu'il appartienne à la Périgénèse, dérive historiquement du système bien différent de la Pangénèse darwinienne.]

Nulle part l'auteur ne dit en propres termes que ses Plastidules soient de même espèce et ne correspondent pas séparément à des caractères distincts. En l'absence de renseignements à cet égard, et comme il faut bien prendre un parti, nous avons placé sa théorie dans le même groupe que celles de SPENCER et de HÆCKEL auxquelles elle se rattache par tous ses caractères.

chimique déterminée et chacune est le centre d'un système de forces qui lui appartient en propre et reste lié à lui à travers toutes ses pérégrinations[1].

Les particularités [structurales et fonctionnelles] des êtres vivants sont attachées aux Plastidules et dépendent [sont l'expression] de leur constitution chimique et de leurs mouvements moléculaires.

A l'inverse des *Unités physiologiques* de SPENCER et des *Gemmules* de DARWIN, les *Plastidules* n'émanent point des cellules, elles ne circulent pas dans l'organisme et surtout elles ne s'accroissent ni ne se multiplient. Leur propriété la plus remarquable est leur *Permanence,* non absolue comme nous le verrons, mais très accentuée.

En raison de cette permanence, les Plastidules servent d'agent de transmission des caractères. Elles passent des parents à l'enfant par l'ovule et le spermatozoïde, et reproduisent chez celui-ci les particularités d'organisation qu'elles représentaient chez ceux-là. Elles peuvent ainsi traverser plusieurs ou même un nombre considérable de générations, en sorte que chaque être engendré reçoit les Plastidules de toute une lignée d'ancêtres, et, par elles, la possibilité de reproduire leurs caractères.

C'est à ce titre que la théorie mérite le nom de *Permanence* [Erslberg dit : *Préservation*] *des Plastidules.*

Cependant cette permanence est plus idéale que matérielle, en ce que c'est la qualité de la Plastidule qui se transmet nécessairement plutôt que sa substance. Car beaucoup de Plastidules meurent et sont remplacées par d'autres re-engendrées à côté d'elles; les nouvelles, formées sous l'influence des anciennes, prennent, aussi sous leur influence, leur constitution chimique et leur mode de mouvement, en sorte que, lorsque celles-ci disparaissent, elles en laissent après elles d'autres qui les représentent identiquement, et le résultat est le même que si c'étaient les anciennes qui eussent persisté. Par là la théorie mérite le nom de *re-Génération des Plastidules.* A côté des Plastidules réellement anciennes et ayant effectivement appartenu, plusieurs générations auparavant, à quelque ancêtre éloigné, il y en a qui sont nouvellement formées, mais qui reproduisent identiquement d'autres Plastidules anciennes et déterminent, aussi bien qu'eussent fait celles-ci, l'apparition du caractère ancestral correspondant. Il n'est ni possible ni utile de distinguer les unes des autres.

Les Plastidules ne se reproduisent pas par division ou par quelque autre

[1] L'auteur ne s'explique pas sur les relations des Plastidules avec les molécules chimiques et ne dit pas si ce sont des molécules ou des unités d'ordre supérieur.

mode analogue, mais la conservation des caractères n'en est pas moins assurée par leur permanence ou leur *re-génération*.

L'Hérédité. — La transmission des caractères se comprend d'elle-même, puisque les caractères dépendent des Plastidules qui passent, elles ou leurs remplaçantes identiques, des parents aux enfants par les produits sexuels.

L'Atavisme. — Les Plastitules ancestrales restées dans le germe expliquent l'Atavisme, mais les plus anciennes disparaissent peu à peu du germe et diminuent l'influence ancestrale proportionnellement à son éloignement.

L'Origine des espèces. — Le protoplasma primitif s'est formé par génération spontanée. Les premiers êtres devaient être des Monères sans noyau. Par une évolution progressive, ils ont donné naissance aux êtres unicellulaires pourvus d'un noyau et d'une membrane, puis aux êtres polycellulaires de plus en plus élevés en organisation.

Un des principaux agents de l'adaptation et du perfectionnement progressif a été la Génération sexuelle, d'abord représentée par la simple Conjugaison. Car les caractères adaptatifs acquis par chacun des parents se sont trouvés réunis dans le produit.

On peut accepter l'idée de DARWIN que les êtres proviennent d'un protoplasma primordial par une série continue de perfectionnements, sans admettre cependant que tous descendent du même individu protoplasmique primitif ou d'individus multiples mais semblables et contemporains. Il est vraisemblable qu'à toutes les époques il s'est formé du protoplasma primordial composé de Plastidules à constitution physico-chimique quelque peu différentes. Chaque fois ce protoplasma a été le point de départ d'une évolution progressive continue ayant abouti à un groupe d'êtres actuellement vivants. Les êtres formant partie de ce groupe [1] seraient seuls vraiment parents et ils formeraient un petit arbre phylogénétique distinct. Il n'y aurait pas ainsi un seul arbre phylogénétique immense mais un grand nombre de petits arbres partant du sol côte à côte à des niveaux différents [2]. Le développement étant progressif et continu, le protoplasma primordial le plus ancien a donné naissance aux organismes supérieurs par le seul fait qu'il a eu seul le temps nécessaire pour cela; et réciproquement les formes les plus élevées ne sont telles que parce qu'elles sont plus anciennes, sauf les cas probables, mais sans influence sur l'ensemble du phénomène,

[1] Sur l'étendue des groupes d'origine commune l'auteur ne donne aucune indication.

[2]. Voyez page 401 et figure 25.

où certains groupes ont marché plus vite que d'autres dans leur évolution.

Parallélisme de la Paléontologie et de l'Anatomie comparée. — Les formes organisées inférieures nous offrent le tableau de ce qu'étaient les formes supérieures au stade évolutif correspondant de leur phylogénèse. Cela nous explique pourquoi les ancêtres géologiques des formes supérieures actuelles ressemblent aux formes inférieures qui les précèdent dans l'échelle des êtres actuellement vivants. Cependant le parallélisme n'est pas parfait, car le protoplasma initial des différentes séries n'a pas été identique et les circonstances qui ont dirigé son évolution ont été différentes; cela donne la raison pour laquelle le parallélisme de l'anatomie comparée et de la paléontologie n'est pas parfait.

Parallélisme de l'Ontogénèse et de la Phylogénèse. — Les Plastidules de nos ancêtres anciens encore présentes dans notre protoplasma doivent se développer avant celles des ancêtres récents. Leur développement successif par ordre d'ancienneté explique pourquoi, dans leur développement ontogénétique, les êtres passent par des phases successives qui rappellent les ancêtres successifs de leur race.

Il résulte de cette manière d'envisager les choses une conséquence singulière. Quand nous passons par le stade poisson, nous copions le poisson notre ancêtre, mais non le poisson actuellement vivant qui appartient sans doute à une série phylogénétique distincte, laquelle a commencé bien après la nôtre, en sorte que c'est lui, le poisson actuel, qui copie le stade poisson de notre ontogénèse.

Critique.

La théorie d'Erlsberg ne donne évidemment pas une explication complète des phénomènes de la vie. Elle reste trop dans le vague pour cela, ne définissant ni la constitution des Plastidules, ni la nature des forces dont elles sont le centre et des mouvements qui les animent. Mais on aurait tort de reprocher à l'auteur une réserve dont il n'aurait pu sortir que par des hypothèses qui auraient bien peu de chances de rencontrer la vérité. Nous allons voir par l'exemple de Hæckel que la tentative de définir le mode de mouvement des Plastidules n'a pas eu de résultat bien encourageant. Sur un seul point, Erlsberg se montre affirmatif dans son hypothèse, c'est sur le mode de formation des Plastidules par *re-Génération;* et vraiment on se demande pourquoi il tient à cette idée qui n'ajoute rien à la valeur du système et qui est moins vraisemblable que celle d'une reproduction par division.

Le principal mérite de la théorie réside dans l'idée de la permanence à travers les générations successives d'une substance spéciale contenant en elle les facteurs des caractères héréditaires et se transmettant des parents aux enfants par les produits sexuels. Il y a là, plus qu'en germe, la conception de la *Continuité du Plasma germinatif* dont peu d'années après Jæger (77), Nussbaum (80) et surtout Weismann (85) ont tiré parti avec tant de succès.

On ne peut s'empêcher d'admirer l'idée si ingénieuse et en somme très vraisemblable des arbustes généalogiques indépendants et l'explication si originale du parallélisme de la Paléontologie et de l'Anatomie comparée. Il y a plus d'aperçus nouveaux et d'explications vraisemblables dans les plaquettes de quelques pages où l'auteur a fait tenir les idées élaborées pendant de longues années, que dans les gros mémoires de Haacke, de Nægeli, d'Eimer et de tant d'autres. C'est affaire de race.

HÆCKEL (1876)

La Périgénèse des Plastidules.

Exposé.

Les *Plastidules* sont de simples molécules chimiques très complexes, mais non des agrégats d'ordre supérieur. Elles ne sont décomposables qu'en atomes; elles ne peuvent se diviser sans se détruire, ce qui leur enlève la possibilité de se reproduire par elles-mêmes, par voie de division. Leur multiplication se fait par la production incessante de nouvelles Plastidules aux dépens du liquide nutritif, mais le résultat est le même que si elles se multipliaient par division, car les nouvelles prennent sous l'influence des anciennes, au moment même de leur formation, la constitution chimique et le mode de mouvement de celles-ci, à la manière des molécules salines d'une solution non saturée qui se solidifient au contact d'un cristal déposé dans la solution.

Les Plastidules sont si petites que les plus fines particules visibles au microscope en contiennent un nombre immense. Elles sont les éléments constitutifs de la matière vivante [1].

[1] Celle-ci forme, suivant la division proposée ailleurs (*Generelle Morphologie*, 1866), d'abord le *Plasson*, substance inférieure au protoplasma. Les petites masses

Les Plastidules sont entourées d'une ou plusieurs couches d'eau et, selon l'abondance de ces couches, le protoplasma est plus ou moins fluide.

Les Plastidules sont vivantes tandis que les autres molécules chimiques ne le sont pas. Mais pour se rendre un compte exact de la différence sous ce rapport entre les unes et les autres, il faut distinguer la vie au sens large et la vie au sens étroit.

Dans le premier sens, la vie est universelle; on ne pourrait en concevoir l'existence dans certains agrégats matériels si elle n'appartenait pas à leurs éléments constitutifs. Dans ce sens, les atomes eux-mêmes sont vivants et, à ce titre, ils jouissent de toutes les propriétés fondamentales de la vie : ils sont sensibles au plaisir et à la douleur, ils éprouvent des attractions et des répulsions, ils ont une volonté. L'affinité chimique ne peut se concevoir que comme l'effet de la volonté des atomes qui se réunissent suivant leurs impulsions motivées par leurs sensations. Mais, en raison de leur simplicité, les atomes ont une volonté fixe, leurs sensations et leurs impulsions ont une constance invariable dans des conditions identiques; ils ne peuvent pas ne pas vouloir une fois ce qu'ils ont voulu d'autres fois dans des conditions semblables [1].

Au sens étroit, la vie est la Reproduction, et la Reproduction n'est autre chose que la Mémoire. Elle est inconsciente dans les Plastidules, mais elle existe, tandis que les molécules chimiques plus simples sont, comme les atomes, privées de mémoire et, par suite, de la faculté de se reproduire : dans ce sens elles ne sont pas vivantes [2].

de plasson individualisées constituent histogénétiquement les cytodes (cellules sans noyau), et phylogénétiquement les Monères (Protozoaires et Protophytes sans noyau). Par un premier progrès, le plasson devient protoplasma dans le corps cellulaire et *Cocoplasma* dans le noyau. Les *Plastidules* du plasson prennent le nom de *Plasmodules* dans le protoplasma et de *Coccodules* dans le coccoplasma.

[Distinctions inutiles, car il n'est fait aucune différence dans la théorie entre les *Plastidules,* les *Plasmodules* et les *Coccodules,* et Hæckel ne le propose que pour se procurer, selon son habitude, le plaisir de créer quelques néologismes de plus.]

[1] Si notre volonté à nous, êtres supérieurs, paraît si différente de celle des atomes, ce n'est pas qu'elle soit d'une autre nature, c'est parce qu'elle est complexe; elle est la résultante des volontés de nos innombrables particules constituantes, qui se composent, suivant la même loi que les forces mécaniques, par groupes de plus en plus importants, jusqu'à une résultante unique; le moindre changement dans les conditions, un simple souffle d'air introduit de nouvelles forces qui se combinent avec les autres et modifient la résultante dans son intensité et dans sa direction. De là résulte une variabilité incessante qui prend les allures de la liberté.

[2] [L'auteur vient de dire quelques lignes plus haut qu'on ne saurait concevoir que

Les Plastidules, au contraire, sont vivantes parce qu'elles ont la faculté de provoquer la naissance de particules semblables à elles-mêmes. Ce sont les seuls agrégats chimiques doués de Mémoire [1].

Cette Mémoire est dans les Plastidules une propriété purement mécanique résultant du mode de mouvement de leurs atomes constituants. Elle se transmet comme ce mouvement et par lui.

Avec ces données, il est facile de se représenter le processus biogénétique général et d'en comprendre toutes les manifestations d'une manière purement mécanique, sans faire intervenir d'autres forces que celles inhérentes aux Plastidules et celles qui, venues du dehors, s'unissent à elles et les modifient.

Évolution phylogénétique des organismes. — Les premiers organismes, simples cytodes, ou Monères, c'est-à-dire petites masses de plasson (protoplasma primordial sans noyau) ne sont que des amas de Plastidules [2].

Ces petits organismes ont des caractères qui sont l'expression directe des mouvements combinés de leurs Plastidules, comme les caractères du cristal dépendent de ses molécules et de leurs mouvements. Placés, dans un milieu nutritif convenable, ils augmentent de volume tout comme le cristal par dépôt, précipitation de nouvelles Plastidules qui se forment aux dépens du milieu nutritif et prennent, immédiatement et sous l'influence des Plastidules antérieurement formées, la constitution et le mode de mouvement de celles-ci [3].

les Plastidules possédassent la *vie* si leurs éléments constitutifs, les atomes, ne la possédaient pas. Comment se fait-il qu'elles puissent maintenant posséder la *mémoire* dont les atomes sont privés. La mémoire n'est cependant pas un degré plus ou moins élevé de la vie. Elle en diffère essentiellement. Il y a là une contradiction formelle.]

[1] [Il n'y a en tout cela aucune solution réelle de la difficulté qui consiste à concevoir comment les forces peuvent engendrer l'idée. Il appelle *Volonté* des atomes ce qui n'est qu'un mouvement purement mécanique et *Mémoire* des Plastidules ce qui n'est qu'un acte de vie végétative inconsciente. S'il appelle cela Mémoire, la vraie mémoire consciente n'est pas plus facile à comprendre après cela que s'il lui avait laissé son nom de Reproduction. [Il faut entendre ici cette Mémoire inconsciente au sens d'Ewald Hering (70). Hæckel diffère de Hering en ce qu'il n'accorde la Mémoire qu'aux Plastidules, c'est-à-dire au protoplasma sous ses diverses formes, et la refuse aux substances de l'organisme qui ne sont que des produits des cellules.]

[2] Les Plastidules sont là, placées côte à côte, sans arrangement spécial. Plus tard, dans un protoplasma plus différencié, elles pourront se disposer en files dessinant un réseau, mais ces groupements sont secondaires et n'ont aucune importance pour le résultat final.

[3] Mais tandis que le cristal s'accroît seulement à sa surface et par juxtaposition, le plasson s'accroît dans l'intérieur de sa masse et par intussusception. C'est une vraie assimilation. Ce mode d'accrois-

L'accroissement a pour conséquence la division de la petite masse individuelle en deux autres qui formeront deux individus distincts. C'est là la grande fonction qui distingue les organismes des objets non organisés, la *Reproduction*.

Tout cela s'applique naturellement aussi bien aux vraies cellules et à leur protoplasma qu'aux cytodes et au plasson.

L'*Hérédité* est la conséquence naturelle de ce mode de reproduction, car la cellule mère transmet aux cellules filles non seulement ses Plastidules, mais leur mode de mouvement, et avec lui, les caractères qui en sont l'expression.

L'*Adaptation* et la *Transmission des caractères acquis* s'expliquent mécaniquement par l'action des causes extérieures. Entre le moment de sa naissance et celui de sa division, la cellule est soumise aux influences extérieures; sa nutrition et son accroissement sont, pour une forte part, sous la dépendance des conditions ambiantes. Celles-ci se manifestent par des forces incidentes ou plutôt des mouvements imprimés aux Plastidules, qui se combinent avec les mouvements antérieurs de celles-ci en résultantes quelque peu différentes des mouvements primitifs. Ces changements se traduisent par une modification des caractères et la cellule se trouve, au moment de sa division, quelque peu différente de ce qu'elle était en naissant. Elle lègue ces caractères modifiés aux deux cellules filles issues d'elle. Celles-ci se comportent de même, et ainsi la modification va en s'accroissant de plus en plus.

Ces phénomènes expliquent la *Divergence des caractères* et la *Différenciation* en même temps que l'*Adaptation*, car, les deux cellules filles sont soumises à des conditions quelque peu différentes, elles se modifient dans deux sens quelque peu différents, et ces différences s'ajoutent les unes aux autres de génération en génération[1].

La différenciation rapide des éléments et des organes qui se fait au

sement est dû à la constitution, à la fois solide et pénétrable par les liquides, qui caractérise la substance organisée et qui provient de la présence du carbone dans sa molécule.

[1] Ces phénomènes de divergence et de différenciation progressive se produisent aussi bien chez les êtres pluricellulaires, dans leurs cellules issues les unes des autres par divisions successives et restant unies entre elles, que chez les unicellulaires où les cellules filles se séparent dès leur naissance pour former deux individus distincts.

Ainsi se sont produites les différenciations des cellules et des organes chez les êtres pluricellulaires, lentement et par une longue action des influences extérieures, au cours des générations successives.

cours de l'ontogénèse de chaque individu n'est que la répétition rapide et abrégée de la lente évolution phylogénétique[1].

La *Reproduction sexuelle* n'est que la fusion de deux protoplasmas dans laquelle les Plastidules, en se mélangeant, combinent leurs mouvements, suivant la règle du parallélogramme, en mouvements résultants qui tiennent à la fois des deux mouvements primitifs. Les caractères héréditaires du produit s'expliquent ainsi sans difficulté. On peut dire qu'ils représentent la *diagonale* des caractères des parents[2].

Les organismes supérieurs ont passé, dans leur développement phylogénétique, par tous les degrés inférieurs d'organisation. Dans leur ontogénèse, ils résument rapidement leur phylogénèse en sautant un grand nombre de stades. Tous ces stades successifs étant des acquisitions dues à la Mémoire inconsciente des Plastidules, on peut dire que, dans les êtres supérieurs, la Plastidule a *beaucoup appris et beaucoup oublié*, tandis que dans les inférieurs elle n'a *rien oublié mais peu appris*.

On voit que les faits biogénétiques s'expliquent tous par le mouvement des Plastidules et par sa variation. Ne serait-il pas possible de se faire une idée de la forme générale de cette variation dans l'ensemble du processus biogénétique des êtres à travers le temps et l'espace?

Si l'on considère l'ontogénie d'un organisme depuis l'œuf jusqu'à l'œuf, on voit que cette évolution a pour base un mouvement des Plastidules qui, peu varié et peu étendu dans l'œuf, va en se développant et se diversifiant de plus en plus, pour redevenir uniforme et limité dans l'œuf de la génération suivante. Ce mouvement forme donc dans son ensemble une *onde*, et cette onde est elle-même formée d'*ondes* plus petites correspondant à l'évolution individuelle des diverses cellules de cet organisme. La série des générations successives issues de cet individu formera une série d'*ondes composées*. A chaque représentant de l'espèce correspond une série à peu près semblable, et tous ces mouvements *ondulatoires* réunis forment celui de l'espèce. Mais l'espèce se modifie avec le temps;

[1] [L'auteur se flatte de donner une explication mécanique des phénomènes. Ici cette explication n'est pas mécanique du tout, car il faudrait montrer par quelles forces ou quels mouvements des Plastidules se manifeste la tendance des éléments à évoluer conformément à la loi biogénétique. Il dit seulement que la division du travail des éléments repose sur une division du travail de leurs Plastidules; mais cela ne donne pas la cause mécanique de cette division.]

[2] [Cette *diagonale* n'est qu'une image vague et superficielle. Ou trouver là la cause de cette variabilité extrême des caractères du produit, de la ressemblance exclusive avec l'un ou l'autre parent, avec un ancêtre, ou même un collatéral?]

les ondes successives qui la représentent ne sont pas identiques, leurs maxima et leurs minima ne sont pas en ligne droite; ils dessinent une *onde* plus étendue qui résume la vie de l'espèce. A chacune des formes successives qui, depuis l'origine de la vie, se trouvent sur la lignée ancestrale directe de cette espèce, correspond une *onde* analogue et toutes ces ondes forment une série qui se développe suivant une *onde* immense commençant aux temps primaires, se continuant à travers l'époque actuelle et s'enfuyant vers l'avenir. Et il est de même pour chaque espèce vivante ou ayant vécu.

Ainsi l'ensemble du processus biogénétique des êtres peut être conçu sous la forme d'un système d'*ondes* successives à la fois composées et ramifiées : composées en ce sens que les ondulations les plus petites se succèdent sur une ligne qui dessine des *ondes* de 2e ordre, lesquelles forment à leur tour des *ondes* de 3e ordre et ainsi de suite; ramifiées, par le fait que les ondes se dédoublent parallèlement aux ramifications de l'arbre généalogique des êtres, se superposant exactement à ses moindres rameaux comme à ses plus grosses branches; la ramification se continue même à l'intérieur des individus, en suivant la généalogie de leurs cellules dans leur ontogénèse.

Ce mouvement ondulatoire en vagues composées que nous retrouvons partout dans la Biogénèse doit être aussi celui des Plastidules elles-mêmes. Dans l'impossibilité où nous sommes de reconnaître par l'observation les caractères du mouvement individuel des Plastidules, nous sommes autorisés à supposer qu'il a, lui aussi, cette forme d'*ondulations combinées* qui se retrouve dans tous les phénomènes engendrés par lui. — [!!!].

Ce mouvement, perpétué par la génération, mérite de recevoir un nom qui sera en même temps celui de la théorie : la *Périgénèse*. « La Périgénèse, première et cette dernière cause efficiente du processus biogénétique, est la reproduction ondulatoire périodique des Plastidules ».

Critique.

Pour juger sainement la théorie de Hæckel, il faut bien distinguer les deux choses fort différentes qui sont en elles : d'une part, une tentative d'explication mécanique des phénomènes de la Biologie, plus ou moins heureuse, plus ou moins originale, mais en tout cas légitime; et, d'autre part, un exécrable fatras métaphysique indigne d'un naturaliste de ce siècle. Commençons par ce dernier pour débarrasser notre critique de ce qu'elle aurait le droit de rejeter sans examen.

Les molécules chimiques ne sont pas vivantes, elles ne peuvent ni se nourrir, ni grandir, ni se reproduire. Les particules initiales du protoplasma ont, au contraire, toutes ces propriétés. Aussi la plupart des théoriciens ont-ils jugé nécessaire de leur attribuer une constitution physico-chimique particulière, différente de celle des molécules ordinaires des chimistes, pour rendre compte de ces propriétés. Hæckel ne prend pas cette peine, il déclare que ses Plastidules sont de simples molécules chimiques et, en place d'explication, fait papillotter devant les yeux du lecteur toute une fantasmagorie où il confond les choses les plus distinctes et change les noms des choses les mieux définies. La vie d'après lui se caractérise par deux propriétés essentielles, la sensation et la volonté. Les Plastidules sentent et veulent. Mais il est d'avis que des propriétés aussi essentielles ne sauraient se montrer dans un agrégat tel que les Plastidules si elles n'existaient pas, au moins à un état rudimentaire, dans ses éléments constituants, les atomes. Cependant les atomes ne sentent ni ne veulent. Comment sortir de ce dilemme? Le moyen est bien simple : il donne le nom de *sensation* à l'impression exercée sur les forces atomiques par les forces incidentes qui agissent sur elles, et celui de *volonté* au mouvement d'attraction ou de répulsion qui résulte de cette modification des forces. — Ce n'est pas une explication, c'est un escamotage[1].

HÆCKEL reconnaît aux Plastidules une troisième propriété, la Repro-

[1] Hæckel a raison d'ailleurs de ne trouver aucune différence essentielle entre les atomes et les organismes supérieurs sous le rapport de la volonté; mais ce n'est pas parce que les atomes ont une volonté comme les organismes supérieurs, c'est parce que ceux-ci n'ont pas plus de volonté que ceux-là.

Tous nos actes sont dirigés par des mobiles entre lesquels, inertes comme une balance, nous oscillons tant qu'ils se font équilibre et penchons fatalement vers les plus forts. Dire que nous pourrions faire autrement serait admettre un effet sans cause. On dit que nous sommes sans volonté, quand nous sommes ainsi faits que les motifs passionnels ou les conseils des premiers venus ont sur nous une influence prépondérante; que nous sommes versatiles, quand nous sommes, alternativement et selon la disposition de notre esprit, sensibles à des motifs d'ordre différent ou à des conseils contradictoires ; que nous avons une volonté ferme, lorsque les motifs qui ont le plus de prise sur nous sont ceux qui ont leur origine dans un jugement calme et toujours semblable à lui-même. Mais quel que soit le cas, nous cédons toujours aux mobiles les plus puissants. La volonté, telle qu'on l'entend dans le monde, implique le libre arbitre dont on a depuis longtemps fait justice. C'est un mot que n'a pas de sens. Les personnes qui y croient se font illusion quand elles s'imaginent comprendre ce qu'elles affirment.

duction. Il ne l'explique d'ailleurs pas plus que les autres, à moins que l'on considère comme une explication de changer son nom en celui de *Mémoire*. Les Plastidules ont la mémoire, les atomes ne l'ont pas. Mais comment se fait-il que les Plastidules puissent posséder cette propriété si les atomes ne l'ont pas? Cela était impossible, il y a un instant, pour la sensation et la volonté, comment cela se trouve-t-il possible maintenant pour la mémoire. On le concevrait si la mémoire n'était qu'un degré plus avancé de la sensation ou de la volonté, mais Hæckel ne va pas jusqu'à prétendre qu'il en soit ainsi. En sorte qu'il n'y a là qu'une simple affirmation, doublée d'une contradiction avec un principe précédemment admis[1].

Passons à la partie positive de la théorie, à la tentative d'explication mécanique des phénomènes vitaux. H. Fol (79) n'est pas juste lorsqu'il reproche à Hæckel d'avoir simplement présenté sous un autre nom la *Force vitale*. C'est, au contraire, son mérite d'avoir cherché à substituer à cette entité métaphysique un mouvement vibratoire ayant son siège dans des particules matérielles. Mais son idée n'est pas originale, car Erlsberg (74-76) avait déjà proposé la même explication [2].

[1] Cette idée de la mémoire inconsciente, propriété universelle de tout ce qui est organisé, est empruntée par Hæckel, qui ne s'en cache pas d'ailleurs, à Hering (70) et l'on trouve cette idée déjà indiquée par Maudsley et par Paget. D'après Hering, la mémoire, d'abord consciente, devient inconsciente à la longue, comme le montrent l'exercice de tout travail et celui de la musique en particulier. Tout acte qui se répète souvent imprime dans le système nerveux une modification qui facilite sa reproduction inconsciente. Ces modifications sont héréditaires et constituent une tendance à la répétition inconsciente de certains actes, qui constitue l'instinct. Cette mémoire n'appartient pas seulement aux êtres doués d'un système nerveux, elle se retrouve dans tout ce qui est organisé et vivant.

L'idée de Hering a été adoptée, en outre de Hæckel, par plusieurs auteurs. Butler (78, 79) admet une mémoire inconsciente des actes habituels, se transmettant par la génération et rendant facile la répétition de ces mêmes actes sans éducation antérieure. W. Henschel (80) adopte non seulement la mémoire inconsciente de Hering, mais aussi les Plastidules de Hæckel, mais il laisse aux physiciens le soin de déterminer les caractères du mouvement de ces particules. Enfin nous verrons bientôt qu'Orr (93), dans son remarquable travail, a fortement subi l'influence de Hering.

[2] Hæckel se défend d'avoir copié Erlsberg et trouve entre ses Plastidules et celles de cet auteur cette différence que celles-ci ne peuvent transmettre les caractères paternels et ancestraux qu'en passant matériellement du père ou des ancêtres à l'enfant, tandis que les siennes transmettent surtout la forme de mouvement, qui seule détermine les caractères. Mais Erlsberg répond, avec raison, que cette distinction n'a rien d'absolu, puisque les Plastidules, représentant les caractères ancestraux, sont souvent, dans son système, de formation récente et ne sont que des reproductions identiques de ces

La seule différence essentielle entre la Périgénèse de Hæckel et la théorie d'Erlsberg consiste en ce que le premier a cherché à déterminer la forme du mouvement des Plastidules, ce que ce dernier n'a pas fait.

Mais l'innovation n'est pas heureuse. Nous n'avons pu nous retenir de souligner par trois points d'exclamation le raisonnement incroyable par lequel l'auteur arrive à déterminer ce mouvement[1].

Voici en deux mots ce raisonnement : l'évolution cellulaire ontogénétique, celle des individus d'une espèce, celle des espèces du genre, celle des genres de la classe, en un mot toutes les ontogénèses et toutes les phylogénèses peuvent se représenter par des courbes onduleuses ayant des maxima et des minima successifs ; tous les grands phénomènes biogénétiques sans exception ont la forme ondulatoire : donc il doit en être de même pour le mouvement des Plastidules[2].

C'est comme si l'on disait : tous les mouvements de cette horloge sont des rotations continues, donc le mouvement du poids moteur caché aux yeux est aussi rotatoire. Mais l'exemple est trop favorable, car les mouvements des rouages de l'horloge sont réels, tandis que les ondulations des courbes ontogénétiques et phylogénétiques sont la représentation conventionnelle de leurs variations ; c'est comme si l'on disait : l'accroissement du blé semé en terre se fait suivant une courbe dont les ondulations correspondent aux jours et aux nuits, aux temps chauds et aux temps froids, aux journées sèches ou humides ; la production totale suit une courbe analogue ayant ses maxima au moment de la récolte et ses minima au moment de la semence ; l'enveloppe des maxima suit aussi une courbe semblable ayant ses maxima aux années de belle récolte et ses minima en temps de disette. Cela nous autorise à admettre que le mouvement moléculaire qui préside à la germination est, lui aussi, une ondulation.

En somme, si l'on compare la théorie de Hæckel à celle d'Erlsberg, on trouve qu'elle contient des parties bonnes et des parties neuves, mais les parties bonnes ne sont pas neuves et les parties neuves ne sont pas bonnes.

Plastidules ancestrales dont elles ont pris les caractères en se formant à côté d'elles.

[1] NÆGELI (84) en a déjà bien mis en lumière le vice qui d'ailleurs saute au yeux.

[2] Voici les paroles mêmes de Hæckel : « In gleicher Weise ist die Ontogenie eine verzweigte Wellenbewegung, in welcher die *Plastiden* (Zellen) den einzelnen Wellen entsprechen, und da die *Plastide* das Product aus den activen Bewegungen ihrer constituirenden *Plastidule* ist, so muss auch die unsichtbare Plastidulbewegung eine verzweigte Wellenbewegung sein. »

THÉORIES SE RATTACHANT A LA PÉRIGÉNÈSE.

[On n'a le droit d'appeler *périgénistes,* au sens étroit de ce mot, que les théories qui reconnaissent l'existence des Plastidules ou de particules analogues, siège des forces et des mouvements d'où résulte la vie. Cependant, ce qu'il y a d'essentiel dans la Périgénèse, c'est moins la particule que le mouvement vital. Aussi, en étendant un peu l'acception du terme, est-il permis de lui rattacher les théories fondées sur l'existence de ce mouvement, même lorsqu'elles ne spécifient pas s'il y a dans la substance vivante des particules spéciales qui en soient les facteurs.

[En nous plaçant à ce point de vue, nous pouvons examiner ici les théories de His, de Cope, d'Orr et même de P. Mantia].

HIS (1875)

Théorie de la propagation ondulatoire de l'excitation organogène aux circonscriptions du germe.

[His ne se propose pas un problème aussi général que ses devanciers. Il n'a en vue que l'ontogénèse et plus particulièrement la différenciation anatomique. Mais, comme il aboutit à des conclusions tout à fait générales sur la vie et l'Hérédité, son système mérite de prendre place parmi les théories générales] [1].

Exposé de la théorie.

Proposons-nous la solution du problème suivant : étant donné un germe d'une constitution initiale déterminée, trouver les causes des formes successives qu'il revêt pendant son développement et de la forme définitive à laquelle il aboutit. Ces causes doivent être tout mécaniques et dépendre uniquement de l'inégalité de croissance du germe en ses différents points [2].

[1] [Le travail de His (75) est antérieur d'une année à celui où Hæckel (76) a lancé la Périgénèse. Il n'a donc pas pu être influencé par lui; il ne l'a pas été davantage par celui d'Erlsberg que His paraît n'avoir connu. D'ailleurs Hæckel n'a pas non plus subi l'influence du travail de His, paru si peu avant le sien; en sorte que, malgré leurs ressemblances, les deux théories sont entièrement indépendantes].

[2] On dit souvent que la *Loi biogénétique,*

La forme de l'embryon diffère considérablement de celle de l'animal parfait. Cependant tous les organes, toutes les parties de celui-ci, sont représentés dans celui-là sous une forme et avec des rapports différents [1].

L'accroissement des diverses parties, bien qu'il soit continu et se fasse à chaque instant en chaque point, n'est nullement uniforme. Il est même extrêmement varié. A un moment donné, certaines aires s'accroissent avec activité tandis que d'autres sont au repos; un peu plus tard, certaines de celles-ci pourront entrer en action, tandis que certaines des premières passeront à l'état de repos; et le rythme suivant lequel se font ces passages du repos à l'activité et de l'activité au repos est extrêmement compliqué pour l'ensemble du germe, dans l'espace et dans le temps.

Si l'accroissement était uniforme, le germe conserverait indéfiniment cette forme de lame mince sub-circulaire qu'il offre au début sur l'œuf de l'Oiseau par exemple. Mais nous venons de voir qu'il n'en est pas ainsi et, de l'inégale vitesse de l'accroissement dans les différents points, va résulter une modification de la forme. Supposons, en effet, que, dans cette lame mince, une aire limitée et située ailleurs qu'à la périphérie vienne à entrer en voie d'accroissement actif, tandis que le reste s'accroîtra peu ou point. Maintenue par ses bords, elle ne pourra s'étendre dans le plan et sera forcée de s'élever en dôme ou de s'enfoncer en cul-de-sac.

imaginée d'abord par Fritz Müller dans son *Für Darwin* et développée ensuite par Hæckel, fournit l'explication de ces formes successives. Mais il faut ici distinguer. L'explication fournie par la loi biogénétique ne dispense pas de chercher les causes *immédiates* du développement. Ces causes immédiates ne sauraient être contenues dans la loi en question. Celle-ci n'intervient que *médiatement* et en déterminant une constitution particulière du germe initial. Mais, ce germe étant donné, on peut se demander quelles causes le poussent à parcourir un cycle évolutif déterminé aboutissant à une certaine forme définitive.

[1] Plus on remonte vers l'origine du développement, plus cette forme et ces rapports diffèrent, si bien que, dans les stades très jeunes, on ne saurait reconnaître les parties futures si les stades intermédiaires n'en donnaient pas le moyen. On doit évidemment admettre que la chose est encore vraie lorsque le développement n'a encore dessiné aucune partie définie et que, dans le germe en apparence homogène, chaque partie du futur animal est déjà représentée par une partie déterminée. Ainsi, par exemple, dans la lame ectodermique uniforme qui, à un moment, forme la couche externe de l'embryon, bien que le système nerveux, l'épiderme de la tête, du tronc, des membres, etc., ne soient nullement indiqués, ces différentes parties n'en sont pas moins, dès l'origine, représentées en lui par des parties différentes et, si l'on connaissait à fond le développement, on pourrait, sur cette lame uniforme, dessiner ce qui deviendra le cerveau, la moelle, l'épiderme du ventre, celui des flancs, des jambes et même celui de tel point de telle phalange de tel doigt de la main. Il en est de même pour tous les autres tissus.

La modification ainsi produite sera d'abord peu sensible, mais il est aisé de comprendre qu'avec ce simple processus, appliqué de façon variée aux divers points et aux divers stades, on peut obtenir toutes les formes imaginables. Le germe se comporte, dans son ensemble, comme une lame élastique ou plutôt malléable à la manière du papier mouillé, obligée de s'étendre dans une enceinte trop étroite, d'où la nécessité de s'incurver, et de former des replis multiples. En outre, chacun de ses points se comporte individuellement de la même manière et ne peut s'accroître plus que les parties voisines sans former lui aussi des replis secondaires[1].

La forme de chaque partie est donc la résultante de deux actions : l'une qui a son siège en elle-même, ses vitesses d'accroissement aux différentes périodes de l'ontogénie ; l'autre, qui est pour elle une condition ambiante, c'est la réaction des parties voisines s'accroissant plus ou moins vite qu'elle. Chaque cellule même a sa forme déterminée par ces deux ordres de causes.

En somme, nous voyons que deux principes suffisent à expliquer toutes les particularités du développement, l'un est celui de la *Définition des aires* (*Princip der Organbildenden Keimbezirke*), l'autre celui de la *Non-uniformité de l'accroissement* (*Princip des ungleichen Wachsthum*).

La théorie de la Génération se trouve considérablement allégée par la découverte de ces deux principes. Il n'y a plus à se demander pourquoi et comment se forment chez le produit, un nez, des poils, des dents, etc., etc., semblables à ceux des parents ; il n'y a pas à imaginer des relations compliquées unissant chaque caractère ou chaque organe de l'in-

[1] Ces replis ont, tantôt la forme de lames, comme les lames ventrales et les membranes annexes de l'embryon, tantôt celle de tubes, comme le système nerveux ou l'appareil intestinal, tantôt celle de poches comme les poumons et toutes les glandes. En outre, les lames se dédoublent, les replis pénètrent les uns dans les autres, se soudent entre eux, les tubes se coudent, les poches se ramifient. Il est aisé d'énumérer des exemples de ces divers cas. La formation des feuillets, le clivage du mésoderme ne sont que des effets de dédoublement et de glissement dans une lame épaisse dont les deux faces ont une vitesse inégale d'accroissement ; l'incurvation céphalique n'est qu'un effet de l'accroissement énorme de la parti antéro-dorsale du tube neural ; la face tout entière ne se forme que par la soudure de replis ou bourgeons poussant l'un vers l'autre ; enfin la ramification des poumons et des glandes en grappe ou en tube est déterminée par le simple accroissement, varié suivant les points, de la poche initiale qui les représente au début.

[His attribue l'iniative de l'accroissement aux diverses parties du germe, par régions ; Remak (50 à 55) l'attribuait aux lames épithéliales seules qui entraîneraient à leur suite les éléments mésodermiques ; Boll (76) aux actions toujours combinées du feuillet principal et de la lame mésodermique qui l'accompagne].

dividu avec ceux de ses procréateurs; il n'y a pas à supposer que chaque partie du corps est représentée dans le germe par une particule définie, douée d'une puissance évolutive déterminée, qui doive la conduire à revêtir la forme qui lui convient. Il suffit que le germe, doué d'une constitution initiale déterminée, soit lancé une première fois dans la direction de développement convenable pour qu'il achève seul de parcourir la carrière. Les formes des organes se dessineront d'elles-mêmes, les caractères apparaîtront naturellement par le seul effet des variations combinées des vitesses d'accroissement aux différents stades en les différents points.

Pour rendre la chose plus claire, on peut comparer l'ontogénie au mouvement ondulatoire produit dans un bassin plein d'eau par des pierres qu'on y laisse tomber. La première pierre produit un système de vagues qui se développent suivant une loi simple. La seconde développera de nouvelles vagues qui se croiseront avec les premières réfléchies par les parois et interféreront avec elles; les suivantes feront de même. Au bout d'un certain nombre de jets, la surface de l'eau aura pris une forme extrêmement compliquée, dépendant du lieu et du moment où sont tombées les pierres. La forme obtenue sera différente si, au lieu d'eau, le bassin contient de l'alcool ou de l'huile ou tout autre liquide, plus ou moins dense, plus ou moins visqueux que l'eau. Ce liquide représente le germe et les pierres représentent les centres d'accroissement à vitesse variée qui se produisent en lui pendant le développement. Mais, pour que la comparaison ait quelque justesse, il ne faut pas prendre de l'eau ou tout autre liquide homogène; il faut imaginer un liquide extrêmement complexe dont la densité, la viscosité et bien d'autres qualités encore varient à chaque instant dans les divers points de sa masse. Alors un seul jet de pierre pourra dessiner à sa surface des figures d'une complexité extrême.

On comprend que, quelle que soit la constitution du liquide, deux pierres semblables jetées au même point produiront des dessins identiques, si chacune d'elles trouve le liquide au repos. Il n'y a donc pas à s'étonner que l'œuf d'une espèce animale, mis à incuber, développe un être ayant tous les caractères de cette espèce, car ces caractères sont le résultat d'actions mécaniques successives définies, dont chacune entraîne la suivante jusqu'au bout, sans qu'il soit nécessaire d'invoquer une influence continue de l'organisation des parents ou ancêtres sur celle du produit[1].

[1] Le problème ne serait pas aussi simple si les caractères acquis étaient héréditaires. *Mais ils ne le sont pas*. Il ne faut pas confondre avec ces caractères acquis, dont la transmission serait inexplicable, ceux qui proviennent de particularités

La comparaison du développement avec un mouvement ondulatoire, s'étend à la phylogénie. La succession généalogique des formes individuelles peut être représentée par une série de vagues. Chaque vague correspond à un individu. Dans un espace pas trop étendu, les vagues se ressemblent, sans être identiques cependant, ce qui laisse place à la variation individuelle causée par la diversité des influences extérieures qui agissent sur les germes pendant leur développement. Mais deux vagues séparées par un espace suffisamment étendu, diffèrent par autre chose que des différences superficielles et leurs différences sont l'image de celles qui distinguent les espèces appartenant à une même lignée généalogique.

En somme, l'Hérédité peut être définie : *La transmission d'une forme particulière de mouvement.*

Critique.

Comme dans celle de HÆCKEL, il y a deux parties distinctes dans la théorie de HIS : une explication de l'Ontogénèse et une hypothèse sur l'Hérédité. His admet que l'œuf fécondé est simplement une substance hétérogène de constitution déterminée. Chaque point correspond à une partie déterminée de l'organisme futur et possède, à titre de propriété individuelle, une tendance à s'accroître avec des vitesses variées selon les moments de l'ontogénèse, d'après un rythme compliqué et déterminé d'avance dans ses moindres variations. C'est là une idée lumineuse et, avec cette simple hypothèse, His nous conduit, sans rencontrer d'obstacles, de l'œuf, simple masse sphérique, jusqu'à l'organisme développé avec ses infinis détails de structure.

C'est là le premier point, c'est la partie solide de la théorie[1].

attribuables au germe, comme la sex-digitation, ou ceux sur lesquels opère la Sélection naturelle ou artificielle.

[1] [Cependant il y a quelques remarques à faire sur cette explication de l'Ontogénèse. His fait jouer un trop grand rôle aux tensions de voisinage dans la formation des replis. Dans la plupart des cas, la forme des parties est due uniquement aux vitesses d'accroissement. Quand se forment les bourgeons de la face, les doigts, etc, aucune pression extérieure ne détermine le nombre, la forme; la direction de ces saillies. Il en est de même pour tous les bourgeons pleins. La plupart des replis sont dans le même cas, l'allantoïde se réfléchit, il est vrai, contre la face interne de l'amnios, mais elle n'en a pas moins une forme déterminée avant de l'avoir atteint.

Certainement, la pression ou la traction des parties voisines joue un rôle bien moins important que la localisation de l'accroissement.

Le second point est une tentative pour deviner les causes de cette variation rythmée des vitesses d'accroissement de chaque partie aux stades successifs de l'ontogénèse.

His admet que les diverses parties de l'œuf diffèrent les unes des autres par des propriétés physiques telles que la densité, la viscosité, l'élasticité, et autres du même genre et constituent un ensemble très hétérogène, et que la vie est un mouvement ondulatoire, de forme particulière, déterminant une tendance à l'accroissement. Dès lors, si la structure était homogène, l'ondulation serait régulière, et l'accroissement uniforme, mais la diversité des propriétés physiques dans les différents points occasionne, ici des retards, là des accélérations, qui se répercutent, interfèrent de mille façons, et sont la cause des inégalités rythmées des vitesses d'accroissement. La différenciation anatomique d'où résulte la structure des organismes a ainsi deux facteurs, un matériel, inerte, la structure des protoplasmes, un dynamique, le mouvement ondulatoire initial, qui est la base mécanique de la vie.

Cela est certainement simple et ingénieux, supérieur, à mon sens, à tout ce que nous avons rencontré jusqu'ici, mais il s'en faut de beaucoup qu'il y ait là une solution complète du problème, et bien des objections se dressent contre une explication aussi simpliste de choses aussi compliquées. Remarquons d'abord que la forme du mouvement ondulatoire communiqué au système ne paraît pas jouer grand rôle. Toute la variété dans les effets trouve une cause suffisante dans la variation des vitesses d'accroissement, qui dépend uniquement de la structure du protoplasma de l'œuf. Il en résulte que l'on peut supprimer cette spécificité du mouvement et sa forme ondulatoire qui n'expliquent rien et compliquent les choses par une hypothèse inutile et sans aucune précision.

Or qu'est ce mouvement, s'il est le même chez tous les êtres?

C'est la vie, se manifestant par une tendance à l'accroissement.

Le mérite de la théorie est donc d'avoir montré qu'en considérant la vie comme un mouvement se propageant dans la substance organisée, on explique, par l'hétérogénéité de cette substance, la variation des vitesses de propagation de ce mouvement et, par l'inégalité des vitesses d'accroissement, la différenciation anatomique. Mais cela n'est plus tout à fait l'idée même de His.

Par son explication mécanique de l'ontogénèse, His s'éloigne des Périgénistes et mériterait de prendre place parmi les Organicistes.

[La théorie de la *Mémoire inconsciente* était restée, avec HERING et HÆCKEL dans les nuages de la Métaphysique. Quelques auteurs ont cherché à la ramener sur terre et à lui donner une expression sinon mécanique, du moins physiologique.

[De ces tentatives sont nées les théories de COPE et d'ORR].

COPE (1885)

Théorie de la Cinétogénèse et de la Catagénèse.

Exposé.

On admet, en général, que les premières manifestations vitales du protoplasme à l'origine de la vie sur la terre ont été l'*irritabilité* et le *mouvement*, mais automatiques, sous la forme de réactions presque physiques, et que la *conscience* n'est venue que plus tard, lorsque l'organisation est devenue plus parfaite et plus compliquée. C'est le contraire qui est vrai.

La conscience est la première, la plus élémentaire manifestation de la vie. Mais toute manifestation vitale devient, par un fréquent usage, à la longue, inconsciente et tombe dans le domaine de l'automatisme. D'autre part, à mesure que les organismes se perfectionnent et que les anciennes acquisitions deviennent inconscientes et automatiques, de nouvelles se montrent, conscientes et volontaires, et c'est ainsi que se fait le progrès de l'évolution physiologique. Chaque acquisition nouvelle finit par tomber au rang inférieur de l'automatisme et de l'inconscience, mais, à cet état, elle sert de plate-forme, plus élevée que la précédente, pour monter plus haut. Le phénomène général du processus est donc une spécialisation de l'énergie par métamorphose rétrograde à laquelle on peut donner un nom qui deviendra celui de la théorie : la *Catagénèse*. Ce processus est général et se rencontre aussi dans la nature inanimée où toute action physique ou chimique tend vers un état plus simple et plus stable que le précédent.

La vie a sans doute apparu sur la terre, comme l'admet Sir W. THOMPSON, par du protoplasma apporté des espaces interplanétaires par des météorites. Les plantes se sont formées de ce Protoplasma primitif par le développement d'une énergie chimique qui leur a permis de décomposer les matières carbonées et azotées du genre de l'ammoniaque et transformer ainsi les substances chimiques mortes en substances vivantes végétales qui ont ainsi envahi, comme un incendie, la terre entière. Dès le début, tous ces phénomènes sont tombés dans le domaine de l'inconscient. D'autres masses protoplasmiques ont sans doute, au début et par hasard, mangé leurs semblables et, ayant trouvé là des sensations agréables, ont continué et s'en sont fait une habitude. L'énergie ne se dépensait pas tout entière dans la recherche et l'élaboration d'une alimentation si riche et si aisée; elle a pu donner naissance à de nouvelles manifestations conscientes à mesure que les anciennes devenaient inconscientes.

Comme, d'autre part, en vertu de la théorie de la *Cinétogénèse*, c'est la fonction qui fait l'organe, il se trouve que l'évolution morphologique, elle aussi, repose sur la Catagénèse[1].

[Quelques années plus tard, COPE (89) complète sa théorie en cherchant à rendre compte de la transmission des caractères acquis, qu'il croit être la base nécessaire de toute théorie de l'Évolution. Pour cela, il imagine une énergie spéciale, le *Bathmisme* (Bathmism) ou « localisation de la « force de croissance »].

Théorie du Bathmisme et de la Diplogénèse.

Exposé.

Le Bathmisme n'a qu'une ressemblance éloignée avec la force de cristallisation, mais il est au fond de même nature. On peut le définir : « ce mode de mouvement des molécules du protoplasma vivant par lequel celui-ci s'organise en un tissu, en un point déterminé et non ailleurs ». La *Plastidule* est l'unité organique matérielle et le *Bathmisme* est sa propriété essentielle.

Les efforts conscients de l'individu pour s'adapter se traduisent par un mouvement dans le protoplasma de ses cellules. Ce mouvement se transmet, par la nutrition et le système nerveux, au Plasma germinatif et produit une modification du mouvement antérieur des Plastidules de ce plasma. Cette modification constitue dans le Plasma germinatif le *souvenir inconscient* de la modification adaptative du corps. Le mouvement total des Plastidules du Plasma germinatif se compose des mouvements successifs

[1] Cette théorie est de Lamark, mais l'auteur (71) l'a conçue indépendamment.

qui leur ont été ainsi communiqués pendant l'évolution phylogénétique de l'espèce ; il constitue donc une *mémoire inconsciente* de la Phylogénèse qui est la base du Bathmisme. Cette mémoire inconsciente ne diffère pas au fond de la mémoire consciente. Celle-ci est un arrangement moléculaire tel qu'il n'en puisse sortir qu'un mode donné de mouvement. Il en est de même pour la mémoire inconsciente du Bathmisme. Dans celui-ci, le mouvement produit est l'Évolution.

L'Évolution est lente parce que la modification adaptative ne se transmet que très atténuée au Plasma germinatif. Si le Soma acquiert A, le Plasma germinatif ne reçoit que *a*. Le Soma qui était S avant l'acquisition de A devient S + *a* à la génération suivante au moment de la naissance. Mais ce Soma acquiert encore A et devient S + *a* + A et le Plasma germinatif devient S + 2 *a* et ainsi de suite. C'est cette double évolution parallèle du Plasma germinatif et du *Soma* qui constitue la *Diplogénèse*[1].

[Il y a là quelques idées ingénieuses et profondément vraies. Il n'est pas douteux qu'une bonne partie du mécanisme physiologique des êtres vivants repose sur la transformation de phénomènes jadis difficiles à provoquer en phénomènes automatiques se produisant sous l'action des moindres excitations. Mais est-il besoin de faire remarquer que l'auteur ne nous apprend ni ce qu'est ce mode de mouvement merveilleux qui produit l'Évolution et dont les modifications engendrent les progrès de celle-ci, ni comment A engendre *a*, et non *b*, c'est-à-dire une modification non *réversible?* C'est là le vif de la question et Cope ne nous donne qu'un mot là où nous voudrions une explication.]

ORR (1893)

Théorie de l'action morphogène du fonctionnement habituel.

Exposé.

La loi générale. — Toutes les fois qu'un agent physique est appliqué à un corps inorganique, toutes les fois qu'un stimulus physique ou physio-

[1] [Dans un travail plus récent, Cope (89_2) a montré comment, par le seul développement des parties proportionnellement à leurs excitations fonctionnelles, on pouvait expliquer la forme des os, des dents, la configuration des articulations, etc., en supposant bien entendu l'hérédité des modifications acquises.]

logique est appliqué à un être vivant, il se produit certains phénomènes visibles dont l'agent ou le stimulus est la cause [1].

Ce sont les effets extérieurs; et d'ordinaire ce sont les seuls dont on tienne compte. Or il existe, en outre, certains effets intérieurs beaucoup plus minimes mais plus durables, qui sont d'une haute importance dans la question qui nous occupe. Ce sont des modifications moléculaires très faibles mais rigoureusement déterminées par la nature de l'agent et les conditions de son action et qui persistent dans le corps après que l'agent a cessé d'agir [2].

[1] Quand on approche un barreau de fer d'une aiguille aimantée celle-ci est déviée; et, quand on éloigne le barreau, revient à sa position première après une série d'oscillations. Quand on tord un fil vertical tendu par un poids, et qu'on l'abandonne à lui-même, le fil se détord, puis dépassant la position première se tord de nouveau et ainsi de suite mais de moins en moins jusqu'à ce qu'il s'arrête tout à fait. Si on expose une plante à la lumière, les actions nutritives s'accélèrent en elle et la sève monte avec plus de force vers les sommets de ses branches; si on la place à l'obscurité l'inverse se produit.

[2] Ainsi dans le fil métallique tordu dont nous parlions tout à l'heure, le milieu de la course entre les points extrêmes D et G (fig. 36) où la rotation change de sens ne correspond pas à la position initiale A du fil. Il est déplacé du côté de la première torsion en a_1; à chaque oscillation ce point se rapproche a_2, a_3, a_4..., de la position initiale, mais sans jamais l'atteindre. Lorsque le fil est arrivé à l'état de repos, il reste légèrement tordu du côté de la torsion initiale. Mais ce repos n'est qu'apparent, le fil continue à se détordre avec une lenteur extrême et ce n'est souvent qu'après des heures, des jours ou même des semaines que toute trace de déformation a enfin disparu. — Si on maintient le fil tordu de 90° à droite pendant six heures, puis qu'on le maintienne tordu de 90° à gauche pendant un quart d'heure et qu'on le laisse alors revenir lentement à la position initiale sans lui permettre des oscillations alternatives, il se trouve alors comme dans le cas précédent en état de repos, mais de repos apparent seulement; il continue à tourner avec une grande lenteur et ce qu'il y a de remarquable, c'est que son mouvement est influencé par la première torsion à droite, bien que cette torsion ait été entièrement effacée par une torsion

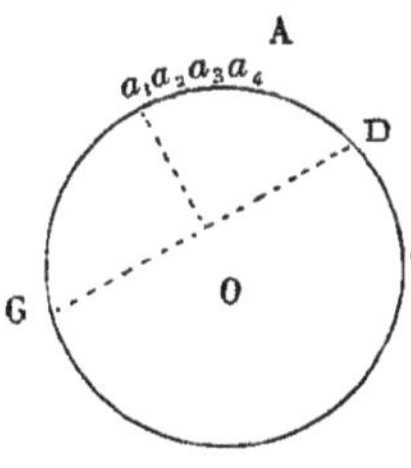

Fig. 36.

égale en sens inverse. Il continue, en effet, à tourner très lentement vers la droite, ce qui n'est pas très extraordinaire, puisque c'est la continuation du mouvement précédent. Mais bientôt il s'arrête et se met à tourner vers la gauche. Or c'est là ce qui est remarquable, car il n'y avait pas dans le mouvement précédent de vitesse acquise. C'est donc un effet tardif de la première rotation initiale à droite.

Ce fil a acquis un état moléculaire nouveau très complexe, qui est le reflet de son histoire (Tait) [on pourrait presque dire son ontogénie].

Lorsque les rayons solaires frappent un

Dans les corps organisés vivants composés de substances demi-visqueuses, très complexes et très instables, ces phénomènes prennent beaucoup plus d'importance et leur durée s'étend beaucoup plus loin. Les expériences de DETMER sur les *Helianthus*, *Ricinus*, *Cucurbita* (v. p. 220) nous montrent la périodicité des mouvements nutritifs due aux alternances du jour et de la nuit se continuant à l'obscurité pendant plusieurs jours. Celle de PFEFFER sur les *Mimosa pudica* (v. *ibid*) nous montre une action semblable dans des mouvements d'un ordre un peu plus élevé. Mais c'est surtout chez les animaux et dans les actions nerveuses que ces phénomènes deviennent tout à fait remarquables. Les mouvements associés qui constituent la marche, la parole, l'écriture, le jeu des instru-

corps, ils l'éclairent. Lorsque ce corps passe ensuite à l'obscurité il cesse d'être éclairé. Mais son état moléculaire a subi une faible modification durable. Ainsi, exposez au soleil une gravure qui est restée longtemps dans la chambre noire, en maintenant une de ses moitiés recouverte par un écran opaque, puis reportez-la dans la chambre noire, enlevez l'écran et recouvrez-la d'une feuille de papier photographique. Sur cette dernière apparaîtra une pâle reproduction de là partie exposée au soleil. Si vous mettez la gravure en contact avec une simple feuille de papier blanc, puis celle-ci avec une feuille de papier photographique, on aura encore une image, bien qu'à peine sensible, de la partie de l'estampe qui a été éclairée (Niepce de Saint-Victor). De même l'électrisation laisse dans les métaux des traces durables de son passage.

On pourrait multiplier ces exemples. MAXWELL (Bristish Encyclopedia) explique ces phénomènes en supposant que les corps solides sont composés de deux sortes de groupes de molécules. Les uns sont solides, unis entre eux en un réseau squelettique qui donne au corps sa forme permanente et sa solidité. Sous l'influence des actions mécaniques, le réseau cède mais revient à sa forme première. S'il existait seul, le corps serait d'une élasticité parfaite jusqu'à la limite de rupture. Les autres groupes, au contraire, sont formés de molécules très faiblement liées entre elles. Sous l'action des efforts, ils se dissocient et se reconstituent sous une nouvelle forme où les tensions sont égales en eux dans tous les sens. Même les simples mouvements moléculaires dont tout corps est le siège suffisent à les rompre, mais ils se reconstituent aussitôt dans une position d'équilibre. S'ils existaient seuls le corps serait entièrement visqueux.

Quant un corps constitué par ces deux sortes de groupes (avec d'autres intermédiaires) est soumis à une action mécanique, le réseau cède et, dès que l'action a cessé, tend à revenir à sa forme première. Mais les groupes visqueux qui ont cédé et se sont reconstitués sous une nouvelle forme constituent une résistance, en sorte que le réseau élastique ne retourne pas tout à fait à sa position première. Mais sous l'action de cette faible tension élastique qui réside dans le réseau tant qu'il n'a pas repris sa position initiale, les groupes visqueux cèdent peu à peu et se reconstituent sous une forme nouvelle où la résultante des tensions est nulle, faisant disparaître un à un les éléments de cette résistance. Lorsque tous les groupes visqueux ont cédé, rien ne contrarie plus l'élasticité parfaite du réseau solide et le corps atteint enfin la forme de son état initial.

ments de musique, sont si complexes, qu'au début, ils présentent des difficultés insurmontables. Mais chaque exécution rend la suivante plus facile et, au bout d'un temps suffisant, la chose devient si aisée qu'on la fait sans même y appliquer son attention. Toute action provoque de la part de l'organisme une réaction définie, et celle-ci, en s'accomplissant, produit en lui des changements moléculaires qui en rendent plus facile la reproduction. Ces changements moléculaires ont même pour effet de lier de telle manière les réactions successives produites en réponse à une série d'excitations toujours les mêmes, qu'à la fin il suffit de produire l'excitation initiale pour obtenir la série complète des réactions habituelles [1].

Ainsi « toute réaction de l'organisme à un ensemble de conditions ambiantes rend la répétition de cette réaction plus rapide, plus facile, plus certaine et plus uniforme ». C'est la *Loi d'habitude* de JASTROW (92). Nous avons vu qu'elle s'étend dans une certaine mesure aux corps inorganiques. On peut donc dire d'une manière générale : *Tout phénomène accompli laisse après lui quelque chose qui tend à produire sa répétition.*

Toute série de phénomènes souvent produite dans un ordre constant tend d'elle-même à se reproduire sous l'excitation du stimulus initial, et celui-ci peut devenir de plus en plus faible. L'évolution des organismes n'est qu'une répétition d'une série de phénomènes qui se sont déjà produits un nombre immense de fois. Elle n'est donc qu'un cas particulier de cette loi générale. On peut donner le nom de *mémoire* au phénomène général et dire que l'*Hérédité* n'est que cette mémoire dans l'évolution des produits sexuels.

La Formation des espèces. — Plaçons-nous à l'origine des êtres organisés et supposons un premier être protoplasmique très simple et n'ayant aucun legs héréditaire. Il sera exposé à diverses excitations auxquelles il répondra par la réaction simple, directe, à la manière d'un composé inorganique. Parmi ces excitations, quelques-unes peuvent être tout à fait fortuites, mais les autres se répètent plusieurs fois et même un grand nombre de fois, avec une périodicité

[1] C'est ainsi que la dévote peut dire tout un chapelet en pensant aux commérages de la journée. Le lien établi est si fort qu'il devient difficile de le détruire. Lorsque l'on connaît à fond un morceau de musique, il faut une attention soutenue pour changer quelques notes au milieu et, pour peu que l'attention soit distraite, ce sont les notes anciennes qui viendront sur la langue ou sous les doigts.

plus ou moins régulière, à des intervalles plus ou moins rapprochés[1].

Et, d'après la loi, chaque fois la réaction devient plus facile et plus uniforme. Certaines de ces excitations se succèdent dans un ordre déterminé et provoquent des séries identiques de réactions. Ainsi, lorsqu'une particule alimentaire aborde l'organisme en question, celui-ci est d'abord impressionné par les effluves odorantes qui émanent d'elles, puis par son contact; « alors le processus d'absorption causé par contact, capillarité, etc., pousse le protoplasma à se répandre autour de la particule et à l'englober »[2]. Lorsque cette série se sera reproduite un grand nombre de fois, l'impression olfactive (encore purement chimique et non sensitive) suffira sans le contact, d'après la loi, à provoquer les mouvements nécessaires à l'englobement.

C'est là le point de départ des mouvements spontanés à la recherche de la nourriture.

La pénurie des sucs internes en substances nutritives ou en oxygène cause une sorte de sensation rudimentaire de faim ou d'asphyxie, en tout cas elle rompt en s'accentuant l'état d'équilibre et de repos et se traduit forcément par quelques mouvements. Par la répétition, ces mouvements deviennent plus vifs, plus énergiques, et se manifestent par la formation de pseudopodes de plus en plus actifs; à la fin, ils aboutissent à une sorte de tétanos vibratoire qui devient le mouvement ciliaire[3].

A mesure que la masse protoplasmique s'accroît par nutrition, son volume, comme l'a montré Spencer, s'accroît comme le cube et sa surface comme le carré de ses dimensions. Il en résulte que l'absorption d'oxygène par la surface devient insuffisante et que les parties centrales tombent peu

[1] Les actions de la lumière et de la chaleur liées à l'alternance des jours et des nuits, sont absolument régulières; celle des mouvements communiqués par le milieu liquide, le contact et le choc des particules flottantes sont moins régulières, mais se répètent plus souvent.

[2] [Il y a une grave lacune dans cette explication. Il faudrait démontrer que la sensation olfactive, la sensation tactile, l'englobement par le protoplasma, la digestion, ne sont que des degrés plus avancés des excitations chimiques et physiques causés par le gaz odorant et par le contact de la pénétration purement capillaire et de la diffusion. Or cela est d'autant moins évident que c'est la distinction de ces deux ordres de phénomènes qui constitue la vie, c'est-à-dire ce qu'il faut précisément expliquer. Comment les actions, les mouvements de nature purement physique ou chimique se transforment-ils en sensations et mouvements actifs, voilà la question.]

[3] [L'auteur est ici en contradiction avec sa loi. Le retour des excitations dues à la faim ou à l'asphyxie rend, en effet, les mouvements provoqués plus faciles, mais aussi, d'après sa propre loi, plus *uniformes,* en sorte que ces mouvements ne peuvent augmenter leur fréquence ou leur amplitude.]

à peu dans un état d'asphyxie progressive. C'est là une cause d'excitation intense qui doit provoquer les mouvements, et nous pouvons admettre que « l'organisme s'étend au maximum dans des directions opposées (car plus il s'éloigne de la forme sphérique plus sa surface augmente relativement à son volume), jusqu'à ce qu'à la fin il se divise en deux masses[1] ».

Si l'on admet que la division a eu lieu quand le volume est devenu double, on aura alors deux individus identiques à l'individu primitif sur tous les points sauf un seul. C'est qu'ils auront déjà accompli une fois la série entière des phénomènes qui leur a donné naissance. La répétition leur en sera donc plus facile; à chaque génération nouvelle cette facilité s'accroîtra et, après un temps suffisant, l'animal aura un mode de vie déterminé et un cycle évolutif précis[2].

Mais, en devenant capables d'actions plus énergiques, plus nombreuses, mieux liées entre elles à la suite d'excitations de plus en plus faibles et limitées, cet organisme protoplasmique est devenu plus complexe, plus différencié.

Étant autre, il doit répondre autrement aux excitations nouvelles; ces réactions nouvelles provoquent de nouvelles différenciations dans la structure, et ainsi de suite. Chaque progrès est l'origine d'un progrès nouveau et, même dans des conditions ambiantes invariables, l'organisme supposé s'élève d'un pas lent mais sûr vers des états d'organisation de plus en plus parfaits.

Ainsi, de notre particule protoplasmique presque inorganique, nous montons progressivement jusqu'aux Protozoaires les plus parfaits.

On le voit, c'est dans la sensation (consciente ou non) qu'est la source de ces progrès et, même en l'absence d'un système nerveux différencié, on peut dire que c'est par les *actions nerveuses* que se produit la différenciation progressive, parce que ces actions sont de même ordre que celles

1. [Il n'y a aucune raison pour que les mouvements provoqués par l'asphyxie soient précisément ceux qui peuvent l'empêcher, pas plus qu'un enfant jeté à l'eau ne fait les mouvements nécessaires de natation. Si même on admet que les parties asphyxiées se meuvent vers l'oxygène, il doit en résulter une forme aplatie et le mouvement devra s'arrêter lorsqu'elles seront aussi près de l'oxygène qu'avant l'accroissement qui a déterminé cette asphyxie. Rien de tout cela n'explique la division telle que nous la montrent les Amibes.]

2. [Si cela était vrai, on ne verrait pas des Protozoaires segmentés en une masse moruliforme dans laquelle les individus du centre n'ont pas plus d'oxygène et son aussi loin de la surface que si la segmentation n'avait pas eu lieu.]

qui s'accompliront plus tard par l'intermédiaire d'un système nerveux différencié.

Tout ce qui a été dit de notre particule protoplasmique, origine des Protozoaires, peut s'appliquer aux Métazoaires. Tout est semblable entre eux au fond, sauf le nombre des cellules, qui est un caractère secondaire. On peut concevoir un Protozoaire dont la couche externe se différencie et devient incapable de reproduire l'animal, tandis que l'interne peut, à elle seule, reproduire le tout. On a un exemple de cela dans l'enkystement si fréquent chez eux. Le kyste est rejeté avant la division. Ce kyste n'est qu'un produit de sécrétion, mais on peut concevoir que les choses resteraient les mêmes si, à sa place, l'animal rejetait un ensemble de couches vivantes et différenciées. Dès lors, entre ce Protozoaire et le Métazoaire, il n'y a plus que cette différence toute secondaire que, chez ce denier, cet ensemble de couches externes est beaucoup plus important et divisé en un grand nombre de cellules. Le *Soma* tout entier correspond au kyste de l'Infusoire et l'ensemble des cellules germinatives au corps central de celui-ci.

WEISMANN déclare que le Soma ne saurait réagir sur le Plasma germinatif et lui transmettre les modifications acquises par lui. Mais cela est inadmissible. Car, si les preuves directes sont discutables, il y a des preuves indirectes formelles nous montrant l'influence à distance du Plasma germinatif sur le Soma (dans les caractères sexuels secondaires et les effets de la castration) et une réaction en sens inverse du Soma sur le Plasma germinatif n'est pas plus incompréhensible [1].

Parallélisme de l'Ontogénie et de la Phylogénie. — Revenons à notre Protozoaire primitif, et prenons-le au moment où il vient de se diviser pour la première fois. En quoi l'un des produits de la division diffère-t-il de l'organisme primitif au début? Uniquement en ce qu'il a déjà parcouru une fois son cycle évolutif, c'est-à-dire la série des phénomènes qu'il aura à accomplir depuis sa naissance par division jusqu'à la division nouvelle : capture des parcelles nutritives, digestion, assimilation, respiration, mouvements divers pour rechercher la proie, fuir les condi-

[1] [Orr élude ici par une échappatoire la grosse difficulté du sujet. Ce que Weismann déclare incompréhensible, c'est le transfert de modifications *réversibles*. En sens inverse, il n'y a que deux caractères influencés, ce sont les caractères ♂ et ♀, et l'on conçoit que, si les deux potentialités existent dans le Soma, la sécrétion de certains sucs par la glande sexuelle puisse donner la prédominance à l'une ou à l'autre. Tandis que, du Soma aux cellules germinatives, ce sont des milliers de modifications *imprévues*, toujours différentes, qui devraient être transmises.]

tions fâcheuses, etc., et finalement se diviser. Cette différence se manifestera par une facilité plus grande à accomplir la même série de phénomènes et elle a pour base physique une certaine augmentation de la complexité moléculaire du protoplasma. Pendant la seconde génération, chaque nouvelle répétition d'une opération déjà faite augmentera un peu l'*expérience* de l'animal et se traduira par une nouvelle augmentation de la complexité moléculaire. Il en résulte que la différence de complexité moléculaire du protoplasma, entre la première et la deuxième génération, est minima au début de celle-ci, augmente progressivement à mesure qu'elle avance en âge et atteint son maximum au moment où une nouvelle division va mettre fin à cette deuxième génération pour commencer la troisième. Il en sera de même à toutes les générations suivantes, si bien que, d'une manière générale, on peut dire que c'est, pour les Protozoaires au moment de la division, pour les Métazoaires au moment de la maturité sexuelle, que l'animal présente le maximum de différence avec les générations précédentes. Ce Moment est donc celui où les conditions ambiantes plus ou moins uniformes auront le plus de chances de produire quelque modification nouvelle[1].

C'est pour cela que la variation doit se produire surtout à la fin des cycles évolutifs, au moment où l'être diffère au maximum de ce qu'il était aux générations précédentes, grâce aux effets d'une expérience qui a plus longtemps duré. De là résulte que toute acquisition nouvelle se place à la fin du cycle évolutif antérieur. De là résulte enfin, que les individus des générations suivantes parcourront tout le cycle en question avant de revêtir l'acquisition nouvelle[2].

Il en sera de même pour toutes les acquisitions nouvelles. Chaque fois l'individu dans son ontogénie parcourra toutes les précédentes avant la

[1] Nous avons montré plus haut que, même au milieu de conditions ambiantes à peine variables, la complication de structure doit fatalement progresser car, à mesure que l'animal se modifie, il réagit de façon différente à des stimulus identiques. La modification est le produit de deux facteurs dont l'un est le stimulus et l'autre l'organisme. Or il suffit qu'un facteur varie pour que le produit soit modifié.

Mais la comparaison ne peut s'étendre jusqu'au bout. En mathématiques, si peu qu'un facteur change, le produit change aussi. Dans la vie, au contraire, il faut que la variation de l'organisme dépasse un certain minimum pour qu'un stimulus identique produise un effet différent.

[2] [La différence invoquée ici doit être extrêmement minime et tout à fait incapable de produire le résultat observé. On n'a jamais observé que chez les êtres vivant dans des conditions uniformes, les adultes soient plus variables que les jeunes.]

dernière. Or ces acquisitions successives constituent la phylogénèse. Son parallélisme avec l'ontogénèse se trouve ainsi expliqué[1].

Anticipation de l'hérédité. — Les divers phénomènes du cycle évolutif, sans cesse facilités par de nouvelles répétitions, deviennent de moins en moins exigeants pour l'intensité et la précision du stimulus capable de les provoquer. Aussi se reproduisent-ils d'une manière de plus en plus précoce. Cela explique ce recul incessant des stades ontogénétiques qui se tassent peu à peu vers le début de l'ontogénèse.

La Reproduction sexuelle. — La reproduction sexuelle dérive évidemment de la conjugaison. Celle-ci n'est que l'union de deux protoplasmas qui se sont recherchés et fusionnés, poussés par l'excitation de la faim. Ce doublement subit de volume établit d'emblée la condition que nous avons vue être la cause première de la segmentation. C'est là l'origine de ce fait que la fécondation est suivie de la division. — Les deux protoplasmas conjugués, bien qu'extrêmement semblables, ne sont pas identiques. Leur histoire individuelle n'est pas la même ; l'un d'eux peut avoir *appris* des choses que l'autre connaît peu ou point ; certaines réactions à des stimulus exceptionnels peuvent être faciles à l'un et manquer à l'autre ; en se combinant ils unissent leurs *mémoires,* leurs capacités de répondre ce qu'il faut aux divers stimulus et le produit de leur union, ayant les capacités réunies de ses deux parents, se trouvera plus apte qu'eux à faire bonne figure dans la bataille de la vie. Cela reste vrai pour la reproduction sexuelle proprement dite et aux degrés les plus élevés de l'échelle des êtres. La reproduction sexuelle n'est pas, comme le dit Weismann, une condition de variation, puisque, au contraire, elle tend à refondre dans le moule moyen tous les caractères exceptionnels ; elle a sa raison d'être dans l'avantage qu'elle procure en donnant au produit des capacités individuelles plus nombreuses et plus variées dont il pourra utiliser et développer celles qui lui seront utiles dans les conditions particulières qu'il aura à traverser[2].

Cela explique sans plus amples développements les effets bien connus du croisement des races et les inconvénients relatifs de la consanguinité.

[1] Il y a cependant parfois des acquisitions intercalaires qui rompent l'uniformité de ce parallélisme.

[2] Supposons, pour nous faire mieux comprendre, que les états appris par les parents depuis de longues générations soient transmis à l'enfant sous la forme d'une aptitude plus grande à les apprendre de nouveau. Il est évident que la génération sexuelle lui donne à la fois les aptitudes de la lignée paternelle et celle de la lignée maternelle et lui permet de trouver, dans un si grand nombre, plus aisément une profession qui convienne mieux à ses aptitudes physiques et à ses goûts.

Le sexe mâle est un état de différenciation plus avancé qui se produit lorsque les stimulus du développement sont plus énergiques. — La production du sexe femelle est donc le résultat d'une sorte d'atavisme.

L'instinct et l'intelligence. — Nous avons vu que la loi d'habitude rend plus facile la reproduction des phénomènes souvent répétés et que, lorsque ces phénomènes forment une série, le stimulus du premier terme suffit à développer la série, tout entière. Cela est vrai surtout pour les actes intellectuels. Toutes les fois qu'une série d'actes conscients provoqués à l'origine par des volitions successives se répète souvent, la volition de l'acte initial de la série devient suffisante à elle seule, les autres disparaissent et la série d'actes devient instinctive. Le premier stimulus peut d'ailleurs être une sensation inconsciente. L'*instinct est la réponse nécessaire de l'organisme à des stimulus toujours identiques. L'intelligence est la réponse variable à des stimulus variés.* Entre l'intelligence et l'instinct, il y a toutes les transitions possibles et, si l'on y regarde de près, on voit que la plupart des actes intellectuels de la vie commune participent de l'instinct et de son invariabilité.

La mort. — Pour répondre à un stimulus, il faut que l'organisme soit sensible à la stimulation. A la suite d'un trop long usage, l'excitabilité s'émousse et finit par se perdre[1]. La mort n'est que l'effet de l'accoutumance à des stimulus toujours les mêmes. Les éléments et les organes finissent par ne plus répondre au stimulus nutritif[2].

Critique.

L'idée fondamentale qui préside à la théorie d'ORR n'est pas absolument nouvelle. Les théories de HIS, de HÆCKEL, de COPE surtout nous ont acheminé peu à peu vers sa conception et il avoue lui-même que JASTROW (92) a formulé une loi analogue à la sienne. Mais elle prend entre

[1] [Cela est précisément la contradiction de toute la théorie. On ne voit pas comment, après avoir toujours eu pour effet de rendre l'organisme plus sensible à leurs excitations, les stimulus se trouveraient à un moment donné produire un effet exactement inverse. Une seule chose peut expliquer cela, c'est une dégradation matérielle qui devient alors la cause réelle de la mort.]

[2] [ORR traite dans son livre plusieurs autres questions, moins générales de Biologie: la Variation, l'Adaptation, la Corrélation, le Dimorphisme, la Métamorphose, la Génération alternante. Mais comme il les résout sans se servir de la loi fondamentale qui sert de base au reste de la théorie, nous avons préféré les exposer séparément, chacune, à l'occasion de la théorie particulière correspondante.]

ses mains plus de précision et un caractère plus physiologique, plus scientifique. Il n'y a rien à objecter à la démonstration des modifications organiques produites dans les organes par l'accomplissement répété de leurs fonctions. Les exemples qu'il cite sont très significatifs et il est certain que sa loi contient une grande part de vérité[1].

Il en tire un parti admirable et montre aisément comment, grâce à elle, les organes s'adaptent à leurs fonctions aussi bien psychologiques que physiologiques. S'il expliquait aussi bien comment ces adaptations franchissent l'intervalle qui sépare le *Soma* du *Germen*, le problème de l'hérédité serait à peu près résolu.

Malheureusement, tout en admettant l'hérédité des caractères acquis, il ne donne aucune explication de son mécanisme, qui reste une des difficultés les plus graves de la Biologie.

C'est là la plus grave lacune de sa théorie. Tout ce qu'il démontre s'arrête au *Soma* et ne prendrait d'importance qu'en s'étendant au *Germen*. La solution qu'il propose du problème de la formation phylogénétique des organismes primitifs est intéressante par sa simplicité et peut contenir une part de vérité, mais elle est certainement incomplète. Le phénomène fondamental de toute évolution, la division cellulaire, ramené à un souvenir des tractions déterminées par des sécrétions asphyxiques chez l'ancêtre monérien! Cela est quelque peu difficile à accepter.

En somme, la théorie plaît moins par les solutions mêmes qu'elle propose que par la nature de ses explications. On sent que si elle ne conduit pas au but, du moins elle s'engage dans une bonne direction.

Aux systèmes Périgénistes et à celui de Hæckel en particulier, on peut rattacher la théorie de P. Mantia qui attribue la vie à des mouvements moléculaires dont le poids spécifique donnerait la mesure.

P. MANTIA (1894)

Les états de la matière, solide, liquide ou gazeuse dépendent de la quantité de mouvement de ses molécules et ce dernier dépend du poids que possède la molécule en raison de son état plus ou moins accentué de condensation. Dans la matière organique, en raison de la complica-

[1] Certes ce n'est pas lui qui a découvert que les organes s'adaptaient à leurs fonctions. Mais il a, le premier, généralisé cette remarque sous une forme excellente en

tion de la molécule, le mouvement revêt une forme vibratoire dont les modes divers dépendent, ici aussi, du poids des parties intégrantes et de leur arrangement. Le protoplasma est une substance homogène, ses propriétés diverses ne sont que les manifestations variées du mode particulier du mouvement vibratoire qu'il possède. Dans les cellules, les diverses différenciations, noyau, centrosomes, bâtonnets, réticulum protoplasmique produit par les alvéoles de Bütschli, n'ont aucune signification spéciale, aucune partie surtout n'est exclusivement facteur de l'hérédité. Tout cela n'est qu'un arrangement, un dispositif physico-chimique n'ayant de valeur que dans son ensemble. Ces dispositions ne sont que la condition du mode particulier de mouvement vibratoire qui caractérise la cellule en question et détermine ses propriétés.

Le processus embryogénique n'est aussi qu'un effet des forces protoplasmiques agissant suivant un certain rythme. La cellule œuf est un Protozoaire, c'est-à-dire un organisme extrêmement simple. Elle est à l'état de repos. Le spermatozoïde ne diffère en rien au fond de l'œuf, mais il est à l'état d'activité. Par la réunion des deux, les forces évolutives sont mises en branle. C'est d'abord la force protoplasmique qui entre en action et produit la segmentation de l'œuf; elle aboutit à une morula dont toutes les cellules sont parfaitement équivalentes entre elles. Elles se différencieront plus tard en vertu de la *Loi de transformation de l'énergie* qui est une loi générale et ne peut perdre ses droits.

Mais auparavant, au fur et à mesure que la force protoplasmique se manifeste par la segmentation, elle détermine l'intervention d'une force antagoniste de sens contraire, l'*Hérédité,* qui finit par devenir la plus forte et annihile momentanément l'autre. Sous son influence, la division s'arrête et les cellules prennent les dispositions en feuillets concentriques. D'ailleurs la force antagoniste héréditaire est, elle aussi, un mouvement vibratoire et réside, comme l'autre, dans les mêmes éléments protoplasmiques. Quand les cellules de la morula ont pris, par la constitution des feuillets, des positions différentes, elles se trouvent exposées à des conditions mécaniques différentes et c'est par suite de cela que se produit leur différenciation.

Les différences qui s'observent dans le développement des êtres et qui aboutissent à des degrés si différents de perfection, depuis la Monère jusqu'à l'Homme, sont dues uniquement aux différences du poids spécifique,

disant que tout acte accompli, ne fût-ce qu'une fois, produit une modification interne qui en rend plus facile la répétition.

aux degrés de condensation, etc., de leurs protoplasmas et aux différences de mouvements vibratoires qui en sont la conséquence, et ces différences pourraient être produites par l'intervention de causes ambiantes.

L'*infection* de la mère par un premier accouplement s'explique par une modification dans la modalité fonctionnelle des organes génitaux maternels sous l'action du sperme, à la manière dont un organisme est modifié par des Microbes ou même par les toxines secrétées par eux.

Quant aux théories de Lamark et de Darwin, elles reposent sur une fausse conception des rapports vrais des êtres dans la nature. La Sélection ne peut pas plus modifier une race en la perfectionnant que l'Atavisme ne peut la faire reculer vers un état moins avancé.

[L'auteur, comme on le voit, s'imagine que l'on peut, à notre époque, se contenter d'une vague conception mécanico-métaphysique pour l'explication des phénomènes de la vie et de l'Hérédité. On a vu, à propos de la critique du système de Hæckel, ce que nous pensons de ce genre d'explication. Cela nous dispense d'entrer dans la discussion des affirmations sans preuves qui constituent presque entièrement la théorie de P. Mantia. Au surplus, nous avouons franchement n'avoir pas toujours réussi à bien pénétrer ses idées.]

B. SYSTÈME DES PARTICULES D'ESPÈCES DIFFÉRENTES SE DÉTRUISANT APRÈS LA MORT

Les systèmes dont nous abordons maintenant l'examen attribuent au Protaplasma une constitution beaucoup moins uniforme. Ils présentent cette substance comme formée de particules d'espèces nombreuses et variées ayant, sinon individuellement, du moins par groupes, des fonctions distinctes. Aucune ne résume en elle l'organisme entier, la vie n'est plus un total d'actions élémentaires égales, mais le produit d'actions très diverses, combinées de mille façons.

Les théories appartenant à cette importante classe se divisent en deux grandes catégories qui comptent l'une et l'autre des partisans nombreux et également autorisés. Dans l'une, les particules sont *représentatives* des parties ou des caractères et propriétés de l'organisme, dans l'autre elles ne représentent rien de tel.

1. SYSTÈMES DES PARTICULES NON REPRÉSENTATIVES.

Nous commencerons par la seconde de ces deux catégories que nous diviserons en deux autres, selon que les particules sont considérées comme étant de simples molécules ou comme formant des agrégats d'ordre plus élevé.

a. Les particules sont de simples molécules chimiques.

Selon les uns, ces molécules sont actives par leurs propriétés physiques aussi bien que chimiques; d'après les autres, leurs propriétés chimiques seules suffisent à expliquer les phénomènes qu'elles produisent.

a) Molécules agissant par leurs propriétés physico-chimiques.

Les théories de HANSTEIN et de BERTHOLD sont fondées sur cette hypothèse.

HANSTEIN (1882)

Exposé.

La matière organisée est formée essentiellement d'une substance chimique, la *Plastine* qui n'est pas, elle-même, une substance fixe, mais un mélange variable d'albuminates divers. Entre les molécules de ces albuminates circulent et se brassent de mille manières des molécules d'autres substances plus simples, O, CO^2, H, Ph, S, etc.

La Plastine s'unit à l'eau en toutes proportions et peut présenter tous les degrés de concentration depuis l'état liquide jusqu'à l'état solide, selon les quantités d'eau qu'elle fixe.

Sans cesser d'être solide, elle se gonfle ou se resserre, en admettant ou expulsant de l'eau et ces variations de volume sont la cause des mouvements du protoplasma.

Toute partie formée de Plastine est modelée dans une forme et avec une structure spéciale par les forces moléculaires de ses molécules constituantes; cette forme et cette structure dépendent donc de la nature des molécules et, par suite, de la constitution de la variété de Plastine dont elle est formée. C'est le cas pour le *Protoplaste* ou partie protoplasmique de la cellule, aussi les Protoplastes méritent-ils d'être appelés des *Autoplastes,* comme ayant en eux-mêmes la raison et la cause de leur conformation.

La forme et la constitution des cellules sont donc déterminées directement par la composition chimique de la variété de Plastine dont elles sont formées. A leur tour, les cellules sont des centres de forces qui ne sont pas simplement les résultantes mécaniques de celles de leurs molécules ; ce sont des forces d'ensemble appartenant au complexus cellulaire agissant comme un tout. Ces forces cellulaires règlent les relations des cellules par rapport les unes aux autres ; et elles se combinent, à leur tour, en une force générale évolutive appartenant à l'ensemble de l'organisme et qui n'est pas non plus une simple résultante mécanique, mais une résultante physiologique.

Critique.

Ce système, si l'on peut donner ce nom à une conception aussi peu précise, consiste à expliquer l'*Automophose* de chaque partie par le jeu des forces moléculaires de la variété de plastine dont elle est formée.

Mais finalement il n'explique rien du tout, car il ne nous apprend rien sur la nature de ces forces et sur les causes de la variété extrême de leurs effets. Tout le monde sait bien que l'organisation est le résultat de forces moléculaires, et l'on n'ajoute rien à nos connaissances quand on se borne à paraphraser cette idée générale et à déclarer que cela est vrai, non seulement pour l'organisme entier, mais pour ses moindres parties. L'idée fondamentale de HANSTEIN est juste peut-être, mais il reste à en faire l'application, à résoudre avec elle les problèmes biologiques les uns après les autres [1].

[1] HANSTEIN en fait l'aveu implicite lorsqu'il dit (p. 242) : ce qui reste inexpliqué, c'est qu' « une force uniforme agissant en même temps sur plusieurs molécules les actionne chacune d'une manière différente », c'est que « la même force résultante puisse, sans perte ni gain, tantôt modifier la substance qui lui sert de substratum, tantôt, sans la modifier elle-même, faire varier son activité » ; c'est que « la résultante simple des forces se divise elle-même quand son substratum se divise et forme une résultante nouvelle unique pour chacune des deux masses issues de sa division ». On le voit, ce qui reste à expliquer c'est... tout.

BERTHOLD (1886)

Nous disions, en terminant la critique de la théorie de HANSTEIN, que cet auteur avait posé le problème de l'explication des phénomènes biologiques par les propriétés physico-chimiques des molécules du protoplasma, mais qu'il ne l'avait pas résolu.

Le système de BERTHOLD peut être considéré comme une tentative de solution. L'auteur se place à peu près au même point de vue que Hanstein, mais il cherche à découvrir le jeu des forces moléculaires dans la production des phénomènes particuliers [1].

Exposé.

Nous avons fait connaître, dans la 2e partie de cet ouvrage, sa théorie de la structure de la cellule et des mouvements du protoplasma. Il nous suffira de quelques citations pour faire comprendre comment il étend sa conception aux phénomènes plus généraux de la Biologie.

« L'essence de l'organisme [dit-il, p. 81 et suivantes] ce qui le distingue si expressément de tout système mécanique inorganique non vivant, ne réside pas dans une structure moléculaire particulière, et il serait chimérique de chercher à pénétrer par cette voie dans la connaissance des phénomènes intimes de la vie. Le substratum vivant des organismes, le protoplasma, ne peut trouver ses caractères ni dans les propriétés physico-chimiques d'une substance unique, telle que l'albumine, bien que l'albumine se trouve dans tout protoplasma et ne puisse être formée que par lui; ni dans la manière dont il a acquis sa structure et son organisation, qui ne se distinguent en rien d'essentiel de celles d'une émulsion quelconque. Ce qui caractérise le protoplasma vivant, c'est la circulation de forces et de substances dont il est le siège; ce qui est essentiel en lui, c'est que, par ses énergies chimiques propres, au milieu des substances et des énergies ambiantes qui agissent sur lui, il se maintient, s'accroît et se reproduit; c'est que, sous l'action de ces énergies chimiques se dégagent indéfiniment des forces *molaires* et *moléculaires* dont la nature et l'intensité sont à chaque instant précisément celles qui conviennent pour im-

[1] Berthold n'a pas la prétention d'émettre une théorie générale embrassant toute la Biologie. Il n'étudie à fond que la constitution de la cellule, et les mouvements du protoplasma, mais sa théorie n'en a pas moins une portée générale.

primer à l'organisme la forme appropriée et les mouvements nécessaires. »

Hérédité. — « La constitution du Protoplasma et ses propriétés étant ainsi définies, la manière dont on doit concevoir l'explication mécanique des phénomènes de l'Hérédité et de l'Adaptation ne saurait faire de doute pour un naturaliste à l'esprit lucide et logique. La formation des générations successives n'est, comme celle des différents stades du développement de l'individu, que le résultat de la production de substances qui s'engendrent successivement les unes les autres d'après les règles ordinaires de la chimie. L'Hérédité s'explique par le fait que, dans le laboratoire de l'organisme, les mêmes substances et les mêmes composés se reproduisent identiques en qualité et quantité suivant une périodicité régulière. Mais cela ne suffirait pas cependant, car nous avons vu que dans l'organisation du protoplasma le développement progressif de ses différentes parties avait joué un grand rôle. Deux protoplasmas de constitution identique sous le rapport de la qualité et de la quantité des substances qui les composent peuvent être construits très différemment, selon que la différenciation de leurs parties déterminée par une suite d'actions chimiques a suivi une marche ou une autre.

« Les substances qui entrent dans la composition d'un œuf animal ou végétal se grouperaient certainement, si on les mettait simultanément en présence, d'une toute autre façon qu'elles n'ont fait dans leur évolution progressive. » On peut exprimer cela en disant que : « *le protoplasma actuel a une structure historique* ». En somme, la succession rhythmique de phénomènes qui constituent l'évolution des générations aussi bien que des individus n'est que l'expression et le résultat des réactions chimiques dont le protoplasma est le siège. Grâce au concours des conditions ambiantes, chaque phénomène chimique entraîne le suivant, et provoque en même temps les modifications de forme et de propriété physiologiques qui apparaissent à ce stade du cycle évolutif.

Critique.

En ce qui concerne la détermination de la structure de la symétrie de la cellule (v. p. 302), l'argumentation de Berthold est certainement très solide, et il est certain qu'une émulsion de particules non complètement solubles les unes dans les autres pourrait prendre la configuration que nous observons dans les cellules sans le secours d'autres forces que celles invoquées par l'auteur. Il y a, il est vrai, dans le protoplasma, des fibres et des granules et par suite autre chose qu'une émulsion, mais cela n'empêcherait pas la théorie de s'appliquer à la partie amorphe de cette substance. Pour cette partie, on a le droit d'objecter à Berthold qu'il n'a pas démontré sa nature émulsive, mais il a le droit à son tour de l'admettre provisoirement et de voir si cette hypothèse lui permet d'expliquer les faits biologiques. Or, en dehors de la structure cellulaire, il ne semble y être arrivé que très incomplètement. On a vu ailleurs (v. p. 306, 307) les objections que soulève sa théorie des mouvements protoplasmiques, nous n'avons à examiner ici que ses explications de l'Hérédité et de l'Adaptation. Or elles sont évidemment très incomplètes. Que l'évolution de l'œuf dépende pour une forte part de sa composition chimique, cela est très certain; que l'identité de composition chimique entre l'œuf actuel et celui de la génération précédente, soit une des principales raisons pour laquelle le premier se développe en un organisme semblable aux parents qui l'ont engendré, cela n'est pas douteux. Mais la question n'est pas là. Toutes les cellules n'ont pas la même composition chimique. Après la division de l'œuf et de l'embryon, on n'en trouverait peut-être pas une qui, chimiquement, soit identique à l'œuf. Comment donc cette identité se retrouve-t-elle plus tard dans l'œuf de la génération suivante?

Berthold admet, en outre, qu'il y a dans l'œuf un autre élément aussi important que la constitution chimique, c'est l'arrangement historique de ses molécules. Quel est cet arrangement, comment influe-t-il sur les caractères, comment, s'il se perd, comme il est possible, dans la formation de l'embryon, se retrouve-t-il ensuite dans les cellules germinales? Comment dans la génération sexuelle se combinent les compositions chimiques et les arrangements moléculaires des éléments mâle et femelle, et comment les caractères du produit en résultent-ils? La théorie est muette sur tous ces points. Et il semble évident que la structure émulsive du protoplasma n'aide pas plus que toute autre à les comprendre. C'est donc aller un peu loin que demander d'admettre pour le protoplasma une structure qu'on ne montre point lorsqu'on n'explique par elle que la configuration de la cellule et, plus ou moins, certains mouvements protoplasmiques.

b) Molécules agissant par leurs propriétés chimiques seulement.

Il n'existe pas, à ma connaissance, de théorie complète de la vie et de l'Hérédité basée sur la chimie pure, mais plusieurs auteurs ont publié des essais partiels qui se rattachent à cette idée.

Dès le premier quart de ce siècle, alors que la *Force vitale* était encore en grand honneur et que presque personne ne songeait guère à attribuer la vie à des causes d'ordre physique, CHEVREUL (24) a eu le mérite d'écrire que la Force vitale n'explique rien, qu'elle aurait besoin elle-même d'être expliquée avant de prétendre expliquer autre chose, et que les phénomènes de la vie ont leur cause directe dans les principes immédiats constitutifs de la matière organisée.

Il n'établit pas cependant sur cette donnée une théorie de la vie, car il conclut, au contraire, que, eût-on ramené les phénomènes vitaux à leurs causes prochaines et aux forces qui régissent la matière inorganique, on ne serait pas encore en état de comprendre comment l'être organisé en se reproduisant répète avec une constance si remarquable les caractères de son espèce.

Malgré cette réserve, CHEVREUL peut être considéré comme le premier promoteur des théories purement chimiques de la vie.

GEDDES (86) tend à voir dans les produits d'assimilation et de désassimilation, *anastes* et *catastes,* qui traversent sans cesse le protoplasma pour les besoins de sa nutrition, les agents par lesquels se transmet aux éléments sexuels la constitution chimique spécifique qui est la base de l'hérédité. L'évolution tout entière a pour condition essentielle une succession d'actions chimiques liées entre elles par des relations de cause à effet, tout comme dans les séries de réactions de la chimie de laboratoire.

A. THOMPSON (89) semble partager cet avis.

GAUTIER (86) distingue deux forces directrices de l'évolution, une *Force atavique,* résultante des forces qui maintiennent les espèces chimiques entrant dans la constitution du protoplasma de l'espèce biologique, et une *Force d'individualisme* qui permet la variation de l'espèce biologique en déterminant de petites modifications dans la constitution chimique du protoplasma. Mais ces modifications ne portent que sur les groupes chimiques secondaires annexés au groupe central.

La constitution chimique d'un même tissu dans un même organe n'est jamais identique dans deux espèces distinctes et les petites différences de constitution chimique sont la cause des caractères différentiels [1].

Enfin DANILEVSKY (94) va plus loin et pense que les qualités intellectuelles et morales elles-mêmes peuvent avoir pour condition essentielle

[1] Gautier a fait une remarque intéressante de laquelle il conclut que des espèces chimiques distinctes déterminent même les caractères intermédiaires qui

la présence dans la molécule albumineuse de substances accessoires unies au groupe essentiel. Ces substances introduites par la nutrition imbibent d'abord simplement le protoplasma puis, peu à peu, arrivent à prendre place dans sa molécule albumineuse. L'équilibre constitutionnel chimique est alors changé, la substance jadis tolérée est devenue nécessaire et le protoplasma de l'espèce comporte désormais cette nouvelle substance comme élément constitutif normal. Par suite, les particularités nouvelles liées à l'addition de cette substance après avoir été accidentelles finissent par faire partie des caractères spécifiques.

[Ces idées sont originales et contiennent certainement beaucoup de vrai, mais il est à peine besoin de faire remarquer qu'elles ne forment pas un système cohérent et complet. La théorie chimique de la vie et de l'Hérédité est encore à trouver.]

b) Particules formant des agrégats d'ordre plus élevé que les molécules chimiques.

Dans ces systèmes, les particules ne sont pas des molécules chimiques, mais des associations complexes de molécules, tantôt des cristaux organiques, tantôt de petits appareils physiques ou chimiques; les unes réelles et visibles au microscope, n'ayant d'hypothétique que l'interprétation de leur nature ou de leur propriété, comme les granulations de Fol et les *Granules* d'Altmann, les autres entièrement hypothétiques comme les *Plasomes* de Wiesner.

a) Appareils électriques.

H. FOL (1879)

Théorie des granulations électriques.

H. Fol imagine que les granulations du protoplasma sont de petits

semblent formés par la fusion de deux caractères des parents. Ainsi dans un raisin issu du croisement de deux autres espèces, il a constaté une substance colorante qui, par le nombre de ses atomes de chaque sorte, est la moyenne arithmétique entre les matières colorantes de deux parents, et qui cependant constitue une substance chimique aussi nettement définie que les matières colorantes de ceux-ci. Toutes ces matières colorantes sont formés d'acide protocatéchique $C^7 H^6 O^4$ uni à des radicaux divers, acétyle, butyrile, propionyle, crotonyle, etc..

appareils électriques comparables à des piles associées en tension de manière à développer une force électromotrice considérable sans pouvoir se manifester cependant à l'extérieur par des effets bien étendus en raison de la faible quantité que peuvent fournir des éléments d'aussi faible surface. Mais ces dégagements électriques si localisés ont toutes les qualités nécessaires pour engendrer les propriétés intimes de la cellule[1].

[1] L'auteur expose son idée si brièvement que l'on peut sans inconvénient citer, sans rien omettre, tout ce qu'il en dit. « Si nous supposons une pile électrique dont chaque élément soit de la grosseur d'un de ces granules que le microscope dévoile au sein du sarcode, sous forme de petits points grisâtres, la quantité totale d'électricité produite dans une pile de quelques millions de ces éléments réunis en tension pourra être considérable sans qu'il se dégage aux extrémités de la pile une quantité d'électricité bien appréciable à l'aide de nos galvanomètres (*). Néanmoins, suivant la manière dont cette force se répartit à la surface de chaque granulation, un mouvement imprimé à la première particule d'une série, pourra se propager de l'une à l'autre et produire un déplacement mécanique considérable.

« On remarquera que cette hypothèse, que je ne fais qu'esquisser à grands traits, est capable d'expliquer la lenteur relative de la propagation des sensations et des volitions le long d'un nerf, le mécanisme de la contraction musculaire et de tous les mouvements du protoplasme. Elle explique en même temps la relation bien connue de ces phénomènes avec les phénomènes électriques grossiers que nous produisons dans nos appareils.

« Enfin son avantage le plus grand est de nous permettre de tenter d'expliquer tous ces mouvements si curieux du sarcode en les faisant tous rentrer dans la même catégorie.

« L'explication des phénomènes de la reproduction et de l'hérédité à l'aide de petites portions de protoplasme devra alors être cherchée dans la composition chimique particulière et les forces physiques qui résultent du mélange de ces particules. Par composition chimique nous devons entendre quelque chose de plus complexe que tout ce que la chimie organique connaît de plus compliqué, et par forces physiques nous devons entendre des dégagements plus petits et plus localisés que ce que les physiciens ont jamais étudié. Pour se rendre compte de l'hérédité et surtout du développement identique de générations successives, l'on devra tenir grand compte de la composition spécifique du protoplasma de chaque espèce animale. L'on ne devra pas perdre de vue l'influence du milieu sur le développement des organes et des groupes de cellules. Ainsi, dans un embryon, les liquides nourriciers, les gaz, les substances excrétoires ne sont pas répartis de la même manière dans toute l'étendue du corps ni même dans toute l'étendue d'un organe. Il en doit résulter des différences dans la rapidité et le genre même de développement des diverses parties et ces différences, se retrouvant les mêmes à chaque génération successive, produisent toujours le même résultat. Nous n'avons donc pas besoin de supposer que les divisions successives de telle ou telle cellule et de sa descendance se fassent toujours d'une manière absolument identique à chaque génération successive, ni que tel organe ou telle partie d'organe provienne toujours nécessairement d'une certaine

* [On dirait aujourd'hui qu'il y aurait beaucoup de Volts et très peu d'Ampères].

[Cette théorie à laquelle on a trop peu fait attention et dont beaucoup d'auteurs auraient tiré un gros volume, est certainement très ingénieuse. Mais cela ne suffit pas pour lui donner du poids. Toutes les fois que l'on met en avant une hypothèse invérifiable, il faut montrer au moins que, grâce à elle, les phénomènes jadis inexplicables deviennent clairs. Or H. Fol a seulement montré que la forme générale des forces qu'engendrerait un protoplasma constitué comme il l'imagine est analogue à la forme générale des phénomènes à expliquer. Cela est suggestif et arrête l'attention mais évidemment ne suffit pas à créer une conviction. Il y aurait là une idée à creuser].

b) Cristallicules organiques à fonctions surtout chimiques.

L. MAGGI (1874-1885)

Théorie des Plastidules.

[Nous avons vu, dans la *Première partie*, qu'Altmann (v. p. 27) considère les *Granules* comme la partie essentiellement active du protoplasma.

[Avant Altmann, Maggi avait, dans ses expériences de *Plasmogonie* faites en collaboration avec les professeurs Balsamo Crivelli et Giovanni Cantoni, et dans ses nombreuses observations sur les Protistes et sur divers Métazoaires, découvert les *Granules* et avait édifié sur eux une théorie assez semblable à celle d'Altmann.]

Il existe une substance plastique vivante initiale, la *Glia,* non encore individualisée ni limitée, formant des masses sans forme ni taille définies (*Bathybius, Aphaneroglie* des eaux douces [sans doute la *glairine* de Béchamp (V. p. 420)], correspondant à l'*Autoplasson* de Hæckel. Cette substance s'est formée à l'origine par transformation de substances organiques inorganisées en substances organisées ; et il doit s'en former en-

cellule de l'ébauche embryonnaire. Cette influence du milieu sur le développement des tissus dans les différentes parties du corps est suffisamment démontrée par les résultats obtenus en tératogénie ; l'on sait combien une légère différence dans la somme de chaleur, la quantité de sang, etc., que reçoit telle partie de l'embryon influe sur son développement subséquent. Les travaux embryogéniques de His qui partent de ce point de vue sont pleins d'enseignements précieux sous ce rapport. »

[1] Maggi ayant appelé ses particules *Plastidules* avant Hæckel a cru devoir débaptiser celles de cet auteur et a proposé pour elles le nom de *Biomorio*. — Mais cela, bien que légitime, n'a pas été accepté.

core toutes les fois que les conditions nécessaires se trouvent réunies. De cette *Glia* amorphe se sont formées, par individualisation, de minimes particules, les *Plastidules*, qui sont devenues les éléments de toute substance vivante. Ces *Plastidules* se trouvent sous trois états : 1° à l'état *libre*, ils forment les *Micrococcus* et les *Bactéries;* 2° à l'état *associé*, ils ont formé les *Monères* et forment aujourd'hui la substance constitutive des *cellules;* 3° enfin on peut considérer les *Protomyxa* et les *granulations vitellines* comme formés de *Plastidules virtuelles*.

[La priorité de la conception appartient donc à Maggi. Mais il l'a moins étendue qu'Altmann et ce dernier paraît ne pas avoir connu les travaux du savant italien.]

ALTMANN (1890-1894)

Théorie des Bioblastes.

Exposé.

Constitution du protoplasma. — Les granulations que l'on voit aisément dans la plupart des cellules et qui donnent au protoplasma cette apparence grenue si souvent signalée ne sont pas, comme on le croit d'ordinaire, des particules inertes produites par le protoplasma vivant et entraînés mécaniquement par lui dans ses mouvements. Ce sont des organismes vivants et nous les appellerons *Granules* (granula) ou *Bioblastes* [1].

Les plus gros granules se voient aisément et, bien qu'une technique spéciale soit utile pour les étudier complètement, tout le monde les a vus plus ou moins bien. Dans les fibres musculaires, ils forment les *disdiaklastes,* petits éléments cubiques qui, orientés en série linéaire, forment les fibrilles de la fibre. Dans les nerfs, ils forment les fibrilles en se disposant là aussi bout à bout. Dans les cellules graisseuses, ils forment les particules graisseuses [2].

[1] L'auteur les appelle granules (*Granula*) et non *granulations* (*Kernkörperchen*) bien qu'au fond ce soit la même chose, pour bien les distinguer sous leur nouvelle interprétation. *Granule* est synonyme aussi de *Bioblaste,* mais le premier est le petit corps visible au microscope, dont la fonction est discutable mais non l'existence, le second est ce même petit corps envisagé comme unité hypothétique de la théorie.

[2] Celles-ci ont été jusqu'ici considérées comme des gouttelettes inanimées d'hui-

Les cellules glandulaires sont aussi chargées de granules qui jouent le principal rôle dans la sécrétion en sorte que l'on peut dire que la sécrétion est une fonction des granules[1].

les ou subtances grasses diverses. Il n'en est rien cependant et, quand on suit la formation de ces particules dans les tissus qui s'engraissent ou leur résorption dans ceux qui maigrissent, on voit qu'elles ont pour support un granule, fuchsinophile comme ceux des autres cellules, qui se charge peu à peu de graisse par un phénomène nutritif qui a son point de départ dans le granule lui-même. Tantôt la graisse se dépose peu à peu uniformément dans son sein et il prend alors, sous l'action de l'acide osmique, une teinte grise, plus ou moins foncée selon l'état d'avancement du processus, qui se superpose à la teinte de la fuchsine ; tantôt, la graisse s'accumule d'abord dans ses couches superficielles qui prennent, par l'action de l'acide osmique, l'aspect d'un cercle noir, et pénètre progressivement vers le centre. A cet engraissement correspond une diminution notable de la vitalité. Les granules entièrement engraissés sont capables de se fusionner entre eux pour former de grosses gouttes d'huile. Mais alors ils perdent leur individualité et ne sont plus capables de se régénérer à l'état de granules fixant la fuchsine, bien vivants et aptes à se multiplier. — On a beaucoup discuté la question de l'origine des granulations graisseuses que l'on observe dans l'épithelium intestinal pendant la digestion des graisses et l'opinion courante est qu'elles existent dans le chyme et sont absorbées en nature. Cette origine, si elle était vraie, serait fatale à la théorie; mais elle n'est qu'une apparence. Lorsqu'on observe les choses avec soin, on voit que : jamais on ne trouve ces granulations toute formées dans le chyme; jamais on ne les trouve en dehors des cellules intestinales ou autres mais toujours à leur intérieur; jamais on ne les voit en train de traverser le plateau cuticulaire de l'épithelium intestinal. Les graisses ne sont absorbées qu'après dédoublement en glycérine et acides gras lesquels sont dissous par les acides biliaires, en particulier par l'acide taurocholique. Les granules graisseux que l'on trouve, soit dans les cellules de l'épithelium intestinal, soit dans celles du tissu adipeux, ne sont donc pas ceux qui se trouvaient dans les substances alimentaires; ils sont formés *in situ*, par une synthèse nouvelle des éléments dissociés par l'assimilation.

[1] Mais il faut distinguer plusieurs cas. Dans les glandes à sécrétion graisseuse, telles que les glandes sébacées et les similaires, la chose ne fait point de doute, ce sont les granules eux-mêmes qui constituent le produit sécrété. Quand l'épithelium sécréteur est à une seule assise, on les voit se former à la partie basilaire de la cellule aux dépens des granules protoplasmiques plus petits dont il sera question plus loin, grossir peu à peu, se charger de graisse et, au fur et à mesure que cette évolution progresse, s'avancer vers la partie de la cellule tournée vers le canal excréteur. Là, la cellule est ouverte et les granules se répandent dans le courant de substance excrétée qui occupe le canal ; ils se fusionnent d'ailleurs là, de manière à perdre leur aspect, mais on en reconnaît toujours quelques-uns. Quand l'épithelium a plusieurs assises, la dernière est en voie de destruction tandis que les profondes effectuent la régénération, comme pour l'épiderme.

Dans d'autres cas (glandes salivaires) le produit excrété est liquide ; mais ce liquide ne prend naissance que hors de la cellule. Il est d'abord contenu dans les granules et, par un processus identique à celui du cas précédent, il est entraîné avec eux hors de la cellule où, le gra-

Mais ces granules évidents, et relativement volumineux, qui forment les disdiaklastes et les globules graisseux ou excréteurs, ne sont pas les seuls ni les plus importants au point de vue de la théorie. Ils sont séparés par une substance protoplasmique, tantôt d'apparence homogène, tantôt montrant des fibrilles qui souvent semblent anastomosées en réseau. Or une technique appropriée montre que ce protoplasma est formé d'une multitude de granules très petits, que ces fibrilles, comme celles des nerfs sont constituées par des séries de granules orientés en file. Ce sont ces granules, toujours fortement fuchsinophiles, qui forment en grossissant et en modifiant leur constitution chimique, les granules graisseux et excréteurs dont nous avons parlé plus haut. On les rencontre dans les fibres musculaires entre les disdiaklastes qu'ils servent aussi à former; on les trouve dans les nerfs en voie de développement et c'est en se plaçant bout à bout qu'ils forment leurs fibrilles. Dans les fibrilles du protoplasma, leur orientation à la file n'est que le résultat d'une des positions qu'ils affectent lorsqu'ils se reproduisent et se multiplient avec activité [1].

Dans le noyau, les granules sont répandus dans les mailles du réseau nucléaire qu'ils occupent entièrement.

Y a-t-il encore entre ces granules, les plus petits que révèle le microscope, une substance homogène qui les sépare? Si cette substance est vivante, on est autorisé à dire qu'elle est composée de granules plus petits qui seraient alors les vrais granules élémentaires et la chose sera au fond la même que si les plus petits granules visibles étaient vraiment les granules élémentaires, les Bioblastes. Quant à la substance homogène qui sépare en tout cas les Bioblastes, ce ne peut être qu'une substance inerte, simple véhicule, simple milieu ambiant des Bioblastes et évidemment sécrété par eux. Ainsi la proposition ancienne est renversée : le cytoplasma, au lieu d'être formé de protoplasma homogène, vivant, charriant des globules inertes produits par lui, est constitué par des globules vivants englobés dans une substance inerte produite par eux.

Les Bioblastes sont de natures diverses; chaque sorte a des propriétés qui lui sont propres. La cellule n'est plus l'organisme élémentaire; elle

nule se détruisant, il est mis en liberté.

Enfin, dans un troisième cas, le processus est encore le même au fond, mais la cellule glandulaire reste fermée et intacte. C'est dans la cavité cellulaire même, que les granules déversent le liquide élaboré dans leur sein et ce liquide sort par exosmose pour se jeter dans les canaux excréteurs. C'est le cas du pancréas et du foie.

[1] On peut appeler les granules isolés *Monoblastes*, et ceux orientés en file *Nematoblastes;* mais les uns et les autres sont toujours des *Bioblastes*.

cède ce rôle au Bioblaste et n'est elle-même qu'une colonie de Bioblastes.

Formation phylogénétique des organismes. — Au point de vue phylogénétique, la cellule dérive effectivement d'un groupement en colonie, de Bioblastes primitivement séparés. Les Zooglées nous donnent une idée de ce qu'elles ont dû être à un moment. Là aussi nous trouvons des organismes (Microbes), réunis dans une gelée commune sécrétée par eux. Dans ces Zooglées, comme dans le protoplasma, ce sont les particules figurées qui sont vivantes et la substance intermédiaire n'est qu'un produit inerte. La ressemblance est étroite. Mais tandis que la Zooglée est une association achevée, l'état comparable du protoplasma n'a été qu'un stade de l'évolution phylogénétique de la cellule. D'abord s'est délimitée une membrane qui a isolé et individualisé la colonie et la Monère s'est trouvée formée. Enfin le noyau s'est différencié et l'on a eu un organisme cellulaire complet.

Comment s'est formé le *noyau?*

Il est curieux de constater que nous ne savons à peu près rien de l'évolution phylogénétique du noyau et que la question semble avoir peu préoccupé les biologistes. Le noyau est en somme un corps central de la cellule, abritant sous une deuxième enveloppe certaines parties de son contenu; chez certains Protozoaires, on trouve aussi une portion du protoplasma plus ou moins isolée au centre du corps. Chez les Foraminifères perforés [les Globigérines par exemple], la coquille avec son contenu peut être assimilée au noyau et le protoplasma extérieur à la coquille, communiquant avec celui de l'intérieur, par les trous de celle-ci, au corps cellulaire. La question n'est pas encore assez étudiée mais il est probable que si l'on faisait une revision attentive des Protozoaires et des Protophytes à ce point de vue, on arriverait à en trouver un bon nombre, présentant des stades du développement phylogénétique du noyau et que l'on pourrait grouper sous le nom de *Métamonères*. Quant au *centrosome,* il est impossible actuellement d'en rien affirmer, mais les études ultérieures montreront peut-être qu'il est le nucléole, primitivement au centre du noyau et ayant encore cette position au moment de la division, mais devenu secondairement extranucléaire.

Mais si la théorie était vraie, si les Bioblastes étaient vraiment des organismes indépendants, il semble qu'ils devraient pouvoir vivre d'une vie indépendante, comme les *Microzymas* de Béchamp qui ne sont au fond que les globules protoplasmiques et qui, d'après cet auteur, rendus à la liberté constituent les Bactéries.

Les travaux de Pasteur et de son école ont amplement démontré qu'il ne naît pas de Bactéries là où il n'y a que du tissu animal qui n'en contenait pas auparavant. Les recherches de MEISSNER, de HAUSER et autres ont démontré, en outre, que l'on ne peut cultiver les Bioblastes. Les globules protoplasmiques issus de la cellule détruite sont incapables de vie et d'évolution, même si on les place à l'abri des Bactéries et dans les meilleures conditions possibles.

Mais si l'on veut réfléchir, on verra que cela ne prouve rien contre leur indépendance. Les cellules sont bien des organismes indépendants et cependant elles meurent dès qu'elles ne sont plus rattachées à l'organisme.

Les Bioblastes primitifs étaient bien certainement isolés et menaient une vie indépendante : nous les nommerons les *Autoblastes*. Les Microbes en sont les représentants actuels. Mais ceux qui se sont associés en colonies se sont adaptés de telle sorte à leur nouvelle condition qu'ils meurent dès qu'on les isole. Ce sont les *Cytoblastes*. Tandis que les Autoblastes vivent et se reproduisent par eux-mêmes, comme les Protozoaires, les Cytoblastes ne peuvent, comme les cellules des Métazoaires, vivre et se reproduire qu'avec l'organisme dont ils font partie. Mais, par contre, la cellule ne peut se reproduire que par l'intermédiaire de ses cytoblastes. Chaque granule des cellules filles est issu de la division d'un granule précédent de la cellule mère, en sorte qu'aux formules anciennes : *omne vivum e vivo, omnis cellula e cellula, omnis nucleus e nucleo,* il faut ajouter : *omne granulum e granulo.*

Quant à la nature intime des granules, nous ne pouvons faire que des hypothèses. Il faut sans doute les considérer comme des *cristaux organiques* différant des cristaux minéraux par le fait qu'ils se nourrissent par intussuception au lieu de s'accroître par juxtaposition.

En tout cas, ce qui n'est pas hypothétique, c'est l'existence même des globules, leur généralité, et le fait qu'ils sont les éléments vivants et actifs du protoplasma. Ils constituent ainsi les *facteurs des propriétés de l'organisme,* mais facteurs réels, visibles, mettant sous les yeux l'objet même conçu hypothétiquement par tous les auteurs qui ont cherché à deviner la structure du protoplasma pour expliquer ses propriétés.

Critique.

La théorie d'ALTMANN a, en effet, pour caractère principal d'être beaucoup moins hypothétique que toutes les précédentes et aussi que toutes celles qui suivront. Les Bioblastes sont des objets réels, ce sont les granules que tout le monde a vus. Altmann en fait une étude approfondie et, le microscope en main, à l'aide de réactifs appropriés, il montre qu'ils sont beaucoup plus répandus qu'on ne croyait, et qu'on les retrouve à peu près partout [1].

Ces résultats ne sont point discutables. Altmann ajoute que ses Bioblastes sont vivants, se reproduisent par eux-mêmes et constituent, en somme, des organismes indépendants, doués de propriétés spéciales et diverses réunis en colonies qui sont les cellules dont les propriétés ne sont que la résultante des actions élémentaires des Bioblastes [1].

Là on peut refuser de suivre l'auteur, et trouver ses arguments contestables, mais en somme on discute sur des choses réelles, avec des arguments physiques et physiologiques et non comme avec les autres, dans les nuages, avec des raisonnements trop souvent métaphysiques.

On peut dire même que cette qualité est poussée ici trop loin. Altmann après être arrivé à cette conclusion que ses *Bioblastes* sont les *facteurs des propriétés de l'organisme*, s'arrête brusquement sans chercher à voir si des facteurs ainsi constitués permettent d'expliquer les phénomènes biologiques. Il se contente de présenter sous une forme concrète les unités

[1] Grâce à un procédé spécial (fixation par le mélange osmico-bichromique, coloration par la fuchsine acide, décoloration différentielle par l'acide picrique) les frères Zoja (91) ont retrouvé partout les granules d'Altmann qu'ils appellent *Plastidules fuchsinophiles;* les granules vitellins de l'œuf, les *Micrococcus*, les Bactéries, la tête des spermatozoïdes se colorent comme les granules. Toutes les cellules en contiennent et les filaments ne sont bien que des files de Plastidules très petites. Mais les parties contractiles des fibres musculaires n'en contiennent pas; elles sont localisées dans le protoplasma autour du noyau. Elles manquent tout à fait dans les pseudopodes de l'*Amœba limax;* enfin dans les Amibes, les Infusoires et beaucoup de Protistes, leur nombre est beaucoup trop faible pour rendre compte de l'intensité du mouvement vital chez ces animaux. De ces diverses observations les auteurs concluent que leurs *Plastidules* ou *granules* d'Altmann sont bien des corpuscules vivants, qu'ils ont une fonction nutritive dans la cellule et sont doués de mouvements, mais qu'ils ne sont pas la seule partie vivante de la cellule, que les mouvements pseudopodiques ou autres ne sont pas produits par eux, que les fonctions nerveuses ne leur appartiennent pas et que le *omne granulum e granulo* lui-même n'est pas démontré.

Dans le noyau, leur existence est contestable. Altmann les y fait apparaître par un artifice de coloration qui donne l'image négative du réseau nucléaire. Or il est fort probable que c'est le réseau qui a une forme, et que la substance contenue dans les mailles est amorphe en elle-même et n'a qu'une forme *négative* due aux substances figurées englobantes.

[1] Mitrophanof (89) accepte les idées d'Altmann relativement au rôle physiologique des granules dans les cellules.

hypothétiques des autres auteurs, de dire à SPENCER, à HÆCKEL, à DARWIN, à NÆGELI, à DE VRIES, à HERTWIG, à WIESNER, etc. Voilà : vos *Unités physiologiques*, vos *Plastidules*, vos *Gemmules*, vos *Micelles*, vos *Pangènes*, vos *Idioblastes*, vos *Plasomes*, etc. Ils ne sont point ce que vous avez imaginé, ce ne sont que de petits appareils doués de propriétés chimiques définies. — Cela est fort bien, mais il faudrait montrer qu'ainsi constitués ils conservent les propriétés grâce auxquelles ces particules hypothétiques expliquaient plus ou moins les phénomènes de la vie. ALTMANN ne saurait prétendre avoir si rigoureusement démontré que les granules sont les facteurs des propriétés organiques qu'il soit dispensé de s'inquiéter des conséquences de sa conclusion. Il devait donc montrer comment ses Bioblastes s'accommoderaient avec les problèmes de l'Hérédité, de l'Ontogénèse, de la Variation, de l'Adaptation, etc. Il s'est borné à tracer quelques linéaments de la phylogénèse primitive. Ce n'est point assez, car il y a dans l'application des Bioblastes à certains problèmes des difficultés très graves[1].

[1] Le nombre de leurs variétés doit être très considérable dans un organisme compliqué. Leur taille cependant n'est jamais très petite puisqu'elle reste toujours dans les limites de la visibilité.

On comprendrait à la rigueur que le nombre nécessaire puisse trouver place dans l'œuf. Mais dans le spermatozoïde, cette difficulté se complique d'une autre. C'est surtout, on peut dire c'est exclusivement, dans le cytoplasma que l'on trouve des granules. Ceux du noyau sont fortement douteux et ALTMANN lui-même en parle avec beaucoup moins d'assurance que de ceux du corps cellulaire. Or le spermatozoïde est presque entièrement formé de substance nucléaire. La portion cytoplasmique, que peut-être il renferme en lui, est de volume si minime qu'elle ne pourrait donner asile qu'à des particules de taille extrêmement inférieure à celle des granules, partant invisibles, et par suite hypothétiques, ce qui leur ôte le principal mérite des granules.

Mais admettons que des Bioblastes ultra-microscopiques, admis par une induction fondée sur les Bioblastes visibles puissent donner au spermatozoïde les propriétés nécessaires. Admettons que ces Bioblastes spermatiques ultra-microscopiques grossissent ensuite dans l'œuf fécondé et deviennent des granules ordinaires.

Le protoplasma de l'embryon contiendra donc deux Bioblastes de chaque espèce, un paternel et un maternel qui pourraient, à la rigueur, expliquer la forme mixte des caractères exprimés. Mais il est évident que le nombre des Bioblastes ne saurait doubler ainsi à chaque génération et qu'un phénomène de réduction doit se produire sous une forme quelconque. La division réductrice ne peut l'expliquer, car elle ne pourrait qu'éliminer une moitié des Bioblastes paternels et maternels, et il arriverait certainement que ceux de la même sorte se trouveraient souvent expulsés des deux côtés à la fois et manqueraient dans le produit. On ne peut qu'imaginer, après la fécondation, une fusion de deux Bioblastes en un. Or Altmann n'a jamais signalé de phénomène de ce genre et s'il l'admettait ce ne pourrait être qu'hypothétiquement. L'idée qu'il se

En somme, cette théorie est sérieuse, solide, digne d'attention, mais incomplète et elle ne saurait devenir complète qu'en faisant une large place à l'hypothèse invérifiable, ce qui lui enlève son caractère de théorie positive fondée sur les faits.

Particules initiales de la substance vivante.

WIESNER (1892)

Théories des Plasomes.

Exposé.

La division est propriété la plus caractéristique des êtres organisés. Elle est la condition indispensable de leur reproduction et de leur croissance. Jadis on savait seulement que certains animaux, surtout parmi les Vers, pouvaient se reproduire en divisant leur corps en deux ou plusieurs fragments qui, chacun, donnaient naissance à un individu complet. Parmi les plantes, on savait seulement que des rameaux, des bourgeons, des fragments de tige ou de racine pouvaient reproduire le végétal entier. Mais depuis la découverte de la cellule et de son mode de reproduction, depuis surtout que l'on a pu approfondir la structure intime du noyau et des organites du protoplasma, on a pu constater que la division est un processus absolument général. Non seulement la cellule entière se divise, mais aussi le noyau, les chromosomes, le centrosome, la membrane, le cytoplasma et tous les plastides qu'il contient, va-

fait de la nature des Bioblastes n'est pas conciliable avec cette hypothèse. Deux sphérules formées seulement de substance chimique peuvent se fusionner lorsqu'elles sont petites et grossir ensuite seulement autant qu'eût fait une seule. Mais les Bioblastes sont, d'après lui, des sortes de cristaux organiques, en tout cas des agrégats doués d'une *structure* qui intervient dans leurs propriétés. En ce cas, ils ne peuvent que se juxtaposer, et, au bout d'un nombre suffisant de générations, il n'y a plus place pour le grand nombre qui doit se trouver dans un seul granule. La difficulté devient la même que pour les Plasmas ancestraux de WEISMANN que nous aurons à discuter plus loin.

Admettons qu'ALTMANN ou quelque autre soit en état de répondre à toutes ces objections, il est évident qu'il ne saurait le faire sans faire intervenir des hypothèses et c'est là seulement ce que nous voulons démontrer pour le moment.

cuoles, grains de chlorophylle et leucites divers, colorés ou non [1].

Il est bien certain, d'autre part, que le microscope ne nous montre pas les dernières particules vivantes. Il en est qui nous échappent, soit par leur petitesse, soit par la similitude de leur indice de réfraction avec celui du liquide où elles sont noyées. Et il est bien permis, d'après ce qui précède, de penser que ces organites ultra-microscopiques se reproduisent aussi par division. Peut-être ces derniers sont-ils encore composés d'autres parties plus petites se reproduisant encore de même, mais il n'est pas douteux que cela a une limite et qu'à la fin on arrive forcément à des particules initiales qui se reproduisent encore par division mais qui ne sont pas composées elles-mêmes de parties plus petites se reproduisant encore ainsi. Considérée ainsi, cette affirmation devient presque une nécessité logique.

Il faut donner un nom à ces particules initiales. Nous les appellerons *Plasomes* [1]. Les Plasomes sont donc, par définition : *les dernières particules constitutives du protoplasma capables de se reproduire par division.*

Les Plasomes ne sont ni de simples molécules chimiques ni des formations cristallines. Ce sont, comme elles, des agrégats moléculaires, doués de forces mécaniques et chimiques, mais ils en diffèrent en ce qu'ils sont beaucoup plus complexes et doués de propriétés qui en font des êtres vivants : ils *assimilent,* ils *s'accroissent,* ils *se reproduisent par division.* Toutes les parties de la cellule, membrane, protoplasma, noyau, chromosomes, plastides quelconques sont formées de Plasomes ; par conséquent, les Plasomes forment tout ce qui est ou a été vivant dans les êtres organisés.

On ne peut *a priori* préjuger de leur taille. Il est certain que la plupart d'entre eux échappent à l'investigation microscopique. Mais rien ne nous permet de dire de combien il faudrait augmenter le pouvoir amplifiant ou définissant du microscope pour les rendre visibles. Les dernières particules que l'on peut voir, granulations formant les fibrilles du protoplasma ou les filaments nucléaires, sont-elles de très gros Plasomes ou des agrégats de Plasomes? On ne peut le dire. En tout cas, les Plasomes ont une

[1] Les *Pyrénoïdes,* autour desquels se forment les grains d'amidon, se divisent aussi : pour les grains d'amidon, on n'a pu observer directement la chose, mais il paraît certain qu'ils ont pour centre de formation des plastides extrêmement petits, se reproduisant par division dans le protoplasma qui entoure le pyrénoïde.

Zimmermann a même trouvé dans les feuilles de certains *Tradescantia,* à l'intérieur des plastides, des particules plus petites semblant se former par division.

[1] Dans un premier travail (*Organisation der Zellhaut,* 1886) l'auteur les avait nommés *Plasmatosomes*, dénomination qu'il a bientôt changée en celle plus brève de *Plasomes* (Sitz. Akad. Wien, 1890).

tendance à s'agréger en granulations et en organites plus volumineux.

Les Plasomes diffèrent des *Bioblastes* d'Altmann en ce qu'ils sont beaucoup plus complexes bien qu'ils soient plus petits. Ce ne sont pas comme ceux-ci des cristaux organiques, ils ne peuvent en aucun cas se former spontanément au sein d'un liquide. Ce sont des agrégats moléculaires d'une nature spéciale, différant radicalement des unités inorganiques quelles qu'elles soient; ils ne peuvent se former ni spontanément au sein d'un liquide, ni par transformation d'une substance inorganique quelconque sous un état quelconque. Ils sont distincts de la matière inorganique dès l'origine et se reproduisent exclusivement par eux-mêmes en se divisant [1].

[1] La membrane cellulaire des plantes semble un obstacle à la constitution plasomienne universelle des êtres vivants et de leurs organes. Si elle est vraiment une paroi morte formée d'une substance chimique simple, la cellulose, elle ne peut être formée de Plasomes. Mais cette conception de la membrane est fausse de tous points. La membrane n'est pas morte, et elle n'est pas formée de cellulose pure. Cramer (87, 90) a montré que, chez les Siphonées verticillées, elle s'accroît après avoir perdu toute relation avec le protoplasma et atteint dans ces conditions un volume plus de 300 fois supérieur à son volume initial. Cependant ce n'est pas là un simple phénomène d'imbibition. Car son indice de réfraction reste le même. D'autre part, quand, dans la *Cicatrisation* d'une blessure ou la soudure de la *Greffe*, les cellules jeunes qui foisonnent des deux côtés arrivent à se rencontrer, elles se soudent par leurs membranes et l'on ne peut faire aucune différence entre ces soudures secondaires et l'union primaire de cellules nées par division d'une même cellule mère. Si les membranes étaient mortes elles ne pourraient se souder ainsi.

Le seul fait qu'elles sont vivantes prouve qu'elles ne sont pas formées de simple cellulose. Mais la preuve directe de la complexité de leur constitution a été fournie. On a démontré en elle la présence de lignine, de subérine, de substances aromatiques, la coniférine, la vanilline et, ce qui est plus important, d'une substance albuminoïde. Il y a donc dans la membrane un protoplasma spécial qui la pénètre, nous l'appellerons le *Dermatoplasma*.

Mais on peut aller plus loin. On sait que la membrane est formée à la fois de lamelles et de fibrilles. Par l'emploi de certains réactifs, on peut non seulement isoler ces lamelles et ces fibrilles, mais résoudre celles-ci en petits grains juxtaposés à la file. Ainsi la fibrille de la membrane végétale est, comme la fibrille musculaire, formée de granulations disposées en série linéaire. Ces granulations, contenant à la fois du Dermatoplasma et toutes les substances chimiques énumérées ci-dessus, seront pour nous les *Dermatosomes*. Il y a un moment où les Dermatosomes, plus gros et mieux isolés, se voient sans artifice de préparation. Strasburger a montré que, lorsqu'elle se forme dans la division cellulaire, la cloison est d'abord représentée par un semis de granulations protoplasmiques disposées dans le plan de la future cloison (*plaque cellulaire*). Ce sont les Dermatosomes qui vont disparaître à l'œil en se divisant et diminuant de volume, puis reparaîtront grossis et serrés les uns contre les autres dans la membrane achevée. Les Dermatosomes sont-

La cellule doit donc être conçue comme formée uniquement de Plasomes qui deviennent le quatrième et dernier terme de la série : *Organe, Tissu, Cellule, Plasome.* Sous la forme de Dermatosomes, ils forment la membrane. A l'intérieur, ils forment par des groupements divers les plastides, grains de chlorophylle, grains d'amidon, pyrénoïdes, filaments nucléaires et fibrilles du protoplasma ; enfin, sous leur forme isolée ou sous des groupements invisibles, ils forment le protoplasma hyalin lui-même.

Cette conception rend à la cellule cette unité fondamentale qu'elle avait perdue par la découverte des organites indépendants qu'elle contient.

Accroissement. — La notion des Plasomes permet de pénétrer plus avant dans la conception délicate de l'accroissement. Ils s'accroissent nécessairement par intussusception [1].

Hérédité. — Les Plasomes sont de natures diverses ; il y en a un nombre d'espèces très considérable. Ils sont les facteurs des propriétés individuelles des cellules, et la manifestation de ces propriétés repose sur leur présence. Aussi doivent-ils être d'autant plus nombreux que la cellule a des caractères ou des propriétés plus multiples, et qu'elle appartient à une plante plus élevée en organisation.

Ils conservent, en se divisant, des propriétés inhérentes à leur constitution et, par eux, ces propriétés deviennent permanentes dans le végétal et transmissibles à ses descendants. A ce titre, ils sont les facteurs des caractères héréditaires. Pendant l'ontogénie de l'individu, un grand nombre d'entre eux grossissent et deviennent fixes, ou s'associent à d'autres en groupes fixes, désormais incapables de division ultérieure et condamnés à mourir. Tels sont les Dermatosomes de la membrane et tous ceux qui entrent dans des formations permanentes incapables de se transmettre indéfiniment. Mais un certain nombre, en particulier ceux du cytoplasma et du noyau, restent aptes à se diviser et conservent leur caractère initial. Ceux-là constituent le *Plasma germinatif* au sens de Weismann [2].

ils des *Plasomes* ayant beaucoup grossi ou des groupes définis de Plasomes? On ne peut le dire, mais ils sont l'un ou l'autre et c'est la seule chose qui importe ici.

[1] L'intussusception moléculaire joue aussi un rôle indéniable dans l'accroissement des membranes et des autres parties, mais il y a concurremment un accroissement par apposition. La turgescence des cellules, dont on connaissait l'influence sur l'accroissement, agit par l'intermédiaire des Plasomes qui, excités par la pression, assimilent et se divisent avec plus d'activité.

[2] Le Plasma germinatif a une extension considérable dans le végétal et il se rencontre dans beaucoup de cellules qui normalement ne sont pas reproductrices, mais qui peuvent le devenir dans certaines conditions particulières. On sait qu'à

On peut désigner par un terme spécial les Plasomes du Plasma germinatif, ce seront les *Germiplasomes* (Keimplassom).

Variation. — Les Plasomes, avons-nous dit, sont fixes dans leurs caractères et leurs propriétés, sans quoi ils ne sauraient être les agents de l'hérédité. Ils peuvent être plus ou moins influencés par les conditions ambiantes, mais jamais d'une manière brusque et profonde.

Cependant, à la longue et dans le cours d'un ensemble considérable de générations, ils doivent nécessairement se modifier. Sans quoi la variation et la formation des espèces resteraient inexplicables. Les Plasomes se modifient donc lentement et progressivement, ils ont une *Évolution.*

Reste une dernière question, celle de l'origine première des Plasomes. Différant des agrégats moléculaires organiques par le pouvoir d'assimiler, de croître, de se multiplier par division et enfin d'évoluer, tandis que les premiers sont fixes dans leurs caractères et éternellement immuables, différant d'eux, en somme, par des caractères primitifs et fondamentaux, ils ne peuvent venir d'eux. Il ne reste dès lors qu'une hypothèse, c'est qu'ils sont éternels comme eux dans le passé. Dès l'origine, il a existé des agrégats inorganiques et des Plasomes et ceux-ci se sont, dès l'origine, toujours reproduits exclusivement par eux-mêmes. Étant éternels dans le passé, ils le sont aussi sans doute dans l'avenir, car les arguments qui prétendent démontrer que l'évolution de l'univers aboutit fatalement à la cessation de la vie, ne sont pas sans réplique. Mais s'il en est ainsi, comment concilier cette éternité des Plasomes avec l'état d'incandescence de la terre dans les premiers temps de sa formation? Il n'y a d'autre moyen que d'admettre que les premiers Plasomes sont venus sur la terre

la suite de blessures, les cellules cambiales peuvent former des bourgeons, que les cellules des feuilles de Bégonia, ou de certaines Mousses peuvent se développer en un individu entier. Voici la raison de ce fait. Ces cellules contiennent du Plasma germinatif mais trop peu pour entrer d'elles-mêmes en évolution. A la suite de la blessure, les sucs nourriciers s'arrêtent au point lésé par suite de l'ouverture des vaisseaux qui les laissent écouler là. Cela permet d'expliquer l'activité plus grande donnée à la division, mais non le fait que les nouvelles cellules assument de nouvelles propriétés. La section des vaisseaux n'est donc qu'une condition secondaire. La condition principale est que les cellules entamées par la blessure meurent et que leur contenu est absorbé par les cellules intactes voisines. Cette absorption de protoplasma donne seulement un coup de fouet à leur évolution; elle exagère en elle des énergies qui n'existaient qu'à un état insuffisant et rend actives des propriétés qui seraient restées à l'état latent.

La limite de la reproduction d'un végétal par une de ses parties dépend donc de l'abondance et de la répartition du Plasma germinatif dans ses cellules végétatives.

à une époque où sa température était conciliable avec la vie, apportés par des météorites. La vie s'est ainsi transportée avec eux d'astre en astre depuis l'origine et il y a toujours eu dans l'univers des points où la température n'était pas incompatible avec leur existence.

En résumé, les Plasomes sont les particules initiales constitutives de la matière vivante. Ils diffèrent radicalement et primitivement des agrégats moléculaires inorganiques, ne proviennent pas d'une transformation de ceux-ci et sont éternels comme eux dans le passé comme aussi peut-être dans l'avenir. Sans décider s'ils ont la *sensibilité*, nous pouvons dire qu'ils sont les facteurs des caractères et des propriétés individuelles des cellules, et c'est à la réunion de Plasomes de natures diverses que les cellules doivent leurs caractères particuliers. Bien que peu sensibles aux conditions extérieures, ils ont une évolution lente et, grâce à ces propriétés, ils sont les facteurs de l'Hérédité et de la Variation, grâce auxquelles les espèces se maintiennent et se transforment.

Critique.

La critique de la théorie de Wiesner ne nous arrêtera pas longtemps, car nous avons discuté celle d'Altmann dont elle ne diffère en rien d'essentiel. Les *Plasomes* sont des *Bioblastes*. Comme eux, ils constituent des agrégats d'ordre supérieur d'espèces très nombreuses, jouissent de propriétés physico-chimiques déterminées différentes selon leur espèce, se reproduisent par division; comme eux, ils sont les facteurs des propriétés des cellules qu'ils forment par leur association en colonie. Ils n'en diffèrent qu'en deux points secondaires : ils sont beaucoup plus petits, ultra-microscopiques et, ayant existé de toute éternité, ont été apportés[1] sur la terre par les météorites.

Cette dernière différence n'est pas à l'avantage de Wiesner. Cet auteur a cru faire preuve de rigueur scientifique en repoussant l'origine inorganique des Plasomes. Or il est beaucoup moins difficile de comprendre que des molécules chimiques très complexes, groupées suivant un arrangement spécial, arrivent à posséder les propriétés vitales, que d'admettre

[1] Que Wiesner se soit ou non inspiré des Bioblastes, il faut reconnaître qu'il n'arrive pas à la conception de ses *Plasomes* en passant par les Bioblastes. Il y est conduit par une induction très légitime, dans laquelle il ne fait qu'étendre au delà des limites du microscope une propriété absolument générale commune à tous les corps organisés, celle de se multiplier par division.

l'éternité des particules vivantes et leur apport sur la terre par les météorites. Remarquons d'abord que ces deux hypothèses sont liées ensemble, car l'état d'incandescence de notre globe aux premiers âges, empêche d'imaginer que la vie ait toujours existé à sa surface. Wiesner le reconnaît d'ailleurs. Mais il déclare qu'il y a toujours eu des points dans l'univers où la température a été compatible avec la vie. Or il est très probable que c'est le contraire qui est vrai. Les météorites qui tombent sur la terre appartiennent tous au système solaire. Or la masse entière qui constitue celui-ci a fait partie à l'origine d'une nébuleuse incandescente. Il en est de même très probablement pour tous les autres astres de l'univers.

L'autre différence est, au contraire, toute à l'avantage de la théorie de Wiesner, mais elle a le défaut d'introduire une hypothèse de plus. Cette hypothèse, d'ailleurs, est très acceptable et on pourrait l'admettre si elle facilitait suffisamment les explications. Avec les Plasomes, nous n'éprouvons plus un aussi grand embarras pour faire loger dans le spermatozoïde tous les facteurs de l'Hérédité. Wiesner admet le Plasma germinatif et sa continuité et, bien qu'il ne se prononce pas très catégoriquement sur ce point, on comprend qu'il considère ce plasma comme formé par un lot de Plasomes où toutes les espèces nécessaires sont représentées. Mais il ne nous dit pas comment ces Plasomes se distribuent par espèces exactement dans les cellules où ils doivent arriver, comment, quand une cellule se divise, les cellules filles, si elle ne doivent pas avoir une descendance identique, se partagent le lot de Plasomes conformément à leurs besoins. Il ne nous dit pas comment se fusionnent ou se trient les caractères des deux parents dans le produit. Il nous dit que les Plasomes varient à la longue, mais nous laisse ignorer comment cette variation peut être adaptative et comment se transmettent les effets de la variation.

En un mot, la théorie est tout à fait incomplète. Comme celle d'ALTMANN, elle nous fournit la matière première de la Différenciation anatomique et histologique, de l'Hérédité, de la Variation, etc., mais elle ne la met pas en œuvre. Ce n'est cependant pas une chose si aisée que le sujet puisse se passer d'explications.

2. SYSTÈMES DES PARTICULES REPRÉSENTATIVES.

Dans les théories dont nous abordons maintenant l'examen, les particules constitutives du protoplasma ne sont pas de simples agrégats doués de forces moléculaires et de quelques propriétés générales. Elles représentent chacune une partie définie de l'organisme ou quelqu'un de ses caractères. Ces théories se classent naturellement d'après ce que les particules sont censées représenter. Pour DARWIN et les Pangénistes, elles représentent les cellules du corps et elles portent en elles tout ce qui est nécessaire pour provoquer la formation de cellules semblables à celle dont elles proviennent, dès qu'on leur fournit les matériaux nécessaires et les éléments de leur utilisation. Pour NÆGELI et pour DE VRIES, les particules correspondent à un caractère ou à une propriété de l'organisme et leurs forces sont de telle nature que, partout où la chose sera possible, elles feront apparaître ce caractère ou cette propriété. Pour WEISMANN (92_2), elles représentent à la fois les cellules et leurs propriétés[1].

Une place à part doit être faite ici à la première théorie de WEISSMANN, dans laquelle ce sont les Plasmas germinatifs des ancêtres qui sont représentés par des parcelles distinctes dans le Plasma germinatif des descendants. Nous commencerons par elle bien qu'elle ne soit pas la première dans l'ordre chronologique, pour ne pas séparer les autres unies entre elles par un lien beaucoup plus étroit.

a) Particules représentant les Plasmas des ancêtres.

WEISMANN (1882-1888)

Théorie des Plasmas ancestraux.[2]

Exposé.

L'Idioplasma. — Les caractères et les fonctions de tous les êtres vivants dépendent de leurs cellules et les caractères et propriétés des cellules dépendent du noyau; en sorte que la substance du noyau cellulaire est, en somme, le facteur universel de tous les phénomènes vitaux.

[1] D'ailleurs ce ne sont pas toujours les particules initiales qui sont ainsi représentatives. NÆGELI admet que les particules élémentaires sont douées seulement de propriétés générales et que la valeur représentative appartient seulement aux groupes formés par leurs associations. Pour WEISMANN (92_2), les particules initiales représentent les caractères et celles de second ordre les cellules. Mais c'est là un point secondaire. Que la particule représentative soit de premier ou de second ordre, ce n'en est pas moins elle qui donne son cachet à la théorie.

[2] [La théorie actuelle de Weismann ne s'est pas formée de prime saut. Elle s'est

Le premier point n'est point discutable. La vérité du second est démontrée par un grand nombre de faits, et en particulier par la fécondation dans laquelle le spermatazoïde, simple noyau, communique au produit tous les caractères de la lignée paternelle[1].

Le *nucléo-plasma* a donc par rapport au *cytoplasma* un rôle tout à fait prépondérant. Nous l'appellerons *Idioplasma*[2]. L'Idioplasma signifiera

lentement élaborée et peu à peu modifiée, même dans ses points essentiels, au cours de son évolution. Son auteur l'a mise au jour dans des mémoires successifs (82, 83, 84, 85, 86_1, 86_2, 87, 88, 91, 92_2) dont chacun marque seulement l'état de ses idées au moment où il l'a écrit, et chaque essai nouveau, tantôt fortifie une opinion émise dans les précédents, tantôt la modifie ou même lui en substitue une autre très différente, en sorte que l'on ne voit qu'à la fin où l'on va arriver. Cependant, en suivant cette évolution des idées de l'auteur, on remarque qu'elle dessine d'abord une courbe régulière puis arrive à un point de rebroussement d'où elle repart dans une direction nouvelle. Cela nous autorise à distinguer chez lui deux théories, et de fait, sa conception a été si fortement modifiée par l'idée des *Déterminants,* que l'on peut considérer comme une volte-face le changement qu'apporte leur apparition. Nous étudierons donc séparément, d'abord la théorie primitive à laquelle il est arrivé peu à peu dans la série de petits mémoires réunis sous le nom d'*Essais sur l'Hérédité* et nous l'appellerons théorie du *Plasma germinatif* ou des *Plasmas ancestraux* ou simplement *Théorie des Essais* (82 à 88 et 92_1 date de la traduction française); puis après celle de DE VRIES (89) dont il s'est fortement inspiré, la théorie actuelle que nous pouvons nommer *Théorie des Déterminants* (91,92_2). On peut d'ailleurs les rattacher l'une à l'autre en identifiant les *Ides* de la seconde aux *Plamas ancestraux* de la première].

[1] Nous avons vu (p. 81 et suiv.) sur quels arguments s'appuie cette théorie du rôle directeur du noyau. Weismann l'admet sans réserve. Pour lui, tous les caractères différentiels essentiels des cellules sont contenus dans le noyau.

Voici deux cellules embryonnaires identiques en apparence. Supposons que l'une d'elles doive devenir cellule musculaire, l'autre cellule nerveuse. S'il en est ainsi, c'est que leurs noyaux auront présenté une certaine différence initiale due à quelque particularité de constitution peut-être invisible; celui de la première dirigera la nutrition et l'évolution du cytoplasma de manière à le rendre homogène, granuleux, étoilé, à le charger de lécithine, à développer des prolongements, à prendre enfin les caractères histo-chimiques de la cellule nerveuse; celui de la seconde déterminera dans le cytoplasma la production des disques superposés de myosine et de myostromine et lui donnera en somme les caractères de l'élément contractile.

On a vu que la théorie du noyau, directeur exclusif des phénomènes cytologiques, n'est plus guère admise. La découverte d'un centrosome et peut-être d'un peu de cytoplasma dans le spermatozoïde lui a enlevé son meilleur appui. Mais il ne serait pas juste de tirer de là un argument contre Weismann, car son système n'est point lié à cette hypothèse. Rien ne l'oblige à limiter au noyau le Plasma germinatif et, s'il l'a fait, c'est seulement pour se conformer à un fait qu'il croyait démontré].

[2] [Ce nom est emprunté à NÆGELI (84) et il est pris dans la même acception de plasma dominateur. Mais il a une toute autre constitution que dans la théorie

pour nous l'ensemble des plasmas nucléaires contenant en lui la raison d'être et la cause de tous les caractères et de toutes les fonctions de l'ensemble de l'organisme. C'est de lui seul que nous aurons à nous occuper, c'est lui seul qui intervient activement dans les phénomènes de Reproduction, d'Hérédité, de Variation, de Formation des espèces.

L'ontogénèse et la différenciation cellulaire. — Au début de l'ontogénèse, l'Idioplasma du futur organisme se trouve tout entier contenu dans le plasma nucléaire de l'œuf. Comment de cet Idioplasma unique vont se former successivement tous les Idioplasmas, si différents les uns des autres, des diverses cellules des différents tissus et organes? Cette question est tout à fait insoluble si l'on admet que, dans la division cellulaire, les deux moitiés du noyau sont identiques entre elles[1].

Elle devient toute simple, au contraire, si l'on admet que, dans certaines divisions au moins, il n'en est pas ainsi. D'ailleurs cette hypothèse, bien qu'elle choque les apparences, s'appuie sur de si graves raisons théoriques qu'elle devient parfaitement légitime; car, si cette identité était réelle, les deux cellules filles devraient nécessairement suivre une évolution identique, et toutes les fois qu'elles suivent une évolution différente, c'est qu'elles avaient reçu de la division qui leur a donné naissance des Idioplasmas différents. Des différences entre ces deux Idioplasmas ne peuvent d'ailleurs s'établir après leur séparation sous l'influence de leurs cytoplasmas respectifs, car ce sont eux qui règlent l'évolution de ces cytoplasmas et leur nutrition jusque dans les détails, en sorte que les cytoplasmas ne pourraient devenir différents s'ils étaient sous la direction d'Idioplasmas identiques. Force est donc d'admettre que, dans la division indirecte, les deux noyaux filles peuvent recevoir des Idioplasmas différents par leurs qualités essentielles[2].

de cet auteur, comme nous le verrons plus loin].

[1] Tous les faits cependant semblent démontrer qu'il en est ainsi. Il y a même comme un ensemble de précautions admirablement prises pour assurer une répartition rigoureusement égale de deux moitiés de l'Idioplasma de la cellule mère dans les noyaux des deux cellules filles. Aussi tous les auteurs et, en particulier Strasburger, admettent-ils cette identité. Cependant ces preuves ne sont pas suffisantes. La division longitudinale du cordon nucléaire n'est que l'expression grossière d'une égalité entre les quantités de substance qui passent dans les deux noyaux filles et n'empêche pas que les qualités de ces substances ne puissent être différentes. Même Strasburger admet que ces particules colorées sont de simples réserves alimentaires et que le plasma nucléaire est incolore et situé dans leurs intervalles.

[2] [Il n'est pas si bien démontré que cela que les cytoplasmas et les conditions ambiantes, légèrement différentes même

Nous admettrons donc qu'il existe deux sortes de divisions nucléaires : l'une *homogène,* dans laquelle l'Idioplasma maternel se partage identiquement entre les deux noyaux filles l'autre *hétérogène,* dans laquelle il se divise en deux parts quantitativement semblables, mais qualitativement différentes.

Cela posé, voici comment il faut comprendre la Différenciation cellulaire dans l'ontogénèse. L'Idioplasma de l'œuf contient, condensés en lui, tous les Idioplasmas des futures cellules du corps. Il est donc à la fois très complexe et cependant très peu différencié. A la première division, il se partage en deux parts, et chacun des deux noyaux de ce premier stade reçoit exactement la part dont il a besoin pour lui et sa lignée. A chaque division ultérieure, il en est de même. L'Idioplasma devient donc, en se subdivisant, de moins en moins complexe et de plus en plus différencié, jusqu'à ce qu'il ait atteint, à la fin de l'ontogénèse, le minimum de complexité et le maximum de différenciation. A partir de ce moment, chaque cellule ne peut plus engendrer que des cellules semblables à elle-même[1].

pour des cellules voisines, ne puissent engendrer les différences d'évolution.

[C'est évidemment un procédé abusif que d'admettre une hypothèse en contradiction avec un fait aussi positif que l'identité des deux moitiés du noyau dans la division. Mais il faut remarquer que Weissmann y est entraîné par l'idée du rôle directeur du noyau. Si le plasma nucléaire n'a pas ce rôle, la *division hétérogène* devient très admissible ; il suffit de lui donner pour siège le cytoplasma. Les exemples de division hétérogène du cytoplasma sont très nombreux. A chaque instant, dans la segmentation de l'œuf, on voit un blastomère se diviser en deux autres très inégaux comme taille et comme composition, l'un étant riche en substances nutritives, l'autre exclusivement formé de protoplasma formatif.]

[1] Pour fixer les idées, admettons que les deux premières cellules de la segmentation représentent l'une l'ectoderme, l'autre l'endoderme. L'Idioplasma de l'œuf se décomposera en deux autres, celui des futures cellules ectodermiques et celui des futures endodermiques. Il disparaîtra donc en tant qu'Idioplasma primitif ou du 1er degré ontogénétique, ayant fait, des différenciations qu'il contenait en puissance, des tendances héréditaires déposées en lui, deux parts dévolues l'une à l'ectoderme l'autre à l'endoderme. Ces deux Idioplasmas du 2e degré ontogénétique seront donc un peu moins compliqués, quoiqu'ils le soient encore beaucoup, que celui du 1er degré, et un peu plus différenciés que lui, quoiqu'ils le soient encore très peu. Supposons que la segmentation suivante divise la cellule ectodermique en deux autres, une qui formera le système nerveux central et l'autre qui formera la peau. Ces deux Idioplasmas de 3e degré ontogénétique se partageront les différenciations en puissance et les tendances héréditaires de la cellule ectodermique de 2e degré ontogénétique ; ils seront donc encore un peu moins complexes et un peu plus différenciés que ceux du 2e degré ; et ainsi de suite jusqu'aux dernières différenciations, jusqu'au moment où une cellule de la couche épidermique profonde, par exemple, se divisera en deux autres dont l'une

Il est clair d'ailleurs que les modes de division homogène et hétérogène doivent alterner suivant les besoins, le premier se produisant toutes les fois qu'une cellule doit multiplier son espèce, le second seulement quand elle doit répartir entre deux lignées les propriétés qu'elle tient en puissance [1].

Formation des cellules sexuelles. Plasma germinatif. — Voilà comment se forment les cellules somatiques ou cellules du corps, du *Soma*; mais comment peuvent naître les cellules *germinales* ou sexuelles?

Nous avons vu que le plasma initial de l'œuf perdait, au fur et à mesure des divisions hétérogènes, sa complexité extrême et semait en route, en quelque sorte, les multiples propriétés qu'il contenait condensées en lui. Comment ce plasma complexe pourra-t-il se reformer, aux dépens de celui des cellules somatiques? Il faut qu'il puisse récupérer ce haut degré de complexité qu'il avait perdu, il faut en un mot que le plasma nucléaire, très particularisé et relativement très simple des cellules somatiques, puisse se transformer en un plasma très complexe et très peu particularisé. On ne voit pas comment cela serait possible. D'autant plus que cet Idioplasma de l'œuf, bien qu'il soit très peu particularisé, c'est-à-dire très peu différencié pour une fonction étroite, n'en a pas moins évidemment une constitution physico-chimique extraordinairement précise et délicate, et il ne semble pas possible qu'une constitution semblable puisse être récupérée après avoir été perdue [2].

deviendra, si l'on veut, du tissu corné épidermique, et l'autre du tissu unguéal. A ce terme ultime la différenciation est devenue complète et la complexité a beaucoup diminué puisque l'Idioplasma de l'avant-dernier degré ontogénétique ne contient plus en puissance que deux évolutions possibles, au lieu d'en contenir des centaines comme celui des premiers degrés. Il est bien évident d'ailleurs que ce mode de segmentation est donné comme un exemple idéal et que les choses auront la même signification si ces différenciations successives se passent après un nombre plus grand de segmentations et dans beaucoup de cellules à la fois au lieu d'une seule.

[1] VINES (89) a fait à ce sujet l'objection suivante. C'est le Plasma germinatif qui, d'après Weissmann, imprime au développement son cachet, c'est par lui que l'être formé revêt son type spécifique et acquiert ses ressemblances individuelles avec tels ou tels de ses ancêtres. Or, dès la première segmentation hétérogène, il disparaît, une part se décomposant en Plasma somatique, l'autre passant à l'état de réserve et d'inactivité temporaire. L'objection est spécieuse mais non fondée. Le Plasma germinatif, en se dédoublant en deux Idioplasmas somatiques du 2° degré ontogénétique, ne perd pas son action directrice sur le développement, mais il divise ses énergies potentielles en deux parts dont chacune se rend au point où elle doit agir et, à chaque division hétérogène ultérieure, il fait encore de même.

[2] MINOT a cherché à l'expliquer en disant que cela reposait sur un principe évolutif. D'après lui, tout développement est cyclique et fait retour à son origine. Mais cela n'est nullement une loi absolue. Le

Une seule théorie permet de soulever la difficulté, c'est celle de la *Continuité du plasma germinatif* esquissée déjà par Jæger (78) et Nussbaum (80) mais inexacte sous la forme où ces auteurs l'ont proposée, et admissible seulement après correction.

Appelons *Plasma germinatif* l'Idioplasma des cellules sexuelles. Celui de l'œuf fécondé, s'il se détruisait dès la première division, comme nous l'avons supposé provisoirement, ne pourrait se reformer. Avec la continuité du Plasma germinatif, au contraire [v. p. 180 et voisines], la difficulté se résout le plus simplement du monde et cette théorie n'a rien d'inadmissible, rien de choquant, rien qui soit en opposition avec les principes généraux de la biologie. Loin de là, elle s'appuie sur les faits et tient compte de tous : en un mot, c'est une théorie *réelle*. Nous la rappellerons en peu de mots : le plasma de l'œuf n'est pas dépensé tout entier à constituer le corps; une petite partie est mise en réserve pour former l'œuf de la génération suivante et celui-ci reproduira sans difficulté le Soma puisqu'il est identique.

La chose serait toute simple, si l'œuf détachait d'abord de lui, par une segmentation homogène, une cellule contenant une certaine quantité de Plasma germinatif. Tandis que l'autre cellule donnerait naissance au Soma par une succession de divisions hétérogènes, comme nous venons de l'expliquer, celle-ci resterait d'abord au repos pour fournir plus tard, par division homogène, les nombreuses cellules sexuelles de l'animal. Et de fait, les choses se passent presque de cette manière chez les Volvox et chez certains Métazoaires, les Diptères. Mais le plus souvent cela n'a pas lieu et les cellules sexuelles ne se montrent que très tard dans le développement, comme chez les Vertébrés, ou même après une génération asexuée, comme chez beaucoup de Cœlentérés. On peut admettre alors que ce n'est pas la totalité du Plasma germinatif qui se détruit par division hétérogène pour fournir les Idioplasmas du 2e degré ontogéné-

développement phylétique en particulier n'est certainement pas cyclique, car rien ne nous autorise à dire que les Vertébrés redeviendront jamais Amibes à la suite d'un développement régressif.

Ce n'est donc pas là une explication. Les autres ne sont pas plus satisfaisantes. La théorie de l'Emboitement des germes et celle des Gemmules de Darwin ne méritent pas la discussion. Rien, absolument rien dans les faits, n'autorise à croire que ces théories contiennent une parcelle de vérité. La première n'a qu'un intérêt historique et, pour la seconde, de l'aveu même de son auteur, c'est une théorie idéale, créée pour donner satisfaction à l'esprit en montrant comment on peut concevoir un phénomène en apparence inexplicable, mais qui n'a pas la prétention de représenter les faits réels.

tique, mais qu'à chaque segmentation hétérogène, une minime parcelle de Plasma germinatif reste inaltérée et inerte dans une des deux cellules, tandis que l'autre cellule et toute sa descendance en reste privée et ne pourra désormais jamais plus en contenir. A chaque segmentation hétérogène de la cellule qui a reçu ce dépôt, la parcelle de Plasma germinatif reste dans une seule des deux cellules filles, jusqu'à ce que l'on arrive à une dernière cellule qui reçoit ainsi, à travers toutes les segmentations, cette précieuse parcelle. C'est la cellule mère des éléments sexuels. Elle se segmente alors par division homogène en nombreuses cellules sexuelles, qui reçoivent chacune une minime part de Plasma germinatif. Bien entendu, au moment de cette division, le Plasma germinatif s'accroît par un mouvement nutritif, en sorte que chaque cellule sexuelle en contient, à la fin, autant qu'en contenait la cellule mère ou l'œuf primitif[1].

Il faut bien comprendre que le Plasma germinatif ne forme jamais (excepté dans l'œuf prêt à se segmenter) la totalité de l'Idioplasma de la cellule. Dès la 1re segmentation hétérogène, la cellule qui conserve une parcelle de Plasma germinatif inaltéré reçoit, en outre, sa part de Plasma germinatif modifié en Idioplasma du 2e degré ontogénétique, et il en est de même à toutes les segmentations suivantes, en sorte que cet Idioplasma peut arriver à un degré assez élevé de différenciation. L'œuf contient donc deux plasmas nucléaires, un Plasma germinatif et un Idioplasma spécial, le *Plasma ovogène* qui lui donne ses caractères et ses propriétés en tant que cellule. C'est ce Plasma ovogène qui détermine la constitution du cytoplasma de l'œuf et règle tous les phénomènes nutritifs dont il est le siège. Lui seul est actif dans le noyau jusqu'au moment où l'œuf entre en évolution et c'est cette activité même qui maintient en état de somnolence celle du Plasma germinatif.

Maturation des éléments sexuels. Premier globule polaire. — Au moment où doit commencer l'évolution qui fera de l'œuf un nouvel être, ce Plasma ovogène doit être éliminé. Il a servi à la croissance de l'œuf,

[1] Il est bien évident que la signification de ces phénomènes reste la même, si au lieu d'une cellule mère des cellules sexuelles il y en a plusieurs ou même un grand nombre au moment où les éléments sexuels prennent naissance. Il suffit pour cela que, dans une ou plusieurs des segmentations précédentes, les deux cellules de la division hétérogène aient reçu l'une et l'autre une part du Plasma germinatif. Comme ce Plasma est inerte dans la cellule, on comprend fort bien que les cellules chargées depuis la première segmentation de le transmettre aux futures cellules sexuelles ne se distinguent par aucun caractère visible des cellules exclusivement destinées à former le Soma.

à sa nutrition; c'est sous son influence que celui-ci a grossi, s'est chargé de lécithe, a formé ses membranes, etc., etc. Tout cela est achevé et le plasma qui l'a fait a fini son rôle. Non seulement il n'est plus utile, mais il est nuisible désormais car il représente dans l'œuf la tendance à l'accroissement sans division, tandis que le Plasma germinatif représente la tendance inverse; il maintient, par son activité prédominante, le Plasma germinatif dans un état d'inactivité et empêche la division. Pour que celle-ci puisse commencer il doit donc être éliminé. C'est là le rôle du premier globule polaire [1].

Fécondation. Constitution du Plasma germinatif. Les Plasmas ancestraux. — Pour bien comprendre la nature de la fécondation, il faut d'abord se pénétrer de cette vérité que les produits sexuels mâle et femelle

[1] Le fait que cette division est égale pour le noyau montre que les quantités de Plasma germinatif et de Plasma ovogène sont égales. Le fait qu'elle est très inégale pour le corps cellulaire s'explique très simplement par ce principe d'économie que la lutte pour l'existence impose à tous les êtres. Ce Plasma ovogène est la seule partie qui doive être éliminée. Si l'œuf avait un moyen d'expulser un demi-noyau sans rien autre chose, il prendrait ce moyen. Mais, ne l'ayant pas, il a dû choisir parmi les actes que sa biologie lui permet d'exécuter, et le seul qu'il ait trouvé, c'est celui d'une division cellulaire. Mais, par économie, il a fait cette division aussi inégale que possible pour réduire au minimum la perte fâcheuse mais inévitable d'une partie de son cytoplasma.

[Ici Weismann a donné lui-même des arguments contre sa propre interprétation.

[Dans ses premiers *Essais*, il pensait que les deux globules polaires avaient l'un et l'autre pour but d'éliminer une partie du Plasma germinatif. Les œufs parthénogénétiques ne perdaient que la moitié de ce plasma, et il leur en restait la moitié de la dose totale, tandis que les œufs sexués en perdaient les 3/4 mais réparaient cette perte par la fécondation. Les œufs sexués ne pouvaient se développer sans fécondation parce que la dose de Plasma germinatif qui leur restait (1/4) était trop faible pour permettre le développement, tandis que les œufs parthénogénétiques pouvaient se développer sans un nouvel apport de substances germinatives. Mais comme leur dose de ce plasma (1/2) était à peine suffisante, un grand nombre n'avait pas la force d'aller jusqu'au bout du développement. Les uns s'arrêtaient à moitié route, d'autres au quart, d'autres à la fin de la segmentation, d'autres enfin après quelques divisions seulement. Maintenant que le premier globule polaire n'enlève pas une parcelle de Plasma germinatif, les œufs parthénogénétiques ont leur dose totale mieux encore que les œufs fécondés et Weismann se trouverait embarrassé pour expliquer ces arrêts de développement de l'œuf parthénogénétique, sur lesquels il a lui-même attiré l'attention.

[Le mérite de cette idée revient à DARWIN qui dit (80, p. 378-379, v. p. 539, note 1): « Il est probable que les deux éléments sexuels périssent au cas où ils ne s'unissent pas, simplement parce qu'ils contiennent trop peu de matière formative pour se développer d'une manière indépendante ». Il cite alors des cas de développement parthénogénétique s'arrêtant

sont *homodynames*. La Pénétration du spermatozoïde dans l'œuf n'apporte pas simplement une étincelle vivifiante, une impulsion évolutive, c'est un apport de substance et il n'y a aucune différence essentielle entre la tête du spermatozoïde et le noyau de l'œuf. La fécondation n'est que la combinaison de deux Plasmas germinatifs.

Cela compris, plaçons-nous par la pensée à l'origine de la reproduction sexuelle. Les cellules sexuelles de ces premiers êtres sexués contiennent chacune un seul Plasma germinatif. Mais, après la fécondation, l'œuf fécondé en contiendra 2, celui du père et celui de la mère, et les cellules sexuelles du produit (les ♂ aussi bien que les ♀) en contiendront aussi chacune 2. Après une seconde fécondation, l'œuf fécondéen contiendra 4, les 2 siens et les 2 qui lui sont apportés par le spermatozoïde, et les cellules sexuelles des produits en contiendront aussi chacune 4, et ainsi de suite. Ainsi le Plasma germinatif est, en réalité, une substance d'une complexité bien plus grande encore que nous n'avions supposé. Il est formé d'une quantité énorme de *Plasmas ancestraux* représentés en lui par autant de parcelles qu'il a eu d'ancêtres.

Hérédité. Atavisme. — Les difficiles problèmes de l'Hérédité et de l'Atavisme se trouvent tout naturellement expliqués par la présence des Plasmas ancestraux.

Second globule polaire. — Mais voyons ce qu'à la longue va devenir le Plasma germinatif. Le nombre des Plasmas ancestraux double en lui à chaque génération :

	à l'origine, il est de		....	1
après la 1re	fécondation	—	....	$2 = 2^1$
— 2e	—	—	....	$4 = 2^2$
— 3e	—	—	....	$8 = 2^3$
....	....	....	....	....
— ne	—	—	....	2^n

Il deviendra bientôt colossal. Or, si petites que soient les parcelles représentant, dans le Plasma germinatif actuel, les Plasmas germinatifs ances-

après quelques stades, il montre que la quantité de matière apportée par le mâle influe sur la vitalité du produit et ajoute : « Il semble donc probable que quand il s'agit d'éléments sexuels séparés, une quantité insuffisante de matières formatives constitue la cause principale de leur incapacité à une existence prolongée et au développement, à moins que ces éléments ne se combinent et n'augmentent ainsi le volume les uns des autres ». Et plus loin : « Il semble donc étrange que l'on ait adopté l'hypothèse en vertu de laquelle la fonction des spermatozoaires est de communiquer la vie à l'ovule, car l'ovule est déjà doué de vie avant l'imprégnation et subit ordinairement un certain degré de développement indépendant ».

traux, elles ont cependant un certain volume et le nombre que peut en contenir le filament nucléaire de l'œuf n'est pas illimité. Donc, à un certain moment, la complexité du Plasma germinatif de l'œuf aura atteint en quelque sorte un point de saturation et ne pourra plus être augmentée. L'adjonction d'une nouvelle quantité de Plasmas germinatifs ancestraux ne pourra plus avoir lieu et la fécondation sera empêchée. C'est là qu'intervient le 2e globule polaire.

L'œuf émet ce second globule pour éliminer une moitié de ses Plasmas ancestraux et faire place à ceux que doit apporter le spermatozoïde. D'ailleurs celui-ci lui en remet un nombre égal à celui qu'il avait perdu, en sorte que le maximum est toujours maintenu. La segmentation est, cette fois encore, égale pour le noyau et très inégale pour le corps cellulaire, tout comme à l'émission du premier globule polaire et pour les mêmes raisons qu'il est inutile de répéter.

Parthénogénèse. — Cette théorie des globules polaires est la seule qui permette de comprendre pourquoi les œufs destinés à être fécondés ont deux globules polaires et pourquoi les œufs parthénogénétiques en ont un, et un seul. L'œuf parthénogénétique, bien que capable de se développer seul, n'en doit pas moins expulser son Plasma ovogène avant de se segmenter, mais il n'a pas à diminuer le nombre de ses Plasmas ancestraux, puisque ce nombre n'a pas à être doublé par la fécondation.

Avec une fonction aussi fondamentale, les globules polaires doivent exister aussi chez les spermatozoïdes et chez les plantes. Si l'œuf a besoin d'un Plasma ovogène pour grandir et doit l'expulser pour être fécondé, le spermatozoïde doit avoir besoin d'un Plasma spermatogène pour se former et doit l'expulser pour pouvoir se segmenter avec le noyau de l'œuf après sa fusion avec lui. De même, si son Plasma germinatif est constitué, comme celui de l'œuf, d'un nombre immense de Plasmas ancestraux, qui double à chaque génération, il doit aussi arriver un moment où ce nombre doit diminuer de moitié avant la fécondation. Il en est de même pour les éléments sexuels des plantes et il est inutile de répéter les mêmes raisonnements pour le démontrer.

Or, ni chez les plantes ni dans les spermatozoïdes, on ne voit de phénomène correspondant à l'émission des globules polaires. Mais cette objection négative a peu de valeur, car les divisions réductrices peuvent se

Il est à remarquer que WEISMANN, dans sa dernière théorie, a tout à fait abandonné son interprétation actuelle du premier globule polaire et qu'il est revenu à une opinion peu différente de l'ancienne exposée dans cette note.]

produire sous une forme et à un moment qui rende impossible de les discerner[1].

[1] Dans les spermatozoïdes, on ne voit rien, au premier abord, qui représente les globules polaires. Mais il faut remarquer que, si l'expulsion du Plasma ovogène et d'une moitié des Plasmas ancestraux est indispensable, l'ordre de ces phénomènes et la manière dont ils s'accomplissent peuvent changer. Ainsi la segmentation réductrice pourrait aussi bien se faire une fois pour toutes dans la cellule mère des cellules sexuelles. Celle-ci contiendrait alors $\frac{M}{2}$ Plasmas ancestraux et en léguerait un nombre identique à toutes les cellules sexuelles qu'elle engendrerait, en sorte que celles-ci se trouveraient, dès l'expulsion du 1er globule polaire, aptes à la fécondation. Or rien ne nous empêche d'admettre que la chose ait lieu pour les spermatozoïdes. On a signalé, en effet, dans la spermatogénèse, des sortes différentes de segmentations (divisions directes alternant avec des divisions cynétiques, etc.) et il n'est pas impossible qu'il y ait là place pour une division réductrice de la nature de celle dont la théorie a besoin. On ne pourra le savoir que lorsqu'on saura distinguer une division réductrice d'une division homogène.

Si la chose n'a pas lieu pour l'œuf, si chez lui les Plasmas ancestraux sont rejetés sous la forme d'un globule polaire, et tout à la fin du développement, cela tient ce qu'il y a avantage pour l'espèce à ce qu'il en soit ainsi. Supposons, en effet, que la cellule mère des œufs subisse une fois pour toutes cette division réductrice; comme ensuite elle donnera naissance aux œufs par division homogène, il en résultera que tous les œufs auront des Plasmas et par suite des tendances héréditaires identiques et qu'il n'y aura pas place pour la variation individuelle dont la Sélection a besoin pour donner naissance aux espèces. Si la segmentation réductrice avait lieu après que la cellule mère s'est divisée en deux, ces deux cellules mères, en formant chacune leur globule polaire, n'élimineront pas exactement les mêmes Plasmas ancestraux; leurs Plasmas germinatifs seront donc un peu différents l'un de l'autre; et comme les produits de division de ces cellules resteront identiques à leur mère, il en résulte qu'il y aura à la fin deux groupes d'œufs, identiques entre eux dans chaque groupe, mais légèrement différents d'un groupe à l'autre. De même, si la segmentation réductrice porte sur les cellules mères au moment où il y en a 4, 8, 16, on aura 4, 8, 16 variétés dans l'ensemble des œufs. Le nombre total des variétés sera donc d'autant plus grand que la segmentation réductrice sera plus tardive et il sera maximum si elle a lieu, tout à la fin, sur chaque œuf séparément. Il y a donc là une condition avantageuse que la Sélection naturelle a pu fixer.

Pour les spermatozoïdes, la chose avait moins d'importance, car le nombre des unités qui arrive à féconder un œuf étant relativement très petit, c'eût été un luxe inutile qu'ils eussent chacun des caractères individuels différents et il suffisait que la segmentation réductrice ne se fît pas trop tôt de manière à produire un nombre raisonnable de variétés dans l'ensemble.

De même, il n'est pas du tout nécessaire que les Plasmas séparés par la segmentation réductrice soient rejetés. Ils peuvent tout aussi bien passer dans une cellule égale et être utilisés. En d'autres termes, le spermatoblaste, au lieu d'émettre un globule polaire, peut aussi bien se diviser en deux cellules ayant chacune une moitié des Plasmas ancestraux et destinées chacune à former un ou plusieurs spermatozoïdes.

[Il en est de même pour l'œuf.]

Pour le 1er globule polaire, la latitude est moins grande, car le spermatozoïde a évidemment besoin de son Plasma spermato-

Variation. Formation des espèces. — Voilà, bien établie, la conception de l'individu et de son ontogénèse. Il reste à montrer comment la théorie permet d'expliquer la Phylogénèse, c'est-à-dire la manière dont ont pu se former les espèces.

Pour expliquer la formation des espèces, deux théories principales sont en présence, celle de Lamark fondée sur l'action directe des milieux et l'hérédité des modifications acquises, et celle de Darwin qui s'appuie sur la Sélection. Darwin admet bien aussi l'action directe des milieux et l'hérédité des caractères acquis, mais il est à remarquer que, tandis que ces deux facteurs sont indispensables au Lamarkisme, le Darwinisme peut à la rigueur s'en passer. Or cela est utile à constater, car ni l'un ni l'autre ne sont réels. Le Plasma germinatif est trop profondément placé pour subir l'action modificatrice des conditions ambiantes, et les caractères acquis n'ont aucun moyen de communiquer au germe une modification adéquate qui permette de les reproduire[1].

La Sélection seule suffit à créer toutes les différences spécifiques, si seulement on lui fournit sa condition d'activité, c'est-à-dire la Variation. D'où peut donc venir la Variation si les conditions de vie sont impuissantes à l'engendrer? Elle vient de la Génération sexuelle, car la Génération sexuelle, en combinant les Plasmas germinatifs des parents et tous les Plasmas ancestraux qu'ils contiennent, engendre une diversité presque

gène jusqu'à son complet achèvement. Ce point est encore un peu obscur. Cependant on a décrit plusieurs formations qui pourraient représenter un globule polaire, en particulier le *paranucleus ou noyau accessoire des spermatoïdes*, de La Valette Saint-Georges. Il se pourrait aussi que le Plasma spermatogène ne fût pas réellement rejeté mais fût annihilé par quelque autre moyen, par exemple en étant relégué, en état d'inactivité, en quelque point du noyau.

Chez les plantes, la segmentation réductrice peut, aussi bien que chez le spermatozoïde, se produire sous la forme d'une division cellulaire ordinaire avant la fin de la maturation des cellules.

Chez beaucoup de plantes, on a trouvé de vrais globules polaires dont vraisemblablement certains représentent le premier de ces globules et, quand ce premier globule manque, sans doute les cellules germinatives sont assez peu différenciées pour ne pas contenir de Plasma cytogène à évacuer.

[Nous aurions pu nous dispenser de citer toute cette argumentation maintenant que l'universalité de la division réductrice a été reconnue. Il nous a semblé intéressant de montrer combien l'auteur se débattait avec adresse contre une difficulté en apparence insurmontable à l'époque où il écrivait.]

[1] [Nous renvoyons pour la discussion de ce point au 3e livre de la 1re partie. On y trouvera, avec les autres, les arguments de Weissmann. Comme ils sont étrangers aux hypothèses fondamentales de sa théorie, nous n'avons pas à les examiner ici. Nous n'avons qu'à constater que ses opinions en la matière lui sont imposées par sa conception du Plasma germinatif.]

infinie entre les produits et fournit à la Sélection tous les matériaux nécessaires à son fonctionnement[1].

Cependant la Génération sexuelle ne peut produire la variation en combinant des différences individuelles que si ces différences initiales existaient antérieurement à elle. D'autre part, ces différences initiales n'ont pu être acquises; car si elles étaient acquises, elles ne seraient pas héréditaires et puisqu'elles sont héréditaires, c'est qu'elles ne sont pas acquises. Il faut pourtant qu'elles aient apparu à un moment donné. Il y a là un dilemme dont il semble impossible de sortir.

Les Protozoaires en donnent le moyen.

Chez ces formes unicellulaires, il n'y a pas de distinction entre Soma et Plasma germinatif; l'être est l'un et l'autre à la fois; il se reproduit par division; chacun des deux êtres auquel il donne naissance reproduit exac-

[1] Supposons, pour un moment, que la Reproduction sexuelle n'existe pas et reportons-nous par la pensée à l'origine d'une espèce à un moment où elle serait représentée par un seul individu. Tous les individus qui naîtront de cet ancêtre par voie agame seront identiques à lui et par conséquent entre eux. Il pourra bien se produire chez eux des adaptations individuelles; mais comme elles ne retentiront pas sur le germe, elle ne seront pas héréditaires; les individus resteront indéfiniment identiques par l'aptitude, bien qu'ils puissent être différents par l'application. Il n'y aura donc pas de variations individuelles héréditaires sur lesquelles la Sélection puisse opérer. S'il y a eu à l'origine 2, 3, 10, 100 ancêtres quelque peu différents les uns des autres, ce qui vient d'être dit s'appliquera à la descendance de chacun d'eux et il y aura 2, 3, 10, 100 groupes dont les membres seront identiques entre eux dans un même groupe et différents d'un groupe à l'autre; il y aura 2, 3, 10, 100 variétés individuelles, mais leur nombre ne pourra pas s'augmenter. La Sélection pourra conserver les unes et détruire les autres, mais elle ne pourra jamais en faire naître une nouvelle, jamais accentuer les différences de l'une d'elles, jamais en élever une au rang d'espèce.

Admettons maintenant que la Reproduction sexuelle se montre. S'il y a seulement deux individus différents, le nombre de variétés individuelles va s'accroître indéfiniment. Chacun de ces deux individus a un Plasma simple. Les produits nés de leur union auront un Plasma mixte, formé de deux Plasmas, et comme ils pourront tenir un peu plus du père ou de la mère, par un organe ou par un autre, tous ces produits de la deuxième génération seront un peu différents entre eux. En s'unissant, ils engendreront des êtres dont les Plasmas seront une combinaison de 4 Plasmas, ancestraux combinaison quelque peu différente dans chacun d'eux et ainsi de suite, le nombre des Plasmas doublant à chaque génération, et avec lui le nombre des possibilités et des chances de variations individuelles doublant aussi. Entre toutes ces variations la Sélection aura le champ libre pour choisir et fixer les plus avantageuses et former les espèces.

On voit le rôle immense que joue la Reproduction sexuelle dans la théorie. C'est d'elle que dépend la variation individuelle; et sans celle-ci le monde organisé n'aurait pu multiplier ses formes et acquérir des perfectionnements variés.

tement celui dont il provient. Ici donc les modifications acquises sont héréditaires; les premiers Métazoaires, c'est-à-dire les premiers êtres ayant un Plasma germinatif distinct du Soma et chez lesquels s'est établie la reproduction sexuelle, présentaient donc entre eux des différences, héréditaires et cela a suffi pour que ces différences, se mélangeant en proportions variées dans la fécondation, aient produit des variétés individuelles qui ont toujours été en augmentant de nombre et sur lesquelles la Sélection a pu s'exercer pour donner naissance successivement à toutes les espèces des règnes végétal et animal[1].

Ainsi l'évolution de tous les êtres d'après le principe de la descendance, le perfectionnement progressif qui a donné naissance finalement aux Phanérogames et aux Mammifères, tout cela peut se concevoir sans cette transmission des caractères acquis qui est la pierre angulaire des autres théories et qui n'est ni démontrée, ni vraie, ni même concevable.

La constitution du Plasma germinatif et la théorie de la génération, avec la Sélection aidée, pour la Réversion, de la *Panmixie*[2], suffisent à tout expliquer.

[Telle que nous venons de l'exposer, la théorie de Weismann constitue un tout admirablement homogène; elle ne contient ni obscurités ni grandes lacunes; elle répond à toutes les questions avec une précision parfaite. Elle a tous les caractères d'une théorie absolue. Mais son absolutisme, qui semble n'être qu'une qualité quand on l'envisage théoriquement, est plein de dangers, car les faits ne se laissent guère ranger dans des catégories rigoureuses et elle doit expliquer les faits aberrants ou exceptionnels aussi bien que les ordinaires. A chaque instant, elle risque qu'un fait nouveau la renverse ou l'oblige à quelque modification pour se concilier avec lui.

[Et de fait c'est ainsi qu'elle s'est formée. Elle n'est pas sortie de toutes pièces du cerveau de son auteur. Elle s'est lentement perfectionnée, chaque *Essai* nouveau apportant la solution d'une question nouvelle ou

[1] [Il est singulier que WEISMANN n'ait pas aperçu, dès ce moment, une cause de variation dont il tire grand parti dans sa théorie de 1892. Cette cause est le deuxième globule polaire qui peut établir des différences considérables entre les Plasmas germinatifs des ovules d'une même femelle.

La génération sexuelle comme cause de variation avait été expressément reconnue avant lui par DARWIN (79, p. 197, 398 et 80, p. 237, 252)].

[2] [Nous renvoyons au chapitre XVII de la 2e partie pour la théorie de la Panmixie, Elle n'a rien de commun avec la théorie générale de l'auteur et a pu en être séparée sans inconvénient.]

modifiant la conception primitive pour répondre à quelque difficulté.

[Ainsi, dans ces premiers *Essais,* Weismann n'avait pas identifié le Plasma germinatif avec l'Idioplasma nucléaire et ne l'avait pas distingué du cytoplasma de la cellule germinative et, sans cette distinction, il n'eût pu arriver à la conception du Plasma ovogène. De même, la différence de fonctions entre le 1er et le 2e globule polaire n'a été comprise par lui qu'assez tard et il ne l'a admise que pour expliquer la présence constante d'un seul globule dans les œufs parthénogénétiques et de deux globules dans les œufs sexuels.

[La théorie a traversé une période de formation, une de perfectionnements et atteint son apogée ; nous allons voir qu'elle donne maintenant quelques signes de déclin. Mais nous avons tenu à l'exposer dans sa phase la plus parfaite pour bien mettre en lumière tout son mérite. Jusqu'ici, en effet, les modifications n'ont été pour elle que des perfectionnements ; mais il arrive maintenant que, pour répondre à quelques objections plus difficiles, elle a dû admettre des restrictions fâcheuses ou faire des concessions graves qui entament ses principes mêmes et lui enlèvent ce caractère de faisceau solide qu'elle avait conservé jusque-là. Nous allons, sans rendre la parole à l'auteur, exposer rapidement ces objections et indiquer à quelles concessions elles ont plié la théorie.

[Strasburger a objecté à l'idée du Plasma germinatif le fait bien connu que, chez les Bégonias, des fragments de feuille, plantés dans le sable humide, peuvent reproduire la plante entière. Weismann reconnaît le bien fondé de cette observation et cite lui-même un cas plus grave, celui de certaines Mousses dont toutes les cellules, d'après Sachs, même celles du sporogone vert, sont capables de reproduire la plante, bien qu'il y ait des cellules reproductrices spécialisées. Cela l'oblige d'admettre que le Plasma germinatif n'est pas localisé uniquement dans les cellules sexuelles et que, par adaptation à des conditions particulières, il peut prendre place dans certaines catégories de cellules somatiques. Bien qu'il accepte délibérément ces faits, il n'y en a pas moins là une altération fâcheuse de la conception primitive ; cela rend moins tranchée la distinction du Plasma somatique et du Plasma germinatif et il ne faudrait pas beaucoup d'exceptions de ce genre pour qu'elle fût bien compromise.

[La seconde objection est plus grave encore. Il suffit pour montrer ses effets de citer les paroles mêmes de Weismann. Je les emprunte à l'excellente traduction de de Varigny. « J'ai indiqué le premier globule polaire de l'œuf des Métazoaires comme le porteur de l'Idioplasma *ovogène* qui doit être éliminé de l'œuf pour que le Plasma germinatif parvienne à l'emporter. *Il se peut que cette attribution ne soit pas exacte* [1], les dernières observations sur la copulation des Infusoires, telles que Maupas et R. Hertwig les ont présentées dans des travaux remarquables, se prononcent contre mon interprétation ». Il insiste cependant sur les raisons théoriques qui plaident en sa faveur, mais il sent bien que toutes ces raisons ne peuvent rien contre les faits, et il ajoute : « Je concède d'ailleurs très volontiers que, dans cette question, le dernier mot n'est pas encore dit, et je voudrais seulement mettre en évidence le fait que la chose n'atteint pas ma théorie de l'Hérédité, car pour elle ce n'est pas la signification du 1er globule polaire qui est décisive, mais celle du second. On pourrait encore concevoir ce dernier comme le partage du nombre des Plasmas ancestraux si l'on établissait que mon interprétation de la première division est erronée. On concevrait alors la première division comme une simple introduction à la seconde, comme le premier acte nécessaire de la réduction des Plasmas ancestraux dont nous ne pouvons pas encore, à l'heure qu'il est, pénétrer la nécessité ». On sent que cela lui coûte d'abandonner sa théorie du 1er globule et cela se conçoit, car c'était un des points les plus remarquables de son système. Les deux globules polaires des œufs sexuels, le globule unique des œufs parthénogénétiques si gênant pour les autres, se comprenaient avec une simplicité merveilleuse dans la sienne, s'expliquaient l'une par l'autre et expliquaient la parthénogénèse elle-même. Maintenant tout cela se disloque et la parthénogénèse, le globule unique des œufs vierges, le 1er globule des œufs fécondés, tout devient aussi obscur dans la théorie de Weismann que dans celle des autres auteurs.

[L'interprétation si remarquable de la Reproduction sexuelle est aussi fortement entamée. La Reproduction sexuelle s'était imposée, selon Weismann, aux animaux et aux plantes comme la seule cause possible des variations individuelles héréditaires. Sans elle, la Sélection eût manqué de matériaux pour la formation des espèces et le monde organisé ne se fût pas élevé au-dessus des Protozoaires et des Protophytes. Maintenant il faut en rabattre. VINES (89) lui montre des groupes entiers de champignons parthénogénétiques, riches en genres et en espèces descendues évidemment les unes des autres, et Weismann, tout en conservant l'idée que la Reproduction sexuelle est la cause principale des variations indivi-

[1] [Ces mots sont soulignés par l'auteur de ce livre et non par Weismann.]

duelles héréditaires, est forcé d'admettre que d'autres causes, telles qu'une influence directe des conditions extérieures sur le Plasma germinatif, peuvent aussi produire des variations de ce genre.

[Cette action directe des conditions extérieures sur le Plasma germinatif, Weismann l'estimait d'abord négligeable et, en tout cas, incapable de produire une modification précise. Or les expériences d'HOFFMANN (87) lui montrent que la culture a pu provoquer des modifications de structure de la racine qui sont devenues héréditaires. Pour échapper à la conclusion si grave pour lui qu'un caractère acquis par le Soma puisse être héréditaire, il attribue cette variation à une action des conditions extérieures sur les cellules germinatives. On ne retrouve plus là cette intransigeance absolue avec laquelle il repoussait d'abord les idées de Lamark [1].

[La non-transmissibilité des caractères acquis, qu'il défendait avec tant d'énergie et qui porte en elle une bonne part de l'originalité de sa théorie, il ne l'abandonne pas, certes, mais il ne la tient plus avec autant de confiance ; il sent qu'elle lui échappe quand, pressé par les faits, il s'écrie : « Mais qu'importe au problème que le pianiste puisse transmettre à ses descendants la force des muscles de ses doigts acquise par la pratique? Comment ce résultat acquis parvient-il dans les cellules germinatives? C'est là l'énigme qu'ont à résoudre ceux qui soutiennent une hérédité des caractères somatiques ». Cela n'est pas vrai du tout. C'est le contraire qu'il faudrait dire : qu'importe que ceux qui soutiennent l'hérédité des caractères acquis ne puissent dire comment ils parviennent dans les cellules germinatives? Si le pianiste peut transmettre à ses descendants la force des muscles de ses doigts acquise par la pratique, cela suffit pour que la transmission des caractères acquis soit démontrée et que la théorie de Lamark reprenne toute sa valeur en face de celle de Weismann.

[1] Voici les paroles mêmes de Weismann (p. 42) :

« Je veux croire cependant que Vines a raison de contester que la Reproduction sexuelle soit le seul facteur qui maintient la variabilité des Métazoaires et des Métaphytes. J'aurais déjà pu dire dans l'édition anglaise de mes mémoires que, depuis lors, mes vues se sont un peu modifiées dans ce sens. Mais même si, comme il semble aujourd'hui presque vraisemblable, la Reproduction sexuelle n'est pas la seule racine de la variabilité individuelle des Métazoaires, personne ne voudra contester cependant que c'est le moyen capital pour accroître les variations et pour les mêler les unes aux autres dans n'importe quelle proportion. Le rôle significatif que joue cette sorte de reproduction, par le fait de créer des matériaux pour la Sélection, ne me semble pas devoir être diminué, quand même il faudrait admettre que des influences directes sur le Plasma germinatif sont de même en état de déterminer la variabilité individuelle ».

Critique.

Le système de Weismann repose sur une hypothèse fondamentale, celle des *Plasmas ancestraux*. Si cette hypothèse est admissible, il n'a plus à répondre qu'à des critiques de détail; si elle est inacceptable, il s'écroule faute de base, quelle que soit la solidité du reste. C'est donc sur elle que doit porter ici notre examen, les objections secondaires ayant trouvé place dans les notes du texte.

Eh bien, non seulement les Plasmas ancestraux sont inadmissibles, mais leur existence même est inconciliable avec la théorie. Pour qu'il y ait des Plasmas ancestraux, il faudrait que chaque individu produisît le sien, il faudrait que le Soma en ajoutât un nouveau à ceux que contiennent déjà les cellules germinales. Or Weismann nie toute toute ingérence du Soma dans la constitution du Plasma germinatif. D'ailleurs si ce nouveau Plasma se formait, ce ne pourrait être qu'à l'image du Soma qui l'aurait produit et les caractères acquis seraient héréditaires, ce que nie Weismann. Enfin, c'est l'idée même de la Continuité du Plasma germinatif que l'individu transmette à son fils le Plasma qu'il tenait de son père, sans le modifier. Si donc l'individu n'ajoute pas un Plasma fait à son image aux Plasmas ancestraux de son Plasma germinatif, son père n'en a pas davantage ajouté un, son grand-père non plus, ni aucun de ses ancêtres. Dès lors d'où viennent les Plasmas ancestraux? Il n'y a qu'une hypothèse possible, ce sont ceux des Protozoaires nos ancêtres[1].

Reportons-nous par la pensée au moment où les premiers Métazoaires viennent de naître par transformation des Protozoaires, et admettons (*provisoirement*), avec WEISMANN (v. p. 524 et note) qu'ils aient chacun un Plasma germinatif simple, homogène, mais différent de celui de tous les autres Métazoaires contemporains. Weismann nous montre, à l'origine

[1] HARTOG (91) a le premier conçu cette objection capitale sous la forme du dilemme suivant : ou les Plasmas ancestraux sont constants et ils ne sont que ceux des Protozoaires nos ancêtres, ou ils varient et se modifient. Dans le premier cas, on ne peut expliquer les caractères des êtres supérieurs, dans le second c'est la variation même des Plasmas ancestraux qui ne s'explique pas. PFEFFER (94) l'a complétée et précisée. Weismann eût échappé à cette difficulté en admettant, comme il l'a fait plus tard, que les conditions ambiantes ont une influence directe sur le Plasma germinatif et sont capables de modifier les Plasmas ancestraux. Il se sent déjà entraîné (V. p. 528) à le faire, mais n'y arrive pas tout à fait.

de la production sexuelle, ces individus s'accouplant entre eux, donnant naissance à des produits dont le Plasma germinatif contiendra deux Plasmas ancestraux. Les produits de ceux-ci en contiendront quatre, ceux de la génération suivante huit et ainsi de suite, si bien qu'au bout d'un certain nombre de générations, le Plasma germinatif pourra contenir autant de Plasmas ancestraux différents qu'il y avait d'individus Métazoaires originels. A partir de ce moment, le nombre total des Plasmas ancestraux présents à la fois dans un Plasma germinatif donné pourra s'accroître encore, mais non celui des Plasmas *différents*. Pour qu'un Plasma différent puisse s'ajouter aux autres, il faudrait qu'il se formât quelque part. Or nous avons vu que cela n'avait pas lieu. Donc, à partir de ce moment, il n'y aura plus que des combinaisons variées de ces Plasmas initiaux toujours les mêmes qui sont ceux légués aux premiers Métazoaires par leurs ascendants protozoaires immédiats.

Cela établi, à qui fera-t-on admettre que les caractères des Mollusques, des Insectes, des Poissons, des Oiseaux, des Mammifères, que l'hectocotyle du Poulpe, la main de l'Homme et l'œil de l'Aigle puissent résulter d'une combinaison quelconque des caractères des Protozoaires? Il serait trop aisé de réduire à néant une pareille explication, il est inutile de nous y attarder [1]. Sans l'hérédité des caractères acquis, point de Plasmas ancestraux nouveaux, et sans Plasmas ancestraux plus compliqués que ceux des Protozoaires, point d'animaux supérieurs.

Mais ces différences initiales entre les Protozoaires, d'où venaient-elles? Weismann croit en trouver l'origine dans le fait que l'hérédité des caractères acquis, impossible dans la génération sexuelle, serait compatible avec la division.

Or cette transmissibilité qui lui semble si simple ne l'est en réalité pas du tout. Il nous montre un Protozoaire acquérant lentement une particularité de structure, puis se divisant en deux moitiés identiques, qui évidemment hériteront de cette particularité. Mais les choses ne se passent pas si simplement parce qu'il faut tenir compte de l'enkystement, phénomène extrêmement commun chez les Protozoaires, si commun même qu'il s'intercale forcément dans la descendance de chaque individu et à des intervalles bien trop rapprochés pour qu'une modification puisse être acquise entre deux enkystements sucessifs. Voici, par exemple, un Foraminifère lobé qui, sous

[1] Cela se pourrait peut-être si des abstractions, des tendances au développement dans tel ou tel sens, pouvaient se léguer comme des caractères objectifs. Mais nous avons vu (p. 385) que cela ne se peut.

l'influence de certaines conditions, aura acquis un flagellum. Avant la division, il s'enkyste et pour cela, comme toujours, perd sa forme et ses appendices; puis, après un certain temps de repos, sort du kyste et se divise. Comment ses deux filles hériteront-elles du flagellum? Ce ne peut être directement par le partage du flagellum, puisque celui-ci a disparu. Ce ne peut être par le cytoplasma puisque, d'après Weismann, l'évolution du cytoplasme dépend non de lui-même, mais du plasma nucléaire. Il faut que ce soit par le noyau. Or comment l'Idioplasma du noyau a-t-il acquis la petite différence histochimique délicate et précise, justement nécessaire pour diriger le cytoplasma vers la formation d'un flagellum? Est-ce la présence du flagellum chez la mère qui l'a provoquée? Cette réaction du cytoplasma sur l'Idioplasma est aussi difficile à comprendre que celle du Soma sur le Plasma germinatif, que Weismann nie si énergiquement. On ne peut concevoir, dit-il avec raison, qu'une cicatrice par exemple puisse provoquer dans le Plasma germinatif, où il n'y a ni peau ni cellules, justement la petite modification capable de la reproduire. Mais ici non plus, il n'y a dans l'Idioplasma nucléaire rien qui représente les diverses parties du corps cellulaire, et la petite modification capable de diriger le cytoplasme vers la formation d'un flagellum n'a aucune ressemblance avec ce flagellum. La difficulté est presque la même dans l'un et l'autre cas. La seule différence est que le cytoplasme est moins éloigné du nucléoplasme chez le Protozoaire que n'est le Soma du Plasma germinatif chez le Métazoaire. Mais cela n'allège pas beaucoup le problème. Resterait donc l'hypothèse que ce flagellum serait né par une action directe des conditions extérieures sur le nucléoplasma. Mais cela est tout aussi inadmissible que de croire qu'elles peuvent agir sur le Plasma germinatif d'un Mammifère de manière à faire naître un caractère adaptatif précis tel qu'une queue plus longue ou des dents plus aiguës.

Le fait de l'enkystement n'est pris ici que pour rendre l'objection plus frappante. Mais la difficulté est au fond la même pour toutes les divisions, car les deux moitiés ne sont ordinairement pas identiques et ont à se compléter chacune d'une manière différente. Elles ne le peuvent, d'après Weismann, que parce que leurs demi-noyaux contiennent un plasma identique, possédant le pouvoir de faire produire par le cytoplasma banal qui l'environne la forme caractéristique pour l'espèce. Il faut donc que tous les caractères acquis par ce cytoplasma se soient étendus à l'Idioplasma et aient provoqué en lui la modification *réversible*, c'est-à-dire capable d'amener sa reproduction. Or si cela est impossible chez le Métazoaire, il en est de même ici, car la difficulté n'est pas due à une question de degré.

Mais admettons que les Protozoaires aient pu former des Plasmas germinatifs, et que les combinaisons de ceux-ci suffisent à déterminer les caractères des animaux supérieurs. Au moins faudra-t-il qu'ils prennent part en grand nombre à la formation de ces caractères et, d'une manière générale, le nombre des Plasmas ancestraux différents devra être d'autant plus grand que l'animal sera plus élevé en organisation. Or c'est précisément le contraire qui aura lieu.

Weismann nous a montré que les premiers Métazoaires sexués augmentaient rapidement le nombre de leurs Plasmas ancestraux et que, la petitesse de ces Plasmas et le volume du noyau ayant des bornes, ils arrivaient rapidement à un état de saturation. Si on appelle M le nombre maximum de Plasmas ancestraux que puisse contenir le Plasma germinatif, l'état de saturation est atteint après un nombre n de génération tel que $M = 2^n$, où n est relativement d'autant plus petit par rapport à M, que M est plus grand en valeur absolue.

A ce moment, tous les plasmas M pourront être différents les uns des autres, si du moins ce nombre des Plasmas initiaux le permet, et alors s'établit, d'après Weismann, la division réductrice, et à chaque génération M est réduit à $\frac{1}{2}$ M par le second globule polaire et porté de nouveau à M par la fécondation.

Mais le globule polaire ne choisit pas les Plasmas qu'il élimine. Il y aura donc autant de Plasmas *différents* dans le globule polaire que dans le noyau de l'œuf. Le nombre des Plasmas *différents* sera donc réduit de moitié dans le noyau de l'œuf. Pour que ce nombre fût rétabli par la fécondation, il faudrait que tous les Plasmas apportés par le spermatozoïde fussent différents de ceux qui se trouvent dans l'œuf et cela n'aura lieu que si le mâle n'a aucun ancêtre commun avec la femelle.

Or, d'une manière générale, il n'en est pas ainsi.

Les animaux vivent dans des régions circonscrites et, en parcourant leur lignée, surtout si l'on remonte jusqu'aux Protozoaires, on est sûr de rencontrer un grand nombre d'ancêtres communs. Il en résulte que l'œuf fécondé contiendra un peu moins de Plasmas ancestraux *différents* que n'en contenait le même œuf avant l'émission du globule. Cela continuera ainsi à chaque génération, en sorte que, d'une manière générale, le nombre de Plasmas ancestraux différents va en diminuant dans le Plasma germinatif, et qu'il y en a moins de tels dans celui de l'Oiseau ou du Mammifère que dans celui de l'Algue ou de l'Éponge, ce qui est précisément l'inverse de ce qui devrait avoir lieu[1].

En résumé, les Plasmas ancestraux ne peuvent prendre naissance dans les Protozoaires; s'ils pouvaient se former en eux et passer ainsi aux Métazoaires, ils ne fourniraient pas à ceux-ci, même en se réunissant tous, des éléments suffisants pour la détermination de leurs caractères; enfin leur nombre se trouverait maximum là où il serait inutile et minimum là où il aurait besoin d'être le plus grand.

Mais pour être juste envers Weismann, il faut dire qu'il a lui-même, dans ses derniers mémoires, supprimé bon nombre des difficultés de la théorie actuelle. Nous avons le droit de critiquer la théorie des *Essais* comme un document historique, mais non de juger l'auteur d'après une partie seulement de ses travaux.

b) Particules représentatives des cellules du corps.

THÉORIES DE LA PANGÉNÈSE.

Sous le nom de Pangénèse, on désigne d'ordinaire la Théorie des Gemmules de DARWIN (68). Et l'on a raison en cela. Si l'on tient compte à la fois de l'importance et de la date de l'apparition, la Pangénèse de Darwin mérite d'occuper le premier rang entre toutes. Comme toutes les grandes idées, elle a servi de thème à de nombreuses variantes; comme pour toutes aussi, on a trouvé après coup qu'elle n'était pas tout à fait neuve. Darwin a eu des précurseurs et des imitateurs. De droit, il doit passer avant ceux-ci et ce serait faire un sacrifice mal entendu à la règle chronologique que de le mettre après ceux-là. On ne verra bien que DÉMOCRITE, HIPPOCRATE, MAUPERTUIS, et même son grand-père ÉRASME DARWIN ont été ses précurseurs dans l'idée fondamentale de la Pangénèse, qu'après avoir bien compris ce qu'est celle-ci.

Nous étudierons donc d'abord le système de Darwin, puis ceux des Précurseurs, et enfin ceux des imitateurs ou, pour être plus juste, ceux des

[1] Le nombre des Plasmas différents n'ira pas en diminuant indéfiniment; il restera toujours au moins égal à 2^n, n étant le nombre de générations qui sépare les deux parents de leur ancêtre commun le plus rapproché. Il s'établira un équilibre oscillant autour d'une moyenne, mais la marche générale du phénomène n'en sera pas moins celle que nous avons indiquée. Je constate que HAACKE (93) est arrivé avant moi à une conclusion de ce genre, mais son raisonnement est beaucoup plus compliqué que celui-ci sans être plus démonstratif.

naturalistes qui, sans avoir eu le mérite de l'idée première, ont pu la corriger et la perfectionner.

CH. DARWIN (1868).

Théorie de la Pangénèse des Gemmules

Exposé.

Pour être complète, une théorie de l'Hérédité ne doit pas seulement expliquer comment il se fait que, de l'union des deux produits sexuels, naisse un être semblable aux parents. Elle doit rendre compte d'un bon nombre de phénomènes qui sont évidemment des manifestations latérales de ces mêmes causes dont le résultat direct est l'Hérédité au sens étroit de ce mot. Ces phénomènes sont la Génération asexuelle par fissiparité et par bourgeonnement, la Parthénogénèse, la Régénération, la Régression, l'Atavisme et plusieurs autres moins généraux qui seront discutés à leur place; elle doit expliquer aussi les caractères des hybrides sexuels et des hybrides de greffe et enfin les phénomènes si importants qui reposent contrairement aux précédents sur l'insuffisance de la force héréditaire, savoir, la Variation sexuelle ou par bourgeons, faible et progressive, ou forte et brusque, depuis la modification à peine sensible jusqu'à la monstruosité.

Hypothèse des gemmules. — Tous ces phénomènes si complexes et si variés peuvent s'expliquer à l'aide d'une seule hypothèse, celle des *Gemmules*.

Quand on suit le développement ontogénétique des êtres, on constate que tous sont représentés, à un moment de leur cycle évolutif, par une seule cellule, puis par un nombre restreint de cellules toutes plus ou moins semblables et peu ou point différenciées. Au fur et à mesure que l'embryon se développe, on voit les cellules se différencier en même temps qu'elles évoluent, en sorte que chacune d'elles paraît contenir en puissance toutes les particularités des cellules qui naîtront d'elle[1]. Dans cette conception, les cellules seraient au plus haut point actives, et capables d'évolutions variées.

[1] [Darwin dit partout *cellule ou unité* pour rendre sa théorie plus générale et indépendante des modifications que pourraient subir nos idées sur la constitution élémentaire des organismes.

Nous continuerons à dire cellule pour ne pas alourdir inutilement l'exposé de la théorie

Il n'en est rien cependant : la cellule est inerte, douée exclusivement de propriétés végétatives, capable uniquement de vivre et de se reproduire identique à elle-même, incapable d'évoluer et de revêtir des formes ou d'acquérir des propriétés différentes de celles de la cellule dont elle est née. Mais elle possède la propriété de former en elle des particules matérielles nombreuses qui chacune la représentent exactement : ces particules sont les *Gemmules*.

Propriétés des gemmules. — Les Gemmules sont d'une taille extraordinairement petite qui leur permet de traverser les membranes et de s'accumuler en nombre immense à l'intérieur de certaines cellules.

Elles ne restent pas dans les cellules ; elles en sortent et sont transportées dans l'organisme tout entier et peuvent pénétrer, soit dans des cellules naissantes ne contenant pas encore de Gemmules, soit dans des cellules plus âgées et qui en contiennent déjà. Elles sont douées d'une sorte d'affinité, d'attraction, d'une précision et d'une délicatesse extrêmes, grâce à laquelle elles pénètrent exactement et exclusivement dans les cellules auxquelles elles sont destinées, négligeant des cellules peut-être à peine différentes et situées tout auprès, mais auxquelles elles ne doivent pas s'unir dans les conditions normales du développement.

Les Gemmules ont, au plus haut degré, la faculté de se reproduire et de se multiplier par division, en sorte qu'une cellule qui aura reçu quelques Gemmules d'une certaine espèce en pourra contenir un peu plus tard un très grand nombre [1].

Les Gemmules se forment dans la cellule non seulement quand celle-ci est adulte et a acquis ses caractères définitifs, mais pendant toute la vie,

[1] Les Gemmules des nombreuses cellules groupées pour former un organe tel qu'un pétale ou une plume sont-ils indépendants ou groupés en *Gemmules composées?* Le fait que les diverses parties de la plume ou du pétale peuvent avoir des variations héréditaires indépendantes, porte à croire que toutes les Gemmules sont indépendantes et suivent une évolution distincte. Toute partie pouvant varier indépendamment des voisines doit être représentée par une Gemmule spéciale et il est bien possible que, dans chaque cellule, la paroi, le protoplasma et le noyau soient représentés séparément par des Gemmules distinctes.

Les Gemmules sont ordinairement sensibles à l'influence des sucs qui les baignent. Ainsi le venin inoculé par la piqûre des Insectes producteurs de galles modifie profondément toute l'évolution des cellules atteintes. Un ergot de Coq greffé sur l'oreille d'un Bœuf se développa à tel point qu'il arriva à mesurer 24 centimètres de long et à peser 396 grammes ; il faisait l'effet d'une troisième corne qu'aurait eue l'animal. Par contre, le peu d'influence du Porte-greffe sur le Greffon montre que cette action n'existe pas toujours.

non pas sans doute à chaque instant mais, en tout cas, pendant toute son évolution jusqu'à sa différenciation définitive, et plus tard au moins dans quelques circonstances, en particulier lorsque la cellule subit une modification pathologique ou autre.

Chaque Gemmule représente intégralement la cellule où elle est née, telle que celle-ci était au moment où elle a pris naissance en elle. En pénétrant dans une cellule naissante qui n'en contient pas encore, elle donne à cette cellule, inerte jusque-là et incapable de se différencier, la force d'évoluer en une cellule identique à celle d'où elle (la Gemmule) est venue. Les Gemmules sont donc en somme les facteurs des caractères et propriétés des cellules, tandis que celles-ci sans Gemmules ne sont qu'un substratum inerte. Mais ce substratum inerte est, dès sa formation, vivifié par la ou les Gemmules qui pénètrent en lui. Il y a ainsi dans tout l'organisme une sorte de fécondation incessante et générale des cellules par les Gemmules; de là le nom de *Pangénèse* donné à la théorie[1].

[1] Avant d'aller plus loin, montrons que toutes ces hypothèses sont au moins possibles et que même elles ont quelque probabilité.

Il faut que les Gemmules soient d'une petitesse extrême pour traverser les membranes cellulaires et pour pouvoir s'accumuler, comme nous le verrons, dans certaines cellules, en nombre colossal. Or cela n'est point incompatible avec la taille des molécules telle que la physique nous permet de la soupçonner. Georges Darwin, se basant sur les recherches de sir William Thompson, trouve qu'un cube de $\frac{1}{1000}$ de μ de côté pourrait contenir de 2 à 16 375 millions de millions de molécules (2 000 000 000 000 à 16 375 000 000 000 000). On voit que les Gemmules peuvent admettre dans leur constitution un grand nombre de molécules, sans cesser d'être assez petites pour qu'une cellule en puisse contenir un nombre immense.

[Cela n'est pas du tout certain. Je ne sais où C. Darwin a pris les renseignements qu'il emprunte à sir William Thompson, mais je trouve dans un ouvrage de celui-ci (93) que la molécule mesure de $\frac{1}{100\,000\,000}$ à $\frac{1}{10\,000\,000}$ de millimètre, soit $\frac{1}{100\,000}$ à $\frac{1}{10\,000}$ de μ. Ce qui fait que dans un μ cube il en rangerait seulement $\overline{100\,000}^3$

soit 10^{15} = 1 000 000 000 000 000

en prenant la dimension la plus faible. Si l'on admet qu'il ne faut pas moins d'un millier de molécules pour former une Gemmule, il tiendrait donc environ 10^{12} = 1 000 000 000 000 Gemmules dans 1 μ cube, ce qui est loin du 10^{26} auquel conduit l'estimation de Darwin. Or Nægeli (56) a calculé qu'un grand arbre contient au moins 2 000 milliards de cellules, ce qui, avec les cellules qui ont pris part à son ontogénèse fait 4 000 milliards, soit 4×10^{12}. Il contient donc aussi au minimum 4×10^{12} Gemmules qui ne pourraient trouver place que dans 4 μ cube. D'autre part, Nægeli (84) fait remarquer que, dans la cellule, le noyau, la membrane, les organes divers du protoplasma peuvent varier séparément et doivent être par conséquent représentés par autant de Gemmules. Darwin lui-même admet d'ailleurs que la cellule peut être représentée par diverses Gemmules pour ses diverses parties. Enfin la cellule n'émet pas une seule fois sa Gemmule, mais toutes les fois qu'elle change de caractère. Ce n'est donc pas

Les cellules du corps ne reçoivent d'autres Gemmules que celles qui leur sont nécessaires pour leur évolution particulière, depuis leur naissance jusqu'au moment où, se divisant en deux autres, elles disparaissent. Les cellules germinales, au contraire, œufs d'animaux ou ovules de plantes, spermatozoïdes ou grains de pollen, reçoivent, pendant leur formation, des Gemmules, de toutes les cellules de l'économie. Non seulement toutes les cellules du corps développé, mais toutes les cellules éphémères qui ont pris part à l'ontogénèse et qui, souvent, à peine nées disparaissent en se divisant, tous les éléments en un mot qui, à un moment quelconque, ont fait partie de l'organisme, envoient aux cellules sexuelles des Gemmules qui les représentent. Bien plus, pendant toute la durée de leur évolution active ils émettent des Gemmules qui se rendent aux cellules sexuelles, en sorte que s'ils passent dans leur évolution par plusieurs formes différentes, s'ils prennent successivement plusieurs caractères ou propriétés, si même, par une influence pathologique ou autre venue du dehors, ils subissent une modification, ils émettent successivement les Gemmules représentatives de ces différents états. Ainsi sont représentés dans les produits sexuels sous la forme matérielle de Gemmules tous les caractères anatomiques et physiologiques de toutes les parties du corps qui les ont produites. Ces innombrables Gemmules restent inactives dans l'œuf; mais quand l'œuf se développe, se segmente et finalement donne, par des bipartitions successives, toutes les cellules de l'économie, elles s'unissent aux cellules ainsi formées et deviennent actives à leur intérieur. Chaque cellule reçoit à sa naissance la ou les Gemmules qui lui sont destinées; ces Gemmules arrivent à elle dirigés par une force attractive très précise, s'exerçant uniquement sur celles qui conviennent et, lorsqu'elles ont pénétré dans la cellule, elles dirigent son évolution et font la cellule identique, par

4×10^{12} gemmules, mais un bien plus grand nombre qui devrait trouver place dans le grain du pollen et il n'est pas du tout certain que celui-ci soit assez grand pour les contenir.]

La pénétration d'une cellule par une particule venant d'une autre cellule n'est pas plus extraordinaire que celle qui se produit dans la fécondation.

L'affinité élective de certaines Gemmules pour certaines cellules est un phénomène de même ordre que celle des cellules rénales pour l'urée, des cellules gingivales pour le plomb, et des particules infectieuses de la variole ou de la syphilis pour les tissus spéciaux qu'elles attaquent, tandis qu'elles laissent, tout à côté, d'autres tissus tout à fait indemnes.

Le pollen de deux fleurs voisines appartenant à la même variété est assurément presque identique puisque sur l'ovule d'une troisième fleur ils auront la même action; cependant on connaît des fleurs qui sont stériles avec leur propre pollen et fertiles avec celui des fleurs voisines.

ses caractères et ses propriétés, à celle qui les a formées elles-mêmes.

Ainsi s'explique le fait que l'organisme engendré soit la copie fidèle de l'organisme générateur.

Génération sexuelle. — Dans la génération sexuelle, au moment de la fécondation, lorsque la cellule mâle s'unit à la cellule femelle, elle lui livre ses Gemmules, en sorte que l'œuf fécondé contient les Gemmules réunies des deux procréateurs. Chaque cellule de l'organisme engendré contient à la fois les Gemmules paternelles et maternelles de la cellule correspondante des procréateurs; ces Gemmules combinent leur action et en général le produit engendré est, par ses caractères, intermédiaire à ses parents. Mais pour les caractères sexuels, cette combinaison n'a pas lieu, les Gemmules du sexe correspondant se développent seules, les autres restent dans les cellules à l'état de vie latente.

C'est l'influence des glandes génitales qui maintient, dans les cellules, les Gemmules du sexe opposé en état d'inactivité. Ainsi s'explique le plus simplement du monde le fait que, par les progrès de l'âge ou à la suite de la castration, un individu puisse prendre les caractères sexuels secondaires du sexe opposé.

Parthénogénèse. — La Parthénogénèse se conçoit sans explication. Du moment que l'œuf est capable de fournir par des divisions successives tous les matériaux cellulaires de l'économie, du moment qu'il contient toutes les Gemmules nécessaires pour diriger ces cellules inertes dans le sens de la formation d'un organisme semblable à celui de la mère qui a fourni l'œuf, il semble que rien ne manque à l'œuf vierge pour se développer. Ce qui est étonnant, au contraire, c'est que tous les œufs ne se développent pas parthénogénétiquement, et c'est cela qu'il faut chercher à expliquer.

Il semble qu'une seule Gemmule soit insuffisante pour déterminer l'évolution d'une cellule. Le concours de plusieurs est souvent indispensable et toujours avantageux[1]. Donc, bien que les Gemmules puissent se multiplier par elles-mêmes, on conçoit que l'œuf dont les Gemmules ont été

[1] Ainsi les ovules de certaines plantes exigent au moins trois grains de pollen pour se développer; la fécondation est imparfaite avec deux grains, nulle avec un seul.

La Malva mirabilis, d'après les expériences de Naudin, est dans ce cas. Cette plante a un seul ovule et des grains de pollen très gros. Une fleur fécondée avec trois grains de pollen développa sa graine, tandis que douze fleurs fécondées avec deux grains, et dix-sept avec un seul grain ne donnèrent que deux graines, une pour chaque groupe.

[Ce fait est évidemment susceptible d'une interprétation autre que celle de Darwin.]

doublées de nombre par la fécondation soit plus apte à se développer que l'œuf vierge [1].

D'autre part l'augmentation du nombre des Gemmules par division ne saurait remplacer entièrement la fécondation. Ce n'est pas la même chose pour une cellule d'être vivifiée par deux Gemmules identiques ou par deux Gemmules quelque peu dissemblables. Ce dernier cas est bien plus favorable. La preuve en est fournie par les effets pernicieux des unions consanguines trop longtemps continuées et par les avantages de la fécondation aussi variée que possible [2].

La Parthénogénèse a donc été écartée dans la plupart des cas de l'évolution des êtres, par une cause physique, la pénurie des Gemmules, et par une cause biologique, la vigueur et la fécondité plus grandes des êtres nés du mélange de deux protoplasmas.

Reproduction par bourgeons. — La Reproduction par bourgeons résulte de ce que certaines cellules de l'organisme, au lieu de recevoir seulement les Gemmules qui leur sont strictement nécessaires, ont une affinité générale pour toutes les sortes de Gemmules et les reçoivent toutes à la manière des cellules sexuelles, et sont rendues par là aptes à former un individu nouveau [3]. Généralement ces cellules occupent des places spéciales, comme les bourgeons axilaires des plantes, mais parfois toutes les cellules du corps, ou du moins un grand nombre, répandues partout (Bégonia), ont les mêmes propriétés. Cela fournit une preuve indirecte de

[1] Les faits suivants montrent bien que c'est par insuffisance de la quantité des matières formatives que ce dernier ne se développe ordinairement pas. Des œufs sexués, non fécondés commencent parfois à se segmenter, certains peuvent aller très loin dans leur développement et quelques-uns mêmes se développent tout à fait, mais leur produit est faible et a une tendance à la stérilité. Jourdain a observé que sur cinquante-huit mille œufs non fécondés de Ver à soie, vingt-huit se développaient. Des femelles non fécondées d'un autre Papillon, le *Liparis dispar* donnèrent à WEIJEMBERG deux générations successives, mais le nombre des œufs se montra très diminué, les chenilles furent très faibles. A la troisième génération, la stérilité fut absolue. Ce n'est donc pas quelque chose d'essentiel qui leur manque et, s'ils meurent ordinairement sans éclore, c'est à la manière d'un animal qui s'éteint faute d'une alimentation suffisante.

[2] On sait que si l'on dépose à la fois, sur le stigmate, du pollen de la même fleur et celui d'une variété étrangère, c'est ce dernier seul qui sera accepté par l'ovule.

[3] A l'inverse des cellules sexuelles qui reçoivent des Gemmules de toutes les cellules sans exception, les bourgeons ne reçoivent que celles des cellules présentes dans l'organisme au moment de leur formation. Cela explique pourquoi les individus nés d'un bourgeon n'ont pas à passer par toutes les stades précédents du cycle évolutif. Les phases embryonnaires et larvaires leur sont évitées.

l'hypothèse que les Gemmules de toutes les parties se répandent dans tout l'organisme.

Régénération. — La Régénération se comprend aisément si l'on admet que les cellules formant la surface de la plaie commencent par donner naissance à des cellules qui attirent les Gemmules qui leur conviennent suivant leur position et la nature du tissu qu'elles devront former ; celles-ci forment la couche suivante et ainsi de suite jusqu'à réparation complète. Mais, comme le membre qui se reforme ne passe pas par les stades jeunes qu'il a parcourus lors de sa première formation pendant l'ontogénèse embryonnaire, il faut admettre qu'il existe, soit disséminées dans l'organisme, soit localisées à certaines places, des Gemmules partiellement développées conservées pour ce but spécial [1].

Usure normale des tissus. Vieillesse et mort. — Outre la régénération des parties accidentellement détruites, il y a un remplacement incessant et général des parties usées. Les Gemmules servent-elles aussi dans ce cas? S'il en est ainsi et que leur faculté de reproduction ne soit pas illimitée cela explique la vieillesse avec son incapacité croissante à la réparation et finalement la mort [2].

Caractères des Hybrides. — Lorsque l'on croise deux espèces, le produit est normalement intermédiaire aux parents. Cela montre que les cellules recoivent des Gemmules de l'un et de l'autre parent et que ces Gemmules combinent leurs influences en une résultante unique. Mais souvent le produit ressemble davantage ou même tout à fait à un des deux parents par un ou plusieurs caractères. Cela peut se comprendre si l'on admet qu'il y a dans les éléments sexuels plusieurs Gemmules pour chaque cellule et que les Gemmules de l'un des deux parents peuvent l'em-

[1] L'observation montre que les organes capables de se régénérer sont ceux qui risquent le plus d'être dévorés par les ennemis; il y a donc un avantage très grand pour l'être à posséder le moyen de remplacer les organes les plus exposés à être mutilés et cela explique qu'il se soit développé une disposition spéciale pour ce but.

La Croissance rapide des tissus, la Réparation des parties lésées, le Bourgeonnement font une énorme consommation de Gemmules. De là, l'antagonisme que l'on a observé, à peu d'exceptions près, entre l'intensité de ces processus et celle de la Reproduction sexuelle.

[2] Mais s'il en était ainsi il semble que les animaux châtrés, ne faisant pas comme les autres cette dépense énorme de Gemmules pour fournir à la consommation des éléments sexuels, devraient vivre plus longtemps que les autres. Or il n'en est pas ainsi. Tout cela cependant se concilierait si les Gemmules destinées à la reproduction, au lieu d'être fournies au fur et à mesure par les cellules du corps, se reproduisaient par elles-mêmes et indépendamment des cellules somatiques, dans les organes reproducteurs.

porter sur celles de l'autre par le nombre, la vigueur ou l'affinité. Les plus nombreuses, les plus vigoureuses ou celles qu'une force attractive plus puissante conduit plus sûrement vers leurs cellules l'emportent sur les autres et impriment leur caractère à la cellule.

Dans ces Hybrides ou simplement dans les produits de deux parents différant par la couleur du poil, on constate que les poils semblables se groupent par taches ou par raies au lieu de se mêler uniformément à ceux de la couleur opposée. Cela montre qu'il y a entre les Gemmules de même nature une sorte d'attraction réciproque qui les groupe par masses.

La diminution ou la disparition de la fécondité chez les Hybrides tient à ce que les cellules sexuelles ne sont fertiles que lorsqu'elles ont attiré des Gemmules de toutes les sortes de cellules du corps; il faut pour cela qu'elles aient une attraction énergique pour ces Gemmules, ce qui a lieu quand les cellules sexuelles sont de même espèce que les Gemmules. Mais lorsqu'une cellule sexuelle hybride doit attirer des Gemmules de deux espèces dont aucune ne lui correspond exactement, il est naturel qu'elle les attire avec une moindre énergie et peut ainsi rester stérile.

Hybrides de greffe. — On a constaté dans quelques cas, fort rares il est vrai, que des échanges de caractères peuvent se faire entre le porte-greffe et le greffon et engendrer une sorte d'hybridité. Ces cas si extraordinaires s'expliquent par la Pangénèse. Les cellules d'un bourgeon, d'une plante se sont soudées soit à celles d'un bourgeon soit à du tissu cellulaire d'une autre plante, et les Gemmules des deux plantes se sont trouvées réunies dans les cellules de bourgeon de la 1re qui s'est trouvé ainsi dans les mêmes conditions que s'ils provenaient d'un ovule de l'une fécondé par le pollen de l'autre [1].

Xénie et Télégonie. — Ces phénomènes appartiennent à un autre ordre de faits tout à fait comparables au fond aux précédents et justiciables d'une explication semblable bien qu'ils semblent tout d'abord entièrement différents. Ils s'expliquent chez les plantes par une sorte de fécondation des cellules sexuelles de la graine et du fruit par les Gemmules du pollen.

[1] [Il y a là une objection grave contre la théorie. Elle explique si bien ces faits, qu'on ne comprend plus pourquoi ils sont exceptionnels. Comment les graines de la plante greffée ne reçoivent-elles pas des Gemmules des racines du Porte-greffe et surtout des fleurs et fruits poussés au-dessous de la greffe, et ne sont-elles pas métissées par elles? Cela devrait avoir toujours lieu et le fait que l'influence est faible et rare plaide contre les Gemmules].

Le pollen non utilisé pour la fécondation proprement dite déverse dans le parenchyme de nombreuses Gemmules qui vont se fixer dans les cellules et ces cellules évoluent alors comme si elles contenaient ces mêmes Gemmules de deux sortes à la suite d'une ontogénèse normale d'Hybrides ou de Métis. Chez les animaux, les Gemmules des spermatozoïdes du premier mâle iraient modifier, soit des cellulles sexuelles non mûres, soit les cellules somatiques de la mère de manière à infuser à celle-ci des caractères nouveaux qui, latents chez elle, se manifesteraient dans le produit [1].

Tératogénèse. — Lorsqu'un animal naît avec un membre additionnel, on admet que cela résulte de la soudure de deux germes dont un ne s'est que partiellement développé ou s'est fusionné avec le premier, sauf le membre additionnel. Cela peut être vrai dans certains cas, mais la plupart des monstruosités ou des déviations fortes de l'évolution normale ne sont pas susceptibles d'une explication de ce genre [2].

Cela s'explique aisément, au contraire, par une légère modification des affinités attractives entre cellules naissantes et Gemmules. Il suffit d'ailleurs que quelques Gemmules ainsi mal dirigées aient pris une position anormale pour que le phénomène continue de lui-même jusqu'au bout, car ces Gemmules attirent les suivantes et ainsi de suite, comme dans la Régénération [3].

Quant à cette légère modification initiale des affinités électives, nous ne connaissons pas ses causes mais nous avons la preuve qu'elle est possible [4].

Caractères latents. — On sait que chaque sexe peut transmettre des

[1] [L'observation de la note précédente s'applique absolument à la Télégonie, le cas de la Jument de lord Morton ne saurait être exceptionnel si les Gemmules existaient.]

[2] Par exemple, lorsqu'un pétale se transforme en étamines, lorsqu'un bourgeon se développe au bord d'un pétale, lorsqu'un sépale se transforme en carpelle, lorsque des dents poussent dans l'orbite ou des poils dans la substance de l'encéphale, lorsqu'une queue de Lézard amputée se reproduit double, lorsqu'une Salamandre à la suite d'une incision du pied forme des doigts additionnels.

[3] Supposons, par exemple, qu'un petit essaim de Gemmules de l'épaule prenne place dans des cellules de la région du dos. Par leur présence, les Gemmules transforment entièrement les affinités électives de ces cellules. Celles-ci attireront des Gemmules du membre supérieur qui, de proche en proche, se formera jusqu'au bout par un Phénomène semblable à celui qui peut déterminer la régénération à partir de la section, de tout ce qui manque d'un membre amputé.

[4] Ainsi certaines plantes hermaphrodites sont entièrement stériles avec leur propre pollen tandis qu'elles se laissent féconder par celui d'un individu voisin. C'est là évidemment une condition secondaire qui s'est établie peu à peu par une modification des affinités électives.

caractères que lui-même ne possède pas, ce qui prouve qu'ils existaient chez lui sous une forme latente.

Ces faits si embarrassants dans la conception ordinaire sont ici tout simples. Les caractères latents sont représentés par les Gemmules qui peuvent vivre, se développer, se multiplier, se transmettre bien qu'elles soient maintenues par quelque cause dans l'impossibilité d'imprimer aux cellules les caractères qu'elles représentent.

Réversion. Atavisme. — La Réversion et l'Atavisme ne sont qu'une éclosion des caractères restés latents pendant une ou plusieurs générations. Les Gemmules d'un ancêtre se transmettent en petit nombre, mais sans se perdre et, au bout d'un nombre plus ou moins grand de générations, certaines causes venant à favoriser leur développement, elles arrivent à exprimer dans l'organisme le caractère qu'elles représentent.

Réversion chez les Hybrides. — Ces causes sont en général peu ou point connues, mais chez les Hybrides une d'elles apparaît clairement. Le produit du croisement de deux espèces contient des Gemmules hybrides en grand nombre et capables de se multiplier, comme le prouve ce fait que les Hybrides plantes peuvent se reproduire presque indéfiniment par bourgeons sans varier; mais il contient aussi des Gemmules pures et non combinées des deux espèces parentes.

« Quand deux Hybrides s'accouplent, la combinaison des Gemmules pures provenant de l'un des deux Hybrides avec les Gemmules pures des mêmes parties provenant de l'autre Hybride doit nécessairement amener un retour complet, car ce n'est pas être trop hardi que de supposer que les Gemmules non modifiées et non détériorées, ayant une même nature, sont particulièrement aptes à se combiner »[1].

Dans le cas d'Atavisme, la même chose se passe, mais ici ce sont les

[1] Pour rendre la chose plus claire appelons A et B les deux espèces et *a* et *b* les Gemmules d'une cellule homologue chez l'une et chez l'autre. L'hybride ♂ A B recevra pour cette cellule une gemmule *a*, une gemmule *b* et une gemmule *ab*. Il en serait de même de l'hybride ♀ A B. Le produit de ces deux hybrides aura donc pour cette même cellule deux gemmules *a*, deux gemmules *b* et deux gemmules *ab*. La cellule à déterminer sera une sorte de champ de bataille que les gemmules vont se disputer. Les deux *a* ou les deux *b* ayant l'un pour l'autre une affinité normale combattront ensemble et l'emporteront sur les deux *ab* qui, en raison de leur union forcée, ont subi une déchéance dans leurs forces attractives.

Le plus souvent la victoire n'est pas complète et le produit est hybride avec une régression plus ou moins accentuée vers l'une ou l'autre des formes parentes.

[On voit le vice du raisonnement après que 2 *ab* aura été vaincu 2 *a* et 2 *b* étant égaux en valeur, le résultat sera 2 *ab*.]

Gemmules latentes de l'ancêtre éloigné qui, en se combinant, augmentent d'importance relative et expriment leur caractère. C'est ainsi que les Gemmules de la couleur bleue du Bizet, latentes chez les Pigeons blancs de races distinctes, arrivent à déterminer, chez le produit croisé, l'apparition de taches plus ou moins grandes de cette couleur.

Variation. — La Variation héréditaire dépend le plus souvent de l'action exercée par les conditions de vie sur l'appareil reproducteur. Cette action est mise en évidence par le fait que les animaux sauvages, mis en captivité, ne se reproduisent ordinairement pas. Même lorsqu'ils s'accouplent ils restent stériles, bien que leur santé générale reste parfaite et que leurs organes génitaux n'aient en apparence subi aucune détérioration. Il se peut que, lorsque les conditions de vie viennent à changer, les Gemmules soient produites en plus grande ou en moindre abondance. Au lieu d'arriver aux cellules sexuelles avec la régularité normale, elles se présentent en foule ou en trop petit nombre, leur arrangement s'en trouve troublé, et il en résulte soit la stérilité, soit, si la perturbation est moindre, une variation du produit.

Le plus souvent, la Variation ne se montre qu'après quelques générations. Cela tient en partie à ce que nous ne la reconnaissons que lorsqu'elle a acquis une certaine valeur, et principalement à ce que la variation ne se produit que lorsque la cause a accumulé ses effets. Les Gemmules modifiées sont d'abord en minorité par rapport à celles non modifiées produites antérieurement. Mais elles augmentent plus rapidement de nombre que ces dernières puisque la cause continue à agir et, lorsqu'elles ont atteint la majorité, elles font apparaître le caractère nouveau.

Dans ce cas, les variations qui se montrent chez le produit n'ont aucune ressemblance avec les modifications parallèles, d'ailleurs très légères, subies par les parents. Mais il y a des cas où le jeune hérite d'une modification subie par le parent. Il y a identité entre la variation de celui-ci et celle de celui-là : lorsque, par exemple, sous l'influence du climat, le pelage des Mammifères ou le plumage des Oiseaux deviennent plus ou moins fournis ou prennent une couleur différente, lorsqu'une mutilation ou une maladie se montrent héréditaires, et lorsque, par suite du défaut ou de l'excès d'exercice, un organe s'atrophie ou prend, au contraire, un développement exagéré. Dans la conception ordinaire des choses, l'hérédité de pareilles modifications est inexplicable. Elle devient très aisée dans la théorie de la Pangénèse. Les cellules modifiées engendrent des Gemmules modifiées à leur image, ces Gemmules se rendent dans les cellules germinales et, pendant l'ontogénèse du produit engendré, vont, au moment voulu et au point correspondant, agir sur les cellules naissantes à ce moment et en ce point, et les diriger vers une évolution qui reproduira, au même âge, la variation du parent. L'hérédité des variations dues aux conditions de vie, celle de l'hypertrophie ou de l'atrophie des organes par suite de l'excès ou du défaut d'usage se comprennent ainsi aisément. Celle des mutilations reste obscure, car il semblerait que, lorsqu'un organe est supprimé, les Gemmules antérieurement émises par lui et déjà incorporées aux cellules sexuelles devraient suffire pour provoquer le développement de cet organe chez les descendants; ou, si la cessation brusque de production des Gemmules suffit pour entraîner l'atrophie, les mutilations devraient être toujours héréditaires. Or on sait que souvent elles ne le sont pas. Lorsqu'on examine de près les cas où des mutilations sont devenues héréditaires, on voit que ce sont ceux où la plaie ne s'est pas franchement cicatrisée, ceux où il y a eu des suppurations longues ou des malformations consécutives. Le cas type est celui de cette Vache qui, s'étant cassé une corne dont le moignon suppura longtemps, engendra par la suite des veaux chez lesquels la corne correspondante ne se développa pas, ou celui des Lapins rendus épileptiques par Brown-Sequard; c'est à la suite d'une gangrène de leurs doigts que, parmi leurs produits, beaucoup naquirent privés d'orteils aux membres correspondants. Il est probable que, dans ces cas, toutes les Gemmules des parties mutilées sont graduellement attirées à la surface pour fournir aux besoins de la réparation et que là elles sont détruites par les virus qui empêchent la plaie de se cicatriser normalement. Lorsque la plaie se ferme normalement, un petit nombre des Gemmules seulement sont employées à ce travail et il en reste qui se rendent aux cellules sexuelles et passent au descendant.

Critique.

Malgré la place avancée qu'elle occupe dans notre classification méthodique qui a pour criterium les particules hypothétiques du protoplasma, la théorie de DARWIN est une des premières en date. C'est même, si l'on met à part celle de Spencer, la plus ancienne de celles qui ont pris naissance depuis que les travaux modernes nous ont fait connaître la structure histologique des tissus organisés.

Il faut se rappeler cela pour la juger sainement et lui attribuer tout le mérite qui lui revient.

La vraisemblance et la valeur de l'hypothèse qui lui sert de base sont très discutables et nous verrons même qu'elles ne résistent pas à une critique approfondie. Mais si l'on admet les Gemmules, si on leur accorde les propriétés que Darwin leur assigne, le reste de la théorie est admirable de tous points. Darwin, le premier, a montré, et d'une façon complète, que si l'on admet que les parties du corps sont représentées de manière ou d'autre dans le Plasma germinatif, tous les phénomènes d'Hérédité, d'Atavisme, les Caractères latents, la Régénération, la Génération sexuelle, la Variation et bien d'autres choses encore, se trouvent aussitôt expliqués. Ceux qui sont venus après lui, lui ont presque tous emprunté l'idée des particules représentatives; ils ont plus ou moins perfectionné (ou gâté) la conception de ces particules, mais aucun n'a ajouté quoi que ce soit d'essentiel aux explications qu'il a proposées des grands phénomènes biologiques par leurs propriétés. C'est là un fait important qu'on oublie trop, lorsqu'on compare la théorie des Gemmules à celles qui ont pris sa place dans la faveur du public compétent.

Mais, comme le dit avec raison Nægeli (84), la facilité que donne une théorie d'expliquer des faits obscurs ne suffit pas à prouver qu'elle est vraie si, d'autre part, elle conduit à des impossibilités.

Examinons donc la théorie des Gemmules au double point de vue de sa vraisemblance et de sa valeur.

Il faut le reconnaître, la vraisemblance est extrêmement faible.

On peut admettre sans grande peine l'existence des Gemmules, leur Pangénèse, leurs propriétés, mais ce qui choque au plus haut point la vraisemblance, ce sont leurs migrations. Il semble, au premier abord, que les vaisseaux seuls puissent servir à les conduire dans tout l'organisme. Mais Galton ($71_{1,2}$) a montré que le sang ne leur servait pas de véhicule et Darwin (71) a déclaré que, dans son idée, le sang ne pouvait jouer ce rôle puisque la théorie des Gemmules s'applique aux plantes et aux animaux inférieurs dépourvus de sang[1]. Selon lui, les Gemmules se transportent de cellule en cellule à travers leurs parois et, aujourd'hui que l'on connaît les *Communications protoplasmiques*, la chose est peut-être moins difficile à admettre qu'au temps où Darwin

[1] Galton (75) dit aussi que, si la théorie était vraie l'enfant devrait tenir plus de la mère que du père, car il reçoit d'elle des Gemmules pendant la vie intra-utérine. La réponse de Darwin ne porte pas contre cette objection.

proposait cette opinion. Elle n'en reste pas moins cependant fort difficile à croire et même à comprendre. Si les Gemmules ne sont pas portées par le courant sanguin toutes indistinctement en présence de chaque élément qui n'a qu'à retenir au passage celles qui lui sont destinées, il faut donc qu'une attraction à distance les dirige d'une extrémité à l'autre du corps vers le point où elles doivent se rendre; il faut donc qu'elles traversent d'interminables séries de cellules pour lesquelles elles n'ont aucune affinité ou passent entre elles, pour arriver à celles qui les attirent!

Cela tient du fantastique.

En tout cas, on ne connaît dans l'organisme aucun phénomène comparable à celui qu'on nous demande d'admettre. Deux choses seulement traversent, parcourent l'organisme entier, le sang et les courants nerveux. Darwin repousse le sang; les courants nerveux ne transportent pas des particules matérielles, ils manquent d'ailleurs chez les plantes, chez les animaux inférieurs et chez tous au début de leur développement; il ne reste aucun moyen d'éviter l'alternative inacceptable d'une attraction à distance de chaque Gemmule par la cellule correspondante à travers les innombrables cellules qui sont sans affinité pour elle.

Mais admettons que, par un processus dont nous n'avons pas l'idée, les Gemmules puissent circuler et qu'elles se classent toutes sans erreur à leurs places respectives.

Cette concession ne sert à rien, car la difficulté de comprendre la détermination des caractères reste aussi grande que si les Gemmules n'existaient pas. Darwin déclare que les cellules sans les Gemmules sont inertes, capables seulement de vie végétative, incapables de se différencier et d'évoluer dans un sens déterminé; elles sont un simple substratum dépourvu de toute tendance personnelle.

Mais s'il en est ainsi comment attirent-elles, avec tant de précision, précisément la Gemmule qui leur convient et non les Gemmules presque semblables des éléments similaires? Si elles sont dépourvues de tout pouvoir attractif, elles sont sans action sur les Gemmules; si elles ont un pouvoir attractif, il ne peut qu'être le même chez toutes puisqu'elles n'ont pas de différences personnelles.

Dira-t-on qu'elles sont inertes et que l'initiative de l'attraction spécifique appartient aux Gemmules? Cela n'a pas de sens, car si deux cellules sont identiques il n'y a aucune raison pour qu'une Gemmule, si précises que soient ses tendances, aille vers l'une plutôt que vers l'autre. Dès lors, chacune étant poussée vers une cellule, l'est vers toutes et aucun triage n'est possible.

Il n'y a aucun moyen de se soustraire à l'obligation d'admettre que les cellules ont, avant leur fécondation par les Gemmules, des différences personnelles qui leur permettent d'attirer telle espèce de Gemmule et non telle autre presque identique. Mais ne voit-on pas que ces différences personnelles sont extrêmement complexes? Attirer avec énergie certaines Gemmules d'une certaine constitution précise et rester indifférent en présence de Gemmules qui ne diffèrent des premières que par un caractère très minime et très délicat, cela est aussi difficile et exige des aptitudes aussi compliquées que d'évoluer dans un certain sens déterminé et de se transformer, ici en cellule épithéliale, là en fibre nerveuse, ailleurs en corpuscule osseux.

Il en résulte que les Gemmules sont superflues; en les imaginant, on n'allège en rien la difficulté, puisqu'il faut encore trouver une explication à des différences entre les cellules aussi compliquées que celles que les Gemmules devaient expliquer.

Un exemple le fera bien comprendre.

Voici un enfant qui hérite de son père un nævus, ce sera, si l'on veut, une tache pigmentée sur la pommette droite. Au moment où naissent ensemble les cellules de la peau de la joue droite, les Gemmules de la pigmentation noire ne pourront se porter vers les cellules de la pommette à l'exclusion de celles du reste de la joue, que si ces cellules de la pommette diffèrent de ces dernières par la propriété d'attirer des Gemmules à pigment noir. Or il est aussi difficile et compliqué pour la cellule d'attirer des Gemmules à pigment noir que de recueillir dans le sang la substance nécessaire pour former ce pigment et le déposer dans son cytoplasma. Cela est même plus difficile car, dans ce dernier cas, ce pigment passe plus à portée de la cellule.

Donc l'hypothèse des Gemmules complique le problème sans faciliter sa solution.

Cette difficulté ne se présente pas seulement dans l'explication de la différenciation ontogénétique. Elle se retrouve dans nombre de problèmes que la théorie prétend résoudre.

L'hérédité des caractères individuels dans les produits de race pure ou des caractères de race dans les produits de croisement, n'est en rien expliquée par les Gemmules. Quand un brun a, d'une blonde, un enfant brun; quand un Loup a, d'une Chienne, un petit à poil de Loup,

Darwin peut dire que les Gemmules brunes paternelles sont plus nombreuses ou plus énergiques que les blondes maternelles[1]. De même celles du poil de Loup par rapport à celles du poil de Chien. Mais quand deux jumeaux, ou quand les produits d'une même portée hybride se partagent inégalement les caractères individuels ou de race des deux parents, l'explication ne porte plus. Les mêmes Gemmules ne peuvent être à la fois plus et moins nombreuses, plus et moins énergiques. La différence ne peut venir que des cellules du germe qui attireront, dans un cas celles-ci, dans l'autre celles-là. Nous retomberons ainsi dans la même nécessité d'admettre dans les cellules, avant leur fécondation par les Gemmules, des différences initiales, des propriétés individuelles aussi importantes que celles qui leur seraient nécessaires pour se développer sans le secours des Gemmules[2].

Mais les cellules sexuelles, d'où tirent-elles le pouvoir d'attirer toutes les Gemmules et non une seule espèce? Et les cellules des Begonias, et celles des Mousses qui se reproduisent par leurs moindres fragments? Dans une feuille de saule, les cellules n'attirent que les Gemmules foliaires, comment donc se forment des racines quand on la plante dans le sable humide? Dans la Régénération, où les cellules de la plaie prennent-elles la propriété d'attirer, à la suite du traumatisme, des Gemmules d'une espèce pour laquelle elles étaient indifférentes auparavant?[3]

Il résulte de tout cela que la Pangénèse de Darwin est, non seulement invraisemblable et en désaccord avec tous les processus physiologiques connus, mais qu'elle n'explique rien, et complique la question d'une

[1] Une fois pour toutes qu'il soit convenu que par Gemmule brune ou blonde, ronde ou ovale, nous entendons celles qui déterminent cette couleur ou cette forme.

[2] Darwin est obligé d'admettre pour éviter cette objection que, à un même moment, les Gemmules sont de nombre et de qualité différents dans les diverses cellules sexuelles d'un même individu, ce qui est contraire à son idée fondamentale. Toutes les cellules envoient aux produits sexuels des Gemmules à toutes les phases de leur existence. Dès lors, pour que certaines cellules sexuelles en attirent plus que leurs voisines, ou emmagasinent des Gemmules plus énergiques pour tel caractère, moins énergiques pour tel autre, il faut qu'elles aient des propriétés individuelles contenant déjà en puissance toutes les différences que les Gemmules sont censées leur apporter.

[3] Darwin dit que chaque couche détermine la formation de la suivante. Mais il n'y en a pas moins un moment où le caractère change. Quand une Salamandre amputée au bras reformera l'avant-bras et la main, il faut bien qu'à un moment des cellules humérales attirent des gemmules radiales et cubitales.

hypothèse inacceptable, sans faciliter la solution des problèmes qu'elle prétend expliquer.

Sans une lacune, que Darwin n'a point aperçue, l'impossibilité du triage des Gemmules par des cellules sans propriétés personnelles, elle expliquerait tout, au contraire, avec une facilité merveilleuse; et si plus tard quelque théorie comble cette lacune et emprunte à Darwin toutes ses explications, il ne faudra point oublier que ce dernier a le premier eu le mérite de la fournir.

Si un architecte construit un beau palais et emploie pour les soubassements des matériaux défectueux, celui qui remplacera une à une toutes les pierres friables par d'autres plus résistantes, n'aura pas pour cela le droit de s'attribuer les frontons, les frises et les chapiteaux, bien que sans lui leurs beautés eussent été détruites dans la ruine du monument entier.

Nous rappellerons cela à l'occasion des théories de Nægeli, de Weissmann et autres.

PRÉCURSEURS DE LA PANGÉNÈSE.

Il serait tout à fait abusif de vouloir chercher dans les théories des philosophes grecs les origines de la Pangénèse darwinienne.

Si Darwin a subi quelque influence, c'est seulement celle de son grand-père Érasme Darwin et peut-être quelque peu, par l'intermédiaire de celui-ci, celles de Buffon et de Maupertuis.

Il n'en est pas moins digne de remarque que l'idée fondamentale de la Pangénèse se retrouve, sous une forme fruste bien entendu, dans les théories intuitives de quelques penseurs de l'antiquité.

Darwin (80) reconnaît lui-même que Héraclite (vi^e^ siècle avant J.-C.), Hippocrate (ve siècle), avaient émis une théorie non sans ressemblance avec la sienne. Démocrite (ve siècle) soutenait que toutes les parties du corps des animaux contribuaient à l'élaboration de la semence et que les parties constituantes de celle-ci reproduisaient celles qui leur avaient donné naissance chez le père. Darwin aurait pu signer cette proposition. On retrouve cette idée, à peine modifiée, dans les écrits de Paracelse (xvie siècle). Au commencement de ce siècle, en 1801, Hösch décrit la substance héréditaire comme un mélange des substances essentielles de tout le corps, de germes de tous les organes qui, absorbés par les vaisseaux lymphatiques, sont conduits par le sang aux testicules et aux ovaires. Mais ces auteurs n'ont pas eu la prétention d'ériger un système sur cette conception.

La théorie de MAUPERTUIS et celle d'ÉRASME DARWIN sont seules assez générales pour mériter une étude particulière.

MAUPERTUIS (1748)

Théorie des Germes représentatifs des organes.

Exposé.

Les liqueurs séminales et l'ontogénèse. — Les animaux possèdent, les femelles aussi bien que les mâles, une liqueur séminale composée d'une multitude de germes qui, en s'unissant, forment le fœtus. Ces germes sont formés par les parties du corps de l'animal ; et ils sont de même nature que les parties dont ils proviennent, et par suite capables d'engendrer dans le fœtus des parties semblables à celles dont ils proviennent chez le parent [1].

Lorsque les liqueurs séminales des deux parents sont réunies dans la matrice, les germes des parties homologues se rassemblent et ceux des parties voisines s'attirent en vertu d'une force qui réside en eux. Cette force est comparable à l'instinct qui fait faire à l'enfant des mouvements combinés précis et utiles dont cependant il ne comprend ni le but ni la liaison. Son existence n'a rien d'inadmissible, car des forces attractives analogues se rencontrent partout dans la nature. Par elle, les astronomes expliquent les mouvements des astres et les chimistes la combinaison des corps. « Pourquoi, si cette force existe dans la nature [p. 139], n'aurait-elle pas lieu dans la formation du corps des animaux? Qu'il y ait dans chacune des semences des parties destinées à former le cœur, la tête, les entrailles, les bras, les jambes, et que ces parties aient chacune un plus grand rapport d'union avec celle qui, pour la formation de l'animal,

[1] [Maupertuis ne croit pas que les spermatozoïdes représentent des germes chez le mâle. Pour lui, les filaments spermatiques ne sont que de petits fouets destinés à mélanger plus intimement les liqueurs séminales du père et de la mère. Les germes sont contenus, invisibles, dans la partie liquide du sperme et dans la liqueur que la femme déverse dans sa matrice au moment de la conception.

Il n'affirme pas catégoriquement que les germes proviennent des parties du corps similaires de celles qu'ils peuvent former, mais tient cela pour très vraisemblable.

[Son livre débute par une critique très juste des systèmes et idées en honneur à son époque. L'Emboîtement des germes, les *envies* des femmes enceintes, etc., y sont démontrés faux et impossibles.]

doit être la voisine, qu'avec toute autre, le fœtus se formera : et fût-il encore mille fois plus organisé qu'il n'est, il se formerait. »

On ne doit pas croire qu'il n'y ait dans les deux semences que précisément les parties qui doivent former un fœtus. Chacun des deux sexes y fournit sans doute beaucoup plus qu'il n'est nécessaire, mais les deux parties qui doivent se toucher étant une fois unies, une troisième qui aurait pu faire la même union ne trouve plus sa place et demeure inutile [1].

La Tératogénèse. — « Si chaque partie [p. 140-143] est unie à celles qui doivent être ses voisines et ne l'est qu'à celles-là, l'enfant naît dans la perfection. Si quelques parties se trouvent trop éloignées ou d'une forme trop peu convenable ou trop faibles de rapport d'union à celles auxquelles elles doivent être unies, il naît un *monstre par défaut.* Mais s'il arrive que des parties superflues trouvent encore leur place et s'unissent aux parties dont l'union était déjà suffisante, voilà un *monstre par excès.* Une remarque sur cette dernière espèce de monstres est si favorable à notre système qu'il semble qu'elle en soit une démonstration. C'est que les parties superflues se trouvent toujours aux mêmes endroits que les parties nécessaires. Si un monstre a deux têtes, elles sont l'une et l'autre placées sur le même cou ou sur l'union de deux vertèbres; s'il y a deux corps, ils sont joints de la même manière. Il y a plusieurs espèces d'hommes qui naissent avec des doigts surnuméraires : mais c'est toujours à la main ou au pied qu'ils se trouvent. Or si l'on veut que ces monstres soient le produit de l'union de deux œufs ou de deux fœtus, croira-t-on que cette union se fasse de telle manière que les seules parties de l'un des deux qui se conservent, se trouvent toujours situées aux mêmes lieux que les parties semblables de celui qui n'a souffert aucune destruction [1]. »

L'Hérédité, la Variation, la Formation des espèces. — Les germes représentant une même partie du parent dans la liqueur séminale sont nombreux et ne sont pas tous identiques entre eux. La plupart sont conformes au type individuel, c'est-à-dire capables de donner naissance à un organe identique à celui du parent; mais un certain nombre sont conformes seulement au type spécifique et quelques-uns même s'écartent de ce type.

[1] [Maupertuis s'abstient de dire ce qu'elles deviennent. Louable prudence, car Buffon n'a guère été bien inspiré en imaginant que ces parties de tête, de membres, d'entrailles, etc., forment en s'unissant les enveloppes du fœtus et le placenta.]

[1] [Maupertuis cite ici le cas d'un géant qui avait une vertèbre surnuméraire et demande si l'on peut prétendre qu'elle provienne d'un second individu soudé au premier.

[Ainsi il trouve, avant Geoffroy Saint-Hilaire, la *Loi de l'attraction du soi pour soi.*]

Quand, selon la règle habituelle, les germes conformes au type des parents sont les plus nombreux et les plus aptes à se combiner, ils s'attirent, s'unissent entre eux et forment un fœtus qui rappelle les traits de ses parents. Mais, par le hasard ou la disette des germes de ce type, il peut se faire que le fœtus soit formé principalement de germes différents. Le fœtus alors ne ressemblera pas à ses parents : il pourra rappeler la figure de quelqu'un de ses aïeux ou même n'avoir aucun des traits qui se sont rencontrés dans sa famille. Il pourra arriver même, qu'il soit formé, en quelque point, de ces rares germes étrangers au type de l'espèce que nous avons dit exister dans les liqueurs séminales; le fœtus et l'enfant présenteront dans ce cas des caractères tout à fait exceptionnels.

Alors il pourra arriver deux choses. Ou bien les germes normaux de la race reprendront peu à peu le dessus et il y aura retour au caractère normal chez les descendants de l'individu aberrant; c'est le cas le plus habituel. Ou bien les germes de la race deviendront de moins en moins nombreux à chaque génération et finalement se dissiperont : l'individu aberrant aura été le fondateur d'une race nouvelle. Ce cas est plus rare, mais quand il s'est présenté, ses effets persistent, car il faudrait un nouveau hasard pour rétablir les caractères primitifs.

« Au reste, quoique je suppose ici [p. 196] que le fond de toutes ces variétés se trouve dans les liqueurs séminales mêmes, je n'exclus pas l'influence que le climat et les aliments peuvent y avoir. Il semble que la chaleur de la zone torride soit plus propre à fomenter les parties qui rendent la peau noire que celles qui la rendent blanche : et je ne sais jusqu'où peut aller cette influence du climat ou des aliments après une longue suite de siècles[1] ».

Critique.

Il est vraiment admirable ce petit in-12 où, sous le titre singulier de *Vénus physique, Dissertation à l'occasion du nègre blanc,* Maupertuis expose son système en quelques pages d'un style naïf, pénétrant, parfois un peu caustique, jamais méchant, souvent animé d'une émotion qui nous semblerait ridicule ailleurs et qui se fait accepter ici parce qu'elle est sincère [2].

[1] [Ici Maupertuis montre, bien avant Darwin et ses adeptes, l'influence de la ségrégation sur la formation des espèces. Mais nous ne pouvons que rappeler ici ces idées qui n'ont aucun lien nécessaire avec sa conception des germes et de l'Hérédité. Nous renvoyons pour le reste au chapitre de la 1re partie consacré à la Sélection naturelle.]

[2] Je ne puis résister à l'envie d'en donner

Geoffroy Saint-Hilaire pourrait signer sa loi de la Tératogénèse, Lamark, ses idées sur la variation, Darwin, son système des germes représentatifs. Et tout cela a été dit par lui un siècle avant eux!

Certes les Gemmules de Darwin sont autrement affinées que les germes de Maupertuis. Des particules représentatives des cellules sont autrement scientifiques, maniables, fécondes que des germes « de la tête, des membres ou des entrailles », mais l'idée est la même au fond, et Maupertuis ne pouvait attribuer ses germes aux cellules à une époque où l'on commençait à peine à les voir et où l'on ignorait, en tout cas, qu'elles fussent l'élément universel de tous les corps organisés. Par contre, son idée des germes s'attirant entre eux ne prête pas le flanc à la grosse objection des Gemmules attirées par les cellules que nous avons faites au système de Darwin.

Il n'y a pas à s'arrêter aux invraisemblances d'un système, à son défaut de concordance avec les faits embryogéniques, quand cette invraisemblance et cette discordance n'ont été révélées que par les découvertes d'une époque ultérieure. Mais on peut reprocher à Maupertuis des lacunes et des imperfections que lui-même aurait pu voir. Ainsi on comprend l'origine des germes conformes au type individuel; mais d'où viennent ceux qui reproduisent les traits des aïeux, ceux qui diffèrent du type de la famille et ceux surtout qui s'écartent du type de l'espèce? Cela eût mérité quelque explication puisque c'est la base de la théorie de l'Hérédité, de l'Atavisme et de la Variation. Maupertuis aurait pu aussi chercher à expliquer le mélange des caractères des deux parents dans le produit, l'origine du sexe et celle des annexes du fœtus. Buffon n'a pas été très heureux dans ses explications de ces phénomènes; mais il a eu au moins le mérite de comprendre qu'une théorie générale ne pouvait les laisser de côté. On peut dire cependant à la décharge de Maupertuis que sa petite *Dissertation à propos du nègre blanc* n'avait pas les prétentions d'un traité complet de la nature comme celui de son contemporain. Et l'on doit plus s'étonner d'y trouver tant d'idées générales, tant d'intuitions justes, que reprocher à son auteur les lacunes de son système.

une idée par une citation. On lit (p. 81) : « Pendant que plusieurs animaux sont si empressés dans leurs amours, le timide poisson en use avec une réserve extrême : sans oser rien entreprendre sur la femelle, ni se permettre le moindre attouchement, il se morfond à la suivre dans les eaux; et se trouve trop heureux de féconder les œufs après qu'elle les y a jetés.

« Ces animaux travaillent-ils à la génération d'une manière si désintéressée? ou la délicatesse de leurs sentiments supplée-t-elle à ce qui paraît leur manquer? Oui, sans doute, un regard est pour eux une jouissance. Tout peut faire le bonheur de celui qui aime. La nature... »

ÉRASME DARWIN (1810)

Système des Filaments à appétence et des Molécules à propension.

Exposé.

Tous les organes, tissus ou parties quelconques du corps puisent dans le sang des substances qui leur sont analogues et les utilisent pour leur croissance et leur fonctionnement. Les substances qui ont servi au fonctionnement ne peuvent plus être employées de nouveau à l'entretenir : elles deviennent superflues pour les organes qui les renferment et doivent être rejetées dans le sang pour faire place à d'autres.

Elles sont, en effet, rejetées, mais pendant leur séjour dans les divers organes, elles ont subi une élaboration particulière et acquis des propriétés spéciales. Chez le mâle, elles ont pris la forme de *Filaments,* chez la femelle, celle de *Molécules.* Filaments et Molécules ont acquis, en outre, une tendance évolutive qui se manifeste sous la forme d'*appétence formative* chez les premiers, et sous celle moins active de *propension formative* chez les dernières. Les *Filaments à appétence* et les *Molécules à propension* sont conduits par le sang aux glandes sexuelles qui les en extraient et les accumulent dans leurs réservoirs où ils constituent, chez les deux sexes, la partie active de la liqueur séminale [1]. Réunies dans la matrice par le coït, ces liqueurs séminales se mêlent et servent à former le produit. Pour cela, les *Filaments à appétence* attirent les *Molécules à propension* qui ont de leur côté une tendance à se joindre à eux et, de leur union, résultent les rudiments des premiers organes de l'embryon : cœur, vaisseaux, cerveau, etc. Il résulte de là un premier degré d'organisation. Les rudiments ainsi formés manifestent de nouvelles appétences, attirent de nouvelles molécules et donnent naissance à un second degré d'organisation plus avancé que le premier; le second en engendre un troisième, celui-ci un quatrième et ainsi de suite jusqu'à la fin [2].

[1] Ces Filaments à appétence ne doivent pas être confondus avec les filaments spermatiques. Ceux-ci sont des produits de génération spontanée des sortes d'organismes inférieurs résultant de la stagnation du sperme dans les vésicules séminales.

[Cette explication est renouvelée de BUFFON.]

[2] [Ce système des Filaments à appétence

L'union des Filaments à appétence avec les Molécules à propension d'où résulte la formation de l'embryon est aussi la cause de la formation des organismes. Les premiers sont ceux qui peuplent les Infusions. Ils constituent des associations extrêmement simples de Filaments et de Molécules. Mais, si rudimentaire que soit leur organisation, elle n'en est pas moins supérieure à celle des Filaments et Molécules qui les ont formés. Il en résulte que les Filaments et Molécules produits par eux ont des appétences et propensions un peu plus compliquées et peuvent, en s'associant, former un organisme un peu supérieur. Celui-ci fait de même, et ainsi de suite jusqu'au dernier. Chaque état engendre le suivant un peu plus compliqué que lui et ainsi se comprend un perfectionnement graduel dans la chaîne des Êtres comme dans celles des degrés successifs d'organisation de l'embryon. Seul le premier chaînon est dans les mains du Créateur.

et des Molécules à propension est développé par l'auteur dans un long appendice à son chapitre sur la génération. Dans le corps de l'ouvrage, il développe une théorie fort différente; mais, à la suite de certaines études botaniques, il change brusquement d'idée et expose le système que nous avons résumé. Ce système représente donc son idée définitive et c'est pour cela que nous l'avons présenté dans le texte principal. Mais il n'est pas sans intérêt de faire connaître ici sa première théorie qui n'était pas sensiblement inférieure à celle qu'il lui a substituée].

Le père fournit, comme élément générateur, un simple filament doué d'une tentance évolutive. Ce filament peut être considéré comme l'extrémité d'une fibrille de nerf moteur, détachée, tombée dans le sang, recueillie par les glandes sexuelles et déposée par elles dans la semence. La semence en contient ainsi un grand nombre, venus des divers points de l'économie; mais tous sont équivalents et un seul sert à la formation de chaque embryon.

La puissance évolutive consiste dans une simple aptitude à se développer ou plutôt à s'accroître sous l'action du stimulus convenable, mais à s'accroître d'une manière quelconque. C'est du stimulus seul que dépend la forme de l'accroissement, la direction du développement.

La femelle ne fournit pas de filaments mais des molécules nutritives. Ces molécules sont celles qu'elle forme et élabore dans ses glandes et dans son sang pour l'entretien de ses propres organes. Elles participent déjà de la nature de ces divers organes et sont diverses comme eux; mais au lieu de leur parvenir, elles sont déversées dans la matrice et employées pour la formation de l'embryon.

Lorsque, à la suite du coït, le filament paternel est déposé dans la matrice, au sein du liquide nutritif, il est incité par lui à se développer, absorbe par ses pores des molécules qui le font grandir, se reploie en un anneau, qui s'allonge en un tube, premier rudiment du corps. Chaque nouveau changement dans sa forme modifie son genre d'irritabilité et lui fait attirer de nouvelles molécules à de nouvelles places et ainsi, peu à peu, il grandit et perfectionne sa forme jusqu'à ce qu'enfin il réalise un animal parfait.

Les molécules fournies par la mère, étant de la nature des organes maternels auxquels elles auraient été conduites si elles n'avaient été détournées pour servir à l'embryon, forment dans celui-ci des parties identiques à celles qu'elles auraient

Critique.

Au premier abord, le système d'ÉRASME DARWIN, comme aussi celui de MAUPERTUIS, paraît se rattacher à celui de Buffon beaucoup plus qu'à la Pangénèse. Mais il en diffère essentiellement en ce que les particules organiques ne sont pas ici universelles et immortelles comme chez Buffon. Elles n'ont pas d'existence en dehors des êtres organisées. Elles sont formées, comme dans la Pangénèse, par les tissus et organes du corps, et plus ou moins à leur image.

formées dans la mère. Elles ne subissent, en effet, aucun changement, n'ayant qu'à se déposer à la place où elles doivent grandir. Il en résulte au début une conformité parfaite entre l'embryon et la mère. Mais lorsque l'embryon a commencé à former son estomac, ses viscères, ses glandes, les particules n'arrivent plus à son sang que digérées, modifiées par ses organes et il s'affranchit ainsi peu à peu de cette dépendance rigoureuse où il était à l'égard de sa mère. Celle-ci lui fournit bien encore les mêmes molécules identiques à celles de ses organes, mais il les traite de plus en plus comme les adultes font du lait, des viandes, des œufs, qu'ils consomment, sans prendre pour cela les caractères des animaux qui les ont fournis.

On comprend ainsi comment l'embryon n'est pas la copie identique de la mère; mais d'où viennent ses ressemblances avec le père ?

Elles sont produites par l'imagination du père.

Au moment du coït, les sensations imaginatives du père réagissent sur les irritabilités et appétences du filament et peuvent les modifier de manière à provoquer une ressemblance de l'embryon avec lui, et cela d'autant plus énergiquement que les images de son cerveau sont plus vives. C'est ainsi que l'on peut comprendre que l'enfant puisse être masculin bien qu'essentiellement formé de parties fournies par la mère et qu'étant masculin ou féminin, il ressemble par ses autres caractères au parent du sexe opposé. Il suffit que le père, au moment du coït, se soit formé une représentation vive de ses organes reproducteurs, ou d'un être ayant les traits de la mère ou les siens avec les organes du sexe opposé. C'est par l'imagination aussi que l'on peut expliquer les monstres. Si un Dindon regardait un Lapin ou une Grenouille au moment de la procréation, il pourrait arriver que son imagination en fût occupée au point de causer dans le filament une tendance à ressembler à cette forme.

Cette influence des impressions sensitives sur les irritabilités et par suite sur les caractères de l'organisme explique comment « les couleurs d'un grand nombre d'animaux paraissent adaptées à leur but de se cacher pour éviter des dangers ou de s'élancer sur leur proie. » [p. 297]. La vue de ces couleurs dispose les fibres de la rétine d'une manière qui correspond à la vision de cette couleur. Par un phénomène d'imitation sympathique, les fibres terminales des nerfs cutanés se disposent de même, en sorte que les poils ou les plumes formés sous l'action de ces nerfs réfléchiront la couleur correspondante. C'est ainsi que tous les animaux prennent la couleur des objets dont ils font leur nourriture habituelle.

[C'est une explication de ce qu'on a appelé plus tard le *Mimétisme*.]

Il y a une autre différence entre ce système et celui de Buffon. Ce dernier admettait que l'embryon se formait d'emblée par la réunion des diverses parties qui, toutes présentes dans la liqueur dès le début, n'avaient qu'à s'assembler selon l'ordre et la succession convenables. Dans le système présenté ici, au contraire, les appétences qui donnent naissance au second degré d'organisation n'existaient pas dans les éléments qui ont formé le premier; elles ont apparu dans l'embryon du premier stade, comme conséquence du degré d'organisation auquel il est parvenu. Un stade entraîne l'autre et tous s'enchaînent ainsi du premier au dernier.

A cela près, la théorie d'ÉRASME DARWIN a les ressemblances les plus étroites avec celle de BUFFON. É. DARWIN a beau s'en défendre, ses *Filaments* et *Molécules* procèdent directement des *Molécules organiques* dont elles ne diffèrent qu'en des points très secondaires. Toute sa théorie de la génération est en recul plutôt qu'en progrès sur celle du naturaliste français. Cela éclate surtout dans son explication de l'origine des sexes, de l'hérédité paternelle, des monstres. Il fait jouer là à l'imagination un rôle nullement scientifique, tandis que Buffon, avec un sens bien supérieur à celui des meilleurs esprits de son temps, avait fait justice de ces hypothèses à l'occasion des *envies* des femmes enceintes.

En un seul point, É. DARWIN est franchement supérieur à BUFFON, mais ce point est capital. C'est quand il émet l'idée que la forme future n'est pas déterminée dès l'abord dans le produit de la conception; que l'influence des conditions ambiantes se fait sentir à chaque instant sur son évolution; et qu'en somme, dans la nature, rien n'est fixe et prédestiné, mais que tout évolue et progresse sous la double impulsion des irritabilités de la matière organique et de l'excitation des agents extérieurs. On ne peut méconnaître que c'est là une grande idée : il l'a appuyée sur de mauvais exemples et n'en a tiré aucun bon parti, mais s'il ne l'avait pas émise, peut-être chez son petit-fils les premières inspirations philosophiques qui souvent déterminent les tendances de l'esprit pour le reste de la vie, eussent été autres et le Darwinisme ne fût né que plus tard et ailleurs.

VARIANTES DE LA PANGÉNÈSE DARWINIENNE.

Après ceux des Précurseurs, étudions les systèmes des auteurs qui ont perfectionné, ou gâté, modifié en tous cas, la théorie de Darwin.

GALTON (1875)

Théorie des Stirpes.

Exposé.

Une expérience relativement simple permet de vérifier l'hypothèse principale sur laquelle repose la théorie pangénétique de DARWIN.

Si vraiment les Gemmules se rendent incessamment des cellules du corps aux éléments sexuels, ce ne peut être que par la voie des vaisseaux et le sang doit en contenir des quantités énormes. Dès lors, en transfusant à des individus le sang d'une race différente, on doit leur fournir des Gemmules de celle-ci et communiquer ses caractères à leur descendance comme par une sorte de croisement. J'ai tenté la chose (71) sur des Lapins noirs et blancs et l'expérience a montré qu'aucun caractère n'était transmissible par le sang. Donc le sang ne contient pas de Gemmules et la conception de DARWIN s'écroule[1].

Mais il est peut-être possible de lui rendre sa solidité perdue en lui faisant subir certaines modifications. Il suffirait, pour cela, de trouver un moyen de supprimer la circulation des Gemmules sans nuire à leur fonctionnement.

Nous admettrons d'abord que les innombrables unités qui constituent le corps des êtres organisés sont représentées chacune par une sorte de particule organique tout à fait comparable aux Gemmules de Darwin, mais que nous appellerons *Germes* pour les en distinguer, et dont la propriété fondamentale est de reproduire, en se développant, l'unité correspondante, dès que les conditions le permettent.

L'ovule fécondé contient nécessairement tous les Germes qui doivent former le corps. Mais il en contient, en outre, un nombre encore bien plus grand qui ne doivent pas se développer, du moins, à la génération actuelle, et qui sont destinés à passer dans les cellules sexuelles de l'animal et à former plus tard la génération suivante.

Cet ensemble de *Germes* contenus dans le plasma de l'œuf fécondé

[1] [Nous avons vu plus haut (p. 546) ce que DARWIN répond à ce dilemme. Galton s'est mépris sur son idée. L'expérience de celui-ci n'en a pas moins un intérêt très grand. Cette erreur d'interprétation a été l'origine de sa théorie.]

prendra le nom de *Stirpe*[1]. A chaque génération, dans les germes de la Stirpe, il se fait deux parts : l'une qui ne se multipliera point mais se développera pour former l'individu actuel, l'autre qui ne se développera point mais se multipliera et sera mise en réserve pour former la Stirpe de la génération suivante. Ces deux parts ne sont pas identiques. Il y a bien des Germes représentatifs de toutes les parties indispensables de l'organisme dans chacune, mais leur nombre peut être très inégal; en outre, les Germes des caractères aléatoires peuvent se trouver en totalité dans l'une des parts ou dans l'autre. Mais, presque toujours, dans le lot réservé, si quelque espèce de Germe ne se trouve, après le triage, représentée que d'un côté seulement, c'est parce qu'il est beaucoup plus considérable que celui qui va tout de suite entrer en évolution.

On peut se représenter les choses de la manière suivante : Il y a dans la Stirpe autant de sortes de Germes qu'il serait nécessaire pour représenter toutes les unités de l'organisme avec un bon nombre des variétés de conformation qu'elles sont susceptibles de présenter, en sorte que l'on pourrait, par un triage convenable, extraire de cette Stirpe unique des individus très différents les uns des autres et représentant des variations individuelles très nombreuses. Eh bien, le lot qui se sépare pour évoluer tout de suite représente un de ces individus; tout le reste est mis en réserve pour la génération suivante; et, à cette génération suivante, comme à toutes les autres, les choses se passeront de la même façon. Il résulte de là que les deux lots sont complémentaires l'un de l'autre. Si le partage est à peu près régulier, les caractères seront semblables chez l'individu qui va se former dès maintenant et chez celui de la génération suivante; ainsi s'explique la ressemblance héréditaire. Si, au contraire, le partage est inégal, si les germes d'une ou de plusieurs sortes passent presque tous dans l'un des deux lots, le ou les caractères correspondants seront différents chez les individus des deux générations consécutives. On conçoit qu'avec les combinaisons infinies dont ce partage est susceptible, on puisse expliquer tous les cas de ressemblance et de divergence entre les parents et le produit.

D'après cela, si un caractère est très fortement exprimé chez un individu, c'est que la grande majorité des Germes représentatifs de ce caractère est passée en lui; il n'en reste donc que très peu pour la Stirpe de la génération suivante; aussi son fils aura-t-il en général ce caractère à un

[1] Du latin *stirpes*, racine.

degré très affaibli. En général, tout caractère porté à un haut degré chez un individu se trouve épuisé dans sa race pour un certain nombre de générations. Cela explique ce fait que les hommes de génie ou de grand talent ont si fréquemment des fils très médiocres, et aussi celui que les variations exceptionnelles ne se maintiennent pas et ne deviennent pas d'ordinaire l'origine d'une forme nouvelle [1]. Cependant il y a des exceptions à cette règle : elles se présentent quand les quelques Germes laissés dans la Stirpe se multiplient d'une manière exceptionnellement active [2].

Nous venons de voir qu'il se fait dans la Stirpe un premier triage. A partir de ce moment, le lot de réserve reste en repos; mais, dans le lot destiné à évoluer tout de suite, une nouvelle activité se manifeste. L'œuf, en effet, va se segmenter et les produits de la segmentation auront à subir, jusqu'à la formation des tissus et organes définitifs, une différenciation progressive. Pour expliquer ces phénomènes, on peut admettre que les Germes excercent les uns sur les autres des actions attractives et répulsives qui les ballottent de mille manières, jusqu'à ce qu'ils aient pris enfin chacun une position d'équilibre dans laquelle leurs attractions et répulsions diverses se balancent exactement. De là résulte un triage que la division de l'œuf trouve tout prêt. Chaque cellule reçoit ainsi la catégorie de germes qui lui convient et qui la poussera à se différencier dans un sens donné. Cependant, comme rien n'est absolu dans cet ordre de choses, il faut admettre que chaque partie reçoit, outre une forte majorité de Germes d'espèce précise qui déterminent le sens de la différenciation, une petite quantité de Germes des autres espèces qui pourront à l'occasion se multiplier [3].

[1] [Non, c'est à cause de la fusion amphimixique et non pour cela.]

[2] Cela permet de comprendre aussi pourquoi souvent les maladies constitutionnelles sautent une génération. Un individu a la goutte : il a donc reçu dans son lot ontogénétique un grand nombre de Germes de cette malalie et n'en a laissé que très peu dans sa Stirpe de réserve. Dès lors, son fils sera indemne. Mais ces quelques Germes de goutte laissés dans la Stirpe s'y multiplient avec le temps, et, chez le petit-fils, ils pourront être de nouveau assez abondants pour passer en grand nombre dans le lot ontogénétique et déterminer la maladie.

[3] [On s'attendrait à voir ici l'auteur expliquer par là la Régénération. Mais il n'en fait rien.]

Les jumeaux vrais, c'est-à-dire ceux qui sont renfermés dans un amnios commun et qui peuvent par suite être considérés comme issus d'un même œuf à deux aires germinatives, ont entre eux, trois fois sur quatre, une ressemblance extrême et, dans un quart des cas environ, dissemblance telle que les deux êtres sont en quelque sorte complémentaires l'un de l'autre, l'un ayant ce que l'autre n'a pas. Cela peut s'expliquer en

Génération sexuelle. — Dans le triage des Germes en deux lots, l'un actif, l'autre de réserve, il peut arriver que tous les Germes d'une sorte donnée passent dans le premier. Dès lors, la descendance s'en trouvera privée absolument et irrémédiablement. Le dommage pourra n'être pas très grand tout d'abord, mais comme il y a toujours des chances pour que quelque nouvelle espèce de Germes s'élimine, tandis qu'il n'y en a aucune pour qu'une espèce éliminée soit récupérée, le nombre des espèces de Germes doit nécessairement diminuer d'une manière continue à mesure que le nombre des générations augmente. Il y a là une cause lente mais fatale d'appauvrissement et de détérioration, qui doit, à la longue, aboutir à la destruction. Cette cause est d'ailleurs d'autant plus active que le nombre des sortes de Germes est plus grand. La Génération sexuelle a pour but de porter remède à ce mal. Par elle, deux Stirpes se mélangent et si, par hasard, une catégorie manque dans l'une, elle se retrouve dans l'autre. Le fait étant rare en lui-même et le nombre des sortes de Germes étant énorme, la chance pour qu'une même sorte manque à la fois dans les deux conjoints est si faible que, pratiquement, elle équivaut à l'impossibilité. D'ailleurs si elle se rencontrait, elle n'aboutirait qu'à l'extinction de la descendance d'un couple sans que cela s'étende fatalement à l'espèce entière comme dans le cas de reproduction asexuée [1].

La Génération sexuelle a encore un autre avantage. La Stirpe de l'œuf fécondé est produite par la réunion de deux Stirpes. Cependant son volume est invariable dans le cours des générations. Il faut donc qu'à un moment donné elle soit réduite de moitié. Cette suppression d'une moitié des Germes doit engendrer entre eux une compétition énergique dans

admettant que les jumeaux proviennent de la division d'une même Stirpe. Si cette division a été très précoce, si elle a eu lieu quand les Germes étaient encore uniformément répandus dans la Stirpe, on comprend que les deux moitiés doivent se ressembler. Si elle a eu lieu plus tard, lorsque les Germes avaient commencé à se trier suivant leurs affinités réciproques, on comprend que ceux d'une espèce étant d'un côté, ceux de l'autre, de l'autre, la séparation ait produit deux moitiés très différentes.

[1] [Cette explication de l'utilité de la Génération sexuelle est ordinairement attribuée à STRASBURGER (84), qui cependant ne l'a donnée que dix ans plus tard. Il faut remarquer que GALTON explique ici l'utilité de la Génération sexuelle mais non son origine. Il ne montre pas quelles causes l'ont produite.

L'utilité d'une disposition organique ou d'une fonction donne à la Sélection naturelle le moyen de la protéger, mais encore faut-il que la fonction ou la disposition manifestent d'abord leurs avantages et pour cela il faut qu'elles existent.]

laquelle la victoire reste aux variétés dont les énergies vitales sont les plus accentuées.

Il ne reste à trancher qu'une question mais des plus graves, celle de l'Hérédité des caractères acquis. Remarquons d'abord que, pour quelques cas avérés, le nombre des cas contraires est si considérable qu'on peut admettre pour la plupart des premiers l'explication de simple coïncidence [1].

Cependant, pour expliquer certains faits, nous admettons que les variations acquises *peuvent parfois* et *dans une très faible* mesure, être héréditaires et, dans la théorie, la chose s'expliquerait ainsi : Au moment de leur naissance, les cellules émettraient des Germes produits par la prolifération de ceux qui sont en elles et qui seraient lancés dans le torrent circulatoire et charriés par lui. Si le hasard fait qu'ils soient conduits aux glandes génitales et incorporés dans la Stirpe de quelque élément sexuel, ils pourront communiquer au produit né de cet élément quelque chose des caractères correspondants.

Critique.

Il y a trois différences principales entre la théorie de Galton et celle de Darwin; la première c'est que les Germes ne circulent pas dans l'organisme au moins d'une manière incessante comme les Gemmules. Ils ne sont obligés à aucun voyage pour se rendre aux cellules; ils se partagent entre elles dans leur division avec les substances cellulaires auxquelles ils sont incorporés. La seconde c'est que les Germes ne sont pas attirés par les cellules, mais s'attirent entre eux. Les cellules sont tout à fait passives et peuvent l'être. Elles sont comme un champ dans lequel on sème un mélange de nombreuses semences. Ce qui poussera en chaque point dépend non du sol, mais de la nature des graines qui y seront tombées. La troisième c'est que le Plasma germinatif n'a pas à se constituer à nouveau dans chaque individu. Il existe déjà dans l'œuf

[1] Presque toujours lorsque l'hérédité est bien manifeste, il arrive que la cause modificatrice a pu agir directement sur les Germes de la Stirpe en même temps que sur ceux du corps, en sorte qu'il ne reste aucune preuve de l'action directe de celui-ci sur celle-là. Par exemple, dans le cas de l'ivrognerie, il est évident que les maladies nerveuses qu'elle engendre chez le produit s'expliquent beaucoup mieux par l'action directe de l'alcool sur les produits sexuels que par une réaction de l'organisme sur ceux-ci. Le cas des cobayes de Brown-Sequard peut s'expliquer par une contagion visuelle, une imitation. [Voy. sur ce point p. 24, note.]

et n'a qu'à rester dans celles des cellules, issues de la division de cet œuf, qui deviendront les éléments sexuels.

Ces différences allègent la théorie du poids des plus graves objections qui pesaient sur celle de Darwin : l'attraction des Gemmules par les cellules et le voyage des Gemmules à travers l'organisme, soit pour aller de l'œuf aux cellules, soit pour aller des cellules aux éléments sexuels. Il y a là un progrès très réel, une série d'idées nouvelles que plusieurs auteurs ont adoptées sans indiquer que Galton les avait émises avant eux.

Mais il reste bien des difficultés et il en naît de nouvelles que la Pangénèse de Darwin ne connaissait pas.

Galton ne dit pas quelle est l'origine des Germes. Dans sa théorie, ils ne sont pas engendrés par les cellules; ils se reproduisent exclusivement par division, en sorte que l'on ne voit pas d'où proviennent les premiers. Si ce sont les cellules qui les ont produits, pourquoi ne peuvent-elles plus en former de nouveaux?

Les propriétés assignées aux Germes sont beaucoup plus compliquées que celles des Gemmules, si compliquées même qu'on ne saurait les admettre ni même les concevoir. Et cela se comprend. Darwin attribuait aux cellules un pouvoir attractif spécifique pour effectuer le triage des Gemmules. Galton donne les cellules comme absolument inertes, en sorte que ses Germes doivent réunir en eux les propriétés des Gemmules et celles des cellules du système de Darwin : ils doivent non seulement déterminer les caractères et fonctions des cellules, mais encore s'attirer et se grouper. Bien plus, ces groupements doivent être à la fois vagues et précis, grossiers et délicats.

Je m'explique.

Que l'on se représente les Germes dans l'œuf immédiatement après la fécondation. Ils sont là tous mêlés, sans ordre. Sous l'influence de leurs attractions réciproques s'opère un premier triage pour séparer ceux de la Stirpe de ceux de l'Ontogénèse. Ce premier triage n'est ni précis ni délicat. C'est un triage de hasard qui doit seulement attribuer au lot ontogénétique quelques germes de toutes les sortes principales. Admettons ce triage; admettons aussi que le lot de la Stirpe reste latent bien qu'on ne voie pas du tout pourquoi il en est ainsi, puisqu'il est formé des mêmes éléments que le lot ontogénétique.

C'est ici que la difficulté commence.

Les Gemmes de ce dernier lot doivent maintenant s'attirer et se distribuer avec une précision rigoureuse pour que chacun se trouve juste à la place où sera le blastomère qui doit le contenir, et cependant de nombreux Germes de chaque espèce doivent rester diffusés sans ordre dans toute la masse, de manière à ce que chaque cellule puisse en recevoir quelques-uns, outre ceux qui lui sont spécialement destinés.

Cela ne se comprend plus du tout.

Il ne saurait y avoir à la fois précision rigoureuse et indétermination absolue dans un même triage des mêmes éléments.

Si un Germe *a* est doué de forces moléculaires telles que, sous l'influence des forces émanées de l'ensemble des autres Germes, il prenne une position déterminée, il est impossible que d'autres Germes identiques à lui se comportent autrement et se laissent ballotter et distribuer au hasard comme une substance inerte. Il faudrait pour cela que les forces moléculaires de tous ces Germes à distribution vague soient momentanément inhibées, prêtes à se réveiller à l'occasion. Il faudrait admettre de nouvelles *forces latentes* comme pour les germes de la Stirpe. Cela est très commode, mais c'est escamoter les difficultés que d'attribuer, selon les besoins, à des unités identiques, un état d'activité qui leur permet d'utiliser leurs forces ou un état de latence qui les annihile, sans indiquer les causes de ces différences d'état.

La conception de la Stirpe présente une grande analogie avec celle de la Continuité du Plasma germinatif. Elle lui est même supérieure en ce qu'elle ne laisse pas ce Plasma inflexiblement identique à lui-même à travers les générations. Elle lui permet des oscillations perpétuelles autour d'une composition fixe ou lentement progressive et explique ainsi très ingénieusement la variation individuelle. Mais nous avons constaté en elle un défaut sur ce point, c'est qu'elle assigne à cette variation une forme régulière qu'elle n'a pas. Elle explique mieux les différences que les ressemblances héréditaires qui sont cependant le fait principal et tend à faire, de l'opposition de caractères entre le père et le fils, un fait normal tandis qu'en réalité il est l'exception.

D'après lui, tout caractère fortement exprimé dans un individu épuise ou tout au moins affaiblit ce caractère dans la Stirpe d'où naîtront les descendants. Or, le plus souvent, on observe l'inverse et un caractère a d'autant plus de chances de se montrer chez le fils qu'il a été plus accusé chez les parents. Si sa théorie était vraie, les éleveurs n'auraient plus qu'à renverser leurs méthodes. Pour obtenir une race blanche d'une forme à poils noirs et blancs, ils devraient prendre pour reproducteurs les individus les plus noirs, sous le prétexte que c'est dans leur Stirpe qu'il reste le plus de Germes des poils blancs.

Si elle explique bien la variation de hasard, la théorie n'explique point la variation adaptative, et sous ce rapport elle est très inférieure à celle de Darwin. La variation adaptative ne s'explique vraiment bien que par l'hérédité des caractères acquis. Or Galton rend compte d'une hérédité de hasard de quelques caractères acquis, et seulement lorsque ces caractères reposent sur la formation de cellules nouvelles.

Il faut plus que cela pour l'adaptation, il faut une hérédité régulière des caractères adaptatifs acquis, aussi bien lorsque ces caractères sont dus à des modifications ou à des disparitions de cellules déjà présentes que lorsqu'ils tiennent à la formation de cellules nouvelles. Faute de cela, Galton se trouve acculé au même mur que les Néo-Darwiniens, obligés d'expliquer par la sélection des variations de hasard les merveilles de l'Adaptation.

JÆGER (1879)

Système des Gemmules odorantes.

Exposé.

La Pangénèse de Darwin est inadmissible, même inconcevable tant qu'on se représente les Gemmules comme de petites particules solides. On sent que, bien qu'il ne se prononce pas sur leur nature physique, Darwin les a conçues ainsi et tout le monde a fait de même après lui. Arrêté par cet obstacle, j'ai d'abord rejeté la Pangénèse, mais je suis arrivé par la suite, grâce à une modification dans la conception des Gemmules, à la rendre non seulement admissible, mais à expliquer par elle une bonne quantité de faits que les autres théories laissent obscurs.

Les particules odorantes ou sapides qui se dégagent des corps sont faites de la substance même de ces corps et contiennent toutes les particularités qui leur sont essentielles. Cependant elles sont d'une mobilité, d'une ténuité, d'une diffusibilité telles qu'aucune barrière organique ne peut les arrêter[1].

[1] [Cela n'est pas exact, les foyers putrides les plus infects ne communiquent aucune odeur aux malades tant qu'ils ne sont pas en communication avec l'extérieur. Il en est de même pour les gaz intestinaux.]

Tous les organes, tous les tissus de toutes les sortes d'êtres pourraient avoir, pour des sens assez parfaits, leurs odeurs spécifiques. On peut donc admettre que tous sont capables d'émettre des particules représentatives de leurs caractères. C'est surtout quand elles subissent une sorte de désintégration que les substances albuminoïdes doivent émettre ces particules. C'est donc au moment où l'être a faim, où les tissus désassimilent plus qu'ils ne réparent, que l'émission a lieu. A ce moment, de tous les tissus du corps, s'élancent dans l'organisme des particules de la nature de celles qui constituent les odeurs; ces particules n'ont besoin ni de conduits ni de véhicules spéciaux pour atteindre partout; elles envahissent d'elles-mêmes la totalité de l'organisme à la manière d'un gaz qui diffuse dans un espace clos.

Ces particules sont les Gemmules telles que je les conçois.

Ce sont des sortes d'*esprits animaux,* mais ayant corps, ayant, avec les vertus de ceux-ci, une spécificité rigoureuse et une base physique qui les rend acceptables par les esprits les plus exigeants. Si maintenant il se trouve, quelque part dans l'organisme, un protoplasme apte à recueillir, à condenser en lui ces émanations, ce protoplasma se trouvera contenir un peu de toutes les substances spécifiques de l'organisme et aura en lui tout ce qui est nécessaire pour développer, dans des conditions convenables, un nouvel organisme semblable à celui dont il provient.

J'ai montré dans un autre mémoire comment le *Protoplasma germinatif* est une partie *réservée* de celui qui constituait l'œuf [1]. Nous voyons maintenant comment il peut être impressionné par le corps qui le renferme. Les cellules germinatives ne peuvent, en effet, recevoir, par la voie de la circulation et des osmoses de liquides, un protoplasma complet, car la membrane qui les entoure, étant formée par une sorte de précipitation de ce protoplasma, ne peut la laisser passer, en vertu de la loi de TRAUBE, d'après laquelle toute membrane formée par une substance chimique se constitue avec des pores plus petits que les molécules de celle-ci. Ce que peut recevoir la cellule germinative par cette voie, c'est seulement ce qui reste après que les *particules animantes* se sont évaporées du protoplasma, c'est un protoplasma en quelque sorte *désodoré* et par suite *dé-spécifié* dont la molécule est, par suite de cette soustraction, réduite à un volume assez faible pour traverser les membranes cellulaires [2]. Mais

[1] [Il appelle cette théorie : *Reservirung des Keimprotoplasmas.*]

[2] [Malgré son apparence physico-chimique, cette explication est hautement fantaisiste. Quel physicien admettra qu'un liquide odorant arrêté par une membrane

ce protoplasma est peu à peu revivifié et respécialisé par les *particules animantes* qui sans cesse se dégagent de tous les tissus de l'organisme, et viennent se condenser en lui.

Cette théorie si simple explique tout aisément.

Pourquoi l'énergie génésique faiblit-elle chez les gens gras? Parce que, chez eux, les tissus éprouvent beaucoup moins cette *faim* qui provoque la désintégration et favorise l'émission des *esprits animaux*.

L'*Hérédité* se conçoit en qualité et en quantité, car les cellules sexuelles condensent en elles, non seulement toutes les sortes de particules odorantes du corps, mais des quantités de ces particules proportionnelles à la masse des parties qui les ont émises. Un muscle plus gros envoie aux cellules germinatives plus de *Gemmules odorantes* que s'il était plus petit.

Que ce muscle soit plus gros héréditairement ou par suite de l'exercice, la chose est indifférente au point de vue des Gemmules. Ainsi s'explique l'hérédité des caractères acquis.

La répétition par le produit des diverses phases de développement par lesquelles sont passés les parents s'explique par le fait, qu'à tous les âges de ceux-ci, leurs cellules sexuelles ont reçu des Gemmules représentatives de leurs organes, tels qu'ils étaient à cet âge; et le fait que la succession a lieu dans le même ordre se conçoit en admettant que les Gemmules les premières arrivées sont aussi les premières à se dégager [1].

Les effets des émotions vives de la mère enceinte sur le produit, admis par tous, sont niés par les physiologistes seuls, par cette raison *à priori* qu'aucun lien nerveux ne rattache la mère à l'enfant. Avec mes Gemmules odorantes, qui d'elles-mêmes diffusent partout, cette raison perd toute sa valeur et les faits s'expliquent aisément. Toute émotion très violente provoque un dégagement tumultueux de Gemmules qui, arrivant en foule dans le fœtus, peuvent le tuer. Des émotions moindres mais plus continues, comme la tristesse, provoquent un dégagement anormal moins brusque, mais incessant ou trop souvent répété, qui peut en-

pourra la traverser après que son odeur se sera évaporée?]

[1] Ainsi chez le Papillon, la nucléine des cellules germinales reçoit pendant la phase de chenille des Gemmules de chenille, pendant celle de pupe des Gemmules de pupe, pendant celle d'imago des Gemmules de papillon ailé. Dans l'œuf de ce Papillon et dans les cellules issues de sa division, les Gemmules de chenille se développeront les premières, celles de pupe ensuite, et enfin celles de l'imago; mais toutes cependant sont présentes à la fois dans les cellules du premier stade.

gendrer des maladies chez le fœtus. Une invasion désordonnée de Gemmules, produite par quelque émotion, peut provoquer, dans la partie qui est à ce moment en voie de formation, un arrêt de développement; ainsi peuvent s'expliquer le bec de lièvre et autres monstruosités de même nature. Quant à la reproduction sur le fœtus d'images conformes à la nature de l'émotion de la mère, elle ne serait pas explicable, mais on sait qu'elle n'est nullement démontrée.

Imprégnation. — Les phénomènes de l'Imprégnation, rejetés plutôt comme inexplicables que faute de preuves, s'expliquent aisément par le fait que le produit de la première conception émet des Gemmules qui vont se condenser dans les ovules non mûrs de l'ovaire [1].

Caractères latents. — Les caractères latents sont ceux dont les Gemmules représentatives sont restées incorporées à la nucléine de l'œuf fécondé et des cellules du corps, sans se dégager pour se développer dans le corps. Moins la nucléine sera active dans le processus d'assimilation et de désassimilation, plus les Gemmules des caractères non indispensables pourront aisément rester confinées en elle sans se dégager [2]. Une nutrition lente, la torpidité du corps et de l'esprit favorisent le maintien des caractères à l'état latent. Les qualités inverses poussent, au contraire, à la manifestation de tous les caractères contenus dans le germe. C'est pour cela que le Croisement favorise la Réversion, qui n'est qu'une apparition de caractères latents, parce qu'il augmente l'énergie vitale sous toutes ses formes.

Quant à la question de savoir comment les Gemmules du germe entrent en activité, non seulement au moment voulu, mais à la place voulue, elle est plus délicate. Il est à croire que, bien que les Gemmules de chaque espèce se trouvent dans chaque cellule, celles-là seules se développent à une place donnée, qui sont incitées à le faire par les conditions qu'elles trouvent en ce point, conditions dépendant de la nature du voisinage et des sucs déposés là par le mouvement nutritif [3].

[1] [C'est exactement ce qu'a dit Darwin; et, ici aussi, on peut demander pourquoi ils ne sont pas habituels au lieu d'être si rares qu'on ne sait s'ils sont réels.]

[2] [Cela ne se conçoit pas du tout. Un tissu actif peut émettre, à la rigueur, plus de particules odorantes qu'un tissu au repos, mais on ne voit pas pourquoi les particules ne seraient pas toutes influencées au même titre. Et puis, que signifient les *Gemmules des caractères latents :* ces Gemmules représentent non des caractères, mais des tissus, des organes, des parties matérielles. Or une partie matérielle ne peut être latente.]

[3] [On sent que l'auteur se rend compte lui-même de la faiblesse de son explication.]

Critique.

Cette théorie est étrange. Elle ne convainct pas et cependant au premier abord on ne voit pas quoi lui objecter.

Mais en y réfléchissant un peu, on découvre le vice de la conception.

Le trait caractéristique de la théorie, c'est l'assimilation des Gemmules aux particules odorantes dont on connaît pertinemment l'existence et quelques propriétés, bien qu'on ne puisse les voir. Cette assimilation ôte aux Gemmules leur caractère hypothétique; elle force même à les admettre et à admettre aussi leur diffusibilité; elle communique à la théorie une force et une probabilité indéniables. Mais pour cela il faut que l'assimilation soit complète, il faut que les Gemmules soient de vraies odeurs au sens où l'entendent les physiciens et les physiologistes. Or, alors, on ne comprend plus leurs propriétés.

Admettons, pour faire à Jæger toutes les concessions possibles, que tous les tissus, toutes les cellules si l'on veut, aient leurs odeurs spécifiques; que le protoplasma soit décomposable en deux parties : une fixe, inerte, identique dans toutes les cellules, simple substratum des propriétés, l'autre odorante, diffusible, communiquant à la première sa spécificité et ses propriétés différentielles; admettons enfin que les Gemmules contiennent la totalité de la substance chimique de cette seconde partie.

On ne peut demander plus. Cependant cela ne suffit pas du tout.

L'œuf, au début de la segmentation, contient toutes les odeurs spécifiques des parents. Ces odeurs sont uniformément réparties dans son protoplasma, puisque ce protoplasma est une substance inerte et uniforme. Pour qu'il en soit autrement il faudrait que les particules odorantes aient le pouvoir de se distribuer par leurs propres forces suivant un arrangement particulier, comme les *Germes* de Galton. Or c'est là une propriété vitale que n'ont point les particules odorantes ordinaires. Les Blastomères issus de la segmentation de cet œuf recevront donc tous un protoplasma identique, vivifié par les mêmes odeurs. Jæger reconnaît d'ailleurs qu'il en doit être ainsi. Comment des différences spécifiques s'établiraient-elles entre eux? Il n'y a aucune possibilité pour cela. Jæger leur donne pour origine la différence des conditions de voisinage et des sucs déposés par le mouvement nutritif. Mais ces différences n'existent que dans un organisme différencié et non dans une masse homogène de cellules identiques. La différenciation ontogénétique est incompréhensible.

L'origine des diverses sortes de Gemmules n'est pas plus claire. Celles-ci ne peuvent se reproduire par elles-mêmes comme celles de Darwin : une telle propriété ne saurait appartenir à de simples particules odorantes. D'ailleurs, si elle existait, le protoplasma des cellules germinales ne se trouverait pas, comme l'admet Jæger, peu à peu *désodoré* par son accroissement au moyen d'additions incessantes de la substance inerte du protoplasma : la multiplication des Gemmules qu'il contient avant son accroissement suffirait pour le maintenir en état d'*odoration*. Les Gemmules nouvelles proviennent uniquement de la désintégration du protoplasma spécifique en ses deux éléments constituants. Mais comment pourraient-elles différer les unes des autres puisque la différenciation protoplasmique ne peut pas s'établir. Il y a là un cercle vicieux.

Mais admettons toutes ces impossibilités.

Cela ne suffira encore pas, car il reste des caractères qui ne peuvent s'exprimer par des Gemmules odorantes, ce sont les caractères de forme. Je connais une famille dont la plupart des membres ont le petit doigt de chaque main crochu : la phalangine est ankylosée à angle droit sur la phalange. Je ne vois pas en quoi l'odeur des tissus de ce doigt peut différer de celle qu'ils auraient s'il était normal. Admettons que son état le condamne à une immobilité relative. Cela peut restreindre son mouvement nutritif et diminuer le nombre de ses Gemmules, mais non altérer leur qualité ; et il devrait en résulter une diminution de taille du doigt. Or ce n'est pas cela qui a lieu : le doigt se transmet avec sa forme crochue et son volume normal. Cette objection est considérable, car elle ne s'appuie pas seulement sur cet exemple exceptionnel, mais sur toutes les particularités transmissibles qui dépendent de l'arrangement des parties, c'est-à-dire sur la Différenciation anatomique tout entière.

Cette objection porte sur l'expression des caractères dans l'espace. Leur expression dans le temps prête le flanc à une autre à peu près semblable. Pour expliquer que l'œuf du Papillon donne d'abord une chenille, Jæger admet que les Gemmules de la chenille, déposées dans l'œuf les premières, éclosent avant celles de l'imago arrivées après elles. Mais a-t-on vu parfois que des odeurs aient besoin d'une période d'incubation pour se manifester? Si l'on renferme dans un flacon un morceau de phosphore, puis le lendemain un morceau de musc, sentira-t-on le jour suivant le phosphore seul, et le musc plus tard seulement? Cela pourrait se concevoir s'il s'agissait de grands espaces où la vitesse de diffusion puisse intervenir. Mais si l'odeur des pattes de la chenille et celle des ailes du Papillon arrivent si aisément à l'œuf, il est à croire qu'elles diffusent dans son protoplasma de manière à le pénétrer tout entier en moins de temps qu'il n'en faut à l'œuf pondu pour entrer en développement [1].

Pour échapper à ces difficultés, Jæger n'a d'autre ressource que d'attribuer à ses Gemmules des propriétés vitales complexes en vertu desquelles elles puissent s'attirer, se disposer suivant un certain ordre, rester latentes ou devenir actives, et reproduire en évoluant des dispositions organiques indépendantes de la constitution chimique des parties constituantes. Dès lors ses Gemmules ne sont plus de simples particules odorantes au sens où l'entendent les physiologistes et les physiciens; ce sont des *unités vitales* comme celles de toutes les théories précédentes. Toute la force que le système trouvait dans l'assimilation des Gemmules aux particules odorantes s'évanouit et il ne reste qu'une comparaison heureuse.

C'est à cela que se réduit en somme tout l'avantage de l'idée de l'auteur. Jæger a montré que l'on pouvait accorder aux Gemmules de Darwin un volume assez faible pour traverser les membranes et une diffusibilité assez grande pour se répandre dans tout l'organisme, puisqu'il existe d'autres espèces de particules qui seraient assez fines et assez diffusibles pour cela. Mais il n'a nullement montré que les particules odorantes qui se dégagent des corps vivants puissent servir de véhicule à l'expression et la transmission des caractères.

BROOKS (1883) [2]

Théorie des Germes femelles et des Gemmules mâles.

Exposé.

Le système de Darwin explique à merveille une multitude de phénomènes biologiques, et on l'accepterait sans hésitation si l'hypothèse sur laquelle il repose n'était d'une complication inadmissible et ne contredisait des faits démontrés. Dans la conception de Darwin, toutes les cellules du corps émettent à chaque instant des nuées de Gemmules qui se rendent aux œufs. Or les expériences bien connues de Galton (71_1) ont montré que le sang, véhicule probable des Gemmules, n'en contenait point [3].

[1] [On sait que l'œuf est pondu à l'automne et éclôt au printemps.]

[2] [Dès 1876 et 1877, Brooks (76, 77) avait donné un aperçu de sa théorie. Mais c'est seulement dans son ouvrage de 1883 qu'il l'a entièrement développée.]

[3] [On a vu (p. 546) quelle réponse Darwin (71) avait faite à l'objection de Galton].

D'autre part, comment admettre que ces essaims prodigieux de Gemmules parcourent sans cesse l'organisme et se classent toujours à la place qui les attend, sans se tromper et surtout sans trouver cette place déjà si complètement bourrée des Gemmules précédentes, qu'il leur soit impossible de s'y loger?

Heureusement on peut modifier l'hypothèse de manière à écarter ces difficultés sans lui enlever les avantages qu'elle présente.

Premièrement il est tout à fait inutile que chaque cellule continue à émettre des Gemmules identiques à celles qu'elle a émises une fois. Il suffit pour maintenir une concordance parfaite entre l'état du corps et celui du Plasma germinatif, que les cellules émettent de nouvelles Gemmules seulement lorsque quelque chose est modifié en elles. Nous admettrons donc que les cellules ne forment point de Gemmules tant que les conditions ambiantes restent convenables; mais que, si ces conditions viennent à se modifier suffisamment pour les tourmenter dans leur évolution et leur imprimer un changement, aussitôt elles émettent des Gemmules.

D'autre part, les Gemmules ne sont nécessaires que là où il y a des modifications individuelles transmissibles. Si l'un des deux sexes ne transmettait pas ses variations individuelles, les Gemmules seraient superflues chez lui. Nous démontrerons que tel est le cas pour le sexe femelle, et que par conséquent les Gemmules n'existent que chez les mâles. Nous admettrons donc, comme base de la Pangénèse, ces deux hypothèses fondamentales : 1° L'œuf ne contient pas de Gemmules mais des *Germes*, particules invariables toujours identiques à elles-mêmes, représentant toutes les parties de l'organisme et capables de se développer de nouveau en un organisme *identique* à celui de la génération précédente. 2° Le spermatozoïde contient seul des Gemmules, c'est-à-dire des particules toujours différentes des précédentes, représentant les changements survenus chez le mâle pendant sa vie individuelle[1].

[1] L'œuf ne se développe d'ordinaire que lorsqu'il a été fécondé. Mais la Parthénogénèse montre qu'il possède à lui seul tout ce qui est fondamentalement nécessaire pour former un nouvel individu. Le concours de l'élément mâle est généralement indispensable, mais c'est là un perfectionnement secondaire et non le fait d'une nécessité inévitable, comme ce serait le cas si certaines parties de l'être futur n'étaient pas représentées dans l'œuf et devaient lui être apportées par la fécondation.

Toutes les parties du corps, toutes les cellules, sont donc représentées dans l'œuf non fécondé. Mais il n'est pas nécessaire qu'elles le soient toutes individuellement; ainsi, un même rudiment peut suffire pour toutes les parties identiques, telles que les globules rouges du sang, les cellu-

Il résulte de là, que les modifications qui se produisent chez la mère restent sans influence sur le produit, et que la Variation se transmet par le père seul; que la femelle est l'élément conservateur engendrant un produit semblable à ceux de la génération précédente, sans lui communiquer les progrès accomplis pendant la génération actuelle, tandis que le mâle, élément progressif, communique avec ses Gemmules le germe des adaptations qu'il a acquises [1].

les hépatiques, les cellules d'un même revêtement épithélial uniforme, etc. Il y a plus, des parties de nature différente chez l'être développé peuvent provenir d'un même germe et se différencier au cours de l'ontogénie sous l'influence d'actions mécaniques ou autres. Ainsi l'Hirondelle de mer, qui se nourrit habituellement de poissons, a l'estomac revêtu d'une tunique muqueuse molle. Si on la nourrit de grain pendant quelques semaines, son estomac se revêt d'un enduit corné, fortifie sa musculature et prend les caractères d'un gésier. Le Dr Edmonston a observé qu'aux îles Shetland ce changement d'estomac mou en gésier a lieu régulièrement tous les ans au printemps parce que ces animaux se nourrissent alors de grain, et que le gésier redevient estomac mou pendant le reste de l'année, l'oiseau se nourrissant alors de poisson. Si donc la fonction alimentaire peut, à elle seule, déterminer la structure épithéliale du gésier, il n'est pas nécessaire que, chez les Oiseaux qui en possèdent normalement un, il y ait pour cette partie de l'épithelium digestif un rudiment distinct de celui des autres régions. Les faits de ce genre sont nombreux; ainsi l'on sait que la forme du crâne est déterminée par le cerveau, celle des reins des Oiseaux par les saillies du bassin, etc. Enfin, les faits bien connus de *Corrélation de croissance* montrent que la forme de certaines parties dépend de celle de certaines autres, en sorte que ces parties prendraient leur caractère spécial même si elles étaient représentées par un germe commun à elles et aux autres de même espèce.

Tout cela diminue dans une proportion considérable le nombre des Germes que l'œuf doit nécessairement contenir pour donner naissance à un organisme même très différencié. Nous admettrons donc qu'il y a, dans l'œuf non fécondé, des particules matérielles représentatives des parties du corps de l'animal futur, et qu'il y a une de ces particules pour chaque cellule ou groupe de cellules à différenciation indépendante. Dans le développement de l'œuf, ces particules se multiplieront et donneront naissance aux cellules du corps, chacune engendrant la ou les cellules qu'elle représentait, tout à fait comme dans la Pangénèse de Darwin. Mais l'œuf ne donne pas seulement naissance aux cellules du corps, il se multiplie aussi par division simple, de manière à engendrer des cellules identiques à lui-même qui seront les œufs de la génération future. Ainsi s'expliquerait sans difficulté aucune, le fait de l'Hérédité, s'il n'y avait à tenir compte des variations progressives des organismes. Car l'œuf, en se dédoublant pendant l'ontogénèse pour engendrer des cellules mères des œufs de la génération suivante, forme ces œufs identiques à lui-même et exclut toute idée de changement progressif. C'est pour expliquer l'hérédité des variations que Darwin a imaginé les Gemmules, et que nous les conservons chez le mâle.

[1] Dans les sociétés humaines, les différences intellectuelles et morales entre les deux sexes dérivent de la même cause, car ce qui est vrai des autres organes est vrai aussi du cerveau. La femme repré-

Par contre, le mâle ne communique que cela. Le spermatozoïde, s'il contient les Gemmules, ne renferme rien autre chose, ou du moins il ne possède pas, comme l'œuf, des particules représentatives de toutes les parties de son corps, en sorte qu'il ne communique au produit rien des traits d'organisation qu'il a hérités de ses parents et qu'il n'a point modifiés; car ceux-ci n'ayant pas varié, n'ont pas provoqué d'émission de Gemmules.

Ainsi le produit tient à ses deux parents par deux liens bien différents; il tient de la mère et d'elle seule tout ce qui est caractère établi, fixe, lié au type spécifique; et de son père seul, tout ce qui est caractère acquis, tout ce qui est produit par la variation récente.

Il semble, au premier abord, que cette modification à la théorie darwinienne ne fasse que la compliquer et donne prise, sans avantage, à des objections nouvelles. Nous allons montrer qu'il n'en est pas ainsi et que la théorie nouvelle répond à toutes les objections et explique, mieux que l'ancienne, une foule de phénomènes biologiques jusqu'ici inexpliqués.

Réponse aux objections. — 1re *objection :* La théorie attribue aux éléments sexuels mâle et femelle une signification absolument différente. Or on sait aujourd'hui que ces éléments sont entièrement homologues et constitués de la même façon dans leurs parties essentielles, jusque dans les plus petits détails de leur structure.

A cela on peut répondre qu'homologie ne veut pas dire identité de fonctions; cela veut dire seulement origine commune ce qui est indéniable. Mais quand l'ovule et le spermatozoïde se sont différenciés de la masse protoplasmique asexuée s'unissant à une masse identique par conjugaison, ils ont pu en même temps assumer des fonctions légèrement différentes que la Sélection naturelle a portées peu à peu à un degré de différenciation très élevé.

2e *objection :* Le produit, lorsqu'il est mâle, ne peut tenir son sexe de sa mère qui ne l'a pas; il le tient donc de son père : cependant ce n'est pas un caractère récent qui ait pu donner lieu à l'émission des Gemmu les. Il en est de même des caractères sexuels secondaires[1].

sente l'élément historique, conservateur des idées, des mœurs qui sont le fruit des habitudes anciennes; l'homme moins stable et plus primesautier, est l'instrument des acquisitions nouvelles.

[1] [Lorsqu'un taureau transmet à sa fille les qualités de bonne laitière de sa mère, il n'a cependant pas envoyé lui-même dans ses spermatozoïdes des Gemmules des mamelles correspondant à une augmentation de la sécrétion lactée. Brooks cite le cas, mais le laisse sans réponse.]

Cela ne prouve pas que les caractères du mâle soient transmis par le mâle. On peut admettre que la femelle possède, les uns à l'état patent, les autres à l'état latent, tous les caractères de l'espèce, non seulement ceux du sexe opposé, mais aussi ceux des neutres, s'il en existe, comme chez les Abeilles. De ces caractères, ceux-là seuls se développent qui ne sont pas en opposition avec le sexe que prend le produit. Les autres restent à l'état latent et peuvent se développer partiellement si la fonction génitale vient à disparaître.

3e *objection :* Dans les croisements, le produit est intermédiaire à la mère et au père. Il a donc reçu de ce dernier la moitié de ses caractères.

L'objection serait irréfutable si les deux espèces croisées étaient différentes dans tous leurs caractères. Mais il n'en est jamais ainsi. Les espèces capables de se croiser sont toujours très voisines, elles ont été confondues en une seule jusqu'au dernier stade phylogénétique qui les a formées aux dépens de l'ancêtre commun, et tous les caractères acquis jusqu'à ce dernier stade leur sont restés communs. Le produit peut donc tenir tous ces caractères communs de la mère seule, sans que le résultat soit autre que s'il les tenait de ses parents par moitié. Le père n'a besoin de transmettre que les caractères distinctifs de son espèce, et tous ceux-là sont d'acquisition récente.

4e *objection :* Dans la théorie actuelle, la femelle transmet les caractères anciens et fixes, et le mâle seul les variations récentes. La variabilité, c'est-à-dire la tendance à varier ne peut donc venir que du mâle. Or Darwin a émis l'opinion, appuyée sur de nombreux faits fournis par Kolreuter, Gærtner et autres, que la femelle est aussi apte que le mâle à transmettre la variabilité.

Cette opinion est basée sur le fait que, lorsqu'une plante a commencé à varier, elle transmet à ses descendants la tendance à varier encore lorsqu'on la croise avec une plante restée fixe, aussi bien lorsqu'elle intervient comme femelle que lorsqu'on l'emploie comme mâle. Mais cela ne prouve rien, car la variabilité peut résulter du fait même du croisement. On sait, en effet, et la théorie l'explique, que les produits de croisement ont une tendance à varier, même lorsqu'ils proviennent de parents à caractères fixes.

5e *objection :* Lorsque, les conditions intervenues venant à changer, l'animal ne se trouve plus exactement adapté au milieu, la théorie admet que les cellules de l'organe imparfaitement adapté souffrent et, sous l'influence de cette excitation, émettent des Gemmules. Mais, en général, l'organe dont l'adaptation a besoin de se modifier ne souffre pas plus que les autres et souvent pas du tout. Quand un Insecte a des couleurs trop voyantes et devient aisément la proie de ses ennemis, les cellules qui fournissent la couleur ne souffrent en rien de cela, si ce n'est au moment où l'Insecte est dévoré; à ce moment, toutes les autres cellules souffrent autant qu'elles et d'ailleurs il est trop tard[1]. Quand l'ancêtre de la Girafe souffrait de la disette, faute de pouvoir brouter les feuilles élevées, le cou ne souffrait pas plus que les autres organes de la privation d'aliments.

Cette objection très grave a été soulevée, par H. W. CONN. Dans le cas de la Girafe, on peut répondre que l'animal a fait avec le cou des efforts violents pour atteindre les feuilles qui dépassaient à peine sa portée; pour les autres cas, il faut remarquer que toutes les cellules sont unies par des relations compliquées de solidarité dont le détail nous échappe, mais qui sont certaines, et que les cellules dont la modification est nécessaire peuvent, si elles ne sont pas directement influencées, recevoir, par d'autres cellules, une excitation détournée[2].

Explication des phénomènes biologiques.

Après avoir réfuté les objections, montrons que la théorie explique aussi bien et mieux que celle de Darwin, les divers phénomènes biologiques.

Parthénogénèse. — On a déjà vu comment la Parthénogénèse s'explique par le fait que l'ovule contient tous les éléments nécessaires à la formation du produit. Le spermatozoïde n'apporte que les éléments de la variation. Aussi faut-il s'attendre à ce que les produits de la parthénogénèse n'aient pas de tendance à varier.

Variation. — Lorsqu'une cellule est mal adaptée à ses conditions, elle souffre, se modifie et émet des Gemmules à son image. Ces Gemmules peuvent être recueillies exceptionnellement par l'œuf ou par des bourgeons asexués, ce qui explique la transmission accidentelle de variations par la mère, et le fait, rare mais certain, de la *Variation pour bourgeons*. Dans la règle, les spermatozoïdes seuls recueillent ces Gemmules et les transmettent à l'ovule en le fécondant. La petite variation acquise est donc communiquée à l'œuf. Celui-ci donnera naissance 1° aux œufs de la génération suivante qui hériteront ainsi d'emblée de la petite variation acquise;

[1] [WEISMANN (92_1) a développé une objection semblable en prenant pour exemple un Hérisson mal protégé par des piquants trop courts ou trop mous.]

[2] [Cela ne répond pas au cas du Papillon de CONN et du Hérisson de WEISMANN chez lesquels aucune autre cellule ne souffre].

2° au corps qui renfermera ces œufs. Dans le corps, les cellules ne seront pas toutes dans les mêmes conditions, car les unes proviennent de particules de l'œuf non modifiées, tandis que les autres proviennent de particules qui ont reçu des Gemmules paternelles. Les premières restent identiques à leurs homologues de la génération précédente, tandis que les dernières, sous l'influence de leurs Gemmules, revêtent le nouveau caractère acquis par celles du père à la génération précédente. De plus, tandis que les premières sont, en quelque sorte, de pure race maternelle, les dernières, issues des particules maternelles *fécondées* pour ainsi dire par des Gemmules paternelles sont sous ce rapport comparables à des *Hybrides*. Or nous verrons bientôt que tout Hybride a une tendance à varier bien supérieure à celle des produits de pure race de ses deux parents [1]. Les cellules qui ont reçu des Gemmules, en leur qualité d'Hybrides, ont donc une tendance naturelle à varier. Elles varient en effet et leur évolution dirigée directement par les conditions ambiantes et indirectement par la Sélection, prend les caractères d'une adaptation aux conditions nouvelles. Cela se continue ainsi de génération en génération. Il en résulte ce fait remarquable que la variation a des effets progressifs, et ainsi s'explique ce fait que *quand un être a commencé à varier, il a une grande tendance à varier encore*. Tous les jardiniers ont remarqué qu'il était difficile d'amener une forme à varier, mais que, lorsqu'on avait obtenu une variation *quelconque*, même différente de celle que l'on cherche, la plante devient plastique, elle varie à volonté, et l'on peut, par une sélection judicieuse, obtenir la variation que l'on désire. Cela tient à ce que les cellules de toute partie qui a commencé à varier, recevant des Gemmules, deviennent des Hybrides et, par là, acquièrent une tendance à varier encore;

[1] [Dire que les cellules fécondées par des Gemmules ont une tendance à varier en tant qu'Hybrides, c'est se payer de mots. C'est un fait d'observation et rien de plus, que les produits du croisement de deux espèces sont variables; aussi n'est-il nullement légitime de dire qu'il en sera de même dans une hybridisation aussi détournée et différente de l'ordinaire que celle des cellules par les Gemmules. Si la théorie de Weismann est vraie, si cette variabilité vient de l'expulsion de tels ou tels caractères par la division réductrice, on voit qu'elle ne doit pas exister dans les cellules fécondées par les Gemmules où rien de semblable à la division réductrice n'intervient.

Il y aurait peut-être une manière de rendre la chose acceptable, mais Brooks ne nous la signale pas : ce serait d'admettre que la cellule peut varier selon la quantité de Gemmules paternelles qu'elle aura reçues, de même que dans les vrais Hybrides, la variation peut tenir à ce que chaque organe peut provenir de l'union d'une quantité très variable de substance maternelle avec le complément nécessaire de substance paternelle.]

continuant à varier, elles continuent à émettre des Gemmules, et ainsi de suite jusqu'à la limite imposée par la nature de l'être ou de l'organe et par le changement des conditions ambiantes.

Darwin a démontré que : *Les Hybrides sont plus variables et ont plus de tendance à varier que les produits de race pure de leurs deux parents.* — Cette loi incontestée s'explique aisément par le fait que toutes les cellules contribuant à l'expression des caractères différentiels reçoivent dans l'œuf des Gemmules. Il y a donc dans le produit beaucoup plus de cellules hybrides que d'ordinaire et par suite une plus grande tendance à varier.

Darwin a montré aussi que : *Les produits des Hybrides sont beaucoup plus variables que les Hybrides eux-mêmes.* — Cela tient à ce que beaucoup de cellules qui n'avaient pas varié chez les Hybrides de la première génération, entrant en relation avec des cellules qui ont varié, se trouvent mal adaptées à ces nouveaux rapports; elles sont gênées et émettent des Gemmules qui ne produiront qu'à la génération suivante une variation nouvelle.

On sait que : *Dans les croisements, il n'est pas indifférent d'emprunter le mâle à l'une des espèces ou à l'autre.* — Il devrait cependant en être ainsi si les deux produits sexuels avaient même signification et même valeur. Toute autre théorie est impuissante à expliquer ce fait que souvent l'Hybride de A $\times$ B est stérile quand celui de B $\times$ A est fertile, et celui que le Bardot est très différent du Mulet.

Dans les croisements réciproques, le produit tient plus du père que de la mère. — Ainsi Huxley a constaté que le Mulet, produit de l'Ane et de la Jument, a la tête et les oreilles de l'Ane, sa queue poilue au bout et son braiement. Le Bardot, au contraire, produit de l'Anesse et du Cheval, a la tête plus semblable à celle du Cheval, les oreilles plus cour-

[1] [Cette assertion que le Mulet tient surtout de son père l'Ane et le Bardot de son père le Cheval n'est pas du tout rigoureuse. Les Chevaux ont une *chataigne* (production cornée) vers le tiers supérieur de la face interne de l'avant-bras et à la face interne du métatarsien; les Anes n'ont que celles des membres antérieurs. SANSON (93) a examiné, pendant près de 20 ans, tous les Mulets qu'il a rencontrés et constaté que presque toujours ils ont leurs quatre châtaignes comme le Cheval. D'autre part, les châtaignes postérieures sont ordinaires, mais non constantes chez le Bardot. Si la châtaigne postérieure est une acquisition récente, le Mulet ne devrait pas en avoir; si elle est une acquisition ancienne elle devrait manquer chez le Bardot. Sanson fait aussi remarquer que l'Ane d'Europe est brachycéphale, la Jument poitevine dolichocéphale et les Mulets du Poitou absolument variables sous ce rapport. Le Cheval a le contour orbitaire complet et ordinairement 6 vertèbres lombaires; l'âne a le rebord orbitaire incomplet et 5 vertèbres seulement; le Mulet tient tantôt de l'Ane tantôt du Cheval sous ces deux rapports. Le Métis du Chameau et du Dromadaire a aussi souvent deux bosses qu'une, quelle que soit l'espèce qui a fourni le mâle. Or,

tes, les membres plus forts, et son cri est un hennissement[1]. En croisant les Chats sans queue de l'île de Man avec des Chats ordinaires, le Dr Wilson a obtenu, sur 23 petits, 17 dépourvus de queue quand la race de Man avait fourni le père, tandis que tous les petits avaient une queue, courte et déformée il est vrai, lorsque le père était un Chat ordinaire[1].

Ces faits très frappants et inexplicables dans toute autre théorie s'expliquent très bien ici, car dans le cas du Mulet et du Bardot, la mère a fourni surtout les caractères anciens, les caractères génériques, c'est-à-dire ceux qui sont communs aux deux espèces, et le père a fourni les caractères spécifiques, c'est-à-dire les caractères distinctifs des deux formes, parce que ces caractères sont récents et donnent lieu encore à l'émission de Gemmules par les cellules qui les produisent. C'est là un des plus forts arguments en faveur de la théorie.

Le Croisement provoque la Régression. — Ce fait nettement établi aujourd'hui peut tenir à une double cause. D'ordinaire, la prétendue réapparition d'un caractère ancien n'est qu'une variation nouvelle, aussi le croisement donne des chances à cette pseudo-régression par le seul fait qu'il favorise la Variation. Mais il peut arriver qu'un caractère vraiment latent revienne au jour. Le Croisement jette un grand trouble dans l'évolution de l'œuf, par cet apport d'innombrables Gemmules inattendues; certains caractères normaux sont aussi contrariés dans leur développement et des caractères anciens se développent à leur place[2].

si l'ancêtre commun avait 2 bosses, le petit devrait en avoir toujours deux lorsqu'il a pour père un chameau; s'il n'avait qu'une bosse, le petit devrait n'en avoir qu'une quand le père est un Dromadaire; s'il n'en avait aucune, le petit devrait en avoir une seule ou deux, plus petites, selon qu'il a pour père un Dromadaire ou un Chameau. Un Bélier du Leicester eut, de Brebis mérinos, des petits tous mérinos. Le caractère mérinos était pourtant d'acquisition récente chez la Brebis et manquait tout à fait au Bélier.

Tous ces faits montrent qu'il est tout à fait inadmissible que les Métis ou les Hybrides ressemblent plus au père qu'à la mère et inadmissible aussi que la mère ne transmette pas les variations récentes de son espèce.]

[1] [Ce simple « courte et déformée il est vrai » est la condamnation de la théorie.]

[2] La Réversion explique bien des faits, qui sembleraient contraires à la théorie. Ainsi, lorsque l'on voit le produit du Lion et de la Tigresse rayé comme celui du Tigre et de la Lionne, on serait tenté de voir là la transmission par la mère d'un caractère récent, quand c'est simplement la réapparition, provoquée par le croisement, de la rayure de l'ancêtre commun du Tigre et du Lion.

Le caractère *ñato* est transmis, d'après Darwin, aux produits croisés plus fortement par la femelle que par le mâle. Cela peut tenir à ce que ce caractère n'est pas une acquisition nouvelle, mais sans doute une régression vers le genre disparu *Sivatherium*.

Le mâle est plus variable que la femelle; il est plus éloigné qu'elle du type ancestral; les organes plus grands ou plus importants chez le mâle sont plus variables que ceux qui ont plus d'importance ou de développement chez la femelle. — Ce sont là des lois nouvelles qui découlent naturellement de la théorie mais qu'il faut démontrer. La comparaison des caractères sexuels secondaires fournit d'excellents exemples en leur faveur. Chez beaucoup d'Oiseaux, la femelle est de forme modeste, de couleur terne et privée de voix, tandis que le mâle est remarquable par son chant, son plumage et ses brillantes couleurs. WALLACE et DARWIN voient là une adaptation de la femelle au besoin de ne pas attirer les ennemis pendant qu'elle est assujettie à couver. Mais la comparaison avec les espèces voisines dépourvues de caractères sexuels et avec les jeunes qui ne les ont pas encore revêtus, montre qu'il s'agit là, pour la femelle, non d'une adaptation active, mais d'une incapacité de variation. Elle est restée semblable à ce qu'étaient jadis les deux sexes, et c'est le mâle qui a pris ces caractères, à titre d'acquisition nouvelle. Car étant seul capable de transmettre les variations, il s'est seul modifié [1]. Si la femelle était capable, elle aussi, de modifications actives, pourquoi n'aurait-elle pas acquis des protections spéciales à son sexe et qui lui sont tout aussi utiles pour défendre elle et sa couvée qu'au mâle pour conquérir ses faveurs [2]?

D'ailleurs, une chose prouve qu'il y a une cause plus générale que la Sélection naturelle ou sexuelle à cette acquisition par le mâle des caractères qui manquent aux femelles, c'est qu'on les observe chez beaucoup de Reptiles, qui ne couvent pas, et aussi chez des Poissons.

Corrélation de croissance. Tératogénèse. — *La corrélation de croissance* comprend deux sortes bien différentes de phénomène. La variation d'un organe peut dépendre des conditions physiologiques créées pour lui par la modification d'un autre organe. Par exemple, chez

[1] [Cela ne se comprend pas du tout. Chez la femelle aussi bien que chez le mâle, les caractères sont déterminés, d'après Brooks, par les germes fixes de l'œuf, modifiés par les Gemmules du spermatozoïde. Si donc le mâle a varié dans un organe commun aux deux sexes, il doit transmettre sa variation à ses produits femelles. C'est seulement pour les caractères sexuels secondaires qu'il en est autrement.]

[2] [Il y a des exemples du contraire. Brooks les cite et ne les explique pas. Si la femelle ne transmet pas les variations, comment expliquer le Bopyre, l'*Entoniscus* et tant d'autres, l'Argonaute et les Phasmes, dont les femelles sont beaucoup plus modifiées que les mâles. Brooks connaît l'objection, mais il n'y répond pas. En fait, ces exemples montrent que la femelle varie moins que le mâle, mais quand elle le fait, elle se montre aussi capable que lui de transmettre ses variations.]

l'Élan, le développement de la ramure dont le poids atteint 100 kilogrammes nécessite un renforcement des muscles du cou, des apophyses épineuses cervicales, etc. Dans ce cas, l'explication se conçoit d'elle-même, et n'a pas besoin d'être formulée. Mais lorsque l'on voit des organes entièrement indépendants varier corrélativement il n'en est plus de même. Dans ce cas, on peut admettre que les Gemmules émises à la suite de la variation d'un organe vont s'unir dans l'œuf, au moment de la fécondation, non seulement avec les particules strictement représentatives de cet organe, mais avec celles correspondant à des organes plus ou moins similaires. De même que le spermozoïde d'une espèce peut féconder l'ovule de certaines espèces voisines de la sienne, de même les Gemmules peuvent s'unir à des particules, peu différentes par leur nature ou leur situation de celles auxquelles elles sont spécialement destinées. On peut comprendre ainsi que la variation d'un membre antérieur s'étende à celui du côté opposé et même aux membres postérieurs. On a des exemples de cela dans les cas bien connus d'Hommes porteurs de doigts supplémentaires seulement, engendrant des fils porteurs de doigts et d'orteils supplémentaires.

Origine des Homologies générales. — Les homologies spéciales, c'est-à-dire celles qui existent entre les parties comparables d'animaux différents, telles que le poumon et la vessie natatoire, s'expliquent, comme on sait, par la communauté d'origine des organes. La vessie natatoire et le poumon sont homologues parce qu'ils dérivent de différenciations différentes d'un même rudiment chez l'ancêtre commun des Poissons et des Vertébrés aériens. Mais comment expliquer les homologies générales, c'est-à-dire la ressemblance de structure entre les organes d'un même être, qui ne tirent point leur origine d'un rudiment commun comme le pied et la main? Cela s'explique dans la théorie de la même manière que la corrélation. Le pied et la main restent semblables au fond malgré leurs adaptations différentes, parce que leurs particules représentatives dans l'œuf sont de même nature et que, pendant tout le développement phylogénétique, chaque fois que des Gemmules se rendaient à celles du premier, quelques-unes s'égaraient vers la seconde et allaient la modifier parallèlement; et inversement.

Cela constitue une sorte d'*Hérédité ontogénétique* parallèle à l'*Hérédité phylogénétique* et produisant les *Homologies générales* pendant que celle-ci produit les *Homologies spéciales*.

La théorie actuelle occupe une position moyenne entre le Lamarkisme et le Darwinisme, et elle profite des avantages de l'une et de l'autre. Au Darwinisme elle emprunte la Sélection et l'idée des Gemmules, au Lamarkisme l'action directe des milieux.

On a souvent reproché, et avec raison, à la Sélection naturelle de ne pouvoir expliquer la formation d'organes compliqués comme l'œil, au moyen du simple triage des variations fortuites, d'abord à cause du temps énorme que ce procédé exigerait, ensuite et surtout, parce que la formation d'un tel organe nécessite la variation simultanée de plusieurs parties. La chose devient bien plus aisée dans la théorie actuelle, car, ainsi que nous l'avons vu, toute variation qui a commencé a une tendance, dans la génération suivante, à s'accentuer et à s'étendre aux parties voisines. Cela résulte de ce que les particules représentatives des parties qui ont varié sont fécondées par les Gemmules et, en leur qualité d'Hybrides, tendent à varier encore, et de ce que toute cellule voisine d'une partie qui a varié est dérangée dans sa coaptation avec les cellules voisines modifiées et est incitée par cette gène à émettre des Gemmules qui la feront varier à la génération suivante. Ainsi les variations ont une tendance naturelle à se précipiter et à s'étendre, et la formation des organes les plus complexes dans un temps pas trop long devient aisée à concevoir.

Cette même *Variation accélérée* explique l'*Évolution par sauts* que beaucoup de naturalistes, DALL, GALTON, MIVART tendent à substituer à l'*Évolution continue*.

Enfin on a objecté au Darwinisme l'impossibilité pour la Sélection de faire triompher une variation, si utile qu'elle soit, qui ne se produit que sur un très faible nombre d'individus. Il est évident qu'un Blanc échoué dans une île habitée par des Nègres, eût-il sur ceux-ci l'avantage sous tous les rapports sans exception, n'arriverait pas à transformer en Blancs tous les habitants de l'île; c'est sa couleur, au contraire, qui, au bout de quelques générations, finirait par disparaître sans laisser de traces. Du moment que l'on admet avec Lamark que les conditions ambiantes sont la cause de variations, non forfuites, mais déterminées, chaque variation se produit sur beaucoup d'individus à la fois, et, protégée par les Gemmules et la Sélection, elle a chance de triompher.

Critique.

Pour simplifier la théorie de DARWIN et la concilier avec les expériences de GALTON (71_1), BROOKS propose deux modifications : 1° supprimer les Gemmules chez la femelle; 2° restreindre leur production chez le mâle aux moments où les cellules varient.

Il est facile de montrer que ces prétendues simplifications ne simplifient rien, qu'elles compliquent, au contraire, la conception et la rendent très confuse, et qu'elles sont en contradiction flagrante avec des faits indiscutables.

On croise une Jument avec un Ane. Le Mulet a des caractères d'Ane et de Cheval[1].

Pour expliquer leur présence, Brooks dit que la Jument a transmis les caractères du genre *Equus* et l'Ane les caractères spécifiques par lesquels le *Equus asinus* diffère de l'*Equus caballus*. Mais ces caractères différentiels n'ont pas été acquis par l'Ane pendant sa vie individuelle; ils lui viennent de ses ancêtres Anes et n'ont peut-être pas varié chez eux depuis des milliers de générations. Comment donc se fait-il qu'ils provoquent encore une émission de Gemmules? Il n'y a peut-être pas deux organes, deux tissus, deux cellules qui soient absolument identiques chez l'Ane et le Cheval. Toutes les cellules de l'Ane ont varié depuis qu'il s'est différencié de l'ancêtre commun. Si donc l'émission de Gemmules continue si longtemps après que la variation a cessé, autant dire que toute cellule du mâle émet toujours des Gemmules[2].

Brooks est donc pris entre les cornes de ce dilemme : ou bien les cellules n'émettent vraiment des Gemmules qu'au moment où elles varient, ou bien elles continuent, après avoir varié, à en émettre pendant d'interminables générations. Dans le premier cas, l'hérédité paternelle dans le croisement devient inexplicable; dans le second, il n'y a aucune simplification importante apportée à la conception de Darwin[3].

[1] Nous ne discutons pas pour le moment s'il tient plus ou moins de son père ou de sa mère. Nous constatons seulement, ce que Brooks ne nie pas, qu'il tient de l'un et de l'autre.

[2] La même chose a lieu évidemment pour le Lapin et l'hypothèse n'échappe pas plus que celle de Darwin à l'objection de Galton (71_1). Quand celui-ci transfuse du sang de Lapins noirs à des Lapines blanches, il devrait métisser le produit. Brooks peut répondre qu'il suffit que les cellules du mâle émettent une fois des Gemmules pendant leur vie individuelle pour le besoin de la transmission des caractères anciennement acquis, et en émettent en outre toutes les fois qu'elles varient. Mais Darwin avait lui-même proposé cette manière de voir et Brooks n'apporte rien de nouveau.

[3] Remarquons, en effet, que ce qui est vrai de l'Ane est vrai aussi des mâles de tous les autres animaux. Tous sont susceptibles de se croiser et de communiquer leurs caractères à des espèces ou variétés voisines. C'est donc un fait général que, chez les mâles et même en l'absence de toute variation nouvelle, l'émission des Gemmules a lieu chez toutes les cellules, au moins une fois pour chacune des formes successives qu'elles revêtent.

La deuxième modification proposée par Brooks est que les femelles sont privées de Gemmules et ne transmettent point leurs variations individuelles. La chose en elle-même est manifestement fausse. Qui n'a vu une femme transmettre à ses enfants un nævus, une mèche blanche, une hémitérie quelconque qu'aucun homme n'a présentée avant elle dans sa famille?

Mais passons sur cela et cherchons à nous rendre compte de l'évolution dans cette hypothèse.

Il est entendu que la femelle ne transmet pas *ses* variations à elle. Mais il faut bien qu'elle puisse transmettre *des* variations, celles acquises par les mâles ses ancêtres, sans quoi la transmission des caractères ne se comprendrait plus du tout. Puisque le mâle n'a de Gemmules que pour les caractères récemment acquis, il faut bien que ce soit la femelle qui transmette les caractères plus anciens; et si elle n'acquérait pas le pouvoir d'en ajouter de temps en temps quelques-uns à ceux qu'elle transmettait auparavant, elle en serait encore aux caractères des Protozoaires. Le Mulet serait alors constitué comme un Hybride entre l'Ane et la Monère [1]. Donc les germes de l'ovule ne sont pas absolument fixes, ils évoluent et se modifient sous l'influence des Gemmules que leur apporte la fécondation.

A quel moment cette modification des Germes par les Gemmules peut-elle prendre place? Il semble évident que ce ne peut être qu'au moment même de la fécondation.

A ce moment, en effet, et d'après Brooks lui-même, les Germes sont pénétrés par les Gemmules homologues et modifiés par elles puisqu'ils sont lancés par elles dans une évolution différente de celle qu'ils auraient suivi si l'œuf s'était développé parthénogénétiquement. C'est donc à ce moment aussi qu'ils sont modifiés pour les générations futures, et la femelle doit pouvoir transmettre tous les caractères de ses ancêtres mâles jusqu'à la génération actuelle. Les seuls caractères que les Germes de l'œuf ne contiennent pas sont ceux que la femelle ou le mâle ont acquis pendant la génération présente : ceux de la femelle sont irrévocablement sans influence sur eux, ceux du mâle leur seront infusés à la première fécondation. Il en résulte que, si l'on admet cette explication naturelle, la

[1] Pour parler plus exactement, ses caractères seraient une combinaison de ceux du premier ancêtre sexué des Vertébrés et de ceux qui distinguent l'Ane de l'ancêtre commun de l'Ane et du Cheval, caractères distinctifs qui portent sur des longueurs d'oreilles et de queue, des aspects de poil, etc., etc.!!!

femelle n'est jamais en retard que d'une génération sur le mâle au point de vue des capacités de transmission : c'est dire qu'elle lui est à peu près égale.

Mais ce n'est pas là l'idée de Brooks, puisque, d'après lui, la femelle ne transmet pas les caractères récents, puisqu'elle représente le principe conservateur, atavique. La différence entre elle et le mâle n'est pas d'une génération, mais d'un grand nombre. Combien? Il ne le dit pas; il laisse entendre que la femelle s'est arrêtée à peu près au stade où en était l'espèce ancestrale qui, dans le développement phylogénétique, la précédait immédiatement. S'il en est ainsi, c'est la transmission des caractères spécifiques du parent femelle dans le croisement qui ne se comprend plus. On ne peut plus expliquer pourquoi le Mulâtre n'est ni plus ni moins brun, lippu et crépu, qu'il soit fils de Noir et de Blanche ou de Noire et de Blanc.

Brooks affirme que toujours le produit de croisement ressemble plus au père. Nous avons montré que cela était faux. Mais accordons que cela soit. Comment Brooks expliquera-t-il ce retard énorme de l'influence des Gemmules sur les Germes? Comment se fait-il que les caractères distinctifs de l'espèce Cheval ne soient pas encore exprimés au complet dans les Germes des ovules de la Jument? Y a-t-il quelque Plasma germinatif radicalement distinct du Plasma somatique et si peu sensible aux influences des Gemmules, qu'il lui faille des centaines de générations pour la ressentir? Dans ce cas, il faut donc que depuis des centaines de générations les caractères spécifiques du Cheval provoquent encore des émissions de Gemmules dans le sang des mâles de cette espèce, et nous retombons par une autre pente dans cette même multiplicité de Gemmules que l'on croyait éviter.

Y a-t-il quelque échappatoire? Que l'auteur la fasse connaître.

En somme, je ne vois que complication, confusion, contradiction avec les faits, là où Brooks a cru apporter simplification, rigueur et clarté. La difficulté de la circulation des Gemmules reste tout entière, puisque ces Gemmules existent chez les mâles; la difficulté de les faire tenir dans le produit sexuel, n'est guère amoindrie, puisque le spermatozoïde, le plus petit des deux, doit encore contenir tous ceux des caractères spécifiques différentiels à tous leurs stades. Les Germes de la femelle sont une complication inutile et embarrassante.

Puisque celle-ci a parfois des Gemmules, il était plus simple de la laisser en émettre régulièrement que de lui inventer une unité organique nouvelle, aussi compliquée que les Gemmules, et qui la privent du pouvoir, qu'elle a certainement, de transmettre ses variations personnelles.

Enfin il est à peine besoin de faire remarquer que l'existence même des femelles est incompréhensible dans la théorie. Les mâles n'ont jamais possédé de vulve, de vagin, d'ovaire, de trompe, de mamelles développées, etc., etc. Ils n'ont donc pu les transmettre. Des femelles seules ont pu en avoir. Mais comment ces organes se sont-ils conservés, légués, si les femelles ne peuvent transmettre leurs variations individuelles.

J'admets que les organes des deux sexes proviennent d'un rudiment commun qui ressemblait à ceux de la femelle. Mais ce rudiment s'est différencié dans le sens femelle. Ce n'est pas chez le mâle qu'il l'a fait. C'est donc chez la femelle. Comment cette différenciation s'est-elle perfectionnée, transmise, si les mâles seuls lèguent leurs variations?

On croit rêver en voyant un naturaliste soutenir une thèse si manifestement erronée.

Si la théorie de Darwin n'est pas satisfaisante, ce n'est pas par des variantes dans le genre de celle-là qu'on la rendra acceptable.

GAULE (1886)

Théorie des Cytozoaires.

Les Hématozoaires trouvés dans les globules du sang de la Grenouille et de divers autres animaux ne sont pas des parasites. Ce sont des organismes spéciaux qui se développent spontanément dans ces globules par une redistribution des substances qu'ils contiennent. Ils ne sont pas spéciaux aux globules du sang : toutes les cellules animales en forment de plus ou moins semblables; aussi convient-il de les désigner sous le nom plus général de *Cytozoaires*.

Les Cytozoaires les plus complets sont formés d'un noyau central situé entre deux petites masses protoplasmiques nigrosinophiles et accompagné de deux petits grains éosinophiles situés dans un espace clair de part et d'autre du noyau. Ils peuvent se diviser en corpuscules beaucoup plus petits, les *Karyozoaires* et les *Plasmozoaires* qui les représentent sous une forme simplifiée et plus petite. Les cellules peuvent se reproduire par elles-mêmes, mais elles forment aussi des Cytozoaires, et quand elles les ont formés, elles se détruisent. Mais ces Cytozoaires sont capables à leur tour de réengendrer les cellules.

Toutes les cellules sont formées d'une combinaison déterminée de Cytozoaires qui sont, de la sorte, l'élément primordial de la constitution de tous les animaux. Chacune contient une ou quelques sortes déterminées de Cytozoaires. Les cellules sexuelles reçoivent, par la voie de la circulation, des Cytozoaires de toutes les sortes de cellules de l'organisme, et se trouvent ainsi aptes à reproduire l'organisme tout entier.

[Si ce système datait du siècle dernier, nous aurions plaisir à le discuter et à montrer comment il se rattache à celui de la Pangénèse. Mais avec la date qu'il porte nous n'avons rien à en dire. Il repose sur une grosse erreur. Les Hématozoaires sont de vrais parasites, des Sporozoaires, à cycle évolutif déterminé, qui n'ont d'autre rapport avec les cellules que celui du parasite avec son hôte. Leur existence est limitée aux globules sanguins de quelques espèces animales. En aucun cas, ils ne peuvent former autre chose que leurs spores par lesquelles ils se reproduisent identiques à eux-mêmes.]

PLATT BALL (1881)

[PLATT BALL (91), pour concilier les Gemmules de DARWIN avec le Plasma germinatif de WEISMANN, a proposé d'admettre que les Gemmules ne sont pas émises par les cellules, mais restent localisées dans les cellules germinales où elles constituent le Plasma germinatif. La transmission des adaptations au Plasma germinatif se trouve ainsi rendue impossible, mais Platt Ball n'admet pas cette transmission et croit que l'évolution phylogénétique du Plasma germinatif s'explique suffisamment par la Sélection naturelle.]

HALLEZ (1886)

Constitution stéréométrique du Plasma germinatif.

La théorie de NUSSBAUM (80) et de WEISMANN (85) sur la Continuité du Plasma germinatif nous montre que l'œuf doit nécessairement se développer en un être nouveau semblable au parent pour la raison qu'il n'est qu'un produit de division identique de l'œuf qui a formé ce parent. Mais comme elle n'explique pas comment cet œuf de la génération précédente a formé le parent, elle ne fait que reculer, sans la résoudre, la difficulté de concevoir comment une cellule, de structure si simple en apparence, arrive à former l'organisme si compliqué de l'être entièrement développé.

Cherchons à élucider ce point.

La puissance héréditaire n'est pas contenue dans le noyau, mais dans le cytoplasma[1]. Le noyau n'est autre chose qu'un centre d'attraction utile pour maintenir l'indépendance cellulaire en s'opposant à la tendance des cytoplasmes voisins à s'unir en syncytiums ; il est aussi un organe squelettique servant à donner insertion aux fibres du cytoplasme[2].

Quand un être unicellulaire se divise, les deux individus nés de la division ont une orientation identique et rigoureusement déterminée : les parties du cytoplasma qui devaient passer dans chacun d'eux étaient donc, sans doute déjà séparées avant la division, dans le cytoplasma du parent. Chez les Vers qui se divisent ou bourgeonnent, les produits de la Scission ou du Bourgeonnement ont toujours une orientation rigoureusement déterminée par rapport au parent. Enfin, dans la Régénération, l'orientation des cellules détermine la nature des parties régénérées, car, dans une Planaire coupée en deux, une même cellule contribuera à former une tête ou une queue, selon qu'elle appartient au segment caudal ou au segment céphalique. Cela permet de conclure d'une manière générale que, dans tout organisme, chaque cellule, en se divisant, respecte l'orientation des parties, et que les deux cellules nées de la division ont une orientation identique entre elles et avec la cellule dont elles sont issues.

Or l'œuf ou le spermatozoïde sont, à un moment de leur évolution, des cellules de tissu ; à ce titre, ils ont donc aussi une orientation déterminée qui est la même que celle de la cellule mère dont ils sont nés par division, la même que celle de leur cellule grand'mère, la même que celle de toutes les cellules de leur lignée ascendante jusqu'à l'œuf, la même donc enfin que celle de l'œuf dont provient l'organisme du Parent[3].

[1] L'argument basé sur le rôle de la tête du spermatozoïde dans la fécondation n'est pas démonstratif, car le spermatozoïde contient aussi du cytoplasma dont la fusion avec celui de l'ovule constitue le phénomène important de la fécondation. L'activité même de toute cellule appartient à son cytoplasma. C'est lui qui est mobile, irritable, qui règle les phénomènes de nutrition, d'accroissement et même de division, comme on l'a reconnu par la découverte des sphères attractives. Si on a attribué tant d'importance au noyau, c'est parce que ses modifications sont beaucoup plus visibles que celle du cytoplasma, mais plus on avance dans la connaissance intime des phénomènes, plus on se convainct qu'il est passif et que l'initiative vient des fibrilles contractiles du cytoplasme.

[2] Dans la division nucléaire, les dispositions délicates destinées à partager également les substances du noyau entre les deux cellules filles n'ont d'autre but que de fournir à celles-ci des centres attractifs et squelettiques équivalents pour les maintenir en état d'équilibre.

[3] La chose peut, dans certains cas, être vérifiée par l'observation. » Chez les Insectes, « l'orientation de la cellule-œuf est déterminée par la position que celle-ci occupe dans l'ovaire et elle est la même que celle de la mère ». [Hallez, 85.]

S'il ne s'agissait là que d'une orientation microscopique, la chose n'aurait pas de conséquence bien importante. Mais il n'en est pas ainsi. Le cytoplasma est composé de particules distinctes : *Gemmules, Micelles, Plastidules* ou simplement *Molécules* qui, en se développant, deviendront les cellules et les organes. Or ces molécules sont orientées dans le cytoplasma ovulaire comme seront les cellules et organes dans l'organisme futur. La segmentation de l'œuf et toutes les divisions de l'ontogénèse n'ont qu'à les séparer en groupes distincts de plus en plus petits et de plus en plus individualisés. Le triage est fait d'avance, la segmentation n'a qu'à tracer les limites à établir entre les groupes d'ordres divers, les barrières matérielles qui sépareront les blastomères, les feuillets, les organes et enfin les cellules[1].

Les particularités somatiques héréditaires deviennent telles par suite d'une impression excercée à distance sur les molécules de l'œuf. Ainsi la présence d'un doigt surnuméraire « impressionne le protoplasma de la cellule initiale ou de celles qui en dérivent de telle sorte que, lorsque ces dernières évolueront, elles passeront par toutes les phases par lesquelles est passé l'organisme générateur et reproduiront l'anomalie. C'est, si l'on veut, la *mémoire inconsciente* de Hæckel ».

La variation produite par les conditions ambiantes provient des modifications dans l'état, le groupement ou les vibrations des molécules cytoplasmiques causées par ces conditions directement ou indirectement. De la même manière s'explique l'action de la *Mésalliance initiale*.

[Il y a une idée originale dans cette tentative d'explication de l'évolution de l'œuf par la structure géométrique du protoplasma. Mais elle est extrêmement incomplète, et il ne semble pas qu'elle soit susceptible

[1] Que l'on se représente les noyaux de toutes les cellules de l'ectoderme d'un animal réunis par des lignes. Ces lignes formeront des polygones. Joignons de même tous les noyaux de l'endoderme, puis tous ceux du mésoderme, puis joignons les uns aux autres les noyaux des trois feuillets, nous obtiendrons un réseau polygonal extrêmement compliqué. On peut concevoir de même un réseau semblable entre les *Molécules* du cytoplasma. Et bien, le réseau du cytoplasme représente celui de l'organisme futur. Cela ne veut pas dire qu'il ait même forme et que les Molécules dessinent réellement dans l'œuf un organisme en miniature. Non, car d'abord ces connexions sont immatérielles et d'autre part la forme du réseau n'a point d'importance et ses propriétés résultent des connexions des points nodaux et non de leurs distances respectives réelles. Le réseau dans un œuf segmenté dessine des pyramides ou des cônes emboîtés ayant leur sommet commun au globule polaire. [On le voit, c'est la *Théorie de la Mosaïque*, énoncée bien avant Roux.]

d'être adaptée par quelques modifications aux exigences de la question[1]. Admettons que le système rende compte de la différenciation anatomique; la Différenciation histologique reste inexpliquée et l'Ontogénèse reste mystérieuse. Voici l'œuf fécondé prêt à se segmenter. Hallez nous le présente comme formé de molécules, représentant les cellules du futur organisme, disposées suivant un arrangement défini. La segmentation et la division subséquente les diviseront en lots de plus en plus petits jusqu'à ce qu'à la fin chaque molécule arrive dans la cellule à laquelle elle est destinée. J'admets que les forces qui maintenaient ces molécules dans leurs situations relatives dans l'œuf conduisent les cellules qui les renferment aux places qu'elles doivent occuper dans l'embryon à ses divers stades. Mais ces cellules ne sont pas toutes identiques. Les différences qui existent entre elles dépendent-elles des molécules représentatives ou d'autre chose? Ces molécules sont-elles de même nature ou ne diffèrent-elles les unes des autres que par les forces qui règlent leurs positions relatives, ou bien diffèrent-elles aussi par leur constitution intime et régissent-elles par là les propriétés spécifiques des diverses cellules de l'organisme? Les molécules se multiplient-elles dans les cellules de manière à constituer dans chacune un tout complet comme dans l'œuf? Dans ce cas, les diverses molécules du réseau sont-elles identiques entre elles et comme formées par la multiplication d'une molécule unique, ou sont-elles diverses comme dans l'œuf? Si elles ne diffèrent en rien de l'œuf, pourquoi sont-elles inaptes à reconstituer l'organisme? Si l'œuf est autrement constitué qu'elles, comment s'établit dans l'ontogénèse cette différence de constitution?

En somme, Hallez nous fait entrevoir une explication physico-mécanique de l'évolution et s'arrête sans l'avoir fournie.

c) Particules représentatives des caractères et propriétés de l'organisme.

Dans les systèmes que nous avons à étudier maintenant, les particules constitutives du protoplasma représentent, non plus les cellules ou d'autres

[1] La théorie est si incomplète que l'on est embarrassé pour savoir à quelle catégorie la rattacher. Par ses Molécules représentatives, elle se rapproche de la Pangénèse, mais comme on ne sait rien de l'origine de ces Molécules, on ne sait pas s'il faudrait créer pour elle quelque catégorie à part. Nous la laissons ici provisoirement en appendice aux variantes de la Pangénèse.

parties de l'organisme, avec leurs propriétés concrètes, mais les caractères et propriétés élémentaires qui, par leur combinaison variée en les divers points, peuvent constituer les caractères et fonctions complexes des diverses parties de l'organisme, cellules ou parties de cellules, tissus ou organes.

Les théories de Nægeli, de de Vries et de Weismann sont toutes fondées sur cette hypothèse.

NÆGELI (1884)

Théorie des Micelles et de l'Idioplasma.

Exposé.

I. L'idioplasma et ses fonctions.

Formation du Protoplasma. — Quand des substances albuminoïdes prennent naissance dans un liquide aqueux, comme elles ne sont pas solubles dans l'eau, elles se précipitent. Le précipité est formé de petites masses, sortes de cristaux organiques que nous désignerons sous le nom de *Micelles*. Ces Micelles sont les matériaux dont sont formés les êtres organisés.

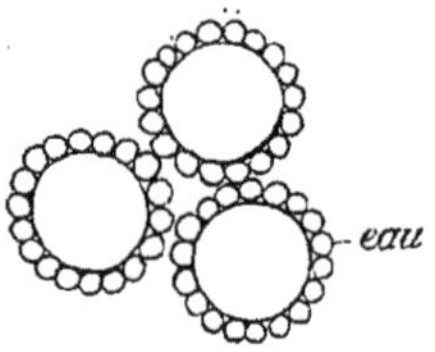

eau

Fig. 35. — Représentation schématique de 3 micelles avec leur couche d'eau.

Un cristal inorganique, déposé dans une solution saline saturée, de même nature, détermine le dépôt, à sa surface, de molécules dissoutes sous la forme de petits cristaux par lesquels il s'accroît. De même, dès que quelques Micelles se sont formés en un point, ils facilitent la précipitation dans leur sphère d'influence, en sorte que la formation des Micelles, au lieu de s'opérer uniformément dans la masse liquide, se localise dans certains points. Ainsi prennent naissance des agrégats de nature albuminoïde qui constituent le *Protoplasma primitif*.

Bien qu'insolubles dans l'eau, les Micelles ont, comme la substance albuminoïde d'ailleurs, une grande affinité pour ce liquide et chaque Micelle en se précipitant fixe autour de lui une couche d'eau dont l'épaisseur est au moins d'une molécule. Cette couche prend la forme d'une enveloppe entourant le Micelle (fig. 35), et, normalement, ne se fusionne pas avec les enveloppes aqueuses voisines avec lesquelles elle entre en contact; en sorte que les Micelles constituant l'agrégat protoplasmique sont en tous points séparés les uns des autres par au moins deux molécules d'eau. Cette eau fait partie intégrante de la substance protoplasmique comme l'eau de cristallisation fait partie du cristal, et le plasma, pas plus que le cristal, ne saurait exister sans elle. Mais il y a entre le cristal et l'agrégat protoplasmique deux différences capitales.

Le cristal ne s'accroît que par sa surface; les nouvelles molécules cristallines se déposent à côté des anciennes sans jamais s'intercaler entre elles. Les parties déjà formées le sont définitivement et ne changent plus. En outre, la quantité d'*eau de cristallisation* est fixe. L'agrégat protoplasmique s'accroît, au contraire, aussi bien par intercalation intérieure de nouveaux Micelles que par dépôt superficiel. En outre, la quantité d'eau qui sépare les Micelles est quelconque au delà d'une limite inférieure qui, elle-même, est peu précise. Nous avons vu que chaque Micelle fixe autour de lui une couche d'eau de l'épaisseur d'une molécule. Quand un nouveau Micelle se forme, il se dépose généralement à côté du précédent, mais souvent aussi les couches d'eau se fusionnent, les deux Micelles entrent en contact immédiat et sont entourés d'une couche d'eau commune qui n'a toujours qu'une molécule d'épaisseur. Ainsi se forment des groupes mycelliens à 2, 3, 4 éléments ou plus (fig. 38). Mais à mesure que le groupe grandit, son adhérence à la couche d'eau qui l'enveloppe augmente, et il arrive bientôt un moment où l'admission de nouveaux Micelles est arrêtée. Ces Micelles doubles, triples, quadruples, se comportent en tout comme les Micelles simples, sauf que leurs forces moléculaires sont plus grandes[1]. La densité maxima du protoplasma correspondrait donc à l'état où tous les Micelles, simples ou composés, seraient entourés d'une couche d'eau de l'épaisseur d'une molécule et contigus les uns aux autres par l'intermédiaire de cette couche. Mais c'est là un état théorique qui ne se réalise pas, car il existe toujours dans la masse des interstices plus ou moins larges par lesquels le liquide formateur a accès à l'intérieur pour les nécessités de l'accroissement intercalaire.

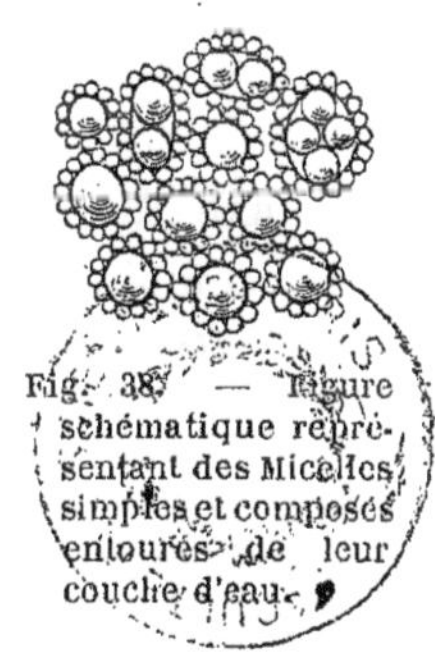
Fig. 38. — Figure schématique représentant des Micelles simples et composés entourés de leur couche d'eau.

D'autre part, l'agrégat peut admettre, par imbibition, des quantités

[1] [On ne comprend pas du tout pourquoi Nægeli introduit cette complication gratuite dans son hypothèse, car il ne s'en sert pour l'explication d'aucun phénomène. Nous rencontrerons d'autres exemples analogues.]

quelconques d'eau et devenir ainsi de moins en moins dense, de plus en plus diffluent, jusqu'à perdre le caractère d'agrégat protoplasmique et passer progressivement à celui de simple *solution micellienne*. La solution micellienne diffère d'ailleurs de la solution vraie par un caractère absolu. Tandis que le cristal, en se dissolvant, devient liquide et se dissocie en ses molécules chimiques, ici les Micelles ne repassent pas à l'état liquide; ils s'écartent seulement les uns des autres, les Micelles composés ne se dissocient pas et si de l'eau est de nouveau soustraite par évaporation, ces derniers se retrouveront les mêmes dans l'agrégat reconstitué [1].

Les agrégats protoplasmiques ainsi formés, lorsqu'ils ont acquis une certaine densité et qu'ils sont baignés d'un liquide convenable, manifestent deux propriétés : ils s'accroissent et se multiplient par division. Leur accroissement, superficiel et intercalaire, provient de ce que de nouveaux Micelles fournis par le liquide nutritif ambiant se déposent à côté des anciens ou entre eux; leur division résulte de ce qu'étant peu cohérents, lorsqu'ils deviennent assez volumineux, il arrive toujours que quelque secousse, choc ou ébranlement venu du dehors les désagrège en fragments plus ou moins nombreux et volumineux qui, chacun, continue à s'accroître de la même manière jusqu'à ce que pareil accident lui arrive.

Formation de l'Idioplasma. — Dans le protoplasma primordial dont nous venons de voir le mode de formation, les Micelles sont d'abord orientés au hasard, et nulle part leurs directions ne sont concordantes car il n'y a aucune raison pour qu'elles le soient. Les forces moléculaires qui émanent d'eux se croisent donc en tous sens et ne peuvent s'ajouter pour produire des effets d'ensemble. Mais forcément, tôt ou tard, le hasard fait qu'en quelques points les Micelles se trouvent, en majorité, orientés dans un même sens. Dès lors, en ces points, leurs forces s'ajoutent et ont pour premier effet de donner une orientation concordante aux nouveaux Micelles qui prennent naissance dans l'intérieur du groupe, en sorte que bientôt ce n'est plus seulement la majorité, mais la presque totalité des Micelles qui, dans ce groupe, se trouvent orientés parallèlement. Le phénomène continue donc de plus en plus aisément à mesure que le groupe s'accroît et l'on voit que la concordance d'orientation possède en elle-même le moyen de devenir toujours de plus en plus précise et exclusive[2]. En outre, les Micelles se serrent plus étroitement les uns contre

[1] [Même obervation que dans la note précédente.]

[2] [Nægeli présente cela comme une conséquence nécessaire. Il n'en est rien. Ne voit-on pas souvent des cristaux se disposer en croix ou sous des angles variés

les autres dans ces points où des forces concordantes les attirent que dans les espaces intermédiaires, aussi la densité devient-elle rapidement plus grande dans les premiers que dans les derniers. Ainsi se produit, dans le protoplasma primordial, une première différenciation en deux sortes de plasmas, l'un plus fluide, très pénétré d'eau, à Micelles sans orientation prédominante, c'est le *Plasma nutritif;* l'autre plus dense, moins aqueux, à Micelles orientés parallèlement, nous l'appellerons l'*Idioplasma.*

La formation de l'Idioplasma a lieu, comme on le voit, spontanément, nécessairement, et sans l'intervention d'autres causes que les forces moléculaires inhérentes aux Micelles. Elle constitue un phénomène capital, car c'est de lui que vont dériver la vie avec ses manifestations les plus compliquées et les organismes avec leurs caractères variés à l'infini.

L'Idioplasma forme d'abord des îlots épars dans le plasma nutritif. Mais, par suite d'une nécessité mécanique, ces îlots en s'accroissant se joignent et l'Idioplasma se dispose en un réseau continu contenant dans ses mailles le plasma nutritif, continu lui aussi dans toute son étendue [1].

Le plasma nutritif étant moins dense que l'Idioplasma admet beaucoup plus facilement que celui-ci de nouveaux Micelles dans sa masse [2]; par suite, il s'accroît plus vite et exerce sur le réseau idioplasmatique une traction longitudinale qui donne à la substance du réseau la forme de cordons longs et minces. Les mailles ont d'abord des dimensions modérées. Mais, par l'accroissement continu des cordons idioplasmatiques en longueur et du plasma nutritif en volume, elles s'agrandissent et elles finiraient par devenir si grandes que la disposition réticulée s'effacerait. Cet effet est empêché par la formation de nouvelles mailles par

par le jeu de leurs attractions réciproques. Les groupes que forment les cristaux microscopiques ne sont pas d'ordinaire formés de faisceaux parallèles. Si les micelles en forment de tels, cela leur est particulier. C'est une hypothèse de plus.]

[1] [Je cite ceci textuellement, c'est à la page 120, parce que cette nécessité mécanique ne me paraît pas évidente. On ne voit pas du tout pourquoi le groupe micellien ne formerait pas une masse compacte de plus en plus volumineuse. Nægeli a le droit d'imaginer que l'Idioplasma formera un réseau, mais il doit le présenter comme une hypothèse nouvelle et non comme une conséquence nécessaire de son hypothèse primitive.]

[2] [Encore une hypothèse présentée comme une déduction nécessaire. On pourrait aussi bien dire que la précipitation de nouveaux Micelles se fait plus activement là où ils sont plus nombreux et où les forces attractives sont plus énergiques.

[Nægeli ne dit pas expressément que ces cordons de nouvelle formation naissent aux dépens du Plasma nutritif, mais cela semble bien être sa pensée, car il parle ailleurs d'un mode de formation aux dépens de l'Idioplasma.]

les procédés suivants. D'une part, tant que l'orientation des Micelles dans les cordons idioplasmatiques n'est pas devenue abolument uniforme, il se rencontre ça et là, à la périphérie des cordons, de petits groupes de Micelles dont la direction forme un angle avec l'orientation générale. Les nouveaux Micelles qui se déposent en ces points s'orientent comme ces derniers et cela devient l'origine d'un petit rameau divergent qui se dégage du cordon principal et ira se souder à un cordon voisin pour former une nouvelle maille. D'autre part, il se forme, dans le plasma nutritif qui occupe les mailles, des tractus de substance idioplasmatique qui s'unissent par leurs extrémités aux cordons voisins et divisent les mailles en d'autres plus petites. Ces segments de nouvelle formation prennent, sous l'influence du reste de l'Idioplasma, la structure déjà acquise par celui-ci et ne se distinguent plus dès lors des éléments anciens du réseau. Cette détermination de la structure par l'influence des parties adjacentes ne doit pas surprendre, car on verra qu'une des principales propriétés de l'Idioplasma est précisément de transmettre dans toute son étendue les *excitations morphogènes* parties de l'un quelconque de ses points [1].

Il faut donc se représenter dans les êtres supérieurs, animaux ou plantes, l'Idioplasma comme un immense réseau continu répandu dans tout l'organisme, passant d'une cellule à l'autre par des pores ultra-microscopiques de leur paroi et étendant ses mailles dans toutes leurs parties, aussi bien dans leur noyau que sous leur membrane et dans leur protoplasma qui occupe ses mailles en qualité de plasma nutritif [2].

Propriétés de l'Idioplasma. — Nous avons vu comment l'Idiosplama prend naissance et arrive à former dans l'organisme un réseau général.

Il faut maintenant décrire sa structure intime et expliquer ses fonctions.

L'Idioplasma est la base matérielle de tous les caractères et de tous les

[1] Dans les organismes pluricellulaires, la division des cellules est une cause très active d'extension du réseau, car les deux cellules filles se partagent le réseau idioplasmatique de la cellule mère et entraînent chacune sa part dans des directions divergentes.

[L'auteur ne dit pas s'il s'établit des soudures secondaires entre les éléments du réseau là où une branche divergente transportée par une ou plusieurs cellules vient rencontrer un cordon ancien.]

[2] En raison de ses propriétés conductrices, dont il sera question tout à l'heure, l'Idioplasma peut être comparé à une sorte de vaste système nerveux trophique, mais bien plus étendu que l'autre, et il n'est pas impossible que le système

fonctions[1], c'est-à-dire que tous les caractères de forme, de structure, de couleur, de taille, etc., toutes les propriétés chimiques et physiologiques dépendent de l'Idioplasma, lui appartiennent en propre, et les autres tissus et substances de l'organisme ne sont que l'instrument qui sert à les manifester.

Ces caractères, en effet, ne sont pas et ne peuvent pas être exprimés dans l'Idioplasma sous leur forme réelle. L'Idioplasma n'est pas rouge dans un pétale de rose, acide ou sucré dans un fruit vert ou mûr, massif dans une Pomme de terre, dentelé dans une feuille d'Acacia. Les caractères et les fonctions sont résumés en lui sous la forme de forces moléculaires qui, agissant sur les tissus et substances de l'organisme, leur impriment les caractères qu'ils doivent revêtir. Ces actions moléculaires émanent des Micelles; mais chaque Micelle isolé est impuissant à les produire. Le Micelle isolé n'est pas, en effet, un être vivant; c'est une particule organique dont l'action moléculaire est bien trop simple pour produire la moindre de ces manifestations compliquées qui constituent la vie. Mais quand plusieurs Micelles sont groupés de façon convenable, leurs forces moléculaires se combinent et, si les conditions extérieures et la nature du milieu le permettent, ces forces combinées se traduisent par une propriété vitale ou par un caractère d'être vivant. La vie est donc, en somme, non la propriété des Micelles, mais le résultat d'un certain arrangement de ces particules, et voilà pourquoi elle peut être détruite sans que la composition chimique soit altérée, pourquoi il peut n'y avoir aucune différence visible entre un organisme vivant et ce même organisme mort.

Un groupe de Micelles de l'Idioplasma liés entre eux par une synergie de leurs forces moléculaires peut donc déterminer un caractère ou une propriété. Mais comme il ne peut en déterminer qu'un, chaque propriété, chaque caractère exprimé dans l'organisme, doit être représenté dans l'Idioplasma par un groupe distinct de Micelles synergiques. Or le nombre des caractères et des fonctions d'un organisme un peu élevé est extrêmement grand et, si petits que soient les Micelles, jamais l'Idioplasma

nerveux des animaux soit une partie du réseau idioplasmatique différenciée en vue d'une fonction pour laquelle cette ramification était avantageuse.

[1] Il ne faudrait pas dire de *tous*, car nous verrons plus loin qu'il y a quelques caractères superficiels dépendant des conditions extérieures, qui ne viennent pas de l'Idioplasma. Mais tous les caractères fixes, tous ceux qui peuvent se transmettre aux descendants, c'est-à-dire la totalité des plus importants et l'immense majorité des autres, tous ceux-là appartiennent à l'Idioplasma.

ne pourrait contenir tous les groupes nécessaires pour les représenter; d'autant plus qu'ayant, comme nous le verrons bientôt, une structure identique en tous ses points, il doit contenir sur chaque tranche transversale de ses cordons la totalité des groupes de Micelles nécessaire à tout l'organisme.

Mais une simple remarque permet d'alléger considérablement cette difficulté. Les caractères des organismes sont, en effet, en nombre immense et variés presque à l'infini, mais ce sont des caractères complexes et on peut les considérer comme formés d'un nombre relativement restreint de caractères élémentaires combinés de manières diverses et, en quelque sorte, à doses variées. Ces caractères élémentaires concernent la forme, la taille, la couleur, la constitution chimique, ou même se composent d'éléments encore plus simples. Ainsi, le simple fait de contenir de la chlorophylle est un caractère déjà composé nécessitant le concours de plusieurs groupes micelliens pour se manifester[1].

Avec cette notion, il devient aisé de comprendre que, malgré leur finesse, les cordons idioplasmatiques puissent contenir assez de groupes micelliens différents pour représenter tous les caractères élémentaires. Les caractères supérieurs sont représentés par la vibration simultanée de tous les groupes micelliens correspondant aux caractères élémentaires, dont la réunion constitue le caractère composé. L'ensemble peut être comparé à un clavecin : chaque touche figure un groupe micellien élémentaire, et la note représente la fonction simple ou le caractère élémentaire correspondant; les caractères supérieurs sont représentés par les accords obtenus en frappant sur plusieurs touches à la fois et l'ensemble

[1] [Nægeli cite à la page 191, comme caractères représentés dans l'Idioplasma, la grandeur de l'individu et de ses organes, le nombre de ses cellules et de ses organes, la formation de racines, de rameaux, de poils, la coloration, la multiplication relative à la reproduction, le doublement des fleurs, enfin différents phénomènes pathologiques ou anormaux. Ce ne sont pas là, il le reconnaît, des caractères vraiment élémentaires. Mais il déclare qu'il serait puéril de se livrer à leur recherche. S'il ne le fait pas, ce n'est pas parce que ça serait puéril, mais parce qu'il ne pourrait y arriver d'une manière satisfaisante. C'est une échappatoire. En réalité on ne voit pas du tout comment, peuvent être exprimées dans l'Idioplasma, sous la forme d'un petit nombre de facteurs matériels, les innombrables variétés de forme que peuvent présenter le profil des feuilles et leurs nervures. Je comprends très bien cela comme le résultat d'une direction prévue des segmentations successives de la cellule mère de la feuille, mais je ne vois pas comment ces segmentations, très différentes d'une cellule à l'autre, peuvent se résumer par un petit nombre de facteurs dans l'Idioplasma. Cela valait la peine d'une explication.]

du morceau de musique, formé de la succession des notes et des accords, représente l'organisme entier avec l'ensemble de ses propriétés et de ses caractères. Le nombre des organismes que peuvent composer les quelques centaines de groupes micelliens de l'Idioplasma est aussi illimité que celui des morceaux de musique que l'on peut exécuter avec les quelques dizaines de touches du clavecin.

Structure de l'Idioplasma. — Dans la masse de protoplasma primordiale dont nous sommes partis ou dans les organismes unicellulaires, l'Idioplasma n'a pas besoin de revêtir une structure très particulière. Il suffit qu'il contienne les groupes micelliens nécessaires à l'expression de ses caractères et à l'accomplissement de ses fonctions, liés entre eux par les relations convenables pour déterminer leur entrée en action successive ou simultanée. Mais, dans les organismes pluricellulaires et surtout dans ceux doués de la faculté de se reproduire autrement que par division simple, il doit se disposer de manière à satisfaire des exigences multiples.

Un rameau planté dans la terre humide se développe et fournit des racines : parfois, chez le Saule par exemple, une simple feuille suffit pour cela. Or ces racines ne sont pas quelconques. Ce sont celles de la plante avec tous leurs caractères. Il faut donc que les groupes micelliens correspondant aux caractères de ces racines aient été présents dans l'Idioplasma de cette feuille ou de ce rameau.

Les spores, les ovules, le pollen, les bourgeons des plantes, les œufs et les spermatozoïdes des animaux, avant d'être séparés de l'organisme, lui étaient rattachés en des points variés, et le fragment d'Idioplasma qu'ils renferment faisait, à ce moment, partie du réseau général au même titre que n'importe quel autre fragment de ce réseau. Il faut donc qu'en tous les points du réseau, l'Idioplasma contienne toutes les sortes de Micelles nécessaires à l'expression de tous les caractères de l'organisme. Cela ne se peut que si chaque sorte de Micelle est représentée par un nombre immense d'individus identiques disposés en file longitudinale. La notion précédemment acquise du Micelle doit donc faire place à celle de la *File micellienne,* file composée d'un seul rang de Micelles identiques disposés bout à bout, s'étendant dans tout le réseau, se ramifiant comme lui, présente en tous ses points sans exception.

Mais nous avons vu que le Micelle isolé ne peut déterminer un caractère ou une fonction même élémentaire. Il faut plusieurs Micelles pour cela, et le caractère ou la fonction résulte de leur groupement. De même la File micellienne isolée est impuissante. Mais au groupe micellien correspond un faisceau de files longitudinales et ces files étant parallèles reproduisent rigoureusement l'arrangement du groupe micellien. Donc à la notion de groupe micellien, facteur d'un caractère élémentaire en un point, il faut substituer celle de *Faisceau de files* longitudinales facteur de ce même caractère dans l'ensemble de l'organisme.

Enfin nous avons vu que les caractères réels ou complexes sont déterminés par l'association synergique des groupes micelliens, facteurs des caractères élémentaires qui les composent. La notion de ces groupes synergiques de micelles doit faire place à celle de *Groupes synergiques de faisceaux de files,* s'étendant, comme ceux-ci, dans toute la longueur du réseau.

Comme ces divers groupements jouent un rôle considérable dans la théorie et que nous devrons à chaque instant les désigner, il est nécessaire de préciser leurs dénominations. Nous appellerons *Files micelliennes* ou simplement *Files* les séries longitudinales formées par la répétition d'un seul et même Micelle d'espèce donnée; *Faisceaux de files* ou simplement *Faisceaux* les groupes de files associées invariablement ensemble pour la détermination des caractères et fonctions élémentaires; *Groupes dynamiques* ou simplement *Groupes,* l'ensemble des Faisceaux de files réunis dans une action synergique commune pour la détermination d'un caractère complexe; nous emploierons le terme de *Facteur idioplasmatique* ou simplement *Facteur* pour indiquer le Faisceau *ou le Groupe dynamique* correspondant à un caractère ou à une fonction, lorsque nous ne voudrons pas distinguer s'il s'agit d'une fonction ou d'un caractère simple ou composé, et que nous voudrons désigner la base idioplasmatique de ce caractère sans autrement la préciser; enfin nous réserverons le nom de *Cordon idioplasmatique* ou simplement de *Cordon* aux filaments formant les mailles du réseau. Tout *Cordon* contient la totalité des *Files, Faisceaux* et *Groupes* appartenant à l'organisme. C'est un ensemble complet, dont la longueur seule varie, ce qui n'a pas d'importance puisque la structure est invariable dans le sens longitudinal[1].

[1] [Nægeli n'emploie pas ces distinctions, mais elles résultent clairement de son exposé et il était utile de mettre en lumière que chaque Faisceau est composé de certaines files, toujours les mêmes et toujours synergiques, tandis qu'il fait partie lui-même de nombreuses associations dynamiques où il se rencontre dans les combinaisons les plus diverses avec les autres Faisceaux de l'Idioplasma.

[Il désigne ce que nous avons appelé les ***Facteurs idioplasmatiques*** des caractères par le mot *Anlage,* qu'il emploie aussi bien pour les groupes fixes correspondant aux caractères élémentaires que pour les associations d'ordre supérieur,

Cette disposition des éléments de l'Idioplasma en files longitudinales est rendue nécessaire, en outre, par les exigences de l'accroissement. Les Cordons idioplasmatiques ne pourraient, en effet, conserver leur structure en s'allongeant si cette structure variait dans le sens de leur longueur[1].

La conception des caractères élémentaires formant, par leur réunion, les caractères réels permet de réduire énormément le nombre des Files micelliennes chargées de les représenter et, grâce à cette réduction, on peut comprendre que les Cordons micelliens, malgré leurs dimensions extrêmement réduites, puissent en contenir un nombre suffisant[2].

confusion commode en ce qu'elle permet de glisser sur la difficulté qu'il y a à concevoir ces faisceaux élémentaires faisant partie à la fois de plusieurs associations dynamiques, sans que les forces moléculaires déterminant ces associations viennent à interférer.

[Il représente les Files de micelles, non groupées en faisceaux massifs, mais disposées en nappes transversales, leur action commune résultant, même pour les faisceaux élémentaires, d'une vibration simultanée et non d'un groupement matériel en un point du cordon idioplasmatique. Tout cela est d'ailleurs extrêmement confus dans l'exposé de l'auteur et fréquemment entaché de contradictions.]

[1] Quand un organisme commençant par un œuf s'accroît, prend des porportions considérables, des formes variées, puis, d'un de ses points, détache un œuf qui se comporte de même et ainsi de suite pendant des milliers de générations au bout desquelles l'Idioplasma se retrouve dans l'œuf, avec la même structure qu'au début, il est évident que ces accroissements successifs énormes de sa masse, comportant l'addition et l'intercalation d'un nombre incalculable de Micelles, dérangeraient forcément toute disposition variable dans les trois directions. L'arrangement ne peut rester fixe que si la disposition est uniforme dans le sens où a lieu l'accroissement.

Lorsque Files les sont encore peu nombreuses, leur arrangement est d'abord concentrique et, si la chose continuait ainsi, le cordon aurait la structure régulière d'un cristal. Mais bientôt, par suite des tractions inégales produites par l'accroissement du Plasma nutritif, les nouvelles files ne se placent plus de manière à conserver cet arrangement. Elles se logent dans les points où elles rencontrent le moins de résistance et deviennent le centre de formation de nouveaux groupes concentriques qui s'intriquent de la façon la plus complexe.

[2] Ce nombre néanmoins reste considérable, d'autant plus qu'il faut un groupe de Micelles pour chaque caractère élémentaire et que tous les groupes doivent être présents à la fois dans toutes les coupes transversales de l'Idioplasma; il s'agit donc de savoir si les cordons idioplasmatiques sont capables de le contenir. Ces cordons sont ultramicroscopiques. Cependant on peut admettre que la structure réticulée du protoplasma et, dans la division nucléaire, le fuseau achromatique, correspondent au réseau idioplasmatique; cela autorise à accorder aux cordons de l'Idioplasma un diamètre maximum de 0µ,1. C'est donc dans une surface de 0µ,01 (c'est-à-dire dans un carré de 1 dix millième de millimètre de côté) que doivent tenir tous les Micelles nécessaires.

Jadis cela n'eût pas gêné, car les physiciens n'ayant pas déterminé le volume des molécules, l'imagination avait le champ libre pour leur attribuer la petitesse nécessaire à la théorie. Mais au-

Action de l'Idioplasma sur les caractères et les fonctions. — Les Faisceaux idioplasmatiques ne possèdent pas, eux-mêmes, les caractères et fonctions qu'ils représentent, mais ils les déterminent par l'action de leurs forces moléculaires sur les subtances et tissus non idioplasmatiques voisins. Le principal instrument par lequel l'Idioplasma exerce son action est la cellule. Le réseau des cordons idioplasmatiques s'étend en nappe sous la face interne de la membrane cellulaire et détermine sa constitution chimique, ses caractères physiques, son épaisseur, sa consistance, les vitesses d'accroissement en ses divers points, d'ou résultent ses pores, ses bandes d'épais-

jourd'hui, la cinématique des gaz a permis de se faire une idée de ce volume.

On sait que, à 0° et sous la pression atmosphérique, 1^{cmc} de gaz contient 21 trillions de molécules, ce qui permet de fixer le poids absolu de sa molécule. Lorsque le gaz passe à l'état liquide ou solide, le nombre ne change pas et, en comparant le poids absolu de la molécule au poids spécifique du liquide ou du solide, on obtient le volume de la molécule. C'est ainsi que l'on sait que, dans la longueur de 1μ s'alignent 3000 molécules d'eau.

Les substances albumineuses ont une composition extrêmement variable, mais on peut satisfaire aux exigences de l'explication de toutes ses variétés en admettant un petit nombre de substances albumineuses fondamentales, miscibles en proportions variées, et pouvant différer, en outre, par la teneur en substances accessoires : phosphore, chaux, magnésie, etc. Au lieu de la formule généralement admise C^{72} H^{36} Az^{18} S O^{22}, dont on multiplie encore les exposants pour expliquer l'origine des produits de dédoublement, on peut admettre des substances albuminoïdes les unes à 12 C, les autres à 24 C avec plus ou moins de Az de H et de O mélangées entre elles en proportions diverses. Ainsi la formule à 72 C pourra représenter un groupement déjà élevé de molécules albumineuses et être appliquée telle quelle, ou multipliée par un coefficient faible, pour représenter la constitution chimique du Micelle.

Le poids absolu du Micelle déduit de cette formule est 1 trillionième (10^{-12}) de 3 ^{milligr}, 53. Or le poids spécifique de l'albumine desséchée est 1,344, d'où l'on déduit qui 1μ^3 contient environ 400 millions de Micelles. Mais il faut tenir compte de l'eau dont il y a au minimum 2 molécules interposées entre chaque Micelle, sans tenir compte des espaces nécessaires pour l'admission des substances *nutritives* et la sortie des déchets. En tenant compte de cette eau, on a :

Micelle à	Nombre des Micelles dans un carré de 0μ,1 de côté			
72 C.	pour eau	74 % 25,000,	pour eau	89 % 13,700
2×72 C.	—	66 % 18,700,	—	85 % 11,000
3×72 C.	—	72 % 15,200,	—	....
5×72 C.	—	57 % 12,100,	—	78 % 7,800
10×72 C.	—	49 % 8,300,	—	....
20×72 C.	—	42 % 5,700,	—	64 % 4,100
50×72 C.	—	44 % 3,400,	—	....
100×72 C.	—	28 % 2,800,	—	47 % 1,800

[Nægeli oublie ici que 0μ,1 est le diamètre maximum du cordon idioplasmatique, et que ailleurs (V. note suivante), il admet que ce cordon n'est pas rond, mais plat et ramifié, ce qui diminue énormément sa capacité.]

Il semble que 25 000 micelles, pouvant, à raison de 10 à 12 par groupe élémentaire former plus de 2 000 faisceaux longitudinaux, sont plus que suffisants pour la détermination des caractères élémentaires. La quantité d'eau correspondante, 66 % étant sans doute trop faible, c'est probablement un des premiers nombres de la deuxième colonne qu'il faut prendre, 13 700 ou 11 000, ce dernier permettant encore un millier de caractères élémentaires.

sissement, ses ornements divers, etc.; il se répand aussi dans le cytoplasma où il détermine la nature et l'arrangement des nouveaux Micelles qui s'y déposent et, par là, règle la constitution chimique du plasma nutritif et les échanges auxquels il est soumis, et dirige ainsi l'accroissement de la cellule et la formation des produits qu'elle sécrète ou dépose dans son sein : cellulose, chitine, amidon, chlorophylle, albuminoïdes, sels minéraux, etc.; enfin il pénètre dans le noyau, et détermine la vitesse et le sens de ses divisions et, par là, la forme et la structure de l'organe auquel la cellule appartient[1].

Comment les forces moléculaires de l'Idioplasma peuvent-elles diriger le plasma nutritif vers telle ou telle disposition organique, vers la sécrétion de tel ou tel produit, cela est pour nous un mystère, comme l'action nerveuse qui produit, elle aussi. des effets semblables tout aussi inexpliqués[2].

Tout cela est aisé à concevoir, mais il faut expliquer, en outre, comment il se fait que l'Idioplasma, ayant en tous ses points la même structure, contenant partout tous les Facteurs de tous les caractères, puisse avoir, en différents points, des actions différentes et déterminer la formation, ici d'une feuille, là d'une étamine, en tel point de tissu vasculaire, en tel autre de liber.

Cela provient de ce que les Facteurs ne sont pas tous en état d'activité en tous les points à la fois. Voici un Faisceau idioplasmatique, celui, je suppose, qui détermine la formation de la chlorophylle. Il est actif dans les feuilles, mais passif dans les pétales, dans la racine; et il en est ainsi de tous. Chacun présente, dans sa longueur, des zones d'ac-

[1] Si les Cordons idioplasmatiques avaient une forme arrondie ou ovale, les Faisceaux du centre pourraient être gênés par ceux de la périphérie pour exercer leur action sur le plasma nutritif; leurs forces moléculaires pourraient être gênées en traversant le champ d'action de ceux-ci. Cela conduit à admettre que les Cordons ont une forme aplatie et très découpée sur la coupe transversale de manière à ce que tous les faisceaux soient voisins de la surface.

[2] Les produits non plasmatiques engendrés par le plasma nutritif sous l'influence de l'Idioplasma (amidon, cellulose, cristalloïdes, etc.) sont formés aussi de Micelles, mais disposés tout autrement que dans le protoplasma. Ici les Micelles ne forment ni un mélange sans ordre, comme dans le plasma nutritif, ni des groupements compliqués comme dans l'Idioplasma. Ils ont une disposition très précise, mais en même temps très simple et géométrique, tantôt en files radiaires ou parallèles à l'axe, tantôt en couches concentriques, tantôt mixte et résultant de plusieurs dispositions de ce genre combinées entre elles.

[Les recherches de Nægeli (58) sur la structure des grains d'amidon ont été l'origine de son idée sur les Micelles et leur orientation].

tivité séparées par des espaces où il est passif[1]. Les uns sont actifs dans presque toute l'étendue du réseau, comme ceux qui, dans les plantes, déterminent la formation de la cellulose ; les autres, correspondant à une fonction beaucoup plus localisée, comme la formation du pollen par exemple, sont actifs en quelques points restreints et inactifs dans tout le reste du réseau. Enfin les phases d'activité et d'inactivité ne sont pas invariables dans un même faisceau : ceux qui déterminent la formation de racines sont inactifs dans les rameaux, mais deviennent actifs dans ces rameaux coupés et plantés en terre. Les phases de repos et d'activité peuvent aussi se succéder dans divers points d'un même faisceau.

Mais quelle est la cause des états de repos et d'activité?

Cette cause réside dans l'excitation des Micelles et la principale cause d'excitation est la tension longitudinale à laquelle ils sont soumis dans le Cordon idioplasmatique pendant son accroissement en longueur. Dans cet accroissement, en effet, les divers Faisceaux n'ont pas tous en même temps l'initiative; l'un d'entre eux, ou un Groupe, s'accroît activement par intercalation incessante de nouveaux Micelles dans ses Files longitudinales et manifeste en même temps son activité directrice sur le plasma nutritif. Si, dans les autres Faisceaux du même segment de Cordon, un accroissement intercalaire aussi actif avait lieu, il ne se produirait pas de tensions intérieures; mais il n'en est pas ainsi. Ces autres Faisceaux n'intercalent, à ce moment, que peu ou point de nouveaux Micelles dans leurs files, ils s'accroissent donc peu; ils sont forcés cependant de suivre le mouvement, et pour cela s'allongent à la manière d'un cordon élastique, et de là résultent des tensions longitudinales progressivement croissantes dans tous les Faisceaux ainsi tiraillés.

Le Faisceau actif, qui détermine toutes ces tensions par son accroissement, subit, au contraire, un tassement longitudinal qui rend de plus en plus difficile l'intercalation de nouveaux Micelles; aussi finit-il par s'arrêter et passer à l'état passif. Alors, celui des Faisceaux voisins qui, en raison de sa situation ou de son irritabilité, a été le plus excité par cette

[1] [Ce ne peut être un Faisceau élémentaire. Pour une fonction aussi complexe que la formation de la chlorophylle, il faut un Groupe dynamique. Dès lors, les associations des Faisceaux en Groupes dynamiques doivent être toutes locales car, dans les organes non verts, celle qui exprime la chlorophylle est toujours latente et je ne vois pas par quoi peut être représentée une synergie latente. Il y a donc dans la longueur des Cordons non seulement une variation dans la tension des Faisceaux, mais une variation dans leurs associations synergiques, qui, elle, n'est pas continue, n'étant représentable par rien dans les points où elle n'est pas active.]

tension, entre en état d'activité et s'accroît rapidement par l'intercalation de nouveaux Micelles. C'est à lui que passent à la fois l'initiative de l'accroissement et l'action directrice sur le plasma nutritif voisin[1].

Tous les Faisceaux idioplasmatiques deviennent ainsi successivement actifs pendant la vie de l'être et, comme leur arrangement n'est pas géométrique, mais phylogénétique, comme ils sont placés dans le Cordon de telle manière que le plus tendu ou, à défaut de cela, le plus sensible à la tension est précisément celui qui doit devenir actif à cette place et à ce moment, il en résulte que chaque caractère et chaque fonction se manifeste au moment et au point voulus et que l'évolution suit son cours régulier.

Caractères latents. — Tous les caractères de l'espèce sont représentés dans l'Idioplasma, mais tous ne sont pas également aptes à se manifester. La plupart se développent inévitablement au moment voulu; ce sont les caractères *certains;* ils sont représentés dans l'Idioplasma par des Faisceaux ou des Groupes bien développés et hautement excitables, n'attendant pour entrer en action qu'un certain ensemble de conditions qui se rencontrera inévitablement à un moment donné de l'ontogénèse. Mais quelques-uns ne se développent que dans des conditions particulières; ils sont représentés par des Faisceaux, ou faiblement développés ou en voie d'atrophie, ou bien développés mais peu excitables, en tout cas demandant, pour entrer en activité, un concours de circonstances plus ou moins exceptionnel, tantôt très probable, tantôt peu, tantôt simplement possible, parfois même impossible : ce sont les *Caractères latents*[2].

[1] Il ne faudrait pas croire cependant que ces phénomènes soient exclusivement mécaniques, ni que l'état d'activité des Faisceaux de files soit toujours lié à leur accroissement. Un Cordon idioplasmatique peut croître d'un mouvement faible et régulier sans qu'aucun de ses Faisceaux soit en état d'activité; par contre, l'activité d'un Faisceau peut se montrer en l'absence de tout accroissement et, lorsqu'elle paraît produite par l'accroissement, il serait plus exact de dire que ces deux phénomènes sont produits simultanément par une même cause. Les différences de milieu et de nutrition ont aussi une action sur l'état de repos ou d'activité des Faisceaux : l'on conçoit, en effet, que des Cordons appartenant l'un à une racine, l'autre à une feuille, celui-ci au tissu ligneux, celui-là au parenchyme sous-cortical, sont soumis à des conditions bien différentes, et que chaque Faisceau peut, en raison de sa nature, être excité ou non selon le point où il se trouve. Enfin il se pourrait que l'influence du Faisceau actuellement actif sur les voisins soit comparable à un phénomène de fermentation.

[2] Nous avons vu que tout Faisceau est inactif dans certains points de son étendue, là où les caractères qu'ils déterminent ne doivent pas être exprimés, comme la formation de chlorophylle dans la racine par exemple. Les Faisceaux latents sont ceux qui sont inactifs dans toute leur

Ainsi l'individu, même en tenant compte de tous les stades de son ontogénèse et de sa vie, n'offre pas le tableau complet des caractères de son espèce. Il existe, en outre, un grand nombre de caractères latents qui se seraient manifestés si les conditions l'eussent permis. Seul l'Idioplasma contient la totalité des caractères.

La Reproduction et l'Hérédité — L'Idioplasma ainsi compris donne une telle facilité pour expliquer l'hérédité des caractères dans la reproduction, que cette question, si embarrassante dans les autres théories, ne se pose même pas ici.

Puisque l'Idioplasma est identique à lui-même dans tous les points de son réseau, puisque la plus minime tranche transversale d'un quelconque de ses Cordons renferme la totalité de ses Faisceaux, on comprend que la spore, l'ovule, le grain de pollen, le spermatozoïde, renferment tout ce qui est nécessaire au nouvel individu pour parcourir toute son ontogénèse. Il n'est pas question pour le moment de savoir comment la cellule reproductrice, si simple en apparence, peut parcourir une évolution si compliquée, mais, étant donné que la cellule qui a engendré le parent a eu ce pouvoir, comment ce parent pourra engendrer à son tour une nouvelle cellule ayant les mêmes capacités. Or cela se comprend de soi-même dans la théorie actuelle, puisque toute cellule de l'organisme contient les mêmes éléments formateurs que la cellule mère de cet organisme[1].

On voit ainsi fort bien que l'élément reproducteur contient tout ce qui est nécessaire au nouvel organisme pour se développer et, pour une spore ou un œuf parthénogénétique, il n'y a pas d'autre difficulté. Mais dans le

étendue et peuvent rester tels pendant toute la vie de l'individu.

Ainsi lorsqu'on plante une bouture, la tige manifeste, au point coupé, la faculté de produire des racines, mais cette faculté ne se montre que sur la tige coupée et plantée en terre, et la plante peut suivre son évolution normale pendant des milliers de générations sans que cette faculté ait l'occasion de s'exercer.

Certains caractères attribués à la Réversion, comme les zébrures chez le Cheval, ne se montrent que de loin en loin sur de rares individus et correspondent, sans doute, au réveil momentané de quelques Faisceaux idioplasmatiques en voie de disparition, présents chez tous les individus, mais dans un état qui ne leur laisse que très peu de chances de se manifester.

[1] Cela explique en même temps comment des cellules non germinales, celles qui forment les tissus végétatifs, peuvent, dans certaines Mousses, se développer comme des spores; ce qui devrait surprendre c'est plutôt que toute cellule du corps ne soit pas apte à jouer le rôle d'élément reproducteur. Cela tient au plasma nutritif qui n'a, que dans ces éléments, les qualités de milieu ambiant nécessaires au développement.

cas de la Reproduction sexuelle, on ne voit pas, de prime abord, comment les Idioplasmas du père et de la mère vont se fusionner pour engendrer un produit mixte. Ces phénomènes échappent à l'observation microscopique, et nous en sommes réduits à des hypothèses; mais une analyse approfondie peut nous montrer quelles hypothèses sont seules possibles et, entre ces dernières, lesquelles sont les plus probables.

Il résulte de cette analyse que l'Idioplasma de l'œuf fécondé se constitue sous la forme d'un Cordon micellien simple de caractère intermédiaire à ceux des Cordons des parents. Il peut y arriver par deux moyens : ou bien les Micelles des deux parents se mélangent dans les Files homologues, par leurs attractions mutuelles et les Micelles nouveaux qui dans l'accroissement du Cordon se forment dans ces Files prennent, au contact des Micelles paternels et maternels, un caractère intermédiaire. Ou bien les Micelles paternels et maternels se modifient réciproquement par une influence dynamique et se transforment eux-mêmes en Micelles mixtes. Ce dernier mode est le plus probable.

D'abord, il est certain, puisque le produit tient du père comme de la mère, que les deux sexes interviennent par leur Idioplasma, et que l'œuf, immédiatement après la pénétration du spermatozoïde ou du tube pollinique, contient deux segments de Cordon idioplasmatique provenant, l'un de la mère, l'autre du père. Ces deux Cordons se rapprochent, attirés l'un vers l'autre par une force analogue à celle qui rapproche deux parcelles métalliques chargées d'électricités contraires. Cette attraction est un fait positif que le microscope met sous nos yeux, lorsqu'il nous montre le spermatozoïde nageant vers l'œuf, ou les pronucleus mâle et femelle allant l'un vers l'autre au sein du vitellus; et il est naturel d'admettre qu'elle s'exerce, non seulement, comme nous le voyons, entre les masses totales, mais aussi entre leurs plus minimes parties. Or les Cordons idioplasmatiques du père et de la mère sont composés de Micelles, de Files et de Faisceaux homologues, distribués d'une manière non identique mais extrêmement semblables, et nous pouvons admettre que les parties homologues s'attirent et sont capables de se rapprocher et de se joindre sans erreur.

Dès lors le plus simple serait que les deux Cordons se dissociassent en leurs Files, lesquelles se joindraient deux à deux, puis se reconstitueraient en un Cordon unique mixte. Mais il est inadmissible que l'arrangement si complexe des Files et des Faisceaux, duquel les caractères dépendent entièrement, puisse se retrouver après avoir été détruit. Il y a là un concours de forces si faibles, si nombreuses et si variées qu'elles ne peuvent se maintenir dans leurs rapports qu'en l'absence de tout dérangement de leurs points d'application; si un dérangement si considérable avait lieu, toutes ces forces interféreraient, se combineraient et ne pourraient jamais ramener les Files à leurs places primitives. Il faut donc, de toute nécessité, que l'un des Cordons au moins conserve les rapports intimes de ses éléments. Ce sera le Cordon femelle sans doute. Mais on peut admettre que ses Faisceaux et ses Files, sans se séparer, s'écartent assez pour permettre l'admission, jusqu'au centre, des Files dissociées du Cordon mâle. L'attraction des parties homologues rapprochera chaque File paternelle de la File maternelle correspondante et un Cordon mixte sera constitué [1].

[1] Si l'un d'eux se trouve plus long que l'autre, l'excès du plus grand se transformera en plasma nutritif et l'égalité sera ainsi assurée.

Voici comment on peut se représenter le détail des phénomènes. Les Micelles de la File paternelle peuvent s'intercaler entre ceux de la File maternelle et former une File de longueur double formée des deux sortes de Micelles alternant régulièrement. Puis, dans l'allongement du cordon, pendant les premiers phénomènes de l'ontogénèse, les nouveaux Micelles qui se déposeront entre eux prendront, sous leur influence, un caractère mixte et, au bout d'un certain temps, les Micelles paternels ou maternels purs seront noyés dans la masse des Micelles mixtes et, pratiquement, ceux-ci pourront être considérés comme formant la totalité de la File. Si les Micelles de l'un des deux parents sont plus longs que ceux de l'autre, l'intercalation se fait néanmoins, grâce à un léger chevauchement, mais de place en place, deux Micelles courts s'intercalent à la suite l'un de l'autre, de manière à rattraper la différence de longueur.

[Je cite ce point, inutile pour l'intelligence de la théorie, uniquement pour montrer avec quelle ingénuité l'auteur décrit par le menu des choses dont on ignore même les traits les plus généraux.]

Ce mode de fusion des Files paternelles et maternelles n'a lieu que lorsque les caractères qu'elles représentent sont exactement miscibles, mais s'il y a entre eux quelque incompatibilité, les choses doivent se passer autrement, les deux Files restent côte à côte. D'autre part, comme il y a toujours quelques Files qui se fusionnent par le premier procédé et que, par suite, le Cordon idioplasmatique double nécessairement de longueur, il faut que ces Files juxtaposées, de longueur moitié moindre, doublent aussi de longueur par un procédé quelconque, sans quoi le Cordon idioplasmatique n'aurait pas la même structure transversale en tous ses points. Ce doublement se fait, soit par l'admission dans chaque File de nouveaux Micelles fournis par les processus nutritifs habituels, soit par réunion de deux Files voisines appartenant au même parent et au même faisceau élémentaire.

Dans ce cas, le Faisceau élémentaire contiendra moins de Files de l'un ou de l'autre parent que le Faisceau élémentaire homologue chez ceux-ci, en sorte que le produit ne pourra pas avoir le caractère pur de l'un ou l'autre parent au même degré que celui-ci; tandis que dans les deux premiers cas rien ne s'oppose à ce qu'il en soit ainsi.

On peut en représentant par des lettres les Micelles et les Files rendre cela beaucoup plus clair. Soient $m, m', m'',$...

On peut admettre que la fusion des caractères se fait par voie dynamique et non matérielle les Files paternelle et maternelle se modifiant par les forces qui émanent d'elles[1].

les Micelles des Files d'un Faisceau élémentaire maternel; *p, p', p''*,... ceux des Files correspondantes du Faisceau homologue paternel. Le simple rapprochement qui précède la fusion nous donne la disposition représentée par la figure 1; la fusion suivant le premier mode est indiquée par la figure 2; le premier cas du deuxième mode par la figure 3 et le dernier cas par la figure 4.

m p m' p'...	m m'.....	m p.. m'p'...	m p
m p m' p'...	p p'.....	m p.. m'p'...	m' p'
m p m' p'...	m m'.....	m p.. m'p'...	m p
m p m' p'...	p p'.....	m p.. m'p'...	m' p'
m p m' p'...	m m'.....	m p.. m'p'...	m p
	p p'.....	m p.. m'p'...	m' p'
FIG. 1.	m m'.....	m p.. m'p'...	m p
	p p'.....	m p.. m'p'...	m' p'
	m m'.....	m p.. m'p'...	m' p'
	p p'.....	m p.. m'p'...	m' p'
	FIG. 2.	FIG. 3.	FIG. 4.

On voit que le Cordon, par la fécondation, double toujours de longueur, tandis que son diamètre ne s'accroît que modérément, par les files qui restent juxtaposées au lieu de se placer bout à bout.

[Il n'en est pas moins vrai que cette augmentation de diamètre, dans le nombre immense des générations sexuelles que comporte la vie d'une espèce, eût été assez considérable pour atteindre et dépasser le diamètre de la tête du spermatozoïde. Si nous admettons avec Nægeli que ce diamètre est au minimum 0µ, 1 et qu'il contient 25 000 Files, nombre maximum admis par lui, s'il y a seulement 1 File sur 10 qui s'unit à son homologue par juxtaposition, en dix générations le nombre des Files aura doublé, et en 20 le diamètre du Cordon supposé circulaire aura doublé aussi; en 200 générations, il aura atteint 1µ; en 2000, 10µ; en 5000, 25µ, ce qui est le diamètre des ovules de beaucoup d'animaux. C'est sans doute pour échapper à cette difficulté, qu'il a prévue sans le dire, que Nægeli admet une réduction du nombre des Files par le second cas du deuxième mode. Une théorie est bien fragile quand elle a besoin de pareilles suppositions gratuites pour se soutenir.]

[1] Les Files paternelles peuvent se placer en face de leurs homologues maternelles et exercer sur elles une action moléculaire qui imprime un caractère mixte aux nouveaux Micelles qui se déposent en elles par accroissement nutritif. Lorsque l'action est complète, la File paternelle peut alors disparaître en se transformant en plasma nutritif. Ou bien l'action peut être réciproque et les deux Files semblablement modifiées persistent côte à côte dans le produit. Ou bien encore, entre les deux Files juxtaposées, se déposent des Micelles qui prennent, par leur influence, une nature mixte et forment une File qui persistera et deviendra prépondérante, tandis que les Files paternelle et maternelle qui ont provoqué sa formation s'affaibliront par défaut d'accroissement ultérieur et par migration d'une partie de leurs Micelles dans la File nouvelle. Enfin on peut admettre que les deux Cordons idioplasmatiques se placent bout à bout, de manière à ce que les Files homologues se touchent par leurs extrémités et qu'alors, par une action dynamique s'exerçant dans le sens longitudinal, il s'opère les mêmes transformations que dans le cas précédent. Et, ici encore, la modification peut être mutuelle sur les deux Files persistantes ou bien elle peut être produite sur le Cordon maternel seul par le Cordon paternel qui disparaît ensuite en se transformant en plasma nutritif.

De tous ces modes le plus probable est le dernier, celui où la modification est dynamique et s'opère entre les Cor-

L'ontogénèse. Son parallélisme avec la phylogénèse. — Lorsque, dans l'ovule fécondé, le Cordon idioplasmatique a pris le caractère mixte qu'il doit avoir dans l'organisme engendré, il n'a plus qu'à s'accroître en longueur, à s'étendre en un réseau pénétrant l'organisme, puisqu'il doit conserver dans tous ses points la même structure. Cet accroissement s'opère au fur et à mesure de la croissance de l'individu. Chaque fois que deux cellules prennent naissance par division d'une cellule préexistante, la portion du réseau que contenait celle-ci se partage entre les deux cellules filles et, dans chacune d'elles, il s'accroît au fur et à mesure qu'elle grandit. Il reste d'ailleurs en continuité parfaite dans toute son étendue, car les cloisons de séparation laissent des orifices pour respecter la continuité du réseau. Enfin, entre les Cordons des cellules voisines mais non sœurs, s'établissent des anastomoses qui contribuent à l'établissement du réseau.

Le fragment de Cordon idioplasmatique renfermé dans les éléments sexuels est semblable, comme structure et composition, à celui de tout autre point du réseau. Il s'en distingue cependant par le fait que les états variés de tension des divers Faisceaux qui établissent de si grandes différences fonctionnelles entre les divers points du réseau, disparaissent ici. Tous les Faisceaux sont en état d'équilibre, tous sont momentanément inertes.

Mais cette égalité au point de vue de leur activité actuelle, n'empêche pas qu'ils ne soient profondément différents au point de vue de leurs capacités de développement, et ces différences sont dues à leur origine phylogénétique. Chaque Faisceau, par le fait qu'il a paru dans l'espèce après celui-ci et avant celui-là, a une tendance intérieure très forte à se développer après le premier et avant le second. Ainsi s'explique le parallélisme de l'Ontogénie et de la Phylogénie[1]. Chaque Faisceau a donc, marqués d'avance, le moment et le lieu où il devra entrer en activité, et les tensions dues aux phénomènes nutritifs dont nous avons parlé plus haut ne sont que les causes actuelles et secondaires de leur entrée en

dons placés bout à bout. C'est, en effet, le plus simple, car les forces moléculaires qu'il invoque ne sont ni plus nombreuses ni plus compliquées, et il laisse intact l'arrangement des Files et des Faisceaux dans le cordon.

[1] [On ne voit pas du tout à quelle particularité de constitution physico-chimique cette tendance peut être due. Ce n'est pas là expliquer le parallélisme de l'Ontogénie et de la Phylogénie, mais gratifier les Micelles, par une nouvelle hypothèse, d'une propriété nouvelle, nullement inhérente à leur nature, pour les mettre en accord avec une obligation de leur fonctionnement.]

fonction. Il existe d'autres causes plus lointaines, dues à l'essence même de l'organisme, qui sont les vraies causes directrices du phénomène[1].

Caractères du produit de la génération sexuelle. — On voit par ce qui précède que toutes les Files de Micelles du père et de la mère sont présentes dans l'Idioplasma du produit, sinon matériellement, du moins dynamiquement, et par le fait que les Files du produit sont modelées à l'image de celles à la fois du père et de la mère.

Il en résulte ce fait absolu que *tous* les caractères des deux parents sont présents dans le produit. C'est parler par à peu près, que de dire qu'un fils a les yeux bleus de sa mère ou les cheveux noirs de son père, car il a nécessairement le double caractère de tous les organes de ses deux parents; son Idioplasma contient les deux Facteurs, mais un seul est entré dans cet état de tension nécessaire pour que son activité se manifeste et que le caractère se montre au jour[2].

Il faut se représenter les choses de la manière suivante. Un même caractère, la couleur des cheveux, je suppose, est représenté dans l'Idioplasma par un grand nombre de Faisceaux légués par les ancêtres et correspondant les uns à la couleur blonde, les autres à la noire avec tous leurs mélanges et toutes leurs variétés. Un de ces Faisceaux l'emportera

[1] Ainsi le premier Faisceau désigné pour cela entre d'abord en fonction, provoque les phénomènes physico-chimiques qui reproduisent alors dans le jeune organisme et détermine en même temps un accroissement en longueur qui établit le premier de ces états de tension que nous venons de rappeler. Celui-ci, par le mécanisme indiqué plus haut, fait entrer en activité un nouveau Faisceau, tandis que le précédent passe ou non à l'état de repos, un second caractère ou une fonction nouvelle se montre alors à la suite ou à côté des précédents; et le phénomène continue ainsi, les cellules se multiplient, l'organisme grandit, l'Idioplasma s'accroît en longueur, les états de tension divers s'établissent en ses divers points, en même temps qu'aux points correspondants apparaissent les caractères et les fonctions qu'ils représentent. Ainsi, successivement, tous les Faisceaux entrent en action. Le nombre de ceux qui sont simultanément actifs augmente naturellement au fur et à mesure que l'organisme se différencie et se complique. Un certain nombre cependant n'entrent pas en activité, attendant pour cela quelque circonstance plus ou moins exceptionnelle, qui peut fort bien ne jamais se présenter. Ce sont les Faisceaux à développement incertain correspondant aux *Caractères latents*.

[2] La preuve en est dans le fait suivant. Une Chatte ordinaire, fécondée par un Chat angora, fait des petits dont aucun n'est angora. Est-ce à dire que ceux-ci n'ont aucunement le caractère de leur père? Cela est vrai pour leur corps, mais non pour leur Idioplasma, car ces petits Chats, accouplés plus tard entre eux, donnent des produits dont quelques-uns sont angoras.

Même les caractères communs aux deux parents peuvent manquer au produit et être supplantés par un caractère différent venant d'un ancêtre plus ou moins éloigné.

sur les autres et déterminera la couleur des cheveux du produit, et ce Faisceau peut être aussi bien celui d'un ancêtre plus ou moins éloigné que celui de l'un des parents immédiats[1].

Au moment même de la conception, au moment où les deux Idioplasmas des parents se fusionnent pour former celui du produit, tous les caractères futurs de celui-ci se trouvent déterminés invariablement et pour la vie[2]. Cela tient à ce que, à ce moment même, s'opère dans les Faisceaux correspondant aux caractères incompatibles, le triage entre ceux qui deviendront actifs et ceux qui resteront latents et, dans ceux qui correspondent aux caractères miscibles, la proportion du mélange qui formera le Faisceau mixte du produit. C'est des combinaisons illimitées de ce triage et de ce mélange que résulte le caractère général du produit[3].

Réversion. — L'Idioplasma du produit contenant tous les Facteurs idioplasmatiques des Idioplasmas des parents, il semble qu'il devrait aussi contenir tous ceux des ancêtres depuis un nombre indéfini de générations. Il n'en est pas tout à fait ainsi, car les relations dynamiques trop anciennes s'effacent et les Faisceaux trop vieux eux-mêmes se détruisent. Celles-là comme ceux-ci peuvent cependant rester longtemps dans l'Idioplasma sous une forme affaiblie et à l'état latent. Et ils peuvent être, pour un certain temps, rendus actifs par un concours de circonstances exceptionnelles. Le caractère correspondant se montre alors et constitue un fait de réversion. Mais à la fin, le Groupe ou le Faisceau finissent

[1] La victoire de l'un des Faisceaux sur les autres dépend de plusieurs conditions: 1° de leur excitabilité naturelle plus ou moins grande, en rapport avec la richesse de leur composition (ainsi un faisceau formé de 21 Files sera plus fort qu'un de 9 Files); 2° de leur concordance avec l'Idioplasma tout entier, c'est-à-dire de cette conformité de structure et de composition qui les rend plus aptes à recueillir les actions moléculaires voisines et à devenir actifs sous l'influence de la tension transmise par les faisceaux voisins.

[2] Cela est prouvé par le fait que les particularités individuelles les plus minimes et les plus exceptionnelles des plantes se continuent indéfiniment dans tous les individus issus d'elles par bourgeons.

[3] Tout cela s'applique, comme on le voit, seulement aux caractères exprimés, dont les uns sont hérités et les autres non. Car, pour ce qui est des caractères déposés dans l'Idioplasma, ils sont tous hérités sans exception. C'est là un fait absolu. Aussi ne faut-il accorder aucune importance aux distinctions établies par Hæckel entre diverses sortes d'Hérédité, *conservatrice*, *continue*, *amphigone*, *progressive*, *homochrone*, *homotypique*. Tout cela est superficiel et ne s'applique qu'à l'expression des caractères.

[J'objecterai à ce triage définitif que certains caractères, qui sans doute seraient restés latents, sont rendus exprimés par certaines conditions ultérieures, la castration par exemple.]

par se détruire tout à fait. La Réversion repose donc sur la réapparition momentanée de Facteurs latents depuis longtemps. Ainsi s'explique le fait que le Croisement est une cause puissante de Réversion, car cette violente introduction dans l'Idioplasma ovulaire de Faisceaux sensiblement différents, modifie fortement les états de tension du système et fait passer à l'état latent beaucoup de Faisceaux actifs et à l'état actif beaucoup de Faisceaux latents. Ces derniers font réapparaître les caractères régressifs. Le passage de certains caractères à l'état latent d'une manière presque définitive n'est que rarement spontané. Il est produit le plus souvent par l'introduction dans l'Idioplasma, grâce à la génération sexuelle, de caractères incompatibles dont l'un doit céder la place à l'autre faute de pouvoir se fondre avec lui.

Aussi le nombre des caractères latents est-il beaucoup moindre dans les êtres se reproduisant par auto-fécondation. Mais ce n'est pas là un avantage, car les altérations qui peuvent se rencontrer dans l'Idioplasma ne sont point corrigées par l'immixtion d'un Idioplasma nouveau. Cela explique l'utilité et la grande généralité de la fécondation par un individu étranger.

Croisement. — Caractères des produits de croisement. — Lorsque deux espèces sont suffisamment différentes par leurs caractères, elles ne peuvent se croiser[1].

Quand deux formes différentes se croisent, leur produit est d'autant plus fixe et d'autant plus indépendant de l'attribution du rôle paternel à l'une ou à l'autre, que ces formes sont plus différentes. Ainsi les croisements de races donnent des produits très variés; ceux entre variétés le sont moins; ceux des espèces différentes le sont moins encore. La différence entre le Mulet et le Bardot est une exception à la seconde partie de la loi[2].

Au point de vue idioplasmatique, on peut concevoir cette différence entre les caractères dont certains sont exprimés, tandis que les autres restent latents, en admettant que l'activité des Facteurs peut avoir des

[1] Cela tient à ce que les deux Idioplasmas mis en présence ne peuvent s'adapter l'un à l'autre que s'ils sont composés de Files à peu près semblables, groupées d'une manière analogue. Toute différence importante s'oppose à une coaptation exacte et par suite au fusionnement. D'autre part, si la fusion pouvait avoir lieu, la portion paternelle de l'Idioplasma nouveau trouverait dans le plasma nutritif maternel des conditions trop différentes de celles auxquelles il est habitué pour pouvoir prospérer.

[2] [Ces lois sont rappelées par Nægeli pour les expliquer. Mais nous avons vu qu'elles ne sont pas de lui.

degrés divers et qu'un certain degré minimum est nécessaire pour que le caractère soit exprimé [1].

Parthénogénèse et Eïthéogénèse. — Puisque l'Idioplasma contient, dans l'ovule et dans le spermatozoïde ou la graine de pollen, tous les Facteurs nécessaires au nouvel être, pourquoi cet ovule, ce spermatozoïde, ce grain de pollen ne se développent-ils pas, comme la spore, sans fécondation? Pourquoi la Parthénogénèse et l'Eïthéogénèse, c'est-à-dire la reproduction par des éléments sexuels femelle ou mâle sans intervention de l'autre sexe, ne sont-elles pas la règle? C'est un résultat de la *Loi de Différenciation* que nous exposerons plus loin.

L'élément reproducteur est d'abord une spore asexuée capable à elle seule de reproduire l'organisme. Peu à peu se sont établies entre les diverses spores d'une même plante des différences, non dans la constitution chimique ou la structure, mais par le fait que les unes ont développé de l'électricité positive, les autres de l'électricité négative, ou du moins des forces analogues à ces électricités. Dès que cette différence a été établie, la spore isolée est devenue incapable de reproduire l'organisme, car elle n'est plus dans l'état d'équilibre dynamique, de saturation électrique nécessaire pour cela. Cet état de saturation est reconquis par la fusion de deux spores électrisées différemment; c'est l'origine de la Reproduction sexuelle [2].

La Parthénogénèse, et l'Eïthéogénèse s'expliquent alors par une réversion dans laquelle les éléments sexuels ne développent pas ces forces sexuelles, électriques ou autres, et restent dans un état d'équilibre dynamique qui permet le développement.

Dimorphisme et Polymorphisme. — Le Dimorphisme s'explique en admettant dans l'Idioplasma l'existence, pour le même caractère, de deux

[1] Soient P, Q, R, S, 4 caractères non incompatibles. Supposons que leurs degrés soient exprimés :

	P.	Q.	R.	S.
chez le père par :	0,5	2,0	1,2	0,8
et chez la mère par :	1,8	0,4	0,8	1,2
On aura chez le produit	1,15	1,2	0,9	0,75

et, si le degré 1 est nécessaire pour que le caractère se montre, on voit que le produit aura les caractères P et Q, le premier latent chez le père, exprimé chez la mère, le second latent chez la mère exprimé chez le père, et qu'il n'aura qu'à l'état latent les caractères R et S dont le 1er était exprimé chez son père et le second chez sa mère.

Cela s'applique aussi aux produits de deux parents de même nature.

[2] Les cas dans lesquels plusieurs spores se fusionnent s'expliquent aisément en admettant qu'elles peuvent avoir des charges variées d'électricité : si une spore ayant une charge positive égale à 2 rencontre des spores ayant une charge négative égale à 1/2, il faudra 4 de celles-ci pour saturer celle-là.

facteurs correspondant à deux expressions différentes de ce caractère. Si l'un des deux facteurs se développe, l'autre reste latent. Le Polymorphisme admet une explication toute semblable[1].

[1] Il existe des plantes, par exemple dans le genre *Primula,* où les styles et les étamines peuvent être soit longs soit courts et où, dans un même individu, si les étamines sont longues, le style est court et inversement; en sorte qu'il y a deux étages et que tantôt le stigmate, tantôt les anthères occupent l'un ou l'autre. Il existe aussi des formes trimorphes où il y a 3 étages, deux pour les anthères d'étamines de deux tailles et un pour le stigmate, chaque étage pouvant être, selon les individus, occupé par l'un ou l'autre de ces organes. Ce cas n'est qu'une complication du premier et il est justiciable d'une explication analogue, aussi ne nous attacherons-nous qu'au premier.

Dans ces *Primula* à deux étages, on distingue une *fécondation légitime* et une *illégitime :* la première, lorsque le pollen provient du même étage que le stigmate sur lequel il est déposé, la seconde, quand il provient d'un étage différent. Les fécondations légitimes donnent seules des graines nombreuses et vigoureuses. L'autofécondation est nécessairement toujours illégitime.

Comment expliquer ces faits?

A l'origine, ces plantes devaient être homomorphes et posséder dans leur Idioplasma des facteurs différents déterminant une place différente pour le stigmate et pour les anthères. De même qu'il y a une attraction entre les plasmas (étamine se courbant vers le stigmate) et entre les Idioplasmas (spermatozoïde nageant vers l'œuf), de même il peut y en avoir une entre les Faisceaux de l'Idioplasma. Une attraction de ce genre a pu rapprocher les Faisceaux gouvernant les places des anthères et du stigmate et déterminer la situation de ces organes à un niveau uniforme intermédiaire. Supposons que la plante soit réduite, par cette condition et par d'autres, à une autofécondation longtemps continuée, l'attraction entre les Idioplasmas mâle et femelle trop peu dissemblables s'en trouvera amoindrie et cela pourra aboutir à une répulsion entre les deux Faisceaux idioplasmatiques précédemment rapprochés. Ils se sépareront de nouveau, mais non, comme autrefois, en un Faisceau pour la position du stigmate et un pour celle des anthères mais en deux Faisceaux mixtes, l'un déterminant une position élevée du stigmate et une position inférieure des anthères, l'autre correspondant à la situation inverse. Ces deux facteurs sont d'ailleurs incompatibles et si l'un se développe, il force l'autre à rester latent.

Représentons le phénomène au moyen de lettres pour le rendre plus clair.

Si *a* et *s* désignent ce qui, dans l'Idioplasma, représente l'anthère et le stigmate; si *h* et *b* désignent ce qui représente la situation haute et la situation basse, on aura eu d'abord deux Faisceaux, je suppose $s\ h$ et $a\ b$ si le stigmate était en haut et les anthères en bas.

Après la réunion, il n'y aura plus eu qu'un faisceau double

$$\begin{cases} s\ (h + b) \\ a\ (h + b) \end{cases}$$

et, après le dédoublement, deux faisceaux doubles $s\ h + a\ b$ et $s\ b + a\ h$

On peut aussi supposer qu'il y a quatre Facteurs, deux pour les situations hautes et basses du stigmate et deux pour celles des anthères, et que, si le Facteur du stigmate, en situation basse par exemple, se développe, il force à rester latents, non seulement celui du stigmate en situation haute, mais aussi celui des anthères en situation basse, ne laissant se développer que celui des anthères en situation autre que la sienne.

Tout autre facteur aurait pu, d'ailleurs,

Quant à la cause qui maintient à l'état latent tel facteur quand tel autre se développe, elle est mystérieuse comme celle qui maintient latents les caractères d'un sexe quand l'autre se développe et doit être admise comme elle malgré son obscurité.

Dichogénie. — Prenons l'exemple (cité p. 282) du *Ranunculus, R. fluitans* et *R. hederaceus*. Le phénomène s'explique en admettant qu'il existe chez *R. aquatilis* deux Facteurs pour la forme des feuilles; ces Facteurs sont incompatibles : si l'un se développe, l'autre reste latent; et c'est l'action de l'eau ou celle de l'air qui détermine lequel des deux deviendra actif[1].

Signification phylogénétique de la structure transversale de l'Idioplasma. — Nous avons jusqu'ici considéré l'Idioplasma uniquement dans ses relations avec l'individu; nous avons étudié son accroissement et le développement de ses fonctions dans le seul cours de l'ontogénèse. Il faut maintenant l'envisager au point de vue phylogénétique, et déterminer son rôle relativement à l'espèce.

Le produit de la conception reçoit, par le fait de la fécondation, son Idioplasma avec sa structure définitive à laquelle, abstraction faite des imperceptibles modifications qui vont nous occuper maintenant, il ne peut rien changer. Non seulement la nature et le groupement des Files de Micelles sont déterminés dans l'œuf pour la vie, mais même la succession des états locaux de tension, d'où résultera l'apparition successive des divers caractères au lieu et au moment voulus, est contenue en puissance dans cette structure, et les conditions que

prendre l'initiative et produire l'un des deux résultats possibles.

[Le vice de cette explication saute ici aux yeux, tandis que dans l'ouvrage allemand il est très voilé.

[Cela tient à ce que Nægeli emploie le même terme, *Anlage,* pour les Faisceaux de Files micelliennes, groupes matériels entre lesquels peuvent, en effet, s'exercer des attractions, et pour ces associations dynamiques de Faisceaux que je traduis par *Groupes idioplasmatiques*. Ces derniers ne peuvent s'attirer puisqu'ils sont formés de Faisceaux entrant non seulement dans cette combinaison, mais dans beaucoup d'autres. Les premiers correspondent aux caractères élémentaires non décomposables, les derniers aux caractères composés. Or, il est évident que la situation des étamines et du style dans la fleur n'est pas un caractère simple, indécomposable.]

[1] C'est aussi en éveillant des Facteurs latents qu'agissent les lésions.

Quand on coupe une branche et qu'on la plante dans le sol, la surface de section produit des racines sur le rameau coupé et des feuilles sur la tige restée en place. Cela conduit à admettre qu'ici la lésion crée un besoin qui provoque la réaction propre à le satisfaire.

Cette satisfaction est rendue possible par l'existence des Facteurs latents appropriés.

l'être rencontrera pendant sa vie n'y pourront presque rien changer.

La structure transversale de l'Idioplasma est un legs des générations précédentes depuis l'origine.

Très simple au début lorsque l'être était à peine différencié, elle s'est compliquée peu à peu. Chaque génération a produit des changements presque insensibles qui, en s'ajoutant les uns aux autres, ont fini par devenir considérables. Ces changements se produisent par la formation extrêmement lente de nouvelles Files de Micelles qui, en s'ajoutant les unes aux autres, forment de nouveaux Faisceaux, lesquels s'associent aux anciens par des relations dynamiques nouvelles d'où résulte l'apparition successive de nouveaux caractères [1].

Tandis que l'accroissement en longueur de l'Idioplasma et la formation de son réseau sont très actifs et se produisent en entier pendant la vie de chaque individu, l'accroissement transversal et la formation de sa structure sont d'une lenteur extrême et ont demandé, pour s'effectuer, le nombre immense de générations que comporte la vie d'une espèce, depuis le plasma primordial d'où elle a tiré sa première origine jusqu'à son état actuel [2].

Ce point établi, nous devons examiner maintenant comment et sous l'influence de quelles causes se produit l'évolution de la structure transversale de l'Idioplasma.

Influence des causes internes et des causes externes sur l'évolution de l'Idioplasma. Adaptation. — Il n'est pas douteux que le concours des causes internes et des causes externes ne soit nécessaire à l'évolution.

Sans une température convenable, un certain degré d'humidité et une certaine proportion d'oxygène, l'œuf de la Poule n'éclorait pas, et il est évident que des causes du même ordre ont été non moins indispensables au développement phylogénétique des espèces. Mais il est non moins certain que la chaleur, l'humidité et l'oxygène n'amèneraient aucune éclosion si l'œuf n'était pas constitué de manière à avoir une tendance à la forma-

[1] Les nouvelles Files se produisent par division longitudinale de Micelles accrus en largeur, ou par dépôt de nouveaux Micelles entre les Files anciennes et non dans leur sein.

[2] Ainsi, tandis que, dans l'évolution des espèces, les générations successives d'individus meurent et sont remplacées par d'autres légèrement différentes, l'Idioplasma, lui, est transmis sans interruption d'une génération à l'autre; il ne meurt pas; il se transforme par un progrès lent et continu. On peut mettre cela sous une forme plus saisissante et dire : *La phylogénèse des nombreuses espèces formant une lignée généalogique n'est autre chose que la lente ontogénèse d'un même Idioplasma.*

tion d'un Poulet. Ces deux ordres de conditions, bien qu'également indispensables, sont néanmoins de valeur bien différente, et l'on accorde en général aux premières beaucoup trop d'importance. Le plus souvent elles n'apportent que la matière et la force brutes nécessaires à la continuation de la vie, et l'action directrice appartient tout entière à l'Idioplasma qui transforme cette matière banale en Micelles de nature déterminée et cette force brute en actions moléculaires harmoniques capables de gouverner le plasma nutritif.

Cette tendance évolutive interne de l'Idioplasma doit être comprise de la manière suivante.

De même que le fragment de Cordon idioplasmatique de l'œuf fécondé contient en puissance tout le système des états de tension qui se manifesteront d'une manière si extraordinairement variée et compliquée dans le réseau de l'animal adulte; de même l'Idioplasma de l'espèce ancestrale contient en puissance les Faisceaux et les Groupes idioplasmatiques que l'espèce fille possédera en plus et qui détermineront les nouveaux caractères par lesquels elle se distinguera de l'espèce mère. C'est-à-dire que les dispositions structurales de l'Idioplasma et les forces moléculaires qui en résultent sont combinées de telle sorte que, nécessairement, après un temps donné, et avec le concours de conditions extérieures banales qui ne peuvent manquer de se produire, les Faisceaux et Groupes nouveaux prendront naissance entre les anciens. Et les choses se sont passées ainsi depuis la première origine des êtres. Chaque degré nouveau de complication dans la structure de l'Idioplasma a été la suite directe de l'état de structure immédiatement antérieur, en sorte que l'évolution tout entière de l'Idioplasma de chaque espèce actuelle à travers les âges antérieurs a été due surtout au développement des tendances évolutives internes que l'Idioplasma doit à son mode de constitution [1].

[1] Ainsi, tandis que les Darwinistes placent dans les conditions extérieures les causes de l'évolution des espèces, la théorie actuelle attribue aux tendances internes de l'Idioplasma, la plus grande part dans le résultat. Nous verrons tout à l'heure quel a été le rôle des causes externes. Montrons d'abord que ces causes ne sont pas toute-puissantes comme on le croit d'ordinaire, et que, la plupart du temps, leur action est nulle, non sur l'individu, mais sur l'espèce.

La nutrition paraîtrait devoir être une des plus puissantes parmi les causes externes, car elle affecte directement l'Idioplasma en lui fournissant, pour la formation des Micelles, une matière première capable de favoriser le développement des uns aux dépens des autres. Or les faits les plus décisifs démontrent qu'elle n'a presque aucune action. Dans l'œuf fécondé, l'Idioplasma est baigné dans le plasma nutri-

Les conditions extérieures n'ont donc pas l'action prépondérante et rapide qu'on leur attribue d'ordinaire; mais elles n'en ont pas moins une influence, dont nous allons montrer la nature, bien différente de celle des causes internes.

Il faut distinguer dans la variation de cause externe trois cas. Dans un premier cas, ce sont les causes externes qui agissent principalement par des influences nutritives ou climatériques. Elles produisent ces différences considérables en apparence, mais en réalité purement quantitatives et très superficielles, que nous avons signalées déjà entre les plantes alpestres et celles des plaines. La taille de la plante et de ses diverses par-

tif maternel. La mère fournit donc une moitié de l'Idioplasma, plus tout le plasma nutritif intermédiaire, inévitable de la nutrition du premier. Chez les Mammifères, l'embryon et le fœtus sont, en outre, nourris pendant des semaines ou des mois par les sucs maternels; chez les Oiseaux, la mère seule fournit tout le vitellus que l'embryon consommera jusqu'à l'éclosion. Cependant, nulle part l'influence de la mère sur les caractères des produits n'est supérieure à celle du père. Le Gui est le même sur le Saule et sur le Pommier.

Les conditions climatériques et topographiques sembleraient avoir une action positive. Or les faits montrent qu'il n'en est rien. Les modifications qu'elles produisent sont réelles, mais exclusivement quantitatives, ne portant que sur le plus ou le moins et nullement sur la nature des caractères; elles sont, en outre, strictement immédiates, produites chaque année au moment même sur chaque individu, sans que son caractère d'espèce ou de variété en soit le moins du monde affecté. Car mon expérience sur les *Hieracium* (V. p. 216) prouve que des plantes alpestres, transplantées dans la plaine, deviennent, *dès la première année,* identiques à celles qui y ont toujours vécu. Si les conditions de la vie alpestre avaient produit une modification quelque peu profonde et capable de donner naissance à une variété, cette modification eût été héréditaire et il eût fallu au moins quelques générations pour que les conditions nouvelles les fissent disparaître.

En somme, les conditions de vie ont ici produit dans l'Idioplasma des modifications passagères dans les états de tension de certains faisceaux d'où sont résultées des variations dans la grandeur de quelques caractères, mais elles n'ont touché ni à la structure, ni à l'arrangement de ses parties. Aussi s'est-il retrouvé identique à lui-même dans la graine et le bourgeon où ces tensions s'effacent et n'a-t-il subi aucun changement héréditaire.

Dans l'expérience citée plus haut des *Hieracium,* j'ai constaté que les modifications produites par le changement de climat se sont montrées toujours totales dès la première année; et les plus petites différences qualitatives sont restées intactes. Les variétés ont pu être disposées en séries telles que l'on parcoure le groupe en ne trouvant de l'une à l'autre que des différences minimes. Mais ces différences n'en sont pas moins absolument fixes, se reproduisant à toutes les générations d'une manière aussi constante que les caractères tranchés des termes éloignés de la série.

Les faits en apparence contradictoires ne résistent pas à l'examen.

[Nægeli cite ici le cas des Microbes que nous avons rapporté plus haut (V. p. 216, note), pour montrer qu'il ne fournit pas une objection].

ties, le nombre des feuilles et des fleurs, l'époque de la floraison sont les caractères les plus modifiés.

Ces influences atteignent l'Idioplasma, mais sans toucher à la structure ni à l'arrangement de ses parties; seuls les états de tension de certains Faisceaux sont affectés en divers points. Mais comme, dans la graine, les états de tension disparaissent tous, leur variation n'a aucune influence sur elle et ne peut être héréditaire. Ces variations sont purement individuelles; elles n'ont aucune action sur la formation des espèces : nous les désignerons sous le nom de *Modifications;* on peut les caractériser en disant qu'elles agissent sur l'Idioplasma mais sans atteindre sa limite d'élasticité, en sorte que la déformation cesse dès que sa cause a disparu.

Le second cas concerne les changements brusques et parfois très considérables qui surviennent à la suite de croisements. Ceux-là sont héréditaires et d'une haute importance dans la formation des races, mais ils n'interviennent pas dans l'évolution des variétés naturelles et des espèces. Nous les laisserons de côté ici pour en parler lorsque nous nous occuperons des races.

La troisième sorte de variation est celle que provoquent lentement les causes extérieures et qui concourent avec les tendances internes de l'Idioplasma à la formation des espèces. C'est elle qui produit l'Adaptation. Nous devons l'étudier ici et préciser son rôle et la manière dont elle se produit[1].

Les causes extérieures n'agissent pas d'une manière absolument immédiate. Elles provoquent toujours une perturbation générale qui se répercute à l'endroit particulièrement atteint; cette perturbation atteint l'Idioplasma et, lorsque sa limite d'élasticité est dépassée, il se trouve modifié et la modification produite devient fixe et héréditaire[2].

[1] On fait jouer d'ordinaire un grand rôle à la Reproduction sexuelle dans la Variation, sans remarquer qu'elle ne crée rien et ne peut que combiner des variations déjà produites. C'est indépendamment de la Reproduction et par l'intermédiaire des autres fonctions, que les causes modificatrices agissent le plus.

[2] Même lorsque les pressions ou les chocs répétés déterminent une tubérosité ou le développement exagéré d'une partie, c'est en provoquant d'abord un afflux plus abondant des sucs nutritifs au point touché. Les cornes des Ruminants sont dues à ce que ces êtres, dépourvus d'armes comparables à celles des Carnassiers, ont combattu pour l'attaque ou pour la défense à coups de tête.

Ces chocs longtemps continués ont déterminé la formation d'une tubérosité et en même temps réagi sur l'Idioplasma en dépassant sa limite d'élasticité, en sorte que la modification est devenue héréditaire et a pu, en cumulant ses effets, arriver au résultat que nous voyons aujourd'hui.

C'est par cette répercussion d'actions locales sur l'Idioplasma que l'on peut expliquer de nombreuses dispositions organiques que les Darwinistes attribuent à la Sélection [1].

[1] Ainsi, les couleurs des fleurs et la présence de leurs nectaires sont expliquées par eux d'une manière séduisante par la nécessité d'attirer les Insectes chargés de les féconder. Mais, en y regardant de près, on voit que ces explications sont inexactes et que ces dispositions ont une toute autre origine. Ainsi, certaines plantes présentent des parties colorées en des points où cela ne peut leur rendre aucun service, sur les racines par exemple; d'autres, le *Viburnum Tinus,* le *Clerodendron,* etc., ont, sur les feuilles, des nectaires visités par les Insectes sans aucun profit pour elles; ce n'est donc pas pour attirer les Insectes qu'elles ont des fleurs colorées et sucrées. Les fleurs ont de tout temps été visitées par les Insectes en quête de nourriture et leurs mordillements ont provoqué un afflux de sucs et une excitation qui a fini par amener la formation de tissu glandulaire. Les nectaires foliaux cités plus haut sont dus de même aux excitations produites par l'affouillement des Insectes. C'est pour la même raison que le pollen des plantes non visitées est en grains isolés facilement disséminables par le vent, tandis que celui des plantes visitées est agglutiné par une sécrétion gommeuse. Cette sécrétion est engendrée par l'excitation produite sur les tissus par l'attouchement des Insectes.

D'autre part, les pétales ne sont que des étamines modifiées. Or les étamines, en leur qualité d'organes temporaires, apparaissant tard et disparaissant tôt, n'ont pas reçu de chlorophylle; n'étant pas verts, ils ont une autre couleur quelconque qui a été renforcée par l'action solaire sur les pétales à tissu délicat et excitable. Si les Insectes ont été attirés par ces couleurs et ce nectar et si les plantes y ont trouvé profit, c'est par pure coïncidence.

C'est aussi sous l'influence des causes modificatrices externes que les plantes, toutes aquatiques et herbeuses à l'origine, se sont adaptées à la vie terrestre, ont formé des racines, de l'écorce et du tissu ligneux. Chez ces plantes aquatiques originelles, l'axe produisait des feuilles dans toute son étendue; mais, sur la plante devenue terrestre, la formation des feuilles a été empêchée sur la partie souterraine de la tige qui s'est, par là, transformée en racines. Les feuilles se forment, en effet, par des cellules latérales qui se détachent de part et d'autre de la cellule terminale par des cloisons obliques. Or la pression de la terre a déterminé la formation d'une cloison perpendiculaire à l'axe, qui a divisé la cellule terminale en deux autres, une profonde, la nouvelle cellule terminale, et une superficielle, origine de la *coiffe*. Celle-ci a donné naissance à une calotte de cellules protectrices qui ont pris ce caractère sous l'action du contact du sol et ont empêché les cellules foliaires qui auraient pu se former plus haut aux dépens de la cellule terminale de se montrer au dehors. Le genre *Psilotum* montre un cas de cellules foliaires qui n'ont pu arriver à se montrer au dehors.

[Cette argumentation serait excellente si les modifications produites par les conditions ambiantes atteignaient d'abord l'Idioplasma et n'influençaient les caractères que par son intermédiaire. Mais il n'en est pas ainsi. Dans le dernier exemple cité, c'est parce que les feuilles naissantes sont comprimées qu'elles ne sortent pas, ce n'est pas à cause d'une modification subie par l'Idioplasma contenu dans leurs cellules. Il n'y a donc aucune raison pour que la modification idioplasmatique soit adéquate. Pourquoi ces cellules foliaires comprimées feraient-elles passer à l'état

Les effets des causes externes sont beaucoup plus variés que ces causes elles-mêmes, car celles-ci agissent médiatement et n'influencent l'Idioplasma que par l'intermédiaire des autres tissus, lesquels répondent différemment à une même excitation en raison de leur nature diverse, et l'Idioplasma lui-même réagit différemment à une même excitation selon sa constitution différente dans les diverses espèces, en sorte qu'une même cause intérieure a, selon les êtres et les points où elle agit, des effets très différents.

C'est ainsi que des pressions, des chocs ou des attouchements, excitations en somme peu différentes, déterminent la formation d'une coiffe sur la racine, d'un nectaire dans la fleur ou d'une corne sur la tête d'un Ruminant.

L'usage et la désuétude ont aussi, à la longue, une action capitale. Le premier fortifie les Faisceaux en les maintenant dans un état d'excitation favorable à leur accroissement; le second les laisse s'affaiblir au point qu'ils finissent par passer à l'état latent.

Dans d'autres cas enfin les causes externes agissent d'une manière encore plus détournée et plus féconde en résultats remarquables; elles font naître dans l'organisme la sensation d'un besoin contre lequel celui-ci réagit en produisant la modification précisément nécessaire pour le satisfaire. Ce mode d'action se combine d'ailleurs dans une large mesure avec le précédent[1].

L'Idioplasma est constitué de telle façon qu'il répond d'ordinaire du premier coup par la modification nécessaire à l'excitation produite par une adaptation défectueuse ou insuffisante[2].

passif seulement les Faisceaux correspondant à leur développement et non ceux correspondant à d'autres caractères?]

[1] Ainsi, lorsque les plantes primitivement aquatiques ont commencé à habiter l'air humide, puis l'air sec, l'évaporation, en desséchant leur épiderme, a d'abord transformé celui-ci en une membrane protectrice qui s'est fendillée de manière à ce que la couche sous-jacente a été atteinte à son tour et a subi la même transformation; mais, en même temps, la plante a éprouvé un besoin dû au trouble produit par une dessication trop rapide, et la formation d'un tissu subéreux exactement approprié à un rôle de protection efficace a été la réponse de l'Idioplasma à cette excitation d'une nature plus intime. C'est d'une manière analogue et non par la Sélection que s'expliquent toutes les dispositions adaptatives que nous admirons chez les plantes. La Sélection n'intervient que pour supprimer les formes franchement mal adaptées, mais elle n'a pas à faire triompher la forme la mieux adaptée par un triage incessant entre des millions de variations individuelles aveugles où la chance seule décide si la modification utile se rencontrera ou non.

[2] [C'est du pur finalisme et de plus ce

Cette propriété de l'organisme rend compte de faits qui semblent entièrement inexplicables, ceux, par exemple, qui sont relatifs aux dispositions que prennent les êtres pour assurer le sort de leur progéniture [1].

Nous avons étudié séparément les causes internes et externes des modifications dont l'Idioplasma est le siège; il faut avant de quitter ce sujet comparer ces causes et voir de quelle manière leurs effets se combinent dans le résultat final.

Il ressort de ce que nous avons expliqué, que les causes externes sont

n'est pas une explication. Nægeli pourrait tout aussi bien dire sans plus se gêner : l'Idioplasma est constitué de telle façon qu'il rend les caractères acquis héréditaires. Il faudrait montrer comment la chose est possible.]

[1] Comment expliquer qu'une plante munisse sa graine de réserves alimentaires pour un besoin que celle-ci n'éprouvera qu'une fois détachée de l'organisme maternel?

Reportons-nous à l'époque où les organismes primitifs étaient formés d'une seule cellule se reproduisant par division. Pendant toute la belle saison, la cellule se nourrit, s'accroît, atteint le double de sa taille primitive, se divise alors et ainsi de suite régulièrement. En hiver, tous ces phénomènes sont arrêtés, et la cellule attend, sous une enveloppe plus épaisse, le retour du printemps. Mais les conditions fâcheuses amenées par la mauvaise saison ne se produisent pas brusquement, et, sans doute, les fonctions les plus délicates se sont arrêtées avant les autres. La nutrition a donc pu continuer pendant quelque temps dans la cellule ayant cessé de se diviser et accumuler à son intérieur des réserves nutritives qui n'ont été utilisées qu'au printemps. Cela a fini par devenir une fonction régulière et un Faisceau ou un Groupe dynamique s'est développé dans l'Idioplasma pour la gouverner. Ce faisceau, même après la disparition des causes qui ont provoqué sa formation, a continué à se développer et à se perfectionner et il représente actuellement dans l'Idioplasma une tendance interne à la formation de réserves pour la graine.

Les dispositions étonnantes, les instincts merveilleux que montrent tous les animaux dans l'éducation de leur progéniture peuvent s'expliquer par les caractères et fonctions déterminés par ce Faisceau poussé désormais, par des causes purement internes, dans un développement progressif.

A cette réaction de l'organisme à des besoins inconscients s'ajoutent, chez les animaux, les notions plus précises fournies par les organes des sens, qui, elles aussi, produisent des excitations qui retentissent sur l'Idioplasma et font naître en lui des modifications adaptatives. Le mimétisme peut trouver là son explication. « Ne peut-on admettre que, par cette adaptation et avec le temps, quand sans cela la couleur des animaux se modifie par tant d'autres causes, le sens visuel ait pu exercer sur la couleur une influence déterminée », et cela d'autant plus que ces sensations visuelles sont suivies, tant chez l'agresseur que chez la victime, de sensations d'un autre ordre, extrêmement intenses. Il se pourrait aussi que les animaux à couleurs mimétiques descendissent d'êtres qui, comme les Céphalopodes et le Caméléon, changent de couleur à volonté. La couleur convenable au genre de vie serait devenue chez les descendants fixe et indépendante de la volonté.

[Toutes ces explications sont bien faibles. C'est ici, au contraire, le triomphe de la Sélection.]

essentiellement adaptatives; elles ne créent rien, elles donnent aux caractères et aux fonctions leur forme utile. L'Idioplasma possède en lui-même, de par sa structure, une tendance évolutive par laquelle il se complique et se perfectionne par un progrès continu. Sans rien demander au monde extérieur autre que la matière nécessaire à son accroissement et la force brute, il suit une évolution fatalement progressive. Composé d'abord de quelques Files micelliennes seulement, correspondant aux fonctions primordiales qui régissent l'assimilation, l'accroissement et la division, il développe sans cesse de nouvelles Files qui se groupent en nouveaux Faisceaux, lesquels s'agencent en nouveaux Groupes synergiques avec les anciens. Comme effet de cette complication de structure, les caractères se différencient, les fonctions primitivement confondues et vagues se séparent et se précisent. En somme, à lui seul, il peut tout faire, tout, sauf l'Adaptation ; et c'est le rôle des causes externes de la produire. Les causes externes sont incapables de créer un groupe idioplasmatique et de faire apparaître un nouveau caractère ou une nouvelle fonction ; mais l'Idioplasma est incapable à lui seul de donner à un caractère ou à une fonction le mode spécial, la tournure particulière par laquelle ce caractère et cette fonction s'harmonisent avec les conditions ambiantes. L'Idioplasma crée, la nature ambiante adapte[1]. L'Idioplasma produit la multiplication des organes, et la différenciation des fonctions, les conditions extérieures donnent à ces organes et à ces fonctions leur cachet spécial.

Si, à un moment donné, les causes internes cessaient d'agir, l'être cesserait d'évoluer, il pourrait perfectionner ses dispositions organiques ou ses fonctions[2], mais il n'en créerait aucune nouvelle et ne pourrait passer à un stade d'organisation plus élevé, l'Algue ne deviendrait pas Mousse ni la Mousse arbuste phanégame; pas plus que le Ver ne deviendrait Poisson, ni le Reptile Oiseau.

Si ces causes internes persistaient seules, l'évolution continuerait, mais

[1] [Si tel est le rôle des causes internes et externes, comment expliquer la Variation brusque dont il cite lui-même des exemples (Fraisier à une feuille, Marronnier d'Inde de Genève, v. p. 291). Cette variation ne peut venir des tendances de l'Idioplasma puisqu'elle porte sur un seul individu, ni des causes externes que Nægeli déclare incapables de produire autre chose qu'une adaptation lente de tous les individus à la fois. Il n'y a, d'après lui, que le croisement qui produise des modifications à la fois brusques, fortes et héréditaires ; or il n'y a ici rien de tel puisqu'il s'agit de variations par bourgeons. L'insuffisance de la théorie saute aux yeux.]

[2] [Quand on veut aller au fond des choses, cela est incompréhensible. On ne peut concevoir un perfectionnement non adapté à quelque chose.]

sans se préciser, les cellules et organes se multiplieraient, mais sans modifier leur forme ou leur arrangement; les fonctions primitivement confondues pourraient se répartir entre des tissus ou des organes différents, mais aucune fonction nouvelle ne naîtrait : l'organisme deviendrait plus grand et plus différencié, mais conserverait indéfiniment son cachet.

On voit par là combien les causes internes l'emportent sur les externes. « Il n'est pas douteux que quelques petits groupes actuellement vivants se soient développés de la manière ci-dessus décrite et suivant le type indiqué, c'est-à-dire que ces groupes se soient transformés sans influence modificatrice extérieure et sous l'action exclusive de la force évolutive interne » [p. 174-175] [1]. L'inverse ne saurait avoir lieu.

Tandis que, d'après les Darwinistes, les caractères des espèces dépendent surtout des conditions extérieures, d'après la théorie actuelle, si ces conditions (climats, migrations, etc.) eussent été autres, les organismes actuels ne seraient guère différents de ce qu'ils sont.

Comment les modifications acquises deviennent héréditaires. — Les variations de cause interne sont toutes inévitablement héréditaires puisqu'elles ont leur siège dans l'Idioplasma et s'étendent d'emblée à tout le réseau. Mais comment les modifications locales produites par les causes externes s'étendent-elles aux cellules germinales pour devenir héréditaires? La seule manière plausible de l'expliquer est d'admettre que la modification idioplasmatique produite en un point s'étend de proche en proche, par une influence dynamique à la totalité du réseau [2].

[1] [Je cite ceci textuellement pour montrer que je n'exagère rien. Peut-on admettre un groupe adapté à des conditions extérieures par des tendances internes qui n'ont rien de commun avec ces conditions !]

[2] Deux hypothèses sont possibles : l'agent de la transmission peut être une substance matérielle ou une force moléculaire. Dans le premier cas, cette substance ne peut être ni un liquide, ni même un simple composé chimique; elle doit être formée d'Idioplasma et l'on se demande comment des masses idioplasmatiques solides, de volume bien supérieur aux molécules chimiques pourraient traverser les parois cellulaires et se répandre dans l'économie. Les tubes criblés, dont le rôle est encore assez énigmatique, pourraient être les voies de ces échanges. Ils sont, en effet, répandus dans toute la plante, communiquent entre eux dans toute leur étendue et, par des perforations latérales, avec les cellules limitrophes. Dès lors, les tubes criblés « sont le lieu où l'Idioplasma, venu des tissus des différentes régions de la plante, se rassemble et se fusionne et, ainsi mélangé, repart de là pour se distribuer à toutes les cellules de l'économie ». Ce mélange des Idioplasmas se ferait à la manière de celui qui a lieu dans la fécondation.

[Évidemment Nægeli n'a pas lui-même une idée nette de ce qu'il dit. Comment ce

C'est, en effet, une des propriétés essentielles de l'Idioplasma de conduire les excitations morphogènes comme les nerfs conduisent l'influx nerveux.

Évolution continue de l'Idioplasma et apparition discontinue des caractères. — L'évolution de la structure transversale de l'Idioplasma se fait avec une extrême lenteur. Il faut parfois des périodes géologiques entières pour qu'un nouveau faisceau se forme ou qu'une nouvelle relation dynamique s'établisse, et, en tout cas, il faut un très grand nombre de générations. Mais, pour lente qu'elle soit, cette évolution n'en est pas moins continue. Chaque génération, chaque année même de la vie des êtres amène son imperceptible petit progrès. Dès lors, on se demande comment l'évolution des caractères n'est pas, elle aussi, continue puisqu'elle est la manifestation visible de la structure de l'Idioplasma. Il semble que les caractères devraient se montrer d'abord à peine visibles et acquérir leur valeur par un accroissement progressif, tandis qu'au contraire ils ont, dès leur apparition, une certaine intensité. Cela tient à ce que les faisceaux ou associations dynamiques qui leur correspondent sont, au début de leur formation, trop faibles pour se manifester; leurs voisins plus anciens, plus forts, mieux liés entre eux, les maintiennent à l'état d'inactivité fonctionnelle jusqu'à ce qu'ils aient acquis assez de puissance pour dominer cet obstacle. On peut dire que tout caractère commence par être latent parce qu'il n'est pas tout d'abord assez solidement constitué dans l'Idioplasma pour s'exprimer dans les organes.

nouvel Idioplasma s'arrange-t-il avec l'ancien?]

La seconde hypothèse est beaucoup plus simple. Rappelons d'abord que les modifications produites par les causes externes ne se traduisent jamais par la formation de nouvelles Files micelliennes, formation qui dépend uniquement des causes internes. Elles se manifestent seulement par des renforcements ou des affaiblissements des Files déjà présentes, par de nouveaux arrangements entre elles et par des changements dans les relations dynamiques qui règlent leur synergie. De pareils effets peuvent être produits par des forces moléculaires, et il ne reste qu'à expliquer comment ces forces peuvent rayonner du point où elles prennent naissance jusque dans les parties les plus éloignées du réseau. Si les parois cellulaires étaient imperforées et si le réseau idioplasmatique était discontinu on pourrait cependant concevoir qu'à travers ces cloisons, les influences se transmissent malgré cet obstacle. Mais il est à peu près certain que les Cordons idioplasmatiques traversent les cloisons et sont continus dans toute l'étendue du réseau; dès lors il n'y a aucune difficulté à comprendre que les modifications et réarrangements produits en un point s'étendent de proche en proche, soit en agissant sur les parties anciennes, soit en imposant la disposition nouvelle aux nouveaux Micelles qui se déposent pour l'accroissement longitudinal.

Races et variétés. — On considère généralement la *variété* comme l'expression de la variation dans l'espèce et la *race* comme une sorte de variété artificielle produite et entretenue par l'homme; et souvent on admet, avec Darwin, que la nature produit les variétés par des procédés analogues à ceux que nous employons pour former les races, avec moins de suite et de rigueur dans l'application, mais en disposant d'un nombre illimité de générations. Ces deux manières de voir sont également inexactes. Il n'y a rien de commun entre les variétés et les races ni dans leur nature, ni dans leur origine, ni dans leur expression idioplasmatique.

Les *races* sont des formes anormales ou même monstrueuses, à caractères mélangés et souvent régressifs, produites par le croisement de formes naturelles et entretenues artificiellement par l'homme. L'influence du croisement est ici tout à fait capitale; les races contiennent toujours le sang de deux ou plusieurs variétés naturelles [1] et ce croisement est la cause des particularités que l'homme entretient et majore par une sélection attentive et des mariages judicieux [2].

Les *variétés,* d'autre part, ne sont nullement le produit de la variabilité dans l'espèce. Ce sont de petites espèces, aussi fixes dans leurs minimes différences que les espèces les plus tranchées, car ces minimes différences sont rigoureusement héréditaires. Comme les espèces, elles doivent leur origine à ce processus continu de complication et de perfectionnement qui est une des propriétés fondamentales de l'Idioplasma. Sans cesse,

[1] [Cette affirmation aurait peut-être besoin d'être démontrée.]

[2] Cette influence du croisement s'explique par son action sur l'Idioplasma. Non seulement le produit pourra présenter un mélange quelconque des caractères des formes parentes, mais, par le fait que les Idioplasmas mâle et femelle ne sont pas de même nature et que les faisceaux ne se correspondent pas exactement, nombre de Facteurs actifs deviennent latents et nombre de Facteurs latents deviennent actifs, d'où la disparition de caractères actuels et l'apparition de caractères réversifs; enfin il doit arriver souvent que deux Faisceaux non homologues se fusionnent et engendrent une variation soudaine, qui, selon le degré de leur disparité, sera une simple anomalie ou une monstruosité. On comprend qu'avec cela, la variation soit souvent rapide et considérable dans les races et puisse engendrer des particularités qui, dans la nature, auraient une valeur spécifique, générique ou même supérieure. Mais, en dépit de l'apparence, aucun caractère nouveau ne se montre dans les races; les particularités engendrées sont ou des mélanges de caractères anciens, ou des réversions ou des déviations monstrueuses de caractères normaux, et souvent une combinaison variée de ces divers phénomènes. Si pareil fait se produisait dans la nature, il serait aussitôt détruit par la concurrence ou lentement annihilé par le croisement libre avec les individus normaux. Il faut l'action constante de l'homme pour le maintenir.

quoique avec une extrême lenteur, de nouveaux Faisceaux prennent place à côté des anciens, de nouvelles relations dynamiques s'établissent. Pendant longtemps ces formations nouvelles sont trop faibles pour s'exprimer par une modification visible; mais, quand elles ont pris assez de force, brusquement le caractère apparaît : la variété est créée. Plus tard, quand ce caractère se sera accentué, la variété deviendra une espèce, puis d'autres caractères s'ajouteront qui en feront un genre et ainsi peu à peu prendront naissance les types de structure les plus différents.

La variation originelle d'une race est un accident individuel qui, abandonné à lui-même, ne saurait se maintenir; la variation originelle d'une variété est, au contraire, commune à tous les individus du groupe habitant la même région, car leur Idioplasma est identique, évolue parallèlement chez tous, et les conditions extérieures, semblables pour tous, dans une région limitée, donne chez tous au caractère nouveau, la même expression adaptative; dès lors il n'y a pas à craindre que la variation s'efface par le mélange des sangs [1].

Cette explication rend compte de la formation d'une variété nouvelle par le concours de tous les individus d'une même région; elle permet de comprendre aussi comment une même variété peut prendre, dans deux régions suffisamment différentes, de caractères différents. Mais elle ne laisse pas facilement concevoir comment, en un même lieu, les divers représentants d'une même variété varient en sens différents et arrivent à former, côte à côte, deux variétés nouvelles.

Dans quelques cas, cela peut avoir lieu réellement, lorsque deux caractères incompatibles ont une tendance à se développer dans des conditions si peu différentes que les individus vivant presque côte à côte rencontrent facilement tantôt la condition qui favorise l'un, tantôt celle qui convient à l'autre. Même quand les caractères ne sont pas incompatibles, des variétés peuvent se former ainsi, si les tendances sont telles que, lorsqu'un

[1] [D'après cette théorie, puisque la variation de cause interne est la même dans les Idioplasmas identiques, les différences entre deux variétés sœurs ne peuvent être qu'adaptatives. Il en est de même aux générations suivantes, en sorte que la divergence de forme ne pourrait porter que sur l'adaptation, ce qui ne permet nullement d'expliquer les grandes différences des divers types de structure. Nægeli dira peut-être que deux Idioplasmas primitivement identiques, après avoir varié adaptativement, ne sont plus identiques et que leur variation spontanée devient différente; 2° ou bien il fera remarquer que, selon lui, les divers types de structure ont des origines idioplasmatiques primitives différentes. Mais que sont donc ces Idioplasmas primitifs pour avoir conduit à des résultats si différents?]

caractère a commencé à se développer sous l'influence de certaines conditions, il continue à le faire même si ces conditions ne restent plus les mêmes.

Mais, dans la plupart des cas, la formation de variétés différentes en un même lieu n'est qu'apparente et s'explique par la migration combinée à la différence entre la date de formation d'un caractère dans l'Idioplasma et celle de son apparition sur les organes [1].

Il reste à expliquer maintenant pourquoi, dans l'état de nature, les variétés susceptibles de fécondation réciproque ne donnent pas lieu à des croisements multiples qui établissent une série continue de transition entre elles. Cela tient : 1° à ce que la tendance au croisement est très faible, et 2° à ce que les formes bâtardes sont rapidement effacées par dilution de leur sang dans le sang des formes pures [2].

[1] D'après ce que nous avons expliqué plus haut, le caractère est déjà tout formé dans l'Idioplasma avant d'apparaître au dehors; en sorte que deux variétés peuvent être déjà idioplasmatiquement distinctes alors qu'aucun caractère visible ne les distingue.

[Cela suppose que la forme adaptative du caractère nouveau lui est imprimée lorsqu'il est encore latent dans l'Idioplasma; tandis qu'il serait bien plus logique, d'après la théorie même, que le Faisceau se développât sous la seule action des tendances internes et donnât naissance, je suppose, à un nouveau groupe cellulaire ou à une nouvelle séparation de fonctions et que, après cela seulement, les conditions extérieures lui donnassent la forme adaptative. Quelle action les conditions extérieures peuvent-elles avoir sur la forme adaptative d'un caractère non encore exprimé dans les organes? D'ailleurs on ne conçoit nullement cette distinction entre l'existence d'un caractère brut et sa forme adaptative, cela n'est séparable que par des abstractions et non dans la réalité objective.]

Que deux variétés à ce stade se rencontrent amenées par migration en un même lieu; elle arriveront au bout d'un certain temps à manifester leurs différences, et l'on croira que ces différences se sont produites *in situ*. En réalité, elles ont été déterminées sur des individus de la variété mère vivant en des régions distinctes et amenés par migration à vivre côte à côte alors que la variation idioplasmatique était déjà acquise et devait se manifester fatalement, en dépit de la similitude finale des conditions de vie. On comprend sans qu'il soit utile d'entrer dans d'autres détails quel parti on peut tirer, pour expliquer les divers cas de la combinaison variée de phénomènes de cet ordre.

[2] Supposons que n individus de la variété A vivent côte à côte avec n individus de la variété B et qu'il y ait autant de tendance au croisement qu'à l'union légitime. Le tableau suivant montre ce que deviendraient les produits,

Gén. n° 0 : $nA + nB = 2n$
« « 1 : $nA + nB + 2n\,(A + B) = 4n$
« « 2 : $2nA + nB + 6n\,(A + B + 4n\,(3A + B) + 4n\,(A + 3B) = 16n$ etc.

On voit que le nombre relatif des hybrides augmente avec une rapidité extrême. Or, entre les 2500 variétés de *Hieracium* réunies côte à côte dans le jardin botanique de Munich, il ne s'est produit qu'un très minime nombre d'hybrides. Il faut donc que la tendance

Première formation et évolution des organismes. — Après avoir étudié l'Idioplasma en lui même, ses fonctions par rapport à l'individu et son rôle dans la formation des espèces, il faut chercher à concevoir quelle a été, sous sa direction, la marche générale de l'évolution des organismes.

Il n'est pas admissible que les premiers êtres vivants soient venus sur la terre des astres voisins. A défaut d'autres causes de destruction, la sécheresse absolue des espaces célestes eût été un obstacle infranchis-

au croisement soit extrêmement faible. — Exprimons-la par la fraction 1/2000, ce qui correspond à 1 individu (A + B) pour 1000 A et 1000 B et admettons que la tendance à l'union de (A + B) avec A ou avec B soit 100 fois plus grande que celle de A avec B, et égale par conséquent à 1/20; supposons enfin que la tendance à l'union de (3A + B) et des autres termes contenant plus de 3A pour un seul B, avec la variété A soit égale à celle de A avec A, toutes suppositions certainement très supérieures à la réalité. Pour 10 000 individus de chaque variété on aura :

Gén. n° 0 : 10 000 A + 10 000 B
« « 1 : 10 000 A + 10 000 B + 10 (A + B)
Gén. « 2 : 10000 A + 10 000 B + 10 (A + B) + 1 (3A + B)
Gén. « 3 : 10 000 A + 10 000 B + 10 (A + B) + 1 (3A + B) + 2 (7A + B)
Gén. « 4 : 10000 A + 10 000 B + 10 (A + B) + 1 (3A + B) + 2 (7A + B) + 4 (15A + B)

[Nægeli ne remarque pas qu'en ayant l'air de forcer les choses dans le sens de l'objection il les force, au contraire, dans le sens favorable à sa théorie, car si, en prenant les nombres 1/2000 et 1/20 supérieurs à la réalité il avantage l'objection, par contre, il avantage sa théorie en admettant que (3A + B) a autant de tendance que A à l'union avec A ; car cela rend dans son tableau la diffusion du sang illégitime plus rapide qu'elle n'est en réalité. Cela a peu d'importance, mais c'est un vice de raisonnement qu'il est bon de signaler.]

On voit que le nombre des termes vraiment intermédiaires tel que (A + B), (3A + B) reste petit et que le nombre des termes ou l'un des deux sangs prédomine de beaucoup va en augmentant rapidement. Ce qui veut dire que leur sang va en se diluant rapidement dans celui de la forme pure et qu'elles font en peu de temps retour à celle-ci.

Il faut remarquer, en effet, qu'une proportion par trop faible de sang étranger n'a aucune action sur le produit, elle devrait être représentée par une fraction de Micelle ce qui est impossible. Cela rend compte du fait que les variétés restent fixes malgré leurs minimes différences et la possibilité du croisement entre elles.

[Rien de tout cela n'est exact. Nægeli n'a pas le droit de dire qu'une quantité de sang étranger inférieure à la masse d'un Micelle ne peut exister dans l'Idioplasma. Il admet en effet que, lorsque deux Files homologues, l'une paternelle, l'autre maternelle se fusionnent dans la fécondation, cela se fait principalement par une action commune des deux Idioplasmas qui impose aux Micelles nouvellement formés une constitution intermédiaire à celle des Micelles homologues des parents, et cela, aussi bien dans sa théorie de la fécondation par action moléculaire que dans celle par fusion matérielle. Il en résulte que les Micelles eux-mêmes peuvent appartenir, par une fraction de leur substance, à un parent et par le reste à un autre. L'importance pratique est nulle, mais la théorie est en défaut.]

sable. La vie est donc née sur la terre. Dès que le refroidissement et les autres conditions physiques et chimiques l'ont permis, la substance albuminoïde s'est formée dans une solution de corps inorganiques et s'est immédiatement précipitée sous forme de Micelles, premiers éléments constitutifs des êtres organisés [1].

Ces premières masses protoplasmiques s'accroissent comme nous l'avons vu et se multiplient par division, par le fait qu'à mesure qu'elles grossissent, leur cohésion devient plus faible et que, tôt ou tard, il arrive un moment où quelque secousse les désagrège en fragments de volume indéterminé qui continuent à s'accroître dans les mêmes conditions.

Mais ces agrégats ne sont pas encore des êtres vivants. La vie ne suppose pas seulement l'accroissement et la reproduction; elle exige que ces phénomènes soient liés l'un à l'autre, se produisent suivant certaines règles et ne soient pas uniquement dépendants des conditions extérieures; elle implique l'existence, dans l'être organisé, de causes internes dirigeant ses fonctions, en sorte que son évolution dépend des conditions ambiantes mais n'obéit pas seulement à elles. Les Micelles ne sont pas vivants : ils ont leurs propriétés en tant que composés chimiques et masses moléculaires, mais ils n'ont aucune évolution réglée. Les agrégats protoplasmiques primordiaux sont dans le même cas; ils s'accroissent aussi passivement qu'un simple cristal et n'ont aucune initiative fonctionnelle. La vie ne commence qu'avec l'Idioplasma [2].

Nous avons vu comment se forme, par le seul jeu des forces moléculaires, au sein du Plasma primordial, cet Idioplasma, première substance vraiment vivante et qui ne mourra plus; et qui poursuivra une ontogénèse immense dans le temps et dans l'espace, à travers la phylogénèse de

[1] Mais, s'il en a été ainsi, pourquoi ne se forme-t-il pas actuellement des Micelles et de l'Idioplasma dans les solutions de substances albuminoïdes? C'est parce que dans ces substances provenant d'êtres vivants, les Micelles sont déjà formés. Pour qu'en se précipitant ils s'organisent en plasma, il faut qu'ils prennent naissance dans une substance où ils n'existaient pas auparavant sous cette forme. Le jour où l'on saura faire la synthèse de l'albumine on pourra voir du plasma se former *in vitro*.

[2] Hæckel admet que ses *Monères* représentent les premiers agrégats protoplasmiques nés de la substance inorganique, et admet aussi que leur division est d'abord un phénomène purement physique et accidentel dû à ce que la Monère se désagrège par défaut de cohésion. Il ne remarque pas qu'une goutte d'eau, même suspendue dans l'air, se soutient. La cohésion physique seule suffirait donc à maintenir des êtres bien plus volumineux que les Monères. Les Monères sont déjà à un degré plus élevé et leur division est déjà un phénomène vital de cause interne.

toutes les formes nées du Plasma primordial. Nous avons vu comment il s'organise en Cordons ramifiés et anastomosés en réseau, et comment, dans ces Cordons, les Files s'unissent en Groupes matériels et dynamiques, correspondant aux caractères et fonctions de l'organisme. Les premiers Groupes qui apparaissent sont ceux qui déterminent la taille maxima que peut acquérir la masse protoplasmique et sa division en deux dès que cette taille est atteinte. Ces premiers êtres sont les *Probies*, on voit qu'ils ne sont pas les premiers êtres organisés. Ils ont été précédés par les masses protoplasmiques à croissance et à division indéterminées [1].

Après la détermination de la taille, le premier progrès a été la formation d'une membrane. Cette membrane a été produite sous l'influence de l'eau, non par action directe, mais par la réaction du plasma contre l'action du liquide. Cette première membrane, extrêmement mince, est formée simplement par une orientation des Micelles plasmatiques parallèlement à la surface et sur plusieurs couches. Elle ne doit pas être confondue avec la membrane cellulaire, bien plus épaisse, qui ne se montrera que plus tard, et qui, dans les plantes, se renforce par l'addition de substances non plasmatiques. Elle n'est encore qu'une différenciation de la surface du plasma. Dans la division, elle se transmet nécessairement aux masses plasmatiques filles et n'a pas besoin de l'Idioplasma pour être héréditaire; sa présence n'en réagit pas moins sur l'Idioplasma de manière à approprier un Faisceau à la gouverne de cette membrane. C'est là un exemple de la transformation fréquente d'un phénomène de cause externe en un phénomène de cause interne. La membrane joue un grand rôle dans la division de la masse plasmatique. C'est elle qui, en s'accroissant suivant une zone circulaire, forme une saillie intérieure et coupe le corps plasmatique en deux [2].

Le progrès suivant porte sur la formation des corps intracellulaires. Ces corps, y compris le noyau, ne sont autre chose que des masses plasmatiques, nées par formation libre interne dans la masse plasmatique mère

[1] Les plus simples des Probies sont inférieures par leur taille et leur organisation aux plus simples formes animales ou végétales que nous montre le microscope. Mais, dans leur ensemble, les Probies constituent un Règne dans lequel prennent place les Schizophytes et les Monères.

[2] [Nægeli est plein de contradictions. Ainsi la membrane est due à un phénomène d'adaptation. Nous allons voir tout à l'heure qu'il en est de même des corps intracellulaires y compris le noyau, en sorte que si l'eau ou les saisons avaient manqué, la cellule n'eût eu ni membrane ni noyau; et il prétend néanmoins que, si les causes externes eussent été autres, la marche de l'évolution générale des êtres n'en eût guère été affectée.]

pour les besoins de la reproduction et transformés en organes permanents de la cellule. Tant que le refroidissement de la terre n'a pas été assez accentué pour permettre aux saisons de se manifester, les conditions climatériques restaient les mêmes d'un bout de l'année à l'autre, et la reproduction par simple division suffisait à tous les besoins. Mais quand les saisons se sont établies, il est arrivé qu'au moment des froids, certaines masses plasmatiques sont mortes, tandis que d'autres, plus rustiques ou mieux protégée sont continué à vivre. Dans d'autres, de composition hétérogène, tandis que la masse du corps mourait, certaines parties intérieures continuaient à vivre, se nourrissant même du plasma mort voisin, et atteignaient ainsi la belle saison où elles se mettaient à croître et à reproduire l'organisme entier. Peu à peu, ces phénomènes sont passés sous la gouverne de l'Idioplasma et se sont régularisés. Dès la belle saison, les parties destinées à passer l'hiver se sont individualisées dans la masse et, à la fin, le phénomène, devenu indépendant des causes externes, s'est transformé en une fonction régulière de cause interne, faisant partie du cycle évolutif.

Telle est l'origine de la *formation cellulaire libre*.

Les petites masses plasmatiques filles, nées de cette manière, ne s'approprient pas, comme celles nées par division, une partie de la membrane de la masse mère. A ce moment, la formation de la membrane est devenue, comme nous venons de le voir, dépendante de l'Idioplasma, aussi a-t-elle lieu spontanément autour de ces masses intérieures, bien que celles-ci n'aient pas encore subi le contact de l'eau.

La *formation libre* est d'abord un phénomène purement reproducteur, c'est-à-dire que les petites masses ainsi formées n'ont d'autre rôle à remplir que de grossir et de reproduire la forme initiale dès qu'elles sont mises en liberté. Mais ici intervient pour la première fois un phénomène très général et d'importance capitale que l'on peut exprimer sous la forme d'une loi : la *Loi de l'allongement de l'ontogénèse*. Il consiste en ce que les éléments qui, au stade phylogénétique précédent, s'étaient formés pour les besoins de la reproduction et terminaient ainsi l'ontogénie, prennent naissance deux fois successivement : les derniers formés continuent à servir à la reproduction, mais les premiers se transforment en éléments végétatifs dont la différenciation pourra tirer parti pour former de nouveaux organes doués de nouvelles fonctions. C'est là un phénomène de cause purement interne ; il traduit la tendance au perfectionnement progressif. Son expression idioplasmatique est la suivante : à un stade phylogénétique donné, l'entrée en activité des faisceaux idioplasmatiques qui déterminent la formation d'un élément n'a lieu qu'une fois pour cet élément, qui ensuite se divise pour donner naissance à d'autres. Au stade phylogénétique suivant, ces mêmes faisceaux fonctionnent deux fois et il se produit une division cellulaire additionnelle. Il se forme ainsi deux éléments au lieu d'un et, si le phénomène porte sur toute une catégorie de cellules d'un stade ontogénétique, cela engendre un stade phylogénétique nouveau.

Dans le cas général, ce stade s'intercale à un moment quelconque de l'ontogénèse; mais souvent le dédoublement porte sur les cellules formatrices des éléments sexuels dont l'apparition termine l'ontogénèse; au moment où les éléments reproducteurs destinés à se séparer de l'organisme auraient pris naissance, une division intercalaire se produit et donne naissance à des éléments qui, au lieu de quitter l'organisme, lui restent attachés, et la formation des éléments reproducteurs n'a lieu qu'à la division suivante. Le stade nouveau s'ajoute alors à la fin du développement. Le groupe de cellules ainsi formé est un amas de matériaux neufs dont la différenciation tire parti pour former de nouveaux organes et créer les nouvelles fonctions qui distinguent l'espèce mère de l'espèce fille.

Revenons maintenant aux masses plasmatiques nées par formation libre interne.

Elles ne sont au début que des éléments reproducteurs. Mais, à un moment donné, elles se transforment en organes permanents de l'organisme et la formation libre de masses reproductrices internes se répétera plus tard pour les besoins de la reproduction. Aussitôt devenues organes permanents de l'organisme, ces masses protoplasmiques internes se différencient en grains protoplasmiques incolores ou colorés, (grains de chlorophylle et autres) : l'un d'eux devient le *noyau*. Puis le phénomène se répétant à l'intérieur de ceux-ci, les grains de chlorophylle, en même temps qu'ils se multiplient forment les grains d'amidon; le noyau forme un ou plusieurs nucléoles. Ces formations ont toutes, comme nous venons de le voir, une membrane mince formée par différenciation de leur plasma superficiel. La cellule est maintenant constituée avec tous ses organes. Le noyau en raison de son origine est, dès le début, une réserve d'Idioplasma, puisqu'en tant qu'élément reproducteur il devait contenir tous les caractères de l'organisme. Il continue à se différencier dans ce sens et finit par prendre l'initiative de la division cellulaire et devenir l'organe de cette division, en même temps qu'il reste l'organe de la transmission héréditaire.

Le rôle de l'Idioplasma dans la suite de l'évolution phylogénétique n'a rien de particulier. Nous sommes en possession de la cellule; nous avons vu comment se fait la variation de causes interne et externe; nous savons comment naissent les nouveaux caractères et comment ils se traduisent dans l'Idioplasma par l'addition de Files micelliennes nouvelles, nous avons donc expliqué tout ce qu'il y a de général dans l'Évolution [1].

Critique.

Ici, comme avec la Pangénèse de Darwin, nous nous trouvons en face d'une vraie théorie générale. Ce n'est plus seulement un aperçu, une hypothèse plus ou moins heureuse montrant sous un jour nouveau quelques questions de biologie, c'est un système complet, cohérent, résolvant tous les problèmes, au moyen d'un petit nombre d'hypothèses initiales sur la constitution du protoplasma. Aussi le développement de notre résumé et celui de cette critique, malgré leur étendue, ne sont pas en disproportion avec l'importance du sujet.

Il y a dans le système de Nægeli une idée extrêmement ingénieuse, c'est de décomposer les innombrables caractères et propriétés complexes, en un nombre restreint de caractères et propriétés élémentaires. Sans elle, le système des *particules représentatives* est condamné à l'avortement. Malgré tous les efforts de DARWIN, à qui personne n'osera comparer NÆGELI [2], et de ceux qui ont cherché à accommoder son système, les *Gemmules* sont abandonnées. Il en faut un trop grand nombre et l'on ne voit pas comment se pourrait conserver l'ordre nécessaire dans cette multitude si variée d'éléments distincts.

La conception des caractères élémentaires fait disparaître cette difficulté capitale. Elle permet, en outre, de comprendre comment les produits sexuels, malgré leur petit volume, peuvent contenir les facteurs nécessaires à l'expression de l'innombrable variété de caractères qui se rencontrera dans l'organisme issu de leur développement.

Ayant ainsi réduit les facteurs matériels à un nombre maniable, Nægeli a tenté d'imaginer de toutes pièces une structure du Protoplasma ayant

[1] [Le reste devient une question spéciale et nous avons vu aux *Théories de l'origine des espèces* quelle solution lui donne Nægeli.]

[2] [Excepté sans doute Nægeli lui-même, qui (p. 333) traite DARWIN d'*empirique!* et s'étonne que des *intelligences allemandes* aient pu le suivre dans une voie que la discussion théorique montrait fausse!!!

[On verra par la critique du système si ses inductions théoriques et son intelligence allemande ont produit quelque chose de si fort supérieur à l'*empirisme* de Darwin et aux intelligences des autres races.]

le triple avantage d'être : assez simple pour s'établir d'elle-même par le seul jeu de forces moléculaires physico-chimiques, assez bien agencée pour déterminer avec précision en chaque point tous et les seuls caractères qui doivent s'y rencontrer, assez souple enfin pour se prêter à l'explication des faits généraux de Variation, d'Hérédité, d'Atavisme et rendre compte de l'évolution phylogénétique des espèces.

Nous verrons qu'il n'y a guère réussi.

Mais pour si nombreuses et graves que soient les lacunes et les défectuosités de son système, il faut reconnaître qu'il a fallu une imagination et une intelligence peu communes pour l'édifier. Et nous verrons que, si la théorie n'a pas tenu toutes ses promesses, elle n'en a pas moins eu une influence considérable sur celles qui sont venues ensuite. Les nombreux emprunts qu'on lui a faits sont là pour en témoigner.

Passons maintenant à son examen.

On peut accorder à l'auteur ses *Micelles*. Leur constitution, leurs propriétés n'ont rien que de très admissible. Bien que leur mode de génération ne soit guère probable[1] il n'y a aucune raison positive pour le repousser. Mais l'arrangment des Micelles et la structure de l'Idioplasma sont invraisemblables au plus haut point[2].

Nous avons démontré, au cours de notre exposé, que cet arrangement n'est pas du tout, comme l'auteur l'avance, le résultat nécessaire du seul jeu des forces moléculaires initiales. Ce n'est qu'à grand renfort d'hypothèses étagées les unes sur les autres qu'il arrive à faire disposer les Micelles en Files, les Files en Faisceaux, les Faisceaux en Cordons et les Cordons en un réseau répandu dans tout l'organisme.

Mais accordons cela, et voyons si, au moins, l'Idioplasma ainsi constitué répond à tout ce qu'on attend de lui.

Par un calcul que l'on peut accepter, Nægeli fixe à 25,000 environ le nombre des Files de Micelles qui peuvent trouver place dans les Cordons de l'Idioplasma, et à une douzaine le nombre des Files capable de déterminer

[1] Le raisonnement de WIESNER (92) est bien préférable lorsqu'il dit que, tout dans la cellule se reproduisant par division, il est naturel d'admettre que les éléments initiaux font de même.

[2] Ces Files d'éléments formant des faisceaux qui se ramifient dans tout l'organisme, partout identiques à eux-mêmes et ne différant d'un point à l'autre que par leurs états de tension, n'ont trouvé que des incrédules.

Il faut remarquer, en effet, que tout dépend ici du détail de l'arrangement, que si ce détail était un peu différent, rien plus ne fonctionnerait; et il serait bien extraordinaire que, sans en avoir rien vu, on ait pu deviner un détail aussi compliqué.

un caractère élémentaire, ce qui donne environ 2000 de ces caractères, et il déclare que ce nombre suffit amplement pour constituer, par les combinaisons variées de ces éléments, tous les caractères objectifs d'un organisme supérieur.

Cela se peut, mais n'est pas évident.

Nous ne pourrons avoir une opinion à cet égard que lorsque nous saurons en quoi consistent ces caractères élémentaires, ou tout au moins de quelle nature ils sont.

Malheureusement Nægeli ne donne aucun renseignement à cet égard, déclarant (p. 191) qu'il serait *puéril* de se livrer à leur recherche.

Eh bien je ne crains pas d'affirmer que si Nægeli a gardé le silence, ce n'est pas de crainte de paraître puéril, mais parce qu'il n'avait sur cette décomposition aucune idée nette ou bonne à mettre en lumière.

Dans son volumineux mémoire, ce ne sont ni les détails inutiles, ni les longueurs, ni les redites qui manquent et quelques renseignements sur ces facteurs élémentaires n'eussent pas déparé l'ouvrage[1].

Autre chose encore porte à douter des raisons qu'il donne de cette réserve. Deux auteurs après lui, et des plus importants, DE VRIES (89) et WEISMANN (92) ont, dans des théories longuement détaillées employé cette décomposition des caractères objectifs en facteurs élémentaires. Or pas plus que Nægeli ils ne précisent la nature de ces facteurs. Il y a bien une raison à cela!

Cherchons à faire nous-mêmes ce que notre auteur n'a pas fait.

Il semble n'y avoir que deux manières de faire cette décomposition.

La première consiste à prendre pour facteurs élémentaires, des caractères objectifs aussi limités que possible, comme par exemple, pour les feuilles, des formes de pétiole, de limbe, des dispositions de nervures, des arrange-

[1] On a pu voir, par les notes jointes à l'exposé de la théorie, que Nægeli a, au contraire, une propension remarquable à préciser des choses inutiles et invérifiables. Dans les régions obscures de l'hypothèse, on se sent d'ordinaire timide et réservé, et l'on n'avance que poussé par la nécessité; Nægeli, au contraire, aime à décrire par le menu cet Idioplasma qu'il ne connaît pas. Il nous donne la forme des Faisceaux et des Cordons, nous indique combien il y a de Micelles dans une même enveloppe d'eau et de molécules d'eau entre les Micelles, comment se groupent les Micelles dans la fécondation, quand il n'en a aucun besoin, ne se servant jamais du détail qu'il a précisé. A côté de cela sur les points les plus essentiels il est d'un vague désespérant, et ceux qui n'ont pas fait ce travail ne sauront pas combien cela m'a coûté de peines de présenter sa théorie sous une forme un peu claire. Aussi ne peut-on se défendre de l'idée que parfois le silence ou le vague sont commandés par la prudence plutôt que par le souci de la perfection littéraire.

ments de stomates, des structures de parenchyme, de vaisseaux, de fibres, des constitutions chimiques des diverses sortes de cellules ou de tissus, etc., etc. Eh bien, si on arrive (ce dont je doute) avec 2000 éléments de ce genre à constituer tous les caractères qui se trouvent dans tous les organes d'une plante, on n'y arrivera jamais pour un être aussi différencié qu'un Mammifère. Si vous croyez que si, c'est à vous à en faire la preuve par un dénombrement approximatif.

La seconde manière consiste à décomposer les caractères en *facteurs subjectifs* tels que tendance à l'accroissement en longueur, en largeur ou en épaisseur, d'où résulte la forme ; à l'écartement ou au tassement des molécules dans les différents sens, pour obtenir les qualités physiques de fluidité ou solidité, souplesse ou rigidité, élasticité ou malléabilité, etc., etc., avec tous leurs modes et tous leurs degrés ; à la fixation dans le protoplasma nutritif ambiant de tels atomes, ou telles molécules, ou tels principes immédiats, diversement combinés pour constituer la composition chimique. Avec des facteurs de ce genre, il n'est pas besoin de 2000 pour obtenir tous les caractères de toutes les espèces des deux règnes. Mais la conception devient incompréhensible. Je comprends qu'un agrégat organisé ait une tendance à s'accroître dans un certain sens, mais je ne comprends pas qu'il puisse exister un facteur matériel indépendant pour déterminer cette tendance dans un agrégat voisin qui n'est pas lui, qui n'a lui-même aucune tendance de cet ordre et qui tient de l'autre sa tendance à cet égard. La tendance d'un agrégat matériel à se comporter d'une façon quelconque ne peut évidemment résider qu'en lui et dépendre que sa constitution physico-chimique à lui, sauf bien entendu les réactions de voisinage, réactions réciproques et déterminées par l'action combinée de tous les agrégats qui y participent. Je ne vois pas la fibrine se coagulant en filaments, dans une solution de cette substance, sous l'action de trois agrégats contenus dans la solution, dont l'un, lui dit : *ton coagulum sera long ;* l'autre : *il sera étroit ;* le troisième : *il sera mince ;* d'où résulte qu'il forme un filament. Et je vois encore moins que, si dans la même solution une autre substance chimique se formait en filaments, ce puisse être sous l'influence de ces trois mêmes agrégats qui produiraient le même résultat sur une substance chimique différente.

Peut-être n'ai-je pas l'intelligence nécessaire pour trouver les facteurs réels qui résoudraient la difficulté. En tout cas, je me suis donné beaucoup de peine pour en trouver de meilleurs sans y réussir, et je serais reconnaissant à quiconque ne trouverait pas *trop puéril* de m'éclairer à cet égard.

On comprend que c'est là un point capital.

Sans les facteurs matériels élémentaires la théorie s'évanouit.

Mais accordons leur existence et voyons si grâce à eux le reste au moins va devenir clair.

Les Cordons idioplasmatiques, facteurs élémentaires des caractères objectifs, sont identiques à eux-mêmes dans toute leur longueur et déterminent chacun l'expression du caractère qui réside en lui aux places et aux moments précis où ce caractère se montre, parce qu'il est actif en ces points et à ces moments seulement, et au repos partout ailleurs ou à tout autre instant.

Or, je trouve une difficulté très grande à comprendre la cause de ces états de repos et d'activité variant en chaque point de leur longueur selon le temps et lieu. Nægeli l'explique d'abord par la traction opérée par les Faisceaux en voie d'accroissement sur les Faisceaux passifs les mieux disposés pour en recevoir les effets. Mais l'accroissement des Faisceaux ne se fait que proportionnellement à celui des organes. Dans un animal adulte chez lequel rien ne grandit plus, les fonctions nombreuses qui s'accomplissent encore ne peuvent donc reposer sur l'allongement des Faisceaux. D'autre part, puisque la section transversale des Cordons est partout identique, les Faisceaux les mieux disposés pour subir l'influence des tractions exercées par un Faisceau actif donné, sont les mêmes à tous les niveaux, et il en résulterait qu'un même caractère en se developpant ferait partout développer la même série de caractères après lui.

D'ailleurs Nægeli reconnaît lui-même que l'allongement du Faisceau est un effet plutôt qu'une cause, et que la cause vraie est l'*excitabilité*. Mais si un Faisceau est, en un point, plus excitable que les voisins et devient pour cela actif, il en doit être de même en tous les autres points, puisque les Cordons micelliens sont identiques dans toute leur longueur. Si, dans une fleur, les pétales sont devenus rouges, c'est parce que les Faisceaux déterminant cette couleur étaient plus excitables que ceux de tout autre. Comment se fait-il alors que les étamines et le pistil soient jaunes ou blancs? Cela ne pourrait provenir que de l'action différente des conditions externes à deux places différentes. Or Nægeli leur refuse toute influence sur ce genre de caractères.

Les différences d'état (de latence ou d'activité) d'un même Faisceau dans les différents points de sa longueur ne proviennent donc ni des tensions dues à l'accroissement, ni des conditions ambiantes. Elles ne peuvent donc avoir d'autre cause que des différences d'excitabilité, aux différents niveaux. Mais ces différences doivent nécessairement avoir pour base une particularité quelconque dans la constitution physico-chimique, sans quoi elles seraient des propriétés sans substratum, autrement dit des effets sans cause. Et si un même Faisceau présente des différences de cet ordre dans ses divers points, il n'est plus identique à lui-même dans toute sa longueur.

Il n'y a pas d'issue à ce dilemme.

Les états de latence ou d'activité ne peuvent tenir qu'aux conditions extérieures, ou à leurs états de tension, ou à leur excitabilité. Or, Nægeli refuse aux conditions ambiantes toute influence de ce genre; nous avons démontré et il concède (v. p. 610) que les états de tension ne sauraient être la cause réelle; donc cette cause est l'excitabilité, propriété interne qui ne saurait exister sans avoir une base idioplasmatique.

Cette objection ruine tout le système.

Premièrement l'Hérédité n'est plus expliquée car, si les Faisceaux ont des différences de conditions dans leur longueur, un segment quelconque en particulier le segment contenu dans les éléments sexuels ne peut plus résumer toute leur constitution. Et la difficulté reparaît tout entière d'expliquer comment les innombrables caractères héréditaires peuvent être représentés dans leur petit volume.

L'explication de l'Ontogénèse qui n'est, en somme, que la détermination d'une série de caractères successifs dans le temps et dans l'espace, se trouve aussi annihilée. Nægeli dit que les faisceaux sont tous, dans les produits sexuels, à l'état de repos et, pour expliquer la succession variée de leurs états de repos et d'activité aux différents moments de l'ontogénèse et dans les divers points de leur longueur, déclare qu'ils ont constitués de telle sorte que la succession de ces états doit se reproduire nécessairement dans l'ordre voulu. Mais ce n'est pas là une explication. Il s'agit de savoir comment un simple agrégat peut contenir en lui une potentialité aussi complexe et aussi précise dans des détails, si nombreux et si éloignés.

D'après Nægeli, les Micelles sont doués de simples forces moléculaires et la résultante de ces forces dans un groupe d'une dizaine de Micelles est une force capable de déterminer dans le protoplasma nutritif ambiant un caractère donné. C'est déjà beaucoup de concéder une pareille supposition qui ne se comprend guère.

Mais comment comprendre, en outre, que cette résultante possède la propriété d'être tantôt efficiente, tantôt inactive?

Quelle est la constitution physico-chimique merveilleuse qui peut communiquer à des forces moléculaires la propriété de produire ainsi une *résultante à éclipses?*

Si encore ces éclipses étaient régulières! — Mais non.

Elles se produisent suivant un rythme extrêmement compliqué, à périodes à chaque instant variables dans le temps et dans l'espace, et cependant, toutes rigoureusement déterminées d'avance pour une durée presque indéfinie! Et ce rythme doit être combiné de telle façon avec celui des autres faisceaux que les caractères concordants apparaissent régulièrement par groupes aux places voulues et aux moments voulus! Dire simplement que les Micelles ou les Faisceaux ont la propriété de produire ces *résultantes à éclipses rythmées* suivant un mode prévu et concordant avec les nécessités de l'organisation, ce n'est plus faire une *hypothèse scientifique*, c'est invoquer un *Deus ex machina.*

De la constitution des Cordons idioplasmatiques découle une conséquence que Nægeli ne semble pas avoir aperçue.

Les caractères des espèces d'un même genre ne sont pas d'une nature fondamentalement différente et il n'y a pas le moindre doute qu'en les décomposant on obtiendrait, pour toutes, les mêmes Facteurs élémentaires. La combinaison diverse de ces Facteurs suffit et au delà pour produire les différences qui les distinguent. Il en résulte que leurs Idioplasmas sont composés des mêmes faisceaux et que la répartition des états de latence et d'activité de ces faisceaux dans l'espace et dans le temps est seule différente en elles. Mais puisque dans les produits sexuels tous les faisceaux sont à l'état de repos, il se trouve que leurs produits sexuels ne diffèrent en rien. Comment se fait-il alors que ces produits sexuels identiques donnent naissance à des espèces différentes? Nægeli répond que leurs faisceaux contiennent en puissance des périodes d'activité et de repos différemment rythmées. C'est donc encore ici le même *Deus ex machina* qui intervient en place d'explication.

Nous avons parlé des espèces. Mais cela est vrai pour les genres, les ordres, peut-être même les classes. Si par les combinaisons de 2000 caractères élémentaires, on peut constituer tous les caractères réels de l'Homme, on peut aussi avec les mêmes constituer tous ceux du Singe, du Chien, du Cheval, sans doute même du Reptile et du Poisson. Cela dépend du degré de la décomposition et de la simplicité des éléments. En tout cas, avec ceux du Chêne, on peut évidemment constituer tous ceux du Sapin. En sorte que ce n'est pas seulement pour les espèces, mais presque pour l'ensemble des êtres que Nægeli fait reposer les différences sur des propriétés incompréhensibles et dépourvues de substratum.

L'évolution phylogénétique des êtres n'est pas plus que le reste compatible avec la constitution et les propriétés de l'Idioplasma. Nægeli accorde bien aux conditions ambiantes une influence qui, à la longue, arrive à l'Idioplasma et le modifie, mais ces modifications sont, à son sens, secondaires. L'évolution est de cause interne. L'Idioplasma par ses seules tendances ajoute sans cesse à sa structure de nouvelles Files de Micelles qui font apparaître de nouveaux caractères, et les conditions extérieures ne font que donner à ces caractères leur expression adaptative. Or WEISMANN a fort bien démontré que l'adaptation était plus exigeante que cela et réclamait un droit sur la nature des caractères eux-mêmes. Nægeli ne se condamne-t-il pas absolument quand il dit que certaines formes ont pu n'évoluer que sous l'influence des tendances de leur Idioplasma sans rien devoir aux conditions ambiantes. Un organisme ainsi formé, ou ne serait pas adapté et ne pourrait vivre, ou devrait son adaptation à l'harmonie préétablie entre les tendances évolutives de l'Idioplasma et les conditions que l'être rencontrera au cours de son développement phylogénétique. Or cette harmonie préétablie suppose une prescience qui n'a rien de scientifique.

Est-il utile après cela d'insister sur les invraisemblances de la théorie de la fécondation, de montrer que les caractères individuels ne sont pas mieux expliqués que les caractères de race [1]?

[1] Nægeli dit que *tous* les caractères des deux parents sont présents dans le produit, et qu'un certain nombre seulement deviennent actifs et déterminent les caractères individuels. Mais il ne dit pas à quoi tient que tel caractère l'emportera sur tel autre. S'il admet que certains Faisceaux sont plus forts, plus excitables chez un des deux parents que les Faisceaux homologues de l'autre, comment se fait-il que tous les produits d'un même couple ne soient pas identiques? Si un Homme à yeux noirs se marie à une femme à yeux bleus, et que le premier enfant ait les yeux noirs, c'est que les Faisceaux correspondant à la détermination de cette couleur sont plus énergiques chez le mari que chez la femme. Comment se fait-il alors qu'un second enfant puisse avoir les yeux bleus? Si Nægeli admettait que les conditions ambiantes puissent, en peu de temps, modifier l'excitabilité relative des Faisceaux, la chose se comprendrait aisément, mais il le nie énergiquement et il y est forcé, car, s'il en était ainsi, les conditions ambiantes pourraient transformer une espèce ou même un genre en un autre, puisque nous avons montré que ces espèces et ces genres ne diffèrent entre eux que par le degré d'excitabilité des mêmes Faisceaux. Nægeli déclare formellement que les conditions peuvent, dans le court espace de quelques années, modifier quelque peu le corps, mais que leur influence ne s'étend jamais à l'Idioplasma.

Que sert de montrer que deux pierres sont mal jointes dans les débris d'un mur écroulé?

C'est la théorie tout entière qui s'effondre parce qu'elle a pour base des hypothèses non seulement invraisemblables, mais en contradiction avec les principes fondamentaux de la science positive.

Nægeli a cru qu'il simplifiait le problème en remplaçant un nombre immense de facteurs matériels complexes par des différences dans les états dynamiques d'un petit nombre de facteurs matériels élémentaires. Il n'a pas vu que ces différences elles-mêmes ne pouvaient exister sans un substratum physique et que l'introduction de ce substratum détruisait tous les avantages de sa conception.

En supprimant la difficulté de faire tenir dans l'élément sexuel l'innombrable quantité de facteurs matériels que nécessite la détermination des caractères, il en a créé une autre plus insurmontable encore, et toute la peine qu'il a prise pour la vaincre n'a pas abouti même à la voiler.

KÖLLIKER (1885)

L'Idioplasma nucléaire. — On peut admettre l'Idioplasma de Nægeli et tirer parti de tous les avantages de cette conception ingénieuse sans accepter ses vues sur la distribution de cette substance dans le corps. La forme du réseau général répandue dans tout l'organisme est extrêmement improbable et on rendrait la théorie plus simple et plus admissible en limitant l'Idioplasma aux noyaux des cellules. Dans les noyaux il se manifeste par les réseaux nucléaires qui ne sont pas l'Idioplasma lui-même, mais sont moulés sur lui, et ces réseaux ne s'étendent pas au cytoplasma, ils sont discontinus dans le corps.

Cette modification à la théorie est en accord avec le fait aujourd'hui démontré que le noyau est le seul véhicule de l'Hérédité. Partout le spermatozoïde représente uniquement un noyau et, dans l'œuf, c'est le noyau seul qui joue un rôle important dans la fécondation.

La Fécondation. — Les *globules polaires* n'ont pour rôle que de diminuer la masse du noyau femelle par rapport à celle du noyau mâle. Si, après leur expulsion, le noyau de l'œuf est encore plus volumineux que la tête du spermatozoïde, cela ne veut pas dire qu'il contienne plus d'Idioplasma, car l'Idioplasma ne forme pas la masse entière du noyau.

La Fécondation consistant dans la réunion de deux noyaux mâle et femelle en le premier noyau de segmentation, celui-ci se trouve être hermaphrodite. Tous les noyaux dérivés de lui sont hermaphrodites comme lui, et lui sont équivalents.

L'Ontogénèse. — Les cellules de l'embryon sont toutes, au début, équivalentes aussi et possèdent ce caractère de non-différenciation qui leur a fait donner le nom de cellules embryonnaires. Toutes les cellules embryonnaires sont équivalentes à l'œuf et capables de reproduire l'organisme. Mais pendant l'évolution de l'individu, elles se spécialisent dans différents sens et perdent cette propriété proportionnellement à leur spécialisation.

Les cellules sexuelles sont des cellules restées embryonnaires. Elles ont subi cependant une certaine différenciation qui consiste, pour l'œuf, dans l'acquisition de matériaux nutritifs abondants; pour le spermatozoïde, dans sa forme condensée et dans son appendice moteur.

Bourgeonnement, Régénération. — Mais il y a dans le corps beaucoup d'autres cellules embryonnaires capables de reproduire soit des organes, soit l'organisme entier, soit des parties plus ou moins étendues. On en trouve dans les points végétatifs des plantes, dans ceux des colonies de Coraux, dans les couches profondes du corps muqueux de Malpighi, dans la couche de cartilage interposée aux épiphyses et aux diaphyses des os, etc., etc. Quand une partie coupée, queue, membre, portion du corps, se régénère, il se forme d'abord, sans doute aux dépens des tissus voisins, des cellules embryonnaires par lesquelles la partie coupée se reproduit d'après les mêmes lois que chez l'embryon.

[Il y a peu à dire sur cette petite variante à la théorie de Nægeli accommodée avec les idées de Hertwig sur la fécondation et avec celles de H. Milne Edwards sur la signification des produits sexuels.

[Déjà, en 1863, ce dernier avait exposé tout au long, dans son beau traité d'Anatomie comparée, la théorie qui consiste à considérer les œufs et les cellules de la Régénération comme des cellules non différenciées.

[Il est certain que Kölliker a raison en condamnant la forme que Nægeli a attribuée à son Idioplasma. Mais il ne suffit pas de localiser cette substance dans les noyaux pour rendre la théorie acceptable. Les objections de fond que nous avons développées gardent toute leur valeur et une nouvelle surgit, c'est que la transmission des modifications périphériques à l'ensemble de l'Idioplasma a les voies coupées et ne peut plus s'expliquer.

[Inutile d'ajouter que toute la théorie sur la nature exclusivement nucléaire du spermatozoïde (c'est là un des points sur lesquels il s'étend le plus) est aujourd'hui condamnée par la découverte du centrosome.]

DE VRIES (1889)

La Pangénèse intracellulaire.

Exposé.

La Pangénèse de Darwin et la Pangénèse intracellulaire. — La théorie pangénétique de Darwin comporte deux hypothèses fondamentales que l'on n'a pas suffisamment distinguées jusqu'ici : 1° L'existence des *Gemmules*, facteurs matériels des propriétés et des caractères héréditaires des cellules, se transmettant par la division cellulaire de la cellule mère aux deux cellules filles, presque sans changement de lieu; 2° la circulation des Gemmules à travers l'organisme, pour se rendre aux éléments sexuels et les modifier parallèlement aux modifications subies par les organes périphériques. La première est une conception vraiment géniale et Darwin a pu, grâce à elle, donner une base matérielle à l'explication des grands phénomènes biologiques : Hérédité, Atavisme, Variation, Régénération, etc., que l'on n'expliquait avant lui que par des théories abstraites. La seconde, au contraire, paraît inacceptable et, plus les études de physiologie cellulaire ont fait de progrès, plus son imperfection est devenue évidente.

Les contradicteurs de Darwin n'ont pas eu de peine à le démontrer et, faute d'avoir fait la distinction que nous venons d'indiquer, ont cru renverser ainsi la théorie tout entière. Il n'en est rien et toutes les objections laissent intacte la conception même des Gemmules. Darwin n'avait imaginé la circulation des Gemmules à travers l'organisme que pour expliquer la Régénération et l'Hérédité des modifications acquises. Or Weismann ayant démontré que cette Hérédité n'existe pas, la circulation des Gemmules devient inutile et la théorie, débarrassée de ce membre véreux, reprend toute sa valeur.

Cependant, à l'époque où Darwin l'a émise, les études de Biologie cellulaire étaient si peu avancées, qu'elle devait être forcément incomplète et fautive dans beaucoup de détails. Il devient nécessaire de la remanier pour la mettre au niveau des connaissances récentes et c'est pour ce but qu'a été conçue la théorie actuelle.

Dans cette dernière, la circulation des Gemmules ne s'étend plus d'une cellule à d'autres à travers l'organisme; elle se limite à la cellule même et se fait du noyau au cytoplasma seulement, d'où le nom de *Pangénèse intracellulaire* qui la distingue de la Pangénèse de Darwin par son trait fondamental.

Le nom de Gemmules est fâcheux et a fait croire à plusieurs naturalistes que ces particules étaient des germes développés. Aussi dans la théorie nouvelle il ne sera pas conservé et sera remplacé par celui de *Pangènes*.

Les Pangènes. — Il n'est plus permis aujourd'hui de douter que les caractères et les propriétés des êtres vivants et de leurs organes ne soient l'expression de leur constitution matérielle. La forme et les propriétés des cellules résultent de leur composition protoplasmique comme les propriétés des corps inorganiques résultent de leur nature chimique. Faut-il donc admettre qu'il y a autant d'espèces de protoplasmas qu'il y a de sortes différentes de cellules dans les êtres organisés? Si l'on songe combien il y a de cellules différentes dans un même être et que les cellules homologues ne sont pas identiques dans les espèces différentes, on se rend compte que leur nombre serait incalculable et, malgré la richesse des substances protéiques en variétés différentes, il serait impossible de concevoir qu'elles pussent satisfaire à tous les besoins[1]. Il y a là une difficulté insurmontable en apparence, mais qui devient facile à résoudre par une conception très simple. Cette conception consiste à décomposer les caratères et propriétés complexes, innombrables dans les êtres vivants, en caractères et propriétés élémentaires beaucoup moins nombreux qui, par leurs combinaisons variables, produisent la variété presque infinie que nous observons. De même qu'avec une trentaine de lettres on peut former tous les mots du langage humain, de même avec les propriétés élémentaires, dont le nombre absolu est encore très considérable, on

[1] [Cet argument ne porte pas. Car l'auteur admet que toutes les cellules de tous les êtres sont des combinaisons d'un petit nombre de Pangènes, mais des combinaisons *différentes*. Il n'y a pas, selon lui, deux cellules de tissus différents ou d'êtres d'espèce différente, qui soient formés d'une même association de Pangènes. [Si donc on supprime l'individualité des Pangènes et qu'on suppose leur substance chimique dissoute dans le corps de la cellule, on aura autant de protoplasmas différents qu'il y a de sortes différentes de cellules. [De Vries se trompe donc en disant que cela ne serait pas possible.]

peut reproduire tous les caractères des êtres vivants dans toute leur variété et leur complexité. Il suffit alors d'admettre que ces caractères et propriétés élémentaires sont représentés par autant de particules matérielles et le problème se trouve résolu. Ces particules ce sont les Pangènes.

Les Pangènes sont donc de petits organites invisibles au microscope formés d'un nombre immense « *zahllos* » de molécules chimiques et différant des substances chimiques les plus complexes par trois propriétés qui leur sont communes à tous et qui sont caractéristiques de la matière vivante : ils se nourrissent, s'accroissent et se multiplient par division[1].

Outre les trois propriétés générales qui en font des molécules vivantes, les Pangènes possèdent des propriétés particulières, dépendant de leur constitution chimique, différentes pour chacun d'eux et qui leur sont indissolublement liées, en sorte que, partout où un Pangène se trouvera, la propriété où le caractère élémentaire spécial qui lui appartient se montrera, si d'ailleurs les conditions internes et externes lui permettent de se manifester. Latent on patent, en puissance ou en évidence, le caractère est toujours là où est le Pangène correspondant. Chaque cellule contient un grand nombre de Pangènes en activité et ses caractères et propriétés d'ensemble sont la résultante des caractères et propriétés élémentaires de ces Pangènes, comme les caractères anatomiques et physiologiques de l'individu vivant sont la résultante des caractères anatomiques et physiologiques des cellules qui le composent.

Il faut se représenter le protoplasma cellulaire comme formé d'innombrables Pangènes baignés dans un liquide où sont dissoutes des substances purement chimiques : albumine, glucose, sels, etc. Peut-être des substances semblables imprègnent-elles les Pangènes eux-mêmes; mais nous n'en savons rien.

Le noyau contient en général toutes les sortes de Pangènes que comporte l'individu. Mais ces Pangènes sont là en état d'inactivité, en réserve, pour être transmis aux deux noyaux filles lorsque la cellule se divisera. Ils peuvent se diviser et il faut bien qu'il en soit ainsi pour que les deux noyaux filles puissent en recevoir chacun un lot complet; mais ils ne manifestent pas leurs propriétés spéciales qui restent là

[1] Comment ces propriétés générales ainsi que leurs diverses propriétés particulières résultent de leur composition, c'est ce que nous ne pouvons savoir, dans notre ignorance de la constitution de la matière.

Il faut l'admettre sans y regarder de plus près.

à l'état latent. Il n'y a d'exception que pour les quelques Pangènes qui régissent la division du noyau. Ceux-là entrent en activité au moment voulu pour déterminer les caractères de la division et en particulier la position du plan de segmentation.

Le cytoplasme est aussi composé de Pangènes; mais ces Pangènes, sauf l'exception de ceux qui proviennent du cytoplosma de l'ovule et dont il sera question plus tard, proviennent du noyau. De celui-ci sortent, en effet, des Pangènes qui se répandent dans le cytoplasma et s'y multiplient abondamment. Ces Pangènes sont précisément et exclusivement ceux dont ce cytoplasma a besoin pour manifester les caractères et propriétés que revêt la cellule et c'est en lui délivrant tels et tels Pangènes et non les autres que le noyau régit le cytoplasme, lequel resterait inerte sans cette infusion de particules vivantes et actives.

Il y a donc une grande différence entre le noyau et le cytoplasme au point de vue de la constitution pangénétique. Chaque noyau contient en général tous les Pangènes de l'individu réunis sans doute par groupes plus ou moins considérables dans les filaments chromatiques et ces groupes, analogues aux Gemmules composées de Darwin, forment probablement ces petits grains disposés à la file qu'un fort grossissement montre dans les filaments chromatiques. Mais il n'y a que 1, 2 ou tout au plus un petit nombre de Pangènes de chaque espèce; tous sont inactifs sauf, au moment de la division, ceux qui régissent ce phénomène; ils peuvent se multiplier mais peu activement et, *en général,* ils ne se divisent que juste assez pour remplacer ceux qui émigrent dans le cytoplasma et pour fournir, au moment de la division, à chaque noyau fille le lot complet qu'il doit recevoir. Dans le cytoplasme, au contraire, il n'y a qu'un petit nombre d'espèces de Pangènes, venues du noyau en quantité strictement nécessaire. Mais là ces Pangènes se sont énormément multipliés, en sorte qu'il y en a un très grand nombre de chaque espèce et ils sont presque tous à l'état d'activité[1].

L'Ontogénie. — On sait par la belle découverte de Hertwig que le noyau seul de la cellule sexuelle mâle prend part à la fécondation[2]. Ce simple

[1] Il y a dans le cytoplasma quelques Pangènes inactifs, car les propriétés de la cellule ne sont pas toutes en action au même moment. Certaines n'entrent en activité qu'à un moment donné de la vie de la cellule, d'autres sous l'influence de conditions particulières, d'autres encore passent par des phases alternatives d'activité et de repos, d'autres enfin ne deviendront actifs que si certaines conditions tout à fait exceptionnelles viennent à se réaliser (certains cas de Dichogénie).

[2] [On sait, au contraire, aujourd'hui que cela n'est pas vrai.]

noyau transmet tous les caractères héréditaires du père. Ce phénomène jadis inconcevable se comprend aisément dans la théorie pangénétique, car le noyau contient tous les Pangènes de l'espèce et ces Pangènes représentent tous les caractères que l'Hérédité peut transmettre. Les Pangènes provenant du mâle se mêlent, dans le noyau de l'ovule fécondé, à ceux provenant de la femelle et, de là, résulte le caractère mixte du produit. Là, les Pangènes se multiplient, s'il y a lieu, de manière à pouvoir se diviser en deux lots identiques, comprenant chacun toutes les sortes que contenait le noyau de l'ovule fécondé, et au moment de la première division chaque noyau fille prend pour lui un de ces lots[1].

[1] Roux a le premier clairement indiqué que la division longitudinale des filaments avait pour but la répartition entre les deux noyaux filles des rudiments contenus dans le noyau mère. C'est sans doute, en effet, dans cette division que se fait la séparation des Pangènes en deux lots identiques.

L'individu considéré comme l'arbre généalogique de ses éléments cellulaires. — Tout le monde sait, depuis longtemps, que toutes les cellules de l'individu proviennent de la cellule-œuf par des divisions successives. Cependant on ne s'est pas arrêté à l'idée très simple et très suggestive de considérer l'individu comme l'*arbre généalogique de ses cellules*. La cellule-œuf contient en puissance toutes les cellules de l'individu. Deux cellules naissent de sa division. A elles deux, elles représentent encore l'individu futur tout entier et chacune d'elles contient en puissance une part nettement déterminée des cellules et des organes futurs. A chaque division il en est de même et, à tout moment de l'ontogénèse, on peut considérer l'individu comme formé d'éléments dont chacun contient en puissance une part des éléments à venir. Et cela est vrai pour l'ontogénèse, non seulement au sens étroit, c'est-à-dire jusqu'à l'obtention de la forme parfaite, mais au sens large, c'est-à-dire en y comprenant les évolutions, qui se poursuivent après la naissance, à travers la la jeunesse et l'âge adulte, jusqu'à la vieillesse et à la mort. On peut supposer tous les stades successifs de cette vaste ontogénie superposés les uns aux autres et concevoir une ligne partant simple de l'œuf, se divisant en deux branches, une pour chacun des deux premiers blastomères et continuant ainsi à monter en se ramifiant de manière à relier chaque cellule aux deux qui proviennent de sa division. On obtiendra ainsi un vaste système dichotomique en forme de pyramide reposant sur la pointe, ayant une cellule à chaque point de division, dont chaque étage représentera un stade de l'ontogénie et dans lequel on pourra lire d'un coup d'œil la généalogie de chaque cellule et de chaque organe ou partie du corps.

[Nous avons vu (p. 153) que la priorité de cette conception appartenait à BARD (86); mais DE Vries l'a précisée et développée.]

Dans ce système il sera utile de distinguer les *lignées germinales* (Keimbahnen), des *lignées somatiques* (somatische Bahnen). Les premières sont celles qui aboutissent aux cellules normalement reproductrices (ovules, spermatozoïdes, grains de pollen, cellules terminales des bourgeons des plantes). Les secondes sont celles qui aboutissent aux tissus et organes non reproducteurs, aux cellules incapables de former un nouvel individu. Toutes les lignées aboutissent à l'œuf primitif mais, tandis que les lignées germinales ne sont composées que de cellules germinales sur tout leur parcours, les li-

La chose continue de la même façon, en sorte que chaque noyau contient toujours toutes les sortes de Pangènes qui se rencontrent dans l'individu. Un certain nombre de ces Pangènes se dépensent, il est vrai, dans chaque

gnées somatiques sont composées de cellules somatiques, incapables de reproduction, jusqu'à leur rencontre avec une lignée germinale; à partir de là, elles sont germinales jusqu'à l'œuf, en sorte que l'on peut dire que les lignées somatiques naissent des germinales, tandis que l'inverse n'a jamais lieu. Mais la distinction n'est pas absolue entre les lignées germinales et les somatiques. Car il y a beaucoup de cellules, somatiques en apparence, qui, dans des conditions particulières, se montrent douées du pouvoir reproducteur. On sait qu'il suffit souvent de piquer un peu profondément une branche, pour exciter une prolifération du cambium et provoquer la formation d'un bourgeon. Les cellules pseudo-somatiques capables de reproduire l'individu entier ne sont pas forcément des cellules jeunes et non différenciées comme celles du cambium. Ce peuvent être des cellules de tissus différenciés, c'est le cas pour les cellules des feuilles de Bégonias.

Nous distinguerons ces lignées cellulaires aboutissant à ces cellules pseudo-somatiques douées de la puissance germinale sous le nom de *lignées germinales accessoires* (Nebenkeimbahnen) par opposition aux *lignées germinales principales* (Hauptkeimbahnen) qui aboutissent aux cellules normalement reproductrices. Ces lignées germinales accessoires établissent une transition insensible entre les lignées germinales et les lignées somatiques.

Sur quoi repose la différence entre les uns et les autres?

D'après Weismann, elle repose sur la constitution idioplasmatique du noyau, en ce sens que les cellules germinales et celles des lignées germinales contiennent seules un Plasma germinatif complet, identique à celui de l'œuf fécondé, tandis que l'Idioplasma des cellules somatiques et de leur lignée manque de certains éléments et est, par là, radicalement privé du pouvoir reproducteur. Le Plasma germinatif immortel s'oppose au Plasma somatique qui est fatalement mortel. Cet auteur n'eût pas admis une théorie aussi absolue s'il eût envisagé les plantes, où la distinction entre les cellules somatiques et les germinales est beaucoup moins radicale que chez les animaux. A l'inverse de Weismann nous pensons que, dans les lignées somatiques aussi bien que, dans les lignées germinales, chaque noyau contient toutes les sortes de Pangènes de l'individu, et si les cellules purement somatiques sont privées du pouvoir reproducteur, ce n'est pas par privation de certains éléments indispensables, mais par une adaptation, une différenciation, dans une direction différente, qui les a rendues impropres au travail reproducteur. Les cellules des lignées germinales accessoires sont des cellules germinales en train de devenir somatiques et chez lesquelles le pouvoir reproducteur n'est pas encore radicalement perdu et peut se révéler sous l'influence de certaines conditions.

On peut distinguer trois sortes de divisions cellulaires : la *division phylétique*, c'est celle qui a lieu dans les lignées germinales, la *division somatique* qui a lieu entre les cellules des lignées purement somatiques, et la *division somarchique* qui a lieu dans une cellule germinale se divisant en deux autres, l'une qui continue la lignée germinale, l'autre qui commence une lignée somatique. Mais, dans les unes comme dans les autres, nous admettons, à l'inverse de Weismann, que toutes les espèces de Pangènes passent du noyau mère à chacun des deux noyaux filles. Cependant il serait peut-être abusif d'admettre que cette intégrité du lot complet

cellule, en émigrant dans le cytoplasma pour lui imprimer ses caractères et lui communiquer ses propriétés, mais chaque fois, une multiplication préalable de ces Pangènes dans le noyau remplace à l'avance ceux qui doivent sortir. La chose continue ainsi indéfiniment non seulement jusqu'à la fin de l'ontogénèse, mais pendant toute la vie de l'Individu, tant qu'il y a des cellules qui se divisent.

Évolution phylogénétique des Pangènes. — Nous avons vu que les Pangènes contenus dans le cytoplasma proviennent tous du noyau (sauf l'exception dont il sera question plus tard à propos du cytoplasma de l'œuf). Ce n'est cependant pas là la condition primitive. Les organismes inférieurs non nucléés ont aussi des caractères héréditaires représentés par des Pangènes, et ces Pangènes sont nécessairement répandus dans le cytoplasma. Comme ces organismes sont extrêmement simples, ils ne contiennent que peu d'espèces de Pangènes; chez les plus simples de tous, les manifestations de la vie étant à peu près à chaque instant les mêmes, les Pangènes sont à peu près tous concurremment en activité. Mais, pour peu que l'organisation s'élève, la vie uniforme fait place à une évolution, l'être manifeste des propriétés diverses et revêt des caractères différents aux phases successives de son existence; il en résulte que les Pangènes ne sont pas tous actifs en même temps; certains d'entre eux sont inactifs pendant des périodes plus ou moins longues. A mesure que la vie s'est compliquée, ces Pangènes inactifs sont devenus plus nombreux, et il est arrivé un moment où, interposés aux autres, ils auraient fini par les gêner. A ce moment du développement *phylogénetique* s'est produit un progrès important dans la différenciation. Tous ces Pangènes inactifs se sont réunis, et ont formé dans la cellule une masse indépendante, le *noyau*. Là ils ne gênent plus ceux qui sont à l'état d'activité et ils sortent du noyau au fur et à mesure des besoins. Mais, bien

des Pangènes se conserve dans toutes les divisions sans exception. Il est bien possible que, dans certaines divisions somarchiques, et dans les divisions somatiques qui donnent naissance à des tissus très spéciaux et radicalement privés du pouvoir reproducteur, cette intégrité ne se conserve pas; mais il y a loin de cette altération ultime à la distinction radicale et précoce en Plasma somatique et Plasma germinatif à la manière de Weismann.

[De Vries n'insiste pas sur ce point distinctif autant que je le fais ici. C'est cependant bien nettement son idée et je tiens à la faire ressortir. La différence radicale entre Weismann et lui, et cette différence se continue dans la théorie nouvelle de Weismann, c'est que de Vries admet l'identité du noyau partout ou à peu près, tandis que Weissmann admet que, dans ses divisions successives, chaque noyau distribue à ses noyaux filles les potentialités qu'il a en lui.]

qu'inactifs au point de vue de la manifestation de leurs propriétés spéciales, les Pangènes ont gardé dans le noyau le pouvoir de se multiplier et la chose s'est établie de telle manière que toute émission vers le cytoplasma a été précédée d'une multiplication des Pangènes destinés à émigrer, en sorte que le noyau conserve toujours un lot complet où tous les Pangènes de l'individu sont représentés au moins une fois (et il peut l'être un grand nombre de fois). Dès lors le noyau a été la réserve des caractères de l'individu et il est naturellement devenu l'organe de la transmission de ces caractères, l'organe de la Génération et de l'Hérédité.

Les organismes pluricellulaires se sont formés naturellement par une division non suivie de séparation et, la division du noyau se faisant en deux moitiés identiques, tous les noyaux de l'organisme produit ont eu la même constitution pangénétique. Aussi, à l'origine, les cellules de l'individu sont toutes équivalentes et toutes également capables de reproduire l'organisme entier. Mais, peu à peu, se sont établies des différenciations portant, non sur la constitution pangénétique du noyau, mais sur des adaptations secondaires qui ont rendu certaines cellules particulièrement aptes à la reproduction, tandis que d'autres ont vu leur aptitude reproductrice diminuer à mesure que leur appropriation à d'autres fonctions spéciales s'accentuait. Ces cellules n'ont plus désormais servi normalement à la reproduction, mais elles sont restées capables de remplir cette fonction dans des conditions plus ou moins exceptionnelles. Un pas de plus et cette aptitude a fini par disparaître complètement. Néanmoins la constitution du noyau n'était pas encore altérée et ce n'est que beaucoup plus tard que, sans doute, certains noyaux ont cessé de recevoir au moment de leur formation un lot complet de Pangènes; car c'eût été une dépense inutile de livrer à ces noyaux des Pangènes condamnés à rester indéfiniment inactifs chez eux et chez toute leur descendance[1].

[1] Ainsi chez les êtres unicellulaires, la généalogie cellulaire se confond avec celle de l'individu. Chez les Homoplastides, c'est-à-dire chez les pluricellulaires dont toutes les cellules sont équivalentes, il n'y a que des *lignées germinales principales*. Chez les Hétéroplastides inférieures, dont toutes les cellules peuvent, dans certaines conditions, reproduire l'organisme, bien qu'il y ait des organes reproducteurs différenciés comme chez certaines Mousses, il n'y a que des *lignées germinales*, les unes *principales*, les autres *accessoires*. Chez les plantes supérieures, il s'y joint des *lignées somatiques*. Enfin chez les animaux, il n'y a plus que des *lignées germinales principales* et des *lignées somatiques*, car aucun organe ou tissu somatique ne peut fournir d'éléments reproducteurs.

[Cette dernière affirmation n'est pas tout à fait exacte, car un fragment d'Actinie peut reproduire l'Actinie entière, et c'est là un phénomène qui dépasse la

Comparaison de la Pangénèse intracellulare avec la Pangénèse de Darwin. — Maintenant que notre théorie est exposée, au moins dans ses grands traits, nous pouvons la comparer à celle de Darwin, avec plus de précision que nous n'avons pu le faire jusqu'ici.

Darwin a, le premier, eu l'idée de l'existence de facteurs séparés des propriétés élémentaires des organismes. Nous lui avons emprunté cette idée et nos Pangènes ne sont autre chose que ses Gemmules, plus affinés et mis au courant des progrès de la biologie cellulaire[1]. Darwin avait admis que ses *Gemmules* pouvaient circuler dans l'organisme et pénétrer dans de nouvelles cellules, en particulier dans les cellules germinales pour leur imprimer les caractères nouveaux acquis par les cellules somatiques. Cette hypothèse avait été émise pour fournir une explication à certains phénomènes dans lesquels se manifeste une action à distance. Ces phénomènes sont l'*Hérédité des modifications acquises,* les *Xénies* et le mélange des caractères chez les *Hybrides de greffe.*

Pour les modifications acquises, il y a lieu de distinguer entre celles qui intéressent les cellules somatiques et celles qui portent sur les cellules des lignées germinales. Pour ces dernières, l'hérédité du caractère nouveau s'explique d'elle-même sans recourir à une action à distance. La cellule modifiée lègue, en se divisant, son caractère nouveau aux deux cellules qu'elle engendre, celles-ci à leurs filles et ainsi de suite, jusqu'aux cellules reproductrices de la génération suivante[2]. Quant aux cellules des lignées somatiques, leurs modifications ne sont pas transmissibles. On les a longtemps cru héréditaires, mais Weismann a démontré que toutes les observations sur lesquelles reposait cette croyance étaient incomplètes ou manquaient d'authenticité. La même objection peut être faite aux hybrides de greffe dont l'origine manque de certitude et aux Xénies, qui ont besoin d'être plus rigoureusement étudiés avant de servir de base à une théorie de cette importance.

Les *communications protoplasmiques* pourraient peut-être permettre une action à distance sur les cellules germinales, mais leur généralité n'est pas démontrée. Pour qu'elles pussent servir à quelque chose, il faudrait que des Pangènes venus de loin pussent entrer dans le noyau des cellules germinales : or ils sortent du noyau, mais n'y rentrent jamais[3].

portée d'une simple régénération et qui est comparable à la bouture chez les plantes.]

[1] [Cela n'est pas exact. Nous le montrerons dans la critique générale du système.]

[2] [De Vries ne donne pas toute cette explication, mais elle se comprend d'elle-même. C'est certainement là son idée.]

[3] [Pourquoi se lier ainsi les mains par

Tous ceux qui ont lu la théorie de Darwin ont remarqué avec quelle facilité merveilleuse, grâce à l'ingéniosité de l'auteur, elle expliquait les grands phénomènes biologiques autrefois incompréhensibles. On voit clairement, sans qu'il soit utile d'insister, que la théorie des Pangènes jouit exactement du même avantage. Nous ne répéterons pas ces explications et n'insisterons que sur celles où la différence entre nos Pangènes et ses Gemmules apportent quelque changement.

Hérédité. — Tout caractère est représenté par un Pangène; ce caractère peut donc, comme ce Pangène et avec lui, être transmis par la génération, et se manifester, ou rester à l'état latent pour entrer en activité à un moment donné, sous l'influence de causes convenables.

Variation. — Un seul Pangène suffit pour représenser un caractère, mais non pour l'exprimer. Aussi les Pangènes doivent-ils se multiplier et plus ceux d'une même espèce sont nombreux, plus le caractère correspondant est fortement exprimé. Cela peut arriver aussi bien dans le noyau des éléments reproducteurs que dans celui des cellules somatiques, et alors le caractère est transmis au descendant sous une forme plus ou moins accentuée. Il y a là une cause importante de variation individuelle. C'est à la multiplication plus ou moins active des divers Pangènes dans les divers individus qu'est due cette oscillation de l'intensité des caractères autour d'une moyenne qui caractérise l'espèce. Il peut y avoir aussi des modifications dans le groupement des Pangènes, dans leurs proportions relatives, dans le moment et la durée de leurs phases d'activité et de repos.

Les influences extérieures ont une action sur ces phénomènes. Aussi un organe jeune est-il facilement modifiable tandis, qu'il devient plus rebelle à mesure qu'il vieillit, parce que ses Pangènes l'ont modelé plus énergiquement.

Ainsi s'explique la *Variation* que l'on pourrait nommer *individuelle* et *sporadique*. Quant à cette variation *progressive* et *persistante* qui aboutit à la formation d'espèces nouvelles, elle doit reposer sur une modification dans la nature même des Pangènes.

On peut admettre que parfois des Pangènes, en se divisant pour se multiplier, se partagent en deux moitiés non identiques, en sorte que

une hypothèse que rien ne rend nécessaire?

[Pourquoi ne pas admettre que les Pangènes peuvent au moins, dans certaines circonstances, rentrer dans le noyau.

[De Vries aurait vu les Pangènes et observé leurs mouvements qu'il ne parlerait pas avec plus d'assurance.]

les deux Pangènes filles seraient différents du Pangène mère. Ainsi se créent de nouvelles espèces de Pangènes qui, en se multipliant par division désormais identique, arrivent à manifester un caractère nouveau. Ainsi, à chaque espèce nouvelle, correspondent des Pangènes nouveaux nés de ceux de l'espèce mère. Les Pangènes ont donc leur généalogie phylétique comme les espèces elles-mêmes. Et les espèces ont entre elles le même degré de parenté que leurs Pangènes.

La *Variation corrélative* s'explique par la réunion de certains Pangènes en groupes (Gemmules composées de Darwin) soumis aux mêmes influences et subissant des modifications parallèles.

Régénération. — La *Régénération,* la *Cicatrisation* s'expliquent par le fait que les Pangènes des cellules enlevées n'étaient pas limités à ces cellules, mais se trouvaient représentés aussi dans les cellules servant à la réfection [1].

Tératogénèse. — Si des Pangènes destinés à ne sortir de l'état latent que dans certains organes deviennent actifs à une fausse place, ils produisent une monstruosité. Ainsi s'expliquent les phénomènes que les Botanistes désignent sous le nom de *Métamorphose,* par exemple la *Pétalodie* des bractées. Elle est due à ce que des Pangènes de feuilles entrent en activité dans des bractées.

Caractères latents et Atavisme. — Les Pangènes peuvent être latents et être transmis comme tels pendant de nombreuses générations; ils expliquent ainsi les caractères latents. Lorsqu'un caractère depuis longtemps perdu dans une espèce, réapparaît brusquement dans un individu isolé, c'est que le Pangène ancestral existait latent chez cet individu et chez tous ses ancêtres, mais qu'il n'est devenu actif que chez celui-là. — Les Pangènes latents permettent encore de comprendre pourquoi une modification n'apparaît dans une espèce que lorsque sa cause a agi pendant plusieurs générations. Il existe ainsi une multitude de caractères latents soumis à des variations multiples que nous ne voyons pas. Nous n'apercevons que le sommet des ondulations.

Après avoir exposé la théorie, nous allons montrer comme quoi les conceptions fondamentales sur lesquelles elle repose s'imposent inévitablement, et répondre aux objections qu'elles suscitent.

[1] [Cela n'explique rien, car tous les Pangènes ou à peu près étant présents dans tous les noyaux, on ne voit pas pourquoi ceux-là seuls entrent en activité qui sont nécessaires à la réfection des tissus enlevés.]

Indépendance des caractères. Nécessité de leur représentation par des facteurs séparés. — Un examen approfondi montre que les caractères élémentaires des organismes sont indépendants les uns des autres. Même les plus généraux comme, chez les plantes, le pouvoir de former de la chlorophylle, peuvent manquer dans certains cas. Un même caractère peut se retrouver dans les êtres les plus différents : ainsi le pouvoir de former des ferments dissolvant l'albumine se rencontre chez les animaux et chez les plantes carnivores. Inversement, dans un même organe, tous les caractères sont indépendants comme le prouvent les faits de *Dichogénie* dans lesquels on voit deux caractères opposés se manifester l'un à l'exclusion de l'autre, par exemple lorsqu'un rhizome de Pomme de terre donne des feuilles là où il est exposé à l'air ; comme le prouvent aussi les faits de *Dimorphisme* ou de *Polymorphisme* sexuel ou autre. Les caractères morphologiques eux-mêmes peuvent être morcelés en caractères élémentaires indépendants, relatifs à la disposition, à la forme et au nombre des parties, etc... La preuve en est que l'on peut décrire, malgré leur extrême variété, toutes les formes des feuilles et des autres organes avec le petit nombre de termes dont dispose la botanique descriptive pour ce besoin.

Mais ce qui démontre le mieux l'indépendance réelle des caractères, c'est leur Variation indépendante.

Il n'est pas un seul caractère lié à d'autres par de tels liens qu'il ne puisse varier séparément[1]. Les caractères se montrent indépendants, non seulement quant à la présence et à l'absence, mais même quant au degré. Un même caractère peut se rencontrer dans des êtres voisins ou éloignés à des degrés très variables formant une gamme étendue[2].

Il est bien évident que, si les caractères sont indépendants, ils sont

[1] Il est vrai que les espèces diffèrent par plusieurs caractères à la fois, mais il est probable que ces caractères ont été acquis successivement, séparément, en sorte que leur présence simultanée est une coïncidence et non le résultat d'une attraction, d'un enchaînement réciproque.

[2] La Réversion en fournit de nombreux exemples. Ainsi une variété blanche d'une fleur rouge peut faire retour à la couleur rouge à tous les degrés depuis une minime tache sur un seul pétale jusqu'à la couleur rouge totale en passant par toutes les nuances du rose et par toutes les formes de panachure.

Les Métis et les Hybrides montrent aussi cette indépendance par la manière absolument variable dont se mélangent dans le produit les caractères des deux parents.

Un des parents peut même ne léguer qu'un seul caractère, comme ce Bégonia qui, obtenu par croisement d'une espèce à couleur uniforme avec une espèce panachée, avait reçu de cette seconde, uniquement le caractère panaché et rien de plus.

représentés par des facteurs matériels indépendants capables de s'unir en combinaisons quelconques pour former des caractères d'ensemble[1]. Si, par exemple, deux plantes, même éloignées, sécrètent l'une et l'autre un même acide ou un même alcaloïde, c'est qu'elles contiennent l'une et l'autre un même élément matériel, relatif à cette propriété.

Nécessité de la migration intracellulaire des Pangènes. — Nous avons vu que toutes les sortes de Pangènes de l'individu sont représentées dans le noyau. Mais cela ne suffit pas, il faut que ces Pangènes puissent exercer leur influence sur le cytoplasme. Nous avons expliqué cette influence par une migration des Pangènes du noyau au cytoplasme, il faut maintenant légitimer cette hypothèse, prouver qu'elle se concilie avec tous les faits connus, répondre aux objections éventuelles et montrer que les autres tentatives d'explication sont insuffisantes.

La cellule n'est pas formée seulement d'un noyau et de cytoplasma; elle est entourée d'une membrane et renferme des parties figurées : chromoleucites, amyloplastes, granules albumineux, vacuoles, etc. On leur attribuait autrefois une origine *néogénétique*, c'est-à-dire qu'on les considérait comme formés par le cytoplasme. Mais, à cette manière de voir s'en est substituée une autre, la théorie *panméristique* d'après laquelle toute partie se forme uniquement par les parties similaires préexistantes et cette théorie gagne du terrain par les recherches nouvelles au fur et à mesure que l'ancienne recule. On doit admettre aujourd'hui que toujours sans exception, la *membrane,* les *vacuoles* (ou du moins leur paroi le *Tonoplaste*) et les *leucites,* colorés ou non, proviennent dans toute cellule de la division des organites similaires de la cellule mère. Remontant ainsi de cellule en cellule, on arrive à cette conclusion que tous ces organites, dans un organisme quelconque, proviennent des organites similaires de l'œuf, tout comme leur noyau provient de la division de celui de l'œuf.

Il y a là une seconde hérédité parallèle à celle du noyau et indépendante de lui.

Tous ces caractères extra-nucléaires qui se perpétuent et se transmettent ainsi doivent être représentés par des particules matérielles jouissant des mêmes propriétés que les Pangènes, et il est tout naturel et tout simple d'admettre que ce sont des Pangènes même, identiques à ceux du noyau. En sorte que, dès avant l'intervention du noyau, le cytoplasma est formé de Pangènes et de Pangènes provenant exclusivement de l'ovule.

[1] [Nous montrerons dans la critique générale que cela n'est pas évident du tout.]

Cependant les caractères du cytoplasme, dans un organisme produit par génération sexuelle, tiennent aussi bien de ceux du père que de ceux de la mère, quoique le père n'ait fourni qu'un noyau cellulaire à l'ovule fécondé [1].

La reproduction sexuelle fournit donc la preuve irréfutable que le noyau exerce une action directrice sur le cytoplasme [2], et si l'on y joint toutes les autres preuves déjà connues, on voit que cette action est hors de discussion.

Comment l'expliquer.

Strasburger (84) invoque les excitations parties du noyau. C'est la

[1] Les hybrides en donnent la preuve. Celui du *Phaseolus multiflorus* à fleurs rouges et du *P. vulgaris nanus* à fleurs blanches a des fleurs roses, que ce soit l'un ou l'autre parent qui joue le rôle de mâle. Or cette couleur est contenue dans le suc des vacuoles.

Les exemples de ce genre abondent. Il y a là une preuve évidente de l'influence énergique du noyau sur le cytoplasma.

Voici un autre exemple du même fait. Dans la copulation des Zygosporées, Overton a montré que, chez les *Spirogyra Weberi*, espèce unispirée, le ruban chlorophyllien femelle se coupe en deux et le ruban mâle se soude aux deux moitiés par ses extrémités en s'intercalant entre elles. Donc, après la division, lorsqu'il y aura quatre cellules, le ruban des deux moyennes proviendra seulement du mâle et celui des deux extrêmes seulement de la femelle. Les cellules filles de celles-ci seront dans le même cas et, dans la plante définitive, le ruban chlorophyllien proviendra dans toutes les cellules exclusivement soit de celui de la femelle, soit de celui du mâle. La plante fille cependant n'en participera pas moins dans toutes ses cellules des caractères des deux procréateurs. On peut généraliser cela et l'étendre à tous les organes du protoplaste qui, dans la copulation, se mêlent sans se fondre et proviennent les uns du mâle, les autres de la femelle. Cependant, sous l'action directrice du noyau leurs caractères s'uniformisent aussi bien que s'ils avaient une origine mixte.

[2] Mais est-il bien sûr que l'élément sexuel mâle ne fournisse absolument que du nucléoplasma à l'ovule fécondé? Les spermotozoïdes des Algues ne contiennent pas seulement de la substance nucléaire. Les réactifs qui dissolvent la nucléine laissent une enveloppe et le cil, et la pepsine qui ne dissout pas la nucléine dissout ces parties. Le spermatozoïde contient donc très probablement une membrane et une portion de cytoplasma dérivant des parties similaires de sa cellule mère. Mais ces parties ne sont pas utilisées pour la fécondation. Par exception les spermatozoïdes des plantes peuvent contenir des chromoleucites, mais il n'est pas prouvé qu'ils jouent un rôle dans la fécondation. Il semble donc établi que la membrane et les autres organes du cytoplasme, en particulier les chromolecuites et le vacuoles, proviennent exclusivement de la mère.

Phylogénétiquement la chose a dû s'établir de la manière suivante : D'abord les deux éléments sexuels ont fourni chacun leur part de tous les organes du protoplaste (conjugaison), mais peu à peu (il y a des intermédiaires), le mâle n'a plus fourni que le noyau, ayant dans celui-ci un moyen suffisant d'exercer son influence héréditaire sur toutes les autres parties.

théorie dynamique. Mais il est évident que l'excitation ne suffit pas à elle seule, sans une substance excitable appropriée. Ce ne peut être une substance banale, identique dans toutes les cellules qui réponde par tant de fonctions différentes aux excitations du noyau. Cette substance doit nécessairement être différente dans les cellules à fonctions différentes. Or, les qualités diverses de ce cytoplasma sont héréditaires et l'observation des hybrides prouve qu'elles peuvent être léguées par le père. Donc elles dépendent du noyau et proviennent de lui. Cela nous ramène aux Pangènes.

D'autres auteurs pensent que le noyau agit comme un ferment. Mais tout ferment suppose une matière fermentescible appropriée. Cette matière doit donc différer dans les cellules différentes et l'objection précédente s'applique intégralement.

La seule manière de concevoir cette action intégrale du noyau sur le cytoplasma est d'admettre que le noyau envoie dans le cytoplasma des particules matérielles qui le modèlent et lui donnent dans chaque cellule son genre particulier d'activité : c'est la *Migration intracellulaire des Pangènes*[1].

En somme, il est impossible, si l'on veut expliquer l'action du noyau et

[1] Les Pangènes sont invisibles et l'on ne peut songer à observer directement cette migration, mais on connaît certains phénomènes mécaniques qui pourraient bien être en relation avec elle. Ce sont les courants protoplasmiques que l'on voit, dans les cellules très actives, aller en rayonnant du noyau dans le cytoplasma. On ne voit pas le mouvement lui-même, mais il se révèle par la striation due aux granulations alignées et, si on observe assez longtemps, on constate des changements dans la forme des figures. On avait cru d'abord que ces courants ne se montraient que dans certaines cellules et HOFMEISTER avait affirmé qu'on ne les trouvait pas dans la période méristématique, c'est-à-dire dans la période où les cellules sont jeunes, où la voie de leur différenciation se dessine et où, par conséquent, elles ont le plus besoin de Pangènes. Mais des observations plus précises ont montré que c'était, au contraire, un phénomène tout à fait général. WELTEN et WENT ont même reconnu que des courants plus énergiques se portent vers les points de la cellule où une activité plus grande est mise en œuvre. Chez les animaux, on n'a rien trouvé de pareil, mais les difficultés de l'observation sont beaucoup plus grandes et suffisent à expliquer cette lacune.

[DE VRIES admet qu'il sort de chaque espèce de Pangènes le nombre strictement nécessaire et que ces Pangènes se multiplient ensuite dans le cytoplasma. Le nombre absolu des Pangènes qui émigrent est donc très faible et ne nécessite pas un transport de granulations suffisant pour dessiner un courant énergique et continu.

[On voit aussi par là que de Vries ne songe pas à placer cette émission au moment où le noyau se divisant perd sa membrane.

[Il admet implicitement les pores dont Weismann parlera plus tard.]

les phénomènes de la transmission des caractères par la reproduction, de se soustraire à l'hypothèse suivante qui résume toute la théorie : les caractères et propriétés élémentaires des organismes ont pour facteurs des particules matérielles, les *Pangènes,* intermédiaires aux molécules chimiques et aux cellules ; la diversité immense des organismes repose sur la variété presque infinie des combinaisons possibles des Pangènes ; les Pangènes sont contenus à l'état latent dans le noyau qui sert à les transmettre à l'ovule fécondé dans la reproduction et, de cellule à cellule dans l'ontogénèse ; enfin ces Pangènes sortent du noyau et se répandent dans le cytoplasma auquel ils infusent ses propriétés particulières, et la différenciation cellulaire résulte de ce que chaque cytoplasma reçoit seulement ceux dont il a besoin pour son évolution particulière et pour les fonctions qu'il doit remplir.

Critique.

De Vries propose sa théorie comme une variante de celle de Darwin, et ses Pangènes comme des *Gemmules* dont la circulation se limite à l'intérieur des cellules. Il est possible que, historiquement, il en soit ainsi et qu'il ait pensé à perfectionner la Pangénèse Darwinienne en imaginant la Pangénèse intracellulaire. Mais, en fait, sa théorie se rattache à celle de Nægeli beaucoup plus qu'à celle de l'auteur anglais. Les Pangènes n'ont rien de commun avec les Gemmules. Celles-ci représentent des cellules, c'est-à-dire des unités matérielles d'un autre ordre avec leurs caractères concrets, ceux-là représentent des caractères élémentaires indépendamment des organes où ils s'expriment. Pour Darwin, toutes les Gemmules des cellules différentes sont différentes, pour de Vries les Pangènes de toute cellule peuvent se retrouver dans d'autres, associés différemment.

Entre les Pangènes et les *Faisceaux micelliens* de Nægeli, il y a, au contraire, conformité parfaite dans tout ce qui est essentiel. Ils ont la même signification dans l'organisme et jouent le même rôle. La seule différence entre les uns et les autres, c'est que ceux-ci sont des unités de second ordre composés d'éléments plus petits, les *Micelles,* disposés d'une autre manière dans les cellules; la seule ressemblance entre les Pangènes et les Gemmules, c'est qu'ils sont les uns et les autres des unités primitives logées côte à côte dans les cellules qu'ils déterminent, et cette ressemblance leur est commune avec les *Bioblastes* d'Altmann, les *Plasomes* de Wiesner et les *Déterminants* dont Weismann va bientôt nous parler.

La théorie de de Vries est donc tout à fait étrangère à la Pangénèse de Darwin; elle dérive d'un autre principe, celui des facteurs de caractères élémentaires, qui appartient à Nægeli. Elle peut être considérée comme une variante de la théorie micellienne dans laquelle les Faisceaux de Micelles seraient remplacés par des unités simples, non allongées en files continues, se répandant dans tout l'organisme, mais en forme de petits agrégats massifs répétés autant de fois qu'il est nécessaire pour représenter, partout où ils se trouvent, les caractères dont ils sont facteurs.

Il résulte de là que toutes les objections qui ont renversé la théorie des Micelles se retrouvent en face des Pangènes. Nous avons démontré, je crois, que la conception même des facteurs matériels de caractères subjectifs était entièrement inadmissible. C'est une voie en cul de sac, une idée d'apparence alléchante, mais qui ne résiste pas à l'examen[1].

Si DE VRIES se contentait de la proposer comme une hypothèse, nous pourrions nous contenter de le renvoyer à la réfutation que nous en avons faite à propos de la théorie de Nægeli (V. p. 637-638). Mais il va plus loin, il prétend démontrer que l'hypothèse s'impose et ne peut être repoussée. Il est aisé de lui prouver que son raisonnement n'est pas exact.

Il se fonde sur ce que les caractères ne sont point liés entre eux dans les organismes, qu'ils peuvent tout varier d'une manière indépendante et qu'ils peuvent se combiner de toutes manières et en toutes proportions pour produire les résultats que nous observons. Or, cela ne prouve nullement qu'ils soient représentés par des facteurs matériels

[1] De Vries, comme Nægeli, s'abstient de faire l'énumération des caractères élémentaires en lesquels peuvent se décomposer les caractères concrets. Mais il donne par quelques exemples une idée de la manière dont il les conçoit. Il cite comme tels, la propriété de secréter de l'acide malique, de former de la chlorophylle, la disposition des nervures, le nombre et la forme des dentelures et dit que les termes techniques dont se servent les botanistes descripteurs montrent qu'avec un petit nombre de caractères simples diversement combinés, on peut réaliser tous les caractères concrets. Admettons, malgré les nombreuses objections que l'on pourrait y faire, que la propriété de former de la chlorophylle ou de l'acide malique puisse être représentée par un facteur distinct. Pour les dispositions et la forme des nervures et des dentelures cela ne se peut plus. Il y a autant de dispositions de nervures et de formes de dentelures qu'il y a de feuilles dans l'univers et si chacune devait être représentée par un Pangène, les Pangènes redeviendraient aussi nombreux que les Gemmules de Darwin, même en admettant que chacun pût représenter la moyenne d'un petit groupe de variétés de forme ou de disposition. Il n'y a d'autre moyen de limiter leur nombre que d'admettre qu'ils représentent des caractères subjectifs, conception dont nous avons déjà fait justice (V. p. 638).

indépendants. Il se peut parfaitement qu'ils soient liés entre eux et à une même particule matérielle et que leur dissociation soit opérée par notre intelligence à la manière d'une abstraction. Les exemples abondent de choses liées entre elles et inséparables, que nous séparons pour les étudier plus aisément. De Vries raisonne comme quelqu'un qui dirait : Le cuivre a une certaine densité, il est malléable, susceptible d'être poli, il est d'un rouge jaunâtre, il répand une odeur particulière quand on le frotte, il s'oxyde dans certaines conditions, etc., etc. Toutes ces propriétés sont indépendantes, car nous les voyons varier indépendamment les unes des autres. Ainsi la couleur est indépendante de la densité, car l'or est plus jaune et moins rouge que le cuivre, il est aussi plus dense, et le plomb est plus dense aussi quoiqu'il ne soit ni jaune ni rouge. La densité, de son côté, est indépendante de la dureté, car le plomb, quoiqu'il soit plus dense, est cependant plus mou et l'étain, quoiqu'il soit moins dense, est plus mou aussi, tandis que le fer et le platine, quoiqu'ils soient l'un moins dense, l'autre plus, sont l'un et l'autre plus durs que lui, etc., etc. D'où nous pouvons conclure que toutes ces propriétés : densité, couleur, dureté, odeur, etc., sont indépendantes et doivent être supportées par des facteurs matériels indépendants. Les métaux ne sont donc pas des corps simples, ils sont formés de particules dont les unes apportent la couleur, d'autres la densité, d'autre la malléabilité, etc., etc., et les différents métaux résultent de mélanges divers de ces particules élémentaires.

Mais le système pèche par un autre défaut non moins grave. En réalité, même si on lui accorde ses Pangènes avec leurs propriétés représentatives, de Vries n'explique rien. Il nous montre, en effet, tous les Pangènes présents dans le noyau de toutes les cellules ou de la plupart d'entre elles, en tout cas beaucoup plus nombreux en espèces dans le noyau où ils sont en réserve que dans le cytoplasma où ils sont actifs ; il nous dit que, du noyau, sortent ceux qui doivent entrer dans le cytoplasma, y devenir actifs et déterminer les caractères et propriétés de la cellule. Et il néglige de nous indiquer par quelle vertu se fait le triage des Pangènes qui doivent rester et de ceux qui doivent sortir.

Voici deux cellules dont le noyau contient identiquement la totalité des espèces de Pangènes de l'organisme; l'une devient cellule nerveuse, l'autre cellule musculaire : pourquoi les Pangènes émigrés du noyau dans le cytoplasma sont-ils ceux de la fonction nerveuse dans l'une, ceux de fonction musculaire dans l'autre? Il n'y a aucune raison à cette différence, puisque leurs noyaux sont identiques et que des noyaux seuls part l'ininiative de l'évolution. Nægeli avait cherché à trouver une raison aux états de tension et de relâchement qui remplacent, dans son système, la situation cellulaire ou nucléaire des Pangènes dans celui de de Vries. Il n'était pas arrivé, comme nous l'avons vu, à une explication satisfaisante, mais au moins avait-il senti la nécessité de trouver une raison aux états de latence et d'activité.

De Vries ne semble pas avoir prévu l'objection.

Elle est capitale cependant, et tant qu'il n'y aura pas répondu, on est en droit de lui dire qu'il n'a rien expliqué. Il nous montre un orgue admirablement agencé où ne manque aucun tuyau, aucune touche et qui peut jouer les airs les plus variés, mais cela ne suffit pas pour que ces airs soient joués, il faut encore que les touches soient frappées dans un ordre et suivant un rythme convenables. Je veux bien que l'artiste animé ne soit pas nécessaire et qu'un mécanisme ingénieux puisse le remplacer. Mais encore faut-il décrire ce mécanisme et montrer qu'il est insuffisant.

OSCAR HERTWIG (1892-1894)

Théorie des Idioblastes.

Exposé.

Le protoplasma et en particulier la substance héréditaire contenue dans le noyau de l'œuf se compose de particules extrêmement petites que, en l'honneur de Nægeli, nous nommerons les *Idioblastes* [1].

Les Idioblastes ont la propriété de *s'accroître* et de se *multiplier par division* sans que cela change rien à leurs caractères [2].

[1] [Les raisons théoriques que donne Hertwig de l'existence des Idioblastes sont si exactement semblables à celles que donne Wiesner (92) pour ses *Plasomes* que je ne puis que renvoyer pour ce point à l'exposé de la doctrine de celui-ci. Sous le rapport de la conception en tant que particules initiales de la substance vivante, il n'y a aucune différence entre les Idioblastes et les Plasomes.]

[2] Cette propriété suffit à elle seule à les distinguer des molécules chimiques et des unités hypothétiques purement moléticulaires comme les *Plastidules* par exemple. En effet, la molécule chimique est essentiellement fixe, immuable dans son volume et dans sa masse. On ne saurait ni lui enlever ni lui ajouter un groupe quelconque d'atomes sans aussitôt modifier radicalement sa nature et ses propriétés.

Les Idioblastes sont donc des *groupes moléculaires,* de nature d'ailleurs inconnue.

Les Idioblastes sont d'espèces très diverses chez un même individu.

Ils sont les facteurs des propriétés élémentaires des cellules et les propriétés d'ensemble de celles-ci résultent de la présence en elles de tous les Idioblastes représentant les propriétés élémentaires en lesquelles leurs propriétés d'ensemble peuvent se décomposer [1].

Dans la fécondation, les Idioblastes homologues, paternels et maternels, se réunissent et, au lieu de se juxtaposer simplement, se fusionnent en Idioblastes mixtes, dans lesquels les parties paternelle et maternelle peuvent être équivalentes ou l'emporter l'une sur l'autre. Ainsi s'expliquent sans difficulté les caractères du produit qui peut être intermédiaire aux deux parents ou ressembler davantage à l'un des deux.

Les choses étant ainsi comprises, la difficulté qu'éprouve Weismann avec le nombre toujours croissant des *Plasmas ancestraux* se trouve écartée sans qu'il soit besoin d'avoir recours à la division réductrice. Le rôle de celle-ci est tout autre [2].

D'après Weismann (92), qui admet, lui aussi, que la substance héréditaire est composée, dans l'œuf fécondé, des particules représentatives des caractères et propriétés de l'être futur, les divisions ontogénétiques seraient au moins en partie hétérogènes; chaque cellule recevrait uniquement les Idioblastes dont elle a besoin pour ses propriétés et pour celles des cellules de sa lignée descendante. C'est tout autrement qu'il faut comprendre les choses. Il n'y a que des divisions homogènes et toute cellule reçoit à sa naissance un échantillon complet de toutes les sortes d'Idioblastes caractéristiques de l'individu. Et même, chaque sorte d'Idioblastes est représentée par plusieurs échantillons identiques [3].

Dès lors, les phénomènes de Régénération, de Bourgeonnement et la Reproduction sexuelle ou asexuelle s'expliquent sans difficulté, puisque toute cellule contient toutes les sortes de germes présentes dans l'individu tout entier.

La seule difficulté est de comprendre comment les cellules, ayant toutes tous les germes, arrivent à se spécialiser dans des sens différents.

[1] Hertwig renouvelle ici pour bien faire saisir son idée la comparaison avec les lettres de l'alphabet ou les notes de musique qui, bien qu'en petit nombre, permettent par leurs combinaisons variées des mots et des phrases, des accords et des mélodies en nombre presque illimité.

[2] [Il a été expliqué ailleurs. Voyez la théorie des globules polaires.]

[3] Cela est d'autant plus naturel qu'ils se reproduisent sans cesse par division. A chaque division, la cellule mère double le nombre de ses Idioblastes et en donne à chacune de ses filles un lot identique et complet.

On peut cependant triompher de cette difficulté en admettant avec DE VRIES que les Idioblastes sont contenus dans le noyau et y restent à l'état latent; qu'il en sort seulement un certain nombre qui passent dans le cytoplasme, s'y multiplient, y deviennent actifs, et confèrent à la cellule ses propriétés particulières.

Quant aux causes pour lesquelles ce sont tels Idioblastes qui deviennent actifs dans une cellule et tels autres dans une autre, il faut les chercher dans les influences du milieu ambiant, influences qui ne sont point les mêmes en tous les points, et dans les actions réciproques des cellules les unes sur les autres, actions qui dépendent, à chaque instant, de leur arrangement et qui changent chaque fois que cet arrangement se modifie. En sorte que l'on peut dire que la différenciation est fonction du lieu et qu'une cellule placée en un point donné chez l'embryon devient ceci et non cela, non en raison d'une différence initiale dans sa constitution, mais par suite de sa présence en ce point et non ailleurs. Toute autre cellule de l'embryon mise à sa place eût eu la même évolution qu'elle pour la bonne raison qu'elle ne diffère d'elle en rien par sa constitution.

Critique.

La critique de la théorie est aisée; elle est même presque inutile, en ce sens qu'elle a déjà été faite. HERTWIG, en effet, n'invoque presque aucun principe nouveau et la plupart des points ont été discutés à propos des théories qui invoquent ces mêmes principes.

Comme conception théorique, les *Idioblastes* sont *identiquement* les Plasomes de WIESNER (92); par leurs propriétés, ils ne diffèrent en rien des *Pangènes* de de Vries. Nous n'avons d'ailleurs aucune objection de principe à faire à leur existence. Rien n'est plus légitime en voyant la cellule, le noyau, les chromosomes, le centrosome, les microsomes nucléiniens eux-mêmes s'accroître et se multiplier par division, que d'admettre l'existence de particules ultra-microscopiques douées de mêmes propriétés.

Mais pour ce qui est de faire des Idioblastes les facteurs des caractères et propriétés élémentaires, nous ne pouvons que renvoyer à la critique que nous avons faite de cette hypothèse à propos des *Faisceaux micelliens* de Nægeli et surtout des *Pangènes* de de Vries.

En un point cependant Hertwig est en progrès immense sur ses devanciers, c'est quand, pour expliquer la Différenciation ontogénétique, à la tension des Faisceaux de Nægeli, à la migration spontanée de de Vries, inadmissibles l'une et l'autre, il substitue l'influence des conditions ambiantes et montre, avec DRIESCH (91 à 93), l'importance extrême de leur action.

On ne saurait trop méditer la proposition suivante, sinon tout-à-fait vraie du moins profondément suggestive, et qui résume ses vues sur l'origine de la Différenciation : *Dans la gastrula ce n'est pas l'endoderme qui s'invagine, mais c'est ce qui s'invagine qui devient endoderme*[1].

Mais Hertwig pèche en deux points. Le premier, c'est qu'en attribuant au noyau un rôle directeur, il est entraîné à n'accorder aucune attention au reste de la cellule et à nier les divisions hétérogènes, si évidentes pour le cytoplasme. Par là, il se lie les mains et se met dans l'obligation de demander aux conditions ambiantes tous les facteurs de la Différenciation, c'est-à-dire beaucoup plus qu'elles ne peuvent donner. Comment admettre que le fait d'être placé à un pôle ou à l'autre de la blastula, au fond du sillon nerveux ou sur ses bords suffise, *à lui seul*, sans aucune différence dans les éléments cellulaires, à faire de ces éléments de l'endoderme ou de l'ectoderme, de l'épiderme ou du tissu nerveux. — Le second point c'est que, même si les conditions ambiantes pouvaient à elles seules faire tout cela, il n'en resterait pas moins improbable, qu'elles prissent pour intermédiaire des unités représentatives spéciales émigrant, sur leur influence, du noyau dans le cytoplasme.

Hertwig s'est laissé entraîner sur la pente des *unités représentatives*, et cela avec d'autant moins de raison qu'il n'en tire aucun avantage, car il ne prête à ses Idioblastes aucune de ces propriétés merveilleuses que les autres attribuaient aux leurs, en sorte qu'il eut aussi bien pu demander directement à la cellule ce qu'il lui demande par l'intermédiaire des Idioblastes[2].

[1] Par ce côté de sa théorie, HERTWIG mériterait ainsi que DRIESCH d'être rangé parmi les *Organicistes*.

[2] Il est, en outre, un point où la théorie prête le flanc à une objection.

Hertwig admet que les Idioblastes homologues du père et de la mère se fusionnent dans la fécondation et il croit échapper par là à la difficulté de la complication progressive des *Plasmas ancestraux*. En creusant la question on voit que c'est là une illusion.

Les Idioblastes, en effet, ne sont pas des molécules chimiques; ils sont formés de molécules chimiques dont la nature est nécessairement un facteur de leurs propriétés. L'Idioblaste mixte, résultant de la fécondation, contient donc la somme des molécules de ceux qui se sont unis pour le former. Mais ce nombre de molécules a une limite, il ne peut croître à chaque génération. La division réductrice est donc aussi nécessaire ici que si les Idioblastes des parents étaient restés simplement juxtaposés.

Mais, dit Hertwig, la division réductrice ne réduit que la masse de l'Idioblaste sans toucher à sa constitution qualitative.

Cela est impossible. Il faudrait pour cela que, dans la division réductrice, chaque Idioblaste se divisât en deux moitiés iden-

d. Particules représentatives à la fois des cellules du corps et des caractères élémentaires.

WEISMANN (1892)

Théorie des Déterminants.

Exposé.

Constitution intime de l'Idioplasma.

Il y a dans la cellule deux sortes de protoplasma, celui du corps cellulaire ou *Morphoplasma*, et celui du noyau, l'*Idioplasma* [1].

Il a été démontré dans les *Essais* (92_1) que, conformément à l'opinion de Nægeli, le Morphoplasma n'a qu'un rôle subordonné dans l'évolution de la cellule. Il jouit de la propriété de se nourrir, de s'accroître, de se diviser, mais il ne peut en aucun cas se modifier par ses propres forces. Le rôle directeur, dans la cellule, appartient au noyau et c'est lui qui détermine tous les changements qui se produisent dans la forme, la structure et les propriétés de la cellule depuis sa naissance jusqu'à sa mort [2].

C'est donc surtout de l'Idioplasma que nous devons nous occuper.

Les Biophores. — La substance vivante diffère des substances chimiques les plus complexes par une propriété fondamentale, la nutrition, avec ses conséquences, l'accroissement et la reproduction. Les unités fon-

tiques et par conséquent que chaque molécule chimique fut représentée au moins deux fois. Or les deux parents n'étant pas identiques, chaque fécondation introduit au moins quelques sortes nouvelles de molécules, tandis que la division, *si elle est homogène*, ne diminue pas le nombre des sortes différentes. Il arrive donc nécessairement un moment où les diverses sortes de molécules ne peuvent plus être toutes présentes deux fois dans l'Idioblaste. A ce moment, la division réductrice ne peut plus être homogène (*erbgleich*), elle est hétérogène et porte sur la *qualité* même de l'Idioblaste.

La seule différence avec la conception de Weismann est que la réduction emporte ici des parties de Plasmas ancestraux au lieu d'éliminer des Plasmas ancestraux complets, différence bien secondaire.'

[1] Ce sont respectivement le *Trophoplasma* et l'*Idioplasma* de Nægeli.

[2] La découverte des centrosomes semblerait rendre au corps cellulaire une part au moins d'initiative dans la division cellulaire. Mais on ne sait d'où sort le centrosome et, en outre, Hertwig a démontré, que, dans certains cas, la division longitudinale du cordon nucléaire peut précéder son apparition. Ce n'est donc pas lui qui détermine ladivision longitudinale et par suite la Karyokinèse.

damentales du protoplasma ne peuvent donc pas être de simples molécules chimiques, même extrêmement complexes. Ce sont des unités d'ordre supérieur, des groupes de molécules chimiques ayant une composition et une structure déterminées. Nous les nommerons les *Biophores*. Les Biophores sont donc les unités fondamentales du protoplasma, douées de vie, c'est-à-dire capables, dans un milieu convenable, de se nourrir, de s'accroître et de se multiplier par division. Ils sont les facteurs des caractères des cellules et il y a, dans chaque cellule, autant d'espèces de Biophores qu'il y a, dans cette cellule, de caractères élémentaires indivisibles. Ces Biophores, appartenant à l'Idioplasma, sont contenus dans le noyau. Mais la membrane nucléaire est percée de pores minuscules par lesquels ils sortent du noyau, se répandent dans le Morphoplasma et lui impriment son cachet caractéristique[1].

Le caractère d'ensemble de la cellule (sa forme, sa structure, ses propriétés spéciales) est la résultante de tous ces caractères élémentaires imprimés par les Biophores au Morphoplasma qui leur sert seulement de support et de milieu nutritif. D'ailleurs, les Biophores ne se répandent pas au hasard dans le Morphoplasma; ils s'y disposent suivant une architectonique définie, sous l'action de forces qui nous sont d'ailleurs entièrement inconnues.

Le nombre des Biophores d'espèce différente doit être immense, car immense est le nombre des caractères que peuvent assumer les innombrables cellules d'un être organisé supérieur. Mais cela n'est pas une difficulté car, si l'on admet que le Biophore comprend en moyenne un millier de molécules chimiques qui peuvent varier de l'un à l'autre; si l'on admet, en outre, que le caractère du Biophore dépend, pour une part importante, de la disposition structurale de ces molécules, disposition qui peut varier de l'un à l'autre, on voit que le nombre des combinaisons possibles est pratiquement infini.

Les Déterminants. — Les innombrables Biophores contenus dans le Plasma germinatif ne sont pas disséminés au hasard car, s'il en était ainsi, on ne comprendrait pas comment, lorsqu'un organe varie, les Biophores représentant cet organe dans le germe varieraient avec ensemble, tandis que les Biophores, peut-être semblables, appartenant à d'autres rudiments, ne varieraient pas. Ils doivent donc former des groupes correspondant aux cellules et aux organes. En outre, les quelques Biophores

[1] [Cette idée appartient à DE VRIES, comme nous l'avons vu page 648. Weismann y ajoute seulement les spores que de Vries n'avait spécifiées.]

qui, contenus d'abord dans le Plasma germinatif, doivent finalement se rencontrer dans une même cellule, n'ont besoin d'être séparés à aucun moment de l'ontogénèse. Il est donc naturel d'admettre que, même dans le Plasma germinatif, ils sont réunis en un groupe indissoluble. Ce groupe est le *Déterminant,* ainsi nommé parce qu'il contient tous les facteurs de la détermination de la cellule en question.

Comme les Biophores, les Déterminants se nourrissent, s'accroissent et se multiplient par division.

Il semblerait qu'il doit y avoir dans le Plasma germinatif autant de Déterminants qu'il y a de cellules à déterminer, c'est-à-dire qu'il y a de cellules dans l'être y compris les stades de son ontogénèse. Mais, en y regardant de plus près, on voit qu'un même Déterminant peut suffire à toutes les cellules qui sont forcément identiques, car il n'a qu'à se multiplier par division pour fournir à toutes. En fait, il faut et il suffit qu'il y ait autant de Déterminants que de parties différentes susceptibles de variation individuelle. Il *faut :* car si deux parties différentes étaient représentées dans le Plasma germinatif par un seul et même Déterminant, elles recevraient chacune un Déterminant identique, produit par la division en deux de ce Déterminant unique; elles seraient donc forcément identiques, ce qui est contraire à l'hypothèse. Il *suffit :* car si elles doivent forcément être identiques, un seul et même Déterminant peut, en se divisant, leur fournir à chacun le Déterminant identique dont elles ont besoin [1].

Les Ides. — Enfin il est bien évident que les Déterminants ne sont pas mêlés au hasard dans le Plasma germinatif. Il y a donc autant de Déter-

[1] Ainsi les globules rouges du sang sont évidemment identiques car, parcourant tous tout l'organisme, ils n'ont aucune action individuelle; il peut y avoir intérêt à ce que l'ensemble soit modifié, mais non à ce qu'une partie d'entre eux varie à l'exclusion du reste. Ils peuvent donc être représentés par un seul et même Déterminant. De même, des étendues plus ou moins larges d'épiderme, de poils, d'épithelium des muqueuses, des groupes de fibres musculaires, des masses de tissu conjonctif, etc., peuvent être aussi représentées par un Déterminant unique et cela allège beaucoup la complexité du Plasma germinatif. Cependant il ne faudrait pas aller trop loin dans cette simplification et supposer que toute la peau d'une même région ou tous les cheveux, par exemple, puissent avoir un Déterminant unique car, si un père lègue à son fils une mèche blanche à un endroit donné, ou un nævus, il faut bien que cette mèche ou la peau de ce nævus aient été représentés dans le Plasma germinatif par un Déterminant différent de ceux des autres poils ou des autres parties de la peau. Il est probable que c'est seulement par parties restreintes que les tissus et les organes semblables sont représentés par un même Déterminant.

[C'est à BROOKS (83) que revient la priorité de cette idée. (V. *Théorie générale* de cet auteur, p. 673, note.)]

minants que de parties différentes ou susceptibles de le devenir, disons donc : autant que de parties susceptibles de variation indépendante. Cela résulte nécessairement de la régularité minutieuse avec laquelle s'accomplit l'ontogénèse. Lorsque l'on voit l'œuf se diviser d'abord en deux cellules dont l'une représente la moitié droite, l'autre la moitié gauche du corps comme chez les Tuniciers, ou bien l'une l'ectoderme, l'autre l'endoderme, comme chez certains Vers, il faut bien que les Déterminants des moitiés droite et gauche du corps, ou ceux de l'ectoderme et de l'endoderme, aient été d'avance triés et réunis en deux groupes pour pouvoir être séparés par une seule section. Il en est de même pour les divisions suivantes. Cela conduit à admettre que les Déterminants sont disposés dans le Plasma germinatif suivant une disposition architectonique rigoureusement définie. Chaque partie de l'organisme est représentée, à une place donnée, par le ou les Déterminants qui lui appartiennent et cette place est fixe et la même pour tous les individus de la même espèce[1].

Nous appellerons *Ide* le groupe à structure définie contenant tous les Déterminants nécessaires au développement de l'organisme.

L'*Ide* est, comme les unités précédentes, capable de se nourrir, de s'accroître et de se multiplier par division.

Les Idantes. — A priori, il ne serait pas nécessaire que le Plasma germinatif contînt d'unité d'ordre supérieur à l'Ide et l'on pourrait être tenté de penser que les chromosomes sont l'expression réelle des Ides hypothétiques, en sorte qu'il n'y aurait qu'un petit nombre d'Ides dans le Plasma germinatif. Mais d'abord les chromosomes ne sont peut-être pas des formations permanentes, car pendant l'état de repos ils se fondent en un long cordon continu. En outre, les forts grossissements aidés de réactifs convenables ont montré, dans quelques cas, qu'ils sont formés d'une file de petits grains arrondis, *séparés les uns des autres*, les *microsomes.* Dès lors le chromosome ne saurait être le représentant de l'Ide. Car alors les microsomes seraient les Déterminants et il est impossible que cet arrangement banal et sans doute variable de particules en chapelet puisse correspondre à l'architecture fixe et complexe de l'Ide. C'est donc

[1] Ce n'est pas à dire pour cela qu'il y ait quelque ressemblance entre la disposition des parties de l'adulte et celle des Déterminants correspondants dans l'œuf. L'exemple cité plus haut, où nous voyons les Déterminants de l'endoderme et ceux de l'ectoderme former, dans l'œuf, deux groupes plus ou moins symétriques suffit à le prouver car, dans le Ver adulte, les tissus endodermiques et ectodermiques sont une disposition toute autre, plus ou moins concentrique et nullement juxtaposée.

le *microsome* qui représente l'Ide et les *chromosomes* sont des unités d'un ordre supérieur. Nous les nommerons les *Idantes*.

Donc, en somme, l'Idioplasma est formé d'un petit nombre d'*Idantes*, les *bâtonnets* ou *chromosomes;* ceux-ci sont formés d'une longue file d'*Ides* en chapelet, les *microsomes*, dernière unité visible au microscope. Les Ides sont formés d'un édifice extrêmement complexe de *Déterminants*. Ceux-ci sont formés d'un petit édifice de *Biophores* et enfin les Biophores sont des édifices de molécules chimiques.

Comme les Déterminants et les Biophores, les Ides et les Idantes se nourrissent, s'accroissent et se multiplient par division et cela n'est plus une hypothèse, c'est un fait dont l'expression histologique est la division longitudinale du cordon nucléaire.

Dimensions absolues des Unités idioplasmatiques. — Les déductions tirées de l'ondulation de la lumière, des phénomènes d'attraction capillaire et d'électrisation par contact, enfin de la théorie cinétique des gaz permettent d'attribuer au diamètre de la molécule 1/10.000^{e} à 1/1.000^{e} de μ, soit en moyenne 5/10.000^{e} de μ. Admettons que le Biophore contienne 1000 molécules disposées en cube. Le diamètre du Biophore sera 5/1.000^{e} de μ. Le Déterminant, contenant en moyenne une cinquantaine de Biophores, mesurera environ 18/1.000^{e} de μ de diamètre. L'Ide, c'est là une mesure réelle, a (chez l'*Ascaris megalocephala*) 8/10e de μ. Il ne peut donc contenir que moins de 100.000 Déterminants (91.125 en admettant toujours la même disposition cubique). C'est là un nombre tout à fait insuffisant, car il y a dans le corps des êtres supérieurs bien plus de 100.000 parties différentes susceptibles de variation individuelle. Il n'y a d'autre issue que d'admettre que le volume d'une des unités invisibles (Molécule, Biophore ou Déterminant) est plus petit qu'on ne croit[1].

[1] Ces divers degrés de complication de la matière vivante doivent avoir une expression phylétique.

Les êtres primitifs les plus simples ont dû être composés d'un seul Biophore. [L'auteur ne les nomme pas, on pourrait les appeler les *Monobiophorides*]. Peut-être n'en existe-t-il plus aujourd'hui.

Le premier degré de perfectionnement a été le groupement de plusieurs Biophores semblables pour former un même individu. Ce sont les *Homobiophorides*. Nous ne les connaissons pas non plus.

Les *Hétérobiophorides*, êtres formés de plusieurs Biophores différents, constituent le troisième échelon. Ici, il doit y avoir, comme chez les êtres unicellulaires aujourd'hui existants, un dos et un ventre, une extrémité antérieure et une postérieure, une zône corticale plus dense, une centrale plus molle, des appendices variés, etc.

Dans les deux groupes précédents, aucune disposition spéciale n'était nécessaire pour assurer la conservation des caractères dans la reproduction scissipare car, de quelque manière que l'ani-

L'Ontogénèse. — L'Idioplasma de l'œuf fécondé contient dont un certain nombre d'Idantes, c'est-à-dire de chapelets d'Ides que nous supposerons provisoirement identiques entre elles et dont chacune contient, une fois seulement, tous les Déterminants nécessaires au futur produit et aux divers stades de son ontogénèse.

Lorsque cet œuf se divise, les bâtonnets se fendent longitudinalement en deux et chaque moitié contient exactement une moitié de chacun des microsomes que contenait le bâtonnet primitif. Ces demi-microsomes, un moment hémisphériques, se complètent bientôt et redeviennent sphériques en sorte que tout se trouve avoir doublé et l'œuf contient deux groupes, composés chacun d'autant de bâtonnets, c'est-à-dire d'Idantes et d'autant de microsomes, c'est-à-dire d'Ides qu'il y en avait en tout au début. Quand la division est effectuée, chacun des deux premiers blastomères reçoit un de ces groupes et contient autant d'Idantes et d'Ides qu'en contenait l'œuf primitif. A la division suivante, les mêmes phénomènes se reproduisent, et ainsi de suite, jusqu'à la fin de l'ontogénèse, en sorte que chaque cellule de l'organisme contient autant d'Idantes et d'Ides que l'œuf fécondé. On sait que, pour les Idantes, ce nombre fixe est une caractéristique spécifique d'organisme.

Mais que s'est-il passé au moment de la division longitudinale?

Deux hypothèses sont possibles : ou bien chaque moitié a reçu la totalité des Déterminants, dont chacun s'est doublé au préalable par scission, et la chose a continué ainsi jusqu'à la fin, en sorte que chaque cellule contient dans son Idioplasma tous les Déterminants que contenait le Plasma germinatif[1]; ou bien, à chaque division il s'est fait une répartition inégale des Déterminants, chaque cellule recevant seulement ceux qui seront nécessaires aux tissus et organes qui dériveront d'elle. Dans le premier cas, il faut admettre que, dans chaque cellule de l'organisme définitif tous les Déterminants autres que le sien restent à l'état d'inactivité, ce qui suppose une multiplication inutile et une dépense superflue de Déterminants. C'est donc le second cas que nous admettrons.

Les Déterminants sont donc conduits, de cellule en cellule, jusqu'à celle

mal se coupe, ses deux moitiés sont identiques. Ici, il n'en est plus de même, chaque moitié est différente de l'autre et restera incapable de régénérer la moitié différente, nécessaire pour compléter l'animal, sans l'aide de quelque disposition particulière. C'est le rôle du noyau, au début simple magasin de réserve de Biophores, contenant toujours tous ceux nécessaires à l'animal au complet, en sorte que chaque moitié reçoit de lui ceux qui lui manquent pour reproduire l'autre moitié.

[1] [C'est l'hypothèse de de Vries pour ses Pangènes.]

où ils doivent arriver à la fin de l'ontogénèse, et là se dissocient en leurs Biophores, qui sortent du noyau et se répandent dans le cytoplasma pour le déterminer[1].

Mais deux choses sont à remarquer. Il n'y a pas que les cellules définitives qui aient besoin d'être déterminées. Toutes les cellules transitoires de l'ontogénèse ont leurs caractères propres aussi bien que les cellules définitives. Il faut donc qu'elles aussi soient représentées dans le Plasma germinatif par un Déterminant. Quand une de ces cellules ontogénétiques reçoit le lot de Déterminants qu'elle doit transmettre, ce lot contient, en outre, son Déterminant à elle qui se dissocie et envoie ses Biophores au corps cellulaire pour le déterminer[2].

Les Déterminants sont donc ainsi transmis, de cellule en cellule, durant l'ontogénèse et, dans chaque cellule, un seul arrive à maturité, sort du noyau, et se dissocie pour la déterminer, tandis que les autres restent à l'état latent dans son noyau et se divisent en deux parts, une pour chacune des deux cellules qui proviendront de sa division.

Le même phénomène se passe à chaque division dans toutes les Ides d'un même Idioplasma. Chaque Ide de chaque Idante de l'Idioplasma de la cellule sacrifie un de ses Déterminants pour déterminer la cellule et partage les autres entre les deux cellules filles du stade suivant[3].

Le nombre des Déterminants devrait donc décroître rapidement dans les

[1] Voici comment les choses se passent. Supposons que les deux premiers blastomères A et B représentent l'un l'ectoderme, l'autre l'endoderme primitifs. A la première division, A reçoit tous les Déterminants des tissus d'origine ectodermique et B tous ceux des tissus d'origine endodermique. Admettons que A se divise en deux autres, C et D, représentant l'une le futur épiderme, l'autre les tissus nerveux. C recevra tous les Déterminants de l'épiderme, D tous ceux des centres nerveux, et ainsi de suite jusqu'à ce qu'à la fin, les dernières cellules de chaque lignée ne contiennent plus chacune que leur propres Déterminants. Celui-ci alors se dissociera en ses Biophores qui se répandront par es pores de la membrane nucléaire dans le corps cellulaire et lui imprimeront ses caractères particuliers.

[2] Dans l'exemple précédent, la cellule C ne dure que quelques instants, depuis le moment où elle est née, avec D, de la division de A, jusqu'au moment où elle se divisera en E et F. Elle n'en est pas moins représentée par un Déterminant propre dans le Plasma germinatif et c'est ce Déterminant qui se détruira en elle par émission de ses Biophores. Au contraire, tous les autres Déterminants des cellules qui proviendront d'elle restent dans son noyau et à l'état d'inactivité pendant toute son existence.

[3] [Si l'Ide du Plasma germinatif en contient n, celle des premiers blastomères en contiendra en moyenne $\frac{n-1}{2}$; celle des blastomères du stade 4

$$\frac{\frac{n-1}{2}-1}{2}=\frac{n-3}{4}$$

et ainsi de suite.]

Ides, et on devrait voir celles-ci diminuer peu à peu de volume jusqu'à devenir aussi petites qu'un Déterminant dans les cellules définitives où elles n'en contiennent plus qu'un. Or l'observation montre qu'il n'en est rien. Les microsomes et les chromosomes gardent le même aspect dans les cellules définitives que dans l'œuf. C'est que, à chaque division, l'Ide récupère, par scission des Déterminants qu'il conserve, un nombre de Déterminants égal à celui qu'il a perdu ; ou plutôt, dès avant la division, il double tous ses Déterminants en sorte que le nombre total ne varie pas. A mesure que l'ontogénèse avance, l'Ide contient moins de Déterminants différents, mais plus de Déterminants semblables et, à la fin, il n'en contient qu'une seule espèce représentée par autant d'échantillons qu'il y avait de Déterminants différents dans le Plasma germinatif[1].

Telle est l'évolution de l'Idioplasma au cours de l'ontogénèse. Deux points encore sont à mettre en lumière pour bien faire comprendre comment, dès l'œuf fécondé, le produit est entièrement déterminé jusque dans ses moindres détails.

Ce que nous avons exposé jusqu'ici explique bien comment chaque cellule est déterminée et comment, de par son rudiment dans l'œuf, sa forme et sa constitution finales sont définies à l'avance, mais la forme des organes dépend bien plus de l'arrangement des cellules que de leur forme individuelle et de leur nature. Aussi cet arrangement futur doit-il est déterminé dès l'œuf. Voici comment s'explique la chose.

L'Ide du Plasma germinatif contient tous les Déterminants arrangés suivant une disposition définie. Cette disposition contient en elle-même les causes qui détermineront la division de l'Ide dans tel sens et non dans un autre et par conséquent la répartition des Déterminants dans les deux cellules filles, et l'Idioplasma tout entier contient en lui les causes qui détermineront la position des deux centrosomes et par conséquent le sens

[1] [Cette multiplicité est d'ailleurs inutile, puisque un seul sort de chaque Ide pour la détermination de la cellule et c'est là un argument contre l'interprétation qui sert de base à la théorie.]

Il y a cependant une restriction à faire à cette description. Les choses ne se passent ainsi que dans les divisions que nous avons appelées *hérérogènes* dans la théorie des Essais (92$_1$) (v. p. 515). C'est-à-dire dans celles où les deux cellules filles sont différentes l'une de l'autre.

Mais dans les divisions *homogènes*, lorsque, par exemple, la cellule mère d'une zone épithéliale restreinte dont tous les éléments sont identiques, se divise plusieurs fois successivement jusqu'à ce qu'elle ait fourni tous ses produits, à chaque division les Déterminants doublent de nombre et se répartissent également entre les deux cellules filles en sorte qu'il n'y a pas diminution du nombre des déterminants différents contenus dans l'Ide.

de la division du noyau et de la cellule. Dès que l'Ide s'est divisée, elle reprend sa forme sphérique et ses Déterminants prennent des positions nouvelles résultant : 1° de leur disposition primitive ; 2° de leurs attractions réciproques ; 3° de la nécessité de faire place aux Déterminants nouveaux nés par division des premiers. Mais ces deux derniers facteurs sont contenus presque complètement en puissance dans le premier, en sorte que l'édifice structural de l'Ide des premiers blastomères est, sauf de minimes détails, la conséquence forcée de la disposition structurale des Déterminants dans l'Ide de l'œuf fécondé. Mais cette disposition des Déterminants dans l'Ide des deux premiers blastomères contient la cause pour laquelle le prochain centrosome apparaîtra en tel point précis et non ailleurs et par conséquent la cause du sens de la prochaine division par rapport à la précédente. La disposition des 4 blastomères du 2e stade est donc contenue en puissance dans le 1er stade, celle des deux du 1er stade dans l'œuf fécondé et, par conséquent, dès l'œuf fécondé, était définie la disposition réciproque des 4 premiers blastomères. La même explication peut se continuer indéfiniment et elle permet de comprendre comment, dès l'œuf, sont définies, sauf de légères variations, les dispositions des cellules de l'organisme futur.

Ainsi, chaque cellule de chaque degré ontogénétique a sa position relative définie d'avance par la structure de l'Ide du Plasma germinatif, et chaque Déterminant de ce plasma sera conduit, de division en division, jusqu'à la cellule où il doit aboutir et dans laquelle il arrivera juste au moment où, étant parvenu à maturité, il se dissociera en ses Biophores qui se répandent dans la cellule pour la déterminer [1].

[1] [De Vries a objecté à cela que l'étude des galles fournit la preuve directe que chaque cellule contient d'autres particules déterminantes que celles qui déterminent ses caractères normaux. Beyerink, en effet, a constaté que les *galles* forment des tissus nouveaux identiques à ceux qui se trouvent ailleurs dans la plante, mais qui normalement ne se forment pas au point où est la galle. Ainsi, sur les galles des feuilles, se forment des cellules semblables à celles de l'écorce de la tige ou des racines. Les galles produites par la *Cecidomya Poæ* sur le *Poa nemoralis* forment des racines que l'auteur a vu se développer normalement et pousser des ramifications. Il y avait donc là, dans les cellules de la partie aérienne, des Pangènes des racines dont rien sans cela n'eût fait soupçonner l'existence. Plus remarquables encore sont les galles produites par le *Nematus vinsinalis* sur le *Salix purpurea*. Elles restent très vivaces, même après que les parasites les ont quittées ; plantées en terre humide, elles poussent des racines aussi bien à la face interne qu'à l'externe. Ces racines atteignent plusieurs centimètres, elles se ramifient et l'auteur s'est assuré qu'elles avaient une structure identique à celle des racines normales. Or ces dernières ont la faculté de former des bourgeons adventifs capables de reproduire la plante entière. Il n'est donc pas douteux que ces

Ces deux phénomènes de la maturation du *Déterminant* et de son arrivée dans la cellule à laquelle il est destiné sont entièrement connexes et ne peuvent s'accomplir séparément[1].

La formation des cellules germinatives. — Il a déjà été expliqué dans la théorie des *Essais* que le Soma ne peut reformer le Germe, qu'aucune cellule du corps ne saurait revenir à la structure de l'œuf dont elle descend. Dans la conception nouvelle, la chose se précise et devient plus claire. Il est évident qu'une cellule de n'importe quel degré ontogénétique ne peut récupérer les Déterminants qui lui manquent. Dès lors, la théorie de la Continuité du Plasma germinatif s'impose. A chaque division de l'œuf fécondé, et des blastomères qui dérivent de lui, une des deux cellules reçoit, outre son lot de Déterminants, un exemplaire de réserve de la collection complète et, tandis qu'elle partage son lot entre ses deux filles, elle remet à une seule d'entre elles l'exemplaire complet de réserve qu'elle tenait de sa mère; et cela se continue ainsi jusqu'à la cellule mère des cellules germinatives qui ne contient plus, outre son précieux dépôt, que son Déterminant propre et ceux des cellules germinatives qui vont naître d'elle. A partir de ce moment, la chose change, ce Plasma germinatif jusque-là inactif, va, à chaque division, doubler tous ses Déterminants, en sorte que chaque cellule fille en recevra un lot complet. Ainsi nous arriverons aux cellules germinatives définitives qui contiendront chacune un Plasma germinatif complet, plus un Déterminant unique, ovogène ou spermogène, qui, d'ailleurs, répandra immédiatement ses Biophores

racines de la galle ne puissent en faire autant, en sorte que l'on a, dans les cellules du tissu gallifère, non seulement des Pangènes de racines, mais, sans nul doute, tous les Pangènes de la plante, c'est-à-dire, contrairement à la théorie de Weismann, du Plasma germinatif dans des cellules somatiques.

[Mais l'expérience n'a pas été faite, et Weismann ne manquera pas de le faire observer.]

[1] Nous avons dit que l'organisme futur était déterminé dans l'œuf fécondé, sauf de légères variations. Ces variations individuelles sont dues aux conditions ambiantes provoquant une nutrition plus ou moins rapide de quelques Biophores, ou Déterminants, ou cellules, par rapport aux autres, ce qui fait qu'ils se multiplient un peu plus ou un peu moins, provoquant ainsi une légère variation dans le sens de la division et dans la disposition réciproque des cellules; mais elles sont peu importantes.

Les *jumeaux* dits *identiques,* et de même sexe, dont on a cité quelques exemples, et que leurs proches parents seuls peuvent distinguer l'un de l'autre, donnent une idée du faible degré de ces variations. On peut considérer, en effet, ces jumeaux comme provenant du dédoublement d'un même œuf fécondé et exprimant, par leurs différences, les différences que les conditions de ce genre peuvent mettre entre deux organismes issus d'un même Plasma germinatif.

dissociés dans le Morphoplasma et disparaîtra en le déterminant[1].

Bien entendu cela se passe dans toutes les Ides à la fois, en sorte que chaque cellule germinative est formée d'Idantes et d'Ides qui sont l'image fidèle de ceux des cellules germinatives des parents.

Influence de l'Amphimixie sur la constitution du Plasma germinatif. — Nous avons supposé jusqu'ici que tous les Idantes et toutes les Ides d'un même Plasma germinatif étaient identiques. Et, de fait, il en était forcément ainsi avant l'apparition de la génération sexuelle. Mais celle-ci a introduit dans cette simplicité primitive un changement capital.

La fécondation réunit deux Idioplasmas qui se confondent dans une même cellule. Le processus continuant, la quantité d'Idioplasma contenue dans la cellule fécondée finirait par devenir si grande qu'elle ne pourrait plus y être contenue. L'amphimixie comporte donc nécessairement un phénomène inverse qui ramène chaque fois à son taux normal la quantité d'Idioplasme doublée par elle. Ce phénomène, c'est l'*émission des globules polaires* qui, avant chaque fécondation, réduit de moitié le nombre et la masse des chromosomes[2].

Ce phénomène retentit sur la constitution de l'Idioplasma par une modification progressive d'importance capitale. Soit une espèce qui possède 16 Idantes. Avant l'apparition de la génération sexuelle, ces 16 Idantes sont identiques entre eux. Mais, dès l'apparition de l'Amphimixie, et de la division réductrice, qui en est la conséquence, les choses vont changer. Appelons A les Idantes d'une première femelle. Son œuf non mûr contient 16 A; après la maturation, il ne contient plus que 8A, mais après la fécondation par B, il contient 8A + 8B, c'est-à-dire deux sortes différentes d'Idantes. A la deuxième génération, l'œuf non mûr contiendra 8A + 8B, l'œuf mûr 4A + 4B, et l'œuf fécondé par un mâle, qu'un processus ana-

[1] Ainsi se trouve éliminée une difficulté qui existait dans la théorie des *Essais*. J'avais conclu à l'existence nécessaire d'un Plasma ovogène et interprété le premier globule polaire comme servant à son élimination. Plus tard il a fallu renoncer à cette manière de voir et reconnaître que les deux globules polaires éliminent du Plasma germinatif. La question de l'élimination du plasma ovogène restait donc irrésolue. Elle est résolue maintenant. Ce plasma est représenté par un seul Déterminant et ce Déterminant s'élimine du Plasma germinatif, en se dissociant en ses biophores qui se répandent dans le corps de l'œuf pour le déterminer.

[2] Si l'Idioplasma avait une structure homogène, ce résultat pourrait être atteint par le fait que sa quantité s'augmenterait par nutrition moins que ne le nécessite le retour au volume primitif après chaque division.

Mais la théorie, d'accord avec l'observation, nous montre qu'il n'en est pas ainsi et explique la nécessité de la division réductrice.

logue aura conduit à être (4C + 4D), contiendra 4A + 4B + 4C + 4D. A la troisième génération, il contiendra 2A + 2B + 2C + 2D + 2E + 2F + 2G + 2H. Enfin à la quatrième génération, il renfermera A + B + C... + P, c'est-à-dire que tous ses Idantes seront différents [1].

Il semblerait que cette diversification du Plasma germinatif ne saurait être poussée plus loin. Il ne peut y avoir, en effet, plus de 16 Idantes différents sur 16. Elle continue cependant en s'étendant aux Ides.

Jusqu'ici toutes les Ides d'un même Idante sont restées identiques, mais bientôt il n'en sera plus ainsi. Pendant la période de repos du noyau, les Idantes disparaissent, se fusionnant bout à bout en un long cordon, et ils reparaissent pour la prochaine division. Les uns admettent qu'ils se reforment tels qu'ils étaient, les autres veulent que les Idantes nouveaux n'aient rien de commun avec les anciens. La vérité est entre ces deux opinions extrêmes. En gros ils conservent leur individualité [2]. Mais cependant ils subissent de petits changements dans leur composition et la chose peut se concevoir de la manière suivante.

Lorsque le noyau entre dans la période de repos, les fragments de chapelet que représentent les Idantes se joindraient bout à bout et formeraient un anneau fermé, d'ailleurs aussi embrouillé que l'on voudra. Au commencement de la période d'activité suivante, rien n'empêche le chapelet continu de se couper exactement aux points de jonctions et de faire réapparaître exactement les Idantes primitifs. La chose se passe ainsi, mais pas exactement; la section a lieu *à peu près* à la jonction précédente, en sorte que les Idantes sont bien les mêmes, sauf qu'ils ont pu échanger, de-ci delà, une ou deux Ides. De la sorte, les Idantes ne restent pas composés d'Ides identiques et lorsqu'un d'eux est expulsé, il peut laisser cependant quelques Ides de son espèce dans l'œuf. Donc, à chaque fécondation, le Plasma germinatif reçoit un nombre d'espèces d'Ides *au moins* égal à la moitié du nombre de ses Idantes et, à chaque division réductrice, le nom-

[1] A la vérité, il faudra plus de quatre générations pour atteindre ce résultat, car le phénomène n'a pas la régularité que nous lui avons supposée; la division réductrice ne laisse pas toujours dans l'œuf le maximum possible d'Idantes différents, et telle espèce, A, B ou une autre, pourra rester plus ou moins longtemps représentée par deux ou trois échantillons mais, à la longue, le résultat sera fatalement atteint.

[2] Sans cela on ne pourrait comprendre comment un fils pourrait recevoir, de sa mère par exemple, une forte ressemblance avec l'un de ses deux grands parents maternels à l'exclusion de l'autre. Cela ne se peut expliquer, en effet, qu'en supposant que la division réductrice a éliminé de l'œuf de sa mère précisément les Idantes qui lui venaient de l'un de ses deux parents.

bre d'espèces de ses Ides est diminué d'un nombre *au plus* égal et généralement inférieur à la moitié de ce même nombre d'Idantes. En sorte qu'au bout d'un nombre très grand de générations, toutes les Ides se trouveront être d'espèce différente[1].

Il est facile de voir d'après cela quelle est la signification de ces Ides, au point de vue de l'Hérédité. Les Idantes A, B, C, etc., sont composés au début : A, exclusivement d'Ides *a*; B, d'ides *b*; C, d'ides *c*, etc. ; ils représentent chacun un ancêtre seulement. Mais à la génération suivante, l'Idante A composé de $(n-1)\,a + b$ représente pour une forte part l'ancêtre A et un peu l'ancêtre B. De même pour les autres. A la fin de cette évolution, un Idante A composé de *n* Ides *a*, *b*, *c*, *d*... *n* différentes, contiendra un peu de la substance germinative de chacun des ancêtres A, B, C, D... N. Ces ancêtres sont représentés en lui chacun par l'Ide homonyme *a*, *b*, *c*, *d*,.... *n*. Donc les Ides sont des parcelles de Plasma germinatif ancestral complet, c'est-à-dire contenant chacun la totalité des Déterminants de cet ancêtre. Ils sont, dans la théorie nouvelle, l'expression objective des *Plasmas ancestraux* hypothétiques de la théorie des *Essais*.

Lutte des Ides pour la détermination du produit. — Nous avons vu que chaque cellule était déterminée par son Déterminant propre qui, arrivé à maturité au moment précis où elle prend naissance, sort de l'Ide et se dissocie en ses Biophores qui se répandent dans le cytoplasma. Mais il n'y

[1] Prenons un exemple pour rendre plus clair ce phénomène un peu complexe. Supposons (fig. 37) qu'il y ait seulement 4 Idantes, A, B, C, D, composés respectivement au début : A de 6 ides *a*, B de 6 ides *b*, etc. Pendant la période de repos, ils se souderont en cercle ainsi A B C D. Puis quand ils reparaîtront à la période d'activité suivante, ils se trouveront composés : A_1 de $5\,a + 1\,c$, B_1 de $5\,b + 1\,a$, C_1 de $5\,c + 1\,d$, D_1 de $5\,d + 1\,b$, en sorte que, si C_1 et D_1 par exemple sont expulsés, il n'en restera donc pas moins les 4 espèces d'Ides *a*, *b*, *c*, *d*, et, si la fécondation introduit deux nouvelles espèces, il s'en trouvera $4 + 2 = 6$ au lieu de 4. A la génération suivante, il en restera peut-être 5 sur les 6 espèces, qui augmentés de 2 en formeront 7 et ainsi de suite, ce nombre, à chaque génération, s'augmentant généralement un peu, rarement point, mais ne diminuant jamais,

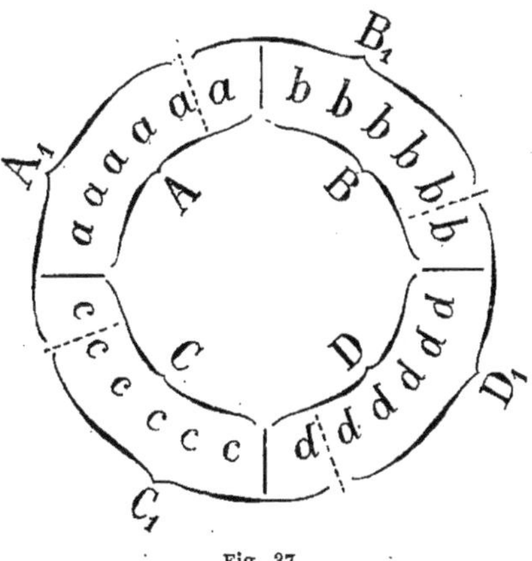

Fig. 37.

jusqu'à ce que toutes les Ides soient d'espèce différente.

a pas qu'une Ide dans la cellule, il y en a des milliers et, dans chacune, se trouve un Déterminant spécialement destiné à son cytoplasme.

Tant que nous avons supposé toutes les Ides identiques, cette multiplicité des Déterminants envoyant tous à la fois leurs Biophores dans le Morphoplasma n'avait pas d'intérêt. Mais du moment que les Ides sont, grâce à l'Amphimixie, toutes, ou à peu près toutes, différentes les unes des autres, la chose prend une importance très grande. Chaque Ide, en effet, représente un ancêtre. Tous ces ancêtres étaient plus ou moins différents les uns des autres, par leurs caractères individuels, en sorte qu'un caractère donné quelconque A est représenté dans toutes les Ides par des Déterminants *a*, *homologues*, mais non tout à fait identiques, dans l'Ide 1 par le Déterminant *a*, dans l'Ide 2 par le Déterminant a^2, dans 3 par a^3, et ainsi de suite, a^1, a^2, a^3... étant tous quelque peu différents l'un de l'autre. Aussi lorsque tous ces Déterminants arriveront à maturité ensemble dans la cellule, ils concourront tous à la déterminer, et la cellule revêtira un caractère qui sera un compromis, une moyenne, entre tous ceux des Déterminants.

Il semblerait résulter de là que chaque caractère d'un individu doit être la moyenne entre les caractères homologues de tous ses ancêtres. Or nous savons qu'il n'en est rien. Un individu est rarement tout à fait intermédiaire à ses deux parents; il pourra quelquefois tenir exclusivement de l'un d'eux; plus souvent il aura une partie de ses caractères empruntés à l'un d'eux, une autre à l'autre, une troisième aux deux à la fois.

Cela s'explique de deux manières.

D'abord, les Déterminants peuvent n'avoir pas tous la même énergie vitale et, dans la lutte qui s'établit dans le Morphoplasma entre leurs Biophores, l'avantage peut rester à ceux de l'un, tandis que ceux de l'autre, resteront inertes, ou serviront de pâture à ceux du vainqueur.

La seconde explication est moins simple et demande quelques développements. Les Déterminants *homologues* a_1, a_2, a_3, d'un même caractère ne sont pas tous également différents les uns des autres. Quelques-uns peuvent être à peine distincts, tandis que d'autres sont très différents. Supposons, pour préciser, qu'il s'agisse de la forme du nez et que ce caractère soit régi (ce qui est inexact évidemment) par un seul Déterminant. Ce nez pourra être épaté, aquilin, droit ou retroussé, c'est-à-dire revêtir les caractères A', A'', A''', A'''', dont nous négligerons provisoirement les formes intermédiaires. Les Déterminants homologues pourront donc être rangés en quatr groupes a', a'', a''', a'''', et nous appellerons *homodynames* tous ceux qui correspondent à une même forme et *hétérodynames* ceux qui régissent des formes différentes. a', a'', a''', a'''' sont *hétérodynames* les uns avec les autres et tous les a' sont *homodynames* entre eux ainsi que tous les a'' entre eux, ou les a''' ou les a''''. Or les groupes de Déterminants homodynames sont inégaux et c'est le plus fort qui l'emportera. Si les quatre caractères sont incompatibles, c'est le caractère du groupe le plus fort qui sera seul exprimé.

La lutte des Ides, Biophores et Déterminants homodynames et hétérodynames est le fait matériel correspondant à ce que l'on ne connaissait que comme une entité immatérielle, la *Lutte des tendances héréditaires*[1].

Ressemblance du produit avec les parents immédiats. — Cela permet d'expliquer tous les cas de ressemblance que nous avons indiqués. Le caractère A, par exemple, sera représenté dans le Plasma germinatif du père par 80 % de Déterminants du type a'', je suppose, et par 20 % des types a', a''', a''''; ce caractère sera donc représenté chez le père par le type A''. Ce même caractère sera représenté, je suppose, chez la mère par 60 % de Déterminants du type a''', 30 % de Déterminants du type a'', et 5 % de chacun des types a' et a''''; le type A''' sera donc exprimé chez la mère. Dans le produit le type a'' sera représenté par $\frac{1}{2}(80+30) = 55$ %, tandis que le type le mieux représenté après lui n'aura pas 20 % terminants de son espèce. Le type A'' sera donc exprimé chez le fils, qui paraîtra le tenir exclusivement de son père. Inversement, et pour des raisons de même ordre, il pourra reproduire le caractère B de sa mère et se montrer, par un troisième caractère C, intermédiaire entre les deux. En combinant ces trois cas, on peut expliquer toutes les variétés possibles de ressemblance du produit avec ses parents.

Ressemblance avec les autres parents. — Il est nécessaire d'insister sur ce fait, véritable clef de voûte des explications qui vont suivre, que le caractère exprimé n'est pas toujours la moyenne entre les caractères entrés en lutte. Même quand deux caractères peuvent se mêler en toutes proportions, il n'arrive pas toujours que cela ait lieu : souvent l'un d'eux l'emporte et les autres n'arrivent pas à s'exprimer même partiellement. Il en résulte que la formule des caractères contenus dans le Plasma germinatif n'est pas la même que celle des caractères exprimés.

Négligeons les différences des Ides et ne retenons, pour simplifier, que celles des Idantes. Si un être à huit idantes, *a*, *b*, *c*... *h*, la formule de son

[[1] Darwin avait déjà avant Weismann complètement exprimé l'idée de la lutte des Déterminants homologues, homo — ou hétérodynames. (V. p. 543).]

Plasma germinatif sera *a*, *b*, *c*... *h*. Mais si les Déterminants homologues des Idantes *a*, *b*, *f*, *h* se trouvent être homodynames, et ceux des Idantes *c*, *d*, *e*, *g* hétérodynames, les caractères des premiers seront seuls exprimés, en sorte que la formule des caractères exprimés sera seulement *a*, *b*, *f*, *h*. On peut réunir les deux formules en une seule en convenant d'indiquer par des lettres grasses, dans la formule complète du Plasma germinatif, les Idantes représentant les caractères exprimés. Dans le cas précédent on aurait **a**, **b**, *c*, *d*, *e*, **f**, *g*, **h** qui signifie que l'individu renferme tous les caractères contenus dans *a*, *b*,... *h*, mais n'exprime en sa personne que ceux représentés par **a**, **b**, **f**, **h**. Il résulte de là que l'individu lègue avec son Plasma germinatif de nombreux caractères qui étaient en lui mais non exprimés. Ce fait, combiné avec l'expulsion d'une moitié des Idantes par la division réductrice, permet d'expliquer tous les cas de ressemblance héréditaire qui peuvent se présenter[1].

[1] [Il est à remarquer que, bien avant WEISMANN, STRASBURGER (84) avait songé à tirer parti de la division réductrice pour expliquer les particularités de la ressemblance héréditaire. La division réductrice, dit-il, éliminant chaque fois la moitié du nucléoplasma, la fraction de cette substance léguée par un ancêtre diminue à mesure qu'il s'éloigne. Mais si, par un concours de circonstances, cette fraction est conservée, elle peut, à un moment donné, former une partie importante de la masse et communiquer au produit une ressemblance avec cet ancêtre.]

Proportion relative du Plasma germinatif des ancêtres dans celui du produit. — Le Plasma germinatif du produit est composé, toujours et rigoureusement, par parties égales, des Plasmas germinatifs des deux parents immédiats. Mais pour les autres ancêtres, il n'en est plus de même; il y a pour eux un maximum, un minimum et une moyenne probable. Le maximum et le minimum sont les mêmes pour les ancêtres de n'importe quel degré : **1/2** et **0**; mais la moyenne probable diminue à mesure que leur degré s'éloigne et a pour expression $1/2^n$, *n* étant le degré de l'ancêtre considéré.

Prenons la mère de la mère, par exemple, et appelons A son Plasma germinatif. Il a été réduit à A/2 par la division réductrice et est resté A/2 dans le Plasma germinatif de la fille. Dans l'œuf qui donnera naissance à la petite-fille, la division réductrice pourra éliminer exactement tous les Idantes paternels et conserver les Idantes maternels, en sorte que le Plasma de la petite fille contiendra encore A/2 et ce sera le maximum, puisque nous avons supposé les conditions les plus favorables à la conservation du Plasma A. Mais cette division réductrice pourra ainsi éliminer tous les Idantes maternels et il ne restera plus rien du Plasma A dans le Plasma de la petite-fille. C'est là évidemment le minimum. Et comme la même chose peut se répéter identique à chaque génération, on voit que A/2 pourra se conserver indéfiniment, tandis qu'il ne reparaîtra jamais s'il a une fois disparu. Le maximum et le minimum sont donc les mêmes pour les degrés de parenté ancestrale. La moyenne probable, au contraire, correspond évidemment au cas où la division réductrice élimine la moitié des Idantes paternels et la moitié des maternels. Dans ce cas, chaque génération réduit de moitié la proportion de Plasma d'un ancêtre donné et, après *n*

Examinons les principaux cas et, pour cela, convenons de mettre entre parenthèses le groupe d'Idantes qui sera expulsé par la division réductrice et en lettres grasses ceux qui déterminent les caractères de l'individu en raison de ce qu'ils contiennent plus de Déterminants homodynames que les autres.

1° *Un petit-fils ressemble à son grand-père paternel sans ressembler à son père.* La notation convenue nous permet de résumer la chose ainsi [1] :

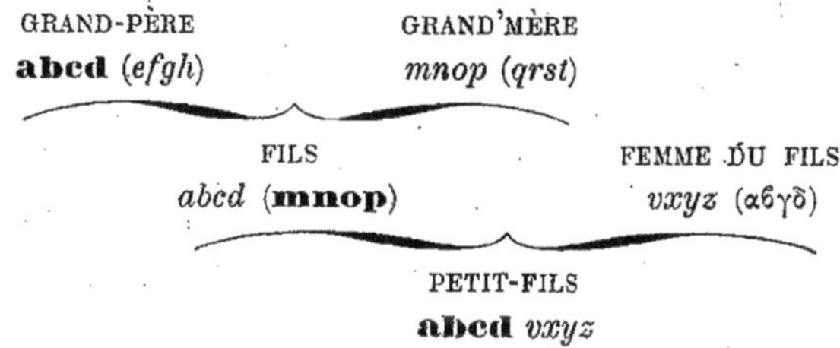

2° *Une fille ressemble à sa tante maternelle sans ressembler à sa mère ni à ses grands-parents.* Voici la série de formules qui explique ce cas [2] :

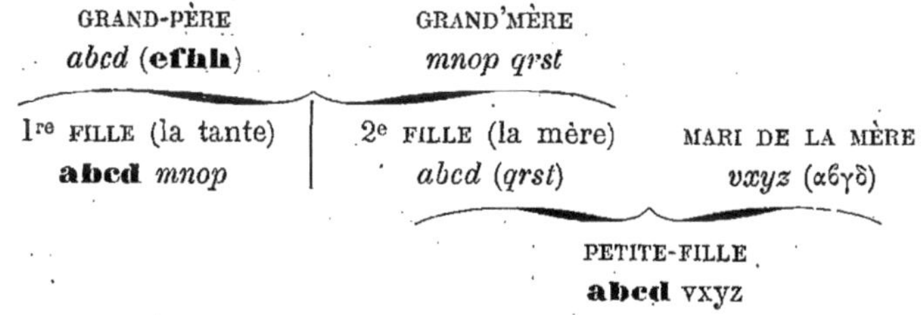

générations, cette proportion sera en moyenne $1/2^n$, et variera entre 1/2, $1/2^n$ et 0. D'ailleurs la probabilité pour que le maximum 1/2 soit réalisée diminue rapidement à chaque génération. Ajoutons que la série n'est pas continue, car un Plasma ancestral ne peut être représenté par moins d'une Ide.

[1] En langue ordinaire, voici ce que cela veut dire. Le grand-père a légué à son fils précisément les Idantes *a b c d* qui ont déterminé ses caractères, ayant rejeté les autres *e f g h* par la division réductrice. Le fils a donc reçu ces idantes *a b c d*, plus quatre autres *m n o p* de sa mère. Or il s'est trouvé que ces derniers étant plus forts ont déterminé les caractères du fils, en sorte qu'il n'a eu aucune ressemblance avec son père. (Il a pu d'ailleurs ressembler ou non à sa mère selon que celle-ci était déterminée par *m n o p* comme lui, ou par les Idantes *q r s t* qu'elle ne lui a pas légués, mais cela n'a pas d'intérêt dans la question actuelle.) Le fils a éliminé par la division réductrice, précisément les Idantes *m n o p* qui le déterminaient et a légué au petit-fils les idantes *a b c d* qu'il tenait de son père et qui déterminaient celui-ci, mais qui ne le déterminaient pas lui-même. Si donc il se trouve que le petit-fils soit déterminé par les Idantes *a b c d*, il ressemblera à son grand-père, par son père, sans que celui-ci ait aucun trait commun avec son père ou avec son fils.

[2] On voit, par là, que les Idantes légués

Il est inutile de multiplier ces exemples. Ils suffisent pour montrer que rien n'est inexplicable. D'ailleurs ce sont là des cas extrêmes qui ne se présentent jamais. Pour se conformer à la réalité, il suffirait d'imaginer que la distribution et la transmission des Idantes est moins exclusive et de tenir compte des Ides elles-mêmes. Quant aux cas de ressemblance avec des ancêtres éloignés, nous les examinerons en étudiant la Réversion (V. p. 700)[1].

Arrivés au point où nous en sommes nous pouvons résumer ainsi la constitution du Plasma germinatif. Il est formé d'un certain nombre, fixe et caractéristique pour chaque espèce, d'Idantes (les chromosomes ou bâtonnets) dont chacun est un chapelet de petites masses sphériques, les Ides (microsomes). Ces Ides sont de petits édifices à structure fixe et très

par le grand-père à ses filles ont été *a b c d* pour l'une comme pour l'autre, tandis qu'il était déterminé lui-même par les Idantes *e f g h* éliminés par la division réductrice, en sorte qu'il n'a légué aucun de ses traits à aucune des deux. Ces Idantes *a b c d* reçus par les deux sœurs ont déterminé la tante de la petite-fille et non la mère de celle-ci, en sorte que les deux sœurs n'ont eu aucune ressemblance ni entre elles ni avec leur grand-père. (La tante ne pourra pas ressembler à sa mère, puisqu'elle est déterminée par des Idantes que celle-ci n'a pas, mais la mère de la petite-fille pourra ou non ressembler à sa mère selon que celle-ci aura été déterminée par *q r s t* ou par *m n o p*, ce qui n'a d'ailleurs aucun intérêt dans le cas présent.) Si la mère lègue à sa fille les Idantes *a b c d*, ces idantes se trouveront avoir fait partie du Plasma germinatif du grand-père, de la tante, de la mère et de la petite-fille. S'il se trouve qu'ils déterminent celle-ci, comme ils ont déterminé la tante, il y aura ressemblance entre la petite-fille et sa tante; et, comme ils n'ont déterminé ni la mère ni le grand-père, la petite-fille n'aura les traits d'aucun des deux, pas plus d'ailleurs que ceux de sa grand'mère dont elle n'a rien hérité. Ainsi se trouve expliqué le cas proposé.

[1] *La Force héréditaire.* — Cette conception des Déterminants homodynames, luttant ensemble dans les cellules et l'emportant sur les autres s'ils ont seulement la majorité relative, permet de donner une expression objective à cette entité obscure qu'on appelle la *Force héréditaire.* Le facies des César, le nez Bourbonnien, la lèvre des Habsbourg sont des exemples historiques de ce fait bien connu d'un caractère spécial persistant dans une famille en dépit des alliances variées qui devaient le détruire en le fondant dans la masse. Il suffit, pour expliquer sa persistance, d'admettre qu'il a été exprimé, chez un ancêtre donné, par une forte majorité absolue des Déterminants homodynames correspondants, par une puissante vitalité de ces Déterminants qui leur permet de se multiplier et de vaincre, enfin, peut-être, par une disposition particulière qui retient certains Idantes toujours les mêmes dans l'œuf, au moment de la division réductrice. Ces diverses causes peuvent permettre aux Déterminants homodynames du caractère en question de conserver, pendant une longue série de générations, la majorité relative par rapport aux Déterminants fortement hétérodynames du même caractère dans les Plasmas germinatifs avec lesquels l'Amphimixie le met en lutte.

compliquée, composés (au moins chez les êtres supérieurs) de centaines de milliers de Déterminants dont chacun correspond à une cellule ou à un groupe de cellules absolument et forcément identiques. Les Déterminants sont formés d'un nombre modéré de Biophores représentant les caractères élémentaires des cellules. Ceux-ci sont l'unité vitale la plus simple : ils sont composés eux-mêmes d'un grand nombre de molécules chimiques. L'idioplasma contient seul tous les Déterminants de l'individu. Tandis que tous les Déterminants des cellules susceptibles de variation indépendante sont différents les uns des autres, des Biophores identiques peuvent se rencontrer dans des Déterminants différents : cela arrive toutes les fois que deux cellules, différentes d'ailleurs par leurs caractères concrets, ont un ou plusieurs caractères élémentaires identiques. Les Déterminants se partagent, pendant l'ontogénèse, entre les cellules embryonnaires, dont chacune reçoit, à chaque division, tous et les seuls Déterminants des cellules qui dériveront d'elle dans les divisions ultérieures. Les cellules définitives de l'adulte contiennent encore le même nombre d'Idantes et d'Ides que le Plasma germinatif, mais ces Ides ne renferment plus qu'une seule espèce de Déterminants, celle de la cellule elle-même. Les Ides représentent les *Plasmas ancestraux*.

Les Déterminants homologues des diverses Ides d'une même cellule ne sont pas identiques; ils peuvent présenter entre eux des différences qui correspondent aux variations individuelles qu'ont subi les organes chez les ancêtres de l'individu.

Complication de la structure de l'Idioplasma.

Cette constitution, en somme assez simple, permet d'expliquer la plupart des faits biologiques; mais pour en expliquer certains autres, elle est obligée d'admettre une certaine complication que nous devons maintenant faire connaître.

Bourgeonnement et Plasma germinatif accessoire de bourgeonnement. — D'après ce que nous avons exposé jusqu'ici, on croirait que chaque cellule de l'animal développé n'a besoin de contenir que les Déterminants dont elle a besoin pour se déterminer elle-même.

L'examen des faits de reproduction asexuelle montre qu'il n'en est pas ainsi.

Le cas le plus simple est fourni par le Bourgeonnement chez les végétaux. La *cellule terminale* d'un bourgeon doit contenir la totalité des

Déterminants de la plante, puisque d'elle doivent naître des rameaux comportant toutes les parties de la plante y compris les cellules sexuelles.

Cette cellule terminale détache d'elle des cellules somatiques auxquelles elle livre le lot de Déterminants dont elles ont besoin pour elle et leur lignée, et, de temps en temps, détache une cellule terminale d'un rameau collatéral qui pourra peut-être porter des fleurs et des fruits et qui doit, par conséquent, contenir du Plasma germinatif complet outre les Déterminants dont elle a besoin pour les cellules non sexuelles de sa lignée.

Chez les animaux, la chose est la même, avec cette différence que le bourgeon ne provient pas toujours d'une cellule unique. Lors donc que le bourgeon provient d'une cellule unique, comme chez les Cœlentérés, l'explication ne comporte pas d'autre difficulté que chez les plantes. Mais lorsque deux cellules (Bryozoaires) ou plusieurs (Tuniciers) prennent part à sa formation, il faut admettre que, lors du premier développement, du Plasma germinatif complet a été confié à une cellule somatique (tout comme cela arrive normalement pour les cellules de la lignée des sexuelles) et que cette cellule, en se divisant, au lieu de léguer ce Plasma germinatif accessoire à certaines de ses filles l'a partagé en deux ou plusieurs lots dont certaines de ses filles ont pris chacune un. Il faut et il suffit, dès lors, que les cellules qui contiennent ces parts du précieux dépôt se rencontrent au point où doit naître le bourgeon, et que là ces dépôts, passant de l'état d'inactivité à celui d'activité, poussent les cellules qui les portent à se diviser pour donner naissance au bourgeon. Le fait que ces *cellules initiales du bourgeon,* comme on pourrait les appeler, arrivent à se rencontrer au point voulu et entrent en activité au moment convenable, est de même ordre que celui qui transporte chaque cellule au point voulu, dans l'ontogénèse ordinaire, et dépend du sens et du rythme des divisions dont les causes déterminantes sont contenues dans l'Idioplasma de chacune d'elles.

Génération alternante. — La génération alternante se rattache étroitement au Bourgeonnement. C'est un bourgeonnement dans lequel il y a alternance régulière entre l'*oozoïte* et le *bourgeon* et dans lequel aussi, le plus souvent, le bourgeon naît d'une seule cellule, à apparence d'œuf, mais non susceptible de fécondation.

Il est donc nécessaire ici d'admettre deux Plasmas germinatifs complets, l'un, celui de l'oozoïte, et l'autre, plus ou moins différent, celui de la forme d'origine asexuée. De plus, comme on ne peut admettre que l'un puisse être absent à un moment donné du cycle évolutif et être reformé par l'autre, il faut que ces deux Plasmas existent concurremment, côte à côte, dans l'œuf sexué et asexué. Ainsi dans les Pucerons, par exemple, il faut admettre que l'œuf d'hiver contient le Plasma germinatif de la forme asexuée à l'état actif et celui de la forme asexuée à l'état latent; que le premier est capable de conserver pendant plusieurs générations l'activité exclusive, mais qu'à l'entrée de l'hiver, il passe à l'état d'inactivité tandis que le Plasma, jusqu'alors inactif, de la forme sexuée entre en activité et donne naissance à la forme sexuée. L'œuf d'été, comme l'œuf d'hiver, contiennent l'un et l'autre, côte à côte, les deux Plasmas, et ceux-ci sont alternativement actifs et inactifs suivant un rythme déterminé.

Régénération. — Voici un processus très répandu dans les organismes et dont l'explication exige une complication dans la structure de l'Idioplasma bien autrement grande que le Bourgeonnement.

Ici encore allons des cas les plus simples aux plus complexes.

La Régénération normale et continue, comme celle de l'épiderme, des ongles, des poils, etc., s'explique sans difficulté aucune. Il suffit d'admettre que les cellules de la couche de Malpighi, des bulbes pileux, etc., ont conservé le pouvoir de multiplier l'unique Déterminant qu'elles contiennent encore. C'est plutôt un processus ontogénétique normal qui se continue jusqu'à la fin de la vie, qu'un phénomène nouveau ayant besoin d'une explication particulière.

La Régénération accidentelle par des éléments similaires ne demande non plus aucune complication particulière de l'Idioplasma. Lorsque, par exemple, du derme, du muscle, de l'os, se régénèrent après une blessure, le cas est le même que pour de l'épiderme ou de la corne; la seule différence est que la force régénératrice était arrêtée par le fait de l'intégrité de l'organe et a été mise en mouvement par l'avulsion de certaines parties.

Sur cette force, que d'ailleurs toute théorie est obligée d'admettre, nous ne savons absolument rien.

La chose se complique lorsque le corps répare une partie sans ressemblance avec celle qui est chargée de la régénérer, ainsi lorsque le bras coupé d'une Salamandre est reformé par un moignon tout à fait différent de la partie amputée. Nous savons, il est vrai, que chaque tissu est reformé par le tissu correspondant, l'os par l'os, le nerf par le nerf, etc.; mais il ne suffit pas néanmoins d'invoquer un fait de multiplication cellulaire car, dans ce cas, l'os de l'humérus formerait un bourrelet osseux quelconque, tandis qu'il reforme au complet un radius, un cubitus et tous les osselets du carpe et de la main. Cela oblige à admettre que chaque cellule participant à la régénération contient tous les Déterminants des cellules qu'elle est chargée de reproduire à nouveau [1].

Ainsi, dans tout organe capable de se régénérer, chaque cellule (ou peut-être seulement certaines cellules) reçoit pendant l'ontogénèse, outre ses Déterminants propres, un lot de Déterminants des cellules qu'elle aura à reformer si l'occasion d'une régénération se présente pour elles. Ces *Déterminants de réserve* sont à l'état d'inactivité et n'entrent en activité que lorsqu'un traumatisme vient les tirer de leur torpeur ou supprimer la force inhibitrice qui les maintenait inactifs [2].

Mais la complication peut aller plus loin.

Certains Vers, coupés en deux, peuvent se régénérer en double, la tête forme une queue et la queue une tête. Ce qu'il y a de remarquable ici, c'est que ce sont, en somme, *les mêmes cellules* qui, entamées d'un côté, forment ceci et, entamées de l'autre, forment quelque chose de tout à fait différent. Cela oblige à admettre deux nouvelles hypothèses. Il faut d'abord que chaque cellule contienne deux groupes de Déterminants correspondant aux deux formations que la cellule est capable de régénérer d'un côté ou de l'autre; et il faut aussi que ces deux groupes, également inactifs en l'état d'intégrité de l'organe, puissent entrer en activité, soit l'un soit l'autre, selon le sens où le traumatisme les intéressera. Chez les Vers, il n'y a que deux directions de régénération possibles, car, coupés en long, ils ne se régénèrent pas; mais chez les Actinies, par exemple, où un fragment quelconque est capable de ré-

[1] Voici comment on peut se représenter les phénomènes. Limitons-nous à l'axe squelettique du membre. Soit A la cellule mère de cet axe pendant la première ontogènèse. Elle contenait tous les Déterminants de tous les os du membre, mais elle s'est divisée en deux cellules B et C superposées représentant, je suppose, l'une la cellule mère de l'humérus, l'autre la cellule mère du reste de l'axe squelettique; et, en se divisant en B et C, elle leur a partagé ses Déterminants et a disparu, en sorte que nulle part on ne retrouve plus réunis en une seule cellule tous les Déterminants de cet axe squelettique. On doit supposer alors que A a commencé par doubler son Idioplasma; et qu'il a en donné à B un échantillon complet et partagé le second échantillon entre B et C selon leurs besoins; en sorte que, si le bras est amputé, les cellules actuelles du périoste huméral auxquelles B a légué son dépôt auront ce qu'il faut pour régénérer non seulement l'humérus, mais tout le reste de l'axe squelettique.

De même ont fait les autres cellules mères des parties successives de cet axe, en sorte que le bras, coupé n'importe où, régénerera ce qui manque et rien de plus ni rien de moins. De même ont fait les cellules mères des autres tissus.

[2] [Darwin avait déjà proposé une explication toute semblable (V. p. 540)].

générer l'animal entier, il faut au moins trois groupes de Déterminants, excitables séparément, selon qu'ils sont atteints suivant l'une ou l'autre des trois directions de l'espace[1].

Ce n'est pas tout encore. Dans certains cas, la partie régénérée a une structure, une composition déterminées, mais différentes de celles de l'organe primitif. Ainsi la queue régénérée du Lézard ne contient pas de prolongement médullaire et ses vertèbres sont remplacées par un petit tube osseux continu. Cela ne peut s'expliquer qu'en admettant que les Déterminants de réserve ne sont pas identiques à leurs homologues de la première ontogénèse. La partie régénérée se comporte, en somme, comme un organe capable de variations indépendantes; il faut donc que le Plasma de remplacement existe dans l'œuf fécondé, à côté du Plasma germinatif. Il faut donc admettre qu'il y a, dans l'œuf fécondé, un Plasma de réserve à côté du Plasma germinatif normal, que ce Plasma répartit ses Déterminants entre les cellules de l'ontogénèse d'une manière qui peut être toute différente de celle du Plasma germinatif, de façon à ce que, finalement, se trouve dans chaque cellule le ou les lots de Déterminants qui lui permettront de régénérer telle ou telle partie de tissu.

[1] [Ces cas de *Régénération réciproque* ne s'expliquent plus dans la théorie sans admettre une complication de plus que celle que Weismann concède. Supposons, pour reprendre l'exemple précédent, que la Salamandre regénère son bras et que le bras puisse régénérer la Salamandre. C'est en somme ce qui se passe chez l'Actinie. Dans ce cas, la cellule A n'a pu léguer à la cellule B les Déterminants du squelette de l'épaule, du tronc, de la tête et des membres inférieurs puisque, dans l'hypothèse, elle ne les contient pas elle-même. Il faut imaginer en plus qu'elle les a reçus de la cellule initiale du squelette entier (à supposer qu'il y en ait une!). Il faut imaginer que chaque cellule du squelette reçoit en naissant un lot complet des Déterminants squelettiques, divisé en deux parts, une contenant tous ceux de sa lignée ascendante l'autre tous ceux de sa lignée descendante. Il faut imaginer encore, qu'avant de se diviser, elle double ces deux parts et les transmet toutes deux à chacune des deux cellules ses filles et que cela continue ainsi jusqu'au bout de l'ontogénèse. Mais ce n'est pas tout encore, il faut imaginer de plus, qu'au fur et à mesure que l'ontogénèse progresse, ces deux parts se modifient, et qu'à chaque génération un Déterminant passe de la part représentant la lignée, descendante à celle qui représente la lignée ascendante, de manière que ces deux parts restent toujours complémentaires et que leur ligne de démarcation se déplace d'un mouvement continu et corresponde toujours au Déterminant de la cellule où on les considère.

[La complication va même plus loin encore.

[Mais on peut s'arrêter là et, si l'on songe que dans tous les autres tissus, les mêmes manipulations de Déterminants doivent se produire avec un parallélisme rigoureux, on accordera qu'il n'y a rien d'exagéré à qualifier d'*effroyable* la complication de la théorie.]

Il faut admettre, en outre, que ces Déterminants restent inactifs tant qu'une lésion n'intervient pas à leur niveau, et enfin que, s'il y a plusieurs groupes différents dans la cellule, ils peuvent entrer ou non en activité selon la position de la cellule par rapport au point où a porté le traumatisme.

On voit que la complication n'est pas légère ; elle devient même si grande, dès qu'il s'agit de la régénération d'un organe important d'un organisme élevé, qu'il y a là une explication de l'absence de régénération dans ce cas.

Une patte de Salamandre peut se régénérer, mais une aile d'Oiseau ne le peut pas, d'abord parce que l'Oiseau ne peut se passer de son aile pendant le temps que durerait la réparation, ensuite et surtout, parce que les Déterminants d'une aile d'Oiseau sont en nombre si grand qu'ils exigeraient une combinaison de Déterminants de réserve impossible à réaliser.

Reproduction par scission. — La Reproduction par division peut se ramener exactement à une régénération. La Division peut se ramener à une régénération d'une partie enlevée par *autotomie* normale, avec préparation de la régénération avec l'accomplissement de l'autotomie. Elle s'explique en admettant que certaines cellules ont reçu, pendant l'ontogénèse, des *Déterminants de remplacement* qui ont permis à chacune de fournir les séries cellulaires qu'elles produisent dans le processus.

Ici encore il faut admettre que les Déterminants de remplacement sont différents des Déterminants primitifs et existent à part dans le Plasma germinatif, dans les cas où l'individu né de la division n'est pas identique à l'individu primitif, comme cela arrive chez certains Syllidiens par exemple.

Dimorphisme et Polymorphisme. — Aux degrés les plus inférieurs de la sexualité, le mâle ne diffère de la femelle qu'en ce qu'il produit des spermatozoïdes et celle-ci des œufs. Dans ce cas, il suffit d'admettre que la cellule germinative contient, outre le Plasma germinatif, deux *Déterminants*, l'un *ovogène* et l'autre *spermatogène* et que les circonstances qui décident du sexe placent l'un ou l'autre en état d'inactivité.

Mais d'ordinaire le dimorphisme est plus étendu. Il porte sur les glandes sexuelles, sur leurs canaux vecteurs, les organes copulateurs, s'il y en a, et peut s'étendre aux sens, aux organes d'attaque ou de défense, aux parures, au cerveau (différence des instincts), etc., etc. Dans quelques cas il peut s'étendre à presque tout l'organisme (Bonellie, Rotateurs, etc.). Cela conduit à admettre qu'il existe, pour un nombre variable de parties et d'organes, des *Déterminants doubles* dont l'un ou l'autre reste à l'état passif[1].

D'autre part, on sait que la castration opératoire ou sénile fait apparaître les caractères du sexe opposé; il faut donc bien que les Déterminants de ces caractères aient existé.

Ces Déterminants doubles sont beaucoup plus nombreux qu'on ne saurait tenté de le croire. La comparaison des *jumeaux identiques* en donne la preuve. Tandis que ceux de même sexe ne diffèrent que par des détails minimes, ceux de sexe opposé diffèrent, non seulement par les attributs de leur sexe, mais par le système pileux, la finesse de la peau, la stature, le développement des muscles, du squelette, enfin par le système nerveux révélant en eux une excitabilité et une manière de penser toute différente[2].

Les circonstances qui décident du *Sexe* déterminent en même temps quels Déterminants deviendront actifs et quels resteront passifs dans les paires formées par les Déterminants doubles[3].

[1] Il est inutile de supposer que ces *Déterminants* soient *géminés*, c'est-à-dire liés mécaniquement l'un à l'autre, car il ne leur est pas plus difficile de rester unis, qu'à ceux de deux cellules voisines. Par contre, on ne peut admettre qu'ils ne soient pas doubles et que chaque sexe ne possède que ceux correspondant à ses caractères propres. Lorsqu'une mère transmet sa voix de soprano à la fille de son fils doué d'une voix de basse, lorsqu'un père transmet sa barbe noire et épaisse au fils de sa fille qui peut être est blonde, il faut bien que ce fils à voix de basse et cette fille à duvet blond aient contenu à l'état passif les Déterminants opposés qu'ils ont transmis.

[Cela prouverait seulement qu'il a transmis quelques Ides qui étaient en minorité d'homodynamie chez lui, et sont devenus majorité chez la fille.]

[2] Lorsque le Dimorphisme se traduit par l'existence chez un sexe d'une partie qui, n'existe pas chez l'autre, ou par le développement beaucoup plus grand chez l'un d'une partie commune aux deux, les Déterminants ne peuvent s'opposer un à un comme dans le cas où une même partie revêt deux caractères différents. L'hypothèse des Déterminants doubles ne suffit plus. Il faut admettre que les Déterminants des deux organes s'opposent par groupe l'un à l'autre, en sorte que l'on a deux groupes inégaux dont un seul pourra entrer en activité. Lorsque, par exemple, on voit, chez un Crustacé, l'antenne du mâle beaucoup plus grande et tout autrement conformée que celle de la femelle, il faut admettre, dans le Plasma germinatif, deux groupes de Déterminants qui sont transportés à la fois au point où naîtra l'antenne dans la cellule mère de celle-ci, et que, là, l'un ou l'autre groupe est déposé dans quelque cellule de la base de l'antenne où il reste indéfiniment sans servir à rien.

[3] Le moment où se décide le sexe est variable. Chez le Phylloxera, il précède la fécondation, l'œuf qui doit donner un mâle étant tout différent de celui qui donnera une femelle. Chez les Abeilles, c'est la fécondation qui le détermine, les œufs

Au moment où la cellule mère des cellules germinatives prend naissance, selon qu'elle reçoit un Déterminant ovogène ou spermatogène, la cellule somatique jumelle reçoit une disposition connexe qui détermine laquelle, de la partie mâle ou femelle des Déterminants doubles, sera active ou inactive[1].

Enfin, dans le cas de *Polymorphisme*, la complication va encore plus loin. Certains cas ne sont que du Polymorphisme apparent[2], mais d'autres sont bien réels et obligent à admettre une complication nouvelle.

Ainsi, chez les Abeilles, il y a évidemment des Déterminants doubles pour les mâles et les femelles. Mais ceux des femelles doivent être doubles de nouveau, car ces femelles peuvent être reines ou ouvrières. S'il n'y avait entre ces deux formes d'autres différences que celles des organes sexuels, on pourrait croire que leur évolution dépend du plus ou moins de nourriture accordé à la larve, d'autant plus que c'est la quantité de nourriture qui détermine l'état neutre ou sexué. Mais il y a des

non fécondés étant mâles, les fécondés femelles. Mais, dans la plupart des cas, il ne se décide que plus tard. Nous ne savons pas ce qui le décide, mais nous pouvons avancer que tout ce qui dépend de lui se détermine en même temps que lui et ne résulte pas d'une action ultérieure du sexe sur l'organisme.

[1] [Si les choses se passaient ainsi, il en résulterait que les cellules filles du blastomère jumeau de la cellule sexuelle mère seraient les seules à pouvoir présenter des différences sexuelles. Lors donc que la première division sépare une cellule ectodermique d'une endodermique, il en résulterait que l'un ou l'autre de ces tissus ne pourrait présenter de différences sexuelles.]

En tous cas, le sexe n'est pas héréditaire et une fille ne tient pas plus son sexe de sa mère que de son père, car la sexualité femelle est représentée aussi bien dans le Plasma germinatif mâle que dans celui de l'ovule, comme le prouve bien la transmission des particularités inhérentes au sexe de la mère, à la petite-fille, par l'intermédiaire du fils.

Certaines *maladies* dites *de sang*, qui se transmettent seulement à un sexe et parfois par l'intermédiaire de l'autre, comme l'*hémophilie* (il en est de même de certains cas de polydactylie et autres affections similaires), s'expliquent aussi par des Déterminants doubles. Elles ne sont en somme que des caractères de dimorphisme sexuel accidentel. Lorsqu'un hémophile transmet sa maladie au fils de sa fille restée indemne, cela tient à ce que les Déterminants dont résulte la solidité des parois vasculaires, sont doubles et correspondent, les uns à une solidité normale, les autres à une fragilité pathologique. Ces derniers sont latents chez les filles; ils sont actifs chez les garçons.

[2] Ainsi le Papilio Turnus ♂ a, en Amérique, les ailes jaunes, et la ♀ les a tantôt jaunes, tantôt noires. Mais comme les ♀ à ailes noires ne se rencontrent que dans l'Amérique du Sud et celles à ailes jaunes que dans l'Amérique du Nord, il en résulte que l'on a là simplement deux races, l'une monomorphe, l'autre dimorphe. Si elles arrivaient à habiter le même pays, on les prendrait pour une race unique trimorphe.

Si les ♂ aussi étaient dimorphes, on aurait l'illusion d'une race quadrimorphe.

différences dans presque toutes les parties du corps, le dard, les ailes, les brosses des pattes, les glandes de la cire, le cerveau, à instincts si différents, etc. ; il faut donc, là encore, des Déterminants doubles, en sorte qu'il y a en tout trois Déterminants pour la plupart des caractères. Chez les Termites où les mâles sont, en outre, ouvriers ou soldats, les Déterminants triples ne suffisent plus, il en faut de quadruples.

D'ailleurs, comme chaque partie à déterminer a besoin d'un Déterminant complet, il faut se représenter ces Déterminants doubles, triples ou quadruples comme deux, trois, quatre Déterminants homologues mais hétérodynames et liés entre eux par une relation telle qu'un seul d'entre eux devient actif et maintient les autres en état d'inactivité[1].

Résumé. — En somme, le Bourgeonnement, la Régénération, la Reproduction par scission, le Dimorphisme et le Polymorphisme obligent à compliquer fortement la conception assez simple de l'Idioplasma que nous avons établie tout d'abord. Ils obligent à admettre : 1° que chez tous les animaux capables de se reproduire par scission ou bourgeonnement ou de régénérer quelqu'une de leurs parties, certaines cellules de l'organisme contiennent, outre les Déterminants dont elles ont besoin pour elles-mêmes, des Déterminants parfois très nombreux et très variés qui ne doivent entrer en activité qu'à un moment donné ou dans des conditions particulières; 2° que lorsque les produits de la Scission, du Bourgeonnement ou de la Régénération sont tant soit peu différents des parties correspondantes de l'organisme primitif, dans le Plasma germinatif lui-même, doivent se trouver, à côté des Déterminants ordinaires, des Déterminants spéciaux pour les parties qui pourront avoir à se former plus tard; 3° enfin que, chez tous les animaux, les parties qui ne sont pas identiques dans les deux sexes sont représentées dans le Plasma germinatif par des Déterminants doubles dont un reste à l'état latent[2].

[1] Certains cas de *Dichogénie,* chez les plantes, nécessitent aussi des Déterminants doubles. Ainsi pour les jeunes bourgeons du *Thuja,* il faut bien en admettre de tels. C'est un vrai dimorphisme d'éclairage. Mais d'autres cas que l'on rattache à la Dichogénie s'expliquent sans cela. Ainsi le Lierre pousse des racines du côté de l'ombre et des feuilles du côté de la lumière. Cela ne veut pas dire que les mêmes cellules qui donnent des racines à l'ombre donnent des feuilles à la lumière, car les feuilles sont bien moins nombreuses que les racines. Cela veut dire seulement que la cellule terminale, en détachant d'elle les cellules qui contiennent en puissance soit les racines soit les feuilles, est influencée par la lumière et donne des Déterminants foliaires du côté éclairé et des Déterminants radiculaires du côté obscur.

[2] Avant d'admettre une si grande complication de détails, on pourrait se de-

Il reste maintenant à montrer comment la constitution du Plasma germinatif à laquelle nous sommes arrivés permet d'expliquer les grands phénomènes biologiques relatifs à la race et aux rapports entre la race et l'individu.

La Variation et ses causes. — Nous avons vu, dans la théorie des *Essais* (92_1), que l'Amphimixie était une cause active de variation [1]. Mais elle ne peut cependant que combiner des variations déjà acquises, car les Ides des deux sexes ne se fusionnant pas dans la fécondation, *a fortiori* les Déterminants restent-ils indépendants et semblables dans l'œuf fécondé à ce qu'ils étaient chez les parents. Il faut pourtant que les Déterminants varient pour qu'une variation se produise. Donc la variation des caractères doit, en dernière analyse, reposer sur celle des Déterminants.

Celle-ci se produit de deux façons, d'abord parce que, dans leur multiplication, ils ne se reproduisent pas identiques à eux-mêmes; ensuite

mander s'il ne serait pas plus simple d'admettre simplement que tout Idioplasma contient les éléments nécessaires pour faire de sa cellule un élément quelconque et que ce sont les conditions extérieures et les influences de voisinage qui déterminent ce que celle-ci deviendra.

Mais divers faits l'empêchent d'admettre cette hypothèse.

Comment, s'il en était ainsi, un nævus de la joue droite passerait-il chez le fils à la joue du même côté. Les conditions extérieures et les influences de voisinage sont les mêmes pour les deux joues. D'autre part, on ne comprendrait pas que les faits de régénération soient aussi limités qu'ils le sont. Lorsqu'un œuf de Grenouille, réduit à un de ses deux premiers blastomères, produit une demi-larve, tandis que, dans les mêmes conditions, un œuf d'Ascidie produit une larve entière, il faut bien qu'il y ait quelque chose de plus dans le blastomère restant chez l'Ascidie que chez la Grenouille et, comme toute propriété repose sur la matière, il faut bien qu'il y ait quelque matière de plus dans l'œuf de l'Ascidie que dans celui de la Grenouille. Cette matière ce sont les *Déterminants de remplacement*.

[1] HATSCHECK objecte que la Variation est un phénomène trop exceptionnel dans les espèces pour reposer sur une fonction permanente comme l'Amphimixie. Mais l'Amphimixie n'a pas pour fonction que de produire des variations. Elle a aussi pour effet de modérer les effets de la Variation individuelle et de maintenir la fixité de l'espèce en lui donnant une certaine inertie. Les effets que nous constatons demandent, pour être expliqués, à la fois une source très riche de variation et une utilisation modérée de ces richesses.

C'est bien ce qui résulte de la théorie. Les Biophores et les Déterminants sont en voie continuelle de variation, mais l'espèce ne subit pas d'oscillations correspondantes, car ces changements ne se réalisent que lorsqu'ils ont atteint dans le Soma, avec ou sans le secours de l'Amphimixie et de la division réductrice, la majorité des Déterminants. La plupart de ces variations sont supprimées par un mouvement nutritif inverse ou noyées dans la masse; elles ne se manifestent que si elles atteignent la majorité et, parmi celles qui y arrivent, celles-là seules sont conservées que protège la Sélection.

parce qu'ils sont sensibles, dans une certaine mesure, aux modifications des conditions ambiantes.

Supposons qu'un Déterminant soit unique de son espèce dans un Plasma germinatif. Il passera unique à travers des stades plus ou moins nombreux de l'ontogénèse jusqu'à la cellule mère des cellules sexuelles; mais, à partir de là, il se multipliera à chaque division et, pour être représenté une fois dans chacune des innombrables cellules sexuelles du produit, il a fallu qu'il se reproduisît un nombre énorme de fois. Or, pendant toutes ces reproductions par scission, il est presque impossible qu'il soit resté identique à lui-même. Tel Biophore aura rencontré des conditions plus favorables dans telle cellule, plus fâcheuses dans telle autre; ici il n'aura pu se diviser, là il se sera multiplié avec plus de force, en sorte que, finalement, ce Déterminant se trouvera, dans les diverses cellules sexuelles, avec des caractères quelque peu différents.

D'autre part, supposons qu'un ensemble de conditions extérieures soit capable de modifier un caractère somatique, comme le prouvent de nombreux faits, ces mêmes conditions auront une action semblable sur les Déterminants du Plasma germinatif.

Déjà, dans la théorie des *Essais* (92_1), nous avions indiqué ce fait, mais l'explication un peu vague donnée alors devient, dans la théorie nouvelle, absolument claire et précise; elle prend corps et s'impose presque comme une nécessité.

Lorsqu'un ensemble de conditions extérieures modifie un organe, c'est en agissant sur ses Déterminants. Cela prouve donc que ces conditions sont capables d'influencer les Déterminants contenus dans les cellules de cet organe de manière à provoquer la modification observée. Mais des Déterminants identiques existent dans le Plasma germinatif des cellules sexuelles qui donneront naissance aux produits de cet individu. Ces Déterminants, soumis aux mêmes conditions extérieures, subiront la même modification, et cette modification imprimée au Plasma germinatif est, par cela même héréditaire. En somme, cela revient à montrer que les circonstances capables d'imprimer une modification au Soma impriment nécessairement une modification identique au Plasma germinatif. Lorsqu'on se représente le Plasma germinatif, comme dans toutes les autres théories, y compris celle des *Essais,* comme essentiellement différent du Soma, il est impossible de comprendre que le Plasma germinatif et le Soma puissent recevoir d'un même changement dans les conditions extérieures des modifications parallèles; mais dès qu'on admet que le

Plasma germinatif est composé des mêmes Déterminants qui donnent à l'organe son caractère, il devient évident que, si ces Déterminants sont modifiés d'une certaine façon dans le Soma, ils seront modifiés de la même façon dans le Plasma germinatif, puisqu'ils ne diffèrent en rien d'essentiel dans ces deux parties. D'ailleurs, en raison de sa situation profonde, l'Idioplasma ne subit l'influence des conditions modificatives qu'à un degré fort affaibli, et cela explique pourquoi les variations ainsi acquises ne sont que lentement et faiblement héréditaires. Ainsi l'hypothèse d'une réaction du Soma sur le Plasma germinatif devient superflue[1].

[1] Un exemple frappant à l'appui de cette idée est fourni par l'étude des variations des *Polyommatus Phlœas*.

[Le cas du *Polyommatus Phlœas* est si remarquable et donne une notion si claire de la manière dont Weismann débrouille les difficultés de cet ordre qu'il mérite d'être cité en entier bien qu'il soit un peu long.

Le *Polyommatus Phlœas* est un Papillon de la famille des Lycænides qui habite à la fois les pays chauds (Asie, etc.) les pays tempérés (Allemagne, etc.) et la région intermédiaire (Grèce, etc.). Partout il a deux générations par an, une de printemps et une d'automne. En Allemagne, les deux générations ont les ailes rouges; dans les pays chauds, elles le sont l'une et l'autre fortement tachées de noir; dans la région méditerrannéene, la génération de printemps les a rouges, celle d'automne tachées de noir. En Allemagne, dans les étés très chauds, surtout dans certaines vallées abritées, la génération d'automne présente aussi des taches noires. J'ai fait incuber des pupes allemandes à une forte chaleur et des pupes de Grèce à une température fraîche. Les premières ont donné des papillons tachés de noir mais bien moins que dans les pays chauds, les dernières ont donné des papillons plus clairs que ceux de Grèce mais bien plus foncés que ceux d'Allemagne, et ces résultats ont été trop nets pour que la différence soit imputable à l'imperfection de l'expérience. Donc il est démontré que les variétés sont foncièrement différentes et que ce n'est pas l'action directe de la chaleur sur l'incubation de la pupe qui, en une seule génération, produit les taches noires. Donc il a fallu que les résultats s'accumulassent pendant plusieurs générations et cela semble prouver l'hérédité du caractère somatique.

Eh bien il n'en est rien et la théorie explique si nettement les faits qu'il y a là, au contraire, une preuve en sa faveur.

L'espèce est regardée par les entomologistes comme ayant habité le Nord avant l'époque glaciaire et s'étant répandue de là dans les contrées plus méridionales. Elle avait donc les ailes rouges à l'origine. L'expérience faite sur les pupes a montré que l'action de la chaleur pendant l'incubation déterminait des taches noires. Il y a donc une action directe sur les ailes. Mais ce n'est pas une action directe dans le genre d'une modification chimique de la couleur, car si la chaleur n'agit que pendant le développement des ailes, elle n'a pas d'action. Son effet ne se produit que si elle est appliquée quand les ailes ne sont pas encore formées. Elle agit donc sur les Déterminants de ces ailes pendant leur évolution. Mais des Déterminants identiques existent aussi dans le Plasma germinatif des cellules sexuelles, et la même cause qui agit sur les Biophores des Déterminants de l'aile en voie de développement de manière à provoquer la formation d'é-

Il résulte de là que les seuls cas avérés de prétendue hérédité des caractères acquis (ceux causés par les conditions de vie) s'expliquent par un tout autre moyen que cette hérédité au sens où on la comprend d'ordinaire. Quant aux autres cas qui lui sont attribués, ils ne sont pas plus démontrés aujourd'hui qu'ils ne l'étaient au moment où ils ont été réfutés dans les *Essais*.

Majoration d'un caractère. — Lorsqu'un mâle et une femelle présentent un certain caractère a au degré $2\,a$, il semblerait au premier abord que le produit doit avoir ce caractère au degré $4\,a$. Mais, si l'on approfondit la chose, on voit que, grâce à la division réductrice le produit aura en moyenne ce caractère au degré $\frac{1}{2}(2\,a + 2\,a) = 2\,a$. Cependant l'observation de tous les jours nous montre que ni l'une ni l'autre de ces conclusions

cailles noires, doit agir de la même façon sur les Biophores correspondants du Plasma germinatif. Ainsi, à la génération suivante, avant toute action de la chaleur sur l'aile, il y aura quelque chose de fait.

Ainsi s'expliquent les effets cumulatifs sans recourir à une réaction du Soma sur le Plasma germinatif. Mais, à mesure que les Déterminants du Plasma germinatif répondent à l'action de la chaleur, ils deviennent plus lents à y répondre; au bout d'un certain temps, l'action est épuisée et il faut le complément de l'action de la chaleur sur les Déterminants de l'aile en formation pour que le résultat soit obtenu. C'est pour cela, que les pupes incubées au frais ont produit des papillons à ailes plus claires. C'est pour cela, que l'éclosion de printemps a les ailes rouges et celle d'automne les ailes tachées de noir dans les pays tempérés. Tout dépend du nombre des Déterminants modifiés dans le Plasma germinatif et du degré où ils sont atteints. Dans la variété grecque, l'action de la chaleur n'est complète sur aucun Déterminant, aussi l'éclosion de printemps n'a-t-elle pas de taches noires, mais, comme il ne manque que peu à bon nombre d'entre eux pour que la détermination noire triomphe, l'action de la chaleur pendant l'incubation, quand ces Déterminants ont passé dans le rudiment de l'aile, suffit pour compléter le résultat.

L'action sur les Déterminants de l'aile est beaucoup plus forte que sur ceux du Plasma germinatif. Il faut qu'il en soit ainsi, sinon on ne pourrait avoir en Grèce une variété de printemps sans taches noires, car l'addition ou la soustraction de la chaleur d'une seule saison sur le nombre immense qui a été nécessaire à travers tant de générations pour arriver au résultat voulu serait négligeable si toutes ces actions étaient égales. La chose se comprend, au contraire, très bien si l'action sur les Déterminants, dans l'aile en voie de développement, est chaque fois une fraction notable de l'action totale. Or cette différence est facile à concevoir, car les Déterminants sont plus mûrs et plus dégagés de liaisons gênantes dans l'aile que dans le Plasma germinatif. Les différences de cet ordre sont bien réelles, car l'action de la chaleur sur la couleur de l'aile est toute différente selon qu'on l'applique sur la pupe à tel ou tel moment du développement de l'aile. Chez la *Vanessa levana-prorsa*, tout l'effet est obtenu par l'application à un moment précis; et, appliquée même plus longtemps, après ou avant le moment critique, la chaleur a des effets très diminués.

n'est juste. Le caractère n'est, dans le produit, ni au même degré que chez les parents ni à un degré double. Il est augmenté dans une proportion faible et très variable. Pour se rendre compte de ce qui doit se passer, prenons un exemple. Supposons un Papillon qui ait normalement une tache noire sur des ailes rouges et supposons que, chez un mâle et une femelle, cette tache soit blanche. Il n'y a aucune raison pour que le produit ait cette tache blanche plus large, car les Déterminants de la région voisine n'ont aucune raison d'être modifiés. Si, au contraire, ces taches sont, dans le père et dans la mère, à deux places différentes, le produit pourra posséder une tache double d'un blanc plus ou moins rabattu de gris.

La cause vraiment efficace de la majoration des caractères, c'est l'action continue des conditions extérieures. Cette action, s'exerçant à chaque génération sur les Déterminants du Plasma germinatif, finit par les modifier complètement et faire apparaître un caractère nouveau, comme nous l'avons expliqué dans l'exemple du Polyommatus[1].

D'ailleurs, la modification ne s'exprime pas dans le Soma au fur et à mesure qu'elle progresse dans le Plasma germinatif et proportionnellement, car nous avons montré qu'un caractère ne s'exprimait que lorsqu'il affectait les Déterminants correspondants dans la majorité des Ides du Plasma germinatif. Or les Déterminants ne sont pas identiques dans toutes les Ides; ils sont tous homologues, mais ne sont homodynames que par groupes. Lorsque l'action modificatrice commence à s'exercer, elle se fait sentir d'abord sur les Déterminants les plus sensibles, puis peu à peu, par sa persistance; elle finit par atteindre ceux qui sont moins excitables, puis ceux qui sont encore un peu plus réfractaires, en sorte qu'elle n'aura modifié la majorité requise qu'après un nombre plus ou moins long de générations, et alors seulement le caractère s'exprimera dans le Soma.

Les variations fortes et rapides produites par certaines conditions de culture s'expliquent par le fait que ces conditions sont appliquées par l'homme avec beaucoup plus d'intensité que par la nature.

Parallélisme de l'Ontogénèse et de la Phylogénèse. — Lorsqu'une espèce se forme par modification d'une autre, elle diffère d'elle par les caractères de certains Déterminants seulement. Les Plasmas germinatifs des individus de ces deux espèces sont bien différents dans l'œuf même, mais, tant que

[1] Elle s'exerce aussi bien sur le nombre que sur la qualité des Déterminants. Ainsi un organe pourra aussi bien grandir ou se multiplier par le fait que ses Déterminants auront reçu une impulsion dans leur activité reproductrice, que revêtir un caractère nouveau par le fait qu'ils auront été modifiés!

les Déterminants correspondant aux caractères différentiels ne sont pas arrivés dans leurs cellules définitives, ils sont transmis de cellule en cellule, sans exercer aucune influence sur la forme des divers stades embryonnaires. Il est donc naturel que ces stades embryonnaires restent identiques jusqu'au moment où se dessine le caractère différentiel. A mesure que les espèces divergent, leurs caractères différentiels s'accentuent et remontent plus loin, mais toujours leur ontogénèse reste identique jusqu'au stade où les Déterminants des caractères différentiels entrent en activité [1].

Condensation du développement. — A mesure qu'une espèce acquiert un perfectionnement nouveau, un stade correspondant à la formation de ce perfectionnement s'ajoute à son ontogénèse et celle-ci s'allonge par son extrémité terminale. Mais, en même temps, elle peut se raccourcir dans ses stades moins avancés par le seul fait que la différenciation marche plus vite que la multiplication des cellules, en sorte que celle-ci ne peut suivre celle-là. Alors un stade se trouve sauté par le fait que la division suivante reçoit les Ides à un degré de différenciation identique à ce qu'il serait si ce stade avait eu lieu [1].

Corrélation de croissance. — Les faits de corrélation de croissance qui reposent sur des nécessités physiologiques, comme la longueur des pattes et du cou chez la Girafe, les bois et les apophyses épineuses cervicales chez le Cerf, s'expliquent d'elles-mêmes par le fait que la variation qui a produit l'une aurait été supprimée par la Sélection si celle qui a produit l'autre ne s'était manifestée en temps utile. Mais les corrélations indépendantes, comme la surdité des Chats à yeux bleus (Darwin), ne sont pas aussi claires. Elles s'expliquent, dans la théorie, par le fait que deux organes éloignés et indépendants de l'adulte peuvent avoir leurs Déterminants rapprochés dans le Plasma germinatif, et ces Déterminants

[1] [Une explication semblable a déjà été fournie par DARWIN et par NÆGELI.]

[2] [Cela souffre une objection, car la différenciation des Ides repose sur la division longitudinale. Or on ne voit pas de division longitudinale non accompagnée de division cellulaire.

[De plus, soient A, B, C trois stades successifs. Supposons que A ait n cellules, que B en ait $2n$ et C $4n$. Si B est sauté, C n'a plus que $2n$ cellules : il ne peut donc être identique à ce qu'il aurait été si B avait existé.

[Mais, dira Weismann, il pourra n'en différer que par le fait que les groupes identiques seront représentés chacun par un nombre moitié moindre de cellules. Pour que, dans C, autant de différenciations soient exprimées que si B avait eu lieu, il faudrait que la division de A en B eût été homogène, c'est-à-dire que B n'eût différé de A que par le nombre des cellules, ce qui est insuffisant pour expliquer la disparition d'un vrai stade.]

peuvent avoir subi ensemble un accroissement nutritif ou une détoriation ou modification quelconque.

Atavisme. — La Réversion vers un parent peu éloigné a été expliquée à l'occasion de la détermination du produit. Il faut expliquer maintenant l'Atavisme, c'est-à-dire la réversion vers un ancêtre très éloigné.

La première condition pour qu'un caractère ancestral reparaisse, c'est que l'ancêtre en question soit encore représenté dans le Plasma germinatif. Or il semblerait que cela ne peut avoir lieu. En effet, lorsqu'une espèce se forme par transformation d'une autre, les Déterminants des nouveaux caractères ne se rencontrent pas tout de suite dans toutes les Ides. Nous avons vu qu'un petit nombre d'Ides d'abord revêt les caractères nouveaux et que ce caractère ne s'exprime que lorsque la moitié des Ides a été transformée. A partir de ce moment, la Sélection intervient et conserve toujours les individus qui ont le plus d'Ides transformées, en sorte que le nombre des Ides transformées s'accroît rapidement. Mais l'action sélective a une limite. Lorsque les Ides anciennes sont en minorité assez faible pour n'avoir plus d'influence sur la détermination du produit, celui-ci devient indépendant du nombre d'Ides anciennes restant dans son Plasma germinatif, et la Sélection cesse d'agir. A partir de ce moment, le nombre des Ides anciennes diminue beaucoup plus lentement, et seulement selon les hasards de la division réductrice. A la longue, elles doivent finir par disparaître toutes, mais il n'est pas impossible qu'il en reste pendant longtemps, un nombre plus ou moins grand selon les individus, que le hasard a laissées là. Or ce petit groupe peut aussi bien se trouver favorisé, pendant quelques générations, par la division réductrice qui les respectera et, s'il arrive qu'un mâle et une femelle chez lesquels les Déterminants anciens se trouvent avoir été portés à 1/4 du nombre total, se rapprochent, ce nombre deviendra 1/2 et le caractère ancestral pourra s'exprimer. Les hasards d'une multiplication plus avantageuse peuvent intervenir aussi.

C'est ainsi que peuvent reparaître les trois doigts de l'Hipparion chez le Cheval, des mamelles multiples chez l'Homme, des individus à fleurs régulières dans des espèces irrégulières [1].

[1] Darwin cite le cas suivant : une Gueule de Lion (*Antirhimum majus*) ordinaire, c'est-à-dire irrégulière, donna un jour une fleur régulière. La graine de cette fleur, fécondée par elle-même et ensemencée, donna 16 pieds *tous* composés de fleurs régulières. Ceux-ci, fécondés par des fleurs irrégulières, firent *tous* retour à la forme irrégulière sauf que, parfois, le petit rudiment de la 5e étamine était un peu plus,

Même chez les animaux parthénogénétiques des faits d'atavisme peuvent se produire. Ici c'est la division réductrice du globule polaire unique qui fait le triage et donne la majorité à des Ides ancestrales provenant

ou même complètement développé. Les fleurs ainsi obtenues, abandonnées à elles-mêmes, se fécondèrent entre elles et il en résulta environ deux fois plus d'irrégulières que de régulières, et celles-ci étaient toutes incomplètement régulières. Tout cela est aisé à expliquer dans la théorie. La forme régulière est sûrement ancestrale. Les Déterminants de la régularité se sont trouvés par hasard amenés à devenir majorité dans un cas exceptionnel, d'où la première fleur régulière observée. Celle-ci, fécondée par elle-même, donna naturellement des fleurs semblables à elle. Mais il est singulier que *tous* ses produits aient été réguliers et certainement si l'expérience avait porté sur plus de 16, il s'en serait trouvé que la division réductrice aurait ramenés à l'irrégularité. Quant au fait que tous les produits du croisement de ces 16 fleurs avec des fleurs irrégulières furent tous irréguliers, il résulte de ce que tous les Déterminants de la régularité étaient en faible majorité dans ces fleurs, et que cette faible majorité est devenue minorité après l'apport du contingent de déterminants irréguliers amenés par l'amphimixie.

[Qu'est-ce que ces Déterminants de la régularité ancestrale n'apportant pas leurs autres caractères ancestraux? Cela ne peut s'expliquer que si l'on admet que cette fleur régulière était identique à l'ancêtre régulier.]

Un phénomène semblable peut se produire chez les plantes sans le secours de l'Amphimixie. C'est ainsi qu'on a vu un *Acer negundo* panaché produire un rameau vert. Ici le hasard de la répartition des Déterminants entre les filles de la cellule terminale joue le rôle de la division réductrice dans la reproduction sexuelle.

Cet *Acer negundo* panaché descendait de l'espèce verte, il contenait donc des Déterminants verts, peut-être en minorité importante. Lorsque la cellule terminale du rameau panaché s'est divisée pour donner la cellule terminale du rameau vert, celle-ci s'est trouvée recevoir une majorité de déterminants verts.

[S'il en est ainsi, la branche dont le rameau vert est né a dû se montrer notablement plus panachée. Cela est forcé. Or, cela n'a sans doute pas eu lieu, sans quoi l'auteur n'eût pas manqué de faire valoir un si bon argument.]

La reproduction par graine des variétés nées capricieusement sur un rameau d'une plante normale est difficile à obtenir. Les Frênes pleureurs donnent toujours, par leurs graines, des Frênes ordinaires. Une seule fois un d'entre eux a donné des graines dont quelques-unes ont reproduit la variété *pleureur*. Cela s'explique aisément en se reportant à la manière dont les choses se passent d'après la théorie. Lorsque le premier rameau de la variété *pleureur* s'est montré sur un Frêne ordinaire, cela est provenu de ce que les Déterminants de cette forme se sont répartis inégalement entre les deux filles d'une cellule terminale, en sorte que ces Déterminants se sont trouvés en majorité dans la cellule terminale d'un rameau latéral. Mais cette répartition inégale n'a porté que sur le Plasma qui devait immédiatement continuer à se diviser pour former le Soma. Le Plasma germinatif de réserve destiné aux cellules germinatives du rameau a été transmis intégralement, en sorte qu'il n'y avait aucune raison pour que les produits des graines de ce rameau fussent de la variété nouvelle. Il a fallu les nouveaux hasards d'une division réductrice et d'une amphimixie favorables pour que la variété apparaisse de nouveau.

[S'il en était vraiment ainsi, il n'y aurait même aucune raison de comprendre

de l'époque où la reproduction était sexuelle dans l'espèce. Toujours, en effet, la parthénogénèse est secondaire.

Tératogénèse. — Par contre, certains faits que l'on rattache à tort à un atavisme extrêmement lointain et qui appartiennent en réalité à la Tératologie s'expliquent très aisément d'une toute autre manière. Ainsi l'hexadactylie de l'Homme ne peut provenir de la réversion vers l'ancêtre hexadactyle hypothétique des Mammifères, car on ne saurait admettre que des Ides anciennes aient pu rester dans le Plasma germinatif après un nombre aussi formidable de divisions réductrices. D'ailleurs ce doigt supplémentaire ne porte pas la griffe dont étaient armés sans doute les doigts de cet ancêtre. La chose s'explique tout simplement en admettant que certains groupes de Déterminants, favorisés par une nutrition exceptionnelle, peuvent se doubler et provoquer la formation d'un organe double.

Phénomènes présentés par les Hybrides [1]. *Variabilité extrême de ces êtres.* — On sait que lorsqu'on féconde une espèce A par une espèce B les produits sont d'ordinaire exactement intermédiaires entre A et B. Mais, si on allie les produits P_1 entre eux, aussitôt apparaît une grande diversité dans les produits P_2. Quelques-uns rappellent A, d'autres B, absolument ou partiellement, et les autres présentent tous les degrés intermédiaires possibles.

Si on allie les produits P_1 avec A, le type moyen des produits se rapproche de A, mais il y a encore une grande variété et certains des produits pourront reproduire encore tous les caractères de B. Si l'on continue ces croisements des produits toujours avec A, on peut rapprocher autant que l'on veut le produit moyen de l'espèce A, mais on ne peut empêcher une grande variabilité et un retour parfois surprenant vers l'espèce B [2].

La théorie rend cela très clair.

Il se produit là, pour les caractères spécifiques, à peu près ce que nous avons vu se produire pour les caractères individuels dans les races pures,

pourquoi cette variété aurait reparu plutôt par les graines de la variété semblable que par celles de la plante normale.]

[1] [Nous laisserons de côté la distinction ici sans importance entre Hybride et Métis, car les phénomènes ont la même cause dans les deux sortes de produits de croisement.]

[2] Dire avec Liebscher qu'il se produit, dans ces cas, un relâchement de la structure du Plasma germinatif, ou avec Vines qu'il se produit une combinaison tout à fait libre des tendances héréditaires, c'est se payer de mots, c'est fournir une explication qui demande elle-même à être expliquée.

avec cette différence que tous les Déterminants des Ides d'une espèce sont homodynames sous le rapport du caractère spécifique. Le produit A×B est forcément intermédiaire à A et à B puisqu'il contient autant du Plasma germinatif de l'un que de l'autre et il n'y a aucune raison pour qu'une grande variabilité se montre dans cette première génération. Dans les produits P_1,la cellule germinative non mûre contient autant de Plasma germinatif de A que de B. Supposons, pour fixer les idées, que les espèces A et B aient 16 Idantes. Les cellules germinatives non mûres de P_1 contiendront 8A+8B. Au moment de la division réductrice, il pourra rester de 0A+8B à 8A+0B avec toutes les combinaisons intermédiaires possibles. Si (0A+8B) ♀ s'unit à (0A+8B) ♂, le produit 16 B sera identique à l'espèce B; si (8A+0B) ♀ s'unit à (8A+0B) ♂, il sera identique à A. Ce sont là les cas extrêmes, et toutes les combinaisons intermédiaires, qui donneraient naissance à des produits à caractères intermédiaires, s'expliquent non moins aisément. Or, comme il n'y a aucune raison pour qu'une combinaison soit plus fréquente que les autres, la variabilité des produits P_1 se trouve expliquée. Il en sera de même tant qu'on mariera ces produits entre eux.

Si maintenant on unit le produit A dont la cellule sexuelle mère a pour formule en Idantes P_1 = 8A à 8B avec l'espèce A dont la formule est 8A, les constitutions extrêmes des produits seront 8A+8A=16A et 8A+8B. Donc les produits P_2 pourront ressembler exclusivement à A, mais non à B. Les plus semblables à B auront seulement la moitié des caractères de B (à supposer, ce qui n'est pas toujours exact, que les caractères soient toujours proportionnels au nombre des Déterminants de chaque espèce et à lui seul). Mais, entre ces deux extrêmes, toute combinaison a autant de chances de se produire que n'importe quelle autre, d'où la variabilité. Ces formules extrêmes 16A et 8A+8B restent d'ailleurs les mêmes indéfiniment tant que l'on continue à allier les produits P_2, P_3... P_n à l'espèce A, car le produit P_n, qui a pour formule 8A+8B peut à la n^e génération devenir 8B par la division réductrice et, uni à 8A, il sera encore 8A+8B à la $(n+1)^e$ génération. Mais le type moyen se rapprochera sans cesse de A et les chances pour qu'un produit 8A+8B se réalisent iront en diminuant sans cesse[1].

Atavisme chez les Hybrides — Les phénomènes d'Atavisme sont

[1] [La règle de FOCKE, que les caractères se juxtaposent chez les Métis, tandis qu'ils se fusionnent chez les Hybrides, trouverait difficilement son explication dans la théorie; or cette règle, sans être absolue, se vérifie souvent.]

beaucoup plus fréquents et accentués chez les Hybrides que dans les produits de race pure. Ainsi l'Ane et le Cheval descendent d'ancêtres rayés. On observe parfois, surtout sur les épaules et chez les individus gris, mais bien rarement, quelque indice de cette rayure ancestrale. Mais chez les Mulets elle est bien plus fréquente.

Cela s'explique aisément.

Chez le Cheval ou l'Ane, les Déterminants du pelage zébré doivent arriver à la majorité absolue pour déterminer un pelage zébré dans le produit. Or, comme ils sont peu nombreux, épars dans quelques rares Ides ancestrales, il faut qu'ils soient singulièrement avantagés par la nutrition, la division réductrice et l'Amphimixie pour arriver à devenir égaux en nombre à ceux de toutes les autres Ides réunies, même pour un point restreint du corps. Dans le Mulet, au contraire, les Déterminants du pelage ne sont pas tous homodynames, la moitié vient du Cheval, la moitié de l'Ane; ils forment donc deux groupes héterodynames entre eux, luttant chacun pour leur compte contre les Déterminants zébrés ancestraux. Ici donc, les Déterminants ataviques homodynames de la zébrure n'ont qu'à atteindre la majorité relative de 1/3 pour l'emporter sur les autres et exprimer leur caractère dans le produit[1].

Dans les cas où deux croisements successifs sont possibles, la majorité relative tombera à 1/5 et l'Atavisme sera encore plus facile. Cela s'observe pour le retour des Pigeons à la couleur ardoisée du Bizet[2].

Hybrides de greffe. — Les cas bien connus dont le *Cytisus Adami* est

[1] [Darwin avait proposé avant Weismann une explication toute semblable où les termes sont changés (V. p. 543, note)].

[2] Mais voici un cas plus difficile. Les produits de croisement du *Datura ferox* et du *D. lævis,* l'un et l'autre à fleurs blanches, ont *toujours* des fleurs bleues.

Les Datura ayant souvent des fleurs bleues, il est très admissible que le *D. ferox* et le D. *lævis* descendent d'ancêtres à fleurs bleues. D'autre part, l'ancienneté de ces espèces n'est peut-être pas bien grande et il est possible qu'elles aient conservé, non seulement dans quelques Ides, mais dans plusieurs Idantes entiers, les Déterminants bleus de l'espèce souche. Supposons que sur seize Idantes de *Datura ferox* et *lævis*, il y en ait dix à Déterminants blancs et six à Déterminants bleus de l'espèce souche, cela suffira pour que la couleur blanche soit exprimée. Après la division réductrice, il y en aura trois bleus et cinq blancs. Le produit hybride contiendra $3 + 3 = 6$ Idantes à Déterminants bleus de l'espèce souche, 5 Idantes à Déterminants blancs du *D. ferox* et 5 à Déterminants blancs du *D. Lævis*. Or ces deux groupes de cinq, bien que blancs l'un et l'autre, ne sont pas homodynames, car dans les cellules ils ne déterminent pas la couleur seulement, mais les autres caractères qui sont différents dans les deux espèces. Les 6 Idantes à Déterminants bleus auront donc la majorité relative et la couleur bleue s'exprimera dans le produit.

le type, étant très exceptionnels, on a le droit d'invoquer des faits exceptionnels pour les expliquer.

Nous admettrons qu'au point de soudure, deux cellules cambiales appartenant, l'une au Porte-greffe, l'autre au Greffon, se sont soudées et fusionnées, et que cette cellule mixte a été le point de départ d'un bourgeon hybride[1]. Le rameau nouveau a bien eu les Plasmas nécessaires pour former des fleurs panachées, mais cela ne suffit pas pour expliquer l'extraordinaire différence des fleurs entre elles. De la proportion des Déterminants a pu résulter un certain état panaché d'une fleur, mais toutes les autres fleurs devraient être semblables, comme c'est le cas pour les Hybrides ordinaires. Il faut donc quelque chose de plus, il faut que chaque cellule, en se divisant, au lieu de donner à chaque cellule fille une moitié de chaque Idante fendu longitudinalement, puisse donner à l'une et à l'autre une combinaison quelconque des Idantes des parents.

Or cette faculté tout à fait opposée aux faits ordinaires peut résulter de ceci : La fusion des deux cellules cambiales n'a pas été précédée d'une division réductrice, en sorte que le Cytisus Adami doit contenir un nombre d'Idantes double de celui des espèces mères[2]; or l'appareil des centrosomes et du fuseau, n'étant pas approprié à ce nombre double d'Idantes, peut ne pas se trouver en état de produire une division régulière, et cela suffit pour expliquer l'irrégularité constatée.

Quant aux faits de *Xénie* et de *Télégonie,* on pourrait peut-être leur trouver quelque explication, mais ils sont trop mal démontrés pour que la théorie ait à en tenir compte.

Ainsi tout s'explique, non seulement les caractères individuels normaux, non seulement les faits de l'ontogénie, non seulement la biologie des espèces et tous les phénomènes compliqués qu'elles présentent dans leur évolution naturelle et dans leurs croisements, mais encore les faits rares et exceptionnels.

Cette facilité à rendre compte de tous les phénomènes n'est-elle pas la meilleure preuve que l'on puisse fournir à l'appui d'une théorie nouvelle, tant que la technique est encore impuissante à donner les preuves directes de son exactitude ?

[1] [C'est Strasburger (94) (V. p. 36) qui, le premier, a imaginé cette explication.]

[2] Il y a là un moyen de vérifier si l'hypothèse est vraie.

Critique.

Dans aucun des articles qui composent ses *Essais*, Weismann ne s'était préoccupé de la structure intime du Plasma germinatif.

Pour lui la question alors n'était pas mûre.

Sa seule hypothèse à ce sujet est que le Plasma germinatif est composé de *Plasmas ancestraux* distincts dont les uns sont rejetés par la division réductrice, tandis que les autres sont conservés et combinés dans la fécondation. Mais il ne s'était pas demandé sous quelle forme ils étaient représentés; ils n'étaient pour lui rien autre chose que le substratum matériel indéterminé des tendances héréditaires, léguées par les ancêtres sous la forme d'une parcelle de leur propre Plasma germinatif. Cependant, il s'était pénétré peu à peu de la conviction que sa théorie ne serait vraiment forte que lorsqu'elle s'appuierait sur la constitution intime de ce Plasma, constitution hypothétique forcément, mais du moins vraisemblable et sans contradiction avec les faits, aujourd'hui bien minutieux, que nous ont fait connaître l'histologie et l'embryogénie sur la structure intime et sur les fonctions vitales de la cellule et de son noyau.

Le résultat auquel il est arrivé dans cette recherche spéculative n'est pas foncièrement original. Il n'a point découvert de principe nouveau, point fait surgir une de ces conceptions qui n'ont rien de commun avec celles des autres théories. Il est facile de se convaincre qu'il a emprunté à Darwin ses Gemmules, à Nægeli ses facteurs de propriétés élémentaires, à de Vries sa migration intracellulaire des Pangènes et à sa propre théorie primitive ses Plasmas ancestraux. Même l'idée première du Plasma germinatif et de sa Continuité lui vient de Nussbaum et de Jæger. Mais il faut reconnaître, par contre, qu'il a admirablement combiné ces conceptions éparses, les a complétées l'une par l'autre, leur a ajouté bien des vues nouvelles, en a tiré bien des résultats inattendus et en a fait, en somme, le faisceau le plus solide qui ait encore été présenté comme théorie de l'Hérédité.

En disant que Weismann a emprunté à divers auteurs les éléments d'une théorie qu'il présente comme sienne, nous ne voulons insinuer rien de malveillant à son égard. Il a pu s'inspirer inconsciemment de ses souvenirs; il a pu même se rencontrer avec d'autres en suivant sa voie propre : il a certes assez d'imagination et d'ingéniosité pour avoir trouvé sans aide toutes ses hypothèses. Nous ne faisons que juger la théorie en elle-même et discuter ses affinités. Or, en nous plaçant à ce point de vue, il est facile de démontrer ce que nous avons avancé.

Les *Biophores* ne diffèrent en rien des *Pangènes*. Ils ont les mêmes propriétés générales : nutrition, accroissement, reproduction par division, et les mêmes propriétés particulières en tant que facteurs des caractères élémentaires. Comme eux, ils habitent dans la cellule et n'en sortent pas, sont en grand nombre et à l'état latent dans le noyau, en petit nombre et à l'état actif dans le cytoplasma qu'ils servent à déterminer; comme les Pangènes, ils sont d'abord tous contenus dans le noyau et se transmettent de cellule en cellule par le noyau; et, dans chaque cellule, il en sort par des trous de la membrane nucléaire, précisément le lot nécessaire à la détermination du cytoplasma. Ils en diffèrent, comme le fait remarquer Weismann, en ce qu'ils sont partie intégrante d'unités d'ordre plus élevé. Mais c'est là une différence toute secondaire, qui porte sur ces unités supérieures plutôt que sur leurs éléments. Par les Pangènes, les Biophores se rattachent aux Facteurs micelliens de Næegeli.

Les *Déterminants* correspondent aux *Gemmules* de Darwin. Comme elles, ils représentent les cellules individuellement et, comme elles, sont les facteurs de leurs propriétés concrètes. Ils en diffèrent en ce qu'ils ne sortent pas des cellules et passent de l'une à l'autre par division. Mais cette faculté de circulation n'est pas inhérente aux Gemmules, et GALTON a pu établir toute une théorie où les Gemmules sont conservées mais privées de cette propriété invraisemblable. Ce qui est caractéristique, pour elles, c'est qu'elles représentent non des propriétés élémentaires, non des caractères abstraits, mais des parties matérielles, les cellules, avec leurs caractères concrets : c'est aussi le cas pour les Déterminants.

Enfin Weismann lui-même présente ses *Ides* comme étant les *Plasmas ancestraux* de sa première théorie.

Mais la manière dont ces unités se combinent en groupes hiérarchisés est tout entière de lui et elle est aussi ingénieuse que fertile en résultats.

Grâce à cette constitution composite, les unités de Weismann cumulent les avantages de toutes celles des théories précédentes et échappent à plusieurs des objections auxquelles elles prêtaient le flanc. En les formant de Biophores, Weismann rend les Gemmules (= Déterminants) plus aisés à comprendre avec leur multiplicité infinie à laquelle ne paraissait pas suffire la diversité de composition des matières albumineuses [1].

[1] Nous avons montré que cet avantage n'était qu'apparent, (V. p. 646, note).

En groupant ses Pangènes (= Biophores) et ses Gemmules (= Déterminants) en Ides et Idantes, il rend possible une explication mécanique toute simple des phénomènes les plus complexes de l'Hérédité et de l'Atavisme.

Enfin il faut savoir gré à Weismann d'avoir été jusqu'au bout des conséquences logiques de son système. Il a tenu à tout expliquer et il n'a pas reculé devant la nécessité de compliquer sa conception fondamentale, si simple et cependant déjà si féconde, pour rendre compte des faits de Bourgeonnement, de Régénération, de Polymorphisme, etc. Il aurait, en évitant d'en parler, comme tant d'autres, échappé à de graves objections; il a préféré les subir que de reculer devant les difficultés.

Son système si vaste, doit être examiné de haut et dans son ensemble, pour être bien compris et apprécié à sa valeur vraie.

La diversité des caractères et propriétés des êtres vivants et de leurs organes est infinie. D'autre part, les caractères et propriétés doivent avoir une base physique et leurs différences doivent reposer sur une différence dans la constitution de leur protoplasma. Or le protoplama est formé de matières albumineuses et le nombre de ces matières est limité. Comment concilier ces restrictions et ces exigences? — Il y a pour cela les *Biophores* qui permettent par leurs combinaisons, d'obtenir, d'un nombre modéré de différences initiales, des différences finales aussi nombreuses qu'il le veut.

Ce qui constitue l'Hérédité, ce n'est pas la transmission des caractères élémentaires, mais celle de leurs combinaisons qui seule fait les ressemblances. Deux organismes pourraient avoir tous leurs caractères élémentaires communs sans se ressembler par aucun de leurs caractères concrets. Ce sont ceux-ci qui doivent être légués et pour cela ils doivent avoir un substratum physique. — Nous avons les *Déterminants*.

Mais la transmission des caractères ne porte pas seulement sur les parties microscopiques auxquelles correspondent les Déterminants : elle se fait souvent bloc. Un ancêtre, tout entier ou dans la majeure partie de ses caractères, peut se retrouver dans un descendant. L'ensemble des caractères d'un ancêtre doit donc avoir une base physique. — C'est l'*Ide*.

D'ailleurs *Ide* et *Déterminant* sont décomposables et le Déterminant peut agir diversement par ses divers Biophores ainsi que l'Ide par ses divers Déterminants.

La circulation des Gemmules était invraisemblable et en contradiction avec les processus biologiques connus. Elle seule cependant expliquait la transmission des caractères acquis. Comment concilier cette antinomie?

En supprimant, pour les Déterminants, l'hypothèse de la circulation, et en montrant que les caractères acquis ne sont pas transmissibles. La Sélection et la Panmixie suffisent à expliquer l'évolution phylogénétique.

Le plasma des cellules germinales, rendu indépendant des variations du Plasma somatique, constitue dès lors une substance à part de constitution beaucoup plus fixe : c'est le *Plasma germinatif*. Il se transmet d'une génération à l'autre, directement, sans être reformé ni remanié par le Plasma somatique : il est *continu* avec lui-même à travers les générations successives.

Mais ce Plasma germinatif, étant identique à lui-même dans toutes les cellules germinales, devrait engendrer des produits toujours identiques. Comment donc les divers rejetons d'un même couple peuvent-ils différer entre eux? — Ici intervient la *Division réductrice* qui élimine une moitié quelconque des Plasmas ancestraux et laisse l'autre moitié diversement composée dans les diverses cellules sexuelles.

Les différences individuelles ainsi créées se combinent par l'*Amphimixie* et augmentent ainsi leur nombre dans une proportion plus grande encore.

Composé des Plasmas d'une multitude immense d'ancêtres, tous plus ou moins différents les uns des autres, le Plasma germinatif contient les Déterminants innombrables de tous leurs caractères et il les transmet tous à la génération suivante. Mais le Plasma somatique, identique dans l'œuf au Plasma germinatif, contient aussi tous ces innombrables Déterminants. Or beaucoup, la plupart d'entre eux, commandent des caractères contradictoires : ce front ne peut être à la fois grand comme dans cet ancêtre et petit comme dans celui-là, ce nez ne peut être aquilin comme dans le troisième et épaté comme dans un quatrième. — A cette difficulté répond la *Lutte des Déterminants* où la victoire appartient, comme dans les armées, au nombre et à la vigueur.

Ces innombrables Déterminants, réduits à l'impuissance dans le Plasma somatique, font que l'individu n'exprime qu'une minime partie des caractères qu'il est capable de transmettre et explique les *Caractères latents* et ce fait paradoxal qu'il peut léguer ce qu'il n'a pas.

La combinaison des effets de ces trois phénomènes : présence dans le Plasma germinatif de caractères non exprimés dans le Soma; expulsion par la division réductrice tantôt des Déterminants qui se sont exprimés dans le Soma, tantôt de ceux qui sont restés latents en lui; et inconstance de la victoire dans la lutte des Déterminants, permettant aux vaincus de la génération précédente d'être vainqueurs chez le descendant; cette combinaison d'effets, dis-je, donne une si admirable souplesse à la théorie qu'elle explique aisément l'*Hérédité* avec tous les cas possibles de ressemblance[1].

La *Variation* elle-même, non seulement celle qui tient au hasard des combinaisons d'éléments invariables, mais même celle qui porte sur la nature de ces éléments, non seulement s'explique, mais se présente presque comme une nécessité.

L'*Adaptation* elle aussi, ou du moins la transmission des variations produites par les conditions ambiantes, sans laquelle la Sélection serait impuissante, s'explique par l'action forcément identique des conditions ambiantes sur les Déterminants identiques qui composent le Soma et le Plasma germinatif sans nécessiter cette réaction adéquate du Soma sur le Plasma germinatif que rien ne prouve et qui ne peut se concevoir.

Mais cet admirable agencement où tout ce qui est ordinaire se trouve prévu avec une précision si parfaite ne va-t-il pas se trouver désarmé en face de l'exceptionnel, de l'aberrant, de l'imprévu? Ce mécanisme, précisément parce qu'il est agencé pour produire avec une précision rigoureuse un individu unique, complet, de forme déterminée, rien de moins et rien de plus, ne va-t-il pas se trouver impuissant à produire une seconde fois un membre coupé, à compléter un individu coupé en deux, engendrer les formes successives des générations alternantes ou les formes simultanées et diverses des êtres polymorphes? — La chose est difficile, en effet, mais non impossible. Il suffit de lui ajouter des rouages accessoires, ordinairement immobiles, mais prêts à fonctionner où et quand les circonstances l'exigeront. Il suffit d'ajouter au Plasma germinatif principal des *Plasmas secondaires de bourgeonnement, de Régénération* ou *de Polymorphisme*.

Ainsi résumée à grands traits, la théorie apparaît avec toute son am-

[1] O. HERTWIG (94) a mal compris la théorie de Weismann, quand il objecte que l'existence de caractères dépendant du concours de plusieurs cellules est incompatible avec la théorie de ce dernier. Il ne saurait pas plus, dit-il, y avoir dans le Plasma germinatif des germes de zébrure ou de bifidité du biceps qu'il ne saurait y avoir dans l'homme solitaire quelque chose représentant un parlement, une armée ou la magistrature. Weismann parle, en effet, de Déterminant de zébrure ou de bifidité d'un muscle, mais uniquement au figuré et par abréviation. Et il est entendu que c'est un Déterminant fictif représenté en réalité par certaines propriétés de tous les Déterminants de l'organe.

pleur. On comprend qu'elle n'a pu être enfantée que par une intelligence large et précise à la fois. Elle est complète dans le détail comme dans l'ensemble. Elle condense en elle tous les avantages des théories similaires. Elle a tiré de la conception géniale des *particules représentatives* imaginée par Darwin, tout ce que l'on en peut extraire, et l'on sent qu'après elle, il n'y a plus rien à tenter dans la voie suivie par le naturaliste de Fribourg. Cela est utile à constater, car on en pourra conclure que cette voie devra être abandonnée si, à bout de perfectionnements, la théorie à laquelle elle conduit reste insuffisante et inadmissible.

Or malheureusement il en est ainsi et c'est ce que nous allons maintenant démontrer.

Les Biophores sont des facteurs de caractères élémentaires. Or nous avons démontré dans la critique des théories de Nægeli et de de Vries (V. p. 638 et 662) que de pareils facteurs ne peuvent pas exister. Si ces caractères élémentaires sont concrets, ils restent infinis en nombre et ne simplifient pas la question; ils n'ont d'utilité que s'ils sont abstraits et il ne saurait y avoir de facteurs matériels de caractères abstraits. Il n'y a pas à sortir de ce dilemme. S'ils sont possibles ils sont inutiles, s'ils sont utiles ils sont impossibles[1].

L'origine première des Biophores n'est pas moins inadmissible. Darwin supposait les cellules antérieures aux Gemmules et admettait que celles-ci étaient formées par celles-là. Weismann, au contraire, admet que les Biophores ont constitué autrefois des organismes indépendants, et qu'ils se sont peu à peu groupés en individus plus complexes, les cellules. Il admet qu'il a existé des êtres formés d'un seul Biophore, les *Monobiophorides* et d'autres formés d'un groupe de Biophores identiques, les *Homobiophorides*. Conçoit-on des êtres, n'ayant, outre les propriétés communes se réduisant à la nutrition, à l'accroissement et à la division, qu'une seule propriété spéciale? Ainsi, ceux qui avaient une couleur particulière ne pouvaient ni se mouvoir ni avoir une forme quelconque, ceux qui avaient une forme définie ne pouvaient avoir ni mouvements ni cou-

[1] Nous avons démontré, en effet (p. 646, note), que c'est une erreur de croire que le nombre des matières albumineuses ne serait pas assez grand pour assurer à toutes les Gemmules une composition chimique différente. Weismann peut objecter, il est vrai, que les Biophores ne diffèrent pas tous les uns des autres par leur composition élémentaire, et que certaines différences ont pour origine l'arrangement de leurs molécules constitutives, mais l'arrangement des molécules peut tout aussi bien intervenir dans les différences des Gemmules ou des Déterminants.

leur, et ceux qui avaient des mouvements n'avaient ni couleur ni forme!!!

Passons aux Déterminants. — Dans le calcul qu'il fait de leur volume et de leur nombre, Weismann arrive à ce résultat que l'Ide n'en peut contenir qu'un peu moins de cent mille et il déclare lui-même ce nombre insuffisant en présence du nombre immense de parties susceptibles de variation indépendante que renferme un organisme un peu élevé. Au lieu d'abandonner son hypothèse, il conclut que quelque erreur doit exister dans l'évaluation du volume des molécules par les Physiciens. Cela est tout à fait illégitime, car il n'y a aucune comparaison entre la probabilité d'exactitude de l'évaluation des physiciens et celle de nos hypothèses sur la structure du protoplasma. En présence de ce conflit, il n'y a qu'un parti à prendre, c'est d'abandonner les Déterminants [1].

Quant aux Ides elles ne peuvent pas plus exister que les Plasmas ancestraux qu'elles représentent et pour les raisons que nous avons fait valoir à propos de ceux-ci (V. p. 529). L'œuf reçoit par la fécondation juste autant d'Ides, qu'il en avait éliminé par la division réductrice. Il n'en gagne pas

[1] Weismann, il est vrai, dit que quelque erreur peut porter soit sur la grosseur des molécules soit sur le nombre de molécules qui entrent dans la composition des Biophores ou sur celui des Biophores qui entrent dans la composition des Déterminants.

Mais il n'y a pas grand chose à gagner sur ces deux derniers éléments, même en les réduisant au delà du vraisemblable. Y eut-il seulement cinq cents molécules par Biophore et dix Biophores par Déterminant que le volume du Déterminant rendu dix fois plus petit serait encore trop grand. Cela porterait à un million à peine le nombre des Déterminants de l'Ide et cela ne suffit certainement pas. La surface cutanée à elle seule est de 1 1/2 mq. et comprend par conséquent un million et demi de millimètres carrés qui tous sont susceptibles de variation indépendante, car on ne niera pas que l'un quelconque de ces millimètres carrés ne puisse être affecté d'un de ces petits nævus héréditaires appelés *signes*. D'autre part le diamètre de 0µ,8 est un maximum pour les microsomes nucléiniens. Il est plus souvent 0µ,4, ce qui rend son volume huit fois moindre et ramène à cent et quelques milles le nombre des Déterminants qui pourraient y trouver place, même avec les réductions de volume admises. Il n'y a donc qu'en réduisant le volume des molécules beaucoup au delà des calculs des physiciens que Weismann pourrait sauver ses Déterminants.

Si le nombre des Déterminants que peut renfermer l'Ide dans l'œuf fécondé est insuffisant, par contre celui que renferme l'Ide dans la cellule différenciée à la fin de l'ontogénèse est plus grand qu'il ne faut. A quoi sert cette multiplication des Déterminants de même espèce dans l'Ide pendant les progrès de l'Ontogénèse? A rien puisque un seul suffit. L'Ide arrive à être composée dans les cellules définitives de milliers et de centaines de milliers de Déterminants tous identiques entre eux. Sur cette multitude un seul est utilisé. Tous les autres sont voués à une mort inévitable. Et tout cela pour conserver à l'Ide un volume invariable sans aucun avantage à cela. C'est un gaspillage inutile.

une nouvelle. Celles de l'œuf fécondé ne diffèrent ni par le nombre ni par la nature de celles qui existaient à la génération précédente dans l'ensemble des individus de l'espèce. La génération remanie sans cesse les mêmes éléments sans modifier autre chose que leurs combinaisons. L'individu n'ajoute donc au Plasma germinatif qu'il lègue à la génération suivante, aucune partie matérielle, aucune Ide de nouvelle formation qui puisse le représenter, à titre de Plasma ancestral, dans le Plasma germinatif de ses descendants. Il en est de même de tous les autres individus et à toutes les générations antérieures. Donc il ne se forme jamais de nouvelles Ides et il ne s'en est jamais formé depuis que la fécondation existe. Donc les Ides n'existent pas. S'il en existait, ce ne pourrait être que celles accumulées dans l'œuf avant l'apparition de la division réductrice, c'est-à-dire celles de nos ancêtres protozoaires. Nous n'avons pas à reproduire ici les conséquences de cette conclusion [1].

Enfin les Idantes simples chapelets d'Ides s'évanouissent aussi, forcément, avec celles-ci et il ne reste que les microsomes et les chromosomes.

Ainsi les Biophores sont inutiles ou incompréhensibles, les Déterminants sont en nombre insuffisant, les Ides et Idantes ne peuvent exister, et, s'ils existaient, ne représenteraient aucun ancêtre à moins que ce ne soit les Protozoaires antérieurs à la génération sexuelle.

La base entière de la théorie est sapée et détruite. Que peut-il rester de celle-ci?

[1] Weismann peut répondre que si le Plasma germinatif ne s'accroît pas d'une Ide nouvelle en traversant un individu, du moins les Ides peuvent se modifier en lui par le processus de variation spontanée ou consécutive à l'action des conditions ambiantes dont il a admis l'existence. Mais alors cette variation sans ajouter une Ide nouvelle, faite à l'image de l'individu modifié, modifie toutes les autres Ides et altère leur caractère ancestral. C'est la négation du Plasma ancestral défini, limité, localisé matériellement. Avec elle s'évanouissent toutes ces belles combinaisons qui permettaient de léguer par la génération, ou d'éliminer par la division réductrice, tel ancêtre ou tel autre et d'expliquer les ressemblances avec l'un et les différences avec l'autre.

Avec elle s'évanouit aussi l'explication de l'*Atavisme*.

Comment l'Ide de l'*Hipparion* se serait-elle conservée intacte dans le Plasma germinatif du Cheval, quand cette même Ide s'est modifiée dans l'Hipparion à mesure que celui-ci se transformait en Cheval? Les mêmes conditions ambiantes qui ont modifié le Plasma germinatif de l'Hipparion et en ont fait celui du Cheval, auraient nécessairement modifié dans celui-ci l'Ide de l'Hipparion (s'il en pouvait exister une) et l'auraient détruite en tant que Ide d'Hipparion. Si, comme Weisman le concède, les conditions ambiantes, peuvent modifier le Plasma germinatif, elles modifient donc les Ides, puisque le Plasma germinatif n'est composé que d'Ides, et les Plasmas ancestraux n'existent plus.

Nous pourrions nous arrêter là.

Mais non.

Tenons pour possible et vraie toute la constitution proposée de l'Idioplasma et montrons que le sommet de l'édifice n'est guère plus solide que les fondations.

Le grand écueil de toutes les théories basées sur les particules représentatives est la Différenciation ontogénétique. Dans la Pangénèse de Darwin, c'est l'attraction des Gemmules par les cellules qui nous a arrêtés; dans la théorie micellienne de Nægeli, c'est l'explication des états d'activité ou de repos des Cordons dans les divers points de leur longueur; de Vries ne nous expliquait pas pourquoi tels Pangènes sortaient du noyau dans telle cellule et tels autres dans une autre.

Weismann invoque la *maturité*, comme raison de la sortie des Biophores à tel moment et en tel point.

Mais ce n'est pas là une explication. C'est une simple comparaison.

Un fruit est mûr, un organisme est mûr à un moment et non à un autre, parce que cet organisme, ce fruit ont une naissance, une période d'accroissement, une phase d'état, une décrépitude et enfin une mort. Pour les Biophores, il n'y a rien de tel. Ils sont aussi anciens que l'espèce et, immortels par essence, ne meurent que par accident, quand la cellule qui les contient vient à se détruire. Quand le Plasma germinatif se dédouble dans l'œuf fécondé, ses deux moitiés sont identiques. Comment donc se fait-il que le Plasma somatique suive une autre évolution que le Plasma germinatif? Admettons que la dissociation des Biophores et leur passage dans le cytoplasma crée pour eux une situation nouvelle. Mais tant qu'ils sont agglomérés en Déterminants et renfermés dans le noyau, la situation est identique pour eux, qu'ils soient dans les cellules germinales ou dans les cellules somatiques; dans les unes et les autres ils sont latents et inactifs. Quel mouvement moléculaire s'accomplit en eux qui puisse aboutir à une *maturité?* Cette propriété doit, comme toute autre, avoir une base physique; les Déterminants appelés à mûrir sont-ils donc différents de leurs homologues des cellules germinales? Où, quand, comment s'est établie cette différence? Il faut donc admettre que, dans l'œuf fécondé, quand les Déterminants doublent de nombre par division pour former les Plasmas somatique et germinatif, ils subissent une division inégale, et que les deux moitiés diffèrent, en ce que l'une restera inerte, ne mûrira pas, tandis que l'autre mûrira à un moment donné et à une place donnée. Mais cette propriété différentielle devra elle aussi être représentée par un Biophore.

Admettrons-nous qu'il y a dans chaque Déterminant un Biophore de la maturation qui passera tout entier, sans se dédoubler, dans le Plasma somatique? Cela ne se peut, car le Plasma germinatif privé de ces Biophores essentiels ne pourrait les reformer au moment correspondant de la génération suivante. Il faut donc que les Biophores de la maturation se doublent comme les autres. Mais alors pourquoi ceux du Plasma germinatif resteront-ils latents? Faudra-t-il des Biophores de Biophores pour déterminer cette différence? La même difficulté se reproduirait pour eux. Cela n'a point d'issue. Dira-t-on qu'il n'y a point de Biophores de la maturation, mais que tous les Biophores somatiques diffèrent de leurs homologues germinatifs par une particularité de constitution chimique qui corresponde à cette propriété? Mais cette particularité différentielle devrait être différente aussi pour tous les Déterminants et différente aussi pour les Biophores identiques de deux Déterminants différents, puisque les moments de maturité sont différents pour les différentes cellules. Quelle complication effroyable! C'est alors que toutes les ressources de la chimie organique ne suffiraient pas à fournir le matériel de tant de particularités diverses!

Weismann dira-t-il que la maturation n'est pas due à une différence initiale des Biophores ou des Déterminants, mais aux conditions qu'ils trouvent dans les divers points de l'organisme. En concédant cela, il entrerait enfin dans la bonne voie; mais ce serait abandonner la sienne : une fois pris dans cet engrenage il faudra y passer jusqu'au bout et renoncer tout-à-fait à ce système de détermination à outrance, de prévision des moindres détails, et alors ce ne sera plus le *Weismanisme,* mais l'*Organicisme*, l'*Auto-Détermination*. D'ailleurs, dans le cas actuel, la concession ne servirait à rien, car il resterait à expliquer pourquoi, dans les cellules de la lignée germinale, les Déterminants cytogènes du Plasma somatique sortent du noyau pour déterminer le cytoplasma quand dans le même noyau, les Déterminants identiques du Plasma germinatif restent latents et inactifs.

Weismann comme DARWIN, comme NÆGELI, comme DE VRIES, fournit les éléments de la différenciation, mais il n'explique pas ce qui les met en œuvre, ce qui les fait entrer en activité en un point et à un moment donnés quand, tout à côté d'eux, des éléments identiques restent inactifs.

Ce n'est pas sa faute d'ailleurs, la chose est impossible dans toute théorie édifiée sur les bases qu'il a choisies.

L'Ontogénèse présente encore une autre difficulté. Quand une cellule naît, elle reçoit dans son cytoplasma les Biophores qui doivent la déterminer. Quand cette cellule se divise, elle partage son cytoplasma entre ses deux filles. Celles-ci reçoivent donc la moitié des Biophores de leur mère et, comme ces Biophores sont représentés, chaque espèce autant de fois qu'il y a d'Ides dans l'Idioplasma, chaque cellule fille recevra, en naissant, un grand nombre d'échantillons de chacune des espèces de Biophores qui déterminaient la cellule mère. A ces Biophores viennent se mêler ceux qui sortent du noyau de la cellule fille pour la déterminer. La chose s'étant passée ainsi depuis l'œuf, et se continuant ainsi jusqu'à la fin de l'ontogénèse, il en résulte que le cytoplasma des cellules définitives contient *tous les espèces* de Biophores présentes dans le Plasma germinatif. Elles devraient donc assumer tous les caractères de toutes les cellules de l'organisme.

On ne peut dire ici qu'abondance de biens ne nuit pas. Elles ne pour ront être déterminées parce qu'elles auront trop de Déterminants.

Weismann imaginera peut-être que les Biophores de la cellule mère meurent au moment de la division ou qu'ils sont vaincus ou mangés par les nouveaux issus du noyau. Mais pourquoi mourraient-ils ou seraient-ils vaincus ou mangés? Ce ne pourrait être que par suite d'une *décrépitude,* conséquence de la *maturité* et qui, pas plus que celle-ci, ne peut avoir de raison d'être, ni d'expression physique ou mécanique.

L'explication des variations du Plasma germinatif sous l'action directe des conditions ambiantes prête le flanc à quelques objections non moins graves. D'abord, on a peine à comprendre que la variation d'un Biophore puisse se produire dans un Déterminant sans se produire aussi dans tous ceux qui contiennent le même Biophore. Or on sait qu'il n'en est pas ainsi, que les variations sont indépendantes, qu'une couleur peut s'accentuer en un point, une autre dans un autre, que les poils peuvent devenir en même temps ici plus longs et là plus courts, etc. Weismann croit répondre en disant que les Biophores sont diversement influencés parce qu'ils sont engagés dans des associations différentes. Mais cela est contraire à la notion du Déterminant qui est basée sur l'indépendance des Biophores. Ces réactions de voisinage auraient pour effet d'altérer leurs propriétés.

En disant que les Déterminants du Plasma germinatif sont influencés dans le même sens que ceux des cellules somatiques, mais plus faiblement en raison de leur situation profonde, et en expliquant par là le fait incontestable que l'influence héréditaire des conditions de vie est à la fois lente et certaine, Weismann n'a pas suffisant analysé le phénomène. Les principales conditions de vie sont la quantité et la nature de l'alimentation, la température et la lumière. Or pour aucune de ces conditions les choses ne peuvent se passer comme le dit Weismann. Pour l'alimentation le Plasma germinatif est au même rang que le Plasma somatique. C'est toujours par l'intermédiaire des sucs élaborés, sang, lymphe ou sève, que les substances nutritives sont distribuées aux cellules et les germinales sont servies dans les mêmes conditions que les somatiques. Par contre, la chaleur chez tous les animaux à sang chaud et la lumière chez tous les êtres non transparents sont sans influence aucune sur les cellules germinales, tandis qu'elles excercent une action énergique sur les cellules somatiques superficielles. Ainsi, dans un cas les variations héréditaires devraient être fortes et immédiates, dans les autres nulles, dans aucune elles ne pourraient être lentes et faibles mais certaines, comment elles le sont en réalité.

Weismann n'explique ni n'admet la variation adaptative et la transmission des adaptations. Il fait reposer l'évolution des espèces sur la Sélection seule. Or il désarme la Sélection par son interprétation des Ides et Idantes. Les particularités individuelles sont, d'après lui, représentées non par la totalité des Ides, mais par celles qui ont l'avantage du nombre ou de la qualité. Or la division réductrice élimine à l'aveugle la moitié des Ides. Il n'y a donc aucune certitude que les descendants de l'individu avantagé par la Sélection seront supérieurs à ceux de l'individu ordinaire[1].

Nous pouvons nous arrêter ici sans insister sur la complication extrême qu'exige l'explication des faits de Scissiparité, de Régénération, de Bourgeonnement, de Génération alternante et de Polymorphisme[2].

Cette complication est, à elle seule, la condamnation de la théorie.

Cet entassement d'hypothèses toujours nouvelles pour chaque fait nouveau à expliquer rappelle ce qui s'est passé pendant l'évolution de nos

[1] Admettons, comme il le fait, huit Idantes, soient **m n o p** *q r s t*, ceux de l'Idioplasma d'un individu **m n o p**, étant ceux qui le déterminent et lui constituent un avantage sur les individus voisins. S'il élimine **m n o p** ses enfants n'auront aucun de ses avantages et la Sélection, en le protégeant fera fausse route. Or il y a autant de chances pour l'élimination de **m n o p** que pour celle de *q r s t*. Le cas moyen sera celui où deux Idantes avantageux, **m n** par exemple, et deux ordinaires ou désavantageux, *q r*, je suppose, seront conservés, ce qui diminue de moitié au moins l'avantage. Cette attribution des caractères individuels aux Idantes est d'ailleurs une schématisation. Les caractères appartiennent en réalité aux Ides et sont dispersés dans tous les Idantes, en sorte que l'élimination d'une moitié des avantages individuels est à peu près certaine. Or nous avons vu que déjà ces avantages sont si petits que, neuf fois sur dix, ils ne donnent pas prise à la Sélection.

Que sera-ce après cette diminution?

[2] [Voir la note de la page 689.]

connaissances astronomiques. Ptolémée imagina d'abord que les astres décrivaient des cercles dans leur translation autour de la terre et cela suffit pour expliquer en gros l'apparence de leurs mouvements. Mais, quand on entra dans le détail, on vit que ces mouvements n'étaient pas tout à fait circulaires, et l'on imagina un cercle roulant dans un autre, et cela expliqua les irrégularités observées. De nouvelles observations décelèrent de nouvelles aberrations auxquelles on satisfit par un troisième cercle roulant dans le second pendant que le second roulait dans le premier. On continua ainsi à englober des cercles les uns dans les autres et l'on eut continué sans fin, sans arriver à exprimer tous les caractères du mouvement vrai. Un jour survint un homme de génie, Képler, qui rejeta d'un coup tous les cercles et les épicycles et leur substitua une simpe ellipse qui, à elle seule, expliqua tous les phénomènes.

Eh bien, les Déterminants latents et actifs, de bourgeonnement, de remplacement ou de substitution sont des cercles emboîtés. Il faut les rejeter [2].

Mais où est l'hypothèse qui sera à la structure du protoplasma ce qu'a été l'ellipse au mouvement des Astres?

Le vice fondamental de la théorie de Weismann est de vouloir tout déterminer d'avance [1], en soi, par des forces internes et des structures compliquées quand, au contraire, rien n'est déterminé sans le secours des conditions ambiantes agissant à chaque instant et partout. C'est cela qui l'entraîne à ces complications excessives et, malgré toutes ses complications et toutes celles qu'il pourrait imaginer encore, il restera toujours des choses que sa théorie ne pourra expliquer. Ce sont celles qui appartiennent à ce que l'on pourrait appeler la *Dichogénie accidentelle.*

Nous allons le démontrer et c'est par là que nous terminerons la discussion de la théorie.

Nous disons qu'il y a *Dichogénie accidentelle* lorsqu'une évolution, commencée dans une direction donnée, se continue dans une direction différente, à la suite d'une modification anormale des conditions ambiantes.

Les faits de tératogénie expérimentale et divers cas pathologiques en fournissent des exemples.

Nous en citerons deux seulement : il serait aisé de les multiplier.

Il existe une catégorie de monstres appelés *symèles* caractérisés par la soudure des deux membres inférieurs en un seul. Dans certains de ces

[1] O. Hertwig, dans son dernier ouvrage (94), fait remarquer aussi le vice de cette Prédétermination qu'il compare à l'Évolutionnisme des anciens. Tout cet article était écrit depuis longtemps quand son livre a paru.

êtres, les membres inférieurs forment une colonne unique médiane terminée par dix orteils. DARESTE (91) a démontré que cette monstruosité provenait de la soudure des deux bourgeons de ces membres primitivement normaux et indépendants, mais incurvés l'un vers l'autre par le capuchon caudal arrêté dans son développement. Cela prouve que la modification de ces membres n'a pas son origine dans le germe et que leurs Déterminants étaient normaux et au complet. D'autre part, le fait que les dix orteils sont formés prouve que la distribution des Déterminants a été poussée à peu près jusqu'au bout. Les cellules de la peau des faces internes des deux membres ont donc été formées et ont reçu leurs Déterminants. Elles auraient donc dû, sous l'action directrice de ces Déterminants, former, coûte que coûte, la peau de la face interne de ces membres, sauf à céder sous la pression et acquérir de nouveaux rapports. On devrait en disséquant ce membre impair trouver dans son plan médian deux lames de peau accollées. Il n'en est rien cependant.

Tous les cas de tératogénèse expérimentale fourniraient des exemples de même valeur.

En voici un autre plus frappant encore, c'est celui de Roux.

Un membre, chez un adulte, est fracturé, mal consolidé et il se produit une pseudarthrose. Le cas est fréquent. Or, dans cette pseudarthrose, il se forme une cavité articulaire, une tête, du cartilage, des ligaments, même une sorte de synoviale. Et de quels éléments? De ceux qui, sans la fracture, eussent formé du tissu osseux de toute autre forme, et du tissu conjonctif banal.

L'Hérédité intervient-elle en quelque chose dans cela? Y a-t-il des Déterminants de réserve pour cette fracture accidentelle?

Donc des cellules ont pu former des tissus, prendre des formes des dispositions spéciales sans avoir, sans pouvoir contenir les Déterminants de ces tissus et de ces formes. Si donc elles ont pu faire cela sans les Déterminants correspondants, pourquoi les cellules de l'organe normal n'auraient-elles pu y réussir?

C'est la condamnation de la théorie.

Répétons-le, d'ailleurs, la faute n'en est point à Weismann qui, avec un art infini, a tiré du *Système des particules représentatives* tout ce qu'on en pouvait obtenir. La faute en est au système lui-même, à son hypothèse fondamentale qui est fausse. Concluons donc : *Il n'y a point, dans le Plasma germinatif, de particules distinctes représentant les parties du corps ou les caractères et propriétés de l'organisme.*

IV. ORGANICISME

Nous arrivons enfin à la dernière grande classe de théories de la vie et de l'évolution.

Au principe immatériel des *Animistes*, à la préformation des *Évolutionnistes*, à la prédétermination des parties et des caractères par des particules innombrables douées de propriétés merveilleuses qu'admettent les *Microméristes*, les *Organicistes* opposent le concours d'une détermination modérée et des forces ambiantes toujours agissantes, toujours nécessaires, non comme simple condition d'activité, mais comme élément essentiel de la détermination finale.

Autant les *Microméristes* sont nombreux, autant sont rares les *Organicistes*, du moins si l'on ne range parmi eux que ceux qui ont proposé une théorie plus ou moins complète de la vie et de l'évolution, car si l'on tient compte de ceux qui sont organicistes par les tendances générales de leur esprit, leur nombre augmente sensiblement. Des savants assez nombreux, surtout parmi les physiologistes et les médecins, se rattachent à l'Organicisme par la direction générale de leurs idées et le sens habituel de leurs interprétations. Von Bær (28), His (75), Pflüger (81, 83, 84), Bichat, Claude Bernard et surtout Driesch et O. Hertwig peuvent être cités avec honneur parmi eux.

Nous avons étudié les théories de His et de O. Hertwig, et fait connaître, *passim*, les idées Pflüger et de Driesch : il serait aisé de montrer par quels côtés elles se rattachent à l'Organicisme [1]. Quant aux autres, comme elles ne constituent pas des systèmes quelque peu complets et cohérents, nous ne pouvons que les signaler en passant.

Il ne nous reste, pour représenter l'Organicisme en tant que doctrine formulée, que deux noms, un auquel on ne songeait guère et que j'ai dû aller chercher loin dans le passé, Descartes, l'autre véritable chef de l'Organicisme moderne, W. Roux le fondateur de la *Biomécamique*.

L'étude de leurs systèmes terminera cette partie de notre ouvrage.

[1] Nous aurions aimé, et peut-être, à un point de vue, cela eût-il été plus juste, à placer ici la théorie de O. Hertwig. Mais ses Idioblastes le rattachent si fortement aux Microméristes, que nous avons dû, à regret, y renoncer.

DESCARTES (1662)

Exposé de la Théorie.

Comment s'entretiennent et s'accroissent les organes qui forment le corps. — Les viandes digérées dans l'estomac livrent au sang leurs parties les plus subtiles et celui-ci les distribue dans tout le corps en les laissant sortir, au contact des organes, par les petits pores dont les vaisseaux sont percés, et assure ainsi la nutrition des parties solides. « Et pour concevoir comment ces particules se meuvent, il faut penser que toutes les parties solides ne sont composées que de petits filets diversement étendus et repliés, et quelquefois aussi entrelacés, qui sortent chacun de quelque endroit de l'une des branches d'une artère; et que les parties fluides, c'est-à-dire les humeurs et les esprits, coulent le long de ces petits filets par les espaces qui se trouvent autour d'eux, et y font une infinité de petits ruisseaux, qui ont tous leur source dans les artères, et ordinairement sortent des pores de ces artères qui sont les plus proches de la racine des petits filets qu'ils accompagnent; et qu'après divers tours et retours qu'ils font avec ces filets dans le corps, ils viennent enfin à la superficie de la peau par les pores de laquelle ces humeurs et ces esprits s'évaporent en l'air.

« Or, outre ces pores par où coulent les humeurs et les esprits, il y en a encore quantité d'autres beaucoup plus étroits, par où il passe continuellement de la matière des deux premiers éléments que j'ai décrits en mes Principes; et comme l'agitation de la matière des deux premiers éléments entretient celle des humeurs et des esprits, aussi les humeurs et les esprits, en coulant le long des petits filets qui composent les parties solides, font que ces petits filets s'avancent continuellement quelque peu, bien que ce soit fort lentement, en sorte que chacune de leurs parties a son cours depuis l'endroit où ils ont leurs racines jusques à la superficie des membres où ils se terminent, à laquelle étant parvenue, la rencontre de l'air ou des corps qui touchent cette superficie l'en sépare; et à mesure qu'il se détache ainsi quelque partie de l'extrémité de chaque filet, quelqu'autre s'attache à sa racine, en la façon que j'ai déjà dite. Mais celle qui s'en détache s'évapore en l'air, si c'est de la peau extérieure qu'elle sort; et si c'est de la superficie de quelque muscle ou de quelque autre partie intérieure, elle se mêle avec les parties fluides, et coule avec elles où elles vont c'est-à-dire quelquefois hors du corps, et quelquefois par les veines vers le cœur, où il arrive souvent qu'elles rentrent. » [P. 460-461.]

« Je ne détermine rien touchant la figure et l'arrangement des particules de la semence, il me suffit de dire que celle des plantes, étant dure et solide, peut avoir ses parties arrangées et situées d'une certaine façon, qui ne saurait être changée que cela ne les rende inutiles; mais qu'il n'en est pas de même de celle des animaux, laquelle étant fort fluide et produite ordinairement par la conjonction des deux sexes, semble n'être qu'un mélange confus de deux liqueurs, qui, servant de levain l'une à l'autre, se réchauffent, en sorte que quelques-unes de leurs particules, acquérant la même agitation qu'a le feu, se dilatent et pressent les autres, et par ce moyen les disposent peu à peu en la façon qui est requise pour former les membres. Et ces deux liqueurs n'ont point besoin pour cela d'être fort diverses; car comme on voit que la vieille pâte peut faire enfler la nouvelle, et que l'écume que jette la bière suffit pour servir de levain à d'autre bière, ainsi il est aisé à croire que les semences des deux sexes se mêlant ensemble servent de levain l'une à l'autre.

« Or, je crois que la première chose qui arrive en ce mélange de la semence, et qui fait que toutes les gouttes cessent d'être semblables, c'est que la chaleur s'y excite, et qu'y agissant en même façon que dans les vins nouveaux lorsqu'ils bouillent, ou dans le foin qu'on a renfermé avant qu'il fût sec, elle fait que quelques-unes de ses particules s'assemblent vers quelque endroit de l'espace qui les contient, et que là, se dilatant, elles pressent les autres qui les environnent ce qui commence à former le cœur. » [P. 466-468.]

Pour ce qui est des autres organes c'est la poussée du sang qui détermine les formations, et ce sont les particules qu'il contient qui viennent selon leur subtilité, leur degré d'échauffement et le cours que leur impriment les parties déjà formées, se condenser et se grouper ici ou là pour former en chaque endroit les *peaux* et les *filets* dont tous les organes sont constitués.

[Nous nous abstenons de résumer ses idées sur la formation des autres organes. Son explication est toujours la même et les citations que nous avons faites suffisent pour en indiquer l'esprit.]

Critique.

Descartes a tenté l'œuvre impossible à son époque d'expliquer la première formation du corps et l'accroissement ultérieur de ses parties en poursuivant l'analyse des phénomènes jusque dans leur détail intime. Il a cherché non pas, comme tant d'autres, à faire comprendre comment pourrait se former un produit semblable aux parents, au moyen de liqueurs séminales auxquelles ils attribuaient une composition compliquée et hautement spécifique, mais à expliquer dans le détail la formation de tous les organes, sans attribuer aux liqueurs séminales mâle et femelle d'autres vertus que celles de liquides capables de s'échauffer par fermentation et d'entrer en mouvement à la suite de cet échauffement. Sa théorie extrêmement simpliste est, et c'est là comme conception théorique son mérite principal, purement mécanique. A l'inverse des *Microméristes,* il ne met presque rien dans les prémisses de son hypothèse et cherche à en tirer tout par la seule vertu des actions et réactions mécaniques des parties les uns sur les autres, selon leur volume, leur fluidité, leur température, leur élasticité et la direction que leur impriment le cours du sang.

Aussi, bien entendu, ses explications sont-elles toutes fausses et, ce qui est plus grave, d'une insuffisance qui, même à son époque, pouvait être reconnue. Après avoir indiqué comment se forment le cœur, le sang et les premiers vaisseaux, il décrit en détail la formation des autres organes. Mais, pour tous, son explication est la même. C'est le sang qui pousse dans un sens, ce sont les parties fluides qui se dégagent d'un côté, les parties lourdes qui se déposent d'un autre et tout cela gratuitement sans raison sérieuse; et il arrive toujours, en combinant ces diverses actions, à faire former l'organe où il est et comme il est. Il n'y a qu'un malheur à cela, c'est que si l'organe était ailleurs et autrement constitué, l'explication serait la même, il ferait passer le sang d'un autre côté, dégager les parties fluides dans une autre direction, déposer les parties lourdes en une autre point, et il arriverait encore à son but. A chaque instant il devrait se demander pourquoi les organes dont il explique la formation revêtent la forme particulière qu'ils ont dans l'espèce quand les causes invoquées sont si générales qu'elles ne diffèrent en rien dans tous les êtres qui se reproduisent par voie sexuée. Même en tenant compte de l'époque, on est obligé de reconnaître que la fantaisie et les assertions gratuites jouent un rôle un peu trop grand dans sa doctrine.

Quoi qu'il en soit, par la position qu'il a prise dans la question, Descartes n'en est pas moins le promoteur de la Biomécanique et la théorie du développement de Roux, si supérieure à elle dans le détail qu'on ose à peine les comparer, n'en repose pas moins sur un principe identique.

ROUX (1881)

Théorie de l'Auto-détermination.

Exposé.

Le conflit des êtres avec la nature, la lutte de l'individu contre les obstacles impersonnels ou animés qui entravent son développement ou sa multiplication, sont considérés généralement comme la seule cause de la formation des espèces et du perfectionnement graduel des êtres. Depuis que Darwin a montré les étonnants effets qui pouvaient résulter de la Lutte pour la vie et de la Sélection, les Biologistes voient en elles une explication suffisante de tous les phénomènes biogénétiques; ils ne demandent rien à l'organisme, rien autre qu'une variation légère et quelconque, pourvu qu'elle soit fréquente et diverse; et, comme cette variation est démontrée par l'observation journalière, ils ne cherchent point au delà.

Il est résulté de cela une tendance fâcheuse à négliger l'étude de l'organisme en lui-même, et la recherche des forces évolutives qu'il peut contenir.

En se livrant à cette recherche on arrive à reconnaître que l'organisme renferme en lui-même, pour une bonne part, la raison de sa structure et de sa conformation; et que l'excitation fonctionnelle est la cause essentielle de la différenciation des éléments et des fonctions, qu'elle détermine la structure des tissus et établit, dans le corps entier, l'harmonie qui résulte du balancement des organes.

1. Lutte des éléments de l'organisme et différenciation progressive.

α) — Lutte des molécules dans les cellules. — Le protoplasma cellulaire n'est pas une substance chimique simple. Il est composé de plusieurs substances vivant côte à côte dans une certaine indépendance et soumises, chacune pour son compte, aux nécessités de l'assimilation et de la désassimilation. Or le taux de ces échanges n'est pas le même pour toutes. Les liquides nutritifs dans lesquels baignent les cellules ne conviennent pas également à chaque espèce; ils favorisent plus l'assimilation dans les unes que dans les autres et, si l'égalité existait entre elles au début, elle est forcément bientôt détruite. Si les liquides nutritifs viennent à changer de nature, ce sont des substances jusque-là sacrifiées qui vont devenir prédominantes, tandis que celles qui prédominaient vont passer au second plan. Les variations dans la désassimilation produisent des effets analogues, non moins importants dans le résultat final, car une substance qui assimile beaucoup peut cependant rester peu abondante si sa désassimilation est très forte, tandis qu'un autre qui assimile peu mais se dépense encore moins, peut arriver à l'emporter sur les autres.

Les excitations produites par les agents physiques ou chimiques ont une influence plus grande encore.

Toujours l'une des substances est plus sensible que les autres aux excitations d'un agent donné; si elle réagit en se dépensant plus fortement, son taux baisse; il monte dans le cas contraire; il monte ou baisse aussi, selon que son assimilation est favorisée ou contrariée. Deux substances sont favorisées, mais inégalement, par une excitation donnée; si l'espace était libre, elles augmenteraient ensemble, proportionnellement à leur activité; mais la place est limitée à la capacité de la cellule; aussi elles luttent, chacune pour un accroissement nouveau, aux dépens de la voisine, et la plus active l'emporte, refoule l'autre et finit par occuper toute la place.

Ainsi, fatalement, après avoir été soumises assez longtemps à leurs causes naturelles d'excitation, les cellules finissent par ne plus contenir qu'une substance fortement prédominante et se trouvent ainsi différenciées.

Mais cette substance n'est pas la même pour toutes, d'abord parce que, l'état initial étant différent, des excitations identiques peuvent engendrer des effets différents, ensuite parce que les excitations ne sont pas les mêmes pour toutes les cellules, en raison de leurs situations diverses dans l'organisme.

Ainsi toutes les cellules de l'organisme arriveront à se différencier, mais par groupes, dans des sens différents.

Naturellement la différenciation fonctionnelle marche de pair avec la différenciation chimique dont elle n'est que l'expression, et il se fait une sélection progressive des fonctions cellulaires.

Cette Sélection, pas plus que celle de Darwin, ne crée rien, et toutes les substances et les fonctions qu'elle semble engendrer existaient déjà dans la cellule non différenciée, mais peu développées et mélangées à d'autres qui obscurcissaient leur manifestation. La lutte intracellulaire des molécules a eu pour effet d'en élire une, de la développer aux dépens des autres et d'exalter ainsi la fonction correspondante qui semble nouvelle tant elle diffère du rudiment obscur qui se trouvait dans la cellule initiale. Dans une cellule, c'est la substance la plus contractile, dans une autre, la plus apte à absorber des sucs nutritifs, qu'elle rejette aussitôt plus ou moins transformés, dans une troisième, la mieux disposée pour transmettre au delà les excitations reçues au lieu de les utiliser pour elle; c'est ainsi que sont nés les éléments musculaires, glandulaires, nerveux.

β) *Lutte des cellules entre elles.* — Les cellules luttent entre elles comme les molécules car, chez elles aussi, les excitations réagissent sur la nutrition et, pour elles aussi, la place est limitée.

Chez l'adulte, il faut qu'une cellule meure pour qu'une autre puisse se diviser et remplir l'espace vide. Des quelques cellules voisines en situation de le faire, ce sera la plus apte à se diviser qui y réussira. Chez l'être en voie de dévoloppement, la place n'est pas limitée d'une manière aussi absolue, mais elle n'est pas libre non plus, et ce seront encore les cellules les plus capables de multiplication rapide qui l'emporteront sur leurs compagnes de même espèce, pour donner à chaque organe l'accroissement qu'il peut recevoir à chaque moment de l'ontogénèse [1].

Ainsi, sous l'influence de ces causes, non seulement les cellules se différencient de plus en plus, mais, parmi les cellules de même ordre, les moins différenciées sont éliminées dans la lutte pour la multiplication, en sorte que la différenciation est poussée au plus haut point par les seules forces de l'organisme [2].

[1] Il semble donc que tout ce qui a été dit de la lutte des molécules puisse s'appliquer aux cellules. Mais il y a ici une difficulté. Pour les substances intracellulaires, accroissement et multiplication ne font qu'un; le genre d'excitation qui favorise une substance la conduit jusqu'au maximum de développement qu'elle puisse recevoir dans la cellule. Mais au delà, ce n'est plus la même chose, car la multiplication des cellules est un phénomème à part, dépendant du noyau, et il se peut que l'excitation qui a différencié la cellule soit sans action sur la karykoynèse qui doit la multiplier; tandis que la karyokynèse serait sensible à une excitation d'une autre espèce. Mais bien des faits portent à croire que cela n'est pas, et en tout cas, les cellules chez lesquelles une même excitation favorise à la fois la différenciation et la multiplication l'emporteront sur les autres.

[Cela n'est pas du tout évident. Si l'excitation qui favorise la division en s'opposant à la différenciation est plus forte que celle qui favorise les deux à la fois, la différenciation sera empêchée.]

[2] La Sélection naturelle intervient dans tout cela pour supprimer toutes les différenciations nuisibles ou inutiles. Elle ne saurait créer la différenciation organique mais elle est apte à la diriger.

γ) *Lutte des tissus et des organes.* — Une lutte de ce genre ne peut se continuer entre les tissus et les organes. Car, tandis que la différenciation cellulaire est toujours d'autant plus avantageuse qu'elle est plus accentuée, une prédominance exagérée de certains tissus dans les organes et de certains organes dans le corps serait fâcheuse. Une glande remplirait mal ses fonctions si elle ne contenait que des éléments sécréteurs; elle a besoin de vaisseaux pour lui amener le sang, de tissu conjonctif pour séparer les lobes et servir de soutien aux épithéliums, de nerfs pour régler son fonctionnement, etc., etc.; de même, si le foie s'accroissait et prenait la place de la rate ou de l'estomac, l'organisme n'en retirerait qu'un avantage négatif; tous ces empiètements exagérés sont aussitôt éliminés par la Sélection naturelle.

La lutte ici s'établit entre tissus et organes pour donner à chacun toute l'extension qu'il peut recevoir sans compromettre l'harmonie générale et elle a pour résultat une utilisation rigoureuse de la place et des matériaux.

La *Loi d'économie* de Darwin et celle du *Balancement des organes* de Geoffroy-Saint-Hilaire ne sont que des effets dont la cause réside dans la lutte des organes et des tissus.

2. Action morphogène des Excitations fonctionnelles.

Jusqu'ici il ne pouvait être question d'excitations fonctionnelles, puisque les fonctions n'étaient pas encore établies. Par rapport aux éléments non encore différenciés les excitations étaient de même ordre et toutes produisaient des effets comparables. Mais lorsque l'une d'elles, en favorisant une substance aux dépens des autres, a différencié chimiquement la cellule, elle est devenue *Excitation fonctionnelle,* car elle n'a laissé dans la cellule que la substance qu'elle était particulièrement apte à exciter et la manifestation de cette excitation est devenue la fonction de la cellule.

La cellule différenciée est devenue ainsi à peu près indifférente à toutes les excitations autres que celles qui éveillent sa fonction. Mais par contre, cette excitation lui est devenue nécessaire et, plus ou moins selon sa nature, elle a besoin de cette excitation, non seulement pour fonctionner, mais pour vivre. On se rappelle, en effet, que l'Excitation fonctionnelle n'est devenue telle que parce qu'elle favorisait l'assimilation et il est naturel qu'en son absence l'assimilation languisse, soit débordée par la désassimilation et que la cellule s'atrophie et périsse.

De là résulte, comme on va le voir, une influence considérable de l'Excitation fonctionnelle sur la forme et la structure des organes.

Chacun sait que le type de forme et de structure n'est pas fixe et jouit d'une certaine élasticité, et que le fonctionnement variable des organes joue un rôle dans ses variations. Lorsqu'on exerce assidument un muscle il grossit et non dans tous les sens, mais seulement en largeur et en épaisseur, car un accroissement en longueur diminuerait sa force au lieu de l'augmenter. Chez certains acrobates, les ligaments articulaires prennent une longueur et une élasticité extraordinaires.

Mais cette influence va beaucoup plus loin qu'on ne croit. La structure de la substance spongieuse des os lui est due tout entière.

Hermann Meyer (69) a remarqué que les trabécules de cette substance sont partout dirigés dans le sens du plus grand effort. On pourrait croire que c'est là un effet de l'Hérédité. Mais, s'il ne résultait pas de l'Excitation fonctionnelle, il ne pourrait provenir que de la Sélection naturelle. Or nous verrons plus loin que celle-ci est impuissante à l'expliquer. D'ailleurs, voici la preuve formelle que cette disposition est le produit direct des actions mécaniques qui s'exercent dans l'organisme. J. Wolff (70, 74) a reconnu, et la chose a été vérifiée plus tard par Kastor, Martiny, Rabe que si, dans une fracture mal réparée, les deux fragments principaux sont réunis par un segment oblique, les trabécules prennent, dans ce segment, la direction du plus grand effort, direction naturellement autre que si le segment intercalaire eût été sur le prolongement des deux fragments principaux.

Or il est évident que cette disposition n'a rien d'héréditaire.

Elle s'explique aisément par la théorie des Excitations fonctionnelles.

Pour l'os, l'Excitation fonctionnelle est l'action mécanique qui s'exerce en ses différents points lorsqu'il résiste aux efforts qui tendent à détruire sa rigidité. Dans les trabécules orientés suivant la direction du plus grand effort, cette excitation est énergique et se renouvelle à chaque mouvement; il en résulte une impulsion nutritive égale au mouvement de désassimilation. Dans ceux qui ont une direction différente, cette excitation et cette impulsion sont absentes ou trop faibles, la désassimilation l'emporte et le petit organe s'atrophie.

C'est pour la même raison que la masse énorme du calus est ramenée, par atrophie progressive de tout ce qui est en dehors des lignes d'effort, à un anneau peu distinct des parties anciennes.

Si l'os est creux, c'est parce que les parties osseuses qui occuperaient le centre auraient trop peu à faire pour recevoir l'excitation fonctionnelle nécessaire à leur conservation. Si l'os était plus mince, elles travailleraient, mais toujours moins que les périphériques qui dès lors prennent le dessus.

C'est pour des raisons analogues que, dans les aponévroses, les trousseaux fibreux sont tous orientés suivant deux directions perpendiculaires, et que, dans les tendons et ligaments, ils sont tous parallèles.

C'est par suite d'actions du même ordre que les fibres musculaires du tube digestif et des canaux excréteurs des glandes sont, les unes longitudinales, les autres circulaires, et non disposées sans ordre en un feutrage irrégulier.

Les vaisseaux sanguins doivent à la pression du sang la forme arrondie de leur section. L'angle formé par les branches de bifurcation avec la direction initiale est d'autant plus petit que la branche est plus volumineuse, car la colonne la plus puissante se laisse détourner moins facilement.

Partout, dans l'organisme, la disposition des organes passifs se règle d'après la loi de la direction du plus grand effort et résulte de l'action trophique des Excitations fonctionnelles.

Cette loi s'applique aussi aux faits pathologiques.

Ainsi, dans le *pied bot*, les nouveaux rapports des os ne sont pas héréditaires; ils engendrent des conditions mécaniques nouvelles et cependant les surfaces articulaires et les ligaments se disposent suivant les mêmes lois que dans le pied normal. Les fractures soumises à des mouvements pendant leur consolidation montrent des phénomènes encore plus frappants. Elles donnent naissance à une pseudarthrose, c'est-à-dire qu'il se forme du cartilage et des ligaments, appropriés à la fonction nouvelle, sans que l'Hérédité puisse intervenir en rien.

La structure des organes actifs est régie également par les Excitations fonctionnelles.

Si on coupe le nerf qui se rend à un muscle, celui-ci est profondément altéré dans sa nutrition. Il perd sa striation et devient granuleux. Il est donc naturel d'admettre que l'Excitation fonctionnelle nécessaire pour maintenir cette structure est la cause qui détermine sa formation. Les glandes énervées montrent des phénomènes comparables admettant la même conclusion. Il en est de même du testicule. Les nerfs n'échappent pas non plus à cette règle. Si l'on coupe un nerf, le segment distal dégénère et s'atrophie parce qu'il ne transmet plus d'excitations fonctionnelles; le segment proximal, alimenté sans doute par de faibles irradiations venues des centres, conserve son aspect, mais il n'est pas moins altéré au fond, car il perd son excitabilité[1].

[1] Mais tous ces phénomènes sont-ils bien des effets de l'excitation fonctionnelle?

On a supposé, pour expliquer certains d'entre eux l'existence de *nerfs trophiques* spéciaux, ou de *fibres trophiques* dans les nerfs ordinaires. Mais JOSEPH en 1872 et SCHULTZ, l'année suivante, ont montré que si, après avoir coupé un nerf sciatique à une Grenouille, on immobilise ses deux pattes dans du plâtre, les altérations sont les mêmes des deux côtés. Par contre, un muscle de Grenouille énervé et galvanisé tous les jours conserve indéfiniment l'intégrité de sa structure.

On a cherché aussi à attribuer au sang l'action trophique conservatrice des organes et de leur structure. Mais il est facile de montrer que le sang ne joue dans tout cela que le rôle d'une condition importante, souvent même indispensable, mais secondaire et subordonnée. Il est certain que les organes reçoivent, à volume égal, des vaisseaux d'autant plus gros qu'ils sont plus actifs; on sait aussi qu'au moment de leur activité, par le jeu des vaso-moteurs, ils reçoivent plus de sang que dans leurs phases de repos. Une irrigation sanguine plus riche peut même déterminer une hypertrophie, comme dans le cas de cet ergot de Coq qui, greffé sur la crête du même animal, y prit un développement anormal. Mais par contre, l'oreille du Lapin, après l'arrachement du ganglion cervical, devient le siège d'une congestion intense, sans pour cela s'accroître plus que celle de l'autre côté. Les angiomes ne s'accroissent pas indéfiniment. Si on lie l'artère humérale, on ne voit pas les tissus de l'épaule se développer davantage. Il est vrai que, si on lie une des artères rénales, l'autre reçoit plus de sang et que le rein conservé fonctionne avec une activité double; mais ce n'est pas l'afflux du sang qui provoque cet accroissement d'activité, car le sang de l'artère liée ne s'engage pas exclusivement dans la rénale conservée; il reste dans l'aorte et se partage entre cette rénale et toutes les artères situées au-dessous, proportionnellement à leur calibre. La rénale ne reçoit donc pas deux fois plus de sang, mais un dixième en plus peut-être et, d'autre part les spermatiques, par exemple, en reçoivent aussi un dixième en plus, sans que les testicules s'hypertrophient ou fonctionnent plus activement. Dans tous ces phénomènes, le sang se porte là où il est utile, pour fournir les matériaux de l'accroissement, mais nulle part il n'a l'initiative. Tant qu'il est assez petit pour se nourrir par imbibition de voisinage, l'embryon se développe sans le secours du sang ou des vaisseaux. Dans les tumeurs métastatiques, les vaisseaux ne se forment que là où une parcelle s'est greffée et où les nouveaux tissus ont commencé à foisonner. Le placenta se forme dans la matrice là où s'est greffé l'œuf; et, si l'œuf dévoyé se greffe dans la cavité abdominale, des vaisseaux se développent à cette place anormale sous l'influence de l'excitation spéciale provoquée par l'embryon. Un organe qui ne reçoit plus de sang s'atrophie, mais il peut s'atrophier sans que sa circulation se soit modifiée, comme cela a lieu pour les cordons médullaires, nourris par des vaisseaux qui leur sont communs avec les cordons voisins restés sains.

Il y a cependant une sorte d'organes pour lesquels le sang paraît être l'agent de l'Excitation fonctionnelle. Ce sont les glandes. Plusieurs faits montrent qu'il en est ainsi. Les tumeurs syphilitiques ou tuberculeuses, les galles des plantes, sont le produit d'actions trophiques intenses provoquées par la substance chimique du virus ou du venin. La pilocarpine excite énergiquement les glandes sudoripares. Il est donc probable que les substances du sang, que le foie, la rate, les reins et les

La nature des Excitations fonctionnelles varie selon les organes ou plutôt selon les fonctions puisque ce sont elles qui créent ces dernières. Pour les tissus de substance conjonctive, l'excitant est l'action mécanique, variable suivant ses diverses formes : tassement, flexion, torsion, glissement, tension, etc., diversement combinées; et il serait intéressant de rechercher quelle variété d'actions mécaniques fait, avec la cellule conjonctive indifférente, ici de l'os, là du cartilage, plus loin du tissu tendineux, aponévrotique, élastique, conjonctif pur, etc. Les pseudarthroses consécutives à certaines fractures non consolidées montrent du cartilage et des ligaments se formant là où il n'y en avait pas auparavant, et met sous les yeux cette différenciation adaptative des cellules indifférentes sous l'influence des actions mécaniques spécifiques.

Pour les glandes, l'excitant fonctionnel est le sang; pour les muscles, c'est le courant nerveux; pour les nerfs, c'est l'influx venu des centres ou de l'organe des sens; pour les centres nerveux c'est l'influx venu par les nerfs, ou la pensée, qui joue un rôle actif dans le développement des voies de communication entre les cellules corticales et, par les actes qu'elle provoque, retentit sur l'économie tout entière.

Les organes des sens sont excités par les agents physiques ou chimiques, lumière, son, odeurs, etc. Leur formation première est un des résultats les plus remarquables de l'action morphogène des excitations. C'est la lumière qui a formé l'œil, le son qui a formé l'oreille et ainsi des autres[1].

Les Excitations fonctionnelles n'ont pas seulement une action sur la

autres glandes doivent élaborer ou excréter, peuvent servir à ces organes d'excitant pour les déterminer à entrer en fonction. Ainsi s'expliquerait l'hypertrophie compensatrice d'un rein ou d'un testicule quand celui du côté opposé a été supprimé. Mais ce n'est pas là une exception à la règle. C'est toujours l'Excitation fonctionnelle qui est la cause première, mais elle est produite par les substances contenues dans le sang au lieu de résulter d'actions mécaniques, comme pour les tissus de soutien, ou d'actions nerveuses, comme pour les muscles.

[1] On peut aisément se rendre compte de ce fait paradoxal que l'excitant, une forme dans son action, ait produit des différenciations variées dans les différents points de l'organe : ainsi, les trois couches de la rétine sont dues à l'action de la lumière, mais la première s'est formée sous l'action directe de cet agent, la deuxième sous celle de l'excitation transformée par la première, et la troisième sous une influence deux fois modifiée. C'est pour cela que le nerf optique n'est pas sensible à la lumière.

Si nous n'avons pas de sens pour l'ultra-violet ou pour l'électricité, cela peut tenir, soit à ce que les molécules organiques ne sont pas assez mobiles pour obéir à des vibrations qui atteignent 800 milliards par seconde, soit parce que, en raison de leur nature, ces excitations ne sont pas transformables en excitation nerveuse.

structure des tissus; elles réagissent sur la configuration macroscopique des organes.

Au premier abord il peut sembler fort exagéré de dire que le développement du maxillaire inférieur est dû à l'action masticatrice et non à l'Hérédité. Cependant on voit, chez les vieillards privés de dents depuis de longues années, la lame alvéolaire s'atrophier et l'os se réduire à une baguette cylindrique de la grosseur d'un crayon. Si l'effort de mastication est la cause de la conservation du bord alvéolaire, il est naturel d'admettre qu'il est la cause de sa formation[1]. Si dans le *pied bot* non héréditaire, des surfaces articulaires, des ligaments qui n'existaient chez aucun ancêtre, ont pu se former sous l'action des excitations mécaniques, pourquoi ces mêmes conditions n'interviendraient-elles pas dans la formation du pied normal? Le vice de forme connu sous le nom de *pied plat* est causé directement par le contact de la matrice lorsque les eaux de l'amnios sont trop peu abondantes. L'orbite doit sa forme à l'œil et non à la force héréditaire, car si l'œil est absent congénitalement, l'orbite est rétrécie et déformée[2].

On conçoit très bien, après ce qui a été expliqué au sujet des trabécules osseux et des trousseaux aponévrotiques, qu'un viscère soit la cause directe de la formation de ses ligaments suspenseurs. Supposons que la vessie ait été, à l'origine, maintenue contre la paroi abdominale par une lame conjonctive continue. La traction exercée par son poids s'est appliquée seulement aux fibres verticales; les autres se sont atrophiées tandis que les verticales ont augmenté de nombre, de force et de longueur et ont formé un ligament suspenseur unique et condensé.

3. Sélection organique et Sélection naturelle.

Si l'on rassemble tous ces faits, on voit qu'ils jouent un rôle considérable dans la formation de l'organisme. On peut dire que celui-ci se crée par ses propres forces : par la lutte des substances chimiques et des cellules il différencie ses cellules et ses fonctions élémentaires, par l'action

[1] [Il peut y avoir là un effet de sénilité, indépendant du fonctionnement. Le même phénomène se produit-il chez les individus jeunes entièrement privés de dents depuis longtemps? D'autre part, le maxillaire supérieur subit-il la même atrophie? Est-ce l'Excitation fonctionnelle qui développe, jusqu'à l'hypertrophie, la prostate chez les vieillards]?

[2] [Cependant Guinard (93) cite des monstres chez lesquels l'orbite était présente bien que l'œil manquât.]

trophique des Excitations fonctionnelles, il détermine la structure de ses tissus, la forme et la constitution de ses organes et aussi leur arrangement. Ces mêmes forces intérieures qui l'ont formé servent à l'entretenir. A l'*Auto-formation* s'ajoute une *Auto-régulation* permanente.

Cette conception nouvelle permet d'expliquer bien des faits que la sélection Darwinienne laissait incompréhensibles.

Nous avons vu que toutes les lamelles du tissu spongieux des os étaient orientées suivant les lignes du plus grand effort et comment, dans un tissu où l'orientation primitive eût été indéterminée, cette direction exclusive se serait établie d'elle-même.

La Sélection Darwinienne est impuissante à expliquer cela.

Si, au début, l'orientation était variée, la variation qui donnait à quelques lamelles de plus une direction convenable n'a pas créé un avantage suffisant pour donner prise à la Sélection, car l'on n'y a presque rien gagné en solidité. Il faudrait que la variation eût porté sur plusieurs centaines de lamelles à la fois pour avoir quelque imperceptible influence. Or ce n'est pas là de la variation indéterminée.

Supposons même que la très grande majorité des lamelles ait été transformée. Lorsqu'il n'y aura plus qu'un dixième ou un centième d'entre elles qui auront conservé une direction non concordante, il n'y aura aucun avantage pour l'individu à ce que la transformation s'achève et la Sélection n'aura pas prise pour l'achever.

Il en est de même pour les trousseaux des aponévroses, pour les fibres musculaires des canaux glandulaires et de l'intestin. Il en est de même encore pour la différenciation des cellules glandulaires, épithéliales, etc., etc., etc., de tous les éléments de l'organisme en un mot.

Il y a dans la perfection, dans le *fini* des dispositions organiques, quelque chose d'absolu que la Sélection est radicalement impuissante à expliquer.

La Sélection organique, l'action directe de l'Excitation fonctionnelle l'expliquent, au contraire, fort bien et c'est là une excellente preuve de leur influence. Cette influence, d'ailleurs, ne s'exerce pas uniquement pour achever le travail lorsque la Sélection naturelle devient impuissante : elle accomplit tout entier.

Ce n'est pas à dire pour cela que la Sélection naturelle de Darwin n'existe pas, elle joue même un rôle très important mais, isolée, elle est impuissante tout aussi bien que la Sélection organique. Les deux Sélections n'ont de force qu'en se combinant ou plutôt en se complétant. La première produit la différenciation des cellules, des organes et des fonctions, mais sans tenir compte de l'intérêt général de l'organisme; la seconde supprime les différenciations ou dispositions organiques fâcheuses et protège celles qui sont utiles à l'individu; elle ne laisse subsister que les êtres dont la constitution physico-chimique élémentaire est telle que les excitations fonctionnelles aveugles, en déterminant la différenciation des éléments, la structure des organes et leur arrangement, aboutisse à un résultat final compatible avec les conditions d'existence.

4. Organes rudimentaires. Régénération. Variation embryonnaire.

L'atrophie des organes devenus inutiles et leur persistance à l'état rudimentaire s'explique par le jeu des seules forces de l'organisme.

Nous avons vu que l'Excitation fonctionnelle était nécessaire à la conservation des organes et que ceux-ci s'atrophient lorsqu'ils cessent d'être actifs. Mais leurs exigences sont très variables sous ce rapport. Dans l'immobilité paralytique, les muscles s'atrophient bien plus vite que les os. Plus les organes sont actifs, plus est forte la dose d'excitation fonctionnelle nécessaire à leur conservation et inversement. Un organe dont l'activité diminue peut arriver à se contenter d'excitations fonctionnelles extrêmement faibles et rares, à la condition que la diminution soit très lente.

C'est ce qui arrive aux organes rudimentaires.

Ils ont rapidement atteint un certain degré d'atrophie, puis ont diminué de plus en plus lentement jusqu'au moment où leurs exigences nutritives sont devenues assez faibles pour se contenter des excitations accidentelles ou dérivées auxquelles est soumise forcément toute pièce faisant partie d'un organisme vivant.

La différenciation cellulaire est parfaite au point de vue fonctionnel, mais elle ne l'est pas au point de vue chimique. L'absolu n'existe pas dans cet ordre de choses. On peut donc admettre que les cellules gardent en général quelques parcelles de protoplasma indifférent.

Par là peut s'expliquer le phénomène de la *Régénération*.

On comprend aussi que cette faculté diminue avec l'âge, à mesure que la spécialisation des éléments s'affermit [1].

Enfin, pour compléter le tableau des phénomènes organiques, il faut

[1] [Cela est très vague et la Régénération *réciproque* des Vers inférieurs ne s'explique pas. Où sont les Excitations fonctionnelles qui, dans le bras amputé du Triton, font former par les cellules de la plaie les tissus et organes régénérés]?

tenir compte d'un dernier fait qui, pour être anormal, n'en joue pas moins un grand rôle. Dans le développement, il peut arriver que certaines cellules soient encore indifférentes, soit ayant subi un commencement de différenciation, se trouvent isolées du groupe dont elles faisaient partie et entraînées dans une position aberrante. Là, elles ne sont point soumises à leurs excitations normales et restent dans un état à demi embryonnaire. Cet état peut être définitif, mais il peut arriver aussi que ces cellules entrent à un moment donné en évolution, et forment alors des tissus aberrants avec toute la vigueur de reproduction des éléments embryonnaires. Telle est peut-être l'origine de certaines tumeurs. Nous avons vu que les tumeurs syphilitiques, tuberculeuses ou similaires avaient une tout autre origine [1].

La *Variation embryonnaire* peut aussi porter sur de plus grandes masses et donner lieu à des anomalies, mais celles-là ne sont pas fatalement nuisibles et peuvent, combinées à la Sélection naturelle, jouer un grand rôle dans l'Évolution générale. C'est à des variations de ce genre, complètes d'emblée, qu'il faut attribuer certains phénomènes dont on ne comprendrait guère le développement progressif. Ainsi la séparation du *canal de Wolff* en deux pour former le *canal de Müller*. Mais si le hasard, en quelque sorte, commence ces processus, ce sont les forces normales de l'organisme qui les achèvent. Ce sont les excitations fonctionnelles qui dotent ce nouveau canal de ses couches musculaires et conjonctives et produisent les modifications de structure qu'il présente en ses divers points.

A la Variation embryonnaire appartient la première apparition de tous les organes et de toutes les dispositions qui ne résultent pas d'excitations fonctionnelles, comme la crête des Coqs, celle du dos des Tritons, les couleurs et les dessins qui ornent le corps de tant d'animaux, etc. La Variation embryonnaire, à l'inverse de l'Excitation fonctionnelle, a le champ libre, n'étant déterminée par rien de précis; elle a donc une importance capitale mais, sans les forces organiques et la Sélection naturelle, elle serait impuissante, car si elle peut tout commencer, elle ne peut rien achever.

5. L'Hérédité. Ses limites et ses moyens.

L'action morphogène des excitations fonctionnelles soulage l'Hérédité d'une multitude de faits que l'on n'expliquait que par elle.

[1] [Il y aurait des objections à faire à cette théorie. Mais, comme elle est presque étrangère à notre sujet, nous les laisserons de côté.]

Ainsi la structure du tissu spongieux des os, celle des aponévroses et des ligaments, résultant directement des actions mécaniques n'ont pas besoin d'être héréditaires pour se retrouver semblables chez l'enfant comme chez les parents.

On objectera que ces structures se montrent déjà pendant la vie intra-utérine.

Mais c'est une erreur de croire que les acquisitions adaptatives ne commencent qu'à la naissance. Les muscles se forment de bonne heure; bien avant la naissance, les leviers osseux ont dû résister à des efforts tendant à détruire leur rigidité, les aponévroses ont lutté contre la distension, les ligaments contre l'allongement. Tout ce qui résulte de l'Excitation fonctionnelle et de la lutte des organes, aussi bien pendant l'ontogénèse qu'après son achèvement, se forme de soi-même sans avoir besoin du concours d'une Force héréditaire. Nous avons déjà cité des faits qui mettent sous les yeux ces effets des forces organiques indépendants de l'Hérédité. Rappelons l'atrophie de l'orbite quand l'œil ne se développe pas, les déformations osseuses et articulaires consécutives aux anomalies, musculaires, etc.

Mais il ne faudrait pas croire que cela supprime l'Hérédité.

Les structures pouvant résulter de l'action des forces organiques pendant le cours d'une vie individuelle, comme celles de certains tissus du soutien, sont rares; les plus simples sont seules dans ce cas. Tous les organes compliqués: glandes, nerfs, organes des sens, viscères, centres nerveux, se sont formés sous l'influence des mêmes causes, mais il a fallu d'innombrables générations pour les amener à leur état actuel. Il faut donc, pour qu'ils aient pu se former, que les modifications commencées par l'Excitation fonctionnelle soient héréditaires [1].

Ainsi l'Hérédité existe et c'est de sa combinaison intime et constante avec l'Excitation fonctionnelle que résulte l'ontogénèse de chaque forme.

Mais par quels moyens agit-elle?

Comment une particularité acquise peut-elle se propager à l'œuf.

Les germes sexuels, en s'individualisant, se soustraient de bonne heure à l'action directe de l'organisme. Celui-ci a gardé sur eux seulement une

[1] [Roux cite ici l'exemple des sauvages apprenant plus vite leur langue que les enfants européens élevés chez eux, celui des mouvements associés des yeux, opération compliquée que l'enfant ne sait pas faire en naissant et qu'il apprend en quelques jours, et surtout celui du passage de la vie aquatique à la vie terrestre. Nous renvoyons pour le détail aux parties précédentes de cet ouvrage p. 219 et 378].

influence indirecte par les modifications chimiques qu'il peut produire en eux par la nutrition. Il résulte de là que les caractères reposant sur la constitution chimique sont naturellement héréditaires. Mais on peut aller plus loin et admettre que les caractères purement morphologiques puissent se transmettre aussi par l'intermédiaire de modifications chimiques [1].

On peut donc admettre que la forme des organes dépend de la constitution chimique de leurs rudiments et que les changements dans leur forme ou leurs autres caractères peuvent se transmettre parce qu'ils s'accompagnent de modifications chimiques qui retentissent sur la constitution chimique des produits sexuels [2].

On conçoit ainsi très bien que les caractères sont d'autant moins transmissibles qu'ils sont acquis à un âge plus avancé, car le développement des germes sexuels est alors achevé et les renouvellements nutritifs sont moins actifs que dans le jeune âge.

Critique.

Il n'y a rien à objecter à toute cette partie de la théorie où Roux démontre l'existence des forces évolutives de l'organisme, l'importance de

[1] Plusieurs faits démontrent cette action morphogène des modifications chimiques. Kölliker (79, S. 177, p. 186 de l'édit. franç.) dit que, si les œufs de Poule en incubation sont privés d'air ou élevés dans un air insuffisamment renouvelé, les vaisseaux se forment d'une manière anormale au moyen de vésicules dont la paroi contient de nombreux noyaux nés par voie endogène, et qui se soudent entre elles. Ces vésicules elles-mêmes n'existent pas chez le Poulet normal. W. Knop (Berichte der kgl. sachs. Akad. d. Wiss., Bd. XXX, S. 39) a vu que le Maïs, lorsqu'on le place dans un terrain où l'on a remplacé le sulfate de magnésie par le sous-sulfate de cette même substance, subit une modification complète des épis et des fleurs au point que les épis ne sont plus reconnaissables.

[Ces observations ne nous apprennent rien. Ce qu'il faudrait, c'est démontrer la réciproque et faire voir que des substances chimiques nouvelles, sécrétées par les cellules modifiées du corps, influencent le Plasma germinatif de manière à lui faire reproduire, à la génération suivante, des cellules capables de sécréter à nouveau ces substances nouvelles et de revêtir les caractères morphologiques correspondants.]

[2] [Il dit, p. 61 : « Alle Gestaltung ist doch durch chemische Verhältnisse bedingt, so z. B. die Gestaltung des Oberarmes und seiner Muskeln, obgleich sie jedenfalls nicht anders zuzammengesetzt sind, als die des Oberschenkels. So könnte vielleicht auch eine formale Veränderung, durch äussere Einwirkung auf den Embryo oder auf das geborene Individuum hervorgebracht leichter eine chemische Veränderung bedingen und als solche sich leichter auf den Samen übertragen. » — Soit mais comment?]

leur rôle dans la formation des organes. Les exemples du *pied bot,* des pseudarthroses, de l'orientation des trabécules dans le tissu spongieux du cal oblique et celui du placenta extra-utérin, auxquels on peut ajouter celui de la striation des ailes des Mouches cité par Eimer (88) (V. p. 762) prouvent péremptoirement que l'organisme peut, sans le secours de l'Hérédité, faire du cartilage, des ligaments, des surfaces articulaires, disposer des parties et modeler leur forme en vue d'un fonctionnement aussi avantageux que possible. C'est là un point d'importance capitale. Cela nous révèle l'existence d'un nouveau facteur très puissant, qui peut permettre la solution de problèmes insolubles sans son aide, et simplifier celle de beaucoup d'autres. En attirant l'attention sur ces faits, connus avant lui, mais dont on n'avait pas su tirer parti, Roux a fait faire à la question un pas immense, plus grand certainement que ceux qui ont inventé les facteurs matériels des caractères élémentaires ou même les germes représentatifs des parties de l'organisme.

L'existence des forces autoformatives et autorégulatrices, étant démontrée et admise, il s'agit de déterminer leur origine et de trouver comment se sont établies les constitutions chimiques ou les dispositions physiques dont elles sont l'expression.

Roux l'explique par la lutte des parties dans l'organisme.

Il y a certainement un fonds de vérité dans cette idée, mais elle n'est pas cependant capable, à elle seule, de tout expliquer. Roux veut en tirer plus qu'elle ne peut donner, et ses explications soulèvent maintes fois des objections graves.

Examinons d'abord l'autodifférenciation des cellules. Roux prend une cellule contenant diverses substances mélangées et nous montre que, fatalement, l'une d'elles, la plus favorisée par les conditions nutritives arrivera à l'emporter sur les autres et à les supplanter. S'il en est ainsi, comment se fait-il que dans certaines cellules se conserve un plasma identique à celui de l'œuf fécondé et capable de reproduire l'organisme entier avec ou sans nouvelle fécondation?

Le Plasma germinatif est, dans l'individu, soumis à des conditions variables selon l'âge et le lieu où il se trouve aux différents moments de l'ontogénèse, et ces variations se reproduisent périodiquement depuis l'origine de l'espèce : comment l'ont-elle laissé intact dans les espèces qui ne varient pas? Comment se fait-il que les substances chimiques qu'il contient se maintiennent invariablement les mêmes et dans les mêmes proportions, malgré les variations du liquide nutritif chez l'embryon, l'enfant, l'adolescent et l'adulte, malgré les différences considérables que lui font subir les divers modes d'alimentation? Si ces modifications sont insensibles dans le cours de la vie de l'individu, elles doivent être nulles pendant la vie d'une cellule dans l'ontogénèse et le facteur invoqué ne peut en aucune manière influencer la différenciation ontogénétique des cellules somatiques.

Peut-être Roux n'a-t-il voulu expliquer par la lutte des molécules cellulaires, que la différenciation phylogénétique de ces éléments et en particulier de l'œuf qui représente, à un moment donné, l'individu tout entier.

Soit.

Mais qu'il en soit ainsi ou autrement, il n'en reste pas moins établi que l'Hérédité reste chargée de tout le poids de la différenciation ontogénétique des cellules.

Or nous verrons bientôt que, l'Hérédité, il ne l'explique pas.

La Régénération n'est pas mieux expliquée que l'Ontogénèse. Ce n'est pas assez de dire que certaines cellules peuvent garder du Plasma germinatif plus ou moins complet. Il faudrait montrer sous l'influence de quelles forces elles l'utilisent de la manière convenable et reproduisent précisément ce qui manque. Or l'Excitation fonctionnelle ne peut jouer là qu'un rôle insignifiant. (V. la note de la page 735.)

La lutte des cellules entre elles est tout à fait indéniable. Il est certain que toute cellule suffisamment nourrie ne demande qu'à se diviser et que la présence des éléments voisins limite par pression, compétition nutritive ou autrement, sa faculté de le faire. Sans cela, pourquoi les cellules attendraient-elles que leurs voisines soient enlevées pour les régénérer? Mais il est moins certain que cela établisse entre elles une compétition capable de favoriser leur différenciation.

Il semble que la condition de situation soit tellement prédominante pour décider quelle cellule remplacera une cellule disparue, que les différences individuelles entre les cellules voisines perdent toute importance [1].

[1] En faisant remarquer que la différenciation et la division ne dépendent pas des mêmes facteurs dans la cellule (V. p. 726), Roux se pose à lui-même une objection à laquelle il ne répond pas d'une manière suffisante, ainsi que le montre la note dont nous l'avons accompagnée. La Sélection ne soutient que les individus les plus aptes à laisser une progéniture, sans s'occuper de leurs autres qualités, et la différenciation n'intervient que parce que, d'ordinaire, elle est la marque d'un perfectionnement qui rend plus facile aux individus qui le possèdent de laisser après eux une progéniture nombreuse et bien protégée. Les différencia-

La lutte des molécules dans les cellules et l'Excitation fonctionnelle fûssent-elles capables de déterminer la Différenciation cellulaire ontogénétique, que la question de l'Hérédité n'en serait pas moins lourde.

Ces facteurs, en effet, ne peuvent déterminer que les traits généraux de la différenciation et non les minimes détails qui constituent la ressemblance héréditaire. Admettons qu'elles puissent, à elles seules, former la peau, les muscles, les os, les vaisseaux et les nerfs de cette main, les tissus divers de ce nez, etc., elle n'arrivera, en tout cas, à leur donner que tout au plus leurs caractères spécifiques. Mais est-ce la Lutte moléculaire ou l'Excitation fonctionnelle qui donnera à cette main ses caractères individuels et la rendra effilée comme chez le père, ou courte comme chez la mère, qui fera ce nez un peu plus droit comme chez celle-ci ou un peu plus recourbé comme chez celui-là, qui fera naître sur lui ce petit signe noir juste à la même place que chez l'un ou l'autre?

L'Excitation fonctionnelle peut contribuer aux effets généraux, elle est incapable d'engendrer les fines particularités qui font la ressemblance héréditaire.

L'Hérédité reste donc chargée de la partie la plus difficile de la différenciation ontogénétique et, si elle peut créer les caractères individuels mille fois plus nombreux et plus précis, elle peut sans plus de peine créer les caractères spécifiques.

Nous avons donc raison de dire que les facteurs nouveaux introduits dans la question n'allègent guère son fardeau.

La théorie serait complète si, après avoir expliqué l'Auto-différenciation, elle expliquait ensuite l'Hérédité. Or cela, elle le fait d'une façon si insuffisante qu'elle laisse, on peut le dire, le problème à peu près intact.

Roux hasarde une explication, moins que cela, une insinuation, aussi hardie dans le fond que timide dans la forme, pour rendre compte de la

tions qui n'ont aucun avantage pour l'espèce ne sont point protégées par la Sélection, pour si avantageuses qu'elles soient à l'individu. Or c'est précisément ce qui arriverait pour les cellules en lutte dans l'organisme. Si les causes qui excitent leur différenciation favorisent aussi leur reproduction ce ne peut être que par hasard.

La lutte des tissus et des organes, même corrigée par la Sélection, n'est pas non plus la seule cause de leur équilibre relatif. L'activité reproductrice des cellules a des limites qui leur sont imposées par leur propre constitution; sans cela, comment verrait-on, ainsi que le fait remarquer Platt Ball (90), les sabots, toujours en action, des Ruminants, moins longs que leurs cornes qui servent si rarement?

transmission au Plasma germinatif des caractères acquis par le Soma. Il pense que ces caractères, même lorsqu'ils sont purement morphologiques, s'accompagnent de modifications chimiques qui peuvent, médiatement, s'étendre aux cellules sexuelles.

Que ces modifications morphologiques aient toujours une expression chimique cela est très peu probable. Mais en tout cas la modification chimique est parfois très faible et Roux aurait à montrer qu'elle peut se transmettre au Plasma germinatif par une modification *adéquate*, ou, si l'on veut, *réversible*, c'est-à-dire capable de reproduire la modification somatique qui l'a engendrée.

Admettons que toute partie modifiée déverse dans le sang des sucs modifiés : qui dira aux cellules sexuelles de quel point de l'organisme viennent ces nouvelles substances pour qu'elles puissent influencer, au même point, les cellules qui les ont fournies?

Même si la transmission se faisait par la voie des communications protoplasmiques la chose serait impossible puisqu'il ne peut y avoir autant de points d'arrivée distincts dans les cellules sexuelles qu'il y a de points de départ différents dans les corps.

Quant à l'Hérédité proprement dite, il n'en dit pas un mot. Il ne nous fait pas connaître sous quelle forme sont contenues dans l'œuf fécondé les particularités que l'Excitation fonctionnelle n'explique pas, et qui cependant se développeront, à leur place et à leur moment, avec une fidélité si remarquable.

C'est là cependant la plus grosse difficulté dans la question qui nous occupe.

C'est pour y répondre, que les Animistes, les Évolutionnistes, et les Microméristes de toute catégorie ont inventé leurs Forces vitales, leurs Emboîtements, et leurs Particules, Unités, Gemmules, Plastidules, Pangènes, Bioblastes, Idioblastes, Biophores, etc., etc.. Roux se contente de dire que l'évolution dépend de la constitution chimique des rudiments. D'autres l'ont dit avant lui, mais ils ont été arrêtés dès qu'ils ont voulu entrer dans le détail.

En somme Roux, en nous faisant connaître la Lutte des parties dans l'organisme, l'action morphogène de l'Excitation fonctionnelle, l'Autodifférenciation des fonctions, et celle des organes dans leur structure, leur forme et leur développement, introduit de nouveaux facteurs de première importance dans la question de l'Évolution. Grâce à eux il explique bien des faits dont la Sélection était impuissante à rendre compte.

Mais, malgré ses efforts, il laisse non résolue les questions de la Différenciation cellulaire ontogénétique et de la Transmission des caractères acquis et il laisse tout à fait intacte celle de la représentation des caractères dans le Plasma germinatif.

Avec l'Organicisme, il a ouvert une voie et découvert des régions nouvelles, mais on ne peut pas dire qu'il ait vraiment approché du but.

QUATRIÈME PARTIE

LA THÉORIE DES CAUSES ACTUELLES

LES IDÉES DE L'AUTEUR

I. COUP D'ŒIL RÉTROSPECTIF

Après avoir étudié et discuté les nombreuses théories émises pour résoudre les problèmes de l'Hérédité et de l'Évolution, nous sommes obligés de reconnaître qu'aucune ne présente une solution acceptable. Toutes pèchent en quelques points, non pas accessoires mais fondamentaux, et la plupart sont, en outre, appuyées sur des hypothèses gratuites et tout à fait improbables.

Ce qui est le plus grave en cela, c'est que leur insuffisance ne tient pas aux théories elles-mêmes dont plusieurs sont combinées avec un art si admirable qu'il n'est guère possible de faire mieux; elle tient au système qui les englobe, à la conception même qui leur sert de point du départ.

Nous n'avons pas à revenir sur l'*Animisme* ni sur l'*Évolutionnisme* qui n'ont qu'un intérêt historique. Dans les théories *microméristes* celles qui admettent des particules universelles et immortelles sont dans le même cas. Quant aux autres, on ne peut les condamner sans discussion avec la même désinvolture; mais, pour avoir des allures plus scientifiques, elles n'en sont pas plus vraies. Rappelons en quelques mots les objections principales qui les ruinent.

Les systèmes de Spencer, de Haacke, tous ceux qui ne voient dans l'organisme qu'un cristal, de forme extrêmement complexe, constitué par des particules toutes identiques entre elles, réalisant cette forme complexe par le seul jeu de leurs attractions moléculaires, se heurtent à l'impossibilité d'expliquer pourquoi ces particules ne réalisent pas la forme cristalline parfaite dès qu'elles sont en nombre suffisant pour le faire; pourquoi elles s'agencent, parfois en même nombre que chez l'imago, pour former une larve de taille égale et de forme tout à fait différente. Ces théories expliquent peut-être (?) la formation de l'organisme, elles sont radicalement impuissantes à expliquer son évolution. La cristallisation et tous les processus qu'on peut rattacher à elle impliquent une formation d'emblée ou par les voies les plus courtes, et toute évolution qui suit des voies détournées obéit à des forces d'une autre nature que celles qui précipitent les unes vers les autres les molécules d'un cristal.

Que l'on substitue aux forces moléculaires qui émanent des particules initiales, les mouvements, ondulatoires ou autres, qui les agitent, que l'on dise *Périgénèse* au lieu de Cristallisation, la difficulté n'en sera pas amoindrie. Si l'on veut expliquer la vie par les propriétés des particules du protoplasma, il faut, de toute nécessité, que ces particules soient de natures variées et très multiples.

Ceux qui ont vu dans ces particules les simples éléments d'une substance chimique ont choisi un terrain solide, car il n'y a pas à nier que les diverses parties de l'organisme n'aient des constitutions chimiques différentes et ne doivent à leur nature chimique une bonne part au moins de leurs propriétés. Mais, sur cette base solide, ils n'ont rien édifié. Ni HANSTEIN, ni BERTHOLD, ni GAUTIER, personne enfin n'a imaginé une théorie quelque peu complète de l'Hérédité et de l'Évolution fondée sur la constitution chimique et simple du protoplasma.

On en peut dire autant des théories d'ALTMANN et de WIESNER. *Granules* et *Plasomes* sont très acceptables, mais on ne peut dire s'ils seraient capables de tout expliquer, ceux qui les ont découverts ou imaginés n'ayant pas tenté de le faire.

Celle de ROUX peut être rangée à côté des précédentes sous ce rapport. ROUX a ouvert une voie, trouvé un facteur de première importance, mais il n'explique ni la Différenciation ontégénétique ni l'Hérédité.

Cette sobriété exagérée d'hypothèses et de déductions que l'on peut reprocher aux théories fondées sur l'idée des particules non représentatives ne se retrouve pas dans celles qui attribuent une valeur représentative aux particules constitutives du protoplasma. A l'inverse des précédentes, celles-là expliquent tout, ou du moins prétendent tout expliquer[1]; car nous avons vu que toutes présentent de grosses lacunes, bien plus, des im-

[1] Toutes ces théories ne sont autre chose qu'une tentative de substitution de quelque chose de plus scientifique et de plus précis à ce qu'on appelle *le sang*.

possibilités qui réduisent à néant leurs apparents avantages. Dans la *Pangénèse* de **Darwin**, c'est l'attraction par les cellules des Gemmules qui leur sont destinées, c'est le classement des germes; dans celles de **Nægeli**, de **de Vries**, de O. **Hertwig**, de **Weismann**, c'est l'impossibilité d'expliquer la Différenciation ontogénétique.

Mais, arriveraient-elles à triompher de ces objections graves que l'invraisemblance et souvent l'impossibilité de leurs hypothèses empêcherait de les admettre. Tout le monde s'accorde à reconnaître l'invraisemblance des *Gemmules* et quant aux *Micelles, Pangènes, Idioblastes* ou *Biophores* ou tous autres facteurs de propriétés élémentaires qu'il plaira d'imaginer, nous avons démontré qu'il fallait les rejeter, comme insuffisants s'ils représentent des propriétés concrètes simples, comme inconcevables s'ils représentent des propriétés abstraites.

D'ailleurs, toutes ces hypothèses où l'on imagine de toutes pièces une constitution précise et compliquée du protoplasma sont condamnées d'avance parce qu'elles inventent des choses qui ne s'inventent pas. — Je ne crains pas d'affirmer que si, par impossible, quelqu'un trouvait le moyen d'expliquer sans exception aucune et sans laisser prise à aucune objection, la Vie, l'Hérédité, l'Évolution ontogénétique et phylogénétique, et tous les grands processus biologiques si souvent énumérés dans cet ouvrage, il n'aurait pas résolu le problème, si pour cela il avait recours à des hypothèses attribuant au protoplasma une constitution compliquée, exigeant des particules à propriétés complexes, agencées d'une certaine manière très précise.

Je ne veux pas dire que la constitution du protoplasma ne puisse être très précise et très complexe, elle l'est certainement. Mais je dis que, si l'on peut entrevoir les grandes lignes de sa constitution, il est impossible d'en deviner les détails et que, si l'on a besoin pour sa théorie que ces détails soient précisément comme on les a imaginés et non un peu autrement, on est certain que la théorie est fausse, car il est impossible de tomber juste en les imaginant.

L'auteur de la théorie impeccable que nous imaginions tout à l'heure soulèverait sans doute un mouvement d'enthousiasme et serait suivi par une cohorte d'adeptes irréfléchis, mais les penseurs sérieux se tiendraient

Le sang est la première forme qu'a prise, dans les théories, la substance héréditaire, et il est à remarquer qu'il rend compte presque aussi bien que les *Gemmules*, *Pangènes* ou *Déterminants* d'une multitude de faits comme l'Hérédité, l'Atavisme, les caractères des Hybrides, la Force héréditaire, etc.

sur la réserve, persuadés, avec raison, qu'il est impossible de tomber juste en imaginant les dispositions de détail d'une chose extrêmement compliquée qui ne se révèle que par des effets indirects et éloignés.

L'histoire tout entière des progrès de l'histologie est là pour le démontrer.

A-t-on jamais une seule fois deviné d'avance la moindre des structures que le microscope a dévoilées? A-t-on deviné la striation transversale des muscles, les cils des épitheliums vibratiles, les prolongements des cellules nerveuses, l'agencement de la rétine ou les arcades de Corti, les chromosomes du noyau, le centrosome du cytoplasma?

Et qu'est tout cela? — De minimes dispositions structurales fixes, c'est-à-dire moins que rien, en face des mouvements combinés de parties diverses que nous montrent la kariokynèse et la fécondation.

Et l'on voudrait que, personne n'ayant jamais pu deviner la moindre de ces choses, quelqu'un un jour pût tomber juste en inventant le détail de la structure du protoplasma et des mouvements combinés de ses particules constitutives!

C'est impossible!

En cherchant dans cette voie, on pourra trouver des conceptions intéressantes, des idées curieuses; ce seront là des objets d'art, agréables, nous procurant la satisfaction platonique d'éliminer l'inconcevable qui pèse si lourdement sur l'esprit, mais non des choses scientifiques marquant un progrès dans la découverte de la vérité[1].

Il est à remarquer que, dans toutes ces théories fondées sur des hypothèses gratuites, il y a juste ce qu'on y a mis; elles rendent ce qu'on leur a confié, rien de plus; elles ne sont pas comme un sol qui fait germer et fructifier la graine, mais comme un coffre qui la conserve : c'est dire qu'elles sont stériles. — Darwin invente les *Gemmules*, il en tire la repré-

[1] On n'est point fondé à s'autoriser ici de l'exemple des physiciens et des chimistes qui ont inventé les atomes et les molécules, et ont quelque raison de croire que leur hypothèse peut être conforme à la réalité. Car leur objet est infiniment plus simple que le nôtre, et ils approchent de beaucoup plus près que nous de l'élément hypothétique qu'ils ajoutent à leurs conceptions positives. Mais il en serait autrement si, n'ayant jamais vu les corps simples ni les composés peu complexes, ils cherchaient à déduire leur existence, leurs propriétés et leurs modes d'agencement dans les combinaisons, par la seule étude des composés les plus complexes de la chimie organique. Or c'est cela et plus encore que cherchent à faire les théoriciens tels que Darwin ou Weismann. Leur but dépasse la portée de l'intelligence humaine. On ne peut leur reprocher de ne pas l'atteindre, mais ils ne doivent pas s'étonner si on refuse de les suivre.

sentation des cellules, mais s'il veut en tirer la détermination de ces éléments, il faut qu'il y ajoute l'attraction des Gemmules par les cellules, s'il veut expliquer la formation du Plasma germinatif et l'hérédité des caractères acquis, il faut qu'il ajoute leur circulation. — Galton supprime la circulation de gemmules, mais il perd l'hérédité des caractères acquis, s'il veut conserver la détermination individuelle des cellules, il faut qu'il invente le classement des *Germes* par leurs attractions réciproques. — Nægeli invente ses *Micelles,* facteurs de propriétés abstraites, aussitôt il lui devient facile de faire tenir dans une tête de spermatozoïde tous les éléments de l'Hérédité, mais ce qu'il gagne de ce côté, il le perd du côté de la détermination individuelle des parties, car il ne sait plus où trouver la cause des combinaisons variées de facteurs toujours les mêmes. — Weismann invente les *Plasmas ancestraux,* l'Hérédité et l'Atavisme n'ont plus de mystères, mais tout le reste est encore obscur. Veut-il avoir, comme Nægeli, l'avantage d'un nombre réduit de facteurs initiaux, il doit lui emprunter ses Micelles sous la forme de *Biophores;* veut-il avoir, comme Darwin, l'avantage de la représentation des cellules, il doit lui emprunter ses Gemmules qui deviennent les *Déterminants;* veut-il concilier la détermination précise des cellules avec l'indétermination de leur noyau, il emprunte à DE VRIES sa migration intracellulaire des *Pangènes.* Pour rendre compte de la Régénération, il lui faut imaginer les *Déterminants de remplacement,* pour le Bourgeonnement les *Déterminants de réserve,* pour le Dimorphisme les *Déterminants doubles.* Si l'on découvre quelque autre processus de ce genre, il faudra inventer quelque autre sorte nouvelle de Déterminant.

La richesse de ces théories est exactement proportionnelle à la complication de leur hypothèse, et par suite à leur invraisemblance. Les moins compliquées sont celles de SPENCER, de HAACKE, de DE VRIES, d'ALTMANN, de WIESNER : on a vu qu'elles n'expliquent pas grand'chose ; celles de DARWIN, de NÆGELI, de WEISMANN expliquent presque tout, mais aussi quelle complication invraisemblable, quel entassement d'hypothèses fabuleuses !

II. LA MÉTHODE A SUIVRE

Je n'ai pas la prétention de présenter au lecteur une théorie complète. Nos connaissances sont loin d'être assez avancées pour que cela soit possible. J'ai entrepris diverses expériences qui seraient décisives pour la solution de questions préjudicielles indispensables. Mais ces expériences toujours fort longues, portant parfois sur plusieurs générations, ne sont pas assez avancées pour qu'il me semble utile d'escompter les résultats qu'elles laissent entrevoir. C'est donc dans le domaine de la théorie que je dois encore aussi rester, mais peut-être nous sera-t-il possible de montrer dans quelles voies elle doit se maintenir pour éviter les reproches que méritent la plupart des systèmes inventés jusqu'ici, et pour avancer, sinon très loin, du moins en direction sûre, vers la découverte de la vérité.

C'est évidemment la structure du protoplasma qui doit servir de point de départ puisqu'elle est la raison mécanique des phénomènes qu'il s'agit d'expliquer, et nous ne pouvons nous dispenser de faire quelques hypothèses relatives à sa constitution et à ses propriétés. Mais nous pourrons peut-être éviter le reproche d'invraisemblance contre lequel se sont heurtés la plupart des théoriciens, en suivant les deux règles suivantes :

1° Faire le moins d'hypothèses possible, et dans celles que nous serons obligés de faire, nous en tenir aux termes généraux que l'on a quelque chance de pouvoir deviner, et éviter absolument de préciser des détails qui seraient à coup sûr inexacts [1].

2° En choisissant une hypothèse avoir en vue toujours le point de départ, jamais le but; se laisser guider par l'induction en partant des faits d'expérience et d'observation et jamais par la nécessité d'expliquer ceci ou cela [2].

III. LE PROTOPLASMA

Le Protoplasma vivant doit être considéré comme une substance chimique très complexe, composée essentiellement de matières albumineuses, les unes mélangées entre elles, les autres séparées en masses distinctes et

[1] Cette règle élémentaire a été à plaisir foulée aux pieds surtout par les théoriciens allemands. NÆGELI, en particulier, semble prendre plaisir à préciser les plus minimes détails de structure de son Idioplasma comptant les couches d'eau des Micelles, disant que ses faisceaux forment des nappes transversales et que ses cordons ne sont pas ronds mais déchiquetés, etc. Ce n'est plus de la théorie mais du roman.

[2] Ainsi lorsque nous voyons le processus de la Karyokynèse assurer avec des soins méticuleux l'égalité des deux noyaux filles, nous devons en conclure que ces deux noyaux sont identiques, sans nous préoccuper s'il serait plus commode de les supposer différents, et Weismann a péché contre cette règle lorsqu'il a inventé la *division nucléaire hétérogène* qui sert de base à sa théorie de l'ontogénèse.

dont les parties constitutives sont disposées suivant un arrangement déterminé.

Le premier point est démontré par l'analyse chimique et n'est contesté par personne. Le second résulte de ce fait qu'il n'existe point d'êtres ou de cellules formés de protoplasma exclusivement hyalin. Il existe partout au moins des granulations et, le plus souvent, des fibrilles, ou des granules.

Le dernier caractère invoqué dans la définition semble être une hypothèse. Ce n'en est point une. Il résulte de ce fait que l'on peut tuer le protoplasma par des actions mécaniques, en l'écrasant, par exemple, par compression entre deux lames de verre. Ses propriétés changent instantanément, ses mouvements cessent, sa nutrition s'arrête. Un mélange homogène de subtances chimiques ne se comporterait pas ainsi : on peut broyer les substances albumineuses les plus complexes sans rien changer à leurs propriétés. Quand on broie la cellule, on ne change rien aux substances chimiques, mais on dérange leur agencement et, ce faisant, on détruit le protoplasma. C'est donc bien par l'arrangement des parties constitutives que celui-ci diffère de celle-là et c'est de cet arrangement que résulte plus spécialement la vie, bien que la composition chimique des parties en soit une condition indispensable.

On peut conclure aussi de ce qui précède que les parties dont l'arrangement produit la vie sont plus volumineuses que les plus grosses molécules chimiques, car celles-ci échappent par leur petitesse à nos moyens grossiers d'écrasement. Mais on ne peut aller plus loin et induire de là que ces parties sont des agrégats d'ordre supérieur, permanents, ayant une individualité matérielle comme les Plasomes ou les Micelles par exemple. Car, d'abord, la preuve ne vaudrait rien, vu que les microsomes eux-mêmes ne peuvent être écrasés ou altérés par nos moyens mécaniques, et, d'autre part, l'arrangement dont il s'agit peut porter sur des substances chimiques non individualisées en agrégats permanents. Une masse protoplasmique vivante est sans cesse parcourue par des substances en voie de déplacement osmotique, les uns entrant, les autres sortant. Ces substances dessinent donc dans sa masse des zones plus ou moins concentriques dont la constitution physico-chimique varie de l'une à l'autre par le seul fait que les couches les plus externes sont les plus riches en substances qui entrent, et les internes les plus riches en substances qui sortent. Cette distribution inégale des substances osmosées peut réagir chimiquement sur le mélange protoplasmique et déterminer une inégalité dans la distribution des substances du protoplasma. Il résulterait de là une structure instable tendant sans cesse à s'effacer par diffusion des couches les unes vers les autres, mais sans cesse rétablie par le courant osmotique qui ne cesse qu'avec la vie[1].

Cette constitution du protoplasma est parfaitement compatible avec les nécessités expresses de la théorie. Nægeli et ceux qui l'ont suivi ont fait une œuvre vaine lorsqu'ils ont inventé des facteurs de propriétés élémentaires sous le prétexte qu'il serait impossible aux matières albumineuses, malgré la richesse de leurs variétés, de fournir assez de combinaisons différentes pour expliquer la diversité infinie des cellules. Admettons, ce qui est certain, que les cellules des tissus différents d'un même être et que les cellules homologues des êtres appartenant à des espèces différentes, aient toujours une constitution différente; admettons même, ce qui est probable, que les cellules homologues des individus de même espèce ou des tissus similaires chez un même individu soient quelque peu différentes entre elles : si la chose peut s'expliquer par les Pangènes, Biophores ou autres facteurs matériels élémentaires quelconques, elle le peut aussi sans eux. Car, si l'on suppose ces unités matérielles se fondant dans la masse et perdant leur individualité, les mêmes différences persisteront et les unités auront disparu. On aura dans le protoplasma amorphe les mêmes particularités de constitution chimique et d'arrangement des parties, sans avoir d'unités indépendantes[2].

IV. LA CELLULE

La cellule est toujours limitée par une membrane. Si ce n'est pas une enveloppe protectrice bien individualisée et isolable par les réactifs,

[1] Nous ne parlons là que de la masse fondamentale, d'aspect homogène, du protoplasma. Les microsomes sont certainement des agrégats supérieurs aux molécules chimiques, mais leur rôle est problématique, et les fibrilles sont de vrais organes d'un ordre plus élevé encore.

[2] Supposons deux cellules presque identiques qui ne diffèrent que par un seul Biophore. Ce Biophore différera dans l'une et dans l'autre par sa composition chimique. Si donc tous les Biophores viennent à se fondre dans la masse, celle-ci se trouvera formée de deux parties, une très grande, identique dans les deux cellules, et une très petite, différente, cette dernière provenant de la substance du Biophore différent. La substance chimique totale des deux cellules sera donc quelque peu différente. On peut obtenir autant de variétés avec des substances chimiques amorphes qu'avec des substances différenciées en particules.

Quant aux différences provenant de l'arrangement des parties, elles peuvent exister sans que ces parties aient une individualité permanente et constituent des unités élémentaires.

c'est au moins une couche périphérique différenciée du cytoplasme.

A l'intérieur de la membrane, se trouve le cytoplasme dont nous avons discuté la composition et, dans le cytoplasme, sont logés le noyau, le centrosome et les organites éventuels, vacuoles et leucites divers. Berthold a très bien montré que l'arrangement de ces parties dans le cytoplasme pouvait s'expliquer par le seul jeu des forces moléculaires émanant d'elles et du protoplasma qui les baigne et, sans accepter la partie insuffisamment fondée de la théorie où il assimile le protoplasme à une émulsion, on doit reconnaître que la distribution des parties dans la cellule s'explique d'elle-même sans hypothèses spéciales.

Le noyau est pourvu, lui aussi, d'une membrane et renferme le suc nucléaire, les nucléoles et le corps nucléinien qui, selon le moment, se présente sous la forme de réseau, de filament ou des bâtonnets chromatiques. Nous savons que ces diverses parties ne sont que les états successifs d'une même partie que les chromosomes nous présentent sous sa forme la plus remarquable. Les observations de RABL sur la structure des noyaux, celles qui depuis dix ans ont éclairci le phénomène de la fécondation, tendent à montrer que les chromosomes sont permanents et se retrouvent toujours les mêmes à travers les divisions successives. C'est la conclusion vers laquelle tendent les histologistes qui observent sans souci des théories, nous devons donc l'accepter comme la plus probable sans chercher si elle sera commode ou gênante pour la nôtre.

Nous avons le droit d'admettre aussi que les chromosomes ne sont pas identiques entre eux, car s'ils ne différaient en rien, leur division longitudinale serait inutile et ce processus compliqué ne se serait pas maintenu, comme il l'a fait sans exception, dans la division indirecte. Il suffirait qu'une moitié d'entre eux passât dans chaque noyau, quitte à s'y multiplier ainsi par accroissement et division transversale.

Nous pouvons aller plus loin et dire que les chromosomes ont une constitution différente dans leur longueur, car cela seul rend compte de la nécessité d'une division longitudinale, tandis que la division transversale, processus beaucoup plus simple et plus répandu, eût suffi s'ils eussent été homogènes. Les observations de BOVERI sur la segmentation de l'*Ascaris univalens* montrent même que les bouts ont une autre composition que le milieu, et il semble légitime d'induire de là que tous les éléments constitutifs des chromosomes, c'est-à-dire les microsomes nucléiniens, sont différents les uns des autres.

On voit que WEISMANN était bien fondé en attribuant une valeur personnelle à ses Idantes et en cherchant dans la division réductrice une cause de variation. Mais ces hypothèses, qui ne pouvaient qu'inspirer de la méfiance lorsqu'elles avaient été faites en vue du but, se justifient d'elles-mêmes lorsqu'elles sont formulées comme conséquence de phénomènes positifs sans souci de leurs conséquences théoriques.

On n'a observé de membranes, dans la cellule, qu'autour du cytoplasme et autour du noyau. Mais bien des faits autorisent à croire que ces formations (membrane bien individualisée ou simple couche limitante différenciée du reste du protoplasme) sont beaucoup plus nombreuses et que même, sans doute, elles existent autour de toute partie individualisée de la cellule. De Vries a montré l'existence d'une membrane autour des vacuoles et, sans discuter ici si les vacuoles sont, comme il le veut, des formations à individualité permanente, nous pouvons admettre avec lui que toute vacuole a, non pas une membrane isolable, mais une paroi quelque peu différenciée au contact du liquide qu'elle renferme, et peut-être par suite de ce contact.

Nous remarquerons, en outre, que la sphère attractive, l'*Archoplasma* de Boveri, bien qu'il ne montre pas d'ordinaire de membrane décelable par les réactifs, se comporte comme s'il en avait une. Il ne diffuse pas dans le cytoplasme, bien qu'il ne soit lui-même que du protaplasma de consistance analogue. On comprendrait difficilement cette conservation de l'intégrité d'une partie non solide, si sa surface n'était pas différenciée en une couche moins miscible aux parties ambiantes, c'est-à-dire en une membrane [1].

Cette conclusion peut s'étendre aux autres organites de la cellule, au centrosome, aux chromosomes, microsomes, leucites, etc., et il ne semble pas très aventureux d'admettre que toute partie individualisée dans la cellule est limitée par une membrane qui est formée par la couche périphérique, différenciée et rendue un peu plus dense au contact du milieu ambiant. Par suite, les parties contenues sous ces membranes peuvent être liquides ou demi-solides : les microsomes peuvent être aussi bien des parties demi-fluides séparées du liquide ambiant par une couche superficielle un peu plus dense, que des parties solides de consistance homogène. Il y a là une hypothèse que l'on a droit de repousser si l'on veut se renfermer dans les limites de la stricte observation, mais on doit recon-

[1] Les sphères attractives des plantes sont limitées par un cercle très net tout comme serait un petit noyau. On est autorisé à voir en lui l'expression optique d'une différenciation superficielle.

naître qu'elle n'est ni invraisemblable, ni gratuite, ni illégitime, ni même bien hardie. Cette hypothèse nous sera fort utile plus tard. Mais nous ne péchons pas en l'admettant contre notre deuxième règle, car elle a été émise par d'autres que nous et sans souci des conséquences qu'on pourrait en tirer un jour.

V. LA NUTRITION DE LA CELLULE

La manifestation des propriétés actives de la cellule ne va pas sans dépense d'énergie. Or l'énergie ne peut être fournie ici que par des réactions chimiques; elle implique donc une usure des substances. Ces substances doivent être remplacées : c'est le but de la nutrition. Pour l'atteindre, la cellule doit donc former ou trier des substances identiques à celles qu'elle a perdues. Or chaque cellule fait, d'ordinaire, partie d'un organisme qui en enferme beaucoup d'autres. Toutes ces cellules ont des exigences différentes et elles doivent trouver de quoi satisfaire à toutes ces exigences au moyen d'aliments fort différents des substances finales qu'elles doivent recevoir.

Nous allons montrer que les actes multiples dépendant de la fonction nutritive concourent tous à rapprocher progressivement les substances alimentaires de celles qu'elles doivent remplacer dans les cellules.

Un premier triage est opéré par les moyens dont dispose l'être pour se procurer sa nourriture et par le goût qui détermine son choix. Le carnivore, qui ne pourrait tirer bon parti d'une nourriture végétale, n'a ni les moyens de la brouter et de la mâcher, ni le goût de le faire; l'herbivore ne saurait ni tuer ni déchirer une proie qui d'ailleurs ne lui inspirerait que du dégoût si elle lui était présentée[1].

Les sucs digestifs opèrent une seconde approximation. La même herbe ne donne pas le même chyme dans l'intestin du Lapin et dans celui du Cheval, et il y a sans doute plus d'analogie entre le sang d'un animal et son chyme qu'entre son sang et le chyme d'un autre animal nourri des mêmes aliments.

Les parois que le chyme traverse pour arriver aux veines ou aux vais-

[1] Il est évident que l'herbivore ne choisit par les aliments les plus voisins de sa substance quand il repousse la viande et broute l'herbe mais, étant donné qu'il ne saurait digérer la viande, il fait une approximation avantageuse pour lui en choisissant les herbes qui lui conviennent.

seaux chylifères sont aussi de nature diverse chez les différents êtres et très probablement opèrent un nouveau triage et une nouvelle approximation. Tout n'est pas absorbé ou rejeté d'une manière identique chez tous les animaux. Nourris des mêmes aliments, l'Homme et le Cochon rendent des *feces* forts différents. Dans celles du premier restent, en particulier, des quantités de matières grasses que le second peut extraire en les mangeant.

Ainsi se constitue le sang qui déjà serait différent dans les diverses espèces, même sans tenir compte de ses modifications ultérieures et par le seul fait de la différence des apports qui l'entretiennent[1].

Mais le sang est, en outre, profondément modifié, d'un côté, par les produits de désassimilation sans cesse déversés dans sa masse dans tous les points de l'organisme; d'autre part, par les glandes qui le dépouillent de produits variés, ou lui font subir des modifications chimiques, toujours quelque peu différentes dans les espèces distinctes.

Jusqu'ici, le mouvement de transformation des substances alimentaires en substances cellulaires a suivi une marche convergente. Les aliments de natures variées se sont fondus en une substance complexe mais unique, le sang. Il va maintenant suivre une marche divergente, ce sang unique devant fournir aux cellules différentes les matériaux variés nécessaires à leur nutrition. Mais dans l'une et l'autre de ces phases, il y a toujours approximation progressive et continue.

Les cellules sont baignées par le sang ou plutôt par le liquide plasmatique qui exsude à travers les parois capillaires et occupe les interstices intercellulaires. Ce liquide doit être absorbé et former : de la substance cytoplasmique dans le cytoplasme, de la granulaire dans les granules, de la fibrillaire dans les fibrilles, de l'enchylématique dans le suc nucléaire, de la nucléinienne dans les chromosomes, de la nucléolinienne dans les nucléoles, de la centrosomique dans le centrosome, de l'archoplasmique dans la sphère attractive, sans compter l'amidon, la chlorophylle, la graisse, etc., etc., dans les leucites divers ou les granules graisseux.

Pour expliquer la transformation d'un liquide unique en substances si diverses, on admet en général qu'elle résulte d'une propriété vitale fondamentale commune à tout ce qui est vivant, de transformer en subs-

[1] Nous prenons comme exemple un animal supérieur. Les choses seraient les mêmes, mais moins complètes, chez les animaux inférieurs ou chez les plantes.

tance identique à la sienne les substances de nature différente, mais de composition appropriée. On appelle cette propriété l'*assimilation* (ad-similation). C'est un fait certain qu'il en est ainsi, mais il n'y a là que la constatation d'un fait et sa désignation par un mot. Ce n'est pas une explication.

Peut-être pourrait-on, avec quelques hypothèses simples et vraisemblables, approcher de cette explication.

Le suc nutritif qui baigne la cellule rencontre d'abord la membrane cellulaire qui le sépare du suc cellulaire. Cela constitue un appareil dialyseur et, comme dans tout appareil de ce genre, la nature des substances osmosées dépend de trois facteurs : le liquide extérieur, le liquide intérieur et la nature de la membrane. Le liquide extérieur est ici une constante puisqu'il est le même ou à peu près dans tout l'organisme, mais le liquide intérieur varie avec la nature de la cellule et l'on peut bien admettre qu'il en est de même de la membrane. Il est bien probable aussi que ces deux facteurs concourent ensemble au résultat, que la membrane laisse passer, et que le suc cellulaire attire, de préférence, les substances analogues à celles que contient la cellule ou aptes à se transformer en substances semblables à celles-ci. Le liquide qui a franchi cette première barrière est donc plus voisin des substances cellulaires que n'était le plasma sanguin; et là, à l'intérieur de la cavité cellulaire, il subit, en présence des substances qu'il rencontre, des modifications chimiques et réciproquement modifie ces substances sous quelques rapports.

Ce qui s'est passé là, entre le plasma sanguin et le suc cellulaire par l'intermédiaire de la membrane cellulaire, doit se passer entre le suc cellulaire et le noyau par l'intermédiaire de la membrane nucléaire. Il n'est pas trop hardi d'admettre que le suc cellulaire est plus analogue au suc nucléaire que n'était le plasma sanguin, ni que la membrane nucléaire trie les substances autrement que n'avait fait la membrane cellulaire et laisse passer de préférence les substances analogues à celles du noyau ou propres à devenir identiques à elles, ni enfin que le suc nucléaire concourt au même triage en attirant les substances convenables de préférence aux autres. Des réactions réciproques se produisent ici aussi entre les substances nouvelles introduites dans le noyau et celles qui s'y trouvaient déjà.

Si l'on s'arrêtait là, on n'aurait éclairci en rien le mystère de l'assimilation, car les sucs cellulaires et nucléaires ne peuvent être à la fois et exclusivement formés : celui-ci des substances des chromosomes, des nucléoles, et des filamants de linine, celui-là des substances des fibrilles, de granules, du centrosome, de l'archoplasme et des leucites divers. Ils ne peuvent que contenir mélangées les substances nécessaires à ces diverses formations et la difficulté de comprendre l'assimilation ne serait que reculée.

Il en est autrement si l'on admet l'hypothèse formulée plus haut. Si vraiment toutes les parties différenciées de la cellule sont formées d'une enveloppe *relativement* solide et d'un contenu *relativement* liquide, possédant ces qualités physiques à un degré simplement suffisant pour que l'enveloppe puisse accomplir les fonctions d'une membrane osmotique et que la substance intérieure puisse permettre les échanges osmotiques à travers cette membrane, dès lors les phénomènes précédemment décrits se poursuivent jusqu'aux derniers éléments et ne laissent point de résidu inexpliqué. Que ce soit le nucléole ou le centrosome, un granule cytoplasmique ou un microsome nucléinien, la chose se passera de la même manière : sous l'action combinée de la membrane qui ne laisse passer que certaines substances et du liquide intérieur qui n'en attire que certaines aussi, il n'entrera dans la cavité de l'organe que ce qui sera exactement convenable pour remplacer ce que l'usure fonctionnelle aura détruit.

Ici, comme dans tous les cas précédents, il n'y a pas seulement dialyse et triage de produits tout formés, mais modification continuelle de ces produits par les réactions qui s'établissent entre les substances nouvellement apportées et les anciennes. Le plasma sanguin contient tous les *éléments* chimiques nécessaires à la réfection des substances cellulaires, mais mélangées et engagées dans des combinaisons différentes. La cellule est un ensemble d'appareils dialyseurs renfermés les uns dans les autres, dont chacun opère le triage des substances nécessaires dans sa circonscription et prépare celui qu'auront à continuer les dialyseurs situés plus profondément. N'est-il pas à peu près certain qu'un noyau à nu dans le plasma sanguin ne saurait en extraire les éléments de la nucléine comme il les extrait du suc cytoplasmique où il est plongé? S'il peut le faire dans ce second cas, c'est donc parce qu'une première dialyse et une première série de réactions accomplies dans le cytoplasme ont préparé ces substances et les ont mises sous une forme qui permet au noyau de les extraire.

On peut résumer cette conception en disant que l'assimilation se fait par un *processus d'approximations progressives*.

Pour avoir une vue complète des phénomènes, il faut tenir compte du mouvement d'exosmose. Le suc cellulaire ou partie liquide du cytoplasma ne doit pas seulement sa composition aux substances qu'il reçoit du plasma sanguin à travers la membrane cellulaire; il est incessamment modifié par les *excreta* du noyau qui traversent la membrane nucléaire et tombent dans le cytoplasme. De même, le suc nucléaire est modifié par les excreta du nucléole, des microsomes nucléiniens et même des filaments de linine, car tout ce qui vit est soumis à un mouvement de rénovation; et le suc cellulaire l'est aussi par les excreta du centrosome, de la vésicule archoplasmique, des granules, des filaments et des organites accidentels quels qu'ils soient.

Enfin, il faut répondre d'avance à une objection qui pourrait se présenter à l'esprit du lecteur. On semble faire appel à une disposition providentielle en disant que la membrane laisse passer de préférence les substances utiles aux parties contenues dans sa cavité. Mais ce n'est là qu'une forme de langage. La membrane n'a pas été fabriquée en vue d'une fonction. Elle est ce qu'elle est, et fait ce qu'elle peut, en raison de sa constitution physico-chimique. Les membranes sont dues sans doute à la condensation d'une couche superficielle sur une masse en suspension dans un liquide qui ne la dissout pas, mais qui exerce sur elle une action physico-chimique particulière. Ainsi constituées, elles déterminent nécessairement certains phénomènes osmotiques. Si le triage osmotique est tel que les substances convenables passent et que les nuisibles soient arrêtées, la cellule ou, si l'on veut, le cytode continue à vivre, sinon il est condamné. L'histoire phylogénétique des premiers êtres ou des éléments de nos tissus contient peut-être beaucoup d'essais avortés dus à cette cause. Ceux-là seuls parmi les éléments primitifs ont été conservés et peuvent être observés aujourd'hui qui, de par leur constitution initiale et les conditions ambiantes, se sont d'emblée constitués sous une forme compatible avec la vie et la reproduction. Il en a été de même lorsque, dans le cytode, s'est constitué le noyau et quand, dans le cytoplasme ou le noyau, se sont différenciés les organes de la cellule.

Ici comme partout, la Sélection naturelle, en ne laissant vivre que ce qui est apte à vivre, donne l'illusion du providentiel.

VI. LA DIVISION CELLULAIRE

La Division cellulaire, qui semblait simple tant que l'on ne connaissait que sa forme directe, a paru se compliquer à tel point par la découverte des phénomènes si singuliers et si multiples de la karyokynèse que l'on a à peu près renoncé à l'expliquer. Mais, en allant au fond des choses, on voit que ce n'est là qu'une apparence.

La division indirecte comprend deux séries de phénomènes bien distinctes. Les uns consistent dans la division des microsomes nucléiniens qui se traduit par la division longitudinale des chromosomes, dans celle du centrosome et enfin dans celle du corps cellulaire. Les autres comprennent tous les mouvements singuliers des diverses parties pour arriver à prendre leurs positions définitives dans les cellules filles. Personne n'est en état pour le moment d'expliquer ces derniers dans le détail. Mais on entrevoit la direction générale des explications que fourniront peut-être des études plus approfondies. Il y a là des phénomènes d'attraction et de répulsion physique du même ordre que ceux auxquels Berthold (86) attribue avec raison la disposition régulière des organites dans le corps de la cellule au repos. Il s'y joint sans doute des déplacements chimiotactiques et, *peut-être,* de la part des filaments du fuseau des phénomènes de contraction de même nature que ceux dont les pseudopodes fournissent des exemples. Cela ne constitue en somme rien de nouveau, rien qui ne nous soit connu sous une forme plus dispersée dans les autres fonctions de la cellule.

Mais ce qu'il faut remarquer, c'est que ces phénomènes sont accessoires au point de la division cellulaire. Ce qui est essentiel en elle c'est la division du centrosome, des microsomes nucléiniens et du corps cellulaire. Or celle-ci appartient à la *division directe*[1].

Ce qui est essentiel dans la division indirecte, c'est la division directe et cette dernière seule est à expliquer.

Mais, par contre, cette dernière est beaucoup moins facile à comprendre qu'elle ne paraît. Elle ne se laisse pas aisément réduire à un phénomène purement mécanique, ayant pour cause la distension d'une vésicule sphérique dont la partie centrale s'accroîtrait plus vite que l'enveloppe, car on voit parfois plusieurs divisions successives se produire, avec diminution de volume progressive et sans que l'accroissement nutritif ait pu manifester ses effets.

Il faut l'accepter comme un fait que l'on ne peut encore expliquer par des hypothèses ayant quelque chance d'être justes.

[1] Il en est de même des leucites et peut-être des vacuoles. Tout ce qui se divise dans la cellule se divise directement.

Si la cause même de la division nous échappe, nous pouvons du moins nous former une opinion vraisemblable sur ses résultats.

La manière dont s'accomplit la karyokynèse montre, à l'évidence, que les deux noyaux filles sont rigoureusement identiques. Toutes les particularités si singulières de ce phénomène semblent n'avoir d'autre but que d'assurer cette identité.

C'est donc faire une hypothèse gratuite, invraisemblable, contraire aux données de l'observation, que d'admettre un partage inégal des éléments protoplasmiques du noyau.

Par contre, dans le cytoplasme il en est tout autrement.

L'observation banale et journalière nous montre les différences les plus grandes dans les deux masses cytoplasmatiques qui forment le corps des cellules filles. La *segmentation inégale,* si commune dans les œufs, en est un des exemples les mieux connus. Cette inégalité se comprend d'ailleurs fort bien, car la division des parties intérieures qui précède celle de la cellule, déplace des masses de substance, modifie la situation des forces moléculaires qui émanent d'elles, et opère ainsi une redistribution nouvelle de toutes les parties. Les phénomènes qui préparent la division déterminent un nouvel état d'équilibre des parties intérieures et les deux moitiés, en se séparant, pourront ainsi recevoir des parties autrement combinées et autrement distribuées dans l'une que dans l'autre, et que dans la cellule mère.

Il résulte de là que la différenciation cellulaire qui accompagne la division est d'origine cytoplasmique et non nucléaire. C'est par leur cytoplasma que deux cellules filles issues d'une même cellule mère diffèrent d'abord et, s'il s'établit des différences dans leurs noyaux, ce ne pourra être que consécutivement aux différences cytoplasmiques, et comme un effet de celles-ci.

C'est précisément l'inverse de ce qu'ont affirmé STRASBURGER, WEISMANN, O. HERTWIG, BOVERI, et tous ceux qui ont attribué au noyau un rôle directeur.

D'ailleurs, il n'y a là que des possibilités et non des nécessités, en sorte que trois cas pourront se présenter : 1° les deux cellules filles sont identiques entre elles, c'est la *division homogène;* 2° elles sont différentes l'une de l'autre par leurs cytoplasmas seulement, c'est la *division hétérogène;* 3° les différences cytoplasmiques entraînent *consécutivement* des différences nucléaires, c'est un degré plus avancé de différenciation, mais il n'accompagne jamais la division.

VII. L'ONTOGÉNÈSE

La redistribution des parties cytoplasmiques qui se produit avant la division et la position du plan de segmentation qui sépare ces parties en deux groupes déterminés et règle en même temps la position des deux cellules filles, tout cela est causé par les forces moléculaires, attractives ou répulsives, de ces parties : tout cela a donc sa raison d'être dans la constitution physico-chimique de la cellule avant la division.

On peut dire, et en général on l'admet, que chaque cellule contient en elle les causes de la position de son plan de segmentation et de la distribution de ses substances aux deux cellules qui naîtront de la division. Or ce sont là les deux facteurs essentiels dont dépend la différenciation : le premier détermine la *Différenciation anatomique,* le second *Différenciation histologique* et il n'est aucun caractère qui ne puisse se ramener à ces deux facteurs.

Ce principe pourrait à la rigueur expliquer à lui seul toute l'ontogénèse. L'œuf est une cellule de constitution déterminée et qui contient en lui la raison de tous les caractères des deux cellules qui naîtront de sa division. Que ces deux premiers blastomères soient identiques ou qu'ils diffèrent en ceci ou cela, peu importe, la constitution physico-chimique de l'œuf suffit pour en donner la raison. Mais ce qui est vrai pour l'œuf, l'est aussi pour ces deux premiers blastomères : ils expliquent les quatre blastomères du 3e stade et, par leur intermédiaire, l'œuf explique les quatre cellules de ce 3e stade, comme il expliquait directement les deux cellules du second. Ainsi de proche en proche, l'œuf contient et explique l'ontogénèse toute entière, avec toutes les particularités de la différenciation progressive.

Il semble, d'après cela, que les Différenciations anatomique et histologique dépendent uniquement du sens des divisions et du partage des substances des cellules mères entre les cellules filles pendant l'ontogénèse et que deux cellules ne sauraient donner naissance à des tissus différents si elles n'avaient hérité, en naissant, de quelque différence dans leur constitution intime.

Presque tous les auteurs, sauf Driesch et O. Hertwig, ont compris ainsi les choses; ils ont admis que tous les caractères histologiques étaient aussi individuellement déterminés et c'est par cette pente qu'ils ont été conduits à imaginer des facteurs matériels distincts pour tous ces caractères[1]. Les choses sont en réalité beaucoup moins compliquées. **Driesch**, **Herbst**, **Godlewski**, **O. Hertwig**, ont montré que les tropismes et tactismes jouaient un rôle décisif dans la différenciation anatomique. Et d'autre part, **Roux** (81) a prouvé que l'Excitation fonctionnelle et la Lutte des parties organiques jouent un rôle considérable dans la Différenciation ontogénétique, et que les caractères histologiques n'ont besoin d'être déterminés que d'une manière vague et en quelque sorte générique, les conditions ambiantes suffisant à déterminer l'espèce.

Des cellules de constitution identique peuvent suivre une évolution toute différente selon les conditions auxquelles elles se trouvent soumises. L'exemple des pseudarthroses est tout à fait démonstratif à cet égard[2]. Il suffit qu'elles soient déterminées par leur constitution interne en tant qu'éléments de la substance conjonctive, pour être capables de se différencier en fibres ligamenteuses ou aponérotiques, en cellule cartilagineuse ou en tissu lamineux ou adipeux. Il dépend des conditions ambiantes qu'elles suivent l'une ou l'autre de ces évolutions. Mais condition ambiante ne veut pas dire ici condition extérieure à l'organisme et ne dépendant pas de lui. Dans le cas de la pseudarthrose ou des autres circonstances pathologiques il en est bien ainsi, mais dans l'évolution normale, il en est autrement. Une même élément embryonnaire de substance conjonctive pourra devenir fibre longue et forte dans le ligament temporo-maxillaire ou cellule adipeuse dans la boule de Bichat, mais il dépend de l'ordre des divisions successives et de la position des plans de segmentation qu'elle soit entraî-

[1] Cet ouvrage était entièrement écrit lorsque celui de O. **Hertwig** (94) est parvenu à ma connaissance. J'ai dû le reprendre pour faire la place qu'il mérite à cet important travail. Dans bien des points, je m'étais rencontré avec le célèbre biologiste de Berlin, en particulier dans l'idée de la non-Prédétermination des caractères futurs dans le germe. Mais je trouve que cet auteur va beaucoup trop loin en attribuant exclusivement à des facteurs extrinsèques la Différenciation des cellules. Il me paraît impossible d'admettre que celle-ci soit fonction du lieu seulement comme il l'affirme avec Driesch. L'indifférenciation des Blastomères n'a été prouvée (et encore!) que jusqu'au stade 32 et rien ne dit qu'il n'y ait pas plus tard des divisions *hétérogènes* (erbungleich). Hertwig croit-il que dans la segmentation des Gastéropodes, par exemple, les petites cellules et les grosses pourraient se remplacer les unes les autres. Il y a là, ne fût-ce que dans le lécithe, une différence évidente entre ces deux sortes d'éléments qui n'est pas fonction du lieu seulement.

[2] On y peut joindre un autre exemple fort remarquable qu'**Eimer** (88) a fait connaître. Les Mouches, après l'hivernage, avant d'avoir volé ont les muscles des ailes presque lisses. L'usage fait apparaître la striation. De là à admettre que l'usage a créé le muscle strié au moyen du muscle lisse, il n'y a qu'un pas.

née ici ou là et conduite à faire partie du premier de ces organes ou du second, en sorte que la condition qui détermine le sens de son évolution histologique est extérieure pour elle, mais interne par rapport à l'organisme, et dépend toujours des mêmes facteurs déjà signalés. Cela simplifie la formule de l'ontogénèse mais ne l'altère pas.

Une autre simplification plus importante résulte de l'action morphogène des *ingesta* et des *egesta* de la nutrition. On admet en général, et Roux lui-même cède à cette tendance, que l'œuf est très peu différencié mais extraordinairement compliqué, et qu'il contient d'avance tous les éléments de la détermination ultérieure, soit sous la forme de particules représentatives, soit sous celle d'éléments chimiques. Nous avons fait justice de la première hypothèse, la seconde n'est pas plus justifiée. Il n'est pas du tout nécessaire d'admettre que l'œuf contient un peu de *toutes* les substances chimiques caractéristiques de l'organisme futur et que la différenciation histologique ne fait que séparer ces substances dans des cellules diverses où elles puissent se multiplier et devenir prédominantes ou exclusives. Certaines de ces substances peuvent prendre naissance par suite des réactions chimiques qui se produisent dans les cellules mêmes, entre leurs substances et celles que leur apporte l'osmose assimilatrice. Le travail d'approximation progressive que nous avons décrit plus haut dirige en chaque point des substances *analogues* à celles qu'elles doivent remplacer, mais non identiques. Il n'y a pas seulement remplacement des substances usées et fourniture de substances identiques aux anciennes pour l'accroissement des parties, il y a formation de substances nouvelles par suite des réactions entre les *ingesta* intracellulaires et les substances déjà présentes dans la cellule. Ces substances nouvelles ne sont naturellement pas les mêmes dans des cellules différentes, en sorte qu'elles aident à la différenciation chimique qui s'accentue progressivement au cours de l'ontogénèse. Ce n'est pas là une hypothèse, ou du moins si c'en est une, elle est plus conforme aux faits d'observation que l'hypothèse inverse. Ceux qui voudraient soutenir que l'œuf contient un peu de *toutes* les substances futures de l'organisme auraient à le démontrer et cette démonstration n'a jamais été faite. D'autre part, nous savons positivement que la constitution chimique de la cellule peut varier avec la nourriture. C'est dans la cellule même que se trouve l'alcool qui imprègne le cerveau de l'alcoolique, car cet alcool s'y trouve encore après une abstinence prolongée.

Les divers produits engendrés par l'activité du protoplasma dans des cellules spéciales, les ferments solubles, la matière sébacée, le mucus, etc. ne sont certainement pas préformés dans l'œuf; il en est de même des sécrétions morphologiques, comme la myosine, la substance fondamentale des os et du cartilage, l'élastine, etc. Pourquoi n'en serait-il pas de même de quelques-unes au moins des substances constitutives du protoplasma, de celles qui différencient le protoplasma d'une cellule nerveuse de celui d'une cellule musculaire ou conjonctive?

La différenciation chimique ne repose pas seulement sur une séparation de parties mélangées, mais aussi, sans doute, sur une création de parties nouvelles : le premier de ces processus commence, le second accentue et achève. Cette conclusion s'étend nécessairement à la Différenciation histologique qui n'est que le résultat de la Différenciation chimique car, lorsque dans le protoplasma se sont développées les substances capables de sécréter la myosine, l'élastine, l'osséine, la chondrine, etc., le plus grand pas est fait pour la différenciation des cellules correspondante en éléments musculaires, élastiques, osseux ou cartilagineux. On pourrait désigner ce processus sous le nom d'*Action morphogène des Ingesta.*

Non moins grande est l'*Action morphogène des Egesta.*

Ici encore des exemples empruntés à la pathologie vont mettre la chose en évidence.

Tout le monde connaît cette déformation particulière de la phalangette chez les phthisiques, connue sous le nom de *doigt hippocratique.* Les toxines sécrétées par le microbe spécifique, déterminent, peu importe après combien de temps et par quels intermédiaires, une forme tout à fait caractéristique d'un point déterminé de l'organisme. Seuls l'os et l'ongle sont atteints. Les autres pièces osseuses du squelette ne le sont point.

Voilà une action morphogène indiscutable et d'une précision rigoureuse.

Celles que produisent le rhumatisme et la syphilis, le rachitisme et la scrofule sont tout à fait de même ordre[1]. Si l'on y regardait d'assez près,

[1] On dira que les substances sécrétées ici sont des poisons étrangers à l'organisme normal. Cela est vrai, aussi ne les citons-nous que comme exemples, et comme tels ils ont toute leur valeur. Mais l'organisme normal contient des glandes qui sécrètent des substances non moins actives que les produits microbiens. N'est-on pas en droit de dire que la sécrétion thyroïdienne a une action morphogène considérable, quand on voit la suppression de la glande produire les modifications somatiques si expressives du *myxœdème*, et l'injection ou même l'ingestion du suc thyroïdien de Mouton rendre à tous les organes et tissus leur

on trouverait, sans doute, que la plupart des substances ont quelque influence morphogène faible mais précise. Or les produits d'excrétion de nos cellules, dont l'urée, l'acide urique, et les produits similaires, représentent les dernières transformations, sont, comme tous les poisons, des substances très actives ; ils ont circulé avec le sang, avant d'être éliminés, et ont été portés par lui au contact de toutes les cellules. Ils ont pu exercer sur elles leur action, excitante ou autre, spéciale et différente pour chacune d'elles, et il semble impossible que cela n'ait pas sur leur histogénie une influence considérable. Il n'est guère douteux qu'un embryon dont le sang serait radicalement privé de tous les *excreta* qu'il élimine lentement par ses glandes, serait, à la fin de l'ontogenèse, passablement différent de ce qu'il est dans les conditions naturelles. Il en différerait sans doute autant au moins que l'enfant syphilitique de naissance, avec son facies si caractéristique, diffère de l'enfant normal.

Les conditions physiques intrinsèques ont aussi une action morphogène considérable.

Il n'est pour s'en convaincre qu'à regarder l'effet de l'hypertrophie des glandes adénoïdes pharyngiennes chez les enfants. Ce n'est pas la nature de la glande qui intervient ici : toute autre tumeur d'égal volume et semblablement placée produirait le même effet. L'enfant a un faciès spécial, le nez gros, les narines épaisses, la lèvre supérieure courte et épaisse, la bouche entr'ouverte, les paupières baissées, le dos et le cou incurvés en avant, les épaules arrondies et remontées, la poitrine étroite, etc. Tout cela est l'effet de la seule gêne respiratoire.

Si l'enfant ressemblait en naissant à un frère jumeau normal, sous l'influence de ses adénoïdes, il arrivera à différer considérablement de celui-ci. Qu'on le délivre de ses tumeurs pharyngiennes, il prendra un tout autre physique et ressaisira, en partie, sa ressemblance héréditaire.

physionomie normale? Pour les glandes sexuelles, les choses ne sont pas moins frappantes. Toutes les glandes ont probablement un rôle analogue plus ou moins accentué.

Mais il n'y a pas besoin qu'un organe soit glandulaire pour déverser dans le sang des *egesta* doués d'une activité morphogène.

On ne peut vivre sans encéphale, sans muscles, sans os; mais si l'on pouvait enlever à un animal sans le tuer tous ses os, tous ses muscles ou tout son encéphale, on trouverait sans doute, qu'indépendamment des effets directs de cette suppression, il s'en produit d'autres, plus détournés, mais non moins importants, provenant de la suppression de leur action sur le sang, auquel ils cessent d'emprunter et dans lequel ils cessent de déverser, les substances spécifiques qu'ils absorbent et celles qu'ils rejettent.

Ce cas est exceptionnel par son degré, mais le fait sur lequel il repose est général.

Il n'est pas une partie dont on puisse modifier les caractères anatomiques sans que cela modifie, peu ou beaucoup, d'autres parties voisines ou éloignées. Il n'est pas une cellule qui, dans la segmentation, en prenant sa place, ne soit la cause d'une multitude indéfinie d'effets qui eussent été autres si elle eut pris place un peu à côté.

Enfin les conditions ambiantes elles-mêmes, celles qui sont vraiment extérieures à l'œuf et à l'embryon ont aussi leur rôle dans la détermination du produit. Les qualités du sang maternel, la forme de l'utérus, la température, la constitution chimique du milieu ambiant liquide ou gazeux modifieraient certainement le produit si elles venaient à être modifiées à un degré suffisant[1].

NÆGELI (84) se trompe lorsqu'il affirme que ces conditions sont banales et n'influent que sur la possibilité du développement sans servir en rien à la détermination de ses particularités. Tous les faits si curieux de *Dichogénie* parlent contre son affirmation. Lorsque l'on voit la feuille du *Thuja*, retournée avec le bourgeon dans laquelle elle se forme, prendre à sa face inférieure les caractères histologiques que possède normalement la face supérieure, n'est-on pas autorisé à dire que la lumière qui a su faire ce changement doit savoir aussi produire la structure normale de la face supérieure, sans qu'il soit besoin de Déterminants spéciaux dans le Plasma germinatif?

Un grand nombre de dispositions caractéristiques des espèces sont ainsi créées, après coup, pendant le développement, par les conditions ambiantes, et l'on peut dire que toutes sont plus ou moins influencées par ces conditions.

En somme, l'Ontogénèse n'est pas seulement le développement, la séparation, l'accentuation de tendances évolutives représentées au complet sous une forme, matérielle ou autre, dans l'œuf fécondé. Elle est, en partie cela, et en partie une formation progressive de parties et de propriétés vrai-

[1] Il est vrai que des Lapins angoras développés dans l'utérus d'une Lapine ordinaire n'ont pas échangé leurs caractères contre ceux de cette race (V. p. 277). Cela prouve seulement que les minimes différences dans la constitution du sang chez les deux espèces ne sont pas au nombre des facteurs de ces caractères. Les expériences de FÉRÉ sur les œufs de Poule, de DRIESCH sur ceux de l'Oursin (V. p. 168 et suiv.) montrent que les conditions susdites peuvent devenir perturbatrices; elles ont donc une influence morphogène qui doit nécessairement s'exercer aussi dans les conditions normales.

ment nouvelles, et la constitution initiale de l'œuf n'est qu'une des conditions indispensables de leur production.

L'individu développé est le produit de nombreux facteurs tous également indispensables et importants. La constitution du Plasma germinatif n'est qu'un de ces facteurs. Les autres sont les tropismes et tactismes, l'Excitation fonctionnelle, l'action des ingesta et egesta de la nutrition et les conditions ambiantes de tout ordre.

VIII. LA FORMATION DES PRODUITS SEXUELS

L'idée du Plasma germinatif et de sa Continuité est parfaitement juste. Il n'y a pas à nier que le plasma de l'œuf ne soit en quelque chose, différent de celui des autres cellules, ni que l'œuf de la génération suivante ne procède de celui de la génération précédente par voie directe et sans être reformé de toutes pièces par l'organisme. Personne aujourd'hui ne songe à nier cela. Mais ce que l'on conteste, et avec raison, ce sont la distinction *absolue* que l'on a voulu établir entre Plasma somatique et Plasma germinatif, et la mise en réserve de ce dernier sous une forme distincte dans les cellules des lignées germinales.

L'observation nous montre, dans les cellules reproductrices et dans celles de leur lignée ascendante jusqu'à l'œuf, des éléments toujours peu différenciés. Jamais une cellule musculaire, glandulaire, nerveuse ou osseuse, jamais une fibre libérienne ou ligneuse ne saurait devenir élément reproducteur, mais nous voyons les cellules terminales ou cambiales chez les plantes, celles des parois de la cavité générale qui proviennent de l'œuf et qui se sont modifiées au point de ne plus lui ressembler du tout, redevenir des œufs ou des cellules bourgeonnantes. D'autre part, l'observation la plus minutieuse n'a jamais montré dans ces cellules la mise à part de quoi que ce soit qui, dans leur substance, serait transmis intact, tandis que le reste subirait une différenciation modérée. Si le Plasma germinatif se transmettait, comme l'admet Weismann par exemple, il semble que l'on devrait voir des chromosomes spéciaux ou des îlots de microsomes ou des moitiés de microsomes nucléiniens passer réellement de cellule en cellule sous une forme quelque peu distincte du reste. C'est donc faire une hypothèse gratuite, qui ne repose pas sur la moindre observation que d'admettre cette transmission indépendante d'un Plasma germinatif distinct. Nous devons nous en tenir aux faits observés et admettre que le Plasma germinatif n'est pas fondamentalement distinct du Plasma somatique, qu'il n'est que du plasma de l'œuf, peu modifié et capable de retrouver sa forme primitive par le progrès de l'évolution. D'autant que cette manière de voir ne heurte aucun fait, n'est passible d'aucune objection théorique et explique tout aussi bien que l'autre la présence, dans les éléments reproducteurs, des propriétés dont ils ont besoin.

Qu'elle ne heurte point les faits, cela va de soi, puisqu'elle est leur expression même. Mais il est moins évident qu'elle soit à l'abri de toute objection théorique. Weismann, en effet, déclare impossible que le Plasma germinatif recouvre, s'il l'avait une fois perdue, sa constitution initiale.

Il aurait raison si le Plasma germinatif était réellement constitué, comme il le croit, de Biophores, de Déterminants et d'Ides. Pour les Déterminants en particulier, il est clair que, si l'un d'eux est éliminé, il ne pourra jamais reparaître; et, comme la Différenciation ontogénétique repose uniquement, selon lui, sur l'élimination progressive de Déterminants, on ne peut nier que toute cellule qui ne contient pas par avance du Plasma germinatif est radicalement impuissante à en former avec son Plasma somatique.

Mais, puisque la constitution susdite du Plasma germinatif n'est pas réelle, l'objection perd toute sa valeur.

L'œuf, avons-nous vu, doit être considéré comme formé de masses protoplasmiques incluses les unes dans les autres ou juxtaposées et douées chacune d'une constitution chimique déterminée. L'œuf vit, il absorbe et excrète comme toutes les autres cellules, sa constitution subit donc des changements incessants et cependant elle se maintient en somme identique à elle-même. Le Plasma germinatif n'est donc pas un *noli me tangere* si délicat; il peut subir des modifications et se retrouver identique à lui-même après un évolution cyclique. Les proportions de ses substances peuvent varier sans que la modification ainsi produite soit indélébile. L'alcool, les substances médicamenteuses ou les toxines microbiennes affectent profondément les cellules de certains tissus et changent non seulement leur constitution chimique et leurs propriétés, mais, par leur action morphogène, influent parfois sur leurs caractères physiques, et cependant, quand ces substances sont éliminées elles ne laissent souvent aucune trace de leur passage. Il n'est donc pas impossible que les cellules des lignées germinales présentent un degré plus ou moins avancé de différenciation et restent cependantes capables de reformer les éléments sexuels.

Nous avons vu que la différenciation portait d'abord sur le cytoplasma tandis que le noyau restait longtemps identique à lui-même et n'était modifié que par contre coup et par l'intermédiaire du cytoplasme. Donc tout noyau, au moins au début de l'ontogénèse, est un noyau de cellule sexuelle et, si l'on pouvait sans rien altérer, substituer au noyau de l'œuf celui d'une cellule embryonnaire quelconque, on verrait sans doute cet œuf se développer sans changement [1].

Les œufs ne sont donc, comme dès 1864 l'affirmait H. Milne Edwards, que des cellules non différenciées, et nous ajouterons, ou peu différenciées, et capables de faire retour à leur état initial [2].

IX. LA MORTALITÉ DU CORPS ET L'IMMORTALITÉ DU GERME

Nous avons vu, en étudiant les *Théories particulières* et les *générales*, quelles nombreuses causes on a invoquées pour expliquer la différence

[1] On pourrait objecter à cela que, si petite que soit la différenciation cytoplasmique, elle doit retentir sur le noyau et le modifier quelque peu. Cela est possible. La seule chose à laquelle je tiens c'est que, dans chaque division hétérogène, ce qui est hétérogène, c'est seulement la division du cytoplasme et que la différenciation nucléaire n'est jamais ni primitive, ni contemporaine de la division. Cela ne serait pas vrai si les choses se passaient généralement comme dans l'*Ascaris megalocephala* où Boveri a vu que les bouts des chromosomes étaient éliminés dans toutes les cellules sauf une qui, à chaque division garde le chromosome complet tandis que la cellule sœur est éliminée en partie (V. p. 180 et suiv.). Mais on ne sait si les cellules qui restent complètes sont bien celles de la lignée sexuelle, ni surtout si ce phénomène a quelque généralité; s'il est limité à l'*Ascaris*, il n'a évidemment aucune signification importante. Si des observations ultérieures montraient qu'il est général, cela indiquerait que les noyaux des cellules sexuelles diffèrent en quelque chose de ceux des cellules somatiques. Cela d'ailleurs ne nous embarrasserait en aucune manière, car nous n'avons admis l'hypothèse inverse que pour nous conformer aux faits, et aucune de nos théories n'est liée à elle plutôt qu'à l'autre. D'ailleurs il faut bien remarquer que les observations de Boveri ne donnent aucun appui à la théorie de Weismann. Toutes les cellules somatiques qui se détachent successivement de la lignée sexuelle éliminent *les mêmes* bouts de chromosome, en sorte que cela n'établit entre elles aucune différence initiale; d'autre part, cette élimination ne se continue pas dans les cellules somatiques, en sorte qu'il n'y a pas là un processus qui puisse conduire à une différenciation progressive, par élimination successive de tous les Déterminants à l'exception de ceux qui doivent rester dans les cellules définitives.

[2] Dans tout ce qui précède et dans tout ce qui suit, nous disons *œuf* pour cellule sexuelle et tout ce que nous disons de lui s'applique aussi au spermatozoïde. Quand, par hasard, il s'agira de l'œuf seul, le lecteur saura bien le deviner.

entre le *Germen* immortel et le *Soma* mortel. SPENCER (93) invoque la suffisance ou l'insuffisance de la nutrition, BÜTSCHLI (82) le renouvellement ou l'épuisement d'un ferment. LENDL (89) propose sa théorie du Ballast, et tous ont recours à la Sélection naturelle et à l'avantage pour l'espèce de ne pas conserver un corps usé et incapable de se reproduire.

Or, il saute aux yeux que la vraie cause n'est pas là et qu'elle n'est autre que la Différenciation.

Sans exception aucune, toutes les cellules de Métazoaires ou de Métaphytes qui servent à la continuation de l'espèce par voie asexuelle ou sexuelle sont des cellules point ou peu différenciées. Il suit de là que toute cellule non différenciée est immortelle et ne demande pour continuer à vivre que d'être placée dans des conditions qui le lui permettent; et que toute cellule différenciée est vouée à une mort inévitable sans qu'il y ait pour elle aucune possibilité d'y échapper. Le corps des Métazoaires meurt parce qu'il est formé en majeure partie de cellules différenciées et, s'il reste en lui des cellules peu ou point différenciées au moment de la mort, elles meurent aussi parce que la nutrition leur est supprimée. Les cellules sexuelles, cellules de bourgeons, parties greffées, bouturées, etc., n'y échappent que parce qu'elles ont été mises, à temps, à même de se nourrir par elles-mêmes ou à l'aide d'autres in dividus. Chez les Pucerons, les *Elodea*, les Pommes de terre et autres êtres capables de se propager indéfiniment par voie asexuelle, les cellules différenciées meurent, comme toujours, et c'est seulement par des éléments indifférenciés que la vie se continue. Le fait est si général, on peut dire si absolu, qu'il n'y a pas à le discuter.

Nous pouvons donc poser en principe que toute cellule non différenciée est indéfiniment capable de se diviser et de se multiplier tant qu'elle a les moyens de se nourrir; et que toute cellule, en se différenciant, met, par cela même, une limite à sa faculté de division.

Le premier point est évident *a priori*. Si une cellule, en se divisant, donne deux filles absolument identiques à elles, ces deux filles seront aussi aptes à se diviser que leur mère; et il en sera de même indéfiniment. On pourrait mettre la chose sous cette forme : *la division homogène ne diminue jamais la vitalité des cellules.*

Quant au second point, il n'est pas évident *a priori*. Une cellule peut, dans une division hétérogène, donner naissance à deux cellules dont l'aptitude à se diviser ne soit en rien inférieure à la sienne. Il en est ainsi dans beaucoup de cas. La faible différenciation du spermatozoïde, des cellules cambiales, des cellules de bourgeon, ne les empêche pas d'être capables de survie indéfinie. Mais, c'est un fait évident, que toute division hétérogène risque d'avoir pour conséquence une diminution de l'aptitude à se diviser. Dès lors la différenciation progressive basée sur une longue suite de divisions hétérogènes doit avoir, presque forcément, pour résultat de supprimer l'aptitude à des divisions indéfinies.

Il suit de là que la différence n'est nullement tranchée entre les éléments immortels et ceux qui ne le sont plus. La première division hétérogène ne diminue sans doute que fort peu l'aptitude à se diviser, la suivante la diminue un peu plus et ainsi de suite; et, après un certain temps, l'aptitude devient si faible que les conditions nutritives ne sont plus suffisantes pour la mettre en éveil et la division s'arrête. Or, comme nous allons le voir, l'arrêt de division a pour conséquence inévitable la mort.

Tant que l'aptitude à se diviser n'a pas reçu une trop forte atteinte, elle n'implique pas la mortalité fatale; il faut seulement à la cellule des conditions plus difficiles pour l'exciter à se diviser. De plus, ce qu'une division hétérogène a fait perdre, une autre le peut restituer : c'est sans doute ce qui arrive lorsque des cellules cambiales se transforment en cellules de bourgeon. Enfin, il se peut même que l'immortalité radicalement perdue à la suite d'une division puisse être reconquise par une voie détournée, c'est ce qui arrive pour les produits sexuels dans la fécondation.

Mais pourquoi, dira-t-on, la différenciation entraîne-t-elle une diminution de l'aptitude à se diviser?

Pour certaines cellules, les produits de la différenciation sont un obstacle direct à la division : cela est certain pour la substance inextensible des os par rapport aux cellules osseuses, cela est probable pour la myosine, l'élastine, etc., des cellules musculaires, élastiques, etc. Pour les autres, et pour toutes d'ailleurs, la mort est due à une raison d'un autre ordre et beaucoup plus générale.

Cette raison est la suivante.

L'organisme n'est pas un appareil physique simplement traversé par des forces qu'il consomme pour les rendre, transformées, en d'autres points. Il retient pour lui une partie des matériaux qui lui sont fournis et s'en sert pour son accroissement. Cet accroissement a une limite imposée précisément par la différenciation cellulaire. Le corps du Vertébré ne peut plus croître quand ses cartilages ont été entièrement envahis par l'ossification et l'arrêt du squelette entraîne l'arrêt des muscles dont l'excitation fonctionnelle tomberait vite à zéro s'ils s'accroissaient au delà de ce qu'exigent les segments osseux à mouvoir; et il en est de même des autres tissus.

Il y a toujours, dans tout organisme, certains tissus qui se différencient, et qui, une fois différenciés, ne pouvant plus croître, arrêtent l'Excitation fonctionnelle, et par suite, l'accroissement des autres tissus. Si l'organisme, arrêté dans sa croissance, continuait à vivre indéfiniment, si les cellules, arrêtées dans leur division, continuaient à fonctionner indéfiniment, il n'y aurait aucune différence entre le corps et un mécanisme mort quelconque, entre les cellules du premier et les rouages du second. La mort est la conséquence nécessaire de l'arrêt d'accroissement et de multiplication des cellules, par la bonne raison que la vie n'est autre chose que cet accroissement et cette division.

En résumé, la plupart des cellules ont une constitution interne telle qu'en se divisant elles se différencient de plus en plus. La différenciation a pour résultat, d'abord une diminution de l'aptitude à se diviser et, en outre, directement chez les unes, indirectement chez les autres, un arrêt de l'accroissement. L'arrêt de l'accroissement des éléments cellulaires a pour conséquence non immédiate, mais fatale l'arrêt de leur nutrition, c'est-à-dire leur mort. Mais il existe certaines catégories de cellules qui se divisent sans se différencier ou qui se différencient assez peu pour pouvoir récupérer leur constitution initiale si certaines conditions, d'ailleurs probables, viennent à sa rencontre. Ces cellules restent aptes à se diviser indéfiniment et constituent les éléments de la reproduction sexuelle ou asexuelle.

Il reste évidemment après tout cela quelque chose d'inexpliqué. Pourquoi une cellule, différenciée ou non, ne peut-elle vivre indéfiniment sans s'accroître et se multiplier, pourquoi ne peut-elle recevoir de la force et rendre du travail sans modifier sa substance, ou en parcourant, dans ses changements, un cycle fermé qui la ramène exactement au point de départ. C'est demander en quoi l'organisme vivant diffère de l'appareil mort. Nous ne pouvons aller jusqu'au bout de l'explication de la mort parce que nous n'allons pas jusqu'au bout dans l'explication de la vie.

X. L'HÉRÉDITÉ

Notre théorie change du tout au tout la conception de l'œuf et de l'ontogénèse.

Pour presque tout le monde aujourd'hui l'œuf est une cellule extraordinairement complexe. Sa simplicité ne serait qu'apparente. Sous l'uniformité d'aspect qui rend semblables les uns aux autres les œufs des espèces différentes, se cacheraient des différences capitales et, en réalité, l'œuf d'une Femme et celui d'une Chienne différeraient autant que les adultes. L'ontogénèse serait une décomplication progressive proportionnelle aux progrès de la différenciation. Si l'on découpe dans diverses courbes (circonférences, ellipses, paraboles, hyperboles, hélices, spirales, etc.) un segment d'une millième de millimètre de longueur, tous ces segments sembleront identiques même à l'œil armé du meilleur microscope. Ils n'en seront pas moins aussi différents en réalité que les courbes elles-mêmes dont ils proviennent, car ils renferment en eux chacun l'équation complète de la sienne. Dans les théories en honneur aujourd'hui, ces petits fragments si différents malgré leur uniformité apparente seraient l'image des œufs. Les œufs engendreraient les adultes par le simple déclanchement de leurs forces évolutives, comme ces fragments de courbe engendreraient les courbes complètes s'ils étaient doués de la faculté de grandir.

Cette assimilation est fausse, car l'œuf ne contient pas en lui toutes ses conditions évolutives comme le fragment de courbe contient l'équation de la courbe entière. Un grand nombre de ses conditions sont extérieures à lui. Il est comme un astre lancé par une force initiale au milieu d'un système d'astres en mouvement. La trajectoire de celui-ci sera influencée et déterminée par tous les astres dont il transversera la sphère d'action, et cependant, si quelque chose eût été changé dans sa masse ou dans son mouvement initial, elle n'eut pas été ce qu'elle est. Elle n'est point dépendante de lui seul, mais en aucun point elle n'est indépendante de lui. Toute autre masse semblable, lancée au même point, avec la même force dans la même direction, reproduira une trajectoire identique à la sienne; mais toute différence même minime dans l'un ou l'autre de ces trois facteurs pourra amener des différences considérables dans la forme de cette courbe.

Il en est de même de l'œuf. Pour nous, il est relativement simple, beaucoup plus semblable, d'une espèce à l'autre, que ne sont les organes de celles-ci; et il s'en faut de beaucoup qu'il contienne en lui, déterminés à l'avance, tous les éléments de son évolution. Le plus grand nombre est en dehors de lui et il les rencontrera ou les fabriquera en route; mais sa constitution physico-chimique est extrêmement précise et la moindre différence sous ce rapport est forcément amplifiée dans des proportions considérables par la Différenciation ontogénétique et peut conduire aux différences considérables qui existent entre les adultes issus des œufs différents.

Mais, en réduisant les choses à une telle simplicité, ne s'enlève-t-on pas tous les avantages que les autres avaient cherché dans une complication invraisemblable? S'il n'y a pas dans le Plasma germinatif de particules distinctes pour représenter chaque partie, chaque caractère, de chaque ancêtre, comment se fait-il que ces parties ou ces caractères puissent, à un moment donné, reparaître identiques? Comment, en un mot, expliquer l'*Hérédité* avec sa variabilité et sa précision aussi décevantes l'une que l'autre?

Si cela paraît impossible, c'est simplement parce que tout le monde s'est fait jusqu'ici de l'Hérédité une idée exagérée et inexacte.

L'Hérédité ne semble si difficile à expliquer que parce que l'on met sur son compte une multitude de choses qui ne lui appartiennent pas, et parce que l'on veut trouver dans le Plasma germinatif tous les éléments de la détermination des caractères tandis qu'il n'en contient qu'une faible partie.

Voici un Bourbon qui transmet à tous ses enfants, légitimes ou bâtards, et quelle que soit leur mère, le nez caractéristique de sa race : vous en concluez que ce nez doit être représenté dans son spermatozoïde par quelque particule spécialement destinée à le représenter.

Je ne vois pas que cela soit nécessaire.

Voici un fils qui montre, dès son enfance, les penchants et les goûts de son père, souffre des mêmes maladies, arrive enfin à se suicider au même âge, pour un même motif : vous voyez là l'influence d'une *Force héréditaire* invicible qui a plané sur son évolution, dirigé ses destinées.

Cela ne me paraît pas du tout évident.

Quelques exemples suffiront, je pense, pour le prouver.

Les ressemblances héréditaires ne cessent pas avec la vie. Les décompositons organiques qui se produisent après la mort obéissent à des lois aussi rigoureuses que les manifestations vitales. Les ptomaïnes qui prennent naissance, les gaz qui se dégagent, tous les produits des réactions multiples s'engendrent les uns les autres suivant une succession rigoureuse. On pourrait dire, si l'association de ces mots n'était pas trop choquante, que le cadavre a sa biologie comme le corps vivant. Enfouis dans le même sol, les cadavres du Ver de terre, de l'Insecte, de la Grenouille, du Mammifère ont leurs séries de réactions typiques différentes des unes aux autres, semblables chez ceux de même espèce.

Mais il y a plus, les différences individuelles ont leur influence sur le phénomène. Ensevelis côte à côte, le phthisique, le typhique, l'individu gras et le maigre, ne donnent pas les mêmes produits et peut-être n'attirent pas les mêmes larves nécrophages.

Enfin, les ressemblances héréditaires elles-mêmes se continuent après la mort.

Voici deux individus, l'un est gras et diabétique, l'autre maigre et adonné au tabac et à l'alcool. Leurs cadavres donneront naissance à des produits tout à fait différents. — Leurs fils ont hérité de leurs tempéraments et de leurs tendances psychologiques. Chacun est devenu semblable à son père; l'un s'est adonné à la bonne chère, chargé de tissu adipeux, et il est mort aussi diabétique; l'autre s'est adonné au tabac et à l'alcool et est mort desséché, alcoolique et tabagique. — Ensevelis à côté de leurs parents, ils se décomposeront chacun suivant les formules qui ont consommé le sien.

Voilà bien de l'hérédité post mortem.

Dira-t-on que ces réactions chimiques ont été dirigées par une *Force héréditaire* spéciale? Ou ira-t-on chercher dans le Plasma germinatif les Pangènes ou les Déterminants des diverses ptomaïnes et des autres produits de la décomposition cadavérique? Et si ces ptomaïnes ont pu se former sans un Déterminant spécial, pourquoi en faudrait-il un pour la pepsine, la mucine, l'élastine qui se sont formées pendant la vie? Si la composition chimique du corps vivant suffit à expliquer toutes les particularités de l'évolution destructive du cadavre, pourquoi celle de l'œuf n'expliquerait-elle pas celles de l'évolution constructive de l'ontogénèse? Il n'est besoin, ici pas plus que là, de *Particules représentatives* ni de *Force héréditaire* dirigeant l'évolution.

Passons à un autre exemple emprunté au règne inorganique mais qui peint ma pensée mieux encore que le précédent.

Voici un fleuve qui descend de la montagne, alimenté par la fonte du glacier. Il forme une cascade, puis arrive dans la plaine, ici fait tourner la roue d'un moulin, plus loin rencontre une disposition de roches qui détermine un tourbillon permanent, plus loin enfin se perd dans l'Océan.

Supposons, pour un instant, que ce soient toujours les mêmes masses d'eau qui, depuis des années, avec une régularité ininterrompue, passent, se précipitent à la cascade, font tourner la roue, tourbillonnent entre les roches, puis s'évaporent et forment un nuage que le vent pousse vers la montagne où il se résout en neige, puis en glace qui fond en eau, pour recommencer le même circuit.

Il y a là une série de phénomènes qui se reproduisent avec la même régularité que ceux de la vie dans la série des générations d'une même espèce animale ou végétale.

Les théoriciens actuels de l'Hérédité sont comparables à un physicien qui raisonnerait de la manière suivante.

Cherchons à nous représenter sous quelle forme se trouvent, dans le nuage suspendu dans l'air, l'aptitude de l'eau à couler, à se précipiter en cascade, la propriété de faire tourner une roue et celle de former un tourbillon de forme déterminée. Évidemment ces caractères et propriétés doivent être contenus en lui sous une forme latente, puisqu'ils se trouvaient dans l'eau dont il provient, se retrouveront dans l'eau qu'il formera et n'ont pu être transmis que par lui de la première à la seconde.

Tout caractère ou propriété ayant nécessairement une base physique, nous sommes contraints d'imaginer qu'il doit y avoir dans le nuage des Déterminants représentatifs du tourbillon avec ses caractères constants de forme, de vitesse, etc., ou bien, pour simplifier les choses, on pourrait admettre qu'il possède des Pangènes représentatifs les uns de diverses directions de mouvement, les autres de diverses vitesses; leur combinaison nous permettrait d'expliquer à la fois la cascade, le tourbillon, l'impulsion donnée à la roue du moulin et tous ses autres aspects moins frappants, avec un nombre modéré, d'éléments représentatifs.

La réunion de ces Gemmules ou de ces Pangènes constituera le Plasma germinatif de ce nuage. Il le transmet intact à la neige. Celle-ci fait de même à l'égard de la glace qui enfin le remet à l'eau de la source.

Ce Plasma germinatif, l'eau elle-même doit le conserver pour le transmettre encore au nuage de la génération suivante, mais il faut aussi qu'elle le dépense pour la manifestation de ses caractères et propriétés : nous admettrons donc que, dans la source, il se divise en deux lots, un qui sera transmis intact au nuage, l'autre qui se dépensera peu à peu, mettant en liberté, ici ses Déterminants de la cascade, là ceux du tourbillon, plus loin ceux de l'impulsion à la roue, etc. Mais le nuage aussi doit avoir son Plasma somatique pour se soutenir en l'air, se résoudre en neige, etc., nous admettrons donc que le Plasma germinatif contient les Déterminants qui lui sont nécessaires et que ceux-là aussi se doublent au moment voulu pour pouvoir se dépenser sans disparaître. De même, pour la neige, de même pour la glace et nous aurons ainsi expliqué le cycle évolutif complet.

Or, qu'y a-t-il de vrai dans tout cela?

Rien

Le Plasma germinatif, c'est simplement H^2O.

Pourquoi notre physicien a-t-il été amené à imaginer toute cette complication inutile?

Parce qu'il a cru que tous les phénomènes du cycle étaient déterminés à l'avance dans l'eau, le nuage, la neige ou la glace. Parce qu'il a négligé la considération des conditions ambiantes, la pente du sol, les rochers du lit, la chaleur du soleil, la force du vent, le froid de la montagne, etc. Ainsi fait le naturaliste qui croit que tous les phénomènes de l'évolution ontogénétique et tous les caractères héréditaires sont déterminés complètement dans l'œuf, et cherche sous quelle forme ils peuvent l'être, tandis que l'œuf ne contient en réalité qu'un facteur essentiel de chacun d'eux. Ce facteur, c'est la composition chimique et l'arrangement de ses parties.

Si l'on s'en tient aux termes généraux, la ressemblance est exacte entre l'évolution des organismes et le cycle du fleuve ou la trajectoire de l'astre qui nous servait, il y a un moment, de terme de comparaison. Mais dès que l'on entre dans le détail, les différences naturellement sont nombreuses. Il en est une entre autres que nous voulons signaler, bien qu'elle ne soit pas fondamentale et n'intéresse que le degré, parce qu'elle nous aidera à caractériser les véritables causes de l'évolution organique.

Tout astre de même masse que celui dont nous parlions plus haut, lancé au même point avec la même force, dans la même direction, au milieu du même système d'astres immobiles reproduira la même trajectoire. C'est l'Hérédité. Si quelque chose est un peu changé à quelqu'un de ces facteurs, sa trajectoire sera un peu modifiée, mais gardera la même physionomie générale. C'est la Variation. Mais, que le nombre, les masses et les situations des astres immobiles entre lesquels passe l'astre errant soient modifiés d'une manière quelconque, et à un degré quelconque, il n'y en aura pas moins une trajectoire, aussi différente que l'on voudra de la précédente, mais trajectoire normale cependant, au même titre qu'elle.

L'évolution des organismes ne présente rien d'analogue. C'est là qu'est la différence.

De même pour les fleuves. Que les étés soient plus ou moins chauds, les hivers plus ou moins rigoureux, que les vents soufflent de l'Orient ou de l'Occident, leur physionomie générale n'en reste pas moins la même. La Loire et le Rhône sont restées la Loire et le Rhône à travers les siècles, malgré leurs crises passagères d'abaissement à l'étiage ou de débordement.

C'est là encore qu'est la différence.

L'œuf n'est pas comme l'astre une simple masse pesante, il n'est pas comme l'eau réduit à deux espèces d'atomes. Il a une composition physico-chimique extraordinairement délicate et précise, à laquelle on ne peut presque rien changer sans le détruire, et à laquelle il faut cependant sans cesse changer quelque chose sous peine de le voir mourir, car l'œuf ne peut pas s'arrêter et attendre quand il a commencé à se développer.

Il ne peut donc évoluer que s'il est soumis à des soins incessants et exactement appropriés. Ces soins lui sont fournis par les conditions ambiantes.

Il est donc pris entre ces deux alternatives : rencontrer à chaque instant les conditions qui lui sont précisément nécessaires à ce moment, ou mourir.

C'est là toute l'explication de l'*Hérédité*.

Car ces conditions sont précisément celles qu'a rencontré l'œuf du parent à chaque stade correspondant.

Il est donc inévitable qu'il suive la même évolution que l'œuf du parent, puisqu'il a la même constitution physico-chimique que lui et rencontre, dans le même ordre, une série de conditions identiques rigoureusement déterminées. Il n'est donc pas nécessaire qu'il contienne en lui tous les facteurs de son évolution. Il suffit qu'il contienne *un* des nombreux facteurs indispensables à la reproduction identique de tous les phénomènes évolutifs, les autres facteurs, non moins indispensables, sont situés en dehors de lui, mais il est sûr de les rencontrer, à point et à temps, sans quoi il meurt et l'évolution n'est pas déviée mais arrêtée [1].

A l'être inorganique, l'astre ou le fleuve, s'offrent à chaque instant mille voies divergentes qui toutes le conduisent à un but normal pour lui : aussi son évolution n'a-t-elle rien de précis. Devant l'être organisé s'offrent aussi à chaque instant diverses voies, mais toutes le conduisent à une destruction certaine, sauf une, celle qui le mène au but qu'ont atteint ses parents.

Est-il donc nécessaire d'admettre qu'il connaît sa route, et de s'émerveiller que, lorsqu'il a réussi à suivre une voie jusqu'au but, cette voie l'ait conduit au même but qu'ont atteint ses parents avant lui [2].

[1] Ou si l'on veut elle est lancée par la mort dans une direction radicalement différente ; et il n'y a aucun intermédiaire entre ces deux séries de phénomènes.

[2] Il est vrai que la plupart suivent la bonne route, du moins quand le développement a commencé, car on sait quel nombre immense de produits sexuels sont détruits avant la fécondation. Mais cela tient seulement à ce que les

Examinons en partant de ces données comment peut se faire l'évolution ontogénétique, et comment les particularités héréditaires peuvent se reproduire.

L'œuf fécondé a des fonctions très simples : il respire, accomplit quelques-unes de ces réactions nutritives qui ne s'interrompent guère chez les êtres vivants, et rien de plus. La vie est très courte : presque aussitôt formé, il se divise et, en se divisant, il disparaît.

A sa place, se trouvent maintenant deux cellules quelque peu différentes de ce qu'il était. Comme lui, elles ont des fonctions très réduites et une vie très courte, et cèdent la place à quatre cellules différentes encore de celles qui leur ont donné naissance. Celles-ci font de même et la chose se continue ainsi pendant toute la durée de l'ontogénèse qui ne prend pas fin à la naissance mais se continue jusqu'à la mort. A mesure que le développement avance, les cellules deviennent moins transitoires, la durée de leur vie s'allonge, leurs propriétés se compliquent; aux fonctions générales, nutrition, accroissement, division, s'en ajoutent de spéciales, sécrétion, contraction, transformation d'excitations en influx nerveux, transmission de celui-ci, etc., etc. Mais ce qu'il faut bien remarquer, c'est que, malgré la complication croissante, qui arrive à être excessive pour l'ensemble de l'organisme chez les animaux supérieurs, aucune cellule n'a, individuellement, de fonctions excessivement complexes et multiples.

Chacune tient de sa cellule mère sa constitution physico-chimique et détermine celle de ses cellules filles par la manière dont elle partage ses substances pour les former; mais ces constitutions physico-chimiques, bien qu'elles dérivent les unes des autres, ne sont pas identiques, et les propriétés auxquelles elles servent de base ne le sont pas non plus. La cellule n'a ni les propriétés de sa cellule mère, qui meurent au moment où son protoplasma se dissocie, ni celles de ses cellules filles qui naissent au moment où le leur se constitue. C'est là un point capital car, si on ne demande compte à chaque cellule que de ses propriétés personnelles et non de celles de sa lignée descendante, il n'est pas besoin de lui attribuer une constitution aussi extraordinairement compliquée que celle qu'ont imaginé Nægeli, Weismann et les autres. Cela devient inutile, car on peut concevoir qu'un appareil physico-chimique relativement simple tel que nous avons décrit la cellule

conditions mêmes le dirigent vers elle. Ce n'est pas lui qui les connaît d'avance. Il y est conduit en aveugle, ou plutôt comme un myope qui ne voit rien de loin, mais peut, à chaque pas, voir dans quelle direction, il doit faire le pas suivant.

(p. 750 et suiv.) ait la propriété d'exercer certaines fonctions et celle de se diviser d'une manière rigoureusement définie, en ce sens que la position du plan de division et la répartition des substances cellulaires entre les deux cellules filles soient d'une précision absolue; et l'on peut concevoir aussi que les changements résultant dans le protoplasma du fait de sa division hétérogène puissent entraîner les changements de propriétés qui s'observent entre une cellule et ses deux filles.

C'est l'idée erronée que les propriétés de la cellule fille et, par suite, l'agrégat physico-chimique qui leur sert de base, doivent se trouver tout formés dans la cellule mère, qui a conduit à forger tant d'hypothèses, aussi inutiles qu'invraisemblables, sur la structure de l'Idioplasma.

Il faut sortir de cette fausse voie et rentrer dans celle que nous indiquent les faits.

L'œuf est, comme il paraît l'être, une simple cellule de l'organisme; qui n'a que les propriétés très simples qu'il semble avoir, se nourrir et se diviser d'une certaine façon rigoureusement déterminée. C'est compliquer les choses et introduire un élément métaphysique dans ce qui devrait rester positif que de chercher en lui des caractères et propriétés qu'il n'a pas et qui ne se développeront que dans l'organisme futur.

Mais s'il en est ainsi, les cellules différenciées de l'organisme parfait, musculaires, nerveuses, glandulaires, ayant des propriétés plus complexes ne devraient-elles pas avoir un protoplasma plus compliqué? Cependant leur protoplasma provient de celui de l'œuf par désintégration progressive, et le complexe ne peut se former par désintégration de ce qui est simple. N'y a-t-il pas là matière à une objection?

Cette objection a pour base une mauvaise interprétation des mots *simple* et *complexe*.

L'œuf nous paraît avoir des propriétés très simples, parce qu'il n'en a aucune prédominante au point de constituer une fonction spéciale, mais il a les rudiments de toutes, il est un peu contractile comme la cellule musculaire, un peu excitable comme la cellule nerveuse, il forme en son sein certains produits comme la cellule glandulaire. Je ne vois pas que la cellule glandulaire soit plus compliquée, parce que son pouvoir secréteur sera devenu univoque et se sera accru, aux dépens d'ailleurs de ses autres propriétés, ni la cellule musculaire, parce qu'elle aura produit dans son sein de la myosine qui y reste et y manifeste ses propriétés spéciales proportionnellement à sa masse, au lieu de telle autre substance à propriétés moins frappantes. Il est probable que l'œuf contient au moins un certain nombre des substances chimiques principales de l'organisme futur et que la différenciation chimique ne repose pas seulement sur la fabrication de substances nouvelles par dédoublement des anciennes ou par fixation sur celles-ci de groupes chimiques empruntés aux *ingesta;* elle doit être due, en partie, à la séparation, à la localisation dans certaines cellules de substances déjà présentes dans l'œuf, mais qui deviennent prédominantes en elles par accroissement univoque. Si les substances chimiques auxquelles les cellules nerveuses, les musculaires, les glandulaires doivent, au moins en partie, leur excitabilité, leur contractilité, leur pouvoir sécréteur, sont présentes dans l'œuf en quantités sub-égales, il est naturel que l'œuf ne soit que très peu excitable, contractile, apte à sécréter, il n'est pas pour cela moins complexe que les autres cellules de l'organisme, il l'est plutôt davantage; mais en tout cas, il faut reconnaître, et c'est ce qui importe, que sa complication est de même ordre, que sa constitution est analogue, et surtout qu'elle s'emploie tout entière à la manifestation de ses propriétés personnelles et qu'il n'y a en lui ni agrégats en réserve, ni facteurs actuels de propriétés futures.

Mais les caractères latents n'exigent-ils pas ces agrégats en réserve dont les propriétés longtemps assoupies se réveillent à un moment donné?

Celui qui a inventé cette expression de *caractères latents* a rendu un triste service à la science, car on l'a pris, comme il arrive souvent, pour une explication, tandis qu'il n'est qu'une définition.

Pourquoi cet enfant a-t-il le nez aplati de son grand-père, tandis que son père a un nez aquilin?

C'est, dit-on, parce que la forme aplatie était latente chez le père.

Admettons que ce caractère puisse être représenté dans le Plasma germinatif, soit par le nez lui-même, au moyen de Gemmules, comme le croit Darwin, soit par une forme de nez abstraite, au moyen de Micelles ou de Pangènes, comme le croient Nægeli et de Vries. Il faut que ces Gemmules, Micelles ou Pangènes restent latents pour que le nez ne prenne pas une forme aplatie. Or tous ces auteurs ont négligé de dire pourquoi et comment certaines germes restaient latents au lieu de manifester leurs propriétés. En sorte que l'on est précisément aussi avancé que si l'on n'avait rien dit[1].

[1] Nægeli dit que les faisceaux micelliens restent en état de relâchement et passent à l'état de tension quand la propriété devient active; de Vries que les Pangènes nucléaires sont latents et qu'ils passent dans le cytoplasma, quand le carac-

En réalité, il n'y a pas, il ne saurait y avoir de caractères latents.

Un agrégat physico-chimique quelconque, doué de certaines propriétés, ne peut pas plus suspendre la manifestation de ses propriétés qu'une pierre ne peut rester en l'air quand on cesse de la soutenir.

Un caractère latent, c'est celui du sulfate de potasse dans l'acide sulfrique avant qu'on y ait mis de la potasse ou, si l'on veut une comparaison moins grossière, mais non plus juste, c'est celui de former un squelette osseux pour l'animal privé de phosphore et de chaux.

A tout caractère ou propriété correspond une constitution protoplamastique particulière rigoureusement définie : Si, en place de cette constitution, il s'en trouve une autre, même très voisine, le caractère ne se montre pas, la propriété fait défaut. Si le très léger changement qui transformerait cette seconde constitution protoplasmique en la première vient à se produire, le caractère ou la propriété apparaît. On n'est nullement autorisé à dire que l'un ou l'autre sortent de l'état de latence; c'est une véritable formation : il y a une masse de caractères auxquels il manque toujours quelque chose pour se produire et qui ne se produisent jamais; on serait tout aussi autorisé à dire qu'ils sont latents. En tout cas les caractères latents ne sont pas représentés dans l'Idioplasma par des agrégats distincts, correspondant à leur manifestation, complets, parfaits, mais en état d'inhibition : ils sont représentés, comme tous les autres, par l'*ensemble* de la constitution physico-chimique de la cellule et s'ils ne se montrent pas, c'est qu'il manque matériellement quelque chose à cette constitution.

Les caractères dits *latents* sont des caractères *absents*.

Comme tant d'autres caractères absents, ils peuvent prendre naissance si et quand les dispositions matérielles nécessaires pour cela viennent à se produire.

L'œuf ne contient rien autre chose que la constitution physico-chimique spéciale, qui lui confère ses propriétés personnelles en tant que cellule.

Il est évident que cette constitution est la condition des caractères futurs, mais cette condition est, dans l'œuf, extrêmement incomplète, et c'est fausser les choses que de dire qu'elle y est complète mais latente. Ce qui manque pour la compléter n'est pas dans l'œuf et en état d'inhibition,

tère doit se montrer. Mais le premier ne donne pas la raison des états de tension et de relâchement des faisceaux, ni le second celle de la sortie de tels ou tels Pangènes dans le cytoplasma. (V. la critique des systèmes de ces auteurs.)

mais hors de l'œuf et pourra aussi bien ne pas se produire ou se produire au moment voulu.

Rien ne s'oppose donc, de ce fait, ni du fait de la différenciation ontogénétique à ce que l'on considère les choses de la manière simple dont nous les avons présentées et qui est aussi voisine que possible des purs résultats de l'observation.

Nous la résumerons ainsi.

Toute cellule de l'ontogénèse, y compris l'œuf, est, suivant notre conception de la cellule en général, un appareil complexe formé de substances chimiques diverses, les unes liquides, les autres solides ou plutôt dans l'état intermédiaire semi-fluide qui permet encore l'osmose; ici mélangées les unes avec les autres, là séparées par des membranes, ailleurs dans cet état instable d'hétérogénéité qui se rencontre dans une diffusion en train de se poursuivre, partout disposées suivant un arrangement précis, déterminé par leurs forces moléculaires, attraction, répulsion, osmose, tension superficielle, etc.; réagissant les unes sur les autres et sur les ingesta cellulaires et donnant ainsi naissance à des produits, dont les uns peuvent rester dans la cellule pour y remplir certaines fonctions, tandis que les autres sont rejetés, soit comme produits usés, soit pour accomplir encore, en dehors de la cellule, d'autres fonctions nécessaires à l'organisme. De cette structure physico-chimique résultent des propriétés et caractères qui ne peuvent pas ne pas s'exprimer et qui son *tous ensemble* le résultat de l'*ensemble* de la structure[1].

Quand la cellule se divise (par division hétérogène) les deux cellules filles ont chacune une constitution différente de leur mère et déterminant d'autres caractères et propriétés qui, ici encore, sont, *dans leur ensemble,* l'expression de l'*ensemble* de la constitution matérielle.

Si divers caractères et propriétés de la cellule mère se retrouvent dans les cellules filles, c'est parce que leur constitution matérielle

[1] Je veux dire par là qu'il n'y a pas de facteurs séparés des différents caractères. Certains caractères ou fonctions sont, il est vrai, liés plus particulièrement à certaines parties de la cellule, comme la couleur verte et la décomposition de l'acide carbonique à la chloorphylle dans les cellules des plantes, mais c'est là tout autre chose que les facteurs distincts de caractères conçus par NÆGELI (84) et adoptés par DE VRIES (89) et WEISMANN (92_2). D'ailleurs la chlorophylle est un produit cellulaire, elle n'est pas du protoplasma, et nous ne parlons ici que du protoplasma cellulaire ou nucléaire. En outre, bien qu'elle soit verte et décompose l'acide carbonique par une propriété toute physique, elle n'en dépend pas moins, pour sa formation et sa conservation, des autres parties de la cellule.

est peu différente de celle de leur mère et engendre, en raison de cela, un certain nombre de propriétés semblables, et non parce que la cellule mère a transmis aux cellules filles des facteurs distincts de ces propriétés communes[1].

La chose se continue ainsi pendant toute l'ontogénèse, chaque cellule ayant la constitution matérielle qui suffit exactement à ses propriétés individuelles.

Dans ce système, l'Hérédité spécifique et individuelle, la transmission des caractères des parents ou des ancêtres se comprennent sans difficulté.

Pour la génération parthénogénétique, la ressemblance du produit avec la mère est toute naturelle, puisque l'œuf qui engendre le premier est identique à l'œuf qui a formé la seconde. Car chaque cellule de l'ontogénèse contient en elle les raisons de son mode de division et, par là, détermine la constitution et les caractères de ses cellules filles; il en a été de même pour elle par rapport à sa mère et ainsi en remontant jusqu'à l'œuf. L'œuf détermine les deux premières blastomères, ceux-ci déterminent les quatre du stade suivant et ainsi de suite indéfiniment, en sorte que deux œufs identiquement constitués doivent donner (sauf les réserves que nous développerons plus loin) des produits identiques.

Dans la génération sexuelle, il n'y a ni transmission de Micelles, ni Lutte de Déterminants, mais simplement constitution d'une cellule mixte au moyen des éléments essentiels de deux autres. Les chromosomes, le centrosome, le cytoplasme du spermatozoïde (s'il en contient) s'unissent à ceux de l'œuf et constituent un cytoplasme, un centrosome, un corps nucléaire mixtes, formés des substances chimiques mélangées de ces diverses parties, qui se disposent peut-être aussi suivant un arrangement intermédiaire à

[1] C'est ainsi que les substances chimiques ont, en général, d'autant plus de propriétés communes qu'elles ont une composition plus semblable, sans que leurs parties semblables puissent être considérées comme des facteurs spéciaux de ces caractères communs. Ainsi les sulfures métalliques sont généralement noirs, tandis que leurs chlorures ne le sont pas. C'est donc à leur soufre qu'ils doivent leur couleur. On ne peut cependant considérer le soufre comme un facteur spécial de la couleur noire dans les composés chimiques, puisque tous ceux où il entre ne sont pas noirs, ni même dans les sulfures métalliques, puisque le sulfure de zinc est blanc. Les sulfures noirs doivent au soufre qu'ils ont en communs leur propriété commune d'être noirs, mais, dans chacun en particulier, la couleur noire n'est pas due au soufre seul, elle résulte de l'union du soufre au métal.

Ici, comme dans la cellule, *l'ensemble des propriétés appartient à l'ensemble de l'agrégat.*

celui qu'elles avaient dans les cellules parentes[1]. Il en résulte que cette cellule mixte a des propriétés intermédiaires, de même qu'un mélange d'eau et d'alcool est intermédiaire à ces substances pures par sa densité, sa température de congélation, ses propriétés coagulantes, excitantes, enivrantes, etc., etc. Cela explique en même temps que ces propriétés ne soient pas la moyenne rigoureuse entre celles des deux parents, de même qu'un mélange de substances chimiques simples participe plus de l'un des composants pas certaines de ses propriétés et plus de l'autre par certaines autres; cela explique même que certains caractères et propriétés du produit puissent différer tout-à-fait de ceux des parents de même que l'alliage de plomb et d'étain est plus dur et moins fusible que l'un ou l'autre de ses composants, de même encore que le chloroforme a des propriétés anesthésiques que n'ont ni le chlore ni l'alcool. Cela explique aussi qu'un homme ait, d'une femme, des enfants qui lui ressemblent et d'une autre des enfants qui ressemblent à celle-ci, de même que la quinine communique sa forte amertume à tous ses sels, sauf au tannate qui n'est presque point amer. Ces comparaisons paraissent grossières parce qu'elles sont empruntées à des combinaisons incomparablement plus simples que celles dont il s'agit; elles n'en traduisent pas moins très fidèlement ma pensée.

L'*Atavisme*, dans ce qu'il a de réel, c'est-à-dire la ressemblance d'un individu avec un ancêtre peu éloigné, s'explique non moins simplement.

Il n'est pas dû à ce que tout ou partie du Plasma germinatif de cet ancêtre s'est conservé isolément dans le Plasma germinatif et a pris le dessus sur les parties correspondantes des autres ancêtres. Le Plasma germinatif de chaque parent perd entièrement l'individualité de son ensemble ou de ses parties en se mêlant à celui de l'autre parent dans la fécondation et il ne peut plus jamais la retrouver. D'ailleurs, le Plasma germinatif dans ses remaniements incessants par la fécondation ne subit que des oscil-

[1] On sait que, chez l'*Ascaris megalocephala*, dans la fécondation, les chromosomes paternels ne se fusionnent pas avec les chromosomes maternels, mais restent distincts de ceux-ci et se partagent comme eux entre les deux premiers blastomères. Que ce cas, soit ou non exceptionnel, les microsomes nucléiniens, les *Ides*, si l'on veut, du père etde la mère restent distincts dans l'œuf fécondé. Il n'y a donc pas *fusion*, au sens strict, des substances paternelle et maternelle en une substance mixte. Mais le résultat est le même que s'il en était ainsi, car les microsomes sont intimement mélangés et la chromatine nucléaire de l'œuf fécondé et des cellules issues de la division se comporte, dans son ensemble, tout comme si elle était chimiquement intermédiaire entre celles des deux parents.

lations très variées mais très peu étendues autour d'une constitution moyenne qui est celle de l'espèce. Dans ces oscillations, la constitution d'un Plasma germinatif donné peut se rapprocher de celle d'un individu quelconque et donne lieu ainsi à ces ressemblances de hasard que l'on observe journellement. Il y a naturellement bien plus de chances pour que ces rencontres aient lieu entre les Plasmas d'individus parents, puisqu'ils ont plus de parties communes que les Plasmas étrangers. D'ailleurs il n'y a guère plus de raison pour qu'elles se fassent en ligne directe plutôt que collatérale; les chances sont pour qu'elles soient proportionnelles au degré de parenté et c'est, en effet, ce que l'on observe.

Les ressemblances générales s'expliquent bien ainsi. Mais peut-on expliquer aussi, par des moyens aussi simples, ces petits détails de ressemblance qui étonnent par leur précision? Peut-on se passer d'un facteur spécial et distinct pour expliquer un *nævus* gros comme une lentille qui se forme précisément au même point chez l'enfant que chez le parent.

Cela n'est pas plus malaisé que de comprendre qu'il se forme une glande sudoripare en un point tout aussi limité.

Qu'est-ce que ce nævus? — Un petit groupe de cellules épidémiques chargées de pigment.

Pourquoi ces cellules forment-elles du pigment? — Parce qu'il y a dans l'ensemble de leur constitution physico-chimique une particularité qui entraîne cette propriété, et qui ne se trouve pas dans les cellules voisines.

Pourquoi ces cellules ont-elles cette particularité tandis que leurs voisines ne l'ont pas? — Parce que leurs cellules-mères avaient elles-mêmes dans leur constitution physico-chimique une particularité qui a entraîné dans les cellules filles celle qui a eu pour effet ce dépôt de pigment. Il en a été de même pour les cellules grand-mères et ainsi de suite jusqu'à l'œuf. La cause de la formation de ce nævus se laisse donc ramener à une particularité dans la constitution physico-chimique de l'œuf.

Mais, à un moment, il s'est trouvé une cellule, mère à la fois de ces cellules pigmentées et de quelque groupe des cellules épidémiques voisines non pigmentées : pourquoi les unes ont-elles reçu, à l'exclusion des autres, la disposition organique qui devait entraîner la formation du pigment? — Parce que cette cellule mère a subi une division hétérogène qui a créé dans l'une de ses filles et non dans l'autre la disposition qui devait conduire à la production ultérieure de ce pigment.

C'est exactement la même réponse que l'on ferait à quelqu'un qui demanderait pourquoi un groupe de cellules épidermiques forme en un point donné une invagination glandulaire d'un caractère donné. L'exceptionnel suit les mêmes règles et reconnaît les mêmes causes que le normal.

Les Plasmas germinatifs des espèces très voisines sont extrêmement semblables : il y a néanmoins entre eux une très légère différence dans leur constitution physico-chimique, *portant sur l'ensemble* et non sur des parties distinctes spécialement affectées à ces caractères. Cette différence se reproduit de cellule en cellule dans toute l'ontogénèse, affectant nécessairement toutes les parties. Mais beaucoup sont si peu touchées que leur variation ne s'aperçoit point tandis qu'en certains points, se localisent, grâce à la division hétérogène, des différences sensibles. Il en est absolument de même pour les différences individuelles. Elles n'ont de spécial que le fait de n'appartenir qu'à un individu au lieu d'être communes à tous ceux d'une race. Du fait que le voisin en est privé, ne résulte pas qu'elles doivent être exprimées dans l'individu qui les porte, d'une autre manière que si le voisin les avait aussi.

Nous avons admis que la particularité de constitution physico-chimique correspondant à la formation de ce nævus ou de cette invagination glandulaire portait, dans l'œuf, sur l'ensemble ou sur quelque partie plus ou moins localisée, mais non sur un germe spécial de ce nævus ou du pigment qui le colore.

Nous insistons sur ce point, parce qu'il caractérise la différence entre notre théorie et celles des particules représentatives.

Toutes les parties de l'œuf, noyau ou cytoplasma, suc cellulaire ou nucléaire, fibres, filaments, centrosome, microsomes cytoplasmiques ou nucléiniens, etc., etc., et les ultra-microscopiques quelles qu'elles soient, correspondent toutes et chacune à la totalité de l'organisme. Quelques substances chimiques peuvent avoir une affectation spéciale ou un aboutissement localisé, mais il n'y a pas de représentation des parties ou des caractères de l'organisme par autant de particules spéciales de l'œuf, n'ayant de relations qu'avec eux et restant latents jusqu'au moment où elles sont arrivés aux cellules où elles doivent entrer en action. Il est donc indifférent que la particularité initiale porte sur l'ensemble de l'œuf ou sur quelqu'une de ses parties, elle n'en atteindra pas moins l'organisme tout entier. Il est infiniment probable que les œufs de deux jumeaux, dont l'un différerait de l'autre uniquement par ce nævus, diffèrent extrêmement peu, mais rien ne dit que cette différence doive porter sur un point très restreint. Elle peut tout aussi bien s'étendre à un ensemble de parties et avoir pour base quelque minime changement dans la composition chimique de quelqu'une des substances répandues dans l'œuf.

Cela peut sembler moins naturel que d'attribuer la détermination de chaque caractère particulier à une particule spécialement chargée de le représenter. Mais cela rend beaucoup mieux compte des faits observés. Car, si les particules existaient tous les caractères seraient individuellement héréditaires, et c'est ainsi que Weismann comprend les choses. Comment alors se fait-il que le fils d'un petit Homme et d'une grande Femme soit bien proportionné dans sa taille moyenne et n'ait jamais un fémur long, un tibia court, un péroné long, etc.; comment se fait-il qu'il n'ait pas, tout au moins, les bras longs comme sa mère, et les jambes courtes comme son père ou la colonne vertébrale de l'un et les membres de l'autre? Il n'y a qu'un moyen de satisfaire à cette difficulté, c'est d'ajouter encore une nouvelle hypothèse à la théorie, d'imaginer une loi de développement, c'est-à-dire une entité métaphysique, ou quelque Déterminant de l'homogénéité des caractères. Ma théorie n'a besoin de rien de tout cela. Tout est à peu près intermédiaire parce que tout est déterminé par l'ensemble de la constitution d'un protoplasma mixte et par une excitation fonctionnelle qui est proportionnée dans tout l'organisme.

Je tiens à faire remarquer aussi que, dans mon idée, cette particularité minime de constitution chimique n'est pas obligée de se transmettre identique à elle-même de cellule en cellule jusqu'au nævus. Je pense, au contraire, qu'elle est remaniée un grand nombre de fois par la nutrition et les divisions hétérogènes et qu'elle ne prend que dans les cellules du nævus la forme qui a pour manifestation physiologique le dépôt de pigment. Je ne pense pas non plus que cette particularité de constitution aboutisse uniquement aux cellules du nævus. Il est possible et probable qu'elle affecte d'autres lignées cellulaires. Il est à peine admissible qu'au moment de la première division hétérogène le partage se fasse de telle façon que l'une des cellules filles reçoive seule un Idioplasma modifié tandis que l'autre se trouverait identique à ce qu'elle aurait été si l'œuf n'eut pas été atteint de la modification en question. Peut-être la modification passe-t-elle en majeure partie dans la cellule mère de la lignée du nævus, mais sa cellule sœur est aussi affectée. La seule chose nécessaire pour que le nævus se produise à la place voulue et non ailleurs, c'est que la modification initiale, à travers ses multiples changements, aboutisse dans les cellules du nævus, et non ailleurs, à la forme correspondant à la sécrétion du pigment. Les cellules sœurs de celles de la lignée du nævus doivent recevoir leur part de la modification initiale et tout ce qu'il faut, c'est que cette modification n'aboutisse pas chez elles, à la formation de pigment. Il est tout naturel qu'il en soit ainsi car, dans la division hétérogène qui a séparé sa lignée de celle du nævus, elle s'est trouvée différente de celle qui, dans la cellule sœur, devait conduire à la formation du pigment, et, dans les divisions hétérogènes ultérieures ces différences n'ont été qu'en s'accentuant.

Mais si leur part de modification n'aboutit pas à du pigment, elle aboutit à autre chose. Toutes se trouvent influencées, et sans doute très inégalement. La plupart le sont à peine, et généralement si peu qu'il n'en résultera aucune modification apparente, quelques-unes peut-être aussi fortement que celles du nævus; elles engendrent alors une modification très apparente au point du corps où elles aboutissent finalement.

C'est là sans doute la raison de ces phénomènes singuliers désignés par Darwin sous le nom de *Corrélation de croissance*. C'est pour cela sans doute que les Chiens chauves ont les dents imparfaites et que les Chats à yeux bleus sont sourds.

On voit que, si l'explication qui précède est vraie, la *Corrélation de développement* est un phénomène non pas exceptionnel, mais général. On voit aussi que sa désignation est fautive : il n'y a plus de corrélation spéciale là où tout est corrélatif.

Ce qu'il faut dire, c'est que les individus et les espèces diffèrent dans l'œuf par des particularités initiales qui portent sur l'ensemble de l'œuf ou sur des parties qui ne correspondent pas à des points du corps particuliers ou à des caractères spéciaux, mais à l'ensemble du corps et des caractères; que ces différences initiales aboutissent à des différences finales dans toutes les parties et dans tous les caractères de l'organisme développé; que le plus grand nombre de ces différences finales sont minimes ou de telle nature qu'elles passent inaperçues; qu'en quelques points elles deviennent évidentes et constituent les caractères différentiels des espèces et les caractères particuliers des individus. Tous les caractères spécifiques et individuels mériteraient donc d'être appelés corrélatifs, mais ce mot perd alors sa signification primitive, car ils ne sont pas plus spécialement corrélatifs que ne sont les diverses propriétés d'un corps chimique quelconque : ce sont les diverses manifestations d'une cause commune [1].

[1] On cherche des exemples de *Corrélation* dans des organes éloignés, ou tout au moins distincts, comme si ceux-là seuls pouvaient prouver l'existence de ce lien harmonique qui relie ensemble les parties d'un même organisme. Or les

Je reconnais que je m'écarte des pures données de l'observation et fais une hypothèse gratuite, en admettant qu'il y a des différences là où l'on n'en voit pas. Mais je ne crois pas que personne songe à contester mon dire. Lorsque les zoologistes et les botanistes énumèrent les caractères différentiels des espèces, ils savent bien qu'ils n'indiquent que les plus saillants et, s'ils faisaient l'analyse microscopique et chimique complète de

différentes parties d'un même organe fournissent à l'appui de l'existence de ce lien des preuves très fortes et entièrement suffisantes.

Les longueurs et grosseurs relatives des segments des membres, les proportions des doigts entre eux et avec la main sont toujours régulières, celles des membres antérieurs et postérieurs ne varient que dans de faibles proportions et sont, aussi, harmoniques avec celles du cou, etc., etc., etc. Or, si toutes les parties du corps étaient, comme on l'admet, séparément et individuellement héréditaires, pourquoi ne pourrait-on avoir, comme on a les yeux bleus de sa mère et les cheveux noirs de son père, le bras court et potelé de la première avec l'avant-bras long et sec du second, pourquoi pas, un ou deux doigts de l'un et les autres de l'autre, jurant ensemble par leur disproportion. Évidemment, ou les parties ne sont pas individuellement héréditaires, ou il y a une force d'équilibre et d'arrangement régnant en les diverses parties de l'organisme et les empêchant de revêtir les formes quelconques que l'Hérédité voudrait leur imposer.

Comment combiner cela avec l'hérédité de certains nævus à la même place? La théorie actuelle explique tout cela.

L'étude des physionomies conduit au même résultat. Elle est fructueuse, parce que, nulle part ailleurs dans le corps, les minimes variations ne nous frappent aussi vivement et ne peuvent être reconnues aussi aisément. Or cette étude me semble bien montrer que toutes les associations de traits ne se montrent pas. On ne trouvera jamais un menton large et plat, une bouche largement fendue, aux lèvres épaisses, aux dents écartées, larges et courtes, avec un nez long, vertical, étroit, des yeux petits et rapprochés du nez, un front haut et étroit, anguleux aux tempes, etc.

Je cite là des combinaisons très frappantes, mais l'incompatibilité existe entre des combinaisons bien moins opposées.

Une figure dessinée par un bon peintre nous frappe par la justesse des combinaisons et nous fait dire : comme c'est bien cela. Celle dessinée par un commerçant ou par un artiste maladroit nous choque par son invraisemblance. Le front, le nez, l'oreille, la bouche, les yeux, le menton sont justes et pourraient, séparément, trouver place dans une tête bien construite, mais leur combinaison est fausse et, souvent sans savoir pourquoi, nous sentons qu'elle n'est jamais réalisée.

Cela n'aurait pas lieu si tous les traits étaient individuellement héréditaires et si l'organisme n'était pas régi par d'autres forces que la Lutte des Déterminants, la Lutte des Tendances héréditaires.

Je crois, en outre, qu'il y a des types de physionomie, en nombre relativement restreint, dont toutes les autres sont des combinaisons.

Ce serait un travail intéressant de réunir des photographies en nombre immense, de trouver ces types, de les montrer chacun avec sa variation suivant l'âge, le sexe et la condition sociale, et d'établir leurs combinaisons principales de telle sorte qu'une photographie quelconque trouvât sa place déjà occupée dans le cadre ainsi établi, par une photographie différente de la sienne à quelques égards, mais représentant le type auquel elle appartient.

toutes les parties du corps, ils ne trouveraient pas deux cellules ou deux fibres qui n'aient des caractères *spécifiques* distincts aussi minimes que l'on voudra. Il en est de même entre les individus pour les caractères individuels. — Il n'est pas bien hardi, non plus, d'avancer que ces différences sont dues au développement des différences initiales plus minimes encore des œufs qui leur ont donné naissance. Nous ajoutons seulement qu'il n'y a pas dans l'œuf de particules représentatives sur lesquelles puissent porter les différences initiales d'une manière précise, parce que ce serait là une hypothèse inutile et beaucoup plus compliquée et invraisemblable que la nôtre. Rien donc n'empêche d'admettre que, dans notre conception simple de l'œuf et de la cellule en général, on peut, tout aussi bien que dans la conception des particules représentatives, comprendre que les plus minimes particularités spécifiques ou individuelles aient, dans le Plasma germinatif, leur expression précise adéquate, se transmettant par la génération et se reproduisant chez l'enfant au point voulu, sous la forme voulue.

Nous avons supposé jusqu'ici, pour alléger la description et la rendre plus nette, que chaque cellule contenait en elle-même, dans sa constitution physico-chimique, tous les facteurs de ses caractères propres et de son mode de division, comprenant la situation du plan de segmentation et la constitution physico-chimique des deux lots en lesquels elle divise ses substances pour constituer ses cellules filles. Il en résultait qu'elle contenait les éléments non seulement de sa détermination, mais de celle de ses cellules filles et, par l'intermédiaire de celles-ci, de celle des cellules petites filles et ainsi de suite jusqu'à la fin de l'ontogénèse.

En sorte que toutes les parties et tous les caractères de l'organisme développé et toutes les phases de son ontogénèse seraient *directement* déterminés par la constitution physico-chimique de l'œuf. C'est ainsi que Nægeli (84), Weismann (84) et la plupart des autres comprennent l'ontogénèse.

Il s'en faut de beaucoup que cette manière de voir soit la nôtre.

Cette détermination à outrance et directe des moindres particularités nous paraît tout à fait opposée à la réalité des faits.

Nous pensons que la plupart des caractères ne sont déterminés que d'une manière indirecte, souvent très indirecte, et qu'un bon nombre tiennent aux conditions extrinsèques et ne dépendent qu'indirectement de l'œuf ou sont tout à fait indépendants de lui.

Mais nous allons montrer que, grâce à une combinaison singulière de phénomènes, cette détermination indirecte ou nulle aboutit au même résultat précis que la détermination directe et absolue admise dans les autres théories que nous rappellions à l'instant.

Nous avons déjà, à propos de l'Ontogénèse, exprimé cette idée : il nous faut la développer ici davantage et montrer comment elle modifie la conception de l'hérédité.

Pour bien faire comprendre ces distinctions un peu délicates, prenons l'œuf après la fécondation et suivons-le dans son développement. Il se divise en deux et nous supposerons que cette première segmentation soit homogène. A l'œuf se sont substituées deux cellules identiques chacune à lui. Mais, du seul fait qu'elles sont deux au lieu d'une, résulte une différence capitale, car ces deux cellules s'attirent, s'applatissent quelque peu l'une contre l'autre, se compriment d'*un certain côté*. Cela crée en elles des conditions nouvelles et, bien qu'elles aient, par hypothèse, reçu une constitution physico-chimique identique à celle de l'œuf, leurs propriétés ne sont plus les mêmes. La preuve évidente en est fournie par ce fait qu'elles vont se diviser *autrement* que n'a fait l'œuf. On ne voit jamais, en effet, l'œuf se diviser successivement par deux premiers plans parallèles, ce qui arriverait nécessairement si elles étaient restées identiques à l'œuf comme elles l'étaient au moment de leur formation. La déviation du second plan à 90° de la position du premier peut donc être attribuée au simple fait que les premiers blastomères sont deux au lieu d'être un comme l'œuf[1].

Cela peut avoir une influence capitale sur la suite du développement et cependant je pense que les partisans des particules représentatives n'iraient pas jusqu'à dire qu'il y a un Pangène spécial pour représenter le caractère d'être deux au second stade. Il n'y a rien qui représente cela sous aucune forme spéciale dans le Plasma germinatif.

C'est donc bien un *facteur nouveau* qui a *pris naissance* au cours du développement.

Des facteurs analogues apparaissent, de la même manière, à tous les stades. Cependant il n'en résulte aucune indétermination dans le développement; le fils n'en ressemblera pas moins à sa mère, pour la simple raison que ce phénomène s'est nécessairement passé chez la mère comme

[1] Les expériences de PFLÜGER (83, 84) et des autres (Roux, Driesch et O. Hertwig) sur l'Isotropie de l'œuf montrent que la pression est bien capable à elle seule de produire ce changement de position du plan de division (V. p. 327 et suiv.).

chez le fils, a engendré les mêmes résultats, a eu le même retentissement sur toute la suite de l'ontogénèse. D'autre part, si le fait d'être deux au second stade n'est représenté par rien de spécial dans le Plasma germinatif (puisque toute autre cellule à la place de l'œuf eut, en se divisant n'importe comment, engendré le même fait) la manière, dont ces deux blastomères sont disposés l'un par rapport à l'autre, le sens dans lequel ils se compriment, et par suite la position du 2e plan est déterminée par la constitution de ce Plasma. Presque tout ce qui concerne la position des plans de division et, par suite, la situation relative des cellules et ce que nous avons appelé la *Différenciation anatomique* dépend donc de facteurs qui prennent naissance au cours de l'ontogénèse, n'ont et ne peuvent avoir aucunes particules représentatives, et sont déterminés rigoureusement, mais très indirectement, par la constitution physico-chimique de l'œuf. Or, une bonne part de la Différenciation histologique repose sur la Différenciation anatomique. W. Roux (81) a montré qu'une même cellule mésodermique pouvait devenir fibre conjonctive ou ligamenteuse, élément élastique ou cartilagineux selon les impulsions qu'elle reçoit de l'Excitation fonctionnelle[1]. En sorte qu'une même cellule mésodermique, deviendra l'une ou l'autre de ces éléments histologiques selon que la différenciation anatomique l'aura poussée dans une lame conjonctive, dans un ligament, ou dans un cartilage.

Ainsi une partie importante de la Différenciation histologique dépend aussi de ces facteurs intercurrents, n'a pas de particules représentatives et n'est déterminée que très indirectement par la constitution de l'œuf.

D'autres facteurs ont une origine encore bien plus indirecte.

L'œuf des Mammifères ne peut se développer normalement que grâce aux conditions qu'il rencontre dans la matrice. La forme, le volume, la résistance de cet organe, les qualités physiques et chimiques du sang maternel ont la plus grande influence sur l'embryon. Or, la Détermination de ces conditions n'a pas son siège dans l'œuf qui forme l'embryon, mais dans celui qui a formé la mère. Ces conditions sont encore réglées par l'Hérédité, mais on ne peut dire que les caractères qui résultent de leur intervention soient déterminés par des particules situées dans l'œuf qui développera ces caractères.

Passons maintenant aux conditions totalement indépendantes de l'œuf et de l'embryon.

[1] Rappelons encore ici le cas des pseudarthroses et tous les faits de *Dichogénie*.

L'œuf et les diverses cellules embryonnaires ne se développent comme elles font dans l'ontogénèse normale que parce qu'elles rencontrent un concours approprié de conditions ambiantes.

On considère, en général, avec Nægeli (84), les conditions ambiantes comme banales et sans influence aucune sur la direction de l'évolution. On les compare volontiers au charbon et à l'huile de la machine à vapeur, sans lesquels la machine ne pourrait marcher, mais qui ne peuvent rien changer au genre de travail que fournit l'appareil.

C'est une manière de voir très inexacte.

Dans un remarquable travail qui a trop peu attiré l'attention, Kawkine (88) a montré comment les formes du *Paramœciun,* s'expliquent par la seule action mécanique de ses cils, sans que l'hérédité de la forme ait besoin d'intervenir.

La Tératogénie expérimentale, la Dichogénie et la Pathologie sont aussi pleines de faits démonstratifs à cet égard[1].

Chaque cellule est capable de suivre, dans des conditions différentes une évolution différente. Elle ne contient donc pas en elle-même tous les éléments de sa détermination. Elle en contient une partie seulement et les conditions ambiantes contiennent le reste. Il semble donc que l'on devrait, en faisant varier celles-ci dans une mesure suffisante, obtenir des modifications dans l'évolution de toutes les cellules de l'embryon et par suite obtenir des variations subites considérables, des monstres à volonté. Mais il n'en est pas ainsi parce que l'ensemble formé par ces cellules modifiées toutes de façon indépendante ne constitue pas un organisme viable. Si, pour une raison quelconque, le cerveau, le cœur ne se développent pas, si les gros vaisseaux s'unissent par des connexions anormales, un être fort différent de l'être normal commence à se former, mais il est bientôt arrêté, parce qu'il est incapable de vivre ou même d'atteindre la fin du développement.

L'œuf n'est point forcé par sa constitution physico-chimique à suivre

[1] Dans les expériences de Chabry sur les œufs d'Oursin élevés dans l'eau privée de sels calcaires, les cellules formatrices du squelette ne forment plus de spicules dans cette eau de composition nouvelle, les cellules ectodermiques n'étant plus poussées par ces spicules grandissants ne forment plus la gaîne épidermique des bras, etc.

Il suffit de relire dans le *Premier livre* le chapitre relatif à la Dichogénie et de se rappeler les modifications somatiques de la syphilis héréditaire, de la scrofule, du myxœdème consécutif à l'extirpation du corps thyroïde, etc., pour être convaincu de cette influence capitale des conditions ambiantes, c'est-à-dire, ici, extérieures à la cellule qui la subit.

dans son développement une voie unique, rigoureusement déterminée : il contient en lui une multitude de possibilités d'évolution. S'il en suit une seule, c'est qu'il rencontre à chaque instant les conditions ambiantes précisément nécessaires pour le conduire dans celle-là. Si, par une variation trop grave de ces conditions extérieures, il est lancé dans une voie différente, il s'arrête tôt ou tard dans son développement. Il n'est donc pas besoin de supposer que tout est déterminé d'avance dans l'œuf et que, dans chaque cellule de l'ontogénie, est déterminé le développement de toutes les cellules de sa lignée descendante; ni de supposer une tendance interne, une *Force héréditaire* directrice conduisant au but par une route assurée.

Une constitution initiale déterminée et un concours de circonstances appropriées suffit à rendre compte de tout.

Comme Nous (93, p. 413)[1] l'écrivions, il y a trois ans, « l'hérédité n'intervient qu'en fixant la constitution physico-chimique de tous les éléments d'une manière si précise que chaque cellule est à, chaque instant, en présence de ce dilemme : rencontrer des conditions identiques à celles qu'a rencontrées la cellule identiquement conformée du parent, et réagir contre ces conditions par une modification identique, de manière à poursuivre une évolution totale identique » et nous ajoutions, « ou mourir »; il vaudrait mieux dire : ou conduire à une conformation qui tôt ou tard devient incompatible avec la continuation du développement.

Ainsi s'explique l'identité d'évolution du produit avec les parents, sans qu'il soit nécessaire d'admettre une détermination préalable de tous les détails du développement. Les choses sont disposées de telle manière que les facteurs extrinsèques indépendants de la constitution du germe conduisent ce germe au but voulu avec la même précision que si la tendance directrice résidait en lui.

Ainsi, quelles que soient les conditions ambiantes, le développement normal se trouve assuré. Mais cela ne veut pas dire que ces conditions sont quelconques, et que seuls arrivent au but les œufs qui, par hasard, auront rencontré le concours de conditions ambiantes appropriées au développement normal. S'il en était ainsi, le nombre des embryons arrêtés dans leur développement serait beaucoup plus grand encore qu'il n'est et la réussite du développement serait l'exception. Les conditions ambiantes sont indépendantes de la constitution du germe qui les subit, mais elles ne sont pas indépendantes des caractères héréditaires de l'espèce qui sont aussi déterminés par la constitution du germe. Chaque espèce animale place ses œufs de manière à éliminer le plus possible les conditions incompatibles avec un développement normal, l'une les pond dans l'eau, l'autre dans la vase, une autre dans le sable chaud ou frais, sec ou humide, celle-ci recherche l'abri d'une plante ou d'un trou creusé dans le sol, celle-là lui construit une loge, le munit d'une coque ou le dépose même dans les tissus d'une plante ou d'un animal; toutes choisissent le climat et la saison qui conviennent le mieux. Des dispositions organiques admirablement appropriées suppléent entièrement, chez les végétaux et, pour une bonne part chez les animaux, à ce que l'instinct et l'intelligence, ne pourraient faire à eux seuls. Enfin, chez les êtres supérieurs, la couvaison ou la gestation assurent avec plus de précision encore l'invariabilité des conditions que l'œuf et l'embryon doivent trouver.

Il nous semble que tout cela démontre surabondamment l'inutilité de faire déterminer d'avance par des particules représentatives contenues dans l'œuf, une multitude de choses qui se déterminent aisément d'elles-mêmes au moment où il en est besoin.

L'œuf ne contient pas *tous les facteurs* de sa détermination. Il contient seulement *un certain nombre des facteurs nécessaires* à la détermination de chaque partie et de chaque caractère de l'organisme futur.

Cela suffit, car il rencontre successivement les autres facteurs nécessaires au fur et à mesure qu'il en a besoin; cela suffit, car la détermination des caractères est aussi rigoureusement dépendante de la constitution de l'œuf s'il contient un seul facteur nécessaire à chacun d'eux que s'il les contenait tous; enfin cela est beaucoup plus simple, car c'est tout autre chose pour l'œuf, de contenir quelques-unes des conditions nécessaires au développement des caractères ou de les contenir toutes. Pour les contenir toutes, il lui faut les particules représentatives; tandis que la constitution simple que nous lui avons décrite suffit pour qu'il contienne au moins la condition chimique à laquelle on ne saurait toucher si peu que ce soit sans changer quelque chose à tout ce qui en dépend, c'est-à-dire à tout.

Ainsi, l'Hérédité donne à l'œuf sa constitution physico-chimique relativement simple, mais rigoureusement précise. Son rôle direct s'arrête là.

Par là, elle détermine seulement quelques-unes des conditions nécessaires à une évolution identique à celle du parent. Cette évolution pourrait donc être, malgré cela, très différente. Mais les phénomènes sont combinés de telle manière que le reste des conditions nécessaires à un développement identique se présente nécessairement, en partie par la nature même des conditions extrinsèques, en partie par l'influence indirecte exercée sur ces conditions par l'Hérédité, soit dans l'embryon lui-même, soit dans les parents aux générations antérieures (V. p. 826, note 2).

XI. LA VARIATION ET SA TRANSMISSION HÉRÉDITAIRE

Nous avons, dans ce qui précède, parlé toujours d'*identité* de structure, de caractères et d'évolution. Or, cette identité n'est pas absolue. Elle laisse place à des différences plus ou moins considérables qui constituent le domaine de la variation que nous devons maintenant examiner.

La constitution éminemment simple que nous avons attribuée à l'œuf et aux cellules de l'organisme doit retentir, naturellement, sur leur aptitude à varier comme sur leurs autres propriétés physiologiques. Privé de Gemmules, de Pangènes, d'Idioblastes, de Déterminants, l'œuf doit se comporter autrement en face de la Variation, que s'il possédait tous ces facteurs indépendants. Réduit à un groupement de substances chimiques diverses arrangées suivant une disposition déterminée, l'œuf et les éléments du corps vont-ils pouvoir subir et transmettre, conformément à ce que montrent les faits, les variations dues aux diverses causes?

Pour étudier cette importante question, nous allons supposer que notre théorie est vraie et voir comment les choses *doivent* se passer dans cette hypothèse; nous examinerons ensuite si ce qui devrait se passer est conforme à ce qui se passe réellement.

Pour cela nous distinguerons la variation somatique de la plasmatique.

1. Variation plasmatique.

La variation plasmatique est celle qui intéresse directement le Plasma germinatif. Elle peut être un résultat immédiat de la maturation, ou de la fécondation de l'œuf ou se produire pendant la formation de l'élément sexuel par l'intermédiaire des cellules des lignées germinales qui relient l'œuf de la génération précédente à celui de la génération suivante. Il n'y a pas d'autres éventualités possibles. Examinons-les successivement.

α) *Variation pendant la formation de l'œuf.* — La théorie de la Continuité du Plasma germinatif suppose que ce Plasma se divise dans l'œuf en deux parts identiques, une pour la génération actuelle, l'autre pour la génération suivante. Elle n'admet que des divisions homogènes dans la lignée des cellules germinatives. GALTON (75) pense, au contraire, que ces deux parts sont complémentaires l'une de l'autre et naissent d'une division fortement hétérogène. Il est plus probable qu'il n'y a ni identité ni opposition, que l'œuf de la génération suivante est seulement très semblable à celui de la précédente. Nous avons montré, en effet, que le premier descendait du second par l'intermédiaire de cellules très peu, mais toujours quelque peu différenciées; il comprend donc dans sa lignée ascendante, en outre des homogènes, au moins quelques divisions un peu hétérogènes. Il y a donc toutes chances pour qu'en revenant à la constitution de l'œuf qui lui a donné naissance, il ne l'atteigne pas tout à fait exactement. L'hypothèse la plus probable est que l'œuf, dès avant sa maturation, est quelque peu différent de celui des générations précédentes au même stade. Il y a là un élément de variation.

6) *Variation par le fait de la maturation.* — Les divisions réductrices de la maturation, sont très probablement, comme l'a avancé WEISMANN, un élément important de variation. Nous avons fait remarquer, en effet, que la division longitudinale des chromosomes et l'attribution à chaque cellule fille d'une des anses jumelles de chaque paire autorisait à admettre que les chromosomes ne sont point équivalents; sans quoi ce processus compliqué se trouverait inutile et l'on verrait sans doute, au moins dans quelques cas, des chromosomes entiers passer à l'une ou à l'autre cellule. Si donc les chromosomes ne sont pas équivalents, le rejet d'une moitié d'entre eux doit apporter un changement dans l'œuf[1].

Mais ce changement doit être tout autre que ce qu'imaginent les partisans du *rôle directeur du noyau* et ceux des particules représentatives. Il est moins spécial que ne pensent ceux-ci et moins grand que ne croient ceux-là. Il n'y a ni rejet de facteurs de caractères déterminés, d'éventualités évolutives précises, ni altération de la seule partie essentielle de la cellule; il y a simplement un changement dans la constitution physico-chimique d'une partie de l'œuf. Le noyau réduit constitue un appareil physico-chimique quelque peu différent, qui se comporte un peu autrement dans les réactions chimiques et les échanges osmotiques qui interviennent entre lui et le cytoplasma et qui modifient secondairement celui-ci. L'œuf étant un peu modifié dans sa constitution, l'est aussi dans ses pro-

[1] Nous avons aussi réfuté (p. 666, note) l'opinion de O. HERTWIG (92) qui veut que la division réductrice soit homogène comme les autres.

priétés et en particulier dans sa division. Quelque changement se produit dans la position de son plan de segmentation et dans le mode de répartition de ses substances entre ses cellules filles; ainsi les deux premiers blastomères se trouvent quelque peu modifiés, et de même de proche en proche toutes les cellules de l'ontogénèse.

γ) *Variation par la fécondation.* — La Fécondation est, comme l'ont très bien montré divers auteurs et en particulier WEISMANN, un facteur important de variation; ce qui n'empêche pas qu'elle soit en même temps, comme l'a montré STRASBURGER (84)[1], un des facteurs de la fixité de l'espèce, en noyant dans la moyenne les variations individuelles. Bien entendu cette variation, si notre théorie est vraie, doit se comprendre, non comme un apport de facteurs spécifiques nouveaux, mais comme le mélange[2] à des substances chimiques et à des forces physiques déterminées, de substances et de forces semblables, mais un peu différentes, en sorte que le complexus physico-chimique qui en résulte est un peu différent de ce qu'il était auparavant.

Tous ces changements affectent le Plasma germinatif dans son ensemble, mais ils peuvent, comme nous l'avons montré plus haut, être fort inégalement répartis dans le corps par l'effet des divisions hétérogènes et donner l'illusion de modifications particulières et localisées. Les variations dues à ces diverses causes sont très inégales en intensité. Le plus souvent elles sont modérées et constituent de simples particularités individuelles; parfois elles sont considérables et deviennent des cas tératologiques. Elles sont naturellement héréditaires et, par là, semblent pouvoir servir à la formation des espèces. Mais elles sont irrégulières, inconstantes, individuelles. Pour qu'elles puissent servir d'origine à des formes nouvelles, il faut donc qu'elles soient fixées, dirigées, soit par la Sélection, soit autrement.

Nous examinerons dans le prochain chapitre s'il en est ainsi.

2. — Variation somatique.

a) Ses conséquences.

Nous appelons somatique, non la variation qui se limite au corps, mais celle qui débute par lui, soit dans l'organisme développé, soit dans les

[1] WEISMANN le reconnaît lui aussi (V. p. 694.)

[2] Voir la deuxième note de la page 783.

lignées somatiques des cellules de l'ontogénèse; et la question est précisément savoir par quelles voies elles peuvent arriver au germe, si elles l'atteignent, et produisent en lui une variation, adéquate; enfin, si cette variation est *réversible*, c'est-à-dire telle que celle du Germen reproduise dans le Soma de la génération suivante précisément la modification qui, à la génération précédente, en a été le point de départ.

Il faut, pour le voir, reprendre les diverses catégories de variations somatiques que nous avons établies dans la première partie.

α) *Mutilation.* — Lorsque l'on coupe un membre à un animal, quel peut être l'effet de cette mutilation sur le germe?

L'effet direct est évidemment nul, puisqu'il n'y a aucune relation entre les membres et les cellules sexuelles : le système nerveux continue à fonctionner dans ses parties restantes tout comme avant; le sang n'est point modifié, puisque ce membre ne lui empruntait ou ne lui fournissait aucun produit que les tissus similaires des autres parties du corps ne continuent à lui emprunter ou à lui fournir. Les communications protoplasmiques, même si elles sont continues, ne pourraient jouer un rôle défini que si on admettait qu'elles puissent transmettre des excitations dynamiques qui seraient supprimées par l'amputation, ce qui serait une hypothèse sans base aucune dans l'état actuel de nos connaissances. Ce n'est que très indirectement que le Germen peut subir le contre-coup de la condition nouvelle créée par le nouvel état de choses. Si l'animal amputé peut moins facilement se procurer sa nourriture ou trouver un abri contre les intempéries, il peut souffrir d'anémie, de maladies diverses, être victime d'accidents variés qui pourront influencer les cellules sexuelles, mais évidemment il n'y aura aucune ressemblance entre le résultat et la cause : il pourra y avoir variation consécutive légère, mais nullement transmission de la variation acquise.

Si, au lieu d'un membre, on ampute tout un viscère dont l'organisme puisse à la rigueur se passer (la rate, le corps thyroïde, le thymus, etc.) ou une partie importante de quelque viscère essentiel (foie, reins, pancreas), le cas devient tout autre. Ces organes empruntent au sang des matériaux spécifiques et déversent dans sa masse des excreta spécifiques aussi, dont la suppression ou la diminution peut avoir une grande influence sur l'économie. Ce que l'on appelle la *sécrétion interne* n'est rien autre chose que cela et l'on sait quelle énorme influence elle a sur les divers tissus. Sa suppression produit le diabète quand elle porte sur le pancreas, le myxœdème quand elle atteint la glande thyroïde, etc. Il est évident qu'un sang chargé de sucre ou d'autres principes plus ou moins nocifs, plus ou moins actifs, peut exercer une influence spécifique sur les cellules germinales. Les effets de la castration sont tout à fait démonstratifs à cet égard. Ils ne peuvent se transmettre au germe puisque celui-ci est supprimé, mais leur influence puissante sur les autres parties du corps montre que, réciproquement, les cellules sexuelles peuvent être fortement influencées par la suppression d'autres glandes.

Rappelons à ce propos l'observation remarquable de Thompson rapportée dans la première partie (V. p. 269, note).

Il peut y avoir là une cause importante de variation. Mais il n'y a en apparence aucune raison pour que cette variation soit réversible; la nouvelle condition chimique produit, en effet, sur l'œuf une modification chimique sans ressemblance aucune avec la modification anatomique; et cette modification, remaniée mille fois par les divisions hétérogènes de l'ontogénèse, pourra aboutir à des variations nullement localisées et différentes en les différents points, de même que l'atropine par exemple produit sur l'iris, le pharynx, le tube digestif, les glandes sudoripares, le cerveau, des effets absolument différents.

Cependant il n'est pas impossible que quelques-unes au moins des variations somatiques produites par ces modifications chimiques aient quelque analogie avec celles qui ont engendré ces dernières. C'est là une question importante; nous l'examinerons pour tous les genres de variation à la fois en terminant ce chapitre.

6) *Effets de l'usage et de la désuétude.* — L'organe atrophié dans l'inaction équivaut à l'organe normalement plus petit. Il en est de même de celui que l'on a partiellement excisé. Les effets de l'inactivité sont donc les mêmes que ceux des mutilations, et ceux de l'usage excessif sont précisément inverses. Tout ce que nous avons dit de celles-ci s'applique donc à celle-là. Quand l'organe atteint est formé de tissus répandus dans tout l'organisme, les cellules germinales n'en sont en rien affectées; quand il est formé de cellules qui ne se rencontrent que chez lui, cela peut avoir, par suite de la suppression de substances chimiques déterminées, une influence plus ou moins grande sur les cellules sexuelles. Mais il n'y a point, en apparence, de raison pour que la modification de celles-ci soit réversible.

Nous verrons cependant quelles réserves méritent d'être faites à cet égard.

γ) *Effets des maladies.* — Les maladies, même acquises, c'est-à-dire atteignant des individus qui ne devaient pas à leur Plasma germinatif une aptitude spéciale à les contracter, peuvent être l'origine de variations importantes. Elles agissent de deux manières : 1° par la déchéance générale des forces, par les modifications qu'elles imposent au régime, au genre de vie ; 2° par les toxines qu'engendrent un bon nombre d'entre elles et par les substances chimiques dont elles provoquent la formation, auxquelles il faut ajouter, pour l'homme et certains animaux domestiques, les substances médicamenteuses ingérées à leur occasion. Les premières peuvent avoir sur l'œuf des effets indirects d'importance variée, et produire des modifications en tout cas non réversibles. Les secondes ont une influence directe qui pourrait être considérable.

Nous avons vu quelles modifications étonnantes on pouvait obtenir par l'addition de quelques substances chimiques à l'eau où vivent des animaux inférieurs ou des Algues (V. p. 169, note, et 279). Il en est évidemment de même quand ces substances circulent dans le sang. Cette cause de variation doit donc être puissante en elle-même, mais son caractère accidentel et son peu de durée atténuent ses effets. Aussi est-ce surtout dans les maladies chroniques, les diathèses (il en est d'acquises) que l'on observe cette influence.

Mais, ici encore, on ne voit pas au premier abord pourquoi il y aurait quelque ressemblance entre les effets de ces substances diverses, toxines ou autres, sur l'organisme développé et sur celui qui se développera de l'œuf. Il n'y a dans l'œuf ni un rein pour recevoir les effets du Brightisme, ni un foie qui puisse devenir cirrhotique sous l'action de la syphilis, ni un cerveau qui puisse recevoir le contre-coup des affections mentales.

Cependant nous verrons que cette ressemblance, affirmée dans quelques cas par les faits, n'est peut-être pas tout-à-fait inexplicable.

δ) *Effets des conditions de vie.* — La température, la pression atmosphérique, les habitudes et surtout le régime alimentaire peuvent être des causes importantes de variation. Pour la température, la chose a été démontrée par DARESTE (91) pour les œufs de Poule, par DRIESCH (92-93) pour ceux de l'Oursin (v. p. 166 et suiv.). L'œuf normal, se développant à une température anormale, mais pas trop différente de celle qui convient exactement, peut donner naissance à un monstre. Il est probable qu'il y a ici, comme d'ordinaire, une transition insensible entre l'impossibilité du développement, la monstruosité, l'hémitérie, la particularité individuelle et l'identité. La particularité ainsi engendrée pourra ou non engendrer une variation à la génération suivante, mais il n'y a aucune raison pour que ce soit la variation similaire.

Dans l'exemple cité, il se pourrait qu'elle le fût parce que l'œuf de la génération suivante a commencé à se former pendant l'intervention de la cause perturbatrice : mais c'est alors un cas d'action directe et non de transmission par le Soma. D'ordinaire, il n'en est pas ainsi. Prenons un Mammifère, par exemple, transportons-le dans un climat plus froid. Son poil deviendra peut-être plus fourni, plus long, plus blanc, mais il ne semble pas que cela puisse en affecter l'œuf. Si la température ambiante est beaucoup plus basse, la température centrale peut s'abaisser de quelques dixièmes de degrés. Il y aura alors action directe, mais on ne voit pas pourquoi elle engendrerait la modification réversible. Il n'y a dans l'œuf, ni poils, ni bulbes pileux et j'ajouterai ni Déterminants de ces organes. Il peut d'ailleurs y avoir une action indirecte mais très détournée, due aux changements de régime qu'entraîne le changement de climat. Mais alors la modification ne sera pas due au changement dans le pelage mais à celui du régime [1].

Autant l'influence des autres variations somatiques dues aux conditions de vie est faible et aléatoire, autant peut être intense celle du régime et surtout de l'alimentation.

La question est très importante et mérite d'être examinée avec soin.

Elle se ramène aux deux suivantes : 1° les variations dans la nature des aliments peuvent-elles modifier la composition du sang? 2° les variations dans la composition du sang peuvent-elles modifier la constitution physico-chimique des cellules et par suite leurs propriétés?

Or, à ces deux questions, on ne peut répondre que par l'affirmative.

Qu'est-ce que le sang, en somme? C'est la substance des aliments remaniée par voie de dialyse et de fermentation.

Il serait possible à la rigueur que les dialyseurs fussent si parfaits, les fermentations si spéciales, que le chyme puisse varier dans des limites assez étendues sans que le chyle et les sucs absorbés par les veines stoma-

[1] Kochs (90) a démontré que l'acclimatement dans les pays chauds est acquis lorsque les tissus se sont imprégnés d'une forte quantité d'eau. Alors l'aptitude à supporter la chaleur devient parfaite, mais en même temps se produit un remarquable alanguissement physique et intellectuel.

Peut-être cette absorption d'eau par les tissus s'étend-elle aux cellules sexuelles et a-t-elle quelque influence indirecte sur ces éléments.

cales et intestinales soient modifiés. Mais cela est très improbable, et nous ferions une hypothèse moins plausible en admettant la première alternative que la seconde. Il est possible aussi, à la rigueur, que les variations dans la composition du sang soient sans influence sur la composition du contenu des cellules si les membranes dialysantes et les réactions chimiques intra-cellulaires sont constituées de manière à les annihiler à la façon des régulateurs de nos appareils. Mais cela est aussi beaucoup moins probable que l'alternative inverse et nous pécherions en l'admettant contre les règles que nous nous sommes imposées.

Nous avons montré précédemment (V. p. 753 à 757) comment la composition physico-chimique des diverses cellules et de leurs moindres parties se maintenait constante malgré les variations de l'alimentation, par un système d'approximations successives. Nous avons laissé croire, provisoirement et pour donner plus de netteté à l'exposé de notre théorie, que ces approximations arrivaient à l'identité. Mais ce n'est pas là le fond de notre pensée. L'approximation est progressive, elle se rapproche de plus en plus de l'identité, mais elle n'y arrive pas tout-à-fait. Pour une même espèce animale, les aliments possibles, sont moins divers que les aliments existants, les aliments choisis moins divers que les aliments possibles, les chymes moins différents que les aliments, les chyles moins différents que les chymes, les sangs moins différents que les chyles, les sucs intersticiels moins différents que les sangs, les cytoplasmas moins différents que ces sucs, les nucléoplasmas moins différents que les cytoplasmas, les organites intracellulaires moins différents que les cytoplasmas ou les mucléoplasmas qui les contiennent. Mais, les individus comparés seraient-ils identiques, si les aliments ne le sont pas, il restera jusque dans les parties les plus intimes de leurs cellules un minime résidu de ces approximations graduelles.

On est conduit par une induction légitime à se convaincre qu'il en est vraiment ainsi.

L'approximation graduelle empêche-t-elle les poisons et les diverses substances médicamenteuses d'arriver aux cellules et de produire sur chaque espèce son action spécifique? Sous ce rapport, les substances alimentaires ne diffèrent pas des précédentes : la différence gît dans le degré et non dans la nature des actions. Si l'essence d'anis ou d'absinthe a des propriétés convulsivantes, si l'alcool enivre, si le pavot modère l'excitabilité nerveuse, pourquoi l'herbivore qui broute l'anis ou l'absinthe, qui mange le raisin ou le pavot ne serait-il pas, jusque dans ses cellules, un peu modifié par rapport à celui qui ne broute que ses graminées ordinaires? Et pourquoi, si les cellules nerveuses sont atteintes par certains médicaments et aliments, les musculaires, par d'autres, les diverses sortes de glandes, le squelette, les vaisseaux, et les autres tissus par d'autres encore, pourquoi les cellules sexuelles échapperaient-elles à cette influence générale?

Assurément le changement est très minime, il peut n'être que passager, son influence sur l'évolution peut être presque nulle. Pour le moment la question n'est pas là. Nous y reviendrons plus tard. Mais ce qui est certain, c'est qu'elle existe et nous pouvons l'affirmer : *l'alimentation a une action morphogène.*

Chez les animaux, surtout ceux qui vivent à l'état sauvage, les différences individuelles sous le rapport de l'alimentation sont à peu près nulles et il n'est pas étonnant qu'ils se ressemblent tous si exactement. Mais chez l'Homme et chez les animaux domestiques, il n'en est plus de même : chez le premier surtout. Les différences individuelles, si remarquables dans l'espèce humaine, tiennent certainement pour une bonne part aux croisements de races qui ont eu lieu de temps en temps dans leur lignée ancestrale ; ils tiennent sans doute aussi aux autres causes invoquées, la division réductrice, la fécondation, l'action des conditions ambiantes sur le Germen et sur le Soma. Mais je suis convaincu que l'alimentation a une influence marquée sur ces caractères particuliers.

Plus d'un trouvera cette idée ridicule, montrant aussi simplement qu'il est asservi aux opinions reçues et ne sait pas aller au fond des choses. L'idée peut être fausse, elle n'est pas absurde. J'affirme qu'il est possible, et je crois qu'il est vrai, que les caractères de race des Irlandais, des Bretons, des Arabes, des Samoyèdes, etc., sont dus en partie à leur régime, principalement à leur nourriture, qui contribuent à leur donner une physionomie commune de même que le buveur d'absinthe, de vin, de bière, le fumeur d'opium, le mangeur de hachisch ont leur facies à part. Et je ne crois pas qu'il s'agisse ici simplement d'une influence générale portant sur le développement ou l'atrophie du tissu adipeux, la dilatation ou la constriction de l'estomac, l'épanouissement des traits ou l'hébétude qui traduisent l'état habituel des pensées. Cela va beaucoup plus loin. Déjà le développement des varicosités capillaires du nez des ivrognes sont quelque chose du plus spécial. Mais ce n'est qu'un résultat grossier de l'absorption d'un poison plutôt que d'un aliment. Le phénomène est beaucoup plus délicat, divers et compliqué et doit être compris de la manière suivante.

Pour que la cellule fût invariable dans ses propriétés, il faudrait qu'elle se maintînt invariable dans sa constitution physico-chimique et pour cela qu'elle fût toujours baignée par un sang de composition précisément convenable pour maintenir cette invariabilité. Si l'alimentation est changée, si, à une sorte d'herbes ou de chair, en est substituée une autre de composition suffisamment différente, si des épices, des aliments fermentés, des boissons excitantes sont mêlés en proportion suffisante à la nourriture, la constitution physico-chimique de la cellule est un peu changée, elle fonctionne un peu autrement, se divise un peu autrement, livre à ses cellules filles des lots de substances un peu autrement constitués. Celles-ci déjà modifiées à leur naissance, continuent à l'être sous l'action persistante du changement de nourriture. Cela continue ainsi indéfiniment et peut aboutir, surtout si la croissance n'est pas achevée, à des modifications somatiques de tout ordre aussi diverses qu'inattendues.

Il suit de là que les modifications somatiques de cet ordre ne sont pas héréditaires. Car, l'œuf étant une cellule différente de celles des tissus atteints est impressionné différemment. De même que l'alcool cirrhose le foie, excite le cerveau, sclérose le rein, et produit sur les vaisseaux les lésions de l'athérome, de même le changement alimentaire produira sur les cellules germinales et l'œuf des modifications autres que dans les autres cellules. Quand l'œuf se développera, ces modifications se traduiront par d'autres plus différentes encore, en sorte qu'à la fin, il semble qu'il ne puisse rester aucune ressemblance entre l'effet héréditaire et l'effet produit sur la génération précédente. Nous verrons que cela n'est pas tout-à-fait vrai.

En résumé, nous voyons que la plupart des variations somatiques ont une influence héréditaire directe, que toutes en ont au moins une indirecte, mais que la variation héritée n'a pas de ressemblance avec la variation causale. Toute variation somatique en produit une autre spécifique, adéquate, déterminée en ce sens que, si elle eut été un peu différente, elle eut produit un effet différent et que, toutes les fois qu'elle reparaît identique, elle reproduit la variation identique; mais elle n'est pas *réversible*, c'est-à-dire que la variation héritée ne ressemble pas à la variation causale.

L'existence de la variation héréditaire est ainsi expliquée, mais l'examen des faits nous a montré, dans la *Première partie* de cet ouvrage qu'il y avait, dans certaines circonstances, ressemblance entre la variation causale et la variation léguée. Nous avons expliqué la transmission des variations corrélatives de variations acquises, mais non celle des variations acquises elle-même. Cela a été jusqu'ici l'écueil de toutes les théories, aussi bien de celles qui l'admettent et ne peuvent dire par quel moyen elle s'opère, que de celles qui ne l'admettent pas, car, sans son secours, elles n'arrivent pas à expliquer l'adaptation. Notre théorie, privée du secours des unités spécifiques et en particulier des Gemmules, si commodes en pareil cas, va-t-elle pouvoir rendre compte de ces faits si ardus?

C'est ce que nous allons maintenant examiner.

b) **Transmission des variations somatiques.**

Ce qui empêche l'œuf de recevoir la modification *réversible*, c'est qu'étant constitué autrement que les cellules différenciées de l'organisme, il est influencé autrement qu'elles par les mêmes causes perturbatrices. Mais est-il impossible que, malgré la différence de constitution physico-chimique, il soit influencé de la même façon?

La différenciation repose en grande partie sur ce que certaines substances deviennent fortement prédominantes par rapport aux autres dans les cellules des différentes espèces. Nous avons vu que l'œuf ne contenait probablement pas toutes les substances de l'organisme futur, mais qu'il en contenait sans doute un bon nombre. Cela est même certain pour quelques-unes. Si la contractilité de la cellule musculaire, l'excitabilité de la cellule nerveuse sont dues à quelque substance ou à quelque disposition prédominante dans ces cellules, ces substances et ces dispositions doivent se trouver aussi dans l'œuf puisqu'il se montre un peu contractile, un peu excitable. Il est possible et probable qu'il contient aussi le germe de diverses autres fonctions spéciales moins saillantes, puisque celui de fonctions si apparentes est si faible qu'on peut à peine le déceler. S'il en est ainsi, il doit y avoir, entre l'œuf et les autres cellules, des différences quantitatives considérables, mais une certaine similitude sous le rapport qualitatif.

Lorsqu'un composé chimique nouveau introduit dans l'organisme produit en différents points des effets si variés, cela tient, sans doute, à ce que, dans chaque point différent, il trouve, à titre d'élément prédominant, une substance cellulaire différente. Ainsi la cocaïne paralyse les extrémités nerveuses sensitives, tandis qu'elle excite les nerfs sympathiques et moteurs. Tel autre composé pourra exciter les cellules nerveuses et paralyser les glandulaires, ou, comme le jaborandi, agir sur une ou certaines espèces de cellules glandulaires à l'exclusion des autres. Chaque composé chimique ingéré agit sur tous les éléments où se rencontre la substance cellulaire sensible à son action, mais cette action est extrêmement faible et passe inaperçue sur ceux où la substance n'existe qu'en quantité minime et ne se manifeste que dans ceux où elle est prépondérante. Si l'œuf contient les substances caractéristiques de certaines catégories de cellules de l'organisme, il doit donc être touché en même temps que ces cellules et par les mêmes agents. Si ces agents ont une action excitante ou déprimante et poussent l'organe à se développer davantage ou à s'atrophier, il se produira dans l'œuf une action parallèle, les substances correspondantes subiront un certain accroissement ou une certaine déchéance et, lorsque l'œuf se développera, les cellules chargées de les localiser en elles et par suite les organes formés de ces cellules subiront l'effet de cette déchéance ou de cet accroissement[1].

Nous admettons comme probable que les substances caractéristiques des principales catégories de cellules, c'est-à-dire celles qui, dans ces cellules, sont la condition principale de leur fonctionnement sont déjà présentes dans l'œuf; mais il ne faudrait pas pousser cela trop loin, et dire que chaque cellule épithéliale, chaque fibre musculaire diffère quelque peu de la voisine et est représentée en lui par quelque substance distincte. Nous retomberions alors, par une autre pente, dans l'erreur des Déterminants : ce seraient les Déterminants chimiques substitués aux Déterminants morphologiques. Nous pensons que l'œuf contient seulement les substances ou les arrangements caractéristiques de certaines fonctions générales (nerveuses, musculaires, peut-être glandulaires de diverses sortes), mais sans attribution à des organes localisés; et que ces substances ou arrangements ne sont point là, en réserve en vue d'un développement ultérieur en un point donné, mais font partie de l'ensemble nécessaire à l'œuf pour l'ac-

[1] WEISMANN (92_1) a cherché à expliquer d'une manière analogue l'hérédité des modifications acquises par les conditions de vie, en disant que les Déterminants de l'œuf sont les mêmes que ceux du corps et varient parallèlement sous l'influence des causes qui font varier celui-ci. Mais les Déterminants n'existent pas et s'ils existaient, la ressemblance d'action sur le corps et sur le germe serait constante et précise, ce qui est contraire aux données de l'observation. W. ROUX (81) a cherché avant nous à expliquer la chose par les actions chimiques, mais il n'a pas songé à cette conformité qualitative de l'œuf et des cellules du corps qui permet seule de concevoir la similitude d'action des substances chimiques sur celles-ci et sur celui-là.

Notre théorie, conçue d'ailleurs indépendamment des précédentes et avant nous que les eussions étudiées à fond, participe de leurs avantages, sans être, à ce qu'il nous semble, aussi invraisemblable que la première ni aussi incomplète que la seconde.

complissement de ses fonctions personnelles et actuelles. Il n'y a pas là une représentation de parties ni même de fonctions, mais une simple conformité qualitative de constitution entre l'œuf et les catégories de cellules qui, dans le corps, sont chargées de l'accomplissement des fonctions principales. Quelles catégories de cellules, quelles fonctions sont ainsi *représentées* (j'emploie ce terme faute d'un meilleur) dans l'œuf? Nous ne le savons généralement pas. Les fonctions nerveuses et musculaires le sont très probablement, mais, pour les autres, nous sommes dans l'ignorance. Il est possible que de très spéciales le soient et que de très importantes ne le soient pas. — Cela compris, il nous reste à passer en revue les diverses catégories de modifications somatiques et à voir lesquelles peuvent se montrer héréditaires grâce à la nouvelle donnée que nous venons d'introduire.

Les *mutilations* portant sur des organes formés de tissus qui se rencontrent aussi ailleurs dans l'organisme, ne sauraient être héréditaires. Car elles ne peuvent entraîner que des changements quantitatifs et non qualitatifs dans le sang. De plus, si la modification elle avait lieu, elle porterait sur l'ensemble des tissus de même espèce que ceux qui constituaient l'organe amputé. La répétition de la mutilation ne saurait rien changer à ce résultat. Cela d'ailleurs est entièrement conforme aux données de l'observation.

Lorsque l'organe renferme la totalité d'une espèce donnée de tissu, comme le foie, la rate, le rein, et en général les glandes uniques ou doubles, il n'en est plus de même. Le sang subit une modification qualitative qui retentit sur la constitution de l'œuf.

Que va-t-il se passer dans ce cas?

Si la suppression a pour effet de diminuer dans le sang la proportion de l'excitant spécifique de la glande, la substance correspondante de l'œuf, s'il se trouve qu'elle y existe, sera moins excitée, elle subira une déchéance et, à la génération suivante, la glande sera moins développée. Il y aura hérédité, plus ou moins complète, de la lésion acquise. Dans le cas inverse, c'est l'inverse qui devra se produire.

Quelques exemples rendront cela plus clair.

Pour les glandes excrétrices, l'excitant physiologique est la substance à éliminer : ainsi pour le rein ce sont l'urée, l'acide urique, les sels urinaires[1].

[1] W. Roux (81) a fait remarquer, en effet, que si on lie une artère rénale, l'autre rein augmente fortement de volume et que ce résultat ne peut être at-

L'urée circulant dans le sang est l'excitant qui maintient le protoplasma rénal à son dégré d'activité et de développement. Pour les glandes secrétrices, l'excitant physiologique n'est pas connu; mais on sait bien que ce ne peut être leur produit de sécrétion *externe*, puisque ce produit n'est pas tout formé dans le sang. Ce pourrait être le produit de sécrétion interne, c'est-à-dire celui qui est repris par le sang, soit : le glucose pour le foie, le ferment glycolytique pour le pancréas et tous autres non connus, non isolés, mais dont la physiologie et la pathologie montrent bien l'existence.

Admettons qu'il en soit ainsi et voyons ce qui va se passer.

Si on excise en totalité, ou en partie une de ces glandes, la proportion de la susbstance fournie par sa sécrétion interne va baisser dans le sang. Si cette substance est vraiment l'excitant physiologique de la substance spécifique et dominante de son protoplasma, il en résultera pour la glande un nouvel amoindrissement d'activité, une impossibilité de se régénérer ou de suppléer par une augmentation de volume à la suppression partielle. Mais dans l'œuf, cette même substance spécifique, si elle s'y rencontre, y subit les mêmes effets; elle déchoit, diminue et, à la génération suivante, il pourra en résulter une diminution de la glande et peut-être, à la longue, si la mutilation est souvent répétée, une réduction de nombre et une disparition. Il y aura donc hérédité de la modification acquise, non sous sa forme exacte, en se sens, que le lobe supprimé ne sera pas le seul atteint, mais sous une forme semblable en ce sens que la diminution produira une diminution.

Les expériences de MASSIN (81) qui, ayant partiellement excisé le foie chez des Lapins constata l'hérédité de cette mutilation (v. p. 204), s'expliqueraient ainsi aisément. Il est à remarquer que le seul exemple quelque peu démonstratif d'hérédité de mutilation porte précisément sur une glande sécrétrice, le foie.

Dans le cas de glandes excrétives, c'est le contraire qui aurait lieu.

Si on enlève un rein, l'urée et les autres produits d'excrétion, excitants physiologiques du protoplasma rénal, s'accumulent dans le sang et excitent l'organe restant. C'est pour cela qu'on le voit s'hypertrophier. Sur la substance spécifique du protoplasma rénal, contenue peut-être dans l'œuf, l'effet doit être le même, en sorte que cette amputation devrait conduire

tribué à la congestion sanguine compensatrice, car le foie, la rate, les testicules qui y participent au même degré ne subissent pas cette augmentation.

à un accroissement des reins à la génération suivante. Ce serait de la transmission inverse.

L'hérédité a des effets plus bizarres. D'ailleurs le rein et les autres glandes excrétrices peuvent avoir aussi une sécrétion interne agissant en sens inverse.

C'est émettre une hypothèse bien hasardeuse que d'attribuer aux principes de sécrétion interne des glandes la qualité d'excitant spécifique de leur protoplasma. Il semble que cette qualité devrait appartenir plutôt aux substances du sang dont ces glandes extraient leur produit de sécrétion.

Notre ignorance est absolue en ces matières et toute hypothèse à ce sujet est forcement très fragile. Aussi je ne propose celle-ci que comme une simple possibilité. Elle ne se lie pas forcément au reste de la théorie et il sera temps de chercher à approfondir ces points, quand la question de fait, encore litigieuse, aura été tranchée.

Nous avons vu que les *effets de la désuétude* se laissent ramener à ceux des mutilations, et que ceux de l'usage excessif sont précisément l'inverse des premiers. Leur condition est donc la même en face de la transmission héréditaire.

Cependant il y a ici une particularité sur laquelle je désire attirer l'attention.

Nous avons vu que la suppression opératoire d'un muscle, par exemple, ne peut être héréditaire, parce que ses effets ne peuvent porter que sur la substance musculogène de l'œuf et retentir, à la génération suivante, que sur l'ensemble du système musculaire et non sur le muscle homologue seulement.

Mais, dans quelques cas, cela peut-être pourrait suffire.

Si, par l'effet de l'atrophie d'un groupe de muscles consécutive au défaut d'usage, tout le système musculaire est ainsi atteint d'une légère déchéance, à la génération suivante, l'Excitation fonctionnelle, agissant plus fortement sur les autres muscles, en raison de leur légère insuffisance originelle les développera davantage et les maintiendra au niveau primitif, tandis que le muscle inutile, parti de plus bas et ne se relevant pas, continuera à déchoir.

Certes il n'y aurait pas là une explication suffisante de l'hérédité des caractères dus à l'usage et à la désuétude si cette hérédité était réelle et constante.

D'une part, elle ne permettrait pas de comprendre qu'un muscle pût s'hypertrophier par l'usage en même temps qu'un autre s'atrophie. D'autre part, quand l'organe atrophié est d'un très petit volume par rapport à la masse des tissus similaires, la modification quantitative consécutive à son atrophie est trop faible pour exercer une influence suffisante.

Mais tout n'est pas héréditaire en fait de caractères acquis par l'exercice et toute la question est de savoir si cette hérédité limitée suffirait à expliquer les faits. C'est ce que nous aurons à examiner dans le prochain chapitre.

Pour les *maladies,* notre théorie explique l'hérédité de tout ce qui dépend des atteintes portées à la constitution du protoplasma cellulaire, pendant un temps suffisant. Or c'est précisément cela qui est héréditaire en dehors des transmissions directes de microbes ou de toxines, qui sont hors de la question. Ainsi, dans la variole, on observe deux choses : d'une part un cortège de symptômes divers, une éruption de pustules, des cicatrices, d'autre part une immunité plus ou moins durable. Les premières ne sont pas héréditaires et cela se conçoit, car elles sont fugaces ou sans influence sur les cellules profondes; la dernière est l'effet durable des substances immunisantes, agissant sur les cellules de l'organisme pendant un temps suffisant pour les influencer; elle peut donc avoir un effet semblable sur les substances identiques de l'œuf; et celles-ci, en se développant dans les cellules de l'organisme futur, leur confèreront la même immunité pour le même temps.

Par contre, nous savons que certaines maladies produisent un effet contraire à l'immunisation. Après une première atteinte d'influenza, de diphthérie, de rhumatisme, etc., on est plus sujet à une seconde. Il se peut qu'il y ait une modification du protoplasma de certaines cellules, inverse de celle qui immunise. Cette modification peut être héréditaire par le même processus et conférer à l'enfant une plus grande réceptivité pour la maladie. Il pourrait y avoir là une explication de l'hérédité des diathèses, rhumatisme, goutte, herpetisme s'il en est un.

Nous arrivons enfin aux caractères acquis par les *conditions de vie.*

Il n'en est que deux dont nous connaissions quelque chose : le climat, et l'alimentation. L'influence de la température s'explique bien chez les animaux à sang froid, puisque les produits sexuels participent à des variations parallèles à celles de la périphérie et presque égales. Si, dans certaines cellules, quelque modification se produit par suite de l'action excitante ou déprimante du chaud ou du froid sur la substance spécifique de leur protoplasma, la substance identique sera semblablement influencée dans l'œuf, si elle s'y trouve, et reproduira les mêmes modifications, avec cette seule réserve qu'elle s'étendra à tous les tissus similaires, ce qui est ordinairement le cas. Dans les animaux à sang chaud, il est possible qu'un effet atténué du même ordre soit produit par les quelques dixièmes de degré dont peut s'élever ou s'abaisser la température centrale dans les régions tropicales ou polaires.

Mais c'est surtout l'*alimentation* qui est l'intermédiaire essentiel de l'action morphogène des conditions ambiantes et pour ce cas, le plus important de beaucoup au point de vue de la formation des espèces, l'avantage de la théorie saute aux yeux. Les aliments n'agissent pas directement sur le corps, mais sur le sang et, par l'intermédiaire du sang, ils influencent à la fois les cellules du corps et les cellules sexuelles, et leur action est la même sur les substances spécifiques dans l'œuf, où ces substances spécifiques se contrebalancent, et dans les cellules du corps où, en s'isolant les unes des autres, elles deviennent capables d'un fonctionnement énergique.

D'ailleurs, ici comme dans le cas précédent, il n'y a pas transmission de l'influence somatique, mais action directe et similaire à la fois sur le Germen et sur le Soma.

Ainsi nous voyons, en résumé, que toute modification somatique se traduit par un modification du Germen corrélative et rigoureusement déterminée; que souvent cette corrélation n'est pas une similitude et peut même s'en éloigner beaucoup; mais que souvent aussi elle est semblable, par le fait que certaines au moins des substances spécifiques du corps existent aussi dans l'œuf et varient parallèlement sous les mêmes influences. Mais cette ressemblance n'est jamais parfaite, en général, elle ne dépasse pas le tissu, rarement elle atteint l'organe (dans le cas où organe et tissu ne font qu'un comme pour certains viscères), jamais elle n'atteint la cellule.

En outre, elle n'a lieu que pour les organes et fonctions dont les substances spécifiques ou arrangements caractéristiques qui les produisent se rencontrent aussi dans l'œuf. C'est dire que cette similitude peut se rencontrer pour certains organes et fonctions et manquer pour d'autres, ce qui est bien conforme aux faits.

Il nous faut voir maintenant si et comment, seule ou avec le concours d'autres facteurs, cette hérédité partielle des caractères acquis permet d'expliquer la formation des espèces.

XII. FORMATION DES ESPÈCES.

Les espèces proviennent de variations fixées.

Nous ne discuterons pas cette proposition.

On n'a pas plus le droit à notre époque de traiter dans un livre scientifique sérieux la question de l'intervention divine que celle de la génération spontanée des formes supérieures.

Or, il n'y a pas d'autre hypothèse possible que la création, la génération spontanée ou la transformation d'espèces antérieures.

Nous nous sommes déjà expliqué sur ce point (V. p. 184) et n'avons pas à y revenir. La question est donc de savoir quelles variations sont susceptibles de se fixer et si les facteurs connus de l'évolution phylogénétique suffisent à expliquer sa marche.

Pour étudier la Variation en elle-même, nous l'avons divisée en plasmatique et somatique; pour savoir si et comment elle se fixe nous distinguerons plutôt la *Variation générale* et la *Variation individuelle* et dans cette dernière la *faible* et la *forte*. Cela nous permet d'énoncer immédiatement la proposition suivante qui résume nos idées :

La formation des espèces est due ordinairement à la variation générale, très rarement à la variation individuelle forte, jamais à la variation individuelle faible.

Cette proposition en contient en réalité trois que nous allons chercher à démontrer l'une après l'autre.

1°. La variation individuelle faible ne conduit jamais à la formation d'espèces nouvelles.

Cette proposition audacieuse est la condamnation péremptoire de l'idée fondamentale du Darwinisme.

Ce n'est pas sans de grandes hésitations que j'ose l'avancer, ni sans un sentiment profond de la distance qui sépare le grand naturaliste qui a trouvé la Sélection naturelle des critiques qui la condamnent. D'ailleurs je ne suis pas le premier à nier le rôle créateur de la Sélection. Toute l'École Lamarkienne affirme son insuffisance, et si je vais plus loin encore dans cette voie que la plupart de ses adeptes, je n'en conserve pas moins la plus profonde admiration pour le naturaliste qui, le premier, a su trouver, en dehors de toute hypothèse sur les propriétés des organismes et par la seule combinaison de forces de la nature, une explication plausible du mystère de l'Évolution des espèces.

La question de la suffisance ou de l'insuffisance de la Sélection naturelle est aujourd'hui le grand champ de Bataille des *Neo-Darwiniens* avec Weismann à leur tête et des *Lamarkiens* et *Neo-Lamarkiens* à la suite de H. Spencer et de Cope.

La comparaison des arguments des uns et des autres montre à l'évidence que les derniers ont raison. Personne n'a pu répondre à l'objection de W. Roux (81) lorsqu'il demande comment la Sélection aurait pu déterminer l'orientation particulière des lamelles du tissu spongieux des os, ni à celui de H. Spencer quand il demande quel avantage a retiré la Baleine de l'atrophie progressive de son fémur, depuis le moment où il était gros comme le poignet jusqu'aujourd'hui où il est gros comme le doigt.

Cela saute aux yeux, que la Sélection ne peut s'exercer que lorque la variation présente un grand avantage. Or une variation faible ne peut constituer un grand avantage.

Par variation faible, il faut entendre ici celle qui constitue les petites particularités individuelles, celle qui distingue un Lièvre, un Loup, une Grenouille, une Huître, d'un autre individu de ces espèces, lorsque les uns et les autres sont normalement conformés. Or ces variations ne constituent jamais un avantage pouvant donner prise à la Sélection. Et il s'en faut même de beaucoup qu'il en soit ainsi; il ne suffirait pas de les doubler ou de les tripler pour les rendre suffisantes; c'est par 20 et par 100 qu'il faudrait les multiplier. Les Darwinistes actuels se représentent les individus dans la nature comme des duellistes de force un peu inégale et croient que les plus avantagés résisteront seuls, de même que les duellistes qui ont, si peu que ce soit, plus de sang-froid, de méthode, de force dans le poignet, de vivacité dans les mouvements, l'emporteront en moyenne sur leurs adversaires. C'est là une idée très fausse. Pfeffer (94) l'a montré par d'excellents arguments (V. p. 391). Le hasard joue dans la lutte un rôle capital qui réduit à presque rien l'influence des petites différences personnelles. Dans un combat, les soldats un peu plus grands, un peu plus larges, ceux qui ont un uniforme de couleur un peu plus fraîche sont-ils beaucoup plus exposés? Et trouve-t-on, après la bataille, que les balles ont fait une Sélection des soldats les plus petits, les plus grêles et des uniformes les plus fanés? Sur un champ de tir où l'on vise lentement cela pourrait avoir quelque influence, mais la nature ne vise pas.

De plus, la Sélection ne s'exerce que fort peu entre les adultes. On compare le nombre des individus qui peupleraient la terre si tous les produits engendrés arrivaient à se développer, à celui qui persiste en réalité et l'on raisonne comme si tous ces individus avaient à lutter de force, d'adresse et de *robustesse* contre les ennemis de la race et les intempéries du climat. Mais ce n'est pas ainsi que les choses se passent. L'immense majorité de ceux qui auraient existé d'après ce calcul périssent avant de se développer, ou pendant le développement, ou dès la naissance, et dans des conditions qui ne laissent aucune place à l'intervention des différences individuelles. Lorsqu'un hiver rigoureux détruit la plupart des pontes de Papillon, croit-on que les rares œufs qui écloront au printemps doivent cet avantage à quelque particularité héréditaire qu'ils transmettront à la génération suivante? Si quelques-uns ont une coque un peu plus épaisse, un protoplasma un peu plus robuste, ils résisteront peut-être à une température inférieure d'un demi-dixième de degré à celle qui tuera les autres; et, généralement, c'est de plusieurs dixièmes ou de plusieurs degrés que la température s'est abaissée au-dessous du minimum compatible avec leur existence. Ceux qui résisteront seront ceux qui auront été déposés sous une écorce plus épaisse ou dans un trou plus profond. Et, sauf de bien rares exceptions, cette situation privilégiée ne sera pas due à une particularité de l'instinct de la mère mais au pur hasard de la rencontre.

Quand, sur un million d'œufs de Carpe; cinquante seulement sont fécondés, dira-t-on qu'ils ont fait quelque chose pour cela, et qu'ils doivent leur avantage à quelque particularité héréditaire, à une attraction chimiotactique plus intense de leur protoplasma pour les spermatozoïdes, qui leur permettra de fixer plus sûrement ceux qui viendraient à passer à quelques millièmes de millimètres au delà de la sphère d'action du chimiotactisme habituel?

Ainsi Pfeffer (94) est tout-à-fait dans le vrai quand il déclare que la destruction est surtout active avant la naissance et qu'elle tue en aveugle la grande masse des compétiteurs. Le nombre de ceux qui entrent vraiment en lutte est déjà très réduit et la concurrence vitale est bien moins active qu'on ne le croit généralement.

D'ailleurs, dans la destruction des adultes, la même indétermination continue à régner. Le grand acteur du drame, c'est encore ici le hasard, c'est-à-dire un concours de causes variées dont la combinaison n'a aucune régularité. Ici encore l'avantage créé par les particularités individuelles est trop faible pour entrer en ligne de compte et diriger quoi que ce soit dans l'Évolution. Les couleurs protectrices sont assurément très efficaces, mais à la condition d'être fortement accusées et il ne sert de rien au Papillon du chou d'être un peu moins blanc dans les limites où varie d'ordinaire l'éclat de sa couleur.

Mais admettons que ces minimes avantages aient quelque minime influence préservatrice. Leurs effets se détruiront les uns après les autres. L'individu qui possède un avantage relatif d'un côté est relativement désavantagé d'une autre, car il n'y a aucune raison pour que les avantages dus au hasard se rencontrent chez le même individu. H. SPENCER (93) a fort bien mis la chose en lumière, et nous renvoyons à la *Critique de la Sélection* du 2e *Livre* (p. 370 à 395) où nous avons développé son argument et tous ceux qui montrent combien a été exagéré le rôle de la Sélection.

Ce rôle n'est pas nul, mais il est négatif. On tend aujourd'hui, et avec raison, à admettre que la Sélection ne crée rien ; elle supprime et ne supprime avec quelque régularité que les individus exceptionnellement et nettement tarés. Darwin a eu le double tort : d'accorder à la Sélection une puissance qu'elle n'a pas et de conclure de la Sélection méthodique à la Sélection naturelle. La première a seule cette vertu de triage et de protection des petites variations avantageuses que Darwin attribue à la seconde. L'éleveur intelligent ne voit pas, il est vrai, les particularités internes qui ne sont ni plus ni moins cachées à la Selection naturelle que les particularités externes, mais il voit ces dernières infiniment mieux que celle-ci. Il sait trier et protéger de minimes différences que jamais la Sélection naturelle ne sauraient mettre en jeu.

Prenez des chevaux sauvages, lâchez-en une partie dans une île peuplée de fauves rapides et donnez l'autre à des éleveurs. En moins d'un siècle, ceux-ci auront doublé la vitesse de leurs élèves, tandis que les autres n'auront rien gagné.

Mais la Sélection méthodique, si fort supérieure à la Sélection naturelle, n'en est pas moins impuissante à dépasser certaines limites. On objectait à WALLACE (67) que la Sélection méthodique ne pourrait pas doubler encore la vitesse du Cheval de course anglais, et Wallace répondait avec raison que toutes les qualités ont une limite imposée par la constitution de la machine animale. Mais il n'y a rien à répondre lorsque je demande pourquoi les éleveurs n'arrivent pas à faire du Cochon, un Cheval. Ce n'est pas la nature qui impose ici des limites puisqu'elle a fait des transformations analogues et plus étendues. Ne dites pas que le temps seul vous manque.

Vous pourriez trier pendant vingt siècles les variations du Cochon, vous feriez peut-être un Cochon solipède, mais pas un Cheval.

La raison en est qu'il n'y a pas de variations accidentelles indéfiniment héréditaires et majorables qui nous permettent d'y arriver. Et c'est la preuve que lorsque la nature a tiré le Cheval d'un être plus ou moins analogue au Cochon, ce n'est pas par Sélection de variations accidentelles qu'elle y est arrivée. Nous verrons plus loin par quelles voies elle a pu y parvenir. Contentons-nous pour le moment de constater l'impuissance de la Sélection méthodique et *a fortiori* celle de la Sélection naturelle. Cette dernière existe, mais elle n'a pas le rôle que lui assigne Darwin. Comme l'ont fort bien vu divers naturalistes, en particulier EMERY (93) et PFEFFER (94), elle ne protège pas la tête, elle supprime la queue, elle ne fait pas progresser l'espèce, mais l'empêche de déchoir. C'est grâce à elle, qu'il ne reste pas chez les animaux sauvages des boiteux et des aveugles, et que des modifications non pathologiques mais radicalement fâcheuses ne peuvent prendre quelque extension.

Mais le facteur de l'Évolution lente et progressive est ailleurs.

2. La variation individuelle forte ne peut conduire que très exceptionnellement à la formation d'espèces nouvelles.

Par variation forte, nous entendons celle qui appartient ou touche tout au moins à la tératogénie.

Ici, l'objection qui ruinait le cas précédent ne s'applique plus. La variation, étant forte, doit constituer en général un avantage ou un désavantage marqués et donner prise à la Sélection. Mais cela ne conduit pas, au moins en général, à des formes nouvelles persistantes, car les variations tératologiques sont, le plus souvent, désavantageuses et sont alors éliminées par cette Sélection destructive dont le rôle n'est nié par personne. La variation tératologique avantageuse doit être bien rare. Pour qu'elle conduise à la formation d'une race nouvelle, il ne suffit pas qu'elle se produise, ni que la Sélection la protège, car elle est bientôt étouffée par les mélanges de sang dans la fécondation; comme dans le cas du Blanc naufragé chez des Nègres que nous citions ailleurs il faut qu'elle soit protégée par quelque autre circonstance. La Migration, la Ségrégation soit coïncidente, soit déterminée par une variation corrélative de l'instinct, semblent les facteurs les plus probables.

Mais combien ce concours de circonstances doit être exceptionnel!

Il le serait un peu moins si, conformément à l'idée très ingénieuse de Catchpool (81), l'infécondité des formes nouvelles était précoce, primitive au lieu d'être tardive et secondaire. L'observation journalière nous montre que cela ne peut s'appliquer aux variations faibles. Pour les variations fortes, nous savons aussi que les polydactyles, les polymastes, les gens atteints de bec de lièvre, ne sont pas féconds seulement entre eux. Mais il est possible que des variations plus fortes ou d'une autre nature, aidées peut-être de la Sélection sexuelle, arrivent à limiter la possibilité ou la probabilité de la fécondation aux individus atteints de la même particularité. Cela suppose qu'il y a plusieurs individus voisins qui en soient atteints à la fois. La chose peut se rencontrer dans les produits d'un même couple.

Il est à remarquer que la Segrégation effective ou sexuelle est de beaucoup le facteur le plus important de la formation de la race nouvelle dans ces cas exceptionnels.

La Sélection n'intervient à peu près point. Il en résulte que, si la variation tératologique, au lieu d'être avantageuse, est simplement indifférente, le succès sera le même à peu près. Or ces hémitéries indifférentes doivent être aussi nombreuses que les avantageuses sont rares. Il y a une multitude de particularités très saillantes qui ne constituent ni un avantage ni un inconvénient. C'est le cas de la tubérosité syncipitale des Poules de Houdan dont Dareste (64) a montré l'origine tératologique.

Quand on passe en revue les formes extraordinaires que présentent tant d'animaux, on est frappé de l'aspect tératologique d'un grand nombre d'entre elles. Sans doute, pour beaucoup, cela n'est pas exact; elles ont dû se produire lentement et correspondent à quelque fonction que notre ignorance ne nous laisse pas apercevoir. Mais il n'est pas impossible que certaines d'entre elles soient de vraies hémitéries fixées par un concours de circonstances exceptionnel.

La chose est d'autant plus admissible que les hémitéries ne sont pas toutes des troubles du développement dus seulement au hasard. Celles qui ont ce caractère sont rares, jamais semblables à elles-mêmes et surtout très instables; elles disparaissent aussitôt formées. Mais d'autres paraissent correspondre à un nouvel état d'équilibre qui ne demande qu'à se maintenir quand il s'est une fois établi. L'organisme, en les produisant, semble tomber dans une position stable comme le rocher polyédrique auquel le compare Galton. Ainsi les Bœufs *ñatos* ne sont pas une race, — c'est admis — mais leur forme reparaît de temps à autre spontanément dans les races normales, et on l'eut aisément fixée si on l'eut voulu par une Sélection méthodique et des alliances bien surveillées; il en est de même des Paons à épaules noires, des Chiens et Chats sans queue, des Cochons solipèdes, etc.

C'est sans doute ainsi qu'ont été formées certaines de nos races les plus extrordinaires d'animaux domestiques, comme le Bouledogue et le Basset.

En tout cas, il n'est pas douteux que, dans l'état de nature, la formation de races nouvelles ne peut être due que très exceptionnellement à des monstruosités fixées.

3. La Formation des espèces est due à la fixation des Variations générales.

Nous appelons *Variation générale* celle qui atteint à la fois l'ensemble des individus d'une race ou tout au moins un bon nombre d'individus et qui porte, le plus souvent, sur plusieurs caractères sinon sur tous à des degrés d'ailleurs très divers. Les variations de cette espèce ne peuvent être dues aux modifications du Plasma germinatif produites soit par la division réductrice, soit par la fécondation, soit par les altérations accidentelles qu'il subit dans ses divisions hétérogènes. Le caractère absolu de ces variations est d'être personnel et nécessairement variable d'un individu à l'autre. Nægeli (84) a admis l'existence d'une tendance interne du Plasma germinatif à varier spontanément dans un sens déterminé. Mais Weismann (92_1) n'a pas eu de peine à lui montrer que l'Adaptation devenait inexplicable dans cette hypothèse. On a lu ses arguments et les nôtres dans la critique de sa théorie.

Les mutilations, fussent-elles héréditaires, ne sauraient être générales; il ne reste donc que l'*exercice* et *l'inaction*, et les *conditions de vie* qui puissent agir sur un grand nombre d'individus à la fois et produire des variations générales.

Nous allons examiner leurs effets.

a) Variations générales produites par les Conditions de vie.

Nous avons montré que les changements dans les Conditions de vie entraînaient à leur suite des variations, toujours corrélatives et souvent similaires, dans le Soma et dans le Germen. Que ces variations soient générales, cela résulte de la ressemblance des Conditions de vie pour l'ensemble des êtres de même espèce habitant une même région. Il reste donc à montrer qu'elles peuvent se fixer et donner naissance à des formes nouvelles.

Avec de telles prémisses, cette conclusion s'établit d'elle-même. Il nous suffira de montrer par quelques exemples l'enchaînement des phénomènes tel que nous le concevons.

Alimentation. — Voici un troupeau d'Herbivores habitant, je suppose, dans une île peu étendue où l'absence de Carnassiers leur permet de prospérer en paix. Il apparaît sans cesse, parmi ses membres, des particularités individuelles très faibles. Nous connaissons leur origine et nous savons qu'elles ne peuvent rien sur les caractères spécifiques. Tant que les conditions restent les mêmes, la race reste immuable et sa fixité moyenne au milieu des innombrables variations individuelles s'explique, mieux encore, apparaît comme une nécessité. Supposons qu'à un moment donné, se produise dans l'île une modification qui puisse les intéresser. Je suppose que les Oiseaux ou les courants ont apporté une herbe nouvelle qui, trouvant là des conditions favorables, douée d'ailleurs d'une puissance reproductrice supérieure, se développe, multiplie, et arrive à supplanter les autres végétaux que broutaient nos Herbivores. Cette plante nouvelle se substitue peu à peu aux anciennes dans leur nourriture et, peu à peu, introduit dans la composition de leur sang une différence qui détermine un changement, non similaire peut-être, mais corrélatif en tout cas, dans la constitution physico-chimique de toutes leurs cellules, y compris les germinales. Il y a tout à parier pour que le changement somatique soit extrêmement minime et que les modifications, *certaines* et *portant sur tous les organes* qui en résultent *inévitablement*, passent absolument inaperçues : il faudrait le microscope, des mensurations rigoureuses, des analyses chimiques complètes pour les déceler. Il est de même pour le changement des cellules germinales en présence de la même cause et pour les modifications que présenteront les jeunes qui naîtront à la suite du changement de nourriture. Mais il est possible aussi, si l'herbe nouvelle contient quelques principes assez actifs que ces modifications arrivent à prendre quelque valeur. Tout d'abord, il ne se produira point de modifications apparentes, mais ce qu'il faut remarquer, c'est que ces modifications si minimes sont forcément cumulatives : elles portent fatalement sur tous les individus et sur toutes les générations, et tout l'ensemble de la race se transforme d'un mouvement lent et continu jusqu'à ce qu'elle ait atteint l'état définitif d'équilibre correspondant au régime nouveau[1].

Quand la modification du protoplasma cellulaire sera arrivée à être complète dans toutes les cellules, c'est-à-dire telle que toutes les cellules auront précisément la constitution nécessaire pour que le sang et les sucs interstitiels modifiés soient précisément ceux qui convienent pour maintenir leur fixité, alors le mouvement de transformation sera arrêté et l'espèce reprendra, pour plusieurs siècles peut-être, l'immutabilité caractéristique. Mais cela sera long, car chaque modification en entraîne une autre. Si le sang réagit sur le Protoplasme cellulaire, celui-ci réagit sur le sang par les excreta qu'il déverse. Les glandes, en particulier, modifiées dans leur *chimisme* (comme on dit aujourd'hui), déversent dans le sang des produits nouveaux ordinairement très actifs et dont nous avons montré le rôle morphogène. En sorte que la modification initiale, celle du chyme, met en branle tout un mouvement de modifications corrélatives les unes des autres et qui repasse plusieurs fois en chaque point et chaque fois avec un caractère différent, avant de s'arrêter tout-à-fait. C'est ainsi que l'on voit le bicarbonate de soude alcaliniser d'abord le contenu stomacal en saturant en partie ses acides, puis l'acidifier en excitant ses glandes et augmentant la formation d'acide chlorhydrique, puis l'alcaliniser de nouveau en augmentant l'alcalinité du sang. Le suc gastrique a évidemment une action toute autre sur les divers aliments selon qu'il est plus ou moins acide et toutes les autres fonctions reçoivent, en outre, le contre-coup plus ou moins fort de ces variations. Mais celles que nous prenons ici pour exemple se succèdent en quelques jours, tandis que celles qui ont pour intermédiaire les variations dans la constitu-

[1] C'est ainsi que NÆGELI (84) lui aussi comprenait la marche de la Variation. Mais la cause invoquée par lui était tout autre. On objectera sans doute à celà que la Paléontologie ne montre pas tous les intermédiaires entre les espèces qui se succèdent. Cette objection s'applique aussi à la théorie de Darwin qui a répondu en montrant l'imperfection de nos Archives paléontologiques et le nombre moindre des formes de transition par rapport aux formes fixes. On peut ajouter aussi comme DARWIN (80) (V. p. 546) et WEISMANN (92_2) que la variation intime est continue mais que l'apparition des caractères est relativement brusque, le caractère ne se montrant que lorsque la disposition correspondante a atteint dans le Germen un certain degré.

Si, dans une solution alcaline de Tournesol, vous versez lentement un acide dilué, la couleur ne change pas pendant longtemps, puis, par une transition rapide sinon brusque, vire au rouge et ne change plus dès lors quelle que soit la quantite d'acide ajoutée.

tion des cellules demandent pour s'accomplir de nombreuses générations.

Nous avons expliqué précédemment que ces variations produites par le changement d'alimentation portaient à la fois directement sur les cellules somatiques et sur les germinales, et sur toutes différemment selon leur constitution propre. Celles des cellules germinales sont les seules qui se cumulent, les seules, par conséquent, qui arrivent à prendre assez d'importance pour constituer des caractères nouveaux. S'il se produit sur d'autres cellules, celles du foie, je suppose, une modification spécifique, pour si grande que soit sa valeur relative, elle n'arrive jamais à acquérir une réelle importance absolue parce que, n'étant pas héréditaire, elle recommence chaque fois *ab ovo*. Mais nous avons montré aussi comment les modifications germinales avaient des chances d'être semblables à certaines au moins des modifications somatiques, si variées que soient celles-ci. Dans ce cas, la modification somatique s'ajoutant à celle du Germen conduit beaucoup plus vite au résultat.

Nous avons examiné le cas où le changement de nourriture n'introduisait dans le sang que des substances nouvelles peu actives, celui où ces substances étaient modérément actives; passons à celui où elles seraient très actives. Dans le premier cas, il ne se produit à peu près rien ; dans le second, cela donne naissance à une variation lente, progressive. Que va-t-il se passer dans le troisième?

C'est ici une sorte d'empoisonnement chronique qui se produit. Ses effets sont ceux du cas précédent mais poussés jusqu'au degré pathologique. La race peut y succomber; si elle y résiste elle subit, de ce fait, une transformation rapide et le plus souvent désavantageuse.

Nous avons un exemple de ce qui arriverait en pareil cas dans ce qui se passe dans les familles où l'on abuse de l'alcool. Le grand-père était un simple ivrogne jouissant d'une santé à peu près normale; le père était un alcoolique dyspeptique, maigre, faible et violent, à système nerveux surexcité; des fils, l'un est épileptique, un autre faible d'esprit, niais et têtu, un autre fou; dans les petits-fils on arrive à l'idiotie et aux tares tératologiques, déformations crâniennes, arrêts divers de développement.

On se demande ce que deviendrait une race adonnée à l'alcool si, par une triste compensation, les fonctions reproductries n'étaient fatalement atteintes et si la stérilité n'arrêtait cette funeste évolution.

Climat. — Après les effets d'un changement de nourriture, voyons ceux que pourrait produire un changement dans le climat.

Supposons que notre île soit placée de telle sorte que, à l'arrivée de la période glaciaire, sa température se soit fortement abaissée sans descendre au point de faire périr fatalement tout le troupeau qui l'habite. La Sélection destructive supprimera sans doute quelques individus à pelage plus maigre ou de constitution plus délicate, mais ce n'est pas elle qui rendra le poil plus blanc et plus fourni, car ce n'est pas d'avoir trois poils de plus par centimètre carré ou un centième de ses poils blanc et non brun qui avantagera assez quelques individus pour protéger eux et leur progéniture.

Mais le froid a une influence directe sur l'ensemble de l'organisme et une indirecte sur l'ensemble des habitudes. Cette influence indirecte peut devenir importante si elle atteint les cellules germinales. Pour ce qui est de la première, elle peut suffire, en abaissant de quelques dixièmes de degrés la température centrale, à modifier des réactions chimiques aussi délicates que celles qui se passent dans la cellule et entre elle et les liquides interstitiels. De ces modifications, les unes pourront être sans ressemblance aucune avec celles du Soma, mais les autres pourront en être la copie plus ou moins fidèle. Ainsi, si la modification somatique produite dans le pelage sous les rapports de la couleur et de l'abondance des poils provient d'une action du froid sur le protoplasma des cellules des bulbes pileux, il est possible, si la substance caractéristique de ce protoplasma se trouve dans l'œuf, qu'elle y soit affectée d'une façon similaire bien que beaucoup plus faible.

Il est possible aussi que la blancheur ou l'abondance des poils ou l'une et l'autre soient dues à l'action du froid et des conditions secondairement déterminées par l'abaissement de température sur les cellules germinales, sans que cette action ni ces conditions aient une action directe similaire sur la peau de l'individu développé. Mais cela est peu probable, du moins pour l'abondance du pelage, car le froid doit être un des excitants physiologiques des cellules chargées de former le revêtement pileux [1].

b) Variations générales produites par l'usage et la désuétude.

Il nous reste à examiner un dernier cas, celui des effets de l'usage et de la désuétude.

[1] Il n'y aurait d'ailleurs dans ce fait aucune circonstance providentielle. C'est là que peut prendre place l'explication de W. Roux (81) que nous avons déjà relatée en exposant sa théorie. Si, pendant le développement phylogénétique, il

Commençons par cette dernière.

Nous pourrions conserver le même exemple et supposer que, chez nos Herbivores, la queue, les cornes ou quelque autre partie devienne inutile par suite d'un changement dans les conditions biologiques. Mais nous préférons prendre le cas typique, le cas le plus ardu, celui du *fémur de la Baleine*, proposé par H. SPENCER comme le *pont-aux-ânes* des *Néo-Darwiniens.*

Nous ne reviendrons pas sur sa démonstration; elle est irréfutable: il est impossible que la Sélection, la Panmixie ou tout autre facteur de ce genre ait pu réduire ce fémur de son volume, alors qu'il avait quelques centimètres de plus, à son volume actuel.

D'autre part, WEISMANN a non moins raison que SPENCER lorsqu'il déclare impossible de comprendre comment la faible réduction de volume que subit le fémur pendant la vie de l'individu peut étendre son influence jusqu'à l'œuf et déterminer en lui la modification précisément nécessaire pour reproduire, à la génération suivante, cette nouvelle réduction de volume.

Ainsi nous sommes contraints d'admettre que, ni par suite d'une variation de hasard fixée par la Sélection, ni par suite d'une variation acquise, transmise, l'œuf des Baleines actuelles ne diffère, en ce qui concerne le fémur, de celui qui donnait naissance aux Baleines d'il y a quelques siècles, dont le fémur était à peine un peu plus gros que celui des Baleines d'aujourd'hui.

Et bien acceptons bravement la situation qui nous est créée par les faits et voyons s'il n'est aucun moyen de sortir de la difficulté, d'expliquer comment un même œuf peut donner naissance à des formes différentes, et sans recourir à des hypothèses invraisemblables.

La chose n'est pas très malaisée, à l'*Excitation fonctionnelle.*

Lorsqu'un animal a un fémur long de 20 centimètres, cela ne veut pas dire qu'il y ait dans son œuf toutes les conditions de la formation d'un os de cette taille. Cela veut dire seulement qu'il y a les éléments nécessaires pour que, l'Excitation fonctionnelle aidant, il se forme un fémur

s'est trouvé, dans le tégument des animaux terrestres, une sorte de cellule pour laquelle les variations de température aient été un excitant physiologique poussant à son développement et à sa multiplication, cette sorte a dû l'emporter sur les autres et les supplanter dans la lutte des cellules pour la vie; il n'est donc pas étonnant que la cellule épidermique actuelle ait ce caractère d'être excitée par les variations du froid et du chaud à se multiplier et à former des plumes ou des poils. Ainsi s'explique que la modification somatique créée par le froid et celle du Germen, si elle est similaire, se trouvent être adaptatives.

de cette taille. Nous ne pouvons savoir quelle est au juste la part de cette dernière dans le résultat, mais elle est certainement considérable.

On sait que, lorsque le tibia manque, le péroné prend le volume du tibia. Si donc l'excitation est capable de faire d'un péroné un tibia, pourquoi voudrait-on qu'elle ne puisse faire le tibia lui-même sans que cet os soit représenté dans le Plasma germinatif avec tous ses caractères de forme et de taille? On peut se rendre compte par là de ce que serait le fémur d'un Homme dont le membre inférieur aurait été frappé de paralysie non seulement congénitale, mais contemporaine du moment où le membre a commencé à se former chez l'embryon. Lorsque la Baleine avait un fémur, je ne dis pas normal, mais à moitié atrophié seulement, les facteurs ovariens intrinsèques du fémur étaient peut-être seulement suffisants pour engendrer un os de la taille de celui des Baleines actuelles et l'Excitation fonctionnelle, qui commence, comme l'a montré Roux, dès la vie intra-utérine, a fait le reste. Il n'est donc pas étonnant que, si l'Excitation fonctionnelle a été supprimée, le fémur se réduise à un minime rudiment.

Il se joint à cela des actions indirectes aussi puissantes, si ce n'est plus, que celles sur lesquelles Roux a attiré l'attention. Si l'Excitation fonctionnelle a diminué pour le fémur, elle a augmenté pour les énormes masses musculaires au milieu desquelles il est noyé. Celles-ci, en s'accroissant, ont détourné à leur profit non seulement les courants sanguins, mais les vaisseaux eux-mêmes, ne laissant au fémur que de minimes ramuscules qui ne suffisent à nourrir qu'un ossicule atrophié.

De plus, la dégénérescence graisseuse, facile dans un animal si riche en tissu adipeux, frappe plus aisément les rares faisceaux musculaires qui se rendent au fémur, et supprime ainsi les quelques mouvements qui auraient pu être pour lui une cause d'excitation favorable à son accroissement.

Mais, dira-t-on, si vous expliquez ainsi les derniers effets de l'atrophie, vous ne pouvez expliquer de même l'atrophie tout entière et dire que la différence entre le fémur de la Baleine et celui de l'ancêtre à membres postérieurs bien développés est due à la seule chute de l'Excitation fonctionnelle, et que l'œuf de nos Baleines actuelles est le même sous le rapport des facteurs de ces membres que celui de l'ancêtre en question.

Non certes, et, à un moment ou à l'autre, il faut bien que les différences germinales s'établissent. Mais ce qui était difficile à expliquer, ce n'étaient pas les grandes variations du début, c'étaient les petites de la fin, car elles seules échappent, par leur petitesse, à la Sélection et aux autres facteurs de l'évolution. Que notre théorie soit juste ou non relativement aux premières, le *pont-aux-ânes* de Spencer n'en est pas moins franchi.

La question de savoir comment le Cétacé ichthyoïde s'est formé au début est du même ordre que celles que nous avons résolues d'une manière générale, et il n'est pas du tout certain que l'atrophie du membre par défaut d'usage en soit la cause première [1].

Pour les effets de l'*exercice*, nous arriverions au même résultat, car l'Excitation fonctionnelle agit aussi bien et mieux encore dans le sens positif que dans le sens négatif.

Il est inutile d'insister.

Parallélisme de l'Ontogénie et de la Phylogénie.

L'Excitation fonctionnelle existe disons-nous avec Roux, dès la vie intra-utérieure, mais elle est certainement moins forte à ce moment qu'après la naissance et elle va en accentuant ses effets pendant toute la durée de la croissance jusqu'à l'âge adulte.

Il résulte de cela une conséquence remarquable à laquelle Roux n'avait pas songé. C'est que l'atrophie tout au moins relative de l'organe s'accentue à mesure que l'animal avance en âge, et que le jeune, et surtout l'embryon, doivent différer beaucoup moins de ce qu'était l'ancêtre sous le rapport de l'organe atrophié. Ainsi s'explique tout naturellement le parallélisme de l'ontogénie et de la phylogénie dans tout ce qui concerne l'atrophie et l'hypertrophie dues à l'inaction et à l'exercice, c'est-à-dire dans une multitude de cas [2].

[1] On pourrait chercher, avec Emery (93), à expliquer les faits de ce genre par la *Sélection des tendances* et l'explication est si spécieuse que je m'étonne qu'elle ait passé presque inaperçue. Si la Sélection a protégé au début non les Baleines qui avaient un fémur plus petit, mais celles qui avaient un tel fémur en raison d'une tendance de cet organe à l'atrophie, celle-ci a pu se continuer même lorsqu'il n'y a plus eu avantage à cela, les Baleines ayant hérité toutes de cette tendance à l'atrophie.

On voit que l'explication a un caractère très général et peut s'appliquer à une multitude de faits que la Sélection simple n'explique pas. Mais tout cela est sans valeur car les tendances n'existent pas, nous l'avons montré précédemment (v. p. 385) en tant que propriétés indépendantes : elles sont toujours l'expression d'une fait anatomique : vaisseau plus gros ou plus petit, cellule nerveuse plus ou moins excitable, etc., et ces dispositions anatomiques sont de même ordre que celle du fémur qu'il s'agit d'expliquer.

[2] En creusant ces idées, on arrive à une conception de l'œuf toute nouvelle et en opposition formelle avec celles qui sont en honneur aujourd'hui. Est déterminé

XIII. L'ADAPTATION ONTOGÉNÉTIQUE ET L'ADAPTATION PHYLOGÉNÉTIQUE

Quelle que soit leur origine, les variations sont avantageuses, indifférentes ou désavantageuses. Les Darwinistes admettent que les premières seules sont le point de départ des formes nouvelles. Je ne crois pas du tout que cela soit exact. S'il en était ainsi l'adaptation des êtres à leurs conditions de vie serait beaucoup plus complète et l'on ne verrait pas une multitude de dispositions, évidemment fâcheuses, que reconnaissent tous ceux qui examinent la nature avec un esprit impartial[1].

dans l'œuf cela seul que l'Excitation fonctionnelle ne détermine pas. Or ce que détermine l'Excitation fonctionnelle est énorme. Supposons qu'un embryon puisse se développer, chez lequel tous les organes seraient, dès leur apparition, frappés d'une paralysie complète, que le sang circule sans que le cœur batte et sans exercer de pressions sur les parois des vaisseaux, qu'aucune traction, aucune pression, aucune contraction, aucun frottement, tassement, compression, aucun effet de vide ou de turgescence ne se produise à aucun moment. On a peine à se faire une idée du monstre avorton qui serait ainsi produit. Eh bien c'est lui seul qui était déterminé directement dans l'œuf. Tout le reste est l'effet de l'Excitation fonctionnelle et était ou indirectement déterminé, c'est-à-dire sans facteurs spéciaux, ou dépendant des conditions ambiantes. Cela nous montre que la détermination des caractères dans le Plasma germinatif est très en retard sur leur expression dans le Soma et que, sans doute, ce n'est que bien tard après qu'un caractère a été créé dans l'espèce par une excitation fonctionnelle nouvelle, qu'il arrive à s'exprimer dans le Plasma germinatif.

Mais dira-t-on, que la détermination d'un caractère soit directe ou indirecte, elle n'en figure pas moins dans le Plasma germinatif. Cela n'est pas exact. Si, par suite d'une variation plasmogène portant sur le cerveau, la moelle, les nerfs ou les vaisseaux, un organe cesse de recevoir l'influx nerveux ou le sang nécessaires l'un et l'autre à son entretien et s'atrophie, il n'est pas besoin qu'un facteur spécial relatif à son volume soit modifié aussi et toutes les variations corrélatives de son atrophie pourront aussi n'être point exprimées à part dans le Plasma germinatif. Il doit en être ainsi pour un nombre immense de caractères.

Qu'il y a loin de là à la représentation des moindres fibres et des moindres propriétés par des *Déterminants* spéciaux !

[1] Il est probable que bon nombre des dispositions qui nous paraissent inutiles ou mauvaises ne nous semblent telles que par ignorance de leur utilité; mais il est probable aussi que leur inutilité ou leurs inconvénients sont quelquefois réels. En tout cas, c'est à ceux qui sont d'avis contraire à prouver leur dire. Je ne vois pas où l'on pourra trouver l'avantage de la situation du larynx au devant du pharynx, ou des testicules dans les bourses où ils ouvrent la voie aux hernies inguinales et sont beaucoup plus exposés aux atteintes les plus douloureuses pour l'individu et les plus fâcheuses pour l'espèce quand, chez tant d'animaux, ils restent dans l'abdomen sans que cela nuise à leurs fonctions.

Je ne pense pas que l'on songe à invoquer la Sélection sexuelle puisque cette disposition se rencontre aussi ailleurs que chez l'Homme.

En réalité, les dispositions très désavantageuses sont seules radicalement supprimées par la Sélection dont c'est là le rôle presque unique. Toutes celles qui sont indifférentes ou seulement un peu fâcheuses peuvent servir d'origine à des formes nouvelles. Il n'en pourrait être ainsi si la Sélection protectrice était la vraie cause de l'évolution des espèces, mais rien ne s'y oppose si les espèces se transforment, comme nous l'avons expliqué, par variation simultanée de tous leurs représentants.

Il résulte de là une différence importante entre notre théorie et celles qui sont en honneur aujourd'hui. Toutes admettent que l'évolution phylogénétique a une direction adaptative, que toute espèce nouvelle est mieux adaptée que celle dont elle prend la place; de là à croire à une *Force adaptative*, il n'y a qu'un pas, mais quand il faut trouver l'origine de cette force, cela ne laisse pas que d'être fort embarrassant.

L'erreur vient de ce que l'on a conclu à tort de l'*Adaptation ontogénétique* qui est très réelle à une *Adaptation phylogénétique* qui n'existe pas, au moins comme fait nécessaire et général. Les individus s'adaptent, régulièrement, sans interruption et dans tous leurs organes, sous l'influence de l'Excitation fonctionnelle; les espèces ne s'adaptent pas ou ne s'adaptent qu'exceptionnellement, car leur adaptation ne pourrait provenir que de la fixation des adaptations individuelles et celles-ci ne sont qu'exceptionnellement héréditaires.

Quand les conditions ambiantes viennent à changer, l'individu s'adapte à elles dans la mesure de sa plasticité : les muscles, les os, les ligaments, les tendons, tous les tissus mécaniques se fortifient là où leur usage devient plus actif, tandis qu'ils subissent, là où leur emploi diminue, une atrophie proportionnelle à la diminution de leur activité; les tissus nerveux se modifient de manière à rendre leurs opérations d'autant plus aisées qu'elles sont plus habituelles; les glandes secrètent plus ou moins selon qu'il leur est plus ou moins demandé; en un mot, les variations consécutives au changement des conditions de vie sont pour la plupart immédiatement adaptatives. Cela résulte de ce que, par l'Excitation fonctionnelle, la modification ambiante dirige directement la Variation dans le sens voulu : il n'y a ni hésitation ni erreur.

Pour les espèces, la chose est tout autre. A part, le cas fort rare où les variations adaptatives individuelles se trouvent transmissibles par le mécanisme indiqué plus haut, on voit que la variation du Plasma germinatif est tout aussi rigoureusement corrélative de celle du milieu, mais qu'elle n'a aucune tendance nécessaire à prendre une direction adaptative.

Les plus nombreuses et les plus importantes des variations germinales viennent, nous l'avons vu, du régime. Or, lorsqu'une plante, substituée à une autre dans le régime des Herbivores, modifie chimiquement leur Plasma germinatif, il n'y a aucune raison pour que cette modification soit précisément celle qui rendra plus facile la découverte, la mastication ou la digestion du nouvel aliment. Cette variation sera donc non adaptative.

Alors qu'arrivera-t-il?

Si elle est avantageuse, tant mieux, si elle ne l'est pas tant pis.

Dans le premier cas, l'espèce ne prospèrera que mieux; dans le second, elle ne déclinera forcément pas pour cela. Les efforts individuels seront plus énergiques et plus soutenus, l'Adaptation somatique sera perfectionnée par une Excitation fonctionnelle plus énergique, un certain nombre d'individus sans doute succomberont parmi les moins plastiques ou les plus délicats, et ainsi se fera l'Auto-régulation du nombre moyen d'individus de l'espèce, mais l'espèce n'en continuera pas moins à vivre. Ce n'est que si la variation est radicalement funeste qu'elle devra succomber. Le plus souvent la variation qui, nous l'avons vu, porte nécessairement quoique à des degrés très divers, sur toutes les parties et sur toutes les fonctions, sera fâcheuse pour quelques-unes, avantageuse pour quelques autres, indifférente pour la plupart, et une compensation s'établira qui fera passer les fâcheuses sous la protection des avantageuses.

De nombreuses dispositions qui n'ont que des inconvénients et que la Sélection est impuissante à expliquer doivent sans doute leur origine à ce fait[1]. Cette manière de voir explique, non pas cette adaptation univer-

[1] D'ailleurs une bonne partie de ce qui semble être de l'*Adaptation spécifique* n'est que de l'*Adaptation individuelle.* Une multitude de caractères sont le résultat direct de l'Excitation fonctionnelle pendant l'ontogénèse et pendant la vie. La *Dichogénie* (V. p. 180 et suiv.) en fournit la preuve éclatante. La structure différente des deux faces des feuilles du Thuya, la transformation en écailles des feuilles qui protègent le bourgeon en hiver, la formation des tubercules sur les rhizomes des Pommes de terre et du *Yucca*, la direction des branches des Sapins, tout cela semble être de l'Adaptation spécifique. Cependant il n'y a rien dans le Plasma germinatif qui commande ces caractères, puisqu'ils sont engendrés directement par les conditions de développement. Qu'est-il besoin que le Plasma germinatif du *Thuja* ait subi une modification adaptative correspondant à la structure de ses feuilles, puisque la lumière engendre directement cette structure?

La chose peut aller plus loin encore. Remarquons que la condition nouvelle fait naître précisément la disposition adaptative correspondante. Quand la Pomme de terre forme des feuilles en place de tubercules sur ces rhizomes, à la suite de la section des rameaux verts, elle répond à un besoin de feuilles par une formation de feuilles. Il en est de

selle des moindres dispositions organiques qui n'existe que dans l'imagination de la plupart des gens, mais ce mélange d'adaptations et de défectuosités que reconnaît tout esprit libre d'idées préconçues. Évidemment il n'y a pas d'espèces tout-à-fait mal adaptées. La Variation aveugle en a sans doute ébauché de telles plus d'une fois, mais elles sont mortes pour la bonne raison qu'elles ne pouvaient pas vivre. Cela d'ailleurs est sans doute l'exception car l'individu s'arrange de la situation qui lui est faite par son organisme pour en tirer le meilleur parti possible et arriver à vivre, tant bien que mal.

Tant bien que mal!

C'est ainsi, en effet, que vivent la plupart des espèces, bien loin d'être, comme on le dit, un rouage admirablement travaillé et adapté à sa place dans le grand mécanisme de la nature.

Les unes ont la chance que les variations qui les ont formées leur ont créé peu d'embarras. Telle est la Mouche par exemple qui n'a qu'à voler, se reposer, se brosser les ailes et les antennes, et trouve partout les résidus sans nom où elle pompe aisément le peu qu'il lui faut pour vivre.

Aux autres, ces mêmes variations aveugles ont créé une vie hérissée de difficultés : telle est l'Araignée, toujours aux prises avec ces terribles dilemmes, pas d'aliment sans toile et pas de toile sans aliment, aller à la lumière que recherche l'Insecte, fuir la lumière par peur de l'Oiseau.

Comment s'étonner que, dans de pareilles conditions, soit né chez elle l'instinct absurde qui pousse la femelle à dévorer son mâle après l'accouplement, sinon même avant, instinct que, par parenthèse, la Sélection de l'utile à l'espèce serait fort embarrassée d'expliquer.

Pour avoir une vue juste des choses, il faut bien distinguer dans l'individu ce qu'il doit à l'Excitation fonctionnelle et aux autres facteurs extra-germinaux de l'Ontogénèse et ce qu'il doit à la constitution de son Germen.

L'individu est la résultante de ces deux facteurs qui ont travaillé par des moyens très différents à le constituer.

Le Germen est le résultat de variations, toujours complicatives et généralement non adaptatives, que les conditions diverses ont fait subir au Germen des espèces ancestrales. Il constitue la matière première, presque brute, sur laquelle l'Excitation fonctionnelle et les autres facteurs extrinsèques vont avoir à s'exercer.

même pour les écailles de bourgeons de GÖBEL. Il pourrait y avoir quelque chose de semblable pour l'action des conditions ambiantes sur le Plasma germinatif, dans le sens de la lutte des parties dans le protoplasma comme l'entend ROUX.

Nous avons peine à nous rendre compte de ce qu'il donnerait à lui seul s'il pouvait se développer sans leur secours. Sans doute un monstre, un amas informe, et en tout cas un être rudimentaire, incomplet, muni d'organes nullement adaptés à leurs fonctions. Mais l'Excitation fonctionnelle et les autres facteurs du même ordre interviennent, maintiennent quelques parties dans un état rudimentaire, développent le plus grand nombre dans des directions, différentes pour chacune d'elles, et toujours adaptatives, et façonne un être, suffisamment adapté à ses fonctions et à sa place dans la nature pour être apte à vivre.

La Variation phylogénétique, celle qui porte sur le Germen est aveugle, en effet, et rien ne la dirige. Les organes formés par le Germen seul seraient tels que les ferait le plasma cellulaire de l'œuf et le plasma de l'œuf est ce que l'ont fait les variations de hasard engendrées par les conditions alimentaires et climatériques. L'ontogénèse individuelle prend ces outils imparfaits, les utilise pour ses besoins et, en les faisant travailler, les développe, les modifie, les transforme, les adapte, les fait ce que nous les voyons. Elle fait beaucoup, énormément, mais elle ne peut tout faire, car l'organe n'a qu'une plasticité limitée et, selon les cas, elle réussit plus ou moins. Là où elle devient impuissante, l'espèce succombe.

Je ne saurais mieux résumer mon idée que par la proposition suivante :

La Phylogénèse crée des organes sans égard à la fonction; l'Ontogénèse tire parti, comme elle peut, de ces organes et *les adapte aux fonctions nécessaires.*

Ou, sous une forme plus brève :

Dans la phylogénèse, c'est l'organe qui fait la fonction, dans l'Ontogénèse, c'est la fonction qui fait l'organe.

Osborn (94), résumant les tendances d'opinion des Biologistes, fait la remarque que l'adaptation des espèces ne saurait s'expliquer que par une Sélection efficace ou par l'Hérédité des effets de l'usage et de la désuétude ; que la Sélection est impuissante et que la transmission des effets de l'usage semble ne pas exister. Et il conclut à l'existence de quelque nouveau facteur général de l'évolution qui resterait à découvrir.

Je ne sais si quelque facteur de ce genre existe, mais il me semble que l'antinomie disparaît si l'on accorde que l'Adaptation n'est qu'imparfaite et relative, qu'elle est nulle ou très faible dans le Germen et que tout ce qu'il y en a dans l'individu est, chez lui, le produit de l'Ontogénèse.

XIV. LA COMPLICATION PROGRESSIVE DES ORGANISMES

Il ne nous reste, pour terminer l'exposé de nos vues, qu'à montrer comment la complication progressive des espèces, dans l'Évolution phylogénétique, a pu se produire, en l'absence d'une Sélection créatrice de formes toujours plus parfaites ou d'une tendance interne au perfectionnement.

La complication de l'adulte repose évidemment sur celle de l'œuf et le problème se ramène à celui-ci : comment s'est produite la complication progressive du Plasma germinatif?

Dans notre théorie qui ne voit dans le contenu cellulaire que des substances chimiques et une structure dépendant des actions moléculaires des masses formées par ces substances, et dans la variation que des changements dans la nature de ces substances et dans leur arrangement, l'explication ne souffre aucun difficulté. Chaque fois qu'une substance nouvelle est introduite dans l'alimentation, non seulement elle modifie plus ou moins les substances déjà présentes dans la cellule, mais elle s'ajoute à elles et augmente leur nombre.

D'après Danilevsky (94), dont j'accepte entièrement les vues sous ce rapport, la substance nouvelle s'introduit d'abord simplement dans la cellule à titre additionnel, sans faire immédiatement partie de la molécule chimique des substances albumineuses du Protoplasma et, tant qu'il en est ainsi, elle peut être expulsée par un changement de régime. Mais, peu à peu, elle s'incorpore à l'édifice chimique, il vaudrait mieux dire aux divers édifices chimiques du protoplasma cellulaire et, désormais, ne peut plus être expulsée. Bien plus, elle devient dès lors nécessaire, et l'organisme souffre si elle vient à être supprimée de l'alimentation.

Donc, règle générale, toute Variation est complicative. Il peut y avoir des exceptions, mais le sens général du phénomène est celui que nous indiquons.

L'addition de la substance nouvelle rend possible une nouvelle différenciation histologique. Si, comme nous le pensons, la différenciation histologique repose sur la séparation, dans des cellules déterminées, et par le moyen de la division hétérogène, d'un protoplasma où une (ou quelques) substance prédomine sur les autres, il est évident que, grâce à la substance nouvelle, une nouvelle catégorie de cellules pourra se différencier en même temps que les anciennes cellules seront plus ou moins modifiées

Et ces nouvelles cellules pourront donner naissance à un nouvel organe et à une nouvelle fonction.

Il est à remarquer que toute substance nouvelle arrachée au monde inorganique sert, non seulement à l'espèce qui a réussi à l'incorporer, mais à l'ensemble ou du moins à une nombreuse catégorie d'espèces, car les animaux se mangent entre eux, ils mangent les végétaux, et ceux-ci se nourrissent des produits de la dissolution des animaux. D'ailleurs la substance nouvelle aura, dans chaque protoplasma où elle prendra place, un effet différent, en raison de la différence des combinaisons qu'elle y rencontre. C'est ainsi que le fer, arraché sans doute aux roches ferrugineuses par les végétaux, qui en ont formé un élément de leur chlorophylle, est devenu, chez les animaux, un élément de l'hémoglobine où il joue un rôle tout autre que dans le chlorophylle des végétaux. Enfin la complication n'a pas de limites, car ce ne sont pas seulement les corps simples comme le fer, mais les combinaisons simples du Règne minéral, comme le chlorure de sodium, et les combinaisons complexes du monde organique, comme les corps gras, les composés aromatiques ou leurs radicaux, qui peuvent prendre place dans le protoplasme à titre d'élément indépendant.

Aussi Danilevsky a-t-il grandement raison quand il conseille de se méfier des substances diverses que l'on introduit dans le corps à titre d'aliments, d'excitants ou de remèdes, l'alcool, la morphine, la cocaïne.

En prenant place dans la cellule, elles produisent un mal réparable sinon chez l'individu du moins dans l'espèce. Que feraient-elles de nous le jour où elles auraient pris place dans une molécule chimique du protoplasma? Peut-être rien de pire, peut-être d'excellents effets, car leur rôle peut changer avec leur mode de combinaison, mais cela est peu probable et il est plus prudent de ne pas l'essayer.

XV. COUP D'ŒIL EN ARRIÈRE ET CONCLUSIONS

Nous voilà arrivés au bout de nos conclusions personnelles et en même temps de la tâche entreprise.

Jetons un regard sur l'ensemble et tâchons de la juger impartialement.

Nous avons d'abord exposé *Les Faits* relatifs à la structure, aux fonctions de la cellule et aux grands Problèmes de la *Biologie générale*. Ces questions ont été tellement étudiées, on a tellement publié sur chacune d'elles qu'il était indispensable de les déblayer, d'éliminer la masse des détails et des observations d'intérêt secondaire, pour ne réserver qu'un nombre modéré de faits importants, bien observés, bien significatifs, résumant en eux tout ce que l'on connaît d'essentiel dans chaque question. Ce sont les pièces du procès et il est indispensable de les trier avec soin, de les classer avec méthode, de les exposer sobrement, pour permettre d'en avoir une vue d'ensemble avant de juger les Théories qui les discutent.

Puis, nous avons examiné les *Théories particulières*, qui ne s'attaquent qu'à un point et sont en quelque sorte les jugements partiels sur des questions subsidiaires ou complémentaires.

Mais l'intérêt le plus vif n'était pas là. Il était dans les *Théories générales*, c'est-à-dire dans celles qui présentent une solution complète de tous les problèmes ou du moins des deux principaux : l'Évolution et l'Hérédité. Aussi avons-nous développé davantage cette partie de notre travail.

Comme notre but était surtout de juger leur valeur scientifique, nous les avons classées méthodiquement suivant leurs affinités sans souci de la chronologie. Il fallait faire ainsi, sous peine d'allonger démesurément l'exposé et la critique, sans réussir à les rendre clairs.

Mais cette manière de procéder ne met pas en lumière la marche de nos connaissances, l'évolution de nos conceptions théoriques. C'est une importante lacune. Examinons donc maintenant, dans une rapide revue, la question sous ce nouveau jour.

L'origine des *Théories animistes* qui ont régné pendant le moyen âge, le germe du *Système évolutionniste* qui leur a succédé et une vague intuition des *Théories positives* modernes, se trouvent déjà chez les philosophes grecs. PLATON est le premier et le plus outré des Animistes; ERARISTATE et DIOGÈNE DE LAERTE furent Spermatistes sans connaître le spermatozoïde; HÉRACLITE, DÉMOCRITE, HIPPOCRATE, ARISTOTE précédèrent DARWIN dans la conception des Gemmules et de la Pangénèse.

De l'antiquité partent ainsi *trois courants d'idées* parallèles.

Le premier est le *courant animiste.*

Dès son origine, il a toute sa largeur et, après l'avoir conservée pendant tout le moyen âge, il va se rétrécissant peu à peu et s'épuise de nos jours en un filet perdu. Et cela se conçoit, car l'idée animiste est purement philosophique, elle ne demande rien à l'observation et doit tout à la puissance intellectuelle du penseur; et il n'est pas démontré que celle-ci se soit accrue avec le temps.

La conception primitive de Platon conserve sa forme essentielle avec saint Augustin et Van Helmont, se déguise en *nisus formativus* avec Blumenbach et en *Force vitale* avec les médecins de l'ancienne école de Montpellier. Mais ces avatars ne réussissent à lui donner qu'une vitalité factice et elle s'éteint de nos jours dans un juste oubli.

Le *courant évolutionniste* a une forme tout autre.

Il commence dans l'antiquité par un mince filet, s'élargit vers les seizième et dix-septième siècles en une nappe puissante, puis se retrécit brusquement et disparaît sans arriver jusqu'à nous. Cela s'explique aussi. Il ne pouvait acquérir toute sa largeur à une époque très reculée. L'idée de l'Emboîtement des germes ne pouvait se développer avant qu'on ait su que les femelles de tous les animaux contenaient des germes, les ovules, et que le sperme de tous les mâles était formé d'innombrables germes, les spermatozoïdes. Aussi ne trouve-t-on dans l'antiquité qu'un vague soupçon, non de l'Évolutionnisme proprement dit, mais du Spermatisme sans le spermatozoïde. Nous n'avons pas à rappeler la célèbre querelle des Spermatistes et des Ovistes qui dura deux siècles au moins.

Personne ne croit plus aujourd'hui à l'Emboîtement des germes, mais il reste encore une dernière trace de l'erreur des Ovistes dans l'opinion de ceux qui croient, par ignorance plutôt que par obstination, que l'œuf fournit seul la matière de l'embryon et que le spermatozoïde ne communique à l'œuf qu'une impulsion évolutive immatérielle.

Le *troisième courant d'idées* pour lequel nous avons dû créer un mot, le *Micromérisme*, a une forme encore différente, exactement inverse de celle de l'Animisme. Il commence dans l'antiquité par un faible ruisselet qui se réduit presque à rien dans les déserts du moyen âge, traverse la Renaissance sans se grossir des pluies bienfaisantes qui fertilisent autour de lui les sciences et les arts, et arrive aux temps modernes où, à partir de Buffon, il se dilate en un immense Delta.

Et ici encore il n'en pouvait être autrement, car la conception est scientifique et ne se développe qu'au fur et à mesure des progrès de l'observation et de l'expérience.

Que pouvait-on imaginer de scientifique sur la constitution intime des substances vivantes à une époque où l'on ne savait rien d'elles?

C'est Buffon qui commence et essaye de trouver dans ses *Molécules organiques* la base physique de la vie qui persiste immuable sous ses transformations infinies et même après la mort. Maupertuis, presque au même moment, et plus tard Érasme Darwin, le grand-père du célèbre naturaliste, modifient la conception trop générale et trop simpliste de Buffon et préparent l'hypothèse des Gemmules. Mais tous les trois sont venus trop tôt, les grands progrès de l'observation histologique ne sont qu'à peine ébauchés et leurs procédés mêmes de raisonnement, y compris ceux d'Érasme Darwin qui appartient pourtant à notre siècle, ont une saveur de chose ancienne qui peut avoir un charme au point de vue littéraire, mais où la valeur scientifique ne gagne rien.

Brusquement, avec H. Spencer, on tombe en plein moderne. Ici plus de théories vieillottes, plus de procédés surannés. A une connaissance approfondie des principes physiques et mathématiques, se joint une rigueur absolue dans les raisonnements. Les phénomènes sont décomposés en leurs éléments avec une puissance d'abstraction qu'aucun philosophe n'a dépassée, des principes généraux sont déduits qui servent à leur tour à juger, à interpréter les phénomènes, à les ramener à leurs causes vraies. Comme résultat de ses méditations, Spencer nous offre les *Unités physiologiques*, particules matérielles toutes identiques dans une même espèce d'êtres, avec lesquelles il croit que l'organisme doit pouvoir se construire de lui-même, par le seul jeu de leurs forces moléculaires. Nous avons vu qu'il n'y a point réussi. Il n'en a pas moins ouvert une voie : sa théorie est un des bras principaux du Delta de ce fleuve qui nous servait, il y a un instant, de terme de comparaison.

Erlsberg, Hæckel, His, Haacke ont réussi seulement à montrer qu'en substituant aux forces polaires des Unités physiologiques, des formes de mouvement ou des propriétés géométriques, on n'arrive pas à un meilleur résultat.

Darwin, avec sa théorie de la Pangénèse, a tracé le second grand bras du Delta. Ses *Gemmules,* sans être plus hypothétiques, sont autrement efficaces que les unités physiologiques. Par elles, il explique aisément l'Hérédité et la plupart des grands phénomènes biologiques qui se rattachent à l'Évolution. Mais, en même temps, il ouvre la voie aux hypothèses déréglées, faites en vue d'un but, sans souci de la vraisemblance : il invente les *Gemmules latentes,* les *Gemmules de régénération,* auxquelles Weismann ajoutera plus tard les *Déterminants du Polymorphisme* et ceux du *Bourgeonnement.*

Ne suivant que les grandes lignes, nous laissons de côté les diverses variantes de la Pangénèse et arrivons à la grande Conception du *Plasma germinatif.*

Imaginée d'abord par Jæger et Nussbaum, elle a été développée surtout

par WEISMANN qui l'a faite sienne par de nombreux perfectionnements successifs. Grâce à elle, l'évolution similaire de l'enfant et du parent se trouve expliquée subitement et complètement, et toutes les difficultés de la formation par l'individu d'une cellule qui résume en elle ses innombrables caractères, se trouvent d'un coup supprimées. Mais, par là, naît la difficulté non moins grande d'expliquer la transmission des caractères acquis.

Courageusement, Weismann accepte les déductions logiques de son idée et, ne pouvant expliquer la transmission, la nie au mépris de ce que tous avaient cru jusqu'alors. On se récrie d'abord, mais ses arguments pressants décident bon nombre de naturalistes, ceux-ci travaillent dans le même sens, en convertissent d'autres, et aujourd'hui les négateurs ont la majorité.

Il y a peu d'exemples d'un renversement d'opinion aussi rapide dans une question aussi grave et sans que des faits démonstratifs en donnent la raison. Car c'est par la discussion, l'interprétation nouvelle de faits anciens que s'est, en somme, accompli le changement.

Mais, sans l'Hérédité des caractères acquis, l'Adaptation, l'Évolution phylogénétique sont presque impossibles à expliquer. C'est par elle seule que vivait le Lamarkisme, et sans elle le Darwinisme se voit réduit à la Sélection des seules variations plasmogènes de hasard. Devant ces graves conséquences, les naturalistes hésitent et se partagent en deux camps, les *Neo-Darwiniens* qui, avec Weismann, croient la Sélection (aidée de la Panmixie) suffisante à tout expliquer, et les *Lamarkiens* qui, avec SPENCER, le nient et continuent à plaider l'Hérédité des caractères acquis.

La question en est là sur ce point.

Par contre, sur la structure du Plasma germinatif les hypothèses ont continué leur marche ascendante. Mais hélas pour l'hypothèse, s'élever c'est aller vers la ruine. C'est NÆGELI qui, en inventant les facteurs de caractères élémentaires, a établi la dernière plateforme sur laquelle ont été construits les derniers et les plus fragiles échafaudages, le sien d'abord, puis celui de DE VRIES, et enfin celui de WEISMANN qui combine tous les avantages des *Gemmules*, des *Micelles*, des *Pangènes* et des *Plasmas ancestraux*.

Ce dernier est, pour le moment, l'ouvrage le plus parfait créé pour expliquer l'Hérédité et l'Évolution. Nous croyons avoir montré qu'il est bâti d'hypothèses fragiles, invraisemblables, et, tout en rendant justice au talent de son architecte, nous conseillons de l'admirer de loin et de construire ailleurs.

Nous avons parlé de trois courants d'idées seulement. Il y a une quatrième conception fondamentale, l'*Organicisme*, mais qui n'a point formé un courant : elle est restée presque isolée, et bien à tort, car elle est, à notre avis, plus juste et plus féconde que celles qui accaparent en ce moment l'attention. C'est celle de W. Roux, de Driesch, de O. Hertwig, dont nous avons retrouvé chez Descartes un rudiment ignoré.

Les premiers font voir, ainsi que Herbst, que l'œuf peut, sous l'influence des facteurs de l'ontogénèse, développer des caractères dont il ne contenait pas le germe prédestiné. Roux montre qu'une quantité considérable de phénomènes évolutifs s'explique d'elle-même par l'action de l'Excitation fonctionnelle et qu'il n'est pas besoin de charger le Plasma germinatif du soin de régler tous les détails de la Différenciation, car la plupart se règlent d'eux-mêmes. En attirant l'attention sur l'Auto-différenciation des cellules et des organes et sur l'Auto-détermination des fonctions, Roux est entré dans une voie toute nouvelle. Il est fâcheux qu'au lieu de le suivre, on se soit lancé dans celle de la prédétermination des moindres détails par autant de facteurs distincts logés dans le Plasma germinatif.

Malheureusement Roux n'a pas poussé la solution jusqu'au bout; en diminuant le rôle de l'Hérédité, il l'a laissée subsister néanmoins, aussi difficile à comprendre dans ses manifestations plus restreintes que dans la plénitude de ses effets. Il n'a pas cherché quelle pouvait être la constitution du Plasma germinatif, ni comment on devait comprendre son influence sur l'ontogénèse.

Notre but, à nous, a été double.

Le premier a été de protester contre la tendance envahissante à bâtir des systèmes compliqués, échafaudés sur des hypothèses invraisemblables; de mettre en garde contre la séduction des belles explications auxquelles on arrive par ces moyens, et contre les solutions purement nominales dont les *Caractères latents* nous ont offert un exemple; de montrer, enfin, à ceux que ces questions intéressent, quelle voie il faut suivre, d'après quelles règles il faut se conduire, pour avancer dans la voie qui nous semblait la meilleure.

La seconde a été d'entrer nous-même dans cette voie, et de rechercher à quelles solutions vraiment acceptables on peut arriver, dans l'état actuel de nos connaissances, en s'appuyant seulement sur des faits démontrés et sur des hypothèses *réglées*.

Nous sommes mauvais juge de la question de savoir dans quelle mesure nous pouvons avoir réussi.

A tort ou à raison, nous restons convaincu que l'on doit se faire une idée beaucoup plus simple qu'on ne fait d'ordinaire, de la structure de la cellule et des éléments sexuels, et qu'avec cette idée simple on peut arriver à des explications aussi complètes et beaucoup plus probables des grands phénomènes biologiques : l'Assimilation, la Division et le fonctionnement de la cellule, la Fécondation, l'Ontogénèse, la Différenciation histologique et anatomique, l'Hérédité, la Variation, l'Origine des espèces, la Complication progressive du Plasma germinatif et surtout l'Adaptation.

Cette dernière était l'écueil sur lequel venaient échouer aussi bien les théories darwiniennes par insuffisance de la Sélection, que les lamarkiennes faute d'hérédité des caractères acquis. Nous croyons avoir montré qu'il faut distinguer, ce qu'on n'avait point fait, entre une Adaptation phylogénétique et une Adaptation ontogénétique. La première, la seule inexplicable, n'existe que peu ou point, la seconde, qui s'explique aisément par l'Excitation fonctionnelle et les autres facteurs similaires, rend compte à elle seule de presque tout ce qu'il y a d'adapté dans les êtres organisés.

Mais je n'ai pas la prétention de croire que mes explications soient complètes. Je sens parfaitement que partout elles sont trop générales, trop vagues et qu'elles présentent d'immenses lacunes. Je serais fort embarrassé, par exemple, si l'on me demandait comment s'expliquent, au point de vue où je me suis placé, la formation d'un organe aussi compliqué et aussi adapté que l'œil, et les phénomènes si curieux de la Régénération et le fait que les organes commencent, dès les phases embryonnaires, à montrer une adaptation à des fonctions qu'ils ne rempliront que plus tard, et bien d'autres choses encore.

D'ailleurs, ainsi que je le disais en commençant ce livre, j'ai moins eu en vue de proposer une solution personnelle des problèmes de la Biologie générale, que d'intéresser à leur étude, trop négligée en France, d'enseigner à ceux qui voudraient s'y adonner ce qui a été fait avant eux, de les mettre en garde contre la séduction de théories à la mode, plus brillantes que solides, de leur montrer enfin dans quelle direction doivent porter leurs efforts.

FIN.

INDEX BIBLIOGRAPHIQUE

ADAMKIEWICZ (A.). — Über Knochentransplantation. — *Wiener med. Bl.* XII. 1889

ALTMANN (R.). — Die Genese der Zelle. — *Festschrift für Carl Ludwig. Leipzig.* 1887

— Über Nucleinsaüren. — *Du Bois-Reymond's Archiv. f. Physiol.* 1889

— Die Elementarorganismen und ihre Beziehungen zu den Zellen. — Leipzig. 1890
2e *édit.* 1894

— Ein Beitrag zur Granulalehre. — *Verh. Anat. Ges.* 6e *Vers.*, 220-223. 1892

APATHY (ST.). — Über die « Schaumstructur » hauptsächlich bei Muskeln-und Nervenfasern. — *Biol. Centralbl.* XI, 78-87, 127-128. 1891

ARISTOTE. — *a.* De animalium generatione.
b. De historia animalium.

ARNOLD (J.). — Weitere Mittheilungen über Kern-und Zelltheilung in der Milz; zugleich ein Beitrag zur Kenntnis der von der tipischen Mitose abweichenden Kerntheilungsvorgänge. — *Arch. f. mikr. Anat.* XXXI, 541-564. 1888

AUERBACH (Léopold). — Über einen sexuellen Gegensatz in der Chromatrophilie der Keimsubstanzen, nebst Bemerkungen zum Bau der Eier und Ovarien niederer Wirbelthiere. — *Sitz. de k. preuss. Akad. der Wiss. zu Berlin*, XXXV. 1891

BÆR (Von). — Über Entwickelungsgeschichte der Thiere. 1828

— Reden und Studien aus dem Gebiete der Naturwissenschaften, 3es Bd. — 8°, St-Pétersbourg. 1864-76

BALBIANI (E. G.). — Sur la constitution du germe dans l'œuf animal avant la fécondation. — *C. R. Ac. Sc.* Paris, LXIII. 1864

— Sur la cellule embyogène des poissons osseux. — *A. C. R. Sc.* Paris. 1873

— Leçons sur la génération des vertébrés. Recueillies par Henneguy. — 8°, 6 pl. Paris. 1879

— Sur la structure du noyau des cellules salivaires chez les larves de *Chironomus*. — *Zool. Anz.* 1881

— Sur l'origine des cellules épithéliales et du noyau vitellin chez les Géophiles. — *Zool. Anz.* 1882

— Contribution à l'étude de la formation des organes sexuels chez les insectes. — *Rev. zool. Suisse*, II, 525-588, 2 pl. 1885

— Recherches expérimentales sur la mérotomie des Infusoires ciliés. — *Ibid.* V, 1889

— Nouvelles recherches expérimentales sur la Mérotomie des Infusoires ciliés.
1re Partie. *Annales de Micr.* IV, 369-407, 449-489, 3 fig. pl. 1-3. 1892
2e Partie. *Ibid.* V, 1-25, 49-84, 113-137, 3 fig. pl. 1, 2. 1893_1

— Centrosome et « Dotterkern ». — *Journal de l'Anat. et de la Physiol.*, XXIX, mars, avril, Pl. II et III. 1893_2

BAMBECKE (Van). — Pourquoi nous ressemblons à nos parents. — *Bull. Acad. roy. Sc. Belgique*, 54e année, 3e série, X, 901-944. 1885

BARANETZKY (J.). — Die tägliche Periodicität in Längenwachsthum der Stengel. — *Mém. Acad. imp. de St.-Pétersbourg*, VIIe série, XXVII, n° 2, 9 pl., 5 pl. de courbes. 1880

BARD (L.). — La spécificité cellulaire et l'histogénèse chez l'Embryon. — *Arch. de Physiol.* 1886

— L'induction vitale, ou influence réciproque à distance des éléments cellulaires les uns les autres. — *Arch. de Méd. expérim. et d'Anal. path.* 1890

— La spécificité cellulaire et ses principales conséquences. — *Semaine médicale*, 14e année, 113-120. 1894

BARFURTH (D.). — Versuche zur functionellen Anpassung. — *Arch. f. mikr. Anat.* XXXVII, 1 Taf. 1891_1

— Zur Regeneration der Gewebe — *Ibid.*, 392-491, 3 Taf. XXXVII. 1891_2

— Halbbildung oder Ganzbildung von halber Grösse. — *Anat. Anz.* VIII, 487-493. 1893_1

— Experimentelle Untersuchungen über die Regeneration der Keimblätter bei den Amphibien. — *Anat. Hefte* IX. 1893_2

— Über organbildende Keimbezirke und künstliche Missbildungen des Amphibieneies. — *Ibid.* IX. 1893_3

— Die experimentelle Regeneration überschüssiger Gliedmassentheile (Polydaktylie) bei den Amphibien. — *Archiv für Entwickelungsmechanik der Organismen* I. 1894_1

— Sind die Extremitäten der Frösche regenerationsfähig. — *Ibid.* I. 1894_2

BATAILLON (E.) — Recherches anatomiques et expérimentales sur la métamorphose des Batraciens anoures. — Thèse doctorat ès-sciences naturelles. — Paris. 1891

— Les métamorphoses et l'ontogénie des formes animales. — *Revue Bourguignonne de l'Enseignement supérieur.* 1893

BATESON (W.). — On some variations of *Cardium edule* apparently connected to the conditions of Life. — *Philos. Trans.* 1890

— Materials for the study of variation : treated with especial regard to Discontinuity in the Origin of species. — London. 8°, 608 p. 1894

BAUR (G.). — Das Variiren der Eidechsen-Gattung *Tropidurus* auf den Galapagos-Inseln. — *Festschrift für Leuckart*. Leizpig. 259-277. 3 fig. 1892

BÉCHAMP (A.) — Les microzymas dans leurs rapports avec la fermentation et la physiologie. — *Ass. fr. avanc. sciences.* 1875

— Les microzymas. dans leurs rapports avec l'hétérogénie, la physiologie et la pathologie. Examen de la Panspermie atmosphérique continue ou discontinue, morbifère ou non morbifère. XXXVIII, 992 p. 5 pl. Paris. 1883

BECHSTEIN. — Naturgeschichte Deutschlands, III, p. 399. 1793

BELLINGERI. — Dell' Influenza del cibo e della bevanda sulla Fecondità. — 8°, Torino. 1840

BEMMELEN (J. F. Van). — De erfelijkeid van verwornen eigenschappen. — Gr. 8°, s'Gravenhage. 1890

BENEDEN (Ed. Van). — La maturation de l'œuf, la fécondation et les premières phases du développement embryonnaire des mammifères d'après des recherches faites chez le lapin. — *Bull. Acad. roy. Belgique*, 2° Série, XI. 1875

— Recherches sur les Dicyémides, survivants actuels d'un embranchement des Mésozoaires. — *Ibid.*, XLI, n° 6 et XLII, n° 7, Bruxelles. 1876

— Recherches sur la maturation de l'œuf, la fécondation et la division cellulaire. — Gand, Leipzig et Paris. 1883

BENEDEN (Ed. Van) et JULIN (Ch.). — Recherches sur la structure de l'ovaire, l'ovulation et les premières phases du développement chez les chéiroptères. — *Bull. Ac. roy. de Belgique* XLIX. 1880

— La spermatogénèse chez l'Ascaride mégalocéphale. — *Ibid.* 1884

— Recherches sur la Morphologie des Tuniciers. — *Arch. de Biologie* VI. 1886

BERGH (R. S.). — Kritik einer modernen Hypothese von der Übertragung erblicher Eigenschaften. — *Zool. Anz.* XV, 43-52. 1892

BERNER. — Über die Ursache der Geschlechsbildung. Eine biologische Studie. — Christiania. 1883

BERNSTEIN (Julius). — Die mechanistische Theorie des Lebens, ihre Grundlagen und Erfolge. — Braunschweig, 26 S. 1890

BERT (P.). — Recherches expérimentales pour servir à l'histoire de la vitalité propre des tissus animaux. — Thèse 95 p. 4°, Paris. 1866

BERTHOLD (G.). — Studien über Protoplasma-Mekanik. — Leipzig, 332 S. 7 Taf. 1886

BLANC (Henri). — Étude sur la fécondation de l'œuf de la Truite. — *Berichte der naturforchenden Gesellschaft zu Freiburg-i-Br.* VIII, 163-191, Taf. VI. 1894

BLOCHMANN (F.). — Über die Reifung der Eier bei Ameisen und Wespen. — Heidelberg. 1886

— Über die Zahl der Richtungskörper bei befruchteten und unbefruchteten Bieneneiern. — *Morph. Jahrb.* XV. 1889

BLUMENBACH. — Über die Bildungstrieb und das Zeugungsschaft. 1781

— De generis humani varietate nativa. — Göttingen. 1795

BOAS (J. E. v.). — Bidrag til opfattelsen af Polydactyli hos Pattedyrene. — *Videnskap. Middel. fraden Naturh. Forening i Kjöbenhavn.* 1883

BOKORNY (Th.). — Einige Beobachtungen über den Einfluss der Ernährung auf die Beschaffenheit der Pflanzenzelle. — *Biol. Centralbl.* XII, 321-330. 1892

BOLL (Dr Franz). — Das Princip des Wachsthum. Eine anatomische Untersuchung. — 8°, 84 S. 1 T. Berlin. 1876

BONNET (C.). — Considérations sur les corps organisés. — 2 vol. Amsterdam. 1776

BONNET (R). — Die stummelschwänzigen Hunde im Hinblick auf die Vererbung erworbener Eigenschaften. — *Anat. Anz.* III 584-606. 1888
et dans *Beitr. zur pathol. Anat. und allgem. Pathol.* 1889

BORN (G.). — Experimentelle Untersuchungen über die Entstehung der Geschlechtsunterscheide. *Breslauer ærztliche Zeitschrift.* 1881

— Über den Einfluss der Schwere auf das Froschei. — *Ibid.* 1884
et dans *Arch. f. mikr. Anat.* XXIV, 475-545, Taf. 23-24. 1885

BOS (J.-R.). — Zur Frage der Vererbung von Traumatismen. — *Biol. Centralbl.* XI, 734-736. 1891

BOVERI (TH.). — Über die Bedeutung der Richtungskörper. — *Sitz. Ber. Ges. Morph. Phys. München* II, 101-106. 1886

— Über die Befruchtung der Eier von *Ascaris megalocephala*. — *Ibid.* 1886

— Über Differenzirung der Zellkerne wæhrend der Furchung des Eies von *Ascaris megalocephala*. — *Anat. Anz.* II, 688-693. 1887

— Zellen-Studien. — *Jen. Zeit. f. Naturw.* XXI 423-515, Taf. 25-28. 1887

— Zellen-Studien. XXII, 685-882. 1888[1]

— Über partielle Befruchtung. — *Sitz.-Ber. morph. phys. Ges. München* IV, 64-72. 1888[2]

— Über den Antheil des Spermatozoon an der Theilung des Eies. — *Ibid.* III, 151-164. 1888[3]

— Ein geschlechtlich erzeugter Organismus ohne mütterliche Eigenschaften. — *Ibid.* 1889

— Zellen Studien. Über das Verhalten der chromatischen Kernsubstanz bei der Bildung des Richtungskörper und bei der Befruchtung. — *Jen. Zeitschr. für Naturw.* XXIV, 314-401, Taf 11-13. 1890

— Article : Befruchtung in *Ergebnisse der Anatomie und Entwickelungeschichte* von Merkel und Bonnet I, 385-485, 15 fig. 1891

BRÆM (F.). — Über die Knospung bei mehrschichtigen Thieren insbesondere bei Hydroiden. — *Biol. Centralbl.* XIV, 140-161, 5 Fig. 1894

BRASS (A.). — Die chromatische Substanz in der thierischen Zelle. — *Zool. Anz.* 1883

— Die Organisation der thierischen Zelle. — Halle. 1884[1]

— Beiträge zur Zellphysiologie. — *Zeitschr. für Naturw.* IVe Folge. III, 115-156. 1884[2]

BRAUER (A.). — Über das Ei von *Branchipus*

Grubei von der Bildung bis zur Ablage. *Arch. d. k. preuss. Akad. d. Wiss. zu Berlin.* 1892

— Zur Kenntniss der Spermatogenese von *Ascaris megalocephala.* — *Arch. f. mikr. Anat.* XLII, 153-213, Taf. XI, XIII. 1893_1

— Zur Kenntniss der Reifung der parthenogenetisch sich entwickelnden Eies von *Artemia Salina.* — *Ibid.* XIII, 162-222, Taf. 8-11. 1893_2

BREITENBACH (W.). — Die Entstehung der geschlechtlichen Fortpflanzung. Eine phylogenetische Studie. — *Kosmos* Jahrg. IV. 1881

BROCK. — Einige ältere Autoren über die Vererbung erworbener Eigenschaften. — *Biol. Centralbl.* VIII, 491-499. 1888

BROOKS. — The Law of Heredity. — Baltimore. 1883

BROWN-SEQUARD. — Note sur l'avortement d'attaques d'épilepsie par l'irritation de nerfs à action centripète. — *Arch. de Physiol. norm. et path.* I. 1868

— Nouvelles recherches sur l'épilepsie due à certaines lésions de la moelle épinière et des nerfs rachidiens. — *Ibid.* II, 211-220, 422-437, 496-503. pl. V, fig. 6. 1869

— Remarque sur l'épilepsie causée par la section du nerf sciatique chez les cobayes. — *Ibid.* III, p. 153-160 1870-71

— Faits nouveaux concernant la Physiologie de l'épilepsie. — *Ibid.*, p. 510-516. 1870-71

— Quelques faits nouveaux relatifs à l'épilepsie qu'on observe à la suite de diverses lésions du système nerveux chez les cobayes. — *Ibid.* IV, 116-120. 1872

— Faits nouveaux établissant l'extrême fréquence d'états morbides produits accidentellement chez des ascendants. — *C. R. Ac. Sc. Paris* XCIV, 697-700. 1882

— Hérédité d'une affection due à une cause accidentelle. Faits et arguments contre les explications et les critiques de Weismann. — *Arch. de Physiol.* XXIV. 686-688. 1892

BRÜCKE (E.). — Die Elementarorganismen. — *Sitzungsberichte der kais. Akad. d. Wissenschaften zu Wien.* XLIV, 381-406. 1861

BUCHMANN (S. S.). — Some Laws of Heredity and their application to man. — *Proceed. Cotteswold Naturalist's Field Club*, X, 258. 1892

BUFFON. — Histoire naturelle, publiée et mise en ordre d'après le plan de l'auteur par Leclerc Buffon, XI vol. 8° Paris. Vol. X. 1804
L'ouvrage est de 1749-1804
Voy. quelques passages des vol. I et III et tout le vol. X relatif à la Génération.

BÜRGER (Otto). — Was sind die Attractionssphären und ihre Centralkörper; ein Erklærungsversuch. — *Anat. Anz.* VII, 222-231. 1892

BÜTSCHLI (O.). — Gedanken über Leben und Tod. — *Zool. Anz.* V, 64-67. 1882

— Gedanken über die morphologische Bedeutung der sogenannten Richtungskörper. *Biol. Centralbl.*, VI, 5. 1884

— Einige Bemerkungen über gewisse Organisationsverhältnisse der sogenannten Cilioflageltaten und der *Noctiluca.* — *Morph. Jahrb.* X. 1885

— Über die Struktur des Protoplasmas. — *Verhandl. des natur hist. — med. Vereins zu Heidelberg.* N. F. IV, Heft. 3. 1889_1

— Müssen wir ein Wachsthum des Plasmas durch Intussusception annehmen. — *Biol. Centralbl.* 161-164. 1889_2

— Über den Bau der Bacterien und verwandten Organismen. — *Heidelberg.* 1890_1

— Weitere Mittheilungen über die Struktur des Protoplasmas. — *Biol. Centralbl.*, X, 697-703. 1890_2

— Über die Struktur des Protoplasmas — *Verhandl. d. zool. Gesellsch.* 1 Versamm. 14-20. 1891

— Über die sogenannten Centralkörper der Zelle und ihre Bedeutung. — *Verh. nat. med. Ver. Heidelberg*, IV, 335-338. 1892_1

— Untersuchungen über mikroskopische Schaüme und das Protoplasma. Versuche und Beobachtungen zur Lösung der Frage nach den physikalischen Bedingungen der Lebenserscheinungen. — Leipzig, 234 S., 23 Fig. 6 Taf., Separat-Atlas von 19 Mikrophotogr. 1892_2

— Über die künstliche Nachahmung der Karyokinetischen Figur. *Verhandl. der naturhist. med. Vereins zu Heidelberg.* N. F. V. Heft I. 1892_3

— Vorläufiger Bericht über fortgesetzte Untersuchungen an Gerinnungsschäumen, Sphærokrystallen und die Structur von Cellulose- und Chitinmembranen. — *Ibid.* V. 1894

BÜTSCHLI (O.) et SCHEWIAKOFF (W.). — Über den feineren Bau der quergestreiften Muskeln von Arthropoden. — *Vorläuf. Mitth.*, *Biolog. Centralbl.* XI, 33-39. 1891

BUTLER (Samuel). — Life and habit. — London. 1878

— Evolution old and new. — London. 1879

CADIAT. — Article : Greffe animale. — *Dictionn. des sc. médic. de Dechambre.* 1884

CANDOLLE (De). — Histoire des sciences et des savants depuis deux siècles, précédée et suivie d'autres études sur des sujets scientifiques, en particulier sur l'Hérédité et la sélection dans l'espèce humaine.
2° *édition*, Genève, Bâle. 1885

CARNOY (J. B). — La Biologie cellulaire. — Aachen. 1884

CARRIERE (J. von). — Über die Regeneration bei den Landpulmonaten. 1880

CATCHPOOL (E). — An unnoticed factor in evolution. — *Nature* XXXI, 4. 1884

CAZEAUX. — Description d'un monstre péracéphale, suivie de quelques réflexions sur la circulation du sang dans cette espèce de monstruosité. — *Mém. de la soc. de Biol.* III, 211. 1851

CHABRY (L.). — Embryologie normale et tératologique des Ascidies. — Thèse de Doctorat ès-sc. nat. Paris. 1887

CHARRIN. — Les Propriétés physiologiques des tissus. Altérations humorales : désordres fonctionnels dans l'infection expérimentale. — *Semaine médicale* 2 mai. 1894

CHEVREUL. — Considérations générales sur l'analyse organique et ses applications. — Paris. 1824

CHITTENDEN (R. H.). — Some recent chemico-physiological discoveries regarding the cell. — *Amer. Naturalist*, fév. 97-117. 1894

CHOLODKOWSKY (N.). — Tod und Unsterblichkeit in Thierwelt. — *Zool. Anz.* V, 264-265. 1882

CHUN (C.). — Über die Bedeutung der direkten Kerntheilung. — *Sitz. Ber. d. physik.-œkonom. Gesellsch. Königsberg.* 1890

CLAUS (C.). — Über die Werthschätzung der natürlichen Zuchtwahl als Erklärungprincip. — Wien, 42 S. 1888

COHEN (H. M.). — Gesezte der Befruchtung und Vererbung, begründet auf die physiologische Bedeutung der Ovula und Spermatozoen, für Ærtzte und naturwissenschaftliche Züchter. Nördlingen. 1875

COPE (E. D.). — Method of Creation. — *Proceed. of the Amer. Philosop. Soc.*, 247. 1871

— On Catagenesis. — *Am. Ass. for the Adv. of. science, Philadelphia Meeting.* XXXIIIth. Vol. of the Proceed., 455-470. 1885

— On Inheritance in Evolution. — *Am. Nat.* XXII 1058-1071. 1889_1

— The mechanical causes of the development of the hard parts of the Mammalia. — *Journal of Morphology* III, 137-290. 1889_2

CRAMES. — Die verticillirten Siphoneen. — *Denkschr. d. schweitz.-naturf. Ges.* XXX, 1887
et *Ibid* XXXII. 1890

CRAMPE. — Gesetze der Vererbung der Farbe. Zuchtversuch mit zahmen Wanderatten. — *Landw. Jahrbücher.* Berlin. 1885

CRATO (E.). — Beitrag zur Kenntniss der Protoplasma Struktur. — *Ber. d. deutch. botan. Gesellsch.* 1892

DALENPATIUS. — Extrait d'une lettre de M. Dalenpatius à l'auteur de ces nouvelles contenant une découverte curieuse, faite par le moyen du microscope. — *Nouvelles de la République des Lettres*, par Jacques Bernard, t. II, mois d'Avril 1699, Article V, 552-554. Amsterdam. 1699

DALL (W. H.). — On Dynamic influences in Evolution. — Washington. 1890

DANILEWSKY (A. J.). — Über die organoplastischen Kräfte der Organismen. — *Arb. nat. Ges. Petersburg XVI.* Protok. 79-82. 1885

— La substance fondamentale du Protoplasma et ses modifications par la vie ; communication faite au congrès de médecine de Rome de 1894. — *Presse médicale*, 17 mars. 1894

DANTEC (F. Le). — Recherche sur la digestion intracellulaire chez les Protozoaires. — Thèse de Doctorat, Paris. 1891

DARESTE (C.). — Mémoire sur les caractères de la race des poules polonaises. — *Mém. de la soc. des sc., de l'agric. et des arts de Lille.* 3e série, I, 753. 1864

— Mémoire sur la production de certaines races d'animaux domestiques. — *C. R. Ac. Sc.* LXIV, 423, et *Arch. du comice de Lille.* 1867

— Recherche sur les veaux ñatos ou à tête de bouledogue et sur les origines des animaux domestiques. — *Bull. soc. d'acclim.* 4e série, V, 5-11. 1868_1

— Nouvelle exposition d'un plan d'expériences sur la variabilité des animaux. — *Ibid.*, 769-781 et 817-829. 1868_2

— Mémoire sur l'origine des races chez les animaux domestiques. — *Bibl. École des Hautes études*, Sc. nat. XXVI. 1888

— Recherches sur la production artificielle des monstruosités, ou essais de tératogénie expérimentale. — 2e édit. X, 590 p., 62 fig. 15 pl. Paris. 1891

DARWIN (Ch.). — L'origine des espèces au moyen de la sélection naturelle ou la lutte pour l'existence dans la nature. — Paris. 1873
1er édit. angl. 1859

— De la variation des animaux et des plantes à l'état domestique. — Trad. française, 2 vol., 43 fig. sur bois.
1er vol. XIII-494 p. Paris. 1879
2e vol. 523 p. Paris. 1880
Editions anglaises, 1er 1868
2e 1885

— Pangenesis. — *Nature* III, n° 78, 302-303, 27 avril. 1871

— De la descendance de l'homme. — Trad. franç. I. 1873
II. 1874
Édition angl. 1871

— The expression of the emotion in man and animals. — London. 1872

— Inheritance. — *Nature* XXIV, 257 et *Kosmos*, X, 458. 1881

DARWIN (Erasme) — Zoonomia or the Laws of Organic Life. — London, 2 vol. 4° 1794, 1796
3e édit. 4 vol. 1801

— Zoonomie ou lois de la vie organique. Trad. de l'anglais sur la 3e éd. et augm. d'observations et de notes par J. F. Kuyskens prof. de chimie à l'Éc. élém. de médecine, etc.
4 vol. Gand 1 et 2 de 1810
3 et 4 de 1811
Le tome II seul cité ici est de 1810

DAVENPORT (C. B.) — Studies on Morphogenesis. — II. Regeneration in *Obelia* and its Bearing on differenciation in the Germ Plasma. — *Anat. Anz.* IX, 253-294. 1894

DÉJERINE. — L'hérédité dans les maladies du système nerveux. — Thèse d'agrégation. Paris. 1886

DELAGE (Yves). — Recherches sur le développement des éponges siliceuses marines et d'eau douce. — *Arch. de zool. exp^{le} et gén^{le}*, 2e Série X. 1893

DELBOEUF (J.). — Les mathématiques et le transformisme. Une loi mathématique applicable à la théorie du transformisme. — *Revue scientifique*, 2e série 6e année, 669-679. 1877

DEMOOR (J.). — Contribution à l'étude de la physiol. de la cellule. Indépendance fonctionnelle du protoplasma et du noyau. — *Arch. de Biol.* XIII, 162-244, pl. IX, X. 1893

DESCARTES. — Traité de l'homme et traité de la formation du fœtus. Vers 1662
In : Œuvres de Descartes publiées par Victor Cousin. t. IV, 335-505. Paris. 1824

DETMER (W.). — Über Photoepinastie der Blätter. — *Bot. Zeitung.* Col. 787-794. 1882

— Zur Probleme der Vererbung. — Pflüger's *Archiv für die gesammte Physiologie des Menschen und der Thiere*, XLI, 203-215. 1887

DINGFELDER (J.). — Beitrag zur Vererbung erworbener Eigenschaften. — *Biol. Centralbl.* VII. 1887

— Beitrag zur Vererbung erworbener Eigenschaften. 2e Mittheil. — *Ibid.*, VIII. 1889

DIXON (Ch.). — Evolution without natural selection, or the segregration of species without the aid of the Darwinian Hypothesis. — London. 1886

DÖDERLEIN (L.). — Über schwanzlose Katzen. — *Zool. Anz.* X, 606-608. 1887

DOLBEAR (A. E.). — On the Organisation of Atoms and Molekuls. — *Journ. of Morph.* II, 569-584. Boston. 1889

Avec remarques de C. O. Whitman. *Ibid.* 584-585.

DRIESCH (H.). — Zur Verlagerung der Blastomeren des Echinideneies. — *Anat. Anz.* VIII. 1883

— Die mathematisch-mechanische Behandlung morphologischer Probleme der Biologie. Eine kritische Studie. — Jena. 59 S. 1891

— Entwickelungsmecanische Studien :

I. Der Werth der beiden ersten Furchungszellen in der Echinodermenentwickelung. Experimentelle Erzeugung von Theil-und Doppelbildungen. — *Zeit. f. wiss. Zool.* LIII, 160-185, Taf. VII. 1892

II. Über die Beziehungen des Lichtes zur ersten Etappe der thierischen Formbildung. — *Ibid.* 1892

III. Die Verminderung des Furchungs material und ihre Folgen (Weiteres über Theilbildungen). — *Ibid.* 1892

IV. Experimentelle Veränderungen des Typus der Furchung und ihre Folgen (Wirkungen von Wärmezufuhr und von Druck). — *Ibid.* 1892

V. Von der Furchung doppelbefruchteter Eier. — *Ibid.* 1892

VI. Über einige allgemeine Fragen der theoretischen Morphologie. — *Ibid.* LV, 1-63, Taf. I-III. 1892

VII. Exogastrula und Anenteria (Über die Wirkung von Wärmezufuhr auf die Larvenentwickelung der Echiniden). — *Mitth. zool. Station zu, Neapel.* XI, 221-255. Taf. II. 1893[1]

VIII. Über Variation der Mikromerenbildung (Wirkung von Verdünnung des Meerwassers.) — *Ibid.* 1893

IX. Über die Vertretbarkeit der Anlagen von Ektoderm und Entoderm. — *Ibid.* 1893

X. Über einige entwickelungsmechanische Ergebnisse. — *Ibid.* 1893

— Zur Theorie der thierischen Formbildung. — *Biol. Centralbl.* XIII. 1893[2]

DU BOIS-REYMOND. — Über die Übung. Berlin. 1881

DUGÈS (A.). — Recherches sur l'organisation et les mœurs des Planariées. — *Ann. des sc. nat. Zool.* XV, 167-168, Pl. V. 1828[1]

— Recherches sur la circulation, la Respiration et la Reproduction des Annélides abranches. — *Ibid.* 317-318. 1828[2]

DUJARDIN (F.). — Recherches sur les Organismes inférieurs. — *Ibid.* 2e série IV, p. 343 et suiv. 1835

DUPUY (E.). — De la transmission héréditaire des lésions acquises. — *Bull. scient. du Nord de la France et de la Belgique.* Vol. XXII, 445-448. 1890

DÜSING (Karl). — Die Factoren welche die Sexualität entscheiden. — *Jenaische Zeitschr.* (N. F., IX), 428-465. 1883

— Die Regulirung der Geschlechtsverhältnisse bei der Vermehrung der Menschen, Thiere und Pflanzen. — *Ibid.* XVII, 593-940. 1884

— Die exprimentelle Prüfung der Theorie von der Regulirung der Geschlechtsvertältnisse. — *Ibid.* XIX 2 suppl. Hefte, 108-112. 1885

— Die Dauer der Lebens bei höheren und niederen Thieren. — *Kosmos* XIX, 42-54 ; 123-136. 1886

DUTROCHET. — Recherches sur la structure intime des animaux et des végétaux. — Paris. 1824

— Mémoire pour servir à l'histoire des animaux et des végétaux. — Paris. 1837

EIMER (G. H. T.). — Die Entstehung der Arten auf Grund von vererben erworbener Eigenschaften nach den Gesetzen organischen Wachsens. Ein Beitrag zur einheitlichen Auffassung der Lebewelt I Teil. — 8°, VI-461 S. 6 Abb. im Text. Iena. 1888

EISMOND (J.). — Über die Verhältnisse des Kerns zum Zelleibe und über die Zelltheilung. — *Sitz. d. biol. Gesellch. zu Warschau.* 1890

— Einige Beiträge zur Kenntniss der Attractionsphæren und der Centrosomen. — *Anat. Anz.* X. 1894

EMERY (C.). — Gedanken zur Descendenz-und Vererbungs Theorie. — *Biol. Centralbl.* XIII, 397-420. 1893

ENGELMANN. — Contractilität und Doppelbrechung. — *Pflüger's Arch. f. die gesamm. Physiol.* 432-464 XI. 1875

— Über Entwickelung und Fortpflanzung von Infusorien. — *Morph. Jahrb.* I. 573-635, Taf. XXI-XXII. 1876

— Physiologie der Protoplasma- und Flimmerbewegung. — *Hermann's Handbuch der Physiologie*, I. 1879

ERLSBERG (Louis). — Regeneration, or the preservation of organic molecules ; a contribution to the doctrine of Evolution. — *Proceed. Assoc. f. the Advanc. of science.* 87-103. Hartford Meeting. August. 1874

— On the Plastidule-Hypothesis. — *Ibid.* 178-187. Buffalo Meeting. August. 1876

ESQUIROL (J.). — Des maladies mentales considérées sous les rapports médical, hygiénique et médico-légal. — 2 vol. 8°. Paris. 1838

FABRE-DOMERGUE. — Études sur les Infusoires ciliés. — Thèse de Paris et *Ann. des sc. nat. zool.* 1888

FAUVELLE. — Le transformisme dans le Règne végétal. In *Rev. sc.* XLVIII, 513 et 649. 1891

FECHNER. — Einige Ideen zur Schöpfungs-und Enwickelungsgeschichte. — Leipzig. 1873

FÉRÉ (Ch.). — Note sur l'influence de l'Exposition préalable aux vapeurs d'alcool sur l'incubation de l'œuf de poule. — C. R. Soc. de biol., 22 juill. 1893

— La famille névropathique : Théorie tératologique de l'hérédité et de la prédisposition morbides et de la dégénérescence. — 334 p. Paris. 1894

FICK. — Über die Form des Gelenkflächen. — — *Arch. für Anat. und Physiol., anat. Abth.* 1890

— Bemerkungen zu O. Bürgers Erklärungsversuch des Attractionssphären. — *Anat. Anz.* VII, 464-467. 1892

FIELD (G. W.). — Echinodermen Spermatogenesis. — *Anat. Anz.* VIII, 487-489. 1893

FIELD (H. H.) — Über die Art der Abfassung naturwissenschaftlicher Litteraturverzeichnisse. — *Biol. Centralbl.* XIII, 753. 1893

— Sur la manière de donner des indications bibliographiques. — *Bulletin Soc. Zool. de France* 44-47. 1894

FINN. — Some Facts of Telegony. — *Nat. Science* III, 436-440. 1893

FLEMMING W. — Beiträge zur Kenntniss der Zelle und ihrer Lebenserscheinungen.
Arch. für mikr. Anat. XVI. 1879
— — — XVIII. 1880
— — — XX. 1882$_1$

— Zellsubstanz, Kern– und Zelltheilung. — Leipzig. 1882$_2$

— Neue Beiträge zur Kenntniss der Zelle. — *Ibid.* XXIX, 389-463, Taf. 23-24. 1887

— Attractionssphæren und Centralkörper in Gewebszellen und Wanderzellen. — *Anat. Anz.* 1891$_1$

— Über Theilung und Kernformen bei Leukocyten und über deren Attractionssphären. — *Arch. f. mikr. Anat.* XXXVII 249-298. 1891$_2$

— Neue Beiträge zur Kenntniss der Zelle. — *Ibid.* 685-751. 1891$_3$

— Über Zelltheilung. — *Verhandl. d. anat. Gesellschaft a.d. V^en. Versamm. in München.* 1891$_4$

— Die Zelle. *Ergeb. d. Anat. und Entwick.* III 1893. 1894

FLINT (A.). — A Text-Book of Human Physiology.
4e édit. New-York. 1888

FOCKE (W. O.). — Die Pflanzen-Mischlinge. Ein Beitrag zur Biologie der Gewächse. — Berlin, 8° IV-510 S. 1881

FOL (H.). — Recherches sur la fécondation et le commencement de l'hénogénèse. Genève. 1879

— Le quadrille des centres, un épisode nouveau dans l'histoire de la fécondation.
— *Arch. des Sc. physiques et nat. de Genève,* 3e periode XXV, n° du 15 avril. 1891

— Lehrbuch der vergleich. mikrosk. Anatomie. — Leipzig. 1884

FOL (H.) ET WARYNSKI. — Recherches expérimentales sur la cause de quelques monstruosités simples et de divers processus embryogéniques. — *Rev. zool. suisse* I, 20. 1883

FONTANA. — Traité sur le venin de la vipère avec des observations sur la structure du corps animal. — Florence. 1781

FRAISSE (P.). — Die Regeneration von Geweben und Organen bei den Wirbelthieren, besonders Amphibien und Reptilien. — 3. Taf. Kassel und Berlin. 1885

FRANK (A. B.). — Über den Einfluss des Lichtes auf den bilateralen Bau der symmetrischen Zweige der *Thuja occidentalis.* — *Pringheim's-Jahrbücher f. wiss. Botanik* IX, 147-191, Taf. XVI. 1878

FRENZEL (J.). — Das Idioplasma und die Kernsubstanz. Ein kritischer Beitrag zur Frage nach dem Vererbungsstoff. — *Arch. f. Mikr. Anat.* XXVII, 73-128. 1886

— Die nucleolare Kernhalbirung, eine besondere Form der amitotischen Kerntheilung. — *Biol. Centralbl.* XI, 701-704. 1891

FROHSHAMMER. — Die Phantasie als Grundprincip des Weltprocesses. — München. 1877

FROMMANN (C.). — Zur Lehre von der Struktur der Zellen. — *Jenaische Zeitschr. f. Med. und Naturw.* IX. 1875

— Über neuere Erklärungsversuche der Protoplasmaströmungen und über die Schaumstrukturen Bütschli's. — *Anat. Anz.* V, 648-652, 661-672, 4 Fig. 1890

FUCHS (Th.). — Über die geschlechtliche Affinität als Basis der Speciesbildung. *Sitz. d. K. K. Zool. botan. Gesellsch. in Wien* XXIX. 1879

FÜRTZ (Camillo). — Knabenüberschuss nach Conception zur Zeit der postmenstruellen Anemie. — *Arch. f. Gynecologie* XXVIII, 14. 1886

GADOW (H.). — Descriptions of the Modifications of certain organs wich seem to be Illustrations of the Inheritance of Acquired Characters in Mammals and Birds. — *Zool. Jahrb. Syst. Abth.* V, 629-646, Taf 43, 44. 1890

GÆRTNER. — Versüche und Beobachtungen über die Bastarderzeugung im Pflanzenreich.... — Stuttgart. 1849

GALTON (F.). — Hereditary Genius. — London 1869

— Experiments in Pangenesis by Breeding from Rabbits of a pure variety, into whose circulation blood taken from other varieties had previously been largely transfused. — *Proceed. of the Roy. Soc.*, 30 mars. 1871$_1$

— Pangenesis. — *Nature* IV, 5-6. 4 mai 1871$_2$

— A Theory of Heredity. — *Contemporary Review.* XXVII. X, 80-95. 1875

— Pedigree Moth-Breeding, as a mean of verifying certain important Constants in the general Theory of Heredity. — *Trans. Ent. Soc.* London, 10-28. 1887

— Natural Inheritance.—VIII-259, p. 12. London. 1889$_1$

— Feasible experiments on the Possibility of transmitting acquired Habits by means of Inheritance. — *Nature*, 610. 1889$_2$

GARDINER (G.). — Weismann and Maupas on the Origin of Death. — *Biol. Lect. Mar. Biol. Lab. Wood's Holl* 107-129, Boston. 1891

GAULE. — Über die Bedeutung der Cytozoen für die Bedeutung der thierischen Zellen. — *Biol. Centralbl.* VI. 1886

GAUTIER (A.). Fonctionnement anaérobie des tissus. — *Gaz. hebd. de méd. et Arch. de Physiol.* 5e série IV. 1881

— Du mécanisme des êtres vivants, hommage à M. Chevreul. — Paris, 1886

— La nutrition de la cellule. Conf. de Chimie biolog. faite à la Fac. de méd. de Paris. — *Rev. Scient.* 4e série, I, 513-521. 1894₁

— La chimie de la cellule vivante. — Paris. 1894₂

GEBERG (A.). — Zur Kenntniss des Flemmingschen Zwischenkörperchens. — *Anat. Anz.* VI, 623-625. 1891

GEDDES (P.). — A Re-Statement of the Cell Theory. — *Proceed. of. the Roy. Soc.* Edinburgh. XII 1883-1884

— Theory of Growth, Reproduction, Sex and Heredity. — *Ibid.* XIII, 911-931. 1886

GEDDES et THOMPSON. — The Evolution of Sex. London. 1889

GEOFFROY ST-HILAIRE (Etienne). — Philosophie anatomique 2 vol. Paris. 1818 et 1822

— (Isidore). — Histoire générale et particulière des anomalies de l'organisation chez l'homme et les animaux ou traité de Tératologie. — 3 vol. et Atlas. 8°. Paris. 1836

GERASSIMOFF. — Über die kernlosen Zellen bei einigen Konjugaten. — *Vorläuf. Mittheil.* Moskau. 1892

GIARD (A.). — Sur la signification morphologique des globules polaires. — *Rev. Scient.* XX. 1877

— Sur la signification des globules polaires. — *C. R. Soc. Biol. Paris* I, 116-121. 1889

— Sur les globules polaires et les homologues de ces éléments chez les Infusoires ciliés. — *Bull. Sc. France Belgique* XXII, 202-221, 5 fig. 1890

GIROU DE BUZAREINGUES. — Essai sur la génération ; précédé de considération physiologiques sur la vie et sur l'organisation des animaux. — Paris. 1828

GODLEWSKI (E.). — Einige Bemerkungen zur Auffassung der Reiserscheinungen an den wachsenden Planzentheile. — *Botan. Centralbl.* IX, nos 2-7 et 15-20. 1888

GODRON. — L'espèce et les races chez les êtres organisés. — *Mém. Soc. Sciences.* Nancy 182-288. 1847

GÖBEL (K.). — Beiträge zur Morphologie und Physiologie des Blattes — *Botan. Zeitung,* Col. 771 et 807. 1880

GÖPPERT. — Kerntheilung durch indirecte Fragmentirung in der lymphatischen Randschicht der Salamanderleber. — *Arch. f. mikr. Anat.* XXXVII. 1891

GÖTTE (A.). — Über den Ursprung des Todes. Hamburg und Leipzig. 81 S., 18 Fig. 1883

GRIESBACH (H.). — Struktur und Plasmoschise der Amœbocyten. — *Verh. d. Anat. Gesellsch. Versamm.* München. 1891

— Über Plasmastrukturen der Blutkörperchen im Kreisenden Blute der Amphibien. — *Festschrift für A. Weismann.* 1894

GRIFFINI (L.) e MARCHIO (G.). — Sulla rigenerazione totale della retina nei tritoni. Communicazione preventiva. — *Riforma medica.* Gennaio. 1889

GRÖNBERG (G.). — Beiträge zur Kenntniss der polydactylen Hünerrassen. — *Anat. Anz.* IX, 509-516, 4 Fig. 1894

GRUBER. — Über künstliche Theilung bei Infusorien. — *Biol. Centralbl.* IV, 717. 1885
Id. Ibid. V, 137. 1886

GUIGNARD (L.). — Étude sur les phénomènes morphologiques de la Fécondation. *Bul. soc. bot. de France* XXXVI, p. C — CXLVI, pl. II — V. Paris. 1890

— Sur la nature morphologique du phénomène de la Fécondation. *C. R. Ac. Sc. Paris* CXII, 1320-1322. 1891₁

— Nouvelles études sur la Fécondation. Comparaison des phénomènes morphologiques observés chez les plantes et chez les animaux. — *Ann. des sc. nat. Bot.*, 7e série, 163-296, XV pl. 9-17. 1891₂

— L'origine des sphères directrices. — *Jour. de bot.*, 8e année. 19 p. 1 pl. 1894

GUINARD (L.). — Précis de Tératologie. Anomalies et monstruosités chez l'homme et chez les animaux, 8°, 552 p., 272 fig., Paris. 1893

GULICK (J. Th.). — Divergent Evolution through cumulative Segregation. *Journ. Linn. Soc. London* XX, 189-274. 1888

— Intensive Segregation or Divergence through Indépendent Segregation. — *Ibid.* XXIII, 312-380. 1890

GURLT et HEMPEL. — Die Entwickelung der herzlosen Missgeburten. 1859

HAACKE (W.). — Das Endergebniss auf Weismann's Schrift « Über die Zahl der Richtungskörper und über ihre Bedeutung für die Vererbung ». Jena. — 1887
et *Biol. Centralbl.* VIII, 282-287. 1888

— Zur Erläuterung meines Artikels über Weismann's Richtungskörpertheorie. — *Ibid.* 330-332. 1888

— Die Schöpfung der Thierwelt. — Leipzig. 1893

— Gestaltung und Vererbung. Eine Entwickelungsmechanik der Organismen. — VI, 337 S. Abbild, in Text. 8°. Leipzig. 1893

— Die Träger der Vererbung. — *Biol. Centralbl.* 525-542. 1893

HABERLANDT. — Über die Beziehungen zwischen Function und Lage des Zellkerns bei den Pflanzen. — Jena 1887
et *Biol. Centralbl.* 1888

HÆCKEL (E.). — Generelle Morphologie. 1866
— Die Perigenesis der Plastidule. — Berlin. 1876

HÆCKER (V.). — Die heterotypische Kerntheilung im Cyclus der Generativen Zellen. — *Ber. Nat. Ges. Freiburg* VI, 160-193. Taf. 10-12. 1892

— Die Keimbläschen, seine Elemente und Lageveränderungen :
I. Über die biologische Bedeutung des Keimbläschenstadiums und über die Bildung des Vierergruppen. — *Arch. für mikr. Anat.* XLI. 1893
II. Über die Funktion der Hauptnucleolus und

über das Aufsteigen des Keimbläschen. — *Ibid.* XLII. 1893

HALLEZ (P.). — Orientation de l'embryon et formation du Cocon chez la *Periplaneta orientalis*. — *C. R. Ac. sc.* Paris, août 1885₁

— Recherches sur l'Embryogénie de quelques Nématodes. — Paris. 1885₂

— Pourquoi nous ressemblons à nos parents. — 32 p. Paris 1886

HANSEMANN (D.). — Über die Anaplasie der Geschwulstzellen und die asymmetrische Mitose. — *Virchow's Archiv*, CXXIX, 436. 1891

— Studien über die Specificität, den Altruismus und die Anaplasie der Zellen, mit besonderer Berücksichtigung der Geschwülste. — Berlin, 96 S. 13 Taf. 2 fig. 1893

— Über Centrosomen und Attractionssphären in ruhenden Zellen. — *Anat. Anz.* VIII, 57-59. 1892

HANSTEIN (J.). — Das Protoplasma als Träger der pflanzischen und thierischen Lebensverrichtungen. 1880

— Beiträge zur allgemeinen Morphologie der Pflanzen. — IX 244 S. Bonn 1882
et : *Botan. Abhandl aus dem Gebiet der Morphologie und Physiologie*. IV. 1882

HARTOG (M.). — On Adelphotaxy an undescriled Form of Irritability. — *Brit. Assoc. for the Adv. of science*, 702. 1888

— The Inheritance of Acquired Characters. — *Nature* XXXIX, 461-462. 1889

— A Difficulty in Weismanism. — *Ibid.*, XLIV, 613-614. 1891₁

— Some Problems of Reproduction : a comparative Study of Gametogeny and Protoplasmic Senescence and Rejuvenescence. — *Quart. Journ. Mikr. Soc.* XXXIII, 1-70. 1891₂

HARTSOEKER (Nicolas). — Essay de Dioptrique Article LXXXIX, 227-230. — Paris. 1694

HASSE (C.). — Die Formen des menschlichen Körpers und die Formänderungen bei der Ahnung. — 2 Bd. Text, 2 Bd. Atl. Jena. 1888, 1890

HATSCHEK (B.). — Über die Bedeutung der geschlechtlichen Fortpflanzung. — *Prager med. Wochenschr.*, nº 46, 10 p. 1887

HAYKRAFT (J. B.). — Termination of Nerves in the Nuclei of the epithelial Cells of Tortoise shell. — *Quart. Journ. micr. Science.* 1891

HEAPE (Walter). — Preliminary Note in the Transplantation and Growth of Mammalian Ova within a Uterine Foster-Mother. — *Proceed. of the Roy. Soc. of London*, XLVIII, 457-458. 1891

HEITZMANN (C.). — Untersuchungen über Protoplasma. — *Wiener Sitzungsb. math.-nat. Classe* LXVII. 1873

HENKE u. REYER. — Studien über die Entwickelung der Extremitäten des Menschen, insbesondere der Gelenkflächen. — *Sitzungsb. d. Akad. Wien*, III Abth. 1874

HENKING (H.). — Untersuchungen über die ersten Entwickelungsvorgänge in den Eiern der Insekten. — *Zeit. f. wiss. Zool.*
Part. I, XLIX. 1889
Part. II, LI. 1891

— Über plasmatische Strahlungen. — *Verh. d. deutsch. zool. Ges.* 1891

— Künstliche Nachbildung von Kerstheilungs-Figuren. — *Arch. f. mikr. Anat.* 28-39, VII. Taf. XLI. 1893

HENNEGUY (L. F.). — Nouvelles recherches sur la division cellulaire indirecte. — *Journal de l'anat. et de la physiol.* XXVII, 398-423. 1891

— Le corps vitellin de Balbiani dans l'œuf des vertébrés. — *Ibid.* 1-40, pl. I, XXXI. 1893

HENSCHEL (W.). — Über die ursächliche Erklärung der Vererbungserscheinungen. — *Kosmos* XIII, 175-181. 1881

HENSEN (V.). — Die Physiologie der Zeugung. — *Hermann's Handb. d. Physiol.* VI, 198-230. 1881

— Die Grundlagen der Vererbung nach dem gegenwärtigen Wissenskreis. — *Landwirthsch. Jahrbücher* XIV 731-767. Pl. 8, 9. 1885

HERBST (C.). — Experimentelle Untersuchungen über den Einfluss der verænderten chemischen Zuzammensetzung des ungebenden Mediums auf die Entwickelung der Thiere. I. Th. — *Zeitschr. f. wiss. Zool.* LV. 1893₁

— II. Th. Weiteres über die morphologische Wirkung der Lithiumsalze und ihre theoretische Bedeutung. — *Mittheil. aus der zool. Stat. zu Neapel*, XI, 130-220, taf. 9-10. 1893₂

— Über die Bedeutung der Reizphysiologie für die causale Auffassung von Vorgängen in der thierischen Ontogenese I. — *Biol. Centralbl.* XIV. 1894

HERING (Ewald). — Das Gedæchtniss als eine allgemeine Function der organisirten Materie. 1870

HERMANN (F.). — Beitrag zur Lehre von der Entstehung der karyokinetischen Spindel. — *Arch. für mikr. Anat.* XXXVII, 569-586. 1891

HERTWIG (O.). — Beiträge zur Kenntniss der Bildung, Befruchtung und Theilung des thierischen Eies. — *Morph. Jahrb.* I. 1875
— — III. 1877
— — IV. 1878

— Das Problem der Befruchtung und der Isotropie des Eies. Eine theorie der Vererbung. — Jena. 43 S. et *Jen. Zeit. für Naturw.* XVIII N. F. XI. 1884₁

— Welchen Einfluss übt die Schwerkraft auf die Theilung der Zellen. 30 S, 1 Taf. Jena. 1884₂

— Über den Befruchtungs-und Theilungsvorgang der thierischen Eies unter dem Einfluss aüsserer Agentien. — *Jen. Zeit. f. Naturw.* XX, 17-24. 1886

— Vergleich der Ei und Samenbildung bei Nematoden. Eine Grundlage für celluläre Zeitfragen. — *Arch. mikr. Anat.* XXXVI, 1-138, Taf. 1-4. 1890₁

— Experimentelle Studien am thierischen Ei vor, wæhrend und nach der Befruchtung. — Jena. 1890₂

— Die Zell und Gewebe. — Jena. 1892

— Über den Werth der ersten Furchungszellen für die Organbildung des Embryo. Experimentelle Studien am Frosch- und Tritonei. — *Arch. f. mikr. Anat.* XLII, 662-807. Taf. 39-44. 1893₁

— Experimentelle Untersuchungen über die ersten Theilungen des Froscheies und ihre Beziehungen zu der Organbildung des Embryos. *Sitz. d. k. preuss Akad. der. Wiss.* Berlin. 1893₂

— Zeit- und Streitfragen der Biologie. Heft 1. Præformation oder Epigenese. — Jena. 1894

HERTWIG (O. u. R.). — Die Actinien anatomisch und histologisch, mit besonderer Berücksichtigung des Nervenmuskelsystems, untersucht. — Jena. 1879

— Experimentelle Untersuchungen über die Bedingungen der Bastardbefruchtung. — *Jenaische Zeitschr. f. Naturw.* XIX, 121-173. 1885
Et dans *Untersuchungen zur Morphologie und Physiologie der Zelle*, 4 Hft. 45 S. 1885

— Über den Befruchtungs-und Theilungsvorgænge des thierischen Eies unter dem Einfluss äusserer Agentien. 1887

HERTWIG (R). — Weitere Versuche über Bastardirung und Polyspermie. — *Sitz. ber. morph. phys. Ges.* München IV, 10-13. 1888

— Über Kernstruktur und ihre Bedeutung für die Zelltheilung und Befruchtung. — *Ibid.* 83-87. 1888₂

— Über die Gleichwertigkeit der Geschlechtskerne (von Ei - und Samenkern) bei den Seeigeln. *Ibid.* 99-107. 1888₃

— Über die Konjugation der Infusorien. — *Abh. d. k. bayerischen Akad. d. Wiss.* 2ᵉ Klasse XVII. 1889

— Über die Befruchtung und Conjugation. — *Verh. d. z. Gesell.* 2ᵉ Vers. 95-112. 1892

HILLEMAND. — Contribution à l'étude de la spécificité des cellules chez l'homme. — Thèse de Paris. 1889

HIS (Wilhelm). — Unsere Körperform, und das physiologische Problem ihrer Entstehung. Briefe an einen befreudeten Naturforscher. — 8° XIV-224 S. 104 Holzschn. Leipzig. 1875

— On the principles of Animal Morphology. — *Proc. Roy. soc. Edin.* XV, 287-298. 1888

— Über das menschliche Ohrläppchen und über den aus einer Verbildung desselben entnommenen Schmidt'schen Beweis für die Übertragbarkeit erworbener Eigenschaften. — *Correspondenzblatt d. deutsch. Gesellch. Anthrop. Ethnol. und Urgeschichte.* Münschen, XX, 17-19. 1889

HOFER (Bruno). — Experimentel Untersuchungen über den Einfluss der Kerns auf das Protoplasma. — *Jen. Zeitsch. f. Naturw.* XXIV, 105-176, Taf. 4-5. 1889

HOFACKER (J.-D.). — Statistique médicale. — *Annales d'hygiène publique*, I. 557. 1829

— Über die Eigenschaften, welche sich bei Menschen und Thieren von den Eltern auf die Nachkommen vererben, mit besond. Rücksicht über die Pferdezucht. — 8°, Tübingen. 1828

HOFFMANN (H.). — Über Sexualität. — *Bot. Zeit*, nᵒˢ 10-11. 1885

— Vererbung erworbener Eigenschaften. — *Bot. Zeit.* Col. 24-27, 40-45, 56-57, 72-75, 86-90, 169-176, 233-239, 255-260, 288-291, 729-746, 753-761, 769-779 (surtout ce dernier). 1887

HOFMEISTER (W.-Ch.). — Über den Mechanismus der Protoplasmabewegungen. — *Flora.* 1865

— Die Lehre von Pflanzenzelle. — 8° Leipzig, 1867 (forme un vol. du *Handbuch der physiologische Botanik* von Hofmeister, de Bary et Pringsheim. Leipzig, 4 Bd. 8°. 1865-1869

HOLL. — Über die Reifung der Eizelle bei Saugethieren. *Sitz. d. wien. Acad.* CII. 1893

HOLLINGSWORTH (C.-M.). — The theory of sex and sexual genesis. — *Amer. Naturalist.* XVIII, 667-677, 778-790. 1884

HOOKE (Robert). — Micrographia, or some physiological descriptions of minute bodies by magnifying glases. — London. 1865

HÖSCH. — Versuch einer neuen Zeugungstheorie. — Lemgo. 1801

HUBRECHT (A.-A.-W.). — De Hypothese der versnelde outwickkeling door Erstgeboort en hare plaats in de Evolutielcer. — *Utrechter Antrittsrede*, 33. p. Leiden. 1882

HURST (C.-H.). — Biological theories.
I The Nature of Heredity, p. 502-507.
II The Evolution of Heredity, 578-587, *Natural science. A monthly Review of scientif. Progress.* London and New-York. 1882

HÜTER. — Studien an den Extremitäten Gelenken Neugeborener und Erwachsener. — *Virchow's Archiv für path. Anat.* XXV, XXVI, XXVIII. 1862-1863

HYATT (Alph.). — Genesis of the Arietidæ. — *Mem. of Mus. comp. zool.* XVI et *Smithsonian Contributions*, XXVI, 238. 1889

ISCHIKAWA. — Trembley's Umkehrungs Versuche an Hydra nach neuen Versuchen erklärt. — *Zeit. f. wiss. Zool.* XLIX, 433-461. Taf. XVIII-XX, 4 Holzschn. 1890

— Über die Kerntheilung bei *Noctiluca miliaris*. — *Ber. d. naturf. Gesellsch.* Freiburg i. Br. Festschrift für A. Weismann. 1894

ISRAEL (Oscar). — Angeborene Spalten des Ohrläppchens. Ein Beitrag zur Vererbungslehre. — *Arch. für Path. Anat.* CXIX, 241-253, 7 Fig. 1890

JACOBI (P.). — Études sur la sélection dans ses rapports avec l'hérédité chez l'homme. — Paris. 1871

JÆGER (G.). — Über Vererbung. — *Kosmos* I. 1877

— Lehrbuch der allgemeinen Zoologie, II. 1878

— Zur Pangenesis. — *Kosmos.* II Heft 11. Gratulationsheft zum 70ᵉⁿ Geburtstage Ch. Darwin's, 377-385. 1879

JENSEN (O. S.) — Recherches sur la spermatogénèse. — *Arch. de Biologie.* 1883

JANKE (H.) — Die willkürliche Hervorbringung des Geschlechtes bei Menschen und Hausthieren. — Neuwied, XIX-495 S. 1887

JASTROW — Problems of Comparative Psychology. — *Popular Science*, Nov. 1892

JULIN (Ch.). — Le Corps vitellin de Balbiani et les éléments de la cellule des Métazoaires qui correspondent au macronucleus des Infusoires ciliés. — *Bull. scient. du Nord de la France et de la Belgique*, XXV, 295-345. 1893

KALCK. — Monstri acephali humani expositio anatomica. — Berlin. 1825

KANT. — Bestimmung des Begriffs einer Menschenrasse. — *Berliner Monatsschrift.* VI, 1785

KAWKINE (M. W.). — Le principe de l'hérédité et les lois de la mécanique en application à la morphologie de cellules solitaires. — *Arch. de zool. exp*^{le} *et gén*^{le} 2e série, X, 1-20. 1892

KELLER (C.). — Der Farbenschutz bei Tiefseeorganismen. — *Kosmos* XIII, 37-43. 1883

KENCELY-BRIDGMANN. — Influence de la nervation dans la reproduction des monstruosités chez les Fougères. — *Ann. Sc. nat. Bot.* 4e série XVI, 365-368. Extr. der *Ann. and Mag. of Nat. Hist.* 3e série VIII, 490. 1862

KIENITZ-GERLOFF. — Die Protoplasmaverbindungen zwischen benachbachten Gewebeselemente in den Pflanzen. — *Bot. Zeit.* 1891

KLEBAHN. — Studien über zygoten. Die Keimung von *Closterium* und *Cosmarium.* — *Pringsheim's Jahrbücher f. Wiss. Botanik.* XXII. 1891

KLEBS (G.). — Über den Einfluss des Kerns in der Zelle. — *Biol. Centrabl.* VII, 161-168. 1887

— Einige Bemerkungen über die Arbeit von Went « Die Entstehung der Vacuolen in den Fortpflanzungszellen der Algen ». — *Bot. Zeit.* 1890

KLEIN (E.) — Observations on the structure of cells and nuclei. — *Quart. Journ. micr. Sc.* 1878

KNIGHT (Thomas-Andrew). — A treatise on the culture of the Pear and Apple, and on the manufacture of Cider and Perry. Ludlow. — 12°. (La 4e édition, in-12° est de 1814). 1797

KNOLL (Ph.) — Über die Blutkörperchen der Wirbellosen Thieren. — *Sitz. d. wien. Akad. d. Wiss.* Math. Nat. Classe. CII. 1893

KOCH (C.) — Die Schmetterlinge des südwestlichen Deutschlands — 2e Aufl. Berlin. 1873

KOCHS (W.). — Über eine wichtige Veränderung der Körperbeschaffenheit welche der Mensch und die Säugethiere der gemässigen Zonen in heissen Klima erleiden. — *Biol. Centralbl.* X, 289-295. 1890

KOHL. — Die transpiration der Pflanzen. — Braunschweig. 1886

KOLDERUP-ROSENVINGE. — Sur la formation des pores secondaires chez les *Polysiphonia.* — *Botanisk Tidskrift* XVII. 1888

KÖLLIKER (A.). — Entwickelungsgeschichte des Menschen und der höheren Thieren. 8°. 1879

— Trad. franc. par Schneider sur la 2e Édit. XVIII-1059 p., 606 fig. — Paris. 1882

— Die Bedeutung der Zellkerne für die Vorgænge der Vererbung. — *Zeitschr. f. wiss. Zool.* XLII. 1885

— Das Karyoplasma und die Vererbung, eine Kritik des Weismann'schen Theorie von der Continuität des Keimplasma. — *Ibid.* XLIV, 228-238. 1886

KOLLMANN (J.) — Vererbung erworbener Eigenschaften. *Biol. Centrabl.* VII. 1887

— Über Spina bifida und Canalis neurentericus. — *Verh. d. Anat. Ges.* 7e Vers. 134-136 6 Fig. 1893

KORSCHELT. — Beiträge zur Morphologie und Physiologie des Zellkerns. — *Zool. Jahrbücher, Abth. f. Anat.* IV. 1886

KOSSEL. — Untersuchungen über die Nucleine and ihre Spaltungsproducte. — Strasburg. 1881

— Zur Chemie des Zellkerns. — *Hoppe Seyler's Zeit. f. physiol. Chemie.* XII. 1882

KRASSER (Fridolin). — Über das angebliche Vorkommen eines Zellkerns in den Hefezellen. — *Œsterreiche botanische Zeitschrift* 373-377. 1885

KRAUSE (E.). — Über die Nachtheile der einseitigen Aufassung. — *Kosmos* XIX. 161-175. 1886

KRUKENBERG (C. Fr.). — Weitere Mittheilungen über die Hyalogene. — *Maly's Jahresbericht.* XV. 342. 1886

KUNSTLER (J.). — De la Constitution du Protoplasma. — *Bull. scient. du dép. du Nord et de la Belgique*, 2e série, 5e année. 1882

KUPFFER (C.). — Über Differenzirung des Protoplasma an der Zellen thierischen Gewebe. *Schr. d. naturw. Vereins f. Schleswig-Holstein* I. 1875

KUPFFER U. BÖHM. — Über die Befruchtung des Neunaugen Eies. — *Sitz. d. math. phys. Klasse d. bayer. Akad. d. Wiss. zu München.* 1887

LALLEMAND. — Observations sur le développement des Zoospermes de la Raie. — *Ann. d. Sc. nat.* 2e série, XV. 1841

LAMARK. — Philosophie zoologique. 2 vol. 8°. — Paris. 1809

LANG (A.). — Über den Einfluss des festsitzenden Lebensweise auf die Thiere und über den Ursprung der ungeschlechtlichen Fortpflanzung durch Theilung und Knospung. — Jena 166 S. 1888

— Über die Knospung bei *Hydra* und einigen Hydropolypen. — *Zeitschr. f. wiss. Zool.* LIV. 1892

— Zur Frage der Knospung der Hydroïden. — *Biol. Centralbl.* XIV. 1894

LANKESTER (E. Ray). — The History and Scope of Zoology. *Encycl. Brit.* XXIV 1888

— The Transmission of Acquired Characters, and Panmixia. — *Nature*, XLI. 486-488. 1890

LATASTE (F.). — A propos d'une note de M. Remy-St-Loup intitulée. « Sur les modifications de l'espèce ». *Actes de la Société Scientifique du Chili*, III. 1893
Paru en 1894

LENDL (A.). — Hypothese über die Entstehung von Soma- und Propagationszellen. — 78 S. 16 Fig., Jena 1890

LESAGE (P.) — Influence du bord de la mer sur structure des feuilles. — Thèse de Paris. 1890

LESSONA (M.). — Sulla riproduzione delle parti in molti animale. — Lettere al signor Paolo Lioy (datée du 16 X^{bre}.) — *Atti della Soc. Ital. di sc. nat* XI, 493-496. 1868

LEYDIG (F.). — Zelle und Gewebe. Neue Beträge zur Histologie des Thierkörpers, gr.-8°, vi-219 S., 6 Taf. Bonn, 1885

— Beiträge zur Kenntniss des thierischen Eies in unbefruchteten Zustande. — *Z. Jahrb., Morph.Abth.* III, 287-432. Taf. 11-17. 1888

LIEBERMANN (L.). — Kritische Betrachtungen der Resultate einiger neueren Arbeiten über das Mucin. — *Maly's Jahresbericht*, XVI, 25. 1887

LILIENFIELD (L.) — Über den flüssigen Zustand des Blutes und die Blutgerinnung. — *Du Bois-Reymond's Arch. f. Anat. und Physiol.* 550-556. 1892

— Wahlverwandtschaft der Zellelemente zu gewissen Farbstoffen. — *Verhandl. d. physiol. Gesellsch. in Berlin.* 1893

— Zur Chemie der Leucocyten. — *Zeitschr. f. physiol. Chemie*, XVIII, 473-486. 1894

LINDEMUTH (H.). — Vegetative Bartardzeugung durch Impfung. — *Landw. Jahrb.* Heft, 6. 1878

LÖB (J.). — Untersuchungen zur physiologischen Morphologie der Thiere. II, Organbildung und Wachsthum. — Würzburg I. 9 Fig. 82 S. 2 Taf. 1891
Id., *Ibid.* II. 1892

— The artificial Production of double and multiple Monstruosities in Sea. – Urchins Biological Lectures of the Marine biological Laboratory of Wood's Hall : IV. Summer Session of 1893 Boston. 1894

— Über eine einfache Methode zwei oder mehr zuzammengewachsene Embryonen aus einem Ei hervorzubringen. — *Pflüger's Archiv*, LV. 1894

LOTHROP (E. H.). — Über die Regenerationsvorgänge im Eierstocke. — Dissertation. 2 Taf. Zurich. 1890

LÖW (O.). — Chemische Bewegung. — *Biol. Centralbl.* IX. 489-498. 1889

LÖW (O.) u. BOKORNY (TH.). — Die chemische Ursache des Leben. — München. 1886

— Die chemische Beschaffenheit des protoplasmatischen Eiweisses nach dem gegenwärtigen Stand der Untersuchungen. — *Biol. Centralbl.* VIII, 1-9. 1888

LÖWIT (A.). — Über amitotische Kerntheilung *Biol. Centrabl.* XI, 513-516. 1891

LUCAS. — Traité physiologique de l'Hérédité naturelle. — 8° 2 vol. Paris, 1847 et 1850.

LUDWIG (H.). — Berichtigung zu dem von Dr R. Semon beschriebenen Falle von « Neubildung der Scheibe in der Mitte eines abgebrochenen Seesternarmes ». — *Zool. Anz.* 1889

LUKJANOW (S. M.). — Beiträge zur Morphologie des Zelle. *Du Bois Reymond's Archiv.* 1887

— Notizen über das Darmepithel bei *Ascaris mystax.* — *Archiv. für mikr. Anat.* 1888

LUSTIG u. GALEOTTI. — Cystologische Studien über pathologische menschliche Gewebe. — *Ziegler's-Beitr. zur path. Anat.* XIV, 225-248. 1893

MACHADO (Chev. Da Gama). — Théorie des ressemblances, ou Essai philosophique sur les moyens de déterminer les dispositions physiques et morales des animaux d'après les analogies des formes, des robes et des couleurs. 4. vol, avec nombr. planches coloriées. — 4° Paris. 1831 à 1858

M'KENDRICK (J. G.). — On the Modern Cell Theory and Theories as to the Physiological Basis of heredity. — *Proc. Phil. soc. Glascow* XIX, 15. 1888

MAGGI (L.). — Corsi di Anatomia e Fisiologia comparate e di Protistologia, tenuiti nell'Università di Pavia dal 1874

— I plastiduli nei ciliati i plastiduli liberamente viventi. — *Atti della soc. it. di scienze Naturali.* Milano. 1878

— Protistologia. — Con 65 incisioni. Milano. 1882

— Glie ed aque potabile, — *Rendic. R. Istituto lombardo di sc. e lett.* Ser. 2e, vol 16°, facic. 8°. 1883

— Di alcuni funzioni degli esseri inferiori a contribuzione della morfologia dei Metazoi. *Ibid.* 1885₁

— Sulla distinzione morfologica degli organi degli animali. *Ibid.* 1885₂

MAGITOT. — Nouveau cas d'hermaphroditisme. — *Soc. de chirurgie.* Nlle série, VII, 443-448. 1881

MALPIGHI (Marcello). — Anatome plantarum, — 2 part. Lugduni Batavorum. 1675 et 1679

MANAVA-DHARMA-SASTRA. — Lois de Manou comprenant les institutions civiles et religieusesdes Hindous, traduite du sanscrit et accompagnées de notes explicatives par A. Loiseleur des Longchamps. 1 vol. 8°. Paris. 1833

MANTEGAZZA (P.). — Degli innesti animali et della produzione artificiale delle cellule. Ricerche sperimentali con disegni copiati dal vero. — 8°, 30 p. Milano. 1865

— L'eredità delle lesioni traumatiche e dei caratteri, acquisiti dall' individuo. Studi ed esperienze. — *Arch. Antrop. Ethnol.* XIX, 391-405. 1889

MARK. — Maturation, Fecondation and Segmentation of *Limax Campestris.* — *Bull. of the Mus. of comp. Zool. of the Harvard College in Cambridge.* VI. 1881

MARTIN (E.). — Histoire des monstres depuis l'antiquité jusqu'à nos jours. — 8° VII-415 p. — Paris. 1880

MARTINOTTI. — Über Hyperplasie und Regeneration der drüsigen Elemente in Beziehung auf ihre Funktionfähigkeit. — *Centralbl., für allg. Pathol. und path. Anat.* I, 633-638. 1890

MASSART (J.). — Sur l'irritabilité des Noctiluques. *Bull. sc. du Nord de la France et de la Belgique*, XXV, 59-76. 1893

MASSIN. — Die Erblichkeit gewisser Verstümmelungen. *Bulletin Acad. roy. de Belgique*, XIV, 772. 1880

MAUPAS (E.). — Recherches expérimentales sur la multiplication des infusoires ciliés. *Arch. Zool. exple et génle* 2e série VI, 165-277, pl. 9-12. 1888

— Sur le déterminisme de la sexualité chez l'*Hydatina senta.* — *C. R. Ac. sc.* CXIII, 388-390. Paris. 1891

MAUPERTUIS. — Vénus physique. Dissertation physique à l'occasion du nègre blanc. 6e éd., 12° p. 240. 1751
1re édit. de 1748

MAURICEAU. — Traité des maladies des femmes grosses. — Paris. 1721

MAXIMOWICZ (C. J.). — Einfluss fremden Pollens auf die Form der erzeugten Frucht. — *Bull. Acad. St.-Pétersbourg*, XVII, 275. 1872

MECHAN (T.). — Persistence in variations suddenly introduced. — *Proceed. Acad. N. Sc. Philadelphia*, 116. 1885

MEISTER (V.). — Über die Regeneration der Leberdrüse nach Entfernung ganzer Lappen und über die Betheiligung der Leber an der Harnstoffbildung. *Vorläuf. Mitth.* — *Centralbl. f. allg. Path. u. path. Anat.*, 962-964. 1891

MERTENS (H.). — Recherches sur la signification du corps vitellin de Balbiani dans l'ovule des mammifères et des oiseaux. — *Arch. de Biol.* XIII. 1893

METSCHNIKOFF (E.). — Recherches sur la digestion intracellulaire. — *Ann. de l'Institut Pasteur.* 1889

MEVES (F.). — Über amitotische Kerntheilung in der spermatogonien des Salamanders und Verhalten der Attractionssphære bei derselben. — *Anat. Anz.* VI, 625-639. 1891

MEYER (H.). — Über die Kniebewegung in dem abstossenden Beine und über die Pendelung des schwingenden Beine im gewöhnlichen Gange. — *Du Bois-Reymond's Archiv für Anat. und Physiol.* II, 1-30. 1869

MIESCHER (F.). — Die Spermatozoen einiger Wirbelthiere. Ein Beitrag zur Histochemie. — *Verhandl. der naturforsch. Gesellsch. Basel*, VI, 138-355. 1874

MILNE EDWARDS (H.). — Leçons sur la Physiologie et l'Anatomie comparée de l'homme et des animaux. — 14 vol. Paris 1860
Principal vol. 8 et vol. 14. 1887

MINGAZZINI (P.). — Über die Regeneration bei den Tunicaten. — *Bolletino della Societa di Naturaliste in Napoli*, serie I, V, 76. 1891

MINOT (Ch. S.). — Article sans titre sur la Formation des feuillets germinatifs. — *Proceed. Boston Soc.* XIX, 165-171, 1876-78, édité en 1878
et in *American Naturalist*, 6 et suiv. 1880

— Growth and death. — *Proc. Soc. Arts, Mass. Instit. of technology.* — Meeting. 310. 50-56. 1884

— The physical basis of Heredity. — *Science*, VIII, 125-130, 6 August. 1886

MITROPHANOF (P. J.). — Über Zellgranulationen. *Biol.* — *Centralbl.* IX. 1889

— Contribution à la division cellulaire indirecte chez les Sélaciens. — *Journal internat. d'Anat. et de Physiol.* XI. 1894

MIVART (St. George). — Lessons from Nature as manifested in Mind and Matter. London. 1876

— Professor Weismann's Essays. — *Nature*, 14 nov. 38-41. 1889

MÖBIUS (K.). — Das Sterben der einzelligen und vielzelligen Thiere, vergleichend betrachtet. — *Biol. Centrabl.* IV, 389-392. 1884

MOHL (Hugo von). — Über die Vermehrung der Pflanzenzellen durch Theilung. — Dissertation, Tübingen. 1835

MOLL (J. W.). — Observations on Karyokinesis in Spirogyra. — *Verhandeling. d. koninkl. Akad d. Wetensk. te Amsterdam.* Sect. D, l. n° 9 1893

MONTGOMERY (Ed.). — Zur Lehre von der Muskelcontraction. — *Pflüger's Archiv.* XXV. 1881

MOORE (J. E. S.) — On the germinal Blastema and the Nature of the so called « Reductions Division » in the cartilaginous Fishes. — *Anat. Anz.* IX. 1894

MOQUIN-TANDON. — Éléments de Tératologie végétale. 1841

MOREAU de Tours. — La Psychologie morbide dans ses rapports avec l'histoire. — Paris. 1859

MOREL. — Traité des dégénérescences physiques. — 2 vol. Paris. 1857

MORGAN (F. M.). — Experimental Studies on Echinoderm Eggs. — *Anat. Anz.* 141-152. 1893_1

— Experimental Studies on the Teleost Eggs. — *Ibid.* 803 et suiv. 1893_2

MORTON (Lord Earl of). — A Communication of a singular fact in Natural history. — *Philosophical Transaction of the Royal Society*, III, 20-22. 1821

MÜLLER (Fritz). — Für Darwin. 1864

— The Law of Heredity. A study of the Cause of variation and the origin of living Organisms, by W. K. Brooks. — *Kosmos* XVIII, 67-73. 1886

MÜLLER (Johannes). — Handbuch der Physiologie. 2 vol. — 1° Aufl. 2 Bd.. I, 1833. II, 1840. — Trad. franç. 1845

NÆGELI (C. von). — Zellkern, Zellbildung und Zelltheilung bei der Pflanzen. — *Zeitschr. für wiss. Botanik*, II et III, 1845. 1846

— Die Individualität in der Natur. 1856

— Die Stärkekörner. — Zurich. 1858

— Über den inneren Bau der vegetabilischen Zellmembran. — *Sitzungsb. der bayerischen Akad. I et II.* 1864

— Entstehung und Begriff der Naturhistorischen Art. Giebt es eine Urzeugung? 1865

— Mecanisch-physiologische Theorie der Abstammungslehre. — XI, 822 S. 1884

NUSSBAUM (M.). — Die Differenzirung des Geschlechtes im Thierreich. — *Arch. f. mikr Anat.* 1880

— Über die Veränderung der Geschlechtsproducte bis zur Eifurchung. — *Arch. f. mikr. Anat.* 1884

— Über die Theilbarkeit der lebenden Materie. — I. Mittheil : Die spontane und künstliche Theilung der Infusorien. — *Arch. f. mikr. Anat.* XXVI, 485-538. 1886

— *Id.* — II° Mittheil. : Beiträge zur Naturgeschichte des Genus *Hydra*. — *Ibid.* XXIX, 8 Taf. 1887

— Über Vererbung. — 8° Bonn, 23 S. 1888

— Die Umstülpung der Polypen. Erklärung und Bedeutung dieses Versuchs. — *Arch. für mikr. Anat.* XXXV, 111-120. 1890

— Mechanik des Trembley'schen Umstülpungsversuches. XXXVII, 513-568. Taf. 26-30. 1891

O'LEARY (Cornelius). — Domestication and Function. — *Journ. Comp. Med. Surg. Philadelphia*, IX, 248-253. 1888

OLLIER. — Recherches expérimentales sur les greffes osseuses. — *Journ. de la Phys. de l'homme et des animaux*, III. 1860

OPPEL (A.). — Die Befruchtung des Reptilieneies. — *Anat. Anz.* VI. 1891

ORNSTEIN (B.). — Ein Beitrag zur Vererbungsfrage individuell erworbener Eigenschaften. *Correspondenz-Blatt der deutschen Gesellsch. Anthrop. Ethnogr. und Urgeschichte München* XX, 49-53, 5 Fig. 1889

ORR (H. B.). — A theory of developpment and Heredity. — Crown 8°, London. 1893

ORTH (J.). — Über Entstehung und Vererbung individueller Eigenschaften. — *Festschrift für A. v. Kölliker*. 157-185. Liepzig. 1887

OSBORN (H. F.). — The Paleontological Evidence for the Transmission of Acquired Characters. — *Americ. Nat.* XXIII, 561-566. 1889
et dans *Nature* XLI, 227-228. 1890₁

— Les Variations acquises sont-elles héréditaires? — Append. à la trad. fr. du livre Platt Ball. 1890₂

— Alte und neue Probleme der Phylogenese. — *Ergebnisse der Anatomie und Entwickelungsgeschichte von Merkel und Bonnet*. — III. *Littératur*. 1893 1894

PATTEN (W.). — Artificial modifications of the Segmentation and Blastoderm of *Limulus Polyphemus*. — *Zool. Anz.* XVII, 72-78. 1890

PEIPERS. — V. Ribbert. 1894

PFEFFER (G.). — Die periodischen Bewegungen der Blattorgane. — Leipzig. 1875

— Die Umwandlung der Arten ein Vorgang functioneller Selbstgestaltung. — *Ibid.* 1894₁

— Die inneren Fehler der Weismann'schen Keimplasma-Theorie. — *Verhandl. des naturw. Vereins in Hamburg* (3 Reihe) I. 1894₂

PFEFFER (W.). — Über chemotactische Bewegungen von Bacterien, Flagellaten und Volvocinen. — *Unters. aus dem botan. Institut zu Tübingen*. II. 1888

— Zur Kenntniss der Plasmahaut und der Vacuolen. — *Abhandl. d. math.-phys. Classe d. königl. sachsischen Gesellsch. d. Wiss.* XVI. 1890

PFLÜGER (E.). — Zur Frage der das Geschlecht bestimmenden Ursachen. — *Pflüger's Archiv. f. die gesamm. Physiol.* XXVI. 1881

— Untersuchungen über Bastardirung der anuren Batrachier und die Principien der Zeugung. — *Ibid.* XXIX. 1882

— Über den Einfluss der Schwerkraft auf die Theilung der Zellen und auf die Entwickelung des Embryo. — *Ibid.* XXXI, 311-318 1883₁
XXXII, 1-79 1883₂
XXXIII, 182 1884

PHILIPS (C.) — On a common Vital Force. — *Trans. Proc. N. Zeal. Inst. Wellington*. XIX, 592-593. 1887

PLARRE (O.). — Die Erklärung der Abänderungs- und Vererbungserscheinungen. — *Inaug. Diss.* Jena. 1881

PLATEAU (F.). — Statique des liquides. 1873

— La Ressemblance protectrice dans le Règne animal. — *Bull. de l'Acad. roy. de Belgique*. 3e série, t. XXIII, n° 2. 1892

PLATNER (G.). — Die erste Entwickelung befruchteter und parthenogenetischer Eier von *Liparis dispar*. *Biol. — Centralbl.* VIII. 1888

PLAT-BALL (W.). — Are the effects of use and disuse inherited. — London. 1890

— Hérédité et exercice, examen des opinions de Spencer et Darwin, traduction du précédent par le Dr H. de Varigny. *Bibl. évolutionniste*. Paris. 1890

POLAILLON. — Sur un cas d'hermaphrodisme. *Bull. de l'Acad. de Méd.* XXV, 557-561. 1891

PONFICK. — Über Rekreation der Leber. — *Verhandl des Xen internat. Kongresses zu Berlin* 1890, II. *Allg. Path. u. path. Anat.* Berlin. 1891

POUCHET (G.). — Note sur la transformation des nids de l'Hirondelle de fenêtre (*Hirundo urbica Linn.*). — *C. R. Ac. Sc. Paris*, LXX. 1870

POUCHET (G.) et CHABRY (L.). — L'eau de mer artificielle comme agent tératogénique. — *Journ. de l'Anat. et de la Physiol. de Robin et Pouchet*, 298 307. 1889

POULTON (E. B.). — Further Experiments upon the colour-relation between certain lepidopterous larvœ, pupœ, cocoons and imaginas and their surroundings. — *Trans. Ent. Soc.* 293. London. 1892

PRENANT (A.). — Contribution à l'étude de la division cellulaire. — Le corps intermédiaire de Flemming dans les cellules séminales de la Scolopendre et de la Lithobie. — *Arch. de Physiol. norm. et path.* 5e série, IV. 1892₁

— L'origine du fuseau achromatique dans les cellules séminales de la Scolopendre. — *C. R. Soc. Biol.* mars. 1892₂

PRÉVOST ET DUMAS. — Mémoire sur la génération. — *Ann. des sc. nat.*, I. 1824

QUATREFAGES (de). — Unité de l'espèce humaine, Paris. 1861

QUINCKE (G.). — Über Protoplasmabewegung. — *Biol. Centralbl.* VIII, 499-506. 1888

RABL (C.). — Über Zelltheilung. — *Morph. Jahrb.* X, 214-330. 1885

— Über Zelltheilung. — *Anat. Anz.* IV, 21-30. 1889

RATH (O. vom). — Über die Bedeutung der amitotischen Kerntheilung im Hoden. — *Zool. Anz.* 331-332, 342-343, 355-363. 1891

— Zur Kenntniss der Spermatogenese von *Gryllotalpa vulgaris* (Latr.). — *Arch. f. mikr. Anat.* XL. 1892

— Über die Konstanz der Chromosomenzahl bei Thieren. — *Biol. Centralbl.* XIV. 1894

RAUBER (A.). — Formbildung und Formstörung in der Entwickelung von Wirbelthieren. — Leipzig. 1880

— Schwerkraftversuche an Forelleneiern. — *Sitz. — Bericht nat. Gesell., Leipzig.* 1884₁

— Über den Einfluss der Schwerkraft auf die Zelltheilung und das Wachsthum. — *Ibid.* 1884₂

— Personal and germinal Theil des Individuums. — *Zool. Anz.* IX, 160-171. 1886

Rees (J. van). — Over oorsprong en beteekenis der sexueele voortplanting en over den directen invloed van den voedingst toestand op de celdeeling. — Amsterdam, 31 p. 1887

Reh (L.). — Zur Frage nach der Vererbung erworbener Eigenschaften. — *Biol. Centralbl.* XIV, 71-75. 1984

Reichenau (W. von). — Die Nester und Eier der Vöge in ihren natürlichen Beziehungen betrachtet. Ein Beitrag zur Ornithopsychologie, Ornithophysiologie und zur Kritik der Darwin'schen Theorien. — *Darwinistiche Schriften* n° 9, 8°, 110 Leipzig. 1880

— Ursprung der Secundären Geschlechtscharacteren, insbesondere bei den Blatthornkäfern. — *Kosmos*, X. 172-194. 1881

Reinke u. Rodewald (H.). — Studien über das Protoplasma. — *Untersuch. aus dem bot. Instit. der Univ. Göttingen.* 1881

Remak. — Untersuchungen über die Entwickelung der Wirbelthiere. 1850, 1851, 1855

Renson (G.). — De la spermatogénèse chez les Mammifères. — *Arch. de Biol.* III. 1882

Rhumbler (L.). — Über Entstehung und Bedeutung der in den Kernen vieler Protozoen und in Keimbläschen von Metazoen vorkommenden Binnenkörper (Nucleolen). Eine Theorie zur Erklärung der verschiedenartigen Gestalt dieser Gebilde. — *Zeitchr. f. wiss. Zool.* LVI, 328-364, Taf. XVIII. 1893

Ribbert (H.). — Über die Regeneration des Schilddrüsengewebes. — *Virchow's Archiv* CXVII. 1889

— Über die kompensatorische Hypertrophie der Geschlechtsdrüsen. — *Ibid.*, LXX, 247 ff. 1890

— Beiträge zur kompensatorischen Hypertrophie und zur Regeneration mit einem Abschnitt über die Regeneration der Niere von Dr Peipers. — *Archiv für Entwickelungsmechanik der Organismen.* I. 1894

Ribot (Th.). — L'hérédité. — Paris. 1873

Richarz (Fr.). — Über Zeugung und Vererbung. 8° Bonn. 1880

Richter (W.). — Zur Theorie von der Continuität des Keimplasma. — *Biol. Centralbl.* VII, 40-50, 67-80, 97-108. 1887₁

— Zur Vererbung erworbener Eigenschaften. — *Ibid.* VII. 1887₂

— Vererbung erworbener Charaktere. — *Ibid.* VIII. 1889

Riley (C. V.). — On the causes of variations in organic forms. — *Proc. Am. Assoc. Adv. Science*, 226-273. 1888

— Address to the Biological Society of Washington. — *Proceed. of the biol. Soc. of Washington*, IX. 1894

Robin (Ed.). — Mémoire sur l'art de faire produire le sexe que l'on désire. — Paris 8°. 1875

Romanes (G. J.). — Physiological Selection : an additional suggestion on the Origin of Species. — *Journ. Linn. Soc. London*, XIX. 337-411. 1886

— The factors of organic Evolution. — *Nature*, XXXVI, 401-407. 1887

— Article sans titre. — *Biol. Papers at the Brit. Assoc.* XL, 609-610. *Nature.* 1889

— Panmixia. Letter to the Editor. — *Ibid.* XLI, 437. 1890

— An examination of Weismannism. — London, IX, 221 p. 1893

— Weismannism. — *Nature*, XLIX, 78. 1893

Rosenthal (J.). — Zur Frage der Vererbung erworbener Eigenschaften. — *Biol. Centralbl.* IX, 510-512. 1889

— Zusatz zur Mittheilung des Herrns Ritzema Bos. — *Ibid.* XI. 1891

Roth (E.). — Die Thatsachen der Vererbung in geschichtlichkritischer Darstellung. — 2te Aufl. v-147 S. Berlin. 1885

Roux (W.). — Der Kampf der Theile im Organismus. — 8°. VIII-244 S. Leipzig. 1881

— Über die Bedeutung der Kerntheilungsfiguren. Eine hypothetische Erörterung. — 19 S. Leipzig. 1883

— Beiträge zur embryonalen Entwickelungsmekanik. II : Über die Entwickelung der Froscheier bei Aufhebung der richtenden Wirkung der Schwere. — *Breslauer Ærztl. Zeit.* 1884

— Beiträge zur Entwickelungsmechanik der Embryo : Einleitung und I : Zur Orientirung über einige Probleme der Embryonalen Entwickelung. — *Zeit. Biol.*, XXI, 118 S. 1885₁

— Id. III : Über die Bestimmung der Hauptrichtungen des Froschembryo im Ei und über die erste Theilung des Froscheies. — *Breslauer ärtztl. Zeit*, 54 S. 1885₂

— Id. IV : Die Richtungsbestimmung der Medianebene des Froschembryo durch die Kopulationsrichtung des Eikernes und des Spermakernes. — *Archiv. für mikr. Anat.* XXIX S. 157-213. 1 Taf. 1887

— Id. V : Über die künstliche Hervorbringung halber Embryonen durch Zerstörung einer der beiden ersten Furchungskugeln, sowie über die Nachentwickelung (Postgeneration) der fehlenden Körperhälfte. — *Virchow's Archiv.* CXIV. 1888

— Die Entwickelungsmechanik der Organismen. — Eine anatomische Wissenschaft der Zukunft. — 26 S. Wien. 1890

— Über das entwickelungsmechanische Vermögen jeder der beiden ersten Furchungszellen des Eies. — *Verh. Anat. Ges.* 6e *Vers.* 22-62. 1892

— Beiträge zur Entwickelungsmechanik des Embryo. VII : Ueber Mosaïkarbeit und neuere Entwickelungshypothesen. — *Anat. Hefte* VI, VII. Wiesbaden. 1893

— Die Methoden zur Erzeugung halber Froschembryonen und zur Nachweis der Beziehung der ersten Furchungsebenen des Froscheies zur Medianebene des Embryo. — *Anat. Anz.* IX, 248-262, 265-283. 1894

— Einleitung zur der Entwickelungsmechanik der Organismen. — *Archiv für Entwickelungsmechanik des Organismen* I. 1894$_1$

— Über den Cytrotropismus der Furchungszellen des Grasfrosches. — *Ibid.* I. 1894$_2$

Rückert (J.). — Zur Befruchtung des Selachiereies. — *Anat. Anz.* VI. 1891$_1$

— Über die Befructung bei Elasmobranchiern. — *Verh. d. anal. Ges. zu München.* 1891$_2$

— Über die Verdoppelung der Chromosomen im Keimbläschen des Selachieries. — *Anat. Anz.* VIII, 44-52. 1892

— Die Chromatinreduktion bei den Reifung der Sexualzellen. — *Ergeb. d. Anat. und Entwick. von Merkel und Bonnet. Litt.* 1893. III. 1894

Ryder (J. A.). — A physiological Hypothesis of Heredity and Variation. — *Amer. Nat.* 85-92. 1890$_1$

— The Origin of Sex through cumulative Integration, and the Relation of Sexuality to the Genesis of Species. — *Proceed. Amer. Phil. Soc.* XXVIII, 109-159. 1890$_2$

— The Inheritance of Modifications due to disturbances of the early stages of development, especially in the Japanese domesticated races of Gold-Carp (*Carassius auratus*). — *Proceed. Acad. Nat. sc. Philadelphie* I, 75-94. 1893

Sabatier (A.). — Contribution à l'étude des globules polaires et des éléments éliminés de l'œuf en général (Théorie de la sexualité). — 4° 127 p., 2 pl. Montpellier 1884

Sachs. — Experimental physiologie der Pflanzen. — Leipzig. 1865

— Vorlesungen über Pflanzenphysiologie. — 1e Aufl. Leipzig. 1882
2e Aufl. Leipzig. 1887

— Über Stoff und Form der Pflanzenorgane. — *Arb. bot. Intit. zu Würzburg II* Leipzig, S. 452-488, 2 Fig. 1880

Sadler. — Laws of population, II. 1830

Sanson (A.). — L'hérédité normale et pathologique. — Paris. 1893

Schaaffhausen (H.). — Über die Urzeugung. *Verh. nat. Ver. Bonn* XLIX, 32-40 1892

Schæfer (E.). — On the Structur of amœboïd Protoplasm. — *Proc. Roy. Soc. London*, XLIX. 1891

Schewiakoff (W.). — Über die karyokinetische Kerntheilung der *Euglypha alveolata*. — *Morph. Jahrb.* XIII, 193-258. 1887

Schiess. — Übertragung erworbener Eigenschaften. — *Biol. Centralbl.* VIII. 1889

Schiller-Tietz. — Vererbung erworbener Eigenschaften. — *Ibid.* VIII, 155. 1888-1889

Schleiden (M.). — Beiträge zur Phytogenesis. — *Müller's Archiv.* 1838

Schmankewitch (W. J.). — Über das Verhæltniss des *Artemia Salina* (Miln. Edw.) zur *A. Mühlhausenii* (*Schæf.*), *und dem genus Branchipus.* — *Zeitschr. f. wiss. Zool.* XXV, 103-170, Taf. VI. 1875

— Zur Kenntniss des Einflusses des äusseren Lebensbedingungen auf die Organisation der Thiere. — *Ibid.* XXVII, 429-495. 1877

Schmidt (E.). — Über Vererbung individuel erworbenen Eigenschaften. — *Correspondenz-Bl. Anthrop. Ethn. Urgesch. München* XIX. 144-147. 1888

Schmitz. — Untersuchungen über die Struktur des Protoplasmas und der Zellkerne der Pflanzenzellen. — *Sitz.-Ber. d. niederrh. Gesellsch. f. Natur- und Heilkunde.* Bonn. 1880

Schneider (C.). — Untersuchungen über die Zelle. — *Arb. des zool. Inst. Wien* IX. 1891

Scholtz (M. H. S.). — New contributions to the biology of Plants. — *Nature.* 1892

Schultze (B. E.). — Der hermaphrodit Katharina Hohmann aus Melrichstadt. — *Virchows' Archiv*, XLIII, 329-336, Taf. VIII. 1868

Schultze (Max). — Das Protoplasma der Rhizopoden und der Pflanzenzellen. — Leipzig. 1863

Schumann (A. L.). — Die Sexualproportion der Geborenen. 1883

Scoutteten. — Essai sur les monstruosités humaines. — Thèse de Paris. 1829

— Observations de difformités congénitales des pieds et des mains. — *Moniteur des hôpitaux*, 2025-2026. 1857

Schwann (Th.). — Mikroskopische Untersuchungen über die Übereinstimmung in der Struktur und das Wachsthum der Thiere und der Pflanzen. — Berlin. 1839

Sedgwick (Adam). — The Development of the Cape species of *Peripatus*. — *Quart. Journ. of micr. Science*, XXVI, 175-212, pl. 12-14.

Seeliger (O.). — Über das Verhalten der Keimblätter bei der Knospung der Cœlenteraten. — *Zeitschr. f. wiss. Zool.* LVIII. 152-189. Taf. VII-IX, 1894$_1$

— Giebt es geschlechtlich erzeugte Organismen ohne mütterliche Eigenschaften. — *Arch. f. Entwickelungsmechanik der Organismen* I, 203-223, Taf. VIII-IX. Leipzig. 1894$_2$

Semper (K.). — Die natürlichen Existenzbedingungen der Thiere. — *Internat. wissenschaft. Bibliothek*, XXIX-XL, Leipzig. 1880

— The Natural Conditions of Existence as they affect Animal Life. — *Internat. sc. Ser.* — (Appendix, p. 410). 1881

Serres (E. R. A.). — Précis d'Anatomie transcendante appliquée à la Physiologie. Principes d'organogénie. — 8° Paris. 1842

Settegast (H.). — Die Thierzucht. 1878
5e Aufl. 8°. Breslau. 1888

Siebold (C. Th. E. Von). — Wahre Parthenogenesis bei Schmetterlingen und Bienen. Ein Beitrag zur Fortpflanzungsgeschichte der Thiere. — 8°, 144 S., 1 Taf. Leipzig. 1856

Simroth (H.). — Anatomie und Schizogonie von *Ophiactis virens* (Sars). 2 Th. 9 Holzschn. — *Zeitschr. f. wiss. Zool.* XXVIII, 419-527, *Taf.* XXII-XXV. 1877

Slater (J. W.). — Influence of Magnetism upon Insect Development. — *Proceed. Ent. Soc. London*, 15. 1885

SOLGER (B.). — Zur Structur der Pigmentzellen. — *Zool. Anz.* 671-673. 1889

Ibid. 93-95. 1890

SPENCER (H.). — Principes de Biologie. Trad. par Cazelles. — 8°, 2 *vol.* Paris. 1888

Texte orignal de 1864-1867

— The factors of organic Evolution. — London and Edimburgh. 1887

— The Inadequacy of « Natural Selection ». — *Contemporary Review*, fev. mars et mai. 1893

— A rejoinder to Professor Weismann. — *Ibid.* Déc. 1893₂

— Weismanism once more. — *Ibid.* 1894

STAHL. — Einfluss der sonnigen und schattigen Standortes auf die Ausbildung der Blätter. — Jena. 1883

STILLING (A.). — Über die kompensatorische Hypertrophie der Nebennieren. — *Virchow's Archiv.* CXVIII. 1889

STRASBURGER (E.). — Über den Theilungsvorgang der Zellkerne und das Verhältniss der Kerntheilung zur Zelltheilung. — *Arch. f. mikr. Anat.* XXI, 476-490. 1882

— Die Kontroversen der indirekten Kerntheilung. — *Ibid.* XXII, 246-304. 1884₁

— Neue Untersuchungen über die Befruchtungsvorgang bei den Phanerogamen als Grundlage für eine Theorie der Zeugung. Jena. 176 S. 2 Taf. 1884₂

— Histologische Beiträge. I : Über Kern und Zelltheilung im Pflanzenreiche, nebst einem Anhange über Befrüchtung. — Jena. 1888

— Über das Wachsthum der Zellhaüte. — Jena. 1889

— Histologische Beiträge. — 4ᵉˢ Heft, 158, 3 Taf. Jena. 1892

— Zu dem jetzigem Stande der Kern- und Zelltheilungsfragen. — *Anat. Anz.* VIII. 1893

— Über periodische Reduktion der Chromosomenzahl im Entwickelungsvorgang der Organismen. — *Biol. Centralbl.* XIV. 1894

STRICHT (O. Van der). — De l'origine de la figure achromatique de l'ovule en mitose chez le *Thysanozoon Brocchi.* — *Verhandl. d. Anat. Gesellsch.* 8° *Versamm. in Strassburg.* 13-16 *Mai* 1894. *Anat. Anz. Ergänzungsheft zum* IXᵉⁿ Bd. 1894

SWIECICKI (V.). — Zur ontogenetischen Bedeutung der congenitalen Fissuren des Ohrläppchens. Mit Bemerkungen von HIS. — *Arch. f. Anat. u. Phys. anat. Abth.* 295-301. 1890

TANGL (E.). — Über offene Communicationem zwischen den Zellen des Endosperms einiger Samen. — *Pringsheim's Jahrb. f. wiss. Bot.*, XII, 170. 1879-1881

— Zur Lehre von der Continuität des Protoplasma. — *Sitz. d. k. k. Akad. d. Wiss.* Wien XC. 1884

TESTUT (L.). — Les anomalies musculaires et la théorie de l'évolution. — *Revue Scient.* XXIII, 369-372. 1884

THAER (Albrecht). — Über der Natur welche der Landwirth bei der Veredlung seiner Hausthiere und Hervorbringung neuer Rassen beobachtet hat und befolgen muss. — *Abhandl. der kœnigl. Akad. d. Wissensch.* Berlin, 92. 1812

THOMPSON (J. A.). — History and Theory of Heredity. — *Proceed. Roy. Soc. Phys. Edinburgh.* 1888

— Synthetic Summary of the influence of the environnent upon the organism. — *Ibid.* IX, p. 449-499. 1888

TOMPSON (Sir William) (Lord KELVIN). — Conférences scientifiques et allocutions. — Trad. de l'anglais par Lugol et Brillouin. Paris. 1893

THURET et BORNET. — Études phycologiques. 1878

THURY. — Mémoire sur la loi de production des sexes chez les plantes, les animaux et l'homme. — Genève. 1863

TIETZ (SCHILLER). — Vererbung erworbener Eigenschaften. — *Biol. Centralbl.*, VIII. 1889

TILLET DE CLERMONT-TONNERRE. — Note sur une variété femelle du pommier commun. — *Mém. Soc. Linn. Paris*, III, 164. 1825

TORNIER (G.). — Der Kampf mit der Nahrung. Ein Beitrag zum Darwinismus. — Berlin, 207 S. 1884

— Das Entstehen der Gelenkformen. (Article non terminé). — *Archiv. für Entwickelungsmechanik der Organismen*, I. 1894

TRAUTZCH (H.). — Anmerkungen zu dem Versuchen des Herrn Dʳ Löb über Heteromorphose. — *Biol. Centralbl.* XI, 200-212. 1891

TREAT. — Controlling sex in Butterflies. — *Amer. Naturalist.* VII, 129-132. 1873

TREMBLEY. — Mémoires pour servir à l'histoire d'un genre de Polypes à bras en forme de cornes. — 2 vol. in-12. Paris. 1744

TRISTRAM (Canon H. B.). — The polar Origin of Life considered on its bearing on the distribution and migration of birds. — *Ibis, a quarterly Journal of Ornithology.* — 5ᵉ Série V, 236-247. 1887

VARIGNY (H. de). — La sélection physiologique. — *Rev. scient.* XXXIX, 449-456. 1887

— Experimental Evolution : Lectures delivered in the Summer School of Arts and Sciences. — *University Hall. Edinburgh.* London, 266 p. 1892

— Recherches sur le nanisme expérimental : Contribution à l'étude de l'influence du milieu sur les Organismes. — *Journ. Anat. et Physiol.* 1894

VASSEUR. — Reproduction asexuelle de la *Leucosolenia Bothryoïdes.* — *Arch. de Zool. explˡᵉ et génˡᵉ*, 1ʳᵉ série, VIII. 1879-1880

VEJDORSKY. — Bemerkungen zur Mittheilung H. Fol's : « Contribution à l'histoire de la Fécondation ». — *Anat. Anz.* VI. 1891

VERLOT. — Production et fixation des Variétés. — Paris. 1865

VERNER (E.). — Die Ursachen der Vererbungskraft. — Leipzig, 8°, 32 p. 1879

VERSON (E.). — Zur Beurtheilung der amitotischen Kerntheilung. — *Biol. Centralbl.* XI, 556-558. 1891

VERSON e BISSON. — Cellule glandolari ipostigmatiche nel *Bombyx mori.* — *Publicazione della Stazione bacologica di Padova.* 1891

VERWORN (M.). — Die physiologische Bedeutung des Zellkerns. — *Pflüger's Arch. f. d. ges. Phys.* LI. 1891

— Bewegung der lebendigen Substanz. Eine vergleichend - physiologische Untersuchung der Contractionserscheinungen.— Jena. 103 S., 10 Fig. 1892

VIALLETON (M. L.). — Recherches sur les premières phases du développement de la Seiche. Thèse de Paris et *Ann. des sc. nat. Zool.* — 7e série, VI. 1888

— Les principales théories de l'hérédité, 26 p. Paris et Lyon. 1893

VINES (Sidney de). — An examination of some points in Prof. Weismann's Theory of Heredity.—*Nature*, XL. 621-626. 1889

VIRCHOW (R.). – Die cellularpathologie und ihre Begründung auf physiologische und pathologische Gewebelehre. 1859

— Descendenz und Pathologie. — *Virchow's Archiv.* CIII, 1-15, 205-215, 413-437.

— Über den Transformismus. *Biol. Centralbl.* VII, 545-561. 1887

VÖCHTING (O. H.). — Über organbildung im Pflanzenreiche. — Bonn. 1878

— Über Transplantation am Pflanzenkörper (vorgelegt von Prof. Berthold an der Königl. Gesellsch. der Wissenschaften, am 26 Juni). — *Nachrichten von der königl. Gesellsch.. der Wissensch. und der Georg-Augusts-Universitat zu Göttingen*, 389-403. 1884

VRIES (H. de). — Plasmatische Studien über die Vacuolen. — *Pringsheim's Jahrbücher für wiss. Botanik*, XVI, 465-593, Taf. XXI-XXIV. 1885

— Intracellulare Pangenesis. — Jena. 1889

— Die Pflanzen und Thiere in den dunkeln Raümen der Rotterdamer Wasserleitung. — *Bericht über die biol. Unter. der Crenothrix-Kommission zu Rotterdam vom Jahre* 1887. — Jena. 1890

WAGNER (F. von). — Zur Kentniss der ungeschlechtlichen Fortpflanzung von *Microstoma.* — *Zool. Anz.*, 191. 1889

— Einige Bemerkungen über das Verhæltniss von Ontogenie und Regeneration. — *Biol. Centralbl.* XIII, 287-296. 1893

WAGNER (M.). — Über die Entstehung der Arten durch Absonderung. — *Kosmos* IV, 2-10, 89-99, 169-183. 1880

WAGNER (R. von). — Einige Bemerkungen über das Verhaltniss von Ontogenie und Regeneration. —*Biol. Centralbl.* XIII, 288-296. 1893

WALDEYER (W.). — Über die Karyokinese und ihre Bedeutung für die Vererbung. — Leipzig. 1887

— Über Karyokinese und ihre Beziehung zu den Befruchtungsvorgängen. —*Arch. f. mikr. Anat.* XXXII. 1888

WALLACE (A. R.). — Creation by Law. — *Quart. Journal of Science.* Vol. IV, (471-488). 1867

— La sélection naturelle. — Trad. fr., Paris. 1872

WARINSKY. — Sur la production artificielle des monstres à cœur double chez les poulets. — Genève. 1886

WASIELEVSKY. — Die Keimzone in den Genitalschlaüchen von *Ascaris megalocephala.* — *Arch. f. mikr. Anat.* XLI. 1893

WATASÉ (S.). — Homology of the Centresome. *Journ. of Morphol.* III, 433-443. 1893

— On the nature of cell organisation. — *Biological Lectures. Marine Biol. Lab. Woods Holl.* Boston. 1894

WEIGGERT. — Neuere Vererbungstheorien. *Schmidt's Jahrb. d. gesam. Medicin.* CCXV. 1887

WEISMANN (A.). — Studien zur Descendenz-Theorie. I. Über den Saison-Dimorphismus der Schmetterlinge. — Leipzig, 8°, 95 S. 2 Taf. 1875

— Über die Dauer des Lebens, — 8°. Jena. 1882

— Über die Vererbung. — 8°, Jena. 1883

— Über Leben und Tod, eine biologische Untersuchung (2e Aufl. 1892). — 8°, Jena. 1884

— Die Continuität des Keimplasmas als Grundlage einer Theorie der Vererbung. — 8°, Jena. (2e Aufl. 1892). 1885

— Über den Rückschritt in der Natur. — *Ber. Nat. Ges. Freiburg.* II, 1-30. 1886$_1$

— Über die Bedeutung der Sexuellen Fortpflanzung für die Selectionstheorie. — 8°, Jena. 1886$_2$

— Über die Zahl der Richtungskörper und über ihre Bedeutung für die Vererbung. — 8°, Jena. 1887

— Botanische Beweise für eine Vererbung erworbener Eigenschaften. — *Biol. Centralbl.* VIII. 1888

— Über die Hypothese einer Vererbung von Verletzungen. 8°, Jena. 1889

— Bemerkungen zu einigen Tages Probleme. — *Biol. Centralbl.* X. 1890$_1$

— Gedanken über Musik bei Thieren und beim Menschen. — *Deutsche Rundschau*, 249. 1890$_2$

(Ces 11 mémoires ont été réunis et traduits en français par H. de Varigny sous le titre : Essais sur l'Hérédité et la sélection naturelle, 8°, Paris). 1892$_1$

— Amphimixis oder die Vermischung der Individuen. — 8°, Jena 176 S. 12 Fig. 1891

— Das Keimplasma. Eine Theorie der Vererbung, XVIII-628 S. 24 Abb. im Text. 8°, Jena 1892$_2$

— Aufsätze über Vererbung, Jena. 1892$_3$

— Die Allmacht der Naturzüchtung. Eine Erwiederung an Herbert Spencer, 96 S., Jena. 1893

— The Effects of external influences upon Development. — *Romanes Lectures.* London. 1894

WEISMANN (A.) u. ISCHIKAWA (C.). — Über die partielle Befruchtung. — *Bericht. der naturforsch. Gesellsch. zu Freiburg i. Br. IV.* 1889

WENT (F. A. F. C.). — Die Vermehrung der normalen Vacuolen durch Theilung. — *Jahrb. f. wiss. Botanik.* XIX. 1888

— Die Entstehung der Vacuolen in den Fortpflanzungszellen der Algen. — *Ibid.* XXI. 1890

WHITMAN (C. O.). — The Seat of formative and

regenerative Energy. — *Journ. of Morphol. Boston* II, 27-49. 1888

WIESNER (J.). — Die Elementarstructur und das Wachsthum der lebenden Substanz. — 8°, 279 S. Wien. 1892

WILKENS (M.). — Die Vererbung erworbener Eigenschaften vom Standpunkte der landwirthschaftlichen Thierzucht in Bezug auf Weismann's Theorie der Vererbung. — *Biol. Centralbl.* XIII, 420-427. 1893

WILSON (E. B.). — Amphioxus, and the Mosaic Theory of Development. — *Journ. Morph. Boston*, VIII, 579-638, pl. 29-38. 1893

WOLFF (Casper-Friederick). — Theoria generationis. — LXIV-231 p. cum II tab. Halæ ad Salam. 1774

WOLFF (Gustav). — Beiträge zur Kritik der Darwinischen Lehre. — *Biol. Centralbl.*, X, 449-472. 1890

WOLFF (J.). — Über die innere Architectur der Knochen und ihre Bedeutung für die Frage von Knochenwachsthum. — *Virchow's Archiv.* L, 389-450. Taf. X-XII. 1870

— Zum Knochenwachsthumsfrage. — *Virchow's, Archiv.* LXI, 417-456, Taf. XVII. 1874

WORTMANN. — Zur Kenntniss der Reizbewegungen. — *Bot. Zeitung.* 1887

YUNG (E.). — De l'influence des milieux physico-chimiques sur les êtres vivants. — *Arch. des Sc. phys. et nat. de Genève.* 1882

ZACHARIAS. — Über Eiweiss, Nuclein und Plastin. — *Bot. Zeit.*, 281-329. 1883

— Über partielle Befruchtung. — *Biol. Centralbl.* VIII, 368. 1888

— Vererbung von Traumatismen. — *Ibid.* 1889₁

— Schwanzverstümmelungen bei Katzen. — *Ibid.* 1889₂

— Über Pseudopodien und Geisseln. 548-549. 1889₃

ZIEGLER (H. E). — Über Vererbung erworbener pathologischer Eigenschaften und über die Entstehung vererbaren Krankeiten und Missbildungen. — *Verhandl. des Kongresses für innere Medicin in Wiesbaden.* 1886

— Können erworbene pathologische Eigenschaften vererbt werden und wie entstehen erbliche Krankheiten und Missbildungen. — 8° Jena 44. 1886

— Die biologische Bedeutung der amitotichen (directen) Kerntheilung im Thierreich. — *Biol. Centralbl.* XI, 372-389. 1891

ZIMMERMANN (A.). — Beiträge zur Morphologie und Physiologie der Pflanzenzelle. — Tübingen. 1890

ZOJA (Luigi e Raffaello). — Intorno ai Plastiduli fucsinofili (Bioblasti dell'Altmann). — *Memorie del Reale Istituto lombardo di Scienze e Lettere*, XVI (VII° della serie 3) 237-270. Tav. 9-10. Milano 1891

TABLE ANALYTIQUE

RÈGLE POUR L'EMPLOI DE LA TABLE

Trois mots peuvent servir à caractériser ce que l'on cherche : le nom du phénomène, celui de l'être chez lequel il a été observé et celui de l'observateur. Nous nous sommes généralement servi du premier, n'usant des deux autres que quand cela était particulièrement indiqué (1). Cependant nous avons donné les noms de tous les auteurs de théories particulières ou générales (2). Quand le même mot renvoie à plusieurs pages, nous avons mis en chiffres gras les renvois les plus importants. Quand le sujet se continue pendant plusieurs pages consécutives, sans interruptions, nous avons indiqué seulement la première. Il convient donc de toujours s'assurer si le sujet ne continue pas à la page suivante, et s'il continue, chercher encore à la suivante jusqu'à ce que l'on voie qu'il est abandonné. Cela est utile surtout pour les renvois en chiffres gras qui indiquent des chapitres d'une certaine étendue.

Abeilles neutres, 383.
Aboiement, 214.
Abutylon à fleurs hexamères, 200.
Acarodomaties, 207.
Accidentels (Organes) du cytoplasma, **44**.
Accroissement, 53, 61, **63**, 413, 442, 454, 461, 508.
Achromatine, 36.
Achromatiques (Substances) du noyau, 37.
Adaptation, 461, 617, 624, 709, **827**.
— individuelle, 829.
— ontogénétique, 827.
— phylogénétique, 827.
— spécifique, 829.
Adelphotaxie, 338, 529.
Adénile, 51.
Adénine, 51, 57, 58.
Adénoïdes pharyngiennes, 764.
Affinité sexuelle, 320. V. Attraction *et* Appétit.
Albinisme, 292.
Albumine, 57.
Albumineuses (Substances), 48.
Albuminoïdes (Substances), 48, 398, 400.
Alcool (Influence héréditaire de l'), 226, 229, 363, 563.
Aldéhydes du Protoplasma, 301, 353.
Aleurone, 46, 55.
Alimentation comme cause de variation, 279, 368, 574, 803, 812, 820.
Alternance des générations. V. Génération.
ALTMANN, **27**, 407, 744.
Altruisme, 334.
Alvéolaire (Théorie) du cytoplasma, **25**, 37.
Alvéoles du cytoplasma, 25, 28.

(1) Ainsi pour trouver les observations de DINGFELDER sur les chiens à queue coupée, il faudra chercher au mot *queue*. On ne trouverait ni à chien ni à DINGFELDER. Mais les célèbres expériences de BROWN-SEQUARD sur l'épilepsie des Cobayes sont citées non seulement à l'épilepsie, mais à BROWN-SEQUARD et même à Cobaye.

(2) Il résulte de là que la table contient certains noms cités une seule fois et très brièvement, comme EMPÉDOCLE, par exemple, et ne contenant pas ceux d'auteurs cités très fréquemment, comme FLEMMING. Pour d'autres, comme BOVERI ou BÜTSCHLI, on ne trouvera que deux ou trois renvois, tandis qu'ils sont cités un très grand nombre de fois. Il fallait faire ainsi pour respecter le caractère de cet ouvrage fait surtout pour les théories, car il eût été beaucoup trop long de faire une table complète des renvois aux noms d'auteurs.

Amandier à fleurs doubles, 266.
Amibe artificielle de Quincke, 307.
— de Bütschli, 308.
Amidon, 55, 57, 601.
Amines, 57.
Amitose. *V.* Division indirecte.
Amphiaster, 70.
Amphigénèse, 446.
Amphimixie, 115, 162, 446, 447, 783.
— comme cause de variation, 283, 396. 484 677, 683, 798.
— s'opposant à la sélection, 380.
— (Hérédité dans l'), 238, 783.
— (Utilité de l'), 484, 562, 694, 709. *V. aussi* Reproduction sexuelle *et* Génération sexuelle.
Amphipyrenine, 35, 36, 47, 49.
Amyloleucites, 44.
Amyloplastes, 44.
Anabolisme, 53.
Anaphase, 66, **71**.
Anaplasie, 334.
Anastes, 494.
Ancon. *V.* Mouton.
Andry, 355.
Anencéphale (Monstre), 169.
Anentérien (Monstre), 169.
Anentéroblastien (Monstre), 169.
Anesthésie des œufs, 139, 145.
Anidiens (monstres), 415.
Animisme, 404, **410**, 743, 834.
Anisotropie, 326, **327**.
Anomalies musculaires, 243.
Anses chromatiques. *V.* Chromosomes.
— jumelles, 71, 154.
Antagonistes (cellules), 334.
Anthérozoïdes, 125. *V.* Sexuels (Éléments).
Antipodes (Cellules), 45, 129, 130.
Antipodes (Cônes). *V.* Cônes.
Aphanéroglie, 497.
Apomixie, 447.
Appétit sexuel, 251, 568. *V. aussi* Affinité *et* Attraction.
Approximations progressives (Nutrition par), 203, 756.
Aquatique (Passage de la vie) à la vie terrestre, 378.
Arabes, 357.
Arbre généalogique des cellules de l'ontogénèse, 153, 649. *V.* Ontogénèse.
— phylogénétique, 397. *V.* Évolution.
Archiplasma, 86.
Archoplasma, 39, 752.
Aréolaire (Théorie) du cytoplasma, **27**.
Aristote, 334, 357, 407, 410, 834.
Artemia de Schmannkewitch, 265, 275, 289.
Arthropathie des moutons de Lahayevaux, 209.
Articulations (Autoformation des), 340, 376.
Assimilation, 53, 61, **63**.
Aster, 23, 38, **69**, 141.
Astroïd, 70.
Asymétrie par suite d'hérédité double, 222.
Atavisme, 159, 266, 274, 457, 520, 543, 606, 655, 699, 713, 783.
— de famille, 242.
— de race, 242.
— des hybrides, 254, 703.
— déterminé par la Régénération, 96.
— tératologique, 205, 242, 243, **245**.
Athénée, 357.
Atomes annulaires, **452**.
Atrophie, 734. *V.* Condition de vie *et* Usage.
— du fémur de la Baleine. *V.* Baleine.
— du maxillaire des vieillards, 732.
Attraction sexuelle, 139, 252, 323. *V.* Affinité sexuelle *et* Appétit.
Auto-conservation des espèces, 395.
Auto-détermination, **724**.
Auto-différentiation des cellules, 725, 738.
— des espèces, 395.
— des organes, 727.
Auto-fécondation, 150, 431.
Auto-formation, 133, 476.
— chez le *Paramœcium*, 341.
— chez le Têtard, 341.
— des articulations, 340, 476.
— des dents, des os, 476.
— du corps, 341.
— des espèces, 395, 490.

Automorphisme des espèces, 395, 490. *V.* Autoformation.
Autoplasson, 497.
Autoplastes, 490.
Auto-régulation, 733.
Autosite (Monstre), 171.
AVERRHOÈS, 357.
AVICENNE, 357.
Axolotls albinos, 292.
— produits par la Pœdogénèse, 391.

Baleine (Fanons de la), 376, 824.
— (Fémur de la), 377, 391.
Bactéries, 420, 501.
— (Hérédité des caractères acquis par les), 216.
— (Noyau des), 428.
— (Première origine des), **400**.
Ballast, 312, **350**, 353.
BARD, 153, 321, 333, 336, 366.
Bardot, 579 et *passim*. *V.* Mulet, Croisement, etc.
BARFURTH : Isotropie, 336.
BARTHEZ, 411.
BATAILLON : Métamorphose du Têtard, 341.
Bathmisme, 475.
BÉCHAMP, **405**, **419**.
Begonia, 349, 509, 526 et *passim*.
BERNARD (Claude), 408.
BERTHOLD, 406, **491**, 744.
— Structure et mouvements du Protoplasma, 302.
BICHAT, 408.
Bile, 55.
Bioblastes, 28, **498**, 507, 510.
Biomécanique (Faits principaux de la), 168, 169, 170, 176, 234, 268, 280, 330 (Driesch), 337, 574 762.
Biomorio, 497.
Biophores, **667**, 707, 708, 711, 745, 747.
Biotactisme, 339.
Bizarria, 259, 261.
BLAINVILLE (De), 356.
Blanc, 277.
— isolé chez des Nègres, 583.
Blumenbach, 357, 404, 411.
Bœufs sans cornes, 294, 296.
Bohémiens, 277.
Bokorny. Expériences sur les Spirogyra, 279. *V.* Löw.
Bombus anormal, 266.
BONNET C., 356, 407.
BORDEU, 411.
Bourgeon (Variation par), 275, 283.
Bourgeonnement, 91, **111**, 152, 161, 319, 448, 539, 589, 644, 664, 685, 718, 723, 727.
— cellulaire, 78.
— (Hérédité dans le), 235, 236. *V.* aussi Gemmiparité.
BOVERI (Expérience de) sur la fécondation sans noyau femelle, 86.
— Théorie de la fécondation, 142.
— Sur la formation des cellules sexuelles, 180, 768.
Bras (Prédominance du) droit sur le gauche, 213.
Brochet (Instinct du), 214.
Brooks, 407, **572**.
BUFFON, 344, 357, 405, 411, **412**, 558, 835.
— Formation des espèces, 369.
BURDACH, 344, 357.
BÜTSCHLI (Théorie alvéolaire de), **25**, 37.
— : Ferment vital, 353.
— : Karyokinèse artificielle, 313.
BUZAREINGUES (Girou de), 344, 357.

Cambiales (Cellules) contenant du Plasma germinatif, 349. *V.* Cellules somatiques.
CANDOLLE (De), 357.
Caractères acquis, 187. *V.* Hérédité.
— innés, 187.
— latents. *V.* Latents.
— sexuels secondaires. *V.* Sexuel.
— Tératologiques. *V.* Hérédité, Tératogénèse, Monstres, etc.
Cardium de la mer d'Aral, 265.
CARUS, 357.
Castration, 268.
Catabolisme, 53.
Catagénèse, 470.
Catastes, 494.
CATCHPOOL : Sur l'origine des espèces, 384, 818.
Cellule, **19**, 421, 442, 750.
— (Accroissement de la), 61, **64**.
— (Assimilation de la), **62**.

Cellule (Composition chimique de la), **47**.
— (Constitution de la), **19**.
— (Causes de la structure de la), 302.
— (Formation première de la), 501, 632, 634.
— (Historique de la découverte de la), 19;
— (Nutrition de la), **61**, **753**.
— (Reproduction de la), **65**.
— (Produits de la), **54**, 499.
Cellules germinales, 124, 676.
— antagonistes 334.
— antipodes. *V.* Antipodes.
— somatiques contenant du Plasma germinatif, 349. *V. aussi* Begonia, Mousses, etc.
Centrosome, 38, 442, 444, 501.
— dans la division directe, 79.
— dans la division indirecte, 69, 74, 75.
— dans l'ontogénèse, 155.
— du spermatozoïde. *V.* Spermocentre.
— de l'œuf. *V.* Ovocentre.
— (Rapports du) avec le nucléole, 42, 143.
Cerisier de Ceylan, 201, 218.
Chabry, 329, 336.
Chant des oiseaux, 214, 215.
Chataigne des Mulets, Anes et Chevaux, 579.
Chats, 296.
— sans queue, 200, 266. *V.* Queue.
— sourds à yeux bleus, 268.
Chenilles. *V.* Alimentation comme cause de variation.
Cheval à 5 doigts, 246, 296.
Cheveux (Mèche de) blanche transmise du côté opposé, 225.
Chevreul, 494.
Chiens bassets, 272, 290, 293.
— bouledogues, 293.
— carlins, 293.
— de Constantinople, 391.
— (Aboiement des), 214.
— (Antiquité des races de), 290.
— (Instincts divers des), 213.
Chimiotactisme, 61, **71**, 338.
Chinoises (Pied des), 201.
Chironomus (Noyaux de la larve du), 34.
Chloroleucites, 44, 46, 657.
Chloroplastes, 44.
Cholesterine, 49, 50, 55, 57.
Chromatine, **34**, 36, 37, 48, **49**, **50**.
Chromoleucites, 44, 657.
Chromoplastes, 44.
Chromosomes, 68, 140, 320, 506, 668, 751, 752.
— dans l'ontogénèse, 154.
— dans les cellules sexuelles végétales, 130.
— dans le spermatozoïde, 125.
— (Élimination des bouts des), chez l'*Ascaris*, 180.
— (Permanence des), 76, 77, 123, 154.
— (Réduction des). *V.* Réduction chromatique.
Chrysochlore (à propos de la Panmixie), 388.
Chylema, 26, 36.
Cicatrices (Hérédité des), 204, 207.
Cicatrisation, 102, 507, 655.
Cigogne à bec régénéré, 317.
Cime des Sapins, 281, 829.
Cimbex anormal, 266.
Climat, 216, 265, 278, 822.
Cobayes de Brown-Sequard, 201, 208, 210, 363, 545, 563.
Coccodules, 460.
Cochons, 296.
— de Cubagna, 289.
— solipèdes, 294, 819.
Cocotiers de la Floride, 277.
Cohen, 358.
Coiffe de la racine, 621, 622.
Colloïdes (Substances), 300.
Communications protoplasmiques, **31**, 362, 546, 653.
Conditions ambiantes, 666, 761, 765. *V.* le suivant.
Conditions de vie, 200, 216, **275**, 280, 282, 288, 295, 368, 430, 545, 574, 617, 694, 819.
— Expérience des *Hieracium*, 216.
— comme cause de variation, 288.
— comme origine d'espèces nouvelles, 294.
Cônes antipodes, 70.
— accessoires, 76.
— d'attraction, 75, 139.

Cônes principaux, 75.
Conjugaison, 115, 117, 131.
— nucléaire, 117, **121**.
— partielle = nucléaire.
— totale, 117, **118**.
Consanguinité, 248, 432, 447, 484.
Cope, 406, **474**.
Copulation des infusoires, 118, 122, 129.
Cordons idioplasmatiques, 600.
Cornes des Ruminants, 620, 621.
— Vache à corne brisée d'A. Thaer, 207, 545.
Cornéine, 48.
Corrélation, 32, 91, 165, 170, **173**, 396, 581, 699, 787, 788.
— dans la variation, **267**.
— entre les caractères hérités, 222.
— entre le pigment et les autres caractères, 222.
— renversée, entre la mamelle et le testicule, 269.
Couagga. *V*. Télégonie.
Couleur des fleurs, 621.
Crâne (Capacité du), 213.
Croisement, 148, 226, 450, 569, 575, 579, 627, 629.
— comme origines d'espèces nouvelles, 294, 395, 396.
— (Caractères des produits de), **253**, **255**, 447, 448, 485, 576, 586, 613.
— (Conditions de possibilité du), 251.
— (Hérédité dans le), 250.
— (Proportion minima de sang étranger reconnaissable dans le), 257, 630.
— (Variabilité des produits de), 294, 576, 579. *V. aussi* Hybrides *et* Métis.
Cyclopie, 246, 269.
Cynétogénèse, 470.
Cytes, 131. *V*. Ovocyte, spermatocyte.
Cytisus Adami, 259, 367, 704.
Cytoblastes, 502.
Cytodes, 460.
Cytohyaloplasma, 37, 68, 75, 500.
Cytoplasma (structure du), **21**, 442. 750.
— dans les cellules sexuelles, 136.
Cytoplasma dans le spermatozoïde, 125.
— dans la division cellulaire, 78.
— (Composition chimique du), **48**, 52.
— (Suspension de l'activité du), dans la cellule vivante, 83.
— véhicule de l'hérédité, 359, 588. *V. aussi* Noyau (Rôle directeur du).
Cytotropisme, 338.
Cytozoaires, 587.

Dalenpatius, 355.
Daltonisme, 195.
Dareste : Origine tératogénique des espèces, 396.
Darwin (Charles), 407, **534**, 633, 745, 746, 780, 813, 836.
— (Erasme), 356, 370 (sur la formation des espèces), 407, 550, **555**, 835.
Datura à fruits lisses, 274.
Dégénérescence consécutive à la Reproduction asexuelle et à l'Autofécondation, 117, 178, 248, 249, 250, 432.
— du testicule consécutive à un traumatisme des mamelles, 269.
Delage (Yves), **743**.
— Cerisier de Ceylan, 218.
— Femmes polymastes, 268.
— Loi de Delbœuf, 372.
— Mamelle de l'homme, 247.
— Majoration dans la variation lente, 383.
— Panmixie, 388.
— Sélection des tendances, 385 et *passim*.
— *V. aussi la critique de toutes les théories particulières et générales.*
Delbœuf (loi mathématique de), 372.
Demi-lope (Lapin), 175, 267.
Démocrite, 407, 550, 834.
Dermatoplasma, 507.
Dermatosomes, 507.
Désassimilation, 53.
Descartes, 356, 408, **721**.
Descendance, 185.
Désuétude. *V*. Usage.

Déterminants, 317, 448, 513, 667, 668, 707, 708, 712, 747.
— de bourgeonnement, 685, 747.
— de remplacement, 317, 690, 694, 747.
— de réserve, 685, 747.
— doubles, 691, 747.
— hétérodynames, 680, 684.
— homodynames, 680, 684.
— homologues, 680.
— géminés, 691.
— ovogènes, 690.
— spermatogènes, 690.
DETMER : sur l'Influence consécutive, 220.
— sur la Dichogénie, 281.
Deutolécithe. *V.* Lécithe.
Diathèses, 192, 193.
Dichogénie, 176, 274, **280**, 339, 616, 693, 765, 829.
— accidentelle, 718.
Différenciation anatomique, 96, 156, 674, 760, 792.
— cellulaire, 91, 155, 426, 725, 739, 769.
— histologique, 90, 155, 340, 345, 760.
— ontogénétique, **329**, 330, 333, 514, 639, 662, 664, 665, 714. *V.* Ontogénèse.
— phylogénétique, 462.
— organique, 286.
— chimique, 763.
Digestion intracellulaire, 63.
Dimorphisme, 282, 614, 690.
— saisonnier des papillons, 278.
— chez le *Polyommatus phlœas*, 696.
— chez les *Vanessa*, 697.
DIOGÈNE DE LAERTE. 355, 357, 834.
Diplogénèse, 475.
Disdiaclastes, 59.
Division cellulaire, 53, **65**, **310**, 480, **757**.
— directe, 65, **79**, 80, 758.
— du corps cellulaire, 78, 632.
— hétérogène, 332, 515, 666, 759, 761, 769.
— hétérotypique, 73.
— homogène, 332, **515**, 759, 769.
— indirecte, 65, **66**, 83, 758.
— longitudinale, 68, 514, 672.
Division nucléaire, **66**.
— nucléolaire, 80.
— phylétique, 650.
— réductrice, 123, **131**, 283, 447, 518, 522, 677, 709, 797.
— — chez les Plantes, 130, 523, 666.
— — dans la Parthénogénèse, 150, 679.
— — (Équivalent de la) quand le globule polaire manque, 129.
— (Multiplication par).
— *V.* Scissiparité.
— (Relation entre la) directe et l'indirecte, **80**.
— somatique, 650.
— somarchique, 650.
Dogue, 290.
Doigt hippocratique, 763.
DOLBEAR, 406, **452**.
DRIESCH, 330, 336, 408, 666, 838.
DUJARDIN : Structure du Protoplasma, 299.
DUMAS. *V.* Prevost et Dumas.
DÜSING, 346.
Dyastroïd, 70.

Écailles transformées en feuilles, 281.
École de Montpellier, 411.
Écrevisse à organes sexuels supplémentaires, 270.
Ectromélie, 194.
EHRLICH : Expérience sur le fonctionnement réducteur des tissus, 57.
EISMOND : Structure du cytoplasma et du centrosome, 27, 39.
Eïthéogénèse, 614.
Élan, 267.
Élastine, 48.
Électrique (Sens), 731.
— (Théorie de Fol), 495.
Elodea, 354, 769.
Emboîtement des germes, 411, 515, 835.
Embryonnaire. (Sac) *V.* Sac.
EMERY, 264, 363, 378, 384.
— : Sélection des tendances, 377.
— : Sélection sexuelle, 387.
— : Zymoplasma, 363.
Émotions (Influences des) sur le produit, 228, 568.

EMPÉDOCLE, 357.
Enchylema, 33, 36, 39, 50.
Endogène (formation), 46.
ENGELMANN : Structure et mouvements du Protoplasma, 300.
Envies des femmes enceintes, 228, 551.
Épilepsie (Hérédité de l') chez le cobaye, 201, 210.
— (Hérédité de l') chez l'homme, 229.
ÉRASISTRATE, 355, 834.
Ergot de Coq greffé, 535.
ERLSBERG, 401, 405, 406, **455**, 466, 836.
— Phylogénèse, 399.
Espèces (complication progressive des), 832.
— (Origine des), 183, **286**, 369, 384, 393, 417, 457, 479, 523, 527, 552, 654, **813**.
Évolution phylogénétique, 457, 461, 476, 481, 523, 558, 624, 626, 630, 642, 651.
— continue, 583. *V.* Variation lente.
— par sauts, 583. *V.* Variation brusque.
Évolutionnisme, 404, 411, 743, 834, 835.
Excitabilité cellulaire, 53.
Excitation fonctionnelle, 377, **727**, 739, 740, 825, 826.
Excrétion cellulaire. *V.* Produits cellulaires.
Exencéphalie, 293.
Exogastrula, 169, 331.
Exophthalmos (Hérédité de l') expérimental, 208.
Exostoses (Hérédité des) chez le Cheval, 207.
Extraovat, 331.
Eycaux (habitants polydactyles du village d'), 194.

Facteurs idioplasmatiques, 600, 656, 661, 837.
— de l'ontogénèse. *V.* Ontogénèse.
— subjectifs, 638, 661, 711.
Fécondation, **137**, 431, 607, 643, 783.
— de fragments d'œufs non nucléés, 86.
— illégitime, 615.
légitime, 615.
— normale, 137.
— partielle, 146, 538, 658.
Fécondation (But de la), 324.
— (Signification de la), **323**. *V. aussi* Amphimixie.
Femme, 574.
Ferment vital, 353.
Ferments du zymoplasma, 363.
Feuilles du Buis, 281.
— du *Thuja*, 281.
Ficaria ranunculoïdes, 351.
Fibrillaire (Théorie) du cytoplasma, **24**.
Fibrilles du cytoplasme, 23, **24**, 28, 34, 40, 500, 506.
Fibroïne, 48.
Filaire (Réseau), 27.
— (Substance), 23, 24.
Filaments à appétence, **555**.
— connectifs ou réunissants, 71, 76.
Fixation de la Variation *V.* Variation.
FLEMMING : Théorie fibrillaire, 24.
FOCKE : Formation des espèces par croisement, 395.
FOL, 407, **495**.
Folie (Hérédité de la), 192, 209.
Formation cellulaire libre, 633.
Force d'individualisme, 494.
— héréditaire, 225, 684, 772.
— mentale, 454.
— vitale, 404, 411, 466, 494, 835.
Fougères : Hérédité d'anomalies locales par les spores situées sur les points où portent ces anomalies, 237.
— inversion de place des archégones et anthéridies, 282.
Fragmentation nucléaire, 79.
Freux (Plumes du bec des), 201.
Frêne, 701.
Fruit développé sans fécondation, 234.
FUCHS : Sur l'origine des espèces, 384.
Fuseau central, 70, 76.
— multipolaire, 145, 280.
— nucléaire, 23, **69**, 74.
— périphérique, 70, 76.
Fusion ou non fusion des caractères chez les Métis et les Hybrides, 256.

Galapagos, *V.* Lézards.
GALIEN, 355, 357.
Galles, 207, 675.

GALTON, 358, 407, **559**, 747.
— : Sur l'épilepsie des Cobayes, 211, 546, 559.
— : Sur l'hérédité de la taille, 244.
— : Tranfusion du sang, 559.
Gamètes, 117, 119.
Gastrula, 444.
Gaucherie, 189, 195.
GAULE, 587.
GAUTIER, 406, 494, 743.
— : Théorie sur la chimie cellulaire, 57.
GEDDES, 494.
— : Mouvements protoplasmiques et contraction musculaire, 300.
Gemmaires, 367, 406, **441**, 443, 451.
Gemmes, 406, **441**.
Gemmiparité, *V.* Bourgeonnement.
— accidentelle, 114.
Gemmules de Darwin, 361, **534**, 572, 645, 653, 745, 746, 836, 837.
— mâles de Brooks, 361, **569**.
— odorantes de Jæger, **563**.
Généalogique (Arbre) des cellules, 153, 649.
— des espèces, **397**. *V.* Évolution et Ontogénèse.
Génération, 90, 108, 527, 538.
— sexuelle. *V.* Amphimixie.
— spontanée, 416.
— (Alternance des), 91, 149, 159, **160**, 449, 686.
— (Théories de la) sexuelle, 322, **354**, 664.
GEOFFROY ST-HILAIRE (E.) : Origine des espèces, 291.
Géotropisme, 61.
Germen, 179, 362.
Germes, femelles de Brooks, **569**.
— de Galton, **559**, 747.
— de Maupertuis, **551**.
Germiplasomes, 509.
Gésier des hirondelles des Shetland, 574.
Girafe, 267, 377.
Glairine, 420, 497.
Glas funèbre (Théorie du) dans l'amitose, 80.
Glia, 497.
Globules directeurs, 320. *V.* Globules polaires.
Globules polaires, 78, **127**, 137, 515, 520, 526, 643, 677.
— — dans la Parthénogénèse, 150.
— — des plantes, 319, 523. *V.* Division réductrice *et* Réduction chromatique.
Globuline, 48, 49.
Gluten, 55.
Glutine, 48.
Glycocolle, 57.
Glycogène, 55, 57.
GODLEVSKI : Tactisme intracellulaire, 339.
GŒTHE, comme exemple d'hérédité double, 358.
Gonies, 131, 137. *V.* Ovogonie, spermatogonie.
Goutte (Hérédité de la), 209.
GRAAFF, 356.
Graines (Réserves nutritives des), 623.
Graisse, 499.
Granulaire (Théorie) du cytoplasma, **27**.
Granules d'Altmann, **28**, 36, 407, 495, 497, **498**, 745.
Greffe, 102, **104**, 507.
— d'un fragment retourné, 106. *V.* Greffon, Porte-greffe, Hybride de greffe.
— (Rapports de la) avec la Régénération, 107.
— (Variation dans la), 284.
Greffon, 105, 227, 257.
— (Influence du) sur le Porte-greffe, 258.
Grenouille, dans les lumières colorées, 278.
Gromie, montrant les Gemmaires, 443, 451.
Guanine, 51, 55, 57, 58.
GULICK : Formation des espèces, 384.

HAACKE, 347, 367, 405, 406, **440**, 443, 451, 743, 836.
Habitude (Loi d'). *V.* Loi.
HÆCKEL. 836, 405, **459**, 406.
— : Phylogénèse, 397.
HALLER, 344, 356.
Hallez, **588**.
HANSEMANN, 336.

HANSEMANN : Anaplasie, 334.
— : Spécificité cellulaire, 333.
HANSTEIN, 406, **489**, 744.
HARTOG : Adelphotaxie, 529.
— Plasmas ancestraux, 529.
HARTSŒCKER, 356.
HARVEY, 356.
HEAPE. *V.* Transplantation.
Héliotropisme, 61.
Hémitéries, 194.
Hémoglobine, 57.
Hémophilie, 192, 193, 195, 692.
HÉRACLITE, 407, 550, 834.
HERBST : Facteurs de l'ontogénèse, 338.
Hérédité, 159, 185, **186**, 235, **354**, 416, 429, 432, 445, 447, 457, 461, 470, 472, 479, 487, 492, 508, 520, 537, 552, 556, 557, 560, 606, 640, 654, 664, 681, 728, 735, 739, 769.
Hérédité, amphigone, 612.
— collatérale, 241.
— conservatrice, 612.
— continue, 612.
— croisée, 240, 241.
— cytoplasmique, 657.
— différée, 561.
— directe, 240, 241.
— fraternelle. *V.* Télégonie.
— homochrone, 223, 612.
— homotypique, 612.
— ontogénétique, 582.
— phylogénétique, 582.
— progressive, 612.
Hérédité dans (le, la ou les), — amphimixie, 238, 611, 783.
— bourgeonnement, 236.
— division, 235.
— croisement, 250.
— génération sexuelle, 237, 783.
— greffe, 257.
— parthénogénèse, 237, 783.
— reproduction asexuelle, 235.
— reproduction par spores, 236.
— unions consanguines, 248.
— unions de race pure, 239.
Hérédité de (le, la ou les).
— âge de la ménopause, 189.
— âge des premières menstrues, 189
— aptitudes musicales, 211, 214.
Hérédité de (le, la ou les).
— aptitude à parler la langue de sa race, 215.
— arthritisme, 192.
— asthme, 193.
— diathèses, 192, 193.
— écriture, 190.
— ectromélie, 194.
— gaucherie, 189.
— gemmiparité, 189.
— hémitéries, 194.
— hémophilie, 192, 193.
— immunité vaccinale, 227, 429.
— longévité, 189.
— sexe, 195, 575.
— scrofule, 192.
— surdi-mutité, 194.
— syphilis, 192.
— taille, 244.
— tics, 181, 190.
— tuberculose, 192. *V. aussi aux noms des divers caractères.*
Hérédité des caractères acquis, 32, 187, **196**, **361**, 433, 446, 462, 472, 482, 528, 530, 537, 545, 563, 625, 653, 696, 739, 806.
— — par les conditions de vie, 200, 216, 545, 801, 811.
— — par les maladies, 208, 801, 811.
— — par les mutilations non répétées, 200, 203. 205, 207, 213, 799, 808.
— — par les mutilations répétées, 201, 206.
— — par l'usage et la désuétude, 212, 433, 545, 800, 810, 823. *V. aussi aux noms des divers caractères.*
Hérédité des caractères,
— anatomiques, 188.
— congénitaux, 188.
— blastogènes, 188.
— de race, **186**, 783.
— innés, **188**, 198.
— individuels, 187, 783.
— latents, 195.
— pathologiques, 192.
— physiologiques, 188.
— psychologiques, 189.

Hérédité des caractères.
— somatogènes, 188.
— tératologiques, 193. *V. aussi aux noms des divers caractères.*
Hérédité : (Age de la transmission dans l'), 223.
— (Anticipation de l'), 484.
— (Corrélation dans), 222, 787.
— (Durée de l'), 224.
— (Modifications de l') sous l'influence des conditions transitoires des parents, 228.
— (Modifications de l') sous l'influence des substances introduites dans l'organisme, 216. *V. aussi* Variation, Corrélation, etc.)
HERING : Mémoire inconsciente, 461, 466.
Hermaphrodites (Monstres), 171, 432.
Hermaphroditisme successif, 166.
HERTWIG (O.), 408, **663**, 745, 838.
— : Fécondation, 143.
— : Globules polaires, 321.
— : Isotropie de l'œuf, 328, 336.
Hétérobiophorides, 671, 711.
Hétérodyme (monstre), 171.
Hétérodynamie des Déterminants, 680, 684.
Hétérogamie, 119.
Hétéromorphose, 99, 282.
Hétéropage (monstre), 171.
Hétéropygien (monstre), 171.
Hêtre, à feuilles découpées, 275.
Hieracium (Expériences sur les), 216, 265, 619.
HIPPOCRATE, 357, 407, 550, 834.
Hippurique (acide), 55.
HIS, 406, **468**, 836.
Histon, 51.
HÖSCH, 550.
HOFACKER, 344.
HOFFMANN : Expériences de semis serré, 217.
HOFMEISTER : Structure et mouvements du Protoplasme, 298.
Hollandais, 277.
Homobiophorides, 671, 711.
Homodynamie des Déterminants, 691.
Homœosis, 273.
Homogène (théorie de la structure) du Cytoplasma, **22**.
Homologies générales, 582.
— spéciales, 582.
Huile, 55.
Huitres de la Manche transportées dans la Méditerranée, 276.
Humidité, 282.
HURST : Théorie sur les neutres, 383.
— Théorie sur l'hérédité, 359.
Hyaloplasma, 23, 24.
Hyalosomes, 29.
Hybrides, 214, 450, 540, 543, **579**, 702.
— de genres, 87.
— de classes, 252 (*Arbacia* et *Asterias*).
— de greffe, 259, 367, 541, 653, 704.
— (Atavisme chez les), 703.
— (Caractères des), 223.
— (Cellules), 578.
— (Fécondité des), 253.
— (Variabilité des), 702.
— *V. aussi* Métis *et* Croisement.
Hydrotropisme, 61.
Hymen, 202.
Hypertrophie compensatrice, 730.
Hypospadias, 172.
— Transmission de l'hypospadias par les femmes, 195.
Hypothèses compliquées, leur invraisemblance, 745.
— réglées, leurs règles, 748.
Hypoxanthine, 51, 58.

Idantes, **670**.
Ides, 513, **669**, 707, 708, 712.
Idioblastes, **663**, 745.
Idioplasma, 86, **512**, 636, **592**, **643**, **667**.
Immunité vaccinale (Hérédité de l'), 227, 429.
Imprégnation. (*V.* Télégonie.)
Inotagmes, 300.
Indiens Quechuas et Aymaras, 277.
Induction vitale, 366.
Infection du germe, 366. V. Télégonie.
Influence consécutive (Phénomènes d'), **220**, **477**.
Infusoires (Conjugaison des), 121.
Instinct, maternel 623.
— et intelligence, 485.
— (Variation de l'), 263.

Intermédiaire (Corps) de Flemming, **72**.
Intraovat, 330.
Intussusception, 64.
Inversion viscérale, 170.
Invraisemblance des hypothèses compliquées, 745.
Isogamie, 118, 119.
Isotropie, 326, **327**, 335, 349, 590.

Jarre, 265.
JÆGER, 406, **567**, 836.
JEAN-FRANÇOIS (Père), 410.
Juifs, 277. *V. aussi* Prépuce.
Jumeaux identiques, 110, 165, 676, 691.
— vrais, 561.
Jument de lord Morton. *V.* Télégonie.

Kanguroo (Larynx du), 376.
KANT, 411.
— : Formation des espèces, 369.
Karyohyaloplasmatique (Filament), 358.
Karyokinèse. *V.* Division indirecte.
— artificielle, 313.
Karyozoaires, 587.
KAWKINE, 341.
KEKULE : Structure des substances colloïdes, 300.
Kératine, 48.
Kinoplasma, 23, 39, 75, 144.
— dans le spermatozoïde, 125, 136.
KÖLLIKER, **643**.
— : Critique de la Sélection, 370.

LALLEMAND, 358.
Lamarkisme, 196, 212, 837.
Langue (Aptitude héréditaire à parler la) des Namaquois, 215.
Langouste anormale, 266.
Lanugo, 262.
Lapins de Porto-Santo, 288, 295.
— lopes, demi-lopes. *V. ces mots.*
Larves au lithium, 168.
Latents (Caractères), 91, **166**, **364**, 542, 605, 611, 613, 655, 709, 780.
Lécithe, 46, 55, 144.
Lécithine, 49, 50, 55.
LENDL, 312, **350**, 353.
Léporides, 244, 255.
Leucine, 57.
Leucites, 44, 657, 752.
Leucoleucites, 44, 657.
Leuconucléine, 51.
Leucoplastes, 44.
LEUWENHOEK, 355.
Levriers anglais à Mexico, 275, 290.
Lézards des Galapagos, 277.
— (Régénération de la queue des), 96, 689.
Lierre (Dichogénie chez le), 693.
Lignées cellulaires, 153, 649.
— germinales, 649, 652.
— accessoires, 650, 652.
— principales, 650, 652.
— somatiques, 649, 652.
Limule (Œufs de), se développant en position anormale, 329.
Linine, 33.
— (Réseau de), **33**, 36, 47, **48**, **50**, **67**.
LINNÉ, 357.
Lislet-Geoffroy, 223, 358.
LÖB : Isotropie de l'œuf, 330.
LÖW ET BOKORNY : Aldéhydes du Protoplasma, 301, 353.
Loi (ou principe ou règle) : biogénétique (grande), 158, 342, 468. *V. aussi* Parallélisme.
— biogénétique d'Eimer, 396.
— tératogénique de Dareste, 347.
Loi (ou principe ou règle) : de, du ou de la).
— Adaptation, 397.
— Allongement de l'ontogénèse, 633.
— Attraction de soi pour soi, 171, 552.
— Balancement organique, 269, 727.
— Combinaison, 240.
— Complication, 397.
— Conservation de l'énergie, 440.
— Définition des aires, 470.
— Delbœuf, 372.
— Développement ondulatoire, 396.
— Différenciation, 397, 614.
— Direction du plan de division cellulaire, 78.
— Économie, 727.
— Habitude, 476, 478.
— Hérédité, 240.

Loi de l'Hérédité croisée, 240.
— — directe, 240.
— — homochrone, 223
— Hofacker-Sadler, 344.
— Innéité, 240, 368.
— Instabilité de l'homogène, 435, 438.
— Mélange, 243.
— Non-uniformité de l'accroissement, 470.
— Position du noyau, 78.
— Prépondérance d'action, 240.
— Prépondérance masculine, 396.
— Réduction, 397.
— Réunion, 397.
— Stabilité, 245, 368.
— Transformation de l'énergie, 487.
— Universalité d'action, 240.
Lois (principes ou règles).
— de formation des membranes osmotiques, 567.
— de la Régénération, 101, 107.
— de la Variation, 242, 278, 284, 581.
Lopes (Lapins), 175.
LORDAT, 411.
LUCAS, 344. *V.* Loi et *passim.*
Lumière (Influence de la) sur la couleur des Grenouilles, 278.

Macrospore, 120.
MAGGI, **497**.
Magnétisme, 280.
Maïs arrosé avec du sous-sulfate de magnésie, 270.
Majoration de la variation *V.* Variation.
MALPIGHI, 356.
Mamelle de l'homme, 247.
— des Polymastes. *V.* Polymastie.
MANTIA, **486**.
Maturation des produits sexuels, 124.
MAUPERTUIS, 357, 407, 550, **551**, 835.
— : Formation des espèces, 291, 369.
MAXWELL : Constitution physique des corps, 478.
Méduses, 450.
Membrane cellulaire, **20**, 27, 45, 506, 632, 657, 752.
— (Composition chimique de la) cellulaire, 47.
— cuticulaire, 20.
Membrane nucléaire, 33, 752.
— protoplasmique, **28**.
— vitelline, 140.
— des organites cellulaires, 152.
— osmotiques, 567.
Mémoire, 460, 466, 474, 478, 590.
Mer (Influence du bord de la) sur les feuilles, 276.
Mérocytes *V.* Noyaux vitellins.
Mérotomie, 84, 318.
Mésalliance initiale, 590. *V.* Télégonie.
Métabolisme, 53, 362, 365.
Métakynèse, 70.
Métamonères, 501.
Métamorphose, 159, 341.
Métaphase, 66, **70**.
Métaplasie, 333.
Métis, 223, 450.
— de Bœufs, 244.
— de greffe, 108.
— de Lapin et de Lièvre, 244.
— de Moutons, 244.
— de Souris 448. *V. aussi* Hybride *et* Croisement.
Micelles, 407, 300, 636, **592**, 745, 747, 837.
— de la membrane cellulaire, 21.
Micellien (ou — s ou — ne) (Cordon), 600.
— (Facteur), 600.
— (Faisceau), 600.
— (File), 699.
(Groupes synergiques), 600.
MICHELET, 357.
Micoderma, 420.
Microcéphalie, 246.
Micromérisme, 405, 412, 743, 835.
Microsomes, 23, 25, 28, 40, 670, 752.
Microspore, 120.
Microzymas, **419**, 501.
Mimétisme, 377, 557, 623.
MINOT : Globules polaires, 322.
Mitome, 24.
Mitose *V.* Division indirecte.
Modifications [au sens de Nægeli], 620.
Molaires (Forces), 491.
Moléculaires (Forces), 491.
Molécules à propension, **555**.
— organiques 558, **412**, 835.
— (Dimensions absolues des), 536, 601, 671.

Monères, 460.
Monobiophorides, 671, 711.
Monoblastes, 500.
Monogéniste (Théorie), 397.
Monoplastides, 352.
Monstre, 169.
— anencéphale, 169.
— anentérien, 169.
— anentéroblastien, 169.
— anidien, 415;
— cyclope, 246, 269.
— double, 170, 348.
— ectromèle, 194.
— exencéphale, 293.
— hermaphrodite. *V.* ce mot.
— microcéphale, 246.
— omphalocéphale, 170.
— omphalosite, 170.
— par défaut, 552, 416.
— par excès, 416, 552.
— symèle, 718.
V. aussi aux noms des diverses monstruosités et hémitéries, et à Tératogénèse.
MONTGOMERY : Mouvements protoplasmiques, 300.
MORGAN : Isotropie de l'œuf, 330.
Morphogène (Action) des *egesta*, 762, 763.
— des *ingesta*, 762.
— des substances chimiques, 737.
Morphoplasma, 667.
Mort, 91, 117, 118, 121, **176**, 248, 301, **349**, 450, 485, 540, 768.
Mosaïque (Théorie de la), 329, 590.
Motilité, 53.
Mouche, à propos des neutres, 383.
— (Striation des muscles des ailes de), 738, 761.
Moutons, 296.
— ancons et moutons loutres (*V.* Ancon).
— de Lahayevaux, 209.
Mousses se reproduisant par leurs cellules somatiques, 349, 526.
Mouvements ciliaires, 59.
— musculaires, 59.
— protoplasmiques, **59**, **299**, 480.
— pseudopodiques, 59, 302, 308.
Mousses artificielles de Bütschli, **26**, 308.
Mucor : (Variations du) sous l'influence de l'oxygène, 282.
Mulâtre blanc, 243, 256.
— Lislet-Geoffroy, 223, 358.
— noir, 256.
Mulet, 579, 584, 585. *V. aussi* Bardot, Croisement *et passim.*
Multiplication, 90, 108, **109**, 152, 159, 161, 283.
Muscles des ailes des Mouches, 738, 761.
Musculaire (Contraction), 300.
— (Fibrille), 306.
Musculine, 56.
Musique (Hérédité de l'aptitude pour la), 211, 214.
Mutilations. *V.* Hérédité des mutilations.
Myopie (Hérédité de la), 209.
Myosine, 57.
Myrmécocidies, 207.
Myxœdème, 763.

NÆGELI, 407, **592**, 745, 747, 780, 837.
— : Expériences des *Hieracium*, 216, 265.
— : Critique de la Sélection, 370, 376, 377, 380, 383.
— : Lois évolutives, 397.
— : Phylogénèse, 342, 397.
— : Variation, 368.
Nævus, 785.
Namaquois : Aptitude héréditaire à parler leur langue, 215.
Nanisme expérimental, 278.
Ñato (Bœuf), 273, 293, 819.
NAUDIN : Formation des espèces par croisement, 395.
Nectaires, 621, 622.
NEEDHAM, 404, 411.
Nègre, 277.
— blanc, 369, 553.
— Causes de la couleur des nègres, 278.
Nématoblastes, 500.
Néo-Darwinisme, 197, 212, 814, 837.
Néo-Lamarkisme, 814.
Néogénétique (Théorie), 657.
Neurotactisme, 338.
Neutres, 382.
Nisus formativus, 404, 416. *V.* Force vitale.

Noyau accessoire du spermatozoïde, 523.
— cellulaire **32**, 353 500, 506,, 751, 768.
— de l'albumen, 77.
— de segmentation 140.
— des Bactéries, 47.
— du parablaste. *V.* Noyau vitellin.
— du sac embryonnaire, 130.
— polaire, 77, 130.
— vitellin, 143, 144.
— (Action zymotique du), 86.
— (Phylogénèse du), 501, 632, 634, 651.
— (Position du) dans la cellule, 47, 67.
— (Représentation des caractères héréditaires par le), 85, 358.
— (Rôle directeur du), 81, 512, 643, 659, 667.
Nucléine, 47, 48, **50**.
Nucléique (Acide), 50.
Nucleo-albumine, 48, 50.
Nucleo-histon, 51.
Nucléolaire (Corps), 35.
Nucléole, 35.
— (Composition chimique du), 49.
— (Rapport du) avec le centrosome, 42, 143.
Nucleo-microsomes, 34, 37.
Nucleoplasma, 21, 23, 513.
Nutrition cellulaire, 53, **61**.

Obscurité dans les conduites d'eau de Rotterdam, 277.
Odorantes (Gemmules) (*V.* Gemmules.)
Œil atteint d'ophthalmie chez le père, microphthalme chez le fils, 207.
Œuf, **125**, 139, 144, 414, 415, 469, 473, 589, 760, **771**, 807, 826.
— de Lapine transplanté, 277, 765.
— d'été, 149.
— d'hiver, 149.
— parthénogénétique. (*V.* Parthénogénèse).
Œufs abortifs, 129, 319. *V.* Globules polaires.
Oken, 355.
Omphalocéphale (Monstre), 170.
Omphalosite, 170.
Ontogénèse, 91, **152**, 326, 333, 415, 426, 439, 444, 469, 514, 537, 551, 556, 568, 590, 610, 640, 648, 672, 673, 715, 739, **760**, 778, 791, 827, 831.
Ontogénèse (Condensation de l'), 699.
— (Facteurs de l'), **337**. *V. aussi* Différenciation ontogénétique.
Orbite sans œil, 732, 736.
Oreille (Déformations héréditaires de l'), 200, 205.
Organicisme, 407, 473, 666, **720**.
Origène, 410.
Origine des espèces. (*V.* Espèces.)
— première des Êtres, 397, 401, 474, 509, 630, 651.
Orr, 406, **477**.
Orteil (Hérédité de la rétraction du petit), 213.
Orthogénèse, 446.
Os (Lamelles du tissu spongieux des), 378, 728, 738.
Osmotiques (Membranes), 567.
Oursins (Pédicellaires des), 376.
Ovistes, 239, 355, 405, 835.
Ovocentre, 129, 140, **141**. *V. aussi* Centrosome *et* Spermocentre.
Ovocyte, **125**.
Ovogénèse, **125**.
Ovogonie, **125**.

Pædogénèse, 391, 449.
Pœdo-parthénogénèse, 150.
Panachure, 258, 266, 700.
Pandorina, 352.
Pangènes, **646**, 745, 837.
Pangénèse, 407, 515, 533, **534**, 558, 645, 653, 745.
— intracellulaire, **645**.
Panméristique (Théorie), 45, 657.
Panmixie, 212, 352, 370, **387**, 391, 396 437, 525.
Paon à épaules noires, 291, 819.
Papilles tactiles, 213.
Papillons dimorphes, 278.
— (Influence de l'alimentation sur la couleur des), 279.
Paracelse, 407, 550.
Parachromatine synonyme de Linine. *V.* Linine.
Parallélisme de l'Ontogénèse et de la

Phylogénèse, 342, 427, 458, 482, 610, 634, 698, 826.
Parallélisme de l'Ontogénèse et de la Régénération, 97.
— de la Paleontologie et de l'Anatomie comparée, 458. *V. aussi* Loi biogénétique (Grande).
Paramœcium (Auto-détermination de la forme du), 341.
Paranucléaires (Filaments). *V.* Filaments de linine.
Paranucléine, synonyme de Pyrénine. *V. ce mot.*
Paranucleus, 523.
Paraplasma, 24.
Parr, 430.
Parthénogénèse, **148**, 152, 161, 448, 521, 527, 573, 577, 614, 679.
— exclusive, 150.
— facultative, 149, 151, 538.
— occasionnelle, 148.
— prédestinée, 151.
— saisonnière, 149.
— (Réduction chromatique dans la), 136.
— (Variation dans la), 283.
V. aussi Pædo-parthénogénèse.
Particules représentatives, 498, 511, 635, 711, 719.
Pavots (Expérience de Scholtz sur les), 176.
Pêcher amandier, 266.
— à fruits lisses, 266.
Pélorisme, 243, 246, 700.
Peloton, 66.
— lache, 67, 72.
— segmenté, 67, 72.
— serré, 67, 72.
Pères de l'Église, 357, 410.
Périgénèse, 405, 406, 452, 455, **459**, 468, 744.
Perroquets inoculés, 279.
— nourris de poissons, 279.
Pfeffer : Formation des espèces, 393.
— : Insuffisance de la Sélection, 380.
— : Vrai rôle de la Sélection, 392.
Pflüger : Isotropie, 326, 327, 328.
Phalangette (Luxation héréditaire de la), 204, 205.
Philastre, 410.
Philips, 411.
Phototactisme, 61.
Phylogénèse, 397, 501, 617, 831.
— du noyau : *V.* Noyau.
— du Bourgeonnement, 319. *V.* Évolution et Parallélisme.
Pied bot, 729, 732, 738.
— des Chinoises, 201, 202.
— plat, 194, 732.
Piercus, 410.
Pigmentation, 278.
Pince de homard (Main en), 194.
Pintade redevenue sauvage, 296.
Pithécisme, 247.
Placenta extra-utérin, 335, 730, 738.
Plaque cellulaire, 72, 507.
— équatoriale, 70.
— nucléaire, = plaque équatoriale.
Plasma accessoire de Bourgeonnement, 685.
— cytogène, 523.
— germinatif, 91, 176, **179**, 245, 363, **349**, 459, 508, 513, 515, 519, 588, 676, 709, 766. 775, 786, 807, 830, 836.
— — (Complication progressive du), 832.
— — (Continuité du), **179**, 188, 515. 526, 738.
— — dans des cellules somatiques, 349. *V. aussi* Bégonia, Mousses, etc.
— — (Proportion du) des ancêtres dans celui du produit, 682.
— nutritif, 591.
— ovogène, 516, 519, 526.
— primordial, 398, 400, 631.
— principal, 334.
— somatique, **179**, 188, 349.
— spermatogène, 522.
Plasmas accessoires, 315, 534.
— ancestraux, 154, 437, 512, 519, 529, 664, 713, 679, 685, 747, 837.
Plasmatosomes, 506.
Plasmodules, 460.
Plasmogonie, 497.
Plasmolyse, 84, 307.
Plasmozoaires, 587.

Plasomes, 21, 407, 495, **505**, 663, 745.
Plasson, 459.
Plastides, 455.
Plastid-Molécule, 455.
Plastidules de Cope, 475.
— d'Elsberg, 406, **455**.
— de Hæckel, 406, **459**.
— de Maggi, 29, **497**, 503.
Plastine, 48, 49, **50**, 489.
PLATEAU : Mimétisme, 377.
PLATON, 404, 410, 834.
PLATT-BALL, 588.
Pleuronectes, 267, 282.
Plumes du bec du Freux, 201.
Pluteus sans bras, 168, 269.
Polaire (Champ) de Rabl, 34, 71.
— (Noyau). *V.* Noyau.
Polarigénèse, **423**.
Polarité, 439.
Pollen, 125.
Polydactylie, 193, 246 et *passim*.
Polygastrula, 146, 168.
Polymastie, 225, 246, 262.
— comme exemple de variation corrélative, 268.
Polymorphisme, 280, 449, 614. 690, 692. *V. aussi* Dimorphisme.
Polyommatus phlœas, 696.
Polypes, 450.
Polyspermie, 139, 141, **144**, 168.
Pommes de terre se reproduisant par des cellules somatiques, 439.
Pommier de Saint-Valery. *V.* Xénie.
Porte-Greffe, 105, 227.
— (Influence du) sur le Greffon, 257. *V.* aussi Greffon.
Porto-Santo (Lapins de), 288, 295.
Postgénération, 100, 330.
Poules huppées, 292, 818.
— de Houdan, 292, 818.
— polydactyles, 247.
Préformation, 357 et *passim*.
Prépuce des Israélites et Mahométans, 201, 203.
Prevost et Dumas, 358.
Primula à organes sexuels étagés, 615.
Principe. *V.* Loi.
Prionus anormal, 273.
Probies, 632.
Proencéphalie, 292.
Pronucleus, 140.
Prophase, 66.
Prosoplasiques (Cellules), 334.
Protéiques (Substances), 50.
Protococcus (Variations du) sous l'influence de l'humidité, 282.
Protolécithe. *V.* Lécithe.
Protoplasma, primitif, 592.
— (Constitution du), **21**, **299**, 441, 454, 487, 491, 495, 497, 498, 506, 647, 592, 748.
— (Mouvements du), **59**, **299**.
Protoplasmiques (Communications). *V.* Communications.
Protoplastes, 490.
Protozoaires : comme origine des variations, 524, 530.
— (Immortalité des). *V.* Mort.
Pruniers conservant leurs caractères par semis, 291.
Pseudarthrose, 335, 719, 738.
Pseudogamie, 147.
Pseudo-nucléoles, 34.
Pseudopodes (Mouvements des), 302, 308, *V.* Mouvements.
Pucerons, 354, 769.
Pyrénine, **35**, 36, 47, 49, 50.
Pyrénoïdes, 506.
Pythagore, 357.

Quadrille des centres, 141, 142.
Quaternes (Groupes), 132.
— — dans la Parthénogénèse, 151.
Queue (Chats sans), 200, 202, 205. 266, 274, 819.
— (Chevaux, Chiens, Moutons à), coupée, 200, 203, 204, 205, 266, 274.
— (Hommes à), 246.
— (Souris à) coupée (Expériences), 202.
— (Verrat à) rongée, 207.
QUINCKE, 307.

RABL, 311.
Race, **184**, 186.

Races, 627.
Rajeunissement, 324, 431.
Ranunculus fluitans, 282, 616
Réduction chromatique, **131**, 283.
Régénération, 90, **92**, 152, **314**, 330, 334, 356, 429, 448, 540, 589, 644, 664, 734, 687, 739.
— accidentelle, 92, **93**.
— équivoque. *V.* Régénération réciproque.
— pathologique, 92.
— physiologique, 92.
— réciproque, 98, 689, 734.
— régulière, **92**, 428.
— tératologique, 95, **173**.
— (Lois de la), 101, 107.
— (Rapports de la) avec la première ontogénèse, 97, 111.
— (Origine phylogénique de la), 318.
Re-Génération, 455.
Règle. *V.* Loi.
Régression des organes inutiles, 387, 391. (Ne pas confondre avec Réversion.)
Reh : Caractères innés et acquis, 199.
Reichenau : Sélection sexuelle, 387.
Ressemblance héréditaire, 358, 681. *V. aussi* Hérédité.
Réversible (Modification), 363, 741, **799**, 806.
Rhizomes produisant des rameaux verts, 281.
Rhumatisme, 764.
Rhumbus. *V.* Turbot.
Reproduction, 91, 108, **115**, 413, 429, 462, 463, 606.
— asexuelle, 115, 664.
— demi-sexuelle. (*V.* Conjugaison).
— par spores, 115, **116**, 157, 161.
— sexuelle, 115, **122**.
— (Dégénérescence dans la) asexuelle. *V.* Dégénérescence.
— (Hérédité dans la) asexuelle, 235, 236.
— (Hérédité dans la) sexuelle, 237.
— (Variation dans la) sexuelle, 283.
Réseau de linine. *V.* Linine.
Respiration cellulaire, 53, 58.
Réticulaire (Théorie) du Cytoplasma, **23**.
Réversion, 242, 449, 525, 543, 569, 580, 606, 612.
— (Les formes nouvelles et la), **295**.
Rolando, 357.
Romanes : Sélection, 376.
— : Origine des espèces, 384.
Rotterdam. *V.* Obscurité.
Roux, **408**, **724**, 744, 838.
— : Isotropie de l'œuf, 328, 329.
— : Postgénération, 330.
— : Sélection, 378.

Sac embryonnaire, 45, 77, 129, 130.
Sachs : Structure et mouvements du Protoplasme, 300.
Sadler, 344.
Saint Augustin, 404, 410, 835.
Sang, comme facteur des caractères héréditaires, 745.
Sanson : Formation des espèces par croisement, 396. *V. aussi* Réversion.
Sarcoblastes, 96.
Sarcode, 30, 442.
Sarcoplasma, 306.
Saumon, 430.
Savon albumineux de Quincke, 307.
Schumann, 344.
Scission (Multiplication par), 91, **109**, 151, 160, 319, 691.
— — (Hérédité dans la), 235. *V. aussi* Scissiparité.
Scissiparité accidentelle, 109.
— normale, 109. *V.* Scission.
Scrofule, 763.
Sécrétion cellulaire. *V.* Cellule (Produits de la).
Segment intermédiaire, 124.
Segmentation longitudinale, 68. *V.* Chromosomes, et Division nucélaire.
Ségrégation, 369, 370, 384, 817.
— physiologique, 384, 818.
Sélection des tendances, 378, **384**, 826.
— méthodique, 290, 816.
— naturelle, 213, 352, 353, **370**, 525, 622, 717, 725, 732, 814.

— négative, 387.
Sélection organique, 725, **732**.
— sexuelle, 370, 386.
— (Cessation de). *V.* Panmixie.
SEMPER. Pædogénèse, 391.
Semi-blastula, 100.
Semi-embryon, 100.
Semi-gastrula, 100.
Semi-morula, 100.
Sexe, 91, 581.
— (Détermination du), 162.
— (Hérédité du). *V.* Hérédité.
— (Origine du), **162**, **343**, 415, 557, 691.
— (Prédestination du), 162.
— (Procréation volontaire du), 228.
Sexuel (ou — le ou — s) (Attraction). *V.* Attraction.
— (Appétit). *V.* Appétit.
— (Caractères) secondaires, 91, 162, **164**, 575, 581, 691.
— (Produits), 130, 433, 551, 555, 575, 644.
— — (Formation des), **766**. *V. aussi* Pollen, Œuf, Spermatozoïde, Ovogénèse et Spermatogénèse.
SINIBALD, 410.
Soma, 179, 352, 362, 482. (*V.* Plasma somatique).
Souris danseuses, 448.
SPALLANZANI, 356.
Spécificité cellulaire, **331**.
SPENCER, 405, 406, **423**, 743, 836.
— : Hérédité des caractères acquis, 213.
— : Mort, 353.
— : Sélection, 377, 379.
— : Neutres, 382.
Spermatide, 124, 133.
Spermatistes, 239, 355, 405, 834, 835.
Spermatocyte, 124, 130, 133.
Spermatogénèse, 123.
Spermatogonie, 124, 133.
Spermatozoïde, 123, **124**, 136, 414, 523, 551, 589.
Spermocentre, 125, 140, **141**.
Sphère attractive, **38**, **69**, 74, 752.
Spina bifida, 169.
Spirème, 66.
Spirogyra traité par la soude ou la magnésie, 279.
Spongine, 48.
Spongioplasma, 24.
Spores. *V.* Reproduction par Spores *et* Fougères.
STAHL, 357, 404, 410.
Stéréométrique : (Constitution) du Plasma germinatif, 588.
Stérilité consécutive à la Reproduction asexuelle et à l'Autofécondation, 117, 150, 248.
— des races redevenues sauvages avec leurs sœurs domestiques, 297.
Stirpes, **559**.
Stoïciens, 357.
STRASBURGER : Structure et mouvements du Protoplasme, 301.
— : Fécondation, 144.
— : Hybrides de greffe, 367.
Striation des muscles, 738, 762.
Substances introduites dans l'organisme, 226, 279, 737, 833.
Suc nucléaire, 33, 50.
Sucres, 57.
Sujet. (*V.* Porte-Greffe.)
SWAMMERDAM, 356.
Symèles (Monstres), 718.
Syndactylie, 193, 246.
Synergides (Cellules), 45, 77, 129, 130.
SYNESIUS, 410.
Syphilis, 763.

Tableau du classement des Théories générales, 409.
Tactismes, 61, 339.
Taille corrigée, 189, 244.
— moyenne, 189.
— (Hérédité de la), 244.
Taurine, 57.
Télégonie, 32, 230, **365**, 488, 541, 569, 705.
Tératogénèse, 91, 146, **166**, 225, 226, 240, 245, 265, 269, 270, 271, 272, 280, 282, 294, 330, **347**, 416, 542, 552, 557, 569, 581, 655, 702, 718, 737.
— chez les Hybrides, 254.

Tératogénèse dans la formation des espèces, 396, 818.
— dans les unions consanguines, 248.
Termites neutres, 383.
TERTULLIEN, 357.
Testicules femelles, 356, 416.
Têtard de Grenouille à spiraculum double, 271.
— (Métamorphose du), 341.
Tête (Déformations ethniques de la), 202.
Tetraster, 73.
Thermotactisme, 61.
Thermotropisme, 61.
Théromorphie, 206, 247.
Thigmotropisme, 61.
THOMPSON. A. 494.
Thuja, 281, 291, 693, 829.
Tonoplaste, 45, 63, 657, 752.
Transformation des caractères transmis, 225.
Transformisme, 185, 286, 397.
Transfusion du sang de Lapins noirs à des Lapins blancs, 559, 584.
Transitoires (Influence des états) sur l'Hérédité. *V.* Hérédité.
Transmissibilité des caractères, **186**. *V.* Hérédité.
Transmission des caractères, 186, **235**. *V.* Hérédité.
Transplantation d'œuf d'un utérus dans un autre, 277, 765.
Travail de la cellule, 52, **54**.
Trèfle à quatre feuilles, 266.
Triaster, 73.
Trichomes, 207.
Trophiques (Fibres, Nerfs), 730.
Trophoplasma, 23, 136, 667.
Trophoplastes, 44.
Tropidurus, des Galapagos, 277.
Tropismes, 61, 281, 330.
Tuberculose, 763. *V.* Hérédité des maladies et des diathèses.
Turbot, à nageoire dorsale arrêtée par l'œil, 271.
Tyrosine, 57.

Unités physiologiques, 406, 423, **451**, 836.
Urée, 55, 57.
Urique (Acide), 55.
Usage (Hérédité des effets de l') et de la désuétude. *V.* Hérédité.

Vacuoles, 44, 46, 657, 752.
— pulsatiles, 308.
Vaisseaux (Dichotomie des), 729.
Valvules veineuses des omphalosites, 170.
VAN HELMONT, 357, 404, 410, 835.
VANINI, 410.
Variation, 159, 185, **367**, 429, 435, 445, 509, 523, 527, 544, 552, 556, 558, 560, 577, 627, 653, 677, 694, 709, 735, **796**.
— accélérée, 583.
— analogue, 271.
— brusque, 265, 287, 291, 813, 817.
— corrélative, 267, 655.
— déterminée, 446.
— discontinue, 265, 287.
— embryonnaire, 735.
— générale, 813, **819**.
— indépendante, 266.
— indéterminée, 446.
— individuelle, 654, 813, 817.
— lente, 264, 287, 813.
— méristique, 273.
— parallèle, 271, 285.
— plasmatique, 796.
— primaire, 264.
— progressive, 654.
— secondaire, 264.
— somatique, 798.
— spontanée, 274, 291.
— sporadique, 654.
— substantielle, 273.
— tertiaire, 264.
— Weismanienne, 264.
— dans la génération asexuelle, 237, **261**.
— de couleur, 273.
— de forme, 273.
— de taille, 273, 283.
— des parties similaires, 272.
— due aux conditions de vie, 275. *V.* Conditions de vie.

Variation due aux substances absorbées, 270, 282.
— par bourgeons, 275, 579.
— (Fixation de la) brusque, 288, **290**, 624.
— (Influence de la génération sur la), 282.
— (Lois de la), 284.
— (Majoration de la) lente, 287, **288**, 380, 384, 697.
— (Permanence de la) brusque spontanée, 291.
— (Permanence de la) due au croisement, 294, 703.
— (Permanence de la) due aux conditions de vie, 294. *V. aussi* Espèces (Origines des) et Réversion.
— (Règles de la), 284.
Variétés, 627.
Vénus physique, 369, **553**.
VERWORN : Structure et mouvements du protoplasma, 304.
Vésicule attractive. *V.* Sphère.
— directrice. *V.* Sphère.
Vinaigre (Mère du), 420.
VIRCHOW : Métaplasie, 333.
— : Théromorphie, 206, 247.
VIREY, 357.
Vitellin (Corps). *V.* Corps.
— : (Noyau). *V.* Noyau.
VÖCHTING : Régénération, 335.
— : Greffe d'un fragment retourné, 106.
Volonté, 465.
— des atomes, 461, 465.
Volvox, 352.
VRIES (DE), 407, **645**, 745, 780, 837.
— : Conduites d'eau de Rotterdam, 277.
VRIES (DE) : Objection des Galles, 675.
— : Objection à l'immortalité, 351.
WAGNER (M.). Ségrégation, 384.

Wallisneria (Impuissance de la Sélection à l'égard de la), 376.
WALLISNIERI, 356.
WEISMANN, 407, **512**, **667**, 745, 747, 837.
— : Cerisier de Ceylan, 218.
— : Cobayes de Brown-Sequard, 211.
— : Déterminants, **667**.
— : Différenciation ontogénétique, 334, 336.
— : Hérédité des caractères acquis, 198, 211, 213, 361.
— : Neutres, 383.
— : (Objections de Haacke à), 447, 448.
— : Panmixie, 388.
— : Plasma germinatif, 349.
— : Plasmas ancestraux, **512**.
— : Régénération, 316.
WHITMANN, 411.
WIESNER, 407, **505**, 744.
WILSON : Isotropie, 330, 336.
WOLFF (C.), 357.
WOLFF (G.) : Panmixie, 391.
WORTMANN : Tropismes, 339.

Xanthine, 51, 58.
Xénies, 233, 366, 541, 653, 705.

Zea. V. Maïs.
Zébrure, 243, 606, 704.
Zoospores, 116.
Zymases, 420.
Zymoplasma, 363.
Zymotique (Action) du noyau, 86.
— (Substances), 363.

www.ingramcontent.com/pod-product-compliance
Ingram Content Group UK Ltd.
Pitfield, Milton Keynes, MK11 3LW, UK
UKHW021617260726
13965UKWH00007B/15